2009
中国节能减排产业发展报告
——迎接低碳经济新时代

中国节能投资公司　编

中国水利水电出版社
www.waterpub.com.cn

图书在版编目（CIP）数据

2009中国节能减排产业发展报告 ：迎接低碳经济新时代 / 中国节能投资公司编. -- 北京 ：中国水利水电出版社，2009.12
ISBN 978-7-5084-7057-3

Ⅰ. ①2… Ⅱ. ①中… Ⅲ. ①节能－研究报告－中国 Ⅳ. ①TK01

中国版本图书馆CIP数据核字(2009)第222297号

书　名	**2009中国节能减排产业发展报告** ——迎接低碳经济新时代
作　者	中国节能投资公司　编
出版发行	中国水利水电出版社 （北京市海淀区玉渊潭南路1号D座　100038） 网址：www.waterpub.com.cn E-mail：sales@waterpub.com.cn 电话：(010) 68367658（营销中心）
经　售	北京科水图书销售中心（零售） 电话：(010) 88383994、63202643 全国各地新华书店和相关出版物销售网点
排　版	中国水利水电出版社微机排版中心
印　刷	北京市兴怀印刷厂
规　格	210mm×285mm　16开本　36.5印张　932千字
版　次	2009年12月第1版　2009年12月第1次印刷
印　数	0001—3000册
定　价	**180.00**元

《2009中国节能减排产业发展报告》

编　委　会

顾　　问　解振华　马建堂　曲格平　王显政　濮洪九　柴松岳

编委会主任　周　建　翟立功

主　　编　王小康

副主编　陈津恩　余红辉

编　　委　李龙生　陈曙光　杨家义　杨义华　王恩义　张　超
安　宜　智　慧　闫长乐　雷仲敏　赵志林　张永泽
马　骏　李新创　朱　戎

撰稿人　闫长乐　马　骏　雷仲敏　宋丽娟　张永泽　王　毅
朱　珉　霍中和　邹结富　刘昊明　李增福　赵友民
林　燕　尚　鸣　谢智勇　王小兵　李长胜　曾燕红
郜　学　房建国　张永安

资料整理　曹亚东

主　　办　中国节能投资公司（版权单位）

承　　办　北京市场经济开发研究院

序

发展低碳经济是世界经济继两次工业革命和信息革命之后的又一次体系性变革，它已被视为刺激全球经济复苏回暖的重要契机，并正加速新型世界经济和产业结构的确立，必将成为世界经济新的发展路径。发展低碳经济、使用低碳能源、开发低碳技术和实现低碳消费，促进整个经济社会活动低碳和无碳化，既是当前世界各国应对全球气候变化的共同要求，也是各国抢占未来经济发展的制高点，保障能源安全的战略选择。

应对气候变化，发展低碳与生态经济，实现可持续发展，是我国面临的一项紧迫而又长期的任务。加强对节能、提高能效、洁净煤、可再生能源、先进核能、碳捕集利用与封存等低碳和零碳技术的研发和产业化投入，加快建设以低碳为特征的工业、建筑和交通体系是我国基本国情、经济发展总量和经济发展阶段的必然要求，是调整经济结构、转变发展方式的重要依托，也是我国走向科技含量高、经济效益好、资源消耗低、环境污染少、人力资源优势得到充分发挥的新型工业化道路的要求，是应对国际金融危机、促进经济发展的新增长点。

我国政府高度重视生态经济，将发展低碳经济作为实现社会可持续发展的战略目标并为此做出了切实的努力。2009 年 9 月 22 日，国家主席胡锦涛在联合国气候变化峰会开幕式上表达了我国政府在降低碳排放量、发展低碳经济方面的决心，提出争取到 2020 年单位国内生产总值二氧化碳排放比 2005 年有显著下降。国务院总理温家宝 11 月 25 日主持召开国务院常务会议，研究部署应对气候变化工作。会议决定，到 2020 年我国单位国内生产总值二氧化碳排放比 2005 年下降 40% ~45%，作为约束性指标纳入国民经济和社会发展中长期规划，并制定相应的国内统计、监测、考核办法。同时决定，通过大力发展可再生能源、积极推进核电建设等行动，到 2020 年我国非化石能源占一次能源消费的比重达到 15% 左右；通过植树造林和加强森林管理，森林面积比 2005 年增加 4000 万公顷，森林蓄积量比 2005 年增加 13 亿 m^3。这是我国根据国情采取的自主行动，是我国为全球应对气候变化做出的巨大努力。

根据党中央、国务院的决策，我国“十一五”的节能减排目标作为约束性指标纳入了国民经济和社会发展中长期规划，我国采取了一系列政策措施和行动，取得了积极成效：一是进一步完善了我国节能减排法律法规。制定、修订了《节约能源法》、《可再生能源法》、《环境保护法》、《大气污染防治法》、《矿产资源法》等一系列政策法规，加快建立相配套的法规和政策体系，制定相应标准、监测和考核规范，健全节能减排管理体系和监督机制。二是制定了多项政策促动措施。启动十大节能工程、启动千家企业节能行动，在2008年4万亿元经济投资计划中，把节能减排作为重点投资领域。积极探索实施绿色信贷、绿色证券、绿色税收、绿色保险等环境经济政策。三是大力发展清洁能源，控制温室气体排放。我国通过调整产业结构，优化能源结构，大力发展风能、太阳能、水能等可再生能源和核能，尽最大努力减少排放。四是淘汰落后产能，严格审批双高项目。2006～2008年，我国淘汰落后炼铁产能6059万t、炼钢产能4347万t、水泥产能1.4亿t、焦炭产能6445万t。2008年，全国新增城市污水处理能力1149万m^3/d，全国城镇已建成污水处理厂1529座，处理能力达8836万m^3/d，在建污水处理项目1945个，设计能力5855万m^3/d；新增燃煤脱硫机组装机容量9712万kW；关闭621家不符合产业政策和排污总量指标的造纸企业；国家有关部门否决或暂缓审批了156个高污染高耗能项目，批复的579个项目通过落实减排措施，每年能够削减二氧化硫46.86万t、化学需氧量3.84万t。

中央企业节能减排工作的好坏，对实现全国节能减排目标具有重大影响。国有企业是我国国民经济的重要支柱，中央企业是国有企业的骨干和中坚，主要分布在石油石化、煤炭、化工、冶金、电力、运输、通信、建材等领域，既在保证市场能源供应、保障国家能源安全方面，肩负着重要责任，同时也是能源消费及污染物排放的重点户。中央企业要时刻牢记自己的使命，扎扎实实地做好节能减排工作，在转变经济发展方式、提高资源利用效率，促进生态环境友好等方面充分发挥表率和带头作用。这既是政府的要求、人民的期望，同时也是企业贯彻实践科学发展观、实现企业可持续发展的客观需要。

国务院国资委高度重视引导中央企业调整产品、产业结构，转变经济发展方式。以节能降耗为抓手，加大科技投入，促进低碳技术创新，把可再生能源、先进核能、碳捕集和封存等先进低碳技术作为提升企业竞争力的核心内容，积极引导中央企业发展风能、水能、核能和太阳能等清洁能源，努力提高低碳能源占一次能源的比重。各中央企业在资源节约、环境保护等方面发挥着积极作用。

国务院国资委和中央企业愿同各界携手努力，走出一条具有中国特色的低碳经济之路，以更先进的技术、更有效的配置、更少的排放、更清洁的生产，提供更多更好的产品，以减缓温室气体排放，为保护全球气候作出新的贡献。

黄淑和
2009年12月　北京

前　言

低碳经济是以低能耗、低污染、低排放为基础的发展模式。我国政府高度重视发展低碳经济，国家主席胡锦涛在2009年9月22日联合国气候变化峰会开幕式上提出了我国政府在降低碳排放量、发展低碳经济的决心，国务院总理温家宝11月25日主持召开的国务院常务会议，决定到2020年我国单位国内生产总值二氧化碳排放比2005年下降40%～45%。中国作为负责任的大国，在污染排放方面对世界的承诺，是悬在我们面前的一个巨大压力，我们必须采取更加有力的措施，将节能减排这一重大方针落实到我国经济结构的方方面面。同时，新一轮竞争也产生巨大的市场需求，充满商机，低碳经济将成为这一轮国际经济的增长点和竞争焦点。

中国节能环保产业的发展是落实科学发展观，推动中国低碳经济体系建立的重要抓手，它是以控制温室气体排放、增强可持续发展能力为目标，以保障经济发展为核心，以节约能源、优化能源结构、加强生态保护和建设为重点，以科学技术进步为支撑，将不断提高我国应对气候变化的能力，为保护全球气候作出新的贡献，为全球面向21世纪的可持续发展贡献力量，创造未来。

《中国节能减排产业发展报告》是由中国节能投资公司组织国内节能环保领域专家、学者共同编纂，旨在对节能减排产业做出深入分析和研究，从技术、市场、政策、投资机会等方面反映我国节能减排的现状和发展趋势，系统详实反映和介绍我国节能减排发展的大型年度蓝皮书。2009年是首次出版发行，它不仅对中国节能减排总体状况进行全景式的描述，而且力求反映中国工业各部门、各区域和环保、新能源的具体现实；不仅总结、概括中国节能环保发展的过程，更重要的是研究和探求我国节能环保产业的技术与投资机会，为我国节能环保产业的发展提供判断、预测和展望。

《中国节能减排产业发展报告》得到了许多领导同志的大力支持，国家发改委副主任解振华等做顾问，国务院国资委副主任黄淑和为本书作序，环境保护部副部长周健、国务院大型企业监事会主席翟立功亲自任编委会主任，对本报告给予了大力的支持。在《中国节能减排产业发展报告》编撰过程中，还得到了国家发改委、国务院国资委、工业和信息化部及中国煤炭工业协会、中国电力企业联合会、中国建筑科学研究院、中国节能协会、石油化工规划院、冶金规划研究院、中国有色金属工业协会、中国绿色照明协会、中国建材工业协会、清华大学、北京邮电大学等国家有关部门、行业组织以及科研单位的大力支持和帮助。在此谨表诚挚的感谢!

我们将努力以详实的内容、丰富的资料、准确的数据、鲜明的观点，把《中国节能减排产业发展报告》塑造成高水平、高质量、具有权威性的中国节能减排产业发展蓝皮书。为使以后的工作做得更好，希望您提出宝贵的批评和建议，也期待更多的专家给予斧正。

王小康

2009 年 12 月

目录

序

前言

第1篇　综合篇：全球视角下的中国节能减排

1　全球的节能与减排 …… 3

1.1　节能减排应对全球气候危机 …… 3

1.2　迎接低碳经济新时代 …… 7

1.3　气候变化与环境外交 …… 9

1.4　金融风暴袭击下的全球节能减排 …… 11

2　中国节能减排现状及趋势 …… 14

2.1　中国能源状况 …… 14

2.2　中国的环境污染与环境压力 …… 25

2.3　节能减排现状 …… 29

2.4　产业振兴与节能减排 …… 34

2.5　节能减排趋势 …… 37

3　中国节能减排与经济发展方式 …… 40

3.1　资源约束下的中国经济发展模式 …… 40

3.2　节能减排与可持续发展 …… 42

3.3　节能减排与循环经济 …… 43

3.4　节能减排与和谐社会建设 …… 45

3.5　宏观建议 …… 46

4　中国节能减排相关政策、法规与管制 …… 49

4.1　中国宏观环境政策的演进 …… 49

4.2　节能减排综合性工作方案 …… 51

4.3　区域限批政策 …… 56

4.4　节能减排财税政策 …… 58

5　中国节能减排主要工程 …… 60

5.1　燃煤工业锅炉（窑炉）改造工程 …… 60

5.2　区域热电联产工程 …………………………………………… 61
5.3　余热余压利用工程 …………………………………………… 62
5.4　节约和替代石油工程 ………………………………………… 64
5.5　电机系统节能工程 …………………………………………… 66
5.6　能量系统优化（系统节能）工程 …………………………… 67
5.7　建筑节能工程 ………………………………………………… 68
5.8　绿色照明工程 ………………………………………………… 70
5.9　政府机构节能工程 …………………………………………… 71
5.10　节能监测和技术服务体系建设工程 ………………………… 73

6　中国节能减排主要措施 ………………………………………… 75
6.1　加强责任目标考核 …………………………………………… 75
6.2　推动重点工程实施 …………………………………………… 78
6.3　严控高耗能、高排放行业盲目扩张 ………………………… 78
6.4　加快技术开发和推广 ………………………………………… 79
6.5　着力抓好重点领域节能减排 ………………………………… 80
6.6　大力发展循环经济 …………………………………………… 80
6.7　完善相关法规及政策建设 …………………………………… 81
6.8　强化节能减排监管 …………………………………………… 82
6.9　加快淘汰落后生产能力 ……………………………………… 83

第2篇　行业篇：重点耗能行业的节能减排

7　重点耗能行业节能减排概述 ………………………………… 87
7.1　重点耗能行业的能源消耗 …………………………………… 87
7.2　重点耗能行业节能减排的趋势 ……………………………… 94
7.3　重点耗能行业的节能减排对策 ……………………………… 96

8　钢铁行业的节能减排 …………………………………………… 100
8.1　行业状况 ……………………………………………………… 100
8.2　节能减排现状及潜力 ………………………………………… 101
8.3　重点技术介绍 ………………………………………………… 105
8.4　节能减排途径 ………………………………………………… 111
8.5　趋势与机会 …………………………………………………… 114

9　电力行业的节能减排 …………………………………………… 115
9.1　行业状况 ……………………………………………………… 115
9.2　节能减排现状及潜力 ………………………………………… 117
9.3　重点技术介绍 ………………………………………………… 122

9.4 节能减排途径 …… 125
9.5 趋势与机会 …… 128

10 石油化工行业节能减排 …… 131

10.1 行业状况 …… 131
10.2 节能减排现状与潜力 …… 133
10.3 重点技术介绍 …… 137
10.4 节能减排途径 …… 138
10.5 趋势与机会 …… 141

11 有色金属行业的节能减排 …… 142

11.1 行业状况 …… 142
11.2 节能减排现状及潜力 …… 142
11.3 重点技术介绍 …… 145
11.4 节能减排途径 …… 150

12 建筑行业的节能减排 …… 157

12.1 行业状况 …… 157
12.2 节能减排现状及潜力 …… 158
12.3 重点技术介绍 …… 163
12.4 节能减排途径 …… 167
12.5 趋势与机会 …… 169

13 煤炭行业的节能减排 …… 171

13.1 煤炭行业运行状况 …… 171
13.2 煤炭工业能耗和废弃物排放情况 …… 173
13.3 煤炭工业节能减排现状 …… 174
13.4 节能减排途径 …… 177
13.5 趋势与机会 …… 179

14 交通运输行业的节能减排 …… 181

14.1 行业状况 …… 181
14.2 节能减排现状及潜力 …… 182
14.3 重点技术介绍 …… 188
14.4 节能减排途径 …… 190
14.5 趋势与机会 …… 193

15 其他行业的节能减排 …… 195

15.1 建材行业 …… 195
15.2 造纸行业 …… 201
15.3 纺织行业 …… 203

第 3 篇　环保篇：污染治理的必然选择

16　环保产业 ………………………………………… 211

16.1　环保产业概述 ………………………………………… 211

16.2　环保产业竞争性分析 ………………………………… 220

16.3　发展趋势 ………………………………………… 224

16.4　投资机会 ………………………………………… 228

17　污水处理 ………………………………………… 231

17.1　行业分析 ………………………………………… 231

17.2　污水处理技术 ………………………………………… 233

17.3　污水处理政策 ………………………………………… 234

17.4　发展趋势及机会 ………………………………………… 236

18　大气污染治理 ………………………………………… 238

18.1　行业分析 ………………………………………… 238

18.2　大气污染治理现状 ………………………………… 241

18.3　大气污染治理技术 ………………………………… 245

18.4　大气污染治理政策 ………………………………… 246

18.5　趋势及机会 ………………………………………… 248

19　固体废物利用 ………………………………………… 249

19.1　行业状况 ………………………………………… 249

19.2　固体废物利用现状 ………………………………… 250

19.3　固体废物处理技术 ………………………………… 252

19.4　发展趋势及机会 ………………………………………… 252

20　资源综合利用 ………………………………………… 254

20.1　资源综合利用行业构成 ……………………………… 254

20.2　资源综合利用行业现状 ……………………………… 255

20.3　发展趋势 ………………………………………… 257

第 4 篇　新能源与可再生能源篇：减排任务的担当者

21　新能源与可再生能源概述 ………………………………… 261

21.1　新能源与可再生能源的地位和作用 ………………… 261

21.2　新能源与可再生能源发展现状 ……………………… 262

21.3　我国新能源及可再生能源政策框架 ………………… 267

21.4　新能源发展规划 ………………………………………… 270

22　太阳能 ………………………………………… 273

22.1　资源及产业现状 ………………………………………… 273

22.2 重点技术 …… 276
22.3 产业政策 …… 280
22.4 趋势与机会 …… 283
23 风能 …… 287
23.1 资源及产业现状 …… 287
23.2 重点技术 …… 293
23.3 产业政策 …… 294
23.4 趋势与机会 …… 299
24 生物质能 …… 306
24.1 资源及产业现状 …… 306
24.2 重点技术 …… 313
24.3 产业政策 …… 315
24.4 趋势与机会 …… 316
25 核能 …… 319
25.1 资源及产业现状 …… 319
25.2 重点技术 …… 322
25.3 产业政策 …… 324
25.4 趋势与机会 …… 325
第5篇 融资篇：节能减排的金融保障及其新机制
26 节能减排的融资模式及其融资途径 …… 329
26.1 节能减排国际融资模式介绍 …… 329
26.2 中国节能减排融资模式及途径 …… 332
26.3 节能减排项目融资租赁 …… 336
26.4 节能减排投融资趋势分析 …… 339
27 合同能源管理 …… 341
27.1 合同能源管理简介 …… 341
27.2 国外合同能源管理的发展现状 …… 346
27.3 中国节能服务产业现状及趋势 …… 349
27.4 我国合同能源管理及节能服务公司的发展建议 …… 350
28 清洁发展机制（CDM） …… 352
28.1 《京都议定书》及清洁发展机制 …… 352
28.2 清洁发展机制的运行原理 …… 353
28.3 全球温室气体减排交易：碳交易 …… 355
28.4 中国清洁发展机制及碳交易发展前景 …… 357

29 需求侧管理 ………………………………………… 361
29.1 需求侧管理概述 ………………………………………… 361
29.2 需求侧管理的主要手段 ………………………………………… 364
29.3 电力需求侧管理的国际经验及启示 ………………………………………… 367
29.4 我国实施需求侧管理潜力分析 ………………………………………… 368
30 节能自愿协议 ………………………………………… 371
30.1 概述 ………………………………………… 371
30.2 国际节能自愿协议发展情况 ………………………………………… 374
30.3 世界各国的自愿协议施行情况 ………………………………………… 377
30.4 节能自愿协议在中国的实践 ………………………………………… 378

第6篇 区域篇：经济发展不均衡下的节能减排

31 区域节能减排综述 ………………………………………… 385
31.1 区域经济发展与能源及环境问题 ………………………………………… 385
31.2 区域节能减排状况综述 ………………………………………… 397
31.3 区域节能减排政策措施 ………………………………………… 404
32 东部地区的节能减排 ………………………………………… 408
32.1 东部地区发展特点 ………………………………………… 408
32.2 东部地区能源供给与消费特征 ………………………………………… 412
32.3 东部地区区域环境特征 ………………………………………… 417
32.4 东部地区节能减排 ………………………………………… 421
33 中部地区的节能减排 ………………………………………… 430
33.1 中部地区发展特点 ………………………………………… 430
33.2 中部地区能源供给与消费特征 ………………………………………… 434
33.3 中部地区区域环境特征 ………………………………………… 438
33.4 中部地区节能减排 ………………………………………… 443
34 西部地区的节能减排 ………………………………………… 450
34.1 西部地区发展特点 ………………………………………… 450
34.2 西部地区能源供给与消费特征 ………………………………………… 455
34.3 西部地区区域环境特征 ………………………………………… 460
34.4 西部地区节能减排 ………………………………………… 466
35 东北地区的节能减排 ………………………………………… 474
35.1 东北地区发展特点 ………………………………………… 474
35.2 东北地区能源供需消费特征 ………………………………………… 478
35.3 东北地区区域环境特征 ………………………………………… 481
35.4 东北地区节能减排 ………………………………………… 484

第7篇　企业篇：节能减排的重要力量

36　中国节能投资公司：引领国家节能减排 …… 493

36.1　企业战略凝聚国家意志 …… 493

36.2　业务板块及节能减排效果 …… 493

36.3　未来发展及其策略 …… 496

37　中国华能集团公司 …… 497

37.1　企业基本情况 …… 497

37.2　节能减排实践 …… 497

38　神华集团有限责任公司 …… 501

38.1　企业基本情况 …… 501

38.2　节能减排实践 …… 502

39　中国铁建股份有限公司 …… 505

39.1　企业基本情况 …… 505

39.2　节能减排实践 …… 505

40　中国海洋石油总公司 …… 508

40.1　企业基本情况 …… 508

40.2　节能减排实践 …… 508

大事记 …… 511

附录　2008年千家企业节能目标责任评价考核汇总表 …… 533

参考文献 …… 564

第 1 篇

综合篇：全球视角下的中国节能减排

地球的气候正经历着一次以变暖为主要特征的显著变化，而且增温趋势随着时间推移呈现出加速的态势。气候变化和我们人类活动密切相关，和自然的各个方面密切相关，气候变化是人类活动和自然因素共同作用的结果。工业革命 100 多年来，化石燃料燃烧、水泥生产、森林砍伐、土地利用变化等碳排放活动，造成大气中含碳温室气体浓度持续增长，继而导致了全球变暖。简而言之，高能耗、高污染的传统工业文明和高碳经济的发展方式导致了全球变暖。

全球变暖，已经并且将继续会给地球及人类带来系统性影响。那么，我们该如何应对？西方的智者预言，人类在这个行星上会遇到增长的极限。为此，设计出从增长过渡到全球均衡的应对之道。中国的最高决策者亦提出，下最大决心、花最大气力抓好节能减排工作，以应对气候变化。

气候问题不只是气候问题，已渐次进入政治、外交、经济领域，并日益进入国际舞台的中心位置，将通过“低碳经济”的发生、发展而改变人们的生产模式、生活方式、价值观念和国家权益，进而改变人类文明方式。

“气候变化”已成为在国际政治经济文化活动中使用频率最高的名词，国际气候政治中群雄纷争，在微妙政治气候的敏感地带中复杂博弈。既有欧盟、美国和中国等大国之间的外交角力，亦有小岛国直受海平面上升的生存威胁发出的呼声。既可看到石油输出国组织成员国担心全球减排会影响到国际石油市场的收益，亦有非洲最不发达国家关注如何适应新世局的问题。

人们喜欢用气象名词形容社会经济事件，比如金融“风暴”就是最近、最触目的例子。世界面临的真正危险是气候危机、金融风暴、贫富不均等的叠加与相互助长，就像组成了一条束缚人类的锁链。世界经济的复苏，文明的转换，取决于人们能否找到其间的联系，拿到解开危险之链的锁钥。

改革开放30多年来，中国经济快速增长，中国资源利用和生态环境代价剧增。进入21世纪，中国的发展正由以环境换增长向人与自然和谐转变，环境政策成为国家政策的重要支柱。中国是负责任的大国，是全球节能减排的中坚力量，中国正与世界一起迎接低碳经济的到来，进入生态文明的时代。

基于全球气候、环境、经济及政治大背景，结合中国宏观实际，本篇集中分析中国环境保护及节能减排现状，介绍关于发展趋势的不同观点，并详细描述中国在节能减排上作出的努力，包括政策与管制、主要工程及措施。

1

全球的节能与减排

地球是人类赖以生息的家园，人类只有一个地球。1972年6月5日，联合国在瑞典首都斯德哥尔摩举行首届人类环境会议，通过了《人类环境宣言》，并开始了保护全球环境的“行动计划”。“我们不只是继承了父辈的地球，而是借用了儿孙的地球。”，《联合国环境方案》中的这句警言，和南极上空不断扩大的臭氧空洞，和格陵兰岛正在融化的冰川，一起见证着全球发展所要面对的严峻挑战。

当今时代，环境问题已不是哪一个大国或哪一个大洲所能独自承担的重任。环境问题是跨越国界的全球性问题，全球性的问题必须全球团结起来一起解决。因此，在2009年6月5日的第38个世界环境日，联合国环境规划署确定的环境日主题为“地球需要你，团结起来应对气候变化”（Your planet needs YOU！Unite to combat climate change），以强调全球范围的气候变化和环境变化。

不同国家与地区之间的经济发展并不平衡，但都需要为保护环境尽一份力量。经验与现实在促使人们去寻找一条人与自然和谐发展的道路，压力与机遇在促使人们理性的思考与长远的眼光以及积极的行动。

1.1 节能减排应对全球气候危机

关于全球气候变化主要有两种观点：①以联合国政府间气候变化委员会（IPCC）以及美国前副总统戈尔为代表的主流观点，认为气候系统的全球变暖已是“明确的事实”，继而二者共同获得2007年诺贝尔和平奖，更使公众以为“全球变暖”已是无可争议的事实，现在和未来唯一该做的就是如何减少“全球变暖”地影响了；②国际上以S. 弗雷德·辛格，国内以葛剑雄为代表的非主流观点，他们认为地球上每经历1500年为一次气候周期，近年来出现的全球变暖趋势是该气候周期的再一次表现，而这样的周期以往已出现过不止一次。

但即使是后者，也认为对未来气候和环境变化所采取的态度应该是“不能无忧，不必过虑”，而不必过虑的前提是不能无忧。特别是在很多现象尚未得到合理解释，人类对自然所知甚少的情况下，减少温室气体的排放，节约资源，保护环境总没有错。为了人类的未来，采取谨慎的态度总是有益无害的。

1.1.1　以变暖为主要特征的气候变化

当前，国内外大量观测事实和研究结果表明，近几十年到一两百年时间尺度上，全球和中国气候正经历着一次近千年来从未有过、以变暖为主要特征的显著变化。

联合国政府间气候变化专门委员会（IPCC）指出，在过去的100年（1906～2005年）中，全球平均地表气温升高0.74℃；过去50年的全球平均气温在过去的500年和1300年以来可能是最高的，20世纪的北半球可能是过去1000年中最热的世纪，而20世纪90年代又是最温暖的10年，其中1998年和2005年是有记录以来最暖的年份。

中国气候变暖趋势与全球的总趋势基本一致。据中国气象局发布的最新观测结果显示，中国近百年来（1908～2007年），地表平均气温升高了1.1℃，自1986年以来经历了21个暖冬，2007年是自1951年有系统气象观测以来最暖的一年。近50年来中国降水分布格局发生了明显变化，西部和华南地区降水增加，而华北和东北大部分地区降水减少。高温、干旱、强降水等极端气候事件有频率增加、强度增大的趋势。夏季高温热浪增多，局部地区特别是华北地区干旱加剧，南方地区强降水增多，西部地区雪灾发生的几率增加。近30年来，中国沿海海表温度上升了0.9℃，沿海海平面上升了90mm。

根据IPCC第四次评估的结论，未来的气候还要进一步升温，到2020年左右，气温要在原有的基础上再升高0.4℃，到21世纪末温度可能要上升1.1～1.6℃。考虑各方面发展的情况，气温变化会有一定区间范围的波动。

而且，增温趋势随着时间的推移呈现出加速的态势。对地球表面大气温度的观测资料进行分析表明：从1906～2005年近百年来，全球地表平均温度上升的趋势为每10年0.074℃，从1956～2005年的50年间增暖趋势达每10年0.128℃，接近近百年增温趋势的2倍，从1981～2005年的25年间增暖趋势达每10年0.177℃，为近百年增温趋势的2.4倍，表现出增温趋势随时间的推移呈加速的态势。当然其中也可能叠加了自然变率，还有一定的不确定性。

全球变暖，已经并且将继续会给地球及人类带来系统性影响。

全球变暖将会导致冰川消融，进而海平面升高，由此引起海岸滩涂湿地、红树林和珊瑚礁等生态群丧失、海岸侵蚀、海水入侵沿海地下淡水层、沿海土地盐渍化等，从而造成海岸、河口、海湾自然生态环境失衡，给海岸带生态环境系统带来灾难。

全球变暖将会使得降水条件更加恶化，出现暴雨和洪涝的几率上升，水土流失呈加剧的态势，降水的可利用性在下降。近100年来，我国的年降水量变化趋势不明显，但呈现明显的年际与年代际振荡。在20世纪30～40年代和80～90年代降水偏多，其他年代降水偏少。中国的年降水量变化存在着明显的区域差异，近50年来我国的华北、东北东部和南部、西北东部等区域的年降水量出现了明显的下降，而长江下游、江淮地区、华南和西北地区大部的降水量却有比较明显的增多。

全球变暖将会使得水域面积增大。水分蒸发也更多了，雨季延长，水灾正变得越来越频繁。遭受洪水泛滥的几率增大、遭受风暴影响的程度和严重性加大，水库大坝寿命缩短。

全球变暖将会造成水温升高，可能会使南极半岛和北冰洋的冰雪融化，北极熊和海象将灭绝。

全球变暖将会使得物种有可能遭遇灭绝。事实上，地球生态系统中物种之间的关系是非常微妙的，也是多种多样的。由于生物发育规律的改变，有可能使在长期进化中建立起来的物种间关系发生改变，使一些物种面临着灾难。英国有一项研究显示，大山雀是迁徙的鸟类，每年春季迁飞到英国进行繁殖，所依靠的食物是英国当地的春季开花结实的植物果实。由于近年来的气候增暖，当它迁飞到达英国时，那些植物早已开花结实，可供采食的果实大大减少，造成了这种鸟的种群数量在近年来急剧下降。所以，在气候变化的影响下，生物物种要么适应气候变化而改变与其他物种的关系，要么面临着灭绝的风险。IPCC 在第四次评估报告中认为，当温度再上升 1 ~ 3℃，大约 30% 的物种面临着灭绝的风险。

日本人山本良一在《2℃改变世界》中较全面地展现了全球温度变化会导致的后果。

地球平均气温上升 1℃珊瑚礁白化；

地球平均气温上升 1.5℃缺水人口将会剧增；

地球平均气温上升 1.5℃格陵兰岛的冰川开始融化；

地球平均气温上升 1 ~2℃气候异常现象增加；

地球平均气温上升 2℃西南极冰盖开始融化；

地球平均气温上升 2℃很多沿海地区将会遭受洪水灾害之苦；

地球平均气温上升 2℃疟疾患者增加；

地球平均气温上升 3℃将对陆地生态系统产生很大影响；

地球平均气温上升 3℃海洋大循环将会停止；

地球平均气温上升 5℃甲烷水合物崩解。

1.1.2 全球变暖的主要原因是温室气体浓度增长

科学家第一次发出人类活动可能导致全球变暖的警告，可以追溯到 1896 年。诺贝尔奖化学奖得主、瑞典化学家阿列纽斯（Svante Arrhenius）指出，每年因燃烧煤炭而产生的二氧化碳，将会造成气温的轻微上升，长期积累下去就会产生显著的影响。如果二氧化碳的浓度增加 1 倍，全球气温将上升 5 ~6℃。

虽然从 19 世纪末期开始，世界上一些地方就出现了全球变暖的迹象。但在当时，这仍是一个类似先知般的预言。阿列纽斯的观点当时并没有得到认同，实际上，到了 1910 年，多数人认定这是一个错误的理论。

从 20 世纪 50 年代开始，通过不断的科学研究和观测，人类活动产生的温室气体对气候的影响，才逐渐被主流学术界所认同。而到 80 年代，全球变暖已经成为最受关注的气候挑战之一。

在工业革命之前，大气层中温室气体的水平一直稳定在 280ppm（ppm 指百万分之一）左右。但在过去 250 年内，根据 IPCC 在 2001 年发布的报告，由于人类大规模的经济行为，这个浓度已经上升了 31%。

目前国际主流观点是，气候是和各个方面紧密相关，和我们人类活动紧密相关，和自然的各个方面因素紧密相关，气候变化应该是自然因素和人类活动共同作用的结果。工业革命 100 多年来，化石燃料燃烧、水泥生产、森林砍伐、土地利用变化等碳排放活动，造成大气中含碳温室气体浓度持续增长，继而有极大的可能性导致了全球变暖。

科学研究进一步证实：大气二氧化碳的浓度在近 150 年来的不断攀升与人类使用化石燃料排放碳的曲线具有吻合性。较具说服力的证据是美国夏威夷 Mauna Loa 观测站自 1957 年开始统计描绘的大气二氧化碳浓度长期变化曲线。这一超过 50 年的观测记录表明，大气二氧化碳浓度伴随着世界人口、经济与碳排放增长而持续上升，全球平均温度也随之逐渐升高。

由 2500 名全球顶级气象学家参与的 IPCC 第四份评估报告中的第一工作组报告详细列举了各种数据，科学地论证了全球变暖实为人类活动引起的观点，并把这一相关性的级别抬高到 90% 的水平。与前 3 份中 60% 可能性的水平相比，几乎是最为明确的结论。IPCC 委员会认为，全球气温在这个时期的异常和快速升高与人类进入温室气体排放密集期正好相吻合，人类活动就是全球变暖的主因。

另外，在南极进行的不同深度冰芯钻探取样分析可以确定，大气中温室气体的浓度和总量都在上升。在南极，由于温度低，降雪不能融化。不断堆积的降雪会在其中羁留一些气泡。科学家对不同深度的冰芯进行钻探取样，提取其中的气泡，分析其中的气体成分，并进行同位素定年，即可获得地球不同历史时期大气中各种成分的变化信息。依据现在可获得的冰芯资料，现在地球大气中的二氧化碳、甲烷和氮氧化物等温室气体的浓度是近 80 万年以来最高的。

尽管现代大气二氧化碳浓度是近 80 万年来最高的，但其同位数值却并不高。可以推断：现代高浓度的大气二氧化碳主要来源于生成年代久远的碳。而这部分碳正是来源于人类燃烧埋藏在地下生成年代久远的化石燃料。所以大气中高含量的二氧化碳不是自然过程产生的，而是人类排放的。

1.1.3 节能减排是气候变化应对之道

对于人类经济发展方式变革的思考肇端于 1972 年罗马俱乐部发表的《增长的极限》报告。该报告第一次对高能耗、高污染的传统工业文明和高碳经济的发展方式进行了深刻反思，并提出一个全球均衡状态的设计。其基本思路是，如果在世界人口、工业化、污染、粮食生产和资源消耗方面按照指数增长的趋势继续下去，这个行星上增长的极限有朝一日将在今后 100 年中发生。继而，造成最可能的结果是人口和工业生产力双方有相当突然和不可控制的衰退。那么，如果人们希望改变这种增长趋势和建立稳定的生态和经济条件，就需要设计一个全球均衡状态，使地球上每个人的基本物质需要得到满足。《增长的极限》指出，从增长过渡到全球均衡是根本应对之道。

自《增长的极限》发表以来，世界人口增加了近 30 亿人，而资源消耗仍在增加，主要污染物的排放数量已接近或超过了环境自净能力，期间虽然提出了要走可持续发展道路的呼吁并进行了一定范围的实践，但是行动的力度和规模却未能扭转我们发展道路上的被动局面，以“大量生产、大量消费、大量废弃”为显著特征的工业文明发展模式依然盛行，罗马俱乐部所讲的增长的极限有可能在我们大多数人的有生之年就会到来。因此，从这个角度看，传统增长方式的有极性日趋明朗了。

在过去的 30 年里，中国经济一直保持年均两位数的增长，但环境代价十分严重。特别是 2003 年以来重化工业的加速发展，导致中国温室气体排放量接近全球温室气体排放量的 20%，占全部发展中国家的 37%。在全部的 CO_2 排放量中，能源活动引起的排放量占 96% 左右。以减少能源浪费和降低废气排放为主旨的节能减排已成为我国和世界各国应对气候问题、保护环境的基本途径。

1.2 迎接低碳经济新时代

1.2.1 什么是低碳经济

目前，气候变化已经是家喻户晓、妇孺皆知的事情。但对于一般人而言，低碳经济的概念却仍然有点陌生。“低碳经济”是近年来国际社会应对人类大量消耗化石能源、大量排放二氧化碳引起全球气候灾害性变化而提出的新概念。从字面意思上讲，“低碳”是指低二氧化碳排放的意思。其实更准确地说，应该是“低温室气体排放”。所谓“低碳经济”就是以低能耗、低污染为基础的经济，是在发展中排放最少量的温室气体，同时获得整个社会最大产出的经济发展模式。发展低碳经济的实质是提高能源利用效率和创建清洁能源结构，将涉及生产模式、生活方式、价值观念和国家权益的全球性革命。

低碳经济可以从社会再生产的经济活动与能源消费两个角度进行分析：①社会再生产全过程的经济活动低碳化，把二氧化碳排放量尽可能减少到最低限度乃至零排放，获得最大的生态经济效益；②社会再生产全过程的能源消费生态化，形成低碳能源和无碳能源的国民经济体系，保证生态经济社会有机整体的清洁发展、绿色发展、可持续发展。

英国是全球低碳经济的积极倡导者和先行者。2003 年英国政府发表了《能源白皮书》（UK Government，2003），题为：“我们未来的能源：创建低碳经济（Our Energy Future：Creating a Low Carbon Economy）”，首次提出了“低碳经济”（Lowcarbon Economy）概念，引起了国际社会的广泛关注。不仅英国前首相布莱尔为发展低碳经济摇旗呐喊，而且英国政府为低碳经济发展设立了一个清晰的目标：2010 年二氧化碳排放量在 1990 年水平上减少 20%，到 2050 年将减少 60%，到 2050 年建立低碳经济社会。表面上低碳经济是为减少温室气体排放所做努力的结果，但实质上，低碳经济是经济发展方式、能源消费方式、人类生活方式的一次新变革，它将全方位地改造建立在化石燃料（能源）基础之上的现代工业文明，转向生态经济和生态文明。

英国是世界上最早实现工业化的国家，也是全球减排行动的主要推进力量。英国率先提出“低碳经济”这一概念，其目的是打破《京都议定书》遭受空前挫折的国际气候谈判僵局，着眼于新的国际气候制度建设，建立起发达国家和发展中国家相互理解的桥梁。

英国将发展低碳经济置于国家战略高度，不仅是为了推动环保、应对气候变化，还希望通过发展、应用和输出低碳技术来创造新的商机和就业机会，在未来可能的低碳大产业中占据先机。低碳经济的概念一经提出，就引起国际社会的广泛关注，并引领了世界经济向低碳经济转型。

1.2.2 世界向低碳经济转型

碳排放量，即二氧化碳排放量是国际社会在近 10 ~ 20 年来应对全球气候变化的过程频繁触及到的一个新概念。从表面上看，碳排放量的高低是人类能源利用方式和水平的反映，但从本质上讲，更是人类经济发展方式的新标识。农业社会本质上是一个低碳社会，太阳能不仅为自然生态系统循环提供了巨大的能量来源，也为人类生存提供了生物质能，而工业社会本质上是一个高碳社会。由于化石能源，如石油、天然气和煤炭等的能量密度高、使用方便，使得开采、利用化石能源规模和水平成为现代农业、现代工业和现代社会发展的标志。

有学者从大的时空跨度和能源利用方式上分析了人类社会经历的三个阶段。

1. 农业社会：基于碳水化合物利用之上的低碳经济

在漫长的农业社会里，人类从绿色植物获取碳水化合物中的植物蛋白等糖类化合物，又从食草动物中获取动物蛋白，从碳水化合物中的纤维素获得生物质能。太阳能为自然生态系统提供了取之不尽、用之不竭的清洁能源。同时，太阳能通过绿色植物的叶绿体进行光合作用，把太阳能以化学能的形式储存在生物质有机体内。可以说农业社会是一个原始的低水平二氧化碳排放的社会，人类对自然生态系统的影响是有限的，大气中的二氧化碳含量一直稳定在 250 ~ 280ppm 左右。这个浓度对于地球大气温度的变化起到了平衡作用。当然，农业社会的低碳排放量也是低经济发展水平的标识。

2. 工业社会：基于碳氢化合物使用基础上的高碳经济

在工业社会的能源结构中化石能源始终占据主导地位，化石能源是由生物有机质在沉积岩经过漫长的时间转化而来的碳氢化合物，而碳氢化合物通过充分燃烧能产生巨大能量，同时，产生了大量二氧化碳。长期以来，人们对化石能源使用过程中所产生的二氧化碳并不在意，事实上，以化石能源为基础的工业社会已悄然地把人类带入了“高碳经济”体系，化石能源是以高二氧化碳排放为代价的。

在化石能源体系的支撑下，人类形成了火电、石化、钢铁、建材、有色金属等工业，并由此衍生出汽车、船舶、航空、机械、电子、化工、建筑等行业，这些高能耗的工业都可称之为高碳工业，即化石能源密集型产业。甚至连传统的低碳农业也演变成高碳农业，支撑现代农业发展的化肥和农药都是以化石能源为基础的。

3. 未来社会：基于化石能源高效清洁利用和开发可再生能源基础之上的低碳经济

遏制全球气候暖化，削减二氧化碳排放量，已成为 21 世纪世界各国的共识，从 1997 年的《京都议定书》到 2007 年的《巴厘岛路线图》，各国都为碳减排的责任和目标寻求途径和方法。推动未来社会从高碳经济向低碳经济转型的动因主要来自于两个方面：

（1）对环境容量有限性的认识。科学家认为，当温室气体（CO_2）浓度超过 550ppm，会导致全球气候变暖、冰川融化、海平面上升、病毒增加、物种减少、灾害气候频繁等。把温室气体排放量控制在大气环境可承受的范围之内，是全球各国政府的共同责任，气候变化已经由科学问题演变为经济和政治问题。

（2）对化石能源有限性的认识。20 世纪末开始的国际石油价格的波动上升，带动了天然气、煤炭等化石能源价格的整体走高。全球化石能源价格上涨是市场对资源稀缺性的反应，尽管对全球经济增长会带来负面影响，但是，对化石能源的高效使用、清洁开发、节约利用起到积极的推动，也给可再生能源，如太阳能、风能、生物质能、潮汐能等的开发注入活力。因此，发展基于化石能源高效清洁利用和开发可再生能源基础之上的低碳经济是未来社会的基本走向，低碳经济的发展理念，转变经济发展方式正在全球范围逐渐获得认同。

从欧美国家的实践看，实现低碳经济的主要途径有四：一是调整经济结构，降低高度依赖化石能源的产业的比例，改变生产模式；二是改变生活方式，建立资源能源节约型和环境友好型的消费模式；三是开发新能源，降低化石能源比例，改变能源结构，并清洁使用化石能源；四是提高能源效率，降低温室气体及其他污染物的排放强度。其中，新能源开发和提高能效是重点。在这一重点中，技术创新是重中之重，即研发低碳技术。低碳技术包括四大领域：①对现有能源技术的改造；②太阳能、风力、水力、生物质能、海洋温差、潮汐、海浪、燃料电池等新能源技术及其电力转换技术；③能源效率技术；④碳捕获技术等。

1.3 气候变化与环境外交

1.3.1 气候变化渐次进入政治及外交领域

大气是一种完全不可分的全球公共资源，全体人类共同消费。所以，人类行为所导致的气候变化就成为全球性问题，而且成为当今国际经济与政治的焦点。气候变化源于化石燃料燃烧所排放的温室气体，而化石能源消费是经济增长的动力和物质生活水平的保障，这样，气候变化就涉及一国的国家利益，与经济增长和生活水平直接相关。当前，“气候变化”已成为在国际政治经济文化活动中使用频率最高的名词。

气候变化问题登上国际政治舞台可以追溯到1990年，当时国际气候谈判拉开帷幕。随着科学家对温室效应的发现以及全球气候变暖问题的提出，在政府间气候变化专门委员会（IPCC）评估报告的影响和国际社会的积极推动下，气候变化问题被提上国际政治议程。1990年联合国大会通过决议决定启动谈判，1991年政府间谈判委员会正式成立，标志着谈判的开始。1992年5月9日，《联合国气候变化框架公约》在纽约联合国总部通过，并于1992年6月在里约热内卢召开的地球峰会上，由与会的154个国家以及欧洲共同体的元首或高级代表共同签署，1994年3月正式生效。

2005年在加拿大蒙特利尔召开的联合国气候变化大会，对国际气候制度的发展进程具有里程碑的意义。一方面，《京都议定书》正式生效并步入实际运行轨道；另一方面，“后京都谈判”以双轨并行的方式启动。所谓“双轨”，一是在《京都议定书》下成立特设工作组，谈判发达国家第二承诺期的减排义务；二是为了使美国、澳大利亚等非议定书缔约方能够参与谈判，决定在《联合国气候变化框架公约》基础上就促进国际社会应对气候变化的长期合作行动，启动为期两年的对话。对话围绕可持续发展、适应、技术和市场4个关键问题，鼓励所有缔约方和非政府观察机构就如何加强公约的执行以应对全球气候变化问题开展广泛的讨论，加深相互理解，促进共识。与正式谈判不同，公约下对话不以形成任何决议为目标，也不对未来谈判、义务、进程、框架或授权构成影响，只在汇总各方意见的基础上向缔约方大会进行报告。双轨并行的模式既维护了议定书的完整性，又保证了公约下所有缔约方的广泛参与，还为双轨之间的互动留下空间。这成为蒙特利尔会议的重要成果和最大亮点。

2007年，联合国气候变化大会通过了“巴厘岛路线图 ”。其主要内容包括：①大幅度减少全球温室气体排放量，未来的谈判应考虑为所有发达国家（包括美国）设定具体的温室气体减排目标；②发展中国家应努力控制温室气体排放增长，但不设定具体目标；③为了更有效地应对全球气温变暖，发达国家有义务在技术开发和转让、资金支持等方面，向发展中国家提供帮助；④在2009年年底之前，达成接替《京都议定书》的旨在减缓全球变暖的新协议。

“巴厘岛路线图”来之不易，它的绘制具有里程碑意义。它首次将美国纳入到旨在减缓全球变暖的未来新协议的谈判进程之中，要求所有发达国家都必须履行“可测量、可报告、可核实”的温室气体减排责任，这是一个可喜的进步。

1.3.2　多方制衡，微妙影响国际气候政治格局

当前国际气候政治呈现群雄纷争，三足鼎立的基本格局。欧盟、美国和中国，无论是人口、经济还是能源、排放，在全球都占有相当大的份额，在参与谈判的众多缔约方之中他们的地位举足轻重，可以说位列三强。

欧盟作为气候谈判的发起者，一直是推动气候变化谈判最重要的政治力量。一方面，担心全球变暖危及欧洲冬暖夏凉气候；另一方面，由于人口稳中有降，经济成熟而稳定，技术和管理先进，欧盟能源消费需求相对饱和，在温室气体减排方面具有优势。大力推进气候变化进程，维持在国际事务中的主导地位，符合其政治上的战略利益。

以美国为首包括日、加、澳、新、俄等国的“伞形”集团是国际气候舞台上另一支重要的政治力量。美国地域广阔，对气候变化的敏感性不及欧洲。虽然拥有世界最强大的经济实力，技术和管理水平也很高，但美国人口增长较快，也不愿意改变奢侈浪费的生活方式，因而能源需求和温室气体排放呈现较快增长趋势。

在国际资金来源非常有限的情况下，发展中国家之间为了经济利益产生矛盾和竞争不可避免，发展中国家内部的分化趋势日益明显。例如，小岛国联盟，深受海平面上升的直接威胁，支持欧盟提出的 2℃ 目标，甚至提出应该根据小岛国的切身感受，制定全球减排的长期目标。石油输出国组织成员国担心全球减排会影响到国际石油市场，强调国际社会应该帮助其改善经济结构，以适应因全球减排行动对其国家经济造成的不利影响。非洲最不发达国家因排放量很小，主要关注适应问题，希望获得更多的国际资金援助。同为发展中大国的中国、印度、巴西各自国情也不相同。随着中国快速经济发展和城市化进程，能源消费和温室气体排放快速增长。中国一直以“77 国集团加中国”模式与发展中国家阵营一起参与谈判，同时，中国也积极在“77 国集团加中国”阵营中发挥协调作用，促进发展中国家阵营的团结。

气候变化作为重大的全球性问题，既具有长远的战略意义，又攸关中美两国现实经济利益。而且签署提到的中美战略与经济对话不仅是两国双边事务，欧盟、美国和中国三强鼎立的国际气候政治格局以及大国之间的复杂博弈。

美国国会众议院 2009 年 6 月以 219 票对 212 票微弱多数通过了包含向进口产品征收“碳关税”的《清洁能源安全法案》。碳关税，是指对高耗能的产品进口征收特别的二氧化碳排放关税。这个概念最早由法国前总统希拉克提出，用意是希望欧盟国家应针对未遵守《京都协定书》的国家课征商品进口税，否则在欧盟碳排放交易机制运行后，欧盟国家所生产的商品将遭受不公平之竞争，特别是境内的钢铁业及高耗能产业。碳关税目前世界上并没有征收范例，但是欧洲的瑞典、丹麦、意大利，以及加拿大的不列颠和魁北克在本国范围内征收碳税。

而在此之前的 2009 年 5 月 20 日，中国政府提出《落实巴厘路线图——中国政府关于哥本哈根气候变化会议的立场》文件。该文件强调，哥本哈根会议成果应坚持《联合国气候变化框架公约》和《京都议定书》基本框架，严格遵循巴厘路线图授权，坚持共同但有区别的责任原则，坚持可持续发展原则，坚持减缓、适应、技术转让和资金支持同举并重。该文件重申，作为中期减排目标，发达国家作为整体到 2020 年应在其 1990 年水平上至少减排 40%。该文件表明了中国积极、建设性推动哥本哈根会议取得积极成果的意愿和决心。

2009 年 7 月，首轮中美战略与经济对话在美国首都华盛顿开幕，中国国务委员戴秉国和美

国国务卿希拉里共同主持其中的战略对话。其间，气候变化和能源问题成为一个关键话题，而且中美在气候变化与能源合作方面取得了一定的共识。中国和美国草签了关于中美两国加强在气候变化、能源和环境方面合作的谅解备忘录。

可以显著地看到，发达国家与发展中国家的气候合作与博弈牵动全球政治经济的大格局。

1.4 金融风暴袭击下的全球节能减排

1.4.1 金融风暴的诞生与发展

普遍认为，金融危机始于2007年2月浮出水面的美国次贷危机，美国经济政策失误和监管失灵是金融危机的直接原因。一方面，宽松的货币政策和赤字财政刺激了美国居民的过度消费和金融机构高杠杆运营，造成了资产价格泡沫；另一方面，伊拉克、阿富汗两场战争，美国政府开支不断扩张。经济增长结构进一步失衡，直至危机爆发。与此同时，以自由为核心的监管理念、监管制度的漏洞和监管手段的不足使金融体系的风险逐步积累。发达金融市场的决策者和监管当局没能充分评估并消除金融市场不断积聚的风险，未能及时跟上金融创新的步伐而采取有效的监管行动。另外，以美国大型投资银行为代表的金融机构治理结构存在缺陷，创新过度导致金融风险扩大化，评级机构问题重重等也是不容忽视的重要原因。

2008年金融风暴蔓延到全球主要国家和地区，并重创了实体经济。自2008年10月以来，由美国次贷危机引发的全球金融风暴开始向实体经济侵蚀，各主要经济体的经济增速明显下滑，失业率急剧上升，世界经济出现衰退。据世界银行最新报告预测，2009年全球经济增长速度将勉强维持在0.9%，相较于2008年的2.5%和2006年的4%增速而言，缩水不少。而一向视为全球经济增长“发动机”的发展中国家，其经济增长速度也将明显放缓，全年平均增速为4.5%，放缓程度甚至比20世纪末亚洲金融危机和21世纪初互联网泡沫破裂时更为严重。

与此同时，全球也掀起了一波又一波的救市浪潮。2008年2月，美国国会参众两院通过了约1680亿美元的经济刺激法案，旨在通过退税、刺激消费促进美国经济增长。3月，美国联邦储备委员会、欧洲中央银行等5家西方主要中央银行宣布，将采取联合措施向金融系统注入资金。9月，美国政府宣布接管房利美和房地美，全球保险业巨头美国国际集团，并提出7000亿美元的金融救援计划。10月，德、法、韩、日等国政府纷纷推出自己的经济刺激计划。11月，俄罗斯总理普京批准了一项旨在改善本国金融和经济形势的行动计划，力图通过刺激国内需求、增加政府投入等措施稳定实体经济。同月，中国政府宣布实施积极的财政政策和适度宽松的货币政策，并出台进一步扩大内需、促进经济增长的10项措施，两年投资约4万亿元人民币。

1.4.2 世界经济能否绿色复苏

国际金融危机暴发后，寻求经济的快速复苏，是时下各国、各地区最紧迫的工作之一。毕竟，在普遍遭受危机之后，谁能快速让经济复苏，谁就能在未来发展中占领先机。在寻求经济复苏的过程中，人们普遍意识到，不能再以牺牲资源环境为代价换取经济一时增长，不能再走边发展边污染环境的老路，应当坚持可持续发展，提倡绿色生产方式和生活方式，通过集约发展和清洁发展的理念实现经济发展的绿色复苏。

与美国历届总统相比，黑人出身的奥巴马对于新能源的开发与利用以及环境资源的保护情有独钟，以致在他的施政纲领和经济刺激计划中随处可见“绿色”的影子。

竞选期间，奥巴马说他就任后的首要任务是应对美国当前面临的巨大经济挑战，也就是应对金融危机，并与拜登提出美国新能源政策。如同 1993 年克林顿和戈尔提出的信息高速公路计划彻底改变了此后 15 年世界发展的面貌一样，奥巴马和拜登在 2008 年所提出的美国新能源政策或许将成为下一个影响我们此后 15 年世界发展的最重要政策之一。

1. 绿色大气

在奥巴马看来，经济发达的美国理应在气候变化问题上发挥领导作用，因此，奥巴马表示就任后将积极投身于全球气候变暖的有关谈判，并且美国不再推脱加入《京都议定书》。不仅如此，奥巴马还提出了有关美国温室气体排放的实施步骤：首先是启动“总量控制和碳排放交易”系统；其次是每年制定目标，最终在 2020 年前将温室气体排放降低到 1990 年水平，并到 2050 年再减少 80%。

2. 绿色农业

美国的农业经济虽然比重不高，却是美国高科技及其他相关行业产业链里最为关键的一个环节。特别是在推行绿色生物能源的过程中，农业的发展和支持无疑是最关键的。因此，奥巴马执政后除了继续对农业的环保和绿色投入更多资金支持外，还将进一步废除有害的化肥和农药，发展安全低毒的化肥和农药，研发产量更高和具有抗病虫害的新品种。另外，作为乙醇燃料的支持者，奥巴马虽然认识到了乙醇生产减轻了美国石油供应的压力，但也清楚地看到了乙醇生产对于农业生态的冲击。

3. 绿色汽车

为了减少美国对石油的依赖，奥巴马提出了汽车行业节能性产品的再造与替代开发计划，即用 10 年约 1500 亿美元资金来发展无污染的混合性机动车，目标是到 2015 年美国的混合动力汽车销量达到 100 万辆，期间美国汽车的油耗效率每年提升 4%。

4. 绿色建筑

首先，奥巴马将大规模改造联邦政府办公楼，包括对白宫进行节能改造；其次，将推动全国的学校设施升级，通过节能技术建设成“21 世纪”学校；第三，要对全国公共建筑进行节能改造，更换原有的采暖系统，代之以节能和环保型新设备。

5. 绿色电力

奥巴马提出，美国将投资像风能和太阳能这样的清洁能源，到 2012 年，美国 10% 的电力将来源于可再生能源；到 2025 年，这个比例则将提高到 25%，4 年内将以再生能源供应美国电力的 1/4。

奥巴马政府提出要实施绿色复苏计划，将新能源技术作为创造就业和刺激经济的新增长点。奥巴马政府的能源计划是，在未来的 10 年中投资 1500 亿美元，以实现刺激经济，减少温室气体排放，提高能源安全等目标。

美国参、众两院 2009 年 2 月通过了一个刺激美国经济的《2009 年恢复与再投资法》，整个预算是 7890 亿美元，其中有约 500 亿美元用来提高能效和扩大对可再生能源的生产。目标是通过对清洁能源和可再生能源的开发，在未来 10 年中创造至少 46 万个新的就业机会。在这约 500 亿美元中，140 亿美元用于可再生能源的项目，45 亿美元用于改造智能电网，64 亿美元用于清洁能源项目，63 亿美元用于对提高州一级能效的拨款，50 亿美元用于增强家庭住房的越冬防寒性能计划，45 亿美元用于对联邦政府的建筑提高能效。另有 1890 万美元用于“绿色交通”，尤其是改善公共交通和建设高速公路。

与此同时，中国在实现保增长目标的同时，也提出必须加强节能减排，并利用这一契机，促进经济结构和产业结构的调整。中国国务院总理温家宝在多次会议表示，要推动“绿色”合作，促进亚洲经济可持续发展。积极有效地协调政策和行动，加强亚洲国家在节能环保、开发利用新能源和可再生能源等领域的合作，培育亚洲经济新的增长点。坚持“共同但有区别的责任”和公平原则，在《联合国气候变化框架公约》下，深化对话与交流，积极开展务实合作，为全球应对气候变化作出力所能及的贡献。

人类进入工业社会以来，在创造了巨大的物质财富的同时，也付出了巨大的资源和环境代价。经济发展与资源环境的矛盾日趋尖锐，传统经济发展方式难以为继。社会各界需要携手共进，加强务实合作，致力于发展绿色经济，为谋求人类长远福祉而不懈努力。不论发达国家还是发展中国家，在应对危机时都应当吸取以往教训，不能再以牺牲资源环境为代价换取经济一时增长，而应坚持可持续发展的科学理念，提倡绿色生产方式和生活方式，推行集约发展和清洁发展。因此，在能源消耗越来越大的今天，我们需要什么样的经济复苏成为全球普遍关注的热点话题。

1.4.3 全球的问题必须全球一起解决

2009 年，联合国秘书长潘基文撰文指出，作为一个由国家组成的团体，联合国将在未来一年内面临三项迫在眉睫的考验。联合国提供了一个全球视角，来看待全球产生的问题，并寻求解决之道。

第一项考验是气候变化。世界各国领袖将于 2009 年 12 月在哥本哈根会聚一堂，力图达成一项制止全球变暖的协议。该协议要能延长、深化和增强《京都议定书》，该协议是面向 21 世纪制定一份平衡、包容和涉及方方面面的新协议——所有的国家必须都能接受这份协议。

第二项考验来自经济领域。显而易见，全球性的经济危机需要全球刺激方案。决策者们知道对于替代能源和有益环境的技术的投资将带来巨大的未来收益，创造出更加安全的环境、让能源独立和可持续发展变为现实。但他们也知道绿色发展可以在此时此地创造出就业机会，成为经济发展的动力。

第三项考验是务实的原则问题。气候变化和全球金融不是我们唯一面对的危机。事实上，它们与其他威胁结合在一起：粮食安全、不稳定的能源和商品市场，以及贫困问题的可怕延续。没有哪个国家能幸免于难，但最贫困的国家却能最深刻地体会到这样的打击。

如果处理不当，今天的金融危机将会演变成明天的人类危机。社会不安和政治动荡将不断发展，恶化其他所有问题。最终的危险是所有危机叠加在一起，相互助长彼此的力量，可能给所有人带来毁灭性的后果。

世界正站在新多边主义的门口，历史的天平正重新向着人类集体行动的方向倾斜。世界所面临的挑战越来越多地涉及各国之间的合作问题：应对气候变化、重建全球金融体系和促进可持续发展。在这个相互联系的世界里，关键的挑战在于找到这三大问题之间的联系。而节能减排、低碳经济正是其中的联系所在，坚定地进行节能减排，实现向低碳经济转型是应对全球气候危机，实现全球经济绿色复苏的必由之路。

2

中国节能减排现状及趋势

中国加强环境保护、节能减排、建设资源节约型社会不只是对自身，而且对世界，均具有重大意义。此举符合全球利益，是全球可持续发展的需要。中国高层领导高度重视环境问题，节能减排已经成为国家意志。保护环境、节能减排、建设资源节约型社会已成为中国各级政府的共识。中国已在环保和节能减排方面取得了巨大成绩，比如污染物减排在2008年取得突破性进展，部分环境指标明显改善，但目前这个进程远未结束，仍有很多棘手问题，如水资源保护、减少大气污染、提高能源利用率、农村环境问题等都需要中国付出更多努力来解决。

2.1 中国能源状况

能源是人类社会赖以生存和发展的重要物质基础，人类文明的每一次重大进步都伴随着能源的改进和更替。能源的开发利用极大地推进了世界经济和人类社会的发展。能源也是当今国际政治、经济、军事、外交关注的焦点，中国经济社会持续快速发展，离不开有力的能源保障。能源资源的开发利用促进了世界的发展，同时也带来了严重的生态环境问题，比如化石燃料的使用就是 CO_2 等温室气体增加的主要来源。

中国是目前世界上第二位能源生产国和消费国。能源供应持续增长，为经济社会发展提供了重要的支撑。能源消费的快速增长，为世界能源市场创造了广阔的发展空间。中国已经成为世界能源市场不可或缺的重要组成部分，对维护全球能源安全，正在发挥着越来越重要的积极作用。

2.1.1 能源生产和消费现状

改革开放以来，中国能源产业取得了巨大成就，能源供给能力明显增强，目前中国已经成为全球第二大能源生产国。统计数据显示，2008年，我国一次能源生产总量26亿t标准煤，占全球能源总产量的23.6%，居世界第二位。新能源、可再生能源、清洁能源近年来快速发展，在一次能源中的比重增加，能源结构不断优化，到2008年，全国水电装机达1.7亿kW多，年发电量27793亿kW·h，居世界第一位。

1979～2005年27年间，一次能源生产总量的年均增长率为4.5%；能源生产弹性系数0.466（见表2.1、表2.2）。其中2000～2007年，一次能源生产总量的年均增长率高达7.1%。2007年一次能源生产总量构成为：煤炭占76.4%，原油占11.3%，天然气占3.9%，水电、核电及其他占8.4%。

表2.1　中国一次能源生产总量及构成　单位：万t标准煤

年份	能源生产总量	构成（以能源生产总量为100计）			
		原煤	原油	天然气	水电、核电及其他
1978	62770	70.30	23.70	2.91	3.09
1980	63735	69.50	23.75	2.98	3.77
1985	103922	72.83	20.86	2.01	4.30
1990	85546	74.20	19.00	2.00	4.80
1995	129034	75.30	16.60	1.90	6.20
2000	128978	71.95	18.05	2.80	7.20
2001	137445	71.80	17.04	2.93	8.23
2002	143810	72.25	16.59	3.02	8.14
2003	163842	75.07	14.79	2.84	7.30
2004	187341	75.96	13.40	2.94	7.70
2005	205876	76.50	12.60	3.20	7.70
2006	221000	76.80	11.90	3.50	7.80
2007	223122	76.40	11.30	3.90	8.40

表2.2　中国一次能源生产总量的年均增长率

时　期	1979～2005年（27年）	1981～1990年（10年）	1991～2000年（10年）	1991～1995年（5年）	1996～2000年（5年）	2001～2005年（5年）
能源生产总量增长率（%）	4.5	5.01	2.18	4.42	-0.01	9.8
国内生产总值增长率（%）	9.64	9.28	10.43	12.26	8.63	9.58
能源生产弹性系数	0.466	0.54	0.209	0.361	-0.001	1.023

注　各能源折合标准煤系数：煤炭0.7143，石油1.4286，天然气13.3，水电按当年发电标准煤耗计。

资料来源：国家统计局《中国统计年鉴》。

进入21世纪以来，中国能源消费总量呈现迅速增长的趋势，2007年，中国能源消费量总量是26.5亿t标准煤，是世界上第二大能源消费国。“十五”规划期间，中国能源消费总量年均增长率达到10.15%，年均增加量17226万t标准煤，成倍于历史上任何时期的增加量。如表2.3所示，2005年中国能源消费总量达到224682万t标准煤，是1978年的3.93倍；如表2.4所示，1979～2005年27年间的年均增长率为5.20%，能源消费弹性系数0.539。其中，2001～2005年间的能源消费弹性系数高达1.059，是改革开放以来最高的时期。2008年全国能源消费总量为28.5亿t标准煤，比2007年增长4.0%，其中，煤炭占68.7%，石油占18.7%，天然气占3.8%，水电、核电、风电占8.9%。

表 2.3　**中国能源消费总量及构成**　单位：万t标准煤

年份	能源消费总量	构成（以能源消费总量为100）			
		煤炭	石油	天然气	水电
1978	57144	70.67	22.73	3.2	3.4
1980	60275	72.15	20.76	3.1	3.99
1985	76682	75.81	17.1	2.24	4.85
1990	98703	76.2	16.6	2.1	5.1
1995	131176	74.6	17.5	1.8	6.1
2000	138553	67.75	23.21	2.35	6.69
2001	143199	66.68	22.87	2.55	7.9
2002	151797	66.32	23.41	2.56	7.71
2003	174990	68.38	22.21	2.58	6.83
2004	203227	67.99	22.33	2.6	7.08
2005	224682	69.1	21	2.8	7.1
2006	245669	69.3	20.8	2.8	7.1
2007	265583	69.5	19.7	3.5	7.3

表 2.4　**中国一次能源消费总量的年均增长率**

时　期	1979～2005年（27年）	1981～1990年（10年）	1991～2000年（10年）	1991～1995年（5年）	1996～2000年（5年）	2001～2005年（5年）
能源消费总量年均增量（万t标准煤）	6205	3843	3985	6495	1475	17266
能源消费总量年均增长率（%）	5.2	5.06	3.45	5.85	1.1	10.155
国内生产总值年均增长率（%）	9.64	9.28	10.43	12.26	8.63	9.58
能源消费弹性系数	0.539	0.545	0.331	0.477	0.127	1.059

注　各能源折标准煤系数：煤炭0.7143，石油1.4286，天然气13.3，水电按当年发电标准煤耗。
资料来源：国家统计局《中国统计年鉴》。

2.1.2　能源生产和消费特点

2.1.2.1　能源资源总量比较丰富

中国拥有较为丰富的化石能源资源。其中，煤炭占主导地位。2006年，煤炭保有资源量10345亿t，剩余探明可采储量约占世界的13%，列世界第三位。已探明的石油、天然气资源储量相对不足，油页岩、煤层气等非常规化石能源储量潜力较大。中国拥有较为丰富的可再生能源资源。水力资源理论蕴藏量折合年发电量为6.19万亿kW·h，经济可开发年发电量约1.76万亿kW·h，相当于世界水力资源量的12%，列世界首位。

2.1.2.2　能源消费量大于能源生产量

中国自1992年起能源消费总量超过能源生产总量，到目前能源供应低于能源消费的趋势仍在延续（见图2.1）。能源生产不能很好地适应经济社会发展对能源的需求，能源供应的不足部分不得不依靠进口来平衡，这是中国成为石油净进口国的根本原因。

2.1.2.3　能源结构以煤为主

中国历年一次能源生产和消费构成中，煤炭所占比例高达2/3以上。2007年，煤炭在一次

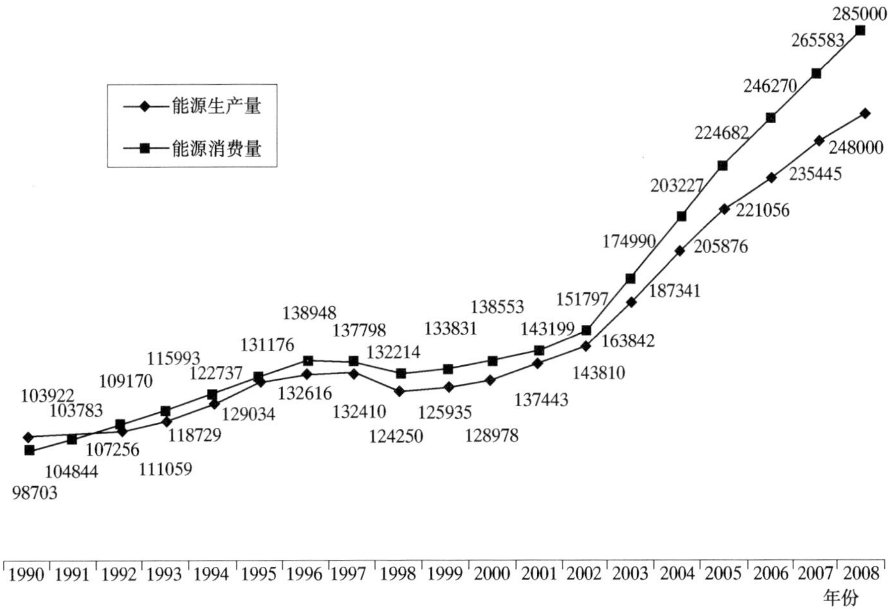

图 2.1 中国历年能源生产和消费量（万 t 标准煤）

能源生产结构中的比例已高达76.4%，煤炭在能源消费结构中的比例为69.5%。中国能源结构以煤为主的特点是能源资源条件决定的，并将在未来相当长的一段时间保持不变（见图2.2）。

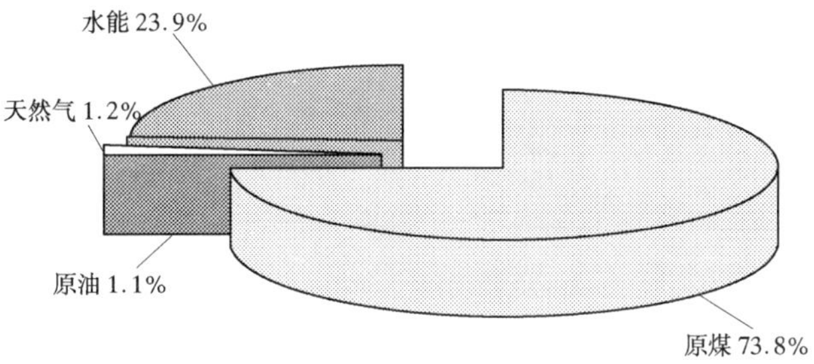

图 2.2 中国常规能量资源基础储量结构（2005 年底）

2.1.2.4 电力在能源总体中占有重要地位

2005 年，中国发电装机总容量达到 5.17 亿 kW，发电量25003 亿 kW · h，均居世界第二位。2006 年发电量达到28344 亿 kW · h。近 15 年（1991 ~ 2005 年），发电量年均增长率 9.73%，而一次能源生产总量年均增长率只有 4.66%，前者比后者高 5.07 个百分点。2006 年，两者增长率分别为 7.35% 和 13.36%，相差 6.01 个百分点。中国电力工业发展速度之快，在世界上实属罕见（见图 2.3）。

2.1.2.5 石油需求旺盛，净进口量剧增

中国石油消费量，2008 年达到 39020 万 t，比 1990 年净增 27534 万 t；而石油生产量，2008 年为 18900 万 t，仅比 1990 年增加 5069 万 t；致使中国石油生产量与石油消费量之间的差额由正变负，而且差额日益负向加大（见图 2.4）。

2.1.2.6 能源消费的部门结构以工业为主

中国 2007 年消费总量 246270.15 万 t 标准煤，其中农、林、牧、渔、水利业 8395.10 万 t 标准煤，工业 175136.64 万 t 标准煤，采掘业 13273.26 万 t 标准煤，制造业 143051.47 万 t 标准煤，电力、煤气及水生产和供应业 18811.91 万 t 标准煤，建筑业 3715.24 万 t 标准煤，交通运输、仓储和邮政业 18582.72 万 t 标准煤，批发、零售业和住宿、餐饮业 5522.44 万 t 标准煤，其他行业 9530.15 万 t 标准煤，生活消费 25387.87 万 t 标准煤（见图 2.5）。

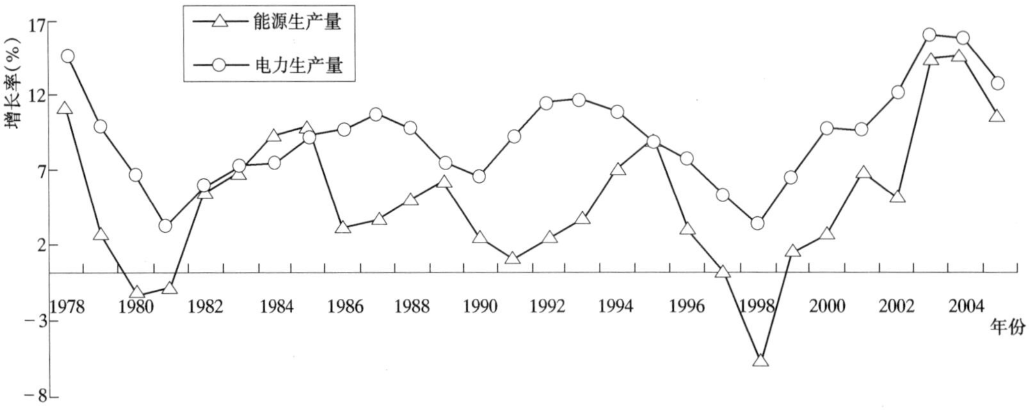

图 2.3　中国 1978 年以来发电量和能源生产量增长率比较

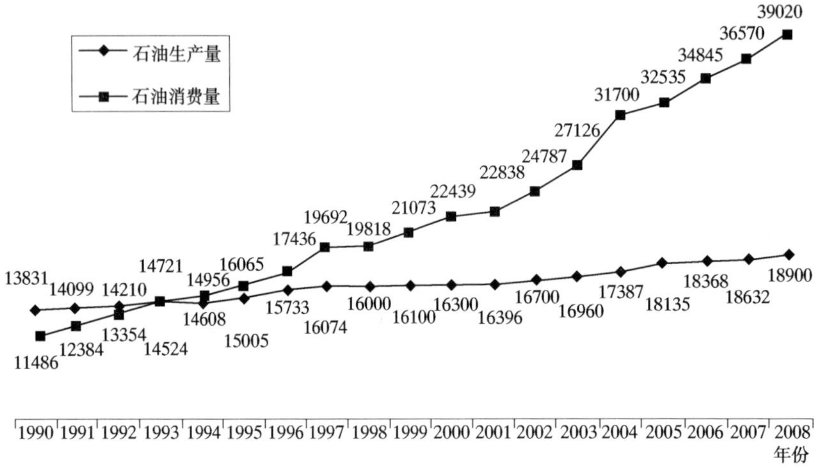

图 2.4　中国石油消费与石油生产增长比较（单位：万 t 标准煤）

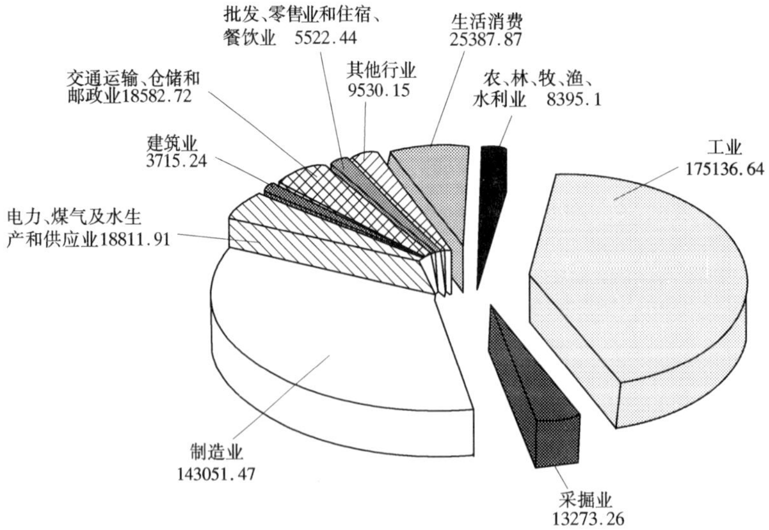

图 2.5　中国 2007 年能源消费的部门构成
（单位：万 t 标准煤）

2.1.2.7 居民生活用能量呈上升趋势

随着人民生活水平的提高，中国人均生活用能量逐年提高，特别是人均生活用电量增长速度超过了整个能源和电力消费增长速度。1980 年，全国人均居民生活用能量 97.7kg 标准煤，人均居民生活用电量 10.7kW·h；2005 年，分别达到 179.9kg 标准煤和 216.7kW·h（见图 2.6）。

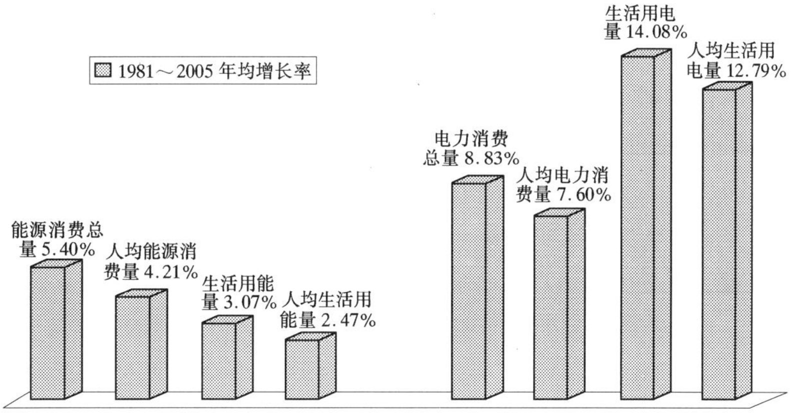

图 2.6 中国人均生活用电和人均生活用能增长速度

2.1.3 能源发展中的主要问题

2.1.3.1 能源结构性矛盾更加突出

随着中国能源供应总量不足矛盾的逐渐缓和，能源结构性矛盾将上升为主要矛盾。从能源品种来看，当前中国石油供不应求的问题最为突出。20 世纪 90 年代以来中国原油产量的增长大大低于石油消费量的增长，这一“低”（产量的低幅度增加）和一“高”（消费的高幅度增长），是造成中国国内石油供应短缺、石油净进口量大幅度增加的基本原因。纵观到 2020 年实现全面建设小康社会目标的 20 年及更长一段时间，石油生产和消费增长中这一“低”和一“高”的局面仍将持续，必须采取切实有效的战略措施加以解决。

20 世纪 90 年代以来，中国一次能源生产总量翻了一番多，2008 年达到 26 亿 t 标准煤，已成为世界第二大能源生产国。但中国优质能源资源相对不足，制约了供应能力的提高；能源资源分布不均，也增加了持续稳定供应的难度；20 世纪最后 20 年，中国以能源消费翻一番，支撑了经济总量翻两番，能源消费弹性系数为 0.43. 但也要看到，中国能源利用效率相对较低，能源生产和使用仍然粗放，经济增长方式粗放、能源结构不合理、能源技术装备水平低和管理水平相对落后，导致单位国内生产总值能耗和主要耗能产品能耗高于主要能源消费国家平均水平，进一步加剧了能源供需矛盾。单纯依靠增加能源供应，难以满足持续增长的消费需求。

在一次能源结构中，优质能源天然气和水能所占的比例仍然较低。天然气和水能资源开发利用潜力较大。煤层气、风能和太阳能发电等清洁能源和可再生能源开发利用刚刚起步，其地位和作用尚未得到应有的重视。

从能源行业来看，各行业内部发展不平衡，结构失调严重。煤炭工业采掘能力很大，但洗选、型煤、配煤和水煤浆等发展缓慢。石油工业新增可采储量无法满足产量增长的需要，储采比下降。天然气探明储量增长较快，但下游市场开发缓慢，生产及输送管道能力不能充分发挥。电力工业发电、输电和配电结构矛盾突出，高压输电网发展滞后于电源建设，导致网架结构弱、输电能力不足、运行可靠性低；城乡配电网建设滞后，制约了生产用电的合理增长，影响了居民生活水平的提高；小火电无序发展，火电设备单机容量过小，造成能源效率低下。

2.1.3.2　能源资源相对不足，保障程度不高

中国能源资源，从总体来说，储量丰富，分布广泛，质量较好，勘探开发条件较优，是实现现代化建设目标的重要物质基础保证。中国水能资源居世界第一位，煤炭资源总量居世界第三位，石油和天然气探明资源量大致在世界居第十几位。中国常规一次能源（包括煤、油、气和水能）资源总量大致有 3.63 万亿 t 标准煤，约占世界同类资源总量的 10%。同时还有核能、太阳能、风能、地热能、潮汐能以及生物质能等新能源和可再生能源，可供开发利用。但是，从能源品种、地区分布以及人口等因素分析，中国能源资源的勘探和开发利用存在着几个先天的矛盾或问题，需要采取有效战略及措施加以妥善解决。

1. 人均能源资源占有量低，能源节约是长期的任务

中国是一个人口大国，数量较大的能源资源量在庞大的人口基数面前就显得微不足道了。因此，从这个角度来说，中国是一个能源资源贫国（见图 2.7），必须注重能源资源保护和合理利用，提倡能源节约，把节能视为煤、油、气和水能之后的“第五能源”；同时，要讲究能源利用效率和经济效益，坚持能源与经济社会之间协调发展。

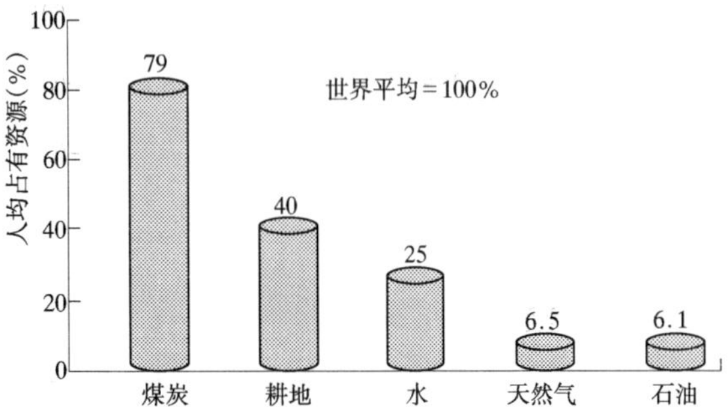

图 2.7　我国主要资源人均占有水平与世界平均水平的比较

资料来源：江泽民．对中国能源问题的思考。

2. 资源探明程度较低，开采条件差

中国现有化石能源资源的探明程度（探明储量占总资源量之比），煤炭 20%，石油 16%，天然气 5%，均低于世界平均水平（分别是 30%，50% 和 34%）。同时，在现有探明储量中，可供开发利用的工业储量并不多，地质勘探程度很低。

与世界相比，中国煤炭资源地质开采条件较差，大部分储量需要井工开采，极少量可供露天开采。石油天然气资源地质条件复杂，埋藏深，勘探开发技术要求较高。未开发的水力资源多集中在西南部的高山深谷，远离负荷中心，开发难度和成本较大。非常规能源资源勘探程度低，经济性较差，缺乏竞争力。

3. 能源资源地区分布不均衡，要妥善解决能源长距离输送

中国能源资源分布广泛但不均衡（见图 2.8）。主要赋存在华北、西北地区，水力资源主要分布在西南地区，石油、天然气资源主要赋存在东、中、西部地区和海域。中国主要的能源消费地区集中在东南沿海经济发达地区，资源赋存与能源消费地域存在明显差别。大规模、长距离的北煤南运、北油南运、西气东输、西电东送，是中国能源流向的显著特征和能源运输的基本格局。

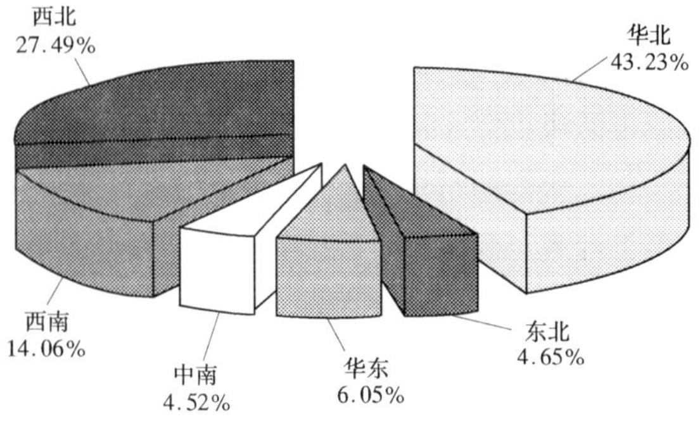

图 2.8　中国能源资源的地区分布

中国能源资源总体的地区分布是北多南少、西富东贫，能源品种的地区分布是北煤、南水和西油气，而中国经济发达、能源需求量大的地区是东部和东南沿海地区。能源资源分布和经济布局的矛盾，决定了中国能源的流向是由西向东和由北向南，“北煤南运”、“西气东输”和“西电东送”等能源大量长距离输送的格局是不可避免的。

2.1.3.3 石油进口依赖与能源安全形势严峻

解决石油供不应求的结构性矛盾，是中国今后能源发展的重要任务之一。增加石油进口量，是解决这一矛盾的主要措施之一。其结果，必然会提高中国对进口石油的依赖程度（见图 2.9）。今后仍将继续上升的趋势。由此带来中国能源和经济安全问题，必须予以高度重视和妥善解决。

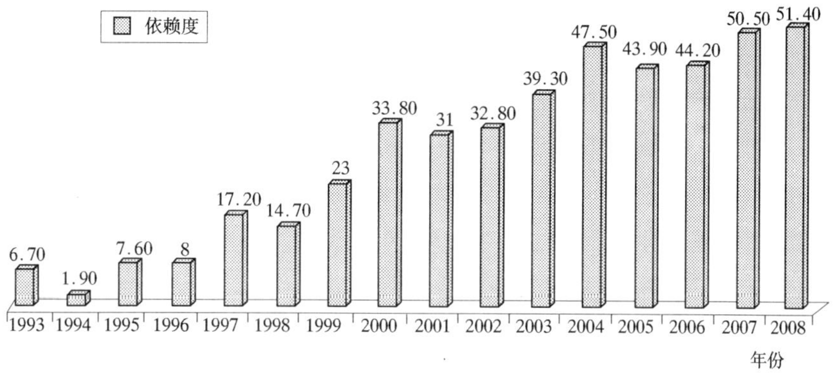

图 2.9 中国石油对外依赖度（石油净进口量与石油消费量之比,%）

纵观过去 50 年国际经济社会发展进程，石油已成为政治、军事和外交关系的重要筹码，围绕石油资源的争夺从来没有停止过。许多地区的冲突和战争都与石油资源开发、供需及市场价格变化有密切关系，石油领域的竞争已经大大超出了一个国家（地区）和一般商业范畴。

2.1.3.4 能源发展与环境保护的矛盾尖锐

能源消费以煤为主，环境压力加大。煤炭是中国的主要能源，以煤为主的能源结构在未来相当长时期内难以改变。相对落后的煤炭生产方式和消费方式，加大了环境保护的压力。煤炭大量生产和使用中存在一系列问题，如资源回采率低、浪费严重，安全事故多发、死亡率高，对地表生态和地下水系破坏大。此外，SO_2、烟尘、粉尘、NOx 以及 CO_2 排放量也有所攀升，给生态环境治理带来了难度，煤炭消费是造成煤烟型大气污染的主要原因，也是温室气体排放的主要来源。随着中国机动车保有量的迅速增加，部分城市大气污染已经变成煤烟与机动车尾气混合型。这种状况持续下去，将给生态环境带来更大的压力（见图 2.10）。

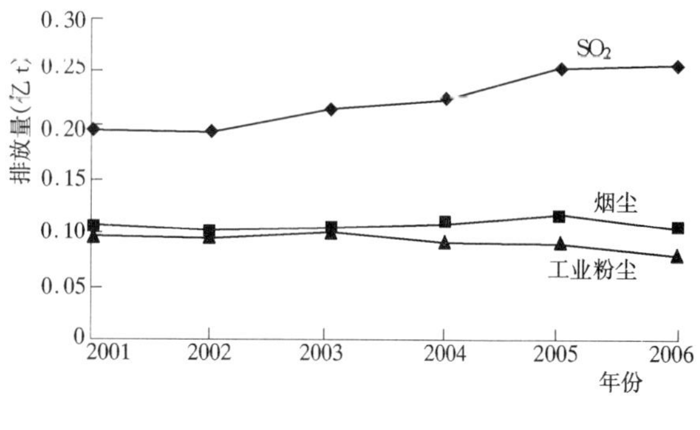

图 2.10 中国主要污染物排放情况

资料来源：江泽民．对中国能源问题的思考。

中国能源结构的调整和优化，使煤炭在能源总量中的比例趋于下降。但受能源资源条件约束，中国能源结构仍将以煤炭为主，在一段时间内煤炭消费量及其比例还会略有增加，2007 年高达 25.8 亿 t。相对落后的煤炭生产方式和消费方式，加大了环境保护的压力。近几年煤炭消费量占能源消费总量的比例大致在 68% ～69% 。基于技术和经济等方面的原因，中国煤炭消费量中大部分是原煤直接燃烧，由此造成的环境污染问题，已经影响到了国民经济的可持续发展和人民的身体健康。

总的来说，中国环境法规、条例得到了进一步完善，市场机制在环境政策的作用逐步加大，环境保护投入也有较大幅度的增加，二氧化硫、烟尘等主要污染物排放总量已呈持续减少趋势。但是应该看到，限于经济发展水平和粗放型的煤炭生产和消费方式，中国煤炭发展与环境保护之间的矛盾仍将相当突出，近年来二氧化硫、烟尘等主要污染物排放总量再次呈上升态势趋势。控制和减排污染物的任务还很重。

2.1.3.5　能源节约工作任重道远

在中国能源和经济发展中，能源节约对解决能源供需矛盾起了重要的作用。按 2005 年可比价格计算，中国每万元国内生产总值能耗，由 1990 年的 2.29t 标准煤降到 2002 年的 1.10t 标准煤，年均节能率达到 5.93% ，年均节能量 8107 万 t 标准煤，是历史上节能量最高的时期。但是“十五”以来，由经济高速增长引起能源消费大幅度增加，特别是钢铁、水泥、电解铝等高耗能产品生产总量的剧增（见表 2.5）。中国节能率逐年减少，2003 年、2004 年和 2005 年出现了负值（ –4.78% 、 –5.50% 和 –0.12% ），见表 2.6。

表 2.5　　中国近年钢铁、水泥、电解铝产量及其能源消费量

产品	2000 年		2001 年		2002 年		2003 年		2004 年	2005 年
	总产量（万 t）	总能耗（万 t 标准煤）	总产量（万 t）	总能耗（万 t 标准煤）	总产量（万 t）	总能耗（万 t 标准煤）	总产量（万 t）	总能耗（万 t 标准煤）	总产量（万 t）	总产量（万 t）
钢铁	13146	10912	16068	11723	19525	12665	24108	15870	31976	39691
水泥	59700	10733	66104	11054	72500	12338	86208	14844	96682	106400
电解铝	299	1921	358	2294	451	2850	556	3511	—	—
能耗合计	—	23566	—	25071	—	27854	—	34225	—	—

资料来源：相关行业统计年鉴。

表 2.6　　中国历年和各时期能源消费系数及节能量

年份	能源消费量	万元国内生产总值能耗（t 标准煤）					节能率	节能量
	万 t 标准煤	1980 年价	1990 年价	1995 年价	2000 年价	2005 年价	%	万 t 标准煤
1978	57144	14.58	8.62	4.72	4.38	3.73	–2.28	–1335
1980	60275	13.26	7.84	4.29	3.98	3.39	–4.57	–2887
1985	76682	10.14	6	3.28	3.04	2.6	–4.69	–3773
1990	98703	8.94	5.29	2.89	2.68	2.29	–1.93	–1947
1995	131176	6.66	3.94	2.16	2	1.71	–3.66	–4979
2000	138553	4.65	2.75	1.51	1.4	1.19	–4.51	–6544
2001	143199	4.44	2.63	1.44	1.33	1.14	–4.57	–6858
2002	151797	4.31	2.55	1.4	1.29	1.1	–2.83	–4417
2003	174990	4.52	2.67	1.46	1.36	1.16	4.78	7976
2004	203227	4.77	2.82	1.54	1.43	1.22	5.5	10592
2005	224682	4.77	2.82	1.55	1.43	1.22	0.12	262
2006	245669	4.7	2.78	1.52	1.41	1.2	–1.58	–3953

注　本表数据系根据有关统计数据计算而得。

2.1.4 能源发展战略方针

2.1.4.1 立足国内

中国规划2010年的能源消费总量将控制在27亿t标准煤左右，近几年，能源需求总自给率在93%左右。中国规划2010年的能源生产总量目标为24.5亿t标准煤，约占能源消费总量的91%。中国能源结构中，煤炭是主体，煤炭消费占69%，煤炭生产占76%。因此，中国有条件立足于主要依靠国内来保障能源需求，“立足国内”是中国能源发展的基本战略方针。中国将多方面采取措施，在保障安全生产的前提下，努力增加国内能源供给，继续保持较高的能源自给水平。

2.1.4.2 节约优先

中国到2020年实现建设小康社会奋斗目标还有12年，从经济增长对能源需求方面来分析和预测，如果按原定经济产值翻两番的发展速度（7.20%）和能源消费同步增长计算，2020年的能源需求量为56亿~57亿t标准煤。从能源生产方面来看，如果按同步增长计算，2020年的能源生产量为52亿~53亿t标准煤。但是，由于受资源、技术和经济条件的制约，据有关部门和专家预计，中国到2020年可能达到的一次能源生产供应能力预计只有25亿~26亿t标准煤；与能源需求之间的差距甚大。中国21世纪头20年能源领域再次面临“以能源翻一番确保经济产值翻两番”的严峻挑战，必须坚持实施“开发与节约并举，把节约放在首位”的能源战略方针（见图2.11）。

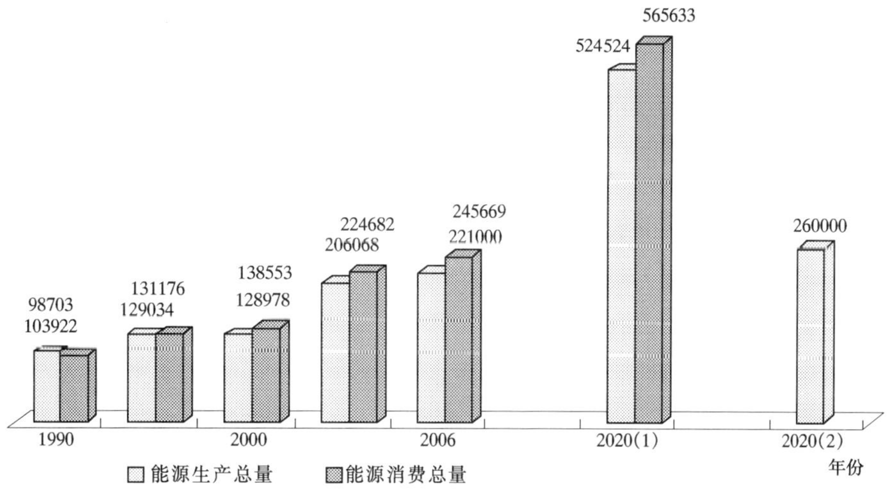

图2.11 中国2020年能源生产和需求平衡预测（单位：万t标准煤）

2.1.4.3 多元发展

从国情出发，中国能源开发将坚持“煤为基础、多元发展”的战略方针，形成“煤炭为主体，电力为中心，油气、新能源全面发展”的能源结构。

石油和天然气是优质能源，在优化能源结构中仍将起重要作用。中国石油工业的发展，将从国家长远发展和经济安全考虑，坚持实施可持续发展战略，总的是立足国内，开拓国际，油气并举，厉行节约，建立储备，维护安全。在油气开发方面，按照“挖潜东部，发展西部，加快海域，开拓南方”的思路，加强国内石油天然气勘探开发，继续稳定和提高国内油气产量。

开发利用可再生能源，是优化能源结构，改善环境，促进经济社会可持续发展。可再生能源是无污染的永续的能源，将以实施《可再生能源法》为契机，加大可再生能源的开发利用力度，依靠技术进步提高国产化水平，实现产业发展和经济效益的有机结合。

2.1.4.4 保护环境

解决环境污染问题的关键是实现煤炭资源的清洁和优质开发利用。为促进经济社会可持续发展，中国能源环境保护战略的目标是，在保证现代化建设战略目标实现的前提下，不断降低单位生产总值和人均环境污染量，使人民生活和社会生产有一个良好的环境，环境质量达到工业发达国家中等水平。为了实现这一目标，必须采取“广义环保与广义节能相结合”的战略。广义节能是广义环保的核心，节能既是治理污染又是预防污染，节能不仅能减少能源利用环节的污染，还能减少能源生产环节的污染。

2.1.4.5 加强国际互利合作

在当前全球经济一体化的环境下，中国能源和经济发展要立足国内，同时要面向国际。中国将适度利用国际能源资源和能源市场，在平等互惠、互利双赢的原则下，加强同世界各能源生产国和能源消费国的合作，保障能源稳定、安全和可持续发展。为此，中国提出了国际社会应该树立和落实“互利合作、多元发展、协调保障”的新能源安全观。

2.1.5 能源与环境协调发展

气候变化是国际社会普遍关心的重大全球性问题。气候变化既是环境问题，也是发展问题，归根到底是发展问题。能源的大量开发和利用，是造成环境污染和气候变化的主要原因之一。正确处理好能源开发利用与环境保护和气候变化的关系，是世界各国迫切需要解决的问题。中国是处于工业化初期的发展中国家，历史累计排放少，从 1950～2002 年，中国化石燃料二氧化碳排放只占同期世界排放量的 9.3%，人均二氧化碳排放量居世界第 92 位，单位 GDP 二氧化碳排放弹性系数也很小。

中国作为负责任的发展中国家，高度重视环境保护和全球气候变化。中国政府将保护环境作为一项基本国策，签署了《联合国气候变化框架公约》，成立了国家气候变化对策协调机构，提交了《气候变化初始国家信息通报》，建立了《清洁发展机制项目管理办法》，制定了《中国应对气候变化国家方案》，并采取了一系列与保护环境和应对气候变化相关的政策和措施。中国提出“十一五”时期要实现生态环境恶化趋势基本遏制，主要污染物排放总量减少 10%，温室气体排放控制取得成效的目标。中国正在积极调整经济结构和能源结构，全面推进能源节约，重点预防和治理环境污染的突出问题，有效控制污染物排放，促进能源与环境协调发展。

中国加快转变经济发展方式，积极发挥能源节约和优化能源结构在减缓气候变化中的作用，努力降低化石能源消耗，全面控制温室气体排放。大力发展循环经济，促进资源的综合利用，提高能源利用效率，减少温室气体排放。依靠科学技术进步，不断提高应对气候变化的能力，为保护地球环境作出积极贡献。

2.1.5.1 大力防治生态破坏和环境污染

中国将更加重视能源特别是煤炭的清洁利用，并作为环境保护的重点，积极防治生态破坏和环境污染。加快采煤沉陷区的治理和煤层气的开发利用，建立并完善煤炭资源开发和生态环境恢复补偿机制。推进煤炭的有序开采，限制开采高硫高灰分煤炭、禁止开采含放射性和砷等有毒有害物质超过规定标准的煤炭。积极发展洁净煤技术，鼓励实施煤炭洗选、加工转化、洁净燃烧、烟气净化等技术。加快燃煤电厂脱硫设施建设，新建燃煤电厂必须根据排放标准安装并使用脱硫装置，现有燃煤电厂加快脱硫改造。在大中城市及近郊，严禁新建纯发电的燃煤电厂。

2.1.5.2 积极防治机动车尾气污染

随着汽车工业的发展和人民生活水平的提高，中国机动车保有量迅速增加，防治机动车尾气污染成为环境保护的重要内容。中国正在积极采取有效措施，严格实施机动车排放标准，加强环保一致性检查，确保新生产机动车稳定达标；严格实施在用机动车环保年检制度；严格禁止制造、销售和进口超过排放标准的机动车；鼓励生产和使用低污染的清洁燃料机动车，鼓励生产混合动力汽车，支持发展轨道交通和电动公交车。

2.1.5.3 严格能源项目的环境管理

加强对能源项目的环境管理，是实现能源建设与环境保护协调发展的有效措施。中国严格执行环境影响评价制度，通过严格环境准入制度抑制粗放型经济增长。新建、扩建和改建能源工程项目建设与环境保护设施同时设计、同时施工、同时投入使用。加强核电项目的安全管理，强化对已运行核电站、研究堆、核燃料循环设施的安全与辐射环境的监督管理，积极做好在建核电设施安全评审和监督工作。进一步加强水电建设中的生态环境保护，在满足江河流域综合开发利用的要求下，在保护中开发，在开发中保护，注重提高水资源的综合利用和生态环境效益。

2.2 中国的环境污染与环境压力

2.2.1 2008年环境状况

联合国环境规划署2009年“六·五”世界环境日的主题为“你的星球需要你，联合起来应对气候变化”（Your planet needs YOU! Unite to combat climate change)，强调气候变化和更广范围的环境变化。为呼应这一主题，结合我国环境保护的中心任务和重点工作，环境保护部确定2009年“六·五”世界环境日中国主题为“减少污染——行动起来”，旨在引导公众关注污染防治，积极参与到节能减排工作中来。

在世界环境日，环境保护部发布了2008年中国环境状况公报，并举行了形势发布会。公报及发布会分析了中国目前环境的整体状况，取得的成绩，面临的压力与问题。

2.2.1.1 污染物减排方面取得突破性进展

2008年在污染物减排方面取得了突破性进展。全国新增城市污水处理能力1149万t/d，新增燃煤脱硫机组装机容量9712万kW，关停小火电1669万kW。化学需氧量和二氧化硫排放量比2007年分别下降4.42%和5.95%，比2005年分别下降6.61%和8.95%，首次实现了任务完成进度赶上时间进度，为全面完成“十一五”减排目标打下了坚实基础。

2.2.1.2 部分环境质量指标明显改善

2008年全国部分环境质量指标明显改善，地表水中高锰酸盐指数年平均浓度为5.7mg/L，第一次达到Ⅲ类水质标准，比上一年下降了12.3个百分点，比2005年下降了20.8个百分点；城市空气中二氧化硫年平均浓度为0.048mg/m^3，达到了国家环境空气质量二级标准，比上一年下降了7.7个百分点，比2005年下降了15.8个百分点。

2.2.1.3　环评制度在宏观调控中发挥了重要作用

环评制度在宏观调控中发挥了重要作用。环境保护部积极应对国际金融危机，及时调整改进环评工作，完善审批机制，简化审批程序，认真兑现七项承诺，对符合环保准入条件的项目开通“绿色通道”，对“两高一资”项目严格把关。2008年，环境保护部共否决或暂缓审批了156个“两高一资”项目，批复的579个项目通过落实减排措施，每年能够削减二氧化硫46.86万t、化学需氧量3.84万t。

2.2.1.4　地表水污染依然严重

全国地表水污染依然严重。七大水系水质总体为中度污染，浙闽区河流水质为轻度污染，西北诸河水质为优，西南诸河水质良好，湖泊（水库）富营养化问题突出。

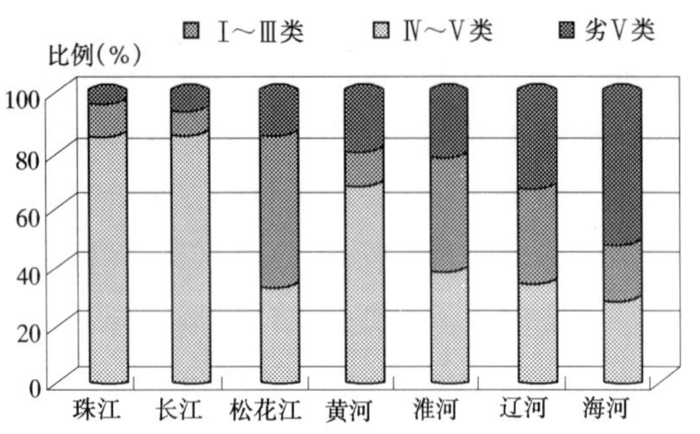

图2.12　七大水系水质类别比例

资料来源：中国环境状况公报2008。

长江、黄河、珠江、松花江、淮河、海河和辽河等七大水系总体水质与上年持平。200条河流409个断面中，Ⅰ～Ⅲ类、Ⅳ～Ⅴ类和劣Ⅴ类水质的断面比例分别为55.0%、24.2%和20.8%。珠江、长江总体水质良好，松花江为轻度污染，黄河、淮河、辽河为中度污染，海河为重度污染。在监测营养状态的26个湖泊（水库）中，呈富营养状态的湖（库）占46.2%（见图2.12）。

28个国控重点湖（库）中，满足Ⅱ类水质的4个，占14.3%；Ⅲ类的2个，占7.1%；Ⅳ类的6个，占21.4%；Ⅴ类的5个，占17.9%；劣Ⅴ类的11个，占39.3%。主要污染指标为总氮和总磷。在监测营养状态的26个湖（库）中，重度富营养的1个，占3.8%；中度富营养的5个，占19.2%；轻度富营养的6个，占23.0%（见表2.7和图2.13）。

表2.7　　重点湖（库）水质类别

类别 / 水系	Ⅰ类（个数）	Ⅱ类（个数）	Ⅲ类（个数）	Ⅳ类（个数）	Ⅴ类（个数）	劣Ⅴ类（个数）
三湖[①]					1	2
大型淡水湖		2	1	3	1	3
城市内湖				1		4
大型水库		2	1	2	3	2
总计		4	2	6	5	11
比例（%）	0	14.3	7.1	21.4	17.9	39.3

①　三湖是指太湖、滇池和巢湖。

资料来源：中国环境状况公报2008。

2.2.1.5　全国近岸海域水质总体为轻度污染

全国近岸海域水质总体为轻度污染。与2007年相比，水质略有上升。近海大部分海域为清洁海域；远海海域水质保持良好。

Ⅰ、Ⅱ类海水比例为70.4%，比上年上升7.6个百分点；Ⅲ类海水占11.3%，与上年持平；Ⅳ类和劣Ⅳ类海水占18.3%，下降7.1个百分点。四大海区近岸海域中，黄海、南海近岸海域

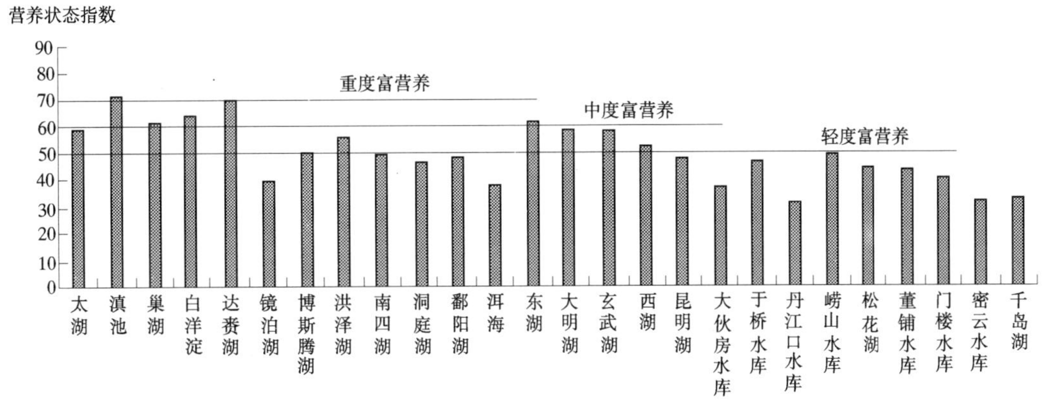

图 2.13 重点湖（库）营养资料状态指数

资料来源：中国环境状况公报 2008。

水质良，渤海水质一般，东海水质差。与上年比较，渤海湾、长江口、珠江口和北部湾Ⅰ、Ⅱ类海水比例上升 10% 以上（见图 2.14）。

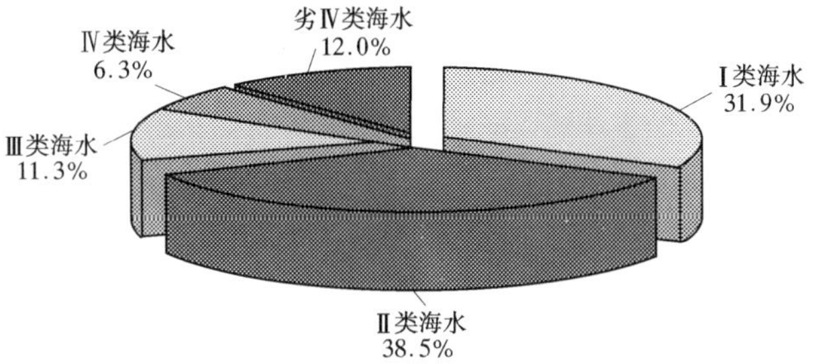

图 2.14 全国近岸海域水质类别

资料来源：中国环境状况公报 2008。

2.2.1.6 大气环境总体良好

城市空气质量总体良好，比 2007 年有所提高，但部分城市污染仍较重；全国酸雨分布区域保持稳定，但酸雨污染仍较重。2008 年度，全国有 519 个城市报告了空气质量数据，达到一级标准的城市 21 个（占 4.0%），二级标准的城市 378 个（占 72.8%），三级标准的城市 113 个（占 21.8%），劣于三级标准的城市 7 个（占 1.4%）。全国地级及以上城市的达标比例为 71.6%，县级城市的达标比例为 85.6%。

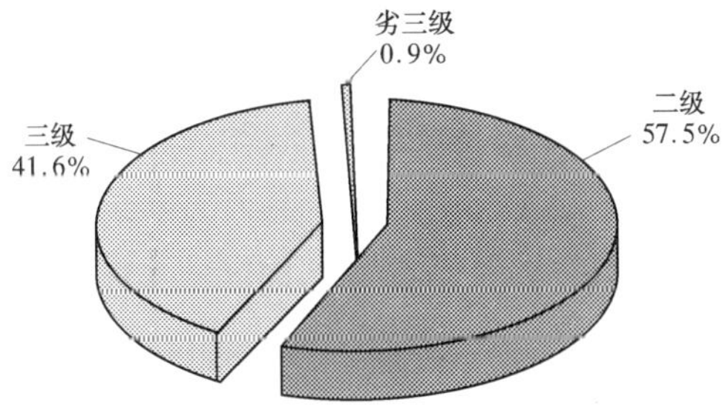

图 2.15 重点城市空气质量级别比例

资料来源：中国环境状况公报 2008。

113 个环境保护重点城市空气质量有所提高，空气质量达到二级标准的城市占 57.5%，三级的占 41.6%，劣于三级的占 0.9%。与上年相比，达标城市比例上升了 13.3 个百分点；劣三级城市比例无变化（见图 2.15）。

2008 年环境保护重点城市总体平均的二氧化氮浓度与上年相比变化不大，二氧化硫和可吸入颗粒物浓度均有所降低（见图 2.16）。

2.2.1.7 农村环境问题日益突出

农村环境问题日益突出，生活污染加剧，面源污染加重，工矿污染凸显，饮水安全存在隐患，呈现出污染从城市向农村转移的态势。

农村环境作为城市生态系统的支持者一直是城市污染的消纳方。近年来，我国在城市环境日益改善的同时，农村污染问题却越来越严重，在工业化、城镇化程度较高的东部发达地区的农村尤为突出。各种污染不仅威胁到了数亿农村人口的健康，甚至通过水、大气污染和食品污染等渠道最终影响到城市人口。农村环境主要有三种污染来源：

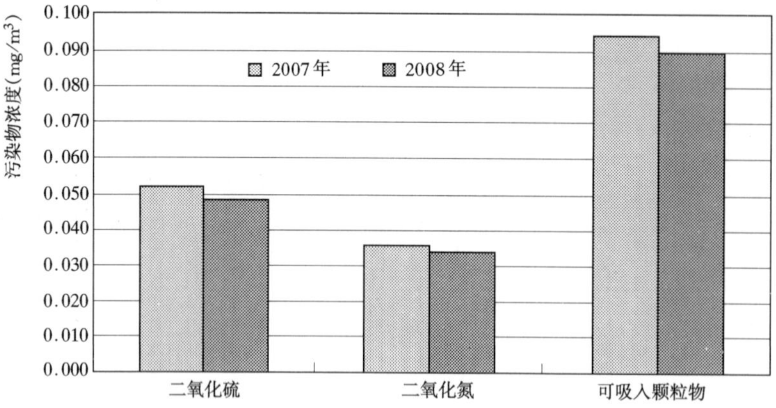

图 2.16 重点城市污染物浓度年度比较

资料来源：中国环境状况公报2008。

1. 现代化农业生产造成的各类污染

我国人多地少，土地资源的开发已接近极限，化肥、农药的施用成为提高土地产出水平的重要途径，加之化肥、农药使用量大的蔬菜生产发展迅猛，使得我国已成为世界上使用化肥、农药数量最大的国家。

化肥年使用量4637万t，按播种面积计算，化肥使用量达40t/km²，远远超过发达国家为防止化肥对土壤和水体造成危害而设置的22.5t/km²的安全上限。而且，在化肥施用中还存在各种肥之间结构不合理等现象。化肥利用率低、流失率高，不仅导致农田土壤污染，还通过农田径流造成了对水体的有机污染、富营养化污染甚至地下水污染和空气污染。目前，东部已有许多地区面源污染占污染负荷比例超过工业污染。

农药年使用量约130万t，只有约1/3能被作物吸收利用，大部分进入了水体、土壤及农产品中，使全国9.3万km²耕地遭受了不同程度的污染，并直接威胁到人群健康。2002年对16个省会城市蔬菜批发市场的监测表明，农药总检出率为20%～60%，总超标率为20%～45%，远远超出发达国家的相应检出率。这两类污染在很多地区还直接破坏农业伴随型生态系统，对鱼类、两栖类、水禽、兽类的生存造成巨大的威胁。化肥和农药已经使我国东部地区的水环境污染从常规的点源污染物转向面源与点源结合的复合污染。

由于大棚农业的普及，地膜污染也在加剧。近20年来，我国的地膜用量和覆盖面积已居世界首位。2003年地膜用量超过60万t，在发达地区尤甚。据浙江省环保局的调查，被调查区地膜平均残留量为3.78t/km²，造成减产损失达到产值的1/5左右。

2. 由于小城镇和农村聚居点的基础设施建设和环境管理滞后产生的生活污染

小城镇和农村聚居点的生活污染物因为基础设施和管制的缺失一般直接排入周边环境中，造成严重的“脏乱差”现象：每年产生的约为1.2亿t的农村生活垃圾几乎全部露天堆放；每年产生的超过2500万t的农村生活污水几乎全部直排，使农村聚居点周围的环境质量严重恶化。

尤其值得注意的是，在我国农村现代化进程较快的地区，这种基础设施建设和环境管理落后于经济和城镇化发展水平的现象并没有随着经济水平的提高而改善，其对人群健康的威胁在与日俱增。

3. 乡镇企业布局不当、治理不够产生的工业污染

受乡村自然经济的深刻影响，农村工业化实际上是一种以低技术含量的粗放经营为特征、以牺牲环境为代价的反积聚效应的工业化，村村点火、户户冒烟，不仅造成污染治理困难，还导致污染危害直接。目前，我国乡镇企业废水COD和固体废物等主要污染物排放量已占工业污染物排放总量的50%以上，而且乡镇企业布局不合理，污染物处理率也显著低于工业污染物平均处理率。

近些年来，在人口密集地区尤其发达地区，集约化畜禽养殖蓬勃发展。这些地区可资利用的环境容量小（没有足够的耕地消纳畜禽粪便，生产地点离人的聚居点近或者处于同一个水资源循环体系中），加之其规模和布局没有得到有效控制，没有注意避开人口聚居区和生态功能区，造成畜禽粪便还田的比例低、危害直接。同时，在污染排放强度上并不低于工业企业的集约化养殖场，其污染危害更加严重：不仅会带来地表水的有机污染和富营养化污染以及大气的恶臭污染甚至地下水污染，畜禽粪便中所含病原体也对人群健康造成了极大威胁。

此外，由于污水灌溉、堆置固体废弃物、承受了大量工业污染的转移，农村土壤的重金属污染已经延伸到了食品污染。我国污灌面积由1978年的约4000km^2增加到2003年的3万km^2，约占全国总灌溉面积的10%。全国因固体废弃物堆存被占用或毁损的农田为1300km^2。

由于我国农村污染治理体系尚未建立，环境污染不仅将迅速“小污”变“大污”，而且已经“小污”成“大害”，给作为弱势产业的农业和弱势群体的农民带来了显著的负面影响：中国农村有3亿多人喝不上干净的水，其中超过60%是由于非自然因素导致的饮用水源水质不达标；中国农村人口中与环境污染密切相关的恶性肿瘤死亡率逐步上升，从1988年的0.0952‰上升到2000年的0.1126‰。对于基本排除在医疗保障制度之外的农民，这是极大的威胁。

2.3 节能减排现状

2.3.1 节能减排目标与任务

2006年3月14日，第十届全国人民代表大会第四次会议批准的《中华人民共和国国民经济和社会发展第十一个五年规划纲要》提出的具体目标是：“十一五”期末全国单位国内生产总值能源消耗应比“十五”期末降低20%左右，主要污染物排放总量减少10%。具体要求为：万元国内生产总值能耗由2005年的1.22t标准煤下降到1t标准煤以下，降低20%左右；单位工业增加值用水量降低30%；主要污染物的排放总量降低10%；二氧化硫排放量由2005年的2549万t，减少到2295万t化学需氧量（COD）由1414万t，减少到1273万t全国城市污水处理率不低于70%，工业固体废物综合利用率达到60%以上。

2008年污染减排工作目标主要有：实现新增城市污水处理能力1200万t/d，形成化学需氧量减排能力60万t/a；现有的燃煤电厂投运脱硫设施3000万kW，完成10台规模1000m^2钢铁烧结机烟气脱硫工程，形成二氧化硫减排能力150万t/a；加大小火电、炼钢、水泥、炼铁、造纸、酒精、酿造、柠檬酸等行业落后生产能力淘汰力度，实现减排二氧化硫60万t，减排化学需氧量40万t。

节约能源不是简单地压缩能源的消耗，而是在使用能源的各个方面减少浪费，提高有效利用程度，以尽可能低的能源消耗，取得最大的国民经济效益。因此，节能的核心或实质是，提高能

源利用效率（或能源效率）。能源效率是一个国家能源利用好坏的标志。在其他条件已定或相同的情况下，能源消费量的多少与能源效率的高低成反比，能源效率越高，能源消费量愈少。能源有效利用率，是指包括从能源生产（不包括回采率）、加工转换、运输储存到各部门终端利用的全效率（见表 2.8）。

表 2.8　　中国能源有效利用率变化　　%

能源效率	1980 年	1989 年	1997 年	2000 年	ECE 地区 20 世纪 90 年代水平
1. 中间环节效率	74	72.4	68.8	67.8	67 ~ 75
2. 终端利用效率	34.4	38.7	45.3	49.2	51 ~ 55
其中：农业	27.7	28	30.5	32	33 ~ 36
工业	38.7	40.5	46.3	49.6	65
运输业	21.2	25.4	28.9	28.1	25 ~ 30
商业和民用	29.1	42.5	54.8	66.2	50 ~ 65
3. 能源效率（1 × 2）	25.5	28	31.2	33.4	34 ~ 41

注　中间环节包括能源加工、转换和储运。工业包括建筑业。商业和民用包括其他部门。ECE 地区包括西欧、东欧和前苏联。

资料来源：中国能源研究会《能源政策研究》。

2.3.2　中国节能降耗的差距

数据显示，中国能源有效利用率有了很大的提高。但与国际先进水平比较，差距较大，节能潜力也大。中国能源有效利用率较低和主要产品单位能耗较高，是能源综合利用水平低的集中反映（见表 2.9）。目前，中国工业能源终端利用效率大致要比西欧等国家低 10 多个百分点（见图 2.17）。

表 2.9　　中国主要耗能工业产品单位能耗变化

能耗	单位	1980 年	1990 年	2000 年	2004 年	国际先进
火电发电煤耗	kg 标准煤/（kW · h）	413	392	363		303
火电供电煤耗	kg 标准煤/（kW · h）	448	427	392	376	320
原煤生产电耗	kW · h/t	34.3	44	30.9		30
钢可比能耗	kg 标准煤/t		997	784	705	646
铜冶炼综合能耗	kg 标准煤/t	2028	1705	1352		820
铝锭综合能耗	kg 标准煤/t		6998	6427		≤5800
电解铝交流电耗	kW · h/t			15480		12900
乙烯综合能耗	kg 标准煤/t	2013	1580	1212	702	550
合成氨能耗（大型）	kg 标准煤/t			1372	1235	990
电石生产电耗	kW · h/t				3520	3000
黄磷综合能耗	kg 标准煤/t				7430	7000
水泥综合能耗	kg 标准煤/t	219	201	168	156	102
平板玻璃综合能耗	kg 标准煤/重量箱	32.3	34.8	25	25	16
建筑陶瓷综合能耗	kg 标准煤/t				309	280
纸浆综合能耗	kg 标准煤/t				547	168

资料来源：中国电力出版社《中国节能》，中国能源研究会《能源政策讯》等。

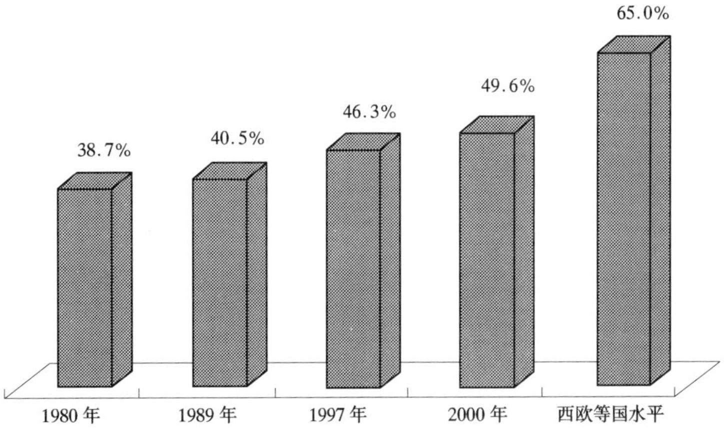

图 2.17 中国工业能源终端利用效率变化及国际比较

2.3.3 2006 年、2007 年节能减排指标完成情况

从年度任务角度看，第一年没有完成目标任务，第二年部分完成目标任务。2006 年，全国万元 GDP 能耗为 1.204t 标准煤，比上年下降了 1.79%，仅完成年均节能目标（4.4%）的五分之二；化学需氧量（COD）和二氧化硫（SO_2）排放量不降反升，分别比上年上升 1.0% 和 1.5%。2007 年，全国万元 GDP 能耗 1.160t 标准煤，比 2006 年降低了 3.66%，距年均节能目标仍有 17% 的差距；COD 和 SO_2 排放量分别比 2006 年下降 3.2% 和 4.7%，完成了年均 2% 的污染减排目标。

从累计任务角度看"十一五"规划头两年，全国不论是节能还是减排都没有完成目标任务。2007 年全国万元 GDP 能耗比 2005 年下降了 5.38%，相当于完成累计节能目标（8.8%）的 61%；两种主要污染物 COD 和 SO_2 排放总量分别为 1381.8 万 t 和 2468.1 万 t，比 2005 年分别下降了 2.29% 和 3.17%，相当于完成累计减排目标（4%）的 57% 和 79%（见表 2.10）。

表 2.10　2006～2007 年全国节能减排目标完成情况

项目	2005 年	2006 年	2007 年
单位 GDP 能耗（t 标准煤/万元）	1.226	1.204	1.160
比上年下降（%）	—	-1.79	-3.66
比 2005 年下降（%）	—	-1.79	-5.38
化学需氧量排放量（万 t）	1414.2	1428.2	1381.2
比上年下降（%）	—	+1.00	-3.20
比 2005 年下降（%）	—	+1.00	-2.29
二氧化硫排放量（万 t）	2549	2588.8	2468.1
比上年下降（%）	—	+1.50	-4.70
比 2005 年下降（%）	—	+1.50	-3.17

资料来源：吴国华. 我国节能减排的理性思考。

从地区角度看，截至 2007 年底，"十一五"节能目标完成进度 40% 以上的有北京、天津两个地区；完成进度 30%～40% 的有福建、上海、陕西等 15 个地区；完成进度 20%～30% 的有云南、四川、湖南、重庆等 10 个地区；完成进度低于 20% 的有新疆、海南、青海 3 个地区。换句话说，"十一五"期间节能目标执行两年来，按时完成目标任务的只有北京、天津两个地区，占比不到7%，其余93%的地区均没能按时完成任务。

能耗指标由升转降说明中国节能工作开始取得成效；未能实现4%的预定目标则说明经济增长方式转变并不顺利，高耗能工业扩张模式仍在延续。

经济增长方式转变不顺利是中国没有实现年度节能目标最重要的原因。当前中国经济增长主要依靠工业拉动，服务业比重偏低，而在工业中，高耗能的重化工业比重偏大，这样，经济增长过于依赖消耗能源和资源。

能源消费的高增长说明高消耗的经济增长方式仍在继续。但应当看到的是，市场对高耗能产品的需求是不可持续的，要寻找新的经济增长点。

2.3.4　2008年节能指标完成情况

2008年，全国化学需氧量排放量1320.7万t，比上年下降4.42%；二氧化硫排放量2321.2万t，比上年下降5.95%。与2005年相比，化学需氧量和二氧化硫排放量分别下降6.61%和8.95%，不仅继续保持了双下降的良好态势，而且首次实现了任务完成进度赶上时间进度。

全国城镇污水处理率由上年的62%提高到66%；脱硫机组装机容量达到3.63亿kW，装备脱硫设施的火电机组占全部火电机组的比例由上年的48%提高到60%。

2008年，全国废水排放总量为572.0亿t，比上年增加2.7%；氨氮排放量为127.0万t，比上年下降4.0%（见表2.11）。

表2.11　　全国近年废水和主要污染物排放量

项目/年份	废水排放量（亿t）			化学需氧量排放量（万t）			氨氮排放量（万t）		
	合计	工业	生活	合计	工业	生活	合计	工业	生活
2006	536.8	240.2	296.6	1428.2	541.5	886.7	141.3	42.5	98.8
2007	556.8	246.6	310.2	1381.8	511.1	870.8	132.3	24.1	98.3
2008	572.0	241.9	330.1	1320.7	457.6	863.1	127.0	29.7	97.3

资料来源：中国环境状况公报2008。

2008年，二氧化硫排放量为2321.2万t，烟尘排放量为901.6万t，工业粉尘排放量为584.9万t，分别比上年下降5.9%、8.6%和16.3%（见表2.12）。

表2.12　　全国近年废气中主要污染物排放量

项　目/年　份	二氧化硫排放量（万t）			烟尘排放量（万t）			工业粉尘排放量（万t）
	合计	工业	生活	合计	工业	生活	
2006	2588.8	2234.8	354.0	1088.8	864.5	224.3	808.4
2007	2468.1	2140.0	328.1	986.6	771.1	215.5	698.7
2008	2321.2	1991.3	329.9	901.6	670.7	230.9	584.9

资料来源：中国环境状况公报2008。

2008年，全国工业固体废物产生量为190127万t，比上年增加8.3%；排放量为782万t，比上年减少34.7%；综合利用量（含利用往年储存量）、储存量、处置量分别为123482万t、21883万t和48291万t，分别占产生量的64.9%、11.5%和25.4%。危险废物产生量为1357万t，综合利用量（含利用往年储存量）、储存量、处置量分别为819万t、196万t和389万t（见表2.13）。

表 2.13　　2008 年全国工业固体废物产生及处理情况

产生量（万 t）		综合利用量（万 t）		储存量（万 t）		处置量（万 t）	
合计	危险废物	合计	危险废物	合计	危险废物	合计	危险废物
190127	1357.0	123482	819	21883	196	48291	389

资料来源：中国环境状况公报 2008。

2009 年 7 月，环境保护部公布了 2008 年度各省（自治区、直辖市）和五大电力集团主要污染物总量减排考核结果。

2008 年全国新增城市污水日处理能力 1149 万 t，新增燃煤脱硫机组容量 9712 万 kW，淘汰了一批高耗能、高污染的落后产能。全国化学需氧量排放量 1320.7 万 t，比 2007 年下降 4.42%；二氧化硫排放量 2321.2 万 t，比 2007 年下降 5.95%。与 2005 年相比，化学需氧量和二氧化硫排放总量分别下降 6.61% 和 8.95%，不仅继续保持了双下降的良好态势，而且首次实现了任务完成进度赶上时间进度。31 个省（自治区、直辖市）和新疆生产建设兵团都较好地完成了减排计划中确定的工作任务，化学需氧量和二氧化硫排放量均实现了年度减排目标；华能、大唐、华电、国电、中电投五大电力集团公司和国家电网公司较好地完成了二氧化硫削减任务。北京等 27 个省（自治区、直辖市）两项指标均较 2007 年出现下降，二氧化硫下降幅度最大的是北京市，为 18.8%；化学需氧量下降幅度最大的是上海市和河北省，为 9.4%。电力行业二氧化硫排放量减排成绩显著，排放量比 2007 年下降 14.5%，国家五大电力集团公司二氧化硫排放量下降了 17.9%（考核结果详见表 2.14 和表 2.15）。

表 2.14　　2008 年省（自治区、直辖市）主要污染物总量减排考核结果

省（自治区、直辖市）	化学需氧量		二氧化硫	
	2008 年排放量（万 t）	2008 年比 2007 年减排比例（%）	2008 年排放量（万 t）	2008 年比 2007 年减排比例（%）
北京	10.13	-4.92	12.32	-18.76
天津	13.31	-3.05	24.01	-1.88
河北	60.48	-9.37	134.5	-9.87
山西	35.88	-4.11	130.84	-5.65
内蒙古	28.01	-2.63	143.1	-1.70
辽宁	58.39	-6.97	113.07	-8.36
吉林	37.43	-6.43	37.75	-5.38
黑龙江	47.62	-2.42	50.63	-1.75
上海	26.67	-9.39	44.61	-10.39
江苏	85.15	-4.47	113.03	-7.21
浙江	53.86	-4.50	74.06	-7.08
安徽	43.29	-4.02	55.57	-2.80
福建	37.82	-1.31	42.89	-3.76
江西	44.53	-5.02	58.31	-6.10
山东	67.86	-5.73	169.2	-7.15
河南	65.09	-6.21	145.2	-7.16
湖北	58.57	-2.62	66.98	-5.34

续表

省（自治区、直辖市）	化学需氧量		二氧化硫	
	2008年排放量（万t）	2008年比2007年减排比例（%）	2008年排放量（万t）	2008年比2007年减排比例（%）
湖南	88.47	-2.11	84.05	-7.10
广东	96.36	-5.28	113.59	-5.58
广西	101.28	-4.74	92.46	-5.06
海南	10.07	-0.73	2.17	-15.06
重庆	24.17	-3.82	78.24	-5.30
四川	74.91	-2.85	114.78	-2.63
贵州	22.18	-2.29	123.57	-10.14
云南	28.05	-3.27	50.17	-5.99
西藏	1.54	0.14	0.2	5.76
陕西	33.21	-3.68	88.94	-4.08
甘肃	17.05	-2.07	50.15	-4.15
青海	7.46	-1.62	13.48	0.66
宁夏	13.18	-3.86	34.83	-5.80
新疆	27.1	-0.82	56.46	0.95
兵团	1.61	-0.57	2.09	0.00

注　公报不含香港特别行政区、澳门特别行政区和台湾省。
资料来源：环境保护部。

表2.15　2008年五大电力集团公司主要污染物总量减排考核结果

集团名称	中国华能集团公司	中国大唐集团公司	中国华电集团公司	中国国电集团公司	中国电力投资集团公司
火电装机容量（万kW）	7305.6	6406.9	5728.3	6253.4	3676.2
脱硫装机容量（万kW）	5682.9	5443	4340.5	4697.9	2478
火力发电量（亿kW·h）	3448	3013	2505	2845	1745
关闭小火电容量（万kW）	65	199	121	116	148
2008年二氧化硫排放量（万t）	114.9	112.1	116.5	128.5	91.2
较2007年下降比例（%）	15.18	21.23	18.91	17.61	16.03
考核结果	通过	通过	通过	通过	通过

注　表中数据未包括五大电力集团公司2008年并购的火力发电厂。
资料来源：环境保护部。

2.4　产业振兴与节能减排

全球性的经济危机使得保经济增长成为各国的压倒性任务，中国也未能例外。作为保增长、刺激经济政策的重要组成部分，中国政府加快推出十大产业振兴计划。振兴计划所涉及的产业包括钢铁、汽车、船舶、石化、纺织、轻工、有色金属、装备制造、电子信息、物流等。这些产业与国民经济关系较大，但其中大部分也是典型的非环保产业，对环境的破坏和影响很大。

与此同时，十大产业调整和振兴规划都对节能减排提出了明确要求。例如，根据钢铁产业调整和振兴规划，新增产能必须以淘汰落后产能为前提；重点大中型企业吨钢综合能耗要由目前的670kg 标准煤下降到620kg 标准煤；未来3 年再淘汰落后炼铁产能7200 万 t、炼钢产能2500 万 t。

产业振兴是否必然导致环境继续被破坏，是否会使得中国许多过去艰难推进的环境领域改革退步？中国能否在应对气候变化与保持经济增长之间取得平衡？这些问题在实践中的答案将是检验经济是否能够绿色复苏，国家是否已经实现新的经济发展方式的试金石。

2.4.1 经济下行中的产业振兴规划

2.4.1.1 背景

2008 年由美国次贷危机引发的世界金融危机对中国的影响如今日渐显现。国外需求急剧减少，中国企业订单明显减少，现金流濒临断裂。与此同时，原材料价格上涨、劳动力成本提高和库存增加导致成本提高，大部分企业经营环境恶化，珠三角、长三角出现大批企业倒闭、农民工“返乡潮”和“二次返乡潮”。中国经济面临严峻考验。

自2009 年1 月14 日至2 月25 日，国务院常务会议先后审议并原则通过汽车、钢铁、纺织、装备制造、船舶、电子信息、石化、轻工业、有色金属和物流业十个重要产业的调整振兴规划。

业内普遍认为，此时中国政府出台的这一系列振兴规划正在成为拉动我国经济走出低谷的巨大引擎。

有专家分析，之所以选择振兴这十大产业主要基于两点考虑：第一是重要性。这些行业都属于中国国民经济的重要支柱，是工业产值和国家税收的主要贡献力量，吸纳就业人群的主要渠道，是拉动 GDP 增长的主要行业，对经济发展影响巨大。第二是问题突出。这些行业都在近些年开始出现产能扩张过快、供给过剩，低水平重复建设、产品结构不合理，低端耗能和污染严重等问题。由于依赖出口程度较高，它们都在此次金融危机中受到较大冲击。

十大产业是有机联系的整体，重点产业调整和振兴规划的着眼点：一是应对当前；二是着眼长远，不但要引导产业走出困境，而且要促进结构调整和产业结构优化升级，支撑国民经济平稳较快发展。

十大重点产业就业超过1 亿多人，涉及3 亿农民的生计。同时，我国 CDP、金融领域、沪深股市的上市公司接近60% 与十大产业息息相关。因此，十大产业平稳发展，有利于财政、税收、就业和“三农”问题的基本稳定。

针对这些行业存在的问题，已出台的振兴规划都制定了相应的政策，比如钢铁行业规划中提出淘汰高耗能、高污染的落后产能，不得再上单纯扩大产能的项目。电子信息行业振兴规划通过6 个工程，鼓励民间资本进入，实现重大科技项目的突破。鼓励纺织业、钢铁业、装备制造业、汽车业企业联合重组等。

2.4.1.2 规划关键点

1. 钢铁业

加快淘汰落后产能。实施适度灵活的出口税收政策，调整进出口税率，提高部分高端产品的出口退税率，稳定国际市场份额；加大淘汰落后产能力度；发挥大集团的带动作用，推进企业联合重组等。

2. 汽车业

支持发展自主品牌。从 2009 年 1 月 20 日至 12 月 31 日，对 1. 6L 及以下排量乘用车减按 5% 征收车辆购置税。支持大型汽车企业集团进行兼并重组，使大型车企从目前的 14 家减少到 10 家以内等。

3. 纺织业

促进企业由大到强。将纺织品服装出口退税率由 14% 提高至 15% 。加大对纺织企业技改资金和流动资金贷款支持等。

4. 装备制造

骨干企业联合重组。支持装备制造骨干企业进行联合重组；重大工程项目优先采购国内生产设备，国内采购率原则上不低于 70% 等。

5. 船舶业

扩大国内市场需求，淘汰落后产能。鼓励金融机构加大船舶出口买方信贷资金投放；将现行内销远洋船财政金融支持政策延长到 2012 年等。

6. 电子信息

集中实施六大工程。加大投入，集中力量实施集成电路升级、新型显示和彩电工业转型、第三代移动通信产业新跨越、数字电视推广等六大工程，鼓励引导社会投资等。

7. 轻工业

惠及 45 个细分行业。扩大城乡消费。进一步提高部分轻工产品出口退税率。加大对中小轻工企业的财税和信贷支持等。

8. 石化业

控制总量布局产业。抓紧落实成品油储备，完善税收政策，增加技改投入，加大对石化企业的信贷支持等。

9. 有色金属

收储成为主要措施。落实及增加收储计划、推动跨行业、跨地区兼并重组等。

10. 物流业

减轻金融危机冲击。将仓储、配送等各环节的营业税税率与运输业统一，调低为 3% ；扩大营业税差额增收范围等。

2.4.2　节能减排与产业振兴的平衡发展

关于产业振兴规划，坊间也出现了不同的观点。安邦咨询认为，尽管政府有心，但方案并未体现出战略高度，实际效果恐怕不十分乐观。

从总体上看，十大产业振兴规划的出台时间过于仓促，存在明显的短期化倾向。很多规划都是沿袭之前的一些产业中长期规划纲要，存在着不少的方向和定位问题，看起来更像是在特殊情况下制定的“花钱计划”，而不像战略层面的规划。此外，一些产业振兴规划明显地表达了政府拟用行政手段进行扶持的思路，这意味着政府有可能从本应专注的宏观调控转向加强微观管理，使得企业和市场今后面临的政府干预可能更多。

另外，保经济增长成为压倒性的任务，使得中国许多过去艰难推进的改革有可能走回头路。环境保护就是这样一个领域。

作为保增长、刺激经济政策的重要组成部分，中国政府正在加快推出十大产业振兴计划。振兴计划所涉及的产业包括钢铁、汽车、船舶、石化、纺织、轻工、有色金属、装备制造、电子信息、建筑业等。这些产业与国民经济关系较大，但同时也都是典型的非环保产业，对环境的破坏和影响很大。

在钢铁振兴规划中，由于经济形势严峻、钢铁行业面临生存危机，国家出台钢铁产业振兴规划的一个重要目的是为了挽救钢材市场，避免钢企遭受更大损失，因此产业规模拉动国内钢材市场消费的特色十分明显。汽车产业振兴规划的基本目标也是要扩大市场的总体消费规模。

值得注意的是，当这些典型的传统行业进入振兴发展时，对生态和环保的威胁也将会随之扩张。在前几年的宏观调控中，对于传统行业产业的升级和环保要求，在强调节能降耗的总目标下，应该说都有一些进步。但现在值得质疑的是，对钢铁和汽车等传统产业的大规模刺激，可能会在环保问题上走回头路。中国可能在事实上向全世界宣布，在刺激经济的目标下，将暂时放弃基本的环保原则。我们注意到，在去年宏观经济政策大转变之后，环保部门对大型项目的环境影响评价明显加快，自从国家推出 4 万亿元经济刺激方案以来，环境保护部共批复项目环评文件 153 个，总投资达 4700 多亿元；而暂缓审批的高耗能、高污染和资源型煤化工、火电项目有 11 个。

当然，在已出台的产业振兴规划中，也都有一些环保的内容，如钢铁行业的技术改造和升级，淘汰落后产能，汽车产业未来 3 年将安排 100 亿元专项资金来重点支持企业技术创新、技术改造和新能源汽车等。但用不着费心就可发现，这些涉及环保的规定都显得过于原则、过于象征性、过于表面化，是对传统产业刺激计划的一种“装饰性”的内容。越是在经济困难的时候，越要强调正确的方向，否则就会因为“急就章”而犯错误。我们不能总做那些几年后就反思，十几年后就后悔，几十年后就批判的事情，决不能允许以保增长的名义来再度牺牲环保。

2.5 节能减排趋势

节能减排主要指标在 2006 年没有完成，2007 年实现双降，2008 年继续保持双下降的良好态势。针对此种现象，出现了两种观点：乐观的观点认为节能减排出现拐点，将有可能完成“十一五”规划的节能减排目标；而另有观点则仍保持怀疑态度，认为“金融危机所带来的不确定因素再加上主要污染物降低的难度，能否顺利完成“十一五”规划所确立的目标，其中有没有数字游戏，仍需要时间来验证。”

2.5.1 乐观的观点：“十一五”降耗 20% 目标可期

2009 年 7 月，“气候变化与低碳经济发展媒体高层论坛——2009 气候变化中国声音”的会议在北京举行。国家发改委应对气候变化司表示，“按照目前的情况来看，20% 的目标基本上可以实现。”同时指出：前 3 年降耗指标现在总计完成了 10.8% 左右，今明两年降耗幅度只要能达到年均 5% 左右，就可以实现“十一五”期间能耗减少 20% 的总目标。而 2009 年一季度，降耗幅度是 2.89%，上半年是 4% 左右，年底之前应该可以达到 5%，应该没有问题。

环保部称，2008 年单位 GDP 能耗比上年下降 4.59%，而 COD、二氧化硫这两种主要污染物的排放量继 2007 年之后，再次保持“双降”势头，分别减少 4.42% 和 5.95%。也就是说，近 3 年中国已经实现了单位 GDP 能耗下降 10.08%，化学需氧量、二氧化硫排放量分别减少 6.61%

和 8.95%。

那么，按照这个趋势，即到 2010 年实现主要污染物分别降低 10% 的目标应无疑问。

2.5.2 疑虑的观点：中长期压力及不确定因素

有观点认为，中国节能减排目标的完成面临诸多中长期及现实的压力，比如中国重化工格局到 2020 年以前很难改变，增长方式转变不可能一蹴而就，我国能源消费进入高增长期等。与此同时，金融危机带来的经济下行给节能减排带来了诸多的不确定性。

其一，从先行工业化国家的发展历程看，经济增长（人均国内生产总值）与能源消费（人均能源消费）之间存在着明显的正相关关系，在工业化加速发展时期，能源消费快速增长，污染物的排放量大。中国作为一个发展中大国，由于国内消费结构升级、中间需求增长和出口增长的推动，到 2020 年前，仍将是重化工业发展的重要时期，我国能源消费的增量和新上项目污染物排放的增量仍较大。那么，我们目前所面临的资源环境问题的一个重要原因就是重化工业的无限扩张与资源环境有限容量之间的矛盾，这种矛盾将随着重化工业进一步扩展而加剧。

其二，增长方式转变的渐进过程决定能耗和污染问题解决的长期性。尽快改变我国的高能耗、高污染的粗放型经济增长方式已成当务之急，然而，增长方式转型要着力解决被扭曲的要素价格、完善对经济社会发展实绩的考核指标和机制、培育有利于创新的制度和政策环境等重点问题，这些都不是一蹴而就的，需要一个过程。在这个过程中，支持我国经济增长的诸多要素将发生实质性变化，如劳动力、土地等生产要素成本上升，能源和其他重要资源、环境约束压力的显著加大，金融风险增加等，增长方式转型将面临过去未曾有过的压力。因此，高能耗、高污染问题也难以在短期内得到根本解决，已解决的能源、环境问题也可能出现反复。

其三，目前，我国正处于工业化加速发展时期，是能源资源消费高增长期。能源资源高消耗必然带来污染物高排放，致使经济发展与资源环境的矛盾进一步加剧。首先是人均能源消费与人均国内生产总值（GDP）同步增长；能源消费总量上，工业化国家能源消费呈现出“平缓增长→上行拐点→快速增长”的周期性演变趋势。而我国人均国内生产总值（GDP）按照购买力平价计算，目前已超过 5000 美元，根据典型工业化国家的能源消费特征可以判断，我国的能源消费在今后一个较长时期内，将出现加速增长。事实上，近几年来我国能源消费已出现加速增长的势头。

其四，金融危机加重了节能减排完成的不确定性。2008 年全球范围内发生的国际金融危机对中国的影响日益显现。专家认为，随着国际金融危机的扩散和蔓延，振兴经济已经成为当前和今后一个时期的主要矛盾，这对实现“十一五”规划目标和任务构成了新的考验。

2008 年，国际金融危机导致的出口受阻以及国内需求减速，不少排放量大、能耗高的资源类产业都被迫减产甚至局部性停产，减排从中获益不小。从今年起，随着地方建设热情的空前高涨，这种不可持续的环保“利好”将很可能转而变成新的环保压力。

2008 年 11 月 9 日，中国政府公布了“进一步扩大内需的 10 项措施”，并提出两年内总计投资 4 万亿元的经济刺激计划。未来 2～3 年，大量即将上马的中央和地方建设项目，引发了社会对于节能减排指标是否会放松的揣测：积极的财政政策和适度宽松的货币政策，会不会减缓已经紧绷了两三年的节能减排势头？一些地区会不会借发展经济之名放松环保监管紧绷的弦？这些巨大投资如何在污水处理等领域发挥其应有的作用？如何保证这些投资是“绿色”的？尽管从监管层面到专家都在试图说服人们放下心来，但是，无数的发展教训，都令人们对此充满疑虑。

总体而言，中国“十一五”节能减排总体目标的实现已经有了一定的基础，任务完成进度赶上了时间进度。但如果希望实现总体目标，实现环境的根本改变，需面临一系列的挑战及不确定因素。只有切实的转变经济发展方式、转变消费方式、转变生活方式，调整经济结构、产业结构，才能实现切实的节能减排目标的总体实现。

3

中国节能减排与经济发展方式

中国改革开放30年来，经济增长的数量扩张迅速，但与此同时，经济增长质量问题也渐渐凸显出来。对于经济增长质量问题不仅需要从经济增长的动态过程上来考察，还需要关注到经济增长的结果——资源利用和生态环境代价。

经济增长对生态环境的破坏我们可以从工业废水、废气以及固体废气物的排放量上来考察。1950年工业废水排放总量为233.6亿t左右，之后呈缓慢递增趋势，2007年达到246.6亿t左右。与工业废水排放情况所不同的是，改革开放以来工业废气和固体废气物的排放量增长迅速，1983~2007年工业废气排放量由63167亿标m^3迅速上升到388169亿标m^3，而工业固体废物产生量由1980年的4.9亿t左右增加到2007年的17.6亿t左右。由此可见，随着经济的增长、工业的发展，各类污染物大量投向环境并且排放量增长迅速，生态环境的承受力正在经受着严峻的考验。

节能减排成为中国转变经济发展方式的内在需求。中国国家领导多次指出，要加快转变发展方式，大力推进经济结构战略性调整。同时强调，要毫不松懈地加强节能减排和生态环保工作，比如抓好工业、交通、建筑三大领域节能，继续推进十大重点节能工程建设，大力发展循环经济和清洁能源，积极发展核电、风电、太阳能发电等清洁能源等。

3.1 资源约束下的中国经济发展模式

3.1.1 能源资源不足是中国经济发展基本背景

我国长期面临资源短缺的约束：人均耕地仅有1.43亩，不到世界人均水平的40%；人均水资源拥有量2200m^3，只及世界平均水平的1/4，全国600多个城市中有2/3供水不足，其中1/6严重缺水；人均森林面积为0.14hm^2，仅为世界人均水平的25%。人均矿产资源占有量仅为世界人均占有量的58%，居世界第53位。

中国优质能源资源相对不足，制约了供应能力的提高；能源资源分布不均，也增加了持续稳定供应的难度；经济增长方式粗放、能源结构不合理、能源技术装备水平低和管理水平相对落后，导致单位国内生产总值能耗和主要耗能产品能耗高于主要能源消费国家平均水平，进一步加剧了能源供需矛盾。随着我国经济持续高速增长，粗放式经济发展模式导致一系列经济、环境、社会问题，资源供应不足的矛盾越来越尖锐，并已经成为经济社会发展和建设小康社会目标的重要制约因素。

资源作为经济增长的约束条件体现在资源总量以及资源结构两个方面：

（1）资源约束制约着经济增长的规模和成长速度。资源总量约束决定经济长期发展的规模和成长速度，而个别的资源短缺所造成的资源约束会使短期经济增长受到抑制，常会成为短期经济增长的“瓶颈”，但从长期看，经过结构调整和资源的替代选择，个别资源的短缺不会影响经济增长的规模和成长速度。

（2）各种资源在结构上的特点或不平衡性形成了资源的结构约束。经济增长的结构就是经济增长的模式，资源约束限制着经济增长模式的选择范围，一定的资源约束条件决定着一定的经济增长模式。因此，资源在总量和结构上的约束条件共同决定着经济长期增长的规模、成长速度和模式选择。

随着我国经济的快速增长和人口的不断增加，对各种资源的需求不断上升，加上经济粗放增长的方式尚未有效转变，特别是部分资源高消耗行业盲目投资和低水平重复建设比较严重，资源利用效率低，浪费严重，使资源不足的矛盾越来越尖锐。

3.1.2 新型工业化是破解资源约束的基本途径

产业结构，亦称国民经济的部门结构，由国民经济各产业部门之间以及各产业部门内部的构成。社会生产的产业结构或部门结构是在一般分工和特殊分工的基础上产生和发展起来的。新中国成立60年来，我国基本上建立起了较为完善的工业体系，工业化取得了显著的成效。目前我国处于大量消耗原材料、能源矿产支撑经济高速发展的工业化中期阶段，而与之相对应的是我国的人均资源占有量远远低于世界平均水平，能源、矿产等资源面临供给瓶颈，凸现了经济发展与资源短缺之间的矛盾。

通过表3.1可以看出，我国这六大高耗能行业消耗的能源占能源消费总量的45%以上，而其中黑色金属冶炼及延压加工业、化学原料及化学制品制造业这两个行业均各消耗总量的10%以上，具有能耗总量大，比重高的特点。

表3.1　　高耗能行业能耗量及所占比重（2007年数字）

行业	2004能耗量（万t标准煤）	占总能耗比重（%）	2005能耗量（万t标准煤）	占总能耗比重（%）	2006能耗量（万t标准煤）	占总能耗比重（%）	2007能耗量（万t标准煤）	占总能耗比重（%）
黑色金属冶炼及压延加工业	29702.49	14.62	35988.23	16.12	42812.32	17.38	47774.37	17.99
化学原料及化学制品制造业	20346.88	10.01	22494.07	10.07	24779.04	10.06	27245.27	10.26
非金属矿物制品业	18088.4	8.90	18849.94	8.44	19948.4	8.10	20354.84	7.66
石油加工、炼焦及核燃料加工业	12173.85	5.99	11881.87	5.32	12360.11	5.02	13176.51	4.96
有色金属冶炼及压延加工业	6403.53	3.15	7188.69	3.22	8633.32	3.51	10686.37	4.02

续表

行　业	2004 能耗量（万 t 标准煤）	占总能耗比重（%）	2005 能耗量（万 t 标准煤）	占总能耗比重（%）	2006 能耗量（万 t 标准煤）	占总能耗比重（%）	2007 能耗量（万 t 标准煤）	占总能耗比重（%）
煤炭开采和洗选业	6343.26	3.12	6916.95	3.10	6786.54	2.76	7170.75	2.70
六大高耗能行业能耗总量	93058.42	45.79	103319.75	46.27	115319.73	46.83	126408.1	47.60
工业	143244.02	70.48	158058.37	70.78	175136.64	71.12	190167.29	71.60
能源消费总量	203227.02		223319.3		246270.15		265582.99	

注　根据《中国统计年鉴 2008》整理得出。

传统工业化道路是以资源的高投入为基础，以环境污染和生态破坏为代价的，随着传统工业化道路与资源约束的矛盾日益凸显，同时信息化时代这个大机遇和发达国家“先发优势”制约的挑战日益明显，新型工业化道路是我国面对各种国际机遇和挑战冲击下的必由之路，也是在我国现有资源约束条件下实现经济持续健康发展的必然选择。

所谓新型工业化，就是坚持以信息化带动工业化，以工业化促进信息化，就是科技含量高、经济效益好、资源消耗低、环境污染少、人力资源优势得到充分发挥的工业化。新型工业化道路的要点：一是可持续发展；二是注重信息化的作用。应该说，新型工业化是破解资源约束，中国在工业化过程中发挥后发优势的现实选择。大力倡导和发展环境保护和节能减排不仅给我国工业化进程和产业升级带来挑战，同时也为我国加快工业化建设和产业升级带来了更多的发展机遇和拓展空间。

3.2　节能减排与可持续发展

可持续发展（Sustainable Development）是 20 世纪 80 年代提出的一个新概念。1987 年世界环境与发展委员会在《我们共同的未来》报告中第一次阐述了可持续发展的概念，得到了国际社会的广泛共识。

可持续发展是指既满足现代人的需求又不损害后代人满足需求的能力。换句话说，就是指经济、社会、资源和环境保护协调发展，它们是一个密不可分的系统，既要达到发展经济的目的，又要保护好人类赖以生存的大气、淡水、海洋、土地和森林等自然资源和环境，使子孙后代能够永续发展和安居乐业。也就是江泽民同志指出的：“决不能吃祖宗饭，断子孙路”。可持续发展与环境保护既有联系，又不等同。环境保护是可持续发展的重要方面。可持续发展的核心是发展，但要求在严格控制人口、提高人口素质和保护环境、资源永续利用的前提下进行经济和社会的发展。

对于发展中的中国而言，要把保增长、扩内需、调结构、节能耗、降排放较好地结合起来，把推进发展方式转变和结构调整作为应对国内外环境变化，实现可持续发展的根本出路。

3.2.1　节能减排成为中国经济可持续发展的前提

在世界各国的经济发展过程中几乎无一例外地都曾遭遇过经济发展与资源利用和环境保护之间失衡的烦恼。只不过有些国家较好地补偿了“发展的代价”，走上了可持续发展的道路。有些国家则被“经济增长的代价”所绊倒，而走向了衰落。在这一过程中，从简单地把发展等同于经济增长和社会变革连接起来，到提出可持续发展，到探索以人为本的综合发展观，各国政府在什么是发展和怎样发展，如何评价发展等一系列问题方面，取得了众多宝贵的共识。如今，我国经济也来到了这一重要的历史性时刻，如果不加快结构调整，转变那种消耗高、污染重的粗放型发展模式，不仅将使经济发展付出资源和环境的过大代价，而且有可能导致资源支撑不住，经济发展难以为继的后果。这种严峻形势下，节能减排成为我国实现经济转型以及经济持续发展的重要前提将会被越来越多的国民所充分认识和认可。

2003 年，由国家发展和改革委员会会同科技部、外交部、教育部、民政部等有关部门制订并发布我国 21 世纪初可持续发展行动纲要。纲要总结了 10 年来我国实施可持续发展的成就与问题，提出了可持续发展的指导思想、目标与原则，规定了可持续发展的重点领域，提出了实现可持续发展目标的保障措施，是进一步推进我国可持续发展的重要政策文件。

制约我国可持续发展的突出矛盾主要是：①经济快速增长与资源大量消耗、生态破坏之间的矛盾；②经济发展水平的提高与社会发展相对滞后之间的矛盾；③区域之间经济社会发展不平衡的矛盾；④人口众多与资源相对短缺的矛盾；⑤一些现行政策和法规与实施可持续发展战略的实际需求之间的矛盾等。

亟待解决的问题主要有：人口综合素质不高、人口老龄化加快、社会保障体系不健全、城乡就业压力大、经济结构不尽合理、市场经济运行机制不完善、能源结构中清洁能源比重仍然很低、基础设施建设滞后、国民经济信息化程度依然很低、自然资源开发利用中的浪费现象突出、环境污染仍较严重、生态环境恶化的趋势没有得到有效控制、资源管理和环境保护立法与实施还存在不足等。

我国 21 世纪初可持续发展的总体目标是：可持续发展能力不断增强，经济结构调整取得显著成效，人口总量得到有效控制，生态环境明显改善，资源利用率显著提高，促进人与自然的和谐，推动整个社会走上生产发展、生活富裕、生态良好的文明发展道路。

同时，要通过国民经济结构战略性调整，完成从“高消耗、高污染、低效益”向“低消耗、低污染、高效益”转变。促进产业结构优化升级，减轻资源环境压力，改变区域发展不平衡，缩小城乡差别。

3.2.2 金融危机下的节能减排与可持续发展

席卷全球的金融风暴使得生产和消费减缓，继而会促使能源消耗与环境污染减少，或许能为全球可持续发展赢得时间。从世界范围来说，本次金融危机是一次转变发展方式、消费方式、生活方式以及调整经济结构、产业结构的契机。中国在本轮经济刺激计划，也加大了生态环境建设与自主创新和结构调整，这有助于中国经济的“绿化”或可持续发展。

气候危机是一个长期性的问题，金融危机尽管是眼前必须要解决的问题，但促使人们冷静下来，认真思考以往经济的高速增长是否合适。而且，金融危机缓解了能源紧张局面，客观上为替代能源和资源的寻找赢得了宝贵的时间。

3.3 节能减排与循环经济

随着科技进步和生产力的发展，人类在创造前所未有的物质财富的同时，资源过度消费、环境污染、生态破坏等问题日益突出，成为威胁人类未来生存和发展的重大问题。在这种时代背景下，循环经济成为世界发展模式的一大潮流。1998 年，我国学者对循环经济开始关注并进行研讨，发展循环经济已成为社会各界的共识。

循环经济（cyclic economy）即物质闭环流动型经济，是指在人、自然资源和科学技术的大系统内，在资源投入、企业生产、产品消费及其废弃的全过程中，把传统的依赖资源消耗的线形增长的经济，转变为依靠生态型资源循环来发展的经济。

循环经济以资源的高效利用和循环利用为目标，以“减量化、再利用、资源化”为原则，以物质闭路循环和能量梯次使用为特征，按照自然生态系统物质循环和能量流动方式运行的经济模式。它要求运用生态学规律来指导人类社会的经济活动，其目的是通过资源高效和循环利用，实现污染的低排放甚至零排放，保护环境，实现社会、经济与环境的可持续发展。循环经济是把清洁生产和废弃物的综合利用融为一体的经济，本质上是一种生态经济，它要求运用生态学规律来指导人类社会的经济活动。

节能减排与循环经济，在本质上是相通的。从字面上看，“节能减排”是节约能源、减少污染排放之意，但从深层看。节能减排并非单单指节约能源，也包括对所有资源的节约。狭义的减排是指对已经产生的生产型或生活型污染物进行无害化处理，减少有害物质的排放量；但深入来看，要实现减排，除了对存量进行无害化处理外，还要控制污染物增量，减少增量便意味着要减少包括能源在内的各种资源要素的投入数量。可以看出，广义的减排还应包含资源节约之意。因此，节能减排不单单意味着节约能源，而是对所有资源的节约和合理利用，以增强可持续发展能力。这与发展循环经济的内涵是完全一致的。

与此同时，发展低碳经济是循环经济的必然选择、最佳体现与首选途径，同时又向循环经济发展提出了新要求：在发展循环经济的目标中，“最少的废物排放”首先应该是碳排放量最小化与无碳化。因此，发展循环经济要求发展低碳经济，低碳经济发展是循环经济发展的重要特征。

3.3.1　发展循环经济是实现节能减排的有效途径

循环经济以资源节约和废弃物循环利用，即单位产出资源消耗减量化为手段，可以实现广义节能。节约能源不仅仅指直接节约能源产品，也包括所有资源的节约。因为任何资源的生产和运输都要消耗能源，节约所有资源都可以起到节约能源的作用。从这个意义上说，节约型社会必然是节能型社会，通过发展循环经济实现物质资源的节约使用，是一条广义节能之路。认识到这一点非常重要。这要求我们不应把节约能源仅仅单纯地理解为节约能源产品。如果为了单纯追求直接节约能源产品，如煤炭、电力、石油和天然气等，多消耗了其他物质产品，最终很可能导致经济系统消耗更多的能源。循环经济作为一种经济发展模式，把资源消耗减量化作为基本前提，其中也包括能源消耗减量化、能量回收和综合利用。因此发展循环经济，必然促进节约能源。

现代循环经济的基本目标是从源头预防废弃物排放和减少环境污染。所谓从源头预防废弃物产生，是指从生产和生活的全过程的各个环节着手，做到以下几点。

（1）利用资源节约技术和有效的管理，减少单位产出的资源消耗，从而减少废弃物产生。因为所有废弃物都是消耗资源产生的。

（2）利用清洁生产技术体系减少生产过程的废弃物生产和排放。

（3）通过各种废旧产品和废弃物循环利用技术的研究开发与利用，最大限度地循环利用废旧产品和废弃物，减少全社会的废弃物排放，并对各种最终无法再生利用的终极废弃物进行无害化处理。

因此，发展循环经济是“减排”的根本途径。从这个意义上说，循环经济是建设资源节约型和环境友好型社会的高度统一。只要在全社会范围内建立起循环经济体系，把经济发展和各种社会活动与居民消费都纳入到循环经济模式之中，我们就可以达到节能减排的目的，做到资源高效率利用和废弃物排放最小化和无害化，使环境得到有效保护。

对于企业来说，节能减排能否实现的关键要点是经济效益问题。如果节能减排降低了经济效益，企业就会失去动力。以循环经济模式推进节能减排，可以改变以单纯的物质使用价值节约和单纯的环境保护目标带来的不经济。例如，钢铁企业的高炉渣、钢渣、烟尘、高炉煤气、转炉煤气、余压余热、废水的梯级综合循环利用，既可以实现节能和减排的目标，又可以为企业带来巨大经济效益。山东日照钢铁公司通过高炉煤气、转炉煤气、余压余热回收用于发电，已经可以满足企业40%的电力需求，每年产生经济效益高达2亿多元。污水的回收利用可以使得吨水成本降低约1.2元，每年可以节约几千万元的用水成本。高炉渣、钢渣的回收利用每年也可创造过亿元的经济效益。

3.3.2 发展循环经济也必须遵照“节约”原则

实践中对循环经济也存在认识的偏差。认为循环经济的核心指标是物质循环利用率。为了提高物质循环利用率，不计成本，不考虑代价，其结果可能是废弃物被循环利用了，但却消耗了更多的其他资源和产生了二次污染，在经济和环境保护两个方面都得不偿失，违背了发展循环经济的初衷。这里需要特别指出，发展循环经济必须遵从“经济”或效率原则。在这里，“经济”和“节约”是内在的统一。这两个概念都是包括环境要素在内的投入产出效率概念。即必须以最小的投入，获得最大的产出。而且，投入必须包括环境容量的投入。不能因为循环利用固体废弃物节约了某种资源而使用更多的其他资源和排放更多的液体和气体废弃物。

3.4 节能减排与和谐社会建设

《中共中央关于构建社会主义和谐社会若干重大问题的决定》提出，构建社会主义和谐社会必须坚持正确处理改革发展稳定的关系，强调“把改革的力度、发展的速度和社会可承受的程度统一起来，维护社会安定团结，以改革促进和谐、以发展巩固和谐、以稳定保障和谐，确保人民安居乐业、社会安定有序、国家长治久安”。

我国是一个经济正在转轨和社会正在转型的国家。社会经济生活中，行政的力量和主导性是非常强的。国家出台针对地方政府和重点企业领导业绩考核的强有力措施，来推进节能减排工作的全面展开，不仅会打开节能减排工作的全新局面，有利于营造一个环境友好型社会，而且将对我国经济的发展方向，特别是对地方经济发展方向产生重大影响，推动经济与社会又好又快地和谐发展。

3.4.1 节能减排可有力促进和谐社会的建设

节能减排已经成为当前和今后一个相当长的时期内我国政府加强宏观调控的重要举措，并开始成为我国促进经济结构调整、增长方式转变和质量效益提高的现实的切入点和有效的突破口。

通过加强节能减排进行宏观调控，不仅可以有效控制和科学优化投资（尤其是重化工业）规模、减少重复建设，而且还可以要求各地落实科学发展观的理念，不断提升经济发展的质量，提高资源的配置和使用效率。这会为各地提供一个加快淘汰劣势（高耗能、高污染）产业、推动产业结构调整和升级的机遇。加强节能减排等宏观调控，可以改变以往粗放式的发展模式，转变增长方式，走以人为本、集约化和可持续的发展道路，提升各地经济社会发展的质量和效率，为建设资源节约型、环境友好型社会提供了新机遇。

加强节能减排是深入贯彻落实科学发展观、构建社会主义和谐社会的重大举措，是建设资源节约型、环境友好型社会的必然选择。

3.4.2　节能减排需要增强公民意识，全员参与

改革开放之初，经济起飞成为第一要务。在此过程中，人们环保意识淡薄，普遍重视经济发展，轻视环境保护。由此，过度开发和盲目发展造成环境破坏和环境污染的事例屡见不鲜。

现如今，随着社会的进步，环保理念逐渐深入人心。对于国家提出的节能减排、绿色消费、限用塑料袋等保护环境的号召，社会各界广泛响应，积极参与，环保理念逐步深入人心，公民环境保护意识显著增强。

比如，“减排点”一词在 2007 年应时而生，成为普通人进行节能减排的着力点。“减排点”是指人们日常生活中减少二氧化碳排放的途径和方法。日常消费中，二氧化碳的“减排点”比比皆是：做饭的时候尽量减少煤气、天然气燃烧的时间；常使冰箱保持无霜状态；在墙和门窗的缝隙中安装一些隔热及防通风材料，发挥冷暖气的最大效能；尽量让纸张等有机材料循环再用；选择经济型汽车，积极选用生物油、乙醇汽油等燃料；选择季节性水果和蔬菜。

2009 年 3 月 28 日 20：30～21：30，从中国北京的鸟巢到英国伦敦的“伦敦眼”，全球多个地标性建筑都熄灯了。一个小时后，灿烂依旧，人们对于“节能”的兴奋和热情随着时间的推移在消退“地球一小时”对全球节能减排的贡献也许可以忽略不计，但是会唤醒很多人的节能意识。

3.5　宏　观　建　议

3.5.1　形成有利于节能减排的产业结构与能源结构

我国政府提出的实现节能减排战略目标，说到底就是要切实按照科学发展观的要求，更新发展理念，转变发展方式，尽快形成以政府为主导、企业为主体、全社会共同推进的节能减排工作格局，打好节能减排攻坚战和持久战。世界发达国家的发展实践表明：能源消耗与经济结构密切相关。目前，在我国的三次产业结构中，经济增长过于依赖第二产业增长的拉动，低能耗的第三产业发展滞后、比重偏低。2007 年，我国第三产业增加值占国内生产总值的比重达到约 42%　，但仍然低于发达国家，甚至低于与我国发展水平相近的国家。例如，美国约为 76%。巴西和印度分别约为 74% 和 52%。从工业内部结构看，高能耗行业比重大，特别是高耗能的一般加工工业生产能力过剩，高技术含量、高附加值、低能耗的行业比重低。

2007年，高技术产业增加值占工业增加值的比重约为15%。因此，解决节能减排问题，首先要大力调整和优化经济结构，使之朝着有利于节能减排的方向转变。在巩固农业、做强工业的同时，还要逐步提高第三产业在国民经济中的比重。要大力发展高技术产业，特别要做大做强信息产业，加速经济社会信息化进程。加快用高新技术和先进适用技术改造传统产业，促进传统产业升级。推进企业重组，提高产业集中度和规模效益。大力发展集约化农业。调整能源消费结构，提高优质能源比重。根据资源条件和环境承载力，确定不同区域的发展方向和功能定位，优化区域产业布局。

温室气体的主要来源是碳基能源。减少能源领域的温室气体排放，是应对气候变化的重要举措。新中国成立以来，中国能源结构不断优化。从1952～2008年，煤炭在能源消费总量中的比重从95%下降到68.7%，而水电、核电、风电和天然气等优质能源比重提高了11.7个百分点。

优化能源结构、促进能源供应的多元化是一项十分重要的战略措施。一方面是优化常规能源结构，降低对煤炭消费的依赖程度；另一方面是，大规模开发可利用可再生能源，降低对碳基化石能源的依赖。

3.5.2 引导消费理念及模式的转变，调动全民减排的积极性

我国经济社会的快速和持续发展世人瞩目，我国的国际地位也随之日益提高。与此同时，随着人民生活水平的提高，在人均可支配收入不断提高的同时，人均能源消费增加是可以预料的，也是不可避免的，但是我国政府在新时期积极倡导科学、合理的消费，减少并避免浪费式消费，可以起到节能减排、保持环境和长效发展的作用。因此，要在我国全社会努力形成崇尚节俭、合理消费、适度消费的理念，用节约资源的消费理念引导消费方式的变革，逐步形成文明、节约的行为模式。特别是在服务行业、公用设施、公务活动、住房、汽车及日常生活消费中，要大力倡导节约风尚，使节能、节水、节电、节材、节粮、垃圾分类回收、减少一次性用品使用等变成每个公民的自觉行动，逐步形成与国情相适应国民消费习惯和建立符合时代发展需要的我国的节约型消费模式，形成政府推动、企业实施、全社会共同参与的节能减排工作机制。

3.5.3 形成有利于节能减排的经济发展方式，积极向低碳经济转型

发展低碳经济，建设低碳社会，推动中国经济发展由高碳能源经济向低碳与无碳能源经济的根本转变，应是中国国家的战略选择。发展低碳经济某种意义上是对现代经济运行与发展进行一场深刻的反思，是构建一种温室气体排放量最低限度的新能源经济发展模式。这场能源经济革命的核心内容，是推进两个根本转变：一是现代经济发展由以碳基化石能源为基础的不可持续发展模式，向以低碳与可再生能源为基础的可持续发展经济的转变；二是能源消费结构由高碳型黑色结构，向低碳型绿色结构的转变。

作为发展中国家，长期以来由于我国资源利用方式粗放，由此导致的能源资源消耗高、环境污染问题十分突出，并成为经济可持续发展的制约因素。我国在资源节约、综合利用等方面的整体技术水平比较落后；在大型燃煤电厂烟气脱硫、垃圾资源化、生活污水和高浓度有机废水处理等重要领域的一些关键产品，尚缺乏自主知识产权的技术；面广量大的中小型锅炉、特别是城市供热用的小锅炉，能源利用效率低下。在城市和新农村建设过程中，建筑物的设计和使用寿命短的问题比较突出，一些建筑物10年就要推倒重建，浪费大量的能源和原材料。因此，要将节能

减排作为我国转变生产方式的重要“门槛”，逐步形成有利于节能减排的增长方式，以尽可能小的资源环境代价实现我国的工业化、城市化和现代化，实现经济效益、社会效益和生态效益的有机统一。

3.5.4　形成有利于节能减排的政策机制

进一步建立和健全我国节能减排的政策机制是全面贯彻和落实我国政府节能减排的内在动力。当前，重点是抓好价格、财税、金融等方面的改革，努力形成有利于节能减排的体制机制。价格改革方面，突出的是要积极推进资源性产品价格与环保收费改革，逐步使资源性产品价格真正反映资源的稀缺程度，环保收费标准达到能够补偿污染治理成本并使治污者合理盈利的水平，发挥价格杠杆抑制不合理资源消耗和污染排放的作用。财税体制改革方面，进一步加大财政建设性投资对节能环保的支持力度。各级政府在财政预算中都要安排一定资金，采用补助、奖励等方式，支持节能减排重点工程、高效节能产品和节能新机制推广、节能管理能力建设及污染减排监管体系建设。健全矿产资源有偿使用制度，改进和完善资源开发生态补偿机制。抓紧制定节能、节水、资源综合利用和环保产品目录及相应税收优惠政策。实施鼓励节能环保型车船、节能省地环保型建筑和现有建筑节能改造的税收优惠政策。适时出台燃油税，研究开征环境税。金融改革方面，鼓励和引导金融机构加大对循环经济、环境保护及节能减排技术改造项目的信贷支持，优先为符合条件的项目、循环经济项目提供直接融资服务。建立环保部门与金融部门间的环境信息通报制度，将企业环境违法信息纳入人民银行企业征信系统。

4

中国节能减排相关政策、法规与管制

制定科学的环境经济政策是实现能源节约、减少排放、提高环境保护水平的重要手段。在促进节能减排方面，国内外主要采取的政策手段包括两类，即市场手段和行政手段。节能减排的市场手段主要通过征收能源税或环境税等价格调控手段，促进社会各界节约能源，降低排放。目前主要的实现方式有两类：一是放开价格管制，促进能源和环保产业的市场化；二是征收能源税或环境税。节能减排的行政手段通常以颁布各类行政规章和标准的形式实现政府对能源利用和经济发展模式的引导。通过上述两类手段的实施，旨在推进节能减排，实现可持续发展。

4.1 中国宏观环境政策的演进

环境政策是遏制环境污染和生态破坏的有力工具，意识到此的国家纷纷颁布相应的环境政策法规。美国于 1969 年制定的《国家环境政策法》（National EnvironmentalPolicy Act，简称 NEPA)，是世界范围内最早的环境法，它既是防止环境污染的规制法，又是把行政机关的有关环境的行政决定过程在一般公众面前进一步明确化的法律。而欧盟在 1972 年 10 月也正式颁布了欧共体共同的环境政策，1973 年 11 月颁布实施了欧盟第一个环境行动计划。我国的环境政策正式以法律条文的形式颁布则是 1979 年 9 月的《中华人民共和国环境保护法（试行)》。经历了几十年的发展历程，我国已形成了包括 1000 多部相关法律法规、内容较为完备的环境政策体系。

有专家研究将中国环境政策演进规律进行了总结，主要有以下几个方面。

4.1.1 环境政策手段从政府直接管制向间接管制转变

政府直接管制措施是政府运用行政权力直接处理外部性问题的方式，通常是通过行政与法规来实现的，它是世界各国政府解决外部性问题最基本、最常用的方式。我国环境政策中政府管制最早的方式是污染物排放标准控制，它强调污染的末端治理，即对污染的浓度进行限制。由于是被迫接受政府命令，企业往往通过稀释浓度的做法应付环保部门，造成了污染的持续恶化。

排污许可证交易制度的出现是排污收费手段的有力补充，它将环境视为政府的商品，政府可以将环境污染分割为一定数量的污染权，每一份污染权允许其购买者排放相应量的污染物。而针对企业对环境政策的抵制倾向，自愿型环境政策则倡导在企业、政府或非盈利性组织之间建立一种旨在改善环境质量或提高自然资源的有效利用的非法定协议，如 ISO 14001 环境管理体系标准、清洁生产、环境标志。

这种基于企业自愿基础上的环境政策促进了企业环保投入的增加，有效地减轻了政府在环境保护的责任。

如图 4.1 所示，中国的环境政策经历了污染物排放标准控制（20 世纪 70 年代）、排污收费制度（1979 年）、排污许可证交易制度（1985 年）、三同时保证金制度（1989 年）、环境标志（1994 年）、ISO 14001 环境管理体系标准（1999 年）、清洁生产和全过程控制（2002 年）。这一系列环境政策的发展过程中，政府的管制职能不断地降低，政府由环境政策的推动者转变为环境政策的引导者；企业则由环境政策的被动接受者逐步转变为环境政策的主动参与者。它反映出我国的环境政策手段正在向政府间接管制转变。

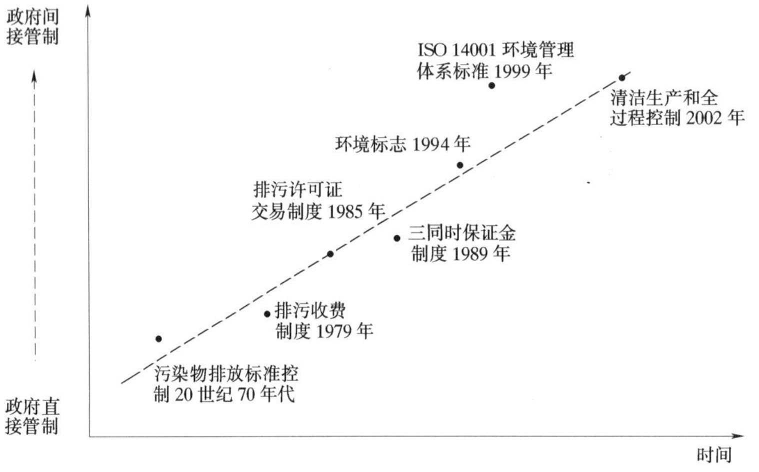

图 4.1　中国环境政策的演进趋势

资料来源：吴荻，武春友. 新中国成立以来中国环境政策的演进分析。

4.1.2　环境政策作用机制从事后治理发展为全程监控

20 世纪 70 ~ 80 年代，我国针对污染源通常采取事后监督罚款的办法，由于罚款金额不当等原因，一些企业宁愿承受罚单也不愿治理污染。1999 年《中华人民共和国环境影响评价法》颁布实施，这样工程项目在立项、选址的时候就能评估出对环境的影响，进而控制新污染源的出现，优化环境工程和项目。

2003 年《中华人民共和国清洁生产促进法》的颁布实施，宣告中国环境政策步入工业生产全过程控制的新时期。这种由点源控制到流程控制，由事后治理到事前监督的环境政策作用机制的调整，突破了以往的“头痛医头、脚痛医脚”的思维模式，在环境政策领域实现了“点—线—面”治理的有机结合，形成了全程一体化的环境政策作用机制。

4.1.3　环境政策的设计理念趋于科学

1979 年 9 月，《中华人民共和国环境保护法（试行）》中“谁污染谁治理”的思想，成为后续环境政策责任制的指导思想，它确立了省长、市长、县长、镇长等行政首长对于所管辖区域环境质量负责的环境保护目标责任制度，以及厂长、经理和承包者对其主管承包的生产经营活动所产生的环境后果负责的制度。

1992年我国引入了可持续发展的理念，先后颁布了包括中国《21世纪议程》在内的近10部环境政策，奠定了可持续发展基本国策的地位。1996年在《国民经济与社会发展“九五”计划和2010年远景目标纲要》中，首次将可持续发展战略列为国家基本战略，实现了走可持续发展之路的战略转变。

党的十六届三中全会提出的科学发展观是对可持续发展理念的完善和提升，它强调了以人为本和可持续发展的重要性，在与环境政策融合过程中主要体现为公众参与和循环经济两个方面。以循环经济为例，目前循环经济工作的重点是3R理念支撑下的生态省、市、县及生态工业园区的建立和企业零排放目标的实现。

4.2 节能减排综合性工作方案

2007年6月3日，中国政府发布《节能减排综合性工作方案》（以下简称《方案》），该《方案》是迄今国内对于节能减排最高级别的整体实施意见。

《方案》共分十大部分：①目标任务和总体要求、控制增量；②调整和优化结构、加大投入；③全面实施重点工程、创新模式；④加快发展循环经济、依靠科技；⑤加快技术开发和推广、强化责任；⑥加强节能减排管理、健全法制；⑦加大监督检查执法力度、完善政策；⑧形成激励和约束机制、加强宣传；⑨提高全民节约意识、政府带头；⑩发挥节能表率作用。

整个《方案》包括40多条重大政策措施和多项具体目标，涉及控制高耗能、高污染行业过快增长、加快淘汰落后生产能力、完善促进产业结构调整的政策措施、积极推进能源结构调整、加快实施十大重点节能工程、加快水污染治理工程建设、推动燃煤电厂二氧化硫治理、多渠道筹措节能减排资金、实施水资源节约利用、推进资源综合利用、强化重点企业节能减排管理、积极稳妥推进资源性产品价格改革、完善促进节能减排的财政政策、加强政府机构节能和绿色采购等。

4.2.1 政策内容

《方案》进一步强调了节能减排的具体目标：到2010年，中国万元国内生产总值能耗将由2005年的1.22t标准煤下降到1t标准煤以下，降低20%左右；单位工业增加值用水量降低30%。“十一五”期间，中国主要污染物排放总量减少10%，到2010年，二氧化硫排放量由2005年的2549万t减少到2295万t，化学需氧量（COD）由1414万t减少到1273万t；全国设市城市污水处理率不低于70%，工业固体废物综合利用率达到60%以上。

《方案》指出，要把节能减排作为调整经济结构、转变增长方式的突破口和重要抓手，作为宏观调控的重要目标，动员全社会力量，扎实做好节能降耗和污染减排工作，确保实现节能减排约束性指标，推动经济社会又好又快发展。

4.2.1.1 节能减排技术研发和推广

《方案》指出，要加快节能减排技术研发，在国家重点基础研究发展计划、国家科技支撑计划和国家高技术发展计划等科技专项计划中，安排一批节能减排重大技术项目，攻克一批节能减排关键和共性技术。

同时，要加快节能减排技术支撑平台建设，组建一批国家工程实验室和国家重点实验室。优化节能减排技术创新与转化的政策环境，加强资源环境高技术领域创新团队和研发基地建设，推动建立以企业为主体、产学研相结合的节能减排技术创新与成果转化体系。

《方案》提出，要实施一批节能减排重点行业共性、关键技术及重大技术装备产业化示范项目和循环经济高技术产业化重大专项。在钢铁、有色、煤炭、电力、石油石化、化工、建材、纺织、造纸、建筑等重点行业，推广一批潜力大、应用面广的重大节能减排技术。加强节电、节油农业机械和农产品加工设备及农业节水、节肥、节药技术推广。

中国将加快建立节能技术服务体系，制订出台《关于加快发展节能服务产业的指导意见》，促进节能服务产业发展。《方案》明确，要培育节能服务市场，加快推行合同能源管理，重点支持专业化节能服务公司为企业以及党政机关办公楼、公共设施和学校实施节能改造提供诊断、设计、融资、改造、运行管理一条龙服务。

中国将制订出台《加快环保产业发展的意见》，积极推进环境服务产业发展，研究提出推进污染治理市场化的政策措施，鼓励排污单位委托专业化公司承担污染治理或设施运营。

《方案》指出，要广泛开展节能减排国际科技合作，与有关国际组织和国家建立节能环保合作机制，积极引进国外先进节能环保技术和管理经验，不断拓宽节能环保国际合作的领域和范围。

4.2.1.2　循环经济试点

《方案》提出，中国将启动第二批循环经济试点，支持一批重点项目建设。

中国将深入推进浙江、青岛等地废旧家电回收处理试点，继续推进汽车零部件和机械设备再制造试点，并推动重点矿山和矿业城市资源节约和循环利用。同时，要组织编制钢铁、有色、煤炭、电力、化工、建材、制糖等重点行业循环经济推进计划。

《方案》指出，中国将加快实施重点行业节水改造及矿井水利用重点项目。“十一五”期间实现重点行业节水 31 亿 m^3，新增海水淡化能力 90 万 m^3/d，新增矿井水利用量 26 亿 m^3。

《方案》提出要推进资源综合利用，推进共伴生矿产资源综合开发利用和煤层气、煤矸石、大宗工业废弃物、秸秆等农业废弃物综合利用。《方案》还提出要全面推进清洁生产，制订和发布重点行业清洁生产标准和评价指标体系。加大实施清洁生产审核力度。合理使用农药、肥料，减少农村面源污染。

4.2.1.3　政府节能减排工作问责制

中国将建立政府节能减排工作问责制和“一票否决”制，将节能减排指标完成情况纳入各地经济社会发展综合评价体系，作为政府领导干部综合考核评价和企业负责人业绩考核的重要内容。

《方案》明确提出，要建立和完善节能减排指标体系、监测体系和考核体系。对全部耗能单位和污染源进行调查摸底。建立健全涵盖全社会的能源生产、流通、消费、区域间流入流出及利用效率的统计指标体系和调查体系，实施全国和地区单位 DPG 能耗指标季度核算制度。

根据《方案》，中国将建立并完善年耗能万 t 标准煤以上企业能耗统计数据网上直报系统，加强能源统计巡查，对能源统计数据进行监测，制订并实施主要污染物排放统计和监测办法，改进统计方法，完善统计和监测制度。

同时，建立并完善污染物排放数据网上直报系统和减排措施调度制度，对国家监控重点污染源实施联网在线自动监控，构建污染物排放三级立体监测体系，向社会公告重点监控企业年度污染物排放数据。继续做好单位GDP能耗、主要污染物排放量和工业增加值用水量指标公报工作。

4.2.1.4 十大重点节能工程

中国政府将加快实施十大重点节能工程，“十一五”期间形成2.4亿t标准煤的节能能力。

《方案》指出，中国还将加快水污染治理工程建设。“十一五”期间新增城市污水日处理能力4500万t、再生水日利用能力680万t，形成COD削减能力300万t；2007年设市城市新增污水日处理能力1200万t，再生水日利用能力1000万t，形成COD削减能力60万t。加大工业废水治理力度，“十一五”期间形成COD削减能力140万t。加快城市污水处理配套管网建设和改造。严格饮用水水源保护，加大污染防治力度。

为了减少二氧化硫排放，中国将大力推动燃煤电厂二氧化硫治理。“十一五”期间投运脱硫机组3.55亿kW，形成削减二氧化硫能力590万t。2007年现有燃煤电厂投运脱硫设施3500kW，形成削减二氧化硫能力123万t。

4.2.1.5 淘汰电力、钢铁等行业落后产能

《方案》指出，中国将加快淘汰落后生产能力，加大淘汰电力、钢铁、建材、电解铝、铁合金、电石、焦炭、煤炭、平板玻璃等行业落后产能的力度。

通过淘汰电力、钢铁等行业的落后产能，“十一五”期间将实现节能1.18亿t标准煤，减排二氧化硫240万t。同时，加大造纸、酒精、味精、柠檬酸等行业落后生产能力淘汰力度，“十一五”期间实现减排化学需氧量（COD）138万t。

《方案》制订了淘汰落后产能分地区、分年度的具体工作方案。对不按期淘汰的企业，地方各级人民政府要依法予以关停，有关部门依法吊销生产许可证和排污许可证并予以公布，电力供应企业依法停止供电。对没有完成淘汰落后产能任务的地区，严格控制国家安排投资的项目，实行项目“区域限批”。国务院有关部门每年向社会公告淘汰落后产能的企业名单和各地执行情况。建立落后产能退出机制，有条件的地方要安排资金支持淘汰落后产能，中央财政通过增加转移支付，对经济欠发达地区给予适当补助和奖励。

《方案》提出要完善促进产业结构调整的政策措施。鼓励发展低能耗、低污染的先进生产能力。适当提高建设项目在土地、环保、节能、技术、安全等方面的准入标准。鼓励外商投资节能环保领域，严格限制高耗能、高污染外资项目，促进外商投资产业结构升级。

《方案》还提出要积极推进能源结构调整，大力发展可再生能源。推进风能、太阳能、地热能、水电、沼气、生物质能利用以及可再生能源与建筑一体化的科研、开发和建设，加强资源调查评价。稳步发展替代能源，组织实施生物燃料乙醇及车用乙醇汽油发展专项规划，启动非粮生物燃料乙醇试点项目。实施生物化工、生物质能固体成型燃料等一批具有突破性带动作用的示范项目。抓紧开展生物柴油基础性研究和前期准备工作。推进煤炭直接和间接液化、煤基醇醚和烯烃代油大型台套示范工程和技术储备。

4.2.1.6 严格建筑节能管理

中国将严格建筑节能管理，从2008年起，所有新建商品房销售时在买卖合同等文件中要载明耗能量、节能措施等信息。

国务院日前印发的发展改革委会同有关部门制定的《方案》提出，中国将大力推广节能省地环保型建筑，强化新建建筑执行能耗限额标准全过程监督管理，实施建筑能效专项测评，对达不到标准的建筑，不得办理开工和竣工验收备案手续，不准销售使用。

《方案》提出，要建立并完善大型公共建筑节能运行监管体系。深化供热体制改革，实行供热计量收费。今年着力抓好新建建筑施工阶段执行能耗限额标准的监管工作，北方地区地级以上城市完成采暖费补贴“暗补”变“明补”改革，在25个示范省（直辖市）建立大型公共建筑能耗统计、能源审计、能效公示、能耗定额制度，实现节能1250万t标准煤。

4.2.1.7　各级政府机构将带头节能减排

在建设节约型社会和环境友好型社会的进程中，中国中央政府和各级地方政府机构将发挥带头作用，建设崇尚节约、厉行节约、合理消费的机关文化。

《方案》要求，建立科学的政府机构节能目标责任和评价考核制度，制订并实施政府机构能耗定额标准，积极推进能源计量和监测，实施能耗公布制度，实行节奖超罚。

《方案》要求各级政府机构分期分批完成政府办公楼空调系统低成本改造；开展办公区和住宅区供热节能技术改造和供热计量改造；全面开展食堂燃气灶具改造，“十一五”期间实现食堂节气20%；凡新建或改造的办公建筑必须采用节能材料及围护结构；及时淘汰高耗能设备，合理配置并高效利用办公设施、设备。在中央国家机关开展政府机构办公区和住宅区节能改造示范项目。推动公务车节油，推广实行一车一卡定点加油制度。

《方案》提出加强政府机构节能和绿色采购。要认真落实《节能产品政府采购实施意见》和《环境标志产品政府采购实施意见》，进一步完善政府采购节能和环境标志产品清单制度，不断扩大节能和环境标志产品政府采购范围。对空调机、计算机、打印机、显示器、复印机等办公设备和照明产品、用水器具，由同等优先采购改为强制采购高效节能、节水、环境标志产品。建立节能和环境标志产品政府采购评审体系和监督制度，保证节能和绿色采购工作落到实处。

4.2.1.8　燃油税与环境税

《方案》指出，中国将抓紧制定节能、节水、资源综合利用和环保产品目录及相应税收优惠政策。实行节能环保项目减免企业所得税及节能环保专用设备投资抵免企业所得税政策。对节能减排设备投资给予增值税进项税抵扣。完善对废旧物资、资源综合利用产品增值税优惠政策；对企业综合利用资源，生产符合国家产业政策规定的产品取得的收入，在计征企业所得税时实行减计收入的政策。实施鼓励节能环保型车船、节能省地环保型建筑和既有建筑节能改造的税收优惠政策。抓紧出台资源税改革方案，改进计征方式，提高税负水平。适时出台燃油税。研究开征环境税。研究促进新能源发展的税收政策。实行鼓励先进节能环保技术设备进口的税收优惠政策。

为了强化交通运输节能减排管理，国家将优先发展城市公共交通，加快城市快速公交和轨道交通建设。控制高耗油、高污染机动车发展，严格执行乘用车、轻型商用车燃料消耗量限值标准，建立汽车产品燃料消耗量申报和公示制度；严格实施国家第三阶段机动车污染物排放标准和船舶污染物排放标准，有条件的地方要适当提高排放标准，继续实行财政补贴政策，加快老旧汽车报废更新。公布实施新能源汽车生产准入管理规则，推进替代能源汽车产业化。

4.2.1.9　千家重点耗能企业将实现节能1亿t标准煤

“十一五”期间，中国千家重点耗能企业将实现节能1亿t标准煤，其中2007年实现节能2000万t标准煤。

《方案》提出，重点耗能企业要建立能源管理师制度。实行重点耗能企业能源审计和能源利用状况报告及公告制度，对未完成节能目标责任任务的企业，强制实行能源审计。2007 年要启动重点企业与国际国内同行业能耗先进水平对标活动，推动企业加大结构调整和技术改造力度，提高节能管理水平。

4.2.2 方案解析

2007 年，国务院接连采取步骤部署节能减排工作，既表明国务院对待这项工作的严肃态度，也表明这项工作面临的形势十分严峻，各级政府责任重大，必须采取断然措施，强力推进。

4.2.2.1 严峻形势下始终坚持节能减排国家目标

2006 年，中国没有实现年初确定的单位国内生产总值能耗降低 4% 左右、主要污染物排放总量减少 2% 的目标。该年中国单位 GDP 能耗仅下降 1.2%，而化学需氧量和二氧化硫排放量仍在增长。同时，数据显示，2006 年，中国轻、重工业增速差距由上半年的 1.8 个百分点扩大到 4.1 个百分点。

节能减排的形势十分严峻，这一趋势如不尽快扭转，将加剧产业结构不合理的矛盾，加大节能减排难度。

那么，是什么原因导致了节能减排开局不利的这一局面？专家分析给出了不同的意见。

（1）产业结构不合理，重工业结构比重偏高，经济增长方式比较粗放。

（2）节能投入、技术改造、财政税收和信贷政策等的完善和政策效应显现需要时间周期。

（3）在 2006 年中国经济继续保持较快增长的前提下，使连续几年上升的单位 GDP 能耗突然出现“急转弯”难度较大。

（4）能源消耗总量持续增长，是重点污染物排放总量增加的一个主要原因。

（5）2006 年节能减排指标下达后，相应的考核评价体系并未同步出台，许多地方政府抱着“边干边看”的心态。

与此同时，中央政府显然已经意识到这一问题的严重性。在当时中央经济工作会上，中国高层用“非常艰巨”来形容完成既定节能降耗和污染减排任务的难度。中共中央总书记胡锦涛强调，要“下最大决心、花最大气力”抓好节约能源资源工作。国务院总理温家宝则指出国家确定、人大通过的 5 年节能减排目标是严肃的，完成该目标的决心“坚定不移”。继而，中国国家发展和改革委员会强调，中国节能减排的工作力度不会削弱，而且要继续强化。节能减排的决心不变、目标不变、责任不变。

国务院常务会议已明确提出，节能减排是一项硬任务，对建立健全节能减排工作责任制提出了明确要求，规定把节能减排指标完成情况纳入作为政府领导干部综合考核评价和企业负责人业绩考核的重要内容，实行“一票否决”制，并已就当前加强节能减排工作制订了综合性的工作方案。这些要求和方案如能得到认真落实，必将有效扭转当前节能减排的严峻形势，促进“十一五”节能减排目标如期实现。

4.2.2.2 产业结构升级是节能减排之本

经济结构不合理、工业在国民经济中占的比重过大，是导致 2006 年节能减排目标没有完成的最主要原因。工业能耗约占全社会能耗的 70%，而第三产业的单位能耗仅为工业的 1/4 左右。如广东是经济大省，2005 年万元 GDP 能耗却是全国最低，2006 年又下降了 3%。这应得益于广东省产业结构优化升级取得的明显成效。广东省虽然近年来工业适度重型化的步伐迈得很大，但主要是发展了技术含量较高的电子信息业、汽车、医药业等高效低耗产业。另外，广东省雷厉风行地对小煤矿、小化肥、小冶炼及小水泥厂等高能耗企业实行关停并转。这一系列措施，使广东省规模以上高技术制造业产值增幅接近25%、占工业总产值的1/3。而列入全国能耗监管的年综合能源消费18万t标准煤以上企业，广东省只有26家，占全国的2.6%。

4.2.2.3 行政推动和经济杠杆需双管齐下

当前，我国节能减排目标的分解和项目安排，主要靠政府通过行政命令下达计划、与企业签订责任书和行政审批等方式落实，监督主要靠媒体的“环保风暴”，相关法规体系不健全。应加快法制进程，将现代节能减排理念、要求、机制等体现到有关法律中，并强调操作性和协调性。

同时，加快转变政府职能，从以行政手段管理为主转向以严格执行法律和大力运用财政、价格、税收、政府采购等经济手段为主。“新的节约能源法里应该写入有利于节能的消费税政策，引导消费者购买节能环保的产品和住宅。国家还可以用公共财政建立节能基金，补贴激励节能产品的推广和使用。”

4.3 区域限批政策

区域限批是指如果一家企业或一个地区环境违法问题严重，环保部门有权暂停这一企业或这一地区所有新建项目的审批，直至该企业或该地区完成整改。区域限批政策是“以保护环境优化经济增长”原则的集中体现，是对传统发展模式与决策方式的改革，是推动经济社会持续发展，强化环境管理，完成“节能减排”任务，维护生态平衡的有效措施，是在新的历史条件下的政策创新，是我国环境政策体系的重要组成部分。

4.3.1 实施背景

2003年以来，我国的国内生产总值实现了连续4年10%以上的增长速度。这4年是改革开放以来经济增长快、持续时间长的时期之一，2003～2006年年平均增长10.4%，不仅比同期世界年均增长4.9%高出5.5个百分点，而且比改革开放以来年平均增长9.7%高出0.7个百分点。工业经济快速增长的现实背后是高耗能、高污染行业发展的拉动作用。

与此同时，环境违法行为亦屡屡发生。不只是一些小企业为攫取高额利润，偷排偷放，屡查屡犯。一些大企业甚至上市公司虽建有治污设施但不运行，仍在大量超标排放污染。这些违法行为，加大了环保的执法成本。环境政策的失灵损害了法律的威严和政府的公信力，导致一些地区的环境污染越来越严重。少数地方在“招商引资”中，把工业园区作为“飞地”，规避环境执法。一些地方环保部门越权审批，甚至对不符合产业政策、选址明显不合理的项目也予以批准。大量违规项目扰乱了国家和地区宏观经济调控和产业结构调整，如果不踩刹车，主要污染物排放总量控制目标就不可能完成。

2007年1月，国家环保总局正式启动了区域限批政策。随后许多省市也纷纷响应，在全国掀起了一轮的“环保风暴”。在短短的几个月时间里，区域限批对于遏制“两高”行业的无序扩张、解决多年遗留下来的污染治理难题发挥了非常重要的作用。

4.3.2 实施状况

2007年1月，国家环保总局正式启动区域限批政策，通报82个违反环境影响评价和“三同时”制度的违规建设项目，总投资达1123亿元，对河北省唐山市、山西省吕梁市、贵州省六盘水市、山东省莱芜市4个行政区域，大唐国际、华能、华电、国电四大电力集团的建设项目实行停批、限批。同时公开宣布这些地区的整改措施一天不落实，限批令一天不解除。2007年7月初，国家环保总局对黄河、淮河、海河流域及长江安徽段水环境污染严重的6市2县5个工业园区实施流域限批，同时对38家企业进行“挂牌督办”，这是国家环保总局第二次运用限批武器。

随后全国许多省纷纷响应，也相继开始推行这一政策。河北省是最早对内采用区域限批政策的省份，2007年1月下旬对晋州市、石家庄高新技术开发区和经济技术开发区，无极县、深泽县和枣强县大营镇皮毛工业区实行区域限批政策，旨在控制子牙河流域的水污染。河南省环保局宣布从2007年开始河南省将全面启动环保违规区域限批行动，凡是县（市、区）出现两起以上未批先建的违规建设项目，省环保局将进行通报批评并暂停审批项目所在地的所有建设项目；省辖市区域出现一起违反国家产业政策、不符合环保要求，或一起严重违反环保“三同时”制度的建设项目违法行为，省环保局将暂停审批项目所在市的所有建设项目，直至整改到位。上海浦东新区环保局决定：从2007年6月20日开始，至2007年12月31日止，对川沙功能区域实行环保区域限制审批，停止川沙功能区域内的工业建设项目的环境保护审批授权。这是浦东乃至上海市首次启用区域限批这一行政惩罚手段。江苏省首次动用区域限批政策，对苏北一家经济开发区及两家化工园区作出了“暂停审批其境内除污染防治项目外所有建设项目”的决定。2007年8月，安徽省环保局、辽宁省大连市环保局也表示，将严格实行区域限批制度。

4.3.3 政策解析

“区域限批”制度推进了节能减排，使环境保护工作向深度发展。“区域限批”政策自2007年1月10日首次施行以来，效果明显。唐山市、吕梁市、六盘水市、莱芜市4个市被原国家环保总局实行“区域限批”后，很快加大了在治污整改上的力度，进一步优化产业结构，提升产业层次，延伸产业链条，促进资源深度利用，从而实现了改善环境状况与节能减排的目标。“区域限批”不但可以把大量污染严重、破坏生态的建设项目挡在门外，维护人民群众的环境权益，保障环境安全，而且将加快经济增长方式的转变。

目前一些地区和行业盲目投资，非法开工建设和投运项目较多，严重破坏了环境保护法律秩序，扰乱了国家宏观经济调控和产业结构调整，给当地环境、生态和资源带来了巨大压力，传统的环境执法手段已经不能完全适应。建立“区域限批”政策，正是一种综合利用法律、经济、行政手段来解决环境问题的有益探索和实践。

如山西省吕梁市是国内知名的新型能源化工和原材料工业基地。近年来，吕梁依托丰富的资源优势，经过持续开发，已经初步形成了原煤、焦炭、冶金、化工、建材以及农副产品加工的现代工业框架，但结构性污染始终困扰着吕梁。“区域限批”在吕梁市引起强烈震动。因此，吕梁市把2007年确定为环境保护攻坚年。经过全市上下近3个月的整治，区域污染物排放总量明显削减，关停取缔了辖区内的严重违法排污企业191户，共炸毁烟囱208根，拆除炼铁高炉92座，推倒焦炉2600多座，压缩焦化产能1043.8万t、炼铁产能360万t，直接削减$SO_2$3.4万t、COD800t。

“区域限批”有效惩治了违反环境影响评价法和“三同时”制度的行为，加快了区域产业结构的调整和违规项目的整改，强化了环境保护的执行力，推进了节能减排工作的进行。

尽管“区域限批”初见成效，但毕竟是暂时之策，并非长久之计。环境问题已成制约我国经济社会发展的主要瓶颈，环保总局动用“区域限批”是“没有招的招”。当前我国并不富裕，且发展极不平衡，发展仍是第一要义。在此背景下，长久的或大范围的“区域限批”显然不可行。当前“区域限批”的主要作用是“敲山震虎”、“杀鸡骇猴”，利用行政和法律手段遏制区域环境恶化的趋势，这个作用已经见效。

由于当前“区域限批”首要条件是未完成污染物总量削减的地区，而“十一五”期间污染物减排目标考核已由过去的年度考核调整为5年一个时段考核，也就是在2010年末或2011年初考核，即使实施“区域限批”政策，对“十一五”的污染物减排也于事无补，只能对“十二五”污染物减排起作用。因此，倘若利用“区域限批”政策促进“十一五”污染物减排，尚需完善当前的“区域限批”政策或调整污染物减排考核周期。前者需完善限批的前置条件，更着重环境质量的改善，关注污染物减排幅度太小的地区，后者可将考核时间提前1～2年，以便于“区域限批”在“十一五”污染物减排中发挥作用。

4.4　节能减排财税政策

节能减排的最大主体是企业。2007年，我国生活能源消费量占总能源消费的10.09%，相较而言，以企业为表现方式的工业、农业等行业的能源消费量达到80%以上，两者比例接近9∶1。因此，做好节能减排工作，关键在企业。

经济工具的使用可以是通过财务的刺激和抑制来鼓励生产者和消费者采取对环境更为友好的行为，从而实现一定的环境目标。税收政策这一典型的经济政策工具成为世界各国政府的共同选择倾向。

4.4.1　政策现状

我国自20世纪70年代末期开始，制定了排污收费制度，加上税收法律法规中常见的一些环保条款，形成了我国环境保护税收体系。在排污收费制度、增值税、消费税、企业所得税、外商投资企业和外国企业所得税、资源税、城镇土地使用税和房地产税等方面都体现了环境保护的要求。上述有关环保的税收措施为节约能源、遏制污染、保护环境树立了鲜明的政策导向，在能源控制减轻或消除污染。加强环境保护方面发挥了一定的作用。但同时也无法否认，我国尚未真正建立起完善的环境保护税收体系。

我国税收政策中与企业节能减排相关性较大的几个税种分别是资源税、消费税、增值税、企业所得税。我国税收政策在促进企业节能减排方面的设置还存在很大的改进空间：在税种、税目覆盖范围、税基设置、税率规定、税收政策的方式和角度等方面都有待于进一步研究。

4.4.2　政策趋势分析

国外涉及企业节能减排的税收政策税种较多，条目较细，符合各国的社会和经济环境，适合各国经济环境的发展。

国外促进企业节能减排税收政策有以下特点：

（1）致力于节能减排税收体系建设，注重税收政策的长期性与协调性。比如丹麦1994年实行的全面的绿色税收改革，不仅提高了能源税、垃圾税的税率，还引入了自来水税、氯化溶剂税、生长促进剂税、杀虫剂税等新税种，使整个经济更有效率。丹麦已初步建立起以能源税制为主，其他税种相配合的绿色税收体系。

（2）税收政策内容全。发达国家有关于企业节能减排的环保税收包括与能源相关税收、机动车相关税收、污染与资源税收、直接税收中的环境条款这四大类。具体来说主要有：环境污染税，生态破坏税，鼓励对环保技术研究、开发、引进和使用的税，鼓励对环保投资的税，鼓励环保产品生产、使用的税，促进环保产业发展的税，鼓励环保行为的税和对污染产品和不利于环境保护的行为征收重税的税等方面。

我们国家在节能减排的财税体系应进一步参照发达国家经验，结合自身国情进一步实现绿色税收体系。

1. 扩大资源税的征税范围

我国现行的资源税中，征收范围只有原油、天然气、煤炭、其他非金属矿原矿、黑色金属矿原矿、有色金属矿原矿、盐七种资源。而多数OECD国家的资源税范围几乎都涵盖了矿藏资源、土地资源、水资源、动植物资源、森林资源、草场资源、海洋资源以及地热资源等。我国只涵盖不可再生资源的资源税征收范围，既不符合当今世界资源税的发展趋势，也与我国资源短缺、资源利用率低的现实极不相称。应该将所有的不可再生资源和部分存量已处于临界水平、进一步消耗会严重影响其存量或其再生能力已经受到损害的可再生资源纳入到征收范围。

2. 继续扩大消费税征税范围

从节能减排的目标出发，把对人类健康、生态环境造成危害的消费品都纳入到消费税的征税范围。如污染环境的含磷洗涤液等、造成资源浪费的一次性餐具用品及剃刀等、在生产消费和处理过程中对环境有害的电池等。

在适当的时候，可以根据煤炭污染品质确定税额，对煤炭逐步征收消费税，对清洁煤炭则免征消费税。这一方面可以缓解煤炭消费压力；另一方面也可以刺激节约型“精品煤”的创新，有利于煤炭企业在生产环节实现“绿色生产”和副产品循环利用，促进了节能减排，提高了煤炭的综合利用率。

3. 设立征收环境税

开征环境税是OECD国家保护环境的通行做法，也是“污染者付费”原则的集中体现。2009年早些时候，中国环境保护部副部长张力军表示，征收企业的环境税，是中国税制改革的一个方向，条件成熟时将会推出对污染企业征收环境税的制度。

目前，中国尚缺少专门针对污染、破坏环境的行为或产品而征收的环境税。有专家认为，与发达国家为控制二氧化碳排放量而征收碳税以应对全球气候变化不同，中国如果开征环境税将更倾向于关注如何约束高污染、高能耗的行业对环境造成的影响，以改善环境，保护资源，实现可持续发展，因此环境税的征收对象也会相对更为广泛。

5

中国节能减排主要工程

5.1 燃煤工业锅炉（窑炉）改造工程

5.1.1 现状和问题

燃煤工业锅炉（窑炉）现状及问题如下。

5.1.1.1 工业锅炉

目前，全国在用工业锅炉保有量50多万台，约180万蒸t/h。燃煤锅炉约48万台，占工业锅炉总容量的85%左右，平均容量约3.4蒸t/h，其中20蒸t/h以下超过80%。113个大气污染防治重点城市中约有燃煤工业锅炉24万台，90万蒸t/h，均占全国的1/2。工业锅炉主要用于工厂动力、建筑采暖等领域，每年耗原煤约4亿t。

我国燃煤工业锅炉效率低，污染重，节能潜力巨大。锅炉设计效率为72% ~80%，平均运行效率约60% ~65%，平均运行效率比国外先进水平低15 ~20个百分点；每年排放烟尘约200万t，二氧化硫约600万t，是仅次于火电厂的第二大煤烟型污染源。

燃煤工业锅炉存在主要问题是：①单台锅炉容量小，设备陈旧老化；②锅炉平均负荷不到65%，“大马拉小车”；③锅炉自动控制水平低，燃烧设备和辅机质量低；④使用煤种与设计煤种不匹配、质量不稳定；⑤缺乏熟练的专业操作人员；⑥污染控制设施简陋，多数未安装或未运行脱硫装置，污染排放严重；⑦节能监督和管理缺位等。

5.1.1.2 工业窑炉

工业窑炉每年消耗原煤约3亿多t，主要集中在建材和冶金行业。水泥、墙体材料窑炉每年消耗煤炭约2.24亿t，其中水泥窑约7800座，年耗煤1.6亿t，平均能效比国外先进水平低20%以上；墙体材料窑炉约10万座，年耗煤6400万t，平均能效比国外先进水平低30%以上。钢铁工业窑炉每年消耗煤炭约6600万t，其中球团工序迴转窑生产线20多条，平均能效比国外先进水平低50%以上；石灰热工窑炉约350座，平均能效比国外先进水平低10%；耐火材料热工窑炉约1900余座，平均能效比国外先进水平低10% ~20%。

工业窑炉存在的主要问题是：技术水平低，装备陈旧落后、规模小；能耗高，大部分缺乏污染控制设施，污染严重；运行管理水平低，管理粗放；缺乏能效标准和节能政策。

5.1.2 主要内容

燃煤工业锅炉（窑炉）主要包括以下内容。

5.1.2.1 工业锅炉

（1）更新、替代低效锅炉：采用新型高效锅炉房系统更新、替代低效锅炉，提高锅炉热效率。

（2）改造现有锅炉房系统：针对现有锅炉房主辅机不匹配、自动化程度和系统效率低等问题，集成现有先进技术，改造现有锅炉房系统，提高锅炉房整体运行效率。

（3）建设区域煤炭集中配送加工中心：针对目前锅炉用煤普遍质量低、煤质不稳定、与锅炉不匹配、运行效率低的问题，主要侧重于北方地区，建设区域锅炉专用煤集中配送加工中心。

（4）示范应用洁净煤、优质生物型煤替代原煤作为锅炉用煤，提高效率，减少污染。

5.1.2.2 工业窑炉

（1）淘汰改造立窑、湿法窑及干法中空窑等落后水泥窑炉。

（2）采用低压旋风预热分解系统、保温耐用新型炉衬材料、高效燃烧器、高效熟料冷却机、生产过程自动控制与检测系统等技术对现有水泥生产线进行综合节能改造。

（3）采用节能型隧道窑、内燃烧砖节能、余热利用节能型干燥、稀码快烧、窑体改造等技术对落后的墙体材料窑炉进行改造。

（4）改造钢铁企业球团迴转窑、石灰窑、耐火材料窑等。

5.1.3 配套措施

（1）制定《锅炉节能技术监察规程》、《工业锅炉节能监测管理办法》，制定有关工业锅炉的能效标准及用煤质量标准，修订《评价企业合理用热技术导则》和《工业锅炉经济运行导则》等法规和标准。

（2）根据相关的节能法规和标准，限制落后锅炉的生产，淘汰在用落后锅炉，依法关停规模小于20万t/a的水泥生产企业，加强与技术监督局、安全生产监督局工作配合。

（3）鼓励开发和应用工业锅炉、窑炉节能降耗新技术、新设备。

（4）建立锅炉信息平台，发布工业锅炉、窑炉节能信息，推行合同能源管理，建立社会化服务体系。

（5）加强锅炉管理和操作人员的培训。

5.2 区域热电联产工程

5.2.1 现状和问题

到2004年底，全国已建成6000kW及以上热电联产机组约2300台，装机容量4800万kW，占火电装机容量的15.6%，年供热16.6亿GJ。热电联产与热、电分产相比，热效率提高30%，集中供热比分散小锅炉供热效率高 50%。

我国热电联产总规模小，发展不均衡。北方采暖城市中集中供热普及率不到 30%，其中热电联产仅占 20%。在北方采暖城市、南方工业园区及一些工业企业，低效、污染重的小锅炉大量存在，大多数小锅炉应由热电联产机组替代。

5.2.2　主要内容

（1）用热电联产集中供热为主的方式替代城市燃煤供热小锅炉，提高热电联产在供热中的比例，扩大集中供热范围。燃煤热电厂发展 20 万 kW 以上的大型供热机组，城市附近的 30 万 kW 以下纯凝汽发电机组改为供热机组，鼓励建设热电冷联供机组，北方小城市建设背压式供热机组热电厂。

（2）加强工业开发区热电厂的管理，工业生产用热尽量采用热电联产方式，以背压供热机组为主。

（3）建设分布式热电联产和热电冷联供。

（4）因地制宜建设低热值燃料和秸秆等综合利用热电厂。

5.2.3　配套措施

（1）加快城市供热体制改革。

（2）适度超前建设城市集中供热管网，为热电联产创造条件。热网不落实的热电联产项目，不予核准。

（3）结合城市规划改造和工业园区建设，将现有供热机组改建为热电联产机组。

（4）修改完善《关于发展热电联产的规定》，研究热力和电力价格管理办法和税收政策，研究制定严格的以单位热力煤耗作为主要指标的热电联产技术经济考核指标，建立热电联产认证制度，对于达不到热电联产有关技术经济指标要求的项目要给予处罚。加强项目建设和运行监督管理，防止以热电联产名义建设火电项目，引导热电联产规范有序发展。

（5）各省级发改委做好工业热电联产发展规划和建设管理工作，组织落实各省（自治区、直辖市）热电联产规划和法规。

（6）研究并完善有关天然气分布式热电联产的标准和政策。

5.3　余热余压利用工程

5.3.1　现状和问题

我国钢铁、有色、煤炭、建材、化工、纺织等行业的余热余压以及其他余能没有得到充分利用，如钢铁企业的焦炉气、高炉气、转炉气，煤矿的煤层气，焦化企业的焦炉气等可燃副产气，大量放空，造成能源的严重浪费，同时也污染了环境。

我国钢铁行业 1000m^3 以上高炉约 110 余座，有 30 座以上尚未配套炉顶压差（TRT）发电设备；有大型转炉的企业 19 家，中型转炉的企业 42 家，只有 7 家使用转炉负能炼钢技术。我国焦化炉干熄焦比例较低，干熄焦产量仅占机焦总产量的 17.4%。低热值煤气燃气轮机可充分利用副产煤气，但一次性投资较大。我国现有日产2000t以上新型干法窑水泥生产线225条，只有少数配装了余热发电装置。

5.3.2 主要内容

我国现有余热余压利用工程主要包括以下内容。

5.3.2.1 冶金行业

1. 钢铁

推广干法熄焦技术、高炉炉顶压差发电技术、纯烧高炉煤气锅炉技术、低热值煤气燃气轮机技术、转炉负能炼钢技术、蓄热式轧钢加热炉技术。建设高炉炉顶压差发电装置、纯烧高炉煤气锅炉发电装置、低热值高炉煤气发电—燃汽轮机装置、干法熄焦装置等。

2. 有色

推广烟气废热锅炉及发电装置，窑炉烟气辐射预热器和废气热交换器，回收其他装置余热用于锅炉及发电，对有色企业实行节能改造，淘汰落后工艺和设备。

5.3.2.2 煤炭行业

推广瓦斯抽采技术和瓦斯利用技术，逐步建立煤层气和煤矿瓦斯开发利用产业体系。到2010年，全国煤层气（煤矿瓦斯）产量达100亿m^3，其中，地面抽采煤层气50亿m^3，利用率100%；井下抽采瓦斯50亿m^3，利用率60%以上。

5.3.2.3 建材行业

1. 水泥

推广纯低温余热发电技术，建设水泥余热发电装置。推广综合低能耗熟料烧成技术与装备，对回转窑、磨机、烘干机进行节能改造，利用工业和生活废弃物作燃料。

2. 玻璃

推广余热发电装置，吸附式制冷系统，低温余热发电—制冷设备；推广全保温富氧、全氧燃烧浮法玻璃熔窑，降低烟道散热损失；引进先进节能设备及材料，淘汰落后的高能耗设备。

5.3.2.4 化工行业

推广焦炉气化工、发电、民用燃气，独立焦化厂焦化炉干熄焦，节能型烧碱生产技术，纯碱余热利用，密闭式电石炉，硫酸余热发电等技术，对有条件的化工企业和焦化企业进行节能改造。

5.3.2.5 其他行业

纺织、轻工等其他行业推广供热锅炉压差发电等余热、余压、余能的回收利用，鼓励集中建设公用工程以实现能量梯级利用。

5.3.3 配套措施

（1）研究制定鼓励利用余热余压发电、供热和制冷的优惠政策及电网准入标准和规定。在修订《中华人民共和国节约能源法》时，作为重点内容予以考虑。

（2）制订新建钢铁、有色企业节能准入标准，制定《水泥厂余热发电、余热供热工程建设标准》和《水泥厂节能设计规范》，强制关闭污染严重的开放式小焦炉，禁止使用国家已明令淘汰的高耗能纺织设备。

（3）制定并实施钢铁行业及钢、焦炭、铁合金、碳素电极单位产品能耗定额标准，有色工业及铝、铜、锌、镁单位产品能耗定额标准，建材工业及水泥、玻璃、陶瓷单位产品能耗定额标准，重点化工产品合成氨、烧碱、纯碱、电石、黄磷单位产品能耗定额标准。

5.4　节约和替代石油工程

5.4.1　现状和问题

2004 年我国石油消费量 3.17 亿 t，国内生产量 1.76 亿 t，净进口量 1.51 亿 t，对外依存度为 47.3%。

随着我国工业化、城镇化进程加快，特别是重化工业和交通运输的快速发展，石油消费高速增长，需要大量进口。目前，国际石油价格上涨，国内原油产量难以大幅度增加，必须大力节约降耗，发展石油替代产品，保证我国石油安全。

石油主要用于工业和交通运输行业。工业行业中电力、建材、化工等行业消耗大量燃料油，节代油潜力很大。石油开采、加工和利用效率低，损失大，浪费严重。我国交通运输工具油耗高，比国外先进水平高 10% ~25%。近年来，我国石油替代产品发展较快，但受环境、成本等条件制约，推广力度不够。

5.4.2　主要内容

我国现有节约和替代石油工程主要包括以下内容。

5.4.2.1　工业行业

1. 电力

推广气化小油枪和等离子无油点火、低负荷稳燃技术等，对燃油发电机组进行洁净煤或天然气替代示范改造，依法关闭规模小、技术落后的燃油发电机组。

2. 石油石化

在油气开采领域，推广采油系统优化配置技术，稠油热采配套节能技术，放空天然气和伴生石油气回收利用技术，以石油焦、洁净煤、伴生气及其他副产可燃气代替燃料油，高效洁净燃烧技术和设备，油气密闭集输综合节能技术等，降低油田自用油率。天然气资源供应可靠的地区适度发展天然气化工，替代石油化工。石油加工领域的节代油内容详见本实施意见“能量系统优化工程”。

3. 建材

有条件的地区以天然气、煤层气、水煤浆、乳化油、石油焦替代重油，推广玻璃熔窑富氧或全氧燃烧技术，有条件且煤价较低的建筑卫生陶瓷企业使用焦炉煤气代油，对大中型建材企业进行节代油改造。

4. 化工行业

以煤炭气化替代燃料油和原料油；在煤炭和电力资源可靠的地区，适度发展煤化工替代石油化工。

5. 其他行业

推广重油掺水、混合煤气发生炉节代油技术。

5.4.2.2 交通运输行业

1. 汽车节油

推广高效节油汽油机和柴油机生产技术，整车轻量化技术，电力电子传动系统，轿车和轻型汽车用柴油机，载重车用大功率节能柴油机，鼓励废油回收和再利用。

2. 清洁燃料汽车

开发生产燃气汽车及专用发动机；开发生产混合动力汽车的电池、发动机、电机、制动能量再生系统，改善电池能量密度、充电时间、循环寿命，先在城市公交车上应用，逐步推广到轿车。

3. 铁路运输

对牵引变电所进行节能改造；加快铁路电气化改造；引进、开发、推广高效交直交电力机车，提高用电效率；对客车实施机车向客车供电，逐步取消柴油发电车；实施内燃机车节油工程，提高内燃机车运行效率；推广柴油添加剂和各种节油装置。

4. 城市公共交通

大力发展直线电机轨道交通和大运量快速公共汽车系统；采取有效措施推动智能交通系统的发展和保留人行道、自行车道系统。

5. 水路运输

发展水路运输，改善航道条件；实现船舶大型化、规范化，推广使用标准化船型，淘汰挂桨机船；进一步减小船舶阻力，提高推进效率；船舶节能技术的推广应用和设备改造；改善燃油品质；提高船舶运输组织管理水平。

5.4.2.3 石油替代产品

煤炭液化生产石油产品；发展醇醚燃料代油，包括利用工业副产可燃气生产甲醇、二甲醚，非粮食类原料生产燃料乙醇等；鼓励发展生物质柴油。推广大比例甲醇催化燃烧技术和醇醚燃料尾气净化技术。

5.4.3 配套措施

（1）制定实施《节约石油管理办法》及相应配套措施，研究提出鼓励、限制及淘汰的技术和产品目录。严格限制并加快淘汰燃油发电机组，严格限制小平拉玻璃，关闭淘汰敞开式和生产能力小于 1 万 t 的小电石炉。

（2）加快煤层气、焦炉气等副产可燃气生产醇醚燃料的推广使用，研发大型煤制醇醚装置。研究解决车用甲醇热值低、遇水分层、低温启动性差、高温气阻、腐蚀和毒性防范等问题。鼓励发展非粮食原料的生物柴油和生物质化工。

（3）建立并严格实施完善的机动车燃油经济性标准及相应配套措施，实施包含有汽车燃料经济性指标的汽车市场准入制度，尤其是营运车辆的市场准入制度，研究建立国家统一的汽车能效标识管理制度，促进汽车制造企业提高技术水平，从源头上实现汽车节油。加强在用汽车的燃料经济性检测，建立并实施高油耗在用汽车的退出机制。规范节油型机油和燃油添加剂市场。不断总结研究新型汽车节油驾驶操作技术及检测维修工艺，推广汽车节能驾驶技术，实施完善的在用汽车技术状况检查、维修管理制度。

（4）制定鼓励公共交通及节能交通方式的政策、法规，鼓励使用燃气车，加强燃气网络和维修网络建设，鼓励使用醇醚燃料汽车。

5.5　电机系统节能工程

5.5.1　现状和问题

电机系统包括电动机、被拖动装置、传动控制系统及管网负荷。电机系统用电量约占全国用电量的60%，其中风机、泵类、压缩机和空调制冷机的用电量分别占全国用电量的 10.4%、20.9%、9.4% 和6%。

我国 80% 以上的电机产品效率比国外先进水平低 2～5 个百分点，虽然国产高效电机与国外先进水平相当，但价格高、市场占有率低；风机、泵、压缩机产品效率比国外先进水平低 2～4 个百分点，虽然设计水平与国外先进水平相当，但制造技术和工艺有差距；电机传动调速及系统控制技术差距较大，产品效率比国外先进水平低 20%～30%。

电机系统量大面广，节电潜力巨大。全国现有各类电机系统总装机容量约 4.2 亿 kW，运行效率比国外先进水平低 10～20 个百分点，相当于每年浪费电能约 1500 亿 kW·h。

电机系统存在的主要问题是：电动机及被拖动设备效率低，电动机、风机、泵等设备陈旧落后，效率比国外先进水平低 2～5 个百分点；系统匹配不合理，“大马拉小车”现象严重，设备长期低负荷运行；系统调节方式落后，大部分风机、泵类采用机械节流方式调节，效率比调速方式约低 30%。

5.5.2　主要内容

1. 更新淘汰低效电动机及高耗电设备

推广高效节能电动机、稀土永磁电动机，高效风机、泵、压缩机，高效传动系统等。更新淘汰低效电动机及高耗电设备；采用高效节能电机及系统相关节电设备新装电机系统。逐步限制并禁止落后低效产品的生产、销售和使用。对老旧设备更新改造，重点是高耗电中小型电机及风机、泵类系统的更新改造及定流量系统的合理匹配。

2. 提高电机系统效率

推广变频调速、永磁调速等先进电机调速技术，改善风机、泵类电机系统调节方式，逐步淘汰闸板、阀门等机械节流调节方式。重点对大中型变工况电机系统进行调速改造，合理匹配电机系统，消除“大马拉小车”现象。

3. 被拖动装置控制和设备改造

以先进的电力电子技术传动方式改造传统的机械传动方式，逐步采用交流调速取代直流调速。采用高新技术改造拖动装置，重点是大型水利排灌设备、电机总容量 10 万 kW 以上大型企业的示范改造等。

4. 优化电机系统的运行和控制

推广软启动装置、无功补偿装置、计算机自动控制系统等，通过过程控制合理配置能量，实现系统经济运行。

5. 重点改造领域

（1）电力：用变频、永磁调速及计算机控制改造风机、水泵系统，重点是20万kW以上火力发电机组。

（2）冶金：鼓风机、除尘风机、冷却水泵、加热炉风机、铸造除鳞水泵等设备的变频、永磁调速。

（3）有色：除尘系统自动化控制及风机调速。

（4）煤炭：矿井通风机、排水泵调速改造及计算机控制系统。

（5）石油、石化、化工：工艺系统流程泵变频调速及自动化控制。

（6）机电：研发制造节能型电机、电机系统及配套设备。

（7）轻工：注塑机、液压油泵的变频、永磁调速。

（8）其他：企业空调和通风、楼宇集中空调的电机系统改造等。

5.5.3 配套措施

（1）电机系统改造主要以企业自主改造为主，辅以政府引导、设备租赁、合同能源管理等方式。鼓励并扶持专业节能服务机构采用设备融资租赁、合同能源管理等市场机制推动电机系统节电改造。

（2）制定发布相关标准、政策。制定、修订电动机能效标准，电动机配套设备能效标准，电动机系统经济运行管理标准，变频调速和调压节能产品标准等。研究电机产品能效标识制度和高效电机产品认证制度，实施电机系统强制性淘汰更新制度，高能耗机电产品强制性淘汰制度。制定合理的电压等级标准，科学的谐波和电磁兼容（EMC）标准。

（3）改进电机系统的设计，组织编制实施电机系统优化配置的设计规范及标准。

（4）开展相关人员的培训。

5.6 能量系统优化（系统节能）工程

5.6.1 现状和问题

石化、化工、钢铁行业2004年共耗能5亿多t标准煤，约占我国耗能总量的27%，能源利用效率与国际先进水平相比有较大差距，节能潜力较大。

从能量系统优化的角度分析，炼油、乙烯、合成氨和钢铁等行业在系统用能方面存在以下主要问题：

（1）具备热联合或热集成条件的装置（或生产单元）孤立运行，致使系统总体用能不合理。

（2）部分企业蒸汽管网布置不合理，蒸汽配送与装置不匹配，凝结水没有回收，管网和设备的保温性能差，运行参数控制不准确，致使蒸汽损耗大。

（3）部分企业余热、余压未能利用，致使一些换热网络、生产系统和装置能耗水平相对落后。

（4）由于生产建设滚动式发展，部分企业公用工程系统未进行整体能量系统优化设计，致使企业供能系统效率低。

（5）尚未采用模拟优化软件或先进控制技术，系统或装置的运行管理相对落后。

5.6.2 主要内容

我国现有的能量系统优化工程主要包括以下内容。

5.6.2.1 炼油

对炼油企业进行系统节能改造，包括：①炼油生产全厂能量系统优化，含装置改造、热联合、热力系统优化、节能燃烧器等；②催化裂化过程能量优化，含回收余热、热进料、减少生焦量、利用再生烟气能量、优化换热等；③常减压过程能量优化，含优化流程、控制过汽化率、减少加热能耗、干式减压蒸馏、热联合等；④蒸汽动力系统能量优化，含热电联产、凝结水回收、管网保温、安全控制等。

5.6.2.2 乙烯

对乙烯企业进行系统节能改造，包括：①乙烯生产全厂能量系统优化，含优化原料、燃气轮机—发电机—裂解炉联合、优化蒸汽管网、提高收率、先进控制技术等；②乙烯裂解炉节能优化，含更换短炉管、改造对流段等；③低品位热量利用，含增设空气预热设施等。

5.6.2.3 合成氨

采用原料路线优化、回收发生炉煤气、回收造气炉余热、造气煤渣循环流化床锅炉、燃气轮机—空压机联合循环、联醇或二甲醚多联产、蒸汽自给或热电联产等技术对有条件的合成氨生产企业进行全厂系统节能改造；应用干粉煤加压气化、变压煤气化、多段炉碎煤气化、高效新型催化剂、新型转化炉管、新型烧嘴、高效换热器、新型保温材料等新技术对合成氨生产装置进行节能示范改造。

5.6.2.4 钢铁

钢铁企业能量系统优化工程包括：①建立钢铁生产能源管理中心；②建立炼铁高炉专家操作系统；③建立副产煤气高效燃烧控制系统；④原料准备工序系统节能工程；⑤转炉炼钢综合节能工程；⑥高效连铸连轧系统节能工程。主要推广技术有：高炉大型化、转炉大型化、利用废钢和二次资源、合理利用国内矿石、减少煤气放空量、蓄热式燃烧技术、干法熄焦技术、动力系统节能技术等。

5.6.3 配套措施

（1）淘汰落后装置，关停小型炼油厂。

（2）制定并实施合成氨、乙烯和炼油装置的能效标准，以及能耗指标的计算、测试和监测标准。

（3）支持高耗能产业节能技术的研发与推广。

（4）在炼油、乙烯、合成氨和钢铁行业加快推行清洁生产，强化清洁生产审核。

5.7 建筑节能工程

5.7.1 现状和问题

截至2003年底，全国城乡房屋建筑面积为383亿m^2。城镇房屋建筑面积141亿m^2，其中住宅建筑面积89亿m^2。每年新竣工建筑面积18亿~20亿m^2。建筑用能占我国能源消费量的比例逐年上升，建筑节能已成为全社会节能的重点领域之一。

目前，初步建立了在1980年标准基础上节能50%为目标的建筑节能设计标准体系，加大了建筑节能监管力度，制定了建筑节能相关政策法规，开始了供热体制改革工作，组织了建筑节能技术攻关和试点示范。存在的主要问题有：

（1）建筑用能效率低、污染严重。单位建筑面积能耗比气候条件接近的发达国家高2~3倍，建筑供暖造成的空气污染高2~5倍。

（2）新建建筑执行节能设计标准有待于进一步加强。2000~2004年，大城市新建居住建筑在施工图设计审查阶段执行建筑节能设计标准的比例，北方严寒和寒冷地区为90%，夏热冬冷地区为20%，夏热冬暖地区仅为11%。而实际按节能设计标准施工的建筑，北方地区为50%，夏热冬冷地区仅为14%。

（3）供热体制改革尚未全面启动，既有建筑节能改造进展缓慢。

（4）节能材料产品性能不能满足市场需求，节能建筑的质量还存在一定的隐患，节能运行管理薄弱。

（5）缺少建筑节能激励政策，相关法律法规不完善，政府监管不到位，宣传力度不够。

5.7.2 主要内容

1. 新建建筑

新建建筑全面严格执行50%节能标准，4个直辖市和北方严寒、寒冷地区实施新建建筑节能65%的标准。采用新技术、节能建材、节能设施，建设低能耗、超低能耗及绿色建筑。新建建筑的节能要实行从规划、设计、施工图审查及施工、监理、验收和销售等全过程的严格监管，使节能设计标准得以切实实施。

2. 既有建筑

采用新技术对既有建筑的采暖、空调、热水供应、电气、炊事等方面进行改造。启动和实施供热体制改革，推行居住及公共建筑集中采暖按热表计量收费制。

3. 可再生能源城市级示范

开展再生能源技术城市级示范活动，探索推广机制和模式，包括太阳能利用、淡水源热泵、海水源热泵、浅层地能利用和可再生能源技术集成等。完善新建建筑设计规范，推行建筑物与可再生能源一体化进程。

4. 新型墙材和节能建材产业化

发展节能利废建材、聚氨酯、聚苯乙烯、矿物棉、玻璃棉等符合建筑节能标准和相关国家标准的新型墙材及建设节能建材产业化基地。

5.7.3 配套措施

（1）加强项目管理，项目实施单位应按相关法规，确定责任人员，建立管理制度，按计划完成工程项目。

（2）制定和修订相关政策法规，制定供热价格管理办法，加快北方地区供热体制改革。

（3）建立健全技术标准体系和技术支撑体系，研究新型墙体材料节能利废和二氧化碳减排评价体系及指标，强化国家建筑能效检测检验和评估机制。

（4）推广建筑节能新技术、新材料、新设备。

（5）建立和完善建筑节能标准体系及实施监管机制；研究既有建筑节能改造激励机制。

（6）加强国际合作和宣传培训，引导农村和工业建筑节能。

5.7.4　组织实施

（1）组织单位：建设部、国家发展和改革委员会、科技部、国家标准委，各省（自治区、直辖市）建设厅（建委）、发改委、经（贸）委、科技厅（科委）。

（2）实施主体：实施建筑节能工程的企业或单位。

（3）参与单位：各省建筑节能和墙体材料革新办公室、建设部建筑节能中心、建设部政策研究中心、建设部信息中心、国家发改委能源所、中国标准化研究院、财政部财政科学研究所、建设部标准定额研究所、中国建筑科学研究院、中国建筑设计研究院、中国城市建设研究院、中国建筑材料科学研究院、上海市建筑科学研究院、四川省建筑科学研究院、重庆建设技术发展中心、深圳市建筑科学研究院、清华大学、同济大学、浙江大学、重庆大学、四川大学、哈尔滨工业大学、华南理工大学、北京工业大学。

5.8　绿色照明工程

5.8.1　现状和问题

目前，照明用电占全国用电量的 12% 左右。采用高效节能灯替代普通白炽灯可节电 60% ~ 80%，节电潜力巨大。中国绿色照明工程实施 10 年来，取得了明显成效：一是高效照明产品市场占有率不断提高，2004 年高效照明电光源产品国内销售量由 1995 年的 5010 万只增加到 8.2 亿只；二是推动照明电器产业规模不断扩大，产品结构趋于优化，2005 年荧光灯与普通白炽灯的生产比例由 1995 年的 1∶6.25 上升到 1∶1.5；三是行业技术装备水平逐步提高，产品质量不断改善，紧凑型荧光灯产品产量合格率由 1998 年的 49.5% 提高到 95.1%，全国有 40 多家照明电器生产企业的 600 多个产品获得了中国节能产品认证；四是中国绿色照明工程应用推广了大宗采购、电力需求侧管理、合同能源管理、质量承诺等多种节能新机制。

存在的主要问题：①照明电器行业整体技术水平不高；②推广节能照明产品的激励政策不完善；③照明产品市场不规范，一些劣质产品流入市场，影响了高效照明产品的推广；④缺乏绿色照明宣传、推广资金，节能照明技术、产品信息尚不普及。

5.8.2　主要内容

（1）节能照明产品生产线技术改造。以提高产品质量、降低生产成本、增强自主创新能力为主，进行节能灯生产技术设备改造，包括：①紧凑型荧光灯自动化生产线改造；②采用自动排气机、自动接桥机、自动封口机等关键设备，对紧凑型荧光灯生产线进行局部改造；③直管荧光灯自动化生产线改造；④金属卤化物灯生产线改造等。

（2）节能照明产品推广。采用大宗采购、电力需求侧管理、合同能源管理和质量承诺等市场机制和财政补贴激励机制，在政府机关、学校、宾馆饭店、商厦超市、大型工矿企业、医院、铁路车站、城市景观照明及城市居民小区等重点推广高效照明产品。

（3）采用半导体（LED）灯，改造大中城市交通信号灯系统。开展在景观照明中应用 LED 的示范。

5.8.3 配套措施

（1）研究提出进一步加快推广绿色照明的意见。

（2）完善并实施照明产品能效标准，建立市场准入制度。修订单端荧光灯、高压钠灯和管型荧光灯镇流器能效标准，制定路灯灯具、格栅灯具、卤素灯及其镇流器、LED 灯、磁感应无极灯能效标准。

（3）加快检测能力建设；各省（自治区、直辖市）对市场销售产品进行全面检测，建立照明产品能效数据库。

（4）加强照明产品节能认证，实施节能照明产品质量承诺制，选择自镇流荧光灯、双端荧光灯等产品进行国际认证试点。

（5）研究实施 2～3 个照明产品的能效标识制度。

（6）将公用建筑节能照明系统设计和施工的审查，纳入建筑节能审查制度。

（7）研究并建立废旧照明产品回收与再利用体系，制定并实施《照明器具回收管理办法》、《废旧荧光灯可回收和再利用设计规范》、《废旧荧光灯环境无害化处理技术规范》，研究废旧电子和电感镇流器、高压气体放电灯再利用标准。

（8）强化绿色照明公众宣传，增加政府对绿色照明宣传的投入，建立绿色照明宣传的政府支持机制。

5.8.4 组织实施

（1）组织单位：国家发改委、国家质检总局、建设部，各省（自治区、直辖市）发改委员会、经（贸）委、建设厅（建委）。

（2）实施主体：实施绿色照明工程的企业或单位。

（3）参与单位：中国绿色照明工程办公室、国家发改委能源研究所、中国照明电器协会、中国标准化研究院、中标认证中心。

5.9 政府机构节能工程

5.9.1 现状和问题

政府机构指依靠公共财政运行的各级政府机关、事业单位和社会团体（包括军队、武警、公共服务及其他公共财政支持的部门），其能源管理基础差，能耗高，节能潜力大，具体表现在：

（1）人均能耗高。据抽样调查，2002 年人均电力消费量为 2130kW·h，人均用油量为 240L，单位建筑面积能耗为 27.3kg 标准煤/m^2，单位建筑面积用电量为 55.5kW·h/m^2，人均能源消费总量近1.9t标准煤，人均建筑能耗为1.6t标准煤，均高于社会平均耗能水平。

（2）用能设备能效水平低。如高效节能灯推广使用比例低，自备供暖锅炉普遍存在“大马拉小车”的现象等。

（3）节能意识有待加强。一些单位对开展节能工作缺乏重视，宣传教育还不够深入，建筑贪大求全，公务车规模大、效率低等浪费能源资源的现象依然存在。

（4）节能管理制度不健全，缺乏统一的宏观协调管理体制。没有统一的能源消耗定额和支出标准，没有专门的机构、人员，能源统计不健全，没有考核和奖惩制度等。

（5）节能新技术推广应用力度不大，缺乏鼓励政策，尚未推广合同能源管理、节能激励机制等节能新机制。

5.9.2 主要内容

1. 既有建筑节能改造

针对不同建筑特点和能源消费类型，对既有建筑围护结构、中央空调、采暖、照明和用电设备等进行节能改造；更换照明、办公等高能耗产品和设备；开展中央空调系统节能清洗和改造工作。

2. 综合电效改造

对用电设备和电力分配系统进行系统性诊断和分析，加装节电设备，实现用电系统整体优化，提高电效。

3. 新技术、新能源和可再生能源应用试点

积极推广使用浅层地源热泵、太阳能等新技术、新能源，扩大可再生能源使用范围。

4. 推行节能产品政府采购

进一步落实节能产品政府采购制度，完善政府采购节能认证工作，扩大政府采购节能产品的范围，实施政府采购统计工作，构建节能产品政府采购管理网络平台，开展政府采购人员培训。

5. 公务用车节能

逐步压缩公务车辆规模，加强公务用车的日常管理，将车辆纳入节能产品政府采购范围，加强成品油的使用管理。积极推动公务用车改革，完善政府机构公务车辆配备配置标准与管理办法。

6. 加强节水改造

安装分水表，开展用水计量监测和考核，采用节水型技术、设备，加强用水设备的日常维护管理。开展中水回用系统、雨水收集系统等试点工作，推广节水灌溉方式，提高水资源综合利用效率。

7. 新建建筑节能评审和全过程监控

新建建筑全面执行现行建筑节能设计标准，对新建大型办公建筑开展节能综合评审试点，并对施工、调试、竣工验收、运行管理实施全过程的节能审查和监督。

8. 建立政府机构能耗统计体系

建立能耗统计指标体系，开展政府机构能耗专项调查、典型建筑的能耗监测，选择高能耗建

筑进行分项计量改造，建立能耗统计信息管理平台，将政府机构能源消费纳入国民经济能源统计体系，开展全国性能耗普查工作，对在京中央机关进行年度能耗统计。

5.9.3 配套措施

（1）建立和完善政府机构能源统计、评价和考核体系。

（2）制定和完善政府机构节能管理制度，建立健全政府机构能源管理体系，修订《党政机关办公用房建设标准》，严格控制政府机构办公建筑规模。

（3）完善政府机构节能投资体制和机制，推广合同能源管理等节能投资市场机制。

（4）开展创建节约型政府机关活动。

（5）健全政府机构节能管理组织体系。

（6）开展政府机构节约能源、资源宣传和培训。

5.10 节能监测和技术服务体系建设工程

5.10.1 现状和问题

我国节能监测（监察）中心和节能技术服务中心现有 147 家，其中国家级 2 家，省级（含计划单列市）37 家，部属或行业级 14 家，省会及地市级 94 家。这些中心已经成为我国节能工作的重要支撑力量，为政府节能监督检查和企业节能技术服务发挥了积极作用。

存在的主要问题：①节能法律法规和监测（检测）技术标准体系不够完善，节能行政执法和技术监测依据不足。②政府投入不足，工作经费难以保障。③检测设备老化落后、配置不全，影响了服务水平和质量。④节能执法和检测人员的业务素质亟待提高。⑤节能技术服务中心参与市场竞争力弱。

5.10.2 主要内容

（1）节能监测（监察）中心按照节能检测规范和能效标准的技术要求，更新改造节能监测仪器和设备，建立节能数据处理分析系统和信息平台，建立节能监测（检测）流动实验室，提高监测（检测）技术水平。

（2）建设节能监测（检测）标准装置，建立节能监测（检测）计量设备的量值传递标准及量传体系，统一全国量值。

（3）开展重点耗能企业能源审计。

（4）实施能效标识备案及国家监管机制，提高有效监管的能力。

（5）推广合同能源管理等市场化机制，提高节能技术服务中心的服务水平和市场竞争力。

5.10.3 配套措施

（1）完善节能监管体制和机制，制定《节能监测（监察）机构管理办法》、《节能监测（监察）人员培训和考核管理办法》和《节能中心管理条例》等。

（2）完善节能监测法规、标准体系建设。

（3）研究重点耗能行业能耗基线（对标）设定方法。

（4）制定《合同能源管理技术规范》、《节能自愿协议技术规范》以及《节能自愿协议检测与评估方法》等。

（5）完善能效标识制度，强化政府监管能力。

（6）加强节能检测管理和技术人员培训。

6

中国节能减排主要措施

2009 年 1 ~7 月经济数据表明，中国政府应对国际金融危机的一揽子计划效果不断显现，我国经济企稳向好的态势越发明朗。同时，经济的加快向好引发了高耗能产业的投产增速，1 ~7 月，煤炭开采及选洗业投资同比增长了近 40%，电力、热力的生产与供应业投资 5396 亿元，增长了 22.7%。在目前我国 2/3 能源供给仍依赖煤炭的背景下，如何在经济企稳的关键期进一步加大结构调整节能减排力度，是必须审慎考虑的问题。

虽然节能减排取得积极进展，特别是今年以来产业结构发生了一些积极变化，但结构不合理的问题仍然突出，第三产业比重偏低，高耗能工业增速较快。国际金融危机对我国影响加剧，给节能减排工作带来新的问题和挑战。有的地方出现盲目上高耗能、高排放项目的苗头，有的地方擅自出台高耗能行业电价优惠政策；一些企业效益回落，影响节能减排重点工程实施。工作层面也还存在着认识不到位、激励政策不完善、机制不健全、监管不到位、基础工作薄弱等问题。从目前进展情况看，“十一五”节能目标完成进度仍落后于时间进度，形势严峻，任务艰巨。

《2009 年节能减排工作安排》强调，2009 年是实现“十一五”节能减排目标具有决定性意义的一年，要求全面落实各项节能减排政策措施，进一步加大工作力度，务求取得更大成效。我们应看到转变发展方式、调整经济结构的任务依然艰巨，能否按时完成既定的“十一五”节能减排目标到了关键时刻。

6.1 加强责任目标考核

2007 年 11 月 23 日，中国政府网发布了《国务院批转节能减排统计监测及考核实施方案和办法的通知》（以下简称《通知》）。这标志着中国节能减排目标责任制进入落实阶段。

国务院同意发改委、统计局和环保总局分别会同有关部门制订的《单位 GDP 能耗统计指标体系实施方案》、《单位 GDP 能耗监测体系实施方案》、《单位 GDP 能耗考核体系实施方案》和《主要污染物总量减排统计办法》、《主要污染物总量减排监测办法》、《主要污染物总量减排考核办法》，并要求各地区、各部门结合实际认真贯彻执行。

《通知》一并指出，建立科学、完整、统一的节能减排统计、监测和考核体系，并将能耗降低和污染减排完成情况纳入各地经济社会发展综合评价体系，作为政府领导干部综合考核评价和企业负责人业绩考核的重要内容，实行严格的问责制，是强化政府和企业责任，确保实现“十一五”节能减排目标的重要基础和制度保障。

建立节能减排三体系，基础是建立及时准确的统计体系和监测体系，核心是要落实节能减排目标责任、建立科学规范的评价考核体系。《单位GDP能耗考核体系实施方案》，进一步强化了政府和企业责任，分别针对各省（自治区、直辖市）人民政府和千家重点耗能企业制定了量化的考核办法和具体的奖惩措施；《单位GDP能耗统计指标体系实施方案》和《单位GDP能耗监测体系实施方案》，要求建立健全以全面调查、抽样调查、重点调查等各种调查方法相结合的能源统计调查体系，并在加强能耗各项指标统计的同时，对能耗指标的数据质量进行监测，确保各项能耗指标的真实、准确；主要污染物总量减排统计、监测与考核3个办法，明确了化学需氧量和二氧化硫减排量的具体核算方法，排放量的监测办法及对省级政府完成“十一五”减排目标情况的考核办法。3个方案加上3个办法，构成了完整的节能减排统计、监测和考核三体系。

《2009年节能减排工作安排》指出要组织相关部门和专家对省级政府2008年节能减排目标完成情况进行现场评价考核，评价考核结果向社会公告，落实奖惩措施，实行严格的问责制。组织各地节能主管部门开展千家企业节能目标责任评价考核，审核汇总考核结果，向社会公告并做好考核结果的运用。发布2008年全国和各地区单位GDP能耗、主要污染物排放及工业增加值用水量指标公报，以及2009年上半年全国单位GDP能耗和主要污染物排放量指标公报。抓好军队资源节约统计与考评工作（见表6.1和表6.2）。

表6.1　　省级人民政府节能目标责任评价考核计分表

序号	考核指标	考核内容	分值	评分标准
1	节能目标（40分）	万元GDP能耗降低率	40	完成年度计划目标得40分，完成目标的90%得36分，完成80%得32分，完成70%得28分，完成60%得24分，完成50%得20分，完成50%以下不得分。每超额完成10%加3分，最多加9分。本指标为否决性指标，只要未达到年度计划确定的目标值即为未完成等级
2	节能措施（60分）	节能工作组织和领导情况	2	（1）建立本地区的单位GDP能耗统计、监测、考核体系，1分； （2）建立节能工作协调机制，明确职责分工，定期召开会议，研究重大问题，1分
3		节能目标分解和落实情况	3	（1）节能目标逐级分解，1分； （2）开展节能目标完成情况检查和考核，1分； （3）定期公布能耗指标，1分
4		调整和优化产业结构情况	20	（1）第三产业增加值占地区生产总值比重上升，4分； （2）高技术产业增加值占地区工业增加值比重上升，4分； （3）制定和实施固定资产投资项目节能评估和审查办法，4分； （4）完成当年淘汰落后生产能力目标，8分
5		节能投入和重点工程实施情况	10	（1）建立节能专项资金并足额落实，3分； （2）节能专项资金占财政收入比重逐年增加，4分； （3）组织实施重点节能工程，3分
6		节能技术开发和推广情况	9	（1）把节能技术研发列入年度科技计划，2分； （2）节能技术研发资金占财政收入比重逐年增长，3分； （3）实施节能技术示范项目，2分； （4）组织推广节能产品、技术和节能服务机制，2分

续表

序号	考核指标	考核内容	分值	评分标准
7	节能措施（60分）	重点企业和行业节能工作管理情况	8	（1）完成重点耗能企业（含千家企业）当年节能目标，3分； （2）实施年度节能监测计划，1分； （3）新建建筑节能强制性标准执行率完成年度目标得4分，完成80%得2分，不足70%的不得分
8		法律、法规执行情况	3	（1）出台和完善节约能源法配套法规等，1分； （2）开展节能执法监督检查等，1分； （3）执行高耗能产品能耗限额标准，1分
9		节能基础工作落实情况	5	（1）加强节能监察队伍、机构能力建设，1分； （2）完善能源统计制度并充实能源统计力量，1分； （3）按要求配备能源计量器具，1分； （4）开展节能宣传和培训工作，1分； （5）实施节能奖励制度，1分
	小计		100	

注 1. 年度计划节能目标以各地区根据《关于“十一五”期间各地区单位生产总值能源消耗降低指标计划的批复》［国函（2006）94号文］制定的分年度目标为准；上年度未完成的节能目标，须分摊到以后年度。

2. 2010年节能目标以《关于“十一五”期间各地区单位生产总值能源消耗降低指标计划的批复》［国函（2006）94号文］中的目标为准。

资料来源：单位GDP能耗考核体系实施方案。

表6.2　　千家重点耗能企业节能目标责任评价考核计分表

序号	考核指标	考核内容	分值	评分标准
1	节能目标（40分）	节能量	40	完成年度计划目标得40分，完成目标的90%得35分、80%得30分、70%得25分、60%得20分、50%得15分、50%以下不得分。每超额完成10%加2分，最多加6分。本指标为否决性指标，只要未达到目标值即为未完成等级
2	节能措施（60分）	节能工作组织和领导情况	5	（1）建立由企业主要负责人为组长的节能工作领导小组并定期研究部署企业节能工作，3分； （2）设立或指定节能管理专门机构并提供工作保障，2分
3		节能目标分解和落实情况	10	（1）按年度将节能目标分解到车间、班组或个人，3分； （2）对节能目标落实情况进行考评，3分； （3）实施节能奖惩制度，4分
4		节能技术进步和节能技改实施情况	25	（1）主要产品单耗或综合能耗水平在千家企业同行业中，位居前20%的得10分，位居前50%的得5分，位居后50%的不得分； （2）安排节能研发专项资金并逐年增加，4分； （3）实施并完成年度节能技改计划，4分； （4）按规定淘汰落后耗能工艺、设备和产品，7分
5		节能法律法规执行情况	10	（1）贯彻执行节约能源法及配套法律法规及地方性法规与政府规章，2分； （2）执行高耗能产品能耗限额标准，4分； （3）实施主要耗能设备能耗定额管理制度，2分； （4）新、改、扩建项目按节能设计规范和用能标准建设，2分
6		节能管理工作执行情况	10	（1）实行能源审计或监测，并落实改进措施，2分； （2）设立能源统计岗位，建立能源统计台账，按时保质报送能源统计报表，3分； （3）依法依规配备能源计量器具，并定期进行检定、校准，3分； （4）节能宣传和节能技术培训工作，2分
	小计		100	

注 1. 节能目标以企业根据节能目标责任书制定的年度目标为准；上年度未完成的节能目标，须分摊到以后年度。

2. 2010年节能目标以节能目标责任书中签订的目标为准。

资料来源：单位GDP能耗考核体系实施方案。

6.2 推动重点工程实施

节能减排的重点工程是指着力抓好节约和替代石油、燃煤锅炉改造、热电联产、电机节能、余热利用、能量系统优化、建筑节能、绿色照明、政府机构节能以及节能监测和服务体系建设等十项重点节能工程，“十一五”期间形成2.4亿t标准煤的节能能力。中央将继续加大预算内投资、新增中央投资、中央财政专项资金和国外优惠贷款对节能减排的支持力度，重点支持十大重点节能工程建设、循环经济发展、淘汰落后产能、城镇污水处理设施及配套管网建设、重点流域水污染治理，以及节能环保能力建设。2009 年，通过实施十大重点节能工程，形成 7500 万 t 标准煤的节能能力；实施“节能产品惠民工程”，对能效等级 1 级或 2 级以上高效节能空调、冰箱等十大类产品，通过财政补贴方式加大推广力度；推广节能灯 1.2 亿只；支持在北京、上海、重庆等 13 个城市开展节能与新能源汽车示范试点。新增城市污水处理能力 1000 万 m^3/d，全国 36 个大城市基本实现污水全部收集处理；新增燃煤电厂烟气脱硫设施 5000 万 kW 以上，新增钢铁企业烧结机烟气脱硫设施 20 台（套）。

6.3 严控高耗能、高排放行业盲目扩张

电力、钢铁、有色、建材、石油加工、化工等行业，占了全社会能源消耗和污染排放的大头。遏制这些高耗能、高污染行业过快增长，是推进节能减排工作的当务之急，也是当前宏观调控的紧迫任务。要按照管住增量、调整存量、上大压小、扶优汰劣的思路，加大调控力度。一要严格控制新建高耗能项目。严把土地、信贷两个闸门，提高节能环保市场准入门槛。严格执行新建项目节能评估审查、环境影响评价制度和项目核准程序，建立相应的项目审批问责制。二要落实限制高耗能、高污染产品出口的各项政策。继续运用调整出口退税、加征出口关税、削减出口配额、将部分产品列入加工贸易禁止类目录等措施，控制高耗能、高污染产品出口。三要加大差别电价政策实施力度。全面落实差别电价政策，提高高耗能产品差别电价标准。鼓励地方在国家政策的基础上进一步提高差别电价标准，扩大实施范围。四要清理和纠正各地在电价、地价、税费等方面对高耗能、高污染行业的优惠政策，严肃查处违反国家规定和政策的行为。

组织修订《产业结构调整目录》。在抓紧组织实施钢铁、汽车、造船、石化、轻工、纺织、有色金属、装备制造、电子信息、物流等重点产业调整振兴规划过程中，严格执行国家产业政策和项目审核管理规定，强化用地审查、节能评估审查、环境影响评价，从严控制高耗能、高排放行业盲目扩张。继续推动外商投资产业结构优化升级。加大信息技术在传统产业中的应用力度，对高耗能、高排放行业进行改造和提升。加大淘汰落后产能的力度，2009 年“上大压小”关停小火电机组 1500 万 kW，淘汰落后炼铁产能 1000 万 t、炼钢 600 万 t、水泥 5000 万 t、造纸 50 万 t、铁合金 70 万 t、焦炭 600 万 t。完善淘汰落后产能退出机制，公告淘汰落后产能企业名单，推广大型企业兼并重组落后企业等有效做法，落实好差别电价政策和淘汰落后产能企业职工安置政策措施。发布节能设备指导目录、落后高耗能设备淘汰目录等，推动淘汰落后高耗能设备。落实节能发电调度办法，抓紧出台配套政策。大力促进服务业和高技术产业发展，提高其在国民经济中的比重。

6.4 加快技术开发和推广

节能减排中，技术在扮演越来越重要的角色。比如 IBM 大中华区首席执行总裁钱大群曾举过一个例子，引证信息技术对于节能减排的重要性。该例子讲到，水资源是天然资源之一，我们重视如何更有效率地运用水资源，或者更有效率防止对水的污染。在水资源利用和管理上，当试着对一个河流维持好的水资源的时候，当检查的时候污染源都关闭了，你很难看到谁在污染，离开以后污染源又来了。如何建制一个很好的监控系统，使得不断地及时收集到资讯，甚至评估出来河流、河川、太湖水资源的趋向是什么。IBM 的方法是希望在河流里面建立一个监控器，把资源随时收集起来。但是，今天普通 IT 的处理能力是不够的。今天普通 IT 处理能力每秒钟可以处理 1000 万笔信息，当你处理河流防污染的时候，监控分析要有能力处理到每一秒钟 10 万亿笔信息，相当于今天 IT 处理能力的 100 倍以上。在实验室里面，IBM 试着研究的不是今天我们所熟悉的 IT 技术，而是提出来 Stream Computing 的应用技术，帮助在这样一些河川和天然资源里面建立监控系统后每一秒钟都有水在流动的时候，能够及时把有关信息拿到做分析、做监控。

对于绿色产业及新能源领域而言，技术创新更能加快产业发展。中国正在积极开展节能技术、可再生能源和新能源技术、煤炭清洁高效利用技术以及主要行业二氧化碳和甲烷等温室气体的排放控制与处置利用技术的研究开发，把有关技术和产业发展的基础性、创新性和关键性技术纳入国家科技发展规划和产业发展规划的优先领域，继续增加国家财政对有关技术的科学研究、应用示范和产业化发展的支持，发挥企业在有关应用技术、工艺、设备研发方面的主体作用。通过有关技术的研发和技术创新，为相关绿色产业的持续发展提供切实有效的技术支持和技术服务保障。与此同时，加大对核能、风能、太阳能和水力发电等清洁能源产业的投入，加大对包括混合动力和电动汽车在内的新型高能效运输工具的投入，加快培育相关的装备制造业和服务业，使各种绿色产业和其他符合节能减排要求的新兴产业在国民经济所占比重不断得到提高，为节能减排打下良好的技术和产业基础。

中国将围绕能源、资源、环境等领域，建设和完善若干国家工程中心、国家工程实验室和国家重点实验室，在高效发电、重污染行业清洁生产、建筑节能等方面组织科研攻关，攻克一批节能减排关键和共性技术。编制工业、通信业清洁生产技术指南和重点节能技术推广专项规划。支持大型先进压水堆及高温气冷堆核电站重大科技专项。加大新技术、新产品产业化的实施力度，推动电动汽车产业化，做好“金太阳”太阳能发电、大型超超临界发电、有机废水循环利用等技术的规模化推广应用。制定半导体照明（LED）产业发展意见。推进浅层地热能开发利用。加快风能资源的评估与开发。发布农业机械节能减排技术。出台关于推行合同能源管理加快节能服务产业发展的意见，鼓励专业节能公司采用合同能源管理方式，为中小企业、公共机构实施节能改造。启动污泥处理处置示范工作。积极推进环保产业发展，继续开展烟气脱硫特许经营试点，规范城镇污水和垃圾处理特许经营，鼓励排污单位委托专业化公司承担污染治理或设施运营。发布当前国家鼓励发展的环保设备（产品）目录，编制环保装备示范工程规划。广泛开展节能减排国际合作，切实加强双边、区域和多边在节能、新能源和低碳技术研发等方面的交流，积极引进国际先进技术和管理经验。

6.5 着力抓好重点领域节能减排

开展千家企业节能行动，突出搞好高耗能行业中重点耗能企业的节能工作，是实现“十一五”节能目标的重要措施。国家发展和改革委员会与国家能源办、国家统计局、国家质检总局、国务院国资委于2006年4月启动了千家企业节能行动。千家企业是指钢铁、有色金属、石油石化、化工、建材、煤炭、电力、造纸、纺织等9个重点耗能行业中年综合能源消费量18万t标准煤以上的企业，共998家。2006年，千家企业能源消费量为8亿t标准煤，约占全国能源消费总量的1/3，占工业能源消费量的1/2左右。据介绍，通过开展千家企业节能行动，“十一五”期间可实现节能1亿t标准煤。

中国将继续大力推进千家企业节能行动，发布能源利用状况公告，开展节能管理师试点，形成2000万t标准煤的节能能力。制定发布钢铁、建材、电子信息、军工和中小企业节能减排指导意见，深入开展重点耗能行业能效水平对标活动。扩大强制性能效标识实施范围，制定发布电风扇、微波炉、通风机、工业锅炉等6种产品能效标识实施规则。组织开展5万个锅炉房节能管理达标活动。2009年底施工阶段执行节能强制性标准比例提高到90%以上；全面开展北方采暖地区既有居住建筑节能改造，2009年改造6000万m^2；继续推进供热按用热量计量收费；扩大可再生能源建筑应用示范规模，出台推动太阳能光电技术在建筑领域应用的实施意见，实施好新建经济适用房、廉租房、新农村农房可再生能源建筑规模化应用项目。大力发展公共交通，优化道路运输组织管理；严格执行汽车燃料消耗量限值标准，实施落后车辆淘汰制度，完善报废汽车回收机制；加快发展水路运输，推进船型标准化；加快电气化铁路建设；优化航线航路，启动机场节电工程，研究建立民航业节能减排激励约束机制；建立交通运输行业节能减排监测考核体系。安排财政资金70亿元，鼓励汽车、家电“以旧换新”。推进节约型机关、学校、科技场馆、文化场馆、医院、体育场馆等“6个100示范工程”建设，研究建立公共机构节能考核制度。开展大型公共建筑能耗统计、审计和公示工作。继续安排中央投资支持农村沼气建设；实施农村清洁工程，加大“以奖促治”工作力度，解决一批村镇存在的突出环境问题。推进零售业节能降耗。

6.6 大力发展循环经济

中国发展循环经济需推进矿产资源综合利用、固体废物综合利用、再生资源循环利用，以及水资源的循环利用。深化国家循环经济试点，建成一批循环经济典型地区、典型企业、再生资源产业园区、生态工业示范园区，总结经验，逐步推广。全面推行清洁生产，制定和发布重点行业清洁生产标准和评价指标体系。积极推进垃圾资源化利用。

中国将继续做好循环经济促进法贯彻实施工作。组织编制重点行业和重点领域循环经济发展规划，印发省（自治区、直辖市）循环经济发展规划编制指南。建立循环经济发展专项资金，支持循环经济技术研发、示范推广、能力建设等。深化循环经济示范试点，开展“循环经济专家行”活动。加快实施汽车零部件再制造试点，出台促进汽车零部件再制造产业发展意见，建立汽车零部件再制造产品标识制度。组织编制实施再生金属利用规划、重大机电装备再制造产业发展规划。加快国家生态示范工业园区建设。研究建立循环经济评价指标体系和统计制度。发展矿产资源领域循环经济，推进矿产资源综合利用，加快脱硫石膏、磷石膏、农作物秸秆等资源化重点工程建设。启动第三批禁止使用实心黏土砖和第三批“禁止现场搅拌砂浆”工作。制定重点电子信息产品污染物管理目录，推动废弃电器电子产品回收利用。加快第二批再生资源回收体系建设试点，支持建设一批统一规范的社区回收站点、专业化分拣中心和区域集散市场。推进城镇污水处理再生利用。启动餐厨垃圾无害化处理试点。促进灾区建筑废弃物资源化利用。进一步加大“限塑”和秸秆综合利用工作力度。落实国务院办公厅关于治理商品过度包装的有关文件精神，抓紧制定治理商品过度包装的相关标准和政策。推动机电产品包装节材代木。推进循环农业促进行动，重点抓好10个循环农业地市建设，以及农垦制糖业、天然橡胶业的循环产业建设。

6.7 完善相关法规及政策建设

随着我国经济建设的高速发展和生产力水平的提高，伴随着工业污染和其他公害问题的加剧，环境恶化的状况日益严重，环境保护成为我国进行可持续发展的一个重要任务。中国在20世纪90年代以后制定了大量的有关环境保护的法律法规，并对以前颁布的一些环境法律或行政法规进行了修订，这些环境立法涉及了社会生活的许多方面，对当今已经出现或即将出现的环境问题做了多层次、多方位的规定。

例如1991年7月1日起施行的《中华人民共和国大气污染防治法实施细则》规定：地方各级人民政府，应当对本辖区的大气环境质量负责，并采取措施防治大气污染，保护和改善大气环境。各级人民政府的经济建设部门，应当根据同级人民政府提出的大气环境保护要求，把大气污染防治工作纳入本部门的生产建设计划，并组织实施。

例如中国政府从1995年起开始制定节能法，于1997年11月经全国人大通过了《中华人民共和国节约能源法》，1998年1月1日正式实施。该法指出：节能是国家发展经济的一项长远战略方针。国务院和省（自治区、直辖市）人民政府应当加强节能工作，合理调整产业结构、企业结构、产品结构和能源消费结构，推进节能技术进步，降低单位产值能耗和单位产品能耗，改善能源的开发、加工转换、输送和供应，逐步提高能源利用效率，促进国民经济向节能型发展。要求“采取技术上可行、经济上合理以及环境和社会可以承受的措施，减少从能源生产到消费各个环节中的损失和浪费，更加有效、合理地利用能源”，“国家对落后的耗能过高的用能产品、设备实行淘汰制度”。

完善节能减排法律法规体系，加快节约能源法和循环经济促进法配套法规建设是节能减排，改善环境的必由之路。中国将落实好民用建筑节能条例、公共机构节能条例，研究起草排污许可证条例，尽快出台固定资产投资项目节能评估和审查办法、城镇排水和污水处理条例，修订重点用能单位节能管理办法、能效标识管理办法、节能产品认证管理办法，组织制订、修订电炉钢冶炼和氧化铝、尿素等高耗能产品能耗限额强制性国家标准，以及水源热泵机组、小功率电机、容积式空气压缩机、通风机、工业锅炉等用能产品强制性能效标准，并进一步完善并严格执行电石、热轧带肋钢筋等高耗能和易造成环境污染产品的市场准入条件，制订电力企业节能降耗主要指标监管评价标准。

需要加速推进的三大节能减排战略措施第一条就是继续扩展有利于环境与资源保护的经济政策。在节能法、可再生能源法等法律中有关经济激励的规定和现行各项政策规定的基础上，加快形成配套的价格、财税、金融、投资等经济机制和政策措施体系。通过经济激励政策上的创新行动，调控好各方面在环境与资源保护方面的利益，有效地调动各行各业各类经济主体的积极性，为新兴绿色技术和产业的发展提供更加有力的政策激励。

中国将继续推进资源性产品价格改革，落实成品油价格和税费改革方案。完善天然气价格形成机制。实行鼓励余热余压发电的上网和价格政策。继续推进电价改革，完善需求侧电价管理制度。继续实行促进节约用水的水价制度，鼓励使用再生水。完善老旧汽车报废更新补偿制度。出台农村老旧渡船拆解改造补偿制度。研究调整车辆购置税政策。推进环保收费改革，提高收缴率。研究建立污染物减排激励机制。修订高污染、高环境风险产品名录，继续控制高耗能、高排放和资源性产品出口。继续实施促进节能减排的政府采购政策，完善清单动态管理制度、公示制度和执行政策的奖惩制度。完善矿产资源有偿使用制度改革。逐步建立生态环境补偿机制。进一步扩大用于节能减排的企业债券发行规模，研究开展污水处理项目收益债券试点、环境污染责任保险试点。金融机构继续加大对节能减排重大项目的信贷支持。推进有条件的地区开展排污权有偿使用和交易试点工作。

为应对国际金融危机影响，加快培育新兴产业，抢占未来经济竞争制高点，国家发展和改革委员会正在抓紧制定《节能环保产业发展规划》和《关于半导体照明节能产业发展的意见》。业内人士分析，未来将会有更多政策来鼓励和引导民间投资节能环保产业，鼓励企业对节能环保的重点工程进行服务外包，并推动合同能源管理和环保设施专业化运营等节能环保服务业的快速发展。

6.8　强化节能减排监管

中国要加强节能减排监管，强化目标责任制。比如 2009 年将省级政府 2008 年节能减排目标责任评价考核结果向社会公告，落实奖惩措施，加强督促检查，进一步强化政府的主导责任。

中国要加强对各地区节能减排工作的监督检查，督促各项节能减排优惠政策的落实，坚决制止和纠正擅自出台对高耗能行业实行优惠电价、违规乱上高耗能和高排放项目等行为。加强节能减排执法检查，严肃查处严重浪费能源资源、严重破坏环境、违反能源利用状况报告制度、私自排污等问题。开展能效标识、能源计量器具配备、能源计量数据及使用、高耗能特种设备等专项检查。深入开展环保执法专项行动，重点做好电力、钢铁、建材、造纸等 12 个高耗能、高排放行业排放总量控制和排污许可制度执行情况的监督检查。加强职工节能减排义务监督员队伍建设，强化对义务监督员的培训。发布电力企业节能减排情况通报。

同时，中国将加快节能减排统计、监测和考核体系建设。加强资源环境、循环经济基础研究，建立体现资源节约型、环境友好型社会建设的中国资源环境统计指标体系。抓紧组建国家节能中心，健全省级节能监察机构和节能技术服务中心。结合第二次全国经济普查，组织实施第二、第三产业用能单位能耗调查和主要耗能行业重点耗能设备普查。继续推进污染源普查工作，加强环境质量监测、污染源自动监控、信息传输与统计等能力建设。进一步完善城镇污水处理管理信息系统，启动建设全国城镇生活垃圾处理管理信息系统。建设电力行业节能减排监管信息平台。

6.9 加快淘汰落后生产能力

落后生产能力是资源能源浪费、环境污染的源头。淘汰落后产能是实现节能减排目标的重要手段。要大力淘汰电力、钢铁、建材、电解铝、铁合金、电石、焦炭、化工、煤炭、造纸、食品等行业落后产能。抓紧制订淘汰落后产能分地区、分年度的具体工作方案，并认真组织实施。国务院有关部门每年向社会公布淘汰落后产能企业的名单和各地执行情况，接受社会监督。要建立落后产能退出机制，有条件的地方要安排资金支持淘汰落后产能。中央财政通过增加转移支付，对经济欠发达地区给予适当支持。

2008 年年底以来，国务院陆续发布的钢铁、有色金属、石化、轻工、纺织等十大重点产业调整和振兴规划，围绕应对危机保增长、调整结构提出了明确要求，把淘汰落后产能作为其中的一项重要工作任务。规划涉及的十大产业，除服务业外，都属于工业，其中，钢铁、有色金属、石化、轻工、纺织等行业存在较为严重的产能过剩，高污染和高能耗的落后产能和先进产能争原料、争市场的现象不同程度地存在，造成能源资源的严重浪费和不容忽视的环境污染问题。

根据钢铁产业调整和振兴规划，我国将按期完成淘汰 $300m^3$ 及以下高炉产能和 20t 及以下转炉、电炉产能。到 2011 年，再淘汰落后炼铁能力 7200 万 t、炼钢能力 2500 万 t。新增产能必须以淘汰落后产能为前提；重点大中型企业吨钢综合能耗要由目前的 670kg 标准煤下降到 620kg 标准煤。

有色金属产业调整和振兴规划要求，2009 年，全国淘汰落后铜冶炼产能 30 万 t、铅冶炼产能 60 万 t、锌冶炼产能 40 万 t；到 2010 年底，淘汰落后小预焙槽电解铝产能 80 万 t。

在轻工领域，到 2011 年，我国将淘汰落后制浆造纸 200 万 t 以上、低能效冰箱（含冰柜）3000 万台、皮革 3000 万标张、含汞扣式碱锰电池 90 亿只、白炽灯 6 亿只、酒精 100 万 t、味精 12 万 t、柠檬酸 5 万 t 的生产能力。

到 2011 年，我国纺织行业将重点淘汰 75 亿 m 高耗能、高耗水、技术水平低的印染能力；淘汰 230 万 t 化纤落后产能；加速淘汰棉纺、毛纺落后生产能力。

我国将对石化炼油行业采取区域等量替代方式，到 2011 年，淘汰 100 万 t 及以下低效低质落后炼油装置，积极引导 100 万 ~200 万 t 炼油装置关停并转，防止以沥青、重油加工等名义新建炼油项目。

在化肥行业领域，国家通过上大压小（建设技术先进，能源资源使用效率高的大型企业，淘汰落后小企业），产能置换等手段，淘汰技术落后、资源利用不合理的产能。

在农药行业，我国将依据行政法规，淘汰一批高毒高风险农药品种；加快淘汰电石、甲醇等产品的落后产能；严格控制甲醇、烧碱、纯碱等产能过剩产品项目建设。

第2篇

行业篇：重点耗能行业的节能减排

重点耗能行业主要是指钢铁、有色、电力、石油石化、化工、建材、交通运输等能源消耗大户，也包括造纸、纺织、印染、建材等一些能耗及污染物排放均比较严重的行业。其能源消费占整个工业终端能源消费的64%以上，几乎消耗全国能源消费总量的1/2。我国重点耗能行业能耗水平明显偏高，能耗增长快。无论从现状还是未来发展的角度看，都具有巨大的节能潜力。

要想实现节能减排的目标，我们必须先抓好重点行业的节能减排。进一步而言，国家宏观层面需要调整产业结构，加快淘汰落后产能；需要狠抓重点行业、重点企业节能降耗和减排治污；需要突出技术节能，加大研发投入；需要推广新的节能模式，实现资源综合利用。这些均是重点耗能行业节能减排的关键抓手。

本篇主要介绍了重点耗能行业的节能减排状况，从节能减排角度分析各个行业存在的问题，进而提出建议，同时对各个行业的节能减排前景作出了趋势分析。

7

重点耗能行业节能减排概述

重点耗能行业主要是指钢铁、有色、电力、石油石化、化工、建材、交通运输等能源消耗大户，也可包括造纸、纺织、印染、建材等一些能耗及污染物排放均比较严重的行业。重点耗能行业的能源消费占整个工业终端能源消费的64%以上，几乎消耗了全国能源消费总量的1/2。

一直以来，我国经济的快速增长是建立在重点耗能行业快速发展的基础之上的。重点耗能行业能耗过高导致了能源形势与环境的恶化，这不仅制约了重点耗能行业的健康发展，而且严重影响了我国节能降耗工作以及整个经济的可持续发展，解决重点耗能行业的能耗过高问题已势在必行，刻不容缓。

7.1 重点耗能行业的能源消耗

过去20多年里，在政府的积极推动、工业部门的共同努力下，工业节能取得了明显成效，主要高耗能工业产品单耗指标显著下降，工业能源利用经济效率逐步提高，对工业和整个国民经济的持续快速发展起到了重要支持和促进作用。尽管如此，由于多年来工业的粗放型高增长，现有工业体系从整体上看仍相对落后，先进工业装备所占比重偏低，企业平均规模偏小，加上工业内部产业结构偏重，工业能源利用效率水平仍相对较低，与工业发达国家相比还有明显差距。目前我国主要高耗能工业产品单耗指标比国外同类产品单耗指标的先进水平平均高出约40%；单位工业增加值能耗居高，是日本等节能先进国家的数倍。无论从现状还是未来发展的角度看，工业部门都具有巨大的节能潜力。

7.1.1 取得的成绩

随着工业化、城镇化和居民生活水平的提高，建筑、交通运输、民生和人均能耗将逐年增加，工业总能耗控制和比重的下降，将成为实现节能目标的主要渠道。我国工业占GDP比重的43%，是我国经济的主导。工业能源消耗占全社会能源消耗的70%以上，是耗费能源、资源的最主要产业。“十一五”以来，在党中央、国务院的正确领导下，在各部门、各地区、各行业的共同努力下，我国节能减排工作取得积极进展，工业增加值能耗持续下降。2006 年、2007 年、2008 年规模以上单位工业增加值能耗分别比上年降低1.98%、5.46%和8.43%，下降速率高于同期单位GDP能耗下降，主要工业产品单位能耗都有不同程度降低，累计形成3.7 亿t标准煤的节能量。从主要污染物减排情况看，2008 年与2005 年相比，全国单位 GDP 能耗下降 10.1%，3 年全国二氧化硫、COD 排放总量分别下降8.95%和6.61%。这意味着节约了数亿吨标准煤的能源，减排了二氧化碳等温室气体和有害物质。

2009 年1~4 月，规模以上工业增加值同比增长5.5%，而重点用能企业能源消耗却同比下降7.69%。原因之一是在应对国际金融危机中，“双高”产业大幅度回落，重化工业受影响较大，而轻工业、制造业则相对较小。第一、第三产业比例加大，出现了结构性的变化。根据国家统计局的统计，2009 年第一季度，全国单位 GDP 能耗同比下降2.89%，降幅同比提高0.27 个百分点，全年可望下降5%。一季度，工业各行业单位增加值能耗普遍降低。规模以上工业39 个行业大类单位增加值能耗均下降，其中钢铁行业降低7.51%，有色行业降低16.58%，电力行业降低10.17%。

2009 年要延续节能降耗的良好趋势，就必须坚持推进“两化”融合、自主创新和大规模技术改造，坚定走技术节能信心，促使我国重点行业主要产品单位能耗达到或接近世界先进水平。应围绕十大工业行业调整和振兴规划的实施，把节能降耗减排作为应对国际金融危机、落实“保增长、扩内需、调结构”政策措施、促进工业经济平稳较快发展的重要举措，在推进节能减排中加快产业结构优化升级。

7.1.2　结构分析

通过对工业中几十个行业耗能分析排序得出，工业中耗能前6位的行业，即黑色金属冶炼及压延加工业（如钢铁、铁合金）、化学原料及化学制品制造业、非金属矿物制品业（如水泥、平板玻璃）、石油加工炼焦及核燃料加工业、有色金属冶炼及压延加工业（如电解铝、铜冶炼、铅锌冶炼）、煤炭开采和洗选业（见表7.1）。

表7.1　　重点耗能行业能耗量及所占比重

行业	2004 年能耗量（万t标准煤）	占总能耗比重（%）	2005 年能耗量（万t标准煤）	占总能耗比重（%）	能耗增长率（%）
黑色金属冶炼及压延加工业	29702.49	14.62	35988.23	16.12	21.16
化学原料及化学制品制造业	20346.88	10.01	22494.07	10.07	10.55
非金属矿物制品业	18088.40	8.90	18849.94	8.44	4.21
石油加工、炼焦及核燃料加工业	12173.85	5.99	11881.87	5.32	-2.40
有色金属冶炼及压延加工业	6403.53	3.15	7188.69	3.22	12.26
煤炭开采和洗选业	6343.26	3.12	6916.95	3.10	9.04
六大高耗能行业能耗总量	93058.42	45.79	103319.75	46.27	11.03
工业	143244.02	70.48	158058.37	70.78	10.34
能源消费总量	203227.02		223319.30		9.89

资料来源：根据《中国统计年鉴2006》。

从表7.1 可以看出，我国这6 大重点耗能行业消耗的能源占能源消费总量的45%以上，而其中黑色金属冶炼及延压加工业、化学原料及化学制品制造业这两个行业就各消耗总量的10%

以上，具有能耗总量大、比重高的特点。

我国重点耗能行业的能耗水平明显偏高，与国际先进水平相比，我国加工每吨乙烯能耗约高61.7%，每吨原油耗能约高56.2%，每吨水泥能耗约高43%，每吨合成氨能耗约高23.4%，火电供电能耗约高22.1%，每吨纯碱能耗约高20%，每吨烧碱能耗约高14.7%，每吨钢可比能耗约高9.8%。按照国家统计局的报告评估，“目前我国仅上述几种产品每年就多消耗能源2.26亿t标准煤，约占能源消耗总量的10.2%。如果仅将这几种产品的单位能耗降低到国际先进水平，我国万元GDP能耗将降低0.145t标准煤。”

重点耗能行业的能耗增长快。重点耗能行业能源消费量占工业能源消费总量的比重由1990年的66.9%上升到2003年的79.7%。2001～2004年，工业部门的能源消费由2000年占全国能源消费的58%上升到2004年占68.41%；工业部门的电力消费由2000年占全国电力消费的64.7%上升到2004年占77%。其中冶金、化工、建材、石化等4个重点耗能行业的能源消费增长量占工业部门能源消费总增长量的52.2%，电力消费增长量占工业部门全部电力消费增长的48.3%。更值得注意的是，仅占GDP总量3.14%的钢铁行业占全国能耗总量的15%。2004～2005年间，重点耗能行业能耗增长11.03%，高于工业耗能增长率10.34%，也高于全国能耗增长率9.89%。

7.1.2.1 有色金属行业

有色金属行业是国民经济的重要原材料产业，能源、矿产资源消耗量大，节能工作任务艰巨。“十五”期间，我国有色金属行业通过淘汰落后工艺，优化调整产业结构等措施，节能降耗成效显著，特别是一些综合能耗指标不断得到改善。如铜冶炼综合能耗从2001年的1079kg标准煤/t降至2005年的779.8kg标准煤/t，降低了28%；氧化铝从2001年的1180kg标准煤/t降至2005年的986kg标准煤/t，降低了17%；铝锭综合交流电耗由2001年的15470kW·h/t降至2005年的14622kW·h/t，降低了5.4%；铜加工材综合能耗和铝加工材综合能耗也有大幅度的下降，分别下降了22%和32%。

随着我国有色金属工业的技术进步、工艺改进、设备更新，以及企业大力推进节能措施，至2008年，我国有色金属工业节能效果明显，一些主要的生产企业能耗指标都接近国际先进水平。如铜冶炼综合能耗从594kg标准煤/t降至300kg标准煤/t，铅冶炼能耗由576kg标准煤/t降至460kg标准煤/t，电锌综合能耗更是降至1000kg标准煤/t，铜、铝加工材能耗指标也在500kg标准煤/t以内，成品率以及能耗指标都有所提高。

国家发改委在“节能中长期专项规划”中，明确提出了我国有色金属行业2010年和2020年能耗目标为：10种有色金属综合能耗分别为4.595kg标准煤/t和4.45kg标准煤/t，铝综合能耗分别为9.471kg标准煤/t和9.22kg标准煤/t，铜综合能耗分别为4.256kg标准煤/t和4kg标准煤/t。为了更好地完成“十一五”规划，即2010年国内万元生产总值下降0.98t标准煤、降低20%的目标，节能工作任务艰巨。同时，作为用能大户，在新《中华人民共和国节约能源法》实施的初期，有色企业可能会遇到诸如成本增加等困难，这就更需要行业企业尽快做出调整。

新《中华人民共和国节约能源法》对作为耗能大户的有色金属行业可谓影响巨大。我国目前平均每吨有色金属综合能耗与国际先进水平相比，差距仍然存在。2006年，我国电解铝直流电耗为13506kW·h/t，而国际先进水平为13350kW·h/t，比先进水平电耗高156kW·h/t。我国铜闪速炉冶炼平均单耗为0.606t标准煤，国际先进水平为0.50t标准煤，比国际先进水平高近20%。我国密闭鼓风炉锌冶炼的平均能耗比国际先进水平高33.4%，铅冶炼的平均能耗比国际先进水平高84.2%。2006年，我国有色金属产量再创历史新高，但是部分有色金属单位产品综合能耗却比2005年有所上升，这值得警惕。如铝锭综合交流电耗比2005年增加了49kW·h/t，粗铜煤耗增加了78kg/t。

根据新《中华人民共和国节约能源法》在激励措施方面的规定，有色行业要以发展节能技术为先。实践证明，先进的技术设备和工艺是保证我国有色金属行业节能降耗的根本。对此，我国有色矿山重点采用大型、高效节能设备，提高采矿、选矿效率；铜熔炼采用先进的富氧闪速及富氧熔池熔炼工艺，替代反射炉、鼓风炉和电炉等传统工艺，提高熔炼强度；氧化铝发展选矿拜耳法等技术，逐步淘汰直接加热熔出技术；电解铝生产采用大型预焙电解槽，限期淘汰自焙电解槽，逐步淘汰小预焙槽；铅熔炼生产采用氧气底吹炼铅新工艺及其他氧气直接炼铅技术，改造烧结鼓风炉工艺，淘汰土法炼铅；锌冶炼生产发展新型湿法工艺，淘汰土法炼锌。

从另一方面而言，有色行业要大力发展循环经济，从根本上改变能耗结构，已经成为解决能耗过高问题的必由之路。据中国有色金属工业协会再生金属分会统计，2006年，中国再生有色金属的总产量达到453万t，比2005年增长21%。其中再生铜168万t，再生铝235万t，再生铅39万t，再生锌11万t。再生金属产业节能降耗明显。2006年，中国再生有色金属产业总节能2568.3万t标准煤，其中再生铜节约559.4万t标准煤，再生铝节约1927万t标准煤、再生铅节约53万t标准煤、再生锌节约28.9万t标准煤。如果我国再生金属产量占整个有色金属总产量的40%，那么将节约大量的能源。

7.1.2.2 钢铁行业

据中国钢铁工业协会统计，2005年全国重点钢铁企业的吨钢综合能耗为0.741t标准煤，吨钢可比能耗为0.714t标准煤，吨钢耗新水8.03t；2006年中国吨钢综合能耗0.645t标准煤/t；吨钢可比能耗0.623t标准煤/t；吨钢消耗新水6.56t。2007年中国吨钢综合能耗同比下降4.4%，吨钢可比能耗同比下降4.97%，吨钢消耗新水同比下降8.7%。据对纳入钢协的77户大中型钢铁企业的统计表明，2007年吨钢综合能耗625.98kg标准煤/t，同比下降3.49%；吨钢可比能耗610.5kg标准煤/t，同比下降3.35%，这说明钢铁企业的单位能耗还在继续下降，节能减排是有效果的。

虽然钢铁行业的单位能耗持续下降，但是，钢铁行业在节能降耗、环境保护等方面面临着严峻的局面。国家公布的《钢铁产业发展政策》指出：2010年全行业吨钢综合能耗降到0.73t标准煤，吨钢可比能耗降到0.685t标准煤，吨钢耗新水8t以下；2020年分别降到0.7t标准煤、0.64t标准煤、6t以下。2006年1月中国钢铁工业协会、中国金属学会组织召开钢铁行业“十一五”节能目标设定研讨会，确定到2010年的节能目标是：单位产品能耗在2005年基础上降低6%～8%，其中吨钢综合能耗由747kg标准煤/t降低到680～700kg标准煤/t，吨钢可比能耗由714kg标准煤/t降低到660～670kg标准煤/t（按电力折算系数0.404算），总体上达到国际先进水平，部分企业达到国际领先水平。对于钢铁工业来讲，这是一个很重的担子，因为钢铁工业在工业领域中是高能耗（占全国总能耗的15.18%）、高污染（吨钢产生2.5t二氧化碳、3.08kg的二氧化硫、约50kg的粉尘等）、高物流（1t钢约需4～6t物质流动）的行业。

能源消耗费用占钢铁企业生产成本的20%～30%，能源与环保是与钢铁企业生存发展紧密相关的工作，不可等闲视之。

7.1.2.3 建材行业

作为传统行业的建材行业，一直以来被称为“两高一资”行业。2006 年，建材工业能源消耗总量为 1.75 亿 t 标准煤，约占全国能源消耗总量的 7%，仅次于冶金、化工，成为第三耗能大户。2007 年，建材工业能耗总量达到 1.95 亿 t 标准煤，约占全国能耗总量和工业部门能耗总量的 7% 和 10%，是全国能耗大户。尤其是子行业水泥行业，由于其 2006 年能源消耗总量占建材工业的 75.05%，2007 年占比 75%，因而备受国家重视，被列为国家重点关注的行业。与国际建材行业能耗指标相比，我国还存在一定差距，因此，节能空间较大。

建材行业的高能耗主要是由于产业结构不合理、产品单位能耗高以及总量增长过快造成的。因此节能降耗可以从调整产业结构、降低单位能耗、控制总量增长过快等几个方面进行，具体措施包括提高新型干法水泥比例和浮法玻璃及优质浮法玻璃比例、提高玻璃深加工率、建设低温余热发电项目、发展循环经济等，而结构调整又是降低行业综合能耗的最重要途径。

7.1.2.4 建筑行业

建筑能耗约占社会总能耗的 30% ~35%，其中日常建筑能耗约占建筑能耗的 80% ~90%。据北京、上海、深圳、广州等大型城市不完全统计，政府办公建筑及大型公共建筑，如写字楼、商场、医院等，约占建筑总量的 6% ~10%，但耗能却占建筑能耗的 50%，与全市住宅能耗相当，单位面积公共建筑能耗是住宅建筑的 5 ~10 倍。大型公共建筑节能已经成为全社会节能减排、转变经济粗放型增长模式的重要举措之一，建筑节能势在必行。预计未来 3 ~5 年智能建筑与建筑节能行业增速有望超过 20%。

我国建筑总能耗约占社会终端能耗的 20.7%。其中，北方城镇建筑采暖和农村生活用煤约为 1.6 亿 t 标准煤/a，占我国 2004 年煤产量的 11.4%；建筑用电和其他类型的建筑用能（炊事、照明、家电、生活热水等）折合为电力，总计约为 5500 亿 kW · h/a，占全国社会终端电耗的 27% ~29%。

1. 北方城镇采暖能耗

我国北方城镇采暖能耗占全国建筑总能耗的 36%，为建筑能源消耗的最大组成部分。单位面积采暖平均能耗折合标准煤为 20kg/（m^2 · a），为北欧等同纬度条件下建筑采暖能耗的 2 ~4 倍。能耗高的主要原因有 3 个：一是围护结构保温不良；二是供热系统效率不高，各输配环节热量损失严重；三是热源效率不高。由于大量小型燃煤锅炉效率低下，热源目前的平均节能潜力在 15% ~20%。

2. 大型公共建筑能耗

目前我国有 5 亿 m^2 左右的大型公共建筑。耗电量为 70 ~300kW · h/（m^2 · a），为住宅的 10 ~20 倍，是建筑能源消耗的高密度领域。调查结果表明，这类建筑能源浪费现象仍较严重，有很大的节能潜力。

3. 住宅与一般公共建筑的非采暖能耗

我国城镇的住宅总面积约为 100 亿 m^2。除采暖外的住宅能耗包括照明、炊事、生活热水、家电、空调等，折合用电量为 10 ~30kW · h/（m^2 · a），用电总量约占我国全年供电量的 10%。一般公共建筑总面积约 55 亿 m^2。用电总量约占我国全年供电量的 8%。

目前这两类建筑的能耗水平低于发达国家，这主要是由于建筑提供的服务水平不高。由于我国能源费用相对于居民收入偏高，绝大部分城镇住宅的用电水平较低，生活热水用量远小于发达国家水平。

随着生活水平的提高，住宅和一般公共建筑内用户提出了更高的建筑服务水平要求。此外，近年来在一些大城市出现了一批高档豪华住宅，户均用电水平几倍甚至几十倍于普通住宅，此类高能耗住宅有大幅增长的趋势。对于能耗原本较低的一般办公建筑进行二次装修和加装中央空调系统，盲目提高建筑内部的“豪华性”，也会造成此类建筑能耗的成倍增长。

4. 农村生活能耗

我国农村建筑面积约为 240 亿 m^2，总耗电约 900 亿 kW · h/a，生活用标准煤 0.3 亿 t/a。

目前我国农村的煤炭、电力等商品能源消耗量很低。根据调查，目前农村建筑使用初级生物质能源的能源利用效率很低，并在陆续被燃煤等常规商品能源所替代。如果这类非商品能源完全被常规商品能源所替代，则我国建筑能耗将增加 1 倍。

5. 长江流域采暖需求

我国长江流域以往的建筑设计都没有考虑采暖。目前夏季空调已广泛普及，而建设采暖系统、改善冬季室内热环境的要求也日趋增长。

预计到 2020 年，长江地区将有 50 亿 m^2 左右的建筑面积需要采暖。预计每年将新增采暖煤 1 亿 t 标准煤左右，接近目前我国北方建筑每年的采暖能耗总和。

根据发达国家经验，随着城市发展，建筑将超越工业、交通等其他行业而最终居于社会能源消耗的首位，达到 33% 左右。我国城市化进程如果按照发达国家发展模式，使人均建筑能耗接近发达国家的人均水平，需要消耗全球目前消耗的能源总量的 1/4 来满足中国建筑的用能要求。因此，必须探索一条不同于世界上其他发达国家的节能途径，大幅度降低建筑能耗，实现城市建设的可持续发展。

7.1.2.5　交通运输行业

交通运输业（包括公路、铁路、水路、民航）是能源消耗大户，能源消费总量占全社会能源消耗总量的 7.4% 左右，是仅次于制造业的第二大油品消费行业，油品消耗量约占全社会油品消耗总量的 33%，是我国节能减排的重点行业。我国现有营运车辆 810 万辆，如果每辆营运车辆每天节省 1L 油，全国一年就可以节约燃油 235 万 t 左右，全年可节约燃油成本 138 亿元左右。推进节能减排，要围绕实现经济发展方式的转变和提高管理水平。随着我国运输服务规模的快速发展，交通运输行业已成为我国能源消费增长最快的行业。与此同时，交通运输业能源利用率也在不断提高，单位能耗有所下降。

有关统计资料显示，1995 年我国交通运输、仓储及邮政业的能源消费总量为 5863 万 t 标准煤，占全社会能源总消费量的 4.5%。到 2005 年其能源消耗已达到 1.66 亿 t 标准煤，是 1995 年的 2.8 倍，占全国能源消耗的比重也上升至 7.47%。我国交通运输业能源消耗快速增长，主要是因为近年来我国交通运输业发展速度较快，如 1995 年我国旅客运输总量仅为 117.3 亿人次，到 2005 年，这一数字已增加到 184.2 亿人次，其中运距在 1000km 以上的中长途旅客运输量更是从 1.4 亿人次增加到 3.19 亿人次，翻了 1 番还多。

在快速发展的同时，我国交通运输业能源利用率也在不断提高，其中铁路运输企业单位能耗已从 1990 年的 1603t 标准煤/（亿人 · km）减少到 2004 年的 862.4t 标准煤/（亿人 · km），民航运输单位能耗则由 1990 年的 7570t 标准煤/（亿人 · km）下降到 6512t 标准煤/（亿人 · km），降幅达14%。专家认为，由于我国交通运输业能源利用率目前总体上仍比美国低7.2个百分点，比日本低近10个百分点，因此尽管我国交通运输业能源利用已取得很大进展，但这一行业仍有较大的节能空间。

7.1.3 我国重点耗能行业能耗过高的原因

我国重点耗能行业能耗过高原因如下。

7.1.3.1 能源利用效率低是能耗过高的根本原因

由于重点耗能行业消耗能源多，生产与技术密切相关，所以能源利用效率对重点耗能行业显得尤为重要。我国能源消费总量非常大，仅次于美国，居世界第二位，但同时能源利用效率很低。低于世界平均水平49.72%，与先进国家更是有着巨大差距，如法国为65.45%等。

我国重点耗能行业工艺和技术装备落后是导致能源利用效率低的直接原因。能源利用中间环节（加工、转换和储运）损失量大，浪费严重。据业界专家测算，电机的能源效率比国外先进水平低20%，仅此一项就有1000亿kW·h的节电潜力，比一个三峡电站的总发电量还多出100多亿kW·h。目前，我国燃煤工业锅炉平均运行效率为65%左右，比国际先进水平低15~20个百分点；中小电动机平均效率87%，机动车燃油经济性水平比欧洲低25%，比日本低20%，比美国整体水平低10%；火电机组平均效率33.8%，比国际先进水平低6~7个百分点。

7.1.3.2 产能过剩是能耗过高的重要原因

目前，我国产能过剩行业绝大多数集中在铁合金、电石、电力、钢铁、汽车、水泥、煤炭等重点耗能行业。重点耗能行业规模的过度扩张，加重了重点耗能行业能耗问题，对我国的能源形势和环境可谓是雪上加霜。

一方面，部分重点耗能行业产能过剩导致了高耗能产品的供给增多，即有可能带来其价格和利润的下降，加之高耗能产品生产的低能源技术效率，加重了能源的浪费。

另一方面，产能过剩引起的高耗能产品大量出口造成了我国能源的变相低价输出，加速了我国能源的耗竭。我国历年贸易顺差商品的生产中所需要的能源，即间接能源出口量，1980~2005年年均增长14.22%。扣除能源进口量，近几年我国能源净出口逐年递增，由1999年的0.77亿t标准油，增长到2006年的2.22亿t标准油。

7.1.3.3 认识上的滞后延缓了能耗降低的进程

我国高耗能企业很大程度上依靠物质资源的高消耗和廉价劳动力来取得产品的价格优势，让其主动形成环保意识是很困难的。因此，目前中国大多数高耗能企业对能源节约的重要性和迫切性还缺乏足够的认识，“资源意识”、“节约意识”等都有待加强。

企业主动节能意识的缺失直接导致了技改资金投入不足，致使有的设备负载率低，得不到改造，有的设备已淘汰却仍在使用，不但耗能高，运行费用高，甚至影响了正常生产。此外，由于节能宣传力度不到位，节能工作没有引起全体员工的足够重视，从而使得能效长期不能得到提高。

7.1.3.4 过度保护是影响能耗降低的社会因素

由于重点耗能行业的发展牵扯到社会各方的利益，所以出现了过度保护的现象。我国大型国有企业大量存在于重化工业领域，如钢铁、电力、石化、汽车、建筑材料等重点耗能行业，拥有资源的垄断地位，可轻易获得行政审批和上新项目、扩大产能的权力，这无疑会催生一些国有企业不负责任的投资冲动，降低了高耗能国企改善设备、提高能源利用效率的积极性。

此外，地方政府或部门只看到发展重点耗能行业的眼前利益，在其灰色庇护之下，环保机构及其监管形同虚设。地方保护主义的盛行也在一定程度上助长了重点耗能行业的盲目发展。

7.2 重点耗能行业节能减排的趋势

7.2.1 抓住金融危机的契机，控制重点耗能行业增长

国际金融危机爆发后，虽然我国众多行业对能源的消耗下降带动污染物排放的减少，但扎实有效的工作和政府的坚定决心无疑是节能减排工作持续深入的主要原因。当前，国际金融危机的影响还在蔓延，对我国工业造成严重冲击。面对严重的金融危机和全球经济衰退，要果断调整产业结构，解决经济失衡问题，控制能源消耗与环境污染。国务院推出的扩大内需促进经济增长的一揽子计划，中央前两批新增投资达到2300亿元，其中，新增中央投资230亿元用于节能减排、生态建设和环境保护项目，占中央新增总投资的10%。

中国强调可持续发展，倡导科学发展观，长期以来把工业节能减排作为全国节能减排工作重点，取得较大进展，人均温室气体排放总量比发达国家低得多，累计排放更低。但与此同时，中国工业节能和综合利用依然存在资源生产率低、高耗能设备仍在一些企业运转等问题。面对日益严重的金融危机影响，中国工业应从源头控制能源消耗与环境污染，提升自身竞争力。同时，要抱着积极的态度，特别是在节能减排、低碳经济、环保技术上加强同欧盟等发达经济体的合作。

2007年，为加快推进节能减排，有关部门采取一系列强有力的行政、经济等措施，包括严控土地信贷闸门，完善固定资产投资项目节能和环保的评估、审查制度，通过提高门槛来遏制高耗能、高排放行业的过快增长；加大淘汰落后产能力度。完成了关停高耗能和高污染排放的小火电机组1300万kW的任务，淘汰数千万吨落后的水泥、钢、铁生产能力。中央财政安排的节能减排专项资金为270亿元，其中用于节能的有125亿元。

各地积极贯彻节能减排的各项措施。2008年，工业大省广东就淘汰落后水泥产能2500万t、关停和淘汰落后钢铁产能550万t、关停小火电机组531万kW，创下了历史纪录。国务院出台的十大产业调整和振兴计划也把节能减排作为重要内容，通过鼓励钢铁、汽车等行业调整产业结构，淘汰落后产能，提高能源资源的使用效率。有关部门还先后公布千家重点企业和各省级政府节能减排情况，要求没有完成任务的省和重点企业要作出说明，限期整改。对这一地区和这一企业新上的高耗能项目，一律停止核准和实行区域限批。

根据计划，我国2009年关停小火电机组1500万kW，淘汰落后炼铁产能1000万t、炼钢600万t、造纸50万t。

7.2.2 节能减排促使向绿色经济转型

虽然我国节能减排工作取得了重要进展，但形势依然严峻，任务相当艰巨。长期来看，中国能源消费仍将稳步上升，短期来看扩内需过程中高耗能、高排放行业仍将保持一定的增长刚性，加上节能准入和落后产能退出机制尚未完全建立，完成“十一五”节能减排任务仍相当艰巨。

世界著名管理咨询公司麦肯锡2009年在北京发布了一篇重要的报告——《中国的绿色革

命》，提出在未来20年，中国企业有潜力向绿色经济转型。报告认为，在过去15年里，中国已经将GDP的二氧化碳和其他温室气体的排放减少4.9%，如果按照这个路径走下去，那么在2030年前，石油进口最多减少30%～40%，煤炭的需求减少40%，温室气体排放量将减少50%。因此提出“在全球化背景下，我国作为一个节能减排的大国、发展绿色经济一个主要的倡导国，我们应该发展我们自己的低碳经济、绿色经济，促进节能减排产业化。”

7.2.3 节能减排产业化的机遇与阻力

为了实现节能减排事业的顺利推进，满足国家节能减排方面巨大的资金需求以及引导全社会的资金参与节能减排项目，财政部、国家发改委、工业和信息化部、环保部、建设部、科技部等政府部门相继都推出了一些支持节能减排应用企业和技术产品生产企业的资金扶持计划或专项发展基金。

从中国经济来说，中国经济体制发展形势是一个较为粗犷的形式，但是，从2007～2008年这两年来看，中国的劳动力成本优势已经慢慢地在和国际上减少差距，在这种情况下，中国经济如何找下一个突破口，或许，在能源消耗的产业上可能对中国有一个巨大的机会。

2009年是实现“十一五”节能减排约束性目标的关键一年，毫不松懈地推进节能减排，不仅对实现“十一五”节能减排目标、增强发展的可持续性至关重要，也是当前扩大内需、促进经济平稳较快发展的重要措施。

2009年将是一个在节能减排投融资领域充满机会的年份，众多投资者希望能在2009年加大投资力度，进行产业升级和产业改造，特别是对于一些经营不善的企业，和受危机影响严重的企业，通过收购控股等形式，进行产业调整，迎接春天的到来。

虽然节能减排的产业化具有相当大的发展潜力，但现在却不得不面临重重阻力。

第一，就是投资不足。我国节能企业多、规模小，由于环境保护是一个技术要求高、需要巨额资金的公益性行业，环境污染治理也与巨额资金联系在一起，因此节能产业资金匮乏。按照常理，用于污染治理的投入应该占GDP的3%，而我们现在只有1.5%。现在城市污水处理基础设施比较落后，城市污水和垃圾的处理率都很低。最新数据显示：北京市日产2万t垃圾，现在仅仅能够处理1万t。虽然现在建设了很多垃圾处理场，但是还有1/2的垃圾没有得到有效处置。国外在环保投资力度上的增加，比我们国家大得多：据统计，从1995～2004年，7个发达国家用于环保治理的费用年均增长14.5%，发达国家私人企业用于发展环保产品的投资年均增长18.5%。同时在环保产业里面，政府与民间密切合作，不仅在工程上合作、在治理上合作，甚至在污染治理的文化上也与社会合作。

第二，我国节能产业缺少市场调剂和经济激励。在这方面真正实施的只有排污收费、污水处理收费、电厂加价、可再生能源上网费用分摊等制度，并且存在制度设计上的一些问题，而其他环境污染税费和鼓励环境保护的环境补偿制度基本缺乏。

第三，产业发展亟须的法律保障得不到有效实施的问题相当突出。我国现在法律规范的环保需求不能转化为现实的市场需求，环境保护形成的管理体制不合理，中央部门缺乏对地方的领导，特别是基层执法不力，许多违法现象不能及时发现和制止，社会的守法意识不高，一些政府领导干部的法制意识淡薄，干扰正常行政执法工作，为有些违法行为袒护。

7.3　重点耗能行业的节能减排对策

7.3.1　调整产业结构，严控“两高”行业增长

要加强能源节约和环境保护，必须加快淘汰落后产能，严控“两高”行业过快增长。国务院《节能减排综合性工作方案》明确提出了“十一五”期间淘汰炼钢、炼铁、铁合金、焦炭、电解铝、电石、水泥、玻璃等 13 个行业落后产能计划。淘汰落后产能带来了工业整体工艺技术水平的提高，更带来了非常可观的节能量，行业单位产品能耗水平明显提高，缩小了与国际先进水平的差距。

2008 年，在推进电石、铁合金和焦化行业结构调整工作中，工业和信息化部公布了全年电石、铁合金和焦化行业的淘汰落后生产能力企业名单，其中水泥、玻璃、电石、铁合金、焦炭等行业超额完成年度淘汰落后产能计划。2009 年应将紧紧围绕落实 10 个产业振兴规划，继续推进落后产能淘汰。一方面要分解下达和落实炼钢、炼铁、铁合金、焦炭、电解铝、电石、水泥、平板玻璃、造纸等 9 种产品落后产能淘汰计划；另一方面则要研究建立淘汰落后产能退出机制和政策，支持企业在淘汰落后产能过程中妥善解决职工安置、企业转产、债务化解等问题。

同时，我国将修订企业投资项目的核准目录，将焦炭、电池、铁合金等高耗能、高排放行业过去只需备案的项目改为核准。另外还将通过调整“两高”产品的出口退税政策，严格控制初级产品出口，即使在当前出口有所下降的情况下，也只允许高端产品出口，控制“两高”行业过快增长。

用信息化等高新技术和先进实用技术改造和提升传统产业，提高能源利用效率，减少污染排放。建立并实施工业固定资产投资项目节能环保评估和审查制度，遏制高耗能、高污染行业盲目发展，加强源头控制。充分利用市场需求减缓的有利时机，加大落后产能淘汰力度，禁止落后生产能力异地转移，将落后产能和设备彻底淘汰出局。充分利用法律、经济、技术和行政手段，会同有关部门，抓紧建立完善淘汰落后产能退出机制和配套政策，严格市场准入条件；支持企业在淘汰落后产能过程中妥善解决职工安置、企业转产、债务化解等问题，确保完成淘汰落后产能的目标兑现。建立淘汰落后产能工作定期报告和检查制度，加强对淘汰落后产能工作的指导和督促检查。

将能源利用效率作为产业结构的调整的基准之一。鉴于目前能源紧张的状况，应尽快建立一个合理、有效的高耗能产品淘汰制度，同时通过能效标准中的能效限定值指标来界定某产品或设备是否将因其耗能高而被淘汰。提高产业的技术壁垒，解决重点耗能行业长期的盲目建设、重复投资所造成的产业结构同构化问题，避免地方对高耗能基础行业的过度发展。

将企业规模作为准入标准之一，提高重点耗能行业产业集中度，实现规模效益。目前我国许多盲目投资、低水平重复建设的重点耗能行业大多是中小企业，产业集中度不高，过于分散，不利于形成规模经济，也不利于发挥集团优势。因此，通过企业重组，形成集团化，发挥规模经济优势，通过集团力量进行技术改造和更新，降低能耗。

大力发展低能耗的高新技术产业和服务业。通过增加对技术密集型和劳动密集型工业产业资，压缩资源密集型和高耗能工业产业的投资，来推动工业产业相互协调发展，以改变我们对资

源密集型和重点耗能行业发展的过分依赖。

2009年伊始，十大产业调整振兴规划的相继出台不仅促进了我国经济发展，也加快了我国经济产业结构调整和淘汰落后产能的步伐，钢铁、有色金属、石化、轻工、纺织等重点产业都纷纷提出了淘汰落后产能的新目标。以《钢铁产业调整和振兴规划》为例，规划提出，未来3年将严格控制新增产能，不再核准和支持单纯新建、扩建产能的钢铁项目，所有项目必须以淘汰落后为前提，并规定2010年底前，淘汰300m^3及以下高炉产能5340万t，20t及以下转炉、电炉产能320万t，按期完成剩余任务；2011年底前再淘汰400m^3以下高炉、30t以下转炉和电炉，落后炼铁能力7200万t、炼钢能力2500万t，淘汰标准明显提高。

7.3.2　狠抓重点行业、重点企业节能降耗和减排治污

加强规划引导，完善政策机制，强化标准规范，促进工业和通信业节能与综合利用工作向纵深发展。修订、制定重点行业能耗、物耗和环保技术标准规范，制定发布重点行业和中小企业节能减排指导意见，组织开展钢铁、有色、化工、建材、机械等重点用能行业、企业能效水平对标活动，培育一批行业先进典型。制定实施工业企业节能目标责任评价指标体系，年综合能源消费量在5000t标准煤以上的重点用能企业应提交年度能源利用状况报告。充分依靠行业协会，组织落实重点行业工业产品能耗限额标准。

在全面摸清行业现状、潜力的基础之上，研究制定重点行业的节能减排规划，制定和发布分行业的节能减排指导意见，研究制定分行业的节能技术政策，并与国内外先进水平对照找差距，树立行业能源高效利用的标杆，总结推广先进行业的典型经验和先进技术。逐步提高、定期修订重点行业能效和污染排放市场准入标准。对于高耗能、高排放的重点行业，要把能效和污染排放指标作为行业准入的必要条件。用3～5年时间完成对现有高耗能设备的淘汰，并配合新出台的企业所得税法的实施，落实好符合条件的节能、节水、资源综合利用及环保企业所得税优惠政策，实行鼓励先进的节能环保技术设备及关键零部件进口的税收优惠政策。业内人士普遍认为，要逐步提高、定期修订重点行业能效和污染排放市场准入标准。对于高耗能、高排放的重点行业，要把能效和污染排放指标作为行业准入的必要条件。标准是推动节能减排最有效的手段之一，我国目前已发布22项工业产品的能耗限额标准，主要集中在几个重点耗能行业，尚未形成完整体系。专家建议，我国应在逐步完善现有6个重点行业能耗限额标准的基础上，制定其他行业的能耗限额标准，并注重实施情况，开展重点产品能耗限额标准执行情况的监督检查。

7.3.3　突出技术节能，加大研发投入

技术进步是促进重点耗能行业节约能源的有效手段和根本途径。一方面，高耗能企业应提高对节能降耗重要性的认识，积极引进、消化、吸收国外先进节能技术，从产品设计、生产加工、产品使用等各个环节实现低能耗、低污染和废弃资源的循环再利用。另一方面，政府积极组织为高耗能设备降耗的专项工程，同时给予必要的政策扶持促使企业为主体的技术进步机制的形成，改变长期存在的企业缺乏科技进步压力、动力和实力的状况。

研发高效节能环保设备，推广重大节能减排技术，并采取进一步的措施加强研究可再生能源的投入力度。研究开发和生产高效节能环保设备是全社会节能的基础，我国将加大终端耗能设备研发力度，为全社会生产和提供世界一流的能源高效利用和污染低排放设备，力争打入世界市

场。要在高耗能重点行业，选择一些节能潜力大、应用面广、投资效益好的重大节能技术，制定出专项规划，加大投入，在全行业推广。

目前，我国正加紧研究并实施一批对行业技术进步、管理升级、节能减排具有重要推动作用的工业节能减排技术改造重点工程，如重点用能企业能源管理的信息化改造工程、重点行业企业的能源管理中心工程、大型用能设备的信息化改造工程、大宗工业固体废物的综合利用工程、机电设备再制造工程等，切实把能源消耗与环境污染控制好。

技术改造为我国重点工业行业的节能减排做出了重要的贡献。作为传统用能大户的钢铁行业，近几年进行大量的技术改造，通过设备大型化、采用高效连铸技术、喷煤技术、连铸坯热送热装和直接轧制技术等，提高能源利用效率约10%，并通过开展专项节能降耗技术改造大幅降低了能源消耗；有色行业，将大型预焙槽和铝电解系列不停电技术、烟气余热利用等一批新科技成果和先进工艺装备成功应用到生产实践中，主要有色金属产品单位能耗大幅下降，一些主要的技术经济指标接近或达到世界先进水平，产业技术进步已成为有色金属行业节能减排的重大推动力；汽车行业，电动汽车、混合动力汽车等重大项目初见成效，节油效果显著，为我国汽车业从高能耗、高污染向绿色环保转变奠定了基础。

加快研发和推广节能新技术、新工艺、新设备和新材料，推动重点耗能行业技术进步和企业节能减排技术改造。用好技术改造专项资金，重点支持企业节能降耗、减排治污，开展源头治理、过程控制。制定发布《重点行业节能减排先进适用技术目录》和《重点工序节能技术政策》，编制《重点节能技术推广专项规划》。研究制订并发布《节能机电设备产品推荐目录》和《高耗能落后机电设备产品淘汰目录》。积极开展“两高”行业节能减排信息化应用试点和示范推广，利用信息化技术加快重点用能企业技术改造。

7.3.4　推广新的节能模式，实现资源综合利用

鼓励各地根据资源环境条件、产业发展状况，研究制定地区发展循环经济方案，在生产、流通和消费过程中，重视减量化、再利用和资源化，提高能源资源的利用效率和效益。根据产业发展布局和结构调整要求，通过工业园区等有效方式，实施产业集聚，通过上下游产业联合、优化整合，实现综合利用、循环使用，最大限度地提高能源资源和土地的利用效率。根据行业、企业特点和需要，开展太阳能、风能、地热能等新能源应用试点。对地区同行业中小企业合理规划，实现产业园区化，实现集中供热、供冷、供电、供水和水处理的系统优化管理，提高能源资源利用效率。

加强工业清洁生产审核工作，编制工业先进适用清洁生产技术指南，制定清洁生产水平评价标准编制通则。抓紧重点行业、重点企业的工业治污，把减排和治污紧密结合，标本兼治。控制污染源，实现少减排、零排放。继续推进电子信息产品污染控制，制定电子信息产品污染控制重点管理目录，开展电子产品污染控制自愿性认证，开展废旧家电回收与综合利用。推动大宗工业废物资源化利用，提高工业固体废物综合利用率，促进钢铁、水泥行业消纳社会固体废物，组织实施生态建材示范工程，提高工业废水重复利用率。抓好再生铜、铝、铅、锌回收拆解集散市场和重点利用工程，推动废旧金属、废纸、废塑料、废橡胶（资讯，行情）等再生资源回收利用。扩大汽车零部件再制造试点，积极推动大型工业装备、机电设备和产品再制造。

7.3.5 完善管理与监督，确保节能工作的正常进行

建立统一的能源管理机构和对重点耗能行业实行严格的管理和约束。同时结合经济社会可持续发展综合评价体系和干部实绩考核评价体系，研究建立节能降耗工作指标考核机制，将节能工作逐级分解，明确责任，使GDP耗能下降的目标得到责任落实。此外，在能源统计体系建设方面也需加强工作，以保障节能措施顺利实施，保证实现节能降耗目标的科学性和严肃性。

加快能源管理的市场化进程，主要是使能源价格充分反映市场供求，改变我国由于能源价格相对较低而重点耗能行业低效发展的状况。

加强针对重点耗能行业的能源与环保立法，健全已有的法律体系。目前正在起草的《能源法》作为能源“基本法”将大大推动能源法律体系的建立。此外，还要加快《节约能源法》、《电力法》、《煤炭法》等的修订工作，以适应新的能源形势发展的要求。重点解决无法可依和法律不完善的问题，制定完善标准，对高消耗、高污染行业新建项目，提出更为严格的产业准入标准，修订和完善重点耗能行业的节能设计规范与建筑节能标准等。

8 钢铁行业的节能减排

钢铁工业是我国国民经济的重要基础产业和实现工业化的支柱产业，是技术、资金、资源、能源密集型产业。我国是一个发展中大国，是钢铁生产和消费大国，粗钢产量连续13年居世界第一。钢铁产业有力支撑和带动了相关产业的发展，促进了社会就业，对保障国民经济又好又快发展作出了重要贡献。

进入21世纪以来，我国钢铁产业快速发展，粗钢产量年均增长21.1%。2008年，粗钢产量达到5亿t，占全球的38%；2007年消耗能源4.8亿t标准煤（含矿山、铁合金和耐火材料），占全国工业总能耗的25%；新水消耗约占全国工业用水总量的3%，废水排放量约占工业总排放量的14%，二氧化硫排放量约占工业总排放量的8%，固体废物约占工业废弃物总量的16%。由此可见，钢铁行业推进节能减排是确保我国“十一五”规划纲要提出的“单位国内生产总值能源消耗降低20%左右”和“主要污染物排放总量减少10%”约束性指标实现的重要支撑。

8.1 行业状况

当前我国钢铁行业是受国际金融危机冲击和影响最大的产业之一。据钢铁工业协会分析，2008年钢铁行业运行有以下主要特点。

8.1.1 钢铁产能严重过剩，钢铁生产总量过高

钢铁协会统计，2008年末全行业粗钢产能6.6亿t左右，当年国内市场粗钢表观消费量4.53亿t，产能大于国内市场需求2.07亿t，呈现产能严重过剩状况。

8.1.2 钢铁产品出口大幅度下降，进口明显上升

2009年上半年出口钢材934.56万t，钢坯0.82万t，折合粗钢出口995.03万t，同比减少1881.34万t，下降65.41%；上半年进口钢材813.07万t，钢坯265.05万t，折合粗钢进口

1130.02 万 t，同比增加 241.58 万 t，增长 27.19%。

2009 年上半年我国钢材平均出口离岸价 1090.46 美元/t，而钢材平均进口到岸价 1138.65 美元/t，价格差仅为 48.19 美元/t，考虑离岸价与到岸价之间的运杂费等差距，我国钢材出口的价格优势已经丧失，对我国出口十分不利，短期内出口回升将比较困难。

8.1.3 国内市场需求增长，但供需矛盾仍十分突出

在国家固定资产投资大幅度增长的拉动下，国内市场粗钢表观消费量有一定的增加，当前固定资产投资大幅度增长，对钢材需求的拉动主要是以长材为主的建筑用材，而对以高附加值产品为主的工业加工用板材拉动作用相对较弱，在直接和间接出口均大幅下滑的情况下，板材供大于求的矛盾更加突出。

8.1.4 钢铁行业节能降耗取得新的进步

2009 年上半年重点大中型钢铁企业（会员企业）总能耗 11387.94 万 t 标准煤，同比下降 5.25%；吨钢耗用新水 4.49t/t，同比下降 10.04%；外排废水中化学耗氧量同比下降 26.75%；二氧化硫排放量下降 9.25%；工业烟尘排放量下降 14.04%；工业粉尘排放量下降 4.75%。

8.2 节能减排现状及潜力

8.2.1 节能减排现状

8.2.1.1 钢铁工业占全国能耗分析

钢铁工业产量及能源消耗量变化见表 8.1。

表 8.1　我国钢铁工业钢产量及能源消耗量

项目 \ 年份	2005	2006	2007	2008
全国钢产量（万 t）	35578.97	42102.36	48924.08	50049
增长率（%）	1.0	18.33	16.2	2.3
黑色金属及压延能耗量（万 t 标准煤）	37078.47	42812.32	47774.37	47993.55
较上年增长（%）	1	15.46	11.6	0.46
吨钢能耗（kg 标准煤）	1042	1017	0.977	0.957
较上年节能率（%）	1	2.41	3.93	2.04
全国总用能量（万 t 标准煤）	224682	246270	265480	285000
较上年增长（%）	10.57	9.61	7.8	7.35
我国钢铁工业能耗占全国能耗百分比（%）	16.5	17.38	18	16.8

注 1. 表中 2005 年、2006 年钢产量取自 2006 年钢铁工业统计年报（提要），2008 年数据摘自冶金工业规划研究院《2009 中国钢铁形势分析与预测》。
2. 黑色金属及压延能耗量为国家统计局数据。
3. 由于国家统计局黑色金属及压延能源消耗量，包含全国 30 余万家企业，其中有很大一部分不能算是“钢铁企业”。因此，与钢产量对应能耗总量的吨钢综合能耗，不能反映出我国钢铁工业能源利用的真实情况。

由表8.1可看出，2007年、2008年我国钢产量分别比上年增长16.2%和2.3%，能源消耗总量分别比上年增长11.6%和0.46%，能源消耗总量的增幅虽然低于钢产量增幅，但用能总量的增幅远高于国家能源消耗7.8%和7.35%增幅；同时，钢铁工业的总用能量占国家总用能量的比重：2007年18%，2008年16.8%，近两年我国钢铁工业总用能量的增幅不“降”反“升”，说明我国钢铁工业节能减排形势十分严峻，其规模的发展必将受到国家越来越严格的限制。

8.2.1.2　重点大中型企业能源利用情况

1. 以低能源消耗增量支撑了我国钢铁工业快速发展

重点大中型企业代表了行业发展的先进水平，是实现我国钢铁工业现代化的支柱。2005～2008年重点大中型钢铁企业产量及能源消耗量变化见图8.1。

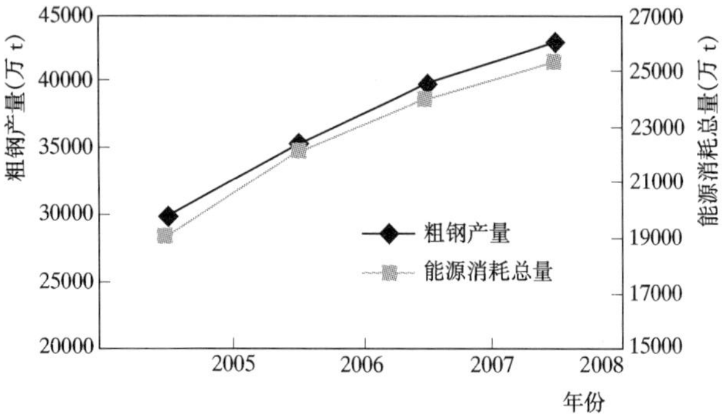

图8.1　2005～2008年重点大中型粗钢产量和能源消耗总量

以2005年为基准年，2006年重点大中型企业以13.69%的能耗增幅支撑了23.09%的钢产量增加；2007年以9.44%的能耗增幅支撑了11%的钢产量增幅；2008年以6.06%的能耗增幅支撑了6.96%的钢产量增幅。

2. 吨钢综合能耗基本呈下降趋势

2005年我国吨钢综合能耗694kg标准煤/t［电力折标系数0.1229kg标准煤/(kW·h)］，2006年比2005年下降了7.06%，2007年比2006年下降了2.02%，2008年比2007年下降了0.8%。总体来说，2008年比2005年下降了9.65%，吨钢综合能耗逐年降低（见图8.2）。

3. 工序能耗变化情况

以2005年为基准，至2008年，重点大中型钢铁企业主要生产工序能耗总体呈下降趋势，烧结工序、炼铁工序、焦化工序、转炉工序能耗分别下降了7.71%、4.04%、14.09%和6.92%，体现了企业能源管理和节能技术进步（见图8.3）。

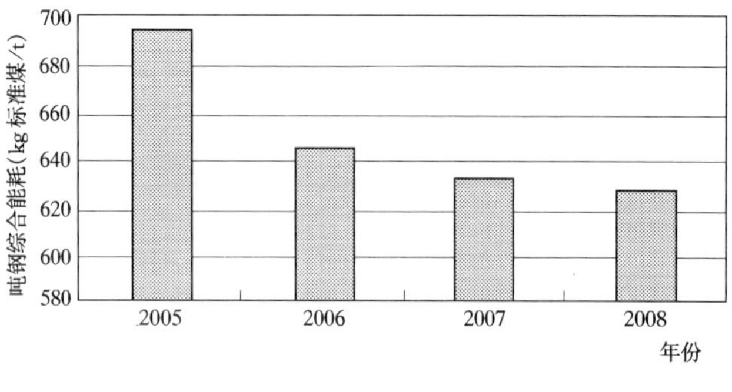

图8.2　2005～2008年重点大中型企业吨钢综合能耗变化

4. 重点节能技术普及率不断提高

建立能源中心的目的，一是确保生产用能的稳定供应；二是充分利用低价能源代替高价能源；三是集中管理与自动化操作，提高劳动生产率。能源中心在宝钢自1991年成立以来，显示了其在能源管理的优越性。鞍钢、武钢、酒钢、首钢、攀钢、本钢、济钢、唐钢、太钢、华菱、邯钢等钢厂都已在建或准备建能源中心。

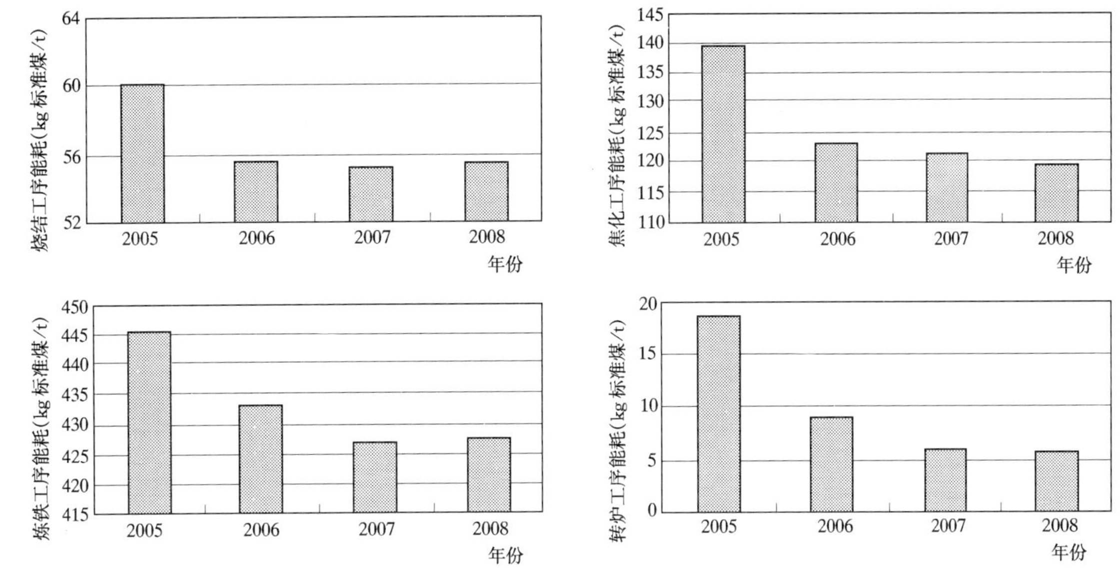

图 8.3　2005～2008 年重点大中型企业工序能耗变化

8.2.1.3　重点大中型钢铁企业环境保护情况

（1）大气污染减轻。外排废气中主要污染物排放总量二氧化硫、烟粉尘分别比 2007 年减少 9.67% 和 6.21%。

（2）水体污染减轻。外排废水中污染物化学需氧量、石油类、氨氮分别比 2007 年减少 29.21%、29.63% 和 37.7%。

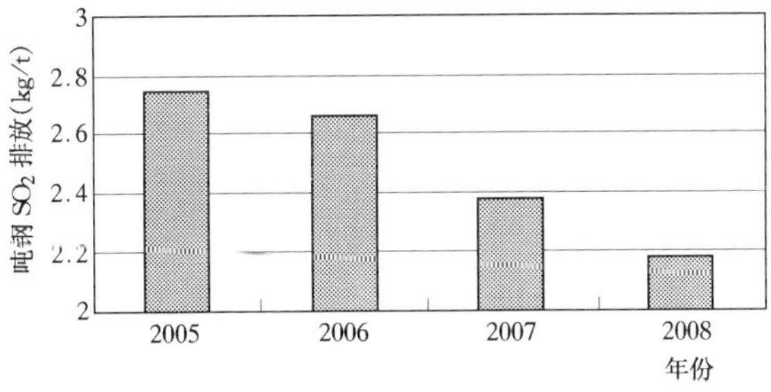

图 8.4　2005～2008 年重点大中型企业吨钢 SO_2 排放变化图

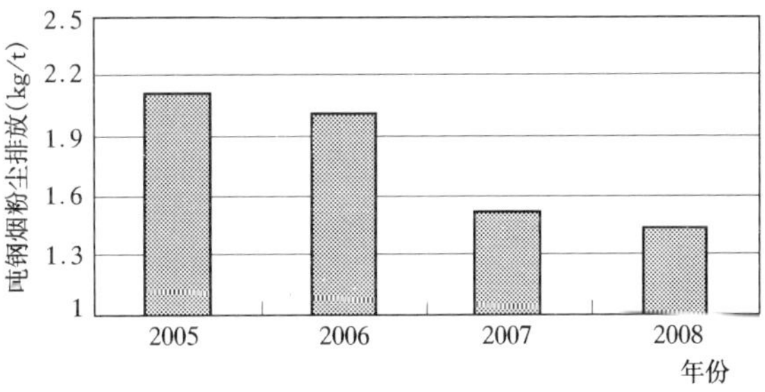

图 8.5　2005～2008 年重点大中型企业吨钢烟粉尘排放

（3）主要环境绩效指标有所改善。吨钢二氧化硫 2.18kg，吨钢烟粉尘 1.43kg、吨钢化学需氧量 0.12kg，分别比 2007 年减少 8.4%、5.3% 和 29.41%。

2005～2008 年重点大中型企业主要环境绩效指标如图 8.4～图 8.6 所示。

8.2.1.4　重点大中型钢铁企业固体废弃物综合利用情况

与 2007 年相比，2008 年我国钢铁行业固体废弃物的综合利用率指标取得了新的进步。见表 8.2。其中，钢渣利用率同比提高了 2.6%。

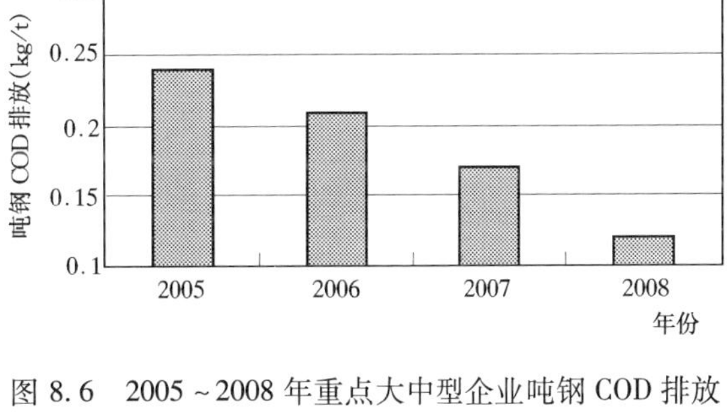

图 8.6　2005～2008 年重点大中型企业吨钢 COD 排放

表 8.2　　我国钢铁行业固体废弃物产生量和综合利用率

指标名称	计量单位	2007 年指标	2008 年指标	增减量
钢渣产生量	万 t	6004	6410	+406
吨钢钢渣产生量	kg/t	123	128	+5
钢渣利用率	%	90.2	92.8	+2.6
高炉渣产生量	万 t	13797	15150	+1353
吨铁高炉渣产生量	kg/t	294	322	+28
高炉渣利用率	%	93.2	96.0	+2.8
尘泥产生量	万 t	2820	2915	+95
吨钢尘泥产生量	kg/t	58	58	0
尘泥利用率	%	98.4	98.4	0

8.2.2　节能减排存在的问题

虽然钢铁工业节能减排取得积极进展，但钢铁工业长期粗放发展积累的矛盾仍十分突出。

（1）关停和淘汰落后产能工作形势还不容乐观。钢铁工业仍存在大量的 400m^3 及以下高炉、30t 及以下转炉等落后生产能力，淘汰落后任务还十分艰巨。

（2）能源利用效率与国际先进水平相比仍有较大差距。2008 年重点大中型企业中：48.6% 企业的烧结工序能耗、37.8% 企业的炼铁工序能耗、76% 企业的转炉工序能耗、38.7% 企业的电炉工序能耗高于国家《粗钢生产主要工序单位产品能源消耗限额》的单位产品能耗限额限定值；13% 企业的焦化工序能耗高于《焦炭单位产品能源消耗限额》的单位产品能耗限额限定值；高炉煤气放散率 6.01%，转炉煤气放散率约 10%；余热资源回收率不足 40%；高炉干式 TRT 配备率仅 30%，干熄焦配备率仅 52%，转炉干法除尘配备率仅 20%；仅有 5 家企业采用了煤调湿技术。

（3）环境保护水平还有待进一步提高。2008 年重点大中型企业吨钢烟粉尘排放量 1.43kg，吨钢 SO_2 排放量 2.18kg，与国外先进钢铁企业吨钢烟粉尘排放量 0.3kg，吨钢 SO_2 排放量 0.7kg 相比尚有较大差距；通过国家及地方政府清洁生产审核的钢铁企业仅为 1.4%，其中重点大中型企业约 30%；钢铁行业二噁英及 CO_2 的减排尚处于研究阶段。

（4）固体废弃物综合利用水平不高，2008 年重点大中型企业冶金废渣利用率约 93%，粉煤灰、炉渣利用率 82%，但将固体废弃物加工成为高附加值产品的利用率还很低（仅为 48%）；尾矿利用率仅为 5.63%。

8.2.3　节能减排潜力分析

到 2012 年，钢铁行业重点大中型企业节能减排项目将实现节能潜力 1470 万 t。主要实施工程包括：高温高压干熄焦、高炉炉顶压发电（干式 TRT）、焦炉烟道气煤调湿、烧结烟气脱硫、烧结余热发电、大型热电联产项目、高炉干法除尘、转炉干法除尘、蓄热式燃烧技术、综合污水处理技术、钢铁企业能源管理中心、固体废弃物综合利用等 12 项。

到 2012 年钢铁工业主要节能减排目标：重点大中型钢铁企业吨钢综合能耗不超过 620kg 标准煤；吨钢耗用新水量低于 5m^3，水重复利用率 95% 以上；吨钢烟粉尘排放量小于 1.0kg，吨钢二氧化硫排放量低于 1.8kg，吨钢化学需氧量排放量低于 0.2kg；二次能源基本实现 100% 回收利用；钢渣综合利用率 94%；铁渣综合利用率 97%；尘泥综合利用率 99%；尾矿综合利用率 10%，污染物排放浓度和排放总量双达标。

8.3 重点技术介绍

依靠科技创新和技术进步，提升技术水平，是我国钢铁工业节能减排工作的关键。我国钢铁工业生产中，70%的能源消耗在铁前，其中炼铁工序又占铁前能源消耗的70%，主要污染物的产生也来自于铁前工序，尤其是烧结、焦化工序。

8.3.1 烧结工序

1. 小球烧结技术

小球烧结技术是将原有烧结料混匀工艺中的圆筒混合机结构予以适当改造，提高粉矿成球率与球的粒度。同时采用固体燃料分加工艺，使部分固体燃料裹在球料外部的措施。使用该技术固体燃料一般降低5～8kg/t矿，最佳可达15kg/t。该技术主要用于铁精矿，我国以铁精矿为主的钢铁企业大多已经采用该项技术。

2. 烧结环冷机余热回收产生蒸汽技术、热风烧结技术

回收烧结环冷机的废气余热，推动余热锅炉产生蒸汽。蒸汽可以用于烧结自用和并入公司管网供其他用户使用。吨烧结矿可回收蒸汽20～30kg，可降低工序能耗4kg标准煤左右。

热风烧结技术是将环冷机（或带冷机）的废烟气引到烧结机头用于预热烧结矿的技术。这两项技术已经在我国大多数烧结机上采用，有的公司甚至同时采用，如莱钢等。

3. 烧结余热发电技术

将高温烟气通过余热锅炉产生蒸汽用于驱动汽轮机组进行发电。世界上最早将烧结余热用于发电的是日本钢管公司的扇岛厂和福山厂。2004年，马钢引进日本川崎技术在2台300m^2烧结机上开工建设了国内第一套余热发电系统，该系统于2005年9月并网发电。截至2008年底，我国已建成烧结余热发电机组10余套，在建的也有10余套。国家有关部委已将该项技术列入重点推广技术，将是未来3～5年我国重点推广的节能减排技术之一。

4. 低温烧结技术

低温烧结工艺是在较低的烧结温度下对烧结混合料进行烧结，获得质量优良的烧结矿的工艺叫低温烧结。该技术可降低固体燃料消耗，提高烧结矿质量，是烧结工序清洁生产主要技术途径之一，已经在国内广泛采用。

5. 烧结机头烟尘净化电除尘技术

电除尘器是用高压直流电在阴阳两极间造成一个足以使气体电离的电场，气体电离产生大量的阴阳离子，使通过电场的粉尘获得相同的电荷，然后沉积于与其极性相反的电极上，以达到除尘的目的。采用电除尘技术，能够降低粉尘排放浓度，除尘效果更佳。目前我国大中型烧结机几乎全部采用电除尘，大型烧结机机头一般配备两台电除尘。

6. 厚料层烧结和铺底料技术

料层厚薄对烧结生产过程有很大影响。国外烧结厂早就实行厚料层才作，将料层厚度提高到500～600mm，有的高达700mm。料层厚度每提高10mm，可节约固体燃料1.0～1.5kg/t。

在烧结带上面铺一层烧结矿返矿（粒度一般在10～20mm）作为底料，可以减轻烧结机、引风机及风管磨损，降低抽风系统含尘量，提高烧结矿成品率等。目前我国所用的烧结机几乎都采

用了这两项技术，宝钢烧结机的料层厚度甚至达到了800mm。

8.3.2 焦化工序

1. 干熄焦（CDQ）技术

干熄焦是一项采用循环惰性气体冷却焦炭回收余热资源的节能技术。该技术可节约用水，减少大气污染物排放，能够回收大量红焦显热产生中高压蒸汽，有效提高能源利用效率，同时能够提高焦炭质量，从而降低炼铁工序能耗，最终实现钢铁企业及焦化企业的节能减排。2008年我国大中型钢铁企业焦炭产量约1亿t，已投产干熄焦装置62套，采用干熄焦的焦炭产量达5676万t，约占56.7%。

截至2008年底，我国已投产干熄焦装置66套，干熄焦炭产量5936万t，占2008年焦炭总产量32359.26万t的18.34%，居世界第一。

采用干熄焦技术的优点：①有利于回收利用余热资源。采用干熄焦技术可回收80%～86%的红焦显热，每处理1t红焦可回收3.82～9.8MPa中高压蒸汽0.50～0.60t。②有利于提高焦炭质量。采用干熄焦技术可使焦炭强度M40提高3～5个百分点，M10改善0.3～0.5个百分点，CSR提高2～4个百分点，CRI降低2～4个百分点。并降低焦炭水分，使焦炭块度更加均匀。从而在炼铁生产过程中综合焦比下降，吨铁节约标煤8～15kg。③有利于减少大气污染物排放。采用干熄焦技术可少排放80%的大气污染物，吨焦可少排放大气污染物65～70g。④有利于节约熄焦用水。采用干熄焦可节约熄焦用水0.4～0.5m^3/t。

2. 煤调湿（CMC）技术

煤调湿（Coal Moisture Control简称CMC）是“装炉煤水分控制工艺”的简称，是将炼焦煤料在装炉前去除一部分水分，保持装炉煤水分稳定在6%左右，然后装炉炼焦。CMC不同于煤预热和煤干燥，CMC有严格的水分控制措施，能确保入炉煤水分恒定。通过直接或间接加热来降低并稳定控制入炉煤的水分，不追求最大限度地去除人炉煤的水分，而只把水分稳定在相对低的水平，既可达到增加效益的目的，又不因水分过低而引起焦炉和回收系统操作的困难，使人炉煤密度增大、焦炭及化工产品增产、焦炉加热用煤气量减少、焦炭质量提高和焦炉操作稳定等效果。按2007年全国的焦炭生产规模推算，若在全国的焦化企业推广实施煤调湿，年可节约300万t标准煤，年可减少焦化污水约1500万t，CO_2排放量约1600万t。

8.3.3 炼铁工序

1. 高炉TRT技术

钢铁生产过程中，为降低焦比、提高生铁产量，高炉炼铁采用通常高压操作（炉顶压力0.2～0.25MPa）。高炉顶压回收透平（简称TRT）将高炉炉顶煤气的压力能和显热能通过余压透平装置回收转变成电能的技术，是炼铁工序重要的节能措施之一。

近年来，大型及特大型高炉干式除尘煤气清洗技术日趋成熟，高炉TRT已由传统的湿式改为干式，如首钢曹妃甸、宝钢、鞍钢的4000～5000m^3级高炉以及近年国内建设的1000～2500m^3级高炉均普遍采用干式TRT。目前，高炉干式TRT技术已实现了自主集成创新和设备国产化，如鞍钢鲅鱼圈4000m^3级高炉所配25MW机组、宝钢5000m^3高炉所配32MW机组均已实现国产化。

与湿式TRT相比，干式TRT可提高发电量30%，节能效果更加突出。高炉配置干式TRT是大势所趋。

干式TRT发展趋势：①透平机组进气方向已从径流发展到轴流；②透平叶片型式从冲击式（冲动式）发展到反动式；③由TRT代替调压阀组控制高炉炉顶压力，以提高高炉冶炼强度的自控集成技术。

至2008年底，我国重点大中型钢铁企业158座1000m^3以上高炉中，60座高炉配有湿式TRT，91座高炉配有干式TRT，尚有7座高炉未配备TRT。重点大中型企业湿式TRT配置率接近38%，干式TRT配置率约58%。

2. 高炉喷吹煤粉技术（PCI）

用煤粉替代焦炭，可以大幅度降低工序能耗，减少对焦炭的需要，减少宝贵的炼焦煤消耗，降低生产成本，是一项非常实用的节能减排技术。目前，几乎在全国所有的高炉上已经全部采用。高炉喷煤在降低铁水成本、提高铁水质量、有效控制CO_2排放等节能环保方面的作用日显突出。

2003年全国重点钢铁企业的喷煤比在118kg/t，而到了2007年这一指标已经提高到136.04kg/t。随着喷煤技术的进步直接反映出来的是高炉综合焦比的显著下降，从2003年的526kg/t直线下降到2007年的515.41kg/t。高炉综合焦比的有效降低为企业降低了生产成本，节约了能源，对钢铁系统的结构优化打下了坚实的基础。

3. 热风炉双预热技术

为实现全高炉煤气1200℃以上风温，将高炉煤气和助燃空气均预热至300℃，“双预热”技术就是以放散的高炉煤气在燃烧炉中燃烧产生的高温废气与热风炉烟道废气混合，以混合烟气将煤气和助燃空气预热至300℃以上，从而实现高炉1200℃以上风温。我国大中型高炉中已经逐步采用了这项技术。

4. 高炉干法除尘技术

干式布袋除尘是近年来发展起来的净化高炉煤气的好方法，它具有工艺流程简单，净化效果好，节能、节水、减少环境污染，运行费用低，占地少等优点，是世界炼铁工业发展趋势。

高炉煤气干法除尘是以静电除尘器或布袋除尘器代替水洗涤，每1000m^3煤气可节约除尘用水5m^3，并可以有效降低煤气含尘量，消除处理含悬浮物等有害物质的洗涤水，并可提高高炉TRT发电30%的发电量。

我国目前在2000m^3级高炉上已经可以完全采用干式煤气除尘，在3000~5000m^3高炉上在逐渐采用，但是还有一些问题等待解决，目前在我国的大型高炉上的推广力度还不够。

5. 熔融还原炼铁技术

COREX炼铁由于省去了烧结、焦化工序，对保护环境、节约能源、减少碳排放具有非常重要的意义。目前，COREX技术主要掌握在韩国POSCO和奥钢联，我国宝钢于去年底引进建成了世界上第1座COREX—3000熔融还原炉，但是花费了巨大的技术引进费用和知识产权费用，目前第2座已经于2009年将投产。COREX和FINEX等非高炉炼铁技术是产业政策鼓励类的项目，希望国际社会能够同中国一起共同研究开发这项技术。

8.3.4　炼钢工序

1. 转炉干法除尘技术

大力推广“三干”技术是我国钢铁工业节能减排技术发展的重点。前面干熄焦、高炉煤气干法除尘已介绍，加上转炉煤气干法除尘就是所谓的“三干”技术。转炉煤气干法除尘对于节约水耗、提高转炉煤气回收量具有重大意义。

炼钢转炉煤气回收利用采用干法除尘技术后，不但可提高除尘效率，而且节能效果显著。通过电除尘器可直接将粉尘浓度降至 $10mg/m^3$ 以下，不存在二次污染，系统阻损小，煤气发热值高，回收粉尘可直接利用，系统简化，占地面积小，并可以部分或完全补偿转炉炼钢过程能耗。如果在我国普遍推广，全年除尘电耗可减少近 3 亿 kW·h。转炉回收的煤气与蒸汽综合起来折成标准煤，每吨钢可回收 35kg 左右。干法回收的粉尘成球后直接返回转炉替代废钢或矿石作为冷却剂，直接回收其金属铁可增加钢产量 1.8%。

2. 洁净钢生产系统优化技术

对转炉钢铁企业现有冶金流程进行系统优化，采用高炉出铁槽脱硅，铁水包脱硫，转炉脱磷，复吹转炉冶炼，100% 钢水精炼，中间包冶金后进入高效连铸机保护浇铸，生产优质洁净钢，提高钢材质量，降低消耗和成本。该项技术已掌握但未完全推广，典型企业有宝钢、鞍钢、武钢、太钢、首钢京唐等。

3. 高效连铸技术

用洁净钢水，高强度、高均匀度的一冷、二冷，高精度的振动、导向、拉矫、切割设备运行，在高质量的基础上，以高拉速为核心，实现高连浇率、高作业率的连铸系统技术与装备。主要包括：接近凝固温度的浇铸，中间包整体优化，结晶器及振动高优化，二冷水动态控制与铸坯变形优质化，引锭，电磁连铸六大方面的技术和装备。已在我国完全推广，连铸比已经连续多年超过 90%。

8.3.5　轧钢工序

1. 蓄热式燃烧技术

蓄热式燃烧技术利用低热值煤气，采用蓄热室余热回收装置，交替切换烟气和空气，使之流经蓄热体，达到最大限度回收高温烟气的显热，提高助燃空气和煤气温度，以降低燃料消耗。

（1）烟气热量充分回收。采用蓄热式高温空气燃烧技术，燃烧产物显热被最大限度地回收，助燃空气被预热到 1000℃ 以上，排烟温度低于 150℃，低温烟气带走的能量只占燃料化学能的 10% 左右，实现燃料化学能的高效利用，炉窑热效率比常规加热炉提高 10% ~30%。

（2）NO_x 排放量低。采用蓄热式燃烧技术，燃料在高温低氧浓度下燃烧，可有效控制 NO_x 排放量，同时有效减少炉内氧化烧损。

（3）充分利用低热值燃料。采用蓄热式燃烧技术，可高效利用煤气，节能减排，使低热值煤气达到足够高的燃烧温度，为加热炉充分使用低热值煤气创造了条件。

据不完全统计，目前全国钢铁行业的加热炉（含热处理炉、再加热炉）超过 1100 座，其中，长材轧机加热炉约占 50%，中宽带轧机和窄带钢轧机加热炉约占 12%，热连轧机和中厚板轧机（含热处理炉）加热炉约占22%，无缝钢管轧机加热炉（含再加热炉）占16%。

在全国1100多座加热炉中有440余座已采用蓄热式燃烧技术，约占40%。在已有的440余座蓄热式加热炉中，长材轧机加热炉占68%左右，中宽带轧机和窄带钢轧机的加热炉占14%左右，中厚板轧机（含热处理炉）的加热炉占9%左右，热连轧机的加热炉占7%左右，无缝钢管轧机的加热炉仅占2%左右。

2. 连铸坯热送热装技术

该技术是在冶金企业现有的连铸车间与型线材或板材轧制车间之间，利用现有的连铸坯输送辊道或输送火车（汽车），增加保温装置，将原有的冷坯输送改为热连铸坯输送至轧制车间热装进行轧制，该技术分三种形式：热装、直接热装、直接轧制。该技术的使用，大大降低了轧钢加热炉加热连铸坯的能源消耗，同时减少了钢坯的氧化烧损，并提高了轧机产量。

8.3.6 公辅设施节能技术

1. 锅炉全部燃烧高炉煤气技术

冶金高炉煤气含有一定量的CO，煤气热值约3100kJ/m^3。除用于钢铁厂炉窑的燃料外，余下煤气可供锅炉燃烧。由于锅炉一般是缓冲用户，煤气参数不稳定，长期以来仅为小比例掺烧，多余煤气排入大气，这样既浪费了能源又污染了大气环境。当采用稳定煤气压力且对锅炉本体进行改造等措施后，可实现高炉煤气的全部利用，并可以确保锅炉安全运行。

与新建燃煤锅炉房相比，全烧高炉煤气锅炉房由于没有上煤、除灰设施，具有占地小、投资省、运行费用低等优点。以一台75t/h全烧高炉煤气锅炉为例，年燃用高炉煤气$583 \times 10^6 m^3/a$，仅此一项，年节约能源5.2万t标准煤，减少向大气排放CO$134 \times 10^6 m^3/a$具有明显的经济效益和环境效益。

2. 燃气—蒸汽联合循环发电技术CCPP

CCPP技术特点：热效率高，发电效率高。在不外供热时高达40%～45%，而常规的锅炉蒸汽发电仅为35%左右。相同的煤气量，CCPP要比常规的锅炉蒸汽发电多发出70%～90%的电。CCPP排烟中CO_2排放比常规火力电厂减少45%～50%，没有SO_2、飞灰及灰渣排放，NOx排放很低，目前已达到小于25mg/kg，今后有望达到5～9mg/kg。

目前我国钢铁企业高炉煤气和焦炉煤气仍有放散。若将这些煤气都用于CCPP发电，仅此一项每年约可节约600万t标准煤。

3. 钢厂综合节电

钢厂用电和节电，一是要提高自发电效率；二是从技术、管理方面节约用电，提高用电效率。如全烧高炉煤气锅炉的开发为高效回收低热值的高炉煤气开辟一条新的途径，可有效提高自发电效率。节约用电方面可采用变频调速、更新风机水泵、采用节能型变压器等。

要结合生产实际情况对各厂矿变配电系统进行优化匹配，在保证安全的前提下提高变压器的负荷率，避免出现“大马拉小车”现象，减少电机无功运转造成的电耗。

应采取合理优化供电系统，合理分配与平衡负荷，使企业用电均衡化，提高负荷率，优化运行；应按经济运行条件选择调整变压器，使其在多数情况下运行在经济运行点上，降低电能损耗，“削峰填谷”降低用电负荷最大需量，重视钢铁企业高用电设备的无功动态补偿与谐波治理，对整体照明系统进行优化改造，合理配置灯具，提高用电效率。

8.3.7　主要污染物减排

1. 烧结脱硫技术

2008年初，我国仅有3家钢铁企业4台烧结机真正处于正常运行中，烧结机脱硫面积仅611m^2，最大面积265m^2，充分说明我国烧结脱硫的基础薄弱，处于刚刚起步阶段。但经过一年多时间的发展，至2009年5月底，我国已建成烧结烟气脱硫装置35套，实现脱硫的烧结机共40台，烧结机总面积6312m^2，形成烧结烟气脱硫能力8.2万t。

目前，我国已烧结脱硫投入运行的有：包钢三烧采用ENS半干法，柳钢二烧采用氨—硫铵法，三钢三烧采用循环流化床法，石钢二烧采用密相干塔法，宝钢集团不锈钢分公司和梅钢公司采用改进的石灰石—石膏法等。我国正在建设或者已经签订烧结脱硫项目合同的钢铁企业有几十家，除了主要采用半干法、氨法、循环流化床法以外，其他诸如MEROS（Maximized Emission Reduction of Sintering，即最大化减少烧结放散）、GSCA（固气循环半干法烟气脱硫工艺）、离子液法也被应用。但现在每种脱硫技术都存在诸如副产物不能有效利用、投资运行费用高等缺点。

从世界其他国家的脱硫发展历程来看，未来我国烧结脱硫工艺的发展趋势也是从湿法到干法的发展趋势。干法脱硫工艺摆脱了湿法易腐蚀、结垢、废水处理、投资大、占地大等缺点，具有投资小、占地小等优点，虽然目前也存在一些问题，但从技术发展的方向来看，应是未来烧结脱硫的主流。

2. COD、二噁英减排技术

钢铁行业要继续加强钢铁生产过程中的各类水污染防治，通过废水处理、串级循环使用促进钢铁工业提高水资源利用效率，进一步降低新水用量。要继续高度重视焦化废水处理的经济有效、稳定达标技术的深入研发与工业化应用。深入开发高氨氮及高COD等废水处理回用技术，真正实现“零”排放。

二噁英和多氯代二苯并呋喃是具持久性、生物累积性、长距离迁移及高毒性化合物。2004年6月25日，第十届全国人大第十次会议审议批准通过了《关于持久性有机污染物的斯德哥尔摩公约》（以下简称POPs公约），2004年11月11日，公约对中国正式生效，首批列入POPs公约受控名单有12种物质，其中无意产生的二噁英类POPs物质的控制已成为环境保护热点问题之一。中国履行POPs公约的《国家实施计划》（NIP）于2007年4月14日获得国务院批准。NIP中将钢铁行业确立为二噁英减排优先重点控制行业之一，要求分阶段逐步开展BAT/BEP的应用，控制和减少二噁英的排放。

目前，环境保护部要求钢铁行业对二噁英减排近期行动计划及规划进行编制，有关重点生产工序的排放限值标准也可能出台，钢铁企业应给予高度重视！

8.3.8　CO_2减排工作

由CO_2等温室气体引发的全球气候变化已成为国际社会关注的焦点，其中CO_2减排应成为钢铁企业必须关注和解决的重大环境问题。从全球来看，工业生产所产生的CO_2占全球排放量的20%以上，而钢铁生产产生的CO_2占工业总排放的15%～20%，相当于世界人为温室气体的3%～4%。

我国钢铁工业的迅速发展使得国际上对我国钢铁工业日益关注，对我国钢铁行业CO_2排放问题也存在各种评论，国际钢铁协会也已组织开展对我国钢铁工业 CO_2 排放量进行评估计算。为避免国际社会对我国钢铁工业在 CO_2 排放方面产生认识上的偏颇，我们必须要针对我国钢铁企业实际，运用自己的方法对我国钢铁企业 CO_2 排放有一个相对正确的评价，因此协会组织开展了“我国主要钢铁企业 CO_2 排放现状研究”课题，对钢铁企业 CO_2 排放问题进行分析研究。

8.4 节能减排途径

钢铁工业作为典型的流程制造业，具有资源密集、能耗密集的特点，但同时由于钢铁制造流程工序多、结构复杂，制造流程伴随大量物质和能量排放，其中又或含着诸多减量化、再利用、再循环的可能性。节能意味着需要加强对用能的质量和数量的管理，优化用能结构，减少物流损失和能源介质不必要的排放；同时还需要大力回收生产过程中产生的二次能源，如余压、余热、余能和副产煤气等。针对前面提到的我国钢铁工业节能减排面临的主要问题，钢铁工业主要节能途径有以下几个方面。

8.4.1 加快淘汰落后产能

我国中小钢铁企业普遍存在规模过小、工艺装备落后的问题。落后设备与先进设备相比主要存在以下问题：小于 300m^3 高炉的吨铁工序能耗比大于 1000m^3 高炉高出近 80kg 标准煤/t，相差 19% 左右，入炉焦比相差 200kg/t；小转炉比大转炉的金属料消耗高出约 7.0kg/t 等。小型设备环保设施缺乏，导致粉尘、SO_2 等污染物排放量大，环境污染严重；一次能源消耗量大，且二次能源回收利用率低；现有成熟的节能技术，如 TRT、转炉煤气回收等，小型设备由于工艺落后、装备水平差，基本上无法应用。加大淘汰落后的工艺装备将是推进节能减排的重点和难点。

国家一直将淘汰落后、低水平工艺装备作为一项主要的节能措施。《钢铁产业发展政策》规定：加快淘汰并禁止新建土烧结、土焦（含改良焦）、化铁炼钢、热烧结矿、容积 300m^3 及以下高炉（专业铸铁管厂除外）、公称容量 20t 及以下转炉、公称容量 20t 及以下电炉（机械铸造和生产高合金钢产品除外）、叠轧薄板轧机、普钢初轧机及开坯用中型轧机、三辊劳特式中板轧机、复二重式线材轧机、横列式小型轧机、热轧窄带钢轧机、直径 76mm 以下热轧无缝管机组、中频感应炉等落后工艺技术装备。

《产业结构调整指导目录》（2005 年本）明确提出淘汰炭化室高度小于 4.3m 焦炉（3.2m 及以上捣固焦炉除外），30m^2 以下烧结机，300m^3 及以下高炉，20t 及以下转炉等落后设备。

2009 年初国务院颁布的《钢铁产业调整和振兴规划》明确提出：控制新增产能，不再核准和支持单纯新建、扩建产能的钢铁项目，所有项目必须以淘汰落后为前提。2010 年年底前，淘汰 300m^3 及以下高炉产能 5340 万 t，20t 及以下转炉、电炉产能 320 万 t；2011 年底前再淘汰 400m^3 及以下高炉、30t 及以下转炉和电炉，相应淘汰落后炼铁能力 7200 万 t、炼钢能力 2500 万 t。实施淘汰落后、建设钢铁大厂的地区和其他有条件的地区，要将淘汰落后产能标准提高到 1000m^3 以下高炉及相应的炼钢产能。

钢铁企业通过加快淘汰本企业落后的工艺、技术及设备，以实现技术装备大型化，生产流程连续化、紧凑化、高效化，最大限度综合利用各种能源和资源。

8.4.2　加快技术节能

依靠科技创新和技术进步，提升技术水平，是我国钢铁工业节能减排工作的关键。《钢铁产业调整和振兴规划》提出："对发展高速铁路用钢、高磁感取向硅钢、高强度机械用钢等关键钢材品种，推广高强度钢筋使用和节材技术，发展高温高压干熄焦、烧结余热利用、烟气脱硫等循环经济和节能减排工艺技术，以及提升开发利用低品位、难选冶铁矿等技术，给予重点支持。"具体措施中表示：在中央预算内基本建设投资中列支专项资金，以贷款贴息形式支持钢铁企业开展技术改造（不包括节能技术改造）、技术研发和技术引进，推动钢铁产业技术进步，调整品种结构，提升钢材质量。加大节能技术改造财政奖励支持力度，鼓励、引导钢铁企业积极推进节能技术改造。

我国主要推行的节能减排和循环经济技术有：①高效低成本洁净钢、纯净钢生产技术；②高温高压干熄焦技术；③烧结余热回收利用技术；④烧结烟气脱硫技术；⑤高炉工序系统工艺技术、高炉炉顶余压发电技术；⑥高炉煤气干法除尘技术；⑦转炉煤气干法除尘技术及回收利用技术；⑧钢渣综合利用技术；⑨铸轧一体化技术；⑩轧钢加热炉余热回收利用技术；⑪全厂富余煤气发电技术；⑫综合能源管理技术等。

8.4.3　推进结构节能

调整生产工艺结构，用能结构，优化生产流程可以产生节能的效果。20 世纪 90 年代，我国钢铁工业发展的三个重大技术路线：①以发展连铸为中心，带动钢铁工业的结构优化；②提高高炉炼铁喷煤比，促进炼铁系统的结构优化；③促进轧钢工序生产的紧凑化、连续化、一火成材，提升轧钢生产技术水平。上述三大技术路线均体现出钢铁工业结构节能的作用。结构节能主要内容如下：

（1）降低铁钢比，有极大的节能效果。钢铁企业铁钢比升高 0.1，会使吨钢综合能耗上升约 20kg 标准煤/t。

（2）采用高效连铸工艺技术，促进企业的结构节能。连铸工艺生产要比采用模铸生产工艺节约能耗 25% ~50%，提高金属收得率 10% ~15%，节省基建投资 40%，提高生产过程的机械化和自动化，使钢种扩大，钢坯质量得到提高。

（3）提高高炉炼铁喷煤比，优化企业用煤结构。2007 年我国重点钢铁企业焦化工序能耗为 123.11kg 标准煤/t，而喷煤工序能耗仅为 20 ~35kg 标准煤/t。高炉喷吹 1t 煤粉，代替 1t 焦炭，炼铁系统就可以降低能耗约 100kg 标准煤/t。同时煤粉的价格要比焦炭低 700 元/t 左右，多喷煤，可以有效地降低高炉炼铁的生产成本。钢铁企业多喷煤，少用焦炭，就可以少生产焦炭，减少了炼焦过程对环境的污染。

（4）连铸坯热送热装和直接轧制技术，促进轧钢工序节能。连铸坯热送热装是指铸坯在 400℃以上热状态下送入加热炉。而铸坯温度在 650 ~1000℃时送入加热炉，节能效果要最好。相对于连铸冷装工艺而言，采用一般热送热装工艺时可节能 35%，采用直接热送热装工艺可节能 65%，再采用直接轧制工艺时可节能 70% ~80%。采用热送热装的好处还有，加热炉产量可提高 20% ~30%，金属收得率可提高 0.5% ~1.0%，缩短生产周期 80% 以上，降低建设投资和生产成本，同时可改进产品质量，提高成材率 0.5% ~1.5%。

（5）优化高炉炼铁炉料结构，多使用球团矿，可以实现结构节能。烧结工序能耗在 56kg 标准煤/t 左右，球团工序能耗为 33kg 标准煤/t，多使用 1t 球团矿，少用烧结矿，可以给炼铁系统节能23kg标准煤/t左右的能耗。

球团矿含铁品位一般要比烧结矿高5%左右。高炉炼铁入炉矿含铁品位每升高1%，可以降低炼铁焦比1.5%，提高产量2.5%，吨铁渣量减少30kg，高炉允许多喷煤粉15kg/t。所以说，高炉炼铁多使用球团矿是会有多方面的节能效果。

8.4.4 抓好管理节能

管理节能是钢铁企业开展节能工作的基础。这个基础就是企业的节能工作要有专人来管，企业的节能工作要实行标准化、规范化的作业，企业的主要领导要掌握本企业购能和用能的真实家底，同时要掌握国内外同类型企业先进节能指标情况，进而才能科学地制订出本企业的节能发展规划。管理节能可以实现节约企业总用能的5%。

管理节能主要要抓好以下几个方面内容：

（1）设立企业专职能源管理部门，建立管理网络。《中华人民共和国节约能源法》第五十五条中指出："重点用能单位应当设立能源管理岗位，在具有节能专业知识，实际经验以及中级以上技术职称人员中聘任能源管理负责人，并报管理节能工作的部门和有关部门备案"。同时提出，"能源管理负责人负责组织对本单位用能状况进行分析、评价、组织编写本单位能源利用状况报告，提出本单位节能工作的改进措施并组织实施"和"能源管理负责人应当接受节能培训"。这说明，国家强调企业的节能工作要专人来管，大型钢铁企业应当设立公司、二级厂矿、生产车间三级能源管理网络。并且从事能源管理工作的人员要有一定的节能专业知识，主要负责人要从节能工作的明白人向能源专家过渡。这样，企业的节能工作不但要有人管，而且要向高水平方向发展。

（2）建立健全企业能源管理的规章制度。根据国家颁布的有关节能政策和法规，各钢铁企业要根据本企业的自身特点，制定出相关的企业能源管理规章制度。这里包括钢铁公司和二级厂矿两个层次，有宏观管理和微观控制的相关内容，包括《企业能源管理工作手册》、《节能工作程序文件》和《企业节能作业指导本》。钢铁企业的能源管理工作是实现规范化、标准化运行。企业节能应依法进行，依制度来办事。

（3）完善能源仪器仪表的配置。计量是钢铁企业实现科学管理的基础。只有完善企业的计量器具，完好率和周检率达到《用能单位计量器具和管理通则》标准，才能真实地反映出企业购能、用能、节能情况。同时，也为企业制订节能发展规划，节能管理操作提供出可靠的数据。这是评价企业能源管理水平的一个重要标志。能源计量是企业能源管理的一项非常重要的基础工作，是开展节能量化管理的前提，能够为企业科学地、合理地进行节能管理提供基本依据。

（4）加强企业能源统计管理。能源统计是企业能源管理的一项重要内容，是编制企业节能发展规划的主要依据，又是对企业进行能源利用分析、监督和控制能源消费的依据基础。只有对各部门能源消耗进行统计，建立企业能源消费平衡表，掌握能源的来龙去脉，才能发现问题，找出能源消费上升的原因，从而提出技术上和管理上的节能措施，不断提高企业能源管理水平。只有通过能源消费的统计分析，才能制定出先进、合理的能耗定额指标，确定考核的严肃性、科学性和可操作性，否则难以调动全员节能的积极性、创造性。

（5）做好能源消耗定额管理。企业能源消耗定额是反应企业能源利用经济效果大小的综合指标，其定义是：企业在一定的生产技术和生产组织条件下，为生产一定质量和数量产品或完成一定量的作业，所规定的能源消耗定额。能源消耗定额管理主要是定额的制定，贯彻执行和考核分析三个基本环节，其工作内容包括：①建立能源消耗定额体系和定额管理组织体系；②制定和修订能源消耗定额；③采取有效的技术和组织措施，保证定额的完成；④考核和分析定额完成的情况，总结经验，提出改进措施。

8.5 趋势与机会

8.5.1 2009年全行业有望止跌企稳

受世界金融危机影响，2008年我国钢铁工业经历了冰火两重天的煎熬。上半年钢铁工业快速发展，产量、效益均保持高速增长；下半年钢铁工业产量快速下降，企业和行业亏损严重。钢铁工业遭受如此严重的冲击，既与世界金融危机造成国内外钢材市场需求萎缩和我国钢铁产能过剩的矛盾有关，也暴露出我国钢铁工业多年积累的深层次问题。从我国钢铁工业发展历史和未来趋势看，2008年是我国钢铁工业由高速发展转为平稳健康发展的转折点。随着国家扩大内需、加大投资以及产业振兴规划政策的出台，2009年下半年我国钢铁工业有望实现止跌企稳，全年有望保持较好的生产水平，并有望实现行业合理的盈利水平。

8.5.2 兼并重组将进一步加快

钢铁行业兼并重组将进一步加快。随着钢铁产能的释放和需求增量的减少，市场竞争更加激烈。兼并重组将成为钢铁行业下一阶段发展的主旋律，大部分钢铁企业将会加入兼并重组行列。应积极主动抓住有利时机，大力推动钢铁企业联合重组，提高产业集中度。在产能过剩的背景下，钢铁产业孕育着较大的结构调整机遇，金融危机触发了钢铁结构调整期的提前到来，其基本特征：①盲目投资势头已趋缓，大部分落后产能已主动停产或减产，此时可通过优化布局，选择具有实力的大型企业建设沿海钢铁项目，有利于储备先进产能，挤压落后产能生存空间；②项目建设所需的设备、材料等要素价格大幅下降，可节省建设投资；③企业资产普遍缩水，联合重组成本较低，跨区域、跨所有制重组阻力减小，可加快推进企业的联合重组，提高产业集中度。

钢铁产业联合再组应以市场为导向，资产为纽带，优势企业为龙头，优势互补，实现较大范围的资源优化配置和专业化分工。目前，由宝钢、鞍钢、武钢为首以及河北、山东、山西、天津等省（市）龙头钢铁企业统一全省钢铁行业和跨地区的联合重组局面正在逐步或加快形成。力争早日形成宝钢集团、鞍本集团、武钢集团、河北钢铁集团等几个5000万t以上、具有国际竞争力的特大型钢铁集团，形成若干个1000万~3000万t级、具有竞争力的大型钢铁集团，加快提高钢铁行业集中度。

8.5.3 加快淘汰落后产能，发展循环经济，实现节能减排

严格执行国家有关政策，切实加快淘汰高能耗、高污染的300m^3以下高炉、20t以下转炉和电炉。同时进一步提高淘汰落后标准，按照“管住增量、调整存量、淘汰落后、扶优汰劣”的原则，明确淘汰落后目标。特别是要采取有力措施，防止大多已停产的落后产能死灰复燃。加快发展循环经济和节能减排工作，重点解决烧结脱硫、污水处理、余能余热利用、资源综合利用等节能减排项目，通过工艺装备的大型化、现代化，实现节能减排目标。

9

电力行业的节能减排

电力工业是国民经济的重要基础工业，是国家经济发展战略中的重点和先行产业，它的发展是社会进步和人民生活水平不断提高的需要。中国是世界第二大电力生产国和消费国，2008 年发电总量达到 34334 亿 kW · h，仅次于美国。

电力行业既是优质清洁能源的创造者，又是一次能源消耗大户和污染排放大户，因而也是国家实施节能减排的重点领域。

9.1 行 业 状 况

9.1.1 电力行业整体运行情况

据中电联发布的统计快报显示：截至 2008 年底，我国发电设备装机容量达到 79253 万 kW，同比增长 10. 34%。其中，水电 17152 万 kW，约占总容量 21. 64%，同比增长 15. 68%；火电 60132 万 kW，约占总容量 75. 87%，同比增长 8. 15%；水、火电占总容量的比例同比分别上升 1 个百分点和下降 1. 55 个百分点；风电并网总容量 894 万 kW，同比增长 111. 48%。全国电网 220kV 及以上输电线路回路长度 36. 48 万 km，同比增长 11. 10%，220kV 及以上变电设备容量 138714 万 kVA，同比增长 17. 80%。

2008 年，我国全口径发电量 34334 亿 kW · h，同比增长 5. 18%。其中，水电 5633 亿kW · h，约占全部发电量 16. 41%，同比增长 19. 50%；火电 27793 亿 kW · h，约占全部发电量 80. 95% ，同比增长 2. 17%；核电 684 亿 kW · h，约占全部发电量 1. 99%，同比增长 8. 79%，风电 128 亿 kW · h，同比增长 126. 79%。

9.1.2 中国电网发展情况分析

2003 年以来，中国 GDP 年均增长速度均在 10% 以上，全社会用电量 2007 年达到 3. 25 万亿 kW · h，比 2002 年增加 1. 61 万亿 kW · h，5 年增长了 98%，接近翻番，2008 年，全社会用电量

34268亿kW·h，同比增长5.23%，增速比上年回落9.57个百分点。“十五”以来，电网建设每年以近10%的速度增长，2007年电网建设投资完成2451亿元，同比增长20.67%。截至2007年底，中国220kV及以上输电线路长度达到32.7万km，变电容量11.44亿kVA，跨区输电量从2002年的207亿kW·h增加到2007年的1207亿kW·h，跨省交换电量从2002年的804kW·h增加到2006年的1445亿kW·h，电网优化配置资源的能力有所提高。2008年电力行业固定资产投资9045亿元，同比增长14.4%。全国电力基本建设投资达到5763.29亿元，同比增长1.52%。2009年前4月累计用电10559亿kW·h，同比下降4.03%。2009年全年将有3605亿元固定资产投资用于加快城市电网改造和完善农村电网。

9.1.3　电力结构分析

9.1.3.1　煤电

中国电力结构中，利用燃煤发电一直是中国电源的主力，其装机容量从20世纪50年代到目前，一直维持在70%以上，2008年达到火电60132万kW，约占总容量75.87%。而世界平均水平，燃煤发电比例为38%，美国为31.7%（不含石油和天然气），日本为63%（含石油和天然气），韩国为62%（也含石油和天然气）。中国燃煤发电高于世界平均水平1倍。显而易见，中国电源结构中煤电比例偏高。

9.1.3.2　水电

中国水电资源丰富，理论蕴藏量达到6.9亿kW。新中国成立以来，中国政府一直高度重视水电综合开发和利用，陆续建设一大批具有世界水平超大规模的水电站，如西南有葛洲坝水电站、二滩水电站、三峡水电站、龙滩水电站，西北有龙羊峡、李家峡等一批有代表性的水电站。截至2008年底，中国水电装机达到17152万kW，居世界第一，水电17152万kW，约占总容量21.64%，同比增长15.68%。

中国水电装机比例高出世界平均水平1.36个百分点。据了解，美国2006年水电装机（不包括抽水蓄能）为7742万kW，仅为中国的1/2，水电在美国电力结构中仅占7.9%，比中国低12个百分点。因此，水电是中国可再生能源的生力军，也是中国电力的优势所在。

9.1.3.3　核电

中国的核电建设从20世纪80年代开始起步。浙江秦山核电站是中国第一座自行设计和施工的核电站，一期装机一台28.8万kW机组（压水堆型），大亚湾核电站是中国首次成套从国外引进的压水堆型核电站，装机容量2×98.4万kW，该电站于1994年投产运行。截至2008年底，中国核电装机达到894万kW，占电力总装机量的1.1%。

至2006年，全球已投入运行的核电机组有442台，总装机容量3.7亿kW，占世界总装机容量的16%，中国核电装机比世界平均水平低15个百分点。因此，加快中国核电建设刻不容缓，这也是调整中国电力结构的主要手段和措施。

9.1.3.4　风电及其他新能源

为优化电力结构，节能减排，国家专门出台了价格政策，在销售电价中建立了风电价格补贴基金，以支持中国风电的发展。近几年来，中国风电从无到有、从小到大，有了较大的发展，至2007年底，中国风电装机已达到403万kW，约占全国总装机容量的0.56%，其中2007年当年投产风电容量 216 万 kW，增长了 77%。2008 年底风电并网总容量 894 万 kW，同比增长 111.48%。

《中华人民共和国可再生能源法》以鼓励各市场主体积极投资开发风能、太阳能、水能、生物质、海洋能等非化石能源。中国生物质发电和太阳能发电也在起步，估计“十一五”末期将有较大发展。

从世界范围来看，受全球气候变暖的影响，为了减少化石能源对大气环境的影响，优化能源结构，各国特别是发达国家掀起一股以风能为代表的新能源开发和建设热潮。以美国为例，近两年美国风力发电装机以 30% 的速度增长，截至 2006 年底，美国风电装机已达到 1680 万 kW，已经占美国总装机容量的 1.7%。另据有关信息报道，2007 年美国又有超过 500 万 kW 的风电投入运营。预计到 2009 年底，美国将超过德国成为世界上最大的风能市场。随着美国风电的规模化、产业化，其风电价格也由上世纪的 38 美分下降到现在的 4 ~6 美分。

9.2 节能减排现状及潜力

电力行业既是优质清洁能源的创造者，又是一次能源消耗大户和污染排放大户，是国家实施节能减排的重点领域，也是国家在节能降耗上严防紧盯的重点对象。2006 年，中国全社会发电量 28344 亿 kW·h，当年国内生产总值 209407 亿元，折合成美元为 26971.64 亿美元，万美元 GDP 消耗的电量为 10508kW·h。而美国 2006 年全社会发电量 40699 亿 kW·h，国内生产总值为 132216.85 亿美元，万美元 GDP 消耗的电量是 3078kW·h。万美元 GDP 电能消耗，中国是美国的 3.4 倍，是日本的 4.79 倍，是韩国的 2.07 倍。从以上数据分析可以看出，中国无论是人均占有电力，还是万元 GDP 消耗的电能，与发达国家相比，都有较大的差距。

截至 2008 年底，我国发电设备装机容量达到 7.92 亿 kW，其中火电装机占 75%。但与此同时，大规模的火电发展也给中国造成了巨大的环境损失，特别是燃煤发电产生的大量二氧化碳排放，是导致气候变化的主要原因。

9.2.1 电力行业节能减排规划

衡量电力行业节能减排效果的主要指标包括供电煤耗、输电线损率、二氧化硫/烟尘/氮氧化物等污染物的排放量/排放达标情况、单位发电量用水量和废水排放量及固体废物综合利用率等。

为了落实国家的总体要求，国家发改委针对电力行业提出了更具体的要求。2007 年初，国家发改委提出的电力工业“十一五”发展规划中对节能减排有如下要求：按照能源“十一五”规划目标，在“十一五”期间线损率降低 0.3%，年均节能率 4.4%，SO_2 排放量控制在 951.7 万 t，减少 $CO_2$3.6 亿 t。到 2010 年全国火电供电标准煤耗达到 355g/（kW·h）、厂用电率达到 4.5%，电厂 SO_2 排放总量减少 10% 以上。

9.2.2 电力行业节能减排取得的成绩

近年来，尤其是“十一五”规划纲要实施以来，电力行业围绕节能减排的目标开展了大量工作，并取得了显著成效。根据《关于加快关停小火电机组若干意见的通知》要求，“十一五”规划期间，关停 5000 万 kW 小火电机组。2008 年全国关停燃煤、燃油小火电机组 3269 台，共计

1669万kW，超额完成2008年度关停1300万kW的目标。“十一五”规划前3年，全国累计关停小火电机组3421万kW，已完成“十一五”期间关停小火电机组5000万kW目标的68.4%。与此同时，电力行业主要的节能指标是供电煤耗、常用电率和线损率。这些指标连年来大幅下降。

9.2.2.1　供电煤耗及输电线损明显下降

供电煤耗指的是火电厂每发1kW·h电所消耗的标准煤，是衡量火力发电效率的重要标准。1980～2007年，我国供电标准煤耗降低了91g/（kW·h），其中仅2007年一年，供电煤耗就下降了10g/（kW·h），是1980年以来下降幅度最大的一年。2008年，全国平均供电煤耗为349g/（kW·h），比2007年降低7g/（kW·h）。1997～2008年，我国供电煤耗逐年降低，从408g/（kW·h）下降到349g/（kW·h）。

表9.1列出了2008年十大发电集团的供电煤耗。可以看出，十大发电集团都已提前完成了“十一五”规划提出的目标。

表9.1　　中国十大发电集团2008年供电煤耗（总耗煤量/总火电发电量）

排名	企业名称	供电煤耗［g/（kW·h）］
1	中国电力投资集团公司	350
2	中国国电集团公司	341
3	华润电力控股有限公司	340.5
4	中国华电集团公司	338
5	中国大唐集团公司	335
6	中国华能集团公司	333.9
7	广东省粤电集团有限公司	332.3
8	浙江省能源集团有限公司	329.4
9	中国神华集团公司	316.5
10	中国长江三峡工程开发总公司	0

资料来源：绿色和平《发电影响气候》。

发电厂用电率由1992年的7%最高值下降到2007年的5.92%，减少了1.08%；电网输电线损率由8.93%降为6.85%，减少了2.08%。而2008年全国发电厂用电率为5.95%，其中水电为0.38%，火电为6.84%，同比略有上升。2008年，全国电网输电线路损失率为6.64%，比2007年下降0.33个百分点。1997～2008年，我国电网输电线路损失率总体呈下降态势，从8.20%下降到6.64%。

9.2.2.2　大气污染物排放得到有效控制

1. 二氧化硫排放量实现了历史性转折

继2006年底全国烟气脱硫机组总容量达到160GW之后，脱硫机组投运规模进一步加大。截至2007年底，全国烟气脱硫机组总容量约270GW，占全国煤电机组的50%以上，与2000年相比，火电厂烟气脱硫机组容量增加了约53倍（2005年美国烟气脱硫机组容量为102GW，约占煤电机组容量的31.5%）。

由于火电厂烟气脱硫设施的大规模建成投运，控制二氧化硫的能力大为增加，2007年上半年，在火力发电量增长18.3%的情况下，电力行业二氧化硫排放量同比下降了5.2%。2007年，全国二氧化硫排放总量2468万t，比2006年下降4.66%，这也是近年来全国二氧化硫年排放总量首次出现下降。

根据中国电力企业联合会统计，2007 年，全国电力行业二氧化硫排放量预计为 1200 万 t，比上年降低 11.1%，降幅超过全国二氧化硫排放量降幅 6.45%。电力二氧化硫排放量占全国二氧化硫排放总量的比例由 2006 年的 52.1% 下降到 48.6%，减少 3.5%；二氧化硫排放绩效由 2006 年的 5.7g/（kW·h）降到 4.4g/（kW·h），降低了 1.3g/（kW·h）［2005 年美国电力行业二氧化硫排放绩效为 5.14g/（kW·h）］。2006 年的电力二氧化硫排放量将会成为历史上的最高排放年份，2007 年则成为历史上的转折之年。

我国火电厂烟气脱硫以石灰石—石膏湿法烟气脱硫工艺为主，脱硫副产品以石膏为主。据统计，2007 年，全国燃煤电厂烟气脱硫约产生石膏 1700 万 t，比 2006 年增加 80% 左右。目前，国内对脱硫石膏的综合处理和应用已经起步，全国建成或在建的脱硫石膏资源化利用的生产线已达 10 多条。脱硫石膏可用于制造石膏砌块、腻子石膏、模具石膏、纸面石膏板以及水泥等建材产品，目前多用于制造纸面石膏板和作水泥缓凝剂。

2. 烟尘控制水平逐年提高

新建燃煤电厂大多采用四电场以上的电除尘器，平均除尘效率达到 99% 以上。目前，新投产燃煤机组的电除尘器大部分按烟尘排放质量浓度 50mg/m^3 或更低值设计和建造，达到了国际先进水平。同时，一批机组采用了袋式除尘器。改革开放以来，尽管火电装机容量、发电量逐年大幅度增长，但烟尘排放总量基本持平，单位发电量烟尘排放量逐年下降，由 1980 年的 16.5g/（kW·h）下降到 2007 年的 1.3g/（kW·h）。

3. 氮氧化物控制初见成效

根据国家法规规定，低氮氧化物燃烧方式仍是控制电力氮氧化物排放的主要手段。“十五”以来，新建燃煤机组按要求同步采用了低氮氧化物燃烧方式，一批现有机组结合技术改造安装了低氮氧化物燃烧器。同时，在节能减排新形势的影响下，在国家有关部门对新建电厂从严要求下，火电厂氮氧化物的控制水平已经大大超越了法律和排放标准的要求。根据中国电力企业联合会统计，截至 2007 年底，约有 10GW 以上单机容量为 300MW、600MW 的商业化烟气脱硝装置投入运行，约有 40GW 烟气脱硝装置进入设计及建造阶段。已投运及在建的脱硝装置大多采用选择性催化还原（SCR）工艺，脱硝效率 50%～85%。

9.2.2.3 单位发电量用水及废水排放量逐年下降

近年来，新建机组加大了节水力度，直接空冷技术进入商业化运行阶段，越来越多的电厂采用城市再生水作为淡水水源，通过优化设计实现废水“零”排放。现有机组加大了节水改造力度，冲灰新鲜水用量及废水外排量大幅度下降。2007 年，全国废水重复利用率达到 70% 以上，全国火电厂单位发电耗水量 2.9kg/（kW·h），比 2006 年降低 0.1kg/（kW·h）；废水排放绩效指标 0.7kg/（kW·h），比 2006 年降低 0.15kg/（kW·h）。

9.2.2.4 粉煤灰综合利用率超过 60%

粉煤灰综合利用工作越来越受到发电企业的重视，“十五”以来，全国粉煤灰综合利用率一直保持在 60% 以上，综合利用量逐年增加。2007 年，全国燃煤电厂产生粉煤灰约 3.8 亿 t，比 2006 年增长 8.6%；燃煤电厂粉煤灰综合利用率为 69%，比 2006 年提高 3%；粉煤灰综合利用量达到 2.6 亿 t，比 2006 年增长 13%。

9.2.3　电力行业节能减排存在的问题

虽然经过多年的努力，中国电力行业的节能减排已经取得一定成绩，但仍然存在一些问题。

9.2.3.1　煤电比例偏高，排放压力加大

2006 年世界电力的装机结构，其比例，煤电为 39%，水电为 19%，核电为 16%，天然气为 15%，油电为 16%，其他为 1%。而中国煤电比例从新中国成立以来一直高居 70% 以上，2007 年达到了 78%，超过世界平均水平 1 倍，2008 年底，火电所占比重为 75.8%。而中国的核电、天然气发电和新能源远远低于世界平均水平。

过高的煤电比例会导致排放增多，环境压力加大。一个电力企业所消耗的煤越多，其二氧化碳的排放量就越大，对气候的影响也就越严重。2008 年，前十大以火电为主的发电集团 2008 年的耗煤量超过 5.9 亿 t，同年中国煤炭总产量为 28.7 亿 t，这十家发电集团就用掉了全国 1/5 的煤炭产量。其中，中国排名前 3 的发电集团的二氧化碳排放总和，已经超过了同年英国全国的温室气体排放量水平（见表 9.2）。

表 9.2　　中国十大发电集团 2008 年耗煤量及年二氧化碳排放量

排名	企业名称	火电装机年燃煤总量（万 t 标准煤）	火电二氧化碳排放量（万 t）
1	中国华能集团公司	11796.9	28784.4
2	中国大唐集团公司	10257.7	25028.8
3	中国国电集团公司	9479.8	23130.7
4	中国华电集团公司	8840	21569.6
5	中国电力投资集团公司	5964	14552.2
6	华润电力控股有限公司	3496.9	8532.4
7	广东省粤电集团有限公司	3187.2	7776.8
8	中国神华集团公司	3165	7722.6
9	浙江省能源集团有限公司	2835.9	6919.6
10	中国长江三峡工程开发总公司	0	0
总和		59023.4	144017.1

资料来源：绿色和平《发电影响气候排名》。

目前，我国已经成为全球第二大二氧化碳排放国，虽然尚不用承担减排义务，但国际舆论压力肯定会越来越大。国家提出“十一五”规划期间主要污染物排放总量减少 10%，其中电力二氧化硫排放控制在 951.7t/a，对电力发展也形成一定挑战。在资源和环境的双重压力下，优化电源结构、降低煤电比例的需求十分迫切。

9.2.3.2　节能减排法规不配套、不协调

目前中国节能减排存在的最大问题是缺乏使节能减排持续有效工作的长效机制，这主要体现在：关停小火电机组不平衡；没有很好地反映资源稀缺性和环境成本的电价机制；没有建立统一的电力节能减排指标体系；节能减排长效监督机制尚不完善；以及节能减排相关法规滞后五方面。在当前的电力节能减排工作中，起主导作用的还是各种行政命令文件，下一阶段要用市场化的手段推进节能减排，更需要完善的法律法规体系的保障。

虽然我国已经初步形成环境保护法，但是，还远没有真正地把节能减排纳入法制化的轨道。

比如，二氧化硫排放总量的分配、监督、火电厂脱硫设施的建设以及企业节能减排目标的确定和责任的分解等，很多情况下采用的都是行政管理手段，如签订责任书、确定重点工程或者行政审批等方式，有时甚至是通过媒体“风暴”的方式进行，很难真正做到依法管理。

在节能减排方面，新概念层出不穷、新要求不断出现。如在火电厂二氧化硫的控制方面，仅近几年国家部门级层面上的相关文件就有30多个，有浓度控制、排放速率、电厂总量、行业总量、区域总量控制要求，现在又提出绩效控制等，环境管理手段有环境影响评价、竣工验收、排污收费等10多种管理要求，可以说是集合世界上的种种环境管理手段。但是在实际中，却依然存在着与法规不配套、不协调甚至相互矛盾的情况。

再如，我国虽然已有节能法、电力法、清洁生产促进法等，但是在实际工作中却依靠“规定”执行。如多年来存在无序电力建设问题，只能说是“违规”却不能说是“违法”，就是对依法行政差距的极好写照。我国已确定了市场经济基本模式，但用市场机制来推动节能减排的机制还未完整建立。以政代法的作法，虽然在一时、一事、一域上有一定作用，但与依法治国的要求还有相当的差距，并且容易造成对市场经济体制发展的冲击，企业难以依法运行，政府难以依法行政，不利于长期、稳定、科学、低管理成本的节能减排。

与此同时，通过市场手段促进节能减排的力度不够，如脱硫电价政策执行过程中仍存在一些问题。二氧化硫排污权交易还存在法规政策、交易平台、排放权分配、部门及地方政府间协调等一些障碍，需要配套明确可操作的规定才能实施。市场配置资源的基础性作用还未得到应有的体现，环境治理成本尚未合理反映在电价体系上，也影响节能减排工作的推动。

9.2.3.3　小火电、自备电厂节能减排力度有待强化

目前，全国小火电机组容量约1亿kW，尤其在东北地区、西北地区小火电机组容量较大，造成当地供电煤耗居高不下。部分地区高耗能产业的自备电厂发展势头未得到有效控制。

9.2.3.4　脱硫设施建设质量及运行效果有待提高

近年来，我国火电厂烟气脱硫设施建设呈“爆炸式”发展，近两年平均每年增加约1亿kW，脱硫设施国产化率达到90%以上。由于部分脱硫设施的设计、建设质量不高，一些电力企业环保意识、法规意识不强，运行经验不足等原因，脱硫设施运行不正常、脱硫效果达不到要求的现象还比较突出。

9.2.3.5　电煤质量下降影响发电企业节能减排效果

由于电煤发热量下降、煤的灰分和硫分急剧上升，一方面对机组正常出力影响较大，同时给设备带来严重磨损，使锅炉爆管增加，而且也增加厂用电耗，降低了发电效率；另一方面造成脱硫装置严重超负荷运转，效率达不到要求，甚至造成设备损坏，极大地影响企业脱硫效果。

9.2.4　电力行业节能减排的潜力

我国电力工业的能源利用效率虽然有很大进步，但同国际先进水平比较，还有一定差距。拿发电来说，发达国家每千瓦时供电煤耗平均为335g，日本、欧洲处于领先地位，我国2000年为392g，2005年是370g，2008年是349g。按照“十一五”规划，我国到2010年要降到355g。如果达到国际先进水平的335g，按照2010年的电量来计算，全年可以节约10598万t标准煤。

9.3 重点技术介绍

为促进能源供应和环境保护协调发展，实现二氧化硫减排目标，必须从根源上，在电力生产、发送、变电、配电和使用等环节加强技术创新，加大创新力度，有力采取相应技术体系，实现预计的节能减排目标。

9.3.1　发电过程中的节能技术措施

9.3.1.1　煤电脱硫技术

当前在我国火电行业应用的烟气脱硫技术主要有：石灰石—石膏法、烟气循环流化床法、海水脱硫法、脱硫除尘一体化、半干法、旋转喷雾干燥法、炉内喷钙尾部烟气增湿活化法、活性焦吸附法、电子束法等 10 多种烟气脱硫工艺技术。与国外发达国家情况相同，在诸多脱硫工艺技术中，石灰石—石膏法烟气脱硫技术仍是当前的主流工艺技术，所占比重达 90% 以上，脱硫效率达 95% 以上，设备阻力在 2000Pa 左右。

据不完全统计，截至 2006 年底，全国已建和在建的火电厂烟气脱硫设施累计总装机容量已达到 343974MW，约占当年火电厂总装机容量的 79.6%；其中已建成的烟气脱硫设施装机容量为 134020MW，占当年火电厂烟气脱硫设施装机容量的 39.0%，占当年火电厂总装机容量的 31.0%。

9.3.1.2　火力发电节水技术

我国火力机组发电量占总发电量的 80% 以上，火力发电是我国取水量最大的行业之一，节水工作的开展与否直接影响电力企业的生产经营和持续发展。尽管随着火电装机容量和发电量的增加，全国火力发电厂用水量有所增加，但工业用水重复利用率逐年提高，单位发电量耗水率逐年降低。

积极推广应用国内外先进节水技术，采用成熟的节水新工艺、新系统和新设备，提高循环水浓缩倍率、降低灰水比、采用节水型冷却方式、提高水的重复利用率等，并取得了显著成效。

1. 废水回收利用

湿式循环冷却系统是电厂用水、耗水最大的环节，回收利用冷却塔排污水，处理回收其他工业废水或生活污水做冷却塔循环水的补充水，取得了明显的节水效果，是电厂耗水定额指标下降的主要原因。冷却塔排污水用于冲灰、冲洗和喷洒，可以减少低污染水直接排放损失，提高水的回用率，是较为传统并被广泛应用的方法；电厂灰渣水、消防水池溢水、部分取样水、射水池溢水等进行循环使用，水质较好的经处理后作为冷却塔循环水补充水源，返回到下一级循环水系统再利用，水质较差的工业废水如含油污水、化学中和池排水、生活污水等处理后用于调湿灰用水、冲灰煤场喷淋用水等。

2. 循环水系统

首先是提高循环水浓缩倍率，1000MW 电厂浓缩倍率从 2 提高到 3 时，可节水 800 ~ 1000t/h。通过不断的研究开发和推广应用，火力发电的循环冷却水浓缩倍率达到以下水平：加防垢防腐药剂及加酸处理循环冷却水时，浓缩倍率可控制在 3.0 以上；采用石灰加酸及旁滤加药处理循环冷却水时，浓缩倍率可控制在 4.5 左右；采用弱酸树脂等方式处理循环冷却水时，浓缩倍率也可控制在 4.5 左右。采用新型水塔填料和收水器改造原有老水塔，降低了水塔出水水温，减少了风吹损失，也起到节水的作用。

3. 除灰系统改进

新建电厂的除灰方式有了较大的改进，有条件的地方首先选用干除灰方式；如果采用水力除灰，应使灰水尽量做到闭路循环；当灰水闭路循环确有困难时，则使用高浓度水力除灰。对于新设计系统，采用灰渣分排、渣水闭路循环。这些措施的采用，使冲灰新鲜水用量及废水外排量大幅度下降。目前对除灰系统的改进措施主要包括：浓相气力输送系统的国产化、干灰储存与粉煤灰综合利用的开发应用，以及干排渣系统的实际应用。“十五”期间新上的电厂基本上采用干灰输送和干堆灰技术，采用干灰碾压灰场，调湿用水仅为排灰量的20%左右，且无灰水排放问题；完善了浓浆输灰系统的设计和提高了关键设备的可靠性，开发了冲灰水回收利用技术以及回水管道防垢与清垢技术等。目前，高浓度水力输灰技术已得到了较好地应用，通过系统优化可实现灰水比1:3～1:5或更小；采用灰渣分排，比灰渣混排节约40%的冲灰水量，且有利于灰渣综合利用，新建火电厂锅炉均采用灰渣分排技术，节水效果明显。

4. 空冷技术

大型电站采用空冷技术要比传统的水冷技术节水3/4以上。当前我国电站建设规模较大且以燃煤电站为主。推广空冷技术，不仅对我国西北、华北以及东北许多富煤少水地区发展电力事业，而且对调整我们现有电源结构，提升民族制造工业水平，都有现实意义。

5. 海水冷却技术

直接利用海水作为冷却水。进行导热金属材料的研制与合理选用，开发防治海生物在冷却器和输水管道内生长繁殖造成的污堵及清除技术（包含电解海水制氯）。采用海水淡化工艺解决生产和生活淡水供应。

6. 水量计量和水质监测

大部分火电厂排水系统装设流量计，并对其排放水质进行定期监测，及时掌握各排放点的排放量及水质状况，有效地控制排水量和排水的再利用。各火电厂在加强环保管理的前提下，严格执行电力环境监测中的各条例规定，监督节水技术的执行。

此外，一批火电厂结合节水技术改造，采用了工业废水“零”排放技术。还有部分电厂利用城市生活中水作为供水源，起到了社会综合节水作用。这些技术措施的采用，使新水用量及废水外排量大幅度下降。

9.3.2 输配电过程中，降低综合线损技术

在输配电节能方面，主要降低输配电损耗率，提高输配电设备的运行效率，以及降低电网综合线损。

输配电设备包括变压器、整流器和电感器，电容器及其配套设备，配电开关控制设备，电力电子元器件及其他输配电及控制设备。其中，节能变压器是输配电设备降损减耗的重点，美国能源部和环保署于1998年共同发起了推广高效低损耗配电变压器的“能源之星变压器计划”。加拿大、澳大利亚和墨西哥等国都制定和实施了变压器最低能效标准，未达到最低能效标准的产品不得上市。欧盟实行了能效标准HD428（三相油浸配电变压器）/HD538（三相干式配电变压器）。对于公布的变压器损耗值及允许公差，如果在工厂验收试验的损耗高于规定值时，变压器可以被拒收或对超值部分进行经济补偿。相比HD428标准，中国大陆地区的节能变压器S11系

列空载损耗对比欧盟最高标准 C′系列平均要低 3%，负载损耗对比欧盟最高标准 C 系列平均要高 8%。日本实施的是“变压器领先计划”，制定的相关能效标准比当前效率最高的非晶变压器稍低一些。

在节能变压器的技术发展方面，变压器损耗的降低主要是通过导磁材料（硅钢片）和导电材料（无氧铜导线或铜箔）技术的发展而实现的。近年来除了在变压器容量结构和制造工艺上有所突破外，主要是硅钢片的改进与发展。目前用于铁芯导磁材料的硅钢片普遍厚度为 0.23 ~ 0.30mm；将来的趋势是使用更薄的硅钢片，0.05 ~ 0.18mm 厚的硅钢片现已经开始被应用。

另外，非晶材料的发展也促进了变压器的发展，非晶合金铁芯比硅钢片铁芯的配电变压器空载损耗可降低 70% ~80%。自 1982 年美国通用电气公司（GE）、美国电力研究所（EPRI）和帝国电力研究公司（ES－EERCO）联合研制了世界上第一台非晶合金变压器，到 1985 年底已有 1000 台 15kVA 的非晶合金变压器在美国挂网运行。从 1986 年起，非晶合金变压器开始正式的商业化生产，并且每年以 10% 的新装配量递增，现已能生产出电压 35kV、容量 2500kVA 的非晶合金变压器。在日本，2002 年非晶金属公司制造出世界最大的 5000kVA 非晶变压器并投入使用；同年制定的“节能法”中，日本通过了变压器节能“领跑计划”。到 2006 年日本非晶变压器产量将占市场上高效变压器的 40%。中国目前在电网上运行的约 500 万台的变压器中，非晶变压器大约仅有 1 万台，因此这对于国际节能市场而言，是一个巨大的商机，目前中国的一些制造企业与日本、美国等专业厂商达成了相关的合作协议。

在降低输电线损率方面，目前最具突破性的进展是对电缆材料的研发，其一是超导电缆的研究，如 2006 年 9 月日本古河电气工业宣布成功开发出了降低超导电缆交流损耗的新技术，在 1kA 通电量下，其交流损耗量为 0.05W/m，这个数值是目前电缆的 1/11，为世界最小。其二是将纳米技术与超导电缆研发相结合，美国田纳西州橡树岭国家实验室的研究人员在实验中使用了高温超导体钇钡铜氧（YBCO）材料，这种材料可以在液氮温度下显示出超导性，比其他的超导材料的临界温度高得多，而且研究人员发现把非超导性陶瓷锆酸钡做成 10nm 长或宽的点列，有助于克服超导体在强磁场周围失效的缺点。这一研究使得高温超导体首次达到或超过大尺度工业应用的标准，包括发动机、电缆和高强度磁铁等方面的应用。目前，这种超导电缆还只是处于实验室阶段，一旦投入商业化生产，将替代现有的电缆，对整个电网的发展起到革命性的作用。

9.3.3　变电过程中，实施电网经济运行技术

9.3.3.1　电网节能

加强电网规划，促进大区联网，建设全国联合电网。优化网架结构，加强无功补偿及调节能力，提高电网潮流功率因数，减少无功潮流。

新建电网，发、输、变、配各环节应协调、合理配套。建设坚强的 500kV 超高压输电网架，加强高、中压配电网络。有计划改造现有电网，简化电压等级，减少重复变电容量；推广生产和应用 S11 型及非晶合金铁芯型低损耗变压器、低能耗导线、金具等节能型配电设备及附件；推广 10kV 单相配电技术。2010 年前，逐步淘汰电网在役的 S7 型及全部‘73’、‘64’型高耗能变压器设备。

开展电网经济运行调度，提高电网经济运行水平。推广并加强电网线损率分级管理、分压分线（区、站）统计分析、理论计算、小指标考核等线损管理制度。加强用电管理和计量管理。

提高用户用电功率因数，达到0.95以上。

9.3.3.2 电力变压器节能

变压器降耗改造。变压器数量多、容量大，总损耗不容忽视。因此降低变压器损耗是势在必行的节能措施。若采用非晶合金铁芯变压器，具有低噪音、低损耗等特点，其空载损耗仅为常规产品的1/5，且全密封免维护，运行费用极低。S11系统是目前推广应用的低损耗变压器，空载损耗较S9系列低75%左右，其负载损耗与S9系列变压器相等。因此，应在输配电项目建设环节中推广使用低损耗变压器。

变压器经济运行。变压器经济运行指在传输电量相同的条件下，通过择优选取最佳运行方式和调整负载，使变压器电能损失最低。变压器经济运行无需投资，只要加强供、用电科学管理，即可达到节电和提高功率因数的目的。每台变压器都存在有功功率的空载损失和短路损失，无功功率的空载消耗和额定负载消耗。变压器的容量、电压等级、铁芯材质不同，故上述参数各不相同。因此变压器经济运行就是选择参数好的变压器和最佳组合参数的变压器运行。

9.4 节能减排途径

9.4.1 制度和管理优化实现节能减排

制度和管理优化主要包括一些相关机制，如政策机制、法律机制、财税机制及市场机制等方面，和管理理念及具体措施的优化，从节能减排工作可持续发展的角度实施。完善电力节能减排法规体系，及时梳理现有电力法律法规中不符合节能减排政策的规定和要求，保持相关法规间、法规与行政要求间在节能减排工作上的协调一致。加大对停运脱硫装置偷排二氧化硫企业的处罚力度，追究相关企业领导人的责任。加强对循环流化床锅炉运行效果和污染物排放情况的监管力度，坚决查处以综合利用名义建设循环流化床锅炉但未真正实施综合利用的电厂。全面跟踪有关发电企业脱硫治理工作进度，督促发电企业按照有关要求完成脱硫治理任务。行业协会应完善相关标准规范，建立节能监测服务体系，指导节能对标，推进节能技术，开展清洁生产评价，建立节能减排自律机制，以及开展培训、咨询、服务等方面发挥重要作用。

充分发挥以市场为基础的节能新机制，积极探索综合运用价格、财税、信贷等的经济手段推进节能减排；加快电力市场建设，形成政府宏观管理和有效监管下的公平竞争、开放有序、行业自律的电力市场体系；继续推动电力价格改革步伐，在电价形成机制中充分体现资源和环境因素，通过价格杠杆推进资源节约；积极推进烟气脱硫特许经营、排污权交易、发电权交易等利用市场机制的做法，促进电力工业加快结构调整，提高能源利用效率。建立合理、科学的电价形成机制，达到合理的电价水平，发挥价格杠杆在调整产业结构，转变经济增长方式的根本作用，同时，也有利于全社会节约电力、节约资源，有利于加快建设节约型社会的进程。

9.4.2 完善税收激励机制，发挥税收杠杆作用

1. 对电力工业节能减排项目适当实施所得税优惠

对于企业在节能减排中新产品、新技术、新工艺方面的研究和开发投入，在计算企业所得税及税前全额扣除时，各项费用增长幅度超过一定比例以上的部分，可以适当扩大实际发生额在应

纳税所得额中扣除的比例，鼓励企业不断增加对新技术、新产品、新工艺开发的投入。对于企业购置节能减排设备，可按其投资额的一定比例对部分投资额从企业所得额中抵免，但不得超过该企业当年比设备购置的前一年新增的企业所得税税额；如果当年新增的企业所得税税额不足抵免时，未予抵免的投资额，允许其在一定年限内，用以后年度比设备购置的前一年新增的企业所得税税额延续抵免。对电力企业为提高资源的综合利用效率所采购的先进设备，税务机关在审核后可允许其按各自的投资比例，减征所得税，或加速折旧设备，鼓励企业更新改造旧设备，降低企业初期的企业所得税负担，加快电力工业节能减排的步伐。

2. 对电力工业实施消费型增值税

对电力企业在购进节能、除尘及污水处理等方面的环保设备时，可以允许抵扣增值税进项税额，对进口的环保设备、仪器等在进口环节给予一定的增值税减免税优惠，以增强企业发展的后劲，激励企业对于节能减排设备的置换。为了鼓励水电这种节能型的发电企业，应对老水电站新增固定资产的进项税准予抵扣，对新建水电站新增加的固定资产总额计算进项税，逐年分期抵扣。而且为了限制小电厂，特别是能耗高、污染重的小火电厂的发展，可在一定的期限内将小电厂增值税逐步统一到17%的税率，加大上大压小的工作力度，促进电力工业实现节能减排，调整电力工业结构。

9.4.3 技术创新实现节能减排

节能减排的技术支撑体系包括节能减排的技术创新及推广应用，以及节能减排交易的技术支持系统、能耗及污染物排放监督监测技术支持系统、节能减排指标评价及考核的技术支持系统等。在推进节能减排工作的初期，结构及制度节能减排对总节能减排量的贡献率为70%左右，是实现节能减排目标的首要途径；在推进节能减排工作的中后期，主要通过制度（或管理）手段及技术手段进行节能减排工作。

1. 进一步加强老机组的技术改造力度

我国新建机组的技术、环保水平已经达到世界上先进机组的水平，因此对老机组进行节能、环保技术改造，是提高电力工业整体技术水平的关键。要通过继续对非淘汰机组的主体设备和重要耗能辅机系统的改造，通过采用和改进监控和优化运行手段、状态检修技术，提高电厂的生产自动化水平和管理现代化水平；推广机、电、炉一体化控制技术和厂级自动化系统；通过风粉监测、完善吹灰及在线经济分析系统，做到及时进行运行调整；对100～300MW汽轮机组高、中、低压缸流通部分进行节能技术改造；采用变频调速等先进电机调整技术，降低厂用电率。加强烟气脱硫设施的建设和运行管理。电力行业二氧化硫的减排是全国二氧化硫减排任务的重中之重。许多电力企业已经装设了大量的火电厂烟气脱硫装置，但是要真正将二氧化硫控制下来，就必须使脱硫设备依法可靠运行。除了电力企业要高度重视，科学管理外，从行业角度看，还是要继续完善烟气脱硫技术规范，加快制定火电厂烟气脱硫相关行业标准；要研究脱硫的可靠性指标，为脱硫设备的科学监管提供依据；要继续加强烟气脱硫后评估工作，不断总结经验，促进优胜劣汰；要积极推进火电厂烟气脱硫特许经营试点研究工作，推动用市场化的方式提高脱硫设施的可靠运行。同时，要继续加强采用低氮氧化物燃烧方式降低氮氧化物排放量，对建设的烟气脱硫装置要加强管理，确保依法运行；积极推进烟气脱硝产业化的发展，为在“十一五”后大规模建设烟气脱硝装置奠定良好基础。要继续提高除尘器的运行水平，加快单机600MW机组袋式除尘器的示范工程的建设，以促进除尘效率的进一步提高和为综合控制其他污染物探索新路。加强电厂的现代化水务管理和副产品的综合利用，大力推进循环经济的发展。

2. 加强节能减排的科学研究与技术开发能力

节能减排是一项庞大的系统工程，科学研究是其坚实的基础。电力体制改革后，行业节能减排管理体系、监测监督体系解体，相关研究机构分别划归、重组为电网、发电企业集团内部科技企业。虽然在一定程度上增加了某些企业针对自身的科研能力和技术开发能力，但总体来说，针对电力行业发展的全局性、综合性、系统性、及时性的研究能力大为削弱。例如，电力可持续发展的宏观政策和战略规划研究，技术发展方向和技术路线研究，电力节能减排的潜力、机制、措施研究，应对全球温室气体减排压力及措施的研究等不能适应形势发展的要求。因此必须加强以节能减排为核心的电力发展的综合性研究工作，尤其是宏观性、基础性和前瞻性研究，加强对国际上电力发展和节能减排情况的跟踪。

9.4.4 产业结构调整实现节能减排

通过大力推进电力结构调整实现节能减排是电力行业节能减排的首要工作。

加强可再生能源的开发力度。首要是采取有效措施解决当前水电建设过程中遇到的制约困难，加快有序开发水电的步伐。水能是可再生能源，水电开发具有综合效益，且是减排温室气体的重要措施。我国水能资源理论蕴藏量达 6×10^{12}kW·h/a，技术可利用量达 2.47×10^{12}kW·h/a，特别是我国已完全掌握大型水电开发技术，且已经有了较为完备的保护生态的法规体系，使加快水电开发具有现实可行性。预计到2020年，水电、核电、风电、生物质能发电、太阳能发电装机合计将达到430GW，占当时总发电装机容量的36%，较2005年上升14%。

以大型高效环保机组为重点优化发展火电。在技术经济适宜的条件下，积极采用600MW和百万千瓦级超超临界、超临界压力参数、大容量、高效率、高调节性的机组，使300MW及以上火电机组比重逐步占绝对优势，同时加快关停低效率、高污染、不经济的纯凝汽式小火电机组；积极发展洁净煤燃烧技术，充分、高效、清洁利用劣质煤炭资源；继续大力发展热电（冷）联产机组，提高能源综合转换效率。

在电网建设方面，加快区域和省级输电网架建设，提高电力资源综合利用效率及区域电网间和省电网间电力电量的交换和相互支援，发挥大电网在备用、电力电量互济、水火互补等方面的效益；同时，加强城市电网和农村电网的建设，实现电源与电网、输电与配电的协调同步发展。在大电站和电网基本保证供电的情况下，同时支持分布式能源系统发展，发挥其灵活的负荷特性、低投资、高供电可靠性、低输电损失和能够采用可再生能源等特点，保障重要用户的电力供应，提高能源利用效率。

围绕电力工业节能减排基本思路，国家发改委等部门制定了一系列的配套措施。为了完成节能目标，主管部门相继制定了产业结构调整政策、“上大压小”关停落后产能政策、降低小火电上网电价促进其关闭的政策、实行节能调度的政策以及推进热电联产的政策等。通过这些政策，限制单机30万kW以下常规燃煤机组的建设，关停或改造现有20万kW以下的小火电，优化调度方案，提高节能环保机组的利用率等。

9.4.5　加快关停小火电机组

2007年初，国务院批转了国家发改委、能源办《关于加快关停小火电机组的若干意见》。文件强调，要加快调整电力工业结构，下决心淘汰一批不符合节能环保标准的小火电机组，建设一批大型高效环保机组，发展一批清洁能源和可再生能源发电机组，为完成“十一五”规划节能减排约束性指标做出贡献。从2007～2010年，全国要关停小燃煤机组5000万kW以上，燃油机组700万～1000万kW，不再新上小火电项目，每年可节能5000万t以上标准煤、减排160万t以上二氧化硫。2007年后规划新建火电项目，都要尽可能采用60万kW及以上超临界、超超临界机组。

关停范围包括：单机容量5万kW以下的常规火电机组；运行满20年、单机容量10万kW级以下的常规火电机组；按照设计寿命服役期满、单机20万kW以下的各类机组；以及供电标准煤耗高、未达到环保排放标准和其他应予关停的机组。

2007年4月2日，国家发改委发出了《国家发展和改革委员会关于降低小火电机组上网电价促进小火电机组关停工作的通知》，通过行政手段降低小火电机组上网电价，以促进小火电机组的关停。

9.5　趋势与机会

9.5.1　趋势

当前电力节能减排正处于从行政手段向市场化方式过渡阶段，前期工作主要由中央政府主导和以行政手段为主，通过层层分解节能减排指标推动地方政府和企业实施，对于快速取得成效、实现短期目标起到了决定性的作用。但电力行业节能减排工作是一项系统工程，需要结构调整、技术创新、政府调控、市场调节、行业自律和加强监管等多方统筹协调、共同推动。

随着节能减排的强力推进，我国第二、第三产业面临结构优化和行业调整的历史时刻，节能减排既推进了传统行业发展改革的进程，亦催生出众多的行业投资机遇。电力作为国民经济运转的动力源泉，涉及产业范围之广、触及经济利益之深可谓独一无二，因而电力工业领域的节能推进首当其冲，发电侧与输配电侧的节能行业投资机会已受到市场的关注。

2008年底出台的国家4万亿元投资计划中，有2100亿元的投资用于节能减排。今后3～5年，扩大内需政策将使节能环保行业迎来发展的好时机。受此政策利好刺激，节能环保、新能源发电领域增长趋势明显。

9.5.2　机会

我国在“十五”期间环境保护计划指标没有全部实现，“十五”期末二氧化硫排放量比2000年增加了27.8%，化学需氧量仅减少2.1%，未完成削减10%的控制目标。进入“十一五”，国家明确提出了环保的约束性指标：到2010年，在保持国民经济平稳较快增长的同时，使重点地区和城市的环境质量得到改善，生态环境恶化趋势基本遏制。主要污染物排放总量比“十五”期末减少10%。其中，“十一五”前3年，全国单位GDP能耗累计下降10.1%，二氧化硫、化学需氧量（COD）排放总量累计分别下降8.95%和6.61%。2009年一季度，全国单位GDP能耗同比下降2.89%，降幅提高0.27个百分点。目前看节能减排取得重要进展，至2010年完成“十一五”环保约束性指标希望很大。不过面临的形势依然严峻，任务相当艰巨。

随着“十一五”后两年节能减排攻坚战的开展，环保政策力度不断加大，环保投资也陆续涌入，电力工业中落实“节能减排”政策的主要措施是在发电、输变电和用电领域推广具有明显节能减排效果的先进电力设备，而围绕环保治污首先受益的是涉及环保设备的企业，如燃煤电厂脱硫、工业除尘、城市和工业污水处理、固废处理。政策强制推广治污，并且政策与资金予以重点支持，都将给相关企业带来较好的发展前景。

在具体措施方面，坚持“十一五”节能减排目标，严格执行国家节能环保政策，对“两高”行业项目资本金比例加以限制，充分落实节能减排和生态环境建设的259亿元投资，完善有利于节能减排的财税政策（包括降低小排量乘用车的车辆购置税、对高效节能的照明灯具、空调等产品给予财政补贴等），对地区及企业节能减排任务完成情况进行完善指标体系的考核，加强监督检查。

9.5.2.1 脱硫规划投资机会

以火力发电为例，在没有脱硫设施的前提下，燃煤发电产生的二氧化硫是大气污染和酸雨形成的主要污染物。燃煤电厂如果要上脱硫设施，需要大量的建设资金和运营费用。据调查，目前火电厂脱硫建设投资约400~700元/kW、运行费用约0.02元，脱硫费用约占燃煤电厂发电成本的10%。根据“使用者付费原则”，这些资金可以由终端用户承担，但是目前电力价格形成机制中没有完全包括环境成本。

脱硫设备：国家发改委联合环保总局印发的《现有燃煤电厂二氧化硫治理“十一五”规划》要求新建电厂安装脱硫设备。但是脱硫设备市场仍然处于无序竞争状态，降格竞争导致设备生产商无利可图。

9.5.2.2 电力设备投资机会

30年后，风力发电装机容量可能超过核电，成为第三大发电电源，2050年后可能超过水电，成为第二大主力发电电源，形成3.5亿kW的装机能力。风电设备由于其成本优势，在新能源电力设备中可望率先取得大发展。

发电投资机会。电力工业面临快速增长的电力需求和“节能减排”任务两大压力，在不断加大发电装机容量和电网建设投资力度的同时，积极推广先进节能电力设备。

目前我国大力推行的“节能减排”政策，除了加强对各重点行业高能耗、高污染等落后产能淘汰的措施外，还加强了对“节能减排”先进公司的鼓励措施。在电力方面，对清洁能源发出的电力给予优先上网。先行者有望取得先发优势。

电力节能设备将受益。我国电力设备类上市公司中有部分企业涉足节能产品的生产。其中荣信股份生产高压动态无功补偿装置（SVC），置信电气生产非晶合金变压器，属于国家推广的节能类产品。清洁高效发电设备仍可看好。随着节能减排日益成为全国上下的共识，以高耗能、高排放著称的小火电的更大范围的关停就格外引起关注。与此同时，一批大型、高效的机组建设借力政策引导，悄然发力，我国火力发电的“大机组”时代在小火电的谢幕中显现端倪。由此，大型的清洁高效发电设备，如百万千瓦核电机组、超超临界火电机组、大型循环流化床锅炉、大型水电机组成为国家支持鼓励的发展方向。

采用大容量、高参数清洁高效发电设备，大力发展60万kW及以上超（超）临界机组、大型联合循环机组。实施“上大压小”和小机组淘汰退役。电厂安装脱硫设备。大力发展风能、生物质能和太阳能等可再生能源发电。

大容量、高参数发电设备：我国目前新建电厂基本采用60万kW以上超临界、超超临界机组。东方电气、上海电气和哈动力集团都具备了60万kW、100万kW超临界、超超临界机组的生产能力。大容量高参数火电机组的广泛采用是降低供电煤耗的主要措施。

10

石油化工行业节能减排

石油化工行业是国民经济的支柱产业，也是能耗高、污染重的产业。能源对化学工业来说，既是燃料、动力，又是原材料。作为能源消费的大户，每年消费的能源占全国能源消费总量的10%左右。2007年，我国化学工业增加值为1.14万亿元，占全国工业的10%，消耗各种能源为4.27亿t标准煤，占全国工业能源消费量的近16%。在化工产品成本中，能源通常占到20%～30%，高耗能产品甚至达到60%～70%。炼油、石化和化学工业存在节能巨大潜力，在化学加工过程中，以煤为原料的化学工业能源利用率不到50%；石化行业三废治理任务艰巨，石油和化工行业的废水、废气和废渣排放量分别占全国排放总量的第一、第四、第五位，主要污染物COD、二氧化硫以及氰化物、氨氮、烟（粉）尘等排放量也占全国排放量相当大的比重。

10.1 行业状况

据中国石油和化学工业协会分析报告显示，2009年上半年，全国石油和化工行业经济运行呈现低位企稳回升态势，生产同比降幅收窄，环比逐月增长；部分主要产品需求回升，价格总体回稳；行业投资平稳增长；经济效益下降减缓。但是，行业经济仍未走出金融危机的阴影，运行的基础尚不稳定；石化市场总体需求疲弱；部分行业开工率不足；出口形势严峻，部分石化产品受进口冲击较大。经济运行中还面临诸多不确定的因素。预计全行业总产值9月份以后可望实现月度正增长，其中化工行业可能在7月实现累计同比正增长；下半年行业利润将继续保持回升态势，全年利润同比降幅可能在10%以内；进出口贸易下滑的局面下半年估计不会有大的改变，全年进出口贸易额同比降幅较大已成定局。

10.1.1 行业经济运行低位企稳回升

2009年上半年，全行业实现总产值2.9万亿元，同比下降10.6%，降幅比1～5月收窄0.6个百分点。其中，化工行业上半年产值1.75万亿元，同比微降0.3%；石油和天然气开采行业产值3050.2亿元，同比下降41.3%；炼油行业产值7600.6亿元，同比下降15.7%。

10.1.1.1　主要产品产量保持增长

2009年上半年，石化协会重点跟踪的62种（类）石油和化工产品中，产量同比增长的占60%，下降占40%；成品油（汽油、煤油、柴油合计，下同）、农用化学品、合成纤维聚合物、轮胎等类产品增长较快。

10.1.1.2　部分产品需求回升

农用化学品、部分有机原料、合成材料、轮胎等产品的市场需求一直保持较强增势；能源的需求稳步回升。2009年1~6月，化肥表观消费量同比增长17.1%；甲醇表观消费量增幅达50.9%；纯苯表观消费量同比增长16%；聚乙烯、聚丙烯、聚氯乙烯表观消费量同比分别增长19.9%、17.5%和18.4%；聚酯表观消费量同比增长17%；轮胎表观消费量同比增长49.5%。

10.1.1.3　投资保持增长

2009年1~6月累计，全国石油和化工行业实际完成固定资产投资4135.2亿元，同比增长15.5%，回落18.1个百分点。分行业看，化工行业投资增势较强，同比增长29.6%，其中增长较快的领域为化肥、农药、涂料油墨、专用化学品制造和橡胶制品等，同比分别增长36.9%、44.2%、32.3%、48.5%和31%。上半年油气开采行业和炼油行业投资均为下降，同比分别下降8.1%和4.8%。

10.1.2　当前行业运行面临的主要问题及原因分析

10.1.2.1　主要问题

1. 石化市场总体需求不足，价格仍在低位徘徊

目前，国内石化市场总体需求减弱的状况还没有根本改变。2009年上半年，国内石油表观消费量同比仍下降约3%，其中原油下降1%，成品油下降2.6%；乙烯表观消费量下降3.2%；纯碱和烧碱表观消费量同比分别下降7.9%和4.8%；硝酸表观消费量下降1.5%；电石表观消费量下降12.8%；涂料下降8.2%。

特别值得关注的是，化工产品价格总体水平仍在下行之中。2009年6月，国家统计局公布的1000余种石化产品价格总指数为82.34（以上年同月价格为100，下同），比上月微升0.2点。其中化工产品价格指数为85.86. 比上月大幅回落2.7点，继续下探。在化工类产品中，丁苯橡胶价格指数环比下降11.4点，纯碱环比下降3.8点，聚乙烯环比下降4.5点，磷酸二铵环比下降3.5点。

2. 经济运行的质量有待提高

（1）经济效益下降。尽管2009年前5个月行业利润有明显回升迹象，但降幅仍然超过了30%。其中，油气开采行业利润同比下降75.8%；无机原料制造和磷肥行业全面亏损，多数行业在亏损的边缘。

（2）部分行业开工率不足。2009年6月，乙烯装置开工率约为82.2%，比上月下降3个百分点；纯碱行业装置开工率约为83%；烧碱行业装置开工率约为83.4%；电石行业装置开工率为78.4%；聚氯乙烯装置开工率约为51.1%；甲醇装置开工率约为44%；磷肥行业装置开工率约为56%；炼油行业开工率约为86%。

（3）部分产品库存居高不下。由于石化市场需求疲弱，一些行业产品库存有增加的趋势。

3. 行业出口形势严峻，有机原料、合成材料进口压力增大

统计数据显示，2009 年上半年，全行业进出口总额 1362. 7 亿美元，同比下降 36. 5%。其中，进口总额 927. 1 亿美元，同比下降 38. 4%；出口总额 43. 6 亿美元，同比下降 32%，呈持续下降的趋势。其中，化工行业出口贸易额占全石化行业出口贸易总额的 81. 5%。累计贸易额为 354. 8 亿美元，同比下降 34. 1%。化工产品出口形势严峻。

10. 1. 2. 2 原因分析

造成行业运行大幅波动的原因是多方面的。有国际金融危机与世界石化行业景气周期低谷叠加引起的市场疲软、需求减弱；也有行业内部长期积累的重复建设、产能过剩、生产规模小、产品档次低等深层次矛盾集中显现；还有国外为转嫁危机，以极低价格向我国倾销产品等。

10. 2 节能减排现状与潜力

石油和化学工业是能源消耗重点产业。该行业目前的年能源消费量在 3 亿 t 标准煤以上，比如 2005 年石油和化学工业能源消费量为 3. 6 亿 t 标准煤，2007 年为 3. 75 亿 t[1]，约占工业能源消费总量的 25%，约占全国能源消耗总量的 12% ~15%。

石油和化学工业同样是“三废”排放的重点产业。据统计，2007 年全行业排放工业废水 30 多亿 t、工业废气 1. 4 万亿 m^3，产生工业固体废弃物 8400 多万 t，分别占全国工业“三废”排放总量的 16% 、7% 和 5%。

基于石油和化学工业在节能减排领域的重要位置，在国家确定的千家重点节能减排企业中，石油和化学工业就有 340 家，占了 1/3 强。2007 年，国资委确定了节能减排 30 家“重点型”中央企业，中石油、中石化亦位列其中。

今后相当长一段时期内，中国石油和化工行业的一个重要着力点就是从根本上转变以速度为主的粗放型增长方式，代之以提高经济效益为主的集约型增长方式，走出一条科技含量高、经济效益好、资源消耗低、环境污染少、人力资源优势得以充分发挥的新型工业化道路。

10. 2. 1 石化行业节能减排的目标

据中国石油和化工协会报道，到 2010 年石油和化学工业节能减排的目标是，高耗能产业的比例有所下降，污染环境的状况得到改观，经济增长的质量得到提高，初步进入循环经济的轨道。万元工业增加值能耗比 2005 年下降 15% ~20%，单位工业增加值用水量比 2005 年下降30%，工业用水重复利用率达到 90%，工业固体废弃物综合利用率达到 70%，主要污染物排放总量减少 10%。

国资委 2007 年确定的 30 家节能减排“重点型”中央企业，其中结合中央企业第二任期经营业绩考核，2007 ~2009 年第二任期的石油石化行业节能减排分解目标是主要产品单耗指标达到或接近国际先进水平；万元增加值能耗比 2005 年下降 16%，二氧化硫排放量比 2005 年下降 9. 3%，化学需氧量排放量比 2005 年下降 8. 4%；单位增加值新水用量比 2005 年下降 24%。

在国务院 2009 年审议通过的《石化产业调整和振兴规划》中，提出到 2011 年，石化产业单

[1] 化学工业主要耗能产品国内外能效水平比较研究，中国石油和化工协会。

位工业增加值能耗下降12%以上，污水、二氧化硫和粉尘等污染物排放量减少6%以上，行业特征污染物排放得到控制。综合能耗普遍降低，大型炼油装置吨原油加工耗标准油低于63kg，大型乙烯装置吨乙烯耗标准油低于640kg，大型煤制合成氨装置吨氨综合能耗低于1.8t标准煤。

10.2.2　石油和化工行业节能减排工作“十一五”期间取得积极进展

10.2.2.1　重点耗能产品能源消耗及主要污染物排放呈逐年下降趋势

我国石油和化工行业节能减排工作已经取得积极进展，绝大部分重点耗能产品能源消耗呈逐年下降趋势，主要污染物排放总量下降幅度更大。

2006年，国家对25种重点能耗产品的8000多家企业进行单位产品能源消耗统计，其中石油和化工产品有6种，997家企业，分别占24%和12.5%。这6种产品是：原油加工、乙烯、合成氨、烧碱、纯碱、电石。这6种产品单位综合能耗比2005年下降1.7%～7.5%，其中原油加工、纯碱、合成氨、烧碱（离子膜法30%）的单位产品综合能耗与2005年相比，分别下降了7.54%、4.4%、4.2%和5.3%，下降幅度超过了4%，电石下降1.7%，乙烯下降2.28%。

2007年，化工重点耗能产品的单位综合能耗均有不同程度的下降。其中，合成氨吨耗标准煤1421.68kg，同比下降4.1%。烧碱综合能耗501.78kg标准煤，同比下降2.78%；其中30%离子膜法碱吨耗标准煤386.37kg，同比下降0.54%；30%隔膜法碱吨耗标准煤768.38kg，同比下降2.7%。电石吨耗标准煤1107.26kg，同比下降2.96%。总体来说，我国化工行业这4个主要耗能产品（合成氨、烧碱、电石和黄磷）的能耗水平与国外先进水平相比存在一定差距，并且差距正在逐步缩小。

来自石化协会信息显示，在全行业几大重点耗能产品中，原油加工每吨产品消耗标准煤2007年同比下降2.3%，2008年同比下降1.9%；乙烯吨产品消耗标准煤2007年同比下降1.1%，2008年同比下降2.2%；合成氨吨产品消耗标准煤两年中分别下降了4.1%和2.4%；烧碱分别下降了2.8%和4%；纯碱分别下降了1%和5%。

2008年全国两项主要污染物化学需氧量和二氧化硫的排放量分别减少4.4%和6%，下降幅度超过2007年的水平。这其中，作为“三废”排放大户的石油和化工行业，起到了举足轻重的作用。

10.2.2.2　部分企业提前完成“十一五”节能减排任务

“十一五”以来，中石化万元产值综合能耗累计下降14.3%，折合节能量1190万t标准煤，提前完成了集团公司与国家发改委签订的“十一五”节能责任书规定的节能目标任务。按照国家下达的节能减排指标，中石化应于“十一五”末实现节能总量969万t标准煤。

10.2.3　石化节能减排的差距与潜力❶

10.2.3.1　重点产品能耗水平与国际先进水平差距逐步缩小

目前，我国部分重点耗能产品由于原料或工艺路线的改进，其能耗水平已经达到或接近国际先进水平，如以天然气为原料的大型合成氨厂生产的合成氨、离子膜法烧碱、大型密闭式电石炉生产装置、大型黄磷等。但是总体来说，全行业主要耗能产品的能耗水平与国外先进水平相比还

❶　石化行业节能降耗的潜力与途径，钱伯章，资源节约，2007。

存在一定的差距。不过这种差距正在逐步缩小。

例如，合成氨、烧碱、电石和黄磷4个化工行业主要耗能产品的能耗水平与国外先进水平相比存在一定差距，并且差距正在逐步缩小，见表10.1和表10.2。

表10.1　2005年国内外化工行业几大高耗能产品的单位能耗　单位：kg标准煤/t

产品	国内平均水平	国外		统计方法	国外采用先进技术
		国别	先进水平		
合成氨综合能耗（天然气）	1392	美国凯洛格公司	1000	国外：工艺设计值 国内：还包括辅助和附属工序的分摊	能量分级合理利用，原料气加压转化，先进的净化技术，合成压力降低，新型触媒
合成氨综合能耗（煤）	1847	美国德士古技术（日本宇部设计）	1613	国外：工艺设计值 国内：还包括辅助和附属工序的分摊	先进煤气化技术，先进的净化技术，合成压力降低，新型触媒
液体烧碱直流电耗（隔膜法）	2678	美国西方化学公司	2459	国外：测定值 国内：统计值	改进膜的性能和电解槽
烧碱综合能耗（离子膜法）	1067	日本旭化成公司	980	国外：测定值 国内：统计值	改进膜的性能和电解槽
烧碱综合能耗（隔膜法）	1478	美国虎克公司	1250	国内：还包括辅助和附属工序的分摊	改进膜的性能和电解槽
电石综合能耗	2185	美、德、日企业	1800	国内：还包括辅助和附属工序的分摊	密闭电石炉，空心电极，回收炉气热能，自动化
黄磷综合能耗	7400	美、德、日企业	7000	国外：测定值 国内：统计值	自动化和资源综合利用率高

注　1. 隔膜法电耗是将国内统计值折算成与国外相同电流密度（2150A/M2）时的理想值。
2. 1kW·h=0.404kg标准煤。

资料来源：中国石油化工协会。

表10.2　国内外化工行业几大高耗能产品的单位能耗比较

综合能耗（kg标准煤/t）	国内平均（1）	国际先进（2）	（1）/（2）%
合成氨（天然气，大型）	1233	1000（最低930）	+23.3
合成氨（煤）	1847	1613	+14.5
烧碱（隔膜法）	1478	1250	+18.2
烧碱（离子膜法）	1067	980	+8.8
电石	2185（1215）*	1800（940）*	+21.3
黄磷	7400（3400）*	7000（3200）*	+5.7

注　1kW·h=0.404kg标准煤，*电石、黄磷的括号内则按1kW·h=0.1229kg标准煤折算。

资料来源：中国石油化工协会。

由表10.1可见，我国几个主要耗能产品的能耗水平与国外先进水平相比，合成氨单位产品耗能量平均多14%～23%，烧碱多8%～18%，电石多15%～21%，黄磷多6%。差距大小的依次排序是：合成氨、电石、烧碱、黄磷。我国也有部分产品由于原料或工艺路线的改进，能耗水平达到或接近国际先进水平，如以天然气为原料的大型合成氨厂生产的合成氨、离子膜法烧碱、大型密闭式电石炉生产装置、大型黄磷等。

10.2.3.2　6种主要产品节能潜力的分析

中国石油和化学工业协会制定分解了石化行业节能目标是，到2010年，原油加工业能耗下降到66kg标准油/t，乙烯单位能耗下降到650kg标准油/t，合成氨单位能耗下降到1600kg标准煤/t，烧碱单位能耗要低于1200kg标准煤/t，纯碱单位能耗下降到380kg标准煤/t，电石单位能耗要降到2000kg标准煤/t以下，黄磷单位能耗要下降到7300kg标准煤/t以下。上述重点耗能行业和产品如完成“十一五”节能目标，将节约标准煤2000万t。

1. 炼油

目前国际上炼油综合能耗最好水平已达53.2kg标准油/t，而我国平均在78.4kg标准油/t。2004年中国石化集团炼油厂加工原油平均能耗为73.47kg标准油/t（55～100kg标准油/t范围），比亚太地区炼厂平均水平61.25kg标准油/t（2003年）高出20%，比世界跨国公司先进水平50kg标准油/t高出47%。节能潜力巨大。其原因是我国装置规模较小、设计水平低、工艺相对落后、整体用能和装置之间用能的匹配性差。尽管从2000～2006年上半年，中国石化炼油装置原油综合能耗从76.66kg标准油/t降低到66.23kg标准油/t，但与国际先进水平相比，仍差13个单位。如以2010年我国原油加工量达到4亿t，单位能量因数耗能11kg标准油测算，2010年可以比2004年节约280万t标准油。

2. 乙烯

不仅与国际先进水平相比差距明显，就是在国内同类企业的比较中，也同样存在能源消耗水平良莠不齐的情况。在乙烯装置中，其损失率较高的装置（3.62%）比较低的装置（0.47%）高了3个多百分点，相比之下前者比后者多损失了1.75万t/a石脑油。近年来我国乙烯装置物耗、能耗水平虽然有了明显提高，但与国外先进水平相比仍有较大差距。国外乙烯能耗一般为500～550kg标准油/t，先进水平为440kg标准油/t，我国生产1t乙烯比国外一般水平多耗能150～200kg标准油。如以2010年我国乙烯产量达到1600万t，乙烯综合能耗达到《节能中长期专项规划》要求的650kg标油/t测算，2010年比2004年节约80万t标准油；如乙烯综合能耗能降到目前国外一般水平550kg标准油/t，则2010年将比2004年节约240万t标准油。

3. 合成氨

我国合成氨装置多数以煤为原料生产，平均能耗高达62GJ/t，而世界先进水平的煤制合成氨装置能耗为46～49GJ/t，其以天然气为原料的合成氨装置能耗仅为29GJ/t。我国合成氨产品能耗的平均水平不高，目前引进合成氨装置能源利用率在56%左右，而国外先进水平在70%左右，吨氨节能潜力为280kg标准煤。对于大中型合成氨装置而言，目前以煤、焦、油、气为原料的合成氨能耗平均为1900kg标准煤，国内先进水平1700kg标准煤，吨氨节能潜力为200kg标准煤。如果今后改造大中型合成氨装置，扩大规模，采用德士古法生产，吨氨能耗达到1650kg标准煤，节能潜力为250kg标准煤/t。“十一五”期间，我国部分小型合成氨企业生产能力将扩大升级为中型和大型企业，随着节能技术进步，小型企业能耗将逐年下降。经分析测算，以煤为原料的吨氨节能潜力为300～400kg标准煤；以天然气为原料潜力为150～200kg标准煤；以油为原料的潜力为200～300kg标准煤。“十一五”规划期间，我国合成氨生产系统通过节能技术改造，预计“十一五”末综合能耗平均下降100kg标准煤/t，达1600kg标准煤/t；2010年合成氨产量将达4900万t，节能490万t标准煤，减少CO_2排放量1180万t。

4. 烧碱

国外烧碱生产装置的规模一般在25万t/a以上，在相同的电流密度下，直流电能耗比我国低260kW·h/t。国外烧碱蒸发普遍采用四效或三效逆流强制循环蒸发技术，生产50%的烧碱，汽耗为2.2~2.6t蒸汽/t，而国内一般采用三效顺流部分强制循环蒸发技术，生产30%~42%的液碱，汽耗为4.8t蒸汽/t，比国外高出1倍多。2004年我国烧碱单位能耗约为1375kg标准煤，其中隔膜法能耗1493kg标准煤，离子膜法能耗1080kg标准煤，与国外的差距主要是隔膜法烧碱，国际先进水平为1250~1300kg标准煤。预计2010年我国烧碱单位能耗（隔膜法烧碱和离子膜烧碱加权平均）降到1275kg标准煤，烧碱产量达到1300万t，与2004年相比，节约130万t标准煤。

5. 纯碱

当前联碱法工厂全国平均能耗为9520MJ/t，有的已降到8500MJ/t以下，与国际先进水平（日本8200MJ/t）相当。氨碱法工厂尽管采用了不少节能技术，但与世界先进水平相比仍有不小差距。索尔维公司纯碱能耗被公认为是当今世界最好水平，约为10100MJ/t，我国与其差距为30%。到2010年我国纯碱产量将达1600万t，氨碱和联碱加权平均能耗达到11285MJ/t，可节能20万t标准煤。

炼油、石化和化工生产过程中大量存在的分离、换热和反应工序，往往是高耗能、高投资的过程。开发和采用先进的低能耗分离、换热、反应新技术以及加热炉节能技术，已成为未来炼油、石化和化学工业工程技术的一大热点和方向。微波分离、电磁分离、吸附分离、超声波分离、络合分离、膜法分离、分壁式塔器、抽提蒸馏等新的分离技术，以及催化（反应）蒸馏技术、超临界反应技术、膜法反应技术等新的反应技术和新型换热器技术均在迅速开发和应用之中。聚丙烯装置也存在能源消耗水平良莠不齐的情况，同样是环管法聚丙烯装置，能耗较高（155kg标准油/t）的比能耗较低（108kg标准油/t）的高了近50kg标准油/t。

6. 黄磷

我国黄磷工艺能耗平均水平7300kg标准煤，其中耗电14700kW·h/t，耗焦1600kg/t，先进水平耗电14000kW·h/t，耗焦1470kg/t。国外先进水平耗电13~13.5kW/t，耗焦1300~1400kg/t。我国平均水平的电耗、焦耗比国外高13%和15%废渣基本回收利用。

差距就是空间，而空间则是可以接近甚至超越的距离。我国石油化工行业7大重点耗能行业（炼油、乙烯、合成氨、烧碱、电石、纯碱、黄磷）存在着巨大的降耗潜力。

10.3 重点技术介绍

企业节能降耗有3种主要方式：工艺技术进步、结构调整和管理创新。技术进步是节能降耗最重要的措施，其贡献率可占据降耗总量的半壁江山，结构调整也同样重要，企业高附加值产品产量上去了，能耗自然就降下来了。

中国石油和化学工业协会发布了《关于促进节能减排的工作意见》，决定在全行业重点推广节能减排8项实用技术。

（1）在原油加工和乙烯生产中推广能源系统优化技术。其中炼油企业系统节能改造包括炼油生产全厂能量系统优化、催化裂化过程能量优化等；乙烯企业系统节能改造包括乙烯生产全厂能量系统优化、乙烯裂解炉节能优化等。

（2）在氮肥行业推广污水零排放技术和合成氨节能改造综合技术。合成氨节能改造综合技术由8个子项构成。氮肥节能技术的全面实施将使氮肥行业节能15%~20%。

（3）在磷肥行业推广磷石膏生产磷石膏板的技术。推广此技术可以解决磷石膏长期堆放的难题，为上亿吨磷石膏的综合利用开辟一条新的路子。

（4）在硫酸行业推广中、低温位热能回收技术。美国孟山都公司具有大型硫酸装置中、低温位热能回收技术，可使总热能回收率达 90% 以上。2010 年我国硫酸产量将达 7000 多万 t，引进孟山都技术具有重要意义。

（5）在氯碱行业推广干法乙炔技术。该项技术可减少 90% 的废水排放，减轻电石渣的处理难度，节约大量堆渣土地，并且大幅度降低能耗。

（6）在电石行业推广大型密闭式电石炉、中空电极和炉气综合利用技术。如全面采用这两项技术，电石行业可节约能耗 172.5 万 t 标准煤/a，同时大大减少烟尘及二氧化碳排放。

（7）在黄磷行业推广电除尘技术和尾气综合利用技术。此技术可以综合利用黄磷尾气，减少废气排放，回收利用固体废物磷泥、磷铁、磷渣等，并利用黄磷潜热，降低热法磷酸及磷化物的生产成本。

（8）在铬盐行业推广无钙焙烧技术。无钙焙烧与现行有钙焙烧工艺比，每吨重铬酸钠排渣量减少 2/3；渣中六价铬含量小于 0.1%，为有钙焙烧的 1/30 左右。

中国石油和化学工业协会 2009 年发布的《石油和化工产业振兴支撑技术指导意见》，力求发挥科技在行业结构调整、技术改造和节能减排增效中的支撑作用。

指导意见明确支持开发、应用两大类有助于节能减排的技术：①先进、适用、成熟的行业技术；②需要攻关解决的重大关键共性技术。前者需要在行业内推广，后者需要群策群力攻关。目前，中国石油和化学工业协会已经向各大院校和科研单位发函广泛征集一批先进、适用、成熟技术和需要攻关解决的重大关键共性技术，分别在行业内进行推广应用或推荐列入国家科技计划，争取国家支持。

近几年，化工行业加大科技投入，重视自主研发，在重大项目科技攻关、引进技术消化吸收再创新、科技成果推广应用以及利用先进技术改造提升传统产业等方面都有长足进步，取得了一大批科技成果。2007 年，化工行业“超大规模 MDI 制造技术开发”和“巨型工程子午线轮胎成套生产技术与设备开发”两项成果获国家科技进步一等奖，填补了化工行业多年来一等奖项的空白，其他一些节能环保的新产品新技术也不断涌现。技术创新是化工行业发展的动力，这些技术创新成果的应用，有力地推动了全行业技术经济的进步和环境保护工作的提升。

我国化工行业单位产值污染物排放强度为美国的几倍、几十倍甚至更高。化工行业环境保护权威人士指出，清洁生产是化工行业彻底解决污染问题，提高效益，走出国门的根本出路。国家发改委出台的重点行业清洁生产技术，为企业实施清洁生产提供了技术支持。这些技术都是我国在 20 多年的环境保护和污染防治工作中，特别是在近几年积极推行以清洁生产为中心的工业污染全过程控制中，通过技术革新、工艺改革以及积极消化吸收国外的先进技术，产生的一些行之有效的清洁生产技术，起到了节能、降耗、减污、增效的目的。这些技术被推广使用后，必将产生巨大的经济效益和环境效益。

10.4 节能减排途径

实现“十一五”节能目标，石化行业必须高度重视结构调整，严格行业准入，注重新的产业发展模式的引入，加强能源管理。

10.4.1　加强结构调整和严格行业准入

加快产业结构调整和严格行业准入条件是实施节能减排的关键所在。化工行业要进一步落实促进产业结构调整的暂行规定，按照《产业结构调整指导目录》，发展低能耗、低污染的先进生产能力。

1. 企业结构调整

现在化工行业许多小企业与大企业生产同一产品，抵御市场风险能力差，相对粗放经营，在浪费资源的同时，对环保也形成了很大的压力。“十一五”规划期间，要限制小的，发展大的，关停工艺落后、环保不达标的，最大限度地提高产业集中度。

2. 产品结构调整

传统的化工产品，无机盐、农药、染料颜料、胶鞋及橡胶制品等生产中能耗高污染重，且产能过剩供过于求，而高技术含量、高附加值和节能环保的产品产能不足，需要大量进口。因此“十一五”规划期间，对于资源性产品、低附加值产品，要严格限制总量和低水平的重复建设，大力发展节能环保和高技术含量的化工新材料、精细化工、生物化工等产品的研发和生产。

3. 产业布局调整

在产品消费比较集中的地区，可因地制宜，投资建设生产装置，降低运输成本，满足市场需要；在产能比较集中的地区，要严格把关，控制项目的新建、扩建和改建，防止重复建设造成的资源浪费。

近几年，国家发改委适时发布了产品结构调整目录，严格准入条件，对一些高耗能高污染的产品制定了淘汰替代计划。

结构调整包括两个方面：产品结构调整和能源结构调整。对石油和化学工业而言，需要大力发展精细化工产品，精细化工率越高，单位工业增加值能耗就越低。发达国家化学工业的能耗比较低，重要原因之一就是精细化工产品所占比例较大，大力发展精细化学品是降低我国化学工业能源消耗的主要方法之一。另一方面是进行能源结构调整。生产同一种产品，采用天然气等优质能源比采用煤炭的能源消耗要明显降低，但进行能源结构调整受制于能源供求及价格因素的制约，且结构调整需要的时间较长。

10.4.2　大力发展产业链和循环经济模式

化学工业是资源消耗高，容易造成污染的产业，同时由于其化学合成的工艺技术特性，也是具有产业链和循环经济载体优势的产业。按照循环经济理念，构建产业生态链，推进行业内废物循环，是实现节能减排的根本出路。近年来，一些化工企业在节能降耗、发展产业链、综合利用和循环经济等方面进行了积极的探索，取得了不少成功的经验，提高了对废弃物的回收利用效率，探索出一条“资源—产品—废弃物—再生资源”的产业链和循环经济道路，实现了资源的综合利用和优化配置。例如，山东华阳农药化工集团有限公司已形成3条产业链和循环经济链条：①合成氨—硝酸—苯胺、硝基苯—RT培司—橡胶防老剂；②氯碱—氢气—苯胺—二甲戊乐灵（除草剂）；③氯碱—氢气、氯气—氯化氢—三氯氢硅—有机硅（以前，该公司大量富余的氢气直接排空，尾氯副产次氯酸钠，现已形成产业链），已基本形成循环经济化学工业园，并采用此方式招商引资，使资源、能源和废弃物得到充分利用，有力地推动了节能减排工作。

化学工业采取循环经济发展模式是节能减排的主要途径，化学工业循环经济模式是指以循环经济的思想为指导，以产业链为基础，以资源综合利用为抓手，注重各生产环节的相互依存和相互作用，把化学工业的发展置身于循环经济之中，不仅考虑化学工厂（化学工业园）的内部资源、能源的合理利用，还考虑其与外部的能流、物流的交换。

化学工业发展循环经济的总体思路是：①通过大力推进节约降耗，提高资源的利用效率，坚持资源开发与节约并重，把节约放在首位的方针，在生产、流通和消费的各个领域大力节能、节水、节材、节地，节约各种资源，减少资源的消耗，全面推行清洁生产，从源头减少污染物的产生；②通过不断改进设计，采用先进工艺、技术、设备，改善管理、提高质量、延长产品生命周期，减少、避免废物的产生，实现由末端治理向全过程污染预防的转变；③大力开展综合利用，最大限度的利用各种废物，回收利用再生资源，减少废物的最终处置。

大力发展环保产业，为资源高效利用和循环利用提供物质基础保障，在开发污染治理技术与装备的同时，更加注重开发减量化、再利用和资源化的技术与装备。

有学者❶根据上述思路提出化工生态工业园是行业发展循环经济的有效途径和方式，并归纳出如下 4 种类型。

1. 依托大型石化企业为龙头建设的化工生态园区

以大炼油，大乙烯为龙头，根据地域经济的特点和优势，选择产业链向下游延伸，逐步形成了园区企业之间的原料、产品互供、资源共享的一体化关系。如上海化学工业区已建立起由上游赛科 90 万 t 乙烯，中游上海联合异氰酸酯、拜耳聚碳酸酯等项目，下游德固赛精细化工项目组成的化工生产关联体系，实现了集聚生产和循环利用。惠州大亚湾石化工业区的开发建设引入了世界大型化工区的“一体化”园区管理理念，为投资者提供了最佳的投资环境。目前，已有阿托菲纳公司、日本三菱丽阳股份公司、美国杜邦公司、燕山石化股份公司、中国海洋石油总公司等石化巨头投资其上中下游产品项目。

2. 充分利用沿江丰富的水资源及深水码头的优势，建设化工生态园区

由于长江三角洲和珠江三角洲地区经济的迅速崛起，这些地区将逐步成为世界瞩目的制造业基地。分布在长江三角洲和珠江三角洲一带的化工生态园区依靠沿江邻海得天独厚的地域环境和相对雄厚的经济基础，利用汽车制造、电子、医药、轻纺、服装等加工业产业的集聚效应，发展为其配套的高附加值的精细化工产品，还吸引了许多境外企业包括跨国公司前来投资，大大刺激了当地石油化工的发展。

3. 以城市企业搬迁改造为主建设的化工生态园区

以产业集聚、资源共享和“三废”处理与综合利用为目的，结合城市化工企业搬迁改造，建成了各有特色的化工生态园区。

4. 中西部地区依托当地的资源优势而建设的化工生态园区

中西部各省（自治区）利用当地的煤炭、石油天然气、化学矿等资源优势，借鉴发达地区建设化工生态园区的经验，组织力量按照科学发展观的要求，遵循循环经济的发展理念，按照“基地化、集中化”的发展思路进行总体规划，建设了一批具有较高水平的化工生态园区。如集

❶ 化学工业发展循环经济的途径与方式研究，国家石油和化工网。

煤化工、天然气化工、石油化工三位一体协调互动发展的泸州“西部化工城”；以青海盐湖资源和柴达木石油天然气资源为寄托的海西州青海化学工业基地；充分利用当地的煤炭、天然气资源，建设的陕西榆林重化工基地；依托丰富的煤炭、煤层气资源建设的集发电、焦化和综合利用为一体陕西昝村煤化工业园；瞄准当地石油和天然气资源兴建的新疆库车石化工业园区、克拉玛依石油化工工业园区；依托丰富的煤炭资源，建设了集煤炭、焦化、发电为一体的山西吕梁市汾阳三泉焦化工业园区等。目前中西部地区正在充分利用国家的优惠政策和当地的资源优势，抓住当前的良好机遇期加速发展，中西部建设和发展化工生态园区的优势正在逐步显现。

另外，化学工业发展循环经济采用的主要产业链有5条：①煤—盐—电—产品—废物及能源资源化利用一体化发展循环经济产业链；②磷资源综合利用发展循环经济产业链；③煤电一体化—重（煤）化工—精细化工发展循环经济产业链；④硫资源—废弃物—能量综合利用发展循环经济的产业链；⑤轮胎翻新—废旧橡胶资源利用发展循环经济产业链。

10.4.3 强化污染物控制和治理

在现阶段，做好节能减排仍然要“两条腿走路”，采取清洁生产和末端治理相结合的方式开展工作，污染防治要坚持“预防为主，防治结合”的战略。围绕完成“十一五”节能减排目标，化工行业确立全行业节能减排的目标，制定工作措施，开展铬盐、农药、染料等高污染行业的治理工作；以千家重点耗能企业为重点，落实节能减排措施，通过增加环保投入，实施废水综合控制和治理、烟气脱硫和固废减量化等措施，强化污染物控制和治理，减少污染物排放总量。

据悉，中化集团通过加强污染物控制和治理，采取各种措施，实施废水深度治理回用，在全行业率先提出废水零排放规划。华阳农药化工集团一直和大专院校科研院所合作，研究了高浓度有机废水预处理提高生化性新技术，节约污染治理费用；对全公司废水实施综合治理，开展的环保治理5条线，即原料替代线、产品结构调整线、工艺技术改进线、清洁化生产线和废水深度治埋线，均已取得良好成效，破解了制约生产与环保之间的矛盾，拓宽了支撑企业发展的环保空间，废水排放达到了国家一级排放标准。华阳热电分公司采取炉内和炉外二级脱硫，二氧化硫达到了排放标准和总量控制标准。通过多措并举，华阳集团年减排化学需氧量186t，二氧化硫792t，废水回用率达40%。

10.5 趋势与机会

化工行业的节能减排必然伴随着行业结构的调整和经济增长方式的转变，其中蕴含着4条投资思路：①节能减排将为新材料行业提供新的需求和发展方向；②清洁能源将是节能减排的必然选择；③节能减排的深入也必须依靠新技术、新工艺的研究和推广应用；④同时CDM清洁发展机制也将使国内相关公司从中受益。

尽管化工行业节能减排相关的长期投资前景看好，但是在当前经济低迷的背景下，依然需要跟踪上述企业下游需求的变动情况，并且注意防范由于经济持续低迷而带来的企业需求下降超预期的投资风险。

11

有色金属行业的节能减排

有色金属产业是以开发利用矿产资源为主的重要基础原材料产业，产品种类多、应用领域广、产业关联度高，在经济建设、国防建设、社会发展等方面发挥着重要作用。同时，有色金属产业也是高能耗、高排放产业，近年来我国有色金属工业的年能源消耗总量已超过8000万t标准煤，约占全国能源消耗的3.5%，其中铝工业万元GDP能耗是全国平均水平的4倍以上。随着矿产资源消费迅速增长，资源、环境和能耗等矛盾日趋突出，并逐渐成为制约我国有色金属工业可持续发展的关键因素。

11.1 行业状况

我国是世界有色金属生产和消费大国。据统计2008年，全国十种有色金属总产量2520万t，总消费量2517万t；其中铜、铝、铅、锌、镍总产量分别占全球产量的20%、32.7%、37.8%、33%和9.5%，总消费量分别占全球消费量的27.2%、32%、35.7%、31.7%和23.5%。

2008年下半年以来，国际金融危机对实体经济的影响不断加深。我国有色金属产业受到较大冲击，产品价格大幅下跌：国内铜、铝、铅、锌、镍价格，从2008年7月初到同年12月底，跌幅分别达到58%、44%、43%、43%和49%。

2009年初，有色金属价格开始触底回升。2009年上半年，我国有色金属生产呈现出企稳回升的态势，主要产品价格震荡回升，规模以上企业总体实现扭亏为盈。

11.2 节能减排现状及潜力

一直以来，有色金属行业属于“三废”排放量大、资源和能源消耗高的行业。据统计，2006年我国9类主要材料产业（矿品采选业、橡胶制品业、塑料制品业、非金属矿物制造业、黑色金属冶炼及压延加工业、有色金属冶炼及压延加工业和金属制品业）的能源消耗量占工业能源消耗量的60.39%，废水、二氧化硫排放量分别占工业排放总量的30%左右，粉尘排放量占90%以上，固体废弃物排放量接近60%。以上五种指标，有色金属产业分别为9352.47万t标准煤、75047万t、159.2万t、74.9万t和115.7万t，占9类主要材料产业的比例分别达到8.84%、11.2%、28.3%、26.8%和28.7%。

由此可见，有色金属材料产业在创造大量社会财富的同时，也成为社会资源能源的主要消耗者和环境污染的主要责任者之一。如何更好地节能减排，不仅关系着企业的社会责任，也直接影响企业的经营效益。

11.2.1 节能减排目标

有色金属行业节能减排工作的主要目标可细分为节能和减排两个方面。

11.2.1.1 节能目标

到2010年末，其主要节能目标是有色金属产品技术经济指标接近或达到世界先进水平。具体如下：

(1) 氧化铝：氧化铝综合能耗低于800kg标准煤/t，比2005年降低24.8%。

(2) 电解铝：电解铝综合交流电耗低于14300kW·h/t。

(3) 铜冶炼：粗铜冶炼综合能耗达到500kg标准煤/t以下，铜冶炼综合能耗达到700kg标准煤/t以下。

(4) 镍冶炼：高镍锍综合能耗达到800kg标准煤/t以下，镍冶炼综合能耗达到4000kg标准煤/t以下。

(5) 铅冶炼：铅冶炼综合能耗低于650kg标准煤/t，新建铅冶炼综合能耗低于600kg标准煤/t。

现有粗铅冶炼综合能耗低于460kg标准煤/t，新建粗铅冶炼综合能耗低于450kg标准煤/t；再生铅冶炼综合能耗低于130kg标准煤/t。

(6) 锌冶炼：现有锌冶炼精馏锌综合能耗低于2200kg标准煤/t，电锌综合能耗低于1850kg标准煤/t；新建锌冶炼电锌综合能耗低于1700kg标准煤/t。

(7) 镁冶炼：镁冶炼综合能耗低于7000kg标准煤/t以下（见表11.1）。

表11.1　有色金属行业节能工作的实施目标

行业	类别	2010年综合能耗目标	单位	行业	类别	2010年综合能耗目标	单位
铝	氧化铝	800	kg标准煤/t	铅	新建铅冶炼	600	kg标准煤/t
	电解铝	14300	kW·h/t		现有粗铅冶炼	460	kg标准煤/t
铜	粗铜冶炼	500	kg标准煤/t		新建粗铅冶炼	450	kg标准煤/t
	铜冶炼	700	kg标准煤/t		再生铅冶炼	130	kg标准煤/t
镍	高镍锍	800	kg标准煤/t	锌	现有锌冶炼精馏锌	2200	kg标准煤/t
	镍冶炼	4000	kg标准煤/t		电锌	1850	kg标准煤/t
铅	铅冶炼	650	kg标准煤/t		新建锌冶炼电锌	1700	kg标准煤/t

11.2.1.2 减排目标

到2010年末，其主要减排目标如下：

(1) 氧化铝：氧化铝总回收率82%以上，赤泥综合利用率达到10%以上；工业废水要全面回收循环使用，实现工业废水的“零排放”。

（2）电解铝：电解铝废气的集气效率大于 98%，净化效率大于 99%，排氟量小于 0.9kg F/t 2Al；电解质、废阳极、废槽衬 100% 回收；工业废水的循环利用率应不低于 95%。

（3）铜冶炼：铜冶炼回收率达 96.5% 以上；硫的捕集率达到 97% 以上。

（4）铅锌冶炼：铅冶炼总回收率达到 95% 以上，粗铅冶炼回收率达到 96% 以上，总硫利用率达到 94% 以上，硫捕集率达到 96% 以上；锌冶炼中蒸馏锌和精馏锌总回收率分别达到 96% 和 94%，电锌冶炼总回收率达到 93% 以上，总硫利用率达到 96% 以上，硫捕集率达到 99% 以上。

水重复利用率达到 85% 以上；工业固体废物（赤泥、废石、尾矿除外）综合利用率不低于 60%（见表 11.2）。

表 11.2　　有色金属行业减排工作的实施目标

行业	类别	目标	行业	类别	目标
氧化铝	氧化铝总回收率	82% 以上	铅锌冶炼	粗铅冶炼回收率	96% 以上
	赤泥综合利用率	10% 以上		总硫利用率	94% 以上
	工业废水	零排放		硫捕集率	96% 以上
电解铝	集气效率	98% 以上		锌冶炼中蒸馏锌回收率	96%
	净化效率	99% 以上		锌冶炼中精馏锌回收率	94%
	排氟量	小于 0.9kgF/t2Al		电锌冶炼总回收率	93% 以上
	电解质、废阳极、废槽衬回收率	100%		总硫利用率	96% 以上
	工业废水循环利用率	不低于 95%		硫捕集率	99% 以上
铜冶炼	铜冶炼回收率	95% 以上	水重复利用率		85% 以上
	硫的捕集率	97% 以上	工业固体废物（赤泥、废石、尾矿除外）综合利用率		不低于 60%
铅锌冶炼	总回收率	95% 以上			

资料来源：中国有色金属工业协会。

11.2.2　节能减排现状

节能减排工作既是有色金属行业的责任和义务，也是有色金属行业淘汰落后工艺，制止盲目投资和低水平重复建设，促进行业健康发展的必然要求。近年来，有色金属行业坚持以科学发展观为指导，注重通过不断推进技术进步，推行清洁生产，淘汰落后生产工艺和设备，使生产主要能耗指标持续好转，吨产品和万元产值污染物排放量逐年降低，企业环境状况得到较大改善。

1. 综合能耗指标不断提高

随着先进技术的推广使用和企业经济规模的形成，近年来我国有色金属工业节能减排已取得重大进展。经过大规模的技术改造和淘汰落后生产能力，有色金属工业节能降耗成效显著，综合能耗指标不断得到提高（见表 11.3）。

表 11.3　　2001～2008 年主要有色金属能耗指标

类别	单位	2001 年	2003 年	2004 年	2005 年	2006 年	2007 年	2008 年
铜冶炼综合能耗	kg/t	1079.5	957	1056.2	733.1	594.8	485.8	429.8
氧化铝综合能耗	kg/t	1180	1109	1023.4	998.2	802.7	868.1	817
铝锭综合交流电耗	kW·h/t	15470	15026	14795	14575	14697	14441	14323

续表

类别	单位	2001 年	2003 年	2004 年	2005 年	2006 年	2007 年	2008 年
铅冶炼综合能耗	kg/t	685.4	606.9	633.4	654.6	542.3	551.3	472.9
电解锌综合能耗	kg/t	2050.2	1889.6	2013.1	1953.1	1247.5	1063.3	973.9
锡冶炼综合能耗	kg/t	2489.3	2510.2	2531.3	2444.6	2380.7	1813	2451.6
锑冶炼综合能耗	kg/t	2294.8	2210.4	2138.5	1646.3	2071.7	2080.3	1110
铜加工材综合能耗	kg/t	925.1	932.3	958.9	719.9	531.4	565.1	
铝加工材综合能耗	kg/t	1111.8	1045.1	985	746.2	538.8	450.6	

注 2008 年为快报数。

2007 年我国有色金属工业万元工业增加值能耗同比下降 2.66%，2008 年上半年同比下降 3.70%。全行业主要产品单位能耗大幅度下降，一些主要的技术经济指标接近或达到世界先进水平。2007 年铝锭综合电耗交流已达到国际原铝协会制定的 2010 年的节能目标。2008 年铝锭综合交流电耗下降到 14323kW · h/t；铜冶炼综合能耗大幅下降到 429.8kg 标准煤/t；氧化铝综合能耗下降到 817kg 标准煤/t；电解锌综合能耗降到 973.9kg 标准煤/t；铅冶炼综合能耗下降到 472.9kg 标准煤/t；锡冶炼综合能耗下降到 2451.6kg 标准煤/t；锑冶炼综合能耗下降到 1110kg 标准煤/t。2008 年有色金属业主要产品单位能耗一些主要的技术经济指标接近或达到世界先进水平。

2. *污染物排放量明显下降*

2005 年，19 家大中型重金属冶炼企业在产量和工业增加值同比增长 14% 和 36% 的情况下，新取水量减少 3137%，外排工业废水量减少 1417%，外排水达标率增加 4175%，达 8815%。18 家大中型铝生产企业，在电解铝、氧化铝产量和工业总产值同比增长 1014%、1214% 和 1219% 的情况下，新取水量仅增加了 1196%，外排废水量减少 1619%，且全部达标排放。

在有色金属产量连续快速增长的情况下，二氧化硫的年排放量基本稳定在 40 万 ~ 45 万 t，铝电解工业由于淘汰了自焙槽生产工艺，氟化物排放量大幅下降，2005 年吨铝排氟量降到 1kg 以下。根据 118 家主要企业的统计，2005 年二氧化硫、氟化物、工业烟尘和工业粉尘的排放量分别为 4612 万 t、1766t、511 万 t 和 317 万 t，吨产品和万元产值排放量比 2000 年以前均有明显下降。

11.2.3 存在的问题

虽然近年来有色金属行业的节能减排工作取得了一定成绩，但是还存在不少问题。粗铜冶炼、铝冶炼、铅锌冶炼等淘汰落后工艺技术的难度比较大、任务重；有色金属固体废物的利用，要达到“十一五”末固体废物利用率 60% 的指标要求难度还很大；再生金属生产经营分散，生产技术落后、污染严重，金属回收率低、资源浪费大，亟待产业升级；电解铝、铜冶炼、铅锌冶炼等产能过快增长的问题还未得到有效遏制。尤其是在国家节能减排政策和宏观经济调控力度的持续强化、遏制“高耗能”行业发展的政策频繁出台的大背景下，有色金属行业快速发展的步伐并没有改变，由此带来的节能减排问题也就显得尤为突出。

11.3 重点技术介绍

实践证明，先进的技术设备和工艺是保证我国有色金属行业节能降耗的根本。提高企业集约化程度，采用先进工艺和大型设备，提高能源利用效率。有色金属行业的节能减排要重点发展采选高效节能工艺和设备，自热强化熔炼和电解工艺、设备和自动控制技术，湿法冶金节能技术、电解铝液直接连续制备合金铸造坯、铸轧板坯、有色金属加工节能技术等；要加强炉窑保温，改进燃烧方式和气氛，提高热效率；要以信息技术为核心，节能技术优化集成，把生产过程能源利用效率始终控制在最佳状态；要优化原料结构，提高精料比例，节约能源。在环保领域，要研究开发清洁生产技术、装备，着重技术集成创新。对“三废”实行减量化，从源头减少固体废弃物、废水、废气的产生量和排放量，加快“三废”的治理和资源化的步伐；加强循环经济共性技术研究，提高二氧化硫利用率，工业用水循环利用率，尾矿及冶炼渣综合利用率。有色金属加工领域，要以加工过程的连续化、自动化为重点，缩短工艺流程，达到节能、节材和环保的目的。

近年来，一批重大科技成果和先进工艺装备已成功应用到生产实践中。铜铅锌冶炼技术方面，金川集团公司年产铜25万t合成炉建成投产；山东阳谷祥光铜业引进芬兰奥托昆普闪速熔炼和闪速吹炼双闪速炉炼铜技术，一期工程20万t已建成投产；中条山有色金属集团公司和中国恩菲工程技术有限公司开发的铜锍顶吹吹炼新工艺，有效解决了PS转炉逸散SO_2烟气的低空污染和作业安全问题，粗铜冶炼能耗低于490kg标准煤/t；云南冶金集团公司在世界上首次采用“艾萨”炉炼铅获得成功，形成了一种独有的高效、节能、清洁的“艾萨”粗铅冶炼新工艺；我国自主开发的氧气底吹熔炼—鼓风炉炼铅技术，目前已有8条生产线投入生产并达到或超过设计指标，正在设计和建设的还有10条；云南冶金集团还在国内首次自主开发成功了铁闪锌矿氧压浸出新工艺和锌的长周期电解技术；宁波金田铜业自主研发的废铜熔炼精练重大技术与装备，大大提高了生产效率、减少了排放。以下对一些关键设备与技术进行简单介绍。

11.3.1 大型铝电解系列不停电（全电流）技术及成套装置

该技术采用大电流分流及大电流通、断技术控制电解槽大电流转移动态过程，完成电解槽在全电流状态下电流回路的切换，实现不停电装大修。铝电解槽传统停电大修的技术，每年造成国内电解铝厂多耗电8亿kW·h多，折合标准煤32万t（按年产950万t电解铝测算）。项目单位节能量在降低吨铝直流电耗40kW·h以上，减少自备电厂重油消耗3000t以上。

该技术适用于所有的电解铝企业，小容量单台设备也适合电解铜企业。其技术原理是通过对铝电解槽大电流动态转换过程分析与研究，采用大电流分流及大电流通、断技术控制电解槽大电流转移动态过程，从而完成电解槽在全电流状态下，电流回路的切换，实现不停电大修。

关键技术是超大电流转移动态过程监测与控制技术；大电流分流及切换装置；强磁场环境下电磁平衡调整焊接钢棒技术。

该技术节能效果好，能有效提高设备寿命，解决了电解铝行业发展的一个瓶颈，具有较强的应用价值。目前国内外还没有与该技术相同技术，而电解铝行业的迅速发展，对该项技术的推广需求十分紧迫。目前，国内外已有近十家企业拟采用此技术的意向。应用该技术，对一个年产25万t的铝电合一企业而言，每年可节电1000万kW·h，增加铝产量3000多t，直接经济效益达3000万元。“十一五”规划期间，需要总投入约为5亿元，可取得总节能量8亿～15亿kW·h，节约重油5万～15万t。

11.3.2 大型高效充气机械搅拌式浮选机

该技术适用于大、中型选矿厂，对有色金属、黑色金属、非金属矿产资源采用浮选方法进行综合回收。

其技术原理是浮选机叶轮旋转时，槽内矿浆与鼓风机给入的低压空气，在叶轮叶片间进行充分混合并在叶轮上半部周边排出，由定子稳定后进入弥散到整个槽子中，矿化气泡背负有价矿物上升到槽子表面形成泡沫层，泡沫采用自溢或机械排出的方式进入到溜槽，实现对目的矿物的有效富集。

在保证大型浮选机的搅拌雷诺数与中小型设备基本相等的前提下，通过优化核心部件即叶轮—定子系统的结构形式与运转参数，在保证矿浆悬浮状态不恶化、矿粒和空气分散度不降低、分选指标不降低的前提下，实现了单位容积运转功耗的降低；配置了矿浆液位、充气量的自动控制系统，保证矿浆液面维持在设定值，有效地提高了选别指标，减少了矿浆短路现象。

我国矿产资源由于多年高强度消耗和粗放型开发利用，易处理、高品位资源逐步枯竭，贫、细、杂难处理资源开采量大大增加，新建选矿项目日的处理能力频创新高，甚至高达 10 万 t/d，对大型浮选设备的需求十分迫切，大型浮选设备的应用前景非常广阔。

应用该技术，对一个日处理量万吨的选矿厂而言，每年可节电近 1000 万 kW · h，目前我国共有类似规模的选矿厂约 20 家，粗略计算每年可节电 2 亿 kW · h。采用高比转数后倾叶片叶轮，循环量大、压头低，可显著降低浮选机的功率强度；采用低阻尼直悬式定子，定子悬空区域大，降低了运转功耗，功耗可降低 15% ~20%。

11.3.3 冶炼烟气余热回收——余热发电技术

该技术利用强制循环余热锅炉回收冶炼烟气余热，生产中压饱和蒸汽，配套饱和蒸汽汽轮机组，发电机组抽汽供热，实现供热、电联产，最大限度提高余热蒸汽利用效率。其关键技术是国内自行设计制造的耐高温腐蚀性、黏结性冶炼烟气余热锅炉。有色行业冶炼高温烟气余热损耗占较大比率，有色系统余热锅炉应用率不高，而配套余热发电站的企业更少，余热利用水平较低。

本技术已在云南铜业股份有限公司等多家企业投入商业运行，尚没有进行过技术鉴定。在云南铜业股份有限公司、云南冶金集团驰宏锌锗股份公司、云南锡业股份有限公司、白银有色金属公司等多家企业投入运行，取得良好经济效益。

本技术可用于有色行业的各个大、中型冶炼厂，其余热锅炉蒸汽量大于 5t/h，压力大于 1.0MPa。也可用于钢铁、水泥等相关行业。“十一五”期间，该技术在大、中型企业推广率可达 85% 以上，需要总投入约为 2 亿 ~3 亿元，可取得总节能量 444100t 标准煤/a（按中等容量估算）。

11.3.4 氧气底吹熔炼技术

该技术适用范围是铅、铜及其他硫化矿物的提取冶金企业。

其技术原理是采用氧气底吹熔炼技术取代铅烧结工艺，实现了自热熔炼，硫化矿物的反应热通过余热锅炉回收余热得以充分利用，冶炼强度大大提高，从而大大降低能耗。

关键技术是氧气底吹熔炼工艺及熔炼炉、氧枪、熔炼炉余热锅炉、铸渣机等与该工艺配套的技术装备。

工艺流程是铅硫化矿物及二次原料和熔剂铅烟尘配料制粒后，直接进入氧气底吹熔炼炉中进行熔炼，产生的高温 SO_2 烟气经余热锅炉回收余热和电收尘器收尘后送两转两吸制酸；产出的一次粗铅送精炼；产出的铅氧化渣经铸渣机铸块后送鼓风炉还原。

该技术适合有色金属行业年产粗铅 8 万～12 万 t 企业，采用氧气底吹熔炼技术取代铅烧结工艺，实现自热熔炼，冶炼强度大大提高，显著节省能耗，吨铅生产能耗降低 150kg 标准煤。

11.3.5　外动颚匀碎机摆颚式破碎机

该设备改变了传统的复摆颚式破碎机以四连杆机构中的连杆作为动颚设计，将四连杆机构中的连杆作为破碎机的边板，通过边板将动力传递给外侧的动颚。动颚与连杆的分离，使连杆的运动特性已经不再约束动颚的运动特性。只要改变机构参数，就可以很灵活地调整动颚运动轨迹，获得理想的动颚运动特性。

该设备的关键技术是将四连杆机构中的连杆做为破碎机的边板，而动颚仅是连杆上一点的延伸，通过边板将动力传递给外侧的动颚。动颚与连杆的分离，使连杆的运动特性已经不再约束动颚的运动特性。通过外动颚技术、负悬挂机构、大偏心距、串级倾斜破碎腔结构，实现破碎机的低矮、大破碎力，降低功耗比和高生产能力，降低功耗 47%～55%。

可以用于矿岩石的粗、中、细碎，在某些场合，可用一段代替传统的两端破碎，或用两段代替传统的三段破碎。若作为磁铁矿粗碎设备使用，排料粒度降低，可以实现粗碎后抛废，同时可以使中细碎设备小型化。

11.3.6　变频调速技术

本技术适用于电力、市政供水、冶金、石油、化工、采矿、煤炭、造纸、建材等。产品电压等级包括 3kV、6kV、10kV 以及油田专用潜油电泵使用的 1600～2400V 产品。

其技术原理是对电动机有矢量、磁场、直接转矩控制；有滑模变结构，模型参考自适应技术；有模糊控制、神经元网络，专家系统和各种各样的自优化、自诊断技术等。

1. 实现高水平的控制

这种控制如基于电动机和机械模型的控制策略，有矢量控制、磁场控制、直接转矩控制等；基于现代理论的控制策略，有滑模变结构技术、模型参考自适应技术等；基于智能控制思想的控制策略，有模糊控制、神经元网络、专家系统和各种各样的自优化、自诊断技术等。

2. 开发清洁电能的变流器

清洁电能变流器是指变流器的功率因数为 1，网侧和负载侧有尽可能低的谐波分量，以减少对电网的公害和电动机的转矩脉动。对中小容量变流器，提高开关频率的 PWM 控制是有效的。对大容量变流器，在常规的开关频率下，可改变电路结构和控制方式，实现清洁电能的变换。

3. 缩小装置的尺寸

紧凑型变流器要求功率和控制元件具有高的集成度，其中包括智能化的功率模块、紧凑型的光耦合器、高频率的开关电源，以及采用新型电工材料制造的小体积变压器、电抗器和电容器。功率器件冷却方式的改变（如水冷、蒸发冷却和热管）对缩小装置的尺寸也很有效。

4. 高速度的数字控制

以 32 位高速微处理器为基础的数字控制模板有足够的能力实现各种控制算法，Windows 操作系统的引入可自由设计，图形编程的控制技术也有很大的发展。

5. 模拟与计算机辅助设计（CAD）技术

电机模拟器、负载模拟器，以及各种 CAD 软件的引入，对变频器的设计和测试提供了强有力的支持。采用先进的电力电子大功率器件和多种拓扑电路和 PWM 调制策略，通过高速数字信号处理器 DSP 控制等数字控制技术和系统控制技术。

关键技术是高低压变频调速技术。

变频器在冶金行业的应用主要有板材和线材的轧机、卷取机、风机、料浆泵等。2006 年我国冶金行业的中低压变频器市场约 7 亿元，其中中压产品的市场容量约 1.5 亿元。

电力行业也是变频器产品重要的应用领域之一。2006 年我国电力行业中低压变频器的市场容量约 5 亿元。

目前，我国高压变频器行业以 30% 的速度发展，但由于行业的基数小，市场还没有形成规模。但随着近两年我国低压变频器市场逐渐进入稳定阶段，变频器生产企业的市场竞争开始转移向高压变频器领域。作为输变电行业中的一个重要的部件——变频器，特别是高压变频器，可用于高电压和大功率变压器，其节能效应将更加明显。电动机系统节能工程是国家发改委启动的“十一五”国家十大重点节能工程之一，节能空间巨大。

11.3.7 其他技术

1. 矿热炉节能技术

矿热炉低压动态无功补偿技术通过连接在低压交流侧无功补偿和静止无功率发生器（SVG）的作用，有效降低了无功功率和谐波电流的流转路径和交换幅值，并同时减小三相功率不平衡，解决企业电耗高、效率低的问题。按冶炼 75 硅铁计算，节约 270～720kW·h/t。组合式电极系统采用导电元件与电极平面接触方式，改变了铜瓦与电极的弧面接触，实现了导电方式的转变。电极压放系统采用液压卡钳、直接卡在电极的筋片上，结构简单，体积小。按冶炼 75 硅铁计算，节约 400～800kW·h/t。

2. 富氧顶吹熔炼技术冶炼粗铅

云南冶金集团总公司将现代冶金技术和传统工艺结合首次成功用富氧顶吹熔炼技术冶炼粗铅，为我国改造环境污染严重的老铅冶炼厂提供了新技术。由于采用富氧顶吹熔炼工艺，烟气二氧化硫浓度满足常规的两转—两吸制酸工艺要求，充分利用了硫资源，并解决了烟气直接排放对环境造成的严重污染问题。按铅精矿铅品位 50%、硫品位 20%、年产 6 万 t 粗铅测算，年减排二氧化硫 4.8 万 t。

3. 有色金属尾矿浆干法排放技术

有色金属尾矿浆干法排放技术诞生，应用于厂坝矿铅锌矿，从根本上消除了尾矿对当地植被和地下水的污染，特别是尾矿再选废水的闭合循环对西部干旱缺水地区将产生深远的影响，社会效益和环境效益明显。目前，对金川镍矿及攀枝花钒钛矿等尾矿进行的工业试验也取得成功。

4. 氧化铝生产非接触式机械密封技术研究

山东铝业股份有限公司承担的“氧化铝生产非接触式机械密封技术研究”项目研制成功了氧化铝生产用离心泵全液膜润滑非接触式机械密封装置，解决了轴封泄漏问题，提高了泵的可靠性和运行周期具有以下主要技术特点及创新点。

（1）采用的动环螺旋槽结构形成抗变力性强的润滑膜，达到双向零泄漏。

（2）该装置对冷却水的压力适应性强，避免了由于水压的突变造成密封件的损坏，提高了泵的运行周期。

（3）该装置对于输送高固含介质、高PV值、频繁启动的离心泵密封效果显著。

5. 高炉煤气替代天然气

攀钢成都钢铁公司在159机组环形加热炉使用高炉煤气替代天然气获得成功，节约天然气40%以上，经济效益和社会效益良好，成为国内首家把放散高炉煤气回收使用在轧管钢坯加热炉的企业。

11.4 节能减排途径

有色金属工业是节能减排的重点行业，一方面是由于有色金属行业的自身特点决定了行业的发展需要消耗更多的能源，给环境容量带来更大的压力；另一方面则是在当前中国工业化与城市化进程中，有色金属矿产资源的短缺问题日益突出，国内有色金属行业发展势头迅猛，而这无疑会加重实现节能减排考核任务的工作难度。

中国有色金属行业加快了产业结构调整，淘汰了一批落后生产能力，综合能耗和污染物排放量等技术经济指标大幅提升。但是近年来有色金属行业所面临的节能减排压力有增无减，最根本的原因是中国工业化与城市化进程中对包括有色金属的需求增长迅猛，难以遏止行业的发展动能。由此看来，中国有色金属行业的节能减排工作绝对不仅仅是实现“产品技术经济指标达到世界先进水平”一般简单，“总量控制”和“结构调整”等工作目标不能只是一句空话。

为了有效地落实节能减排的国家政策，有色金属行业需要采取诸多综合性措施，在调整产业结构，推进技术革新，加快废弃物资源化，开展清洁生产战略等方面全方位下力。力求到2010年末，主要有色金属产品节能与减排的技术经济指标达到一个更高的水平。

11.4.1 调整产品结构，提高产业集中度

加快淘汰落后的生产能力，调整产品结构是节能减排工作取得成效的关键。通过严格执行市场准入条件，严格控制新建冶炼项目，到“十一五”末期，粗铜冶炼能力控制在260万t左右；电解铝产量控制在1500万t左右；精铅冶炼能力控制在400万t左右，锌冶炼能力控制在500万t左右。继续运用调整出口退税、加征出口关税、削减出口配额、将部分产品列入加工贸易禁止类目录、加大“差别电价”实施力度，控制冶炼能力过快增长。

有色金属工业加快产品结构调整，延伸产业链，实现规模化、集团化经营，提高了产业集中度。铜企业延伸产业链，发展深加工产品，发挥了规模化优势，节约了能源。2007年有色金属工业加快淘汰落后生产能力的步伐。2007年铜冶炼企业共淘汰落后产能22万t；铅冶炼企业通过自主研发，已建成8条氧气底吹熔炼—鼓风炉还原技术生产线，现有10条生产线正在改建之中；我国锌冶炼企业通过技术改造，70%以上的产能采用先进的湿法冶金工艺，目前还有两条氧压浸出和一条常压浸出锌冶炼生产线在建，建成后，将大大提高我国锌冶炼技术水平。

11.4.2 大力推进清洁生产战略，实现节能减排降耗

清洁生产是一项实现产业与环境协调发展的环境策略，已在部分有色企业取得应用，效果十

分显著。如皮江法炼镁工艺中，若以焦炉煤气为燃料，吨镁煤耗可从10t以上减低到5.4t，热效率提高近1倍。针对我国产镁大省山西，以2007年年产48万t镁计算，一年可节约220万t煤以上，减少CO_2、SO_2等气体的排放500万t以上。一些企业在本企业内部推行清洁生产，构筑“小循环”，实现资源、能源的部分、全部循环或梯次利用，对生产过程中产生的尾矿、炉渣、烟气、蒸汽等副产资源，积极回收，加以利用，大大地提高了企业的资源利用效率，改善了生产环境。还有部分产业集团，通过构筑企业与企业之间的循环产业链，简历生态工业园区的办法，来实现企业间的物质、能量和信息的交换与集成，形成企业间的工业代谢和共生关系，获得企业经营的规模效益和生态效益，提高资源和能源利用效率，从而实现园区整体的节能降耗减排目标。

11.4.3　加快废弃物资源化技术，实现“三废”的处理和再利用

我国有色金属产业每年将产生大量的固体废弃物、废水和废气。这些“三废”既是污染物，需要尽可能地减少，但同时它们也是可利用的资源。目前我国有色金属产业中的“三废”利用率还非常低，如固体废弃物利用率仅在13%左右，低浓度的二氧化硫几乎没有利用，从工业废水中回收有价元素也近于空白。大力发展废弃物资源化技术，实现我国有色金属产业的“三废”处理和再利用已成为发展循环经济的突出问题之一。

需要加强现有尾矿、赤泥和炉渣等固体废弃物综合利用技术的研究，突破尾矿有价金属再回收技术、全尾矿返回地下空区的充填技术，生产建筑材料和筑路材料技术等，如部分原镁企业开始采用镁还原渣作为生产水泥的原材料。针对低浓度的二氧化硫等废气利用，国内已经有部分企业开始研究，如豫光金铅集团采用非定态二氧化硫转化技术和氧气低吹—鼓风炉还原工艺，较彻底地解决了传统铅冶炼中二氧化硫难以充分回收利用和环保效果差的弊端，使二氧化硫浓度提高到14%左右，采用两转两吸工艺生产硫酸，使硫的总利用率达到97%以上。此外，通过发展废弃物资源化技术，还可以延伸现有产业链，通过发展接续产品，实现“三废”的利用和增值，并减少相应的排放。

11.4.4　技术改造与装备水平提高

有色金属加工领域，要以加工过程的连续化、自动化为重点，缩短工艺流程，达到节能、节材和环保的目的。通过近几年的技术改造，有色金属行业骨干企业的技术装备水平已经有了很大提高。占粗铜冶炼能力80%的铜冶炼骨干企业采用的闪速熔炼、艾萨（奥斯迈特）熔炼、诺兰达熔炼等都是当前国际上先进的铜冶炼技术，各项技术经济指标达到世界一流或领先水平；铝冶炼骨干企业普遍采用了200~300kA大型预焙槽技术，铝锭综合交流电耗逐年下降，有些企业已达到1.4万~1.43万kW·h/t的国际先进水平；通过自主研发具有自主知识产权的氧气底吹—鼓风炉还原炼铅工艺和引进艾萨法、卡尔多炉法等技术，铅冶炼行业技术装备水平也有了很大提高，综合能耗比传统工艺下降一半左右；锌冶炼广泛推广湿法炼锌技术，节能20%左右。

自2005年电解铝工业淘汰自焙槽技术后，铜冶炼行业按照国家发改委制定的淘汰落后工艺技术政策的要求，2006年淘汰了反射炉、电炉和$10m^2$以下不密闭鼓风炉，2007年底淘汰所有密闭鼓风炉。

11.4.5　能效对标推进节能减排

为深入开展千家企业节能行动，切实加强重点用能企业节能管理，提高能源利用效率。2007年9月，国家发展改革委印发了《重点耗能企业能效水平对标活动实施方案》（发改环资〔2007〕2429号），明确提出，能效对标活动是指企业为提高能效水平，与国际国内同行业先进企业能效指标进行对比分析，确定标杆，通过管理和技术措施，达到标杆或更高能效水平的实践活动。

为贯彻落实国家发展改革委文件精神，2008年1月，中国有色金属工业协会制定了《有色金属工业重点用能企业能效水平对标活动工作方案》，明确了有色协会开展该项活动的工作内容、主要做法和工作进度。

有色金属工业协会为能效对标活动制订了详尽的指标体系（见表11.4）。

表11.4　　有色金属工业重点用能企业能效对标指标体系

大　项	子　　项	大　项	子　　项
铜冶炼指标	单位铜冶炼综合能耗	矿产铅冶炼指标	单位粗铅综合能耗
	单位粗铜综合能耗		单位铅精炼综合能耗
	单位阳极铜综合能耗		单位铅冶炼综合能耗
	单位阴极铜综合能耗		析出铅直流电单耗
	粗铜电单耗		粗铅焦炭单耗
	粗铜油单耗	再生铅指标	单位再生粗铅综合能耗
	粗铜煤单耗		单位再生铅精炼综合能耗
	铜电解直流电单耗		单位再生铅冶炼综合能耗
电解铝指标	铝液直流电单耗	火法炼锌指标	单位蒸馏锌综合能耗
	铝液交流电单耗		单位精锌冶炼综合能耗
	单位重熔用铝锭综合能耗	湿法炼锌指标	析出锌直流电单耗
	电解槽平均电压		单位电锌冶炼综合能耗
	铝液电流效率		单位电锌冶炼综合能耗
	阳极效应系数		

趋势与机会："节能减排"政策的实施加速了有色金属行业的结构调整，为行业发展指出了深加工、再利用和国际化三个方向，同时再生有色金属的产业升级也为我们在进行有色金属行业投资过程中提供了较好的投资目标。

11.4.6　再生金属行业将为节能减排做出新贡献

再生金属与原生金属相比，能源消耗和污染物排放将大幅减少，再生铜、铝、铅、锌的综合能耗分别只是原生金属的18%、45%、27%和38%，再生金属产业已成为我国循环经济建设的重要领域和有色金属工业节能减排的重要手段。据有关资料表明，利用废杂原料生产1t合金铝锭与用铝土矿生产1t铝锭相比，可以节省95%以上的能源消耗；回收利用1t铜与开采1t原生铜相比，可少排放150~200t固体废弃物和少产生近2.6t二氧化硫。在2006年全国300万t精炼铜产量中，有99.9万t是利用废杂铜生产的，占33.3%，还有大量的废杂铜经过分拣后直接利用；

再生铅产量为58.7万t，占铅产量的21.6%。

再生金属利用在有色金属工业节能减排中占有突出地位。2007年铜、铝、铅、锌4种金属的再生利用量分别是200万t、275万t、45万t和9.7万t，共529.7万t，占同期有色金属总产量的22.4%，同比增长16.9%。2007年中国再生金属产业相对原生金属节能约3000万t标准煤、节水约27亿t、减少固体废物排放约14亿t、减少二氧化硫排放约48万t。

原生矿产资源不能再生，但金属可回收循环利用，这是所有有色金属品种固有的特性。因此，在有色金属产量增长、消量增加的同时，数量接近的（扣除转化使用的微量烧损等）再生有色金属资源也在增加。2006年我国铜表现消费量为362.6万t，6年中增长89%，高于同期全国GDP的增长幅度，这意味着再生铜的储量在迅猛增加。正是由于有色金属具有如此特性，多数经济发达国家无论原生金属资源储量丰富还是贫乏，当工业化发展到一定程度之后，几乎无一例外地都将再生有色金属作为产业发展的第二资源。我国由于种种历史和现实的原因，再生有色金属的回收利用至今尚未摆上影响产业发展应有的战略地位。截至“十五”末，我国再生金属行业整体规模不大，实力不强，集中度低，技术装备比较差，相当一批企业依然处于“收旧利废”的原始状态。从一定意义上讲，我国再生有色金属资源这座宝库的大门，目前还处于刚刚开启一个缝隙的状态。

按我国目前的生产水平和市场价格计算，利用1t再生紫铜要比原生矿产铜节约标准煤3.33t、电538kW·h、水6t，成本下降2580元/t。利用1t再生铝与电解铝相比，可节约标准煤1.73t、电5400kW·h、水3t，节约辅料价值540元/t。

发展有色金属工业循环经济，要围绕采、选、冶、加每一个环节，千方百计提高资源利用率；要加强资源综合开发利用，提高共伴生矿产资源的综合利用率；要大力开展有害烟气、采矿废石、选矿尾矿、冶炼废渣的利用；要加强废金属的回收利用，提高再生金属利用水平，要大力发展进口再生资源加工园区和再生金属资源利用产业。

一方面，要从原生资源的开采中千方百计节能；另一方面，要大力发展有色金属循环经济、从根本上改变能耗结构，已经成为解决能耗过高问题的必由之路。中国有色金属工业协会根据2003年坑采、露采、冶炼过程的能耗，计算出生产每吨原生铜、铝、铅、锌与生产每吨再生金属的能耗的比较，再生金属每吨节能分别是3.328t、8.199t、1.360t、2.632t标准煤。据中国有色金属工业协会再生金属分会统计，2006年，中国再生有色金属的总产量达到453万t，比2005年增长21%。其中再生铜168万t，再生铝235万t，再生铅39万t，再生锌11万t。再生金属产业节能降耗明显。2006年，中国再生有色金属产业总节能2568.3万t标准煤，其中再生铜节约559.4万t标准煤，再生铝节约1927万t标准煤、再生铅节约53万t标准煤、再生锌节约28.9万t标准煤。如果我国再生金属产量占整个有色金属总产量的40%，那么将节约大量的能源。

据北京现代循环经济研究院报告，我国有色金属工业在跨越十个五年计划和3年调整这54年发展历程中，10种有色金属年产量由1953年10.3万t上升到2006年1917万t，54年累计生产10种有色金属16331万t，其中靠开采原生金属（含进口矿产品）形成的产量为12898万t，在总量中所占比重为89.48%；利用再生金属（含进口废杂金属）形成的产量为1516.14万t，在总量中所占比重为10.52%。其中近90%产量的原料是矿产品，只有10%左右产量是再生有色金属。虽然近年来再生金属所占比重有所提高，也只占20%左右，远低于发达国家

50%左右的比重。2007年我国再生金属产量比上一年增长16.9%，低于有色金属23.44%的增长率。

铜铝铅锌等主要有色金属均具有良好的循环经济利用性能，利用再生有色金属资源可以省去采矿和选矿过程，明显减少工业"三废"的产生和排放，能从根本上实现节能减排。如每吨再生铝能耗不到电解铝能耗的5%。生产1t再生铜比原生金属少排放固体废物420.5t，节能3.328t标准煤。2007年中国再生有色金属产业相对原生金属节能约3000万t标准煤、节水27亿t、减少固体废物排放约14亿t，减少二氧化硫排放约48万t，因此效益非常明显。

对有色金属资源相对匮乏的中国，大力发展资源再生产业将成为实现有色金属材料可持续发展的必然选择，其作用和地位将越来越突出。根据中国有色金属工业协会预测，到2020年我国再生有色金属利用量将达到1200万t，占十种常见有色金属总产量的40%，同时节约矿石资源2000万t以上，节能4680万t标准煤，节水47亿t，减排二氧化硫120万t，尾矿、赤泥和炉渣等固体废弃物2.6亿t以上。

11.4.7　节能减排政策催生产业升级与国际化进程

经过多年发展，中国有色金属行业正处于生产规模与市场容量趋于成熟，结构调整与产业转移初见端倪的特定阶段。换而言之，中国有色金属行业存在两种发展方向：一个是基于资源约束环境下经营模式的调整（升级），着眼于下游深加工、新材料的发展；另一个是基于国内资源供应瓶颈的国际化进程，实现海外资源扩张。

从产业链角度来看，有色金属行业内部利润分配领域存在着一条"微笑曲线"。具体而言，上游采选环节因为存在资源供应瓶颈而能够享受到行业内部大部分利润，下游深加工环节因为存在技术壁垒而能够享受较高的产品附加值，而中游冶炼环节则因为原料供应与竞争压力等多重因素影响而只能享受到较低的利润空间。

可以预见的是，未来中国有色金属行业上游资源的发展瓶颈将会日益突出。伴随着各项制度的不断完善，资源开发与冶炼加工环节的环保压力与综合成本将会逐步提升，盈利能力的长期趋势不容乐观。在此背景下，能够着眼长远，立足深加工领域将会成为行业发展的一个重要突破口（见图11.1）。

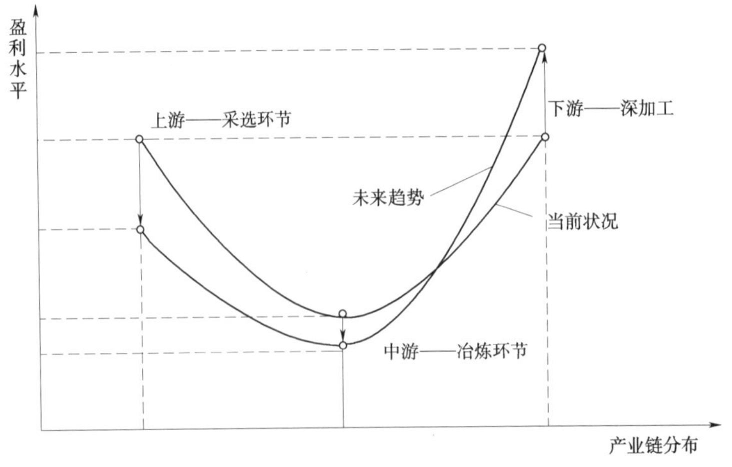

图11.1　深加工是有色金属行业的重要发展方向

此外，国际矿业公司的发展历史证明，外延式扩张是国际矿业公司做大做强的必由之路。对于国内有色金属行业的企业来讲，通过外延式扩张，可以较好地消化行业周期性波动，甚至就此增强市场竞争力。具体而言，外延式扩张包括两个阶段：其一是掏家底（即集团公司的资产注入）；其二是出海打鱼（即全球范围的资源扩张）。从短期来讲，集团资产注入对公司的影响是立竿见影的，但是相对被动性的，注入的资产也是有限的；全球资源扩张则需要投资者拥有足够的耐心，但是相对主动性，持续获取资源的发展空间广阔。当前，国内大多数上市公司都在经历上述两个阶段的过渡时期，个别优势企业已经开始布局海外资源市场（见图 11.2）。

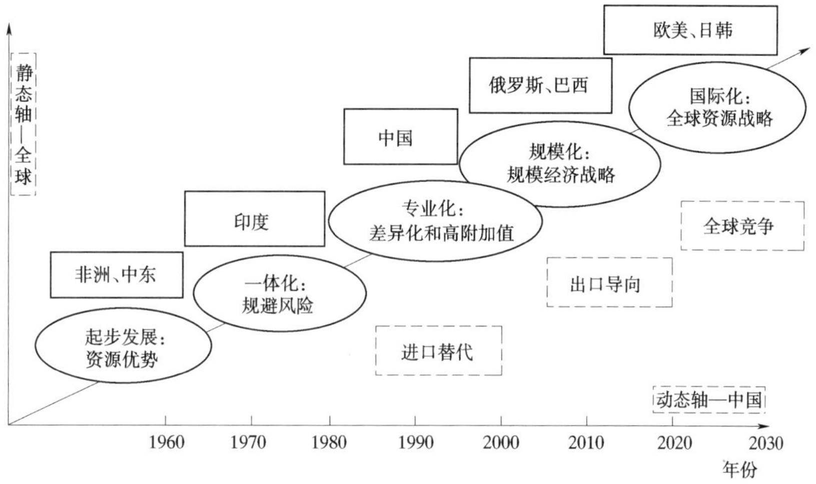

图 11.2　国际化进程是有色金属行业的必然趋势

当前，中国有色金属行业已经步入了转变经营模式、实现产业升级、谋求可持续发展的新的发展阶段。可以肯定的是，有色金属行业的结构升级进程将会是国民经济发展模式实现整体转变的一个重要组成部分。

11.4.8　节能减排政策提升有色金属企业竞争力

以国内上市公司为例，综合能耗和污染物排放量等技术经济指标见表 11.5 和表 11.6。

表 11.5　　国内铜铅锌行业上市公司综合能耗情况（2007 年）

上市公司	吨铜	吨铅	吨锌	硫总利用率（%）
江西铜业	598	—	—	95.42
云南铜业	263	—	1263	96.5
豫光金铅	—	450	1330	97
驰宏锌锗	—	422	532	98.60
行业平均水平	733	655	1997	>92
2010 年目标	700	650	1850	94/97

资料来源：光大证券。

表 11.6　　国内电解铝行业上市公司综合电耗情况（2007年）

上市公司	主要槽型	综合电耗（kW·h/t）	自备电厂
中孚实业（本部）	320kA/75kA	13677	有，100%
焦作万方	280kA	13682	有，部分
云铝股份	300kA/186kA	13830	无
南山铝业	300kA/160kA	14270	有，100%
关铝股份	200kA/75kA	14361	无，远期有
中国铝业	300kA/160kA	14497	部分
神火股份	350kA/200kA	14717	部分
西部矿业	240kA/75kA	15148	有
行业平均水平	—	14525	—
2010年目标	200kA	14300	—

从长远来看，节能减排工作的开展有利于有色金属行业的可持续发展，但是在短期内势必会提升行业内部的经营成本、增大环保投入乃至对市场结构产生深刻作用，由此可能在短时期内影响到企业的生产经营状况。但是对于国内长期发展的企业而言，“节能减排”仅仅是企业经营发展到一定阶段的局部特征，履行应有的社会责任不能成为制约企业发展的实质性障碍。

从理论上讲，在“节能减排”方面处于领先水平的企业，在未来有可能转换为切实的竞争优势，可以在未来产业“总量控制”和结构调整中占据主动，并可能参与阶段性、局部性的产业整合。当然这一点，还要看国家对有色金属行业发展的政策决心与执行力度。

当然，“节能减排”政策的实施加速了有色金属行业的结构调整，为行业发展指出了三个方向：深加工、再利用和国际化，也为我们在进行有色金属行业投资过程中提供了值得长期关注的投资目标。“节能减排”是有色金属行业的一个发展前提，并不能带来直接的投资机会。但是“节能减排”对有色金属行业的影响是深远的。

12

建筑行业的节能减排

改革开放30多年来，我国建筑业得到了持续快速的发展，在国民经济中的支柱产业地位不断加强。建筑业作为劳动密集型行业，提供了大量的就业机会。与此同时，建筑能耗高、能效低，建筑用能造成污染严重是建筑业可持续发展面临的一大问题。我国现有城乡建筑面积400多亿m^2，其中95%左右是高耗能建筑。目前建筑能耗已占全社会终端能耗的27.5%，单位建筑面积采暖能耗相当于相同气候地区发达国家的2～3倍。建筑用能造成的污染也很严重，据测算，大气中二氧化硫浓度值采暖期平均为非采暖期的6倍。我国目前建筑节材技术开发也十分欠缺。与发达国家比，我国单位建筑面积钢材消耗高出10%～20%，每立方米混凝土多消耗水泥8kg。预计到2020年，全国城乡房屋建筑面积还将新增约300亿m^2，如果不采取有力的节能措施，每年建筑用能将消耗1.2万亿kW·h电和4.1亿t标准煤，接近目前全国建筑能耗的3倍。建筑行业的节能减排，对于行业本身及社会整体的可持续发展均具有重要意义。

12.1 行业状况

建筑业在国民经济各行业中所占比重仅次于工业和农业，而高于商业、运输业、服务业等行业。建筑业的发展带动和促进了国民经济其他部门的发展，同时也吸纳了大量的劳动力，2007年全行业从业人员数量为3085万人，建筑业增加值达到9769.6亿元（见表12.1）。

表12.1　　2007年建筑业主要指标

指　标	计量单位	全　国	指　标	计量单位	全　国
建筑业企业单位数	个	59256	本年新签合同额	亿元	50967.8
建筑业企业从业人员	万人	3085.4	建筑业房屋建筑情况		
建筑业总产值	亿元	50018.6	施工面积	万m^2	473287.4
建筑业增加值	亿元	9769.6	竣工面积	万m^2	185965.9
建筑业企业合同总额	亿元	80274.2	按建筑业总产值计算的劳动生产率	元/人	137041
上年结转合同额	亿元	29306.3			

数据来源：国家统计局。

12.1.1　建筑行业市场需求及前景预测

建筑业是国民经济的重要物质生产部门，它与整个国家经济的发展、人民生活的改善有着密切的关系。2001 年以来，中国宏观经济步入新一轮景气周期，与建筑业密切相关的全社会固定资产投资（FAI）总额增速持续在 15% 以上的高位运行，导致建筑业总产值及利润总额增速也在 20% 的高位波动。

2007 年，全国建筑业企业完成建筑业总产值 50018.62 亿元，比 2006 年同期增长 20.4%；房屋建筑施工面积 473287.39 万 m^2，比 2006 年同期增长 15.4%；签订的合同额为 80274.18 亿元，比 2006 年同期增长 19.5%。到 2007 年底，共有建筑业企业 59256 家，比 2006 年同期下降 1.5%。2008 年国际金融市场的动荡增加了全球建筑业的风险。国际金融危机直接影响的是房地产业，美国房地产业首当其冲已经一落千丈，中国的房地产业在 2008 年也经历了“寒冬”，由此给建筑业带来一定影响。

未来 50 年，中国城市化率将提高到 76% 以上，城市对整个国民经济的贡献率将达到 95% 以上。都市圈、城市群、城市带和中心城市的发展预示了中国城市化进程的高速起飞，也预示了建筑业更广阔的市场即将到来。

12.1.2　建筑投资

中国建筑业的景气发展，刺激了下一轮的投资热情，建筑业投资资金的规模随之增长。建筑业固定资产投资按照构成可以分为建筑安装工程、设备工具器具购置和其他费用三类，其中由建筑业所承担的建筑安装工程在固定资产投资中的比重长期稳定在 60% 以上。

目前，中国建筑业的资金主要来源于企业的自筹资金和国家预算内资金。建筑业的资金 74.4% 来源于自筹资金，7% 来源于国家预算内资金，6.7% 来源于国内贷款，1.3% 来源于外资。中国建筑企业的融资方式有银行贷款、预售、面向社会筹资、租赁融资、合作开发、承包商承包建设工程和项目融资等。从融资结构看，以债券融资为主，股权融资比例小，融资格局单一。

12.2　节能减排现状及潜力

在所有商品中，建筑物的设计寿命和使用寿命无疑是最久的，无论建筑用于商业、用于生产还是用于住宅，都要面对运行使用能耗。所谓建筑节能，在发达国家最初定义为减少建筑中能量的散失，现在普遍定义为“在保证提高建筑舒适性的条件下，合理使用能源，尽可能提高建筑中的能源利用率”。

建筑节能包括建筑材料生产过程中节能、施工过程中节能和使用过程中节能三部分。我国目前处于城市建设高峰期，城市建设的飞速发展促进了建筑业、建材业的飞速发展，由此造成的能源消耗已占到我国总的商品能耗的 20% ~30%。

12.2.1　建筑节能现状

在建筑的全生命周期中，建筑材料和建造过程中所消耗的能源一般只占其总能耗的 20% 左右，大部分能耗发生在建筑物的运行中。建筑运行的能耗，即建筑物照明、采暖、空调和各类建筑内使用电器的能耗，将一直伴随建筑物的使用过程。其中，以建筑物采暖和空调能耗为主，占建筑物总能耗的50% ~70%。因此，降低建筑运行中的能耗才是建筑节能的重中之重，节约了建筑运行中的能耗，才是真正解决了建筑节能的大问题。

12.2.1.1 建筑规模巨大，建筑能耗增长迅速

中国人口已超过13亿，城乡既有建筑面积在429亿 m^2 以上。现在人均GDP已超过2000美元，正处于消费结构升级阶段，人民生活条件迅速改善，建筑采暖空调照明要求不断提高，这都需要大量能源支持。加之城镇化的快速发展，每年平均有1500万以上农村人口进入城镇，而城乡人口能源消耗的比例为3.5:1，这都使得建筑能耗迅速增长。预计“十一五”期间，我国新增建筑面积将超过80亿 m^2 以上，到2010年我国的建筑面积将超过500亿 m^2，其中住宅将达到430亿 m^2（城镇和农村居民人均住房面积分别达到30m^2 和33m^2），公共建筑将超过70亿 m^2（其中大型公共建筑将达到7亿~8亿 m^2）。建筑能耗占全国总能耗的比例将迅速增加。

尽管美国、日本、德国、英国、法国、意大利6个经济总量最大的发达国家的GDP总和是中国的10倍，但中国建筑年竣工面积超过所有发达国家之和，是世界最大的建筑市场。由于房屋建成后，在几十年以至上百年时间内，必须消耗能源用于采暖、通风、空调、照明等方面，1973年世界性能源危机以来，发达国家建筑节能工作进展迅速，不仅新建建筑坚决执行要求越来越高的节能标准，而且有计划地对既有建筑进行节能改造，单位建筑面积采暖空调能耗逐步降低。德国、英国、法国、美国等发达国家都是几年一个台阶往下降，其新建建筑单位建筑面积能耗，现在也降至20世纪70年代初的1/3 ~1/5，而且还在通过修订新的节能标准，使节能要求进一步提高。现在，各发达国家低能耗建筑已成批涌现，并受到国家的鼓励。我国的建筑能耗非常高，采暖用能是气候相近的发达国家的3倍。

依据能耗的特点，目前我国民用建筑能耗可分为以下几种：①北方城镇建筑采暖能耗。②农村建筑能耗，如炊事、照明等。③城镇住宅除采暖外的能耗，如照明、空调等。④一般公共建筑除采暖外的能耗。一般公共建筑是指单体建筑面积在2万 m^2 以下，或超过2万 m^2 但没有配备中央空调的公共建筑。⑤大型公共建筑除采暖外的能耗，主要包括中央空调系统、照明、电梯等。具体能耗见表12.2。

表12.2　　我国建筑能耗现状

项目	面积	特　点	能耗
北方城镇建筑采暖能耗	70亿 m^2	70%以上为集中供热；单位面积采暖能耗为14 ~25kg标准煤/（a·m^2）	约1.4亿t标准煤
城镇居民生活用电	145亿 m^2	包括照明、家电、空调和长江以南地区的分散采暖用电；单位面积平均用电量约10 ~30kW·h/（a·m^2），低于发达国家60 ~100kW·h/（a·m^2）的水平，呈现快速上升的趋势	约2000亿kW·h
农村居民生活用电	220亿 m^2	包括采暖、炊事、照明及家用电器；采暖炊事燃料正在从薪柴向煤炭、LPG（炊事用）、电（采暖用）方向升级	约1.1亿t标准煤（含生活用电）
大型公共建筑用电	约5亿 ~6亿 m^2	单位建筑面积耗电量为100 ~300kW·h/（a·m^2），是城镇住宅的10 ~15倍；单位建筑面积耗电量与美国基本在同一水平，比日本城市高，节能水平远远低于西欧、北欧水平	约1000亿kW·h
一般公共建筑用电	约50亿 m^2	单位建筑面积耗电量为20 ~60kW·h/（a·m^2），平均用电水平低于发达国家，上升空间较大	约1500亿kW·h
其他		包括城镇居民和公共建筑的热水和炊事用能等	约3000万t标准煤
总计	420亿 m^2	平均单位面积能耗约9 ~10kg标准煤/（a·m^2）	约4亿 ~4.5亿t标准煤

12.2.1.2　高能耗建筑的运行能耗是重中之重

我国城乡既有建筑达 420 多亿 m^2。按照城建部最乐观估计，达到节能建筑标准的仅占 5% 左右，即使是新建筑，也有 90% 以上仍属于高能耗。根据《民用建筑节能设计标准（采暖居住建筑部分）》（JGJ 26—95）的规定，我国标准的 K 值仍比国外标准高，如外墙高 2.6 ~ 3.6 倍；屋顶高 3.2 ~ 4.2 倍；外窗高 1.4 ~ 2.0 倍；空气渗透高 3 ~ 6 倍，也就是说，即使按照 JGJ 26—95 进行设计，我国建成后居住建筑的采暖能耗还要比发达国家高 1 倍左右。我国已成为全球第二大能源消耗国家。而且我国建筑能耗仍面临着长期高速增长的形势，现有及新建建筑能否高效率节能，关系到我国的能源形势和可持续发展，乃至全球的气候变化与全球经济社会的可持续发展。

我国目前正处于建设高峰期，每年新建房屋面积近 20 亿 m^2，近全球年建筑总量的 1/2，超过所有发达国家建设量的总和。而其中 95% 以上的建筑都是高耗能的建筑，节能技术相对落后。我国既有建筑面积近 400 亿 m^2，其中 95% 属不节能建筑，130 多亿 m^2 需要进行节能改造。目前，我国总社会能耗中，仅建筑能耗占比高达 47.24%。

虽然自 2008 年起，受全球金融危机的影响，我国国内宏观经济出现了严重困难，但从长期看，我国仍处于城镇化和工业化快速发展时期，城镇化是推动经济发展的主要动力。随着未来城镇化水平的继续推进，我国新增建筑面积仍将保持高速，甚至是更高速度发展（经济发展模式从出口转为内需）。同时，随着经济的发展，我国居民的生活水平迅速提高，家用电器、照明、采暖的能耗迅速增长。因此去年提出的 4 万亿元“十大措施”指出的支持重点节能减排工程建设中，建筑节能将明显成为重点领域。进一步分析发现建筑运行能耗是建筑能耗的重点能耗部分，在总社会能耗中比重也高达 24.9%。而且这个比例还在以不断加速大幅递增。可见建筑运行的节能减排将成为国家重点解决项目。如果能从根本上解决建筑的运行节能，那么它将对国家能源危机的缓解意义重大。

12.2.1.3　缺乏有效的激励制度及监管措施

长期以来，国家缺乏有效的激励政策引导和扶植节能与绿色建筑。我国现行的法律法规对能源、土地、水资源、材料的节约也没有可操作的奖惩方法来强制各方利益主体必须积极参与；而颁发的《民用建筑节能管理规定》，作为一个部门规章，力度远远不够。虽然已先后颁布实施针对 3 个气候区的节能 50% 的设计标准，初步形成了比较完善的民用建筑节能标准体系，但关于建筑节能、节地、节水、节材和环境保护的综合性的标准体系还没有建立。

中国虽然建立了相对完整的节能设计规范，包括 2005 年 7 月我国批准发布的《公共建筑节能设计标准》（GB 50189—2005），但施工质量差，施工验收不严格，使中国的节能建筑数量很少。国家现有的节能建筑规范未能在施工验收阶段严格执行，许多不符合标准的建筑也能投入使用，使不达标建筑不断出现。

12.2.1.4　公众建筑节能意识不足

我国公众的节能、环保意识落后，也是制约中国建筑节能推进的重要原因。公众作为住宅的消费者，意识影响行动，决定了自身对住宅的选择，并进而影响了开发商开发什么样的产品。公众对节能建筑的意识不足，对节能建筑的需求不强，开发商以市场为导向、以客户为导向，自然在操作中对开发节能建筑也缺乏热情。

与此同时，我国城乡人均住房面积逐年递增，而对建筑面积提出更高要求的同时，人们对室内环境的舒适性要求也越来越高。冬季室温由 12℃、16℃提高到 18℃、20℃；夏季室温由 30℃

降低到26℃、24℃。采暖区域从淮河以北扩展到长江以南。建筑面积的迅速增加及采暖、空调、家用电器的普遍使用，导致建筑能耗的持续上升（见图12.1）。

12.2.2 建筑行业节能潜力

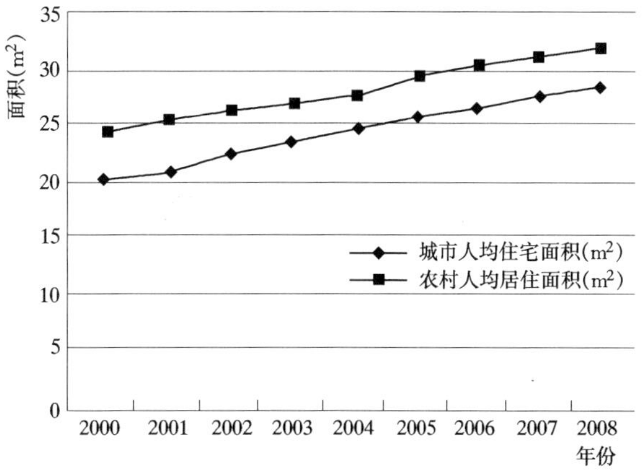

图 12.1 我国城乡人均住房面积变化趋势

资料来源：中国统计年鉴。

建筑能耗占全社会终端能耗的27.5%，单位建筑面积钢材消耗比发达国家高出10%～20%。目前全国每年城乡建设增加用地约4000多km^2，其中村镇占2500多km^2，新增建筑用地中，土地利用不够集约、盲目扩大用地范围、开发区、工业区用地控制不得力等问题在一些地方相当普遍。目前我国建筑业蓬勃发展，但是粗放型的增长方式没有根本转变，建筑行业存在资源产出率低、利用效率低、综合利用水平低、再生资源回收率和循环利用率低的“五低”现象。

12.2.2.1 提高建筑能源效率，提升减排潜力

随着建筑面积的迅猛增长和人民生活水平的不断提高，公用和民用建筑的能源消耗占全国总能耗的比重也将逐步提高。根据麦肯锡的研究，在基准情境中，该比例将从2005年的17%跃升至2030年的25%。同时，本部门排放的温室气体将以每年8000万t的幅度增加（相当于18个百万千瓦装机容量的燃煤电厂的排放量），到2030年将达到32亿t。虽然建筑能耗比重不断增加，但仍可以通过集中力度提高能源效率和积极采用一系列经济实用的技术，实现电力需求减少1/3，煤炭需求减少1/2，使温室气体排放量降低50%，达到16亿t水平（见图12.2）。减排潜力中的11亿t来自建筑部门自身，其余来自电力部门的碳效率提升。另外，减少煤炭使用有助于控制空气污染，缓解冬季煤炭运输高峰对铁路、公路系统的压力。

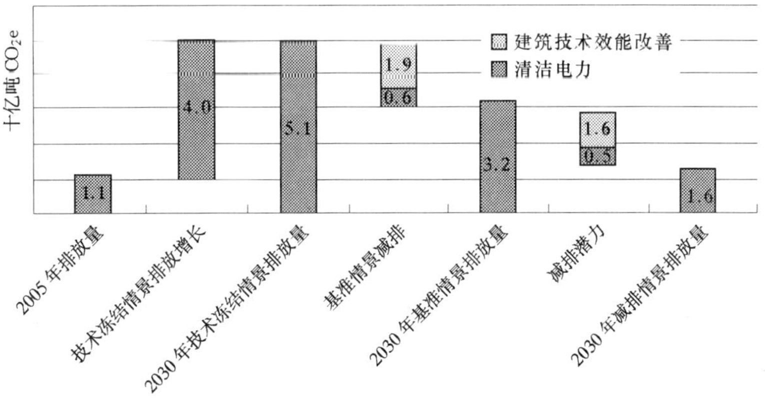

图 12.2 建筑和家电使用部门的温室气体排放情景

资料来源：麦肯锡《中国的绿色革命》。

基准情境中，麦肯锡估计到2030年中国的建筑和家电使用部门将会排放32亿t，比2005年增长2倍，相当于消耗7.5亿t标准煤（SCE）的一次能源和2.7万亿kW·h电（二次能源）。

虽然近2/3的能耗来自民用建筑，但公用建筑仍要比民用建筑消耗更多的电力。

今后25年间，中国的建筑总面积将增长1倍以上，人民生活水平不断提高，消费习惯也随之发生改变。取暖、制冷、家电和电子产品等的需求和使用将逐步增长，导致能源需求和温室气体排放量进一步增长。但这种增长在一定程度上将得到抑制，很大程度上是得益于政府推动旨在提高建筑物能源效率的各种政策。这些政策包括使用更高效、清洁的能源，提高暖通系统和家电能效以及狠抓节能建筑标准的贯彻落实。所以基准情境下的排放量已经比技术冻结情景降低了19亿t。

麦肯锡预计总建筑面积将从2005年的420亿m^2增加到2030年的910亿m^2。公用建筑的面积将达到240亿m^2（增长速度是民用建筑的近3倍）。城市民用建筑面积将增长近2倍，从150亿m^2增长到420亿m^2。同期城市人口数量将增长75%，城市居民的个人居住面积平均增长60%，即在2030年达到42m^2/人（相当于我国台湾省、韩国今天的水平，而大大低于美国）。农村民用建筑总面积则将基本保持平稳。

随着人民生活水平的提高，能源消耗也在不断增加。在收入增长、家电电子产品相对便宜的情况下，取暖系统、空调和家电的使用率和普及率也将大幅提高。预计到2030年，大多数家电产品及通风、供暖和空调的普及率和消费模式会达到亚洲发达国家和地区今天的水平。因此，能源消耗势必会增长。在家电方面，中国未来的发展将逐渐向全球消费模式靠拢。例如冰箱的容量将从现在的平均120L增大到400L。我们还预计大屏幕等离子和液晶电视以及全自动洗衣机（伴随洗衣量和洗衣频率的增加）会迅速普及。这些消费模式的变化都会直接加重能源负担。

12.2.2.2 中国正处于房屋建设和建筑节能大发展的战略机遇期

30多年来，发达国家建筑业十分注重发展的质量和效益，已经使他们的单位建筑面积能耗大大降低。我们许多地方则努力追求建设规模的扩大和建筑面积的增加，忽视建筑节能，继续与世界上前所未有的规模和速度建造以百亿平方米计的高耗能建筑。这些高耗能建筑将在近百年的时间内大量消耗中国宝贵的稀缺的能源，既在当前使能源供应难以满足快速增长的能源需求，又为子孙后代制造严重困难。

大规模建造房屋本来是为了人民安居乐业，但大量建造高能耗建筑，又会过多地消耗能源，同时严重污染环境，致使国家能源无法支撑，环境受到破坏，后果不堪设想，却又与我们的初衷完全相悖。

到2020年，我们还要建造约300亿m^2的新建筑。我们不可能容忍如此浪费能源的建筑以史无前例的速度建造下去。党中央、国务院明确提出了发展节能省地型住宅和公共建筑的要求，建设部和各地政府已采取了一系列措施，建筑节能出现了前所未有的大好局面。为了国家经济社会的可持续发展，我们必须珍惜这个千载难逢的大好历史机遇，坚决地把建筑节能工作迅速推进。

12.2.2.3 节能建材是建筑节能的主要发展方向

建筑节能最关键的环节就是新型节能建材的使用与推广。新型节能建材须要生产耗能低，使用中的节能效果显著，而且还应具有节土、节地、环保、利废、隔热、保温、防火、质轻、减少运输费用、施工便捷、成本低廉等特点。石膏制品系列、加气混凝土、矿物棉、玻璃棉、膨胀珍珠岩、塑料门窗与管道及节能玻璃等均属于节能型或低能耗型的新型节能建筑材料。这类材料的广泛生产和应用，对推动我国建筑节能具有十分重要的战略意义。

12.3 重点技术介绍

建筑节能是一门综合性学科，它涉及到建筑、施工、采暖、通风、空调、照明、电器、建材、热工、能源、环境、检测、计算机应用等许多专业内容，是在许多学科边缘的交叉和结合后形成的，因此建筑节能技术也是一门综合性的技术，包含了多个领域。建筑节能的关键技术包括：①围护结构的热传递机理；②节能指标体系优化方法以及建筑低能耗围护结构组合优化设计方法，冷热源的优化运行方式，包括制冷采暖系统运行工况优化调控，冷热负荷的预测技术，开发调节控制软件等；③建筑室内温度控制和冷热量计量控制成套技术，包括适合中国国情的控制产品，冷热量计量装置的研制，计量收费系统的数学模型和软件，自动计量及收费网络系统的开发；④新能源供热制冷成套技术的研究开发，包括地热能、太阳能、地下和地面水体蓄能等的开发利用，低能耗建筑的综合设计体系研究，建筑设计、环境控制和节能设计的优化匹配，节能建筑和节能设备优选和集成，以及相应优化节能设计软件的开发等。

经粗略估算，采取周密、有效的建筑技术措施可以降低 2/3 ~ 3/4 的建筑能耗。因此，在建筑规划设计、建造和使用过程中，在满足室内环境舒适、卫生、健康的条件下，采取合理有效的建筑节能技术，有利于实现建筑节能和环保共进的目标。日本最近提出“建筑的节能与环境共存设计”的概念便是这一思想的体现。一般来说，实现建筑节能的技术途径为：尽量减少建筑内能源总需求量的同时，大力开发利用可再生的新能源，从而减少使用在建筑领域内易引起环境污染的能源。

理想的节能建筑应在最少的能量消耗下满足以下 3 点：①能够在不同季节、不同区域控制接收或阻止太阳辐射；②能够在不同季节保持室内的舒适性；③能够使室内实现必要的通风换气。

12.3.1 建筑规划与设计

面对全球能源环境问题，不少全新的设计理念应运而生，如低能耗建筑、零能耗建筑和绿色建筑等，它们本质上都要求建筑师从整体综合设计概念出发，坚持与能源分析专家、环境专家、设备师和结构师紧密配合。在建筑规划和设计时，根据大范围的气候条件影响，针对建筑自身所处的具体环境气候特征，重视利用自然环境（如外界气流、雨水、湖泊和绿化、地形等）创造良好的建筑室内微气候，以尽量减少对建筑设备的依赖。具体措施可归纳为以下 3 个方面：①合理选择建筑的地址、采取合理的外部环境设计（主要方法为：在建筑周围布置树木、植被、水面、假山、围墙）；②合理设计建筑形体（包括建筑整体体量和建筑朝向的确定），以改善既有的微气候；③合理的建筑形体设计是充分利用建筑室外微环境来改善建筑室内微环境的关键部分，主要通过建筑各部件的结构构造设计和建筑内部空间的合理分隔设计得以实现。

12.3.1.1 围护结构

建筑围护结构组成部件（屋顶、墙、地基、隔热材料、密封材料、门和窗、遮阳设施）的设计对建筑能耗、环境性能、室内空气质量与用户所处的视觉和热舒适环境有根本的影响。一般增大围护结构的费用仅为总投资的 3% ~6%，而节能却可达 20% ~40%。通过改善建筑物围护结构的热工性能，在夏季可减少室外热量传入室内，在冬季可减少室内热量的流失，使建筑热环境得以改善，从而减少建筑冷、热消耗。在建筑物的围护结构方面的节能主要发展方向是：开发高效、经济的保温和隔热材料及切实可行的构造技术，以提高围护结构的保温、隔热性能和密闭性能。

首先，提高围护结构各组成部件的热工性能，一般通过改变其组成材料的热工性能实行，如欧盟新研制的热二极管墙体（低费用的薄片热二极管只允许单方向的传热，可以产生隔热效果）和热工性能随季节动态变化的玻璃。其次，根据当地的气候、建筑的地理位置和朝向，选择围护结构组合优化设计方法。第三，评估围护结构各部件与组合的技术经济可行性，以确定技术可行、经济合理的围护结构。

1. 外墙保温节能技术

20世纪90年代初，外墙保温技术开始在我国推广使用并表现出良好的保温和节能效果。其主要方法是在建筑物基层墙体的外侧设置保温层（一般为厚度60mm的聚苯泡沫板），在保温层外面做装饰层。基层墙体和聚苯板之间用专用黏结剂连接，聚苯板用尼龙锚栓固定，然后在保温层外抹聚合物水泥砂浆保护层，并压入耐碱涂塑玻纤网格布，最外层用抗裂腻子和涂料找平和装饰。

就墙体节能而言，传统的用重质单一材料增加墙体厚度来达到保温的作法已不能适应节能和环保的要求，而复合墙体越来越成为墙体的主流。复合墙体一般用块体材料或钢筋混凝土作为承重结构，与保温隔热材料复合，或在框架结构中用薄壁材料加以保温、隔热材料作为墙体。

目前建筑用保温、隔热材料主要有岩棉、矿渣棉、玻璃棉、聚苯乙烯泡沫、膨胀珍珠岩、膨胀蛭石、加气混凝土及胶粉聚苯颗粒浆料等，降低外墙传热系数。这些材料的生产、制作都需要采用特殊的工艺、特殊的设备，而不是传统技术所能及的。值得一提的是胶粉聚苯颗粒浆料，它是将胶粉料和聚苯颗粒轻骨料加水搅拌成浆料，抹于墙体外表面，形成无空腔保温层。聚苯颗粒骨料是采用回收的废聚苯板经粉碎制成，而胶粉料掺有大量的粉煤灰，这是一种废物利用、节能环保的材料。墙体的复合技术有内附保温层、外附保温层和夹心保温层三种。我国采用夹心保温做法的较多；在欧洲各国，大多采用外附发泡聚苯板的做法，在德国，外保温建筑占建筑总量的80%，而其中70%均采用泡沫聚苯板。

2. 外墙保温及饰面系统（EIFS）

该系统是在20世纪70年代末的最后一次能源危机时期出现的，最先应用于商业建筑，随后开始了在民用建筑中的应用。今天，EIFS系统在商业建筑外墙使用中占17.0%，在民用建筑外墙使用中占3.5%，并且在民用建筑中的使用正以17.0%～18.0%/a的速度增长。此系统是多层复合的外墙保温系统，在民用建筑和商业建筑中都可以应用。EIFS系统包括以下几部分：①主体部分是由聚苯乙烯泡沫塑料制成的保温板，一般是30～120mm厚，该部分以合成黏结剂或机械方式固定于建筑外墙；②中间部分是持久的、防水的聚合物砂浆基层，此基层主要用于保温板上，以玻璃纤维网来增强并传达外力的作用；③最外面部分是美观持久的表面覆盖层。为了防褪色、防裂，覆盖层材料一般采用丙烯酸共聚物涂料技术，此种涂料有多种颜色和质地可以选用，具有很强的耐久性和耐腐蚀能力。

3. 保温绝热板系统（SIPS）

此材料可用于民用建筑和商业建筑，是高性能的墙体、楼板和屋面材料。板材的中间是聚苯乙烯泡沫或聚亚氨脂泡沫夹心层，一般120～240mm厚，两面根据需要可采用不同的平板面层，例如，在房屋建筑中两面可以采用工程化的胶合板类木制产品。用此材料建成的建筑具有强度高、保温效果好、造价低、施工简单、节约能源、保护环境的特点。SIPS 一般 1.2m 宽，最大可以做到 8m 长，尺寸成系列化，很多工厂还可以根据工程需要按照实际尺寸定制，成套供应，承建商只需在工地现场进行组装即可，真正实现了住宅生产的产业化。

4. 隔热水泥模板外墙系统（ICFS）

该产品是一种绝缘模板系统，主要由循环利用的聚苯乙烯泡沫塑料和水泥类的胶凝材料制成模板，用于现场浇筑混凝土墙或基础。施工时在模板内部水平或垂直配筋，墙体建成后，该绝缘模板将作为永久墙体的一部分，形成在墙体外部和内部同时保温绝热的混凝土墙体。混凝土墙面外包的模板材料满足了建筑外墙所需的保温、隔声、防火等要求。

5. 相变蓄热材料的应用

由于现代建筑的围护结构大部分为轻质材料，热容小，室内温度昼夜波动大，这不仅影响着室内环境的舒适度，而且也增大了空调的负荷，造成能源的消耗加大。如果向普通建筑材料中加入相变蓄热材料，就可以制成具有较高热容的轻质建筑材料，减小室内温度的波动，达到降低能量消耗目的。

利用相变材料作建筑物的围护结构，如蓄热墙或蓄热地板，在冬季，白天可以将照在外墙或通过窗户进入室内的太阳能储存在蓄热材料中，晚上则由蓄热材料向室内释放热量，从而使室内温度波动减小；在夏季，可通过窗帘的遮挡和相变蓄热材料的吸热作用，延缓室温的升高，增加居住环境的舒适度，而且也能够降低用于室内空调的能量消耗。

12.3.1.2 门窗节能技术

门窗具有采光、通风和围护的作用，还在建筑艺术处理上起着很重要的作用。然而门窗又是最容易造成能量损失的部位。为了增大采光通风面积或表现现代建筑的性格特征，建筑物的门窗面积越来越大，更有全玻璃的幕墙建筑。这就对外维护结构的节能提出了更高的要求。目前，对门窗的节能处理主要是改善材料的保温隔热性能和提高门窗的密闭性能。从门窗材料来看，近些年出现了铝合金断热型材、铝木复合型材、钢塑整体挤出型材、塑木复合型材以及 UPVC 塑料型材等一些技术含量较高的节能产品。其中使用较广的是 UPVC 塑料型材，它所使用的原料是高分子材料——硬质聚氯乙烯。它不仅生产过程中能耗少、无污染，而且材料导热系数小，多腔体结构密封性好，因而保温隔热性能好。UPVC 塑料门窗在欧洲各国已经采用多年，在德国塑料门窗已经占了 50%。我国 20 世纪 90 年代以后塑料门窗用量不断增大，正逐渐取代钢、铝合金等能耗大的材料。为了解决大面积玻璃造成能量损失过大的问题，人们运用了高新技术，将普通玻璃加工成中空玻璃，镀膜玻璃（包括反射玻璃、吸热玻璃）高强度 LOW2E 防火玻璃（高强度低辐射镀膜防火玻璃）、采用磁控真空溅射方法镀制含金属银层的玻璃以及最特别的智能玻璃。

智能玻璃能感知外界光的变化并作出反应，它有两类：一类是光致变色玻璃，在光照射时，玻璃会感光变暗，光线不易透过；停止光照射时，玻璃复明，光线可以透过。在太阳光强烈时，可以阻隔太阳辐射热；天阴时，玻璃变亮，太阳光又能进入室内。另一类是电致变色玻璃，在两片玻璃上镀有导电膜及变色物质，通过调节电压，促使变色物质变色，调整射入的太阳光（但因其生产成本高，现在还不能实际使用），这些玻璃都有很好的节能效果。

以上措施能改善门窗绝热性能，有效降低室内空气与室外空气的热传导。

12.3.1.3 屋顶节能技术

屋顶的保温、隔热是围护结构节能的重点之一。在寒冷的地区屋顶设保温层，以阻止室内热量散失；在炎热的地区屋顶设置隔热降温层以阻止太阳的辐射热传至室内；而在冬冷夏热地区（黄河至长江流域），建筑节能则要冬、夏兼顾。保温常用的技术措施是在屋顶防水层下设置导热系数小的轻质材料用作保温，如膨胀珍珠岩、玻璃棉等（此为正铺法）；也可在屋面防水层以上设置聚苯乙烯泡沫（此为倒铺法）。在英国有另外一种保温层做法是，采用回收废纸制成纸纤维，这种纸纤维生产能耗极小，保温性能优良，纸纤维经过硼砂阻燃处理，也能防火。施工时，先将屋顶的钉层夹层，再将纸纤维喷吹入内，形成保温层。屋顶隔热降温的方法有：架空通风、屋顶蓄水或定时喷水、屋顶绿化等。以上做法都能不同程度地满足屋顶节能的要求，但目前最受推崇的是利用智能技术、生态技术来实现建筑节能的愿望，如太阳能集热屋顶和可控制的通风屋顶等。

12.3.2　降低建筑设施运行的能耗

采暖、制冷和照明是建筑能耗的主要部分，降低这部分能耗将对节能起着重要的作用，在这方面一些成功的技术措施很有借鉴价值，如英国建筑研究院（英文缩写：BRE）的节能办公楼便是一例。办公楼使用的是高效能冷热锅炉和常规锅炉，两种锅炉由计算机系统控制交替使用。通过埋置于地板内的采暖和制冷管道系统调节室温。该建筑还采用了地板下输入冷水通过散热器制冷的技术，通过在车库下面的深井用水泵从地下抽取冷水进入散热器，再由建筑物旁的另一回水井回灌。为了减少人工照明，办公楼采用了全方位组合型采光、照明系统，由建筑管理系统控制。每一单元都有日光，使用者和管理者通过检测器对系统遥控。在 100 座的演讲大厅，设置有两种形式的照明系统，允许有 0 ~ 100% 的亮度，采用节能型管型荧光灯和白炽灯，使每个观众都能享有同样良好的视觉效果和适宜的温度。

采用综合考虑建筑物的通风、遮阳、自然采光等建筑围护结构优化集成节能技术。例如双层幕墙技术是中间带有可调遮阳板、且可通风的方式，夏季可有效遮阳和通风排热，冬季又可使太阳光透过，减少采暖负荷。

12.3.3　提高建筑内能源利用效率

在发达国家，空调采暖能耗占建筑能耗的 65%。目前，我国的采暖空调和照明用能量近期增长速度已明显高于能量生产的增长速度，因此，减少建筑的冷、热及照明能耗是降低建筑能耗总量的重要内容，一般可从以下几方面实现。

为了维持居住空间的环境质量，在寒冷的季节需要取暖以提高室内的温度，在炎热的季节需要制冷以降低室内的温度，干燥时需要加湿，潮湿时需要抽湿，而这些往往都需要消耗能源才能实现。从节能的角度讲，应提高供暖（制冷）系统的效率，它包括设备本身的效率、管网传送的效率、用户端的计量以及室内环境的控制装置的效率等。这些都要求相应的行业在设计、安装、运行质量、节能系统调节、设备材料以及经营管理模式等方面采用高新技术。如目前在供暖系统节能方面就有 3 种新技术：①利用计算机、平衡阀及其专用智能仪表对管网流量进行合理分配，既改善了供暖质量，又节约了能源；②在用户散热器上安设热量分配表和温度调节阀，用户可根据需要消耗和控制热能，以达到舒适和节能的双重效果；③采用新型的保温材料包敷送暖管道，以减少管道的热损失。近年来低温地板辐射技术已被证明节能效果比较好，它是采用交联聚乙烯（PEX）管作为通水管，用特殊方式双向循环盘于地面层内，冬天向管内供低温热水（地热、太阳能或各种低温余热提供），夏天输入冷水可降低地表温度（目前国内只用于供暖）。该技术与对流散热为主的散热器相比，具有室内温度分布均匀，舒适、节能、易计量、维护方便等优点。

高能效的采暖、空调系统与围护结构方面削减室内冷热负荷的措施并行，才能真正地减少采暖、空调能耗。首先，根据建筑的特点和功能，设计高能效的暖通空调设备系统，例如热泵系统、蓄能系统和区域供热、供冷系统等。其次，在使用中采用能源管理和监控系统监督和调控室内的舒适度、室内空气品质和能耗情况。如欧洲国家通过传感器测量周边环境的温、湿度和日照强度，然后基于建筑动态模型预测采暖和空调负荷，控制暖通空调系统的运行。在其他的家电产品和办公设备方面，应尽量使用节能认证的产品。如美国一般鼓励采用“能源之星”的产品，而澳大利亚对耗能大的家电产品实施最低能效标准（MEPS）。

12.3.4 利用新能源

新能源有效地开发利用要以高科技为依托。如开发利用太阳能、风能、潮汐能、水能、地热及其他可再生的自然界能源，必须借助于先进的技术手段，并且要不断地完善和提高，以达到更有效地利用这些能源。

人们在建筑上不仅能利用太阳能采暖，太阳能热水器，还能将太阳能转化为电能，并且将光电产品与建筑构件合为一体，如光电屋面板、光电外墙板、光电遮阳板、光电窗间墙、光电天窗以及光电玻璃幕墙等，使耗能变成产能。

人们对各种太阳能利用方式进行了广泛的探索，逐步明确了发展方向，使太阳能初步得到一些利用：①作为太阳能利用中的重要项目，太阳能热发电技术较为成熟，美国、以色列、澳大利亚等国投资兴建了一批试验性太阳能热发电站，以后可望实现太阳能热发电商业化；②随着太阳能光伏发电的发展，国外已建成不少光伏电站和“太阳屋顶”示范工程，将促进并网发电系统快速发展；③目前，全世界已有数万台光伏水泵在各地运行；④太阳热水器技术比较成熟，已具备相应的技术标准和规范，但仍需进一步地完善太阳热水器的功能，并加强太阳能建筑一体化建设；⑤被动式太阳能建筑因构造简单、造价低，已经得到较广泛应用，其设计技术已相对较为成熟，已有可供参考的设计手册；⑥太阳能吸收式制冷技术出现较早，目前已应用在大型空调领域；太阳能吸附式制冷目前处于样机研制和实验研究阶段；⑦太阳能干燥和太阳灶已得到一定的推广应用。但从总体而言，目前太阳能利用的规模还不大，技术尚不完善，商品化程度也较低，仍需要继续深入广泛的研究。

在利用地热能时，一方面可利用高温地热能发电或直接用于采暖供热和热水供应；另一方面可借助地源热泵和地道风系统利用低温地热能。

12.4 节能减排途径

“十一五”规划期间，建筑节能要实现节约 1.01 亿 t 标准煤，节能建筑的总面积累计要超过 21.6 亿 m^2，其中新建 16 亿 m^2，改造 5.6 亿 m^2。从 2008 年 7 月 1 日开始，强制推行北京、天津、大连、青岛、上海、深圳 6 城市的所有新建筑要一步达到节能 65% 的标准。这将为相关节能设备和节能材料生产商提供历史性的发展机遇。

12.4.1　建筑设计的节能

（1）重视建筑节能设计，强制执行有关建筑节能技术标准，要把建筑节能作为建筑设计是否达标的重要考核项目，在保证室内热环境及卫生标准的前提下，做好建筑采暖、空调系统以及采光照明系统节能设计，考虑厨房、沐浴间的通风条件，预留排烟道口，提高建筑物的保温、隔热性能，充分利用自然采光和自然通风的能力，确保单位建筑面积能耗达标。

（2）采暖区的建筑物要因地制宜地推广各种保温性能优良的门窗、屋面和墙体，选用合理的窗墙比和建筑体形，提高门窗的气密性。在寒冷地区扩大推广双玻窗或双层窗，严寒地区根据气候条件可采用三玻窗或三层窗或其他高效保温节能窗。近期着重研究保温节能门窗、门窗密封技术、外保温墙体成套技术、内保温墙体的墙面防开裂以及热桥和结露处理技术、屋面高效保温防水隔热技术、用户可自行调节的按实耗热量计量的仪表及采暖系统、供热制冷系统运行调节及水力动态平衡技术、被动式太阳房和沼气应用等技术，组织节能建筑和节能住宅小区示范试点。

（3）根据国家经济发展状况和能源供应条件，采取供暖供冷手段，逐步改善居室热环境。夏热冬冷地区要按照标准提高建筑物的保温、隔热性能，尽量利用自然通风。

（4）优先采用节能型采暖、空调设备及系统采光照明系统。采暖管网系统应便于计量收费及控制调节，合理确定供热（冷）指标，加强管道保温，配套必要的监测计量仪表，提高供热（冷）系统的水力平衡、运行效率和自动化程度。充分利用自然光，积极发展高效、长寿节能光源和灯具。

（5）重视居住区的环境设计，大力发展庭院绿化，为住户创造必要的日照与通风条件，为建筑节能创造良好的室外环境。

（6）要充分利用自然光，积极采用人工照明，优先选用高效、长寿的节能光源和灯具。

（7）因地制宜地积极开发利用太阳能、地热等自然及再生能源，重视回收废热余热，有条件的地方要积极利用沼气。

12.4.2　建筑材料与设备的节能

（1）积极推广使用新型建筑材料。大幅度减少使用实心黏土砖，积极采用能耗低的空心黏土砖、空心砌块、粉煤灰制品、加气混凝土。积极开发、利用发泡聚苯乙烯、岩棉、玻璃棉、膨胀珍珠岩及各种高效保温材料。

（2）改革传统外墙和屋面，提高保温隔热性能，因地制宜地推广保温性能好的围护结构，发展节能型墙体和屋面，重点推广外保温墙体，采用合理的窗墙比及建筑体型。大力推广节能型门窗、门窗密封条及热反射保温隔热窗帘，重点发展塑料门窗，提高建筑物保温、隔热和气密性能。

（3）根据生活用能必须计量收费的原则，引进、消化、研究开发相关技术及产品，在引进消化基础上，研究开发几种蓄冰空调技术及产品。

（4）根据能源及气候条件，研究开发不同能源的热泵技术、产品以及天然采暖设备。

（5）推广溴化锂吸收式制冷技术，平衡燃气及供热企业冬夏供需不均的矛盾，提高能源利用率。

（6）各类建筑设备产品都要在满足使用功能要求的前提下，使额定能源利用率达到节能目标。淘汰和改造能耗高的建筑设备产品。要吸收高新技术成果，开发节能型建筑设备产品，提高设备运行时的部分负荷下的能源利用率。在夏热冬冷地区，尽快发展灵活高效的用户可调控的采暖和降温设备系统。

12.4.3 加强建筑节能标准化工作

（1）加速制定各项建筑节能标准，逐步配套成为系列，其中包括室内热环境标准、能耗定额标准等基础标准；民用建筑采暖能耗检测方法、空调能耗检测方法等通用检测方法标准；空调制冷机房等运行管理标准；新建采暖居住建筑节能设计标准、已建采暖居住建筑节能改造设计标准、各类公共建筑节能设计标准以及夏热冬冷地区民用建筑节能及湿热环境设计标准等。

（2）开展对已颁节能标准的监督、节能产品达标的认证、建筑物和住宅小区能耗的检测评价等工作。

12.4.4 加强已建建筑的节能改造

（1）对已建建筑物的采暖空调水系统进行水力平衡改造的调试工作，加强对锅炉房、空调制冷机房等的运行管理和维修，在保证要求的室内温度的前提下，提高能源利用效率，降低建筑物的日常使用能耗。

（2）采用先进、成熟、实用的节能技术和科学的管理方法，有计划地对已建的采暖空调建筑围护结构和设备系统实行节能改造，使性能达到规定的各项指标。加强用能的组织管理，改进运行维护，以降低能耗。

12.5 趋势与机会

12.5.1 趋势

最近20年来，中国建筑的能耗以每年超过10%的速度增加，现在已占全国总能耗的25%。随着人们生活水平的提高，这个数字将会继续上升。能耗的飞速攀升主要归因于家电保有量的增加以及新的民用和商用建筑数量增加。家电保有量的迅猛增长也是推动建筑能耗增大的重要原因。

12.5.2 机会

12.5.2.1 节能建材投资机会

我国节能建材行业面临着广阔的发展空间，未来每年仍将保持10%以上的增速。建筑节能最关键的环节就是新型节能建材的运用。石膏板、塑钢门窗和节能玻璃行业的龙头，投资价值显著。新型墙体材料、保温材料、门窗材料节能效果明显。随着我国城镇化的推进、建筑节能政策的日益严格和完善，节能建材将获得更加广泛的应用。节能建材正在进入快速发展时期。国家对于节能建材给予了大力扶持的政策，通过制定大量的法律政策、税收优惠、政府基金和信贷支持等措施，鼓励节能建材的生产和使用。节能建材在经济适用房、保障性住房的建设中得到了更高比例的运用。

12.5.2.2　房地产业及上下游产业链投资机会

房地产业正在迎接一场划时代的节能革命。2008 年 10 月 1 日正式实施的《民用建筑节能条例》（简称《节能条例》），设置了以建筑能效测评标示为特征的新建建筑市场准入制度，并要求对既有居住建筑进行节能改造。

新政策不仅开启了一个巨大的建筑节能市场，由于房地产业在国民经济中牵一发而动全身的地位，必然带动上下游产业发生深刻的节能革命，推动新能源产业和技术的快速进步。建筑节能搞好了，将从根本上推动房地产业以及上下游产业的节能减排和结构调整，整个经济社会的科学发展也将有一个较大进展。我国目前有 400 亿 m^2 的既有建筑，估计至少有 1/3、约 130 多亿 m^2 需要进行节能改造，按改造费用 200 元/m^2 算，仅既有建筑的节能改造就有高达 2.6 万亿元的大市场。

从整个经济全局看，建筑节能也是一项不得不为的革命。目前，建筑能耗已占到中国全社会总能耗的 27.5%。“十一五”规划中对建筑节能提出了节约 1.2 亿 t 标准煤的目标，但从住房和城乡建设部发布的 2007 年全国建设领域节能减排专项监督检查建筑节能工作检查报告来看，2007 年建筑节能工作成效与完成“十一五”规划的目标相比，差距很大。

2008 年 8 月初国务院办公厅颁布《公共机构节能条例》和《民用建筑节能条例》，并于 10 月 1 日起正式实施。建筑节能终于摆脱多年来依靠行政命令推动的局面，迈进一个有法可依、依法行政的新阶段。

12.5.2.3　新技术推广契机显现

2008 年奥运会期间，奥运村的空调供冷使用的正是以再生水为能源的热泵冷热源系统。北京市地质勘察技术院与北京华清集团合作，完成了奥运村再生水热泵冷热源系统。在奥运村北侧 4km 处，有一个清河污水处理厂，每天超过 40 万 t 的污水经过处理后变成二级出水排入清河。这套系统主要由再生水取水退水管线、换热站、中心机房、奥运村末端散热器 4 个部分组成，其中热泵机组是“心脏”部分，中间循环着的是不破坏大气臭氧层的绿色环保“工质”。夏季制冷时，设置在各个房间内的风机盘管吹出徐徐凉风，把房间热量通过冷冻水循环带入热泵机组蒸发器，热量由“工质”气体、液态的变化，最终转移到再生水中来，再生水的温度从 26.5℃升到 35℃，但水质并不发生变化，也不会消耗水量，最终仍然回归清河。通过对清河污水处理厂的再生水进行了水温、水量、水质监测试验，监测结果表明，再生水夏季水温最高 26.5℃，冬季水温最低 12.5℃，与室外大气温度温差 10～20℃，是良好的低温热源和散热体。

相对于常规制冷方式，奥运村再生水热泵冷热源项目可以节电 15% 以上，冬季每年从再生水中提取能量折合标准煤约 3600t，折合天然气约 270m^3，比燃煤采暖可减排二氧化碳 8600t，二氧化硫 48t、粉尘 80t。

对北京而言，目前日处理污水量约 268 万 t，如果参照奥运村的设计模式，可以为 2000 万 m^2 的建筑供暖，供冷。

13

煤炭行业的节能减排

13.1 煤炭行业运行状况

煤炭工业是关系能源安全和国计民生的重要基础产业，是我国一次能源主要生产部门，原煤产量从新中国成立时的3240万t发展到2007年的25.36亿t，为钢铁、化工等工业提供重要的原料，在国民经济发展中具有重要的战略位置。煤炭行业的健康发展、长期稳定的煤炭供应保障是国民经济持续、健康、快速发展的重要前提条件。

13.1.1 煤炭总体供需基本平衡

随着国民经济的快速发展，重工业化程度不断增强，主要用煤行业继续保持高速增长，导致对煤炭需求激增。但我国煤炭供需关系近两年基本保持平衡，2006年我国原煤产量完成23.8亿t，同比增加1.9亿t，增长8.1%，增幅同比高出0.1个百分点。而2006年我国煤炭表观消费量达到230021.55万t，同比增加19495.05万t，增长9.26%，增速比2005年上升0.14个百分点。虽然国内煤炭需求持续旺盛，但我国煤炭总体供需平衡，煤炭市场整体走势始终处在资源相对充裕的状况，未形成供大于求的局面。

13.1.2 煤炭价格持续上涨，企业利润有所增加

2006年，商品煤售价和电煤平均单价分别为301.55元/t、218.16元/t，同比增长11.6%和1.61%，价格均达到1997年以来的历史最高点。在动力煤价上升的带动下，炼焦煤和无烟煤的价格也呈上涨态势。2007年，原中央财政煤炭企业商品煤平均售价315.46元/t，比去年同期平均售价增加9.55元/t，上升3.1%。供发电用煤平均售价237.03元/t，比去年同期平均售价增加14.06元/t，上升6.3%。至5月，原中央财政煤炭企业补贴前盈利77.1亿元，同比增加24亿元，增长45.2%；全国规模以上煤炭企业补贴后实现利润308.5亿元，同比增加92.96亿元，增长43.12%。从企业盈利能力看，成本费用利润率10.39%，与去年相比，基本持平。

13.1.3　关闭小型煤矿加快资源整合

据最新统计，2006年底，全国30万t/a以下的小型煤矿数量由2005年4月的24055处，减少到15734处，减少了8321处，2007年全国规模以上煤炭企业达到7066家，其中原煤产量超过千万吨的特大型煤炭企业达到34家。大、中、小型煤矿生产能力比例达到49∶12∶39。通过积极推进煤炭资源整合工作，大型煤矿生产能力提高，小煤矿数量大幅度减少。

13.1.4　大型煤炭基地建设取得阶段性成果，大型煤炭企业集团发展加快

“十五”期间建设的大、中型煤矿，主要分布在大型煤炭基地内。2005年，大、中型煤矿产量占54%，比2000年上升7个百分点；原煤入选率32%，比2000年提高6个百分点；在建煤矿中，大中型煤矿规模占82%。2007年，已形成亿吨级以上的煤炭企业2家，千万吨级以上煤炭企业34家，煤炭企业与电力、化工等企业合作步伐加快，向区域化、多元化发展，23家煤炭企业跨入全国500强。

13.1.5　科技进步步伐加快，技术面貌进一步改善

以煤炭企业为主体的技术创新体系初步建立，攻克了一批行业共性的关键技术难题。年产400万～600万t煤炭的综采技术装备和年产400万t级煤炭洗选成套设备实现了国产化，开发了具有自主知识产权的煤炭液化技术，并启动了煤炭液化产业化工程。一批煤炭企业的生产和安全指标达到了世界先进水平。

13.1.6　煤炭出口继续下降，进口大幅增加

在我国宏观经济政策引导下，近年我国煤炭净出口总体上呈逐年下降趋势，2006年降至2505万t，比2005年减少2048万t，同比下降45%，降幅比2005年增加了12个百分点；同年，我国煤炭出口继续减少，全年全国煤炭出口6330.76万t，同比减少838.84万t，同比下降11.7%，而同期我国煤炭进口不断增长，2006年我国进口煤炭3825万t，同比增长46.1%，同比增加701.5万t，比2005年增加了8.41个百分点。预计未来我国煤炭出口将进一步减少，进口继续保持涨势。图13.1和图13.2分别表示1999～2006年我国煤炭进口数量变化趋势和2006年1～12月我国煤炭进口量变化趋势。

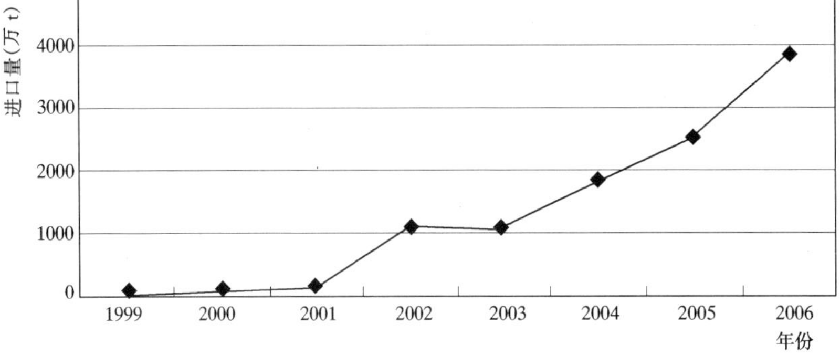

图13.1　1999～2006年我国煤炭进口数量变化趋势

资料来源：中国煤炭工业协会。

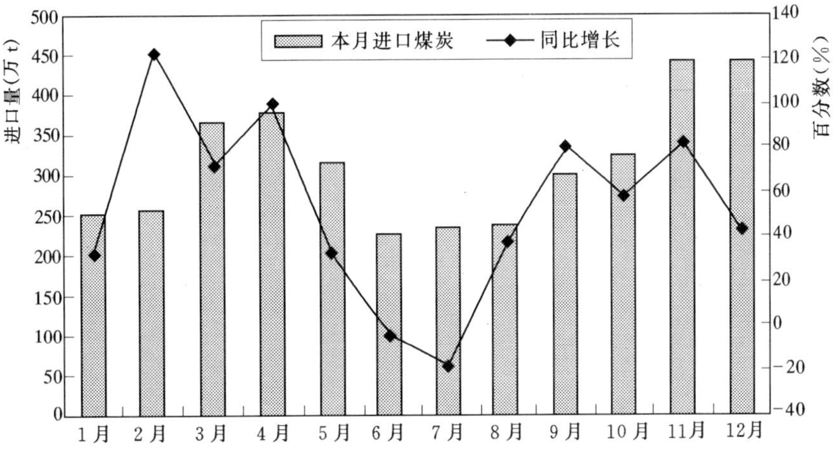

图 13.2　2006 年 1 ~ 12 月我国煤炭进口量变化趋势

资料来源：中国煤炭工业协会。

13.2　煤炭工业能耗和废弃物排放情况

13.2.1　煤炭生产主要能耗

2007 年共产原煤 25.36 亿 t，据不完全统计，煤炭行业总用能量约 13079 万 t 标准煤，原煤生产直接耗能 3170 万 t 标准煤，耗电 540 亿 kW · h，年综合能耗 1 万 t 以上的煤炭企业吨原煤综合能耗为 12.77kg 标准煤，吨原煤生产耗电为 21.58kW · h。

煤炭赋存自然条件决定煤炭生产的能源消耗差异。煤炭生产是资源开采行业，不同矿区、不同煤层的赋存条件差异性很大，由此带来的矿井规模、开拓方式、开采工艺、装备水平、加工能力、运输条件等大不相同，导致不同的煤矿在能源消耗上差异很大。

13.2.2　煤炭生产废弃物排放及利用

煤炭生产，必然排放大量的煤矸石、矿井瓦斯和矿井水，必然要塌陷破坏部分土地。大量煤矸石如果不加以利用，堆存在地面，必然还要占压大量土地，这是煤炭生产本身无法避免和消除的问题。随着煤炭产量的增加，煤矸石、矿井水和矿井瓦斯也在按比例增加，煤矿“三废”排放，加剧了矿区生态环境的破坏。

同时，煤矸石含有大量低品位能源，加以利用，既能回收大量能源，又避免了环境污染；如果不加以利用，煤矸石还会逐渐自燃，加大烟尘和 SO_2、CO_2 排放；瓦斯主要有害成分是甲烷，是强烈的温室效应气体，如果加以富集利用，又是优质清洁燃料和工业原料；矿井水是深层地下淡水，水质一般都比较好，流经采场空间也主要混入煤粉与粉尘，少量人为污染，很容易加以净化利用。我国本身就是淡水资源比较贫乏的国家，70% 的煤矿区及其周边缺水，这些如果不加以利用是十分可惜的。

1. 煤矸石排放及综合利用

2007 年全国煤矿共产生煤矸石、洗矸和煤泥约 4.7 亿 t，综合利用量达到 2.26 亿 t，加上填坑复垦，利用率超过 58%，其中低热值燃料发电利用煤矸石 1.3 亿 t，煤矸石积存量已达 45 亿 t，占地约 1.5 万 hm^2。全国规模较大的矸石山约有 2600 座，有 130 余座矸石山在自燃。

煤矸石综合利用的主要途径有：

（1）煤矸石发电。

（2）煤矸石制新型建材。

（3）煤矸石作水泥混合材料。

（4）煤矸石作筑路和充填材料等。

2. 矿井水排放及综合利用

据全国煤矿矿井水水质调查资料，矿井水普遍含有的悬浮物以及可溶的无机盐类，通过沉淀、过滤、絮凝、生物膜、反渗透等净化深度工艺技术处理，可用于矿区及周边社会的工业和生活用水，实现分质供水、优质供水，有效缓解了矿区水资源紧缺的局面，同时也避免了因矿井水等污废水的排放造成大量水资源的浪费和对周边环境的污染。

2007 年，我国排放矿井水 54 亿 t 以上，占全国工业废水排放量的 10% 左右。此外，还排放洗煤等工业废水 6000 万 t、生活污水约 6000 万 t，内含 COD 1.0 万 t，BOD 5.5 万 t。受煤炭赋存条件影响，全国各地煤炭矿区矿井水排放量差距较大，主要排放量集中在东部与南方煤矿，西北产煤区矿井水排放量较小。

目前，矿井水利用量约 29.7 亿 m^3，利用率达到 55%。

3. 煤矿瓦斯排放及综合利用

煤矿瓦斯排放分矿井风排瓦斯和矿井抽放瓦斯两种渠道。矿井风排瓦斯中甲烷含量很低，《煤矿安全规程》限值不得超过 1.5%，目前尚无利用途径，测算每年排放甲烷量在 150 亿～200 亿 m^3（折纯）。为了矿井安全生产，进行的瓦斯抽放，大多甲烷含量超过 30%，可以加以利用，为了充分利用矿井瓦斯资源，正在示范性采用地面钻采矿区瓦斯（煤层气），其甲烷含量很高，一般都在 95% 以上，是很好的天然气。瓦斯如果不加以利用，排到大气中会造成严重的大气污染。

据统计，2007 年国有重点煤矿中有高瓦斯矿井 152 处、煤与瓦斯突出矿井 154 处，高瓦斯、突出矿井数量约占 49.8%，煤炭产量约占 42%，主要分布在安徽、四川、重庆、贵州、江西、湖南、河南、山西、辽宁、黑龙江等省（自治区、直辖市）。2007 年煤矿抽出瓦斯 43 亿 m^3，地面煤层气钻采 4 亿 m^3（折纯），综合利用了 16 亿 m^3，共建成低浓度瓦斯发电组 360MW，还有部分供矿区和附近城市民用。

13.3 煤炭工业节能减排现状

13.3.1 主要成绩

1. 主要能耗指标显著下降

煤炭企业依靠科技进步，调整产业、产品结构，延伸产业链，加强资源综合利用，发展循环经济，按照党中央、国务院的要求，克服重重困难和各种不利因素的影响，节能减排工作取得了很大进展。在消化了原煤生产能耗年均自然增长 4% 情况下，原煤生产主要能耗指标有所下降。

据国家统计局2007年统计资料显示，煤炭行业年综合能耗1万t以上的煤炭企业吨原煤综合能耗为12.77kg标准煤，比上年同期降低4.4%，吨原煤生产耗电为21.58kW·h，比上年同期降低4.3%。

2. 节能减排纳入企业重要议事日程

中国煤炭工业协会于2006年成立了煤炭工业促进节能减排工作领导小组，组织开展一系列促进节能减排的活动。各煤炭企业都建立了工作体系，设立了节能减排管理机构，建立了节能减排责任制和考核体系，层层落实节能减排的各项指标，保障了节能减排工作的顺利开展。

3. 煤炭环境经济发展取得新进展

淮南、平顶山、抚顺、西山、新汶等第一批国家循环经济试点矿区，探索新的发展模式的步伐加快，取得明显成效。淮南矿业集团树立新的环境资源理念，坚持市矿统筹，立足于建设新型能源基地，构建循环经济产业链，实现了煤电、节能、降耗、减排、增效有机统一。平煤集团公司按照减量化原则，积极推行绿色开采和清洁生产，走出了一条较为成功的资源化和产业化道路。抚顺矿业集团依托特有共伴生资源，大力发展以油母页岩炼油为核心产业，走出了一条煤炭资源枯竭矿区转产振兴之路。西山煤电公司大力发展循环经济，形成了一个完整的煤炭—洗选—发电—建材的产业链，为煤炭企业发展探索了一条新路。新汶矿业集团转变发展理念、创新发展模式，促进了传统产业新型化，新兴产业规模化，逐步形成了“资源—产品—再生资源”的综合性循环经济模式。

4. 优化生产布局，强化工序节能

通过加强科学规划、合理安排煤矿采掘、运输、通风、排水、提升、供电、供水和通信等系统布局和生产过程中各系统运行的衔接，减少了各系统生产工序间的相互干扰和影响，提高了系统运行效率。通过优化各生产系统，强化系统内部的过程管理，加强煤矿信息化建设，实现矿井提升、排水、运输和通风等系统的自动化和智能化，减少因工序不合理造成的无效能耗。如新汶矿业集团公司下属各煤矿，针对生产过程中用能最大的“采、掘、机、运、通”五大系统，积极开展生产系统优化工作，通过重点抓提升、排水系统改造及峰谷分时用电管理，全面施行无功就地补偿、降低线路损耗、推广使用节能产品等措施，近几年来完成系统优化项目166项，产生直接经济效益1.9亿元。

5. 煤矿大量废弃物综合利用，实现减量化和资源化

随着煤炭生产的发展，对废弃物已经摆脱单纯处置，通过综合利用，实现了资源化和减量化，而且获得了经济效益和社会效益。目前，矿井水处理利用量约为29.7亿m^3，综合利用率已达55%，其中国有重点煤矿达到60%以上，部分矿区达到80%；煤矸石利用2.66亿t，综合利用率55%，主要用于发电、生产建材，作为公路、矿井场地基础材料和用于沉陷区充填复垦等，回收能量近5000万t标煤。矿井抽放瓦斯利用16亿m^3，利用率达到30%以上，主要用于瓦斯发电、民用和工业原料。如抚顺、铁法等矿区开始向邻近的大中城市供应燃气，晋城、峰峰等矿区开展了煤层气发电和化工生产试点工程。

6. 煤矿“三废”治理和生态恢复效果显著

目前国有重点煤炭企业的工业污染源普遍得到治理，90%以上的污水、烟气和噪声污染做到了达标排放；建设项目环境影响评价、环境保护“三同时”等各项环保法规也得到较好执行；在统计的国有重点煤矿中，矿井水外排达标率为95%；选煤水循环利用率为85%，外排达标率

超过 90%；自燃矸石山灭火治理率为 80%；部分地方国有煤矿环境污染治理工作也取得了生产与环保共进的新成绩。

13.3.2 存在的问题

尽管煤炭行业在过去的几年中，在节能减排方面做了很多工作，取得了明显成绩，但面临的问题仍然非常突出。

1. 资源回收率较低，资源能源浪费严重

由于受过去“有水快流”的影响和经济利益的驱动、管理不力等原因，形成了一大批地方、乡镇个体小煤矿，最多时达 8 万余家，目前仍然有约 2 万家。乡镇个体小煤矿由于受资金限制，装备差、技术力量薄弱、从业人员素质低、安全无保障、吃肥丢瘦、乱挖滥掘、大量破坏和丢弃煤炭资源，资源回收率仅有 10% ~15%，资源和能源消耗十分严重，煤炭资源回收率问题非常突出。

2. 产业结构不合理，生产效率总体水平低、能耗高

全行业产业结构不合理，生产效率远远低于世界主要产煤国家。2007 年全国 105 万多个煤矿，从业人员 550 多万人，生产 25.36 亿 t 煤，年人均原煤产量 400 多 t，而美国年人均原煤产量为 14285t，是我国的 30 多倍，澳大利亚年人均原煤产量为 7560t，是我国的近 20 倍。

3. 煤矿大部分技术装备较落后，系统不匹配，能耗高

我国煤矿量大面广，生产系统复杂、工艺系统落后，高耗、老旧设备多，系统不匹配，调控技术落后等问题突出。全国煤矿约有 40% 的耗能设备属于落后淘汰设备，原国有重点煤矿主通风机、主排水泵的平均效率只有 60%，系统运行效率低于 55%，比国外先进水平约低 15 个百分点。

虽然多年来改造了很多高耗能设备，但仍有大量抵消高耗设备未能得到改造，不适应节能和安全要求，因此高耗能设备更新改造和结构优化的任务很大，应继续加大投入，初步测算，尚有 20% ~40% 节能空间。

4. 原煤入选加工率不高

目前，世界上主要产煤国的原煤入选率均在 70% ~80%，而我国原煤入选率长期在 32% 左右徘徊，2007 年首次达到 43.6%。大量原煤直接燃烧，造成煤炭利用效率低，污染严重。未经加工的大量原煤长距离运输，不仅造成运力的严重浪费，而且也造成了煤炭消费地环境污染。据统计，目前国内煤炭铁路总调运量约 15.4 亿 t，平均运距为 600km，其中约 5 亿 t 未经洗选加工。如果按经洗选可除掉洗矸 18% 计算，那么参与调运的煤炭中约有 0.9 亿 t 矸石被运至四面八方，浪费运力大约 540 亿 t·km。

5. 煤矿“三废”利用率差距较大

煤炭行业大力发展煤矸石等废弃资源综合利用，符合国家法律法规和产业政策的要求，是发展矿区循环经济、推行清洁生产、节能降耗的有力措施和必然选择。国家规划要求“十一五”期间，煤炭行业矿井水、煤矸石、瓦斯利用率分别要达到两个 70% 和一个 80%，而现在的利用率分别为 44%、43%、33%，差距较大。

6. 破产和关闭矿井造成诸多环境问题

20 世纪 80 年代后期，煤炭行业原国有重点煤矿破产矿井逐渐增多。到目前，先后有近 300

处矿井破产或关闭，能力近1.5亿t/a。另外，自20世纪90年代后期开始，调整煤炭产业结构，关井压产，整顿煤炭生产秩序，先后关闭小煤矿6万多座，这些矿井的破产、关闭造成的环境问题却无人管理。据不完全统计，阜新、抚顺和黑龙江等一些老矿破产后造成大面积地表沉陷和地址灾害达3万hm^2，全部治理需用资金约数百亿元。

7. 节能环保管理滞后，行业法规和标准不健全

煤炭企业下放地方管理后，削弱了行业管理的力度，造成情况不清、基础数据不准、信息不畅等被动局面。原有的行业性的政策、法规和标准、制度等，随着形势的不断变化，已远远不能适应新形势的要求，有关煤炭行业的节能、环保、清洁生产标准等行业规章建设和修订工作缺失，亟待加强。

13.4 节能减排途径

国家发展和改革委员会同环保部发布了《关于印发煤炭工业节能减排工作意见的通知》，提出了煤炭工业节能减排的指导思想、基本原则和目标，从煤矿设计、煤炭生产、煤炭洗选加工、资源保护和综合利用方面提出了节能减排要求，对煤炭行业节能减排工作起到积极的推进作用。

13.4.1 通过加强选煤实现节能减排

目前，煤炭在能源消费结构中所占比重过大所引起的高能耗、高污染等突出问题，很大程度上制约了我国经济的可持续发展。选煤行业在煤炭行业节能减排工作中举足轻重，选煤行业重点应加强以下几方面工作。

（1）要加速新厂建设和老厂扩能升级改造，并实现选煤厂的大型化、规模化，实现集约化生产。

（2）要淘汰落后的选煤方法，大力采用先进、高效、合理简化的煤炭分选工艺，可减少生产环节和装备，降低水耗、介耗、电耗和油耗等，提高资源回收率。

（3）要加大科技开发投入力度，加速研发新型、高效、节能技术装备；要积极引进、消化、吸收国际先进技术；要研发大型化、自动化、高效节能的选煤技术装备，取代高能耗、低水平、处理能力小的落后设备，为大型选煤厂的生产运行提供装备保障。

（4）要提高选煤废弃物资源化利用水平。对于选煤副产品高灰煤泥、矸石等，要研究开发多样化的利用渠道，实现变废为宝和资源的合理利用。

13.4.2 加快发展环保产业实现节能减排

1. 制定煤炭企业环保产业发展规划

煤炭企业应将环保产业纳入企业长远发展规划，纳入年度投资计划，安排一定数量的资金投入环保产业，加快环保产业规模化、集约化进程。要在认真分析国内外市场需求和技术发展趋势的基础上，明确环保产业发展方向、目标和重点，坚持“有所为，有所不为”的原则，调整产业结构，制定配套政策，以现有的设计、机械加工、安装队伍为依托，充分发挥矿区技术和设备优势，逐步形成从引进开发到制造、施工的环保产业体系。不仅对内进行污染源治理，为改善矿

区环境状况服务，而且积极开拓外部市场，为企业创造更大的经济效益。

2. 实行科技创新发展战略

煤炭企业要注重引进技术的消化吸收和创新，加快环保企业的技术改造，促进环保产品的升级换代。通过合资、合作、直接引进等多种形式引进国外先进环保技术，在消化吸收和创新的基础上，进行综合集成和应用开发，形成具有自主知识产权的核心技术和主导产品。通过联营、投资、参股等多种形式，形成多方参与、利益共享、风险共担的产学研合作机制，建立起完善的环保产业科技创新体系，加速优秀环保科技成果的转化及其产业化，从而使环保产业上档次、上规模，形成持续发展的机制。

3. 大力发展资源的综合利用

资源综合利用是环保产业中一个传统产业，也是环保产业收入最多的部分。煤炭企业应该以矿区为依托，依靠技术开发、技术引进、技术改造和新技术推广，加快技术创新，延伸煤炭产业链，优化煤炭企业内部产品结构；以电力、煤炭和建材企业为主导，大力发展以新型墙体材料为主的建材产品，加大粉煤灰、煤矸石的综合利用；以钢铁、焦化企业为主力，拓展延伸煤化工产业链，扩大煤气综合利用途径，减轻环境污染；以冶金、化工、电力企业为重心，加大工业废水的循环利用。以此不断提高资源综合利用率和资源综合利用水平。

4. 积极推行清洁生产

将清洁生产作为环保产业的重要构成部分，是实现可持续发展的重要保障，是实现污染治理由“末端治理”向“前端治理”转变的重要措施。煤炭企业应大力发展煤炭深加工和转化项目，以煤炭洗选和型煤加工为主，推广洁净煤的应用。进行煤层气的开发和利用，优化能源结构。以炼焦和煤焦油加工为重点，发展第一代化工产品。以煤气化、液化为重点，生产第二代化工产品，带动后续加工业的发展，实现煤炭向化工产品转化的重大突破。

13.4.3　煤炭设计和生产实现节能减排

高瓦斯及煤与瓦斯突出矿井的瓦斯抽采利用系统，必须与矿井同时设计、同时施工、同时投入生产。合理安排瓦斯抽采与井下采场布局，提高瓦斯抽采和利用率，减少矿井瓦斯排放量。煤矿生产过程中要抓好通提排压四个主要环节的节能减排。大力推广一批潜力大、应用面广、先进适用的节能减排工艺、技术和设备。加快实施热电联产、余热余压利用、矿井生产系统优化节能、工业锅炉节煤、电机系统节电等共性技能技术，重点推广电机变频调速、煤矿瓦斯发电、矸石电厂低真空供热、绿色开采节能技术、LED 冷光源节能照明、高效工业煤粉锅炉系统等先进适用节能技术；大力推广应用煤矿区在矿井水、煤矸石、SO_2、煤泥、瓦斯等方面的治理及综合利用成熟减排技术。

13.4.4　发展循环经济实现节能减排

以煤矸石发电、煤矸石粉煤灰制砖等新型建材，矿井水净化利用，矿井瓦斯发电和民用、共伴生资源深加工综合利用为重点，大力发展相关产业和产品。重点形成原煤—洗选加工—清洁利用产业链、高硫煤煤化工产业链、煤炭—煤矸石—电力一体化产业链、煤炭—煤矸石—新型建材产业链、矿井水处理利用循环产业链、共伴生资源综合利用产业链等六条循环经济产业链，发展矿区循环经济，建成一批符合国家循环经济发展要求的煤炭企业。按照循环经济理念，推进企业清洁生产，从源头减少废物的产生，实现由末端治理向污染预防和生产全过程控制转变。促进企业能源消费、工业固体废弃物、包装废弃物的减量化与资源化利用，控制和减少污染物排放，提高资源利用效率。

13.4.5 管理制度实现节能减排

健全节能减排管理机构，建立企业节能减排工作体系，加强对节能减排工作的领导和指导。把节能减排工作纳入各级领导班子经营业绩考核体系，明确企业主要领导是节能减排第一责任人。建立行业节能减排部门联动机制。建立健全能源节约和环境保护的保障机制。建立和完善节能减排指标体系、监测体系。对政府下达的节能减排刚性指标，必须实行过程控制，企业内部要实行量化考核。要指标明确，工作任务具体，便于企业落实完成。

加强节能环保管理能力建设，建立长效机制，设立能源管理士（师）专职岗位和人员，统筹企业节能减排工作，从组织上和制度上保证企业节能减排工作的长期、深入开展。

强化对节能减排监督检查考核力度。严厉查处违反国家能源资源管理和环境保护法律、法规的行为。要强化节能环保执法，建立节能环保执法责任追究制度，对行政不作为、执法不力，依法追究有关主管部门和执法机构责任人的责任，要提高节能减排监管能力。

13.5 趋势与机会

煤炭行业的节能减排大有可为，如在发展煤层气、推广煤矸石发电、减少二氧化碳排放等方面，煤炭行业蕴藏着巨大的机会，将创造更大的社会效益和经济效益。

13.5.1 开发煤层气

在当今世界能源短缺与环境压力并存的条件下，煤层气的开发利用在减少温室气体排放、增加清洁能源供应、培育新的经济增长点等方面均具有重要意义。近两年，国家对于煤层气（煤矿瓦斯）的抽采利用，从税收、价格、补贴等方面制定了相应措施，大大激发了企业开发利用煤层气（煤矿瓦斯）的积极性。当前的重点是要把煤炭生产中排放的煤矸石和煤矿瓦斯等资源“吃干榨净”，加大煤炭洗选和煤炭洁净高效利用，实现精煤外运，低劣质资源就地转化。

“十一五”期间，仅沁南煤层气田就有可能实现瓦斯（煤层气）抽采量30亿m^3。其中，民用和工业燃气利用量14.5亿m^3，液化煤层气（LNG）5亿m^3，压缩煤层气（CNG）1.5亿m^3，化工转化5亿m^3，发电利用量4亿m^3。同时，要努力把煤层气管网建设作为关系山西省煤层气产业发展的基础工程。

能源发展转换的规律是从高碳到低碳，最后走向无碳。目前来看，低碳能源是低碳经济的基本保证，清洁生产是低碳经济的关键环节。因此，对于煤化工产业和煤的综合利用将成为后石油时代能源生产的重要内容。

13.5.2 节能技术开发和推广应用

技术进步是节能工作的核心推动力，技术转换应用同样是重中之重。一直以来，煤炭企业缺乏途径获得可信赖的节能技术，科研院校掌握大量技术却无法得到实际应用，要打破这种尴尬局面就需要煤炭节能技术研发走产业化道路，协调企业、科研机构、高等院校三方建立研究中心：第一，开展相关技术研究及应用工作，对已经成熟的技术通过技术市场推广应用，采用合资、转让、入股等方式盘活技术资源；第二，院校、机构与企业联合，走多元化的道路，如搞股份制，用知识经济作为资本参股；第三，三方建立起一整套规范的技术评价体系，建立和完善知识经济市场，加快知识成果转化实际应用的速度；第四，高校和企业开展人才的双向培养，互相交流，保证技术的实用性。这样，通过技术产业化逐步壮大技术研发优势，最终实现企业、科研机构、高等院校等一体化进行节能技术开发研究。当然，与此同时，还要有一整套的法律法规制度给予保证。

加强与其他行业沟通，开展相关技术研究及应用工作。某些在其他行业成熟应用的技术，特别是通用技术，通过相关的研究增加对煤炭行业的适用性。

14

交通运输行业的节能减排

交通运输是经济发展的基本需要和先决条件，社会经济的重要纽带和基础结构，对促进社会分工、大工业的发展和规模经济的形成发挥重要作用。交通运输行业作为主要的终端用能部门之一，其节能工作的成效对中国建立资源节约型社会，保证全国节能工作的有效实施具有重要意义。特别是由于交通用能以传统的石油及其燃料为主导技术模式，加大交通节能力度，将对节约石油资源、缓解石油消费增长压力、减少排放和提高环境质量等产生重大积极影响。

14.1 行 业 状 况

受国际金融危机和国内经济下行的影响，自2008年11月开始，运输需求大幅下降，主要生产指标连续负增长。2009年以来，交通运输工作主要是进一步加快交通基础设施建设，加强运输组织和安全监管，积极推进行业重大改革和发展方式转变。随着国家扩内需、保增长等一系列政策措施的逐步实施，运输生产形势出现了积极变化。从总体上看，2009年上半年交通运输经济总体企稳向好。

14.1.1 交通建设投资增幅明显提高

2009年上半年完成公路、水路交通固定资产投资4173亿元，同比增长40.4%，增幅提高36.9个百分点。分行业看，公路建设完成投资3627亿元，同比增长49.0%，其中高速公路建设完成投资1959亿元，增长55.1%。内河建设、沿海建设分别完成投资125亿元、297亿元，分别增长29.9%和5.8%。

在2008年，全社会完成交通固定资产投资7930亿元，其中公路建设完成投资6645亿元，同比增长24%。2008年，我国新增公路里程10万km，其中新增高速公路6433km，达到603万km，稳居世界第二。

14.1.2 新开工项目数量增加较快

全国新开工高速公路建设项目111个、建设里程1.2万km、计划总投资约7000亿元，同比分别增长3.6倍、5.9倍和6倍。其中新开工国家高速公路项目34个、建设里程3738km、计划总投资约2350亿元，分别增长10.3倍、5.4倍和5.5倍。

14.1.3 外贸集装箱吞吐量降幅呈现波动减小趋势

港口生产实现小幅增长，大宗货物运输明显升温。集装箱吞吐量仍然下降，但出现企稳迹象。一季度，规模以上港口货物吞吐量完成13.7亿t，同比下降3.3%。其中，外贸货物吞吐量完成4.4亿t，同比下降7.2%；内贸完成9.3亿t，同比下降1.3%。港口集装箱货物吞吐量完成2548万标箱，同比下降12.8%。而2009年上半年，规模以上港口完成货物吞吐量32.7亿t，同比增长2.6%，增幅比2009年一季度明显提高。受外贸矿石、原油以及内贸煤炭、矿建材料等运输拉动，港口货物吞吐量增速逐月回升，已连续4个月保持增长，其中内贸吞吐量增速显著高于外贸。

14.1.4 公路水路重点运输企业客运总体增长，但货物运输需求仍然不旺

2008年全国共完成旅客运输2396亿人次，累计同比增长77%；旅客周转量合计为233047亿人公里，累计同比增长79%。2008年全国铁路旅客发送量完成14.56亿人次，比上年增长10.6%；旅客周转量完成7728亿人公里，增长7.1%。公路客运量和旅客周转量分别完成221亿人次和12636亿人公里，比上年增长7.6%和9.8%，水路客运量和旅客周转量分别完成2.4亿人次和74.8亿人公里，比上年分别增长6%和下降3.8%。2008年公路客运量累计完成2207亿人次，同比增长76%，增速比上年下降了3个百分点，旅客周转量12636亿人公里，比去年同期增长98%。

在货运方面，全社会累计完成货运量2445亿t，同比增长93%，增速比上年同期下降18个百分点。全国铁路货物发送量和货物周转量分别完成32.9亿t和24828亿吨公里，增长4.5%和3.7%。公路货运量和周转量分别完成181.7亿t和12999亿吨公里，增长10.9%和14.5%。水路货运量和货物周转量分别为29.7亿t和65218亿吨公里，增长5.7%和1.5%。规模以上港口完成货物吞吐量58.7亿t，比上年增长11.5%。

14.2 节能减排现状及潜力

14.2.1 节能减排管理体系

交通运输行业作为主要的终端用能部门之一，其能源消费包括两个部分：①由完成运输活动的各种运输工具或设施直接消耗的能源；②由各运输组织或管理部门服务于运输生产活动对能源的消耗。通常所涉及的交通运输行业能源消费等相关概念是指前者，而后者则可归于其他用能部门。

交通运输领域的能源消费主要通过各种运输工具或设施通过对能源的消耗，驱动相应的运输工具来完成运输活动，实现人或物有经济目的的位移。不同运输方式的耗能类型包括以下几类。

1. 道路机动车

道路机动车包括通过各种能源驱动的道路机动交通工具，如各种类型的汽车、电车、拖拉

机、摩托车、助力车等。能源类型包括：汽油、柴油、电力、压缩天然气、液化石油气、燃料电池、甲醇、乙醇等。随着科学技术的发展，采用太阳能等更清洁高效能源驱动的汽车在研发阶段，环保型机动车不断得到应用与推广，机动车用能多样化和环保化将成为发展趋势。目前在中国，汽油和柴油是主要驱动燃料，占道路机动车燃料的绝大部分，压缩天然气、液化石油气在一些城市公共汽车和出租车开始使用，在吉林省、河南省等地区开始推广使用乙醇汽油［即在汽油中添加一定比例（如10%）的乙醇］作为机动车燃料。

2. 铁路机车

铁路机车目前包括蒸汽机车、内燃机车和电力机车三种类型，分别采用煤炭、燃油（主要是柴油）、电力作为驱动能源，磁悬浮列车也采用电力为驱动能源，可归于电力机车类型。中国目前三种耗能类型的铁路机车都存在，但主要是内燃机车和电力机车。

3. 民用航空

民用航空主要是指各种民用飞行器，以航空煤油为燃料。

4. 水路运输

水路运输包括各种在内河、湖泊、远近洋运输的船舶以及港口装卸作业设施等以不同类型能源作动力源，这些能源主要有柴油、重油、汽油、电力等。

5. 管道运输

管道运输主要是管道输送动力设施，消耗燃油、电力、原油、天然气等能源。

中国交通运输领域的能源消耗总量是上述5类耗能类型的运输方式的耗能的总和。由于不同运输方式分属于不同的交通行业管理部门，因此，包括行业能耗以及节能领域的管理工作由相应的管理部门负责，如：铁道部是铁路行业管理部门；交通部负责公路和水运（含港口）行业管理；民航总局负责民用航空运输行业管理；管道运输原来由国家石油天然气管道局管理，目前划归中国石油天然气集团公司和中国石油化工集团公司两家国有企业经营。

中国交通系统的一个特殊情况是城市交通作为一个相对独立的领域，传统上由住宅与城乡建设部管理，虽然目前在全国的部分城市中逐步改为交通部门管理城市交通，但大部分城市的交通基础设施作为城市整体基础设施的重要组成部分由各城市规划建设，并归建设部及其下属行业系统管理，如公共交通运营管理，出租企业运营管理等。在以城市机动车管理方面，公共交通系统归属建设部管理，而私人机动交通工具的管理在公安、交通、建设、环保等行业系统都有相应的职能。

此外，国家发展和改革委员会在交通基础设施建设项目审批、运输及相关服务价格、民用航空器进口、大型船舶、机动车生产许可认证、交通设施技术改造项目和跨运输方式运营组织协调等方面具有管理职能；国家环保总局、国家质量技术监督检验检疫局负责制订运输工具排放标准与质量技术标准；公安部行使对全国低速载货汽车的管理职能（即原来由农业部管理的各种农用运输车辆）；国家科学技术部在运输工具技术研发与试点推广等方面发挥主导作用。

上述分散的交通管理模式，导致在交通节能领域存在各自为政的状况，特别是在道路交通管理领域，城市外道路交通（公路运输）与城市交通相互隔离，私人交通管理缺位，对道路交通节能管理带来困难和混乱。

2007年交通部提出了交通行业节能减排的具体工作思路和要求，并公布了“十一五”规划第一批全国重点推广在用车船节能产品（技术）目录；继续推进京杭运河船型标准化工程，拆解、改造、淘汰挂桨机船近4万艘，实现挂桨机船在京杭运河的全面禁航；发布了《中华人民共和国航运公司安全与防污染管理规定》；进一步规范并严格实施了港口新（改、扩）建项目节能评估和审查工作；修订了水运行业部分节能标准规范，发布了《水运工程节能设计规范》。

在道路运输方面，交通部初步修改完成《营运车辆综合性能要求和检测方法》（GB 18565），把能耗作为营运车辆准入和退出的重要指标；组织实施了营业性车辆燃料消耗准入与退出专项行动计划；加大了运力结构调整、控制运力投放，在客车实载率低于70%的线路不投放新的运力，提高了客运车辆的运输效率和实载率。

在水运方面，制定发布了《关于港口节能减排工作的指导意见》，推行集装箱货场轮胎式起重机“油改电”技术，完成了我国主要港口企业节能新技术、新方法应用及生产能耗考核调研报告；组织完成了14项港口基本建设工程的节能评估报告审查工作，促进了港口企业加强能源管理；发布了《中华人民共和国航运公司安全与防污染管理规定》，开展了限制船舶污染物排放专项行动，对5225艘沿海船舶实行排污铅封管理，占我国沿海船舶的28%。

2008年在大力贯彻《中华人民共和国节约能源法》的基础上，完成了15项交通运输节能减排方面的标准规划的制（修）定工作，其中：道路运输方面完成7项；水运和港口方面8项，并持续开展港口新（改、扩）建工程的节能评估审查，到2008年年底为止，已经完成25项港口节能评估审查，为从源头上控制能源消耗起到了良好的作用。

14.2.2　交通运输行业能耗水平、状况、潜力

14.2.2.1　铁路运输

铁路是我国综合运输体系的骨干运输方式，在承担中长距离客货运输和短距离城间大运量客运领域具有其他运输方式难以比拟的优势。近年来综合单耗呈明显下降趋势，究其原因：①铁路牵引用能结构发生根本性变化。1990年铁路牵引用能87%为煤炭，到2003年铁路牵引用能只有不足3%使用煤炭，97%以上为柴油和电力。②铁路牵引动力终端能源利用效率得到提高。由于铁路牵引动力由过去80%以上用蒸汽机车牵引，改变到现在99%以上用内燃和电力机车牵引，牵引动力结构发生的变化，使能源消耗结构发生变化，铁路能源利用效率得到大大提高。蒸汽机车的终端能源利用效率一般在6%～9%，而内燃机车的终端能源利用效率达25%～26%；电力机车的能源利用效率达30%～32%。

我国的铁路行业目前仍是一个自成体系的独立系统，除运输经营活动外，还包括与运输活动相关联的上下游支持产业或服务体系。据预测，到2010年，铁路运输综合单耗水平将下降到85～90kg标准煤/万换算吨公里，以2000年为基准同比节能250～300kg标准煤/万换算吨公里。

14.2.2.2　公路运输

公路交通是各种交通方式中机动性最强、覆盖面最广的交通方式。自20世纪90年代以来，随着我国社会经济持续快速增长，公路基础设施条件不断改善，对公路运输的需求持续增长，例如，从1990～2000年的10年间，公路运输承担客运量和客运周转量占全部运输方式总量的比重分别从83.9%和46.6%上升到91.1%和54.3%，公路运输承担货运量和货运周转量占全部运输方式总量的比重分别从74.6%和12.8%上升到76.5%和13.9%。同时，城市化进程的加快也使城市道路交通需求呈现快速增长态势，直接表现为私人机动交通工具拥有量激增，从1994～2004年的10年间，全国民用汽车保有量从941.5万辆增加到2742万辆，年均增长11.3%，其中

私人汽车拥有量从205.42万辆增加到1365万辆，10年增长近6倍。根据有关部门统计，1995年和2000年，道路机动交通工具（包括交通运营部门、产业部门自备车、服务业自备车、私人汽车等）分别消耗各类燃油合计5354万t和8347万t。

在道路交通需求快速增长的同时，道路交通成为交通运输行业能源消耗增长较快的领域，特别是由于道路机动车的快速增长，总能耗量呈现持续快速增长的态势。道路运输是资源消耗型行业，每年消耗的成品油约占全社会消耗总量的28%。为建设资源节约型、环境友好型社会，要求道路运输必须转变发展模式。推进道路运输节能减排，转变道路运输发展模式，对于整个行业来说，其意义重大。发展现代道路运输服务业，实现道路运输由外延式的粗放型增长向内涵式的集约型增长转变；由在综合运输体系中的无序竞争向发挥各种运输方式自身优势、实现有效衔接转变；由无能耗指针限制、不能从源头上消除或取缔高耗能车辆从事道路运输，向完善车辆能耗标准化管理、实施准入退出机制转变。这些都事关交通行业的长远发展，事关交通行业的整体竞争力。

公路运输节能主要从车辆、道路和运输组织三个方面考虑。

首先，降低运输车辆的能耗水平，这需要从新车节能技术研发推广和现有车辆检测维护入手，前者需要通过相关政策标准对生产企业进行源头控制，后者是交通部门可以管理的内容，可以通过政策标准强制性淘汰老旧高耗能车辆、通过经济杠杆促进车型结构优化、加强车辆检测维护、对驾驶员进行专业培训等手段达到节能目的。

其次，通过改善道路条件，完善路网结构，可以达到节能降耗的目的。

第三，通过优化运输组织结构，提高公路运营车辆的实载率和里程利用率，降低空驶率来提高劳动生产率，从而达到降低能耗和节能目的。

此外，加强交通行业节能机构能力建设，使节能工作制度化，对促进交通节能具有长远意义。

据测算，如果采取上述综合治理措施，到2010年，全国公路运输行业营业性车辆汽柴油综合单耗降低10%，可节约燃油800万t左右。

随着经济的持续发展和居民收入水平的不断提高，民用汽车拥有量的数额快速增长，“十五”期间的年平均增长率为15%，其中私人汽车数量增长尤为显著，平均年增长率达到24.5%。国家统计局公布的资料表明，中国私人汽车拥有量已经由2002年的969万辆增加到2008年的4173万辆，同时民用汽油消费量由2002年的164万t增加到2005年的304万t，汽油消费增长率与私人汽车拥有量的增长率保持了较高的一致性。保守估计，2010年，中国汽车拥有量肯定超过7000万辆。

根据中国2004年11月出台的汽车行业首个油耗强制性国家标准《乘用车燃料油消耗量限制》规定，2009年中国乘用车百公里油耗将比目前水平降低15%左右。假设在“十一五”期间内的适当干预情景下可以完成此目标，则中国民用汽车节能潜力约为84.2万t标准煤。交通运输部门在“十一五”期间适当干预情景下的总节能潜力为2439万t标准煤（吨标准煤当量）。

14.2.2.3 水路运输

水路运输主要为通过各种交通类运输船舶承担货物或旅客运输活动，主要分为内河（包括运河、湖泊）运输、近洋/沿海运输和远洋运输。目前水路运输特别是远近洋货物运输量占较大的比重，2003年水运货运量和货运周转量占全社会总量的10%和53.3%。水运行业能源消耗为注册运输船舶燃油消耗，主要燃料类型为燃料油与柴油，运输综合单耗从1990年的138.6kg标准煤/万换算吨公里下降到2003年的90.4kg标准煤/万换算吨公里，呈下降趋势，主要原因是远洋运输船舶向大型化、专业化方向发展，同时，在不断加大老旧船舶淘汰力度的同时，船舶制造技术有不同程度的提高，从而整体上提高了船舶能源利用效率。

水运领域的节能主要集中在以下几个方面：

（1）在运输船舶动力设计领域采用高效节能技术和燃料替代技术，从源头控制能耗水平。

（2）船舶更新和加速淘汰老旧船舶达到节能目的，如船舶机型、船型、线型和推进效率等的改进，降低老船比重，淘汰木质船、水泥船，推广成熟的节能技术等。

（3）优化运输船队结构，如建立大吨位节能性船舶为主力的运输船队，在内河建立分节驳顶推船队为主力的运输船队，提高船舶载重量利用率等。

（4）在港口作业环节通过采用节能设备和优化作业流程达到节能降耗目的。

（5）加强水运节能能力建设，如建立节能中介服务机构，加强船舶用能检测，实施严格节能标准等。

据预测，到2010年，水运行业运输单耗达到70kg标准煤/万换算吨公里左右，以2000年为基准全行业同比节能115万~130万t标准煤。

14.2.2.4　民航运输

我国的民用航空运输在五种运输方式中发展速度最快。各种民用航空器是主要能源消耗工具，燃料类型为航空煤油。据统计，2003年我国民航运输能源单耗水平比1990年民航运输能源单耗水平下降了30%，主要源于机队结构优化和航线运营组织结构的优化使运输效率的提高。

由于民用飞行器从制造技术上实现节能的潜力有限，民航运输的节能将主要通过优化机队结构和航线结构，提高运输的规模化、网络化水平，从而提高整体运输效率，达到节能的功效。

14.2.2.5　城市交通

中国的城市交通是交通行业节能潜力最大、机会最多、但同时节能难度最大的领域。节能潜力最大是因为中国的城市交通存在的问题最多，如管理体制方面的、政策法规方面的、规划方面的、技术方面的、运营管理机制方面的、资金方面的等，国内外都有许多解决这些问题的经验和教训可资借鉴，在其中一个或某几个方面有所改进都将带来城市交通环境的改善和效率的提高，进而直接或间接起到提高能效和节能的实际效果。

机会最多是因为城市交通受关注的程度最深。由于城市交通所产生的道路拥挤所带来的外部不经济成为一个世界性的问题，特别是城市机动车排放对环境带来的负面影响越来越严重，城市交通的可持续发展受到广泛的关注。

节能难度最大是由于中国的城市交通在管理上分散，地方政府的认识不统一，不同城市所关注的交通问题的重点不一致，对交通节能与排放控制的重要性认识存在差异。这就要求我们在本领域的工作采取由点到面，从易到难逐步推进，同时要持续性地开展相关信息的宣传工作和机构能力建设，提高全社会的节能与环保意识。

城市机动车燃油消耗量占全部机动车能耗的1/2以上，城市机动车密度大，小汽车占比重大，在代用燃料技术方面推广应用的潜力非常大。此外，国内外城市交通的发展经验表明，通过加强城市交通出行需求管理、改善城市交通供给结构等手段都会提高城市交通运行效率，如采取经济手段限制私人机动交通工具使用、征（增）收燃油税、排放税、停车费、高峰时段和区段通行收费、开辟公交快速专用信道、利用智能交通系统实现自动控制、适度发展轨道交通等，都会提高城市交通效率，从而提高能效，降低排放。由于与城市交通节能/减排相关联的问题太多，很难计算某项活动的节能量。

14.2.3 交通行业节能领域存在的问题

目前我国营运车船石油消耗占全国石油终端消耗量的20%以上，而我国机动车油耗水平比欧洲高25%、比日本高20%、比美国高10%，载货汽车百吨公里油耗比国外先进水平高1倍以上，内河运输船舶油耗比国外先进水平高10%~20%，提高资源的使用效率潜力巨大；交通运输车船排放的废气污染占大气污染物总量的分担率较高，其中温室气体的排放对全球气候变化有着深远的影响，因此，发展节能、高效、清洁的新型运输工具，降低能源消耗和污染物排放，保护生态环境，成为交通发展的必然选择。但长期以来我国交通领域的节能减排缺乏对人—车—路多领域的全面综合研究，导致节能减排的效果不明显，影响了“资源节约型、环境友好型”交通行业的建设。

中国的铁路、公路、水运、城市交通等行业的节能在政策体系、体制机制、技术、资金、信息、能力建设等方面都普遍存在问题。除各行业存在个性的节能障碍与差距外，中国交通整体在节能领域存在一些共性的问题，概括如下。

14.2.3.1 没有充分认识节能的重要性

长期以来，中国自认为幅员辽阔、资源丰富，资源的有限性和能源安全等理念没有引起社会各界的真正重视，经济发展基本上走的是一条粗放式增长的道路，经济高速增长实际上是以资源（包括能源）的高消耗为代价的。即使在20世纪70年代初的世界石油危机之后的很长时间，中国也没有认识到世界能源潜存的危机将关系到自身的能源安全。到90年代，由于中国机动车快速增长造成城市污染加剧和交通拥挤严重时，环境问题开始得到重视，由此使能源问题成为附带考虑的因素。到90年代中后期，当中国由石油净出口国变为净进口国时，中国的能源安全才真正成为政府和有关专家学者关注的重大问题，但这种危机意识在社会公众中至今还很淡漠。

14.2.3.2 指标体系不完善、统计管道缺失、有关信息传播工作空白

由于长期以来交通行业的能效和节能的意识淡漠，有关交通能效和节能的基础研究十分薄弱，交通节能工作在一些行业内仅仅是一种生产活动中可有可无的附属工作。例如：全国的交通行业没有一个完整的指标评价体系，没有哪个机构能够真正提供与国际或发达国家相对接的交通能效体系；国家统计部门的能源统计只有一项“交通运输、仓储、邮电系统能源消耗”统计指标，没有具体的分类统计；交通行业在节能领域的研发和技术推广应用方面的资金投入十分有限，中国至今开展的一些较为系统的交通能效研究工作绝大部分都是国际机构或国外一些基金会或企业提供赞助，而且多是从交通对环境影响的角度来研究能效问题；中国交通行业相关管理部门在计划经济时代曾经建立了相对完整的行业性垂直管理的节能统计和管理机构，由于管理体制的改革，除铁路和民航外，其他运输行业原来的行业性节能管理和统计管道或弱化或撤销，给交通能效管理和节能工作带来极大不利；由于缺乏基础性的信息来源和研究工作，决策者难以得到准确和系统的有关交通能效、节能及相关信息，社会公众更无处了解这些信息。

14.2.3.3 政策法规不完善、标准化工作滞后、现有管理体制落后

中国虽然已经颁布实施了《中华人民共和国节约能源法》，但各交通领域与之配套的实施细

则或没有制定，或者虽然制定了实施细则，但由于机构的配套执法力度不够，实施难度较大，或者由于不同管理部门的职责交叉，一些规章覆盖面不全，操作困难。同时，有关交通能效/节能的标准都针对具体的技术制订，而与交通工具运营管理的规章大多以行业性规章或命令形式下发，一方面在管理、检测、执法的职能上存在不一致；另一方面规章的权威性不够，使得有关管理和执法工作难以有效开展，效果不佳。

14.2.3.4 缺乏适应市场经济环境要求的节能管理、监测和服务机制。

由于政府管理体制的改革，原有的节能管理机构能力在削弱，新的管理体制和服务机制没有建立起来，直接影响交通节能工作的开展。例如，公路和水运行业有关能效/节能工作的管理机构、统计管道明显削弱，特别是公路行业由于绝大部分营运车辆为个体分散经营，很难对他们的运输工具的节能工作进行管理；大量的非运营性社会车辆和私人车辆基本处于节能管理的真空，这些车辆大部分在城市运行，城市交通管理部门和环保部门更多是从排放角度而非能效角度进行管理，更有甚者，一些城市交通管理部门对低排量低能耗微型车辆实行区段限制，与节能要求明显相背；铁路行业虽然保留从上至下相对完整的节能体系，但随着铁路企业化改革的加快，该体系能否适应市场要求保留下来而不至于重蹈公路和水运行业的覆辙值得担忧。为了适应市场经济环境的要求，必须建立完善的节能法规体系，通过强有力的法律和经济手段来开展节能工作，依法管能，依法用能，并依靠市场运作的节能服务体系来推进节能工作，而不能单纯依靠行政手段来实现。

14.3 重点技术介绍

14.3.1 道路交通节能措施

14.3.1.1 替代燃料和先进汽车技术

中国已经实现了100万t燃料乙醇的生产，煤基替代燃料如甲醇、二甲醚（DME）、天然气将用于交通运输业。但是因为开发替代燃料涉及燃料生产的整体效率和社会总成本等问题，替代燃料的生产途径必须仔细研究。

燃料电池技术在远期（2050年）可以对可持续交通能源问题的解决发挥重要作用。但是，在未来20年，该技术可能对节油没有多大的影响。混合动力技术正在迅速发展，极有可能对中国未来20年内交通部门的节油有重要影响。为实现建立节约型社会，上海等大城市提出在2010年实现混合动力车10%的市场占有率；同时，在政府的经济政策和强有力的支持下，2010年混合动力车的数量将会增加至300万辆。

14.3.1.2 柴油轿车

由于柴油发动机的高效率，柴油车已经得到了许多国家的重视。先进的柴油机技术，可以提高燃油效率，减少尾气排放。

在欧洲，由于柴油车的普遍使用，车队平均油耗已由1980年的10.2L/100km下降至8L/100km。但是，与此同时，由于柴油车并未在美国大量使用，因此，美国车队的平均燃油效率变化只是从10.4L/100km下降至10L/100km。

目前，中国柴油车在总量中的比例是23.7%，而在乘用车中比重只有0.2%。一些研究者认为在 2010 年、2015 年和 2020 年柴油车在乘用车中的比例应该达到 5% 、15% 和 30% 。如果 20% 的乘用车使用柴油机，2020 年可节省 3000 万 t 石油，占石油总需求量的 5% 。

14.3.1.3 混合动力机车

完全混合动力机车的效率比传统汽油机车高 25% ~30%，且根据汽车型号（轻型、中型和重型）的不同，其成本也相应高出 500 ~3000 美元。2050 年以前，混合燃料机车将在中型货车和公交车市场中占领很大份额，但对于远程、重载柴油货车来说其效益较低。混合动力可以与柴油一同使用，获得更高效率，但也需要更多的投入成本，在 2015 年前还不具备大规模市场化的能力，高成本是其发展的最主要障碍。为了提高混合动力机车的技术性能并降低其成本，必须大力支持研发投入，并通过项目示范提供技术学习的机会，以降低开发成本。

14.3.1.4 乙醇（木质纤维）

作为汽油的替代燃料，木质纤维乙醇的 CO_2 排放量比汽油少 70% 以上，同时它可以降低农民与能源使用者之间竞争土地的现象。木质纤维乙醇的成本约为 1 美元/L 汽油当量，约是汽油的 2 倍，但随着大规模生产的发展，其成本有可能大幅下降，达到 0.45 ~0.5 美元/L 汽油当量。木质纤维乙醇面临技术和运营两方面障碍。技术方面主要突破如何将原材料发酵成五碳糖；在运营方面需要解决原材料搜集和运输问题，并保证合理成本。

14.3.1.5 生物柴油

生物柴油已直接用于传统机动车，且其排放的 CO_2 比传统柴油少 40% ~60% 。目前生物柴油的成本大约为 0.7 ~1.2 美元/L 当量柴油，比传统柴油成本高；由餐饮业废弃油炼制的生物柴油成本基本与传统柴油相同，但是其产量有限。FT（fischer - tropsch）生物柴油可以在很大程度上提高生物柴油的产量，但目前还不具有经济竞争能力。高成本和较高的土地使用面积是传统生物质能发展的主要障碍；另外，用大豆和棕榈油炼制生物柴油的生产过程还具有环境争议。因此，原材料供给的有限性可能会导致传统柴油和生物柴油的混合使用。

14.3.1.6 氢燃料电池汽车

氢燃料电池汽车是目前世界关注的焦点，可以实现零排放。其中，质子交货膜技术（proton exchange membrance，PEM）适用于客车和公交车，并已建设了相应的示范项目，其成本高到 USD2000/kW。目前燃料电池产品不具备市场竞争能力，高成本是该技术推广应用的主要障碍，因此，在大规模生产前，技术或经济挑战必须克服。燃料电池的性能主要受氢能存储、堆积及其他因素影响，同时还要面对生物柴油等技术的竞争。在此阶段，政府应建立完善的质量和安全标准体系，符合氢能作为燃料使用的需求。

14.3.2 铁路交通节能措施

14.3.2.1 节电

一方面，铁路部门把提高电气化铁路供用电功率因素、减少负序电流和谐波、提高电气化铁路用电效率，作为铁路开发、研究、示范的重点技术、积极推广电气化铁路功率因素补偿技术；另一方面，扩大推广新型绿色照明节电技术，推广新型光源，对车站照明进行自动控制，同时组织兰州、上海、南昌、济南铁路局参加世界银行赠款项目的绿色照明大宗采购活动，达到降低投资、提高照明度、保证工程质量的目的。

14.3.2.2 节油

“十五”期间，各种机车节油措施和技术装备得到推广，取得了显著效果。各铁路局大力推广使用柴油节能器和柴油添加剂，取得较好的社会效益和经济效益。低烧一号技术在北方地区的铁路局取得降低成本的显著效果后，在上海、济南、北京等铁路局也得到了广泛的应用。各种新型节油技术的研发也在紧张进行，变频调速、锅炉分层燃烧、供热管网智慧控制等锅炉高效燃烧节能技术的推广利用，极大地提高了能源、资源利用效率。在铁路新建工程项目中，扩大对太阳能、地热能等新型能源的利用，减少了石油、煤炭等不可再生能源的消耗。

14.3.2.3 节水

中水回用，冷却水循环使用，客车上水集中控制，供、用水管网查漏堵漏，车站、办公等公共场所采用免冲厕所，推广节水龙头等节水技术逐步引起各铁路局的重视。分质供水、一水多用的节水和水资源综合利用技术得到推广应用。机务储油罐试验使用太空隔热特种涂料，取消了喷淋，具备节约用水的潜力。

据报道，铁道部门还在积极开发用于铁道运输的新能源和可再生能源。铁路系统引入中美能源合作项目地源热泵采暖制冷技术，经过学习、培训、宣传、试点和示范，在北京、沈阳、上海、济南铁路局和地方合资铁路公司推广使用，避免了因烟尘排放造成环境污染，降低了采暖制冷的运营成本，节约了能源。利用太阳能解决沿线职工生活使用热水，已经成为各铁路局可再生能源利用的首选。废机油、废变压器油、废电解液、废旧钢轨、废旧物资回收再生利用也得到了普遍重视。

加快铁路电气化建设，积极推进节约和替代石油工程，是“十一五”期间铁路节能工作的一项重要目标。通过提高既有线路电气化效率和电力机车牵引 比重，到“十一五”期末，铁路将实现以电代油1200万t。

作为国家重要基础设施，铁路不仅具有占地少、效率高、能耗低、污染小等优势，也是可以以多种能源替代石油的综合性绿色交通运输工具。大力发展铁路，加快铁路电气化建设，将对缓冲中国能源紧张局面、减少石油消耗起到重要作用。为此，铁道部要求加快铁路电气化建设，实现“十一五”期末铁路电气化率45%、电力机车牵引比重80%以上的目标。同时，新建客运专线将全部使用电力牵引，并扩大机车向客车供电技术应用范围，在电气化区段逐步取消柴油发电车。

14.4 节能减排途径

随着我国交通运输业的快速发展，我国的经济和社会取得了前所未有的进步和发展，然而为之付出的代价也在不断增加。例如，自然资源的巨大浪费、生态环境的严重污染、运输耗费的不断增加、资源存量的相对短缺等矛盾和问题越来越突出，成为制约我国经济社会发展的重要因素。因此，合理使用、节约、保护能源和资源，提高资源的利用率，加大环境和治理力度，应该成为我国经济社会快速发展过程中一项长期的基本国策。

随着运输需求的快速增长，交通发展面临的能源和环境挑战日益严峻。做好节能减排工作，走资源节约、环境友好的发展道路，既是缓解交通发展与能源、环境矛盾的现实需要，也是创新交通发展模式的重要切入点，更是推进现代交通运输业发展、提高“三个服务”水平的必然选择。

交通运输业是仅次于制造业的第二大油品消费行业，油品消耗量约占全社会油品消耗总量的33%，是我国节能减排的重点行业。为进一步促进公路水路交通运输业平稳较快发展，交通运输部正全力推进包括建立行业节能减排统计监测考核体系、制定营运车辆燃料消耗量准入制度、推广新能源公共交通工具等措施，推进行业节能减排，转变交通发展方式。

交通运输行业节能减排的目标是：力争到2010年，形成更加合理的交通基础设施网络，结构性节能取得明显进展；节能科技创新体系和技术服务体系进一步完善，技术性节能取得积极进展；初步形成交通节能战略规划体系、法规标准体系、统计监测考核体系、政策支持体系和监督管理体系，节能监管能力和支撑保障水平有效增强，交通行业能源利用效率有效提高。到2020年，力争在结构性节能和技术性节能两个方面取得显著效果，形成交通节能长效机制。主要指标为：与2005年相比，到2010年和2020年，营运货车单位运输量能耗分别下降5%和16%，营运船舶单位运输量能耗分别下降10%和20%（其中，海运船舶分别下降11%和20%，内河船舶分别下降8%和20%），港口生产单位吞吐量综合能耗分别下降5%和10%。节能减排是一项长期工作，行业节能减排目标能否完成，“十一五”后几年的工作非常重要，交通运输部为此进行了周密部署。

14.4.1 建设节能型综合运输体系

根据各种运输方式的技术经济特征，合理配置运输资源，优化运输方式结构。铁路运输行业继续加快电气化线路建设和既有线路电气化改造步伐；公路运输行业在继续加快路网建设规模和提高干线等级的同时，不断改善运输车辆结构和运营组织，提高运输的集约化水平；水运行业将通过不断加速老旧船舶淘汰和优化运输船队结构、改善内河航道提高效率；民航运输将通过优化机场结构，形成干支结合的轮轴辐射式多极航线网络，提高舱位利用率；加快长干线和专用输油输气管道建设。大力发展多式联运，提高综合运输系统的整体效率和能源利用效益。

充分发挥公路、水路等运输方式在技术经济、能源利用和服务方面的比较优势，加快发展铁路和内河运输，加强与铁路、民航等不同运输方式的有效衔接和协调发展的研究，更加重视促进网络协调发展的研究，加快淘汰老旧铁路机车、汽车、船舶，鼓励发展节能环保型交通工具，开发和推广车用代用燃料和清洁燃料汽车。

积极支持现代物流企业发展，鼓励运输组织主体做优、做强。逐步建立和完善道路货运信息服务平台，加强对货运组织的信息服务。支持甩挂运输发展。合理控制运力增长，实载率低于70%的客运线路不得新增运力。支持航运企业向规模化、集约化方向发展。推进营运客车类型划分及等级评定制度，鼓励使用柴油汽车及重型车、专用车和厢式车。

引导航运企业优化结构，向规模化、集约化经营方向发展。积极推进《“十一五”期间长江黄金水道建设总体推进方案》，加快以长江黄金水道为重点的内河航运建设，充分发挥内河航运能耗低、污染小、占地少、运能大的比较优势。推进内河船型标准化，充分发挥航道和船闸等通航设施的能力。总结内河水运示范工程活动节能减排的先进理念和成功经验，在全国推广应用。

优先发展公共交通和轨道交通，科学规划公共交通行使路线，建设有利于节能的城市智能交通管理系统。积极推广应用各种燃油节约、替代技术和清洁燃料汽车，鼓励发展节能环保型交通工具，加快淘汰能耗高、尾气排放不达标的机动车辆。

应对城市化发展和城市交通机动化快速增长的挑战，不同类型城市根据自身的发展特点，以建立绿色城市交通系统为目标，构建可持续性的城市交通系统模式。超大城市和特大城市加快城市轨道交通建设，形成立体城市交通系统，大力发展城市公共交通系统，在主要干道开辟公共汽车快速专用通道，在客运枢纽站点建设完备的换乘与停车系统，提高公共交通效率，抑制私人机动交通工具对城市交通资源的过度使用。在大城市建立以道路交通为主，轨道交通为辅助，私人机动交通（如小汽车、摩托车等）为补充，合理发展自行车交通的城市交通模式。中小城市主要以道路公共交通和私人交通为主要方向，特别鼓励发展自行车交通。在经济相对发达的经济区发展城际快速轨道交通网。通过优化城市交通系统结构和完善城市间交通模式，提高城市交通系统效率并达到系统节能目的。

14.4.2　健全法规与监管

加快研究、制定和实施完善市场准入和退出监管体系。提高准入门坎，建立强制性的退出制度，坚决淘汰高耗能、高排放的运输工具和设备。营运客货车辆燃料消耗限值标准今年要启动实施，力争用 5 年时间使在用营运客货车辆全部符合燃料消耗限值标准。制定交通运输营运车船的燃料消耗量限值标准。组织研究制定营运船舶燃料消耗量限值和测量方法标准，探索建立营运船舶燃料消耗量准入与退出制度，限制高耗能船舶进入水路运输市场。借鉴国外经验，开展水路运输减少温室气体排放的对策与措施研究，探索建立船舶减排监管机制，提出船舶减排的行业性指导意见。

根据不同运输方式的行业管理特点，适应行业执法和市场经济规律作用的要求，根据《中华人民共和国节约能源法》制定与各交通行业管理特点与业务范围相适应的配套政策法规与相关标准体系，一方面保证在交通节能领域不留漏洞；另一方面加强不同交通管理部门在节能政策与管理方面的协调与合作，联合执法，增强执法监督力度，保证交通节能法规与标准的有效实施。在严格行业节能执法的同时，采取经济手段，鼓励各运输工具的经营主体或使用者重视节能改造，采用高效的运输节能技术或使用清洁的交通工具。

加快建立能源消耗和排放统计分析制度，将节能减排统计指标纳入交通运输部门统计制度，研究建立交通运输行业节能减排评价指标体系，制定监督考核办法，推动节能减排行业监管工作有序开展。依法加强对交通运输用能单位，特别是重点耗能企业节能减排的监督检查。

完善并组织实施交通行业能源统计与分析制度，将公路运输、水路运输和港口生产能源统计指标纳入部门统计制度，强化各项指标的统计调查、分析、预测和发布工作。各级交通运输主管部门要加强交通能源统计业务能力建设，改革统计方法，建立能源统计季报制度，定期开展交通行业能源消费状况的评估工作。加紧研究并建立交通行业节能减排监测考核体系，组织开展节能减排监测考核试点并制定公路水路交通节能减排监测考核的具体办法。

虽然近 10 年来我国汽车单车油耗下降了 10% 以上，但当前我国道路运输车辆能源利用效率与世界先进水平相比明显偏低，机动车油耗水平比欧洲高 25% 、比日本高 20% 、比美国高 10%，货车百吨公里油耗比国外先进水平高 1 倍以上，道路运输车辆技术节能大有潜力可挖。做好道路运输业的节能减排工作，组织、运营、管理只是一方面，如果机动车制造厂家提供的运输工具本身就是高耗能的，问题就很难解决。

交通运输部在此前就前瞻性地开展了“营运车辆燃料消耗准入与退出专项行动计划”，要从源头上控制高耗能、高排放车辆进入运输市场。为贯彻好2008年4月修订颁布实施的《中华人民共和国能源法》，交通运输部专门制定了《营运客车燃料消耗量限值及测量方法》、《营运货车燃料消耗量限值及测量方法》两项标准，分别于2008年4月、6月公布，9月1日实施。

交通运输部正在组织实施交通运输行业能源统计与分析制度的基础上，研究建立交通运输行业节能减排监测考核体系，并修订有关工程技术标准规范。近期，交通运输部将在山东省交通运输行业启动节能减排监测考核试点工作，并总结经验制定公路水路交通运输节能减排监测考核的具体办法，争取明年全面推开。

结合上述两项标准，交通运输部正在起草《道路运输车辆燃料消耗量检测和准入管理暂行办法》，多次组织召开了客货车生产主流企业、具有国家级资质的检测机构和道路运输管理机构、道路运输企业、科研院校有关负责人和专家学者参加的专题研讨会，当面听取了各方意见，并在互联网上向社会广泛征求意见，目前已完成初稿。该暂行办法一旦实施，地方各级交通运输主管部门和道路运输管理机构将严格按照交通运输部的统一部署和要求，禁止高耗油车辆进入道路运输市场。

交通运输部还着手制定《高耗油营运车辆提前退出道路营运市场的经济鼓励政策及实施办法》，并与国家发改委、财政部研究解决高耗油车辆提前退出营运市场的补贴资金。根据资金的落实情况，交通运输部将选择一些重点地区和道路运输企业，组织开展高耗油营运车辆提前退出的试点工作，力争用5年时间实现全部营运车辆达到燃料消耗量限值标准。

继续做好港口固定资产投资项目节能评估工作，严格执行节能评估审查制度并不断规范化。凡是年能耗量在2000t标准煤以上（含2000t）的港口新（改、扩）建工程项目，都应在工程可行性研究报告中单列“节能篇（章）”，并经评估机构评估、部能源管理办公室组织审查，鼓励年能耗量在2000t标准煤以下的港口新（改、扩）建工程项目开展节能评估审查工作。积极研究建立公路工程和客货站场建设工程等的节能评估制度。严格执行交通固定资产投资项目节能评估审查制度并不断规范化。凡是年能耗量在3000t标准煤以上（含3000t）的港口新（改、扩）建工程项目，都应在工程可行性研究报告中单列“节能篇（章）”，并进行评估审查。加大对评估项目节能措施落实情况的监督检查力度，规范交通固定资产投资项目节能评估工作。

14.4.3 技术创新与发展

道路机动交通工具是交通运输行业的重点耗能领域，采取综合治理措施，在继续提高道路网质量和优化公路网等级结构的同时，从机动车研制、开发，替代燃料与新型动力研发与技术推广，既有车辆监测、维护与淘汰，交通需求管理等诸多领域着手，多管齐下，标本兼治，提高机动车节能与减排的整体水平。

按照“客运高速化、货运物流化”的发展要求，在继续加快完善交通基础设施网络建设的同时，开发、推广、应用以现代信息网络为基础的智能交通系统，如城市交通流动态管理系统、车/船载导航系统、车辆跟踪系统、货运配载信息系统、船舶运输管理系统、车辆/船舶救援系统、车辆自动收费系统等技术，逐步提高运输系统效率，达到节约能源的目的。

14.5 趋势与机会

随着我国经济的不断发展，交通运输业行业发展环境随之趋好，政策环境和投资环境都有较大的改善，外资和民间资本在交通运输业中的比例将大大提高。

交通运输业作为国民经济基础性行业，在今年中国经济保增长中具有举足轻重的作用。在经济高速发展的推动下，各种运输方式发展良好，并呈现出各自的发展特点与优势。公路运输在各种运输方式中占有重要地位，并且内部各运输工具之间的竞争非常激烈，公路运输量大幅度增长，高速公路发展突飞猛进；铁路运输供求矛盾突出，运能趋紧，运输“瓶颈”问题亟待解决；航空运输业发展速度较快，位于各行业之首；水路运输增长势头强劲，市场需求旺盛，成为新的经济增长点，中外资企业竞争激烈，集装箱运输为其争夺的关键；航空运输高速发展，价格竞争为行业内竞争的主要手段；管道运输进入大发展时期，总体而言供求矛盾突出，管道运输是未来运输方式发展的新趋势，因国际资本的介入使竞争加剧。

此外，高标准、高速度铁路的建设将给铁路产业链上的建筑、设备、配件、电气等方面的公司带来巨大订单。未来铁路投资中，针对高铁线路及电气化建设和对大马力机车及高速动车组的投资金额将大幅增加。

为高标准、高速度铁线路配套各种设备和配件的企业和从事高端机、客车整车和配件制造的企业将是在本轮铁路跨越式发展中获益颇丰的企业。此外，“四电”系统包括通信、信号、牵引供电和电力供电系统集成技术，也将是重点技术领域。

15

其他行业的节能减排

15.1 建 材 行 业

建材工业是传统的原材料工业，在国民经济发展中占有重要地位，主要产品有：水泥、玻璃、釉面砖、墙地砖、卫生洁具、石材、玻璃、纤维纱、非金属矿产品及无机非金属材料和制品等。

建材工业是一个资源能源消耗较大的部门，属典型的能源消耗型产业，生产过程中不仅耗费大量的能源，而且环境污染也较为严重。2005 年建材工业规模以上企业消耗各类能源占全国能源消耗总量的 7%；粉尘和 SO_2 排放分别占全国工业粉尘和 SO_2 排放总量的 63% 和 8.5%，位居全国工业的第一位和第二位。作为传统行业的建材行业，一直以来被称为“两高一资”行业。2006 年，建材工业能源消耗总量占全国能源消耗总量的 7%。2007 年，建材工业能耗总量约占全国能耗总量和工业部门能耗总量的 7% 和 10%，因而被列为国家重点关注的行业。

15.1.1 行业状况

改革开放以来，建材工业一直以高速度持续发展，2007 年上半年完成工业增加值 1828 亿元，增长 27.99%。建材主要行业，特别是与固定资产投资直接驱动相关的行业，生产增长率均在两位数以上。其中水泥：6.11 亿 t，增长 13.41%；平板玻璃：2.63 亿重量箱，增长 17.27%；陶瓷砖：24.08 亿 m^2，增长 17.37%；卫生陶瓷：增长 23.58%；水泥制品、砖瓦等产品的同比增幅都在 25% 以上。

节能建材是我国方兴未艾的朝阳产业。新型墙体材料，保温材料、门窗材料节能效果明显，随着我国城镇化的推进、建筑节能政策的日益严格和完善，节能建材将获得更加广泛的应用。以石膏板、塑钢门窗和节能玻璃为代表的节能建材，不仅节能效果显著，而且部分产品性价比高，竞争力显著。国家对于节能建材给予了大力扶持的政策，通过制定大量的法律政策、税收优惠、政府基金和信贷支持等措施，鼓励节能建材的生产和使用。节能建材在经济适用房、保障性住房的建设中得到了更高比例的运用。

但是，应该看到我国的建材工业总体的落后局面尚未得到根本性改变。技术创新能力不强，先进技术与落后工艺共存；低水平重复建设时有发生；企业规模不尽合理，生产力集中度不够，企业全员劳动生产率有待提高。尤其是单位产品的资源、能源消耗与国际先进水平相比仍有一定差距，在产品生产、使用以及丧失使用价值之后处置的生命周期全过程中环境保护措施，虽有改进和加强，但与工艺生态环境的要求仍有较大差距等。这些都说明我国建材工业实现发展速度和结构、质量、效益相统一，与资源、环境相协调的任务是任重而道远的，所以节能减排已成为建材工业发展的重中之重，产业结构优化的步伐也势必要跟紧加快。

15.1.2 我国建材行业的能耗现状和污染物排放情况

15.1.2.1 我国建材行业的能耗现状

建材行业是我国重要的基础原材料工业，不仅为建筑业及相关产业的发展提供支撑和保证，同时也为解决和改善居住条件、提高人们生活水平提供物质保障，在国民经济发展中具有重要的地位和作用。建材行业的现代化工业生产，在我国已有100多年的历史，经历了较长时期的索取型、粗放型发展阶段。从原料选取开采到产品以及使用的各个环节，由于某些工艺、设备、管理的落后，在资源、能源和对环境的排放方面对环境产生不同的影响。

建材产品生产过程中消耗的资源主要有石灰石、硅铝质原料、铁质原料、砂石、石英砂、黏土、高岭土、长石等矿产资源，2006年建材行业共消耗各种矿产资源44.34亿t，其中，墙体材料和水泥工业为建材行业资源消耗最大的两个产业，见表15.1。

表15.1 2006年建材主要行业资源消耗总量及比重

工业名称	资源消耗总量（亿t）	比重（%）
水泥工业	16.28	36.71
平板玻璃工业	0.306	0.69
建筑卫生陶瓷工业	1.176	2.65
墙体材料工业	24.34	54.89
石灰工业	2.24	5.05
合计	44.34	100.00

建材行业是典型的能源消耗型产业，生产过程中使用的能源主要有煤、电力、燃料油、柴油和洗精煤等，其中，原煤、电力和燃料油是建材行业消耗的主要能源。2000～2006年规模以上建材企业主要能源品种消耗量见表15.2。

表15.2 规模以上建材企业主要能源品种消耗量

年份	主要能源品种消耗量				
	原煤（万t）	电力（亿kW·h）	燃料油（万t）	柴油（万t）	洗精煤（万t）
2000	11377	641.38	251.49	147.78	99.13
2001	10540	693.77	259.11	148.67	100.94
2002	11576	762.27	268.64	153.58	119.26
2003	13229	904.31	320.52	151.22	126.66
2004	15900	1159.64	384.69	179.15	230.70
2005	16805	1304.41	581.01	212.10	272.12
2006	18830	1518	482	219	337

近年来，我国规模以上建材企业能源消耗总量逐年增加，但万元增加值综合能耗却逐年下降。据建材联合会信息部统计，按电热当量法计算，2006年规模以上建材企业能源消耗为1.8

亿 t 标准煤，同比增长 16.8%，远低于建材工业增长速度；2006 年规模以上建材企业万元增加值综合能耗为 5.82 t 标准煤，比上年降低 14.8% 。

根据中国建筑材料联合会信息部提供的资料，2007 年我国建材工业能源消耗总量为 1.93 亿 t 标准煤，比上年增长 10.45%，高于 2007 年全国能源消耗总量增长 7.8% 的水平，建材工业能源消耗总量约占全国能源消耗总量的 8.5%，其中煤炭、电力和燃料油是建材工业消耗的主要能源，占建材工业能耗总量的 92.84% 。2007 年建材工业消耗煤炭 2.1 亿 t，折合标准煤占建材工业能源消耗总量的 78.03，比上年增长 8.59% ；消耗电力 1796 亿 kW · h，折合标准煤占建材工业能源消耗总量的 11.48%，比上年增长 18.28% ；消耗燃料油 482 万 t，折合标准煤占建材工业能源消耗总量的 3.33%，比上年下降 7.03% ；消耗天然气 30 亿 m^3，折合标准煤占建材工业能源消耗总量的 1.91%，比上年增长 35.71% ；消耗柴油 245 万 t，折合标准煤占建材工业能源消耗总量的 1.86%，比上年增长 12.02% 。目前，在我国建材工业主要行业统计的 14 个子行业中，按照万元增加值综合能耗大小排序，依此为水泥制造、平板玻璃、石灰及石膏、建筑卫生陶瓷、砖瓦及建筑砌块、轻质建材、石棉云母、玻璃纤维、防水建筑材料、水泥制品、技术玻璃、石墨滑石、黏土及沙石开采、建筑用石，石材是排在最后一位的。

特别是从以下数据中更可以看出石材的节能特性和优势。2007 年建材工业万元增加值综合能耗为 4.88t 标准煤（按 2005 年价格计算，下同），比上年减少 0.83 t 标准煤，其中水泥制造业万元增加值综合能耗为 11.76 t 标准煤，平板玻璃制造业万元增加值综合能耗为 6.86 t 标准煤，建筑和技术玻璃制造业万元增加值综合能耗为 3.5 t 标准煤，石灰石及石膏开采和制造业万元增加值综合能耗为 3.68 t 标准煤，建筑卫生陶瓷制造业万元增加值综合能耗为 3.09 t 标准煤，砖瓦及建筑砌块制造业万元增加值综合能耗为 2.81 t 标准煤，而石材的万元增加值综合能耗仅为 0.38 t 标准煤，远远低于水泥、玻璃、陶瓷和砖瓦等传统的大宗建筑材料。

15.1.2.2 污染物排放情况

建材工业生产过程中产生的主要污染物包括废气、粉尘和烟尘、SO_2、NOx、CO_2、固体废弃物和废水等，这些污染物不仅对环境产生一定的影响，而且严重地危害人体健康。其中废气、粉尘、烟尘与 SO_2 的影响较大。

随着建材行业生产的快速增长，生产过程中排放的废气量也逐年增加，但占全国工业废气排放量的比重却有所下降。2006 年建材行业排放废气 66572 亿标准 m^3，较 2001 年增加了 92.9%，占全国工业废气排放量的比重却降低了 1.3% 。近年来，建材工业 SO_2 排放呈现逐年下降趋势，2006 年 SO_2 排放量为 177 万 t，比 2005 年降低 3.9% 。

在建材产品产量快速增长的情况下，粉尘排放量呈现小幅上升趋势，由 2001 年的 546.3 万 t 增加到 2006 年的 738 万 t，增长 35%，占全国工业粉尘排放量的比重由 2001 年的 55.13% 增加到 2005 年的 63.05% 在全国工业粉尘排放中位居前列。2001 ~ 2006 年全国工业及建材主要污染物排放见表 15.3。

表 15.3 2001 ~ 2006 年全国工业及建材主要污染物排放

年份	全国工业废气排放量（亿标准 m^3）	建材（亿标准 m^3）	建材占工业废气的比例（%）
2001	160863	34506	21.45
2002	175354	36550	20.84
2003	198903	39993	20.11
2004	237696	47571	20.01
2005	268988	51133	19.01
2006	330990	66572	20.11

15.1.3　建材行业节能减排的主要措施

从以上对我国建材工业能源消耗现状和污染物排放情况分析可以看出，近些年我国建材工业在节能减排方面取得了很大进步，以至于全行业的能耗、污染物排放增长低于生产能力增长。但是由于建材工业产业性质和生产现状决定，每年消耗能源、排放污染物的绝对量仍然很大，要达到国家要求，实现行业“十一五”节能减排目标任务仍然是十分繁重的。为此，必须采取一些重大措施，力求全行业发生一些根本性变化。

15.1.3.1　加快产业结构调整，以先进生产工艺代替落后生产工艺

调整产业结构是建材工业实现节能减排的根本途径。建材工业产业结构调整的重点是水泥工业和墙体材料工业，因为水泥与墙体材料工业每年消耗的能源占全行业能源消耗的 75% 左右，同时还是建材工业排放污染物的主体，这两个行业调整好了，建材工业节能减排任务就完成了大半。目前，我国水泥工业中，以立窑为主体的落后工艺仍占 50% 左右，墙体材料中有近 60% 是实心黏土砖。这两部分落后生产能力每年不但要耗用大量的资源和土地，而且要耗费能源 17763 万 t 左右标准煤，仅 CO_2 每年就要排放 8.60 亿 t（2005 年数据），因此，加快淘汰落后水泥生产能力和实心黏土砖已成为建材工业调整产业结构的当务之急。

按照“十一五”规划，累计淘汰落后水泥生产工艺 2.5 亿 t，每年需淘汰的落后水泥产能为 5000 万 t；要完成淘汰落后平板玻璃 3000 万重量箱，每年需要完成淘汰 600 万重量箱。使新型干法水泥生产能力比重达到 70%，比 2005 年翻 1 番，实现节约标准煤 1000 万 t。加大禁实限粘工作力度，积极推广新型墙体材料，力争到 2010 年，新型墙体材料总量的比重达到 55% 以上，建筑应用比例达到 65% 以上，实现节约标准煤超过 800 万 t。只有积极推进淘汰落后产能工作，才能促进产业结构调整，提高产业整体水平，实现经济发展方式的转变和经济效益的提高，对推动节能减排具有重大意义。

建材企业要把节能减排作为产业结构调整的刚性指标，如水泥工业要按照与国家签定的责任状，重点抓好淘汰落后小水泥厂产能，坚定不移地淘汰落后水泥生产线，定期向社会公布淘汰落后产能企业的名单和执行情况，接受社会监督。各地区必须遵照国家“禁实”的要求，按时或提前完成规定的任务。与此同时，相应的发展先进工艺和先进生产能力。

建材其他行业也要按照国家的产业政策、规定、行业发展规划例如国家发改委办公厅近日发布的《关于做好淘汰落后平板玻璃生产能力有关工作的通知》（发改办运行〔2007〕1959 号）和《平板玻璃准入条件》做好本行业的产业调整工作。

15.1.3.2　加强对各类工业废弃物的利用，发展循环经济

我国建材工业既大量消耗能源，同时又潜含着巨大的节能空间；它在生产过程中既污染着环境，又是全国消纳固体废弃物总量最多、为保护环境作出重要贡献的产业。

许多工业废弃物都可作为生产建材产品的替代原料和燃料，在工业废弃物综合利用方面，建材工业已经进行了很多有益的探索，并取得了初步成效。目前，建材行业固体废弃物利用量迅速增加，2006 年建材工业固体废物利用量达到 4.53 亿 t，比 2005 年增长 15.5% 。

水泥和墙体材料行业是建材工业综合利用工业废弃物最大的两个行业，水泥行业从能源和资源两方面利用各种废弃物，如利用粉煤灰、高炉矿渣等工业废渣作原料和混合材取代天然资源，减轻了环境负荷。利用工业和生活垃圾等可燃废弃物作原料和燃料，减少化石类资源的消耗。其

他工业部门难以处理的有机和无机废料，一般都可通过气化或在水泥回转窑中作原燃料使用。如浙江三狮集团用太湖淤泥、废矿渣、煤矸石等废弃物生产高标号水泥，利用大窑低温余热发电等，既节能又减少了污染。

墙体材料行业可以大量消纳和利用工业废渣和农业废弃物，替代天然资源制造环保利废型墙体材料，如粉煤灰砖、煤矸石砖、建筑用纸面草板、采用塑料、稻壳、秸秆等废弃物做成的“木头”、垃圾做成的“面包砖头”等产品，显著节省资源和能源，保护环境。

玻璃行业只有工艺线内20%左右的废玻璃自身回炉利用，实现企业内部的小循环，像一些发达国家那样实现80%～90%的废旧玻璃的回收利用，对中国玻璃工业来说将产生巨大的节能、节省资源和保护环境的效益。玻璃纤维生产过程中的废丝也可像废玻璃一样回收利用。

多年来，建材工业无论在自身生产中废弃物的利用上还是在社会其他产业废弃物的利用方面都做了大量工作，并取得了丰富的经验和积极成果。在这些工作中已经和其他产业形成关联关系，为建立循环经济产业链奠定了良好的基础。今后只要更加能动地发展循环经济必将对节能减排和对社会作出更大贡献。

15.1.3.3　提高产品质量，延长使用寿命，大力发展绿色建材

用循环经济的理念看，提高产品质量、延长产品使用寿命是对资源、能源的最大节约，是减少对环境污染的最有效措施。目前，我国有相当数量的建材产品质量不高，甚至有部分劣质产品，实际上是对资源、能源的严重浪费，反之说明，我国建材产品提高质量的空间很大。另外，我国建材产品以单一材料生产为主，部品、部件生产不发达，因此，今后应从材料使用、产品设计入手，把产品（包括部品、部件）质量、功能融合在一起，不但提高其使用寿命，而且在提高产品功能中寻求节约资源、节约能源的途径。

绿色建材不仅包括生产过程中对资源、能源的节约化、对环境的清洁化，而且包括在使用过程中对人和环境的无害化。因此，今后建材工业的发展应该以人为本，以保护生态环境为目标，大力发展绿色建材并实现生产过程的清洁化。

德国是世界第一大环保技术出口国，在节能减排领域取得了显著成效。德国建有完善的制度和健全的法律法规，先后制定了《环境规划方案》（1971年）、《德国基本法》（1972年）、《废弃物处理法》、《联邦控制大气排放法》、《欧盟循环经济的基本法律》、《欧盟回收废弃电子电器设备垃圾指令（WEEE指令）》、《欧盟限制使用有害物质的指令（ROHS指令）》、《欧盟关于化学品注册、评估、授权与限制制度（REACH指令）》、《欧盟耗能产品环保设计指令（EUP指令）》《排放控制法》（1995年）、《循环经济与废弃物法》（1996年）、《可再生能源法》（2000年）、《可再生能源法修正案》（2004年）、《联邦控制大气排放条例》（2005年）、《能源节约条例》（2005年）、《电器设备法案》（2005年）。德国以收费和征税为杠杆，通过实施产品责任制以及制定明确的定量目标建立了比较完善的激励与约束机制。德国的能源研究以开发新能源为主，重视传统能源的有效利用，同时非常重视可再生能源的开发。德国的环境保护产业在全球居于领先地位，污染处理技术、废弃物处置和利用技术的环境无害化技术，包括清洁生产技术、工业生态技术在内的资源综合利用技术以及包括清洁能源和高效能源在内的能源利用技术，构成了对德国节能减排强有力的技术支撑。重视对公众的宣传和教育，也是德国在实行节能减排过程中的一项非常重要的举措。

15.1.4　建材行业节能减排的主要途径

建材工业“十一五”节能总体目标是，力争使建材工业万元增加值能耗降低 20%。主要行业节能目标：主要产品综合单耗有较大幅度下降。新型干法水泥能耗指标达到中等发达国家水平；日产 4000t 以上大型新型干法生产线熟料热耗小于 740kcal/kg；吨水泥综合电耗小于 95kW·h;平板玻璃综合能耗下降 20%；浮法玻璃平均能耗降低到 6500kJ/kg 以下；建筑卫生陶瓷单位综合能耗下降约 20%；池窑拉丝生产线单位能耗达到 1t 标准煤/t 纱以下；每万块标砖耗标煤下降 15% 以上。

建材工业“十一五”减排目标是：规模以上企业粉尘、废气等主要污染物全面实现达标排放，主要污染物排放总量呈逐年下降趋势。水泥粉尘排放量大幅度减少；新型干法水泥企业环保指标达到中等发达国家水平；玻璃熔窑普遍采用烟气脱硫除尘系统，采用低氮氧化物燃烧技术，经处理后排放的烟气达到国家标准《工业炉窑大气污染物排放标准》（GB 9078—1996）中二级标准的要求，严格实施即将发布的《玻璃工业熔窑污染物排放标准》。

建材工业“十一五”资源节约与综合利用目标是：全行业年利用工业废渣（含粉煤灰、高炉矿渣等）量达 5 亿 t 以上。新型干法水泥生产资源利用率达到中等发展国家水平；石灰石资源利用率由 60% 提高到 80%。

因此，我国建筑材料工业实现节能减排目标应从以下 4 个方面着手。

15.1.4.1　完善的制度安排

我国应在环境保护和经济发展实践中，建立一套正式、有效的制度。在环境保护方面虽然我国制定并实施了《固体废物污染环境防治法》（1995 年通过，2004 年修订）、《清洁生产促进法》（2002 年 6 月通过，2003 年 1 月实施）、《大气污染防治法》（1987 年通过，1995 年、2000 年先后修订）、《可再生能源法》（2005 年）和《中华人民共和国节约能源法》（2007 年修订），但实施效果不理想，许多规定太过原则和粗略，缺乏配套法律法规，可操作性差。我国应制定相关法规配套的实施办法，使企业既有法可依，又有法能依。

15.1.4.2　法律法规建设

建立具体行业的可操作性强的环境保护和节能减排方面的法律法规，可通过税收和奖罚手段要求强制执行。建材工业相关法律法规有 2006 年第 50 号令《水泥工业产业发展政策》、2006 第 2222 号《水泥工业发展专项规划》、2006 第 609 号《关于加快水泥工业结构调整的若干意见》、2006 年第 2691 号《关于促进平板玻璃结构调整的若干意见》和 2007 年第 52 号公告《平板玻璃行业准入条件》。2006 年制定了水泥、玻璃、建筑卫生陶瓷、铝合金以及铁合金等建材产品能源消耗限额国家强制性标准，《水泥单位产品能源消耗限额》（GB 16780）、《平板玻璃单位产品能源消耗限额》（GB 21340）、《建筑卫生陶瓷单位产品能源消耗限额》（GB 21252）、《铝合金建筑型材单位产品能源消耗限额》（GB 21351）、《铜及铜合金管材单位产品能源消耗限额》（GB 21350）、《电解铝企业单位产品能源消耗限额》（GB 21346）、《铁合金单位产品能源消耗限额》（GB 21341），并将列入节能法目录，用以指导建材主要耗能行业节能工作。

15.1.4.3　先进的技术手段

通过改进和优化生产工艺和技术与装备以及生产过程控制的创新，稳定生产过程，提高效率，降低能耗，降低生产成本。通过原料和燃料替代和废弃物的利用研究开发环境负荷小的绿色建材产品。

15.1.4.4 公众的广泛参与

政府应引导绿色采购、绿色消费并普及相关知识，使公众从理解、接受到自觉维护环境友好产品，保护环境。

15.1.5 趋势分析

节能减排问题在今后相当长时间内将是我国建材工业需致力解决的重大课题。前一阶段，建材行业在取得显著发展成就的同时，付出了大量消耗能源、过度使用资源和污染环境的巨大代价。因此，在政策的指引下，建材行业应加快节能减排的步伐，对产品进行升级换代，走节约型、环保型和资源综合利用型的可持续发展之路。建材行业要实现“十一五”规划提出的节能减排目标的形势还是十分严峻的，需要各方支持与理解。

国家及行业相关部门先后推出10多项建材行业环保政策。节能减排对建材行业未来的发展是十分有利的。其积极影响主要体现在以下几个方面：①能够加快落后产能的退出，降低由落后生产工艺产生的较新型干法工艺更高的能耗；②促进行业结构调整，改善供求关系；③推进行业并购重组，进而提高行业集中度，并促进行业竞争模式由低价无序竞争转向增强区域控制力的竞争；④通过建设余热发电、循环经济等项目，在降低行业自身成本的同时，产生较好的社会效益。

15.2 造 纸 行 业

近年来，我国制浆造纸行业快速发展，生产规模已居世界第二位。随着国家经济、社会和文化事业的发展，制浆造纸行业仍有较大的发展空间。目前，国内有3000多家造纸企业，由于生产集中度较低，企业规模小、数量多，原料结构不合理，装备水平落后等原因，制浆造纸行业成为排污大户。

数据显示，2007年，我国造纸业的废水排放量和COD（化学需氧量）排放量分别占到了全国工业污水排放总量和COD排放量的17%和35.2%，比2006年同期的33.6%仍有所增加。治理制浆造纸行业的污染，提高其污染物排放控制水平，对于污染减排工作具有重要意义。

15.2.1 行业运行

2007年6月和10月国家相继颁布《节能减排综合性工作方案》和《造纸产业发展政策》，指出到2010年，纸及纸板新增产能2650万t，淘汰现有落后产能650万t，有效产能达到9000万t，实现造纸产业吨产品平均取水量由2005年103m^3降至80m^3、综合平均能耗（标煤）由2005年1.38t降至1.10t、污染物（COD）排放总量由2005年的160万t减到140万t。2007年2月，国家发改委和环保总局联合发布《2007年应予淘汰落后造纸产能的企业名单》，淘汰落后产能450万t，涉及25个省、自治区、直辖市2018家企业。由此带来的产能减少将使2006～2010年有效产能的年增长率仅为5.2%，而具体分析2006～2010年的年度关停目标分别为210.5万t、230万t、106.5万t、50.7万t和52.3万t，综合国家统计局数据显示，2007年国内纸及纸板产量7787万t，预计2008～2010年产能增速不会超过2.5%。

通过对过去20年纸及纸板消费量与GDP增长的关系的回归分析发现，两者有着高度的相关性，按2008年11%，2009年、2010年10%的GDP增速计算，未来两年我国纸及纸板需求量增速将超过8%，远远高于供给增速，加上出口的逐年增加，2008年行业供求关系大大改善，缓解竞争压力，提高产品议价能力，各纸种价格会普遍提升。

15.2.2　造纸行业节能技术

15.2.2.1　制浆造纸

化学制浆采用连续蒸煮或低能耗间歇蒸煮，发展高得率制浆技术和低能耗机械制浆技术；高效废纸脱墨技术；多段逆流洗涤、全封闭热筛选、中高浓漂白技术和设备；造纸机采用新型脱水器材、真空系统优化设计和运行、宽压区压榨、全封闭式汽罩、热泵、热回收技术等；制浆、造纸工艺过程及管理系统计算机控制技术。实现2010年吨浆纸综合能耗由目前1.38t标准煤降至1.10t标准煤。

15.2.2.2　碱回收

硫酸盐制浆造纸企业，应回收碱和热能。木浆厂碱回收率达到95%以上；竹、苇、芒杆、蔗渣浆厂达到85%以上；麦草浆厂达到75%以上。

15.2.2.3　调整纤维原料结构

提高木浆比重，扩大废纸回收利用，合理利用非木纤维。废纸利用率2010年提高到65%以上。

15.2.3　趋势分析

因为制浆造纸行业历来是我国工业废水和COD的排放大户，是进行污染排放控制的重点行业。所以，国家历年来就对造纸行业节能减排方面采取了不少措施。2008年8月1日，我国就颁布了《制浆造纸排放标准》GB 3544—2008这一重要标准，它对企业排出废水中的pH值、化学需氧量、氮、磷等9个指标都作了具体规定。2009年5月1日起，我国所有造纸企业已实施新的造纸行业国家排放标准。

“十一五”期间我国要淘汰落后造纸的总产能，即650万t。2007年，我国淘汰了总计450万t的落后造纸产能，此后3年，淘汰（或准备淘汰）的造纸产能数字在逐步递减：2008年、2009年、2010年分别为105万t、50万t和45万t。

从目前的情况来看，造纸行业节能减排的压力还比较大。原因是我国中小造纸企业众多，而这些企业普遍存在对污染排放控制把关不严，这是由于企业规模、资金等各方面因素造成的。但是目前，我国污染减排仍面临着巨大压力，距离完成“十一五”规划纲要提出的主要污染物排放总量较2005年减少10%的目标依然有较大差距。

新国家排放标准的实施将提高了造纸行业环保准入门槛，加快了一批环保设施不健全的造纸企业的淘汰进程。造纸行业内里环保差、规模小的企业将成为淘汰的对象。随着淘汰企业的退出，造纸大企业有望进一步整合资源，扩大市场份额。

新国家排放标准的实施将促进造纸产业的结构升级，这不仅可以提高规模效益的大企业的市场竞争能力，也将推动中国造纸行业健康、长远、有序地发展。另外，由于排放标准带来的成本增加，这将导致产品价格上涨，这也为企业利润带来利好。

国家排放标准实施从一定层面上来讲，不仅是关系到整个造纸行业的发展，还对我国规模效益的造纸大企业的发展带来利好，尤其是一些上市公司。这些规模大、资金足的造纸上市公司在其产品结构升级的同时，还增强了市场竞争力，同时，还有利于大企业进行资源整合。比如玖龙纸业，为了达到节能减排标准，玖龙纸业引进国际先进的技术和设备，在水处理上，率先引进国际领先的厌氧加好氧技术进行两级生化处理，使各项环保指标都做到优于国家标准。目前，玖龙纸业水处理技术成为造纸废水治理的“行业标准”。而另一家公司华泰纸业也坚持“林浆纸一体化”的发展战略，走可持续发展的道路。加大技术研发投入，积极调整产品结构，开发新产品，提高技术含量。同时继续加大环保投入，落实好节能减排的目标。

新的造纸行业国家排放标准实施后，造纸行业 COD 排放量预计将减少至 95 万 t；“十二五”规划期间，通过执行新建企业排放标准限值，造纸企业 COD 排放量预计将减少至 43.4 万 t。

由于中小纸厂由于普遍缺乏符合新标准的处理能力，为求生存将不得不追加环保投资，最终将提高行业平均成本，推动纸价上涨，大型纸厂将从中受益。

可以说，造纸行业新的国家排放标准不仅是为污染排放控制把关，也是为造纸行业可持续性发展提供保障。一方面，国家排放新标准将促使造纸产业结构升级，为造纸企业今后的发展具有重要积极意义；另一方面，国家排放新标准将减少造纸企业污染排放，促进我国环保事业发展。

15.3 纺 织 行 业

15.3.1 行业概况

2006 年，纺织工业总产值为 25016.89 亿元，占全国比重 15.18%，纺织品服装出口额达 1651.36 亿美元，占全国比重 72.71%。纺织行业在获得较大发展的同时，清洁生产的实施和节能减排工作也取得一定成效，通过采用先进工艺和设备，推广应用纺织印染废水治理技术等手段，废水治理率和达标率得到大幅提高。然而，在水资源日益短缺、环境污染不断恶化的情况下，资源和环境制约着纺织行业的健康、可持续发展。

据不完全统计，我国纺织行业的年总能耗为 6867 万 t 标准煤，年耗水量达 95.48 亿 t，新鲜水取用量居全国各行业第二位，废水排放量居全国第六位，其中印染废水则占全国纺织废水排放量的 80%。印染行业是纺织工业的重要组成部分，既是提升产品质量、提高产品附加值的关键行业，又是耗水、耗能、排污较大的行业。

纺织印染废水是我国工业系统中重点污染源之一，据国家环保总局统计，印染行业排放的印染废水总量位于全国各工业部门排放总量的第五位。2004 年全行业排水量 13.6 亿 m^3，而其污染物排放总量（以 COD 计）则位于各工业部门第六位。印染废水是含有一定量难生物降解物质的有机性废水，其污染物浓度高（COD），色度深，是难处理的工业废水之一。纤维不同所用染料、助剂也不同，废水性质差别很大，主要污染物包括可溶性有机物、有毒物、色度、酸、碱和油类，污染物多为难以生化降解的物质，废水的可生化性差，因此，处理难度也大。

印染行业排放的固体废物，包括水处理产生的污泥，大多没有得到有效的处理，一些地方因为没有处理手段，就进行简易的露天堆放，成为了污染事故的根源。

15.3.2　纺织行业节能减排技术

当前，国际纺织技术的发展趋势是以生产生态纺织品和绿色制造技术为引导，从工艺、助剂、设备等多渠道着手，抓住源头，注重生产过程中每一个环节的生态问题，努力优化纺织工艺，减少化学药剂、水、能源的消耗，以达到高效、高速、环保的目的。国外已投入较大力量开发环保型染料助剂，节水、节能、减排新工艺和新设备，在无水和少水印染技术方面，涂料印染方面以及纺织节能、节水实用新型技术等方面都有较大的发展。

"十一五"期间，纺织节能减排技术发展目标是：围绕新时期我国纺织业的重点任务和发展目标，以纺织印染后整理为突破口，在提高我国纺织印染后整理的生产技术水平、增强产品的国际竞争力的同时，从源头上节约水资源，减少污染排放，逐步实现生产和环境的协调发展。通过联合攻关和新技术推广应用，在无水化、少（节）水、降耗、减排和生态环保的印染生产关键技术上取得突破，并拥有一批自主知识产权的技术和设备，在"十一五"末期，实现"万元增加值的能源消耗下降20%；吨纤维耗水下降20%"的国家节能减排的目标。

"十一五"规划期间，重点技术发展的主要工作是：①调整产业结构和产品结构，淘汰低档产品；②开发、应用和推广节能、节水、降耗纺织加工新技术；③研制开发高效、节水、节能新设备；④采用高效、环保、安全的符合安全和生态纺织品生产需求的染化料和纺织生产助剂；⑤推广和应用节能、节水等实用新型新技术。重点发展的技术有以下几种。

15.3.2.1　高效、退煮漂短流程纺织印染前处理技术

目前，已研制开发了适应短流程前处理工艺的高效轧、洗、烘、蒸等通用单元及其优化组合技术，较好地解决了同步与织物张力的控制，可实现染整退浆、煮炼和漂白连续生产加工，国产的退煮漂设备可以适用于各种织物品种，但与国外先进技术水平还存在一定差距。

15.3.2.2　无水等离子体染整前处理技术

织物等离子体前处理技术，在不需要水和化学药品的条件下，利用电压压差改善织物表面特性。其效果有：提高织物表面亲水性能，提高织物涂层、浸渍、胶合、凝结的黏合力，提高纤维的染色得色量、色牢度和印花布的质量。"十五"期间，国内研制的等离子体处理样机，其最大的优点是可以在常压条件下进行连续等离子体处理，减少了制造和控制难度，该项技术在工艺和设备定型后可进一步推广应用。

15.3.2.3　无水化涂料染色、印花新工艺新技术

涂料印染适用于所有的纺织纤维，其工艺简单、拼色方便、节能节水、成本低廉、环境污染少，有利于企业实施清洁生产。涂料印染在全世界印染行业中占有重要地位，国外工业发达国家涂料印染已超过50%，而我国不足30%。"十一五"期间，在以往轻薄织物浅色涂料染色取得进展的基础上，对中厚型织物深浓色涂料染色和轻薄型织物涂料印花技术进行重点开发，以提高涂料染色、印花技术对品种的适应性，提高涂料染色、印花产品的档次。

15.3.2.4　少水、高效、环保、节能染色关键技术

1. 冷轧堆染色技术

低温染色可节省能源，并在进一步筛选合适的染料及助剂，解决冷轧堆染色一次准快速打样技术，完善计量混合加料、均匀轧车、低张力同步、低张力恒速打卷冷轧堆染色关键设备与装置的基础上，推广冷轧堆染色前处理及染色加工配套生产技术。

2. 湿短蒸染色技术

近年来，开发的湿短蒸工艺主要是通过电脑进行严格精确的控制，使温度和染料上染和固着速度相适应，以达到最佳的上染和固色效果。应用这种工艺的最大特点是流程短，固色率高，节能和减少化学品消耗，可以不用尿素，减少了污染，匀染和透染性也好。一般染料用量比传统工艺减少10% ~15%，用水量比传统工艺减少20%，该项技术在工艺和设备定型后可进一步推广应用。

3. 微悬浮体染色技术

微悬浮体染色新技术是我国的原创技术，该技术从染料分子在染浴中的聚集状态，到染料对纤维表面的吸附模式以及染料分子向纤维内部的固着，均与常规染色有着本质不同。该工艺上染率可达到95%以上，缩短了染色流程，节省染料并明显减少染色废水处理量，染色时间及能源均减少了1/3，提高了生产效率，降低了能耗，符合清洁生产要求。该项目为典型清洁生产工艺，已经成功运用于羊毛、羊绒、蚕丝、大豆蛋白和牦牛绒等纤维的染色，今后重点对纤维素纤维（棉、麻等）、再生纤维（粘胶纤维等）织物的开发应用，进一步扩大应用领域。

4. 微胶囊染色技术

传统的涤纶染色采用高温高压湿法染色工艺，产生较大量的废水，增加了末端治理负担。目前，研究开发的微胶囊少水无盐染色技术是将染料包含在微胶囊中，利用其缓释性能和隔离性能，在常规染色条件下，使水深入微胶囊中，溶解染料，使染料向外扩散进入染浴，呈单分子染料向纤维内部扩散，由于染料溶解度小，染液中残留染料少，排放的废水可回用于前处理工艺，从而大大减少废水的排放量，节约用水，节能效果明显。该技术可节约用水50%以上；节能430kg标准煤/t织物，是涤纶染色清洁工艺，目前某些颜色中试成功；今后将在标准化、产业化方面加强研发，推广应用。

5. 小浴比染色新技术及其装备

在完善小浴比工艺技术、确定工艺路线的基础上，进一步开发和推广适合绳状染色加工的雾化气流染色和平幅液雾喷射染色新技术及装备，减少染色用水量，减轻对污水处理的压力。

15.3.2.5　高效、环保纺织印染助剂开发应用技术

1. 生物酶前处理技术

生物酶主要用于退浆、酶洗、抛光和羊毛的防毡缩处理；目前生物酶退浆技术已较成熟，该技术从根本上解决了退浆废水污染问题；生物酶煮练技术有待于进一步研究和完善，酶技术染整设备有待进一步提高。生物酶技术的应用从源头上减少和解决了纺织废水污染物的产生和排放。

2. 环保型助剂

近年来，我国开发了不少新型环保型助剂，如精练剂ZS－95，双氧水稳定剂GJ－201，烷基糖苷类助剂，生物酶制剂ZS－200等。目前，纺织助剂产量与纤维产量之比是42∶100，与国际水平相比，我国纺织助剂的消耗水平还比较低，而且档次低，通用型助剂过剩，拥有自主知识产权的助剂较少。“十一五”期间的发展重点是，研究开发适用于纤维素纤维和含合成纤维经纱上浆的专用环保型的高效接枝淀粉浆料，基本取代传统PVA浆料；研制开发不含APEO和毒性物质、易生物降解、降解产物无毒性的系列生态前处理助剂，研制开发棉、麻及其混纺织物精练用高效生物酶制剂；研制开发低成本无甲醛整理剂等。

15.3.2.6　数码喷射印花技术

数码印制技术的不断完善，将推动我国印花技术的飞跃发展，从而提升高效、节能水平。近年来，浙江、江苏、广东和北京等地的企业先后增添了数码喷射印花机，生产领带、丝巾、旅游品、打样或小批量产品，由于加工成本高，大量耗材还要依赖进口，目前尚未形成主导产品。“十一五”期间，需要进一步完善这类技术，提高装备水平，降低使用成本。

15.3.3　纺织行业节能减排现状

15.3.3.1　企业资源消耗、污染物排放管理工作逐步加强

86% 的企业制定了完善的用水、用能管理规定；20% 的企业用能、用水实现了三级计量管理；56% 的企业用能管理属于二级计量管理；57% 的企业用水管理属于二级计量管理；超过 20% 的企业仍处于一级计量水平。总的来说，尽管行业整体管理水平还比较粗放，但是有关资源消耗、污染物排放的管理工作正在逐步加强。

15.3.3.2　能耗总量没有大幅增加，单位产值能耗有所下降

2006 年，50% 的印染企业生产总能耗比 2005 年有所下降；能耗上升幅度与上年相比，40% 的企业生产总能耗控制在 10% 以内，只有 10% 的企业总能耗同比上升幅度超过 10% 。由此测算，2006 年较 2005 年行业能耗总量没有大幅增加。2006 年，76% 的印染企业单位产值能耗比 2005 年有所下降，其中 37% 的企业下降幅度超过了 5% 。

15.3.3.3　水的重复利用率上升，单位取水量和单位排放量下降

2006 年较 2005 年，70% 企业的水重复利用率有所上升，其中绝大部分企业上升幅度超过了 20% ；62% 企业的单位产值取水量下降，23% 企业的下降幅度超过了 20% ；65% 企业的单位产值废水排放量下降，27% 企业的下降幅度超过了 20% ；76% 企业的单位产品取水量下降，30% 企业的下降幅度在 5% 以上，只有 8% 的企业单位产品取水量上升幅度超过 5% 。

我国印染企业总体上与国外相比单位产品取水量是发达国家的 2 ~ 3 倍，能源消耗量则为 3 倍左右。通常，印染环节能耗占纺织产品链能耗的 30% 以上，而印染环节的能源利用效率却很低。目前，只有少部分企业采用的余热回收利用技术，而量大面广的企业热废气、热废水直接排放，设备控制没有节能装置。

印染厂废水排放占总用水的 90%，能源以蒸汽为主，50% 为饱和蒸汽，高温排液量大，热能利用率只有 35% 左右。因此，根据不同废液的水质，选择不同的回收设备进行废水热值回收，可大幅回收热能。根据不同工艺的用水要求，实施清浊分流、分质处理回用，可大幅减少用水成本。部分印染厂采用多管道清浊分流，自动控制中水分离的方式，将印染过程中的轻度污染水稍加过滤处理，直接回用于生产工艺，加上冷却、冷凝水回用，总体上水的重复利用率在 30% 左右。

15.3.3.4　重点设备技术改造取得明显效果

目前，我国印染行业的设备能耗高、热效率低、用水量大；印染企业的用能、用水管理基本上仍属粗放型。因此，节水、节能的空间和潜力很大，通过加强基础管理和改造用能、用水设备，可达到非常明显的效果。

（1）通过在染色机、减量机、油锅炉主泵、风机、清水泵等设备上安装变频器，节电率可控制在 20% 左右。绍兴县在纺织行业推广变频节电装置，节电 20% 左右，全县年节电超过 1

亿kW·h。

(2) 在生产用电方面，短暂的尖峰瞬流在电压和电流突变时非常活跃，电压、电流通过线路中的负载将产生瞬间的振荡，波形畸变，使耗电量增加。可在安装变频器的基础上，安装节电装置，可进一步节电7%左右。

(3) 在有机热载体锅炉（如导热油锅炉等）系统加装余热锅炉，能有效吸收其尾部的高温烟气余热，进而转换热能产生蒸汽，使这部分热量得到有效的利用。

(4) 在定形机废气治理和废热回收方面，将定形机在织物定形过程中产生的混合废气，通过净化过滤装置和热回用空气交换机的热能转换，达到回收利用热能和矿物油的目的。

(5) 导热油锅炉改用节能型煤斗，通过自动筛选，使原煤粗细分层，达到充分燃烧的效果。

(6) 在染色机缸上安装冷凝水回收装置，蒸汽水回收率达10%左右。

(7) 采取冷却水回用、轻污染水分质分流处理回用、稀碱回用，以及用重污染水对锅炉烟气除尘等，也可以节约用水。

(8) 对印染污水进行沉淀脱色、生化处理及物化处理，以达到回用水质标准，从而减少亏水排放，提高水的利用率，节约水资源。

15.3.4 节能减排存在的主要问题

15.3.4.1 部分企业环保意识薄弱，节能减排积极性不高

能源消耗作为企业产品成本的重要组成部分，直接影响企业经济效益的实现程度。为提高企业的经济效益，增强市场竞争力，提升企业综合素质，大部分企业都能够重视节能降耗工作。但在节水减排方面，一些企业出于成本的考虑，执行标准的积极性不高。尤其是分散在工业园区外的小企业，由于环保意识薄弱，环保设施不健全，以及污水处理设施使用不正常，偷排现象屡禁不止。

15.3.4.2 管理机制粗放，节能减排措施不到位

部分企业存在先天不足，在工程设计时，没有充分考虑节能降耗和污染治理问题，厂房、水、电、汽、热等系统设计不规范，给节能减排增加了难度。一些企业污染治理设施老化，排水不能做到稳定达标。有的企业生产规模扩大，污水量大幅增加，而污水处理设施没有配套跟进，废水不能得到有效处理。其主要原因是企业缺乏必要的自我约束性管理机制，水电汽油煤、染化料、废水、废气、废热、废料等的供应、利用、排放、回收、处置方法粗放；在基础计量管理和专业人才培养方面的投入少，不利于节能减排的监管和实施。

15.3.4.3 产品结构、生产加工模式不合理，资源、能源浪费严重

由于产品缺乏原创性，来样生产所占比例大，打样、印花对色、多种纤维织物一次染色成功率（RFT）低，导致企业生产消耗过高。我国印染行业以中低档印染产品为主，为降低成本，所用纤维（主要指棉、毛、麻、丝）品质较低、含杂量高；此外，使用的染化料质量和印染用水水质差，都增加了印染企业的能耗和水耗；工艺水平落后，操作粗放，设备自动化控制水平欠佳，致使产品一次合格率低，回修（回染、补染、补印）率高。

15.3.4.4 节能减排研发投入不足，缺少关键技术支撑

印染行业平均利润率只有3%左右，对节能节水关键技术和工艺研发的投入严重不足，尤其是小型民营企业，盲目追求近期利益，忽视甚至无视环境保护。国产技术装备落后，而引进的节

能节水设备价格是国内同类设备的 1 ~3 倍，使大部分企业难以承受。此外，由于对节能节水技术缺少权威的评价和成功的范例宣传，对社会上众多的技术，企业难辨真伪，也给节能减排技术的推广增加了难度。由于部分地区废水集中处理，而现有的水回用技术不成熟，费用较高，加之水质不稳定，无法保证产品质量，企业对提高水利用率的积极性不高。

15.3.4.5　缺少对行业能耗、水耗的科学评价体系

科学制定印染企业的水取用量和废水排放量是完成节能减排目标的关键。当前行业管理弱化，对行业中能耗和水耗的数据采集、汇总和分析难度大。多年来，仅有一个棉印染产品取水定额标准，而当前全国印染行业染整设备、工艺、产品等均有明显变化，原有的能耗、水耗标准已难以适应当前的要求。

15.3.4.6　环保法规不健全，监督机制不完善

目前我国的环保法规不够健全，环境法律法规中对违法企业的处罚措施力度小。违法成本低和守法成本高的状况依然存在，环保执法手段对违法企业起不到足够的震慑作用。由于区域经济的差别，各地区对节能减排工作的扶持力度和监督管理也不平衡。在管理严格的地区，一些不能达标的企业有加速向其他省份转移的趋势，造成能耗、水耗、污染的转移，加大了整体治理难度。

15.3.5　趋势分析

按国家统计局统计，2006 年纺织规模以上企业总能耗为 7803 万 t 标准煤，占全国工业总能耗的 4.4%；新鲜水取用量为 95.48 亿 m^3，占全国规模以上工业企业总用水量的 8.5%，居全国第二；年废水排放量是 26.1162 亿 t，占全国工业废水排放量的 10%，居全国第六。《纺织工业“十一五”发展纲要》提出了关于节能降耗和减排的四项约束性指标。其中水耗、能耗下降幅度均高于全国“十一五”规划的要求。

据纺织行业协会介绍，从“十一五”前 3 年节能减排任务执行情况看，纺织行业“十一五”总体降耗和环保指标预计可顺利完成。在降耗方面，纺织行业纤维消耗随着技术和管理水平的提高而减少，单位产品的原料消耗不断减少，单位产值的纤维消耗明显下降。据中国纺织工业协会统计，2008 年纺织全行业万元产值纤维消耗约 664 万 t，比 2005 年减少了约 150t，单位产值纤维消耗 3 年来平均累计下降了 18.5%，年均下降 6.6% 。新鲜水取用比例大幅下降，2006 年纺织印染行业普遍采取冷轧堆工艺，使单位产值新鲜水取用量平均下降了 10%，有的企业下降更多，中水回用率最高达到了 90% 。在环保方面，2006 年纺织行业单位产值污水排放同比下降 9% 。近年来各地方政府加大环境整治力度，把 COD 等环保指标作为约束性刚性指标，纺织业总体污水排放有望达标。

第3篇

环保篇：污染治理的必然选择

环保是污染治理的必然选择。环保产业是保护生态环境的技术保障和物质基础，其产业范围是由经济发展水平、公众环境意识及环保工作的广度和深度决定的，是一个国家经济发展、社会进步与环境保护发展水平的综合体现。环保产业涉及与环境保护有关的各个方面，会随着环保工作的深入而不断拓展。

我国环保产业经过30年的发展，已经初步形成门类齐全的产业体系，在改善经济的环境品质、吸纳社会劳动力、促进经济增长等方面发挥了重要的作用。但是从总体上看，我国环保产业的发展仍处在初级阶段，与欧盟国家以及美国、日本等国相比，明显处于弱势地位，与我国环境保护和经济社会发展的要求也还有不小的差距。

认清环保产业发展存在的主要问题并采取相应对策，对加快我国环保产业发展，实现“十一五”规划提出的生态建设和环境保护目标，意义重大。

本篇集中对环保产业整体及污水处理、大气污染治理、固体废物处理及资源综合利用各行业从现状、关键技术及发展趋势等角度进行剖析与研究。

16

环 保 产 业

环保产业是国民经济结构中以防治环境污染、改善生态环境、保护自然资源为目的所进行的技术开发、产品生产、商业流通、资源利用、信息开发与经营、环境工程建设、环境保护服务等方面。《中国环保产业基本情况公报》这个定义从产业包括的经济活动的内容进行了论述，并强调了产业是经济活动的总称。它不仅包括为污染控制与减排、污染清理及废物处理等方面提供产品与技术服务的狭义内涵，还包括涉及产品生命周期过程中的洁净产品、节能技术、生态设计及环境相关的服务等。

16.1 环 保 产 业 概 述

16.1.1 环保产业的主要内容

国家环保总局 1993 年、1997 年和 2000 年分别对全国环保产业进行了全面调查，对环保产业所包括的内容进行了定义，包括环境保护产品生产、环境保护服务业、资源综合利用、自然生态保护和洁净产品生产五个方面进行，具体内容如下。

1. 环境保护产品生产

环境保护产品生产指直接从事用于防治环境污染、保护生态环境的技术设备和有关材料、药剂、环境监测专用仪器、设备和器具的生产及经营销售。

2. 环境保护服务业

环境保护服务业指专门从事及主要从事环境保护技术科研开发、环境保护技术服务与咨询、环境保护产品经销、环境工程设计、施工安装、污染治理设施运营与管理等。

3. 资源综合利用

资源综合利用指以废旧资源为主要原料生产产品，包括废弃资源的回收利用、固体废物的综合利用、废水（液）的综合利用、废气的综合利用、废旧物资的综合利用及其他。

4. 自然生态保护

自然生态保护指自然保护区建设、生态示范区建设、生态破坏恢复与治理工程。

5. 洁净产品生产

洁净产品生产指在产品的整个生命周期内对环境友好的产品，即通常所指的绿色产品或环境无害化产品或低公害产品。这类产品既具有一般商品的特性，又在生产、使用和处置过程中符合特定的环境保护要求，与同类产品相比，具有低毒少害、节约资源的环境功能。

16.1.2　环保产业的基本特点

环保产业是为了满足环境保护的需要而逐步发展起来的，具有一般产业不同的特征。

1. 外部性

环保产业最显著的特点就是社会公益性特征，环保产业属于公共产业，具有外部性特点。如果没有外界的强制约束（法律制度及经济约束），企业和个人可以不考虑污染的成本，无偿地使用环境“地租”，这就产生了环境外部性问题。从工业化的进程看，环境外部性将随着经济水平的提高，特别是技术水平的提高而下降。但是，如果没有一定的法律和经济约束，企业和个人决不会自觉地保护和治理环境，相应的产权清晰的产业化需求也难以形成。从经济学的角度看，企业发展追求的是利润最大化，也就是获得最佳的经济效益，环保产业的企业也是如此，如果没有产业化的需求，环保产业的大规模供给也就不会形成。环保产业是一个存在外部经济性的产业，环保产业具有正的外部经济效应。环保产品均要求符合环保规范，或有利于整治污染、改善环境，或有利于资源的合理开发与持续利用，反映了其建立生态文明。

2. 逆生产性

从产品形态和服务形态上看，环保产业与物质生产领域的其他产业确实很相似，似乎并没有什么不同。例如，它生产一系列的环保设备、仪器、生物产品等，这与一般的工农业生产行业并无重大差别，只是产品品种有所不同而已；它向社会提供污水处理、垃圾处理等服务，也与一般的消费服务业没有重大差别，只是服务项目不同而已。但是从深层次上观察，人们就会发现，环保产业与一般的工农业、消费服务业的运行方向是完全相反的。一般的工农业、消费服务业的基本运行方向是向地球、向大自然索取各式各样的物质资料以供人类消费，在索取的过程中，不可避免地会造成对生态环境的不同程度的破坏；而环保产业的运行方向却完全相逆，它不是向地球、向大自然索取物质，而是向地球、向大自然进行补偿，力图把被人类的生产、消费活动破坏了的生态平衡重新恢复过来，并极力加以保护。由此看来，环保产业与一般的工农业、消费服务业的行业性质是完全相逆的，它们是处在对立面关系之中的、相辅相成的产业，而不是具有同一质的规定性之产业。

3. 经济活动实质

在计划经济体制下，把环境保护单纯看成是应由政府承担的社会公益事业，而忽视了它也是一项经济活动的实质。因此，政府过多地承担了环境保护的义务和责任，政府代替企业成了环保市场上的主体之一，反而使社会公众和企业不能充当环保市场的主体，并承担相应的责任和义务。在市场经济不断深入发展的条件下，必须认识到环境保护不仅是公益事业，更是一项经济活动，必须将环境保护作为一个产业来发展。虽然环保事业发展规划的制定和提出是政府的职责，但是其实施和运行要符合市场经济的规则。环保产业的所有活动，在其运作方式上必须遵循经济规律，建立投入产出和成本效益核算机制，使企业成为环境保护活动的主体。环保企业要按照市场的需求，按照供求关系、竞争规则等来组织和经营。政府对环境保护的作用，主要体现在通过建立法律、经济和行政的政策体系，形成强制的和利益的驱动机制，培育和扩大环境产业市场，为企业创造尽可能大的市场空间和公平竞争的市场环境。这样，政府既可摆脱直接作为市场主体所产生的沉重负担，又可以充分发挥社会公众尤其是企业在保护环境方面的作用。

4. 分布广泛，关联性强

环保产业是一个跨行业、跨部门、跨领域的产业，广泛渗透在一、二、三产业的各个领域，包括技术开发、产品生产、商品流通、资源利用、信息服务、工程施工、设施运营等。因此，它通过与其他产业的投入产出关系，可以利用自己的发展带动相关产业的发展，如机电、钢铁、有色金属、化工产品、仪表仪器等行业的发展。环保产业的广泛性是由环境系统的复杂性所决定的，它可以深入到环境系统内部的每一个角落。

5. 政策引导型产业

作为产业，必然要以市场为基础，但环保产业的外部性和公益性又决定了环保产业的发展必须有政府的调控与干预，因此对国家政策有很强的依赖性。环保产业的需求主要来自社会公众，在相当大的程度上需要政府的政策驱动和财政投入。即使是企业自己对环保产业提出的需求，其强弱大小也要受到政府法规和政策的左右。我国的环境政策一直比较注重政府管制的作用，各种具体政策措施及其各项环境管理制度，大部分由政府直接操作，并作为一种行政行为通过政府体制进行实施。

6. 对技术的依赖性很强，产品和技术高科技化

不论是对于环境的改造，还是对于环境的控制与改善，首先依赖于对环境系统的认识，其次才是把这种认识转变为改造环境的技术，从而满足人的主体和自然环境内在演化的要求。因此，环保产品从生产过程到产品功能，都对科学技术有强烈的依赖性。目前，发达国家环境标准的愈加严格，国内市场的日趋饱和，只有引进高新技术、增强环保效果和降低成本，才能保持竞争优势。在这一背景下，电子及计算机技术、新材料技术、新能源技术、生物工程技术正源源不断地被引进环保产业的各个领域。可以这样说，没有高水平的环保技术，不可能有高水平的环保产业，环保产业的竞争力主要来自环保技术的创新。

16.1.3 我国环保产业构成

OECD 国家提出的环保产业包括以下三个部分：

（1）环保产品：废水处理设备，废物管理与再循环设备，大气污染控制设备，消除噪声设备，监测设备，科研与实验室设备，用于自然保护与提高城市环境舒适性的设备，以及用于环境监测和污染治理的药剂、材料等。

（2）环保服务：从事废水处理、污水处理、大气污染控制、消除噪声等方面的业务操作，提供有关分析、监测与保护方面的服务，技术与工程服务，环境研究与开发，环境培训与教育，核算与法律服务，咨询服务，生态旅游以及其他环境事务服务等。

（3）清洁技术与洁净产品：洁净生产技术与设备，高效能源开发与节能的技术及设备，生态产品。

环保产业的范围是由经济发展水平、公众环境意识及环保工作的广度和深度决定的，是一个国家经济发展、社会进步与环境保护发展水平的综合体现。环保产业涉及与环境保护有关的各个方面，其范围与环保工作所涵盖的领域一致，并随着环保工作的深入而不断拓展。参照 OECD 的

逻辑框架，我们对中国环保产业进行如下分析。

16.1.3.1 装备

中国环保装备以空气和水污染治理设备为主，分别占环保专备年总值的40%以上。固体废物设备的年产值占全国环保产品总产值的比率约5%；噪声与振动控制设备的年产值占全国环保产品产值的6.5%；环境监测仪器年产值约占2.3%。

1. 环保关键技术和装备研发与示范

重点加快反渗透膜技术装备，渗滤液处理技术装备，污泥干化和污泥焚烧技术装备，污水处理高效节能曝气设备，耐高温大容量布袋除尘器，烟气脱硫大型氧化风机、除雾器、循环泵，烟气脱硝催化剂，机动车尾气净化技术与装备，电袋复合除尘技术装备，便携式污染事故应急监测仪器等的自主研发。支持土壤污染修复、危险废物安全填埋、污泥脱水与资源化、铬渣等重金属废渣无害化、环境污染在线快速监测等技术与装备的自主研发与示范应用。

2. 环保重点装备推广应用

加快推广拥有自主知识产权的生活垃圾分选和预处理、城镇生活污水脱氮除磷、城镇生活垃圾炉排炉焚烧、渗滤液处理、烟气脱硫和脱硝工艺技术和装备。在化工、石油、制药、发酵、造纸、食品行业示范推广高浓度、难生物降解的有机废水处理示范装置。普及污染物燃烧过程中二噁英和呋喃类污染控制技术等。重点扶持一批城镇污水处理、矿井水和一般性工业废水处理及中水回用、城镇垃圾循环流化床焚烧、电除尘器、烟气脱硫脱硝通用设备等装备生产企业，提高装备生产能力及企业竞争力。扩大电除尘、一般性工业废水治理和回用、噪声控制等成套技术与装备的出口。

3. 环保监测监管设施建设

配备必要的环境监测监察装备。加快环境质量监测网络设施建设，及时、准确提供主要城市和重点流域各主要断面环境质量数据。加强污染源监督性监测设施建设，提高应急监测能力。加快国控重点污染源自动监控设施建设，与环保部门联网实现在线监测；现有城镇污水处理厂进、出口及城镇垃圾焚烧发电厂，在2010前建成自动监测设施，并与建设、环保部门联网，加强对污染排放的监管。

目前环保机械产品的国际贸易市场基本仍为发达国家所占领，中国市场重要领域也被国外技术产品所垄断。虽然国产设备优势较多，但进口设备仍占据中国大量市场份额。

中国“十一五”期间环境保护投资占GDP的比例将达到1.4%～1.5%，投资总额大约在1.3万亿元，这一环保投入在发达国家也属于中上水平。巨大的环保投资，将为环保机械制造业构筑巨大市场。“十一五”期间国内环保装备市场的需求量将稳定增长；重点需求领域向为发展循环经济服务的方向拓展；市场主体结构进一步优化，运行质量提高，市场竞争依然激烈。“十一五”期间，中国环保装备出口产品的发展趋势是，由单机出口为主向单机出口与设备成套出口并举的方向发展。

16.1.3.2 产品

1. 环保材料

加大膜材料、高性能防渗材料、耐高温防腐防磨材料等的研发力度，开展布袋除尘器耐高温纤维、垃圾填埋防渗材料、烟气脱硫防腐防磨材料、二噁英催化分解滤料等产业化应用的示范试点，大力推广离子交换树脂、各种活性填料、生物滤料及填料、水处理用活性炭、吸声材料、隔声材料、阻尼减震材料等。

2. 环保药剂

加大有机合成高分子絮凝剂、高温过程烟气净化用选择性催化剂、生物农药等的研发力度，加大微生物絮凝剂、脱硝催化剂、高性能脱硫剂、表面覆盖剂等产业化应用的示范试点，大力推广复合型絮凝剂、循环冷却水处理药剂、杀菌灭藻剂、消毒剂、固废处理固化剂和稳定剂生物农药等。

3. 可降解产品

着力加强可生物降解产品，特别是利用秸秆、稻壳生产的快餐盒、包装材料等的研究开发力度，大力推广可降解塑料制品、可降解地膜、可完全生物降解的表面活性剂产品等。

4. 低排放产品

加大国Ⅴ以上排放标准汽车等的研究开发力度，大力推广分散式活性染料、水性涂料、无石棉建筑制品、生物质成型燃料锅炉、国Ⅳ以上排放标准汽车等。

5. 替代产品

加大杀虫剂类持久性有机污染物替代产品等的研究开发力度，开展氢氟烃类（消耗臭氧层物质替代产品）等产业化应用的示范试点，大力推广正丙丁溴、蛋白泡沫等消耗臭氧层物质替代产品。

16.1.3.3 服务

环保服务业主要由环境技术服务、环境咨询服务、环境设施运营、环境贸易与金融服务等构成。

环境技术服务主要是环境技术与产品开发、环境工程设计与施工、环境检测与分析。环境技术与产品开发以传统科研院所、大专院校为主体的局面仍没有根本改变，以企业为主体的技术开发体系尚未形成。引进、消化、国产化国外技术和产品正成为我国环境技术发展的重要因素。

环境咨询服务包括环境影响评价、环境工程咨询、环境监理、环境管理体系与环境标志产品认证、有机食品认证、环境技术评估、产品生命周期评价、清洁生产审计与培训、环境信息服务等。资源综合利用规模不断扩大，利用水平逐年提高。但是我国资源循环利用系统和相应的法律法规还不健全，资源再利用优惠政策难得落实，资源循环利用建设投资不足，技术装备落后，工业生态技术尚处萌芽阶段，从发展循环经济层面上规划建设资源循环利用产业有待加强。

环保工程服务，要坚持社会化、专业化、市场化的原则，规范环保产业服务领域的经营。积极推进污染治理市场化，推行烟气脱硫、城镇污水垃圾处理、危险废物处理处置特许经营。新建烟气脱硫设施、城镇污水处理设施及垃圾处理设施建设，原则上要采取特许经营模式，由专业化的环保公司投资、设计、建设和运行。形成10家左右污水日处理规模超过500万 m^3 的企业，10家左右日处理垃圾超过1万t以上的企业，10家左右年脱硫装机容量3000万kW以上的企业。

环保咨询服务，要加快发展生态效率评价服务、清洁生产审核、绿色产品认证评估服务、环境投资及风险评估服务等。进一步规范环保技术、管理和信息服务以及环境影响评价、环境监测服务体系，提高服务质量。建立以资金融通和投入、工程设计和建设、设施运营和维护、技术咨询和人才培训等为主要内容的环保产业服务体系。

16.1.3.4　重点工程

1. 节能改造重点工程

加快实施燃煤锅炉（窑炉）改造、余热余压利用、节约和替代石油、电机系统节能、能量系统优化工程。到2012年，重点耗能行业余热余压余能基本得到利用，蓄热式燃烧、富氧燃烧、等离子点火、变频调速、无功补偿、能源梯级优化利用等一批节能新技术得到推广，力争实现节能4亿t标准煤。大力推进建筑节能工程，北方采暖地区建筑完成3亿m^2供热计量和节能改造，完成低能耗建筑和绿色建筑示范4000万m^2，积极推广节能新型建材。

2. 节能产品惠民工程

通过财政补贴方式，加快高效节能产品推广使用。2009～2012年，据产品总体能耗水平和高效节能产品市场份额等情况，对能效等级在1级或2级以上的高效节能空调、冰箱、洗衣机、平板电视、微波炉、电饭煲、电磁灶、热水器、电脑显示器、电机等产品进行财政补贴推广，使高效节能产品的市场份额由目前的5%左右提高到30%以上。通过财政补贴方式推广高效照明产品3.6亿只。半导体照明产品年增长率在30%以上，总产值达到1700亿元，通用照明市场占有率达到12%左右。财政补贴推广节能新能源汽车10万辆以上。

3. 资源综合利用工程

（1）加强共伴生矿产资源利用，包括提高能源矿产回收利用率，加强煤层气和油页岩综合利用推广应用，回收煤炭2.5亿t、煤层气32.5亿m^3、石油700万t；加强中低品位、共伴生、难选冶矿产资源的综合利用，使矿产资源的总回收率达到35%；实施尾矿综合利用，重点支持黄金和有色金属的尾矿综合利用项目建设，支持利用尾矿生产新型建材产品，使尾矿的综合利用率提高到10%以上。

（2）加强工业固体废物利用，实施工业副产石膏的综合利用工程，脱硫石膏年综合利用率达到50%；实施大宗工业固体废弃物的综合利用工程，重点支持大掺量煤矸石、粉煤灰、钢铁渣双渗粉等技术的产业化，发展规模化和产品多元化的利废建材企业。

（3）加强农林废弃物利用，实施秸秆和林木三剩物产业化工程，基本建立秸秆收集体系，形成布局合理、多元利用的秸秆综合利用产业格局，秸秆综合利用率达到60%。

4. "城市矿产"工程

"城市矿产"是指蕴藏在废旧机电设备、汽车、家电等产品和废料中可回收的钢铁、有色金属、塑料等资源，并折算为原生矿产资源的当量。实施"城市矿产"工程，有以下10个方面：

（1）大力推进再制造工程建设，组织20家企业开展汽车零部件，15家企业开展工程机械、矿山机械等大型装备再制造试点。

（2）实施报废机电产品回收利用工程，改造和建设15个区域性有色金属再生资源基地。

（3）实施报废汽车回收利用工程，采用重组、兼并、入园等方式，改造12个区域性报废汽车拆解示范中心。

（4）鼓励废旧家电回收利用工程建设，建设与改造30个废旧家电拆解利用示范项目，重点处理"以旧换新"回收的废旧家电。

（5）大力推进废旧办公设备回收利用工程建设，建立报废办公设备回收制度，形成10个废弃办公设备安全拆解—循环利用一体化处理中心。

（6）实施废旧电池回收利用工程，建设一个年处理能力20万t的车用废铅酸电池资源化示范工程，改造、规范10个废铅酸电池回收处理企业，建设5个年处理量5万t的电池回收处理基地。

（7）鼓励废旧手机回收利用工程建设，在发达地区先行建设3个废旧手机回收拆解分拣处理基地。

（8）实施废钢铁集散加工利用工程，改造20个区域性废钢铁配送加工储备中心。

（9）实施废塑料集散加工利用工程，改造10个较大规模的塑料回收集散加工基地，建设6条世界先进水平的食品级再生塑料生产线。

（10）推进建筑废物资源化利用工程建设，在全国大中城市建设100个建筑废弃物资源化处理示范基地。

初步测算，2009～2012年通过实施“城市矿产”十大工程，可新增回收废钢铁能力2000万t、再生铜106万t、铝133万t、铅100万t、镍1.1万t、镍锰铁合金5.47万t、黄金1.23t、银8.3t，回收其他废有色金属11万t、塑料380万t、玻璃20万t、橡胶13万t，实现产值1900多亿元，直接拉动社会投资306亿元。

5. 城市典型废弃物资源化工程

在全国主要城市开展餐厨垃圾安全处置及资源化行动，建设200个200t/d的餐厨垃圾处理及资源化中心；分区域建设25个包装废弃物加工利用示范中心。建设18个专业性工业企业报废物资综合利用中心。2012年，工业企业报废物资回收量可达到2000万t，回收率达到50%。

6. 城镇污水垃圾处理及配套设施建设工程

加快建设城镇污水处理厂及配套管网，2009～2012年，全国建设配套管网8万km，在中西部地区建设1000个污水处理厂；对200个污水处理厂进行升级改造；在省会城市及一些区域中心地区，建设50个污泥无害化处理设施。增加垃圾卫生填埋处理能力15万t/d；在重点城市及长三角、珠三角地区垃圾日产生量超过800t的市（县），建设100个垃圾焚烧发电厂，新增垃圾焚烧处理能力10万t/d。对垃圾日产生量较小的市（县），可建立跨区域服务的共用垃圾焚烧发电厂。加快城市生活垃圾综合处理设施建设。

7. 重点流域及工业污染治理工程

加快重点流域“十一五”规划内工业废水污染治理设施建设，按照松花江、三峡库区及上游、丹江口库区及上游、黄河中上游、“三河三湖”以及渤海、南水北调工程水源区等重点流域污染防治规划和铬渣综合整治方案，加快规划内项目的全面实施。加快二氧化硫治理工程建设，2009～2012年，新增燃煤电厂烟气脱硫设施2.6亿kW，增加二氧化硫减排能力900多万t。新增非电行业烟气脱硫设施35台（套）。在长三角、珠三角及重点城市加快燃煤电厂烟气脱硝设施建设，新增燃煤电厂烟气脱硝设施6500万kW。加快危险废物集中处置设施建设，基本实现危险废物和放射性废物的安全贮存和处置。开展重金属污染治理和修复示范试点，解决湘江等10个地区历史遗留的、严重威胁人民群众身体健康的突出重金属污染问题。

16.1.4 我国环保产业发展的背景

我国环保产业起步于20世纪70年代，经过30年，特别是近10年的发展，已经初步形成了包括环保产品生产、资源综合利用、环境保护服务、洁净产品生产、自然生态保护等领域广泛、门类齐全的产业体系，为国家防治环境污染，改善生态环境，保护人们身体健康，实现可持续发展提供了技术支持和物质保障，并在改善经济的环境品质、吸纳社会劳动力、促进经济增长等方面，发挥了重要的作用。但是从总体上看，我国环保产业的发展仍处在初级阶段，与同期抢滩我国环保市场的欧盟国家以及美国、日本等国相比，明显处于弱势地位，与我国环境保护和经济社会发展的要求还有不小的差距。因此，认清环保产业发展存在的主要问题并采取相应对策，对加快我国环保产业发展，实现“十一五”规划提出的生态建设和环境保护目标，意义重大。

16.1.4.1　实现环境保护目标的主要手段

作为经济发展过程中不可回避的问题，加强经济发展过程中的环境保护，是一个国家或地区实现经济可持续发展的基本保障。从世界范围来看，环保产业是伴随全球环境保护和可持续发展意识的增强而产生的新兴产业，它不是由市场需求自发形成的，而是依靠国家或地区的政策引导发展起来的产业。因此，环保产业的发展对国家或地区的产业发展政策有很强的依赖性，环保产业的市场需求要靠政府的政策来创造。20世纪90年代，我国环保产业得到了较快的发展，这与政府出台的一系列促进环保产业发展的法律制度和优惠政策是分不开的。进入21世纪以来，政府提出要大力提高经济增长质量和效益，增强社会可持续发展能力，以促进经济的又好又快发展。近年来，更是把节能环保放在了突出的位置。从2006年和2007年的政府工作报告来看，节能减排正作为国家意志，越来越受到各级政府的高度重视和社会各界的普遍关注。中国环保工作已进入了以保护环境优化经济增长的新阶段，日益迫切的减排任务正在为环保产业创造巨大的市场需求。这也意味着，为了控制环境污染和生态破坏，改善环境质量，包括政府在内的行为主体，都将加大对环保产业的投入。

20世纪80年代初期，全国环保治理投资每年为25亿～30亿元，约占同期国内生产总值（GDP）的0.51%；到80年代末期，投资总额超过100亿元，占同期国民生产总值的0.60%左右；“九五”期末，投资总额达到1010.3亿元，占同期国民生产总值的1.02%，首次突破1%；“十五”期末，投资总额达到2388亿元，占同期国民生产总值的1.30%；2007年，全国环境污染治理投资总额达3387亿元，是1981年25亿元的135倍，占同期国内生产总值的比重为1.36%。

根据国际经验，当治理环境污染的投资占GDP的比例达到1.0%～1.5%时，可以控制环境污染恶化的趋势；当该比例达到2.0%～3.0%时，环境质量可有所改善。从环境污染治理投资总额占国内生产总值的比重来看，2008年也仅为1.30%，按照国际经验仍然只处于控制环境污染恶化的阶段。因此，要进一步改善环境质量，必须加大对环境污染治理的投资，也就是说，包括环境保护产品在内的环保产业的发展，依然将会是很长一段时期我国实现环境保护目标的主要手段。据中国环境保护产业协会估算，2006年全国环境保护相关产业从业单位约35000家，从业人员约300万人，年产值（收入）总额约6000亿元，实现利润约520亿元。“十一五”期末，我国环保产业年产值将达到11000亿元，环保产业年均增长率将达15%以上。

16.1.4.2　新型工业化道路的客观需要

党的“十六大”报告中明确指出：“信息化是我国加快实现工业化和现代化的必然选择，坚持以信息化带动工业化，以工业化促进信息化，走出一条科技含量高、经济效益好、资源消耗低、环境污染少、人力资源优势得到充分发挥的新型工业化路子。”科技含量高、经济效益好、资源消耗低、环境污染少、人力资源优势得到充分发挥成为新型工业化的主要特征。可见，新型工业化是正确处理人口、资源、环境之间的关系，依靠科技进步，以较少的资源投入和较低的环境污染，获得较大的产出和经济效益，从而实现可持续发展的工业化，是与生态系统建设和环境保护协调发展的工业化，更是区别于我国长期以来实行的“先污染、后治理”的传统工业化道路。

在传统工业化道路中，环境资源被当作社会公共物品使用，企业生产带来的环境负外部性问题得不到有效的解决，从而也导致了我国在实现经济快速发展的同时，带来的各种严重的环境污染问题。据有关部门调查，我国环境的污染70%来自工业，每年因工业污染造成的经济损失在1000亿元以上。因此，要解决我国的环境污染问题，首先必须从减少工业污染开始。新型工业化的提出，要求企业在生产过程中实现资源消耗低、环境污染少，这一方面将促使企业加强技术改造，提高资源的利用效率，减少污染物和废弃物的排放；另一方面也将强化企业对环保产品的市场需求，有利于促进环保产业的发展。另外，我国经济目前已由轻纺工业阶段过渡到重化工业发展阶段，国内投资和消费都将对重化工产业形成强大的需求，城市化进程带来的基础设施建设，汽车、住房等耐用品的消费都将对能源、钢铁、有色金属、水泥、化工等高能耗、高污染的排放产品产生较强的依赖性。虽然新型工业化是以信息化带动的工业化，要求利用高新技术促进传统产业的转型升级，但是对于纺织服装工业、建筑建材工业、机械设备工业、汽车工业、冶金工业等传统产业来说，要达到环境污染小的目标，必须借助于环保产业的技术条件。

尽管依靠经济增长方式的转变、促进产业结构的优化升级，将会成为降低新型工业化对环境污染的主要手段和途径，但是在现阶段，依靠环保产业提供的产品和服务仍然是今后相当长一段时期内解决环境污染问题的主要途径。由此可见，提高环保产业的技术含量，增强环保产业持续发展的能力是实现新型工业化的必要条件。因此，应根据清洁生产和发展循环经济的要求，把环境保护从单纯的“三废”末端治理扩展为控制污染与资源高效利用相结合的全程控制模式，促使环保产品及服务由注重终端处理和污染破坏的治理技术向预防污染技术、洁净技术与可持续技术过渡，推动环保产业由低技术水平向高技术水平发展，促进环保产业结构的升级与优化，从而为新型工业化道路提供必要的技术保障。

从另一个方面也可以说，环保产业的发展是新型工业化的重要组成部分。虽然环保产业的产生和发展在很大程度上归因于政策的引导，但就整个社会发展历程来看，环保产业的产生是社会分工细化的必然结果，是社会产业链条的进一步延伸和扩展。随着新型工业化战略的推进，环保产业作为社会专业化分工的一部分，必然会成为产业结构中的重要一环，不仅有利于促进环保产业的发展，而且能够极大地提高各企业的劳动生产率，增强企业的市场竞争力，促进社会生产力的发展。

16.1.4.3　我国城市化发展的基本保障

在我国城市化初期，城市数量和城市人口的迅速增加以及工业规模的日益扩大，使经济社会生产和生活的需要与城市生态环境供给之间的矛盾激化，从而出现空气质量下降、工业生产和人民生活用水问题突出、工业垃圾和生活垃圾日益剧增等“城市病”，给城市化发展带来巨大的压力。虽然近些年来，我国加大了城市环境保护方面的投入，各地政府也认识到在城市发展过程中加强环境保护的重要性，但是由于长期以来我国环境治理欠账太多，环境污染问题依然严重，有些地区甚至有恶化的趋势。可以说，环境问题已成为制约城市生产和生活正常运转的严重障碍和城市自身发展的瓶颈，危及到城市的可持续发展。因此，在新型工业化推动的城市化发展过程中，必须满足城市经济社会发展的要求和环境保护的要求，在一定程度上，更要把环境保护放在优先考虑的地位。这就为环保产业的发展提供了巨大的空间。一方面，工业企业大部分集聚在城市，为环保产业的发展创造了市场需求；另一方面，人们环境保护意识的增强也对城市环境保护提出了更高的要求，城市噪音、废气等方面的控制将会更加严格，生活垃圾和污水的处理标准也会得到相应的提高。以城市垃圾和污水的处理为例。目前，我国城市垃圾、污水处理率分别为56%和38%；根据建设部、科技部、国家环保总局2000年联合发布的《城市污水处理及污染防治技术政策》，2010年要达到污水处理率城镇不低于50%、设市城市不低于60%、重点城市不低于70%的目标。城市环境质量改善这一目标的实现，最终要依靠环保产业的发展。只有环保产业发展了，才有利于促进城市环境质量的改善，才能够提高人们的生活质量和健康水平，才能为城市的进一步发展创造优越的投资环境。

16.2 环保产业竞争性分析

16.2.1 规模

我国的环保产业主要集中在环保产品和“三废”治理方面，带有明显的末端治理特征。

我国环保企业数量虽然较多，但规模普遍不大，致使总量规模较小，还未形成一批大型骨干企业或企业集团，并且没有长期的发展战略，缺乏适应市场竞争的经营管理理念和科学有效的控制体制，企业规模结构不合理，从业人员素质较低，企业工艺设备落后，资金不足，规模效益差，成套化、系列化、标准化程度低，市场集中度偏低。根据有关调查，在2005年，我国环保产业中固定资产小于1500万元的小规模经济单位7954个，占环保企事业单位总数的68.4%；1500万~5000万元的中型规模经济单位1899个，占环保企事业总数的16.3%；固定资产大于5000万元的大规模经济单位1770个，仅占环保企事业总数的15.3%。而且，在整个环保产业中，没有一家企业占有显著的市场份额，也没有一家企业能对整个产业的结果具有重大影响。由此可见，我国环保产业属于分散型产业，产业内企业之间的竞争比较激烈。环保产品生产企业以中小型企业为主，乡镇企业居多。从分散、低档、小额生产起家的乡镇企业，虽经过多年的发展，但大多仍处于小打小闹的境地。环保企业的分散，总体规模过小，使其难以形成规模经济效益，供给能力相对较低与环保产业巨大的市场需求不相适应。

我国正在实施的4万亿元经济投资计划中有2100亿元用于节能减排、发展循环经济和生态环境建设，一系列产业调整振兴规划也将发展循环经济作为产业升级与结构调整的重要措施之一。我国将鼓励和引导民间投资节能环保产业，鼓励企业对节能环保的重点工程进行服务外包，推动合同能源管理和环保设施专业化运营等节能环保服务业的快速发展。通过发展绿色经济应对金融危机已成为全球共识。但目前，中国资源环境约束日益突出，节能环保产业发展水平与需求相比还有很大差距。

目前，中国节能环保产业主要存在四方面的问题：

（1）产业发展滞后，城镇污水、垃圾处理设施建设严重滞后，大量的废弃资源没有得到有效利用，节能服务产业规模较小。

（2）创新能力不强，低水平重复生产的企业多，生产设备和产品的企业过多，从事技术研发和服务的企业过少。

（3）产业集中度低，排在前十位的水务公司污水处理能力仅占全国的20%左右。

（4）管理能力薄弱。

虽然国家已经把环保产业作为重点产业来抓，但由于我国环保产业分布范围较广，涉及机械、冶金、化工、轻工、林业、纺织、能源、交通、地矿等20多个产业部门和行业，隶属关系复杂，部门之间缺少协调环保产业的机制，因此我国环保产业还没有引导产业发展的总体规划，缺乏统一的管理部门来负责环保产业的政策、计划、产业结构和产业结构调整、环保产业管理及综合协调。

产业的发展，需要以庞大的现实市场来支撑，环保产业亦然。我国目前的现实情况是潜在市场大，现实市场小。有些污染企业从狭隘的个体经济利益出发，若治理结果只有生态效益和社会效益，自身经济效益不大，就缺乏购买环保产品和服务的积极性，这在很大程度上影响了市场的需求量。某些高技术领域，市场需求虽大，但技术不过关，标准不统一，企业又不敢进入。

16.2.2 技术

我国环境保护技术虽有较大发展和进步，但研发创新不足、目标分散，总体力量薄弱。关键技术创新、高新技术创新、自主知识产权创新、引进技术消化创新较少，如电除尘、袋式除尘各类污水处理工艺技术、垃圾焚烧、机动车污染控制等环保产业的主导技术和市场领域就少有我国原创性的技术。环境技术研发还停留在学习、消化国外先进工艺技术阶段，重复、模仿是主要的研发方式，缺乏原创性开发。简单模仿的结果是我国环保装备能用的种类很多，但高效、高可靠性的精品少，不少关键技术和产品仍然依靠进口。以企业为主体的环境技术开发创新体系建设进展迟缓，科研、设计力量薄弱，科技成果转化率不高，尚未形成拥有较强自主创新能力、拥有著名品牌、市场占有率高、能够提供较多就业机会的优势环保骨干企业队伍。虽然有部分产品如电除尘器、污泥处理设备等已进人国际市场，但技术水平相对落后，尤其是在清洁生产领域如环保汽车、清洁煤利用方面在我国几乎是空白。

环保产品和其他产品一样面临着不同偏好的消费者，尤其是环保产品和服务不仅要求符合千差万别的消费者偏好，而且还应适应千差万别的自然条件，因此环保产品和服务必须多样化。虽然我国环保企业较多，但是环保产品的性质、结构、功能等方面的差别化程度不大，特别是环保产业多偏重于产品的生产，而其他方面，如环保技术开发、资源利用、环保咨询、环保工程承包、自然保护等方面则比较薄弱。而且，我国环保产品的开发、生产、使用等各个环节往往相互脱节，使得环保产品的标准化、系列化、配套化水平低，不能满足不同层次、不同地区的需要，甚至很多环保产品在实际使用中无法发挥应有的作用，造成大量财力、物力的浪费，许多环保产品不得不依赖进口。

在知识经济时代，环保产业就是高新技术与环境保护的最佳结合点，高新技术是环保产业的生命线。在世界经济合作组织（OECD）国家看来，激活环保产业发展的核心就是技术创新，只有通过技术创新才易于克服经济活动所造成的负外部性，易于适应市场对新产品的需求。因此，环保产业越来越成为技术驱动型的产业，研究与开发的投入是相当高的。

16.2.3 地区

我国环保产业在地区分布上呈现不均衡性。虽然除西藏自治区以外的其他省（自治区、直辖市）都有环保产业，但大部分的环保企业分布在东南沿海和长江流域经济相对发达的省市，见表 16.1。其中，山东、广东、辽宁等省的年收入总额在 100 亿～200 亿元，浙江、江苏两省年收入总额达到 500 亿元以上。环保产业的这种空间布局，更加导致了产业内部的过度竞争。地区分布的不均衡性，与各地经济发展水平有着直接的关系。

表 16.1　　2004 年我国部分省（自治区、直辖市）环境保护相关产业概况

省（自治区、直辖市）	从业单位数（个）	年收入总额（亿元）	省（自治区、直辖市）	从业单位数（个）	年收入总额（亿元）	省（自治区、直辖市）	从业单位数（个）	年收入总额（亿元）
全国	11623	4572.1	辽宁	515	246.2	海南	38	3.5
江苏	1555	1016.5	上海	353	165.8	青海	18	0.3
浙江	1507	644	内蒙古	74	9.8	西藏	2	0.1
广东	943	511	新疆	69	8.7			
山东	789	345.3	宁夏	43	6.8			

产品结构的不合理主要表现为注重有形产品的开发、生产，中介流通和信息服务等环节异常薄弱。此外，环保产品结构不合理，发展不平衡。环保设备成套化、系列化、标准化、国产化水平低，低水平重复生产现象严重。目前我国环保产业主要集中在环保机械产品以及“三废”综合利用方面，其他方面较薄弱。

16.2.4　融资

虽然环保投入的经济效益是可观的，但由于环境质量是一种公共产品，环境投资的巨大经济效益是以间接的、长远的形式表现出来的，对个体的直接经济效益不明显，且如果私人提供这种商品，由于不能控制“免费搭车”而无法收回成本，因此，个体投资于环保的积极性不高。目前，我国的环保投资以政府为主，总量偏低。我国环保投入在“十五”期间占 GDP 的比重平均为 1.3%，具体见表 16.2，而西方发达国家环保投入占 GDP 的比重在 2%～3%，有的超过 3%。20 世纪 70 年代，美国大约是 2%，日本在 20 世纪 80 年代末期是 3.4%，德国为 2.1%，英国为 2.4%。近年来，我国环境污染治理项目投资总额虽有明显增加，但一直没有达到环境治理和规划的要求。资金投入不足直接限制了我国环保产业的发展。

表 16.2　“十五”期间环境污染治理投资情况

年份 \ 指标	污染治理项目投资总额（亿元）	环境污染治理投资占当年 GDP 的比例（%）
2001	1106.6	1.15
2002	1363.4	1.33
2003	1627.3	1.39
2004	1908.6	1.4
2005	2388.0	1.31

目前环保企业面临的难题之一就是如何获得足够的资金。虽然现在资本市场异常活跃，但是距离成熟仍然有很长的一段路要走。环保产业规模小，盘子小，在资本市场很难形成板块联动。加上一些企业缺乏融资能力，欠缺核心资本，产业很难形成规模经济。管理体制不畅，缺乏有效的宏观调控和政策引导，由于市场资源的基础性作用尚未充分显示出来。

按照国际经验，当环保投资占国民生产总值的 1%～1.5% 时，可以控制环境恶化的趋势，当该比例达到 2%～3% 时，环境质量才有所改善。环保产业投资规模和结构不合理、效益不高。

16.2.5 监管

我国环保产业的各环节，例如产品的开发、生产、流通、使用，工程的设计、施工、设施的运行管理等，相互脱节、各自为政、无序竞争，很难形成一个最优化的组合系统，这样就限制了环保产业的技术进步，影响了环保产业向更高的层次的发展和向更广泛的领域扩张，也难以提升我国环保企业的国际竞争能力。市场服务体系不健全，长期以来，缺少环保产业发展方向的宏观引导，技术和市场信息传递渠道不畅，导致技术转化的市场化程度低；同时中介服务机构不健全，缺乏全方位服务的市场体系，使环保产业的发展长期处于自发状态。目前，许多西方国家都已建立起一批环保服务咨询公司，环保科技服务体系发展异常迅速。而我国的环保产品较多还停留在自产自销阶段，缺少中介流通环节和专门的咨询公司。这既不能使成熟的高新技术产品得到有效推广，也不能有效遏制假冒伪劣产品流入市场，极大地阻碍了环保产业的进一步发展。

同时，资源补偿费的收取范围很小，许多自然资源基本处于任意、无偿使用状态，收取的费用远远低于资源本身的价值，从而无法通过供求关系来反映自然资源的稀缺性。由于管理上的缺陷，能收到资源补偿费的大多是开发自然资源的国有大中型企业，而浪费最严重的是小型企业和开发新型资源的企业。

近几年，国家出台和修订了一大批环保法律和法规，取得了一定的成绩，但环保方面的基本法《中华人民共和国环境保护法》是在20世纪80年代修订后实施的，至今已有20余年的历史。这20余年中，我国的经济、技术和环境状况发生了巨大的变化，法律中的有些条款早已不能适应新形势的需要。环保产业的法律体系尚未建成。另外，目前一些污染物排放标准也有不适合国情的，有的太严，有的太松，需要尽快修改完善。

我国虽然初步形成了环保产业政策体系，但不完备，缺乏环保产业政策的规划蓝图。重要的宏观管理政策，如环保产业政策、环保产业技术政策、大力发展环境服务的政策等，目前尚未制定。相关的配套政策发展滞后，使整个环保产业的产业链条在制度、政策方面就有所欠缺，无法提供有效的保障。

由于环保技术大多属于高新科技，其科技创新和科技开发具有很强的条件性，不是在任何条件下都能取得成就的。另外，环境技术的创新具有高风险和不确定性，这使得一部分企业不愿投入大量的人力和物力去开发新的环境科技产品和方法。由此，国家要用法律去扶持和规范环境技术的开发和研制。中国加入WTO后，更多的外国公司将进入我国，并千方百计利用我国的环境与资源。为保障我国环境权益不受破坏和侵犯，我国应加快对现行环境保护法律、法规及标准的修改和完善，尤其在填补环境法律空白和与国际接轨方面，要作为重中之重对待。环保产业在我国是一个新兴产业，我国应充分利用WTO的相关规定，制定出保护本国环保产业的相关措施，最大限度地保护本国市场，促进我国环保产业的发展。

尽快制定环保产品技术规范和行业标准，完善环保产业发展和管理的法规体系，使环保产业有章可循，有法可依，把环保产业纳入规范化、法制化的轨道。

政府应该通过法律法规来规范环保产业的市场行为。地方政府除严格执行国家颁布的环境保护法规以外，还应建立环保产业政策的地方法规，通过规定严格的地方环保标准和产业发展标准来提高环保企业的整体竞争能力，要在环保立法上体现“污染者付费”的原则，依法保护环保企业的经济权利；要以法律的形式规定环保收益（包括排污费、环境税、财政补贴、减免税等）

的公平分配和转移制度，在有关环保的法规和条例中，增加关于保护和鼓励环保产业发展的条款。

为了充分发挥市场机制对环保产业资源配置的基础性作用，抑制环保市场上的行政垄断行为，应完善对国有环保企业的公司化改造。通过现代企业制度的建立、健全公司法人治理结构，形成新的环保企业资本营运机制，增强国有环保骨干企业在环保市场中的竞争力。推进环保中介服务机构建设，完善环保产业服务体系。结合政府机构改革和职能转变，加强和完善环保产业中介服务机构，根据全国环保产业地区布局和结构特征，切实做好环保产业服务网络规范化建设，逐步形成多功能、全方位的环保产业政策、市场、技术、信息咨询服务网络体系，为环保产业提供必要的社会服务。

培育环保企业集团，增强企业的跨国经营能力。随着我国加入WTO和面对当今竞争日趋激烈的国际市场，众多的贸易措施成为实现环保目标的重要手段。面对这种形势，积极参与环保领域的国际合作成为我国的必然选择。然而，我国环保产业的出口长期小于进口，属净支出部门，如不尽早扭转这一局面、实施以出口为导向的环保产业发展战略，我国的环保产业难以形成良性循环的发展局面。为此，我们必须制订环保产业的发展战略，研究和制定符合国情的产业政策，走外向型的产业发展道路。对此，除加快我国环保产业的技术进步水平外，重要的一点就是培育与打造环保企业集团。针对我国环保产业大型企业集团不多，大多数企业规模小、技术水平低、竞争力不强的状况，要有计划、有目的地选择一些具有一定规模和实力，并具有发展潜力、基础条件较好、技术水平相对较高的环保企业，从资金、技术、政策等方面给予重点扶持。同时，用公司制改组环保企业，理顺环保产业的产权关系，鼓励环保企业以资产为纽带实施跨地区、跨行业、跨所有制的联合与兼并。在此基础上，加快环保产品和技术的开发，开拓国际市场，取得规模经济效应，增强企业的跨国经营能力和国际竞争实力，为我国环保产业的可持续发展提供广阔的市场空间。

加快环保产业税费制度改革，继续进行有利于环保产品的价格改革。对于末端污染控制型产业，以往在计划经济情况下，基本上是政府承揽了所有的一切，“谁污染谁治理”的原则事实上在实行过程中得不到落实，再加上操作上的缺陷，给政府造成了巨大的财政压力。应当继续深化并加快排污收费、资源定价的改革，特别是能源价格和水价，使其能够反映出资源的稀缺性及环境的外部性，增强价格以及税费对需求的响应。

16.3 发 展 趋 势

中国的环保产业经过10多年的发展已日渐成熟，尤其加入WTO为我国环保产业发展亦带来了一些新的机遇。我国在“十五”期间已将环保产业列入重点扶持行业，以削弱外国企业在中国市场的竞争优势。另外，随着对外开放的扩大和投资限制措施的减少，国家可通过相关政策将外资吸引到环保产业，以弥补中国环保产业投入的缺陷。同时，引进外资也给国内低水平的环保投资项目形成压力，迫使一部分资金流向技术水平高、具有成长性的专业领域，这既开辟了新的融资渠道，也有利于环保产业结构调整。加入WTO后，我国的环保产品，尤其是技术含量很高的环保产品面临国外产品技术和价格的双重压力，企业只有通过技术进步，加强自主研发，提高产品的技术水平和质量，才能适应激烈的国际竞争，这将大大刺激对环保科技的需求。另外，环保产业具有与其他产业相互渗透、共同发展的特点，其他产业参与国际竞争也将带动环保产业的发展。现在，为了保护本国某些产业的发展，同时也为了顺应国内绿色消费的潮流，一些发达国家纷纷构筑绿色贸易壁垒，对进口产品的环保要求日趋严格和复杂。面对这一新形势，各企业越来越重视其产品的环保标准，其他产业对环保的重视也为环保产业的发展提供了契机。

16.3.1 加速发展的环保产业

我国环保产业经过近30年的发展，特别是“十五”以来的快速发展，产业总体规模迅速扩大，产业领域不断拓展，整体水平明显提升。据初步估算，2006年我国环保产业从业单位约35000家，从业人员约300万人，年产值总额约6000亿元，实现利润约520亿元。2007年，年产值7025亿元。其中，环保产品625亿元，环境服务500亿元，资源循环利用4200亿元，洁净技术产品1700亿元。我国环保产品已达3000多个品种，覆盖了污染治理和生态保护的各个领域。数据显示，2008年，全国节能环保产业总产值达1.41万亿元，占当年GDP的4.7%。其中，节能产业2700亿元，资源循环利用产业6600亿元，环保产业4800亿元，就业人数达2500多万人，其中再生资源产业的就业人数达1800万人。

“十一五”期间，中国环保产业可望保持年均15%～17%的增长速度，环保投资的重点领域主要包括水环境、大气环境、固体废物、生态环境、核安全及辐射环境保护建设以及环境能力建设。预计“十一五”末，我国环保产业年产值将超过11000亿元，其中环保装备1200亿元，环境服务1000亿元，资源综合利用6600亿元，洁净产品2500亿元。

随着中国经济的持续快速发展，城市进程和工业化进程的不断增加，环境污染日益严重，国家对环保的重视程度也越来越高。“十五”期间，由于国家加大了环保基础设施的建设投资，有力拉动了相关产业的市场需求，环保产业总体规模迅速扩大，产业领域不断拓展，产业结构逐步调整，产业水平明显提升。

在发展循环经济的要求下，从2007年开始，环保支出科目被正式纳入国家财政预算，政府对环保工作提出了新思路、新对策，受益于此，中国环保行业继续高速增长，且增速进一步提高。2007年，中国采取综合措施推进污染减排，全国装备脱硫设施的燃煤机组占全部火电机组的比例由2005年的12%提高到48%，城镇污水处理率由52%提高到60%。全年全国化学需氧量排放量1383.3万t，比2006年下降3.14%；二氧化硫排放量2468.1万t，比2006年下降4.66%，主要污染物排放量实现双下降，首次出现了“拐点”，污染防治由被动应对转向主动防控，环保历史性转变迈出坚实步伐。

2008年国家要求关停1300万kW小火电，淘汰600万t炼钢、5000万t水泥、1400万t炼铁等一大批落后产能，削减二氧化硫排放量60万t，削减化学需氧量排放量40万t。环保产品和服务的需求进一步扩大。2008年上半年全国化学需氧量排放总量674.2万t，同比下降2.48%；二氧化硫排放总量1213.3万t，同比下降3.96%，新增城市污水处理能力678万t/d。2008年下半年，受美国金融危机影响，中国为扩大内需，大规模加大基础设施建设，对环保产业的投资也进一步加大。截至2008年末，我国环保产业涵盖污染治理、生态保护等众多领域，产品数量达到3000多种，年产值7900亿元，环保企业总数为3.5万余家，从业人员超过300万。“十一五”以来，我国对城镇污水处理、垃圾处理等环保基础设施的建设投入显著增加，从政策到投资都带动了环保产业市场由潜在市场变成现实市场。到 2008 年底，我国已投资 1000 多亿元，建成了 3.63 亿 kW 的燃煤电厂脱硫机组。截至目前，已经建成 1500 余家污水处理厂，这些都有力地带动了环保产业的发展。

中国已成为世界上脱硫装机规模最大的国家。中国强力推进污染减排，大力发展环保产业。到 2008 年底共投资 1000 多亿元，建成了 3.63 亿 kW 燃煤脱硫装机容量，占火力发电装机容量的 60% 以上，成为世界上脱硫装机规模最大的国家。

我国环保产业正以每年 12% ~15% 的速度增长，预计到“十一五”末期年产值将超过 1.1 万亿元。根据国家环境保护“十一五”规划，我国的环保总投资额将由“十五”期间的 7000 亿元，增加到 15300 亿元，年均复合增长率 16.9%，其中，水污染治理投资额将由 2700 亿元增加到 6400 亿元，年均复合增长率 18.8%；大气污染治理投资额将由 2800 亿元增加到 6000 亿元，年均复合增长率 16.5%；固体废物治理投资将由 900 亿元增加到 2100 亿元，年均复合增长率 18.5%。污水处理：“十一五”期间新增城市污水日处理能力 4500 万 t、再生水日利用能力 680 万 t，形成 COD 削减能力 300 万 t，预计至少需要 2000 亿元左右的配套资金，有利于提高污水处理厂的产能利用率，从而提高其盈利水平。大气污染处理：“十一五”期间投运脱硫机组 3.55 亿 kW。以 220 元/（万 kW · h）的单位造价计算，“十一五”规划期间的脱硫工程市场在 781 亿元人民币，平均每年 150 多亿元，脱硫工程企业有望从中获益。固体污染处理：促进垃圾资源化利用，充分回收垃圾中的废旧资源，鼓励垃圾焚烧发电和供热、填埋气体发电，积极推进城乡垃圾无害化处理，其中的投资机会巨大。

16.3.2　广泛地拓宽产业领域，向广义环保产业方向发展

进入 21 世纪，全球环保产业开始进入快速发展阶段，逐渐成为支撑产业经济效益增长的重要力量，并正在成为许多国家革新和调整产业结构的重要目标和关键。随着中国社会经济的发展和产业结构的调整，中国环保产业对国民经济的直接贡献将由小变大，逐渐成为改善经济运行质量、促进经济增长、提高经济技术档次的产业。产业内涵扩展的方向将主要集中在洁净技术、洁净产品、环境服务等方面，中国环保产业的概念也将演变为“环境产业”或“绿色产业”。

市场经济体制的建立和可持续发展战略的实施，使环保产业即将渗透到国民经济各个领域，使部分国家环境保护工作向产业化方向转化，以充分体现环境保护及其环保产业是拉动和促进我国社会经济发展的新的动力和新的经济增长点。

随着中国经济由传统的“高消耗、高污染、低效率”的粗放型增长方式逐步向“低消耗、低污染、高效率”的集约型增长方式的转变，我国的环保产业面临着前所未有的机遇，已步入了高速发展的快车道。国务院近日印发的《国家环境保护“十一五”规划》首次以规划形式明确了环保产业发展的重点：

（1）以环保重点工程为需求，以环保示范工程为依托，以标准化、系列化、国产化、现代化为导向，自主创新和引进消化吸收相结合，大力发展环保装备制造业；

（2）以环境影响评价、环境工程服务、环境技术研发与咨询、环境风险投资为重点，以市场化为主体，积极发展环保服务业。要加大对外开放，实施引进来、走出去战略，支持各类所有制企业进入环保产业。同时制定发展规划，推进技术进步，加强行业自律，规范市场行为，促进公平竞争，推动环保产业健康发展。

我国环保产业今后一个时期要达到的目标是：培育一批具有自主品牌、核心技术能力强、市场占有率高、能够提供较多就业机会的优势企业和企业集团，使环保产业成为国民经济的新兴支柱产业。“十一五”后期，国家将实施危险废物和医疗废物处置、城市污水和垃圾处理、燃煤电厂脱硫等八大重点环境保护工程，总投资约3336亿元。由此将带动中国环保产业保持12%～15%的年增长速度。到“十一五”规划期末，环保产业的总体规模（产值）将达1.1万亿元左右。在“第三届中德环境论坛”上，环境保护部有关负责人介绍，“十一五”期间的节能减排任务，对环保产业发展提出了更高要求，也为环保产业发展提供了巨大的市场需求。

全球环保产业的市场规模已从1992年的2500亿美元增至2007年的6000亿美元，年均增长率8%，远远超过全球经济增长率，成为世界各国十分重视的“朝阳产业”。随着中国经济的持续快速发展，城市进程和工业化进程的不断增加，环境污染日益严重，国家对环保的重视程度也越来越高。2008年下半年，受美国金融危机影响，中国为扩大内需，大规模加大基础设施建设，对环保产业的投资也进一步加大。在国家4万亿元巨额投资名录上，以污水垃圾处理、流域水污染防治、节能减排为重点的生态建设位列重要地位。“十一五”期间，我国将实现单位GDP能耗降低20%、主要污染物排放总量降低10%的目标，要实现这些目标就必然对环保领域的投资将进一步提高。随着环保产业的不断发展，价值的成长性也将被充分挖掘，并有望成为未来重要的主题投资机会。

16.3.3 市场化的环境保护机制

在市场经济条件下，政府、企业和个人之间合理的环境事权分配应是：政府承担组织实施公共环境基础设施建设、跨地区的污染综合治理与监督；企业承担投资经营风险（包括环境风险），个人和居民按照“使用者付费原则”，可有偿使用或购买环境公共用品或设施服务；公共环境设施的建设与运营可以契约方式实行部分政府权转移，按照市场规则运作。合理分配环境保护事权，规范市场主体的资格条件、组织形式、行为方式及主体行为所依赖的市场条件，为不同所有制企业平等地进入环保市场，确立合格的主体资格，提供法律和制度保障。与此同时，还应继续深化并加快排污收费、资源定价的改革，特别是能源价格和水价，使其能反映出资源的稀缺性及环境的外部性，增强价格及税费对需求的响应。排污收费的改革应恰当地反映“污染者负担”、“受益者（使用者）付费”的环境补偿原则。同时应注意排污收费在生产、生活、消费领域的不平衡性，制定全面推进的方案和策略。与此相适应，建立环境相关的财政预算系统的探索，建立环境投入产出与成本核算方法，完善用以实现环境目标的财务手段。

一般认为，排污权交易主要是通过建立合法的污染物排放权利，并允许这种权利像商品那样买入和卖出来进行排放控制。其做法一般是，政府机构评估出一定区域内满足环境要求的污染物最大排放量，并将最大允许排放量分割成若干规定的排放量，即若干排污权，政府可用不同的方式分配这些权利，如公开竞价拍卖、定价出售、无偿给予等，通过建立排污权交易市场使这种权利能合法地买卖。

排污权交易将市场机制引入污染控制中。如果排污者能削减其排污量，他的余额就可以出售获利。因此，可刺激排污者发明或利用新的更经济的处理技术和方式，这样社会治理环境的总费用就会减少，效益差、污染严重的排污者在市场竞争中将处于不利地位。环保团体也可购买排污权，从而阻止排污者使用这部分权利，这将使环境质量高于环境标准。鉴于排污权交易在促进环境保护与环保产业发展方面的功能，我国应利用这种市场化的环境保护机制。可在经济发达地区先行试点，积累经验，逐步推开，并由此制定相应的交易法规，规范市场运行。

16.4 投资机会

16.4.1 投资不断增长

在环境问题的初期，环境作为一个不具备市场价值的公共资源，它的存在既未明确地产权化，其破坏也很难合法地追究责任人。在这种情况下，只有依靠、利用政府投入来启动环保事业，促进环保产业的发展。政府投入对环保产业的发展有重要作用。政府的环境投入是政府环境意识水平的一个标志，政府的环境投入等于全民的环境投入，这种全民性支出必将促使社会公众人人关心环境问题，提高环保意识。政府投入也表明政府对治理环境问题的决心，表明环保投入是有价值的。政府的带头作用，将出现有效的企业环保投入行为。

虽然我国环保投资总量不大，但20多年来一直持续大幅度增加。“十一五”期间，我国政府环保资金投入约为13750亿元，将比“十五”期间增长64%，使环保投入达到2010年同期GDP的1.5%以上。据国家环保总局的初步测算，“十一五”期间，我国环保产业可望保持年均15%～17%的增长速度。2010年环保产业的年收入总值将达8800亿～10000亿元左右，其中资源综合利用产值6600亿元，环保装备产值1200亿元，环境服务产值1000亿元。

环保产业是资金密集型产业。据测算：要保证经济的持续增长，环境状况又不会迅速恶化，我国环保投资应占GDP的1.5%～2.0%；要使环境状况逐渐好转，这一比例应在2.5%以上。而我国在“七五”、“八五”、“九五”、“十五”期间的投入分别占GDP的0.69%、0.73%、0.89%和1.31%。

随着“十一五”期间环保产业投资空间的进一步扩大，将会有愈来愈多的民营企业介入其中。民营企业参与环保产业主要是通过社会投资来实现，就是改革排污收费体制和环境保护投资、融资体制，利用市场机制动员和吸收社会资金。尽可能地吸收环保贷款和投资，或者根据需要进行合作经营。同时，允许效益高、资信好的企业借用部分银行贷款作为引进外资的配套资金。

与此同时，也可建立产业发展专项资金，用于建设环保基础设施以及环保新技术、新设备、新产品、新材料等的研制、开发和推广。政府先投入一定资金起催化作用，大部分资金则由社会投入。政府、社会共同组建专业公司，由该专业公司负责基础设施的运营和建成后收益的分配。政府先期投入的资金等于给予环保项目无偿鼓励，这样有利于吸引社会资金参与。

16.4.2 节能减排带动环保产业发展

节能减排对于环保产业而言，是一个绝佳的发展契机。“十一五”期间的节能减排任务，对环保产业发展提出更高要求和目标的同时，也为环保产业提供了巨大的市场需求。按照减排工作方案，“十一五”期间，将新增城市污水日处理能力4500万t、再生水日利用能力680万t，形成城市污水COD削减能力300万t、工业废水COD削减能力140万t；投运脱硫机组3.55亿kW。

可见，环保设备需求增长空间巨大。在国内市场规模庞大和环保节能工作才刚刚起步的机缘下，完全有可能利用现有节能环保的成熟技术，使生产和生活方面的环保节能产品和服务能够很快通过规模经济实现成本的降低。

随着《国务院关于落实科学发展观加强环境保护的决定》的出台到修改后的节约能源法的通过，我国出台了一系列支持和促进环保产业的政策，力图全面改善环境问题和推进我国环保产业的发展。

此次，新修改后的节约能源法，有利于节能和环境保护的产业政策，限制发展高耗能、高污染行业，发展节能环保型产业。修改后的节能法在“激励措施”中明确，国家运用税收等政策，鼓励先进节能技术、设备的进口，控制在生产过程中耗能高、污染重的产品的出口；引导金融机构增加对节能项目的信贷支持，为符合条件的节能技术研究开发、节能产品生产以及节能技术改造等项目提供优惠贷款；实行有利于节能的价格政策等。

可见，新节约能源法不仅在产业政策大力支持环保产业，还在信贷等金融政策上给予一定的优惠，环保产业享有得天独厚的优势，势必大有所为。

16.4.3 未来环保市场的规模预测

过去被视为公益事业的环境保护，今天已变成一座蕴藏着无限商机的富矿。经合组织（OECD）的研究表明，环保产业已与生物工程、信息技术并列为当代最具发展潜力的三大技术领域。据统计，1992年全球环保产业的市场规模约为2500亿美元，2001年已增至6000亿美元，年均增长率近8%，远远超过全球的经济增长率。国外专家预测，到2010年全球环保产业的规模将是现在的3倍，可达1.8万亿美元，环保已成举世瞩目的“前景产业”。

根据《国家“十一五”环境保护规划研究报告》提供的数据，对水污染、大气污染和固体废弃物污染进行预测分析：首先，水污染预测部分选取的是全国用水量的需求预测以及全国废水治理投资预测，见表16.3、表16.4。

表16.3　全国用水总量预测　单位：亿m^3

项　目	2003年	2010年	2015年	2020年
工业	1176	1158	1311	1558
生活	641	788	866	865
其中：农村	319	322	334	197
城市	322	466	534	568

表16.4　全国废水总量投资　单位：亿元

项　目	2006~2010年	2010~2015年	2016~2020年
畜牧业	127	221	369
工业	1848	2470	3149
生活	1644	1574	1721

其次，大气污染预测部分选用的是二氧化硫产生量的预测，见表16.5。

表16.5　二氧化硫产生量预测　单位：万t

来源		2010年	2015年	2020年
工业	能源燃料	2845	3319	3827
	生产工艺	967	1220	1428
	小计	3812	4539	5255
生活及其他	其他部门	121	101	73
	居民生活	99	90	81
	小计	220	191	154
合计		4032	4730	5409

最后，固体废物预测部分选用的是固体的生产量预测，如表16.6所示。

表16.6　我国固体废物产生量预测

产生量	2003年	2010年	2015年	2020年
一般工业固体废弃物（万t/a）	88731	115722	1133510	147842
危险废物（万t/a）	1171	1274	1517	1737
生活垃圾（万t/a）	14857	22029	27254	32963
电子废物（万t/a）	120	210	278	340
固体废物总产量（万t/a）	104879	139235	162559	182882

据估计，到2020年，我国总人口有可能达到14.3亿~14.9亿人，其中城市人口将由2000年的4.5亿人增加到8亿人左右，人口密度将由2000年的131人/km^2增加到148~155人/km^2。我国人均主要自然资源占有量将呈下降趋势：人均水资源将由2000年的2220m^3/人下降到1965~1886m^3/人，人均耕地资源将由2000年的1.12亩/人下降到0.99~0.95亩/人。在污染物排放方面，到2020年，城市生活污水排放量将由2000年的221亿t增加到500亿t，城市生活垃圾排放量将由2000年的1.21亿t增加至3.6亿t；二氧化硫产生量将由2000年的2571万t上升到3073万t；氮氧化物产生量将由2000年的1880万t上升到2668万t，烟尘的产生量将由2000年的11883万t上升到17691万t。

不难看出，中国现在整治环境污染的力度超过历史上的任何时期。环保需求巨大，节能产品市场前景广阔，各方面的因素都为我国的环保、节能行业迎来一个快速发展时期提供了很好的条件，使我国的环保节能产业有望成为带动我国经济增长的新亮点。

17

污 水 处 理

水是地球上最丰富的一种化合物。全球约有3/4的面积覆盖着水，地球上的水总体积约有13.86亿km^3，其中96.5%分布在海洋，淡水只有3500km^3左右。若扣除无法取用的冰川和高山顶上的冰冠，以及分布在盐碱湖和内海的水量，陆地上淡水湖和河流的水量不到地球总水量的1%。

20世纪50年代以后，全球人口急剧增长，工业发展迅速。全球水资源状况迅速恶化，“水危机”日趋严重。一方面，人类对水资源的需求以惊人的速度扩大；另一方面，日益严重的水污染蚕食大量可供消费的水资源。

我国是一个严重缺水的国家，人均占有量仅为世界人均量的1/4。而近些年来，一方面随着我国经济的迅猛发展和人民生活水平的提高，用水量逐年提高；另一方面，我国的水环境污染十分严重。国务院八部委2008年环保专项行动的检查结果中，从113个重点城市饮用水源地水质达标情况看，达标率仍然偏低。上述原因使得水资源紧缺的状况更加严峻，水资源紧缺的问题日益显现。全国669个城市中，有400个城市常年供水不足，其中110个城市严重缺水，日缺水量达1600万m^3。总之，水资源短缺已成为我国经济社会发展中的重要制约因素。

17.1 行 业 分 析

17.1.1 行业沿革

中华人民共和国成立以来，由于我们对水资源的重要性、水资源与水污染防治的关系认识不足，加上受经济条件的限制，我国的城市污水处理业发展严重滞后。我国解决城市污水的净化问题始于20世纪70年代，当时在全国已建成各种类型的稳定塘有38座，日处理城市污水约173万m^3，其中生活污水量占一半。

改革开放以来，随着经济的快速发展和城市规模的扩大，城市污水处理日益成为城市经济社会发展、人居环境改善的制约因素。由此，我国城市污水处理设施建设从20世纪80年代逐步展开。

在相当长一段时期内，城市污水一直被视为公益事业，基本采取免费服务政策，其经费主要来源于国家和地方的财政拨款。一方面靠政府包揽投资建设和管理，财政负担沉重；另一方面，设施建设滞后，污水处理率偏低。按目前我国城市污水平均处理率60%的水平，与发达国家大部分城市污水处理率达到90%相比，差距较大。

随着建设步伐的加快，20世纪90年代中期城市污水处理业的市场取向改革也开始探索、逐步深化。以1997年6月财政部、国家计委、建设部和国家环保总局联合发布《关于淮河流域城市污水处理收费试点有关问题的通知》为标志，城市污水处理业的市场取向改革全面启动。十多年来城市污水处理业改革，市场取向明确，以收费体系的建立初步形成了排他性消费的制度环境，投资经营主体多元化的格局初见雏形，但作为投资和经营主体的格局并未得到根本改变。

我国城市污水事业主体一直由政府投资、政府建设，也一直由政府垄断经营。尽管近年来我国加大了对事业单位的改革力度，将污水处理厂从事业单位改为企业编制，但实际上，这种改革只是名称与形式的变化，实质并无改变，90%的污水处理设施还是事业或准事业的运营方式，仍然沿袭政企不分的传统管理体制。这种高度集中的政府所有、政府垄断经营的管理体制直接导致了城市污水行业的低效率。

以北京市为例，北京排水集团是国有企业，完全由政府投资、政府管理，拥有北京市8个最大的污水厂，污水处理占到北京市污水总排量的90%以上。剩下不足10%由民营企业处理。全国的情况基本如此。虽然很多人提出污水处理这个包袱完全由政府背不太合理，但在中国，目前还没有更好的解决模式。

17.1.2　污水处理市场的发展空间

中国水资源人均占有量少，空间分布不平衡。随着中国城市化、工业化的加速，水资源的需求缺口也日益增大。中国“十一五”规划明确提出：2010年全国城市和建制镇的污水平均处理率不低于50%，城市的污水处理率不低于60%，重点城市的污水处理率不低于70%。在这样的背景下，污水处理行业成为新兴产业，目前与自来水生产、供水、排水、中水回用行业处于同等重要地位。

2007年，中国水污染治理投资达到3387.6亿元，比上年增加32%，占当年GDP的1.36%。中国水环境质量总体保持稳定。2007年，共取缔一级水源保护区内排污口942个，停建二级水源保护区内可能造成污染的建设项目1294个，限期治理931个。

截至2008年10月，全国设市城市、县及部分重点建制镇共建成污水处理厂1459座，日处理能力8553万t（36个大城市共建成288座，日处理能力为3497万t），分别比“十五”规划末期增加60.5%和42.6%，全国设市城市污水处理率已由2005年的52%增加到2007年的63%；在建城镇污水处理项目1033个，设计日处理能力约3595万t。2008年1~10月，全国已投入运行的城镇污水处理厂累计处理污水达190亿t，运行负荷率达到76%，同比分别增长了21%和约3%。

在国际金融危机的背景下，中国采取继续扩大内需，促进经济增长政策，把环境保护放在突出的战略位置。2008年四季度新增的千亿元中央投资中，投向节能减排和生态建设的资金达120亿元。用于重点流域的水污染防治工程投资及用于城镇污水和垃圾处理设施、污水管网建设提速的资金高达60亿元，前者投资为10亿元，后者为50亿元。可以说，污水处理行业迎来空前的发展机遇。

17.1.3 主要市场化模式

17.1.3.1 污水处理厂BOT模式

BOT（Build - Operate - Transfer）意为建设—经营—转让，是指某私人投资者或国际财团以政府给予的特许权为基础，融资建设污水处理厂，并在规定时期内经营该设施，回收投资并获得利润，期满后将设施移交给政府部门或其他公营机构。

BOT模式主要针对需要投资新建污水处理厂，实质是将污水处理厂建设和经营管理民营化，对我国污水处理厂建设有明显的促进作用。首先，政府可以利用BOT模式吸引大量的社会闲散资金和国外资金，减轻财政负担。其次，通过BOT融资模式政府可将公营机构建设项目的风险转移到民营机构方面，避免污水处理厂建设普遍存在的投资失控现象。最后，BOT融资模式可在污水处理项目管理中引进先进的方法和手段，提高项目建设质量并加快建设进度，从而以更低的服务价格使社会公众受益。

17.1.3.2 污水处理厂TOT模式

TOT（Transfer - Operate - Transfer）是一种国际上较流行的特许经营方式。它是指政府部门或国有企业将建设好的污水处理厂的一定期限经营权，有偿转让给投资人，由其进行运营管理；投资人在一个约定的时间内通过经营收回全部投资和得到合理的回报，并在合约期满之后，再交回给政府部门或原单位的一种经营方式。这种模式主要针对目前已经建成污水处理厂实施特许经营。

TOT模式针对已经建设完工投入运营的污水处理厂，投资者在获得特许权后可直接经营污水处理厂，而BOT模式的投资者要经过建设阶段才能进入运营阶段。TOT融资模式的实质是公营机构在污水处理厂建成后可迅速回收投资，有利于减轻政府的财政负担，提高污水处理运营管理效率。此外，由于污水处理厂已进行过一段时间的运营，TOT方式对于投资者来说，既消除了前期费用负担，避免了污水处理开发建设阶段复杂的审批程序，如征地拆迁、城市规划等，又减少了运营期风险，因而对民间资本具有较大的吸引力。

17.1.3.3 TOT和BOT结合特许经营模式

基于BOT与TOT的特许经营模式是将TOT与BOT项目结合起来的一种特许经营模式，即政府通过TOT方式将已投入运营的污水处理厂经营权在一定的特许经营期内转让给投资者，同时通过BOT方式将拟建污水处理厂的建设与经营权在一定的特许经营期内转让给同一投资者，在特许经营期满后收回经营权。

政府可以将从投资者手中融得的资金用于原有职工的安置和其他项目的建设与维护，也可以将部分资金入股项目公司以BOT方式建设新污水处理厂。投资人在特许期内，在政府监管之下，通过先后对新建和已建设施两个污水处理厂的运营获得收益。特许经营期满后将两个污水处理厂一并移交给政府。

17.2 污水处理技术

城市污水是排入城市排水系统中各类废水的总称，泛指生活污水、生产污水以及其他排入城市排水管网的混合污水。

（1）污水处理。就是采用一定的处理方法和流程，将污水中所含的污染物质减少或分离出去，或将其转化为无害和稳定的物质，以使污水得到净化，达到恢复其原来性状或使用功能的过程。

城市污水处理一般分为三级：一级处理，系应用物理处理法去除污水中不溶解的污染物和寄生虫卵；二级处理，系应用生物处理法将污水中各种复杂的有机物氧化降解为简单的物质；三级处理，系应用化学沉淀法、生物化学法、物理化学法等，去除污水中的磷、氮、难降解的有机物、无机盐等。至于采取哪级处理比较合理，应视对最终排出物的处理要求而定。通常以一级处理为预处理，二级处理为主体，三级处理很少使用。一般工厂排出的污水，至少应采取两级处理。由于二级处理排出的污泥有可能造成二次污染，因此，还要进行污泥处理。

（2）预处理工艺。城市污水处理厂的预处理工艺通常包括格栅处理，泵房抽升和沉砂处理。格栅处理的目的是截流大块物质以保护后续水泵管线、设备的正常运行。泵房抽升的目的是提高水头，以保证污水可以靠重力流过后续建在地面上的各个处理构筑物。沉砂处理的目的是去除污水中裹携的砂、石与大块颗粒物，以减少它们在后续构筑物中的沉降，防止造成设施淤砂，影响功效，造成磨损堵塞，影响管线设备的正常运行。

一级处理工艺：主要是初级沉淀池，目的是将污水中悬浮物尽可能地沉降去除，一般初次沉淀池可去除50%左右的悬浮物和25%左右的BOD_5。

二级处理工艺：主要是由曝气池和二次沉淀池构成，主要目的是通过微生物的新陈代谢将污水中的大部分污染物变成CO_2和H_2O，这也就是好氧技术。曝气池内微生物在反应过后与水一起源源不断地流入二次沉淀池，微生物沉在池底，并通过管道和泵回送到曝气池前端与新流入的污水混合；二次沉淀池上面澄清的处理水则源源不断地通过出水堰流出污水厂。

（3）深度处理。这是为了满足高标准的受纳水体要求或回用于工业等特殊用途而进行的进一步处理，通用的工艺有混凝沉淀和过滤。深度处理的末端往往还要有加氯要求和接触池。随着城市社会经济的高水平发展，深度处理是未来发展的需要。

（4）污泥处理和污泥最终处置。主要包括浓缩、消化、脱水、堆肥或家用填埋。浓缩有机械浓缩或重力浓缩，后续的消化通常是厌氧中温消化，也就是厌氧技术。消化产生的沼气可作为能源燃烧或发电，或用于作化工产品等。消化产生的污泥性质稳定，具有肥效，经过脱水，减少体积成饼成形，有利运输。为了进一步改善污泥的卫生学质量，污泥还可以进行人工堆肥或机械堆肥。堆肥后的污泥是一种很好的土壤改良剂。对重金属含量超标的污泥，经脱水处理后要慎重处置，一般需要将其填埋封闭起来。

17.3　污水处理政策

17.3.1　水资源管理制度

面对我国严峻的水资源形势，我国已经确定将实行最严格的水资源管理制度，缺水城市水价要高额累进加价。

根据水利部统计数据，全国年缺水量达400亿m^3，近2/3的城市存在不同程度的缺水。我国水资源已经面临着前所未有的严峻形势，面对严峻水资源短缺形势，我国必须实行最严格的水资源管理制度。

（1）划定水资源管理“红线”，抓紧制订水资源配置、节约和保护管理的3条红线；明确水资源开发利用红线，对用水总量严格实行控制；明确水功能区限制纳污红线，对入河排污总量严格控制；明确用水效率控制红线，坚决遏制用水浪费。

（2）要加快“取水许可总量控制指标体系”建设，对行政区域年度用水实行总量控制。

（3）将实施取水许可、水资源论证和环境影响评价制度，从源头上遏制盲目兴建高耗水、高污染项目。此外，还要大力推进节水型社会建设，积极推进水生态保护与修复工作，加强水利水电工程生态影响评估论证。

17.3.2 污泥处理政策

目前，“重力浓缩—机械脱水—外运填埋”是我国污水处理厂最常用的污泥处理处置工艺，但运行中存在很多问题。GB 18918—2002 的颁布规定了城镇污水处理厂的污泥必须进行稳定化处理。常用的污泥稳定工艺有厌氧消化、好氧消化、污泥堆肥、碱法稳定和干化等，各工艺都有其优缺点和适用范围，工艺的选择往往存在争议。总体上看，我国的污泥处理由于政策的不完善，其处理处置处于一种无序的摸索阶段，大量污泥随意堆放、填埋，造成地表水和地下水污染。

目前我国污泥标准主要是采用《农用污泥中污染物控制标准》（GB 4284—84），还有2002年颁布的《城镇污水处理厂污染物排放标准》（GB 18918—2002），它们对我国的污泥污染控制的作用仍然有限。

为有效规范污泥市场，近几年来建设部陆续制定和发布有关污泥行业的标准，如：《城镇污水处理厂污泥泥质》（CJ 247—2007）、《城镇污水处理厂污泥处置分类》（CJ/T 239—2007）、《城镇污水处理厂污泥处置 园林绿化用泥质》（CJ 248—2007）、《城镇污水处理厂污泥处置 混合填埋泥质》（CJ/T 249—2007）《城镇污水处理厂污泥处置 制砖用泥质》（CJ/T 289—2008），《城镇污水处理厂污泥处置单独焚烧用泥质》（CJ/T 290—2008）、《城镇污水处理厂污泥处置土地改良用泥质》（CJ/T 291—2008）等。

此外，2009年2月住房和城乡建设部（以下简称建设部）、环境保护部（以下简称环保部）和科学技术部（以下简称科技部）联合发布了《城镇污水处理厂污泥处理处置及污染防治技术政策（试行）》，该政策不仅明确了污泥处理处置的技术路线，而且规定在安全、环保和经济的前提下实现污泥的处理处置和综合利用。更值得注意的是在本技术政策中，明确了污泥处理处置的保障措施。此污泥政策的出台，给我国城市污水处理厂污泥处理处置指明了方向，在很大程度上将促进我国污泥处理处置的发展。

17.3.3 水污染源管理

2009年6月，为进一步规范限期治理工作，提高环境执法能力，根据《中华人民共和国水污染防治法》对限期治理的适用情形、决定权限、治理期限、部门职责以及法律后果的相关规定，在认真总结实践经验的基础上，制定《水污染源限期治理管理办法》。该办法共六章三十六条，它进一步明确了限期治理的适用范围、治理对象、决定权属和限期治理职责权限等，改进和完善了水污染源限期治理监管的决定阶段、执行与督查和解除阶段的核查督察等相关措施和制度。

17.3.4 流域管理

河流水污染防治一直是按行政区划来管理，这使得同一条河流被人为地分割，一旦出现水污染事件容易相互推诿。因此，北京市环保局已经决定对河流实施由区域转为流域性管理，即指定一个单位来全权负责，河流所经地区则起协调和配合作用。与此同时，在考核上，按河流出入境水质进行对比，如果出境水质低于入境水质，说明所在地区政府工作不到位，须负主要责任。

将于2010年出台的《北京市水污染防治条例》目前正在对初稿进行论证调研，新条例将变现在的区域管理为流域管理，并推出补偿机制，受益下游应对上游的保护给予补偿。

17.4 发展趋势及机会

17.4.1 金融危机与污水处理行业

随着国际金融危机的压力，中央政府在2008年底同时调整国家财政政策和货币政策，以投资拉动为核心的4万亿元计划，对缓解我国目前面临的经济和金融压力有着重要的意义。政府宣布对财政和货币政策进行重大调整，由稳健的财政政策和从紧的货币政策转为积极的财政政策和适度宽松的货币政策。

2008年，国务院出台扩大内需十项措施，简称“国十条”。“国十条”明确了中央政府在最近几年将要加大环境保护领域的投入，包括农村饮用水安全工程、城镇污水、垃圾处理设施建设、重点流域水污染防治、生态环境建设等方面。胡锦涛总书记、李克强副总理、周生贤部长等领导在不同的会议上强调，要大力发展环境产业，并以此带动经济增长，培养新的经济增长点。2008年11月，国新办新闻发布会上更是明确了在中央政府4万亿元的投资安排中，有4000亿元的政府资金将涌入包括供水、污水、垃圾处理在内的环境保护领域，这对于资金沉淀性强、资本收益低、价格不到位的环境服务业来说是非常必要的，对于水工业的发展来说，也带来了新的机遇与挑战，政府的投资对于水行业需求的资金仅仅是很少的一部分，大部分的资金需要由社会资本解决，而政府的这种投资行为可以带动社会民间资本发挥其应有的效应和能力，强迫其推动基础设施尽快上马，对水行业产生应有的促进作用，并给一些企业带来资本投资机会。

2008年经济危机没有来临时，银行为了控制通货膨胀，贷款无论是手续上还是时间上都要复杂、困难得多，而现在却比较容易获得贷款。4万亿元政策出台以后，污水处理厂成为地方政府争取中央资金“眷顾”的重点环保项目。各大商业银行因为目前宏观经济政策的影响，在央行的鼓励下，也在扩大贷款规模。相比较而言，污水处理厂这种有收费保障的项目自然更能得到各商业银行的“青睐”。

在金融危机的冲击下，其他行业为了避风纷纷向水行业转移，以求得社会资本的转移，这又会给污水处理行业带来资金利用的机会。

总而言之，金融危机对资本市场会形成一定影响，但对整个污水处理行业市场不会带来过大的负面影响，相反是一个良好的历史机遇。

17.4.2 盈利潜力将有大幅改善

作为环保产业的主要组成部分，污水处理无疑具有一定的行业代表性。虽然现阶段，由于自来水价格受到政府控制，污水处理类上市公司的盈利状况并不可观，多数公司需要借助地方政府的财政补贴才能维持经营。但是在国家将“环保”列为重要议题、鼓励环保产业发展的背景下，污水处理业无疑将获得快速发展。同时，近两年各地纷纷召开自来水价格听证会，公用事业市场化改革正在顺利推进。因此，水价必然会逐步提高，污水处理费用也会随之上涨，污水处理公司的盈利状况将逐步好转。

17.4.3 发展潜力巨大

目前我国的水污染状况日益严重，Ⅰ类～Ⅲ类水所占比例不足50%。随着城市化进程的加快，中国的水资源危机愈发严峻。建设部目前定下目标，至2010年城镇污水处理率要达到60%，重点城市的污水处理率不低于70%。目前全国各大、中城市已建成的污水处理厂仅420多座，污水处理率平均为23.7%，其中国内部分发达城市如深圳、厦门、北京等地已达到65%左右。根据建设部要求达到60%～70%的污水处理率目标估计，到“十一五”规划期末我国将需新建1000座污水处理厂，全国城镇污水集中处理能力将达到1亿m^3/d左右。预计“十一五”期间，城镇污水处理设施建设投资规模将超过3300亿元。如果与欧美发达国家的一般80%以上的污水处理率相比，我国污水处理行业尚存在巨大的发展空间。

18

大气污染治理

人类在享受由工业文明带来的丰富物质生活之时，也在呼吸着现代工业排放的各种废气。硫氧化物、氮氧化物，以及被称为“空中死神”的酸雨，除了对人体的健康有害之外，还会破坏生态，危害农业生产、损坏城市建筑。大气污染治理，刻不容缓。

18.1 行业分析

大气污染源可分为自然的和人为的两大类。自然污染源是由于自然原因（如火山爆发，森林火灾等）而形成，人为污染源是由于人们从事生产和生活活动而形成。在人为污染源中，又可分为固定的（如烟囱、工业排气筒）和移动的（如汽车、火车、飞机、轮船）两种。由于人为污染源普遍和经常地存在，所以比自然污染源更为人们所密切关注。大气主要污染源有以下几方面。

1. 工业企业

工业企业是大气污染的主要来源，也是大气卫生防护工作的重点之一。随着工业的迅速发展，大气污染物的种类和数量日益增多。由于工业企业的性质、规模、工艺过程、原料和产品种类等不同，其对大气污染的程度也不同。

2. 生活炉灶与采暖锅炉

在居住区里，随着人口的集中，大量的民用生活炉灶和采暖锅炉也需要耗用大量的煤炭，特别在冬季采暖时间，往往使受污染地区烟雾弥漫，这也是一种不容忽视的大气污染源。

3. 交通运输

近几十年来，由于交通运输事业的发展，城市行驶的汽车日益增多，火车、轮船、飞机等客货运输频繁，这些又给城市增加了新的大气污染源。其中具有重要意义的是汽车排出的废气。汽车污染大气的特点是排出的污染物距人们的呼吸带很近，能直接被人吸入。汽车内燃机排出的废气中主要含有一氧化碳、氮氧化物、烃类（碳氢化合物）、铅化合物等。

大气污染治理行业主要包括：烟气脱硫行业与烟气脱硝行业。

18.1.1 烟气脱硫行业分析

18.1.1.1 行业背景

随着煤炭消费的不断增长，燃煤排放的二氧化硫也不断增加，我国已经连续多年成为世界上二氧化硫排放最多的国家，这导致我国空气污染日趋严重，对农田、庄稼、植物以及人体健康造成了影响。经专家测算，每排放1t二氧化硫造成的经济损失约为2万元人民币。

按二氧化硫污染的工业部门来分，其污染严重程度顺序是火电厂、化工厂和冶炼厂。其中，燃煤电厂污染物的排放量占全部工业排放总量的50%左右，是最重要的污染源。国家“十一五”规划提出，到2010年全国主要污染物排放总量要比“十五”期末减少10%，相应需要削减二氧化硫排放总量10%以上的约束性指标。

控制电力行业二氧化硫排放无疑是实现“十一五”规划全国二氧化硫削减目标的关键，这使得火电烟气脱硫变得尤为重要，国内脱硫企业正面临着巨大的商机。

国家发改委公布的2007年度火电厂烟气脱硫产业信息，2007年我国火电厂烟气脱硫装机容量超过2.7亿kW，约占火电装机总容量的50%；全年投运100MW及以上火电机组脱硫装置1.16亿kW，比2006年增长14%。

按照“十一五”规划的要求，除新建燃煤机组按规定都要配套安装烟气脱硫设施外，原有机组也需安装约1.37亿kW装机容量的烟气脱硫设施，若以脱硫工程每千瓦投入150元计，未来数年中国的脱硫市场规模至少有205亿元，这为烟气脱硫产业的发展创造了巨大的市场空间。若加上新建机组的脱硫需求，总共约3亿kW装机容量的烟气脱硫装置建设规模，将使中国成为全球最大的烟气脱硫市场。

18.1.1.2 竞争格局

近两年，国家采取一系列措施大力推进火电厂烟气脱硫工程建设，装备脱硫设备的火电机组占全部火电机组的比例由2005年的12%上升到2007年的50%以上，火电脱硫技术也日趋成熟。

据统计，目前脱硫设备国产化率已达90%以上，工程造价也大幅度降低。30万kW及以上新建火电机组的烟气脱硫工程每千瓦造价已由2001年的800～1200多元降至2005年底的120～150元，而且还有进一步降低的可能。

由于行业进入门槛较低，大量脱硫公司纷纷进入市场抢食“蛋糕”，目前国内脱硫公司超过200家。在脱硫市场迅速发展的同时，也出现了诸多问题，最突出的是行业整体利润率较低。

为了拿到合同，脱硫公司间的竞争呈现白热化，部分中小企业频打价格战，不惜代价进行恶性竞争，导致行业利润率持续走低。据行业专家介绍，目前脱硫企业的平均利润率已从2003年行业初始的10%以上，下降到5%左右，甚至更低。

随着环保行业发展前景日益瞩目，市场竞争可能加剧。显然，盈利能力已成为困扰脱硫产业化和专业脱硫公司做大做强的最大难题。

18.1.2 烟气脱硝行业分析

18.1.2.1 行业背景

随着全国各个电厂脱硫设施的建设，二氧化硫的治理效果显现，氮氧化物正逐渐成为第一大酸性污染气体。据统计，2000～2005年我国氮氧化物排放从1100万t增加到1900万t，年均增长10%。2005年后，空气中氮氧化物浓度仍在不断上升。与脱硫相比，脱硝主要针对电厂排放的氮氧化物。

氮氧化物的大量排放，一是增加了空气中氮氧化物的浓度，导致城市或区域灰霾、光化学烟雾等复合型空气污染加重；二是增加了酸雨的污染程度，这几年随着二氧化硫排放量的减少，我国酸雨中硫酸根比例在减少，但硝酸根比例在增多；三是通过干、湿沉降的作用，加重了水体富营养化的影响。诸多因素，坚定了国家进行脱硝处理的决心。

我国氮氧化物排放量主要来自火电、交通部门及工业部门。2007年火电厂排放的氮氧化物总量已增至840万t，比2003年的597.3万t增加了近40.6%，约占全国氮氧化物排放量的40%。根据火电厂未来增容的预测和燃煤增量的预计，“十二五”期间，火电厂氮氧化物的排放总量将由2010年的1050万t增加到1200万t左右。

从空间分布来看，我国氮氧化物排放主要集中在东部地区。据测算，全国80%以上的氮氧化物排放量来自于人口密集、工业集中、经济发展较快的中东部地区。数据显示，我国氮氧化物排放量超过100万t的省份依次为广东、山东、河北、江苏和河南，这5省氮氧化物的排放量占全国排放总量的43.5%。从单位面积排放强度来看，排放量最大的地区依次是上海、天津和北京。而且，这些地区大气中二氧化氮的总负荷呈快速增长的趋势。

对此，2009年3月，环保部印发的《2009～2010年全国污染防治工作要点》指出，京津冀地区、长江三角洲和珠江三角洲地区，新建火电厂必须同步建设脱硝装置，到2015年前，现役机组全部完成脱硝改造。

18.1.2.2　竞争格局

截至2008年底，全国已投运的烟气脱硝机组约1962万kW，只占煤电机组容量的3.4%。至2010年，全国电力行业约需新建改建烟气脱硝（SCR）机组总容量达上亿千瓦，脱硝领域将迅速形成一个总量达到1100亿元的大市场。

目前，烟气脱硝已经进入大规模工业示范阶段。据不完全统计，到目前为止约有90多家电厂近200台总装机容量为1.05亿kW的机组已通过环评，其中已建、在建或拟建的火电厂烟气脱硝项目达5745万kW装机容量。从事脱硝的公司大部分由过去的脱硫公司衍变而来，也有一部分锅炉厂在做脱硝。如龙源环保、上海锅炉厂等实力雄厚的企业纷纷通过与国外厂商合资等方式加入到脱硝市场的争夺中。

与发达国家相比，我国燃煤电厂的氮氧化物排放控制尚处于起步阶段，脱硝的核心技术主要掌握在日本日立、德国鲁奇、丹麦托普索等外国公司手里。因此，国内脱硝工程基本采用全套进口或引进技术和关键设备的方法建设，这些装置建成投产的效果比较好。但同时，又存在建设投资大、运行费用高，而且，采用引进技术需要支付高额的技术使用费。

2009～2012年是中国脱硝脱硫设备行业发展的关键时期，也是我国从“十一五”迈向“十二五”的过渡期，在全球金融危机风暴大环境及国内严峻经济形势下，一系列新的政策将会陆续出台，一批国家重大工程项目将陆续开工建设。而且，从长远看，钢铁厂、化工厂、垃圾焚烧炉等工业窑炉生产时也产生大量氮氧化物，这些领域的烟气脱硝市场同样广阔。

18.2 大气污染治理现状

18.2.1 总体成效

当前，大气污染防治工作进展情况是：大气污染防治取得一定成效，全国大气环境质量基本稳定，部分城市有所好转。具体表现如下。

1. 主要大气污染物排放总量得到有效控制

到2008年年底，全国已建成脱硫设施的火电装机容量累计3.63亿kW，形成年脱硫能力约1000万t。与2005年相比，二氧化硫排放总量减少了8.95%。

2. 城市大气环境综合整治不断加强

各地区积极推动燃煤锅炉清洁能源改造，鼓励发展热电联产、集中供热，努力控制面源污染问题。与2000年相比，2008年全国城市空气中二氧化硫、可吸入颗粒物和二氧化氮年均浓度分别下降28.5%、33.3%和31.5%。

3. 积极探索大气污染区域联防新机制

为确保北京奥运会空气质量达标，环保部与北京、天津、河北、山西、内蒙古、山东6省（自治区、直辖市）以及各协办城市建立了大气污染区域联防联控机制，完全兑现了奥运环境的承诺，并创造了近10年来北京市和华北地区空气质量最好水平。

4. 产业结构调整力度进一步加大

有关部门先后出台《促进产业结构调整暂行规定》、《产业结构调整指导目录》，限制高排放、高耗能行业盲目扩张。建立更加严格的环境准入制度，提高了铁合金、焦化、电石等10多个行业的环境准入条件。

5. 清洁能源利用和节能工作扎实推进

国家制定了可再生能源中长期发展规划，出台了可再生能源电价补贴和配额交易方案，先后实施了“西气东输”、“西电东送”等清洁能源重点工程，积极鼓励核电发展。

6. 大气污染防治法制建设和执法工作不断深入

有关部门已连续5年开展了整治违法排污企业保障群众健康环保专项行动，查处环境违法企业12万多家（次），取缔关闭违法排污企业两万多家。严格实施“区域限批”政策，集中解决了一批突出环境问题。

7. 污染防治基础能力建设力度不断加大

近两年，环保能力建设投资超过150亿元，全国环境空气质量监测网络基本形成，地级以上城市共建成911套空气质量自动监测系统，配备主要环境监测仪器设备4.5万台（套），648个环境监察机构通过了标准化建设验收。

18.2.2 2008年中国大气环境状况

据《2008年中国环境状况公报》，2008年全国城市空气质量总体良好，比上年有所提高，但部分城市污染仍较重；全国酸雨分布区域保持稳定，但酸雨污染仍较重。

18.2.2.1　空气质量

2008 年，全国有 519 城市报告了空气质量数据，达到一级标准的城市 21 个（占 4.0%），二级标准的城市 378 个（占 72.8%），三级标准的城市 113 个（占 21.8%），劣于三级标准的城市 7 个（占 1.4%）。全国地级及以上城市的达标比例为 71.6%，县级城市的达标比例为 85.6%。

地级及以上城市（含地、州、盟首府所在地）空气质量达到国家一级标准的城市占 2.2%，二级标准的占 69.4%，三级标准的占 26.9%，劣于三级标准的占 1.5%。

可吸入颗粒物（PM10）年均浓度达到二级标准及以上的城市占 81.5%，劣于三级标准的占 0.6%。山东、陕西、新疆、内蒙古、湖北、江苏、甘肃、湖南等 8 省（自治区）参加统计的地级城市中，PM10 未达到二级标准的比例超过 20%。

二氧化硫年均浓度达到二级标准及以上的城市占 85.2%，劣于三级标准的占 0.6%。贵州、山东、河北、山西、内蒙古、四川、湖南等 7 省（自治区）参加统计的地级城市中二氧化硫未达到二级标准的比例超过 20%。

所有地级及以上城市二氧化氮年均浓度均达到二级标准，87.7% 的城市达到一级标准。

18.2.2.2　重点城市

113 个环境保护重点城市空气质量有所提高，空气质量达到二级标准的城市占 57.5%，三级的占 41.6%，劣于三级的占 0.9%。与上年相比，达标城市比例上升了 13.3 个百分点；劣三级城市比例无变化。

2008 年环境保护重点城市总体平均的二氧化氮浓度与上年相比变化不大，二氧化硫和可吸入颗粒物浓度均有所降低。

重点城市污染物浓度年际比较，见图 18.1。

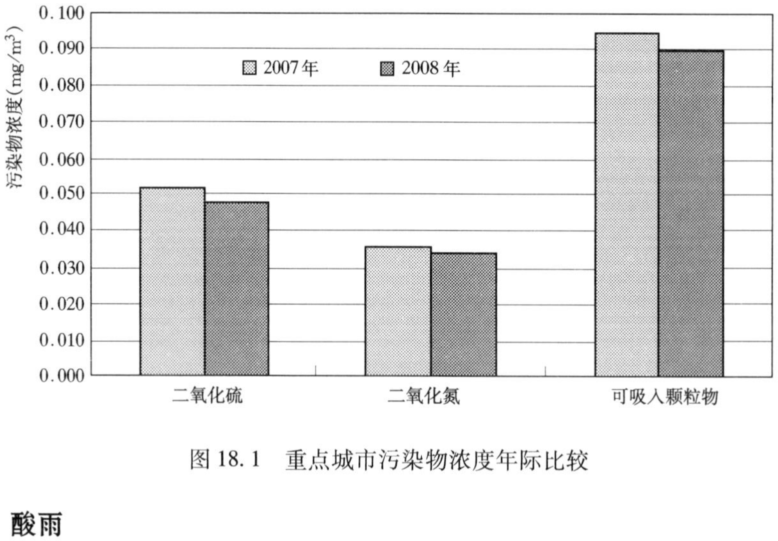

图 18.1　重点城市污染物浓度年际比较

18.2.2.3　酸雨

监测的 477 个城市（县）中，出现酸雨的城市 252 个，占 52.8%；酸雨发生频率在 25% 以上的城市 164 个，占 34.4%；酸雨发生频率在 75% 以上的城市 55 个，占 11.5%。

全国酸雨发生频率分段统计，见表 18.1；不同酸雨发生频率的城市比例年际比较，见图 18.2。

表 18.1　全国酸雨发生频率分段统计

酸雨发生频率（%）	0	0~25	25~50	50~75	≥75
城市数（个）	225	88	57	52	55
所占比例（%）	47.2	18.4	11.9	10.9	11.5

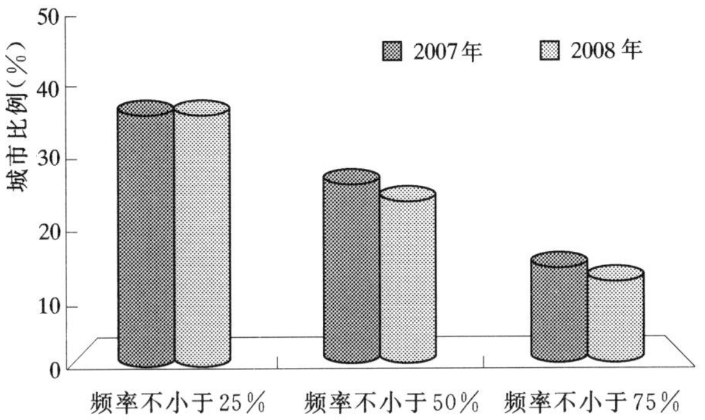

图 18.2　不同酸雨发生频率的城市比例年际比较

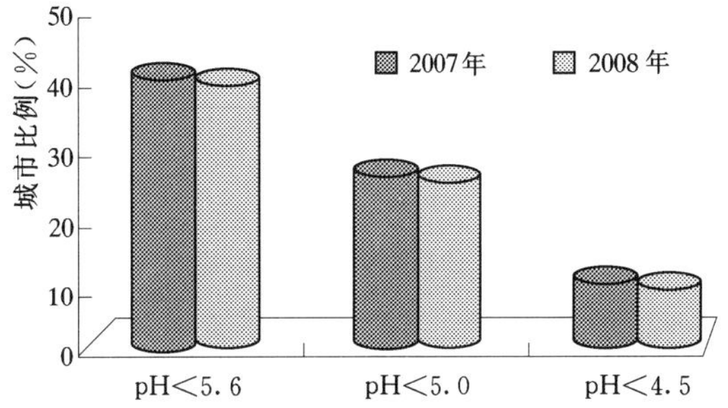

图 18.3　不同降水 pH 年均值的城市比例年际比较

1. 降水酸度

2008 年，与 2007 年相比，发生较重酸雨（降水 pH 值小于 5.0）的城市比例降低 1.1 个百分点，发生重酸雨（降水 pH 值小于 4.5）的城市比例基本持平。不同降水 pH 年均值的城市比例年际比较，见图 18.3；全国降水 pH 年均值统计，见表 18.2。

表 18.2　全国降水 pH 年均值统计

年均 pH 值范围	<4.5	4.5~5.0	5.0~5.6	5.6~7.0	≥7.0
城市数（个）	42	73	69	205	88
所占比例（%）	8.8	15.3	14.5	43	18.4

2. 酸雨分布

酸雨主要集中在长江以南，四川、云南以东的区域，包括浙江、福建、江西、湖南、重庆的大部分地区以及长江、珠江三角洲地区。与上年相比，全国酸雨分布区域保持稳定。

18.2.2.4　废气中主要污染物排放量

2008 年，二氧化硫排放量为 2321.2 万 t，烟尘排放量为 901.6 万 t，工业粉尘排放量为 584.9 万 t，分别比上年下降 5.9%、8.6%、16.3%，见表 18.3。

表 18.3　全国近年废气中主要污染物排放量

项目 / 年份	二氧化硫排放量（万 t）			烟尘排放量（万 t）			工业粉尘
	合计	工业	生活	合计	工业	生活	排放量（万 t）
2006	2588.8	2234.8	354	1088.8	864.5	224.3	808.4
2007	2468.1	2140	328.1	986.6	771.1	215.5	698.7
2008	2321.2	1991.3	329.9	901.6	670.7	230.9	584.9

18.2.3　主要问题

当前大气污染防治工作仍然存在一些问题，随着国民经济的持续快速发展，能源消费的不断攀升，发达国家历经近百年出现的环境问题在我国近二三十年集中出现，呈现区域性和复合型特征，存在发生大气严重污染事件的隐忧，大气环境形势非常严峻。

以煤为主的能源结构导致大气污染物排放总量居高不下。2006～2008年，我国煤炭消费量增加了6亿多t，其中火电行业增加了4亿多t，预计到2010年二氧化硫排放总量仍将达2200万t左右。

城市大气环境形势依然严峻。2008年，全国23.2%的城市空气质量未达到国家二级标准；113个重点城市中，有48个城市空气质量达不到二级标准，城市空气中的可吸入颗粒物、二氧化硫浓度依然维持在较高水平。

区域性大气污染问题日趋明显。我国长三角、珠三角和京津冀地区等城市群大气污染呈现明显的区域性特征，而目前我国城市大气污染治理"各自为战"，尚未建立有效的区域空气联防联控机制，难以从根本上解决区域和城市的大气环境问题。

机动车污染问题更加突出。2008年，我国汽车保有量超过6400万辆，汽车尾气排放成为大中城市空气污染的重要来源，加剧了大气污染治理的难度。

环境法规和保障体系有待进一步加强。现行的大气污染防治法规在排污许可证、机动车污染防治、区域性大气污染防治等方面尚不能满足工作需要；环境违法成本低、守法成本高的问题仍然存在；相关经济激励政策体系不完善。

18.2.4　进一步措施

要确保实现主要大气污染物减排目标，2009年将分别淘汰电力、炼铁、炼钢、造纸等行业落后生产能力1500万kW、1000万t、600万t和50万t；继续做好工程减排，2009年将新增燃煤电厂脱硫装机容量5000万kW以上，新建20台（套）钢铁企业烧结机烟气脱硫工程；同时，及早谋划"十二五"期间主要污染物总量控制措施，将火电厂氮氧化物排放纳入总量控制范畴。

要建立和完善区域、城市大气污染联防联控机制，组织编制珠三角、长三角和京津冀地区等区域大气污染联防联控规划，明确区域空气质量改善目标，协调解决区域和城市大气污染防治的重大问题。

要进一步加大产业结构调整力度，加大炼钢、炼铁、铁合金、焦炭等13个行业落后生产能力的淘汰力度，严格控制"两高一资"项目和产能过剩行业的过快增长，严格上市公司环保核查，建立健全上市公司环保信息披露制度。

要大力推进机动车污染防治工作，进一步加快机动车排放控制标准的实施进程，力争到2020年，新车排放控制水平与发达国家接轨；加大新车环境保护监管力度，确保新车出厂稳定达标；加强在用车环保年度检测，在全国实施统一的环保合格标志。

要进一步完善大气污染防治监管和保障体系，积极配合做好大气污染防治法修订工作，严厉打击各类环境违法行为，健全环境经济政策体系。

要强化大气污染防治的科技支撑。

要加强"十二五"期间大气污染防治规划框架体系、指标体系、环保投入体系及政策法规体系研究，努力提高规划的指导性、针对性、可操作性和执行力。

18.3 大气污染治理技术

18.3.1 石灰石—石膏湿法

石灰石—石膏湿法用含石灰石的浆液洗涤烟气，以中和（脱除）烟气中的二氧化硫。从除尘器出来的烟气经增压风机提升压头，进入气—气换热器的降温侧降温后进入吸收塔，在吸收塔里，原烟气中的二氧化硫与石灰石悬浮液接触并被吸收。新鲜的石灰石浆液不断加入到吸收塔底部的持液槽中，被洗涤后的烟气通过烟囱被排放到大气中，反应产物从塔中排出经过脱水形成副产物——石膏。

优点：工艺最成熟，运行可靠性最高，应用最广泛。二氧化硫脱除率高，可达95%以上，能适应大容量机组、高浓度二氧化硫含量的烟气脱硫，吸收剂价廉易得，而且可生产出具有综合利用商业价值的副产品——石膏。

缺点：工艺较为复杂，占地面积和投资较大，脱硫副产物处理过程较为繁琐，当石膏没有综合利用途径时，形成的大量石膏需要找灰渣场存放，而且需要加强管理防止扬尘等污染。

18.3.2 海水法

海水脱硫工艺按吸收剂是否添加其他化学物质可分为两类：一类是利用纯海水的天然碱性吸收烟气中的二氧化硫的工艺；另一类是在海水中添加一定量石灰以调节吸收液碱度的工艺。

以纯海水脱硫为例，锅炉排出的烟气经除尘器后，经冷却从塔底进入吸收塔，在吸收塔中与由塔顶均匀喷洒的纯海水（利用电厂循环冷却水）逆向充分接触混合，使烟气中的二氧化硫与海水中的碱性物质反应，生成亚硫酸根离子，对含有亚硫酸根离子的海水进行处理后形成硫酸根离子排回大海。

优点：工艺成熟、系统简单、投资较低、运行操作简便，脱硫效率达90%以上，适用于以海水为循环水，煤含硫量为中低硫煤的海边电厂。

缺点：海水脱硫效率与海水的成分关系密切，在河海交界的水域因其水质不稳定，而且生物丰富，选择时应当慎重；对采用海水脱硫的电厂，应当加强对影响区域的海水水质、底泥以及生物的监测。

18.3.3 烟气循环流化床法

烟气循环流化床脱硫工艺以循环流化床原理为基础，烟气从吸收塔（即流化床）底部进入，在吸收塔内与很细的有吸收能力的粉末互相混合，颗粒之间、气体与颗粒之间剧烈摩擦，形成流化床。在喷入均匀水雾降低烟温的条件下，吸收剂与烟气中的二氧化硫反应脱硫。脱硫后携带大量固体颗粒的烟气从吸收塔顶部排出，进入再循环分离器，烟气中大部分颗粒被分离出来，经过一个中间仓返回吸收塔，如此反复循环，提高吸收剂的利用率。

烟气循环流化床脱硫技术流程简单、占地少、投资小，对于低硫煤、中小型锅炉改造是一种较好的选择。

18.3.4 氧化镁法烟气脱硫工艺

对氧化镁法烟气脱硫工艺的研究始于20世纪40年代，80年代开始商业运行，其基本原理是用氧化镁的浆液吸收二氧化硫，生成含水亚硫酸镁和少量硫酸镁，其脱硫副产物亚硫酸镁可进一步煅烧生成二氧化硫和氧化镁。二氧化硫可制成重要的工业原料硫酸，氧化镁则作为脱硫剂重复使用。氧化镁法还可以根据需求，使副产品成为硫镁肥。

氧化镁法具有脱硫效率高、投资少、工艺简单、可回收元素硫或硫的氧化物、无固体废弃物等特点，其不足之处是受当地氧化镁原料以及产品市场的限制。

18.3.5 SCR脱硝工艺

理论上讲，SCR脱硝工艺，即在装有催化剂的反应器里，烟气与喷入的氨气在催化剂的作用下发生还原反应，生成无害的氮气和水，实现脱除氮氧化合物的目的。

同时，在SCR脱硝工艺中，影响脱硝效率的主要因素是反应温度、反应时间、催化剂性能、氨气/氮氧化物摩尔比等。在SCR脱硝装置的系统设计中需要考虑煤质成分、省煤器出口灰的浓度与特性、SCR处理的烟气量和氧气、水等烟气成分，同时避免空气预热器的腐蚀与堵塞、减少催化剂的磨损和堵塞，控制整个脱硝系统烟气压力损失。另外，还需合理地选择脱硝装置还原剂制备工艺（优先采用液氨制备还原剂），脱硝装置与锅炉的整体配合与布置等。

脱硝效率可达到40%～90%；氨气逃逸低于3～5ppm（6%氧气）；二氧化硫、三氧化硫转化率不大于1%；系统压降小于1000Pa；根据设计需要，催化剂寿命在1.6万～2.4万h。

18.4 大气污染治理政策

18.4.1 区域联防

与土壤污染、水污染不同，大气污染中流动性问题更加突出。因为空气往哪儿飘并不好掌握，单就城市做一个剂量考核标准，并不完全科学。从治理上，无论是点的布局、监测，还是如何采取更加科学合理的考核措施，都需要强调区域联防。

我国区域性大气污染问题日趋明显。数据显示，长三角、珠三角和京津冀三大城市群占全国6.3%的国土面积，消耗了全国40%的煤炭，生产了50%的钢铁，大气污染物排放集中，重污染天气在区域内大范围同时出现。在辽宁中部城市群、湖南长株潭地区以及成渝地区等城市密度大、能源消费集中的区域也出现了区域性大气污染问题。但目前城市大气污染治理“各自为战”，尚未建立有效的区域空气联防联控机制，难以从根本上解决区域和城市的大气环境问题。

针对这一情况，环保部下一步将根据大气环流和污染物的输送情况进行重点大气污染区域划分，初步确定将灰霾天气相对严重的珠三角、长三角、京津冀地区作为下一步大气污染防治的重点区域，制定区域联防规划，落实污染防治责任，加大考核力度，以改善上述地区的大气环境质量。

18.4.2 空气质量评价体系的修订与完善

除了大气污染的区域性特征加重之外，污染物复合型特征的日益明显成为近年来我国大气环境暴露出的又一新问题。全国人大环资委的调研报告指出，目前我国大气污染已经从煤烟型污染演变为煤烟型和氧化型复合污染。

PM2.5、臭氧、挥发性有机物等污染物相互耦合，经过二次反应后形成高浓度细粒子污染，造成空气能见度降低、地面臭氧浓度升高、大气氧化性增强，已成为产生灰霾、光化学烟雾的主要原因。

我国现行对城市空气质量评价仅用二氧化硫、二氧化氮和可吸入颗粒物三项指标。在《环境空气质量标准》GB 3095—1996确定的衡量空气质量标准的9种污染物中，只有少数城市开展了一氧化碳、臭氧等污染物监测，其他污染物仅进行选择性监测。由于对大气环境质量影响较大的PM2.5等部分污染物未纳入评价体系，造成环境部门公布的空气质量数据不能客观反映大气环境质量状况，所公布的空气质量等级往往与公众的感受有较大差距。因此，当前的空气质量评价体系已不适应发展需要。

18.4.3 机动车污染问题

目前，我国已经成为世界第二大汽车消费国和第三大汽车生产国，汽车工业的高速发展给国家的环境保护和能源供应造成了巨大的压力，做好汽车环保和节能工作对于实现国家节能减排目标具有重要意义。

我国机动车污染问题十分突出，汽车尾气排放已成为大中城市空气污染的重要来源。2008年，我国汽车保有量超过6400万辆，汽车尾气排放使大中城市空气污染开始呈现煤烟型和汽车尾气复合型污染的特点，加剧了大气污染治理的难度。此外，我国目前的车用燃油标准与汽车排放标准还不同步，制约了我国机动车污染防治工作的开展。

机动车污染防治包括多个环节，由于缺乏有效地协调机制，管理部门间职责交叉、权责脱节，尚未形成综合管理的合力，影响了机动车污染控制的效果。而检测技术落后、成本高等原因也使得法律关于环保部门对在机动车停放地进行环保检查的规定、超标车辆不得上路行驶的制度、年检制度等在实施中未能达到预期效果。

环保部今后将积极落实《国务院关于印发节能减排综合性工作方案的通知》中明确提出“严格实施国家第三阶段机动车排放标准”的规定要求，强化对汽车生产企业的环保生产一致性检查，确保汽车稳定达标排放。对不符合规定的企业，将坚决按照大气污染防治法的相关规定给予处罚。同时，环保总局将协调有关部门积极推动车用燃油低硫化。

18.4.4 火电脱硝政策

2009年6月，环保部发布了《火电厂烟气脱硝工程技术规范选择性催化还原法（征求意见稿）》和《火电厂烟气脱硝工程技术规范选择性非催化还原法（征求意见稿）》两项国家环境保护标准及两项标准的编制说明。

在《火电厂氮氧化物防治技术政策（征求意见稿）》（以下简称《防治技术政策》）中，国家将按照补偿治理成本的原则，提高氮氧化物排污费的征收标准，组织开展氮氧化物治理电价补助的试点及推广，并建议各发电企业应将低氮燃烧技术作为氮氧化物控制的首选技术。同时，该稿还鼓励有条件的地区和单位可实行氮氧化物排污交易，而两项技术规范标准稿则对火电企业如何开展烟气脱硝作了详细、明确的规定，并提出了二次污染的防控措施。

18.5 趋势及机会

18.5.1 脱硫行业

2004年初，国内从事脱硫的企业不到10家，同年年底增加到了70多家，目前已经发展到了200多家，其中大约半数为民营企业。国内脱硫产业的大发展，有力地促进了烟气脱硫工程造价的下降。大型燃煤机组的烟气脱硫工程千瓦造价已由“九五”期末的500元左右，下降到了200元左右，甚至更低。

然而，国内脱硫企业的快速增加也导致了竞争的加剧。业内专家认为，目前的竞争相当无序。具有自主知识产权的脱硫技术，对于脱硫企业投标没有实质性的帮助，业主往往只凭报价选择中标企业。一些没有相应业绩的公司想进入市场，往往大打“低价牌”。两方面原因相加，从而引发了低价恶性竞争。许多权威观点都认为我国脱硫设施合理造价不应低于250元/kW，但实际竞争价格已经降至100多元kW，难以保证工程质量。在已经安装的脱硫设施中，真正符合国家标准投产的估计还不到50%。

虽然目前脱硫市场仍旧很大，但项目不像前几年那么多，脱硫产业的发展在逐步趋于理性。同时，国家有关部门陆续出台了许多相关政策，确保资金投入真正实现大气污染治理的目标。比如，规定燃煤电厂建设脱硫设施时，必须安装烟气自动在线监测系统，对于脱硫设施投运率不达标的，最高将处以5倍罚款。近期新进入脱硫行业企业的速率将明显减慢。

国内脱硫市场的竞争，将主要在业已进入的200余家企业中展开。今后几年，虽然需要安装脱硫设施的装机容量巨大，但由于多为大型机组，脱硫工程数量将有所减少，脱硫企业间的竞争将更加激烈。目前，龙源环保、国电南自、浙大网新、龙净环保、菲达环保、同方股份等都是国内脱硫市场上较为活跃的力量，其中多为上市公司，没有上市的一些公司也在积极谋划上市工作。有专家认为，经过3~5年的发展，大部分脱硫企业将被淘汰，届时在国内脱硫市场打拼的合格的脱硫企业不会超过30家。

18.5.2 脱硝行业

随着二氧化硫的治理效果的显现，氮氧化物正逐渐成为第一大酸性污染气体。业内人士指出，如果不控制氮氧化物的排放，我国“十一五”期间削减二氧化硫10%的努力，将因氮氧化物排放的上升而抵消。

成都东方凯特瑞环保催化剂有限责任公司二期工程已正式启动建设。该项目投资2.5亿元，是成都市2009年重大产业化项目。项目建成后将成为国内第一、世界第二大的脱硝催化剂制造基地，将极大促进我国节能减排和大气污染治理步伐。

我国是目前世界上最大的煤炭生产和消费国，也造成我国大气污染主要呈现为烟煤型污染特征。目前，国家要求已建和新建火电机组逐渐把脱硝系统列入建设规划，到2010年，全国至少有2亿kW机组容量需要建设脱硝系统。脱硝产业已成为一个极具爆发性增长的市场。

19

固体废物利用

固体废物是指人类在生产和生活活动中丢弃的固体和泥状的物质，简称固废。凡人类一切活动过程产生的，且对所有者已不再具有使用价值而被废弃的固态或半固态物质，通称为固体废物。各类生产活动中产生的固体废物俗称废渣；生活活动中产生的固体废物则称为固废。固体废物实际只是针对原所有者而言。在任何生产或生活过程中，所有者对原料、商品或消费品，往往仅利用了其中某些有效成分，而对于原所有者不再具有使用价值的大多数固体废物中仍含有其他生产行业中需要的成分，经过一定的技术环节，可以转变为有关部门行业中的生产原料，甚至可以直接使用。可见，固体废物的概念随时空的变迁而具有相对性。提倡资源的社会再循环，目的是充分利用资源，增加社会与经济效益，减少废物处置的数量，以利社会发展。

19.1 行业状况

近几年，我国固体废物处理利用方面，特别是危险废物处理技术方面有了较大的发展。我国固体废物处理行业发展的特点可以概括为以下几方面。

19.1.1 总体规模迅速扩大

在危险废物、医疗废物处理处置方面，20 年前我国只有十几家企事业单位专营或兼营危险废物和医疗废物处理环保设备的生产。经过 20 年的发展，危险废物和医疗废物处理处置企业已初具规模，特别是在国家实施《全国危险废物和医疗废物处置设施建设规划》以来有了很大发展，发展速度远远高于同期经济增长速度。目前国内从事危险废物和医疗废物处理处置的生产企业已达几十家，从事危险废物和医疗废物处理处置的企业规模也有了很大的发展。

在生活废弃物方面，国家发改委、建设部、国家环保部已经联合印发了《全国城市生活固废无害化处理设施建设“十一五”规划》，规划提出，“十一五”期间全国要新增生活固废无害化处理能力 32 万 t/d，到“十一五”期末，全国城市生活固废无害化处理率要达到 60% 。

世界最大固废处理市场业内专家指出，照国际水平衡量，在中国农民年收入正进入 1000 美元水平的过程中，社会各方对村镇固废处理的投入必然大增。我国目前有1600多个县级城镇，按照国家的规划和部署，都要陆续进行固废无害化处理。在投资人的眼光中，固废处理作为我国新兴的朝阳产业，其前景是非常诱人的。据测算，我国目前由于消费增长，加上消费品的包装日渐繁复，固废量正以每年8% ~10%的速度增长，增速与GDP比肩。只消四五年，固废量就将是现在的1.5倍。

19.1.2　品种不断增加，技术水平明显提高

几年来，经过引进、消化吸收国外先进技术和自主研发，在固废焚烧发电等方面的装备容量和技术水平逐步升级。目前，我国已可以生产较大型的处理危险这些处理工艺的出现填补了我国在非焚烧处理技术方面的空白，并因地制宜，各自发挥着它们的独特作用。废物的回转窑，处理医疗废物的焚烧设备技术水平也大大提高，并都配备有完善的烟气净化系统。此外，处理医疗废物的设备种类也有很大发展，并已开发出了非焚烧处理工艺技术，如化学处理法、蒸煮法、微波处理法等。

19.1.3　固废服务业发展较快

近年来，随着环保执法力度的加大和群众环境意识的提高，以及城市环保设施的建设和运营，环境服务市场需求不断扩大，环境服务业的范围已由过去的技术和咨询服务为主拓展到环保工程总承包、环保设施专业化运营、投融资及风险评估等方面。在城市环保设施建设和运营管理上，出现了政府融资、企业化运营，以及政府引导、民间投资、政策资助、企业投资、民间集资、企业化管理等多种模式。一批集科研、生产、设计、施工、运营和服务一体化的工程公司迅速成长。在《全国危险废物和医疗废物处置设施建设规划》实施中，全国正在建设的300个医疗废物处置中心和50多个危险废物处置中心也为环境服务业的发展提供了发展机会。

19.1.4　行业竞争不规范

固废处理在国外是可以赢利的，但由于我国很多城市的固废燃烧值不高，容易导致亏损，因此政府的补贴就尤为重要。但现在企业间互相杀价已经导致政府每吨补贴从以前的110 ~120元左右，下降到了现在的60多元，这一数字还在不断下降。同时，由于招标过程不透明，不少企业通过关系拿到项目后，为了保证收益只能降低成本，导致行业难以朝着改进技术、提高效率的方向健康发展。

近几年，一些非主流的、没有技术能力的固废处理公司承担了一些城市的固废处理业务，但他们根本没有危险废物处理设备、危险废物安全填埋场，这其实有很多安全隐患。

中国固废处理市场目前已经形成初步的格局：①近几年外资蜂拥而入，其主要目标是上海、广州等有财政实力的一线大城市；②地方国企依靠政府背景统治着固废处理的大部分市场；③一些民企以低廉的价格寻求在二、三线城市发展，而更偏远地区的固废处理则多是一片空白。

19.2　固体废物利用现状

19.2.1　整体状况

环保部2009年6月发布的中国环境状况公报表明，2008年，全国工业固体废物产生量为

190127 万 t，比上年增加 8.3%；排放量为 782 万 t，比上年减少 34.7%；综合利用量（含利用往年贮存量）、贮存量、处置量分别为 123482 万 t、21883 万 t、48291 万 t，分别占产生量的 64.9%、11.5% 和 25.4%。危险废物产生量为 1357 万 t，综合利用量（含利用往年贮存量）、贮存量、处置量分别为 819 万 t、196 万 t、389 万 t。

19.2.2 城市生活垃圾

目前，中国城市生活垃圾每年以 7% ~8% 的速度增长。2006 年，中国进行无害化处理（主要通过填埋、堆肥和焚烧等手段）的城市垃圾量为 7872.6 万 t，少于 2005 年，生活垃圾无害化处理率达到 53.05%，高于 2005 年。

按 2008 年《中国统计年鉴》统计，2007 年全国 655 个设市城市的垃圾总量达 1.25 亿 t，这样的数字每年还在以 8% ~10% 的速度增长，其增速堪与 GDP 增速比肩。

2010 年，中国的城市垃圾无害化处理率将达到 60% 以上，届时预计城市垃圾处理行业规模将达 2000 亿元左右。

19.2.3 危险废弃物

近几年来，中国各级政府强化对危险废物的管理，致力于危险废物和生活垃圾无害化、资源化，避免危险废弃物排入环境之中。危险废物的综合处理工艺包括废物的鉴定、化验和试验研究、物化处理、焚烧处理以及稳定固化、安全填埋。2005 年，危险废物集中处置率（特指建成医疗废物集中处置装置）为 67.30%，比 2004 年提高了 6.86 个百分点，危险废物集中处置率为 0 的城市比上年减少了 27 个。

19.2.4 电子废弃物

目前我国尚有大量的电子废弃物急需处理，以实现回收利用。电子废弃物种类多、数量大，是资源性和污染性的并存体。一方面，电子废弃物中含有大量的重金属和其他有毒有害成分，如多氯联苯、铅、汞、镉、卤化物阻燃剂等；另一方面，电子废物中有很多物质是可循环利用的资源，主要是有约 40% 的金属（铅、铁、铜以及一定量的金、银、铂等金属）、30% 的塑料和 30% 的氧化物。

据国家统计局统计，从 2003 年起，我国每年至少有 500 万台电视机、400 万台冰箱、500 万台洗衣机面临报废，这些电器多数是 20 世纪 80 年代中后期进入家庭，按照家电产品 10 ~15 年的使用寿命，已经到了报废的时限。此外，近年来我国计算机、手机的消费量激增，目前全社会电脑保有量近 2000 万台，手机约 1.9 亿部，而且电脑和手机的更新速度远快于家电产品，目前约有 500 万台计算机和上千万部手机已进入淘汰期。电子废物每 5 年增加 16% ~28%，比总固体废物量的增长速度还要快 3 倍。由于家用电器废弃物的种类繁多，各种废品的性质差异很大，目前尚无统一的处理处置办法。

2009 年 6 月，上海浦东固废综合处置项目竣工投产。这是上海市规模最大的固体废弃物和电子废弃物综合处理集散中心。浦东将逐步建立起全区范围内的电子废弃物收集管理网络。浦东固废综合处置项目总投资 1.8 亿元，占地 60 亩，年收集处理能力为一般废弃物 5 万 t，一般废弃物利用率超过 85%，年处理各类电子废弃物能力 2 万 t，年处理危险废弃物能力 2 万 t，危险废弃物处置率达 100%。

在位于浦东的新金桥工业废弃物管理公司 1.5 万 m^2 的电子废弃物综合处置示范生产车间，报废的电脑、打印机等电子垃圾都将被集中堆放于此，等待专业处理机构“变废为宝”。该项目是我国高科技探索电子废物无害化的一个尝试。

19.3 固体废物处理技术

城市固体废物处理和利用已成为环境科学和能源科学的重要研究课题，处理的目标是：减容、减量、资源化、能源化、无害化和商品化。当前国内外城市垃圾处理方法可归纳为 3 种：填埋（Landfill）、堆肥（Composting）、焚烧（Incineration）。中国目前以填埋为主，近几年焚烧呈现出明显的上升趋势。只有做到对垃圾进行源头分选，堆肥技术才可以在中国推广。

19.3.1 填埋

填埋是我国目前大多数城市解决生活垃圾出路的最主要方法。填埋处置是对固体废物进行管理的综合性科学工程技术，而不是传统意义上的堆放和填埋。填埋处置方式逐渐地由简单的堆、填、覆盖向包容、屏蔽隔离的工程贮存方向发展。

按照填埋废物的类别和填埋场的污染防治原理，填埋场的构造可分为自然衰减型填埋场和封闭型填埋场，在实际工程中，还有介于两者之间的半封闭型填埋场。城市垃圾的卫生填埋场属于衰减型填埋场，危险固体废物采用的安全填埋场属于封闭型填埋场。

19.3.2 焚烧

利用城市固体废物具有可燃的性质，可以进行焚烧处理。高温焚烧过程可有效地消除有害的物质及病原体，焚烧时产生的热量可以用来发电和供热。有机废物焚烧会产生大量的酸性气体和未完全燃烧的有机组分，所以废气必须经过净化后才能排放，废渣要进行安全处置。

中国城市垃圾焚烧发电厂已经有 60 多座，拟建和在建的还有 50 多座。在中国环保“十一五”发展规划中，垃圾发电是国家今后重点扶持的几个领域之一。而中国城市垃圾焚烧处理量占城市垃圾总处理量的 8%，比例偏低，发展前景十分广阔。

19.3.3 堆肥

堆肥就是在人工控制的条件（主要控制条件是一定的水分、碳氮比和通风）下，通过微生物的发酵作用，将有机物转变为肥料的过程，堆肥过程的产物称作堆肥。根据发酵过程中微生物对氧的需求关系，可将堆肥分为厌氧（气）堆肥和好氧（气）堆肥两种方式。堆肥是有机固体废物稳定化、无害化处理的重要方式之一。只要城市生活垃圾实行了源头分选，堆肥就可以成为城市生活垃圾资源化、能源化的一项重要技术。

19.4 发展趋势及机会

19.4.1 潜力巨大的固体废物再利用市场

进入 21 世纪，由于全球资源日益枯竭，资源供应日趋紧张。现在，70% 的矿产资源已经从地下搬到了地上，地下的资源日趋枯竭，资源以垃圾的形式堆积在城市之中，以后要想获得资源，就要从城市垃圾中进行挖掘。

大力发展再生资源产业对于节约资源、缓解资源短缺的矛盾、减轻环境承载压力具有重要意义。近年来世界主要发达国家纷纷投入巨额资金，制定优惠政策，提供技术支持，促进了资源再生产业快速发展。目前资源再生产业已成为全球发展最快的朝阳产业。

目前，发达国家资源再生产业规模已增至6000亿美元，预计到2010年可达1.8万亿美元，仅美国的再生产业规模目前已达2400亿美元，超过汽车行业，成为美国最大、就业人数最多的支柱产业。从资源再生观点看，“垃圾是放错地方的资源”，一切物质资源均具有循环利用的价值。从世界范围来看，资源再生领域将成为新的利润增长点，成为21世纪的主导产业。

19.4.2 外资纷纷进入中国固废市场

金融危机使全球很多行业陷入困境，废品回收处理是遭受全球金融打击最严重的一个行业之一。据中国再生资源回收利用协会调查，2008年第三季度以来，国际金融危机迅速蔓延到实体经济，制造业的萎缩导致对原材料需求下降，国内钢铁企业、有色金属加工企业以及造纸、塑料等企业停产、减产，部分企业损失惨重，出现破产倒闭现象，原材料价格一直呈下跌趋势。

受其影响，国内再生资源市场疲软，价格暴跌达50%以上，80%的回收网点歇业关门，几百万业内城镇工人和农民回收工因行业不景气而失业或者收入大幅减少，再生资源回收量下降70%以上，造成环境污染和资源浪费，再生资源行业面临前所未有的危机。

但与此同时，以城市垃圾处理为代表的固废处理也正吸引着境外大量资金的竞相进入。按照国际水平衡量，在中国农民年收入正进入1000美元水平的过程中，县城和乡镇的垃圾处理水平更为落后，社会各方对村镇垃圾处理的投入必然大增。中国目前有1600多个县级城镇，按照国家的规划和部署，这些城镇将陆续进行垃圾无害化处理。

惠明废弃物管理集团预测，在未来几年内，中国必然要超过美国，成为世界上第一大的垃圾处理市场。由于“十一五”规划和中国经济的持续发展，届时，中国的垃圾处理市场的规模将超过3000亿元人民币。面对巨大的诱惑，这家北美最大垃圾处理公司早在2009年5月就宣布正式进入中国市场，并将首站投资地设立在上海。

除了惠明以外，美国最大垃圾发电商卡万塔、新加坡创冠环保有限公司等国际知名企业都有进军中国的意愿。据了解，创冠环保（中国）有限公司目前已在福建晋江、惠安等地，以及湖北黄石、辽宁营口、大连，还有海南海口等城市投资建设垃圾焚烧发电项目。他们希望，未来5年间在中国境内兴建20个垃圾焚烧发电厂。卡万塔也已携手中国最大的垃圾发电设备制造商重钢三峰，成为三峰的第二大股东（40%股权）及管理运营合作伙伴，双方的合资公司重庆三峰卡万塔环境产业有限公司目前运营可以“吃掉”重庆主城区每日产生垃圾的一半的同兴垃圾发电厂，并先后拿下福州红庙岭垃圾发电厂的特许经营权和成都、泰兴、重庆三大垃圾发电项目的工程总承包权。

20

资 源 综 合 利 用

宏观上讲，再生行业是资源创造的链条，是环境文明的动力，可塑可为，空间辽阔。可以说，废旧物资再生利用的价值远远超过原生物资量化的本身，许多资源的不可再生性为我们再生行业的生存和发展提供了机遇和空间，使得她成为社会化大生产循环作业中一个不可替代的重要环节和链条。

循环经济可以利于促进经济结构调整、增长方式和消费模式转变，最终导致环境质量改善的经济形态，它以最少的资源消耗、最少的废物排放和最小的环境代价换取最大的经济效益，实现经济、环境和社会的全面协调可持。发展循环经济，充分进行资源的综合利用是应对气候危机、金融危机的重要路径。

20.1 资源综合利用行业构成

20.1.1 资源循环利用装备

资源循环利用的关键技术与装备有：矿物分离、富集与综合利用新技术及设备，包括脱硫石膏、氧化铝赤泥、重点有色金属冶炼废渣、钢铁厂尘泥、煤矿煤矸石等大宗固体废弃物资源化利用技术与装备；水泥、钢铁等工业窑炉和煤矸石综合利用电厂处理生活垃圾及危险废弃物技术；废旧汽车、工程机械、机床等产品零部件再制造关键设备；废旧机电产品高效、清洁、无损拆解技术，再制造产品性能评价及检测设备；废塑料裂解脱氯、温和解聚技术；废旧电器电子、废电池、废塑料等再生资源分拣、分选、拆解、分离、无害化处理、高附加值利用的技术与装备；消化城市生活垃圾干化资源化预处理技术与装备；发酵行业烟气治理关键技术和装备；农作物秸秆、畜禽粪便资源化利用新技术和装备。

20.1.2 资源循环利用产品

1. 固体废弃物资源化产品

固体废弃物资源化产品包括：充分利用固体废弃物如脱硫石膏、粉煤灰、煤矸石、冶炼废渣、化工废渣等，生产新型墙体材料、装饰材料等建筑材料。

2. 再生资源制品

再生资源制品包括再生金属、再生橡胶、再生塑料、再生玻璃、再生皮革，铜、铝、锌、铅、锡、镍等有色金属高纯度循环利用产品。常温超微粉碎和低温粉碎废旧橡胶（废轮胎）制品，低硫再生橡胶制品、预硫化法轮胎翻新、废热固性再生塑料、废 PVC 塑料裂解脱氯清洁回收燃油产品、废印刷线路板非金属粉等产品。

3. 再制造产品

再制造产品包括汽车零部件、工程机械、机床、交通运输设备、钻采设备和军用装备等再制造产品。

4. 有机废弃物资源化产品

有机废弃物资源化产品包括食用废油生产生物柴油、化工制品，鼓励利用餐厨垃圾、沼渣、沼液生产高效有机肥，利用畜禽粪便生产有机肥、沼气等，可降解塑料制品、可降解地膜等。

20.1.3 资源循环利用服务产业

1. 规范再生资源回收体系

该体系是以回收企业和集散市场为载体，立足现有回收体系，整合、改造、规范和提升，形成社区回收站点、规范化回收队伍和集散市场紧密结合的回收体系。以 36 个城市为重点，到 2012 年建成较为完善的再生资源回收体系。重点培育 15 个大型区域性集散市场，促进再生资源全国范围的高效配置。

2. 建立餐厨垃圾分类回收体系

该体系是将餐饮企业、单位食堂集中产生的餐厨垃圾定时、定点，单独回收和集中处理，实现餐厨垃圾的资源化利用。到 2012 年，在全国建成干式生活垃圾分类收集体系，培育示范性餐厨垃圾处理企业和示范性城市餐厨垃圾收运体系，实现餐厨垃圾的无害化、密闭化、专业化收集运输，促进餐厨垃圾的资源化处理。

3. 建立循环经济发展服务平台

这个服务平台是建立废旧物资回收利用信息交换网络；支持再制造工程技术研发、再生产品安全性检测、再制造产品的质量鉴定等服务平台建设；支持和培育一批从事循环经济技术研发、咨询服务、推广应用的服务机构。

20.2 资源综合利用行业现状

“综合利用”是我国早在 20 世纪 50 年代就提出的一个完全具有中国特色的概念。我国的资源综合利用是从 20 世纪 80 年代开始系统推进的，它的内涵主要包括 3 个方面，即共伴生资源的开采和利用；工业“三废”，即废水、废气、废渣的综合利用；再生资源的回收利用。

目前我国资源综合利用总体情况良好，工业固体类废物的综合利用率已达到 60%。一些工业危险废物，如化工行业用的废催化剂等的综合利用技术达到了世界先进水平。但与此同时，我国再生资源行业产业化进程缓慢，目前仍处于较低发展水平；龙头示范企业少且成长发展缓慢；管理滞后、队伍庞杂、组织无序、经营规模偏小；回收率低，回收利用技术落后，生产加工设备不足；资源回收和利用率低下，二次污染问题较为突出。

20.2.1 行业基本状况

20.2.1.1 再生资源年回收规模

据测算：1958～2007年，全国再生资源回收利用量超过15亿t。“中国再生资源产业发展报告”公布：2005年、2006年国内回收各类废旧物资达9567.82万t和10460万t，回收总值为1751.37亿元和2420.63亿元。2007年国内回收总量和总值分别为11847万t和2961.48亿元，比2006年分别增长13.6%和22.3%，回收总值占2007年GDP的1.07%。

20.2.1.2 再生资源从业人员数量众多

据业内专家综合不同数据来源分析，再生资源从业人员数量应该在1000万人以上。

20.2.1.3 经营设施简陋

再生资源（废旧物资）回收经营企业由于经营分散、规模偏小，给人的印象是脏、乱、差。城郊结合部大门敞开，油毛毡屋顶，带外地口音、衣衫不洁者、手推车、三轮车频繁进出的地方一般都是废旧物资回收站。一台地磅，外加移动磅秤、打包机、剪切机便是再生资源基层组织的全部家当。有吊机、行车的回收站也有，但为数不多。这些与城市的现代化、城镇化建设不相和谐。因此，在城市扩建、城中村改造时，再生资源回收经营企业往往首当其冲。

20.2.2 金融危机的冲击

席卷全球的国际金融危机对我国再生资源回收行业造成严重影响，废钢铁、废有色金属、废纸、废塑料等几乎所有再生资源价格跌幅之大、跌速之快远远超出预计，再生资源回收行业损失惨重；伴随价格暴跌而来的是再生资源滞销，大批回收人员歇业，好不容易找到岗位的城镇失业人员再次失业，大批农民回收工空手返乡，大量再生资源变为垃圾，城镇居民再次面临“卖废难”。

20.2.3 税收政策调整的影响

2009年初，财政部、税务总局联合出台《关于再生资源增值税政策的通知》，依据该通知，废旧物资回收企业销售废旧物资不再享有免征增值税的优惠。

按照新政规定，对满足一定条件的收废企业按其销售再生资源实现的增值税的一定比例（2009年为70%，2010年为50%）实行增值税先征后返政策。业内人士估算，此举将使企业成本上升6.93%。

这个关于再生资源增值税政策的通知，打击了再生资源行业中的不少企业。比如，甘肃省物资再生利用总公司分析认为，“2009年由于需以现金方式直接缴纳新增税收，导致企业现金流出561万元，为维持企业正常工作须向银行贷款补充流动资金，大概500万元一年的贷款利息是26.5万元，将进一步加大企业的亏损面。”2008年，该公司实际销售额仅3000万元，利润则更低。

企业叫苦不迭的背后，是再生资源行业的发展遭遇挫折，是循环经济的发展受到冲击。为此，不少再生资源行业内的人士提出了完善政策的意见，这种意见是中肯的，乃是希望财税部门推出公共政策时，不能“因噎废食”。

20.3 发展趋势

自20世纪60年代萌生出循环经济理念以来，世界上许多国家从施行清洁生产和减少废弃物入手，不断提高资源利用率，大力回收利用再生资源，既减轻了环境污染又缓解了资源短缺，尤其是应运而生的再生资源产业更带来了惊人的经济效益与社会效益，使人们清楚地看到发展循环经济的好处，大大提高了人们的积极性。

20世纪末发达国家再生资源规模即达到2500亿美元，21世纪初达到6000亿美元，预计2010年可达1.8万亿美元。在美国，循环经济已经成为其经济中的重要组成部分，涉及钢铁、家用电器、计算机、塑料、橡胶、办公设备和家居用品等多个行业。全美共有5.6万家企业涉及废弃物回收利用，并提供了110万个就业岗位，每年的销售额高达2360亿美元，其规模几乎与美国的汽车业相当。

近年来，我国的经济快速发展，GDP每年以10%左右的速度增长。然而，我国的经济发展还没有摆脱传统经济模式的束缚，即高强度的资源消耗。循环经济把资源开发的重点转向废弃物资源的再生利用，确立了新型的资源和原材料供应渠道，从而突破了传统工业经济的资源仅指自然资源的旧理念，再生资源成为资源循环的新起点，而再生资源产业则成为循环经济的重要组成部分。

第4篇

新能源与可再生能源篇：减排任务的担当者

当电力、煤炭、石油等传统能源频频告急，能源问题日益成为制约国际社会经济发展的瓶颈时，越来越多的国家开始关注并开发可再生能源。进一步而言，全球经济秩序要想恢复平稳发展的格局，需要有效和合理地利用现有能源，并进一步寻求新能源来对传统能源加以替代。

新能源潜力大，环境污染低，可永续利用，是有利于人与自然和谐发展的重要能源。从目前可再生能源的资源状况和技术发展水平看，今后发展较快的可再生能源主要是太阳能、风能、生物质能和核能。

太阳能发展的主要方向是光伏发电和热利用。光伏发电的主要市场是发达国家的并网发电和发展中国家偏远地区的独立供电。太阳能热利用的方向是太阳能一体化建筑，并以常规能源为补充手段，实现全天候供热。

风能是目前可再生能源中技术中相对成熟，并具规模化开发条件和商业化发展前景的一种能源。由于风力发电技术已基本成熟，经济性已接近常规能源，在今后相当长时间内仍将会保持较快发展。风电在中国拥有丰富的资源储备，在新能源中开发成本最低，具备大规模发展条件。加速风电建设在现阶段成为中国能源战略的必然选择，风电正在上升至未来中国的主流能源之一的地位。

全球能源消费中，生物质能约占14%，居于第四位，仅次于煤炭、石油和天然气，在不发达地区可达到60%以上。随着化石能源的枯竭和人类对全球性环境问题的关注，其替代化石能源利用的研究和开发，已经成为科学研究和社会关注的热点。

核能是20世纪人类的一项伟大发现，并已取得了十分重要的成果。当核能进入人们的生产和生活后，一种通过原子核变化而产生的新能源从此诞生。核电是一种清洁、安全、技术成熟、供应能力强、能大规模应用的发电方式。核能对于我国的可持续发展具有重要的战略意义，它将确保我国长期的能源安全，也将维持我国的核大国地位从而确保国家安全，还将带动我国相关产业及其高新技术的发展，并为改善环境污染形势作出贡献。

总体而言，最近20多年来，大多数可再生能源技术快速发展，产业规模、经济性和市场化程度逐年提高，预计在不久的将来，大多数可再生能源技术会具有市场竞争力，并将会有更快的发展，逐步成为主导能源。

本篇集中探讨新能源与可再生能源的地位、现状、趋势，以及相关产业的状况和孕育其中的发展机遇。

21

新能源与可再生能源概述

20世纪70年代的石油危机，促使很多国家把目光投向可再生能源，开始着手制订有关新能源与可再生能源发展的计划。进入21世纪，石油价格从起伏不定到居高不下，国际社会对气候变化问题的认识开始趋于一致，许多国家把发展可再生能源作为缓解能源供应矛盾、应对气候变化以及实现可持续发展的重要措施，可再生能源已成为实现能源结构多样化、应对全球气候变化和实现可持续发展的重要替代能源。近年来，随着国际石油价格大幅波动以及《京都议定书》的生效，可再生能源发展得到越来越多国家的高度重视，成为国际能源领域的热点。

21.1 新能源与可再生能源的地位和作用

可再生能源包括水能、生物质能、风能、太阳能、地热能和海洋能等，资源潜力大，环境污染低，可永续利用，是有利于人与自然和谐发展的重要能源。

21.1.1 全球可再生能源快速发展

自《京都议定书》正式签订以来，各国政府相继加大了可再生能源的利用规模，全球可再生能源持续快速发展。2002～2006年全球并网光伏发电、生物柴油及风电等可再生能源的年均增速分别达60%、40%、28%，远高于全球同期化石燃料能源消费2%～4%的年均增速。由图21.1可知，多种可再生能源形式均得到不同程度增长，各种可再生能源发展趋于多元化。

21.1.2 全球可再生能源投资规模迅速加大

美国和欧洲各国2004年对可再生能源的资金和政策支持在100亿美元左右，仅研发领域的投入就有7亿多美元。2005年世界可再生能源投资量是380亿美元，中国在可再生能源方面的投资为60亿美元，居世界首位。据统计，国际油价的高涨使可再生能源作为化石能源清洁高效的替代选择成为世界投资领域的新热点。

同时，可再生能源领域已经成为世界大商业银行关注的热点，有的已经把可再生能源投资作

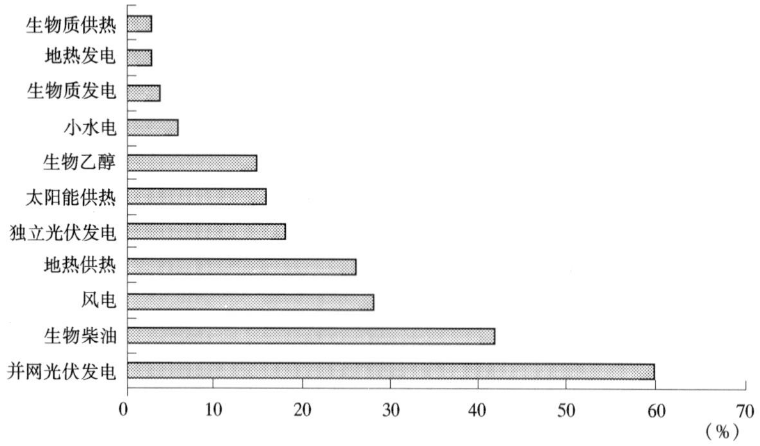

图 21.1　2002～2006 年全球各种可再生能源装机量年均增速分布

数据来源：REN21。

为新的投资方向。据介绍，在世界范围内，目前有 70 余家市价超过 4000 万美元的可再生能源公司，市价总值超过 300 亿美元。其中，包括通用、西门子、壳牌、BP、三洋和夏普在内的国际大公司，近年来在可再生能源领域都有大笔投资和采购。

21.2　新能源与可再生能源发展现状

21.2.1　国际新能源与可再生能源发展

近年来，受石油价格上涨和全球气候变化的影响，可再生能源开发利用日益受到国际社会的重视，许多国家提出了明确的发展目标，制定了支持可再生能源发展的法规和政策，使可再生能源技术水平不断提高，产业规模逐渐扩大，成为促进能源多样化和实现可持续发展的重要能源。

21.2.1.1　资源现状

2007 年世界可再生能源发电能力达到约 240GW，比 2004 年增长 50%。可再生能源占全球发电能力的 5% 和全球电力生产量的 3.4%。这其中不包括大型水力发电，大型水力发电占全球发电量 15%。

水力发电是目前最成熟的可再生能源发电技术，在世界各地得到广泛应用。到 2005 年底，全世界水电总装机容量约为 8.5 亿 kW。目前，经济发达国家水能资源已基本开发完毕，水电建设主要集中在发展中国家。

现代生物质能的发展方向是高效清洁利用，将生物质转换为优质能源，包括电力、燃气、液体燃料和固体成型燃料等。生物质发电包括农林生物质发电、垃圾发电和沼气发电等。到 2005 年底，全世界生物质发电总装机容量约为 5000 万 kW，主要集中在北欧和美国；生物燃料乙醇年产量约 3000 万 t，主要集中在巴西和美国；生物柴油年产量约 200 万 t，主要集中在德国。

沼气已是成熟的生物质能利用技术，在欧洲、中国和印度等地已建设了大量沼气工程和分散的户用沼气池。2007 年生物燃料（乙醇和生物柴油）的生产量约超过 530 亿 L，比 2005 年增长 43%。2007 年乙醇生产约占全球汽油消费量 1.3 万亿 L 的 4%。2006 年生物柴油生产量增长超过 50%。

风电包括离网运行的小型风力发电机组和大型并网风力发电机组，技术已基本成熟。近年来，并网风电机组的单机容量不断增大，2005 年新增风电机组的平均单机容量超过 1000kW，单机容量 4000kW 的风电机组已投入运行，风电厂建设已从陆地向海上发展。到 2005 年底，全世界风电装机容量已达 6000 万 kW，最近 5 年来平均年增长率达 30%。2007 年世界风能发电量增长 28%，达到约 95GW，发电能力增长更高，比 2006 年增长 40%。风能已成为可再生能源中发电能力最大的资源。

太阳能利用包括太阳能光伏发电、太阳能热发电，以及太阳能热水器和太阳房等热利用方式。光伏发电最初作为独立的分散电源使用，近年来并网光伏发电的发展速度加快，市场容量已超过独立使用的分散光伏电源。2005 年，全世界光伏电池产量为 120 万 kW，累计已安装了 600 万 kW。世界增长最快的能源技术是并网太阳能光伏（PV）发电，2006 年和 2007 年累积设置能力年增长 50%，达到约 7.7GW，相当于 150 万户家庭的屋顶太阳能光伏（PV）电力进入世界电网。

太阳能热发电已经历了较长时间的试验运行，基本上可达到商业运行要求，目前总装机容量约为 40 万 kW。太阳能热利用技术成熟，经济性好，可大规模应用，2005 年全世界太阳能热水器的总集热面积已达到约 1.4 亿 m^2。屋顶太阳能热水器向世界近 5000 万户家庭供应热水。2006 年世界现有太阳能热水/采暖能力增长 19%，达到 105GW 热能。

地热能利用包括发电和热利用两种方式，技术均比较成熟。到 2005 年底，全世界地热发电总装机容量约 900 万 kW，主要在美国、冰岛、意大利等国家。地热能热利用包括地热水的直接利用和地源热泵供热、制冷，在发达国家已得到广泛应用，近 5 年来全世界地热能热利用年均增长约 13%。

潮汐发电、海浪发电和洋流发电等海洋能的开发利用也取得了较大进展，初步形成规模的主要是潮汐发电，全世界潮汐发电总装机容量约 30 万 kW。

21.2.1.2 发展趋势

从目前可再生能源的资源状况和技术发展水平看，今后发展较快的可再生能源主要是生物质能、风能和太阳能。生物质能利用方式包括发电、制气、供热和生产液体燃料，将成为应用最广泛的可再生能源技术。风力发电技术已基本成熟，经济性已接近常规能源，在今后相当长时间内将会保持较快发展。太阳能发展的主要方向是光伏发电和热利用，近期光伏发电的主要市场是发达国家的并网发电和发展中国家偏远地区的独立供电。太阳能热利用的发展方向是太阳能一体化建筑，并以常规能源为补充手段，实现全天候供热，提高太阳能供热的可靠性，在此基础上进一步向太阳能供暖和制冷的方向发展。

总体来看，最近 20 多年来，大多数可再生能源技术快速发展，产业规模、经济性和市场化程度逐年提高，预计在 2010 ~ 2020 年间，大多数可再生能源技术可具有市场竞争力，在 2020 年以后将会有更快的发展，并逐步成为主导能源。

世界能源委员会的报告中称，到 2020 年全球新能源市场的商机将达 2 万亿美元，很多国际机构预计，未来的 3 ~ 5 年，绿色能源产业每年将有 20% 的持续增长力。

21.2.2 中国新能源与可再生能源发展

21.2.2.1 资源现状

我国资源潜力大、发展前景好的可再生能源，主要包括水能、生物质能、风能和太阳能。

1. 水能

我国可开发的水能资源总量丰富，约为 6 亿 kW 左右；技术可开发量至少也在 5 亿 kW 以上，年可提供电量 2.5 万亿 kW·h，折合 8.6 亿 t 标煤。目前尚未开发的水能资源，主要集中在西部和西南部地区，需要加快西电东送的步伐。此外，我国还有 1.2 亿 kW 的小水电资源，开发潜力巨大。

2007 年我国小水电利用总量占世界一半，水电勘测、设计、施工、安装和设备制造均达到国际水平，已形成完备的产业体系；到 2008 年底，中国水电装机容量达到 1.72 亿 kW，稳居世界第一位。2008 年底水电年发电量为 5633 亿 kW·h，占全国总发电量的 16.41%。同比增长 19.5%。按照规划，中国将于 2015 年前在金沙江、大渡河、乌江、黄河上游等开发多个水电站，约 150 台 70 万 kW 的巨型水轮发电机将投产发电。届时，中国距离“2020 年水电装机容量达到 3 亿 kW”的目标将更进一步。

2. 生物质能

我国当前可利用生物质资源约 2.8 亿 t 标准煤，适宜利用方式是发电燃料和民用沼气等。随着社会经济的发展，废弃生物质资源将不断增加，再通过增加现有农林业产能和开发利用边际土地，长期生物质能源资源总潜力有望达到 8 亿 t 标准煤。按开发利用程度 50% 计算，可利用量约为 4 亿 t 标准煤。

2007 年中国生物质能发电 200 万 kW，我国是一个农业大国，生物质能材料来源广泛，生物质发电装机容量已达到相当规模。另外，还在可再生能源利用技术上取得很大突破，相当一批技术已发展到商业化初始阶段。

（1）沼气。到 2006 年底全国已建成农村户用沼气池 1870 万口，生活污水净化沼气池 14 万处，农村年产沼气 102 亿 m^3，相当于 1600 万 t 煤，畜禽养殖场和工业废水沼气工程 2000 多处，年产沼气约 90 亿 m^3,；沼气工程实现了标准化生产，沼气技术服务体系已比较完善；为近 8000 万农村人口提供了优质的生活燃料。沼气技术已从单纯的能源利用发展成废弃物处理和生物质多层次综合利用，并广泛地同养殖业、种植业相结合，成为发展绿色生态农业和巩固生态建设成果的一个重要途径。2007 年农村沼气池为 8000 万中国农民提供清洁的生活燃料，大型沼气池 1500 多处，年产气达到 10 多亿 m^3。

（2）生物质能发电。到 2006 年底，全国生物质能发电累计装机容量 220 万 kW，其中，蔗渣热电联产 170 万 kW；农林废弃物、农业沼气、垃圾直燃和填埋气发电 50 万 kW。

截至 2007 年底，国家和各省发改委已核准生物质能发电项目 87 个，总装机规模 220 万 kW。全国已建成投产的生物质直燃发电项目超过 15 个，在建项目 30 多个。

（3）生物液体燃料。我国已开始在交通燃料中使用燃料乙醇。截至 2006 年 12 月底，全国 4 个生产企业共生产销售燃料乙醇 243 万 t，共销售乙醇汽油 1300 万 t，占全国汽油消费量的 23.3%。我国已经成为全球第三大燃料乙醇生产国，仅次于巴西和美国。

3. 风能

我国风能资源丰富，从技术可开发量角度，陆地可开发面积约 20 万 km^2，装机容量可达 6 亿~10 亿 kW。根据海洋区域规划，在水深不超过 20m 处的近海，10% ~20% 的面积可以利用，风电装机容量约为 1 亿~2 亿 kW。因而我国风能资源总量约为 7 亿~12 亿 kW，年发电量可以达到 1.4 万亿~2.4 万亿 kW·h，相当于我国 2005 年发电量的 40% 和 70%。因此，我国风能资源开发潜力很大，风电可以成为未来能源结构中的重要组成部分。

目前全国已建成并网风力发电装机容量 57 万 kW，到 2007 年底，累计吊装完成装机容量为 600 万 kW，超过了 2010 年国家发展目标。到 2008 年底，我国风电装机容量已超过 1000 万 kW。其中，2008 年新增风电装机容量 400 多万 kW，我国风电装机总容量已位居世界第五。2008 年风能发电 128 亿 kW·h，同比增长 126.79%（见表 21.1）。

表 21.1　　风电规划与实际装机容量对比　　单位：万 kW

2005 年实际	2010 年		2020 年	2007 年实际	2008 年预计	2010 年预计
	中长期规划	“十一五”规划	中长期规划			
126	500	1000	3000	591	1200	3000

资料来源：国家发改委　中信证券研究部整理。

如果坚持和完善积极的风电扶持政策、稳步增强风电设备生产能力和技术质量水平，预计我国今后数年内将继续保持每年约 400 万 kW 新增装机容量的增长速度，2010 年可以实现风电累计装机容量 1400 万～1500 万 kW；若 2010 年后每年新增 700 万～800 万 kW，达到目前欧洲现有的水平，则 2020 年保守估计风电可以实现 8000 万～1 亿 kW 装机容量。在 2020 年之后，我国风电可能超过核电成为第三大主力发电电源，在 2050 年甚至可能超过水电，成为第二大主力发电电源。届时，风力发电未来可能成为我国的主要战略能源之一。

4. 太阳能

我国太阳能资源丰富地区的面积占国土面积 96% 以上，每年地表吸收的太阳能大约相当于 1.7 万亿 t 标准煤的能量。如果利用现有建筑 20% 的屋顶面积，可安装约 20 亿 m^2 太阳能热水系统，替代煤炭 3 亿 t 标准煤；如果利用 20% 的屋顶面积和 2% 的戈壁和荒漠地区，可安装约 2.2 万 km^2 的太阳能光伏发电系统，装机容量约为 22 亿 kW，年发电量可以达到 2.9 万亿 kW·h。

2007 年，我国光伏电池产量达到 100 万 kW，超过日本，位居世界第一；太阳能热水器使用量为 5200 万 m^2，约占全球使用量的 40%。

（1）太阳能发电。2008 年，我国光伏发电新增安装容量 40MW，是历史之最，比 2007 年增长 1 倍。到 2008 年年底，我国光伏发电累计安装容量为 140MW。近年来，在国际光伏市场的强大需求拉动下，中国的光伏产业发展迅速，成为世界光伏产业发展最快的国家之一。近年来中国太阳能光伏发电进展加快，2008 年太阳电池的产量是 2500MW，中国光伏产业的规模居世界第一，连续两年产量居世界第一。

（2）太阳能热水器。数据显示，我国已经成为世界上最大的太阳能光热市场，中国是世界上太阳能热水器应用规模最大的国家。2008 年底，中国生产了 3100 万 m^2 的太阳能热水器，这个数字占全世界产量的 80% 左右，所以中国是生产和使用太阳能热水器最多的国家，我国也是世界上最大的太阳能集热器制造中心，由我国生产的集热器推广面积约占世界的 76%。总体来看，我国太阳能热水器应用技术与发达国家还有差距。目前，发达国家的太阳能热水器已实现与建筑的较好结合，向太阳能建筑一体化方向发展，而我国在这方面才开始起步。

5. 地热能

我国地热可采储量约相当于 4626 亿 t 标准煤，资源潜力占全球总量的 7.9%。如果仅考虑目前已经探明的高温地热情况以及中低温地热勘探打井情况，我国高温地热的资源潜力为 582 万 kW，发电潜力 300 亿～400 亿 kW·h/a，近期中低温地热资源可利用量相当于 1440 万 kW 的装机容量和 864 亿 kW·h/a 的发电量，总计折合约 5000 万 t 标准煤的年产能量。据初步勘探，我国地热资源以中低温为主，适用于工业加热、建筑采暖、保健疗养和种植养殖等，资源遍布全国各地。适用于发电的高温地热资源较少，主要分布在藏南、川西、滇西地区，可装机潜力约为 600 万 kW。

目前，我国除青海、云南、贵州等少数省（区）外，其他省（区）都在不同程度地推广地源热泵技术。全国已安装地源热泵系统的建筑面积超过 3000 万 m^2。据不完全统计，截至 2006 年底，中国地源热泵市场年销售额已超过 50 亿元，并以 20% 的速度在增长。

6. 海洋能

我国海洋能资源丰富，可开发利用量达到 10 亿 kW 的量级。

7. 核能

我国的核电事业起步较晚，2005 年我国有 9 台核电机组正在运行，总装机容量为 684.6 万 kW，核电占中国电力装机容量的比重只有约 1%，而世界的平均比例为 16%。到 2020 年我国核电装机容量将达到 4000 万 kW，占全部电力装机容量的 4%，这意味着从 2005 年到 2020 年的 15 年间，我国将要建约 3000 万 kW 核电，相当于每年至少建一座核电基地。随着将来受控热核聚变技术研发的成功，核能必然成为未来的能源支柱。2008 年核电发电量为 684 亿 kW·h，约占全部发电量 1.99%，同比增长 8.79%。

21.2.2.2　发展趋势

在中国的能源消费结构中，可再生能源所占的比例越来越大：风能发电总量连续 3 年实现翻番，太阳能光伏发电规模位居全球第一，生物质能发电也取得不错的发展。未来 10 年内，风电、太阳能光伏、太阳能热水器等能源发展，将会在国家合理规划下继续保持增长。

2007 年，我国可再生能源利用总量居世界首位，年开发利用总量折合 2.2 亿 t 标准煤，占一次性能源消费总量的 8.5%。据初步统计，2008 年，包括水电、风电、太阳能发电、生物质发电，还有太阳能热水器、沼气等应用在内，可再生能源已经达到了 2.46 亿 t 标准煤，而我们国家整个的能源消费是 28.5 亿 t 标准煤左右，可再生能源已经占到整个能源消费量的 8.6%。

根据中国的可再生能源发展规划，到 2010 年，中国可再生能源发电装机容量将占总装机容量的 10%，2008 年国家发改委发布了《可再生能源发展“十一五”规划》，明确了今后 15 年我国可再生能源发展的总目标。根据该规划，在“十一五”期间，我国将继续大力发展水电，加快发展生物质能、风电和太阳能，加强农村可再生能源开发利用。到 2010 年，全国水电装机容量将达到 1.9 亿 kW，其中大中型常规水电 1.2 亿 kW，小水电 5000 万 kW，抽水蓄能电站 2000 万 kW，已建常规水电装机容量占全国水电技术可开发装机容量的 31%。全国生物质发电装机容量达到 550 万 kW，风电总装机容量达到 1000 万 kW，同时，太阳能热水器累计安装量达到 1.5 亿 m^2，太阳能发电装机容量达到 30 万 kW，并进行兆瓦级并网太阳能光伏发电示范工程和万千瓦级太阳能热发电试验和试点工作。这一比例在 2020 年将达到 20%。可再生能源装备能力基本实现以国内制造为主，2020 年实现以自有产权为主。其中，水装机容量要达到 3 亿 kW（其中小水电 7500 万 kW），风电总装机容量达到 3000 万 kW，生物质能总装机容量达到 3000 万 kW，太阳能发电总容量要达到 180 万 kW，太阳能热水器总集热面积达到 3 亿 m^2，再加上海洋能、地热能等，届时全国可再生能源利用量将相当于 6 亿 t 标准煤。这将有利于我国能源结构的调整和保障能源供应安全，对减少温室气体排放、保护环境将发挥更加重要的作用。

21.3 我国新能源及可再生能源政策框架

在过去的几年中，我国已经出台了许多与新能源和可再生能源相关的法律、法规和政策，国务院有关部门也相继发布了相关的中长期发展规划，基本形成了政策框架和目标体系。

21.3.1 《中华人民共和国可再生能源法》

2005 年 2 月 28 日，第十届全国人民代表大会常务委员会第十四次会议通过了《中华人民共和国可再生能源法》，并于 2006 年 1 月 1 日正式实施。

在该法律中明确提出“国家鼓励清洁、高效地开发利用生物质燃料，鼓励发展能源作物。利用生物质资源生产的燃气和热力，符合城市燃气管网、热力管网的入网技术标准的，经营燃气管网、热力管网的企业应当接收其入网。国家鼓励生产和利用生物液体燃料。石油销售企业应当按照国务院能源主管部门或者省级人民政府的规定，将符合国家标准的生物液体燃料纳入其燃料销售体系。”

21.3.2 《可再生能源产业发展指导目录》

2005 年 11 月，国家发展和改革委员会发布了《可再生能源产业发展指导目录》（发改能源［2005］2517 号）（以下简称《目录》）。

《目录》发布的目的就是为了贯彻落实《中华人民共和国可再生能源法》的要求，将风能、太阳能、生物质能、地热能、海洋能和水能等 6 个领域的 88 项可再生能源开发利用和系统设备、装备制造项目列入其中，包括沼气工程供气和发电、生物质直接燃烧发电、生物质气化供气和发电、城市固体垃圾发电、生物液体燃料、生物质固化成型燃料等生物质发电和生物燃料生产及其设备、部件制造和原料生产。

21.3.3 《可再生能源发电有关管理规定》等

2006 年 1 月，国家发展和改革委员会发布了《可再生能源发电有关管理规定》（发改能源［2006］13 号）、《可再生能源发电价格和费用分摊管理试行办法》（发改价格［2006］7 号）和《可再生能源电价附加收入调配暂行办法》（发改价格〔2007〕44 号）。

在以上这 3 个可再生能源发电的管理规定和办法中，对水力发电、风力发电、生物质发电（包括农林废弃物直接燃烧和气化发电、垃圾焚烧和垃圾填埋气发电、沼气发电）、太阳能发电、地热能发电以及海洋能发电等提出了价格和费用分摊的原则。特别针对生物质能发电项目明确提出，生物质发电项目上网电价实行政府定价的，由国务院价格主管部门分地区制定标杆电价，电价标准由各省（自治区、直辖市）2005 年脱硫燃煤机组标杆上网电价加补贴电价组成。补贴电价标准为 0.25 元/（kW·h）。发电项目自投产之日起，15 年内享受补贴电价；运行满 15 年后，取消补贴电价。自 2010 年起，每年新批准和核准建设的发电项目的补贴电价比上一年新批准和核准建设项目的补贴电价递减 2%。发电消耗热量中常规能源超过 20% 的混燃发电项目，视同常规能源发电项目，执行当地燃煤电厂的标杆电价，不享受补贴电价。

21.3.4 《可再生能源中长期发展规划》

2007 年 9 月，国家发展和改革委员会发布了《可再生能源中长期发展规划》，并在此基础上于 2008 年 3 月又发布了《可再生能源发展“十一五”规划》（发改能源〔2008〕610 号）。规划明确提出了我国可再生能源中长期发展目标：

（1）充分利用水电、沼气、太阳能热利用和地热能等技术成熟、经济性好的可再生能源，加快推进风力发电、生物质发电、太阳能发电的产业化发展，逐步提高优质清洁可再生能源在能源结构中的比例，力争到 2010 年使可再生能源消费量达到能源消费总量的 10% 左右，到 2020 年达到 15% 左右。

（2）因地制宜地利用可再生能源解决偏远地区无电人口的供电问题和农村生活燃料短缺问题，并使生态环境得到有效保护。按循环经济模式推行有机废弃物的能源化利用，基本消除有机废弃物造成的环境污染。

（3）积极推进可再生能源新技术的产业化发展，建立可再生能源技术创新体系，形成较完善的可再生能源产业体系。到 2010 年，基本实现以国内制造设备为主的装备能力；到 2020 年，形成以自有知识产权为主的国内可再生能源装备能力。同时，根据我国经济社会发展需要和生物质能利用技术状况，提出重点发展生物质发电、沼气、生物质固体成型燃料和生物液体燃料。到 2010 年，生物质发电总装机容量达到 550 万 kW，生物质固体成型燃料年利用量达到 100 万 t，沼气年利用量达到 190 亿 m^3，增加非粮原料燃料乙醇年利用量 200 万 t，生物柴油年利用量达到 20 万 t。到 2020 年，生物质发电总装机容量达到 3000 万 kW，生物质固体成型燃料年利用量达到 5000 万 t，沼气年利用量达到 440 亿 m^3，生物燃料乙醇年利用量达到 1000 万 t，生物柴油年利用量达到 200 万 t。在可再生能源资源丰富地区，坚持因地制宜、灵活多样的原则，充分利用各种可再生能源，积极推进绿色能源示范县建设，可再生能源利用量在生活能源消费总量中要超过 50%，各种生物质废弃物得到妥善处理和合理利用，要与沼气利用、生物质固体成型燃料和太阳能利用相结合。到 2010 年，全国建成 50 个绿色能源示范县；到 2020 年，绿色能源县普及 500 个。

21.3.5 《可再生能源发展专项资金管理暂行办法》

2006 年 5 月，财政部下发了《可再生能源发展专项资金管理暂行办法》（财建［2006］237 号）（以下简称《办法》）。

《办法》规定发展专项资金将重点扶持潜力大、前景好的石油替代，建筑物供热、采暖和制冷，以及发电等可再生能源的开发利用，其中包括风能、太阳能、水能、生物质能、地热能、海洋能等非化石能源。

发展专项资金通过中央财政预算安排，用于资助以下活动：可再生能源开发利用的科学技术研究、标准制定和示范工程；农村、牧区生活用能的可再生能源利用项目；偏远地区和海岛可再生能源独立电力系统建设；可再生能源的资源勘查、评价和相关信息系统建设；促进可再生能源开发利用设备的本地化生产。申请使用发展专项资金的单位或者个人，根据国家年度专项资金申报指南，向所在地可再生能源归口管理部门和地方财政部门分别进行申报。对使用发展专项资金进行重点支持的项目，凡符合招标条件的，须实行公开招标。发展专项资金的使用方式包括无偿资助和贷款贴息。

21.3.6 《关于发展生物能源和生物化工财税扶持政策的实施意见》

2006 年 9 月，财政部、国家发展和改革委员会、农业部、国家税务总局和国家林业局制定了《关于发展生物能源和生物化工财税扶持政策的实施意见》（财建［2006］702 号）（以下简称《实施意见》）。

在《实施意见》中明确提出，国家将实施相应的财税扶持政策，其中，包括实施弹性亏损补贴、原料基地补助、示范补助和税收优惠等，从而为推动生物能源和生物化工产业的健康发展提供有力的保障。

根据这个《实施意见》，2007 年 4 月和 2007 年 9 月，财政部分别下发了《生物能源和生物化工非粮引导奖励资金管理暂行办法》（财建［2007］282 号）和《生物能源和生物化工原料基地补助资金管理暂行办法》（财建［2007］435 号），对有关奖励和补助资金的标准和申请方式提出了具体的办法，即农业原料基地补助标准原则上核定为 2700 元/hm^2，林业原料基地补助标准为 3000 元/hm^2，具体标准将根据不同类型土地核定，补助金额由财政部按具体标准及经核实的原料基地实施方案予以核定。

21.3.7 《全国农村沼气建设规划》和《全国生物质能产业发展规划》

2007 年 4 月和 7 月，农业部分别向社会发布了《全国农村沼气建设规划（2007～2010）》和《全国生物质能产业发展规划（2007～2015）》。

在这两个规划中，农业部预计，到 2010 年全国有 4000 万农户用上沼气，每年可产生约 154 亿 m^3 的沼气，相当于替代 2420 万 t 标准煤的能源消耗和 933.33 万 hm^2 林地的年蓄积量。沼气农户使用沼渣、沼液可减少 20% 以上的农药和化肥施用量，每年为每一农户节约燃料费、电费、化肥和农药等直接支出约 500 元。全国 4000 万户沼气不仅可为农民年增收节支 200 亿元，而且还在转变农民传统生活方式、改进村容村貌方面具有重要的推动作用，可产生显著的经济效益和社会效益。

此外，规划中还提出到 2015 年，全国将建成一批农业生物质能基地，技术创新和产业发展体系基本建成，开发利用成本大幅度降低，初步实现农业生物质能产业的市场化。生物质能产业成为农业发展的重要领域，对促进农民增收、改善农村生活条件，建设社会主义新农村作用日趋明显，成为保障国家能源安全、保护生态环境的重要力量。其具体目标是：到 2015 年，农村户用沼气总数达到 6000 万户左右，年生产沼气 233 亿 m^3 左右，并逐步推进沼气产业化发展；建成规模化养殖场、养殖小区沼气工程 8000 处，年产沼气 6.7 亿 m^3。同时，建设一批秸秆固化成型燃料应用示范点和秸秆气化集中供气站，利用边际性土地适度发展能源作物，满足国家对液体燃料的原料需要。

21.3.8 《节能减排综合性工作方案》

2007 年 4 月，国务院印发了《节能减排综合性工作方案》。

《节能减排综合性工作方案》要求积极推进能源结构调整，大力发展可再生能源，抓紧制订出台可再生能源中长期规划，推进风能、太阳能、地热能、水电、沼气、生物质能利用以及可再生能源与建筑一体化的科研、开发和建设，加强资源调查评价。稳步发展替代能源，制订发展替代能源中长期规划，组织实施生物燃料乙醇及车用乙醇汽油发展专项规划，启动非粮生物燃料乙醇试点项目。实施生物化工、生物质能固体成型燃料等一批具有突破性带动作用的示范项目。抓紧开展生物柴油基础性研究和前期准备工作。

21.3.9 《可再生能源电价补贴和配额交易方案》

2007年9月和2008年3月，国家发展和改革委员会和国家电力监管委员会分别下发了《关于2006年度可再生能源电价补贴和配额交易方案的通知》（发改价格［2007］2446号）和《关于2007年1~9月可再生能源电价附加补贴和配额交易方案的通知》（发改价格［2008］640号）。通知中分别对2006年和2007年电价附加存在资金缺口的部分地区电网企业以及123个可再生能源发电项目进行电价和接网工程电费补贴，电价附加补贴范围为2006年可再生能源发电项目上网电价高于当地脱硫燃煤机组标杆上网电价的部分、公共可再生能源独立系统单位电量成本高于当地省级电网平均销售电价的部分，以及可再生能源发电项目接网费用。对纳入补贴范围内的秸秆直燃发电亏损项目按上网电量给予临时电价补贴，补贴标准为0.1元/（kW·h）。

21.4 新能源发展规划

21.4.1 国外主要经济体对于新能源的政策规划

新能源与可再生能源在经济发展中的作用显而易见，各国政府对新能源与可再生能源的政策规划也给予了足够的重视。从表21.2中可见，在全球主要国家的新能源政策方面，美国、欧盟以及日本的政策力度最强，主要政策方式包括加大税收的补贴，加大对于新能源技术的研发投入和鼓励消费者使用与新能源相关的产品以增加总需求。从未来政策展望角度看，美国新任总统奥巴马已经提出要加入《京都议定书》，美国在环境保护和新能源领域的介入有利于在国内范围内建立环境保护以及新能源利用的标准。各国经济体未来将继续出台强有力针对新能源研发和利用的政策。

表21.2 国外主要经济体对于新能源的政策

国别	经济体对新能源的政策
德国	2000年4月，德国联邦议院正式通过了可再生能源法（KEL），该法取消了对可再生能源发电的上限，并要求将可再生能源发电在所有供电公司按其总电力销售量进行分配； 2004年推行购电补偿法，光伏电力强制入网，根据不同的太阳能发电形式，政府给予为期20年、0.45~0.62欧元/（kW·h）的补贴，每年递减5%~6.5%
美国	2005年制定了《联邦能源政策法案》，规定了对光伏系统的投入可以用来抵扣税收的措施，购买光伏系统价格30%的税收减免，最高限额2000美元； 2006年通过了《总统太阳能美国计划》，由美国总统下令增加研发费用至1.48亿美元； 2007年开始，美国政府对光伏发电系统给予了税收抵扣补贴、低息贷款，以及各种投资补贴，包括购买降价、净电量计量法等； 2008年9月，美国国会通过将一项关键性投资税收优惠延长至2016年的能源法案，其中优惠包括30%的太阳能税收优惠，并对风能行业的生产税收优惠延期一年，给予插电式电动车购买者2500~7500美元的课税扣除； 2009年1月，奥巴马再次披露了其经济刺激计划（美国复兴和再投资计划）的一些细节，其中包括鼓励可再生能源的发明者并给他们更多的税收优惠政策，使美国可再生能源产量增加一倍并提高公共建筑的能源使用效率

续表

国别	经济体对新能源的政策
日本	2003年4月，日本的新能源政策规定，电力公司有义务扩大可再生能源的利用，并给电力公司强制使用新能源，即根据其销售的电量，必须使用新能源发电量的比例；为鼓励百姓使用太阳能电力，政府采用了补贴的方法；居民安装太阳能发电设备所花费的投资由政府补贴50%，太阳能所发的电并入电网，由政府高价收购；居民用电价格则低于收购价格
欧盟	1997年出版了《可再生能源白皮书》； 2000年发布了《欧盟能源供应安全战略绿皮书》，勾画了欧盟能源供给总政策； 2007年3月9日，欧盟领导人就一系列减少温室气体排放、遏制气候变暖的措施达成一致意见，承诺在2020年之前，将欧盟温室气体排放量在1990年的基础上减少20%以上，并实现欧盟可再生能源占总能源耗费比例的20%； 2007年欧盟理事会通过了2007~2009年《欧盟未来三年能源政策行动计划》（EPE），用五项新措施支撑欧盟新能源政策大厦
法国	总体来说，法国在太阳能利用方面滞后于其他欧洲邻国，正是意识到了存在的差距，而且也是为了更好地推动法国绿色能源的运用，实现可持续发展，法国准备切实推动和推广太阳能利用，以缩短与他国的差距；太阳能发电也将是法国将大力支持和推广的一个领域，预计到2010年，太阳能发电市场总量将从2005年的6MW上升到50MW
韩国	2004~2011年投入23亿美元，包括新能源的科技研发，设备补助与差额补助等； 韩国政府2008年12月表示将在未来5年内向新能源与可再生能源、机器人等17个领域投资97万亿韩元，到2018年将能创造352万个工作岗位
西班牙	2008年太阳能发电回购价格由0.4175欧元下调至0.31欧元，电力回购年限由20年延长至30年
全球	2005年2月16日，《京都议定书》正式生效，人类历史上首次以法规的形式限制温室气体排放

资料来源：东方证券研究所。

21.4.2 中国对于新能源与可再生能源的政策规划

中国政府对于新能源产业的重视始于2001年，主要内容是针对可再生能源的发电采取了税收优惠政策。可再生能源消费占我国能源消费总量的比重还很低，技术进步缓慢、产业基础薄弱，不能适应可持续发展的需要。我国《国民经济和社会发展第十一个五年规划纲要》明确提出："实行优惠的财税、投资政策和强制性市场份额政策，鼓励生产与消费可再生能源，提高在一次能源消费中的比重。"2006年，加快发展新能源政策被提到了一个战略高度，先后出台了《国家中长期科学和技术发展规划纲要》和《中华人民共和国可再生能源法》。为了加快可再生能源发展，促进节能减排，积极应对气候变化，更好地满足经济和社会可持续发展的需要，在总结我国可再生能源资源、技术及产业发展状况、借鉴国际可再生能源发展经验基础上，我国在2007年又研究制定了《可再生能源中长期发展规划》，提出了从现在到2020年期间我国可再生能源发展的指导思想、主要任务、发展目标、重点领域和保障措施，以指导我国可再生能源发展和项目建设。在《可再生能源中长期发展规划》中，规划到2020年我国可再生能源在能源结构中比例争取达到15%。此外，2007年针对汽车产业的《产业结构调整指导目录》，将新能源汽车正式进入国家发改委的鼓励产业目录，消费者购买新能源也将得到税收等方面的优惠。我国历年的新能源政策，见表21.3。

2007年还出台了《能源发展"十一五"规划》。"十一五"规划中有几个政策要点：①明确提出"加快发展风能、太阳能、生物质能等可再生能源"；②将节能减排的具体目标给予细化，2006~2010年期间单位GDP能耗降低20%左右、主要污染物排放总量减少10%。

表 21.3　　我国历年的新能源政策

年份	名　称	主　要　内　容
2001	生物能源发电的税收优惠	对属于生物质能源的垃圾发电实行增值税即征即退政策，对风力发电实行增值税减半征收政策
2005	《关于发展节能省地型住宅和公共建筑的指导意见》	到 2020 年，我国住宅和公共建筑建造和使用的能源资源消耗水平要接近或达到现阶段中等发达国家的水平
2005	扩大新能源运用税收优惠范围	对生产销售的变性燃料乙醇实行增值税先征后退；对小型水力发电单位生产的电力，可按简易办法计算缴纳增值税；对部分大型水电企业实行增值税退税政策；对国家批准的定点企业生产销售的变性燃料乙醇实行免征消费税政策
2006	《国家中长期科学和技术发展规划纲要》 《中华人民共和国可再生能源法》	到 2020 年，可再生能源在我国能源结构中的比重将达到 16%； 从产业发展指导、电价、总量目标、财税补贴、专项基金、并网发电等各个细节方面，对于可再生能源的发展予以支持和细化
2007	《“十一五”资源综合利用指导意见》 《能源发展“十一五”规划》 《中华人民共和国节约能源法》	提出了 2010 年资源综合利用目标，重点领域、重点工程和保障措施； 阐明国家能源战略，明确能源发展目标、开发布局、改革方向和节能环保重点； 规定一些节能管理的基本制度，明确了用能单位的节能义务，强化了监督和管理
2007	《产业结构调整指导目录》	新能源汽车正式进入发改为的鼓励产业目录，消费者购买新能源车也将得到税收等方面的优惠
2007	《可再生能源中长期发展规划》	提出了从现在到 2020 年期间我国可再生能源发展的指导思想、主要任务、发展目标、重点领域和保障措施，以指导我国可再生能源发展和项目建设
2009	2009 年 2 月 1 日，太阳能热水器纳入家电下乡政策补贴范围	

在 2007 年出台的《可再生能源中长期发展规划》中，提出了从现在到 2020 年期间我国可再生能源发展的具体目标，如表 21.4 所示。

表 21.4　　可再生能源至 2020 年的具体中长期规划

能源类别	装机容量（万 kW）			2006～2020 年拟投资（亿元）
	2005 年	2010 年	2020 年	
水电	11700	19000	30000	13000
生物质能	200	550	3000	2000
风电	126	500	3000	1900
太阳能	7	30	180	1300

资料来源：《可再生能源中长期发展规划》。

近年中国政府用于新能源领域的投资每年增幅都在 20% 以上，2008 年对新能源企业的资金扶持规模达到 38 亿元。2008 年底公布的巨额经济刺激计划将发展新型清洁能源作为经济发展的重点，2009 年初发布的《政府工作报告》中再次明确提出将大力开发风能、太阳能等可再生能源。

22

太 阳 能

太阳能是各种可再生能源中最重要的基本能源，生物质能、风能、海洋能、水能等都来自太阳能，广义地说，太阳能包含以上各种可再生能源。太阳能作为可再生能源的一种，则是指太阳能的直接转化和利用。

太阳能是未来最清洁、安全和可靠的能源，它不同于石油、煤炭等燃料，不会导致“温室效应”，也不会造成环境污染。而且，每年到达地球表面的太阳辐射能约相当于130万亿t标准煤，其总量属现今世界上可以开发利用的最大能源。所以，太阳能的应用已经受到世界各国的重视。

22.1 资源及产业现状

22.1.1 太阳能资源现状

我国幅员广大，有着十分丰富的太阳能资源，理论储量每年达17000亿t标准煤。我国西藏西部太阳能资源最丰富，最高达2333kW·h/m^2（日辐射量6.4kW·h/m^2），居世界第二位，仅次于撒哈拉大沙漠。

我国太阳能资源分布的主要特点有：太阳能的高值中心和低值中心都处在北纬22°~35°这一带，青藏高原是高值中心，四川盆地是低值中心；太阳年辐射总量，西部地区高于东部地区，而且除西藏和新疆两个自治区外，基本上是南部低于北部；由于南方多数地区云雾雨多，在北纬30°~40°地区，太阳能的分布情况与一般的太阳能随纬度而变化的规律相反，太阳能不是随着纬度的增加而减少，而是随着纬度的增加而增长。

根据各地接受太阳总辐射量的多少，可将全国划分为五类地区（见图22.1）。

1. 一类地区

一类地区为我国太阳能资源最丰富的地区，年太阳辐射总量6680~8400MJ/m^2，相当于日辐射量5.1~6.4kW·h/m^2。这些地区包括宁夏北部、甘肃北部、新疆东部、青海西部和西藏西部

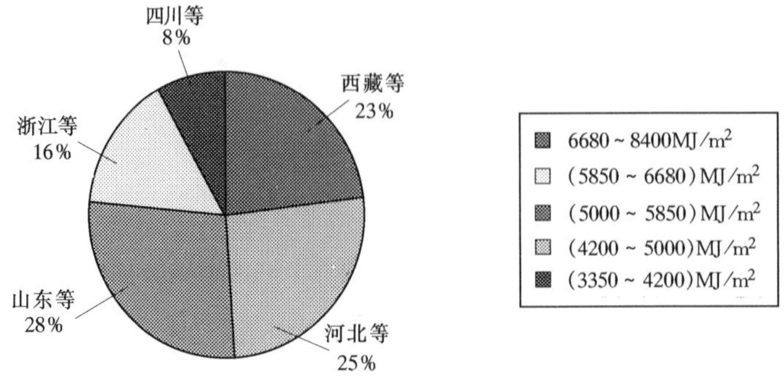

图 22.1　全国地区年太阳辐射量

资料来源：沃野.《我国太阳能产业现状分析及政策建议》。

等地。

2. 二类地区

二类地区为我国太阳能资源较丰富地区，年太阳辐射总量为 5850 ~ 6680MJ/m^2，相当于日辐射量 4.5 ~ 5.1kW · h/m^2。这些地区包括河北西北部、山西北部、内蒙古南部、宁夏南部、甘肃中部、青海东部、西藏东南部和新疆南部等地。

3. 三类地区

三类地区为我国太阳能资源中等类型地区，年太阳辐射总量为 5000 ~ 5850MJ/m^2，相当于日辐射量 3.8 ~ 4.5kW · h/m^2。这些地区主要包括山东、河南、河北东南部、山西南部、新疆北部、吉林、辽宁、云南、陕西北部、甘肃东南部、广东南部、福建南部、苏北、皖北、台湾西南部等地。

4. 四类地区

四类地区是我国太阳能资源较差地区，年太阳辐射总量 4200 ~ 5000MJ/m^2，相当于日辐射量 3.2 ~ 3.8kW · h/m^2。这些地区包括湖南、湖北、广西、江西、浙江、福建北部、广东北部、陕西南部、江苏北部、安徽南部以及黑龙江、台湾东北部等地。

5. 五类地区

五类地区主要包括四川、贵州两省，是我国太阳能资源最少的地区，年太阳辐射总量 3350 ~ 4200MJ/m^2，相当于日辐射量只有 2.5 ~ 3.2kW · h/m^2。

22.1.2　太阳能产业现状

太阳能利用方式可简单分为光利用和热利用。前者通过转换装置把太阳辐射能转换成电能进一步利用，光电转换装置通常是利用半导体器件的光伏效应原理进行光电转换的，因此又称太阳能光伏技术。后者通过转换装置把太阳辐射能转换成热能进一步利用，属于太阳能热利用技术。

基于利用方式的不同，太阳能产业划分成太阳能光伏产业和太阳能热利用产业。以硅材料的应用开发形成的产业链条称之为光伏产业，包括高纯多晶硅原材料生产、太阳能电池生产、太阳能电池组件生产、相关生产设备的制造等。太阳能热利用产业主要用于热水器，因此往往又被称为太阳能热水器产业。

我国在光伏产品制造、太阳能光伏发电和太阳能热利用等方面均取得了较大发展。2008 年，中国多晶硅材料总产量超过6000t；光伏电池产量达到200万kW，占全球产量15%；太阳能光伏发电容量15万kW；太阳能热水器总集热面积达12500万m^2，太阳能热水器年生产能力达4000万m^2，使用量和年产量均居世界总量的一半以上。

22.1.2.1 太阳能光伏产业现状

全球光伏发电增长速度惊人。从1998年开始，世界光伏市场出现了供不应求的局面，年增长率保持在30%～40%，2004年更是创造历史的新高，增长率达到67%，年产量达到1253MW。最近10年，世界光伏电池产量由1997年的12.58万kW增加到2007年的400万kW，年均增长率为41.3%。2002年到2007年的年均增长率达到49.5%，如图22.2所示。

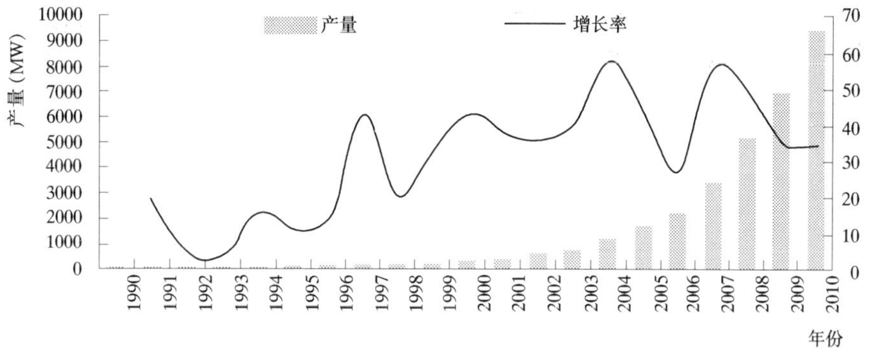

图22.2 全球光伏发电增长速度

在国际光伏市场的强大需求拉动下，中国的光伏产业发展迅速，成为世界光伏产业发展最快的国家之一。截至2008年初，中国光伏产业总计有10家企业实现海外上市，IPO融资总额超过20亿美元。2000年，中国光伏电池产量仅为3MW，2008年太阳电池的产量是2500MW。中国光伏产业的规模世界第一，连续两年产量居世界第一。

在光伏制造方面，由于近几年中国大陆和台湾地区的迅速崛起，一直以美、日、德为主的世界光伏制造格局已逐渐演变成美、日、德、中为主，光伏制造前10名当中也赫然出现中国大陆和台湾地区的制造商。

然而，在我国生产的太阳能电池中，九成以上都出口到国外市场，比如2008年太阳电池产量的绝大部分（约98%）都用于出口。与海外市场旺盛需求形成鲜明对比的是，国内“有产业、没市场”，对太阳能这一“绿色、清洁能源”的应用相对滞后，内需严重不足。近年来德国、日本等发达国家为主体的海外市场需求持续增长，成为拉动我国太阳能电池行业快速发展的主要动力，如图22.3和图22.4。

为了改变这一局面，中国对光伏产业的重视程度不断增加。根据《可再生能源中长期发展规划》，到2020年，我国力争使太阳能发电装机容量达到1.8GW（百万千瓦），到2050年将达到600GW（百万千瓦）。按照中国电力科学研究院的预测，到2050年，中国可再生能源的电力装机容量将占全国电力装机容量的25%，其中光伏发电装机容量将占到5%。而目前，我国太阳能发电装机容量仅为6.5万kW。

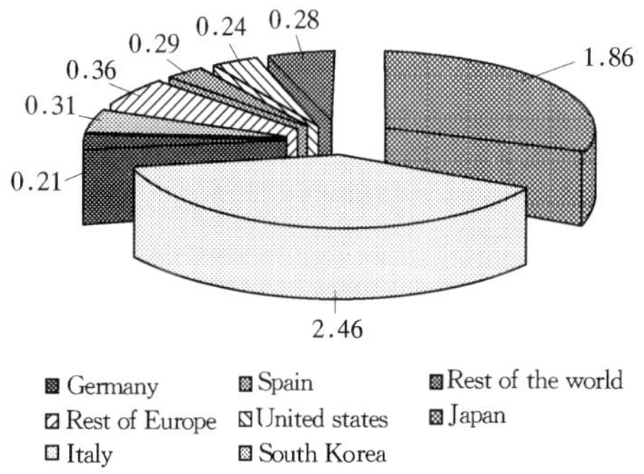

图22.3 2008年世界太阳能需求分布

未来15年，我国太阳能装机容量的复合增长率将高达25%以上，太阳能发电投资总额为950亿元。

22.1.2.2 太阳能热水器产业现状

太阳能热利用形成产业的是太阳能热水器，这是中国发展最早和规模较大的一个可再生能源产业，太阳能热水器技术日趋成熟，应用领域已从生活热水扩大到泵水、采暖、制冷空调、海水淡化、工业加热、热发电等。相对于太阳能光伏产业而言，中国的太阳能热利用方面既有产业，又有市场。

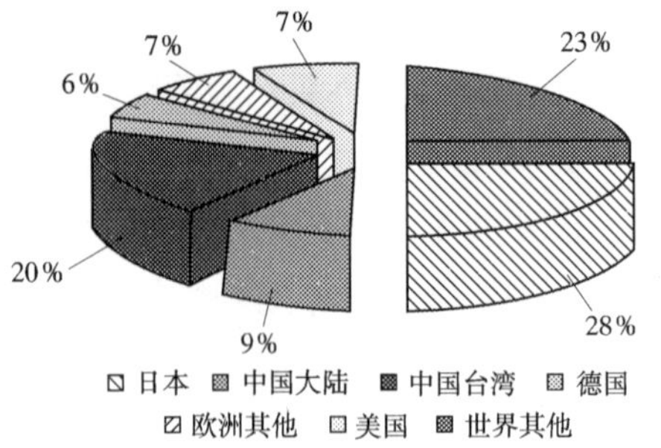

图22.4 2007年世界太阳能产能分布

近年来，太阳能热水器的市场以20%～30%的速率递增。我国太阳能热水器产业比较成熟，生产量和使用量都是世界第一。到2008年底，我国太阳能热水器总集热面积运行保有量约1.35亿m^2。太阳能热水器年生产量达1500万m^2。全国进入太阳能热水器行业的企业上千家，整个太阳能热水器行业产值超过130亿元人民币。

数据显示，我国已经成为世界上最大的太阳能光热市场，2005年总保有量为7500万m^2，2006年总保有量为9000万～9500万m^2，累计节约标准煤2亿多t，二氧化碳减排约2亿t。我国也是世界上最大的太阳能集热器制造中心，由我国生产的集热器推广面积约占世界的76%。目前国内城市太阳能热水器的平均普及率约为15%，有些地区能达到30%，甚至60%。中国太阳能热水器保有量有1.25亿m^2，占全世界总量的70%左右。

我国太阳能热水器行业已经初步形成了原材料加工、生产、制造和销售、安装服务相配套的产业化体系。2006年，我国太阳能热水器产业年产值180多亿元，出口创汇5000万美元，全行业提供就业机会60多万个。

从数字来讲，中国是世界上太阳能热水器应用规模最大的一个国家。2008年底，中国生产了3100万m^2的太阳能热水器，这个数字占全世界产量的80%左右。中国是生产和使用太阳能热水器最多的国家。

到2010年，中国太阳能热水器年产量将达到3000万m^2，总保有量达到1.5亿m^2，可替代2250万t标准煤或760亿kW·h电，占社会总能耗的1%，提供80万个就业岗位。到2020年全国太阳能热水器拥有量达到2.3亿m^2，则将能替代3500万t标准煤。未来几年，全行业复合增长率预计将超过30%。

从我国国情来看，农村市场潜力巨大，随着农村经济的快速增长，农民生活水平不断提高，大量的新建农宅和小城镇住宅无疑将大大增加对生活热水的需求量。

太阳能热水器潜在市场的另一个推动因素是环保。按市场发展估计，使用太阳能热水器，每年将减排的碳量为2200万t左右，这充分显示出太阳能热水器的普及和推广为保护大气环境起到的作用。

22.2 重点技术

目前，国际上太阳能的开发与利用主要集中在太阳能热利用与太阳能光伏发电等领域。太阳能热利用的形式分为：太阳能热水器、太阳灶、太阳房、太阳能温室等太阳能热利用技术产品。

太阳能光伏发电技术经过了多年的发展，当前占主流的太阳能电池仍然是硅太阳能电池。

22.2.1 太阳能光伏发电技术

太阳能光伏发电是将光辐射能通过光伏效应直接转为能的发电技术。光伏发电系统是由光伏电池板、控制器和电能储存及变换环节构成的发电与电能变换系统。太阳光辐射能量经由光伏电池板直接转换为电能，并通过电缆、控制器、储能等环节予以储存和转换，提供负载使用。

光伏电池是整个光伏发电系统的核心，其成本占系统总成本的70%以上，它的大规模应用需要解决两大难题：①提高光电转换效率；②降低生产成本。

现有各种光伏电池中晶体硅电池占有主导地位，2004年占有全部产量的94%。以硅片为基础的第一代光伏电池，其技术虽已经发展成熟，但高昂的材料成本在全部生产成本中占据主导地位，不仅消耗了过多硅材料，而且制作全过程中要消耗很多能源。

基于薄膜技术的第二代光伏电池中，很薄的光电材料被铺在非硅材料的衬底上，大大减少了半导体材料的消耗，并且易于形成批量自动化生产，从而大大降低了光伏电池的成本。国际上已经开发出电池效率在15%以上、组件效率10%以上和系统效率8%以上、使用寿命超过15年的薄膜电池工业化生产技术。

第三代高转换效率的薄膜光伏电池通过减少非光能耗，增加光子有效利用以及减少光伏电池内阻，使得光伏转换效率的上限有望获得新的提升。

另外，多晶硅光伏电池比单晶硅光伏电池的材料成本低，是世界各国竞相开发的重点。目前它的研究热点包括：开发多晶硅生产技术，开发快速掺杂和表面处理技术，提高硅片质量，研究连续和快速的布线工艺，多晶硅电池表面结构化技术和薄片化，高效率电池工艺技术等。非晶硅电池仍处在发展之中，每年的新增产量在10MW以上；化合物太阳电池（如铜铟镓硒等）正以其转换效率高、成本低、弱光性好及寿命长等优点成为新一代光伏电池的发展方向。

近年来，我国在光伏发电技术研发方面先后开展了晶体硅高效电池、非晶硅薄膜电池、碲化镉和铜铟硒薄膜电池、多晶硅薄膜电池及应用系统关键技术的研究。国内光伏发电的主要产品是晶硅电池及少量非晶硅电池。截至2006年底，我国已建成10多个一定规模的光伏电池专业生产厂，光伏电池组件的年生产能力超过200MW，尤其是晶体硅光伏电池组件的封装能力大大加强，10MW规模及以上的光伏电池封装技术及其配套装备已经成为商业化的工业装备。但是，目前我国商品化生产的单晶硅、多晶硅和非晶硅电池的效率分别为11%～14%、10%～12%和4%～6%，与发达国家相比，要低1～2个百分点。

22.2.2 太阳能热发电技术

太阳能热发电是将太阳辐射能聚集起来加热工质，经热交换器产生过热蒸汽，再由蒸汽驱动汽轮机带动发电机发电，其原理与普通热电站相同，主要区别在于用太阳辐射的热能替代化石燃料燃烧产生的热能来加热。太阳能热发电的主要困难在于太阳辐射功率密度低［1kW/（m·户）以下］及随季节、昼夜与气候条件的变化而变化，具有不连续性及不稳定性，从而，大规模发电要解决大面积能量的聚集、跟踪、长距离传输、转化与储存等一系列科学技术问题和相当大的资金投入。

自 20 世纪 70 年代末以来，国际上进行了认真的研发工作，建成了槽式、塔式与盘式三种太阳热发电系统的示范电站。三种太阳热发电技术虽均已成功进行了示范，但近十余年未得到推广应用和继续扩大单机容量，只持续进行一些改进的研发工作。我国也进行了一些小规模研发工作。

22.2.2.1　槽式太阳能热发电系统

槽式太阳能热发电系统是利用槽形抛物面反射镜将太阳光线聚焦到集热器上，对传热工质进行加热，经换热产生的蒸汽推动汽轮机带动发电机发电的能源动力系统，其特点是聚光集热器由许多分散布置的槽形抛物面聚光集热器串、并联组成。

槽式太阳能热发电系统分为两种形式：传热工质在各个分散的聚光集热器中被加热形成蒸汽汇聚到汽轮机，称之为单回路系统；传热工质在各个分散的聚光集热器中被加热汇聚到热交换器，经换热器再把热量传递给汽轮机回路，称之为双回路系统。

22.2.2.2　塔式太阳能热发电系统

塔式太阳能热发电系统又称为集中型系统，其聚光装置由许多安装在场地上的大型反射镜组成，这些反射镜通常称为定日镜。每台定日镜都配有太阳跟踪机构，对太阳进行双轴跟踪，准确地将太阳光反射集中到一个高塔顶部的吸热器上。经定日镜反射的太阳能聚集到塔顶的吸热器上，加热吸热器中的传热工质；蒸汽产生装置所产生的过热蒸汽进入动力子系统后实现热功转换，完成电能输出。

20 世纪 80 年代世界上已经建成的塔式太阳能热发电系统见表 22.1，它们基本上都是试验电站，目的是为设计建设更大型的商用电站提供技术和经济上的依据。

表 22.1　　世界上塔式太阳能热发电系统技术参数

国家或机构	美国	法国	欧共体	西班牙	国际能源署	前苏联	日本
站名	SOLAR ONE	THEM IS	SSPS－CRS	CESA－I	EURELICS	C∂C－5	仁尾
站址	加州	法国南部	西班牙南部	西班牙南部	意大利西西里岛	克里米亚	四国香川县
额定电功率（MW）	10	2.5	0.5	1	1	5	1
设计太阳辐射条件（kW/m^2）	冬至下午 2:00	春分正午	春分正午	春分正午	春分正午	夏至午后 2:00	夏至午后
	0.9	1.04	0.92	0.92	1	0.9	0.75
年辐照小时数（h）	3500	2400	3000	3000	3000	2320	2200
定日镜面积（m^2）和台数	39.9×1818	53.7×200	29.3×93	36－40×300	52×70/23×112	25×1600	16×807
反射镜总面积（m^2）	72540	10740	3655	11400	6216	40000	12912
聚光集热方式	集中型	集中型	集中型	集中型	集中型	集中型	集中型
	外部受光	空腔受光	空腔受光	空腔受光	空腔受光	外部受光	空腔受光
集热介质	水－蒸汽	混合盐（H IIEC）	钠	水－蒸汽	水－蒸汽	水－蒸气	水－蒸气
蓄热介质	石子＋油（HT－43）	混合盐（H IIEC）	钠	混合盐（H IIEC）	混合盐（H IIEC）	压力水	压力水

续表

国家或机构	美国	法国	欧共体	西班牙	国际能源署	前苏联	日本
蓄热容量（h）	7MW×4	3.3	2	3.3	0.5		3
汽轮机入口参数（℃/MPa）	510/1.04	430/4	500/1.02	520/9.8	510/6.69	250/4	187.1/1.2
投运时间	1982年4月	1983年6月	1981年4月	1983年6月	1981年4月	1985年9月	1981年12月
总投资（亿美元）	1.4	0.236	0.171	0.179	0.25		0.219
投资比［美元/(kW·h)］	14000	9450	34000	17900	25000		21900

注 SOLAR ONE采用双工况汽轮机，表中所列数据为汽轮机低参数运行时对应的蓄热容量；表中其他蓄热数据为汽轮机满负荷运行所对应的蓄热容量。

从表22.1可以看出，这些电站的建设费用都是相当高昂的，经济上无法与常规的火电相比较。塔式太阳能热发电系统与槽式太阳能热发电系统相比，其集热温度更高，易生产高参数蒸汽，因此，热动装置的效率相应提高。目前，塔式太阳能热发电系统的主要障碍是当定日镜场的集热功率增大时，即单塔的太阳能热发电系统大型化后，定日镜场的集热效率随之降低。

22.2.2.3 碟式太阳能热发电系统

碟式系统也称之为盘式系统，主要特征是采用盘状抛物面镜聚光集热器，其结构从外形上看类似于大型抛物面雷达天线。由于盘状抛物面镜是一种点聚焦集热器，其聚光比可以高达数百到数千，因而可以产生非常高的温度。这种系统可以作为无电边远地区的小型电源独立运行，功率为10~25kW，聚光镜直径约10~15m。碟式太阳能热发电系统也可以做成较大的系统，即可以将多台装置并联起来，组成小型太阳能热发电电站，为用户提供电力需求。

在上述三种类型的太阳能热发电系统中，目前只有槽式太阳能热发电系统已进入商业化阶段，其他两种类型均处于中试和示范阶段，但其商业化前景看好。目前，碟式太阳能热发电系统规模较小，高效发电技术还不成熟（尚处于试验阶段），在上述三种太阳能热发电技术中，开发风险最大且投资成本最高。

22.2.2.4 太阳能热发电技术展望

太阳能热发电在商业上没有得到大规模应用，根本原因是目前太阳能热发电系统的发电成本高，是常规能源发电成本的1倍以上。造成太阳能热发电成本高的原因主要有以下三方面。

（1）太阳能能流密度低，需要大面积的光学反射装置和昂贵的接收装置将太阳能直接转换为热能，这一过程的投资成本约占整个电站投资的一半。

（2）太阳能热发电系统的发电效率低，年太阳能净发电效率不超过15%。在相同的装机容量下，较低的发电效率需要更多的聚光集热装置，增加了投资成本。

（3）由于太阳能供应不连续、不稳定，需要在系统中增加蓄热装置，大容量的电站需要庞大的蓄热装置和管路系统，造成整个电站系统结构复杂，增加了成本。

解决上述问题主要从以下三方面着手：

（1）提高系统中关键部件的性能，大幅度降低太阳能热发电的投资成本，快速进入商业化。

（2）进一步研究开发新的太阳能热发电系统，对系统进行有机集成，实现高效的热功转化，不仅要实现太阳能热的梯级利用，而且要集成新型的太阳能热化学系统，突破常规系统中太阳能发电效率低的限制。

（3）将太阳能热发电系统和化石燃料互补，借助太阳能的利用来减少化石燃料热力发电系统中的燃料消耗量，同时也可以省略太阳能热发电系统中的储热装置，从而降低太阳能热发电的一次投资成本和发电成本。

总之，太阳能热发电技术应向低成本、高效能系统的方向发展，不断提高系统中关键部件的性能，将太阳能与常规的能源系统进行合理的互补，实现系统的有机集成，进而加快太阳能热发电的商业化发展步伐。

与光伏发电相比，太阳能热发电的优点在于使用大量已产业化的装备、工艺与材料，在已有产业基础上能很快发展到单台容量几十万千瓦的规模，可用中间工质储热进行储能，用其他能源（油、气、煤）燃烧供热保证连续发电而克服太阳能不连续的缺点。其缺点主要是：单台容量必须大，运行维护比较复杂，建设地点选择要考虑有充足的水源，从而，光伏发电与太阳热发电应各发挥其优势协调发展。

鉴于我国研发基础差，应更加重视和加速太阳能热发电的发展，选择大型集中电站的合适地点，在改善性能、降低造价、增大单机容量等方面大力进行有关研发工作，分阶段建造与运行一系列容量逐步扩大的示范电站，为大规模产业化打下坚实基础。

在太阳能发电方面，国际上还在进行一些新型发电方式的探索与研究发展，如太空发电、太阳热气流发电、温差发电等，对于有关的研发与创新工作，也应给予积极鼓励与支持。

22.3　产　业　政　策

22.3.1　太阳能产业政策现状

《中华人民共和国可再生能源法》已于 2006 年 1 月 1 日生效，但实施细则和配套政策还不够完善，没有明确的政策指导，使不少投资商对光伏产业处于观望状态。

2005 年年底到 2006 年年初，国家发改委针对可再生能源发展问题，前后出台了三个文件：《可再生能源产业发展指导目录》（发改能源〔2005〕2517）、《可再生能源发电价格和费用分摊管理试行办法》（发改价格〔2006〕7 号）和《可再生能源发电有关管理规定》（发改能源〔2006〕13 号）。

我国出台的《可再生能源发电价格和费用分摊管理试行办法》中，电价制定第九条规定：太阳能发电、海洋能发电和地热能发电项目上网电价实行政府定价，其电价标准由国务院价格主管部门按照合理成本加合理利润的原则制定。对于并网发电，国内已经建成几十个光伏并网发电系统，最大的 100kW，小的也有几千瓦，但还没有任何一个具体项目执行“成本加合理利润”的上网电价。目前的政策框架对于光伏上网电价的操作还有很多不明确因素。

在《可再生能源发电有关管理规定》中提出，电网企业收购和销售非水电可再生能源电量增加的费用在全国范围内由电力用户分摊，具体办法另行制定。在《中华人民共和国可再生能源法》的相关配套政策中，有很多“试行”、“暂行”的字样，不利于企业预测光伏产业的未来发展状况及利润空间。

在激励措施方面，国家目前对风能和生物质能上网电价已出台了补贴细则，但对最具发展潜力的太阳能光伏发电并网却采取一事一议方式，缺乏明确可行的实施细则和配套政策，使光伏发电价格不能够与常规电力价格形成竞争。

综上分析，到目前为止，我国还没有能够出台诸如欧美国家鼓励太阳能产业的一系列政策。如果国家政策在这些方面不能尽快明朗，那么国内太阳能发电设备商始终难以摆脱依靠国外市场的尴尬局面。我国在太阳能光伏产品的推广上，没有出台实质性的鼓励政策，这使得作为新能源的太阳能光伏产品，在打开国内市场特别是经济发达地区市场时，手段不多。同时，大企业因操作规范照章纳税，反而盈利空间缩小，致使研发投入受限。此外，目前中国在税收上对太阳能产业没有特殊政策，太阳能产业是自发式发展。国家相关税收优惠政策没有把太阳能热利用放到应有位置。与我国的情况不同，欧盟颁布了强制性的指令政策要求2050年太阳能光伏发电量达到总发电的50%；美国使用激励政策，用电价加价政策筹集资金支持太阳能的发展和研究；德国采用低息或无息贷款的形式对太阳能企业进行优惠，间接提高了企业的国际竞争力；日本则从消费角度入手，对家庭或企业安装太阳能设备进行补贴，有效地给企业以帮助。欧美各国在太阳能产业的重大项目都严格采用公开招标，公平竞争，联合开发的原则，有效有序地促进产业的升级。

22.3.2 太阳能产业政策建议❶

22.3.2.1 建立完善系统的政策体系

从我国太阳能产业发展的现状问题来看，完善的政策体系应该注意以下几个方面。

1. 同时关注供给市场和消费市场

可再生能源政策所关注的重点不应该仅仅只是太阳能产业的供给者。今后的政策发展应该从太阳能产业的供给者和消费者两方面着手：一方面通过制定系统的产业发展政策调动太阳能产业的生产者、投资者等供方的积极性，通过不断开发新技术增大太阳能产业的供给量和降低生产成本；另一方面政府政策还应关注太阳能产业消费市场培育，特别是在太阳能产业发展的初期，在其与传统能源相比还处在劣势的情况下，通过政策培育持续的太阳能产业的消费市场，引导能源消费市场做出选择，才能保证供给方的投资信心和投资回报，进而才能确保太阳能产业的长远发展。

2. 多种政策同时作用

不能仅仅依赖一项或者几项政策，太阳能产业发展过程中涉及到的问题是多方面的，需要解决的问题也是多方面的，应当制定包括市场扩展、强制购买、鼓励竞争、产业促进、经济补偿和技术开发等在内的一系列政策，从多个方面多角度地对太阳能产业发展进行推动，形成完善的政策体系。

3. 地方性政策应有针对性

在保证统一的太阳能产业发展大目标的前提下，各地方围绕总目标所制定的地方性政策应能够准确反应该区域的太阳能产业特征。太阳能产业有着较强的区域性特点，各地区因为地理位置的不同，太阳能产业的具体发展策略也会有所不同。各级政府应根据发展规划的要求和资源的区域特点，以科学的资源评估和环境评估为基础，因地制宜，制定符合客观发展规律的太阳能产业发展政策。

---

❶ 刘慧芬；史占中．我国发展太阳能产业政策刍议［J］．科学技术与工程，2008（22）.

22.3.2.2　建立经济激励体系

太阳能产业有着极大的社会效益，但是太阳能产业的推广却是一个市场化的过程，而市场的自我调节是不会将社会效益纳入考虑的范围的。作为一种尚在成长阶段的新技术，太阳能产业的发展需要政府的经济政策加以支持。

1. 财政补贴

财政补贴应从两方面进行：太阳能产业项目的各个阶段都涉及到大量的资金，需要长期的资金支持，同时太阳能产业自身的成本缺陷，导致其无法直接与常规能源进行竞争，所以政府应对投资者进行补贴，可以通过投资补贴和产出补贴进行。另外政府也需要制定补贴政策来促进消费市场的形成与扩大，通过对最终用户进行经济上的补贴达到扩大消费市场规模的目的，进而刺激供给，激发投资者技术创新、扩大生产量规模，而大规模的生产可以摊薄固定投资成本，最终达到降低单位成本的目的。

2. 税收优惠

与财政补贴政策相类似，税收政策也需要从两方面着手，政府通过税收手段调节供给市场和消费市场上个体的行为。一方面对太阳能产业的投资者以及生产企业提供各种形式的税收优惠。这也是我国目前较为普遍的一种经济激励方式。另一方面，制定强制性税收政策。该政策主要是针对能源消费市场上的主体征收的，通过对能源的最终使用者收取一定数额的“能源税”、“环境税”等强制方式，引导能源消费市场调整能源使用结构，扩大太阳能产业的使用比例。

3. 信贷支持

成立专项太阳能产业信贷基金，制定详细的信贷制度，由专门的太阳能产业发展部门，对资金的使用者进行审批，对不同的项目、投资者，设定不同的贷款额度、贷款条件以及规模。通过低息信贷的方式，对有价值的太阳能产业项目提供必要的资金支持。

利用好国内国外两种资金。由政府出面担保，帮助投资者从国内外的金融机构融入项目中资金，解决太阳能产业项目贷款难的问题。鼓励外商投资，由政府出面牵线搭桥，制定太阳能产业领域的外商投资优惠政策，协助国内的太阳能产业项目找到合适的外商投资者。

4. 价格优惠

按照不同的太阳能产业类型，制定相应的价格政策，要求地方电网以优惠的价格将“绿色电力”并入电网。对于同一种太阳能产业，由于太阳能产业具有间歇性，许多太阳能产业项目实际上是混燃项目，应制定多级优惠价格。不仅使所有参与到太阳能产业发展中的项目都能够获益，而且多级优惠价格能够起到很好的激励项目主体改进技术提高太阳能产业利用比例的作用。

国外许多国家在太阳能产业发展初期都采用过价格优惠的政策，以解决投资者的后顾之忧。我国目前太阳能产业产业规模不大，需要补贴的资金数额也不大，为此价格优惠将是一个现实可行、且切实有效的政策。

5. 研发资助

政府每年都应拨出一定比例的财政资金，针对国内太阳能产业发展过程中技术问题，按照招投标的方式，有选择性的资助某些技术领域的研发，引导国内研究机构的研究方向。太阳能产业技术涉及到基础研究领域和应用研究领域，但高校、科研院所以及企业出于自身的利益考虑，往往更多地关注短期效益，绝大多数都着眼于当前热门领域或能够较快获得经济回报的领域，对与太阳能产业长远发展密切相关的技术领域涉猎较少。这时，政府就需要介入研究领域，对研究机构的研究重点加以引导，兼顾研发的经济效益和社会效益，从而促进社会整体效益的提高。

22.3.2.3 技术引进与自主研发相结合

我国太阳能产业发展起步较晚，尽管取得了一定的成绩，但是与发展太阳能产业较为成功的国家相比，还存在着差距。为了尽快解决太阳能产业体系不完整的现实问题，政府应该为企业引进国外的先进技术和设备提供相应的政策环境和平台。但仅仅依赖技术和设备进口，不是产业发展的长远之计，在向外寻求技术支持的同时，政府也应有效地引导产、学、研结合，促进太阳能产业技术的国产化。利用企业的资金实力，结合高校科研院所的技术力量，引导技术从实验室快速走向市场，形成“政府搭台、企业与研究所唱戏”的局面，推动太阳能产业的不断发展。

22.3.2.4 建立产业配套体系

产业的发展是一个系统工程，需要整合社会多方面的资源，需要各种相关部门、产业的通力合作与协调。从其他产业的发展可以看出，为促进太阳能产业的发展壮大，形成真正意义上的太阳能产业体系，在当前情况下，应从多方面入手。首先，建立和完善产业配套市场。为整合社会各方面的太阳能技术资源，应尽快加强社会上标准、检测、认证、咨询等产业服务功能的建设，加快中介市场的培育，形成一套完善的技术转让体系。其次，要进行产业人才的培养。一方面高校应该针对产业发展的需要设置相应的专业，为太阳能产业培养专业人才；另一方面，还应学习国外先进的经验，积极引进国际人才。双管齐下，通过这两种方式来全面提高太阳能产业技术创新能力和产业服务水平。

22.4 趋势与机会

2009 年，对国内光伏产业来说，形势较为严峻，无论是上游多晶硅产业还是下游光伏产业都处于巨变之中，过剩的产能投资和少量的产出在多晶硅行业显得尤其突出，一些还在投建过程中的企业将面临“骑虎难下”的尴尬局面。而对于下游光伏企业来说，需求的萎缩也将迫使企业收缩产业规模，成本和销售渠道显得尤为重要。

22.4.1 趋势

22.4.1.1 多晶硅料供需矛盾缓解

多晶硅占到光伏电池企业主营成本的 75% ~90%，该原料价格的飙升是光伏行业最大的困扰之一。原材料涨价无法转嫁至下游，只能通过每瓦耗硅量的降低消化一部分，行业毛利率显著下滑。以不致亏损的价格买到硅料，已经成为绝大多数企业的首要任务。硅料价格长期维持高位将造成两种困境：①若光伏电池价格下降，制造商盈利能力将进一步收缩；②若光伏电池价格上涨，同时由于下游扶持政策减弱，下游需求增速将显著放缓。

随着产业的快速发展，2007 年也是太阳能多晶硅最为短缺、价格上涨疯狂的一年。2006 年第四季度多晶硅每公斤突破 300 美元后，2007 年上半年尚稳定维持在 300 ~330 美元的水平，在 2007 年第四季度初成交金额再升至 360 ~370 美元，12 月更是创出多晶硅每公斤 400 美元的天价。因多晶硅价格不断上扬，有一定利润空间，国内许多企业热衷投资多晶硅。2007 年以来，我国多晶硅项目大量启动，且国内的多晶硅项目投资金额都较大，产能规模都在千吨级以上。

2008 年前三季度太阳能上游多晶硅价格随油价节节攀升，但在年末却跟随油价上演了一幕

“高台跳水”。目前国内多晶硅现货价格已经跌至 130 万元/t，比高位时跌去 56%，国内部分光伏下游企业的组件销售价格也已下跌 34% 左右。而受国际经济衰退的影响，太阳能下游需求市场停顿，上游不断增加的供给和下游短期需求萎缩交织，使短期太阳能产业的发展扑朔迷离。

预计硅料 2009 年开始供过于求。据预测，2009 年来自中国的产量将达到 8000t，同比增长 178%；来自海外的产量将达到 6.1 万 t，同比增长 45%；全球产量合计接近 7 万 t，同比增长 53%。这些增量中有 80% 来自海外。7 万 t 硅料扣除供给电子行业的 1 万 t 之后，可生产 7.2GW 的光伏电池。然而乐观预计，2009 年全球光伏新增装机容量约 5.2GW，同比增长 31%。因此供给超过需求 2GW（图 22.5）。

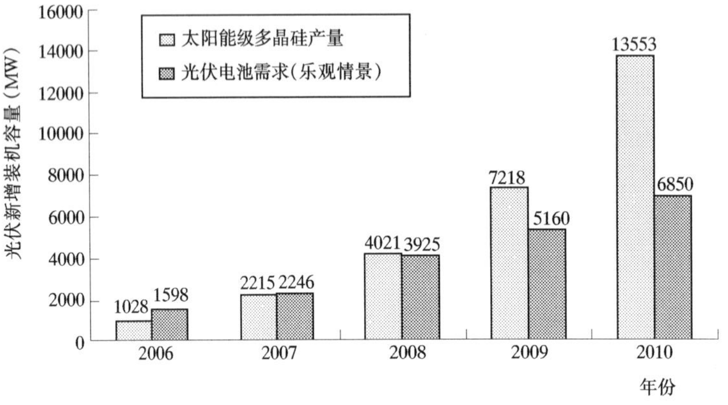

图 22.5　多晶硅料 2009 年起供需矛盾缓解

22.4.1.2　光伏发电成本步入下降通道

（1）硅片占光伏电池成本的 90%。上游多晶硅料是目前行业发展的瓶颈，多晶硅现货价格从 2003 年的 25 美元/kg 飙升至今年一季度的 500 美元/kg，长单价格在 80～100 美元/kg 左右。自 2006 年起光伏发电成本下降的速度放缓，主要是由上游多晶硅供应瓶颈造成的。国际领先企业提炼多晶硅的成本不足 30 美元/kg；国内企业因技术不成熟以及用电量是国外企业的 3 倍，提炼每公斤多晶硅的成本在 60～70 美元。由于高额利润的吸引，多晶硅厂商纷纷扩产，许多新项目于 2006 年如雨后春笋般上马，经过两年左右的建设周期，2008 年下半年部分新产能将陆续投产，2009 年多晶硅价格已经下调，到 2010 年多晶硅将不再成为制约光伏产业的瓶颈。多晶硅供应充足对中国光伏电池企业而言意义尤为重大。中国企业成本构成中现货比重较大，因此多晶硅成本高达国际可比公司的 2 倍。随着多晶硅产能的释放，中国企业将更有机会拿到长单，成本下降的空间更大。

（2）新的技术突破将使光伏发电成本下降速度超出我们预期。目前高纯度冶金硅对多晶硅的替代以及各类薄膜电池的发展都让市场看到希望。当然，如果生产环节中的其他原材料，例如太阳能玻璃或金属硅的供应跟不上光伏产业的快速发展，可能形成新的制约瓶颈。

（3）与传统能源发电成本差距逐步缩小。预计 2015～2025 年光伏发电将与传统能源发电成本接近，届时无需政策支持即可参与市场化竞争。随着能源储量的不断减少，传统能源价格上升是必然趋势；同时多晶硅价格的下降，光伏电池转换率的提高，单位耗硅量的减少，新材料的替代以及薄膜电池的研制都在逐步降低光伏发电成本，使得两者价差逐渐缩小。EPIA 预测，光照时间长的地区光伏电价在 2015 年左右就能与化石燃料电价持平，短光照地区大概在 2025 年左右达到（图22.6）。

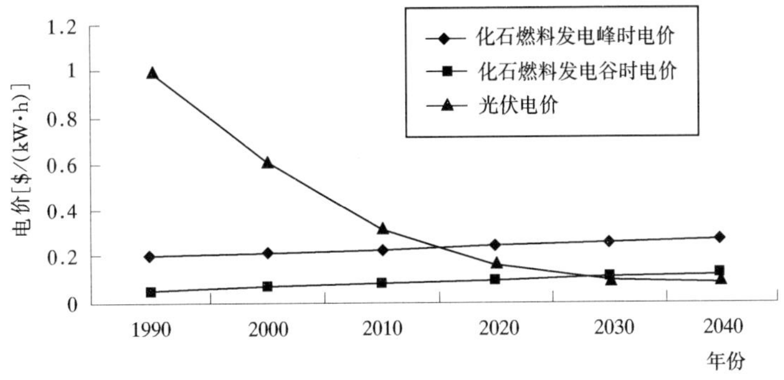

图22.6 光伏发电成本不断降低

资料来源：EPIA中金公司研究部。

22.4.1.3 国外市场萎缩，国内市场不足

在国家政策的支持和政府投资力度加大的基础上，我国有些光伏产品已形成规模化生产，尤其是太阳能电池。2006年，全球250万kW的太阳能电池产量中，中国占到37万kW，超过美国，成为日本、德国之后的世界第三大太阳能电池生产国。自2005年12月以来，无锡尚德、常州天合、南京中电光伏等企业相继在纽约证券交易所或纳斯达克上市。我国的光伏产品已走上了产业化道路。从1990~2007年，我国太阳电池的产量增长了1641倍，而光伏装机量才增长了39倍。国内光伏市场并没有真正启动，在我国国内却没有相应的销售市场。2006年，中国生产的370MW光伏电池组件中，大约仅有10MW用于国内，其余98%均出口到国外。这对投资者投资光伏产品会有一定的后顾之忧。由于国际市场，尤其是德、美市场属于政策驱动型，一旦国外政府对光伏的支持政策有所改变，市场将迅速萎缩，这会对投资光伏产品的企业产生毁灭性打击。

面对巨大的市场，全球的太阳能电池和模组制造商之间激烈的竞争在所难免。中国企业生产的电池和模组95%用于出口，在没有本地市场支持的情况下与国际厂商竞争，有什么优势可以凭借？只有成本。建立在成本优势之上的竞争筹码就变得非常势单力薄，缺乏长久和有利的支撑。

22.4.2 机会

过去10年全球光伏市场年均增长率为33%。政策是推动光伏需求的主导力量。尽管光伏发电成本在逐步下降，但目前仍是火电成本的6倍，因此仅凭市场力量推动难以支撑10年高速的增长。德国是光伏扶持政策最为成功的案例。2004年德国政府更新了可再生能源法，设定了未来20年的太阳能上网电价。这项政策直接刺激了居民和投资者积极参与光伏系统投资和安装，当年德国新增装机容量增长了152%，至今仍是全球光伏市场的领导者。

由于短期内国内太阳能光伏产业仍然维持着“两头在外”的基本格局，受欧美经济衰退影响以及石油价格大幅回落，太阳能市场需求出现了短期停顿。尽管欧洲各国及美国新任总统奥巴马对新能源产业发展持积极扶持态度，但不可否认太阳能行业短期内受到了经济衰退的影响，复苏需要一定的时间。

政府支持光伏行业的态度将长期持续。尽管2009年德国、西班牙和美国扶持政策有所减弱，但出于能源安全和环境保护角度考虑，我们认为各国政府将保持对行业长期支持的态度（图22.7）。

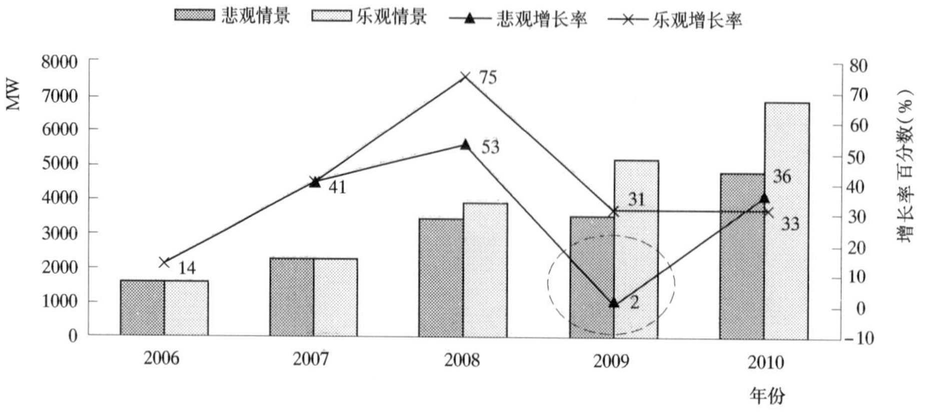

图22.7　光伏需求长期看好，但2009年面临不确定性

资料来源：欧洲光伏协会，中金公司研究部。

2009年3月我国政府正式出台《关于加快推进太阳能光电建筑应用的实施意见》，并同时下发《太阳能光电建筑应用财政补助资金管理暂行办法》，被称为“太阳能屋顶计划”，该计划的主要内容是支持开展光电建筑应用示范，并对城市光电建筑一体化应用、农村及偏远地区建筑光电利用等给予定额补助。仅从这一“计划”本身对于太阳能需求拉动较为有限，但开创了我国政府大规模扶持太阳能的先河。在可以预见的未来，各省市将陆续出台补贴力度不同的扶持太阳能的政策细则，因而，我国太阳能光电市场规模将迅速扩大，由于基数较小，类似风电自2005年以来的高速增长态势，有望在太阳能领域重现。

太阳能屋顶计划将给民用、商用太阳能行业带来腾飞的机会，根据政策规定，扶持项目主推大于50kW，即需要至少400m^{2}的安装面积，这就使得在学校、医院和政府等公用和商用建筑上推广太阳能将获得国家大量补贴。

我国民用、商用太阳能设备市场启动较晚，近些年刚刚呈现出爆发式增长迹象，高盛、鼎辉等先知先觉的国际顶级投行对国内太阳能利用企业大笔资金投入，推动相关企业进入高速发展期。

23

风　能

风能是利用风力机将风能转化为电能、热能、机械能等各种形式的能量，用于发电、提水、助航、制冷和致热等。风能是一种清洁的可再生能源，也是目前可再生能源中技术中相对成熟，并具规模化开发条件和商业化发展前景的一种能源，风力发电是主要的开发利用方式。在过去10年间，世界风能发电厂以每年30%的增长速度在发展。由于风力发电开发方面有明显优势，因此世界各国都争相投资、研究和开发风力资源。

23.1 资源及产业现状

23.1.1 资源现状

空气流做功具有的可供人类使用的动能被称作风能。空气的流速越高，动能越大。风能在自然中储量丰富、长期存在、广泛分布、并且清洁干净，不消耗其他资源，能够缓和温室效应。据估算，全世界的风能总量约1300亿kW，我国风力资源丰富，可开发利用的风能储量约为10亿kW。

全球的风能资源极为丰富，技术上可以利用的资源总量估计约53×10^8GW·h/a。国内外各机构用不同的方法，从不同角度对我国陆地和海上风能资源进行了普查和评估。根据全国900多个气象站陆地上离地10m高度资料估算，全国平均风功率密度为100W/m^2，风能资源总储量约32.26亿kW，可开发和利用的陆地上风能储量有2.53亿kW，近海可开发和利用的风能储量有7.50亿kW，共计10.03亿kW。如果陆上风电年上网电量按等效满负荷2000h计，每年可提供电量5000亿kW·h，海上风电年上网电量按等效满负荷2500h计，每年可提供电量1.8万亿kW·h，合计2.3万亿kW·h。

根据中国气象局风能太阳能资源评估中心在最近对我国风能资源研究的结果是：风能资源可开发量约为7亿~12亿kW，其中陆地风能资源可开发量约为6亿~10亿kW，海上风能资源可开发量约为1亿~2亿kW，陆上风能资源大于海上。我国风能开发利用有很大的潜力，风能可以成为未来能源结构中的一个重要的组成部分。

我国东南沿海及其附近岛屿是风能资源丰富地区，有效风能密度大于或等于200W/m^2的等值线平行于海岸线；沿海岛屿有效风能密度在300W/m² 以上，全年中风速大于或等于3m/s 的时数约为7000～8000h、大于或等于6m/s 的时数为4000h。新疆北部、内蒙古、甘肃北部也是中国风能资源丰富的地区，有效风能密度为200～300W/m²，全年风速大于或等于3m/s 的时数为5000h 以上，全年风速大于或等于6m/s 的时数为3000h 以上。黑龙江、吉林东部、河北北部及辽东半岛的风能资源也较好，有效风能密度在200W/m² 以上，全年中风速大于和等于3m/s 的时数为5000h，全年中风速大于和等于6m/s 的时数为3000h。青藏高原北部有效风能密度在150～200W/m² 之间，全年风速大于和等于3m/s 的时数为4000～5000h，全年风速大于和等于6m/s 的时数为3000h；但青藏高原海拔高、空气密度小，所以有效风能密度也较低。云南、贵州、四川、甘肃、陕西南部、河南、湖南西部、福建、广东、广西的山区及新疆塔里木盆地和西藏的雅鲁藏布江为风能资源贫乏地区，有效风能密度在50W/m² 以下，全年中风速大于和等于3m/s 的时数在2000h 以下，全年中风速大于和等于6m/s 的时数在150h 以下，风能潜力很低。

23.1.2　风电产业现状

23.1.2.1　全球风电产业现状

风力发电的研发开始于19 世纪末，直至20 世纪的70～80 年代，并网风电场才进入了电力系统。从1996 年至今，风电全球新增装机量从1996 年的1280MW 增加到2008 年27056MW（见图23.1），总装机容量以每年30% 左右的速度增长（见表23.1），到2008 年底，全球风电总装机容量达到120791MW（见图23.2）。

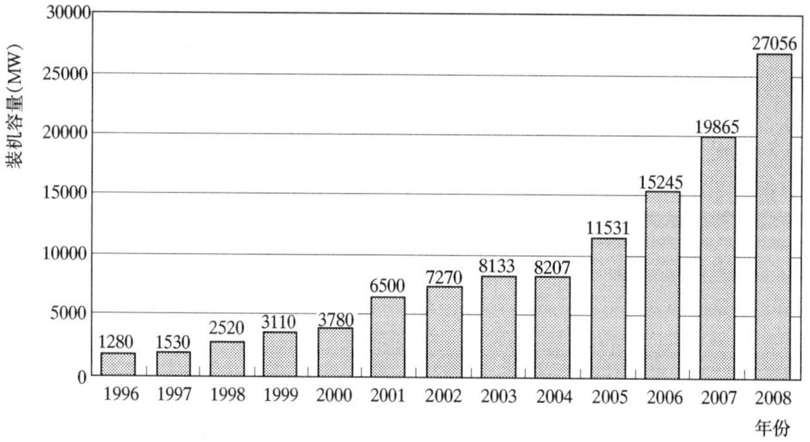

图23.1　1996～2008 年全球每年新增装机容量

资料来源：中国风能协会。

2008 年全球风电装机增长率为28.8%，高于过去10 年的平均增长速度，2008 年底总装机容量达到了120.8GW。2008 年新增装机容量在27GW 以上，同比增长36%。到2008 年底全球120GW 的风电总装机容量，意味着每年发电260TW·h，减少二氧化碳排放1.58 亿t。

风力发电是风能规模化开发利用的主要方式，据全球风能协会（GWEC）统计，风电发展覆盖70 多个国家（见表23.1）。欧洲风能开发利用一直走在世界前列。到2008 年底，欧洲风电总装机容量已达64948MW，约占全球风电总装机容量的54%，其中德国风电总装机容量达23903MW，位居全球第二位。除欧洲外，北美洲和亚洲风电市场的增长速度也很迅速。欧洲与北美齐头并进，2008 年新增装机容量都大约为 8.9GW，亚洲以 8.6GW 而紧随其后。

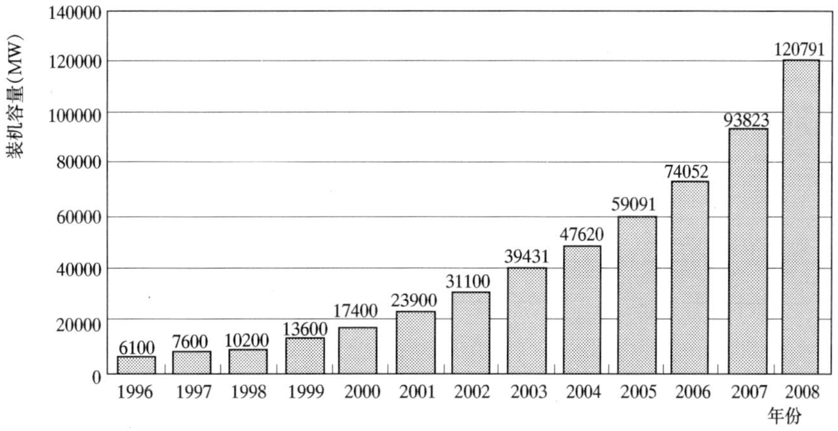

图 23.2 1996～2008 年全球总装机容量

资料来源：中国风能协会。

表 23.1 **全球风电装机容量统计——按地区分布** 单位：MW

国 家	截至 2007 年总计	2008 年新增	截至 2008 年总计
非洲和中东			
埃及	310	55	365
摩洛哥	124	10	134
伊朗	67	17	85
突尼斯	20	34	54
其他	17	14	31
总计	538	130	669
亚 洲			
中国	5910	6300	12210
印度	7845	1800	9645
日本	1528	356	1880
韩国	193	43	236
菲律宾	25	8	33
其他	5	1	6
总计	15506	8508	24010
欧 洲			
德国	22247	1665	23903
西班牙	15145	1609	16754
意大利	2726	1010	3736
法国	2454	950	3404
英国	2406	836	3241
丹麦	3125	77	3180
葡萄牙	2150	712	2862
荷兰	1747	500	2225
瑞典	788	236	1021

续表

国　家	截至 2007 年总计	2008 年新增	截至 2008 年总计
欧　洲			
爱尔兰	795	208	1002
奥地利	982	14	995
希腊	871	114	985
波兰	276	196	472
挪威	326	102	428
土耳其	47	286	433
欧洲其他国家	955	362	1305
欧洲总计	57139	8877	65946
拉丁美洲和加勒比海地区			
巴西	247	94	341
墨西哥	85	0	85
哥斯达黎加	70	0	70
加勒比海	55	0	55
阿根廷	29	0	29
其他	45	0	45
总计	531	94	625

资料来源：中国风能协会。

至 2008 年，全球风力发电装机容量前 5 位的国家分别为：美国、德国、西班牙、中国和印度，这些国家风力发电装机容量均超过 9MW，如表 23.2 所示。

表 23.2　　世界风电装机概况（截至 2008 年）

国　家	装机容量（MW）	百分比（%）	国　家	装机容量（MW）	百分比（%）
美国	25170	20.8	英国	3241	2.7
德国	23903	19.8	丹麦	3180	2.6
西班牙	16754	13.9	葡萄牙	2862	2.4
中国	12210	10.1	其他	16686	13.8
印度	9645	8	全球前 10 总计	104104	86.2
意大利	3736	3.1	全球总计	120791	100
法国	3404	2.8			

资料来源：中国风能协会。

2008 年，美国新增装机容量 8358MW，是新增装机容量最多的国家，风电总装机容量已达 25170MW，超越德国居全球第一位。2008 年美国风电市场的增幅巨大，美国整体风力发电能力提升了 50%。2008 年内竣工的风电项目容量占本年度美国所有新增电力装机的 42%，新增 3.5 万个就业机会，风电行业从业人员总数达到 8.5 万人。美国的风电产业在 2008 年破纪录的表现，确立了风电在美国新增电力生产当中的主力电源地位，并显示出在促进就业方面的巨大作用。

2008 年，亚洲新增装机容量为 8598MW，总装机容量达到 24368MW。如表 23.3 所示，中国 2008 年新增装机容量 6300MW，总装机容量达到 12210MW，居亚洲第一位，全球第四位。

表 23.3　　2008 年新增装机容量前 10 位国家

国　家	装机容量（MW）	百分比（%）	国　家	装机容量（MW）	百分比（%）
美国	8358	31	英国	836	3
中国	6300	23	葡萄牙	712	3
印度	1800	7	加拿大	523	2
德国	1665	6	其他	3293	12
西班牙	1609	6	全球前 10 位总计	23763	88
意大利	1010	4	全球总计	27056	100
法国	950	4			

资料来源：中国风能协会。

23.1.2.2　中国风电产业现状

近年来，我国风力发电也呈现了良好的发展势头。2008 年，中国的风能市场越来越强大，与 2007 年相比，规模上又扩大一倍，总装机突破了 12GW。为应对金融危机的影响，中国政府已将发展风能作为经济关键增长点之一。预计 2009 年新增装机容量还会翻番，届时会达到该年度世界新增风电装机总量的 1/3 甚至更多。按照目前的发展速度，中国将一路赶超德国和西班牙，至 2010 年总装机容量跃居世界第二位，提前 10 年实现 2020 年 30GW 的目标。

与此同时，不断扩大的中国风电市场也刺激了国内风电机组和零部件的生产，制造业更加趋于成熟，逐渐覆盖整个供应链。目前，不仅可以满足国内需求，而且开始供应国际市场，尤其是零部件。

为了推动风电规模化发展和促进风电机组设备国产化，2002 年底，国家发展和改革委确定按照特许权招标的方式建设风电厂，并于 2003 年开始第一期风电特许权项目的招标。2003～2007 年，施行 5 期风电特许权项目招标，共计安排了 15 个项目，总装机容量 3300MW，我国风电厂建设开始进入规模发展阶段。这一阶段，除了 50MW 以上规模的风电厂通过风电特许权招标进行建设外，一些省还安排了许多 50MW 以下规模的风电厂建设。到 2005 年，全国内地已有 15 个省、(自治区、直辖市）建成了 62 个风电厂，总装机容量达到 126.6 万 kW。其中，国产风力发电机组（600kW 和 750kW）占 22.7%，进口风电机组占 77.3%。由表 23.4 可见，至 2007 年底前风电装机容量前 5 位的省（自治区）有：内蒙古、吉林、辽宁、河北和黑龙江，其中列装机容量前 3 位的省（自治区）有内蒙古、吉林和辽宁，其装机容量分别为 156.3 万 kW、61.2 万 kW 和 51.4 万 kW。

从 2004 年末到 2008 年末，中国风电能力增加了 250%，达到了 1.2 亿 kW，2008 年风电增长了 630 万 kW，仅次于美国的 840 万 kW，成为新增装机容量世界排名第二，成为首次超过印度成为第四个装机超过 1000 万 kW 的大国。截至 2008 年底，中国风电产业已经超过了 239 个，有 12 个省的风电装机容量 20 万 kW，其中黑龙江、吉林、内蒙古和河北四个省（自治区）超过了 100 万 kW（详见表 23.4）。

随着风电技术进步和国家产业政策的扶持，风电建设快速发展，装机容量年均增长达 60% 以上（见表 23.5）。2008 年，全国新增风电装机容量 614 万 kW，风电上网电量 148 亿 h，按照每户每年用电量 1500kW·h 计算，可基本满足 1000 万户城市居民一年的生活用电需求。

表 23.4　　2007 年中国各省（市）累计风电装机容量

序号	省（自治区、直辖市）	2007 年累计（kW）	2008 年新增（kW）	总计（kW）	序号	省（自治区、直辖市）	2007 年累计（kW）	2008 年新增（kW）	总计（kW）
1	内蒙古	1563190	2172250	3735440	14	山西	5000	122500	127500
2	辽宁	515310	734450	1249760	15	云南	0	78750	78750
3	河北	491450	619250	1110700	16	北京	49500	15000	64500
4	吉林	612260	457200	1069460	17	海南	8700	49500	58200
5	黑龙江	408250	428050	836300	18	河南	3000	47250	50250
6	江苏	293750	354500	648250	19	江西	0	42000	42000
7	甘肃	338300	298650	636950	20	上海	24400	15000	39400
8	新疆	299310	277500	576810	21	湖北	13600	0	13600
9	山东	350200	222100	572300	22	重庆	0	1700	1700
10	宁夏	355200	38000	393200	23	湖南	1650	0	1650
11	广东	287390	79500	366890	24	香港	800	0	800
12	福建	237750	46000	283750	总计		5906360	6246430	12152790
13	浙江	47350	147280	194630					

表 23.5　　1996～2008 年中国风电开发规模

年份	累计装机容量（万 kW）	年增长率（%）	年份	累计装机容量（万 kW）	年增长率（%）
1996	5.75	59	2003	56.7	25
1997	16.7	190	2004	76.4	35
1998	22.4	34	2005	126.6	66
1999	26.8	20	2006	261.5	106
2000	34.4	28	2007	590.6	126
2001	40	16	2008	1215	106
2002	45.2	13			

23.1.2.3　中国风电设备制造业现状

随着风电装机容量的持续增长，风能产业也得到迅速扩张。进入 21 世纪以来，全球风能产业从探索阶段逐渐走向成熟，风能产业发展迅速。无论是制造商、开发商，还是运营商，都有明显的国际化、大型化和一体化的趋势。国际上风电设备制造企业之间频频发生并购重组事件，一些巨型国际电气设备制造企业也加入风电行业，导致市场竞争日趋激烈。为了降低风电机组的制造成本，增强自己在海外市场的竞争力，大型风电机组制造商除了稳固本国市场外，还积极在海外设立工厂，进行风电设备的本地化生产。在此情况下，全球风电设备制造业集中度（以排名前几家企业的市场占有率之和来表示）不断上升。2007 年，全球十大风电机组供应商中占领全球市场主要份额的是丹麦 VESTAS（市场占有率 22.8%，下同），其次是美国 GEWIND（16.6%）、西班牙 GAMESA（15.4%）、德国 ENERCON（14.0%）、印度 SUZLON（10.5%）、丹麦 SIEMENS（7.1%）。2007 年，中国的新疆金风科技股份有限公司和华锐风电科技有限公司也跻身世界十大风电机组供应商之列，分别占 4.2% 和 3.4%。[3]

随着市场经济体系和风能市场的建立，我国风能产业逐步实现了“市场化运作，产业化经营”，也进入了快速发展的阶段。国家积极支持风电设备国产化和规模化发展，扶持风电设备制造企业。我国已掌握了兆瓦级以下定桨距风电机组的设计技术和制造技术，完成了规模化生产。目前，已开始兆瓦级风电机组的研发和制造，有10余种1.0~2.0MW型号的风电机组投入运行。

受风电特许权项目对设备国产化率的强制要求的影响，国产风电机组的市场份额首次超过进口机组。从2007年当年的装机容量看，在2007年新增市场份额中中国内资企业的产品已占到了一半以上，这是我国内资企业的新增市场份额首次超过外资企业，标志着我国大型风电设备制造业进入了一个新的发展阶段。在2007年新增总装机比例中，金风约为25.12%，华锐约为20.57%，东汽约为6.72%，运达约为1.98%，再加上其他8家企业，合计达到55.91%，如图23.3所示。由于市场环境好，还有许多企业纷纷加入这个行业，目前已达50多家生产企业。

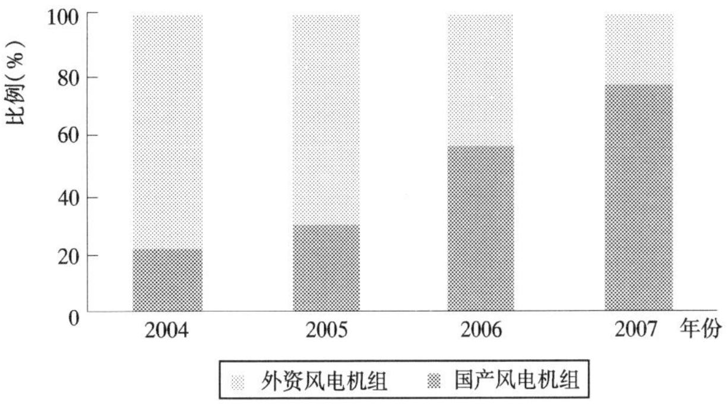

图23.3　国产风电机组占新增装机容量比例

资料来源：中国可再生能源协会。

风电整机生产方面，国内三大厂商金风、华锐、东汽地位稳固，已具备成熟的技术、产业化程度高、大批量生产能力强的特点，其供应链稳定，客户来源均为长期合作企业。在工业原材料及需求增速下降的背景下，整机制造的行业集中度将会继续提高。运行业绩良好、装机规模大、售后服务高效的龙头企业将受到客户的青睐，如表22.6所示。而国内第二、第三阵营的整机企业由于引进的技术正处于吸收、消化阶段，产品规模小，毛利率低，无法适应市场更新换代的外部环境，必然被逐渐挤出市场。这也是国际趋势。

表23.6　国内三大风电设备厂商产能规划　单位：台

厂商	2008年		2009年		2010年	
	产能	预计产量	预计产量	产能	预计产量	在手订单
金风	2000	350	1000	2000	1500	1800
华锐	1000	800	1200	2000	1800	3000
东汽	800	600	1000	2000	1500	2200
合计	3800	1750	3200	6000	4800	7000

23.2　重点技术

在连接电网的大型风能发电场中，风轮发电机占总投资的70%，是风能工业中最重要的元件。现代主流风能发电机产品，以具有变桨距角控制的大型可变转速风轮叶片为特点。在风能发电机传动链结构中，齿轮传动和直接传动这两种模式都适用。技术创新和沿海市场促进了MW级风能发电机、大风轮桨叶、先进发电机和功率电子设备（powerelec - tronics）的重大发展。

目前，风力发电系统在应用上分为并网风电系统和独立风电系统两类，以并网风电系统应用较为普遍。并网风电机组装备技术有定桨距风电机组技术、变桨距风电机组技术以及风电并网技术。定桨距风电机组在近20年的风能开发利用中始终占据主导地位，最新推出的兆瓦级风电机组仍有机型采用该项技术。变桨距风力发电机组具有启动性和制动性能好的特点，适于高原空气密度低的地面运行，从今后发展趋势看，大型风电机组将会普遍采用变桨距技术。风力发电技术已基本成熟，经济性已接近常规能源，在今后相当长时间内将会保持较快发展。

中国风电技术处于起步时期，独立运行的小型风电机组已有较长的技术研发和应用历史，初步具备了产业化发展的基础。

国内正在制造和生产的风电机组其主要技术特点，大致可分为以下三类：

（1）双馈式变桨变速机型。这是目前大部分企业所采用的机电技术，技术已成熟，属风电行业主流的先进技术。通用电气、歌美飒、维斯塔斯、苏司兰、华锐、上海电气、北重、东汽、沈阳华创等公司均采用此技术。

（2）直驱永磁式变桨变速机型。这是近几年发展起来的先进技术，技术也已成熟，是未来风电技术的发展方向。金风科技、湘电风能、上海万德、常州新誉、广西银河等公司均采用此技术。

（3）失速型定桨定速机型。这不是目前市场的主流技术，但技术成熟，运行维护经验相对丰富，设备性能和产能比较稳定，如金风科技和浙江运达的 600kW、750kW 机组等。

根据国内正在制造和生产的风电机组的调查分析，其主要技术来源大致可分为以下五类：

（1）引进国外的设计图纸和技术，或者是与国外技术公司联合设计，在国内进行制造和生产。例如：金风科技引进的 1200kW、1500kW 风电机组，现在已在国内批量生产和供货。还有浙江华仪、广东明阳、国电联合动力的 1500kW 机组，重庆海装、上海电气的 2000kW 机组等，都是采用这种方式引进的，现在这些公司正在进行样机试制过程中。

（2）购买国外成熟的风电技术，在国内进行许可生产。例如：金风科技的 600kW、750kW，浙江运达的 750kW、华锐风电、东方汽轮机的 1500kW 风电机组，都已在国内批量生产并实现产业化，这些机组成为目前国内的主力机型。还有重庆海装的 850kW、2000kW，保定惠德、武汉国测、吴忠仪表的 1000kW，上海电气的 1250kW，北重的 2000kW 等公司均是采取这种方式引进的，现在这些公司正在进行样机试制过程中。

（3）与国外公司合资，引进国外的成熟技术在国内进行生产。例如：航天安迅能、恩德风电的 1500kW，在国内已成功生产并实现产业化。还有湘电风能的 2000kW、瑞能北方的 2000kW 等，都是采取这种方式引进的。现在这些公司正在进行样机试制过程中，有的今年已经下线生产。

（4）国外的风电机组制造公司在国内建立独资公司，将其成熟的设计制造技术带来，在国内进行生产。例如：歌美飒风电的 850kW、苏司兰的 1250kW、通用电气的 1500kW、维斯塔斯的 2000kW 机组，都是采用这种方式进行生产的，目前已逐渐开始批量生产。

（5）采用国内大学和科技公司自行开发和设计制造技术，在国内进行生产的风电机组。例如：沈阳华创、江苏新誉、浙江运达开发的 1.5MW 机组、上海万德的 1MW 机组、南通锴炼的 2MW 机组，都是采用这种方式进行生产的。

23.3　产　业　政　策

23.3.1　国际风电产业政策

23.3.1.1　德国

2008 年之前，德国是世界上风电累计装机容量第一大国。2008 年底，德国虽然被美国超越，但仍居于世界第二位，风电累计装机容量为23.903GW，占全球市场份额的19.8%；2007年新增风电装机容量1.665GW，占全球市场份额的6%。由于全球风能市场的增长，德国的风电设备制造和出口呈稳定上升趋势。长期来看，德国将受益于风电设备的制造和出口。

自2000年以来，德国根据其《可再生能源法》，可再生能源发电优先上网，电网运行商在其供电范围内，有义务以最低的价格购买可再生能源发电生产的电力。同时此法案规定，在全德国范围内，均衡不同区域电网接纳可再生能源发电量的不同所导致的成本差别。为促使技术进步和不断降低可再生能源生产成本，对于可再生能源发电补贴每年递减，新装风电机组的补贴以每年2%的速度递减。

从2007年1月1日开始，德国规定陆上风电价格为5.10欧分/（kW·h），其价格在20年内不变，对于风电机组发电量少于参考电量的60%时，不给予补偿；对于风电场进行更新的发电商，延长其初始风电价格。海上风电场和陆上电网距离相当远（20km以上），这是风电成本的一个重要组成部分，因此，德国政府于2006年秋季推出一项新的法律，以确保海上风电场和陆上电网连接的输电系统运营商成本回收，该法律在2011年之前适用于已经开始建设的海上风电机组。海上风电价格为9.10欧分/（kW·h）（初始电价），包括基本电价6.19元欧分/（kW·h），期限为20年。

23.3.1.2 西班牙

2008年底，西班牙风电累计装机容量达16.754GW，占全球市场份额的13.9%；2008年新增风电装机容量1.609GW，占全球市场份额的6%。如果在未来的几年里，新增风电装机容量超过5GW，就能实现2010年风电累计装机容量20.155GW的目标。

西班牙政府根据皇家法令1634/2006，制定了新电价，强制所有风电场接入控制中心，同时所有的控制中心接入可再生能源调度中心。一旦这个协调系统投入运行，所有的风电场将获得不同电网状况的信息，如超载、稳定性风险及超发电等，以减少风电机组的出力。

此外，西班牙环境部公布了“西班牙气候变化和可再生能源战略”，政府将发布2008~2020年可再生能源计划，采用欧盟委员会关于到2020年可再生能源占总能源消费20%的目标，并确定到2012年和2020年可再生能源发电量要分别占电力消费量的32%和37%。

23.3.1.3 美国

2008年美国风电产业又创新纪录，这一持续稳定的增长是税收减免的直接结果。2008年，美国风电累计装机容量达到了25.170GW，占全球市场份额的20.8%；2008年风电新增装机容量为8.358GW，占全球市场份额的31%。

生产税收减免促进了美国风电产业的发展。2005年的能源政策法案第1次把税收减免延长之后，美国国会已先后把税收减免日期延期至2007年和2008年。美国国会在即将举行的立法中有可能考虑长远延期。对税收减免的长远延期，把风能产业从以往的税收减免到期和期限延长中解脱出来，促进风电提前规划，为风电融资提供了宽广的平台。在美国，能源部门对于风能和其他可再生能源的补贴很大，税收减免是为了提高风能和其他可再生能源的市场竞争力。对于风电机组，运行期内生产税收减免为1.9美分/（kW·h）。

稳定的政策前景带动制造业投资，促使风电产业各组成部分的发展，形成了风能产业链。2006年，美国四大风电设备制造公司增加了新的生产线，这表明他们对未来市场增长充满信心。

23.3.1.4 印度

2005～2008年，印度的风电产业取得了显著增长。2008年底，印度累计风电装机容量为9.645GW，占全球市场份额的8%，2008年新增装机容量为1.8GW，占全球市场份额的7%。鉴于印度风电发展巨大的潜力，未来的增长速度可能进一步加快。

印度的风能发展最初起源于20世纪80年代，其宗旨是减少经济增长对煤炭、石油及天然气的依赖，鼓励多元化的能源资源。新能源和可再生能源部（MNRE）承担了广泛风能研究，建立一个全国范围的风速测量站网络，这有利于评估全国风能潜力，并找出合适的地区进行风力发电的商业化运营。

印度政府激励风能资源发展的财政政策包括：

（1）直接税——在风电项目运营期的第1年按照80%折旧。

（2）免税期为10年。

（3）电力销售不收所得税。

（4）对于国外投资风电项目的手续简单快捷。

印度新能源和可再生能源部亦发出号召，所有邦政府应为风电项目的采购、运营和贷款创造一个有利的环境。2003年的电力法颁布后，印度大部分邦设立了电力监管委员会，电力监管委员会有权促进可再生能源的发展。2003年的电力法确定了可再生能源组合标准，据此每一个公用设施使用的能源要有一定的比例来自可再生能源。这些鼓励措施和优惠价格有利于促进能源密集型、高利润行业和部门投资于风力发电。此外，印度目前正在考虑引入生产税收减免，以吸引印度居民和外国资金投资于印度风电市场。

印度的风力发电场一般由私人拥有的风力发电机组集群组成，印度97%风力发电投资来自于私人企业，最近也出现了独立风力发电商。

23.3.2 中国风电产业政策

为了扶持风电技术和产业的发展，中国政府采取了一系列的国家行动，并制定出台了一系列的经济激励政策。这些行动主要有：乘风计划、双加工程、国债风电项目、风电特许权项目、产业化专项支持项目等。

国家的主要政策有：

（1）把包括风电在内的可再生能源纳入国家能源中长期发展战略和规划、计划。

（2）制定可再生能源法，为包括风电在内的可再生能源发展提供了法律和政策保障。

（3）制定国家产业化政策支持风电发展。

（4）风力发电被列入国家清洁发展机制项目的优先领域，制定关于风电上网的具体规定。

（5）出台税收优惠政策；制定技术标准和规范等。

2007年出台的《可再生能源中长期发展规划》确定了风电的发展目标：

（1）到2010年，全国风电总装机容量达到500万kW。重点在东部沿海和“三北”地区，建设30个左右10万kW等级的大型风电项目，形成江苏、河北、内蒙古3省（自治区）100万kW级的风电基地。建成1～2个10万kW级海上风电试点项目。

（2）到2020年，全国风电总装机容量达到3000万kW。在广东、福建、江苏、山东、河北、内蒙古、辽宁和吉林等省（自治区）具备规模化开发条件的地区，进行集中连片开发，建成若干个总装机容量200万kW以上的风电大省。建成新疆达坂城、甘肃玉门、苏沪沿海、内蒙古辉腾锡勒、河北张北和吉林白城等6个百万千瓦级大型风电基地，并建成100万kW海上风电。

2008年，国家发改委又发布了《可再生能源发展“十一五”规划》，对风能的发展目标进行调整及细化。在“十一五”规划期间，全国新增风电装机容量约900万kW，到2010年，风电总装机容量达到1000万kW。同时，形成国内风电装备制造能力，整机生产能力达到年产500万kW，零部件配套生产能力达到年产800万kW，为2010年以后风电快速发展奠定装备基础。结合无电地区电力建设，积极培育小型风力发电机产业和市场，到2010年，小型风力发电机的使用量达到30万台，总容量达到7.5万kW，设备生产能力达到年产8000台。

《可再生能源发展“十一五”规划》和《可再生能源中长期发展规划》的出台，为风能产业的发展确定了目标与方向，在《中华人民共和国可再生能源法》的保障下，我国风能产业迅速发展壮大。各项优惠补贴政策及特许权经营招标等措施，更是进一步推动了风能产业的发展。

年出台的扶持风电等可再生能源的政策，见表23.7。

表23.7　　近年来出台的扶持风电等可再生能源的政策

相关政策	主 要 内 容
《可再生能源法》	可再生能源发电项目的上网电价，按照有利于促进其开发利用和经济合理的原则确定和调整；国家财政设立可再生能源发展专项资金；金融机构提供有财政贴息的优惠贷款；给予税收优惠等
《可再生能源中长期发展规划》	力争到2010年使可再生能源消费量达到能源消费总量的10%，到2020年达到15%，对非水电可再生能源发电规定强制性市场份额目标：到2010年和2020年，大电网覆盖地区非水电可再生能源发电在电网总发电量中的比例分别达到1%和3%以上；权益发电装机总容量超过500万千瓦的投资者，所拥有的非水电可再生能源发电权益装机总容量应分别达到其权益装机总容量的3%和8%以上；在经济发达的沿海地区，发挥其经济优势，在“三北”（西北、华北北部和东北）地区发挥其资源优势，建设大型和特大型风电场，在其他地区，因地制宜地发展中小型风电场，充分利用各地的风能资源
《电网企业全额收购可再生能源电量监管办法》	电网企业应当全额收购其电网覆盖范围内可再生能源并网发电项目的上网电量，可再生能源发电因不可抗力或危及电网安全稳定而未能全额上网的，电力监管机构应当督促电网企业落实改进措施
《可再生能源发电价格和费用分摊管理试行办法》	风能发电价格实行政府指导价即通过招标确定的中标价格，可再生能源发电项目上网电价高于燃煤机组的部分，在全国范围内实行统一调配分摊
《关于风电建设管理有关要求的通知》	风电设备国产化率要达到70%以上，不满足设备国产化率要求的风电场不允许建设，小于750kW机组整机进口加征关税
《可再生能源发展专项资金管理暂行办法》	财税优惠：中央财政设立可再生能源发展专项资金，为可再生能源开发利用项目提供有财政贴息优惠的贷款，对列入可再生能源产业发展指导目标的项目提供税收优惠等
《国务院关于加快振兴装备制造业的若干意见》	确定了16个领域作为主要任务，要求实现关键领域的重大突破，其中包括大功率风力发电机等新型能源装备及大型清洁高效发电装置
《关于部分资源综合利用及其他产品增值税政策问题的通知》	自2001年起，对利用风力生产的电力实行增值税按应纳税额减半征收
《财政部关于调整大功率风力发电机组及其关键零部件、原材料进口税收政策的通知》	自2008年1月1日起，对国内企业为开发、制造大功率风力发电机组而进口的关键零部件、原材料所缴纳的进口关税和进口环节增值税实行先征后退，所退税款作为国家投资处理，转为国家资本金，主要用于企业新产品的研制生产以及自主创新能力建设；自2008年5月1日起，新批风电建设项目进口单机额定功率不大于2.5MW的风力发电机组停止执行进口免税政策，以前批准项目自2008年11月1日起停止执行进口免税政策
《风力发电设备产业化专项资金管理暂行办法》	规定对符合支持条件企业的首50台MW级风电机组，按600元/kW的标准予以补助，其中整机制造企业和关键零部件制造企业各占50%，并重点向关键零部件中的薄弱环节倾斜，补助资金主要用于新产品研发

23.3.3　对中国风电产业政策的评价及建议

国外风电大国的发展经验是在政策、市场、风电上网及生产税收减免等方面，给风电发展创造良好的环境。借鉴国外的经验，促进我国风能利用快速发展是当务之急。

23.3.3.1　上网电价机制

我国风电上网电价采用特许权投标方式进行定价，特许权招标规定风电上网电价最低的投标商中标，导致一些大的国有发电企业为了政绩工程，往往采用不合理的低价投标，造成了恶性竞争，大大降低了风电电价水平，合理的投资回报率得不到保障，影响了社会投资于风电的积极性，也不利于风电制造业的发展。根据 2003～2006 年共 5 期的风电特许权风电中标项目来看，上网电价在 0.382～0.519 元/（kW·h）（含 8.5% 售电增值税和 33% 所得税）。而据权威部门测算，年上网电量为等效满负荷 2000h 的风电场，经营期平均上网电价约 0.60 元/（kW·h），其投资回报率较为合理。

为了我国多风电产业的健康发展，可以参考风电大国的经验，采用固定电价制度（我国的标杆电价制度），以弥补我国的特许权招标制度的不足，促进风电产业快速发展。

23.3.3.2　生产税收减免

我国可以参考风电大国的经验，引入稳定的生产税收减免政策，提高风电企业的市场竞争力。生产税收减免有利于风电企业的资金积累和生产规模扩大，也有利于吸引社会资金投向风电产业。

23.3.3.3　风能开发的多元化投资

我国风电主要由国有发电企业进行投资，限制了风电产业发展的速度。在这方面可以借鉴印度的经验，引入社会投资。对于一个风电场，可以由多个私人投资组成，有利于解决我国风电投资过分单一的局面，同时有利于社会资金进入风电领域，扩大风电投资主体的范围，吸引更多的资金来支持风电产业的发展。

23.3.3.4　扶持风电制造业

风电产业发展离不开风电设备制造业的发展。目前，我国风电制造业只有金风科技公司稍具规模。我国极需对风电制造业进行扶持，如适当降低增值税，将降低的增值税返还给风电制造业，让其有更多的资金来进行研发和投资，以便于快速形成具有自主知识产权的制造能力，提高风电制造业的规模水平，从而降低其生产成本。对于采用国内设备的风电投资项目，可以给予风电上网电价的支持，鼓励风电投资商采用国内设备，促进国内风电设备制造业市场的扩大。

23.3.3.5　积极开发海上风能

我国的电力消费主要集中于东部沿海经济较为发达的地区，其石化能源资源较为贫乏。就我国风能资源分布来看，近海可开发利用的风能储量有 7.5 亿 kW，约为陆上风可开发利用风能的 3 倍。我国可以参考欧洲海上风电发展的政策框架，建立我国的海上风电开发政策和计划，促进我国海上风能的开发和利用。

23.3.3.6　风能资源的评估和规划

对风能资源进行利用之前，需要首先清楚风能资源的分布状况。我国目前对于风能资源分布只是一个大概轮廓，要进行大规模的开发，需要对我国的风能资源分布详细状况进行调查和评估。同时，加强相应机构的建设和人才培养，通过大力的财政支持，建立国家风能资源评估机构，对我国风能资源开发进行规划，以便于风能资源的有序开发和利用。

23.4 趋势与机会

随着中国能源环境的变化和风力发电产业的成熟，未来几年中国风力发电将呈现新的趋势，并带来新的挑战与机遇。

23.4.1 趋势

23.4.1.1 风力发电成本将大幅降低

风力发电相对于太阳能、生物质等可再生能源技术更为成熟、成本更低、对环境破坏更小。在过去20多年里，风力发电技术不断取得突破，规模经济性日益明显。

根据美国国家可再生能源实验室NREL的统计，1980~2005年期间，风力发电的成本下降超过90%，下降速度快于其他几种可再生能源形式。根据丹麦RIS国家研究实验室对安装在丹麦的风力发电机组所进行的评估，1981~2002年间，风力发电成本由15.8欧分/（kW·h）下降到4.04欧分/（kW·h），预计2010年成本下降至3欧分/（kW·h），2020年降低至2.34欧分/（kW·h）。

随着风力发电技术的改进，风力发电机组将越来越便宜和高效。增大风力发电机组的单机容量就减少了基础设施的投入费用，而且同样的装机容量需要更少数目的机组，这也节约了成本。随着融资成本的降低和开发商的经验丰富，项目开发的成本也相应得到降低。风力发电机组可靠性的改进也减少了运行维护的平均成本。总体上，风力发电成本将得到大幅降低。

23.4.1.2 技术装备国产化比例提高

实现风力发电技术装备国产化的目的，是提高我国风力发电装备的制造能力和技术水平，降低风力发电成本，提高市场竞争能力，为推动我国风力发电技术大规模商业化发展奠定基础。加大风力发电机组的国产化力度，一方面可为风力发电场建设采用国产设备提供优质廉价的选择；另一方面，也可迫使国外同类企业在参与我国市场竞争时大幅度降低产品价格。风力发电技术装备国产化的指导思想是以市场为导向，以工程为依托，在引进消化吸收国际先进技术的基础上，进行创新提高，开发具有自主知识产权的风力发电设备。

实现风力发电机组国产化70%，预计可降低风力发电机组成本15%，在不改变其他条件的前提下，可使风力发电成本降至0.375元/（kW·h）。如全部实现风力发电机组国产化，预计可降低风力发电机组成本30%，在不改变其他条件的前提下，可使风力发电成本降至0.332元/（kW·h）。为此，国家必须加大科研开发投资力度，在目前条件下以风力发电场建设投资1.5%~3%的比例支持我国的风力发电技术科研开发和国产化是适宜的。其重要意义不仅仅在于降低风力发电成本，还将推动我国风力发电机组产业的形成，利用我们的优势走向国际市场。

23.4.1.3 关键零部件供应紧张

世界风能协会在2007年风电行业报告中强调，目前处于风电零部件的短缺状态。国内风电产业链发展不完善，关键零部件供应已成为瓶颈。相对整机生产规模的迅猛增长，零部件环节扩产决策谨慎，产能建设时间长，供应增长相对迟缓，面对迅速扩张的需求，电控系统、轴承等关键零件议价能力较高，利润率有望保持较高水平。

1. 风电轴承

各类零部件中最为短缺的是风电轴承。瑞典公司SKF和德国公司FAG是风能产业的两大轴承供应商。SKF公司在中国大连建造一家新工厂，并于2007年中投入运营。FAG已在罗马尼亚建造新厂，仍然供不应求。国内目前还没有一家可以大规模生产全套风电轴承的企业，仅有瓦轴集团于今年5月开始量产，几乎全部依赖进口。

风电轴承中短缺最严重的是主轴轴承。主轴轴承短缺的原因是：

（1）技术上突破难。一般轴承外径都相对较小，以几百毫米计量，而风电主轴轴承则在8000～1000mm，这对生产装备有特殊要求，一般装备都很难批量生产如此大的轴承。同时，风电主轴轴承要求的精度非常高，严格控制误差在5～6μm，相当于误差率在0.01‰以内，一般的生产装备技术都很难实现，需要高端的数控机床。

（2）特殊轴承的市场小，容易被忽略。全球风电主轴轴承的生产商主要是SKF和FAG，其他知名轴承生产商很多曾拥有风电轴承生产线或者实际拥有生产技术，但由于早些年并没有需求而停止生产或将生产线改造，致使风电主轴轴承因装备不足出现严重短缺。风电轴承及紧缺程度比较，见表23.8。

表23.8　风电轴承及紧缺程度比较

轴承名称	所属分类	配套个数	技术难度	短缺程度
主轴轴承	调芯滚子轴承，圆柱滚子轴承，圆锥滚子轴承	1～2套	★★★★★	最短缺，国内尚无企业大批量生产
偏航轴承	回转支承，单列或双列四点接触转盘轴承	1套	★★★	较短缺，天马股份、洛阳轴承厂、房店轴承厂已经可以规模化生产
变桨轴承	回转支承，单列或双列四点接触转盘轴承	3套	★★★	较短缺，天马股份、洛轴、瓦轴已经可以规模化生产
发电机轴承	圆柱滚子轴承、深沟球轴承	2～3套	★★	基本不短缺，较多企业可生产

预计2010年风电主轴轴承的短缺问题得到基本解决。预测2010年中国风电新增930万kW，约有1.12万台风电设备，其中所需配套主轴轴承1.2万套：

（1）国内企业中，瓦轴集团领先一步，已于2008年7月正式批量生产兆瓦级风电主轴轴承，年产大约1800套，随后会不断扩大产能，预计2010年前后可达到1.2万套/a。洛阳轴承厂最早掌握生产全套风电轴承包括风电主轴轴承的技术，但量产还在计划中。西北轴承和天马股份两家轴承行业上市公司分别与2008年中发出增发公告，募集资金用于风电轴承项目，预计2010年左右前后共有3000套/a的产能。

（2）国际企业如SKF、FAG也都在进行扩张产能的计划，预计2010年前后可使其在华风电主轴轴承产能翻一倍。另两家国际企业TIMKEN与NSK也有意进入风电主轴轴承领域，其中TIMKEN与湘电股份合资成立子公司专业生产风电主轴轴承，预计2010年产能可达5000套/a。

综合起来，我国的风电轴承产能将在2010年前后达到近2万套/a的水平，超过需求量。

中国及全球风电主轴轴承项目进展情况，见表23.9。

表 23.9 中国及全球风电主轴轴承项目进展情况

企业名称	是否有生产计划	新增投资项目	投资额	建设风电主轴轴承产能	研发及项目进度	预计投产日期
瓦房店轴承厂集团	是	变桨转盘轴承、偏航驱动轴承、主轴轴承生产项目	2005 年先期投资 14 亿元	12000 套/a	已经具备量产技术，7 月开始生产兆瓦级，1800 套/a	2009 年或 2010 年后可达 12000 套/a
天马股份	是	偏航、变桨、主轴轴承项目	4.98 亿元	估计 1000 套/a	正在纂集资金和研发中	2009 年末达产 50%，2010 年前后达产 100%
洛阳轴承厂	是	计划增加兆瓦级以上风电轴承产能，其中包括风电主轴轴承			国内最早具备量产技术并制定国内行业标准，项目建设尚无明确日期	预计 2010 年以后才会有实际产能释放
西北轴承	是	风力发电机组配套轴承项目，包括风电主轴轴承	6.13 亿元	2000 套/a	已经具备兆瓦级量产技术，项目通过可研报告，进入纂集资金阶段	预计 2010 年产能达到 2000 套/a
SKF	是	大连独资公司已有一期项目于 2006 年 9 月投产，2 计划投资二期，其中包括部分风电主轴轴承	5.8 亿元	新增产能与一期相同	相对成熟的技术，2008 年 5 月宣布投资建设	预计 2009 年末投产
FAG	是	已有江苏太仓生产基地，目前进行“大轴承”计划，其中包括扩大在华风电主轴生产线	8 亿元		相对成熟的技术，计划调研阶段	预计 2010 年以后可能投产
TIMKEN	是	与湘电股份合资成立子公司，专业生产风电主轴	前期投资 3 亿元未来可能追加到 15 亿元	5000 套/a	拥有量产技术，2008 年中成立并开始建设	2009 年小批量生产，2010 年大规模达 5000 套/a
NSK	是	在日本新建风电主轴生产项目	108 亿日元		拥有量产技术，2007 年已经开工	预计 2008 年投产

资料来源：各省统计年鉴。

2. 塔架

塔架制造相对简单，不存在生产瓶颈。大部分风机塔架由卷钢制成，也有一些更廉价的替代品。相比较于其他机组零部件，塔架的基础技术更易掌握实施，产能扩张速度较快。我国可以生产制造塔架的企业已经超过 10 家，还有部分产品用于出口美国等市场，国内基本没有短缺问题。

3. 叶片

叶片短缺问题不严重。全球市场上，独立的叶片制造商较少，LM 公司主导了全球叶片市场，占据27%的市场份额。除此之外，几乎所有主要的风机制造商都可以自行制造其所需的叶片。Gamesa、Vestas、Siemens和LM等公司相继新设叶片制造工厂。国内市场出现了以中航惠腾为首的多家企业，已具备1.5MW及以上的规格的产品，已经可以替代大部分进口叶片。

4. 齿轮箱

齿轮箱供求基本平衡，略有短缺。全球市场能够生产齿轮箱的企业也相对较多。大多数制造商已经或正在扩张其生产能力，欧洲和亚洲地区都在引进新的生产线。中国企业中南京高速齿轮、重庆齿轮箱等企业已经批量供应风电齿轮箱，生产能力不是根本问题，更多是由于齿轮箱中的精密轴承存在一定程度的短缺，造成齿轮箱出现供不应求的局面。

5. 发电机

发电机供应基本没有问题。风电发电机的生产商主要是各家传统电机企业，技术上并不需要特别突破。全球市场的供应主要来自于ABB、Siemens等大型公司和一些专业公司。国内市场也有多家中小型电机企业提供，可以满足市场需求。

风电整机各零部件市场情况，见表23.10。

表23.10　风电整机各零部件市场情况

零部件名称	全球主要供应商情况		中国主要供应商		短缺程度
	供应商介绍	市场份额	供应商介绍	市场份额	
塔架	数量较多		10家以上，新项目较多，中国企业已经出口		★
叶片	LM，TEECSIS，A&R，EURUS，各风电整机商的下属企业	70%～80%	7家以上，如中航惠腾，上玻研究院，中复连众、华翼风电	5%～10%	★★★
齿轮箱	EICHHOFF，MOVENTOSBOSCH，ECHESA，BOSCH，RENK，SUZLON和SIEMENS的下属企业	70%～80%	4家以上，如南高齿、重齿、杭齿、大连重工	5%	★★★★
发电机	LEROY，SOMER，ABB，VEM，LOHER，SIEMENS和ENERCON的下属企业	70%～80%	9家以上，永济电机厂、兰州电机厂、上海电机厂有限公司、株洲时代电机厂、湘潭电机有限公司、大连天元电机公司等	10%	★★★
控制系统	Mita Teknik，INGETEAM，GE，KK－electronic		6家以上，中科院电工所（科诺伟业）、合肥阳光、许继电气、南瑞集团	5%	★★★★
轴承	SKF，FAG	90%以上	4家，瓦轴、洛轴、天马股份等	不足5%	★★★★★

23.4.1.4　海上风力发电悄然兴起并将成为重要能源形式

海上有丰富的风能资源和广阔平坦的区域，使得近海风力发电技术成为近来研究和应用的热点。多兆瓦级风力发电机组在近海风力发电场的商业化运行，是国内外风能利用的新趋势。

国际上，到2003年末，围绕欧洲海岸线，海上风力发电总装机容量600MW，集中在丹麦、瑞典、荷兰和英国。目前最大的海上风力发电场是位于丹麦南海岸的 Nysted 风力发电场，容量为 165.6MW，由 72 台 Bonus2.3MW 海上风力发电机组组成，于 2003 年 12 月开始发电。预计到 2010 年，欧洲海上风力发电的装机容量将达到 1 万 MW。海上风速大且稳定，利用小时数可达到 3000h 以上。同容量装机，海上比陆上成本增加 60%，电量增加 50% 以上。随着风力发电的发展，陆地上的风机总数已经趋于饱和，海上风力发电场将成为未来发展的重点。海上发电是近年来国际风力发电产业发展的新领域，是“方向中的方向”。

中国海上风能资源储量远大于陆地风能，储量 10m 高度可利用的风能资源超过 7 亿 kW，而且距离电力负荷中心很近。目前上海已开始海上风力发电项目的建设，到 2010 年，上海的风力发电总装机容量将达到 200～300MW。为达到这一目标，中国第一座长距离跨海大桥东海大桥两侧将建成中国内地首个海上风力发电场。

随着海上风力发电场技术的发展成熟，经济上可行，将来必然会成为重要的可持续能源。

23.4.1.5 风力发电机组不断向大型化发展

随着现代风力发电技术发展的日趋成熟，风力发电机组正不断向大型化发展。2002 年前后，国际风力发电市场上主流机型已经达到 1500kW 以上。目前，欧洲已批量安装 3600kW 风力发电机组，美国已研制成功 7000kW 风力发电机组，而英国正在研制巨型风力发电机组。目前风力发电机组的规模一直在不断增大，国际上主流的风力发电机组已达到 2～3MW。2004 年兆瓦级风机已经成为商业化机组的主流，1.0MW 以上的兆瓦级风机占到新增装机容量的 74.9%，比 2003 年略有上升，是 2000 年的两倍。

大型风力发电机组大体上有两种发展模式：陆地风力发电，其方向是低风速发电技术，主要机型是 2～5MW 的大型风力发电机组，这种模式关键是向电网输电；近海风力发电，主要用于比较浅的近海海域，安装 5MW 以上的大型风力发电机，布置大规模的风力发电场，这种模式的主要制约因素是风力发电场的规划和建设成本，但是近海风力发电的优势是明显的，即不占用土地，海上风力资源较好。

23.4.2 机会

23.4.2.1 整体投资环境向好

风力发电是新能源发电中技术最成熟、最具规模开发条件和商业化前景的发电方式。大力发展风电，保护中国能源安全和大气环境成为时下人们最关注的热点。

财政部拨款 3 亿元进行第 4 次全国风力资源调查，预备在全国各地设立 400 个测风杆，对中国风资源进行空前规模的调查。这个巨大的投资，正是为了对未来大风电项目进行长期合理规划做准备。

2020 年中国风电可装机规模预计在 5000 万～8000 万 kW，超过 1 亿 kW 也极有可能。这个令人震惊的发展速度不但开始为中国贡献大量的清洁电力，也产生了一个巨大的风机制造市场，带动了传统制造业向新技术的转变。

国内很多企业通过购买风电机组整体设计，然后自行或者通过授权第三方按设计生产的方式进行。这种方式虽然可以迅速投产，但长期看，缺乏独立知识产权还是企业的硬伤。

此外，由于国外众多能源巨头都开始将触角伸向中国新能源开发，为了加紧在该领域分一杯羹，部分国内企业“宁亏也投”。一方面或许是考虑到配额比例的政策预期，而更多的可能是出于企业长期发展战略的考虑。近几年风电发展投入的资金，应主要用于支持培植我国自己风电产业的研制和生产能力。

碳税等环境税种的征收将使火电成本增加，新能源企业当然是最大的受益者。其中，风电的发展前景最为光明，一方面是风电技术在新能源各子行业中最成熟；另一方面是国家近期的政策也都倾向于未来大力发展风电产业。

中国风电设备企业主要面对国内市场，受益于强制性配额政策对需求的强劲拉动。钢价推升零部件价格，成本上涨部分将由整机环节承受。竞争日趋激烈的整机环节无法提升产品售价以转嫁成本，毛利率出现下滑。而零部件环节属于重工业，扩产决策谨慎，产能建设时间长，供应增长相对迟缓，面对迅速扩张的需求议价能力较高，利润率可望保持较高水平。

23.4.2.2　强制性配额政策拉动中国风电需求

过去 10 年间，中国新增风电装机容量年均增长率达到 40%。2007 年新增装机容量为 345 万 kW，超过了过去 20 多年的累计装机容量（图 23.4）。2008 全年新增装机达到 630 万 kW，同比增长 60% 多。2009 ~2010 年需求仍可保持年均 30% 的高速增长。预计 2010 年底中国风电总装机容量 2800 万 kW，占到中国发电总装机容量的 2.8%。这个数字超过了国家发改委 2010 年底规划（1000 万 kW），接近 2020 年底规划（3000 万 kW）。考虑到中国仅陆地可利用风电资源就超过 3 亿 kW，这个规划水平过分保守。

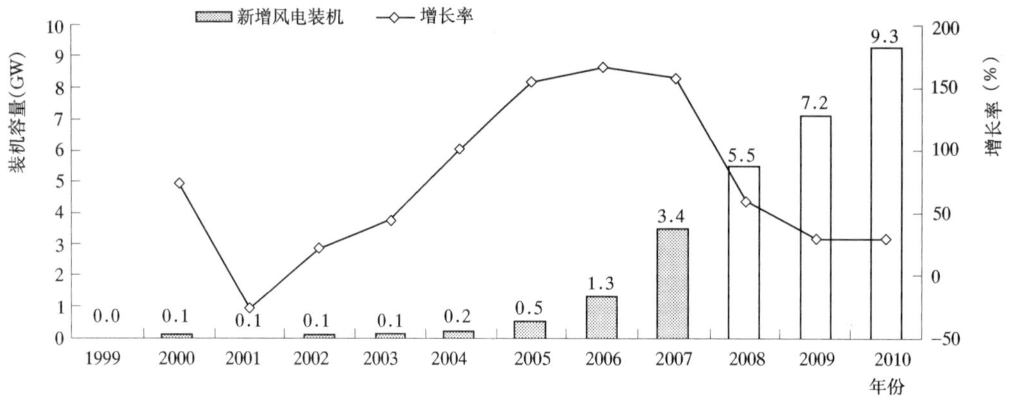

图 23.4　蓬勃发展的风电装机容量

资料来源：中国风能协会

尽管目前风电上网电价［0.4 ~0.6 元/（kW · h）］高于火电水平，但风电场平均内部回报率仅有 8%，不具有明显投资吸引力，是政府的强制性配额驱动大型发电企业进行风电投资。国家发改委在《可再生能源中长期发展规划》中规定到 2010 年和 2020 年，大型发电企业（权益发电装机超过 500 万 kW）所拥有的非水电可再生能源发电权益装机总容量应达到其权益发电装机总容量的 3% 和 8% 以上。因此，中国前 10 大风电运营商均是国有发电企业。

23.4.2.3　全球风电零部件短缺，零部件行业景气

一台典型风机由 8000 种零部件组成，其中叶片、塔架、齿轮箱和发电机四种零部件占到成本的 63%。风电项目和整机产能投资旺盛，但上游零部件行业扩产应谨慎。特别是风电机组主轴承，SKF 和 FAG 两家轴承企业对中国的供应能力已经达到极限，还不能满足国内的生产需求。部分国际巨头选择了产业链的垂直整合来解决困局，例如 Gamesa 和 Suzlon 等均拥有零部件制造

能（表 23.11）。

表 23.11　以零部件环节的垂直整合来解决短缺问题

所有均外购	部分自产	所有均自产
GE 金风	Vestas Siemens Clipper Nordex 东方电气	Enercon Gamesa Suzlon

在零部件短缺的背景下，整机企业对上游的谈判能力不强，需承担大部分成本的上涨。整机龙头企业重视成本风险控制，较早与零部件企业签订供货合同，锁定成本，但最终仍不得不上调已锁定的合同价格，否则将面临供货不足的困境。由于竞争日趋激烈，产品价格无法上升，整机企业面临两头受挤和毛利率下滑的不利局面。

24

生 物 质 能

生物质能作为唯一可再生、可替代化石能源转化成气态、液态和固态燃料以及其他化工原料或者产品的碳资源，随着化石能源的枯竭和人类对全球性环境问题的关注，其替代化石能源利用的研究和开发，已经成为科学研究和社会关注的热点。全球能源消费中，生物质能约占14%，居于第四位，仅次于煤炭、石油和天然气，在不发达地区可达到60%以上。除了太阳能、风能、水电和核能，具备大规模发展潜力的可再生能源还有生物质能。

24.1 资源及产业现状

24.1.1 资源现状

24.1.1.1 生物质能储量丰富

生物质是一种多样性的能源资源，在世界范围内有着广泛的应用，主要有作物的残余物，例如谷类的秸秆、稻壳、棕榈油、甘蔗渣、城市固体废弃物、森林废弃物，以及来自畜禽养殖场和工业处理过程中的有机废水。

生物质能（biomassenergy），就是太阳能以化学能形式储存在生物质中的能量形式，即以生物质为载体的能量。它直接或间接地来源于绿色植物的光合作用，可转化为常规的固态、液态和气态燃料，是一种可再生能源。全世界每年通过光合作用生成的生物质能约为50亿t，其中仅1%用作能源，但它已为全球提供了14%的能源，并成为世界上15亿农村人口赖以生存的主要能源。生物质能最大的优点是吸收和排放的二氧化碳几乎相等，而且没有污染。

根据生物学家估算，地球陆地每年生产1000亿~1250亿t生物质；海洋年生产500亿t生物质。生物质能源的年生产量远远超过全世界总能源需求量，相当于目前世界总能耗的10倍。我国可开发为能源的生物质资源到2010年可达3亿t。随着农林业的发展，特别是炭薪林的推广，生物质资源还将越来越多。

生物质能具有可再生性、低污染性、分布广泛性以及来源丰富性等特点，与风能、太阳能等同属可再生能源，资源丰富，可保证能源的永续利用；生物质的硫含量、氮含量低，燃烧过程中生成的 SO_2、NO_x 较少；生物质作为燃料时，由于它在生长时需要的二氧化碳相当于其排放的二氧化碳的量，因而对大气的二氧化碳净排放量近似于零，可有效地减轻温室效应；生物质能是世界第四大能源，仅次于煤炭、石油和天然气，在缺乏煤炭的地域，可充分利用生物质能。

我国生物质分布十分广泛，从全国范围来看，各省分布不平衡，1/2 以上的生物质资源集中在四川、河南、山东、安徽、河北、江苏、湖南、湖北、浙江等 9 个省，广大的西北地区和其他省区相对较少。目前我国年可获得生物质资源量达到 3.14 亿标准煤，其中秸秆和薪材分别占 54% 和 36%，工业有机废水废渣占 3%，禽畜粪便占 3%，城市生活垃圾占 3%，能源植物占 1%。另外，我国还有 5700 万 hm^2 宜林地和荒沙荒地，还有 1 亿 hm^2 不适宜发展农业的边际土地资源，充分开发利用我国的土地资源，在不与农林作物（粮油棉）等争土地的条件下，发展林木生物质能源潜力巨大。

24.1.1.2 生物质能应用广泛

生物质能是一种高效的清洁能源，生物质能利用主要包括生物质能发电和生物燃料。生物质能发电的主要利用形式有：大型火电系统，例如直接燃烧生物质或与煤混燃产生蒸汽发电和供热；大型生物质气化发电系统（10MW 以上）；每年集中处理农场和工业有机废水 1 万 t 以上的厌氧发酵供热发电系统，垃圾填埋气回收供热和发电系统；生物燃料是指通过生物资源生产的石油替代能源，包括生物乙醇、生物柴油、ETBE（乙基叔丁基醚）、生物气体、生物甲醇与生物二甲醚。生物质能将成为应用最广泛的可再生能源。

表 24.1 生物质能的主要利用方式

利用形式	作 用
车用燃料	燃料乙醇和生物柴油
生物质发电	直燃和气化发电
沼气和垃圾利用	居民燃料和发电
生物质颗粒成型燃料	发电和居民燃料

生物质能的主要利用方式，见表 24.1。图 24.1，图 24.2 所示为欧盟与美国生物质能使用情况。

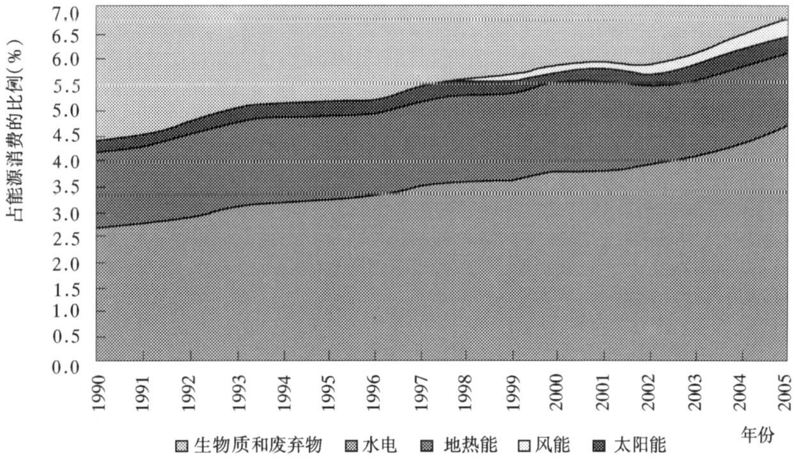

图 24.1 欧盟 25 国的生物质能
数据来源：Eurostats。

24.1.2 产业现状

24.1.2.1 全球生物质能产业概况

英国知名新能源研究机构 New Energy Finance 预测表明，未来 10 年投资增长速度最快的能

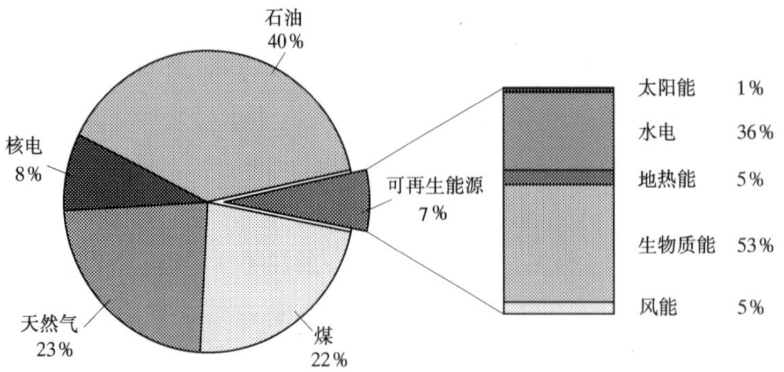

图 24.2　美国的生物质能（2007 年）
数据来源：BIA。

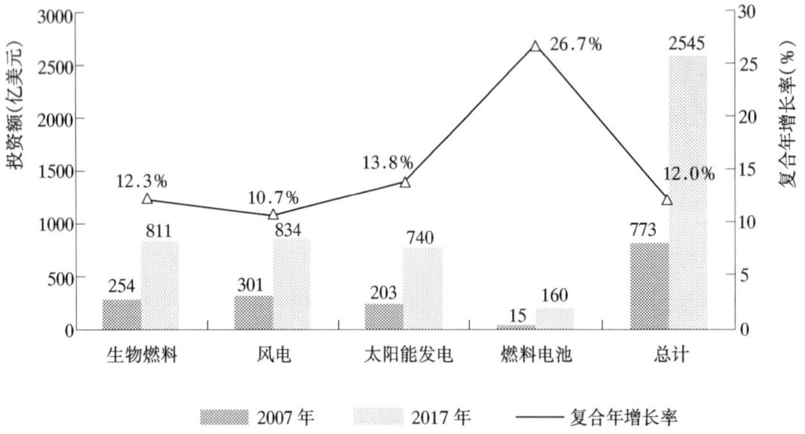

图 24.3　2007～2017 年全球可再生能源投资额增长预测
数据来源：New Energy Finance。

源依次为：燃料电池、太阳能发电、生物燃料、风电，见图 24.3。

目前，国外的生物质能技术和装置多已实现了规模化产业经营。美国、瑞典和奥地利生物质转化为高品位能源利用方面已具有相当可观的规模，分别占该国一次能源消耗量的 4%、16% 和 10%。

自 1990 年以来，生物质发电在欧美许多国家开始大发展。2002 年，约翰内斯堡可持续发展世界峰会以后，全球加快推进了生物质能的开发利用。截至 2004 年，世界生物质发电装机容量已达 3900 万 kW，年发电量约 2000 亿 kW·h，可替代 7000 万 t 标准煤，是风电、光电、地热等可再生能源发电量的总和。

美国利用生物质发电处于世界领先地位，已经成为大量工业生产用电的选择。据美国能源信息署（EI）的统计数字，生物质能发电的总装机容量已超过 1 万 MW，单机容量达 10～25MW，占美国可再生能源发电装机的 40% 以上。预计到 2010 年，美国将新增约 1100 万 kW 的生物质发电装机。根据美国政府制定的生物质能发展规划，生物质发电将达到 1.3 万 MW 装机容量，届时有 400 万英亩的能源农作物和生物质剩余物用作气化发电的原料。

丹麦在 1988 年就建设了第一座秸秆生物质发电厂。目前，丹麦已建立了 15 家大型生物质直燃发电厂，年消耗农林废弃物约 150 万 t，提供丹麦全国 5% 电力供应。同时，丹麦还有 100 多台用于供热的生物质锅炉。近十几年来，丹麦新建的热电联产项目都是以生物质为燃料，还将过去许多燃煤供热厂改成了燃烧生物质的热电联产项目。

欧盟15国，2000年全部电力的1.5%来自于生物质能，并计划将生物质能的开发作为其实现2010年22%可再生能源发电目标的主要内容。

奥地利成功地推行了建立燃烧木材剩余物的区域供电站的计划，生物质能在总能耗中的比例由原来大约2%～3%激增到约25%。印度研究用流化床气化农业剩余物如稻壳、甘蔗渣等，建立流化床系统，气体用于柴油发电机发电，可产生5000MW的电力。

其他国家也大力发展生物质发电。如，芬兰生物质发电量占本国发电量的11%；德国拥有140多个区域热电联产的生物质电厂，同时有近80个此类电厂在规划设计或建设阶段。德国在利用厌氧发酵处理废弃物发电技术方面，走在了世界的前列，目前已有1900个厌氧发酵厂，2004年装机27万kW。

目前，能源效率更高的BIGCC技术正处于工业示范阶段。预计2010年前，生物质发电技术将趋于成熟和完善。2010年以后，逐步具备市场竞争力，进入商业应用。

目前许多国家提出了生物燃料发展目标。如欧盟提出，到2010年生物燃料占交通燃料的份额达到6%；美国提出，到2020年生物燃料在交通燃料中的比例达到20%；瑞典提出，2020年之后利用纤维素生产的燃料乙醇全部替代石油燃料，彻底摆脱对石油的依赖。中国工程院院士、国家生化工程技术研究中心主任欧阳平凯预测，到2020年，全球将有50%有机化学品和材料来自生物质原料。有关资料显示，到2020年，西方工业国家15%的电力将来自生物质发电，而目前生物质发电只占整个电力生产的1%。届时，西方将有1亿个家庭使用的电力来自生物质发电，生物质发电产业还将为社会提供40万个就业机会。

在各国政策驱动下，特别是在通过补贴、减税、关税以及强制性将生物燃料与传统燃料混合等措施的综合推动下，生物燃料得以快速发展。2000～2007年，全球生物燃料产量涨了3倍多，2007年全球燃料乙醇产量2597万t标准油，占全球汽车燃料消费的2%，近11年产量复合年增长率达10%，美国燃料乙醇产量复合年增长率达17.6%。

目前燃料乙醇产量最大的依次为美国、巴西和中国（见图24.4）。其中以中国增长最快，4年增长近26倍，达到98.5万t标准油。美国其次复合年增长率18%，达到1196万t标准油；巴西复合年增长率4%，达到1126万t标准油。其中美国以玉米为燃料，巴西主要以甘蔗为原料，中国以玉米、小麦和木薯等为主要原料。

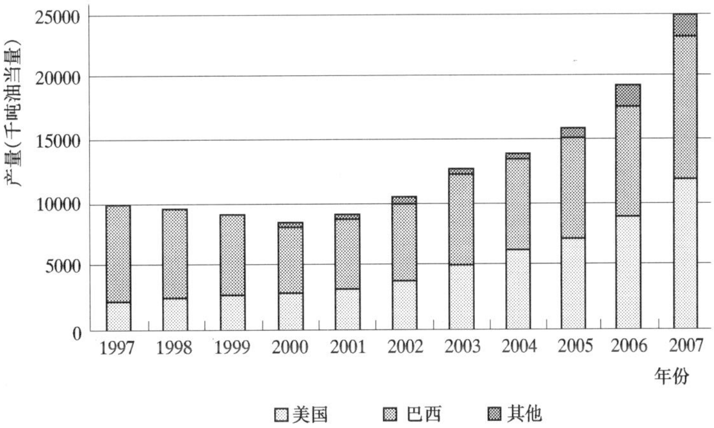

图24.4 全球燃料乙醇产量

数据来源：BP能源统计2008。

1. 美国

处于世界领先地位的美国开发出利用纤维素废料生产乙醇的技术，建立了 1MW 的稻壳发电示范工程，年产乙醇 2500t；到 2012 年纤维乙醇至少要占到美国乙醇总产量的 3%，到 2022 年增至 44%；到 2022 年美国汽油燃料的替代性燃料（比如乙醇）掺混量达到 360 亿加仑，是目前水平的 5 倍。美国还利用其国内丰富的大豆资源，以豆油为原料炼制生物柴油。

2. 巴西

巴西政府于 1975 年大力推行以甘蔗为主要原料的“乙醇计划”，同时发展大型水电。尤其值得一提的是，经过多年努力，石油资源贫乏的巴西在 2006 年首次实现能源自给，其中甘蔗产业提供了全国能源需求的 15%，成为世界上唯一一个不使用纯石化汽油的国家。2007 年巴西可再生能源利用占能源总需求的 44.6%（图 24.5），其中大水电约占 14.7%，甘蔗渣燃烧发电占 16%，而全球可再生能源平均利用率仅为 13.5%。可再生能源电力提供了巴西电力消费的 84%。

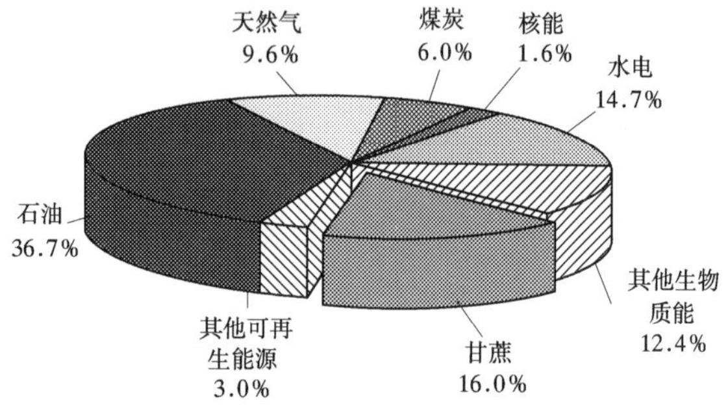

图 24.5　巴西能源结构

数据来源：Ministry of Mines and Energy Ben（Brazil，2008）。

巴西还研究开发了乙醇和汽油混用的汽车发动机，目前巴西销售的新车一半以上是这种“灵活燃料”汽车。巴西政府计划在未来 7 年内，甘蔗产量将从目前的 4.27 亿 t 增加到 6.27 亿 t，新建 89 家乙醇燃料生产企业。

巴西乙醇成本相当于石油 40 美元/桶，虽然 2001 年已完全取消对燃料乙醇的补贴，但目前每年乙醇消费量仍超千万吨，目前乙醇已经替代国内 40% 汽油消费。根据巴西甘蔗工业协会（UNICA）统计，2007 年甘蔗种植面积约 780 万 hm^2，占全国耕地面积 2.3%，燃料乙醇替代国内 50% 的汽油消费。巴西利用充足的耕地，大量生产甘蔗乙醇，不仅能够完全满足国内需要，每年还有大量乙醇出口，实现了贫油国家的能源出口，逐步摆脱油价巨幅波动带来的不利影响。

3. 其他国家

欧盟各国化石能源较为紧缺，生物质能利用比例较高。欧洲各国对生物柴油都实行了零税率，生物柴油的大型生产厂主要集中在欧洲。欧盟委员会在其发布的“欧盟能源发展战略绿皮书”中指出，2015 年生物质能将由目前占总能源消费量的 2% 左右提高到 15%，其中大部分来自生物制沼气、农林废气物及能源作物的利用，到 2020 年生物质燃料将替代 20% 的化石燃料。

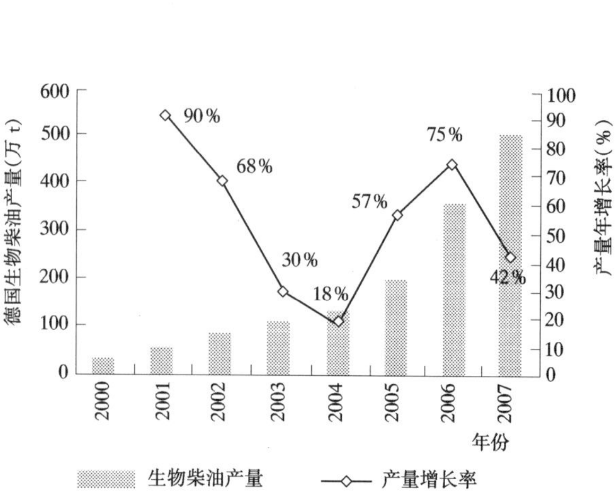

图 24.6　德国生物柴油产量

数据来源：德国生物柴油协会（UFOP）2007。

目前全球生物柴油产量最大的为德国。德国主要通过鼓励农民大量种植油菜，以菜子油为原料，支撑国内生物柴油产业的发展。图 24.6 所示为德国生物柴油产量。

其他许多国家也制定了相应的生物质能利用开发计划。印度尼西亚与马来西亚用丰富的棕榈油生产生物柴油。

24.1.2.2 中国生物质能产业现状

我国拥有丰富的生物质能资源，理论生物质能资源每年有 50 亿 t 左右，其中农作物残留物占一半多。据初步估算，在我国，仅农作物秸秆技术可开发量就有 6 亿 t，其中除部分用于农村炊事取暖等生活用能、满足养殖业、秸秆还田和造纸需要之外，我国每年废弃的农作物秸秆约有 1 亿 t，折合标准煤 5000 万 t。照此计算，预计到 2020 年，全国每年秸秆废弃量将达 2 亿 t 以上，折合标准煤 1 亿 t 相当于煤炭大省河南一年的产煤量。

生物质能源是我国仅次于煤与石油的第三大能源，在全部能源消耗中约占 15%，是唯一可运输并储存的可再生能源，既可作为燃料，又可发电。生物质能源目前主要用于发电和转化为“绿色汽油”与“生物石油”。

根据我国经济社会发展需要和生物质能利用技术状况，我国重点发展生物质发电、沼气、生物质固体成型燃料和生物液体燃料，生物质能将成为应用最广泛的可再生能源。

1. 生物质发电方面

近年来，我国在生物质发电领域取得了重大进展（图 24.7）。国家电网公司、五大发电集团等大型国有、民营以及外资企业纷纷投资参与我国生物质发电产业的建设运营。生物质发电项目受到重视。到 2006 年底，全国生物质能发电累计装机容量 220 万 kW，其中，蔗渣热电联产 170 万 kW；农林废弃物、农业沼气、垃圾直燃和填埋气发电 50 万 kW。

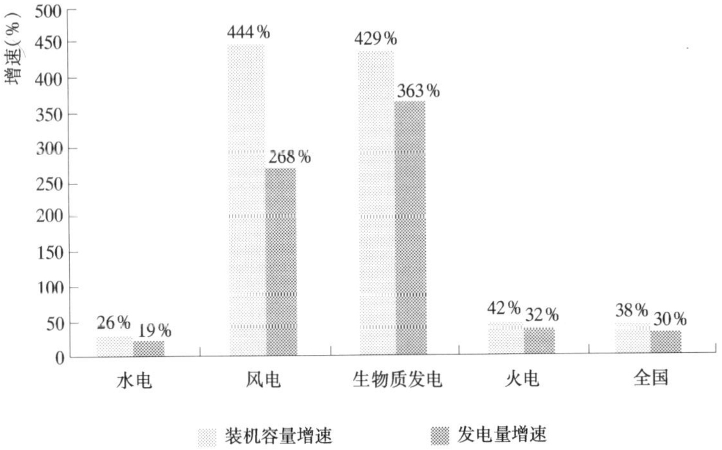

图 24.7 可再生能源发电增速（2006 年至 2008 年 6 月）
数据来源：电监会。

2006 年，国家和地方发改委共核准 39 个生物质能直燃发电项目（目前，全国已有 10 多个生物质直燃发电项目在建），合计装机容量 128.4 万 kW，投资预计为 100.3 亿元，2006 年当年完成 5.4 万 kW。此外，2006 年完成生物质气化及垃圾填埋气发电 3 万 kW，在建的还有 9 万 kW。“十一五”规划期间，国家 863 计划支持建设了 6MW 规模的生物质气化发电示范工程。截至 2007 年底，国家和各省发改委已核准项目 87 个，总装机容量规模 220 万 kW。全国已建成投产的生物质直燃发电项目超过 15 个，在建项目 30 多个。其中，山东单县生物质发电工程 1 ×

2.5kW 机组于 2006 年底式投产，开创了国内生物质直燃发电的先河。该项目设计年发电能力 1.6 亿 kW·h，2007 年发电量达到了 2.29 亿 kW·h，按 2.5 万 kW 装机容量计算，全年利用小时数高达 9160h，达到了世界先进水平。江苏、广东、河南、浙江、甘肃等多个省市的生物质发电项目，也都有不同程度的发展。

2. 沼气方面

2006 年底全国已建成农村户用沼气池 1870 万口，生活污水净化沼气池 14 万处，畜禽养殖场和工业废水沼气工程 2000 多处，年产沼气约 90 亿 m^3，为近 8000 万农村人口提供了优质的生活燃料。预计 2010 年，我国的沼气发电容量为 80 万 kW，2020 年达到 150 万 kW；2010 年垃圾焚烧发电装机容量将达到 50 万 kW，2020 年焚烧发电的垃圾处理量达到总量的 30%，垃圾焚烧发电总装机容量将达到 200 万 kW 以上。

3. 燃料乙醇方面

我国最先起步的是生物质转化替代石油，即乙醇汽油。为缓解能源压力，我国政府未雨绸缪，有关生物能源和生物材料产业研究已有数十年历史，在生物质能加工转化及相关环保技术方面有了一定的积累。

全国主要有五家燃料乙醇生产企业，这五家生产厂分别是河南天冠燃料乙醇有限公司、安徽丰原生化股份有限公司、吉林燃料乙醇、黑龙江华润酒精有限公司、山东九九集团。其中，山东九九集团已建成年产 50 万 t 燃料乙醇的绿色能源工程，其建设规模即生产能力跃居欧、亚、非三大洲之首，单机生产能力为世界第一，总投资 21 亿元。

另外，我国还在 9 省（黑、吉、辽、冀、鲁、豫、苏、鄂、皖）试点使用乙醇汽油。截至 2006 年 12 月底，全国 4 个生产企业共生产销售燃料乙醇 243 万 t，2006 年全国共销售乙醇汽油 1300 万 t，占全国汽油消费量的 23.3%。我国已经成为全球第三大燃料乙醇生产国，仅次于巴西和美国。

随着陈化粮食逐步消耗殆尽和玉米价格节节攀升，考虑到玉米乙醇的发展对国家的粮食安全的威胁，国家 2006 年起停止新批玉米燃料乙醇企业，并大力鼓励发展非粮食作物为原料开发燃料乙醇。

“十五”期间，我国建成了年产 5000t 规模的甜高粱秸秆制取乙醇燃料工业示范工程及年产 600t 规模的纤维素废弃物制取乙醇燃料技术中试设施。用秸秆生产燃料乙醇，具有很大的发展前景，但最大的技术难点就在发酵环节。纤维素酶的成本能否下降，是纤维素乙醇能否实现工业化生产的关键因素。目前全世界只有两家企业能够生产用于纤维素工业化水解的酶，一家是丹麦的诺维信，一家是美国的杰能科。目前两家公司垄断着全球酶制剂市场份额的 65% 以上，拥有近 4000 项专利，而且新型酶制剂开发路径也被诺维信公司注册专利加以保护。目前，诺维信与中粮集团已在纤维素酶领域签署了战略合作协议。人们期待中国能够尽早在纤维素乙醇领域实现突破。

4. 生物柴油方面

生物柴油作为一种优质的生物液体燃料，是我国生物质能产业的一个发展方向。近几年，我国的生物柴油发展较快，尤其是《中华人民共和国可再生能源法》颁布后发展较快。现有 20 多家生物柴油生产厂，生产能力 30 万 t/a，大部分以工业废油和废食用油为原料，少数以麻疯树为原料，估计生产成本在 4000 元/t 左右。

目前，海南正和生物能源公司、四川古杉油脂化工公司和福建卓越新能源发展公司都相继建成了规模超过万吨的生物柴油生产厂，预计到2010年，我国生物柴油需求量将达2000万t。科技部已将生物柴油技术列入“十一五”国家863计划和国际科技合作计划。

近年来，在双低油菜与杂种优势利用的结合上达到国际领先水平，在油菜、油葵等主要作物上已开发出高含油量种子，含油量高达51.6%。还开发了麻疯树果实、黄连木籽以及利用季节性闲地种植油菜等生产生物柴油技术，初步具备了产业化发展的条件。

5. 二甲醚方面

甲醇制二甲醚是目前国内最热门替代燃料方案。至2007年底，全国二甲醚总产能将突破100万t，目前规划和建设中的总产能达到千万吨以上。二甲醚既可以作民用燃料，也可以作车用燃料。随着2008年8月建设部二甲醚民用燃料标准的出台，二甲醚替代城市煤气和液化气已经没有任何障碍。此外，二甲醚车用燃料也已取得突破性进展。

目前我国生物质能源的发展面临一些瓶颈问题，包括生物质资源不足、品质不佳、收集困难、难于转化；生物质催化与转化效率低下，过程能耗和水耗高；生物转化工艺难以低成本规模化放大以及生物能源终端产品品质不佳、产品标准欠缺等。

24.2 重点技术

24.2.1 生物质能利用的主要技术

现代生物质能技术主要指生物质发电技术和生物质转化气体及液体燃料技术。国内生物质能开发利用技术发展明显加快，掌握了农林生物质发电、生物液体燃料、生物质固体成型燃料等技术，具备了规模化发展的基本条件。沼气技术不断进步和完善，户用沼气系统和零部件基本实现了标准化生产和专业化施工，大部分地区建立了沼气技术服务机构，具备了较强的技术服务能力。大中型沼气工程的工艺技术成熟，具备了大规模发展的条件。

24.2.1.1 生物质气化技术

在人工特定的热力学条件下，满足物质燃烧三要素的城市废弃物和农业废弃物，能经过热解反应、氧化反应、氧化还原反应等转化成含一氧化碳、氢和低分子烃类的可燃气体。我国山东省能源研究所创立了目前世界上最先进的“二步法”气化技术，取得了不同反应条件对热解气化产物的影响和热解气化装置的工艺参数。

生物质气化技术的应用是十分广泛的，涉及到我们日常生产、生活的方方面面。例如生物质气化供热技术、工农业中的烘干技术、生物质气化发电和集中供气技术等。

24.2.1.2 生物发酵技术

生物发酵技术在我国已经形成工业化，技术亦趋成熟，利用的原料主要是城市废弃物和农业废弃物（动物粪便和高浓度的有机废水）。采用微生物在密闭空间厌氧发酵，生成沼气、酒精等能源产品。到2006年前，我国酒精年产量为300多万t，仅次于巴西（每年以甘蔗渣作为原料，生产30亿加仑酒精）、美国（15亿加仑的燃料酒精），列世界第三，其中发酵法酒精占绝对优势。据统计，我国80%左右的酒精使用玉米原料，10%的酒精使用废糖蜜生产，以纤维素原料生成的酒精约占2%左右。

我国生物沼气技术已经相当成熟。客观上它具有极易利用分布相对分散的养殖场、秸秆等资源的优势。主要有农村家用沼气池、大中型沼气工程和生活污水净化、城市废弃物处理沼气池等。

24.2.1.3 生物质压制成型技术

把生物质压制成块状燃料（如块型、棒型燃料），以便集中利用、提高热效率，并降低运输成本。目前，已开发的技术有很多，例如秸秆气化发电机组、使用林产业、造纸厂的废弃物、家具厂的边角料为原料的专业蒸汽锅炉等。

24.2.1.4 工业生物技术

工业生物技术是当代能源利用的重要部分，以微生物或酶为催化剂进行物质转化，大规模生产人类所需的化学品、医药、能源、材料等，是解决人类目前面临的资源、能源及环境危机的有效手段。目前酶催化的最佳温度为室温，但是微生物或酶的筛选往往是十分困难的，它直接涉及到项目的成败。

24.2.2 生物质能源利用技术的发展方向

24.2.2.1 对微生物或天然酶进行改良，提高其性能

耐热、耐酸碱盐和耐有机溶剂的特种微生物在工业生物催化应用是科学研究的重点。如能提高生物催化反应温度就能大大提高反应效率，缩短反应时间，将会使目前的生物催化工艺反应效率提高很多倍，从而大大降低成本。

24.2.2.2 生物质能的液化转换技术

随着我国利用陈化粮生产乙醇技术成功地推向市场，这种以陈化玉米为原料生产的清洁燃料直接替代汽油的技术十分令人关注。

政府下大力度推广乙醇汽油，以有效地减少对石油的依赖及有害气体的排放。有条件的地方纷纷上马建厂，这从根本上解决了农民卖粮难的问题，并进一步增加农民的经济收入。但是产能扩大后，陈化粮已不够用了，只好用商品粮，使我国今年的畜牧产品价格从鸡蛋到牛肉全面上扬。因此，发展生物质能源不能过分依赖粮食，必须开发木质纤维素类资源，才能可持续地支撑生物质能源产业的发展，满足国家未来对液体燃料的需求已成为共识。

开发高效、低成本的木质纤维素燃料乙醇生产技术、生物质热解液化技术、生物质合成燃料技术，对于我国推进可再生能源产业的发展意义重大。将生物质经预处理后在反应设备中添加催化剂，经化学反应裂解农业废弃物的纤维素、半纤维素和木质素（玉米秸秆等）生成液化油或生物质燃气的技术，美国、新西兰、日本、德国、加拿大国家都先后开展了研究开发工作。我国正在吉林省白城市进行秸秆液化技术的中试，目前还没实现产业化。

24.2.2.3 干法沼气发酵工艺的研究

目前沼气发酵均采用的湿法技术，具有能耗高、处理干物质的成本高、北方地区冬季不产气或产气困难等一系列缺点，限制了其适用的范围和地域。但干法沼气发酵如何在发酵期防爆，怎样用高度安全可靠的控制系统进行有效的控制，发酵菌群在发酵物重的快速繁殖技术等，都是需要进一步研究的重点。

24.2.2.4 积极在农村及偏远地区推广户用型燃气炉技术

户用型燃气炉是一种新型环保节能产品，以农作物秸秆、农林废弃物为主要气化原料，采用直接燃烧技术，取消了系统所有连接管路除焦油装置，使结构更加紧凑，运行更加安全、环保、

可靠，以向农户供应炊事燃气（取替煤气罐）、冬季取暖（取替煤）为主要目的。

以农村量大面广的农、林废弃物等生物质为原料、以分散的用户对应分散的资源为方法，在改变农村传统炊事习惯，减少农民开支，提高农民生活质量等方面，具有较大的推广价值。每个家庭每天只需要几公斤植物原料，就可解决全天的生活用能，完全可以取代农村传统的柴煤灶，替代液化气。而且每个户用型燃气炉的投资仅400～600元，若采用砖砌燃气炉投资会更少、燃料用费可不计，远低于户用沼气的投资额、使用费用。这可谓投资少、见效快，节能环保效益高。大力推广户用型燃气炉，有可能取代沼气、秸秆气化集中向用户供气的模式。

24.3 产业政策

24.3.1 我国生物质能政策具有多种激励机制

我国生物质能发展政策的基本框架结构是以《中华人民共和国可再生能源法》为基础，以《可再生能源中长期发展规划》为目标，以各部门项目的管理办法和规章制度为体现，通过建立一系列有效的机制推进生物质能又好又快地发展。

1. 建立了目标机制

在《中华人民共和国可再生能源法》的框架下，国家发展和改革委员会、农业部等有关部门相继制定了生物质能的中长期发展的总量目标，并在生物质发电和生物液体燃料等领域引入了配额制政策，要求有关电力企业和石油公司在电力和燃料供应中要有一定份额的能源来自于生物质能，从而把过去完全依靠政府财政支持的政策转向政府管制下的市场机制，为大规模发展生物质能创造了条件。

2. 建立了定价机制

国家发展和改革委员会连续出台了有关可再生能源发电的有关管理规定，以及可再生能源发电价格和费用分摊等管理办法，同时，对包括生物质能发电的部分企业或者建设项目提出了电价补贴和配额交易方案，保证了生物质能开发机构可以合理地价格出售电力，并要求电力公司必须购买。

3. 建立了补偿机制

考虑到生物质能开发与利用对传统能源替代、生态环境保护等具有显著综合效益，但其开发和利用成本又暂时无法与传统能源抗衡，所以我国不仅采取了将高出传统能源开发利用的成本由社会分摊，或各级财政拿出巨额资金用于补贴生物质能的开发与利用，如财政部建立了包括生物质能在内的可再生能源发展专项资金，中央政府每年投入数十亿国债资金专项用于农村沼气建设补助。

4. 建立了交易机制

一方面是采取绿色证书交易系统，引入市场竞争，生物质资源丰富地区将优先发展生物质能，并可在配额目标完成的基础上，将超出部分的发电量以绿色证书的形式在交易市场上卖出以获得收益，由此可以促使资金和资源通过市场交易的方式得到合理配置；另一方面，则是参照国际社会碳交易等清洁发展机制（CDM）的做法，将利用沼气等生物质能所获得的碳减排量折算成现金卖给承诺温室气体减排份额的发达国家，从而得到更多的经济利益。

24.3.2　生物质能政策执行过程中存在的问题

1. 政策体系仍不完善

尽管我国针对生物质能的发展已经出台和发布了一系列有关法规和政策，但相互之间的配套存在较大“缝隙”。此外，由于尚未建立健全生物质能的技术标准体系，导致生物质能的市场准入困难，而且出现混乱。

2. 补贴政策有失公平

农村沼气建设中，国家每年投入大量资金用于户用沼气建设，但是随着产业结构的调整，国家对越来越多的集约化畜禽养殖场和养殖小区建设大中型沼气工程却没有任何专项资金。此外，政府对农村户用沼气的补贴标准自2003年以来就再也没有调整过，而这些年来物价指数已连续上涨许多。

3. 政策可操作性不强

虽然2006年财政部就建立了可再生能源发展专项资金，但是时至今日也没有具体的操作办法，相关企业也不知如何获得资金的支持。又如，国家有关部门已明确规定生物质能发电应该同样享受电价补贴政策，但是沼气发电站却始终得不到电网公司的“收购”，更无从享受电价补贴优惠政策了。

4. 产业引导时常有误

在我国生物质能政策制定过程中，由于缺乏对资源、技术和市场等的全面客观了解、分析和评价，导致经常出现政策摇摆，使得一些投机性企业盲目投资、资源无序开发、恶性竞争。许多生物质发电厂效益下降，国家叫停玉米生产生物乙醇和用油菜子生产生物柴油就是很好的例证。

24.4　趋势与机会

24.4.1　趋势

国家发改委就我国生物燃料产业发展作出三个阶段的统筹安排：“十一五”实现技术产业化；“十二五”实现产业规模化；2015年以后大发展。预计到2020年，我国生物燃料消费量将占到全部交通燃料的15%左右，建立起具有国际竞争力的生物燃料产业。此前，国家发改委在可再生能源中长期发展规划中已提出：2010年生物燃料年替代石油200万t，2020年生物燃料年替代石油1000万t。

24.4.1.1　中国生物质能发展前景

据《中国新能源行业分析报告》指出，2050年我国生物质能资源可开发量接近10亿t标准煤。根据我国生物资源可获得量，假设能源植物部分（制生物燃油）按2020年、2030年、2050年分别取可获得量的30%、50%、70%的利用率（综合考虑市场需求、技术经济性和政策等因素）计算；其他资源主要用于生物质发电，按2020年、2030年、2050年分别取可获得量的20%、40%、60%的利用率计算，发电效率按20%计算，则到2050年我国生物质能资源可开发量接近10亿t标准煤，其中能源植物（制生物燃油）3.6亿t标准煤，占到了30%以上的份额。

未来50年我国主要生物质能的可获得量见表24.2。

表24.2 未来50年我国主要生物质能的可获得量预测

生物质能可获得量	实物量单位	2020年		2030年		2050年	
		实物量	标煤当量（亿t标准煤）	实物量	标煤当量（亿t标准煤）	实物量	标煤当量（亿t标准煤）
工业废水废渣（沼气）	亿 m^3	200	0.17	280	0.24	320	0.27
禽畜粪便（沼气）	亿 m^3	370	0.26	550	0.39	820	0.59
秸秆及农业加工剩余物	t	4.0	1.9	4.3	2.1	4.5	2.20
柴薪及林业加工剩余物	t	2.59	1.48	2.81	1.60	3.12	1.78
城市生活垃圾	t	4.7	0.4	7.7	0.66	13.8	1.18
小计	t		4.21		4.99		6.02
能源植物（制生物乙醇）	t	0.197	0.17	0.263	0.23	0.395	0.34
能源植物（制生物柴油）	t	0.741	1.08	1.112	1.62	2.223	3.24
小计			1.25		1.85		3.58
总计			5.46		6.84		9.60

注 1. 折标准煤系数（当量值）：工业沼气8.57t标准煤 m^3；农业沼气7.14t标准煤 m^3；秸秆0.48t标准煤t；薪柴0.57t标准煤t；城市生活垃圾4.20MJ/kg（0.143t标准煤t）；乙醇0.858t标准煤t；生物柴油1.64t标准煤t。
2. 资料来源：《中国新能源行业分析报告》。

24.4.1.2 非粮食生物质能源将成为未来发展方向

虽然国家大力扶持电动汽车的发展，希望减弱对于煤炭和石油的依赖，但是电动车大规模替代汽柴油车还有很长的路要走。从目前的应用规模来说，生物质能显然是最为现实的途径之一。以德国为例，虽然其风能和太阳能发展最快，但是生物质能份额仍然是所有可再生能源中占比最大的。2007年德国能源消费总量6.9%来自可再生能源。

以粮食为原料的第一代生物能源如果大规模扩张，最终要面临与人争粮，与粮争地的境地，发展非粮生物能源更有发展空间。第二代生物主要以非粮作物为生产原料，如甜高粱、秸秆、柳枝稷（Switchgrass）和麻疯树（Jatropha）等。这些原料来源广泛，生长迅速，能耐贫瘠土壤，可以充分地利用边角地等，避免占用耕地。纤维素乙醇是燃料乙醇的发展方向，但目前成本过高。

在生物能源、粮食安全与能源安全之间能找到一个均衡点，即生物能源发展的合理产量区域。根据我国目前生物质能发展现状及国内掌握的生物质能技术，我国完全有条件在“十一五”期间进行生物能源和生物材料规模工业化和产业化，可以在2020年形成产值规模达万亿元，在“石油枯竭拐点”形成部分替代能力。2020～2050年，生物质将逐渐成为主要能源之一。

24.4.2 机会

24.4.2.1 良好的宏观政策环境逐渐形成

自2006年1月1日《中华人民共和国可再生能源法》生效以来，国家有关部门相继出台了《可再生能源发电有关管理规定》等配套实施细则，重点支持可再生能源发电技术；财政部也发布了财税支持政策[33]；农业部也适时发布了《农业生物质能产业发展规划》。上述政策措施的出台，无疑有力地保证了投资人的利益，生物质能的开发利用迎来前所未有的历史机遇，这将全面促进中国生物质能产业的发展。

对于生态能源产业的市场生命力，著名经济学家温元凯表示，按照即将出台的《可再生能源发展“十二五”规划》，利用 10～15 年的时间将我国建设成生态能源大国，再利用 20 年的时间建设成生态能源强国（未来 10 年内，国家在新能源领域的投资总量将达到 3 万亿元）。换言之，仅仅是井喷式发展期就长达 40 年，这是任何产业都难以企及的政策优势。

24.4.2.2　技术水平不断提高

随着生物质能开发利用产业的发展，相关技术将得到长足的发展，主要有：纤维素分解生产乙醇技术，低成本、高效水解酶技术，工业规模甜高粱生产乙醇的成套设备和工艺技术，高产、优质含油能源作物育种、育苗和大面积栽培技术，高产木质能源林的育种、育苗和大面积栽培技术，生物质发电锅炉，小型生物质发电成套设备，大型沼气工程成套设备，生物基化工产品等。

24.4.2.3　大型企业积极参与

目前，从事生物质能产业的企业不再仅是中小企业，国有大型企业和跨国公司也参与进来，极大地促进了产业的发展，生物质能产业呈快速发展趋势。国能生物发电集团有限公司和中国节能投资公司将生物质直燃发电作为其重点领域。国能生物质发电公司在江苏、安徽、河南、吉林和黑龙江等省相继立项投资建设一批生物质电厂，目前核准项目共 22 个，其中 14 个在建、1 个投产，预计到 2007 年初，将有 5 个项目投产发电。此外，许多跨国公司对中国生物质能产业也逐渐表现出浓厚的兴趣。

目前，我国生物质能产业飞速发展，成为各大公司投资的热点。中粮集团、中国石油、中国石化、中海油等企业巨头纷纷在该领域布局设点、圈地占山。

2006 年开始，中粮集团在生物能源领域大领风骚，分别与内蒙古、河北、湖北、山东 4 省政府部门，签订了投资额达 50 多亿元、年产 75 万 t 燃料乙醇的项目协议。同年 10 月，其远在广西北海以木薯为原料的 40 万 t 燃料乙醇项目也宣布正式开工，另有几个项目也处在前期论证之中。该集团雄心勃勃，计划在未来 3 年内实现生产燃料乙醇 245 万 t，在“十一五”规划期间的最终目标是 310 万 t，约占国家计划目标的 60%，大有成为国家燃料乙醇战略执行主体之势。为此，该集团将在 5 年内投入 100 亿元。

中国石油控股 60% 的吉林燃料乙醇有限公司，是国家开发可再生能源燃料乙醇项目的第一个试点示范工程，也是全国最大的燃料乙醇生产基地，生产规模达 50 万 t。此后，中国石油又与国家林业局就发展林业生物质能源签署了相关的合作框架协议，正式启动云南、四川、山东等地的生物能源建设，并计划与英国石油（BP）公司联合入股广西新天德能源。广西新天德能源拥有中国南方最大的乙醇厂，每年可生产由木薯制造的乙醇达 10 万 t。另外两大石油公司同样也在全国追逐“绿金”。

2006 年，中国石化和中海油相继与四川攀枝花市政府达成合作协议，都计划在当地建设年产 10 万 t 的生物柴油炼油基地。2007 年 3 月底，中海油又宣布当年将在海南省东方市兴建一座首期规模为年产 6 万 t 生物柴油的炼油装置，并在海南种植面积达数十万亩的麻风树，以便为炼油装置提供原料。除了在攀枝花的生物柴油项目外，中国石化还与中粮集团在燃料乙醇发展上达成战略合作意向。在 2006 年开工建设的广西 40 万 t 燃料乙醇项目中，中国石化占有 15% 的股份。另外，在河南天冠和安徽丰原这两家燃料乙醇定点生产企业中，中国石化也分别占股 20%。

在这个新兴的能源领域，大企业集团的竞相投资，无疑将加速生物质能市场的发展，促进产业进入快速发展阶段。

25

核　　能

核电是一种清洁、安全、技术成熟、供应能力强、能大规模应用的发电方式，国际核能的应用经历了对核电机组的从第一代到第三代不断改进的过程。目前，国际第四代核能利用系统研究提出了反应堆设计和核燃料循环方案的新概念，我国核电已由起步进入发展阶段，具有自主设计建造第二代核电的能力，我国已做出积极推进核电发展的重大决定，加快我国核电建设，提高核电在电力供给中的比重，这将有助于缓解电力增长与交通运输、环境保护的矛盾，核能利用的发展前景将越来越广阔。

25.1 资源及产业现状

自1954年苏联建成世界上首座5000kW试验性原子能电站以来，人类对核能的商业利用实践已经走过了半个多世纪。期间，经历了1970年代的快速发展时期，以及因三里岛和切尔诺贝利核电站事故所引发的1980年代的缓慢增长期。迄今，切尔诺贝利事故已经过去了整整20年，在这段时间里世界400多座核电站机组又积累了8000多堆年的运行经验，且无重大事故发生。这表明核电站改进措施已见成效，核电安全性和经济性均有所提高。但是，公众和用户对核电产业发展仍然心存余悸。世界核能产业就是在希望与疑虑的矛盾中缓慢但稳步发展。

25.1.1　全球核电稳步增长

国际原子能机构公布，截至2002年底，全世界共有441台核电机组在运行，2002年共生产电力2.574万亿kW·h，约占当年世界总发电量的17%。其中，核发电量占本国总发电量比例最高的国家是立陶宛，达到80%；其次是法国，达到79%。2005年核电发电容量总计净增230万kW，全年发电量占世界发电量的19.28%，并与全球电力市场稳定增长保持同步。2005年，至少有15个国家核能发电量占本国发电总量的30%以上，占15%～30%的国家有6个，其中法国核电生产量在其电力生产量的份额接近80%。2005年全球并入电网的核电机组有4台，其中日本2台，印度和韩国各1台；同年，加拿大1台闲置的机组重新并入电网。

来自国际原子能机构的数据显示（表 25.1），至 2007 年 3 月，世界各地有 435 座动力堆在运行。在这些在役的反应堆中美国有 103 个，提供电力份额 19.33%，法国 59 个，日本 55 个，俄罗斯联邦 31 个，英国 19 个。仅这 5 个国家就占全球在役反应堆的 60% 以上。另外，截至 2007 年 3 月，全球在建的核反应堆有 30 个，发电容量将达到 24251MW，其中大多数在亚洲，共有 16 个（印度 7 个，中国 5 个，朝鲜、伊朗、日本和巴基斯坦各 1 个）。欧洲总计有 166 座核反应堆在运转中，有 6 座在建设中。芬兰、法国、保加利亚和乌克兰也有核能扩能计划。芬兰于 2005 年开始建设 Olkiluoto－3 核反应堆，该核反应堆是西欧自 1991 年以来第一套新建的核反应堆。

表 25.1　　截至 2007 年 3 月全球运行中和在建的核反应堆一览表

国家	运行中的反应堆		在建的反应堆		2005 年核发电量[1]	
	数量	容量 [MW (e)]	数量	容量 [MW (e)]	发电量 [TW (e) ·h]	占总电量的比例 (%)
比利时	7	5801	—	—	45.34	55.63
巴西	2	1901	—	—	9.85	2.48
加拿大	18	12584	—	—	86.83	14.63
中国	10	7587	5	4220	50.33	2.03
法国	59	63363	—	—	430.90	78.46
德国	17	20339	—	—	154.61	30.98
印度	16	3483	7	3112	15.73	2.83
日本	55	47593	1	866	280.67	29.33
韩国	20	16810	—	—	139.29	44.67
俄罗斯联邦	31	21743	5	4525	137.27	15.78
乌克兰	15	13107	2	1900	83.29	48.48
英国	19	10822	—	—	75.17	19.86
美国	103	98145	—	—	780.47	19.33
其他	93	44923	10	9628	536.60	—
总计	435	368201	30	24251	2826.35	19.28

注　该栏数据截止日期为 2005 年 12 月 31 日。
资料来源：根据 IAEA（国际原子能机构）数据汇总。

根据国际原子能机构的预测，到 2030 年全球核电装机容量将达到 473～748GW，比 2007 年增长 27.15%～101%，占总装机容量的比重为 8%～9%；届时全球核电发电量将达到 3522～5551TW·h，比 2007 年增长 35.05%～112.85%，占全球总发电量的 12%～14%。

现在核能发电站的扩建集中在亚洲，至 2006 年底建设中的 29 座就有 15 座在亚洲。最近建设的 36 座核反应堆已与电网联网的有 26 座在亚洲。

印度核能发电所占比例现小于 3%，但至 2006 年底，拥有建设中核电站的 1/4，在建设中 29 座核电站中拥有 7 座，计划到 2022 年将增长 8 倍，达到电力供应的 10%；到 2052 年将增长 75 倍，达到电力供应的 26%。75 倍的增长意味着年均增长 9.4%，与全球 1970～2004 年的平均增长率相同。

日本 55 座核反应堆在运转，1 座在建设中，并计划使核能发电占电力份额从 2006 年的 30%

提高到后10年内的超过40%

韩国于2006年投运第20座核反应堆，另一座在建设中，并已动工开始再建设2座。核能发电已供应其电力的39%。

25.1.2 中国核能发展现状

中国是继美、英、法、前苏联、加拿大和瑞典之后，世界上第七个能自主设计和建造核电站的国家，核电的发展状况与我国核大国的地位极不相称。2007年，我国核电发电量和装机容量的比重分别达到1.92%和1.24%（见图25.1），在拥有核电的国家中是最低的。2008年我国核电总装机容量和发电量分别是885万kW和684亿kW·h，仅仅占全国总装机容量的1.1%和总发电量的1.99%。与世界水平17%相比，国内核电仍有很大的发展空间。

表25.2为我国正在运行的核电机组情况。

表25.2　　我国正在运行的核电机组

机组名称	所在地	额度功率（万kW）	并网时间（年.月.日）
秦山核电站	浙江海盐	30	1991.2.5
大亚湾核电站1号机组	广东深圳	90	1993.8.31
大亚湾核电站2号机组	广东深圳	90	1994.2.7
秦山二期1号机组	浙江海盐	60	2002.2.1
岭澳核电站1号机组	广东深圳	98.4	2002.4.5
岭澳核电站2号机组	广东深圳	98.4	2002.12.15
秦山三期1号机组	浙江海盐	72.8	2002.11.10
秦山三期2号机组	浙江海盐	72.8	2003.6.12
秦山二期2号机组	浙江海盐	60	2004.3.11
田湾核电站1号机组	江苏连云港	100	2006.5.12

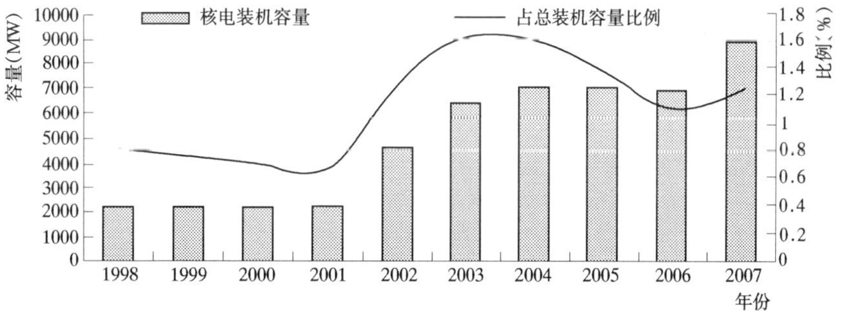

图25.1　我国核电装机容量及占总装机容量比重

近年来，我国不断调高核电发展的目标。根据最新目标，2020年核电占电力总装机容量的比例将达到8%以上。照此计算，2020年我国核电装机容量至少可以达到7000万kW，相当于未来12年我国平均每年有5~6台百万千瓦核电机组投产。根据中国核电产业发展规划，从沿海的广东、浙江、福建到内陆的湖北、湖南、江西，将建设数十座核电站。到2020年，中国将建成13座核电站，拥有58台百万千瓦级核电机组，核电总装机容量达4000万kW，核电年发电量将超过2600亿kW·h，核电占中国全部发电装机容量的比重达4%左右，发电量比重占全国发电量的6%以上。

25.2　重　点　技　术

25.2.1　对第二代核电机组的改进

20 世纪 80 ~ 90 年代以来，各国对现正运行的第二代核电站为提高安全性和经济性而进行的技术改进取得了显著成效。以美国为例，他们在研究开发新型核电机组的同时，毫不放松对现在正在运行的第二代核电机组的改进和提高效益，并已取得显著成绩。对这些机组的改进是从以下几个方面着手的：

1. 改进机组安全、运行性能

通过改进安全系统，加强运行管理，改善人机接口，提高安全文化等以减少停堆次数和出现异常事件次数，增强安全性；采用"风险信息已知的在役检查方式"（Risk informed inservice inspection）等完善核电维修技术。通过这些改进使核电机组的可利用率从 20 世纪 70 年代初的 60% 左右提高到了现在的约 90%。实践证明，机组安全性的提高和经济性的提高是可以相辅相成的，安全系统的改善和人员安全文化的提高必然促进机组的稳定连续运行，从而提高效率和利用率，在经济上也得到好处。

2. 发挥机组设计余量，提高额定功率

在核电机组设计时，由于考虑一些不确定性，都留有相当的余量，在对运行经验数据进行仔细分析后，这些不确定性就可相对确定，余量就可发挥出来。因此，可以在保证安全指标的前提下提高机组额定功率。美国已有 50 多座机组都通过这些改进使额定功率得到不同程度的提高。

3. 延长机组寿期

核电机组一般设计寿命为 40 年，现在各国都认为这个寿期是可以延长的。美国核管理委员会已为此制定了管理导则，并已审批通过了 40 多座核电机组寿命由 40 年延至 60 年，而现在申请延期者仍络绎不绝，这是因为延寿的利益是十分显著的：据测算，机组延寿每千瓦的代价为 250 ~ 750 美元，而目前新建机组的造价为每千瓦 1500 ~ 2000 美元。而且，如果机组不延寿，到期就要退役，面对退役拆除费不低于 400 美元/kW。据称，延寿后的发电成本可降低到 0.188 美元/（kW · h）。

25.2.2　第三代核电机组发展目标

第三代核电机组的设计原则为：以第二代核电机组积累技术储备和运行经验为基础，针对其不足之处，采用经过开发验证可行的新技术，以显著改善其安全性和经济性，满足 URD 文件或 EUR 文件及 NUSS 建议法规的要求。归纳各国已提出的设计方案，有以下指标和特点。

25.2.2.1　安全性指标

在安全性上，应有预防和缓解严重事故的设施，以达到下列指标要求：

（1）堆芯熔化事故概率不大于 1.0×10^{-5}堆 · 年（即每座反应堆每 1 年运行出现此类事故的概率不大于十万分之一）。

（2）大量放射性释放到环境的事故概率不大于 1.0×10^{-6}堆 · 年（即每座反应堆每运行 1 年出现此类事故的概率不大于 1/百万）。

（3）核燃料热工安全余量不小于 15%。

25.2.2.2 经济性指标

在经济性上，要求能与联合循环的天然气电厂相竞争（我国的提法是要求能与脱硫煤电相竞争），具体指标包括：

（1）机组可利用率不小于87%。

（2）设计寿命为60年。

（3）建设周期不大于54个月。

25.2.2.3 采用非能动安全系统

采用非能动安全系统，即利用物质固有的重力、流体对流和蒸发扩散等天然原理，设计不需要专设电源或其他动力源驱动的安全系统，以便在应急情况下自然冷却反应堆和带走堆芯余热。这既使系统简化和设备减少，又提高了安全可靠性和经济性。这是革新型的重大改进。在这方面，美国的AP－1000压水堆是走在前面的。

25.2.2.4 单机容量进一步大型化

研究和工程建造经验表明，轻水堆核电站的单位千瓦投资随单机容量（kW）的加大而减少（在单机容量为150万～170万kW前均如此）。因此，欧洲法马通、德国电站联盟联合设计的EPR机组额定电功率约160万kW，已在芬兰中标。美国西屋公司和燃烧公司也出于经济性的考虑将原单机容量65万kW的AP－600型机组发展为120万kW的AP－1000型机组。日本三菱提出的NP－21型压水堆核电机组的电功率为170万kW，俄罗斯也正在设计的VVER型第三代核电机组功率为150万kW。

25.2.2.5 采用整体数字化控制系统

国外近年来新建成投产的核电机组，如法国的N4、英国的Sizewell、捷克的Temelin、日本的ABWR均采用了数字化仪控系统。经验证明，采用数字化仪表控制系统可显著提高可靠性，改善人因工程，避免误操作。世界各国核电设计和机组供应商提出的第三代核电机组无一例外地均采用整体数字化仪表控制系统。我国10MW高温气冷试验堆和田湾核电站均已采用整体数字化控制系统。

25.2.2.6 施工建设模块化以缩短工期

核电建设工期的长短对其经济性有显著影响。因此，新的核电机组从设计开始就考虑如何缩短工期。有效办法之一就是改变传统的把单项设备逐一运往工地安装方式，向模块化方向发展：以设计标准化和设备制造模块化的方式尽可能在制造厂内（条件较工地好）组装，减少现场施工量以缩短工期。美国和日本联合建设的AB－WR机组已成功地采用了这种技术。美国AP－1000也将采用模块化设计、建造技术，其工期可缩短为48个月。德国、美国、南非正在研究设计的高温气冷堆，也是往模块化方向发展。

目前，国际上开发的第三代核电堆型均为热中子堆，如压水堆、沸水堆、高温气冷堆。这是因为目前仅热中子堆有把握在近期实现商用化。我国已明确第三代核电的堆型是电功率百万千瓦以上的压水堆。

就压水堆而言，国际上比较成熟的第三代大型核电机组有AP－1000、EPR和System80＋3个型号。System80＋虽已通过美国核管会批准，但由于安全系统应用非能动太少，美国已放弃使用。

美国西屋公司AP－1000和法国法马通公司的EPR虽都满足第三代核电机组的设计要求，但各有优缺点：EPR 的单机功率（约 160 万 kW）大于 AP－1000 的单机功率（约 120 万 kW），但它的能动安全系统比传统的能动安全系统更加复杂，不如 AP－1000 的非能动安全系统先进。

我国通过招标和竞标谈判已选择了 AP－1000 为发展第三代核电机组的机型。与此同时，我国也做好了自主开发更加先进的第三代核电站的准备。

25.2.3 第四代核能利用系统研究进展

近年来，世界各国提出了许多反应堆设计和核燃料循环方案的新概念。第四代核能系统开发的目标为：2030 年前创新地开发出新一代核能系统，使其安全性、经济性、可持续发展性、防核扩散、防恐怖袭击等方面都有显著提高；研究开发不仅包括用于发电或制氢等的核反应堆装置，还包括核燃料循环，以达到组成完整核能利用系统的目标。

25.3 产 业 政 策

国务院通过的《核电中长期发展规划》（2005～2020 年），总结了国内核电建设和世界核电发展经验，分析了我国发展核电的意义和相关条件，提出了核电发展的指导思想、方法和目标，提出了有关的具体实施方案，对促进我国核电快速健康发展，具有十分重要的统筹与指导作用。

《核电中长期发展规划》明确核电运行装机容量将由目前的 700 万 kW 争取提高到 2020 年的 4000 万 kW。为实现上述目标，在未来 10 年中，我国每年要开工建设 3 台以上核电机组，核燃料循环各环节生产能力到 2020 年也要在现有基础上提高 4～6 倍。这给核工业的发展带来了前所未有的机遇，也使其面临新的挑战。

原国防科工委 2006 年发布的《核工业“十一五”发展规划》，分析了我国核工业发展现状，提出了“十一五”发展目标和具体要求，要求加快核电建设，加强运行管理，加大基础能力，提高铀资源保障能力以及核燃料循环的生产能力和技术水平，满足核电发展的需要。《核工业“十一五”发展规划》提出的中国核能的具体发展目标为：

（1）提升核科技基础能力，突破重点核技术领域的关键与核心技术，强化核基础科学研究，缩小与世界先进水平的差距。

（2）全面提高核电自主化能力和国产化水平，新开工建设核电装机容量 1000 万 kW 以上，确保在役核电站安全稳定运行，基本建立适应核电发展的设计、建造、运行和技术服务体系以及我国压水堆核电标准体系。

（3）形成适应核电发展的核燃料供应体制和机制，全面提升核燃料生产各环节的研发能力、技术水平和产能，确保核燃料的稳定与可靠供应。

（4）提高核设施退役和废物管理的技术水平，加速放射性废物治理，减少安全隐患，保证环境安全。

（5）建立健全核设施的安全监管体系以及核应急管理体系，形成统一指挥、功能齐全、反应灵敏、运转高效的核应急与核反恐体系。

（6）实现核技术应用若干系列产品的产业化，促进产值较快增长，提高整体水平和竞争力。

（7）经济总量年均增长速度 13%，工业企业经济效益指数提高 30 点以上；提高资源利用效率，万元销售收入综合能源消耗系数较“十五”降低 22%，初步实现经济增长方式由粗放型向集约型转变。

2007 年 7 月，国务院颁布了《民用核安全设备监督管理条例》，该条例的出台与实施，加大了民用核安全设备的监管力度，在监管范围上从核承压设备扩大到核安全设备，在监管职能上增加了民用核安全设备国家标准的拟定，在监管对象上从国内承包商延伸到国外承包商。民用核安全设备监督管理工作的加强，为民用核设施的建造质量和投产后的安全运行进一步提供保障。

2008 年 3 月，国土资源部和国防科工委联合下发《关于加强铀矿地质勘探工作的若干意见》，对健全完善铀矿地质勘探工作体系、构建铀矿地质勘探工作多元投入体制、积极推进铀矿地质科技进步和加强对铀矿地质勘探工作的管理等问题提出了具体的要求，对相关政策作出了明确的规定。“若干意见”的实施，将对我国铀矿地质勘探工作的协调有序发展、提高铀资源保障能力起到积极的促进作用。

25.4 趋势与机会

新中国成立 60 年来，我国的核电产业从无到有、由弱到强。如今，全国核电装机容量 907.82 万千瓦，运行机组 11 台；根据国家能源局前阶段透露的核电中长期发展规划调整目标，预计到 2020 年，中国核电装机容量有望超过 7500 万千瓦。新能源振兴规划将于年内出台，预计到 2020 年核电占电力总装机容量的比例将调高到 8% 以上，据此推算，预计将带动核电装备制造业 7000 亿 ~ 7500 亿元的市场需求。

25.4.1 能源供需矛盾尖锐，核能成为最现实的选择

伊拉克战争后的石油形势凸现了中国能源安全潜伏的危机，主要表现为能源的需求与资源储量不足的矛盾，同时以煤炭为主的能源消费结构所造成的严重的环境影响也引起了人们的高度重视。按 2020 年我国 GDP 翻两番的经济发展目标估计，我国能源发展估计只能翻一番，总需求将从目前的 14 亿 t 标煤增长到 2020 年的 30 亿 t 标准煤，我国发电装机容量需要从现在的 400GW 提高到 2020 年的 960GW 左右，需要新增加 560GW。

我国目前的电力供应中煤电占 74%，水电占 24%，核电仅占 1.6%。通过大力发展水电、加快发展核电、积极发展非水可再生能源（如风能、太阳能、生物质能）等举措，可以逐步降低化石燃料的份额，逐步改善能源结构。

核能对于我国的可持续发展具有重要的战略意义，它将确保我国长期的能源安全，也将维持我国的核大国地位从而确保国家安全，还将带动我国相关产业及其高新技术的发展，并为改善环境污染形势作出贡献。从长远看，今后核能除了发电之外，还将为交通运输和工业供热（如可用核能产氢和海水淡化等）提供能源，逐步取代日益短缺的石油资源。

25.4.2 核能行业已进入快速发展、规模发展、多元发展的新阶段

我国核能进入快速发展阶段，主要表现在以下几方面。

1. *在役核电站继续保持安全稳定运行，性能指标不断改善*

我国在役运行的 11 台核电机组，管理水平不断提高，安全运行状况良好，性能指标继续保持较高水平。与世界核电运行者协会（WANO）9 类 11 项性能指标对比，我国 2007 年之前投入

商业运行的 9 台机组平均性能有 9 项好于 2006 年 WANO 中值，其中 6 项进入先进值行列。

2. 自主设计建造的二代改进型核电新项目开始批量建设

岭澳核电站扩建工程、秦山二期扩建工程、辽宁红沿河核电工程和福建宁德核电站积极筹建。广东阳江、福建福清、浙江方家山等项目正待获核准。

3. 引进技术的三代核电项目进入实施阶段

负责三代核电 AP1000 技术引进、工程建设、自主发展的国家核电公司已正式成立；项目的现场准备工作已全面展开，为明年正式开工积极创造条件；浙江三门、山东海阳和广东台山三代核电自主化依托项目分别实现主合同签字。

4. 核电工程设计建设和管理能力不断增强

近两年，中核集团和中广核集团对核电工程设计和管理的力量进行了调整和重组，着力推进设计能力增长和工程管理专业化，适应多个核电项目同时建设的需要。核电工程建造方面，经过 20 年的工程实践和经验积累，已形成以中国核工业建设集团公司为主力的核电建筑安装力量，具备自主建造、批量建造核电站的能力。

5. 核电设备国产化能力稳步提升

三大动力设备集团和重型设备集团通过技术改造和产业升级，设备制造能力显著增强，管理水平不断提高，核电站核岛、常规岛主设备制造体系已初步形成，设备承制量成倍增长，二代改进型核电主设备国产化率将超过 80%，三代核电设备国产化工作开始启动；为核电工程提供机械设备、电仪设备、通用部件和材料以及服务的供应商网络正在形成，核电项目业主确认的合格供应商已超过千家。

6. 核能技术研发工作不断进展

我国核能领域一些关键技术取得突破，基础能力持续提升。中国实验快堆工程进入全面安装阶段，计划 2009 年 6 月实现首次临界，2010 年 6 月实现并网发电。大型先进压水堆及高温气冷堆核电站重大工程项目实施方案已经国务院常务会议审查通过，标志着该重大工程项目进入实施阶段。

7. 核燃料工业取得长足发展

核燃料循环各环节——铀纯化与转化、铀浓缩、燃料元件制造、商用后处理等——正根据规划的安排扩展生产规模，提高生产能力。一些新的生产线或正在建设之中，或处于工程前期不同阶段。

第5篇

融资篇：节能减排的金融保障及其新机制

资金是节能减排的关键环节，在推进节能减排项目发展中发挥着重要作用。未来节能减排领域投融资蕴含巨大机遇，但其投融资政策及模式等需要进一步完善。为了应对全球环境及能源的挑战，积极推动节能减排项目的推广实施，世界各国政府以及金融、环境等机构对节能减排的投融资给予了极大的关注。

节能减排的融资模式：政府资金支持、市场融资是发达国家节能减排融资主要两种模式。中国则通过积极开展与世界银行、全球环境基金、亚洲开发银行等国际机构的合作，获得资金支持。同时，国内的商业银行积极介入，通过商业银行能效融资与绿色信贷，丰富了国内环保产业的融资途径。

节能减排需要先进的能源管理机制，合同能源管理在逐渐兴起。这种节能新机制的实质是一种客户以减少的能源费用来支付节能项目全部成本的节能投资方式。与此同时，一种基于这种机制运作的、以赢利为目的的专业化公司应运而生，这就是节能服务公司，又称能源管理公司。合同能源管理在发达国家是一种普遍的节能方式，但在中国，节能服务市场仍处于初级阶段。但无疑，中国的节能服务市场前景巨大。

而需求侧管理则是当今国际上推行通过采取有效措施，引导电力用户优化用电方式，提高终端用电效率，实现最小成本电力服务所进行的用电管理活动。近年来，我国电力需求侧管理工作取得了积极进展，但与开展这项工作较好的国家相比，我国在工作的深度和广度上还有较大差距。对于我国这样一个人均能源资源匮乏的发展中大国来说，坚持开展需求侧管理，深入挖掘这一宝贵的隐性电力资源，是当前及今后我国面临的一项长期战略任务。

为帮助缔约方完成他们的减排目标，《京都议定书》提出了“清洁发展机制”(CDM)。CDM是发达国家通过提供资金和技术的方式，与发展中国家开展项目级的合作并获取温室气体减排抵消额。清洁发展机制对发展中国家和发达国家是一种双赢机制。

根据测算，2012年全球碳交易市场容量为1400亿欧元（约合1900亿美元），有望超过石油市场成为世界第一大市场。预计未来5年将是全球碳交易市场真正蓬勃发展的开端。对于中国而言，碳交易及其衍生的市场发展前景广阔。

本篇集中分析合同能源管理、清洁发展机制、需求侧管理以及节能资源协议的运行机制、国际社会施行状况及这些先进管理模式引入中国节能减排实践后的应用与趋向。

26

节能减排的融资模式及其融资途径

“节能减排、保护环境”既是当前加强宏观调控的重点，也是国家实现科学发展、构建和谐社会、促进经济结构调整、转变发展方式的重大举措。资金是节能减排的关键环节，在推进节能减排项目发展中发挥着重要作用。

26.1 节能减排国际融资模式介绍

26.1.1 美国

美国在环保产业筹集资金方面，主要有政府资金支持和市场融资两种方式。

26.1.1.1 政府资金支持

1. 联邦和州政府的财政支持

这主要是指联邦政府通过建立“超级基金”，通过对环保项目的转移支付，来解决环保产业的资金短缺问题。

目前的转移支付机制是多种多样的：从形式上看，分贷款和赠款；从内容上看，分技术支持、设施建设、系统完善、特殊地区帮助（印第安人地区和美墨边境地区等）等；从部门上看，联邦政府环保局、农业部、内务部、联邦海洋与大气管理局、美国地质勘察局、商务部、住房与城市发展部、卫生部等都有援助资金用于环保项目。通过多渠道的转移支付方式，美国的环保事业有效的发展了起来。比如在污水处理方面，美国建立了“清洁水州立滚动基金”，从1987～2001年，这个基金共向1.09万个清洁水项目提供了343亿美元的低息贷款。为了扩大基金量，在50个设立该滚动基金的州中，有34个州还通过发行“平衡债券”（用滚动基金中的1美元作担保发行2美元的债券），使其滚动基金的可使用资金共增加了44亿美元。

2. 发行市政债券

市政债券是由城市政府或某一公共事业公司发行的，以政府财政收入或对某项公共服务的收费（预期收益）作担保的，在资本市场发行的可流通债券。美国在对环保事业发展的支持方面，其资金的来源很大一部分是通过发行市政债券来完成任务的。如在饮用水和污水处理两个领域，其项目建设资金约85%是来自于市政债券融资。但污水处理厂建设资金方面，这一方式的融资占建设投资的5% ~16%。

26.1.1.2　市场融资

1. 排污许可证交易

在美国，排污许可证的交易非常的普遍、活跃。美国排污权交易包括三种模式：排污削减信用模式ERC（emission reduction credits），总量—分配模式（cap and allocate），非连续排污削减模式DER（discrete emission reductions）。

排污削减信用模式是美国排污权交易最初采取的模式，总量—分配模式从90年代开始成为排污权交易的主要趋势，这两种模式贯穿着美国20多年来的排污权交易的实践。非连续排污削减模式近几年刚刚用于实践，它实质上是对ERC模式在增加灵活性上的改进。

对于ERC模式，即排污削减信用，一般来说它是指由污染源采取自愿的措施使其排放的污染低于允许的排放量，而产生的这个差值；总量—分配模式：它是指政府用某种程序将有限的污染权发给污染者；非连续排污削减模式（DER）：是最新的排污权交易模式，是真实的排污削减，来源于采取某项控制排污行动的前后实际的排污量的差值。

排污权交易这种方式很简便，就像威廉·萨缪尔森所言的：排污许可证就像猪和小麦一样，可以自由地拿到市场进行买卖。通过排污权交易制度的不断完善，尤其是将价格机制引入，可以有效刺激更多企业投资于环保产业，减少对环境的污染。因为，一旦排污许可证的价格制定合理，就会有许多的厂商在这方面自觉“下功夫”。追逐利润，是企业的目的，如果许可证交易买卖中有更多的利润可得，并且可以得到政府更多的优惠政策，以及广大民众的支持，这对于任何企业而言是求之不得的好事。所以说，排污许可证交易制度，在一定程度上有利于企业投融资于环保产业、投资于环保事业，这对于环境保护、生态恢复都非常的有意义。

2. 企业自筹

企业自筹，就是企业自身进行一系列筹措资金的方式和方法，比如银行贷款、发行企业债券、企业上市融资等。企业之所以会自觉地筹措资金投资于环保产业，一方面是因为企业为了适应社会、时代发展的需要；另一方面这也是企业为了获得持续的利润、保持持久竞争力的需要。就拿美国的杜邦公司来说，在20世纪80年代末，杜邦公司的研究人员将循环经济理念引入了该企业，创造性地把3R原则发展成为与化学工业实际相结合的“3R制造法”，大力实施清洁生产，发展环保产业，以达到少排放甚至零排放的环境保护目标。它们投资于环保产业，取得显著的成果，生产出了诸多被人们乐于称道的环保产品。

3. 公私合作

公私合作（Public - Private Participation，简称PPP）包括：民营化、合同、租赁、新建基础设施项目融资方法以及在发展援助领域的公共部门与私人部门之间的合作。这是一种主要为了分离管理权和所有权而建立的一种合作形式。在这方面，美国Rouge河道走廊的治理是一个成功的典范。Rouge河道走廊（The Rouge River Gateway Corridor）是美国密歇根东南部的重要自然文化资源之一，该区域集城市化、自然风光、繁荣文化、人口聚集和经济增长于一体。然而，17年前的Rouge河曾是众所周知该州污染最严重的河流。像其他城市的水体一样，污染、下水道排放、工业活动破坏了它的自然生态。1999年成立了Rouge河流区域俱乐部，成员既有政府部门，又有著名企业与科教机构。该俱乐部代表着 Wayne 县、4 个城市、文化机构和私有企业的联合，被底特律自由快报（1999 年 12 月 5 日）誉为“政府和私有企业为恢复受伤河流及其周边地区最完美的组合”。2003 年在该俱乐部的指导下，诞生了一项旨在推进民众、生态、经济共同可持续发展的行动计划，该计划将拆除河道中的部分混凝土构作，以便为鱼类提供新的生存环境并恢复自然河岸。这些努力目的在于使 Rouge 河恢复到 100 年前的貌样——各种野生动物和本土植物共存、原汁原味的自然休闲空间。

26.1.2 日本

当前日本环保技术的发展趋势，是针对国内外环境公害问题，建立国际市场来输出日本的环保技术、成套设备及其附属设备。日本企业善于抓住环境保护的声势，借助全球环境保护浪潮发展环保产业，以占领国内和国际市场。日本的环保产业融资主要通过一系列的政策措施以及非政府机构（NGO）的支持，来实现资金的筹措。

26.1.2.1 财政投资与贷款项目基金

财政投资与贷款项目基金规定，中央政府总体上和系统的管理基金，在国家信用的基础上，把由政府操作的、人们在邮局和养老基金中的存款和保险金集中起来，用于经济发展和促进国家福利事业发展。按法律规定，该基金要在国家账户中与由税收形成的一般账户基金分开来管理。

财政投资与贷款项目基金作为一项政府贷款制度，1960 年在日本开发银行中建立了对公害防治对策给予资金支持的贷款制度，主要用于帮助大企业进行公害防治投资。

1965 年，专门帮助公害防治对策实施机构——日本环境事业团（JEC）成立，该机构主要为中小企业提供公害防治的资金支持。与过去中央政府主要采取制定法规等间接措施相反，现在情况有了相当大的变化，中央政府也直接参与到项目之中。

1970 年国会通过了大量法律法规，这些法律法规生效后，企业的公害防治投资直线上升。在私营企业的筹资过程中，政府金融机构分担了一部分。

26.1.2.2 政府金融机构支持融资

这主要从两个方面弥补企业的资金不足：一是“数量补充”，即在产业重建时期，对企业从私营金融机构得到的资金以外的不足部分给予不足；二是对私营金融机构难以涉及的长期领域给予资金上的“质量补充”。起到“质量补充”作用的公共补贴制度，与税收激励、安全担保和政府贴息制度等一起，有效地促进了企业发展环保产业、实施公害防治对策。在环保产业公害防治对策投资达到最高的时期，资金主要来自政府金融机构，包括日本开发银行（主要针对大企业）、环境事业团（主要针对中小企业），它们的资金占了总量的 20% ~30%。

在企业进行公害防治投资的同时，私营金融机构对于支持非生产领域的活动（如公害防治）方面变得积极起来，当前日本公害防治对策所需总投资的 70% ~80% 都来自私营金融机构。环境事业团的大部分资金用于中小企业的公害防治对策。事实上，环境事业团从建立到 1999 年，其提供的贷款总额已达 2 万亿日元，占日本公害防治投资总量（20 万亿~30 万亿日元）的近 10%。

综上，政府金融机构一方面刺激了私营部门资助公害防治对策；另一方面资助了中小企业发展环保产业，向着现代化和合理化方向发展。

26.1.2.3 会计预算

这主要针对的是日本环境事业团（JEC），JEC 对中小企业的部分操作资金来源于政府的会计预算，也就是说政府允许JEC在向政府投融资项目偿还借款时可以只支付一部分利息。JEC管理与贷款部门的普通管理费用可以从政府会计预算那里获得资助，但是这些费用的利率不会被转嫁到消费者身上。JEC的运作与财政政策紧密相连，它的年度运作计划和预算必须提前递交给环境部门予以检查和审核。迄今为止，JEC的年度运作预算已累计达到1200亿日元，截至2000年，它的运作预算总额已达到2万亿日元。同期，从环境部门获得的资助金已累计达到550亿日元。

26.1.2.4 非政府组织（NGO）的融资

目前，非政府组织在环境保护方面已做出了巨大的贡献。在日本，环境NGO的活动领域广泛，主要集中于自然保护、资源循环使用、美化环境、推广对环境友好的生活方式、开展环境教育等领域。日本的环境NGO之所以能在许多方面卓有成效地开展活动，运作相当成功，就是因为其设计了多渠道的资金来源，这主要包括：①来自政府的项目经费；②建立基金；③为社会提供有偿服务的收益；④社会捐赠等。

综上，通过多渠道的融资，日本的非政府团体在环境保护、环境工作的展开方面，克服了资金的“瓶颈”问题，也为日本环保产业的发展提供了资助和经验。

26.2 中国节能减排融资模式及途径

26.2.1 节能减排相关优惠财政政策

2007年3月，中华人民共和国第十届全国人民代表大会第五次会议通过《中华人民共和国企业所得税法》，自2008年1月1日起施行。该法规定从事符合条件的环境保护、节能节水项目的所得可免征、减征企业所得税。企业购置用于环境保护、节能节水、安全生产等专用设备的投资额，可以按一定比例实行税额抵免。

2007年8月30日，财政部和国家发展和改革委员会两部委联合印发《节能技术改造财政奖励资金管理暂行办法》。采取“以奖代补”方式对《“十一五”十大重点节能工程实施意见》（发改环资〔2006〕1457号）中确定的燃煤工业锅炉（窑炉）改造、余热余压利用、节约和替代石油、电机系统节能和能量系统优化等项目给予适当支持和奖励，奖励金额按项目技术改造完成后实际取得的节能量和规定的标准确定（东部地区节能技术改造项目按200元/t标准煤奖励，中西部地区按250元/t标准煤奖励）。

2008年1月10日，财政部、国家发展和改革委员会联合发布《高效照明产品推广财政补贴资金管理暂行办法》。采取财政补贴的办法支持大宗用户和城乡居民使用高效照明产品，以替代在用的白炽灯和其他低效照明产品财政补贴；该办法规定，大宗用户每只高效照明产品，中央财政按中标协议供货价格的30%给予补贴；城乡居民用户每只高效照明产品，中央财政按中标协议供货价格的50%给予补贴。

2007年，中央财政共安排节能减排专项资金235亿元（含淘汰落后产能奖励资金），用于支持企业节能技术改造、城市污水处理厂配套管网建设、节能环保能力建设等。其中十大重点节能工程安排的681个项目可形成2550万t标准煤的节能能力。2008年，更是安排国债和中央预算内投资148亿元、中央财政资金270亿元（含淘汰落后产能奖励资金）用于支持十大重点节能工程、城市污水处理设施及配套管网建设、重点流域工业废水治理，以及节能环保能力建设。

2007 年 10 月 24 日，财政部发布《国家机关办公建筑和大型公共建筑节能专项资金管理暂行办法》。专项资金用于国家机关办公建筑和除国家机关办公建筑之外的单体建筑面积 2 万 m^2 以上的公共建筑建立建筑节能监管体系支出，包括搭建建筑能耗监测平台、进行建筑能耗统计、建筑能源审计和建筑能效公示等补助支出；以及建筑节能改造贴息支出等。

2008 年 1 月，财政部、国家发展和改革委员会联合发布《高效照明产品推广财政补贴资金管理暂行办法》。财政补贴将重点支持高效照明产品替代在用的白炽灯和其他低效照明产品，该办法规定，大宗用户每只高效照明产品，中央财政按中标协议供货价格的 30% 给予补贴；城乡居民用户每只高效照明产品，中央财政按中标协议供货价格的 50% 给予补贴。

2008 年 4 月，财政部、国家发展和改革委员会在北京召开了全国高效照明产品推广工作会议，部署首批 5000 万只高效照明产品推广工作，标志着我国高效照明产品推广工程正式启动。

2008 年财政部安排 270 亿元专项资金，中央建设投资中安排 148 亿元资金，共计 418 亿元。其中：十大重点节能工程奖励资金 75 亿元；中西部地区城市管网建设奖励资金 70 亿元；淘汰落后产能奖励资金 40 亿元；“三河三湖”及松花江流域治理奖励资金 50 亿元；环境监测能力建设及节能基础工作 35 亿元。

26.2.2 节能减排项目国际机构融资

26.2.2.1 世界银行/全球环境基金中国节能促进项目

“世界银行（WB）/全球环境基金（GEF）中国节能促进项目”是原国家经济贸易委员会代表中国政府与世界银行（WB）和全球环境基金（GEF）共同组织实施的大型国际合作项目。目标是在中国引进、示范、推广“合同能源管理”机制，建立基于市场的节能新机制，达到克服市场障碍，促使各类节能项目的普遍实施，提高中国的能源效率，减少 CO_2 及其他污染物的排放，保护全球及地区的环境；推广节能新机制，组建各种类型的新的节能服务公司，形成中国的节能服务产业；吸引各类投资者，向节能项目进行商业性投资，促使节能产业的迅速发展。该项目共分两期实施。

项目一期的主要任务是利用 2200 万美元的 GEF 赠款和 6300 美元的 IBRD 贷款支持成立 3 个示范性的节能服务公司（国外简称 ESCO、国内简称 EMCO）、建立国家级的节能信息传播中心以及为项目提供技术援助；项目二期的主要任务是在项目一期示范成功的基础上建立更多的、各种类型的 EMCO，并为他们的组建、运营和发展提供强有力的支持，促使中国节能服务产业的形成和可持续发展。

项目二期将实施一项 EMCO 贷款担保计划，该计划是将 GEF 赠款 2200 万美元用做 EMCO 实施节能技改项目所需贷款的担保基金，帮助 EMCO 增强从商业银行获得商业贷款的能力，克服融资障碍，扩大节能投资。

GEF 的赠款主要用于为 EMCO 贷款担保计划设立担保基金，由国家发改委和财政部对它的使用进行监管，并授权项目管理办公室实施具体的监管工作。在项目结束后，担保基金的余额将用于其他温室气体减排项目，或继续支持 EMCO 贷款担保业务。

EMCO 贷款担保计划的主要内容有如下几点：

（1）放大担保额度。通过与担保业务实施机构协商，预计担保业务的实施机构可最终承诺

10倍的放大率，即EMCO可从银行获得相当于担保基金10倍的贷款额，用于实施节能技改项目。

（2）担保基金的保值。为了这一目的，担保业务实施机构要尽力做好各项工作，诸如EMCO资质的审定、节能技改项目可行性的审定、贷款额度的审定、贷款使用的监管等，以保证项目的成功率，保障担保基金以最少的损失运行。

（3）多头出资。说服多家商业银行参加EMCO贷款担保计划，可以使EMCO的贷款申请更加便利、灵活，还可以使EMCO在多家银行建立起自己的资信等级和良好的记录，从而为得到更多、更长久的商业贷款创造条件。对银行而言，不仅可以提高贷款的安全性，还可以开拓出更大的贷款市场。

原国家经贸委和世界银行共同选定中国投资担保有限公司（以下简称中投保）为EMCO贷款担保计划初期阶段的担保业务实施机构。中投保是中国当前唯一的全国性担保公司，在中国新生的担保行业中历史最长，其良好信誉得到金融界的广泛认同，担保业务能力得到世界同行的认可，又是世界三大担保联盟之一的泛美担保协会（PASA）的会员。为了实施该项担保业务，在中投保内建立了世行项目部。

融资担保机制的特点：融资担保计划是项目二期的有机组成部分；融资担保子项目体现了中国特色；融资担保子项目主要解决中小企业融资难问题；起担保特别基金的杠杆作用。

截至2007年底，中投保共帮助36家企业从银行获得贷款，已担保项目的总投资将近58667亿元，平均项目投资规模为518万元，最大的项目总投资为5698万元人民币，最小的项目总投资为55万元。2007年底到位专项担保资金1650万美元，计11550万元人民币（汇率以7计算），拉动节能投资58666.89万元人民币，实现银行贷款38462万元人民币，累计担保总额34605万元人民币。

通过几年的实施，中投保已经和多家商业银行进行了合作，包括：北京银行、兴业银行、中信实业银行、中国建设银行、上海农村商业银行、深圳市商业银行、国家开发银行、华夏银行、交通银行、武汉市商业银行、中国农业银行等、北京银行等。

26.2.2.2　世界银行/全球环境基金中国节能融资项目（CHEEF）

作为上述节能促进项目的后续，中国节能融资项目（CHEEF）于2008年7月正式生效，项目执行期为5年。该项目是中国政府与世界银行及全球环境基金合作开展的完善我国节能融资市场化机制和体系、加强政府有关部门节能政策实施能力建设的项目，也是节能减排领域最大规模的国际贷款/赠款合作项目，旨在提高中国重点用能行业大中型企业的能源利用效率，减少温室气体排放。

该项目将通过两家转贷银行，中国进出口银行和华夏银行利用世界银行提供的2亿美元贷款，并按1∶1比例配套资金，向国内重点用能行业的大中型企业提供节能技术改造项目贷款，支持国内企业节能改造，并通过两家转贷银行在节能领域融资业务成功经验的推广，带动国内银行领域开发可持续发展的节能贷款业务模式，解决大中型耗能企业节能改造资金短缺问题，从而为“十一五”节能目标的实现提供有力的资金保障。

同时，全球环境基金（GEF）还为此项目提供1350万美元的赠款，用于加强银行节能贷款业务能力，支持国家节能政策研究和国家节能中心能力建设，加强节能融资项目的监督、管理、审核和报告。

26.2.2.3 中国节能减排融资项目（CHUEE 项目）

根据中国财政部的要求，世界银行集团旗下的国际金融公司（IFC）在其“可持续商业创新”项目下，设计了一个利用与公用事业公司和其他市场主体等建立合作关系，同时与商业银行合作采用新风险管理方法，来推广和促进能效项目的开展。2006 年，IFC 中国节能减排融资项目（简称 CHUEE 项目）正式成立，由 IFC、全球环境基金、芬兰就业与经济部和挪威开发合作署共同资助。CHUEE 项目是一个新型的基于市场化运作的融资解决方案，以应对中国的能源和环境挑战。CHUEE 项目第一次把中国经济中的各方联合起来——商业银行、公用事业公司、能效设备供应商和节能服务公司，携手开发一个全新的可持续融资模式来推广节能减排项目在中国的开展，即由 IFC 为合作银行提供损失分担担保和相关技术援助，鼓励其向节能减排项目提供项目融资。

IFC 中国节能减排融资项目旨在通过为中国企业和项目开发商们的能效项目创建一个可持续的融资渠道，以达到减少中国温室气体排放的目的。中国节能减排融资项目将为商业、工业、公用事业以及居民住宅行业等能源使用方提供市场营销、工程设计、项目开发和设备融资等服务，从而直接支持各个具体能效项目的实施。在为期 6 年的项目执行期内，将在 2010 年之前，实现每年 2000 万 t 二氧化碳及其他温室气体的减排；完成 50 亿 ~ 100 亿元的能效项目融资，促进能效项目的广泛开展；推动中国“绿色信贷”的深入开展；改善私营企业能效项目的外部融资环境。

CHUEE 可以提供融资的项目是指在中国境内旨在改善建筑业、工业和其他能源最终应用方面使用效率的项目或商品和服务。其中包括但不限于以下行业及领域：余热回收利用，工业工艺改造，节电项目，工业锅炉改造，天然气改造，建筑节能，可再生能源，其他清洁发展机制（CDM）涵盖的项目。

26.2.2.4 亚行节能融资

鉴于中国能源消耗增长迅速以及城市化步伐加快，帮助中国提高建筑能效将在减少能源需求、降低温室气体排放量方面带来长远的好处。亚洲开发银行（ADB）2008 年 5 月宣布将向中国提供总额为 8 亿元人民币（约合 1.15 亿美元）的部分信用担保，以支持在中国南部和东部地区开展建筑节能项目。这是亚行首次在中国参与支持如此大规模的节能项目。这些节能项目将在工业化程度较高的广东省等中国南部和东部省份开展，开始阶段主要是支持推广“绿色”节能建筑，并将对现有建筑进行改造，这种改造可平均实现节能 20% ~40%。

所谓部分信用担保，是指亚行为接受国相关项目通过商业渠道融资提供担保，通常覆盖部分利息支付或本金的偿还。在中国开展的建筑节能项目是亚行此前启动的节能融资计划的一部分。亚行准备将其在提高能效和推广清洁能源方面的业务投入增加到每年 10 亿美元。

26.2.3 商业银行能效融资与绿色信贷

“十一五”规划期间，我国环境产业资金需求将达到 1.5 万亿元，这一领域已吸引了国内商业银行积极介入，部分金融机构已开发了专项产品，兴业银行于 2006 年率先推出“能源效率贷款”系列产品，农业银行 2008 年 4 月推出国内首张环保主题贷记卡“金穗环保卡”。我国正准备发起成立中国环境产业基金，基金规模预定为 500 亿元，主要投资于环境保护领域，包括水务产业、固废处理、垃圾处理及节能减排等领域。绿色信贷产品应积极支持节能减排领域，节能工程经济效益明显，优先支持重点节能工程。

商业银行应从以下两个方面优先支持节能工程：①我国十大重点节能工程，该项工程预计可节约超过千亿元；②全国千家重点耗能企业节能行动。目前千家企业主要产品单位能耗指标中，水泥、平板玻璃、原油加工等单位产品能耗指标接近国际先进水平；火电、电解铝、合成氨、电石、烧碱、纯碱等产品单位综合能耗指标好于国内平均水平，但与国际先进水平有一定差距。商业银行应全面介入千家企业实施的节能工程，优先支持火电、钢铁、电解铝、化工、电石、水泥、石化、平板玻璃等行业。

26.3 节能减排项目融资租赁

现代租赁已成为解决企业资金来源的一种重要筹资方式之一。企业资产的租赁有经营租赁和融资租赁两种。经营租赁是指以提供设备等资产的短期使用权为特征的租赁形式，而融资租赁则是以融资为目的，从而最终获得租赁资产所有权的一种租赁形式。

融资租赁是 20 世纪 60 年代世界金融创新潮流的产物，发展中国家于 70 年代中期也开始发展融资租赁业。由于它适应了现代经济发展的需要，在世界上以年平均 30% 的速度增长，在国际资本市场中占有非常更要的地位。我国的融资租赁业起步于 80 年代，经过 10 多年的时间已取得了一定的规模，并对经济发展起了一定的支持和推动作用。

26.3.1　融资租赁的概念

融资租赁是以融物的方式为承租人来融资，以解决承租企业融资困难的问题，而所融之物大量的和主要的是机械设备。它把金融、贸易、生产三者紧密结合，将银行信用、商业信用、消费信用有效叠加，是实现资源优化配置的重要方式。

出租人提供的是以物为载体的融资服务，而不是单纯的租借服务。因此，融资租赁属于准金融业务，可以由金融机构经营，但也可以由非金融机构经营。融资租赁在西方发达国家是仅次于银行信贷的金融工具，目前全球近 1/3 的投资是通过这种方式完成的。

26.3.2　融资租赁的优势

我国经济发展的现状是银行有大量的资金贷不出去，而很多企业特别是中小企业又亟须资金。融资租赁恰好是二者之间的一个媒介。银行通过租赁公司可以增加近万亿的贷款，扩大资金出路，也为中小企业特别是新兴产业、科技型、成长性的中小企业拓宽了融资渠道，因为这些企业或没有信用记录，或实力小，达不到银行贷款所要求的标准，在一定程度上影响了中小企业的发展壮大。而租赁公司有专业的人员和经验或资产处置的通道，具有信用基础和控制风险的能力，银行通过租赁公司放款支持这些企业的发展多了租赁公司这一道安全的屏障，这些企业又得到了资金支持，使企业有机会以较小的代价取得生产设备的使用权尽快投入运营，在获取新增租赁生产设备、创造利润的同时，尽快占领市场份额，把握发展机会。

融资租赁是一种通过短时间、低成本、特定程序把资金和设备紧密结合起来的资金融通方式，对承租企业来说，除了具有将全部成本费用在租期内以租金方式逐期支付，减少一次性固定资产投资的明显优点之外，还具有利于取得税收优惠、缩短项目建设周期、融资费用低廉、避免通货膨胀影响、形式灵活多变、加大中小企业的现金流、优化资产结构、双向逆市发展优势等好处，是一种很好的“表外”融资的手段。

26.3.3 融资租赁的前景

融资租赁在全球是一个巨大的行业，而我国租赁业的发展还处于起步阶段。中国租赁业的发展与在世界经济中的地位还是不太相衬的，我国每年300亿~500亿人民币的交易量占全社会设备投资总额的比例的不到1.5%，而国际上平均在10% ~15%之间。租赁在我国应该是个很大的行业。

从2004年开始，十届全国人大常委会将《中华人民共和国融资租赁法》列入立法规划，启动了《中华人民共和国融资租赁法》的起草工作，目前已完成第三次征求意见稿。立法过程本身已经引起了越来越多的中外投资者开始关注融资租赁，进行调研，特别是国内商业银行和很多生产企业也纷纷开始介入。立法已经起到了促进租赁行业发展的作用，最直接的效果就是银行业监督管理委员会修订了《金融租赁公司管理办法》，于2007年3月1日起施行，允许商业银行和金融机构投资设立租赁公司，标志着政府开始积极鼓励和大力支持租赁行业的发展。统计数据表明，我国融资租赁业的空间巨大，市场广阔，极具发展潜力。

26.3.4 融资租赁业务流程

1. 选择租赁公司

企业决定采用租赁方式筹取某项设备时，首先需了解各家租赁公司的经营范围、业务能力、资信情况，以及与其他金融机构如银行的关系，取得租赁公司的融资条件和租赁费率等资料，加以分析比较，从中择优选择。

2. 办理租赁委托

企业选定租赁公司后，便可向其提出申请，办理委托。这时，承租企业需填写“租赁申请书”，说明所需设备的具体要求，同时还要向租赁公司提供财务状况文件，包括资产负债表、损益表和现金流量表等资料。

3. 签订购货协议

由承租企业与租赁公司的一方或双方合作组织选定设备供应厂商，并与其进行技术和商务谈判，在此基础上签订购货协议。

4. 签订租赁合同

租赁合同系由承租企业与租赁公司签订。它是租赁业务的重要文件，具有法律效力。融资租赁合同的内容可分为一般条款和特殊条款两部分。

（1）一般条款。主要包括：

1）合同说明。主要明确合同的性质、当事人身份、合同签订的日期等。

2）名词释义。解释合同中所使用的重要名词，以避免歧义。

3）租赁设备条款。详细列明设备的名称、规格型号、数量、技术性能、交货地点及使用地点等，这些内容也应附表详列。

4）租赁设备交货、验收和税务、使用条款。

5）租赁期限及起租日期条款。

6）租金支付条款。规定租金的构成、支付方式和货币名称，这些内容通常以附表形式列为合同附件。

（2）特殊条款。主要规定：

1）购货协议与租赁合同的关系。

2）租赁设备的产权归属。

3）租期中不得退租。

4）对出租人和对承租人的保障。

5）承租人违约及对出租人的补偿。

6）设备的使用和保管、维修、保障责任。

7）保险条款。

8）租赁保证金和担保条款。

9）租赁期满时对设备的处理条款等。

5. 办理验货与保险

承租企业按购货协议收到租赁设备时，要进行验收，验收合格后签发交货及验收证书，并提交租赁公司，租赁公司据以向供应厂商支付设备价款。同时，承租企业向保险公司办理投保事宜。

6. 支付租金

承租企业在租期内按合同规定的租金数额、支付方式等，向租赁公司支付租金。

7. 合同期满处理设备

融资租赁合同期满时，承租企业根据合同约定，对设备续租、退租或留购。

26.3.5　节能减排项目融资租赁案例

融资租赁这种融资模式，在节能减排领域也有很大的应用空间。对于大型企业来说，利用融资租赁租入部分节能技改设备，不仅不用增加固定资产的总量，改变资产结构，还可实现费用逐步支付，如果将融资租赁与合同能源管理模式结合起来，不仅可以享有上述益处，还可将风险进一步转嫁给节能服务公司，可以实现更低的风险、更低的成本完成节能减排任务。

以某炼油厂为例。某炼油厂是一个中型炼油厂，每年炼油能力250万t，年平均炼油量160万～180万t。该厂炼油、化工、热电部分共有风机、水泵543台，总容量5万kW（一开一备），年耗电约1亿kW·h。改造前炼油主要生产装置系统工况波动频繁，大马拉小车现象严重。20世纪90年代初，该厂首先在催化余热锅炉给水泵试用变频调速，该厂向某节能公司租赁了价值340万元变频器，对常减压系统进行调速改造，年节电600万kW·h。电机系统调速改造使企业得到了实惠和效益，其后又先后租赁了变频器及闭环控制仪表70台套、容量8350kW，6000V、1600kW高压大容量变频器1台套，总价值1550万元，完成低压系统改造，形成年节电能力500万kW·h；高压系统改造年节电能力560万kW·h。通过在工艺流程中的机泵上大面积采用变频调速，该厂不仅取得了显著的节电效益，同时由于采用变频器替代阀门调节，使工艺系统调节灵活、运行稳定，大大减少了管网系统局部阻力，降低了压力等级，提高了运行安全性，减少了维修费用，经济效益和社会效益相当显著。该厂按合同履约，租金全部如期如数偿还（本案例来源于中国节能投资公司）。

又以某热电厂3台75t/h锅炉为例，送风机电机的平均负荷率为66.7%、引风机电机平均负荷率低至49.6%，综合厂用电率为24.5%（带热网）。20世纪90年代初，该厂从某节能公司租赁了3台135kW变频器，总价值39.9万元，对送风机进行了调速改造。在锅炉满负荷运行的情况下，调速后平均节电率为49.1%，年节电量达78万kW·h，同时实现了电机软启动（本案例来源于中国节能投资公司）。

26.4 节能减排投融资趋势分析

26.4.1 全球需要一个可持续的投资环境

未来节能减排领域投融资蕴含巨大机遇，但其投融资政策需进一步完善。对于建立低碳经济和提高能源效率，全球需要一个可持续的投资环境。

节能减排在全球融资领域是一个挑战，对中国也不例外，但同时也蕴含着巨大的机遇，希望能加强这方面的工作。未来我国应进一步完善支持节能减排企业，尤其是中小企业融资的相关政策。

2008年全球可再生性能源和水电投资首次超过了化石燃料投资，达到41%，约为1400亿美元。应利用这样的机会提高能源效率和实现低碳经济，否则目前的增长模式在20年后会出现危险。应通过公共投资和私营投资，在新能源领域进入一个可持续的投资环境。比如GE能源集团在新能源领域2005年的营业额为100亿美元，到2010年预计将达到250亿美元。公司在风电、太阳能、碳捕捉、电池、水处理等方面做了相当多投资，并收到了不少回报。

在节能减排领域，发达国家对发展中国家的支持每年最少应达到1450亿欧元，分别用于技术研发、评价以及减排措施等。但对此也有专家表示，这种大规模的发达国家资金、技术援助，很难在不久后的哥本哈根谈判中得到具体落实。

26.4.2 国内亟待金融机制创新支持节能减排

近年来，为了加快节能减排工作进度，中央不断加大财政投入力度。2008年，我国用于支持节能减排工作的资金就达到538亿元。但和我们面临的节能减排形势任务相比，这些资金显然是远远不够的。据专家估算，我国节能减排的市场规模大约为4万亿元，这相当于每年投入节能减排的资金需求将近8000亿元，约为2008年相关财政投入的16倍。当前，在国家财政资金投入严重不足和企业主动性不强的条件下，利用金融工具和金融系统来支持节能减排，是解决资金匮乏的重要途径。

对此，业内已经有了一些建议。例如对节能减排项目实行贴息贷款、降低贷款门槛等措施。但可操作性较低，他们大都没有考虑到银行贷款必须要稳健和充分估计贷款风险的问题，没有提出如何控制银行贷款风险的相应措施。良好的意愿和社会公益性也不可能绕过金融风险这个障碍，否则节能减排的目标还未能完全实现之时，又出现了金融系统的系统性风险，得不偿失。

目前，节能减排市场主要存在以下风险：①技术风险，由于市场比较混乱，技术公司良莠不齐，技术的有效性和可靠性得不到保证；②融资风险，由于资金回收期较长，技术公司出现大量应收账款，资金循环难以为继，此时银行也不愿意向应收账款过大的企业提供资金融通；③节能减排结果认定风险，节能减排的效果如何认定是一个问题，目前还没有一个具有公信力的机构来承担这个责任。

这三种风险，对进行改造的企业、银行和相关技术服务公司都十分关键。因此，我们要利用金融工具和金融系统来推进节能减排，就必须要和商业银行的经营性质相结合，使商业银行彻底了解所面临的各种风险及相应的控制措施，并在此基础上创新支持节能减排的金融工具，以及相应具有可操作性的组织结构和制度安排设计。金融工具、组织、制度的设计至少要满足对上述风险的控制和回避要求。

在推动节能减排市场发展方面有三个关键点。

（1）保付代理工具在融资中的运用。

（2）创新使用国家节能减排资金。在短期内，政府不可能大幅度增加对节能减排的财政投入，因此，可以考虑改变目前国家财政资金投入的用法。用较少的资金投入垫底，提高金融机构的坏账承受能力，从而刺激金融机构向节能减排项目融资。思路大致如下：将国家对节能减排项目的财政投入资金转变为银行坏账准备金。具体来说，就是如果金融机构出现项目坏账，贷款的一部分可以由坏账准备金进行弥补。

例如，如果国家每年投入节能支持的资金为200亿元，计划支持200个项目，按两年收回投资计算，每年节约能源价值100亿元。但如假定用这200亿元作为坏账准备，坏账率为5%（这个假定是非常高的，远远超出一般贷款的坏账率），这部分损失由坏账准备金买单。在此条件下，金融机构对节能减排项目的融资热情必然高涨，200亿元的坏账准备，大约可以推动4000亿元的节能减排融资。如果“十一五”期间国家对节能减排能拨出1000亿元资金（每年200亿元），作为金融机构损失准备，那么可以推动2万亿元的节能投资。

（3）政府部门和相关机构也应该在推动节能减排投融资方面发挥作用。融资风险可以利用保理这种金融工具来控制，但技术风险和结果认定风险的解决不能仅仅依靠金融工具，而是要依靠制度安排和可靠的执行机构。

有专家建议成立“中国节能减排公司”，承担对节能技术服务公司的商业行为的监管，安排国家节能专项基金的具体使用，审查节能项目的技术可行性，为企业实施节能融资提供最后的担保，对节能减排效果提供权威认定。由中国节能减排公司来具体实施国家节能减排的各项政策，它作为国家政策的具体承担者，避免了政策执行者缺位的问题。

此外，国家应该出台政策，扩大银行向节能减排项目融资的资金来源范围。例如允许商业银行以获取更多资金用于节能减排，将国内的节能保理业务向国外商业银行出售；允许商业银行在进行节能保理融资的业务中，扩大利率浮动的范围，并在可能的条件下，由政府对这一部分利息采用贴息政策等。

27

合 同 能 源 管 理

20 世纪 70 年代两次世界能源危机以及日益严重的环境压力，促进了全球许多国家对能源节约、电力需求侧管理的重视。一种基于市场的先进的能源管理机制——合同能源管理（Energy Performance Contracting，简称 EPC）也随之在市场经济国家中逐渐兴起。这种节能新机制的实质是一种客户以减少的能源费用来支付节能项目全部成本的节能投资方式。这种节能投资方式允许用户使用未来的节能收益为工厂和设备升级，降低目前的运行成本，提高能源利用效率。

27.1 合同能源管理简介

27.1.1 合同能源管理相关的基本概念

合同能源管理（EPC）是一种新型的市场化节能机制。其实质就是以减少的能源费用来支付节能项目全部成本的节能业务方式。这种节能投资方式允许客户用未来的节能收益为工厂和设备升级，以降低目前的运行成本或者节能服务公司以承诺节能项目的节能效益，或承包整体能源费用的方式为客户提供节能服务。能源管理合同在实施节能项目的企业用户与节能服务公司之间签订，它有助于推动节能项目的实施。依照具体的业务方式，可以分为分享型合同能源管理业务、承诺型合同能源管理业务、能源费用托管型合同能源管理业务。

节能服务公司（EMCO，或 ESCO），又称能源管理公司，是一种基于合同能源管理机制运作的、以赢利为目的的专业化公司。它与愿意进行节能改造的客户签订节能服务合同，向客户提供能源审计、可行性研究、项目设计、项目融资、设备和材料采购、工程施工、人员培训、节能量监测、改造系统的运行、维护和管理等服务，并通过与客户分享项目实施后产生的节能效益，或承诺节能项目的节能效益，或承包整体能源费用的方式为客户提供节能服务，并获得利润，滚动发展。

27.1.1.1 EMCO 的业务特点

1. 商业性

EMCO 是商业化运作的公司，以合同能源管理机制实施节能项目来实现赢利的目的。

2. 整合性

EMCO 业务不是一般意义上的推销产品、设备或技术，而是通过合同能源管理机制为客户提供集成化的节能服务和完整的节能解决方案，为客户实施“交钥匙工程”。EMCO 不是金融机构，但可以为客户的节能项目提供资金。EMCO 不一定是节能技术所有者或节能设备制造商，但可以为客户选择提供先进、成熟的节能技术和设备。EMCO 也不一定自身拥有实施节能项目的工程能力，但可以向客户保证项目的工程质量。对于客户来说，EMCO 的最大价值在于可以为客户实施节能项目提供经过优选的各种资源、集成的工程设施及其良好的运行服务，以实现与客户约定的节能量或节能效益。

3. 多赢性

EPC 业务的一大特点是一个该类项目的成功实施将使介入项目的各方包括 EMCO、客户、节能设备制造商和银行等都能从中分享到相应的收益，从而形成多赢的局面。对于分享型的合同能源管理业务，EMCO 可在项目合同期内分享大部分节能效益，以此来收回其投资，并获得合理的利润。客户在项目合同期内分享部分节能效益，在合同期结束后获得该项目的全部节能效益及 EMCO 投资的节能设备的所有权，此外，还获得节能技术和设备建设和运行的宝贵经验。节能设备制造商销售了其产品，收回了货款银行可连本带息地收回对该项目的贷款，等等。正是由于多赢性，使得 EPC 具有持续发展的潜力。

4. 风险性

EMCO 通常对客户的节能项目进行投资，并向客户承诺节能项目的节能效益，因此，EMCO 承担了节能项目的大多数风险。可以说，EPC 业务是一项高风险业务。EPC 业务的成败关键在于对节能项目的各种风险的分析和管理。节能管理项目的实施“短则一两年，长则十几年”，如果节能客户经营不善，节能公司承担的整改费用很可能难以回收。

27.1.1.2　潜在企业的分类

（1）节能技术服务公司，主要业务是为客户提供能源效率审计、项目设计、原材料和设备采购、施工、工程验收、节能量监测、系统维护等节能技术服务，以“合同能源管理”的方式推广整合型的节能设备和技术。

（2）节能产品生产厂商，以生产节能产品为主，并以“合同能源管理”的方式销售自产产品。

（3）节能产品销售公司，受节能产品生产厂商的委托，销售成熟的节能产品，在销售过程中采用“合同能源管理”方式。

合同能源管理这种市场节能新机制的出现和基于合同能源管理机制运作的 EMCO 的繁荣发展，带动和促进了美国、加拿大等国家全社会节能项目的加速和普遍实施。

27.1.2　合同能源管理机制的运作模式

按照合同能源管理模式运作节能项目，在节能改造之后，客户企业原先单纯用于支付能源费用的资金，可同时支付新的能源费用和 EMCO 的费用。合同期后，客户享有全部的节能效益，会产生正的现金流。

客户企业为什么要和节能服务公司共同按照合同能源管理模式实施节能项目呢？这可能会有很多原因，但通常是出于三个方面考虑：投资效益、运作效益和转嫁风险效益。

通过把实施节能项目的风险和负担转嫁给 EMCO，帮助克服由于实施项目的可能风险所造成的企业对实施节能项目的保留态度；通过把节能项目开发的主要负担转嫁给 EMCO，帮助企业克服节能项目经济效益不明显、占用企业精力太多的担心和疑虑；EMCO 通过同类项目的开发和大量“复制”来提高其节能项目运作能力，降低节能项目的实施成本，并且节能项目的投资出自节能项目本身产生的节能效益，从而减轻了企业实施节能项目的融资压力。

27.1.3 EMCO 的服务内容

节能服务公司（EMCO）通过与客户签订的节能服务合同，为客户提供节能服务。EMCO 是一种比较特殊的企业，其特殊性在于它销售的不是某一种具体的产品或技术，而是一系列的节能“服务”，也就是为客户提供节能项目，这种项目的实质是 EMCO 向客户企业销售节能量。EMCO 的业务活动主要包括以下一条龙的服务内容。

1. 能源审计（节能诊断）

EMCO 针对客户的具体情况，对各种企业目前的购进和消耗能源的情况、各项节能设备和措施进行评价。测定企业当前用能量，并对各种可供选择的节能措施的节能量进行预测。

2. 节能项目设计

根据能源审计的结果，EMCO 向客户提出如何利用成熟的节能技术/节能产品来提高能源利用效率、降低能源消耗成本的方案和建议。如果客户有意向接受 EMCO 提出的方案和建议，EMCO 就为客户进行具体的节能项目设计。

3. 节能服务合同的谈判与签署

EMCO 与客户协商，就准备实施的节能项目签订“节能服务合同”。在某些情况下，如果客户不同意与 EMCO 签订节能合同，EMCO 将向客户收取能源审计和节能项目设计等前期费用。

4. 节能项目融资

EMCO 向客户的节能项目投资或提供融资服务，EMCO 用于节能项目的资金来源可能是 EMCO 的自有资金、银行商业贷款或者其他融资渠道。帮助企业克服节能项目的融资困难。

5. 原材料和设备采购、施工、安装及调试

由 EMCO 负责节能项目的原材料和设备采购，以及施工、安装和调试工作，实行“交钥匙工程”。

6. 运行、保养和维护

EMCO 为客户培训设备运行人员，并负责所安装的设备/系统的保养和维护。

7. 节能效益保证

EMCO 为客户提供节能项目的节能量保证，并与客户共同监测和确认节能项目在项目合同期内的节能效果。

8. EMCO 与客户分享节能效益

在项目合同期内，EMCO 对与项目有关的投入（包括土建、原材料、设备、技术等）拥有所有权，并与客户分享项目产生的节能效益。在 EMCO 的项目资金、运行成本、所承担的风险及合理的利润得到补偿之后（合同期结束），设备的所有权一般将转让给客户。客户最终将获得高能效设备和节约能源成本，并享受全部节能效益。

EMCO 与客户就节能项目的具体实施达成的契约关系称之为“节能服务合同”。EMCO 的这

种经营方式称之为“合同能源管理”。

由此看出，EMCO 是市场经济下的节能服务商业化实体，在市场竞争中谋求生存和发展，与我国目前从属于地方政府，具有部分政府职能的节能服务中心有根本性的区别。

27.1.4　EMCO 的业务程序

EMCO 业务活动的基本程序是：为客户开发一个技术上可行、经济上合理的节能项目。通过双方协商，与客户就该项目的实施签订一个节能服务合同。履行节能服务合同中规定的义务，保证项目在合同期内产生合同中规定的节能量。享受合同中规定的权利，在合同期内收回用于该项目的资金及合理利润。主要步骤如下。

1. *初始与客户接触*

EMCO 与客户进行初步接触，就客户的业务、所使用的耗能设备类型、所采用的生产工艺等基本情况进行交流，以确定客户重点关心的能源问题。向客户介绍 EMCO 的基本情况、EMCO 业务运作模式及其对客户潜在的利益等。向客户强调指出具有节能潜力的领域。解释合同化节能服务的有关问题，确定 EMCO 可以介入的项目。

2. *初步审计*

EMCO 通过客户的安排，对客户拥有的耗能设备及其运行情况进行检测，将设备的额定参数、设备数量、运行状况及操作等记录在案。尤其会留心到客户没有提到、但可能具有重大节能潜力的环节。

3. *审核能源成本数据/估算节能量*

采用客户保留的能耗历史记录以及其他历史记录，计算潜在的节能量。有经验的 EMCO 项目经理可以参照类似的节能项目来进行这一项工作。

4. *初步的项目建议*

基于上述工作，EMCO 起草并向客户提交一份节能项目建议书，描述所建议的节能项目的概况和估算的节能量。与客户一起审查项目建议书，并回答客户可能提出的关于拟议中的节能项目的各种问题。

5. *客户承诺/签署意向书*

确定客户是否愿意继续该节能项目的开发工作。到目前为止，客户无任何费用支出，也不承担任何义务。EMCO 将开展上述工作中发生的所有费用支出，计入公司的成本支出。现在，客户必须决定是否要继续该节能项目的开发工作，否则 EMCO 的工作将无法继续下去。EMCO 必须就拟议中的节能服务合同条款向客户做出解释，保证客户完全清楚他们的权利和义务。通常情况下，如果详尽的能耗调研确实证明了项目建议书中估算的节能量，则应要求客户签署一份节能项目意向书，以使他们明确认可这一项目。

6. *详尽的能耗调研*

这一步包括 EMCO 对客户的用能设备或生产工艺进行详细的审查，以及对拟议中的项目的预期节能量进行更为精确的分析计算。另外，EMCO 应与节能设备供应商取得联系，了解项目中拟采用的节能设备的价格。必须在确定“基准年”的基础上，确定一个度量该项目节能量的“基准线”。

7. 合同准备

经与客户协商，就拟议中的节能项目实施准备一份节能服务合同。

合同内容应包括：规定的项目节能量，EMCO 和客户双方的责任，节能量的计算以及如何测量节能量等。同时，EMCO 方面要准备一份包括项目工作进度表在内的项目工作计划。

8. 项目被接受或拒绝

如果客户对拟定的节能服务合同条款无异议，并且同意由 EMCO 来实施该节能项目，双方正式签订节能服务合同，合同的开发工作到此结束。在这一情况下，EMCO 将把详尽的能耗调研过程中的费用支出，计入到该项目的总成本中。假使客户无法与 EMCO 就合同条款达成一致，或者由于其他原因而最终放弃该项目，而详尽的能耗调研工作确实证明了项目建议书中的预期节能量，那么 EMCO 方面在准备详尽的能耗调研过程中的费用支出，应由客户方面支付。

9. 签订合同

节能服务合同由 EMCO 与客户双方的法人代表签订。EMCO 和客户双方的律师都应该参与节能服务合同条款的商定和合同文书的准备。

10. 监测

在某些情况下，需对要改造的耗能设备进行必要的监测工作，以建立节能项目的能耗“基准线”。这一监测工作必须在更换现有耗能设备之前进行。

11. 工程设计

EMCO 组织进行节能项目所需要的工程设计工作。并非所有的节能项目都需要有这一步骤，例如照明改造项目。

12. 建设/安装

EMCO 按照与客户双方协商一致的工作进度表，建设项目和安装合同中规定的节能设备，确保对工程质量的控制，对所安装的设备作详细记录。

13. 项目验收

EMCO 要确保所有设备按预期目标运行，培训操作人员对新设备进行操作，向客户提交记载所作设备变更的参考资料，并提供有关新设备的详细资料。

14. 监测节能量

根据合同中规定的监测类型，完成需要进行的节能量监测工作。监测工作要求可能是间隔的，也可能是“一次性”的，或者是连续性的，是确定节能量是否达到合同规定极其重要的环节之一。

15. 项目维护/培训

EMCO 按照合同的条款，在项目合同期内，向客户提供所安装设备的维护服务。同时，对 EMCO 最为重要的是分享项目产出的节能效益。此外，建议 EMCO 与客户保持密切联系，以便对所安装设备可能出现的问题进行快速诊断和处理，同时继续优化和改进所安装设备的运行性能，以提高项目的节能量产出。

EMCO 还应对客户的技术人员进行适当的培训，以便于合同期满后，项目设备仍旧能够正常地运行，从而保证能够持续地，无衰减地取得节能项目应产生的节能效益。

EMCO 自身可能没有能力完成上述全部的服务，但是，作为专业化的节能服务公司，EMCO 可以通过整合各类外部资源，达到合同规定的节能量。

27.2 国外合同能源管理的发展现状

目前，合同能源管理在西方国家，特别在工业领域及其能源供给领域应用非常广泛，有非常多的专业公司从事合同能源管理服务。最主要的是附属于能源供给公司（例如供电公司，供热公司等）的节能服务公司，其次是专业能源承包公司（这些公司往往在一些方面的技术很强，主要在工业供热，供冷，高压蒸汽等方面提供服务）。

国外合同能源管理业务范围主要是 4 个层面，5 种类型。

国外合同能源管理主要业务范围，见表 27.1。

表 27.1　　国外合同能源管理主要业务范围

服务类型	服务内容	服务层面
（1）运行承包	或者称设备管理，不提供新的设备，也不提供融资，只提供设备的管理，维修等，保证设备运行；一般服务内容比较简单	1
（2）融资承包	或者称第三方融资（Third - Party - Financing），或者称设备租赁，实际中和财务公司接洽比较多	1
（3）节能承包	或者称效能承包，提供设备优化改良，不做主体设备报废更新，但提供融资	2
（4）能源供给承包	或者称设备承包，在（3）的基础上还加上设备更新，并供给能源	3
（5）综合承包	一条龙服务，在（4）的基础上，还加上特殊的服务，设施管理（Facility Management），例如计算客户的热费，收费等	4

服务（4）和（5）在国外的比例很大，几乎占到了整个节能服务的 90%。一般情况下，合同能源管理项目的周期在 10 年左右，客户包括工业企业、房产管理公司（或者业主代表）、政府等。

27.2.1 美国

27.2.1.1 美国合同能源管理和节能服务产业的发展状况

美国合同能源管理的发展最为成熟，节能产业规模最大。美国合同能源管理和节能服务产业的起源是在 20 世纪 70 年代末。1973 年的阿拉伯地区的石油禁运和 1979 年的伊朗革命引起了能源价格的显著上升，由此给降低客户能源费用的业务提供了机会，促使一批节能服务公司应运而生。

由于得到了联邦政府的支持，采用合同能源管理机制进行业务运作的节能服务公司得到了迅速发展。20 世纪 80 年代末，美国联邦政府开始考虑发挥节能服务公司的作用来为政府楼宇节能项目筹集资金。1992 年 10 月，美国国会正式颁布了“能源政策法案（EPAct）”，要求政府机构与节能服务公司合作进行合同能源管理。这为节能服务公司的发展打开了方便之门，新的节能服务公司在美国不断涌现。1995 年，联邦政府开始执行“联邦政府能源管理计划（FEMP）”，该计划的一个重要内容是帮助节能服务公司在联邦政府的办公楼宇实施合同能源管理。1998 年美国加州通过的一个法案规定，节能服务公司以节能效益分享方式在联邦政府的办公楼宇实施合同能源管理所应得到的资金，可直接从政府机构原应向能源供应部门（如电力公司）交付的账单中取得，这样节能服务公司的资金回收更有了保障。2006 年美国节能服务公司的年收入达到了 36 亿美元，在减少能源消耗、改善电网运行方式、保护环境等方面取得了显著的成效。合同能源管理机制经过 20 多年的发展日益成熟，节能服务产业蓬勃发展，为美国经济的可持续发展做出了巨大的贡献。

根据美国能源服务公司协会的研究，在过去的 10 年间，节能服务行业每年收益增值率达到 24%。虽然在 2000 ~ 2004 年之间，节能服务公司的收益增长有所回落，但是近几年来的收益增长更加迅速，节能服务产业的市场范围估计仍在 50 亿美元左右。

27. 2. 1. 2　美国合同能源管理中常见的融资工具

1. 债务融资

大多数 ESCO 项目是客户直接从银行或其他贷款机构获得资金以保证节能项目的融资的。依靠债务融资有这样的优势即融资成本较低，因为客户的资本成本比普通的租赁公司或 ESCO 要低。主要的缺点是客户不愿将债务纳入资产负债表，或换句话说，承担了与其商业有直接关系的资本成本。

2. 租赁融资

租赁实质上是上面讨论的债务融资的变形，而且能够替代债务，在保证节能量结构下，创造更多的融资形式。例如，ESCO 经常使用以租赁为依托的保证形式，正如以债务为依托的节能量保证项目一样运行。租赁主要分为经营租赁和融资租赁。

3. 市政租赁及债券

现在有许多学校、医院及其他国有机构有这样一些融资工具，这些工具具有税收豁免的特征。它可以使贷款人所获得收益免交联邦所得税。尽管这些免税工具仅对高信用的机构，但这些机构却代表美国 ESCO 客户较大部分。

因此，这些免税工具值得提倡。市政租赁可以使用融资租赁或经营租赁。除了利率较低及对出租人无折旧外，同前面讨论的特征相同。为公共部门服务的 ESCO 喜欢为小项目提供这些租赁，安装成本大约在 10 万美元或更少。如果价款比这个更大，因为债券较低的利息成本，项目倾向于发行债券进行融资。除了较大的发行和承销费用外，债券融资的重要障碍是需要通过公民投票。

27. 2. 2　日本

27. 2. 2. 1　ESCO 的支持体系

日本政府对合同能源管理事业（以下简称 ESCO）非常支持，经济产业省、日本节能中心等从政策层面，日本新能源及产业技术综合开发机构（以下简称 NEDO）、日本政策投资银行等从资金层面，给予大力支持。

日本地方政府大力扶持 ESCO 事业，其中，尤以大阪府 ESCO 工作开展最早、最有成效。大阪府 ESCO 协会，会员包括大阪府、池田市等政府单位以及 40 家 ESCO 公司，设有事务局、监事等机构，承担政策咨询、专业培训、技术交流、展览展示等工作。

NEDO 设有“合理利用能源企业支援制度”等补助制度，对 ESCO 事业进行补助，一般按照合同额提供约 1/3 的费用补助。

27.2.2.2 主要做法及形式

日本ESCO合同主要形式是节能效益分享型，以大阪府ESCO事业为例，政府选定拟改造的建筑物，为确定节能策略先进行初步诊断、咨询，然后通过招标确定ESCO，由中标ESCO投资进行详细节能诊断，设计改造方案，进行改造施工，直至运行调试。产生节能效益后，双方进行分享。

27.2.2.3 大阪府ESCO改造对象及效果

大阪府政府住宅城建部公共建筑设备课（属于政府部门）具体负责节能改造工作。针对公共财政支持的医院、政府大楼、学校、研究机构等大型建筑物实施节能改造。由公共建筑设备课选定拟改造项目，招标确定ESCO，实行全过程改造。据了解，日本节能改造的平均节能率约为20%，与北京市正在进行的政府机构节能改造预计节能效果大体相当。

27.2.2.4 改造内容与节能新技术

日本节能改造涉及的范围和内容是：采用高效、节能技术对空调、采暖、通风、照明等系统进行改造，对屋顶进行保温和绿化，对厨房、卫生间实施节水改造。与北京市不同之处是：日本节能改造不对外围护系统进行改造，认为此类改造应列入建筑物装饰、装修工程，不应列入节能改造范畴。

节能新技术，如光触媒清洁太阳能吸收板、窗户玻璃抗红外线涂料、人感传感器自动控制灯光、高效非晶变压器、逆变器控制技术等在日本已实施，技术成熟、效果明显。

27.2.3 加拿大

在加拿大，由于20世纪70年代石油危机后能源价格上升和环境保护意识加强，很多能源专家对能源用户的能源利用效率进行了分析。分析结果一致认为，全社会的节能潜力很大，节能对保障能源供应、经济持续发展、保护环境具有十分重要的意义。但是，即使在市场经济条件下，仍然有诸多的节能市场障碍。

当时有眼光的企业家注意到了这一点，认为建立一种专业化的节能服务公司可以克服这些节能的市场障碍，这些公司将具有广阔的业务市场。加拿大联邦政府和地方政府对此十分重视。在联邦政府的支持下，魁北克省政府与电力公司合作成立了第一个ESCO。该ESCO是商业性的服务公司，经过几年运行显示了它的盈利机会和生命力，此后该类公司迅速发展。加拿大联邦政府支持ESCO的发展，并要求政府机关大楼带头接受ESCO的服务。加拿大的六家大银行都支持ESCO，银行也对客户的项目进行评估，并优先给予资金支持。

为促进政府机关大楼带头接受ESCO的服务，加拿大联邦政府做了大量的工作。1992年，加拿大政府开始实施“联邦政府建筑物节能促进计划”（The Federal Buidings Initiative，简称FBI计划），其目的是帮助各联邦政府机构与ESCO合作进行办公楼宇的节能工作，并制订了在2000年前联邦政府机构节能30%的目标。

加拿大ESCO的主要业务市场为政府大楼、商业建筑、学校、医院的节能改造，工业企业的节能技术改造，居民用能设备的升级。据加拿大ESCO协会保守的估计，加拿大的节能服务市场潜力约200亿加元。1990~1994年，该协会所属公司的营业额每年递增60%。目前完成10亿加元工作量，主要是由协会50多个成员单位完成的。1994年完成工作量约2亿加元，平均每个项目150加元。项目规模逐渐扩大，最近有一个公司签署了一个8000万~1亿加元的项目，该项目是建筑物照明、空调、供热等综合性的节能改造项目。加拿大联邦政府和地方政府都支持节能服务公司，不仅要求政府机关大楼带头接受ESCO的服务，同时鼓励企业和居民接受ESCO的服务。

27.3 中国节能服务产业现状及趋势

27.3.1 节能服务市场仍处于初级阶段

合同能源管理在发达国家是一种普遍的节能方式，但在中国，仍存在着市场认知度不高、节能服务公司不多且融资难、节能服务产业市场混乱以及企业对于节能意识缺乏等多个问题。合同能源管理在中国的发展却非一帆风顺。有数据称，中国节能减排市场每年至少具有3000亿～5000亿元的市场投资规模需求，而在未来，这个数字有望上升到1万亿元。但是从目前来看，与巨大的节能空间相比，合同能源管理项目的实施步伐显得不够快，市场化运作机制尚未真正形成。

1997年，财政部与世界银行、全球环境基金（GEF）共同实施了“世行/GEF中国节能促进项目”，自此，合同能源管理拉开了在中国推广普及的序幕。然而10多年来，各地如雨后春笋般冒出的节能公司并没有获得预期的高速成长，反而大多步履蹒跚，处境被动。

厦门大学能源经济研究中心主任林伯强认为，能源合同管理绝对是未来的方向，市场前景巨大，这点毫无疑问。但在目前，各地的节能公司规模都太小，各种机制上的问题使人们并不看好这项生意。

从目前来看，合同能源管理机制的投资渠道还不通畅，市场上缺少对节能服务公司简洁有效的担保方法，节能服务公司贷款困难。另外，在评价标准方面，也缺少满意的评价标准和权威性的第三方机构。

据统计，截至2008年底，中国的节能服务公司只有386家，市场仍然偏小。住房和城乡建设部副部长仇保兴接受记者采访时曾表示，节能服务公司是中国企业的一个机遇。他还举例说，仅瑞典一国，当地的节能服务公司就达4000多家。

27.3.2 节能服务产业队伍不断壮大

EMCA会员中以EPC机制实施节能项目的节能服务公司（EMCO）逐年快速增加。1998年，项目一期成立了3家示范节能服务公司（EMCO），到2004年EMCA成立时，首批会员中有40家，2004年底发展到了60家，2005年发展到106家，每年以50%的速度递增，发展速度较快。

在“2009中国北京国际节能展”期间，北京市发改委正式推出《北京市合同能源管理项目扶持办法（试行）》补助政策，以更加务实的财政政策全力推进合同能源管理运作模式。

在北京市政府大力推进合同能源管理扶持政策出台的同时，专业化的节能服务公司也在不断尝试、推行、完善合同能源管理模式。作为北京市高新技术企业，紫光博瑞公司积极响应国家节能政策，在开展合同能源管理方面，始终走在市场前列。在“2009中国北京国际节能环保高层论坛”期间，紫光博瑞作为12家签约企业之一，与清华大学签订了建筑面积39.5万m^2的楼宇建筑群空调供暖系统的节能改造协议书。通过采用博瑞网络中央空调节能控管系统，完成节能改造实施后，能够实现供暖空调系统节能率 15% 的目标。

27.3.3　节能服务产业规模迅速增长

从 2003 年到 2005 年，节能服务公司（EMCO）的节能投资总额大幅攀升，其中 EPC 项目投资也稳步增长。2003 年的节能投资总额为 11.48 亿元；2004 年增长到 21.27 亿元，比上年递增 85%；2005 年增长到 30.60 亿元，比上年递增 44%。其中 EPC 项目的投资，2003 年为 7.6 亿元；2004 年增长到 9.23 亿元，比上年递增 21%；2005 年增长到 19.8 亿元，比上年递增 114%。

随着人们对合同能源管理机制理解的加深和各级政府支持力度的加大，中国节能协会节能服务产业委员会的会员已从最初的 59 家增加到了 2008 年的 317 家。同时，社会上还出现了大批以合同能源管理机制实施节能项目的节能服务公司，从 2006 年底的 51 家增长到了 2007 年 76 家，增幅为 49.02%；从业人员增长到 3.5 万人，增幅为 66.67%。

此外，一套节能服务公司商业贷款担保机制成功建立。到 2008 年底，中投保公司与北京银行等 10 多家银行合作，在过去 5 年为 41 家节能服务公司担保节能项目 127 个，贷款本金 5.01 亿元人民币，担保金额 4.54 亿元人民币，项目总投资 7.9 亿元人民币。

来自中国节能协会节能服务产业委员会的数据显示，2008 年中国节能服务产业总产值增长到 417.3 亿元，合同能源管理（EPC）项目年节能能力达 569.27 万 t 标准煤，减排二氧化碳 367.18 万 t。

中国标准化研究院正在研究制定《合同能源管理技术规程》等，对规范节能服务市场，推行合同能源管理将起到积极作用。

27.4　我国合同能源管理及节能服务公司的发展建议

27.4.1　提高认知度

合同能源管理产业是服务性行业，美国的大型节能服务公司的主营业务是合同能源，还包括能源的输送和贸易，以节能为目的的能源管理咨询、工程承包和建设，以及其他和能源相关的服务。在美国外购非核心业务是很普遍的现象，因此，推动我国合同能源管理的发展势必要提高合同能源管理在节能领域的认知度。可以通过静态的说明会、研讨会、观摩会和动态视觉相结合的宣传策略，共同推动合同能源管理在政府机构、学校、医院、房地产开发商和物业管理公司等相关能耗较大领域的认知度。

27.4.2　制定相关节能标准

我国合同能源管理的发展期待政府的具有强制和稳定性的政策，辅助不同行业的市场化指标，制定相应的节能标准。在制定节能标准和节能量的验证核算时可考虑由企业和行业协会来共同参与，同时包括银行人员和相关的政府部门人员，力求制定出的标准有最广泛的接受程度，参考国际通用的 IPMV 的方法，还要结合我国的实际情况修正，减少节能服务产业不必要的纠纷，建立易于普遍推广的能耗信息统计、监测和管理系统。采取第三方用独立、权威的能源审计机构确定节能量，解决合同能源管理的核心问题。同时，考虑到本国的具体情况，政府从政策上如完善相关法律和政策规定，设定成熟的行业规范、招投标程序，扶持本土化的节能服务公司的发展。

27.4.3　电力先行试点

有专家建议，选择耗能大户全面推进合同能源管理试点，给予一定的优惠和倾斜政策，待产生示范效应后，向其他行业延伸和拓展。以电力行业的节能降耗为例，现阶段国家提出的政策是“上大压小”。毫无疑问，“上大”是方向，但是投资巨大、周期也比较长；“压小”是硬指标，但现阶段只能分步实施，目前全国电力装机总容量6.2亿kW中单机10万kW及以下小火电机组有1亿多kW，到2010年计划关停5000万kW。比较可行的是，应该是“上大、压小、改中”多管齐下、同时并举，并把发电企业的节能改造作为重要突破口。

目前，全国极需改造的30万kW机以下的运行机组装机总容量达到6500万kW，全面改造后，每千瓦时电的供电煤耗下降20～30g标准煤，一年可少消耗650万～975万t标准煤，产生直接经济效益33亿～49亿元，其经济效益、社会效益将是十分明显的。

27.4.4　政府强力推动

政策导向是最重要的导向，政策资源也是最重要的资源。现阶段，对合同能源管理，国家的政策还处于提倡和鼓励阶段，政策的操作性还不太强，方向性的条文多，量化的扶持政策偏少，在具体运作过程中，企业处于进退两难的尴尬境地。建议国家有关部门出台专门的政策和实施细则，使扶持政策进一步量化和具体化，推动合同能源管理从提倡、试点、推广真正进入到大规模实施的阶段。具体是：

（1）放开市场准入限制，培育多元化的市场竞争主体，不搞政府指定，不搞市场壁垒，不人为设限，而应遵循市场经济的运作规律，让实力说话，鼓励更多具备条件的企业参与合同能源管理，真正按照“产业化、实业化、专业化”的方向，把合同能源管理培育成大产业。

（2）开通“绿色通道”，对参与合同能源管理的专业化节能公司提供全方位的政策支持，实现“打包政策”，让它们真正享受到相关的优惠政策，充分调动各类市场主体参与改造的积极性。

28

清洁发展机制（CDM）

为了有效地应对气候变化问题，国际社会大致在20世纪70年代启动了通过国际法的形式以应对全球气候变化问题的程序，并最终在1992年的联合国环境与发展大会上通过了《联合国气候变化框架公约》。随后，1997年的公约缔约方会议又通过了《联合国气候变化框架公约京都议定书》。在《京都议定书》中，不但为发达国家规定了在第一个承诺期2008～2012年具体的温室气体削减指标，而且为此目标的实现，还专门创立了联合履行、排放贸易和清洁发展机制三种灵活机制。

其中，清洁发展机制是在附件一缔约方和非附件一缔约方进行合作的法律机制。随着《京都议定书》在2005年2月16日开始生效，清洁发展机制在包括中国在内的所有缔约方通过国内行政许可和国际监管的方式正式实施。

28.1 《京都议定书》及清洁发展机制

为应对全球气候变化问题，国际社会在经过多年艰苦谈判之后，形成了两个共同应对全球气候变化的国际条约：《联合国气候变化框架公约》（简称《公约》）和《〈联合国气候变化框架公约〉京都议定书》（简称《京都议定书》）。

《京都议定书》是防止气候变化和定量减少温室气体排放方面第一个具有法律约束力的国际条约，是国际环境外交的一个重要里程碑。《京都议定书》规定了《公约》附件一缔约方的温室气体定量减排指标，即附件一缔约方应该单独或共同地确保其二氧化碳、甲烷等六种受控温室气体的排放总量（以二氧化碳当量计算），在2008～2012年的第一承诺期内，与1990年排放水平相比至少要减少5.2%。

为帮助《公约》附件一缔约方完成他们的减排目标，《京都议定书》提出了“联合履行”（JI）、“清洁发展机制”（CDM）和“排放贸易”（ET）三种境外减排的灵活机制。JI是发达国家之间通过项目级的合作，在发达国家缔约方之间转让项目所取得的温室气体减排抵消额。CDM是发达国家通过提供资金和技术的方式，与发展中国家开展项目级的合作并获取温室气体减排抵消额。ET 是在发达国家中开展缔约方之间的温室气体排放抵消额的贸易合作。

由于发展中国家具有比较大的温室气体减排潜力和比较低的各项成本，使得它们的温室气体边际减排成本远低于发达国家。通过 CDM，第一，发达国家可以以较低成本的“境外减排”实现本国的部分减排目标，即从在发展中国家实施的 CDM 项目中取得经证明的减排量（CER），以抵消其对《京都议定书》承诺的一部分减排义务（其余部分需在本国内完成）。第二，在发展中国家实施的 CDM 项目，绝大多数是提高能效节约能源、可再生能源、资源综合利用、造林和再造林等项目，它们符合发展中国家优化能源结构、促进技术进步、保护区域和全球环境的经济社会发展目标和可持续发展战略。第三，在实施 CDM 项目过程中，发展中国家可获得发达国家的技术转让、购买 CER 的资金甚至项目的投资。

因此，清洁发展机制对发展中国家和发达国家是一种双赢机制。

28.2 清洁发展机制的运行原理

清洁发展机制项目运行比较复杂，涉及到多方主体的参与。同时，在监管方面，既有东道国主管机构的监管，也有议定书下的国际监督主体的监管。下面简单介绍清洁发展机制项目运行的原理。

28.2.1 参与方

清洁发展机制允许《公约》附件一国家在非附件一国家的领土上实施能够减少温室气体排放或者通过碳封存或碳汇作用从大气中消除温室气体的项目，并据此获得“经核证的减排量”，即通常所说的 CER。

参与清洁发展机制的国家必须满足一定的资格标准。所有的清洁发展机制参与成员国必须符合三个基本要求：自愿参与清洁发展机制；建立国家级清洁发展机制主管机构；批准《京都议定书》。

此外，工业化国家还必须满足几个更严格的规定：完成《京都议定书》第三条规定的分配排放数量；建立国家级的温室气体排放评估体系；建立国家级的清洁发展机制项目登记机构；提交年度清单报告；为温室气体减排量的买卖交易建立一个账户管理系统。

28.2.2 适合的项目

清洁发展机制将包括如下方面的潜在项目：

（1）改善终端能源利用效率。

（2）改善供应方能源效率。

（3）可再生能源。

（4）替代燃料。

（5）农业：甲烷和氧化亚氮减排项目。

（6）工业过程：水泥生产等减排二氧化碳项目，减排氢氟碳化物、全氧化碳或六氟化硫的项目。

（7）碳汇项目：仅适用于造林和再造林项目。

28.2.3　额外的资金

用于清洁发展机制项目的资金必须是官方发展援助之外的资金，禁止发达国家挪用官方发展援助资金用于清洁发展机制项目。此外，对清洁发展机制项目产生的 CER 还将征收 2% 的收益税建立新的“适应基金”，用于帮助对气候变化影响特别脆弱的发展中国家适应气候变化的不利影响。另一项针对 CER 的征税用以弥补清洁发展机制的管理成本。

28.2.4　执行理事会

执行理事会负责监管清洁发展机制的实施，并对缔约方会议负责。执行理事会在 2001 年马拉喀什协定谈判期间召开了首次会议，这标志着清洁发展机制的正式启动。执行理事会授权一种称之为“经营实体”的独立组织对申报的清洁发展机制项目进行审查，核实项目产生的减排量，并签署减排信用文件证明使这些减排量成为经核证的温室气体减排量。

执行理事会的另一个关键任务就是维持清洁发展机制活动的注册登记，包括签发新产生的经核证的温室气体减排量、为征收的用于适应资金和管理费用的经核证的温室气体减排量建立管理账户，为每一个清洁发展机制项目东道国的非附件一国家注册一个经核证的温室气体减排量账户并予以定期管理。

28.2.5　项目识别和表述

清洁发展机制项目周期的第一步是对潜在清洁发展机制项目的识别和表述。一个清洁发展机制项目必须具有真实的、可测量的、额外的减排效果。为了确定项目是否具有额外性，必须将潜在项目的排放量同一个合理的称之为基准线的参考情景的排放量相比较。项目参与者应该采用经批准的方法依据项目的具体情况制定基准线。清洁发展机制项目还必须有一个监测计划以收集准确的排放数据。

监测计划构成了未来核实的基础，它必须具有很高的置信度以保证清洁发展机制项目的减排量以及其他项目目标确实得以实现。监测计划还应该有能力监控项目基准线及其排放量失败的风险。排放基准线和监测计划必须根据经批准的方法来设计。如果项目参与者偏好一种新的方法，则该方法必须经由执行理事会批准和登记。项目参与者可以自行选择项目的经核证的温室气体减排量获得时限：10 年或者 7 年，但可能延续两次并重新确认基准线（最长 21 年）。

28.2.6　国家批准

所有希望参与清洁发展机制的国家，必须指定一个国家清洁发展机制主管机构负责评估和批准清洁发展机制项目，并作为清洁发展机制活动的联络总站。尽管国际操作规程就基准线和额外性提出了通用的指导原则，但每个发展中国家有责任确定本国的项目批准标准。

28.2.7　审查与登记

指定的经营实体将考察项目设计文件，并经公众评议后，决定是否批准该项目作为清洁发展机制项目。这些经营实体中，有代表性的将是一些私人公司，如审计和会计事务所、有能力独立可靠地评估减排量的咨询公司和法律事务所。如果项目得到批准，经营实体会将项目设计文件上呈执行理事会以获得正式登记。

28.2.8 监测、核实和认证

一个碳减排项目如果没有经过指定的核实程序专门测量和审计其碳排放，就不可能在国际碳排放市场上转让其碳量以获取价值。因此，一旦清洁发展机制项目进入运作阶段，项目参与者就必须准备一个监测报告估算项目产生的经核证的温室气体减排量，并提交给一个经营实体申请核实。

核实是由经营实体独立完成的，它是对监测报告上的减排量进行事后鉴定。经营实体必须查明产生的经核证的温室气体减排量是否符合项目的原始批准书标明的原则和条件。通过详细的审查之后，经营实体将提出一个核实报告并对该清洁发展机制项目产生的经核证的温室气体减排量予以确认。

认证是对一个项目产生的经核实的减排效果的书面保证书。认证报告还包括要求签发经核证的温室气体减排量的申请书。如果在15天之内，任何一个项目参与者或者3个以上执行理事会成员没有要求重新审查该项目，则执行理事会将指令清洁发展机制登记处签发经核证的温室气体减排量。

28.3 全球温室气体减排交易：碳交易

二氧化碳是一种最常见的无色温室气体。现在，它不仅是我们生命活动中不可缺少的一部分，也成为了经济活动中重要的一分子，碳交易已经日益受到了世界各国的重视。这全要仰仗于《京都议定书》的签订。

由于发达国家的能源利用效率高，能源结构优化，新的能源技术被大量采用。因此，这些发达国家进一步减排的成本极高，难度较大。而发展中国家，能源效率低，减排空间大，成本也低。这就导致了同一减排单位在不同国家之间存在着不同的成本，形成了高价差。发达国家需求很大，发展中国家供应能力也很大，碳交易市场由此产生。

发达国家通过CDM购买温室气体排放额度的需求为每年2亿~4亿t，每吨的价格在6~20欧元，最高时甚至达25欧元。对发展中国家而言，这无疑是一块巨大的商业蛋糕。

28.3.1 碳金融时代正加速到来

随着1997年《京都议定书》而诞生的排放交易制度，让全球稀缺资源的环境公共产品——碳减排权，获得了产权，并由此产生了市场和交易价格。特别是在2005年《京都议定书》框架中，CDM（清洁发展机制）、JI（联合履行机制）及IET（国际排放交易）的3种碳交易机制推动下，全球碳交易的配额市场和项目市场逐步形成，并出现了爆炸性增长。2007年全球碳交易市场价值达400亿欧元，比2006年的220亿欧元上升了81.8%；2008年，即使在美国次贷危机引发全球性衰退和金融危机的情况下，全球碳交易市场依然保持爆炸式增长态势，全年交易额达910亿欧元左右，涨幅惊人。

碳排放权之所以受到追崇，是环境稀缺资源的物权可以相互转让。事实上，对于发达国家而言，在本土实施温室气体的减排异常困难。以日本为例，1990年二氧化碳排放量为12.4亿t，按《京都议定书》规定，日本 2008 年排放量应减为 11.6 亿 t，但其 2002 年的排放量已达 13.3 亿 t，不仅没有减少，与基准年相比反倒增加了 7.6%。具有主动权的发达国家希望可以通过实施减排指标的国际合作机制，将自己的排放“合法化”，这就是碳交易机制设计的基本初衷。

发展低碳经济是未来全球长期的发展目标。根据测算，全球碳交易在 2008 ~ 2012 年间，市场规模每年可达 500 亿欧元。2012 年全球碳交易市场容量为 1400 亿欧元（约合 1900 亿美元），有望超过石油市场成为世界第一大市场。特别是随着此次 G8 会议上，发达国家愿与其他国家一起到 2050 年将全球温室气体排放量至少减半，并且发达国家排放总量届时应减少 80% 以上承诺的兑现，预计未来 5 年将是全球碳交易市场真正蓬勃发展的开端。

中国是未来低碳产业链上最有潜力的供给方，却仍不是定价方。由于碳排放权的“准金融属性”已日益突显，并成为继石油等大宗商品之后又一新的价值符号。因此，发达国家围绕碳减排权，已经形成了碳交易货币，以及包括直接投资融资、银行贷款、碳指标交易、碳期权期货等一系列金融工具为支撑的碳金融体系。碳金融大大推动了全球碳交易市场的价值链分工。

目前全球碳交易所共有四个：包括欧盟的欧盟排放权交易制（EUETS）、英国的英国排放权交易制（ETG）、美国的芝加哥气候交易所（CCX）以及澳洲的澳洲国家信托（NSW），全为发达国家所主导。更为重要的是，碳交易权的计价结算与货币的绑定机制使发达国家拥有强大的定价能力，这是全球金融的又一失衡。目前，欧元是碳现货和碳衍生品交易市场的主要计价结算货币，日元也正在摩拳擦掌，试图使日元成为碳交易计价结算的第三货币。

28.3.2　美国通过法案引入总量控制与排放交易机制

美国众议院 2009 年 6 月 26 日以 219 票对 212 票的微弱多数，通过了旨在降低美国温室气体排放、减少美国对外国石油依赖的《美国清洁能源安全法案》。这是美国政府首次向国际社会做出温室气体减排承诺，标志着美国迈出了应对气候变化的重要一步。

此次在众议院通过的《美国清洁能源安全法案》要求减少化石能源的使用，并规定，美国 2020 年时的温室气体排放量要在 2005 年的基础上减少 17%，到 2050 年减少 83%。

这一长达 1300 多页的法案还引入名为“总量控制与排放交易”的温室气体排放权交易机制。这一机制计划于 2012 年开始实行。根据这一机制，美国发电、炼油、炼钢等工业部门的温室气体排放配额将逐步减少，超额排放需要购买排放权。由于立法过程中各方的妥协，农业部门不必承担量化的温室气体减排义务。预计 2012 年排放每吨二氧化碳的价格约为 13 美元。

法案还允许各企业通过植树、保护森林等手段抵消自己的温室气体排放。法案要求到 2020 年，美国电力生产中至少 15% 为太阳能、风能、地热等清洁能源，另有 5% 通过节能措施减少能源消费，两项相加必须达到 20%。

美国总统奥巴马自 2009 年 1 月上任以来，将改革能源政策作为内政主要优先议题之一，并表示将仿照欧洲模式建立温室气体排放总量控制与交易制度，将投入巨资开发清洁能源。《美国清洁能源与安全法案》基本体现了这一思路。

作为世界上温室气体排放量最大的国家，美国在应对气候变化问题上的立场和举措对国际社会的努力具有重要影响，美国能否承诺减排义务关乎 2009 年底哥本哈根气候变化大会能否取得实质性成果。

28.3.3 亚洲在碳市场影响巨大

世界银行和国际排放贸易协会编制的《碳市场发展状况与趋势分析报告》显示，2006 年亚洲国家占了 CDM（清洁发展机制）市场总额的 84%。中国继续在基于项目的交易市场占据主导地位，占项目交易量的 60%（2005 年为 73%），印度位居第二，占 CDM 项目市场交易量的 15%（2005 年为 3%）。

报告数据显示，2006 年前 9 个月，碳市场增长至将近 220 亿美元，比 2005 年近 110 亿美元的纪录超过一倍。

欧盟排放交易体系在交易额方面占据市场主导地位，在整个碳市场交易额中占到将近 190 亿美元，预计 2009 年基于项目的交易额将会超过 30 亿美元。发展中国家在碳市场的 CDM 交易总量继续保持稳定，未受 2005 年价格上升的影响。

CDM 市场数据显示，可再生能源和能效项目的市场份额在增加，目前已占到项目交易总量的 26%，比 2005 年的 11% 增加 1 倍以上。去年市场交易数据里几乎没有能效项目，而目前能效项目占到 CDM 总量的近 14%。可再生能源项目的份额也在增加，占到 CDM 市场的 12%，风能项目占 50%，比去年的 2% 大幅增加。

28.3.4 日本电企：国内排碳国外补

2008 年日本 10 家主要电力企业中有 8 家未能达到其自身制定的二氧化碳排放量削减目标。这无疑增加了这些电力企业的压力，使得他们今年需要从国外购买多于原计划量的二氧化碳排放额度。

截至 2009 年 3 月，该财政年度内，经济的衰退造成日本国内电力需求的减少，这使得日本电力企业减少了约 5% 的二氧化碳排放量。

然而，仅电力销售量下降这一个因素还不足以协助电力企业达到其制定的减排目标。日本 10 家主要电力公司均曾制定目标，截至 2013 年，在未来 5 个财政年度内，使每千瓦时电的二氧化碳排放量平均比 1990 年的水平减少 20%。

根据日本 10 家主要电力公司提供的数据，在其 5 年计划的第一年内，除九州电力公司（Kyushu Elcctric Power Co）和四国电力公司（Shikoku Electric Power Co）外，其余电力企业均未能完成其减排目标。

日本是世界第五大二氧化碳排放国，其中电力企业的二氧化碳排放量占日本全国排放量的 30% 左右。日本已作出承诺，在《京都议定书》规定的 2008 ~ 2012 年期间，将其二氧化碳排放量在 1990 年的水平上降低 6%。尽管电力企业设定的减排目标不具备法律约束力，但却已经成为日本政府在《京都议定书》框架下所做承诺的核心部分。

28.4 中国清洁发展机制及碳交易发展前景

28.4.1 抓紧建设中国的“碳金融”势在必行

对于中国而言，碳交易及其衍生的市场发展前景广阔。中国拥有巨大的碳排放资源。目前我国提供的碳减排量已占到全球市场的1/3左右，居全球第二。据世界银行测算，全球二氧化碳交易需求量超过2亿t。发达国家在2012年要完成50亿t温室气体的减排目标，而中国市场出售的年减排额已达到全球的70%。特别是清洁发展机制CDM市场潜力巨大。中国的CDM潜力占到世界总量的48%。国际能源署和国际排放贸易协会就曾指出，中国占到2010年世界总CDM潜力的35%～45%，相当于拉美、非洲和中东的潜力总和。

中国虽然是最大的碳资源国家，但在碳金融建设方面却发展滞后。碳金融和碳交易好比两条腿，没有碳金融的支撑，中国不仅将失去碳交易的定价权，而且将又一次失去金融创新的机会。

目前，世界上主要的碳交易市场被欧美发达国家垄断，包括欧盟的排放权交易制（EU ETS）、英国的排放权交易制（ETG）、美国的芝加哥气候交易所（CCX）等。中国虽然目前拥有北京环境交易所、上海环境交易所、天津排放权交易所，但目前这三家交易所都还仅限于节能环保技术的转让交易，距离金融性质的碳交易所还有一定距离。中国在碳金融市场的建设方面不仅远远落后于发达国家，甚至落后于印度。

抓紧建设中国的“碳金融”势在必行，在交易所建设、产品设计方面迅速与国际接轨。发展“碳金融”的核心是建立市场化机制，掌握碳交易的定价权，吸引一大批有条件的金融机构和企业加入到“碳金融”市场的建设中来。

对此，中国必须积极布局，使人民币成为碳交易计价的主要结算货币，这是打破美元、欧元等货币制衡，实现人民币国际化的必由之路。此外，中国应在全球能源金融新博弈中争取主动权，提高对碳资源价值的认识，培育碳交易多层次市场体系，开展低碳掉期交易、低碳证券、低碳期货、低碳基金等各种低碳金融衍生品的金融创新，改变中国在全球碳市场价值链中的低端位置，获取国家最大的战略权益。

28.4.2　外资银行开拓中国市场

中国碳交易市场的潜力日益凸显，外资银行早就开始了在中国的市场拓展。目前我国碳排放权交易的主要类型是基于项目的交易，“碳金融”更多的是指依托清洁发展机制CDM，是《京都议定书》中引入的三个灵活履约机制之一。据相关数据预测，2012年以前我国通过CDM项目减排额的转让收益可达数十亿美元。

如此之大的市场潜力，中国碳交易市场早就得到了国际金融机构的青睐。2004年摩根士丹利进入了碳交易项目，2006年承诺5年内将投资30亿美元扩展二氧化碳排放额度业务。如今，摩根士丹利项目有宝丰县耐火材料生产线焦炉煤气利用项目（一期）、固始县杨山明源实业有限责任公司生物质热电厂项目、平顶山瑞平石龙水泥有限公司低温余热电站工程等。

而中国目前最大的有关碳交易项目——辽阳石化公司的氧化二氮减排项目则被高盛国际和加拿大纳德资产管理公司得到。截至2008年底，高盛国际在华项目已经拥有了黑龙江建龙富余煤气发电项目、河南昌源36MW生物质发电项目、黑龙江东宁大架子山和西大岗风力发电项目、黑龙江东宁华富风力发电有限责任公司、黑龙江依兰鸡冠砬子山风力发电项目等。

国际金融机构在中国碳交易市场的发展还在持续，尽管在金融危机中这部分业务有所影响，但是相关金融机构人士表示会持续在中国的CDM项目，并继续寻找优质稳定的项目来运作。

中国的碳金融四处都有国际金融机构的身影，这对中国碳金融体系的建立有一定的积极意义，在一定程度上能够推动国内金融机构对碳金融的热情。

28.4.3 国内银行发展碳金融

市场最缺的是建设项目的资金，商业银行完全能够发挥这方面的作用，所以针对项目业主商业银行主要提供项目建设的融资。兴业银行曾对中国 CDM 项目发展做出过自己的规划，目前在兴业银行常州分行以碳金融产品的方式得以实现。据了解，碳金融产品是为江苏常州节能减排项目提供专项贷款。

兴业银行早在 2006 年就与 IFC（国际金融公司）签署了《能源效率融资项目（CHUEE）合作协议》（即《损失分担协议》），这让兴业银行成为国内首家推出“能效贷款”产品的商业银行，率先切入了中小企业的能效融资项目。在 2008 年，兴业银行已经瞄准了 CDM 项目市场的巨大潜力，在 2008 年 10 月底，兴业银行又成为国内首家加入“赤道原则”的银行。兴业银行已经明确提出了两大目标，在今后 3 年中，至少投入 100 亿元来做节能减排和碳交易市场。目前，兴业银行正在积极打造碳交易平台。此外，浦发银行、北京银行和建设银行等也在抢夺碳金融业务，这对于国内银行建立绿色金融体系有很好的推动作用。

28.4.4 中美碳交易合作面临挑战

2009 年 6 月，纽约证券交易所集团旗下交易所 BlueNext 与北京环境交易所（CBEEX）签署协议，建立合作关系。该协议有望打开外国公司进入中国碳交易市场的大门。然而分析人士认为，在美国政府立法规定减少温室气体排放之前，美国公司和投资者并不会对此产生足够的兴趣。

1997 年的《京都协定书》设立了清洁发展机制 CDM 项目，鼓励发达国家向发展中国家减少温室气体排放的项目进行投资，同时获得相应的减排额度。CDM 项目的发展往往能够成就数额可观的生意。位于波士顿的研究公司 Celent 表示，2008 年全球的排放市场交易额为 1400 亿美元，2020 年该数字有望达到 2 万亿美元。

2008 年，中国政府设立首个国家级环境权益交易平台——北京环境交易所。BlueNext 则是纽约证券交易所集团旗下的环境交易所。双方的合作将有效集中资讯，并且向外国投资者推广中国的 CDM 项目。BlueNext 与北京环境交易表示，中国的 CDM 项目占全球市场的 84%，现在的总量大约是 1730 个项目，而其中 800 个项目都是 2009 年 1 月之后的新项目。

由于美国没有签订《京都协定书》，美国国内对 CDM 项目一直难以提起兴趣。不过，总统奥巴马已表示会将气候变化问题放在首要位置，而众议院最近也通过了一项法案，首次限制温室气体的排放。如果该法案能够立法，将会对温室气体排放进行限制，建立碳交易系统，并允许美国公司向国外购买价值 10 亿美元的碳减排额度。

28.4.5 中国企业试水碳交易

2009 年上半年，中国电力投资集团公司所属五凌电力和黄河水电公司负责运营的 4 个水电项目累计获得联合国 CDM 执行理事会签发的 33.5 万 t 二氧化碳减排量，共获得 2600 万元人民币的 CDM 补偿资金。中国电力投资集团高度重视 CDM 工作，借助 CDM 机制提升可再生能源项目经济性，在国内首家成立了碳资产经营管理有限公司。除上述 4 个已经交易的 CDM 项目外，内蒙古乌拉特中旗风电项目等 6 个已经完成注册，待联合国 CDM 执行理事会签发后即可进行交易。全部 10 个项目每年将向国际碳市场销售 220 万 t 二氧化碳减排量，每年将获得约合 2 亿元人民币的 CDM 补偿资金。目前，中国电力投资集团正在积极推进后续新能源项目的 CDM 项目注册工作。

2009 年 8 月 2 日，中海油集团方面称，中海油能源发展股份有限公司（简称海油发展）与澳大利亚最大的投资银行麦格理银行有限公司就 40 万 t/a 煅后焦余热综合利用 CDM 项目达成买卖协议。这是我国在石化领域进行的为数不多的“碳交易”。

业内人士判断，麦格理银行是作为碳交易的中间商，在取得这一项目后，会转手将碳减排量出售给其他企业，目前我国已有 2000 多个 CDM 项目在运行。

29

需求侧管理

需求侧管理是指能源需求侧管理，需要统筹各种能源，而不仅仅是电力。比如美国公用事业公司管理着城市的各种能源，不仅向用户供应电力，同时提供天然气、采暖、供水、排水、卫生热水和制冷源冷水等。

但是全社会的能源消费中有两个特点引起人们注意：①发电用煤占一次能源消费比重越来越高；②电能在终端能源消费中的比重日益提高。而从事需求侧能源优化经营的能源服务公司，电力是需要优化的主要环节，营利空间最大。

国际国内外经验表明，电力需求侧管理是能源需求侧管理最重要的组成部分，也是发展最为成熟的领域。同时，开展电力需求侧管理是化解能源约束矛盾的有效手段，是解决能源环境问题的关键措施，是提高经济增长质量和效益的重要途径。因此，本篇里着重于对电力需求侧管理的分析与探讨。

29.1 需求侧管理概述

29.1.1 基本内涵

一方面不想降低生活质量和生产能力；另一方面能源那么有限，在这两难之间“需求侧管理”应运而生。

“需求侧管理”是一种自发、自下而上、独立自主的管理，以节能为市场、以科学用能技术为支撑、以服务为手段、以营利为目的的经营行为，而不是政府或垄断企业干预和管制的一种方式或结果。需求侧管理（Demand Side Management，简称 DSM）是当今国际上推行的一种先进的能源管理技术，是指在政府法规和政策的支持下，采取有效的激励和引导措施以及适宜的运作方式，通过发电公司、电网公司、能源服务公司、社会中介组织、产品供应商、电力用户等共同协力，提高终端用电效率和改变用电方式，在满足同样用电功能的同时减少电量消耗和电力需求，达到节约资源和保护环境，实现社会效益最好、各方受益、最低成本能源服务所进行的管理活动。

简单而言，电力需求侧管理是指通过采取有效措施，引导电力用户优化用电方式，提高终端用电效率，优化资源配置，改善和保护环境，实现最小成本电力服务所进行的用电管理活动。

需求侧管理的目标主要集中在电力和电量的改变上，一方面采取措施降低电网的峰荷时段的电力需求或增加电网的低谷时段的电力需求，以较少的新增装机容量达到系统的电力供需平衡；另一方面，采取措施节省或增加电力系统的发电量，在满足同样的能源服务的同时节约了社会总资源的耗费。从经济学的角度看，DSM 的目标就是将有限的电力资源最有效地加以利用，使社会效益最大化。

29.1.2　起源与发展

电力需求侧管理发源于美国。1973 年第一次世界石油危机爆发后，燃料价格飞涨，美国能源界意识到单纯依靠能源供应很难满足不断增长的能源需求，还应该考虑需求侧的节约。电力需求侧管理正是适应这一变化而兴起的新的能源管理方法。这期间，美国建立了同时将供应方和需求方两种资源，作为一个整体进行综合资源规划（IRP）的新理念，对供电方案和节电方案进行技术筛选和成本效益分析，形成综合规划方案。第二次石油危机爆发后，更多国家开始重视电力需求侧管理的研究和应用，目前已逐渐扩散到加拿大、欧盟国家、日本、巴西等 30 多个国家和地区。

20 世纪 90 年代初，电力需求侧管理引入到我国。1991 ~ 1995 年，我国举办了多次由国际专家主讲的有关电力需求侧管理知识的培训、研讨班。1996 ~ 2000 年，各省（自治区、直辖市）先后开展了多种电力需求侧管理示范项目，取得了一定的经验。特别是 2002 年以来，随着电力供需紧张，电力需求侧管理进一步得到了全社会的普遍关注。电力需求侧管理在我国进入了一个较快发展的时期，国家有关政府部门及部分省级政府出台了很多关于电力需求侧管理的政策，对实施有序用电、提高能效、缓解电力供需矛盾发挥了积极的作用。

29.1.3　需求侧管理内容

需求侧管理主要内容可概括为以下几个方面。

1. 提高能效

通过一系列措施鼓励用户使用高效用电设备替代低效用电设备及改变用电习惯，在获得同样用电效果的情况下减少电力需求和电量消耗。

2. 负荷管理

负荷管理又可称为负荷整形。通过技术和经济措施激励用户调整其负荷曲线形状，有效地降低电力峰荷需求或增加电力低谷需求，提高了电力系统的供电负荷率，从而提高了供电企业的生产效益和供电可靠性。

3. 能源替代及余能回收

在成本效益分析的基础上，如果用户的设备采取其他的能源形式比使用电能效益更好，则更换或新购使用其他能源形式的设备，这样减少使用的电力和电能也可看作需求侧管理的重要内容。用户通过余能回收来发电就可以减少从电力系统取用的电力和电量。

4. 分布式电源

用户出于可靠、经济和因地制宜考虑，装有各种自备电源，如：电池储能逆变不间断电源（UPS）、柴油发电机、太阳能发电系统、风力发电、联合循环发电、自备热电站等。将用户自备电源直接或间接纳入电力系统的统一调度，也可达到减少系统的电力和电量的目的。

5. 新用电服务项目

电力公司为提高能源利用效率而开展的一些宣传、咨询活动，如能源审计、节电咨询、宣传、教育等。

根据不同地区的特点，需求侧管理的工作重点可以不同。在新建电厂造价昂贵、峰期供电紧张、负荷峰谷差较大的地区，通常把节约电力置于首要地位；在发电燃料比较昂贵、环境约束比较苛刻的地区，更重视节约电量。

29.1.4 需求侧管理特点

需求侧管理的基本要素是不牺牲用户的生活品质和生产能力，不增加用户的能源成本，通过科学使用能源的合理技术，来实现有效降低负荷、减少能源消耗，而且这些技术的投入最终是有较好的经济回报的，投资人不仅能够回收投资，还能获取较高的利润，最终使能源需求方、供应方、能源服务公司和资金提供者各有所获，实现"共赢"的局面。

1. DSM 适合市场经济运作机制

这个机制主要应用于终端用电领域。它遵守法制原则，鼓励资源竞争，讲求成本效益，提倡经济、优质、高效的能源服务，它的最终目的是建立一个以市场驱动为主的能效市场。

中国能源网信息总监韩晓平提到，需求侧管理从英文翻译过来的时候产生了意义上的误差。需求侧管理来自于英文 Demand Side Management 一词，缩写为 DSM，中文的管理强调"管"，有管束和管制的含义；而英文中的 Management 更偏重经营。由于这一词义上的误解，使很多人将"需求侧管理"理解为对需求侧的"管束"，以权力约束、管制用户的电力使用方式和需求。

拉闸限电、计划用电、电费上涨……很多与需求侧管理并不相关的东西都被装进了需求侧管理的"箩筐"，需求侧管理反倒失去了本来的含义和光彩！韩晓平认为这是对需求侧管理的误解。他说，在电力供应极度短缺的条件下，进行计划用电，对电力需求进行各种行政管理和管制，以保障电网的安全这是必要的，也是不得已的，但是这些与需求侧管理不是一回事。

2. 节能节电具有量大面广和极度分散的特点

只有采取多方参与的社会行动，才能聚沙成塔、汇流成川；它的个案效益有限，而规模效益显著，且一方节能便可多方受益。节能节电是一种具有公益性的社会行为，需要发挥政府的主导作用，创造一个有利于 DSM 的实施环境。

3. DSM 立足于长效和长远社会可持续发展的目标

要高度重视能效管理体制和节电运作机制的建设以及制定支持它们可操作的法规和政策，适度地干预能效市场，克服市场障碍，切实把节能落实到终端，转化为节电资源，才能起到需求侧资源替代供应侧资源的作用。

4. 用户是节能节电的主要贡献者

要采取约束机制和激励机制相结合、以鼓励为主的节能节电政策，在节电又省钱的基础上引导用户自愿参与 DSM。让用户明白：DSM 与传统的节能管理不同，提高用电效率不等于抑制用电需求，节电不等于限电，能源服务不等于能源管制，克服用户参与DSM的心理障碍，激发电力用户参与DSM活动的主动性和积极性，才能使节能节电走向日常运作的轨道。

29.2 需求侧管理的主要手段

为了完成综合资源规划，实施需求侧管理，必须采取多种手段。这些手段以先进的技术设备为基础，以经济效益为中心，以法制为保障，以政策为先导，采用市场经济运作方式，讲究贡献和效益。概括起来主要有：法律手段、技术手段、经济手段、引导手段、行政手段等五种。

29.2.1 法律手段

法律手段是电力需求侧管理健康发展的保障。从世界范围来看，电力需求侧管理开展较好的国家都有严格的法律法规，如美国先后出台《国家能源政策法》及《公共事业管理政策法》等法律法规，并制定了大量强制性能效标准，对电力公司与电力用户均提出了很多明确、具体的法律要求，为电力需求侧管理的开展提供了强有力的保障。

我国近年也出台了一些规定，如“加强电力需求侧管理工作的指导意见”等，推动了电力需求侧管理的发展。该意见强调各地经贸委要会同有关部门，运用产业政策、税收政策、价格政策等手段，调动各种资源，积极培育市场，通过引导、协调、监督、服务，使各方共同参与共同受益，促进电力需求侧管理工作的健康发展。要统筹规划、精心组织，有条件的地方，近期可选择若干典型地区、单位和项目进行试点，抓好示范工作，取得经验后再逐步展开。

同时，各省级电网经营企业要系统研究本地电力需求侧管理工作，及时向政府有关部门提出有关政策建议。要将电力需求侧管理纳入电网发展规划，把电力需求侧管理放在与增加发电装机容量同等重要的地位，提高电网负荷率和发电设备利用率，提高系统运行的经济效益。

29.2.2 技术手段

需求侧管理需要有技术和设备投入。简单地说，每天提醒一千遍“随手关灯”、“随手关龙头”，不如安装一个声控开关和一个感应水龙头更有效。

技术措施是实施电力需求侧管理的手段，是针对具体对象、生产工艺或生活用电特点，采用技术成熟的先进节电设备来提高终端用电效率，从而节约电量、削减高峰负荷。技术措施又可以分为提高能效与负荷管理两类。其中，绿色照明、高效电动机、变频调速、无功补偿、节能家电等属于能效技术；负荷管理系统、蓄能空调等属于负荷管理技术。

分布式能源是需求侧管理最主要的技术构成。分布式能源技术是指分布在需求侧的能源梯级利用，以及资源综合利用、可再生能源和储能调节技术。通过在需求现场根据用户对各种能源配置状况和不同的能源需求，实现温度对口供能，将输送环节的损耗降至最低，从而实现能源利用效能的最优化。热电冷联产就是其中的一种典型方式。

分布式能源是各国实施能源需求侧管理的主要技术手段，也正是需求侧管理催生了分布式能源技术的发展，而分布式能源又进一步将需求侧管理推进到一个更高的境界，使需求侧管理不仅能够“节流”，而且还能“开源”，进一步扩大了它的盈利空间，使其更加富有吸引力。

另外，更具体的技术手段指的是针对具体的管理对象，以及生产工艺和生活习惯的用电特点，采用当前技术成熟的先进节电技术和管理技术及其相适应的设备来提高终端用电效率或改变用电方式。改变用户用电方式和提高终端用电效率所采取的技术手段各不相同。

1. 改变用户的用电方式的主要手段

（1）直接负荷控制。直接负荷控制是在电网峰荷时段，系统调度人员通过负荷控制装置控制用户终端用电的一种方法。直接负荷控制多用于工业的用电控制，以停电损失最小为原则进行排序控制。

（2）时间控制器和需求限制器。利用时间控制器和需求限制器等自控装置实现负荷的间歇和循环控制，是对电网错峰比较理想的控制方式。

（3）低谷和季节性用电设备。增添低谷用电设备，在夏季尖峰的电网可适当增加冬季用电设备，在冬季尖峰的电网可适当增加夏季用电设备。在日负荷低谷时段，投入电气锅炉或蓄热装置采用电气保温，在冬季后夜可投入电暖气或电气采暖空调等进行填谷。

（4）蓄能装置。在电网日负荷低谷时段投入电气蓄能装置进行填谷，如电气蓄热器、电动汽车蓄电瓶和各种可随机安排的充电装置等。

（5）蓄冷蓄热装置。采用蓄冷蓄热技术是移峰填谷最为有效的手段，在电网负荷低谷时段通过蓄冷蓄热将能量储存起来，在负荷高峰时段释放出来转换利用，达到移峰填谷的目的。

2. 提高终端用电效率

提高终端用电效率是用户通过采用先进的节能技术和高效设备来实现。主要包括以下方面：

（1）高效照明系统。选择高效节能照明器具替代传统低效的照明器具，使用先进的控制技术以提高照明用电效率和照明质量。

（2）电动机系统。电动机系统包括调速（或调压）控制传动装置—电动机—被拖动机械（泵、风机和空压机等机械）三大部分。电动机与被驱动设备很好的匹配，使其运行在负载的高效区域，采用高效拖动机械，应用各种调速技术等，都可实现电动机系统的节电运行。

（3）高效变压器及其配电系统。S11 系列油浸变压器，SC10 系列干式变压器，以及非晶合金配电变压器，是目前推广的高效变压器。

（4）高效电加热技术。采用远红外加热，微波加热，中、高频感应加热等技术。

（5）高效节能家用电器。这些家用电器包括高效家用空调器、变频空调器、节能型电冰箱、节能型电热水器、热泵热水器、节能型洗衣机、高效电炊具等。

29.2.3 经济手段

DSM 的经济手段是指各种电价、直接经济激励和需求侧竞价等措施，通过这些措施刺激和鼓励用户改变消费行为和用电方式，安装并使用高效设备，减少电量消耗和电力需求。电价是由供应侧制定的，属于控制性经济手段，用户被动响应；直接经济激励和需求侧竞价属于激励性经济手段，需求侧竞价加入了竞争，用户主动响应，积极利用这些措施的用户在为社会作出增益贡献的同时也降低了自己的生产成本，甚至获得了一些效益。对不参与节电的用户不予经济激励，但也不应损害其经济利益。

1. 各种电价结构

电价是影响面大和敏感性强的一种很有效而且便于操作的经济激励手段，但它的制定程序比较复杂，调整难度较大。主要是制定一个适合市场机制的合理的电价制度，使它既能激发电网公司实施需求侧管理的积极性，又能激励用户主动参与需求侧管理活动。

国内外实施通行的电价结构有容量电价、峰谷电价、分时电价、季节性电价、可中断负荷电价等。

2. 直接激励措施

（1）折让鼓励。折让鼓励给予购置特定高效节电产品的用户、推销商或生产商适当比例的折让，注重发挥推销商参与节电活动的特殊作用，以吸引更多的用户参与需求侧管理活动，并促使制造厂家推出更好的新型节电产品。

（2）借贷优惠鼓励。借贷优惠鼓励是非常通行的一个市场工具。它是向购置高效节电设备的用户，尤其是初始投资较高的那些用户提供低息或零息贷款，以减少它们参加需求侧管理项目在资金短缺方面存在的障碍。

（3）节电设备租赁鼓励。节电设备租赁鼓励是把节电设备租借给用户，以节电效益逐步偿还租金的办法来鼓励用户节电。

（4）节电奖励。节电奖励是对第二、第三产业用户提出准备实施或已经实施且行之有效的优秀节电方案给予“用户节电奖励”，以树立节电榜样以激发更多用户提高效率的热情。节电奖励是在对多个节电竞选方案进行可行性和实施效果的审计和评估后确定的。

3. 需求侧竞价

需求侧竞价是在电力市场环境下出现的一种竞争性更强的激励性措施。用户采取措施获得的可减电力和电量在电力交易所采用招标、拍卖、期货等市场交易手段卖出“负瓦数”，获得一定的经济回报，并保证了电力市场运营的高效性和电力系统运行的稳定性。

29.2.4　引导手段

引导是对用户进行消费引导的一种有效的、不可缺少的市场手段。相同的经济激励和同样的收益，用户可能出现不同的反应，关键在于引导。通过引导使用户愿意接受DSM的措施，知道如何用最少的资金获得最大的节能效果，更重要的是在使用电能的全过程中自觉挖掘节能的潜力。

主要的引导手段有：节能知识宣传、信息发布、免费能源审计、技术推广示范、政府示范等。主要的方式有两种：一种是利用各种媒介把信息传递给用户，如电视、广播、报刊、展览、广告、画册、读物、信箱等；另一种是与用户直接接触提供各种能源服务，如培训、研讨、诊断、审计等。经验证明，引导手段的时效长、成本低、活力强，关键是要选准引导方向和建立起引导信誉。

国家电监会副主席史玉波2009年4月出席中国电力报社新闻宣传工作会议时强调，要进一步加大对国家节能减排相关法规及政策落实情况的宣传报道力度。紧密结合电力改革发展及电力监管工作做好新闻宣传工作，要进一步加大电力安全监管、电力应急管理、电力市场监管等电力监管工作的宣传力度，为维护市场主体和电力消费者权益服务。

29.2.5　行政手段

需求侧管理的行政手段是指政府及其有关职能部门，通过法律、标准、政策、制度等规范电力消费和市场行为，推动节能增效、避免浪费、保护环境的管理活动。

政府是电力需求侧管理的主导者，采取必要的管理措施，可以保证技术、经济措施的有效实施，尤其是当电力供需形势出现大的波动时，管理措施对平衡电力供需的作用更为突出。2002年以来，我国很多电力供需紧张的地方通过实施有序用电等管理措施，组织用户轮休、调整作业程序等，稳定了社会正常用电秩序，缓解了电力短缺。

29.3 电力需求侧管理的国际经验及启示

20世纪70年代，为应对两次世界能源危机以及日益严重的环境压力，美国在世界上率先开展电力需求侧管理DSM，取得了显著成效，并带动了DSM在全世界的发展，目前已有30多个国家和地区实施了DSM。国际能源署2004年的一份报告显示，自从20世纪70年代石油危机以来，发达国家通过采取包括DSM在内的多种提高能效的措施，使得单位GDP能耗降低了约50%。如2000年美国人均一次能源消费量与1973年几乎相等，但人均GDP却增长了74%。法国通过应用电力负荷监控等DSM措施，日负荷率由73%提高到85%左右，相应减少发电容量1.9万MW。英国筹集1.65亿美元，投资到500多个提高能效的项目中，实现节能6800 GW·h，相当于200万户家庭的年用电量。值得一提的是，2001年美国加州通过采取一系列提高能效和负荷管理措施，削减高峰负荷5700MW，成功度过了电力危机的难关，避免经济损失160亿美元。

近30年的实践证明，DSM为世界经济的可持续增长做出了积极的贡献。

国外实施DSM的成功经验，概括起来主要有以下几点。

29.3.1 出台相关法规政策

（1）制定法规，强制电力公司实施DSM项目。美国1978年制定了“国家能源政策法”，要求各州电力公司实施需求侧管理；1992年颁布的“国家节能政策法案”，对重组后的电力公司开展DSM作出了相关规定。

（2）对发电厂污染物排放提出更高的标准。美国于1990年出台“清洁空气法修正案”，对能源的开发和利用产生的环境影响提出了更严格的要求；同年出台的“减排税法”明确对使用煤、油和天然气等发电燃料的企业收税。

（3）对主要用电产品制定最低能效标准和能效标识制度。至2000年6月，已有34个国家和地区成功制定并实施了能效标准，37个国家和地区实施了能效标识制度。其中美国对照明器具、电动机、冰箱、空调等20多种电器产品制定了强制性能效标准，31种产品使用了“能源之星”认证标识。

29.3.2 建立经济激励机制

许多国家出台了减免税收、低息贷款、财政资助、电价激励等经济政策支持DSM工作的开展，包括系统效益收费、能源相关税收、政府直接出资等，其中应用最普遍的是系统效益收费。它是指按一定比例附加于所有电力用户电价上的费用，目的是适应电力市场重组，促进DSM、可再生能源等公用事业的发展。

为保护环境，有些国家还制定了排放总量控制以及“谁污染谁负责”的税收法规，将相关税收用于DSM项目筹资。如挪威、丹麦等国收取二氧化碳减排税，泰国向石油精炼产品征税。

此外，一些国家政府通过公益基金或其他财政来源直接筹资用于 DSM，如新西兰设立了节能基金。

29.3.3　鼓励电力公司发挥主体作用

电力公司是实施 DSM 的主体，如没有相应的配套措施，开展 DSM 工作可能对其经济利益带来负面影响。为此，英国等国家制定了针对电力公司的激励措施，主要包括成本回收、收入损失补偿等，以调动电力公司开展 DSM 的积极性。成本回收是指将电力公司实施 DSM 项目的支出纳入电价成本；收入损失补偿是指政府通过采用售电收入调节机制，将售电收入与售电量部分脱钩，使电力公司不至于因实施 DSM 减少售电量而遭受经济上的损失。

29.3.4　通过市场机制开展能源服务

节能服务公司（ESCO）以合同能源管理机制开展专业化的节能服务，已经成为美国、加拿大等国家利用市场机制开展 DSM 的重要方式，促进了全社会节能项目的实施。ESCO 与愿意进行节能改造的用户签订节能服务合同，为用户的节能项目进行投资或融资，向用户提供节能项目设计、施工、监测、管理及能源效率审计等一条龙服务，并通过与用户分享项目实施后产生的节能效益来赢利和滚动发展，从而避免了用户自身承担项目可能遭遇的技术、财务等诸多风险。在美国，节能服务公司已经发展成为一门新兴产业。

29.3.5　引导终端用户参与 DSM

电力公司通过开展 DSM 宣传、培训、项目示范等活动，与用户直接交流，与节电产品制造企业和销售商建立商业联盟，引导用户接受并参与 DSM；利用电视、报刊、广播等大众媒介宣传，以及产品展览、名人宣传、资料发放、现场交流等方式，提高全社会对 DSM 的认知，为 DSM 的开展营造良好的工作氛围。

国外的成功经验证明，开展 DSM 能够带来巨大的经济效益和社会效益。他山之石，可以攻玉。在目前我国人均能源资源匮乏、能效低、环境污染严重的形势下，加快实施 DSM 对于全面落实科学发展观，建设资源节约型社会，促进经济可持续发展都具有重大的战略意义。

借鉴国外经验，当前我国应从以下几方面加强 DSM 工作：①政府要充分发挥主导作用，营造有利于 DSM 实施的环境；②要建立资金激励机制，解决好开展 DSM 所需资金的渠道问题；③要发挥好电力公司在 DSM 工作中的实施主体作用；④要发挥好节能中介组织的作用，逐步形成节能的市场运作机制。

29.4　我国实施需求侧管理潜力分析

20 世纪 90 年代初，电力需求侧管理理念引入到我国，并逐步得到实际应用。1991～2000 年的 10 年间，我国通过开展电力需求侧管理，实现累计节电 1300 亿 kW·h，节煤 6000 万 t，减排二氧化硫 130 万 t，为国民经济以及电力工业可持续发展做出了积极贡献。特别是 2002 年以来，面对电力持续紧张的困局，作为缓解电力供应紧张矛盾的有效手段，电力需求侧管理得到了全社会的极大重视。各地区、各部门和电力企业认真贯彻国务院关于做好电力供应工作的部署和要求，结合自身情况，切实采取有效措施，转移高峰负荷，减少电力需求，有效缓解了电力供需矛盾，最大限度地保证了居民生活、农业生产和重点单位的用电需要，促进了经济持续健康地发展。2004 年迎峰度夏期间，通过强化需求侧管理，国家电网公司削减高峰用电负荷最高达 2186 万 kW，占全部缺口的 73.3%。

我国终端节电潜力巨大，需求侧管理大有可为。有预测表明，如果实施有效的电力需求侧管理，到 2020 年，我国可减少电力装机容量 1 亿 kW 左右，超过 5 个三峡工程的装机容量，同时还可以节约 8000 亿～10000 亿元的电力投资，不仅能大大化解资源、环境和投资压力，而且还将带来巨大的节电效益、经济效益、环境效益和社会效益。

虽然近年来我国电力需求侧管理工作取得了积极进展，但与开展这项工作较好的国家相比，我国在工作的深度和广度上还有较大差距，主要是：对开展电力需求侧管理的重要性、必要性和有效性还缺乏全面和深刻的认识；缺乏必要的配套法律法规；缺乏有力的经济激励政策等。

尽管我国电力需求侧管理工作取得了积极进展和明显成效，但由于过去 20 多年中经济的粗放型增长，我国现有工业体系从整体上看仍然相对落后，先进的工业装备和民用设施只占较小的比重，终端用电效率明显低于国际先进水平。尤其值得注意的是，随着经济重化工业特征的日益明显，加上生活水平提高带来的需求刺激，国内低效率、高电耗的生产能力和民用设施仍在迅速增长，我国终端用电效率与国际先进水平的差距有进一步扩大的趋势。无论是从现状还是发展的角度看，我国都存在巨大的电量和电力节约的潜力，需求侧管理仍大有可为。

我国终端用电效率与国际先进水平的差距，具体体现在以下几个方面：

（1）单位产值电耗高。2004 年，我国万元产值耗电量为 1746kW 时，为发达国家的 3～5 倍。造成这一差距的原因是多方面的，主要是：我国尚处在工业化阶段，经济结构同发达国家不同；能源消费构成存在着差异；电能的低效利用和浪费性使用现象比较严重。

（2）单位产品电耗高。国内主要工业产品的单位电耗比国外平均高出约 40%，钢铁、化工、电力、建材等高耗能行业终端用电效率低下现象仍然比较严重。我国原煤电耗为 30.9kW·h/t，与美国的 17kW·h/t 相比高出 81.8%；电解铝直流电耗 14560～14867kW·h/t，比国际先进水平高出 1210～1517kW·h/t；水泥综合电耗 110kW·h/t，比国际先进水平高出 18kW·h/t；电炉钢电耗 403.3kW·h/t，国际先进水平为 299.8kW·h/t，差幅 34.5%。造成这一差距的原因是生产规模、工艺路线、技术装备、管理运行等方面存在着差异。

（3）用电设备效率低。在我国的终端用电设备中，包括风机、水泵、压缩机等电机拖动系统的电耗约占全国售电总量的 60%。我国中小电动机平均效率 87%，风机、水泵平均效率 75%，均比国际先进水平低 5 个百分点，系统运行效率低近 20 个百分点。此外，电耗占全国电力消费总量 13% 左右的照明器具，低效照明产品仍占相当比例，由此造成的年照明电力浪费估计高达数百亿千瓦时。

另一方面，我国幅员广阔，气候等自然条件以及产业结构不同，导致各地电网负荷特性差异很大。例如，南方电网中的广东省日最高负荷一般出现在 21∶00 左右，而云南、贵州西部省份最高负荷要推迟 1h 左右，错峰潜力明显。近几年，随着经济发展和人民生活条件的不断改善，夏季空调用电持续攀升，2004 年北京、上海等大城市的空调负荷已接近或达到总负荷的 1/3，电网短时间的尖峰负荷越来越大。2004 年，全国各大区电力负荷曲线表明，最大负荷 95% 以上的尖峰部分累计约为 1500 万 kW，年累计持续时间不超过 30h。据预测，到 2020 年这部分负荷将达到 5000 万～6000 万 kW。若采用增加发电装机的方法来满足这部分高峰负荷是很不经济的。

因此，加强对我国各地区、各产业的负荷特性的研究，以及气候、气温、电价、产业调整等因素对负荷影响的研究，摸出规律，充分利用各地区的峰谷差、时间差，发挥电力系统联网特性，削峰填谷，电力需求侧管理工作的效益可以更充分的显现出来。

上述表明，我国节电和削峰潜力巨大，需求侧管理将大有可为。据有关部门预测，如果我国能有效实施电力需求侧管理而实现节电 5% 及降低高峰负荷 5%，到 2020 年可减少电力装机容量 1 亿 kW 左右，超过 5 个三峡工程的装机容量；今后 15 年可累计节电 2.8 万亿 kW · h，节煤 14.3 亿 t，减排二氧化硫 2000 万 t，减排二氧化碳 7 亿 t，同时还可以节约 8000 亿～10000 亿元电力投资。这预示着我国电力需求侧管理大有可为，将大大化解资源和环境压力，带来巨大的节电效益、经济效益、环境效益和社会效益。

电力节约是一种宝贵的隐性电力资源，而且是一种更为经济的资源。国外实践表明，每节约 1kW 容量的投资不到新增 1kW 容量造价的 20%；每节约 1kW · h 电量的投资约占 1kW · h 发电成本的 40%。对于我国这样一个人均能源资源匮乏的发展中大国来说，坚持开展需求侧管理，深入挖掘这一宝贵的隐性电力资源，是当前及今后我国面临的一项长期战略任务。

30

节 能 自 愿 协 议

节能自愿协议作为一种新兴的节能机制，自20世纪90年代初问世以来，已经成为国际上应用非常广泛的一种非强制性节能措施。目前世界上10多个国家都在使用这种制度促进政府和企业的合作，通过政策激励促使企业自觉提高能效。我国于2003年在山东钢铁行业开展了节能自愿协议的首个试点，并取得了显著成效。2006年4月，我国启动的“千家企业节能行动”，其核心就是节能自愿协议。围绕节能自愿协议，中国进一步深入推进了节能减排工作。

30.1 概　　述

30.1.1 节能自愿协议概述

自愿协议（Voluntary Agreement　VA）是政府与经济部门之间达成的协议，在政府的支持（鼓励）下，按照预期的目标而进行的自愿行动。在协议中，企业主动承诺达到一定的节能抑或环保目标，政府则提供相应的支持和激励措施，其评估审计由第三方实施。自愿协议是国际上常用的一种非强制性节能措施，它可以有效地弥补行政、法律手段（强制性节能措施）的不足。

谈起节能自愿协议的内容，在不同国家甚至同一国家的不同情况下也是不同的。但一般都包括两个方面：

（1）整个工业部门或单个企业承诺在一定时间内达到某一节能目标。

（2）政府给予工业部门或单个企业以某种激励。

自愿协议的主要思路是在政府的引导下更多地利用企业的积极性来促进节能。它是政府和工业部门在其各自利益的驱动下自愿签订的，也可以看作是在法律规定之外，企业“自愿”承担的节能环保义务。需要强调的一点是，自愿协议中的“自愿”并不是绝对的“自愿”。它所指的“自愿”也是有条件的。

自愿协议主要包括两种类型：

（1）经磋商达成协议型自愿协议。这类自愿协议是指工业界与政府部门就特定的目标达成的协议。谈判时双方有一个约束条件，即如果协议没有达成，政府将会采用某种其他的政策措施（大多带有惩罚性，与碳税相连）来限制企业。

（2）公众自愿参与型自愿协议。在这类自愿协议中，协议制订者规定了一系列需要企业完全满足的条件，企业根据自身条件选择是参与，还是不参与。

30.1.2 自愿协议的特点

自愿协议能够在很短的时间内被很多国家所采用，并且越来越受到政府和工业部门的欢迎，是因为自愿协议具有其他政策和措施所不能比拟的独特之处。

30.1.2.1 灵活性好

工业部门参与自愿协议的动机通常是规避政府更严厉的政策法规。相对于政策法规的“硬”约束，工业部门更愿意选择“自愿”对政府承诺节能减排义务。

自愿协议实施形式非常灵活，不同的国家和地区可灵活设计实施方案及形式，甚至连自愿协议的名称都不出现，协议内容、配套政策等亦有很大空间。也就是说，企业承诺达到一定的节能目标后，政府会给企业提供较宽松的环境，企业可以自主、灵活地选择节能项目和技术以实现目标。企业的自主性大大加强，企业只需承诺达到某个节能或减排目标即可，实现目标的方法和路径完全可以自主选择，政府几乎不予干涉。

30.1.2.2 适用性强

自愿协议应用范围广，形式多样，适用性强，各国在引入自愿协议时，都可以在借鉴他国经验的基础上，结合本国特点研究出适用于本国的自愿协议。

30.1.2.3 低成本

与制定法律法规相比，政府通过自愿协议可以用更低的费用更快地实现国家的节能和环保目标，而政策法规的贯彻实施远比实施自愿协议的成本大得多。经测算，发达国家通过自愿协议实现每吨碳减排的成本约 50 美元，低于补贴政策实现碳减排的成本。

30.1.2.4 政企合作

有利于发展政府与工业部门的关系通过自愿协议，政府与工业部门实现了双赢，它们之间的合作关系不断加深，相互信任不断增强，在公众和市场中树立了良好的信誉和形象。

30.1.3 目标设定

目标设定是自愿协议中十分重要的环节之一。目标（值）为加入协议的各方提供了一个在自愿协议实施期间需要达到的量化值。目标的类型有很多种，需要根据企业实际情况确定目标类型。设定目标的重要前提是，协议各方都必须充分了解企业的能效潜力，充分了解政府在帮助企业实施节能技术和节能措施过程中所能给予的支持政策。

30.1.3.1 目标类型

在自愿协议中，目标设定有三种基本类型，即绝对目标、能耗目标和经济目标。

1. 绝对目标

绝对目标是指在自愿协议实施期间，设定一个必须要达到能耗标准（或二氧化碳标准或温室气体排放标准）。例如，某钢铁厂 1995 年能源消耗为 2. 8 Mt 标准煤，那么 2000 年设定将能源消耗降为 2. 2Mt 标准煤。这个目标就是绝对目标。

绝对目标的优点是它能给出一个明确的能源使用减少量或排放减少量，很适合于核定污染物减排的情况。缺点是，这种类型的目标与产品产量或生产的变化没有关系。

2. 能耗目标

能耗目标的基础是计算企业的单位能耗（EI）或/和能效指数（EEI）。然后再根据企业实际情况或政府要求设定目标。例如，某钢铁厂在过去的5年里，能耗从1.2t标准煤/t钢下降到0.9t标准煤/t钢，平均每年能耗降低为5.6%。根据这样的变化趋势以及企业目前的节能潜力，可以将每年的能耗降幅提高到6.5%。按此推算，假设协议期为5年，则能耗目标即为0.64t标准煤/t钢。

只要计算出企业的EI，根据历年来的变化趋势或基准，就可以设定出目标。EI对一些产品相对简单的企业（如只生产某一种产品）来说是最有用的。对于生产多种产品的企业，最好使用EEI。因为EEI可以把不同生产工序的能耗综合为一个指标。

3. 经济目标

与前两种目标相比，经济目标考虑到了提高能效所需的成本。通常用单位节能量的成本来表示。也可以用投资回收期来表示。投资回收期是指用节约的能源成本回收投资所需的时间。这种目标适用于实施投资回收期不到5年的项目。内部回报率（IRR）也常作为经济目标，即要达到某个IRR值。

总之，参与自愿协议的企业需要依据自己产品的特点，行业能耗统计方法等，参考国际先进水平，选择适合的目标类型。

30.1.3.2 目标设定方法

通过企业能效潜力的评估，计算出企业当前的总生产用能和各工序用能、EEI等，加之企业历年的能耗降低值、企业的节能计划等信息，共同作为设定企业节能自愿协议目标的依据。

目标设定的关键步骤有：选择目标类型（绝对、能耗、经济）、选择基年（参考年）和目标年（考察年）、评价背景信息并设定目标。

第一步：选择目标类型。

为与国际目标类型设定相一致，可采用基于企业能效指数（EEI）的能耗目标。能效指数考虑到了企业产量的变化、产品种类的变化。另外，国内企业通用的指标：节能率（ECR），也可以作为一种辅助指标。

第二步：选择基年和目标年。

目标年是指协议结束并进行最终评估的年份。基年是一个基准参考年，该年的相应的数据（指标）是评估目标年各项指标完成情况的参考标准，对比后可判断目标年是否完成了预期的指标。

第三步：评价背景信息并设定目标。

企业将向协议各参与方，提供相关信息，包括近3年企业能耗总量、企业各生产工序耗能量、各工序节能潜力、能效指数等。协议各方将根据这些信息以及政府为帮助企业实现自愿协议目标提供的支持政策，共同磋商确定企业的节能目标。

30.1.4 节能自愿协议的实施过程

（1）在试点阶段，由政府发布支持函，指定试点单位，开展试点工作。以后可直接由企业提出申请，政府认可。

（2）企业着手进行节能评估。将企业的综合能耗、工序能耗与国际、国内先进企业或自身的相应能耗进行对比，评估企业的节能潜力，并提供节能技术和措施的相关信息。

（3）设定节能目标。在节能潜力评估完成后，通过分析各工序节能潜力、设备先进程度、技术和资金能力等，将设定出2010年的节能目标。企业应考察国内和国外先进的能耗水平，设定出可实现且有一定挑战性的节能目标。

（4）第三方评估节能目标。企业根据节能潜力评估和设定的节能目标，需经专家技术组评估其目标的切实可行性。如该目标太低或太高，则评估为“不通过”，企业应重新设定节能目标；如目标设定切实可行，评估为“通过”，并把该节能目标推荐给政府，供政府认可。

（5）在政府认可节能目标的前提下，由政府或由政府授权的机构与企业签订自愿协议。

（6）企业制定和实施节能计划，以确保通过实施该计划能够完成既定的节能目标。

（7）第三方评估节能计划的实施情况及节能效果，通过评估审核节能目标是否完成，并编写最终评估报告递交政府。

（8）表彰企业。若企业达到既定目标，政府对企业进行表彰，并通过媒体进行大力宣传。

30.2　国际节能自愿协议发展情况

支持政策，包括信息发布、政府和公众认可、审计和评估、税收和法规的免除、财政支持和激励等，是鼓励企业参与自愿协议项目的重要因素。支持政策的制定必须考虑企业的要求和期望，也必须根据政府的能力。各国根据各自的实际情况，为自愿协议的实施制定或提供了不同的支持政策。

世界各国现行的自愿协议项目都采用了各种各样的支持政策，激励和帮助企业实现能效目标或温室气体减排目标。

世界各国自愿协议项目的支持政策介绍如下。

30.2.1　政府通过技术帮助和信息发布支持自愿协议项目

政府参与目标磋商和项目实施，并通过提供技术帮助和发布项目信息等，对自愿协议的开展提供帮助。

在澳大利亚的温室气体挑战项目中，政府对愿意参加和实施协议的企业提供帮助。给加入协议的企业发工作手册并提供有关信息，包括合同样本、项目指南、类似项目实施案例等。同时还提供监测和预测温室气体排放的专业技术、减排数据，以及监测和管理减排数据的本国权威机构名录。政府承担评估工作以核查项目的实际效果，并及时向公众报告项目进展和实施情况。政府通过调查工业部门，了解减排温室气体过程中的障碍（如政府的政策和措施与提高能效和工艺效率是否有冲突等），以及时调整政策消除障碍。

加拿大的工业节能项目（CIPEC）在调查提高能效的障碍和机会、建立部门能效目标、制定实现目标策略等活动中，起协调作用。CIPEC为各工业部门提供有关能源的信息和专业知识，也为工业部门提供分析报告，帮助工业部门研究技术上可行的节能机会，以实现行业目标。

丹麦的工业能效协议中，丹麦能源机构按照协议的要求，为能源管理系统的实施研制了专门的指导方针。

德国政府并没有直接参与工业部门1996年单方面发起的防止全球变暖工业宣言，但政府委托一个研究机构，根据工业部门提供的报告每年对项目的进展进行监测。2000年德国政府和工业部门签署了一个新协议，根据此协议，独立的第三方继续对自愿协议进行定期监测，政府则仍将承担50%的监测费用。

在荷兰的长期协议中，政府通过其经济事务部和NOVEM（荷兰能源和环境机构）对自愿协议活动提供大力支持。NOVEM负责意向书和协议书的准备工作，通过核查公司进展报告中数据的准确性来监督协议，草拟官方的统计数据，并开展工业部门间节能知识的交流和传播。NOVEM把各单个公司的报告汇总为行业报告。长期协议的年度行业报告在得到NOVEM质量委员会和经济事物部批准后，予以公开发表。

在瑞典的EKO - Energi项目中，瑞典国家能源管理局（STEM）为参与企业免费提供能源和环境审计、综合物流分析，企业环境意识及环境管理的差距分析。另外，参与企业可以免费获取STEM提供的节能信息。

英国于1991年发起了一个公共承诺项目，该项目为参与者的工作手册、目前能效潜力评估中的帮助、制定切实可行的目标等提供了一个可得到政府认可的机会。英国气候变化协议中的目标设定和磋商是由环境、食品和农村事务部（DEFRA）负责处理并提供技术指导的。气候变化协议的参与者，将获得政府提供的指南书和主要工业部门能源使用的数据信息。

30.2.2 审计和评估

丹麦工业能效协议，为进行强制性能源审计的公司，提供投资补贴。

荷兰长期协议，政府免费为刚加入长期协议的公司提供一次能源审计以评估其节能潜力。并对节能项目（审计）目录进行资助（有时为全额资助），这是加入长期协议公司的权利之一。

在瑞典的EKO - Energi项目中，瑞典国家能源管理局（STEM）免费提供能源和环境审计，并免费综合审计企业的节能措施。

30.2.3 财政资助和激励

丹麦对取暖、照明、重工业等行业使用的能源征收二氧化碳税。与丹麦能源机构签署了工业能效项目的公司，将获得少交二氧化碳税的优惠。国家把征收的二氧化碳税用于提高对能效项目的补助贷款。补助贷款额度为项目总投资的30%，偿还期为3 ~ 9年；补助贷款也可用于与能效有关的能源审计、项目示范、新项目开发等。

荷兰经济事务部为长期协议提供政府拨款，由NOVEM具体运作。主要用于投资、研究开发、示范工程等。最近10年的资助项目多集中在节能、太阳能小型热电联产（CHP）等方面，包括可行性报告、示范项目和技术革新项目、节能项目、可再生和环保项目（废水和排放）、鼓励环保与能源合作项目等。另外，政府采用“能源投资补贴政策”鼓励企业。这项政策允许企业从其收入或利润（由企业决定）中扣除一定比例作为节能投资，这项政策对企业上缴所得税影响很大。荷兰政府还启动了一个非赢利节能投资机构（EINP）项目，对非赢利组织在节能或可再生能源的投资给予补助。

30.2.4　免除法规和税收

丹麦工业能效协议是建立在强制性碳排放税基础上的，税率的高低取决于使用能源的目的、能源的类型以及是否加入协议。加入协议的单个公司和行业协会可以享受3年的低碳税。

丹麦对企业具体的高耗能活动或能源税超过增值3%的可以通过自愿节能协议减税（主要是能源税、二氧化碳税和二氧化硫税）。在独立的有资质的咨询师进行能效审计的基础上，公司承诺进行能效投资。通常，公司必须承诺所有的投资将在4年内收回，作为回报，公司也会得到退税及赠款，以利于其对其他能效措施的投资。在绿色税收一揽子计划中，退税是根据雇用的劳动力的人数和雇主对社会保险的贡献来确定的。

由于德国工业部门实施了工业宣言，德国政府承诺不实行"余热法"。并同意参与宣言的工业部门可以豁免"可能的欧洲能源税"。在"2000年德国联邦政府和德国商业界气候保护协议"中，政府承诺不通过命令或措施主动提高气候保护目标，承诺不实行有法律约束的能源审计。还承诺进一步改革德国生态税，以不影响德国企业的国际竞争力。

在荷兰，包含有能源项的环境许可证由各省政府颁发。签署长期协议的公司，比较容易获得环境许可证。各省不得对节能计划已由NOVEM批准了的企业提出额外的节能和环保目标。另外，经济事务部也同意对加入协议的企业不执行其他的税收或财政处罚措施。

瑞士环境、森林和国土署是其二氧化碳税第二阶段的实施机构。征收二氧化碳税的第一阶段是针对所有愿意签订自愿协议减排二氧化碳的企业进行的。而第二阶段，所有签订了自愿协议并达到了减排目标的企业都可以转成法律上的承诺，而具有法律承诺的公司将可以免除二氧化碳税。只有大公司或行业协会的减排目标超过了每年1万t二氧化碳的时候才有资格成为法律承诺（的公司）。

在英国气候变化协议中，参加协议的公司在2003年3月31日前，可只交20%的碳税。碳税是否减少取决于协议中的目标是否完成。参加的公司都认可温室气体减排目标，并且如果目标实现，参与的公司将可以减免80%的气候税。英国环境食品及乡村事务部（DEFRA）与商业部门协会合作，设定了从2002~2012年的减排目标，绝对或相对地减少单位产品的排放量。DEFRA与行业协会签订协议，而协会再与有关的公司签订减排协议。达到减排目标的公司就可以减免气候变化税。

30.2.5　政府和公众认可

澳大利亚温室挑战项目中，参与企业可以在产品和公众信息中使用温室气体挑战成员的标志。温室挑战项目本身也在推广项目成果，提高公众对其成员的认可。

加拿大工业节能项目在年报上重点宣传单个企业的"成功经验"，并对获得加拿大自然资源能效办公室"能效奖"的企业进行公布。

瑞典自愿协议EKO-Energi项目中，STEM组织一系列公共活动，如在新闻媒体上宣传成功经验，在EKO-Energi颁奖典礼上介绍成功的EKO能源公司，参与者也可使用EKO-Energi标志进行活动。

英国的MACC项目中，向公众提供所有参与协议的组织的许诺信息。

30.3 世界各国的自愿协议施行情况

30.3.1 加拿大

自1975年，加拿大工业界自发地开展了“工业节能活动（CIPEC）”，有近700家公司参与。政府逐渐认识到：强制性政策法案并不比市场变化对工业界提高能效影响大，随之加大了“工业节能活动”倡导鼓励政策措施的推行力度，但公司参加自愿协议仍有许多障碍。

1990～1992年，由于全球变暖问题日益加重，耗能工业行业要求新的政策，“工业节能活动”作了大的改革：政府提出了“绿色计划”、“可替代与高效能源计划”，在自然资源部之外设立了国家级秘书处，加强政府与行业间的合作。该活动促进了工业结构的改变，疏通和建立了工业界与政府的合作渠道，使整个工业界可以自愿地参与制定能效和减排目标，确保了工业节能活动的自愿性：有21个行业工作组、31个工业协会和组织的约3000家公司加入“了工业节能活动”。自1990年以来，加拿大GDP增长了17.2%，而能源消费仅增长了10%，工业界年均提高能效0.9%。

30.3.2 美国

美国政府开展了能源之星、气候智星、绿色照明、废物能、电机挑战等许多由公司或公众自愿参加的节能环保项目。联邦一级的长期自愿协议就有40多个。以1994年实行的“气候智星项目”为例，联邦政府提出并组织这一项目，一方面是为了应对气候变化的环境压力；另一方面是从商业战略的高度出发，促进美国各公司在全球范围内占据重要战略位置，共有500多个公司参加了这一项目，其能耗占全部工业能源消费的13%，其中有像通用汽车公司这样的大公司，也有不足50人的泛美医院。到1998年底第一次总结表彰时，证明已取得良好的环保、节能及经济上的效益，初步达到了项目的四个目标：

（1）鼓励通过系统的、有效的方法，提高能效，直接减少温室气体排放。

（2）通过清洁生产，带来经济效益和生产力的提高，提升对节能与环保的认识和管理水平。

（3）允许公司选择自己认为最合理的技术方案，促进技术创新。

（4）发展有成效的，灵活的政府与工业部门的伙伴关系。

项目中各公司尽管投了一点资，但都产生了巨大的效益，并在最初几年就收回了投资。

30.3.3 荷兰

荷兰是在20世纪90年代经济出现未预期高速增长的一个国家，亦是开展自愿协议最早、覆盖面最广，将自愿协议作为能源领域政策法案效果最好的国家之一。与政府签订协议的26个工业行业占荷兰工业能源消费的91%。虽然由于经济的高速增长，减排温室气体的目标只有一半协议单位达到，但每年提高能效2.0%的目标全部达到。从1992～1996年能源效率提高了18.5%。到2000年节能效益已达6亿多美元。

此外，世界多个国家如澳大利亚、丹麦、法国、荷兰、德国、日本、挪威也开展了卓有成效的节能自愿协议活动。

纵观世界各国政府能源管理的发展历程，大体都经过了强制性政策、非强制性政策、自愿协议（强制性政策 + 非强制性政策）三个阶段。各国的自愿协议名称不同、组织各异，但其本质都是由政府倡导，工业行业（企业）自愿做出在节约能源、提高能效、减排温室气体，改善环境方面的承诺，并与政府签订协议。在实现过程中由第三方进行评估审计，并将评估经过公之于众，这样不仅实现了节能环保目标，而且使行业（企业）提升了生产、管理、技术水平，降低了成本，增加了效益，更在公众中、国际上树立了良好的信誉和形象。

30.3.4　韩国

韩国温室气体排放量有 82.5% 来自能源消耗，其中工业部门的能源消耗占总量的 59%。韩国的能源消耗，若以每单位国内生产总值（GDP）耗用的初级能源计算，在经济合作暨能源发展组织（OECD）会员国家中是最高的，因为其经济增长相当倚重于能源密集工业，如石化工业、钢铁业与造船业。因此，在年耗能 5000t 油当量的 8000 处耗能营业场所落实节能措施，对于达成联合国气候变化框架公约条款的规定是非常重要的。

至 2004 年，涉及钢铁、化工、纺织、造纸、陶瓷、食品等行业的 1021 家企业参与了自愿协议。这些公司承诺在 5 年内，通过采用节能技术，改进制造工艺，综合利用清洁能源资源及回收废热、提升运营管理，达到提高能效 10.6%，减排二氧化碳 86.47 亿 t 的目标。

一些供能企业如韩国电力公司和韩国区域供热公司也已经积极参与到自愿协议中来了。到 2005 年，共有 1225 家企业参与了这个自愿协议项目。

30.4　节能自愿协议在中国的实践

30.4.1　项目引入中国

2003 年，“建立中国节能法规基础体系项目”研究如何建立完整的既符合中国国情又借鉴国外成功经验的节能政策体系，以期促进工业部门提高能效的项目。通过深入调查和广泛收集了国内外信息，项目的研究结论是：在能源及环保领域，借鉴国外的成功经验，开展我国工业行业（企业）节能自愿协议试点，是政府探索建立能源管理新的运行机制，实现跨越式发展的捷径。

继而，项目第二阶段将研究重点放在了中国如何引入自愿协议的研究上。项目名称也改为“中国节能自愿协议试点项目”。

该项目的两个阶段都是美国能源基金会资助的“中国可持续能源项目”的子项目。由原国家经贸委与美国能源基金会共同实施，中国节能协会具体组织，美国劳伦斯伯克利实验室提供技术支持。

在项目的第二阶段，中国节能协会项目组调研和分析了中国的钢铁、有色、建材、化工、石化等重点耗能行业，并对山东、上海、江苏、辽宁、河北等省（直辖市）进行对比分析，最终选择在山东省的钢铁行业开展自愿协议政策试点。

2003 年 4 月 22 日，山东省经贸委分别与济钢和莱钢签署了节能自愿协议，这是我国第一批自愿协议，它拉开了自愿协议登陆中国的序幕。协议的考核指标包括节能、环保、经济指标在内共 13 项。按照协议，这两家企业承诺 3 年内实现节能 30 万 t 标准煤的目标，这一目标比其最初目标高了 13.75 万 t。作为一种鼓励，政府免除了这两家企业的能源审计，在企业挂上了“节能自愿协议试点企业”的牌匾。

数据显示，仅经过一年的实践，两大钢铁企业就节约 22.4 万 t 标准煤，减排二氧化硫 4022t、二氧化碳 13.4 万 t，实现节能效益 1.22 亿元。在试点的示范下，山东省内城市迅速行动。2003 年 11 月，青岛市 15 家企业签署节能自愿协议，承诺到 2005 年累计节能 28.5 万 t 标准煤，节能效益 1.6 亿元，减排二氧化硫 4911t，减排二氧化碳 17 万 t。据了解，这 15 家企业的能耗占全市重点用能单位能耗总量的 72%。

30.4.2 千家企业节能行动与节能自愿协议

高能耗行业中千家企业能源消费量占工业能源消费量的一半，是能源消费大户。为了突出抓好高耗能行业中重点耗能企业的节能工作，强化政府对重点耗能企业节能的监督管理，促进企业加快节能技术改造，国家发展和改革委员会会同国家能源办、国家统计局、国家质检总局、国务院国资委于 2006 年 4 月启动了千家企业节能行动。

千家企业是指钢铁、有色金属、石油石化、化工、建材、煤炭、电力、造纸、纺织等 9 个重点耗能行业中年综合能源消费量 18 万 t 标准煤以上的企业，共 998 家。开展千家企业节能行动，对提高企业节能管理水平，推进企业节能技术进步，提高能源利用效率，增强企业竞争力，缓解经济社会发展面临的能源约束和环境压力，确保实现“十一五”规划目标和可持续发展，具有十分重要的意义。

通过开展千家企业节能行动，要使千家企业的能源利用效率大幅度提高，主要产品单位能耗达到国内行业先进水平，部分企业达到国际先进水平或国内行业的领先水平。为此，国家发展和改革委员会与各省以及中央直属企业签订了节能目标责任书，而加入千家企业节能行动的企业都和当地政府签订了目标责任书，承诺实现各自的节能目标。根据行动计划，这近 1000 家企业要建立节能机构，制订能效目标，建立能源利用报告体系，进行能源审计和准备审计报告，制订节能规划，在能效改进方面进行投资，并采取节能措施，对员工进行培训。

在千家企业行动中发挥主要作用的是节能自愿协议，千家企业实施方案中，鼓励千家企业与政府部门签署节能自愿协议，以便于建立千家企业节能行动目标与企业节能自愿协议目标之间的联系。

30.4.3 节能自愿协议区域典型：山东

近年来，在国家发展改革委员会的指导协调和美国能源基金会积极支持下，山东省分三批在 10 个市的 51 家企业开展了节能协议试点工作，取得了显著的效果。

2003 年 4 月我国第一个节能协议试点项目在山东启动，山东省经贸委与济钢、莱钢签订了节能协议。经过近 3 年的实施，到 2005 年底，节能协议取得了很好的效果，济钢和莱钢两个试点企业的能效均有明显提高。

在济钢、莱钢开展节能协议试点成功的基础上，山东省于 2005 年 3 月至 2006 年 2 月实施了《山东省节能协议推广试点项目》。山东省经贸委采取企业自愿申请、市经贸委（经委）审核后推荐上报的方式，筛选试点企业，经过认真地分析比较，最终选定济南、淄博、济宁 3 市中耗能大、节能基础好、管理规范、有代表性的 11 家重点用能企业（企业名单附后）进行节能协议的试点推广工作。3个市分别制定了试点方案，包括：在市经贸委和试点企业建立节能自愿协议组织领导与监督管理体系；在试点企业设立节能、环保考核、评价指标体系，建立节能、环保目标体系；明确各参与方的责任等。

30.4.3.1　济南市

济南市经委把推行节能协议试点工作，作为建设节约型社会的一项重要工作。在与3家具有代表性的企业签订了节能协议后，市政府认真组织实施，包括：

（1）积极落实优惠政策。2005年3家节能协议试点企业通过资源综合利用认定，落实减免税1000万元。

（2）在技术进步和企业发展资金方面给予支持。

（3）发挥新闻媒体的舆论导向作用，对开展节能协议的企业取得的成绩进行宣传报道。

（4）重视能源技术检测，搞好技术服务和能源利用状况评价。

（5）深入企业调查研究，交流经验，指导企业分析节能降耗的重点和方式方法。

通过实施节能协议，3家试点企业万元产值能耗由2004年的1.02t标准煤，降低到2005年的0.69t标准煤，节能28万t标准煤，节能率25.38%，实现节能效益1.54亿元。

30.4.3.2　淄博市

淄博是资源型城市，市领导非常重视节能降耗。被山东省经贸委列为山东省节能自愿协议试点城市后，淄博市成立了推行节能自愿协议工作领导小组，并在市经贸委设立了办公室，具体牵头组织、协调节能自愿协议工作的开展。淄博市从冶金、电力、化工、建材四大主要耗能行业各选了1家企业，即张店钢铁总厂、山玻集团、东大化工集团、淄博热电股份有限公司开展节能自愿协议试点。市经贸委与上述4家企业签订了节能自愿协议。

协议签署后，政府一方面帮助企业解决问题，搞好服务；另一个方面与企业建立定期“会诊分析”例会制度，督促和帮助企业及时发现并解决节能工作中的难点、热点问题，确保完成节能自愿协议中的各项考核指标。同时，企业也要严格考核，落实责任，把协议的各项指标层层分解，落实到基层、班组和个人，形成层层有目标、人人有指标的责任考核体系。

通过实施节能协议，企业充分认识到了节能降耗的重要意义，也意识到了节约是创造利润和效益的新途径。他们根据协议要求，结合自身实际情况积极开展节能降耗挖潜，通过加强岗位管理、技术改造等措施，使节能降耗工作取得了显著成效。

2005年开展节能自愿协议试点的4家企业共节约能源12.78万t标准煤，减排二氧化碳32.5t，减排二氧化硫2500t，实现节能效益1.03亿元。

30.4.3.3　济宁市

为实施和指导节能自愿协议试点工作，济宁市经贸委专门成立了济宁市节能自愿协议试点指导小组。指导小组下设试点办公室，负责日常工作。此外，济宁市还组建了节能自愿协议监督评审组，在试点指导小组的领导下，负责对试点企业节能措施和节能效益进行监督和综合评价。

市政府要求试点企业成立由企业有关负责人挂帅的试点领导机构，制订节能工作计划，健全能源计量、能耗定额、能源消耗台账、统计分析、能量平衡、节奖超罚和人员培训等日常管理制度，还要求试点企业每年年初向市经贸委报送上一年度节能工作报告。

实施节能协议试点以来，济宁市经贸委重点考核产品单耗，大力督促试点企业制订节能工作计划、采用节能新技术、加大节能技改投入。

经过努力，4家试点企业的能源消耗量显著降低，产品的市场竞争力明显提高，2005年万元产值能耗平均同比下降7.5%，共节约能源6.25万t标准煤，减排二氧化硫1138t，减排二氧化碳约3.93万t，实现节能效益4065万元。

2006年7月至2007年6月，山东省继续实施了《山东省扩大推广节能自愿协议试点项目》，组织烟台、潍坊、泰安、枣庄、东营、菏泽、滨州等7市38家企业（企业名单附后），从2007年1月1日至12月31日，开展节能协议试点推广工作。各市经（贸）委制定试点方案及目标、措施，提出具体优惠政策和实施意见。企业根据本单位的特点，制定试点方案，设定节能目标，编制节能计划。各市经（贸）委与企业签订节能协议后，要将正式协议文件及附件材料上报省政府节能办。到2007年6月底，全部试点企业均已按照试点方案的要求开展了相关工作，进展顺利，成绩斐然。2007年上半年，38家试点企业共节约能源51.3万t标准煤，减排二氧化硫1.026万t，减排二氧化碳128.2万t，实现节能效益28215万元。

30.4.4 节能自愿协议企业典型：莱钢

莱钢自2003年4月22日与山东省经贸委签订我国第一个节能自愿协议后，先后建立了节能自愿协议组织领导与监督管理体系、节能环保考核评价指标体系、节能环保目标体系和节能自愿协议政策支持体系等四个制度体系，形成具有特色的自愿协议管理模式。

进行全流程工艺优化，不断提高能源利用效率莱钢先后制定实施了《炼铁系统赶超全国一流水平优化大纲》和《提高核心竞争力工程方案》等重大技术和管理措施，仅投资7.5亿元，就增产钢130多万t，创造经济效益25亿元。通过填平补齐，莱钢在2004年这一年，仅投入7亿多元就增产钢200万t。

新技术助推莱钢节能莱钢跟踪世界钢铁行业前沿技术，拥有了高炉粒煤喷吹、高炉全干法除尘发电、数字化加热炉等国内外领先的“十大亮点技术”。特别是，莱钢在高炉上应用煤气全干法除尘工艺技术后，一年仅节水效益就可达到58万元。目前莱钢80%以上的高炉煤气采用了干法除尘技术，吨铁耗水只有2kg，比传统的除尘技术下降了99.6%。

提高技术指标水平，实现负能炼钢在炼铁、炼钢、轧钢和动力能源四大系统，莱钢全面开展攻关活动。2005年在全国重点大中型钢铁企业57项可比指标中，有8项位居第一名。其中，转炉炉龄实现37271炉，达到世界先进水平，转炉系统实现了负能炼钢。总之，运用先进的节能自愿协议管理模式，莱钢打造出了全新的钢铁企业节能管理机制，通过具有导向作用的企业内部管理政策（如规定用水价格5元/t，比油还贵，来促进节水），促使企业职工自觉节能。在产量增幅连续3年名列全国第一的情况下，实现了增钢不增水、增钢不增污、增钢不增人，最终提前实现了承诺的节能目标。

签署节能自愿协议3年来，山东莱钢集团累计节能12.99万t标准煤，减排二氧化硫2334t，减排二氧化碳77940t，实现节能效益过亿元。

第 6 篇

区域篇：经济发展不均衡下的节能减排

随着西部大开发、振兴东北地区老工业基地、促进中部地区崛起以及临海经济发展等战略的相继提出和实施，全国不同地区的经济发展得到了极大的促进。但受自然基础条件等多方面因素的限制，上述四大区域经济社会发展仍然呈现出极大的不平衡性。这种不平衡性主要表现在区域人均GDP、工业化率、城市化率、产业结构等方面。我国特定的生产力布局形成了东部沿海相对发达，西部相对落后；南方相对发达，北方相对落后的格局。

我国能源资源相对短缺，能源资源具有分布广泛但区域分布不均衡的特点，能源生产结构具有明显的区域特征。其中东部地区海上油气资源以及风力资源相对丰富；中部地区产煤量大；西部地区为新兴的能源生产基地；东北地区则是我国传统能源生产基地，石油资源丰富。天然存在的能源分布与后天发展的经济需求不平衡，使得我国许多地方必须从其他地区调运能源以满足该地区经济发展需要。

在区域环境方面，三种主要污染（水污染、大气污染和固体废物污染）排放各有升降。其中水污染基本呈现逐年降低趋势，而大气污染和固体废物污染均呈现出了逐年上升的趋势。节能减排便成为我国各地区缓解资源约束矛盾，转变经济发展方式，调整区域经济结构的重要选择。

随着国家节能减排各项措施的出台和实施，各地区减排取得了可喜的成绩，能源利用效率明显提高。虽然各地区的节能减排取得积极进展，但依然存在产业结构不合理，高耗能工业增速较快等多方面问题。特别是在国家先后出台扩大国内需求，促进经济平稳较快增长的政策后，一些地方又重新出现盲目上高耗能、高排放项目的苗头；一些企业效益回落，影响节能减排重点工程实施。这些都给节能减排工作带来新的问题和挑战。

国家节能减排的政策更多的是从国家宏观层面对全国节能减排工作的整体布局，并未能充分考虑到我国区域社会经济发展的不平衡性，因此各地在贯彻国家节能减排政策的同时，要根据本地区的经济社会发展的实际情况，制定更加符合本地区的节能减排政策措施。

本篇集中分析我国东部、中部、西部、东北部四个区域能源供给与需求、环保状况以及节能减排的区域政策、措施与潜力。

31

区域节能减排综述

31.1 区域经济发展与能源及环境问题

31.1.1 区域经济发展概述

根据我国经济社会发展的要求和区域经济发展的格局，我国政府相继提出并实施的西部大开发、振兴东北地区老工业基地、促进中部地区崛起以及临海经济发展等战略，极大地促进了全国不同地区的经济发展。按照十六届三中全会提出统筹区域发展的要求，国家有关部门将全国分成东部地区、中部地区、西部地区和东北地区等四大区块❶，本篇的区域划分采用上述划分标准。

东部地区位于中国东部沿海，国土面积91.3万km^2，占全国国土面积的9.5%。2007年年底总人口47476.0万人，占全国总人口的36.5%。中部地区面积102.7万km^2，占全国的10.7%；2007年人口35293.0万人，占全国的27.2%；西部地区面积685万km^2，占全国的71.5%；2007年人口36298.0万人，占全国的27.9%；东北地区面积79万km^2，占全国的8.2%；2007年人口10852.0万人，占全国的8.4%。

近年来，虽然伴随着东部地区临海经济区规划、中部地区崛起、西部大开发和东北老工业基地振兴等战略的实施，上述四大区域经济板块经济社会得到长足发展。但受区域经济自然基础条件等多方面因素的限制，上述四大区域经济社会发展仍然呈现出极大的不平衡性。这种不平衡性主要表现在区域人均GDP、工业化率、城市化率、产业结构等方面。

从人均GDP的空间分布来看，按照东部、中部、西部和东北地区进行比较，可以总体上看出，东部地区人均GDP高于中部、西部和东北地区，其中东部地区除了河北省和海南省之外，

❶ 东部地区包括：北京市、天津市、上海市、河北省、山东省、江苏省、浙江省、福建省、广东省和海南省。
中部地区包括：山西省、河南省、湖北省、湖南省、安徽省、江西省。
西部地区包括：重庆市、四川省、贵州省、云南省、西藏自治区、陕西省、甘肃省、青海省、宁夏回族自治区、新疆维吾尔自治区、内蒙古自治区、广西壮族自治区。
东北地区包括：辽宁省、吉林省、黑龙江省。

人均 GDP 都超过 3 万元，而中部人均 GDP 最高的湖北省也只有 19840 元，西部地区人均 GDP 最高的新疆维吾尔自治区只有 19893 元；东北地区的人均 GDP 整体上高于中部地区和西部地区，人均 GDP 都在 20000 元以上。

从工业化进程看，按一般工业化的标准来分，工业化率 20% ~40% 为工业化初期；40% ~60% 为半工业化；60% 以上进入工业化阶段。从区域工业化率的空间分布上来看，我国工业化程度与经济发展水平的区域相关性较强。东部地区的工业化率平均为 47. 2%；中部地区的工业化率平均为 44. 1%；西部地区的工业化率平均为 40. 6%；东北地区的工业化率平均为 44. 5%，见表 31. 1。

表 31. 1　　各地区经济发展概况

地区	人均 GDP（元）	地区生产总值（亿元）	占全国的比重（%）
东部	41413	177313	55. 37
中部	17744	59899	18. 7
西部	17047	57210	17. 86
东北	25500	25756	8. 04
合计	101703. 9	320252. 3	100

从城市化水平看，城市化发展阶段一般分为三个阶段：城市化初级阶段城市化率为 30% 以下；城市化中级阶段城市化率为 30% ~70%；城市化高级阶段城市化率为 70% 以上。根据 2008 年数据可得，我国城镇人口比例为 45. 7%，我国整体处于城市化的中级阶段。

从区域来看：东部地区的城市化率为 54. 0%；中部地区的城市化率为 38. 8%；西部地区的城市化率为 38. 38%；东北地区的城市化率为 55. 8%。东部地区和东北地区的城市化率明显高于中部地区和西部地区。

从区域产业结构演进程度看：东部地区第一产业比重只有 6. 84%；西部地区第一产业的比重达到 15. 5%；第二产业只有西部地区的比例略低于 50%，为 48. 1%；其余地区第二产业的比例都在 50% 以上；第三产业的比重，东部地区最高，为 41. 51%，中部地区、西部地区和东北地区的比例差不多，说明上述区域经济结构有待进一步优化和升级，各地区产业比例图见图 31. 1。

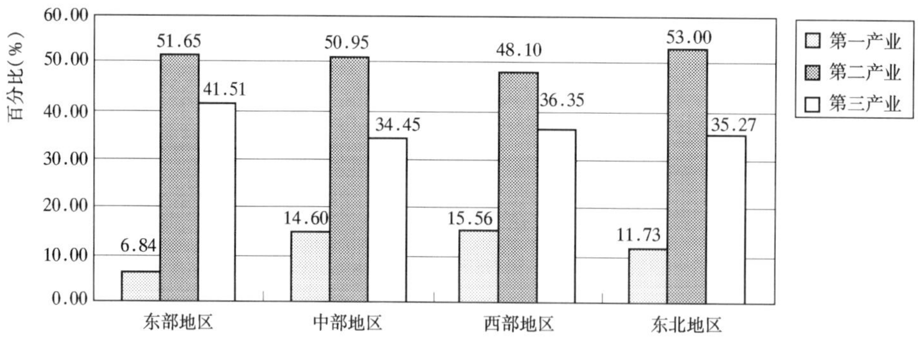

图 31. 1　各地区产业结构比例图

31. 1. 2　区域能源供应

31. 1. 2. 1　区域能源资源储量

我国能源资源相对短缺，截至 2008 年底我国石油探明储量为 2. 1 亿 t，占世界已探明储量的 1. 2%；煤炭探明储量为 586 亿 t 油当量，占世界已探明储量的 7. 1%；天然气 240 亿 m^3；占世界已探明储量的 1. 3%，能源资源储量相对短缺，见表 31. 2。

我国能源资源分布广泛但区域分布不均衡，就已探明的能源储量而言，相对丰富的煤炭资源，50.61%的煤炭资源集中于我国西部地区，而经济相对发达、创造了全国一半以上的地区生产总值的东部，煤炭基础储量仅占全国的5.97%；从天然气的基础储量来看，主要集中在我国的西部地区，其储量占全国储量的88.55%，东部地区的天然气储量不到全国的4%；石油资源分布相对较为广泛，以陆相油藏为主，除中部地区外，其余地区的石油基础储量占全国的比例均在25%以上；我国水力资源极为丰富，但70%的水力资源主要集中于我国的西部地区；与我国能源储量的相对匮乏形成鲜明对比的是我国区域能源的消费，东部地区的能源消费总量占全国的42.19%，几乎相当于中部地区和西部地区能源消费的总量，见表31.3。

表31.2　2008年中国能源探明储量及占世界探明储量的比例

能源	探明储量	世界探明储量	中国占世界的比例（%）
石油(亿t)	2.10	170.8	1.2
煤炭(亿t)	586	8260.01	7.1
天然气(亿 m^3)	240	18502	1.3

数据来源：世界能源统计2009。

表31.3　各地区主要能源基础储量及所占比例

地区	石油（万t）	所占全国的比例（%）	天然气（亿 m^3）	所占全国的比例（%）	煤　炭（亿t）	所占全国的比例（%）
东部	65516.83	26.53	999.49	3.39	194.73	5.97
中部	6561.62	2.66	101.02	0.34	1285.88	39.43
西部	81205.01	32.89	26081.49	88.55	1650.61	50.61
东北	93633.17	37.92	2270.78	7.71	130.04	3.99
合计	246916.6		29452.78		3261.26	

31.1.2.2　区域能源生产结构

改革开放以来，随着我国改革开放从沿海到沿江沿边，从东部到中西部的推进，我国区域经济得到迅速发展，区域能源工业在区域经济发展的同时也取得了快速发展，2007年全国一次能源生产总量为223122万t标准煤（电热当量计算法，以下同），比1978年增长了近2.6倍，其中原煤占80.87%，原油占11.93%，天然气占4.14%，一次电力占3.07%，一次能源的生产结构明显以原煤的生产为主，原油、天然气以及一次电力等高效能源生产比例较低。我国一次能源生产具有明显的区域特征，具体而言：

东部地区濒临西太平洋，是我国海上油气资源以及风力资源相对丰富的地区，2007年一次生产总量为32773.99万t标准煤，占全国的比重为14.72%；其中，原煤占61.84%，原油占29.93%，天然气占0.04%，一次电力占4.65%，东部地区中一次能源生产总量最多的省份为山东省，为14465.82万t标准煤；一次能源生产总量最少的省份海南省，为58.32万t标准煤。由于我国目前的核电工业主要分布在沿海地区，该地区的一次电力的生产比例高出全国1.58个百分点。随着我国新能源战略的实施，特别是核电工业的快速发展，该区域的一次能源生产中的一次电力比例会进一步提高，能源结构会进一步优化。

中部地区，2007年一次生产总量为75533.33万t标准煤，占全国的比重为33.93%；其中，原煤占96.34%，原油占1.08%，天然气占0.30%，一次电力占2.28%，中部地区一次能源生产结构亟待优化。原煤在一次能源生产中的比例，除湖北省外都在90%以上，原油和天然气产量所占比例较低；一次电力生产主要集中在湖北省，占湖北一次能源生产总量的55.08%，主要得益于三峡水电站和葛洲坝水电站等大型水力电站的建设。中部地区一次能源生产总量最多的省份为山西省，为45047.46万t标准煤，占中部地区一次能源生产总量的59.6%；最少的是湖北省为2030.78万t标准煤，仅占该地区一次能源生产总量的2.68%。

西部地区能源资源丰富，是我国新兴的能源生产基地，2007年一次生产总量为90956.19万t标准煤，占全国的比重为40.85%；其中，原煤占80.56%，原油占8.16%，天然气占0.30%，一次电力占3.27%。西部地区的原煤的生产主要集中于内蒙古自治区和陕西省；原油的生产主要集中于新疆维吾尔自治区、陕西省和青海省，一次电力生产主要集中于广西壮族自治区和青海省。随着我国西部大开发的推进以及能源资源勘探的深入，特别是新疆能源基地的建设和国家规划的风力发电基地的建设，西部地区的能源生产在全国的比重会进一步上升，一次能源生产结构会进一步优化。

东北地区是我国重要的传统能源生产基地，石油资源丰富，2007年一次能源生产总量为23372.86万t标准煤，占全国的比重为10.50%；其中，原煤占60.41%，原油占36.68%，天然气占2.24%，一次电力占0.66%。一次能源生产结构明显优于其他地区。该区域一次能源生产最多的省份为黑龙江省，为13502.90万t标准煤，占该区域的57.8%。但由于该地区能源资源开发的较早，部分能源基地进入衰退期甚至枯竭期，能源生产形势不容乐观，见表31.4。

表31.4　各地区主要能源产量及所占比例

地区	生产总量（万t标准煤）	原煤（万t标准煤）	比例（%）	原油（万t标准煤）	比例（%）	天然气（万t标准煤）	比例（%）	一次电力（万t标准煤）	比例（%）
全国	222636.37	180430.34	80.87	26617.43	11.93	9208.92	4.13	6379.68	3.07
东部	32773.99	20266.58	61.84	9808.11	29.93	1176.78	3.59	1522.51	4.65
中部	75533.33	72767.45	96.34	815.19	1.08	225.17	0.30	1725.53	2.28
西部	90956.19	73275.76	80.56	7421.21	8.16	7282.42	8.01	2976.81	3.27
东北	23372.86	14120.55	60.41	8572.93	36.68	524.55	2.24	154.83	0.66

表31.5　一次能源生产量及比例

地区	省（自治区、直辖市）	生产总量（万t标准煤）	原煤（万t标准煤）	比例（%）	原油（万t标准煤）	比例（%）	天然气（万t标准煤）	比例（%）	一次电力（万t标准煤）	比例（%）
东部	北京	464.53	463.44	99.76	0.00	0.00	0.00	0.00	1.09	0.24
	天津	2926.45	0.00	0.00	2749.03	93.94	177.42	6.06	0.00	0.00
	河北	7232.80	6187.97	85.55	942.89	13.04	94.96	1.31	6.98	0.10
	上海	97.48	0.00	0.00	29.56	30.32	67.43	69.17	0.49	0.50
	江苏	2190.05	1771.61	80.89	279.61	12.77	7.71	0.35	131.12	5.99
	浙江	448.00	8.81	1.97	0.00	0.00	0.00	0.00	439.20	98.03
	福建	1851.06	1464.32	79.11	0.00	0.00	0.00	0.00	386.74	20.89
	山东	14465.82	10370.45	71.69	3990.15	27.58	104.27	0.72	0.95	0.01
	广东	3039.48	0.00	0.00	1801.65	59.27	697.98	22.96	539.85	17.76
	海南	58.32	0.00	0.00	15.23	26.11	27.00	46.30	16.09	27.59
	区域合计	32773.99	20266.58	61.84	9808.11	29.93	1176.78	3.59	1522.51	4.65

续表

地区	省（自治区、直辖市）	生产总量（万t标准煤）	原煤（万t标准煤）	比例（%）	原油（万t标准煤）	比例（%）	天然气（万t标准煤）	比例（%）	一次电力（万t标准煤）	比例（%）
中部	山西	45047.46	45015.85	99.93	0.00	0.00	0.00	0.00	31.61	0.07
	安徽	6636.47	6618.45	99.73	0.00	0.00	0.00	0.00	18.02	0.27
	江西	2236.67	2140.93	95.72	0.00	0.00	0.00	0.00	95.74	4.28
	河南	14779.81	13776.81	93.21	692.99	4.69	209.61	1.42	100.41	0.68
	湖北	2030.78	774.49	38.14	122.20	6.02	15.56	0.77	1118.53	55.08
	湖南	4802.15	4440.92	92.48	0.00	0.00	0.00	0.00	361.23	7.52
	区域合计	75533.33	72767.45	96.34	815.19	1.08	225.17	0.30	1725.53	2.28
西部	广西	917.72	515.35	56.16	4.11	0.45	0.00	0.00	398.26	43.40
	内蒙古	25381.06	25313.32	99.73	0.00	0.00	0.00	0.00	67.74	0.27
	重庆	3208.61	3066.94	95.58	0.00	0.00	66.50	2.07	75.17	2.34
	四川	10299.18	6827.09	66.29	25.91	0.25	2493.22	24.21	952.95	9.25
	贵州	8081.75	7760.28	96.02	0.00	0.00	0.00	0.00	321.47	3.98
	云南	6071.04	5539.53	91.25	0.00	0.00	1.86	0.03	529.65	8.72
	西藏									
	陕西	19300.88	14538.51	75.33	3237.02	16.77	1464.33	7.59	61.02	0.32
	甘肃	3186.70	2821.01	88.52	118.40	3.72	8.38	0.26	238.91	7.50
	青海	1688.19	688.33	40.77	315.23	18.67	452.47	26.80	232.16	13.75
	宁夏	2717.85	2694.23	99.13	0.00	0.00	0.00	0.00	23.62	0.87
	新疆	10103.20	3511.16	34.75	3720.52	36.83	2795.66	27.67	75.87	0.75
	区域合计	90956.19	73275.76	80.56	7421.21	8.16	7282.42	8.01	2976.81	3.27
东北	辽宁	6434.12	4535.15	70.49	1724.56	26.80	115.98	1.80	58.43	0.91
	吉林	3435.85	2395.89	69.73	891.35	25.94	69.43	2.02	79.18	2.30
	黑龙江	13502.90	7189.51	53.24	5957.02	44.12	339.15	2.51	17.22	0.13
	区域合计	23372.86	14120.55	60.41	8572.93	36.68	524.55	2.24	154.83	0.66

31.1.3 区域能源消费

我国区域经济社会发展不平衡，因此，能源消费和消费结构也表现出很大的区域差异性。

31.1.3.1 能源消费总量增长的区域差异

随着国民经济的快速增长和居民生活水平的不断提高，我国能源消费总量也呈现快速增长，2008 年全国能源消费总量为 285000 万 t 标准煤（发电煤耗计算法），比 2007 年增长 4.0%。其中，煤炭占 68.7%，石油占 18.7%，天然气占 3.8%，水电、核电、风电占 8.9%。从区域来看，2007 年东部地区能源消费总量为 138681 万 t 标准煤，占全国能源消费总量的 43.78%；中部地区能源消费总量为 67924 万 t 标准煤，占全国的 21.44%；西部地区能源消费总量为 76084 万 t 标准煤，占全国的 24.02%；东北地区能源消费总量为 34100 万 t 标准煤，占全国的 10.76% 。

从各地区能源消费总量及态势图和各地区能源消费量占全国的比重来看，我国各区域能源消费总量一直保持增长态势，但各区域能源增长的速度呈现出明显的区域差异，具体表现在：

（1）东部地区能源消费总量增长态势迅猛，能源消费增长曲线比较陡峭。从 1995 年的 50877 万 t 标准煤增长到 2007 年的 138681 万 t 标准煤，增长了 172.6%，在全国能源消费的比重也从 1995 年的 38.06% 提高到 43.78%。

（2）中部地区和西部地区能源增长态势比较相似。西部地区的增长略比中部地区快，但增长比东部地区温和不少，消费总量从 1995 年的 32553 万 t 标准煤和 30514 万 t 标准煤分别增长到 2007 年的 67924 万 t 标准煤和 76084 万 t 标准煤。两地区在全国能源消费的比重基本没变，中部地区的比重略微降低从 1995 年的 24.35% 降低到 21.44%；西部地区能源消费在全国能源消费的比重略微上升，从 1995 年的 22.83 % 上升到 24.02%。

（3）东北地区能源消费总量总体上增长缓慢，从 1995 年的 20588 万 t 标准煤增长到 2007 年的 34100 万 t 标准煤，只增长了 72.96%，能源消费比重略微降低。从 1995 年的 14.75% 降低到 10.76%，见表 31.6、图 31.2。

表 31.6　　**各地区能源消费总量及构成**

地区	消费总量（万 t 标准煤）	煤炭（万 t 标准煤）	比例（%）	石油（万 t 标准煤）	比例（%）	天然气（万 t 标准煤）	比例（%）	一次电力（万 t 标准煤）	比例（%）
东部	167625.76	108578.49	64.77	54115.83	32.28	3408.93	2.03	1522.51	0.91
中部	104890.91	90652.43	86.43	11720.42	11.17	792.53	0.76	1725.53	1.65
西部	94303.03	69963.25	74.19	16740.89	17.75	4622.08	4.90	2976.81	3.16
东北	50062.25	30652.99	61.23	18570.14	37.09	684.29	1.37	154.83	0.31
全国	416881.96	299847.16		101147.29		9507.83		6379.68	
地区	消费总量占全国的比例	煤炭消费量占全国的比例		石油消费量占全国的比例		天然气消费量占全国的比例		一次电力占全国的比例	
东部	0.402	0.362		0.535		0.359		0.239	
中部	0.251	0.302		0.116		0.083		0.270	
西部	0.226	0.233		0.166		0.486		0.467	
东北	0.120	0.102		0.184		0.072		0.024	
全国	1	1		1		1		1	

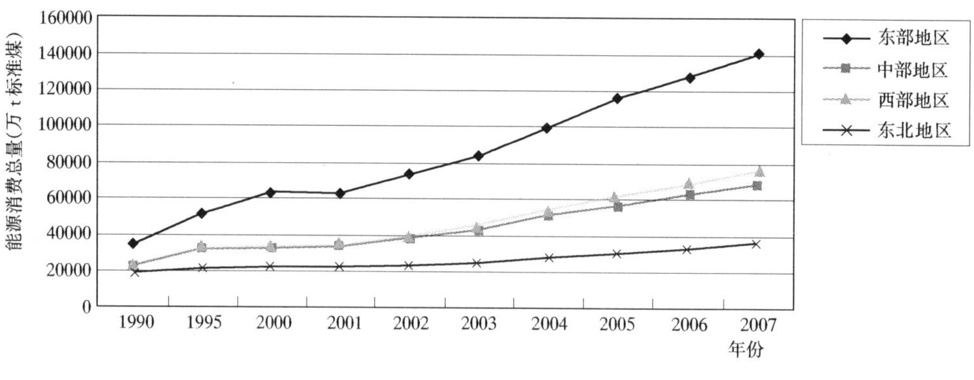

图 31.2　各地区能源消费变化趋势

31.1.3.2　能源消费结构的区域差异

我国能源资源中煤炭资源相对丰富，决定了我国以煤炭为主的能源消费结构，煤炭的消费比例一直在60%以上，尽管随着我国对能源结构的调整，煤炭消费的比例逐年下降，但我国不同区域资源状况不同，以及各地区经济发展的不平衡，各地区能源结构存在很大差异，见图31.3、图31.4。

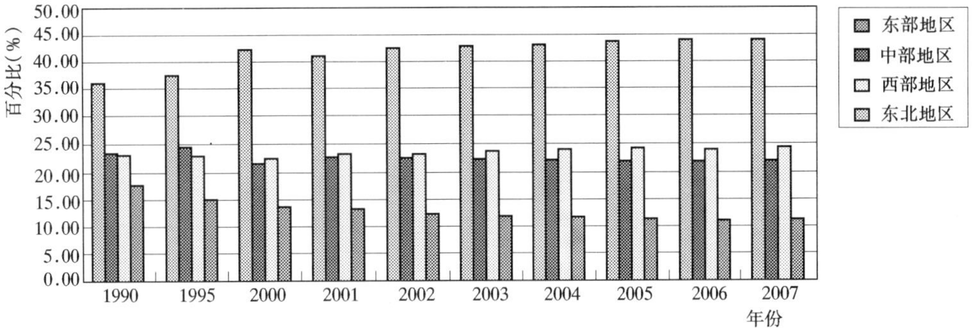

图31.3 各地区能源消费占全国的比重

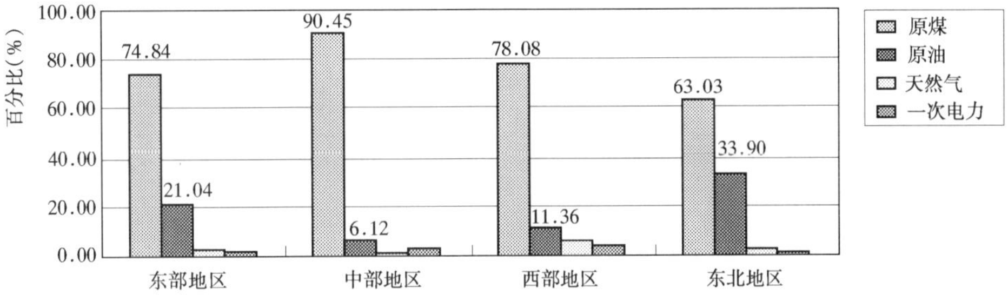

图31.4 各地区能源消费结构

从图31.4可以看出，我国东部地区、中部地区、西部地区和东北地区间能源消费结构存在较大差异，从能源结构的优劣度来说，东北地区、东部地区、西部地区、中部地区依次降低。中部地区能源消费结构原煤消费占绝大多数，其比例占到了90.45%，东北地区原煤消费比例最低为63.03%；原油的消费比例最高的为东北地区为33.90%，天然气和一次电力的消费比例西部地区最高。

区域能源消费结构的差异不仅表现在各区域之间，各区域内各省的能源消费结构也存在较大差异。各区域内各省的能源消费结构[1]大体可以分为以下几类（见图31.5~图31.8）。

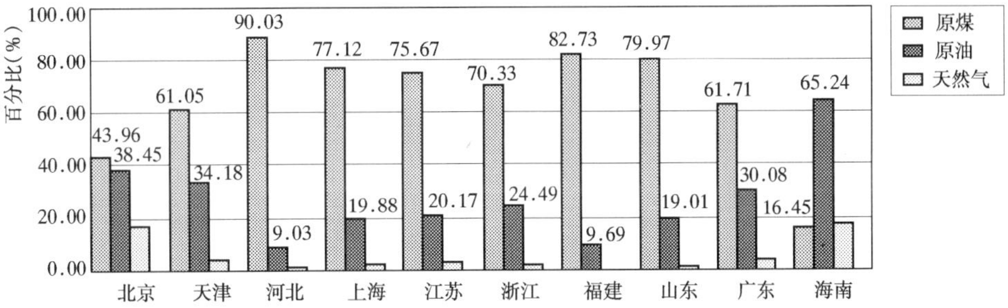

图31.5 东部地区的能源消费结构

[1] 定义：原煤消费比例大于65%的称之为以原煤为主的消费结构；原油消费比例大于30%和原煤消费比例大于30%的称之为原煤和原油消费并重的消费结构；原煤消费比例小于30%称之为以原油消费为主的消费结构。

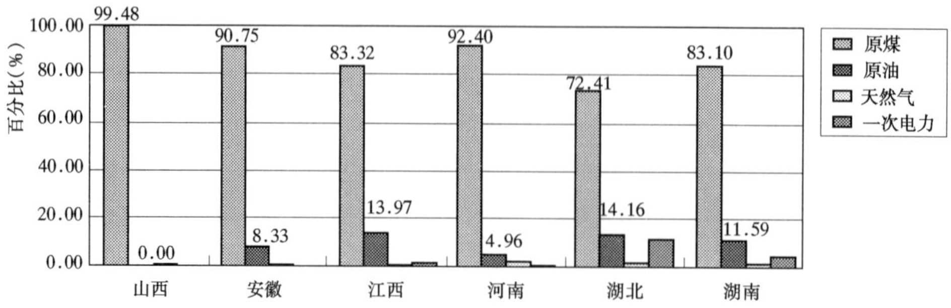

图 31.6　中部地区的能源消费结构

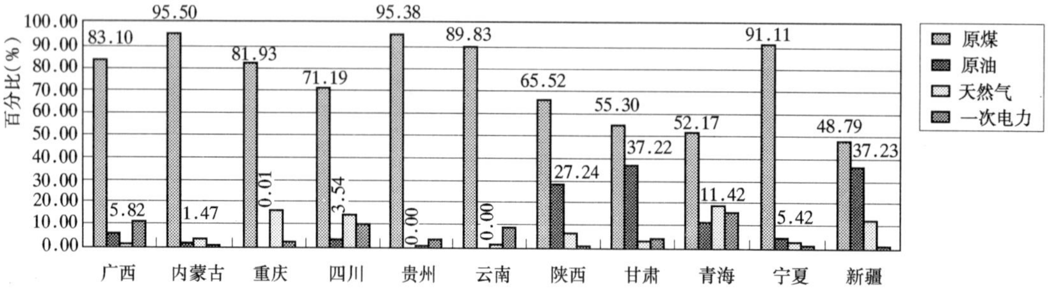

图 31.7　西部地区的能源消费结构

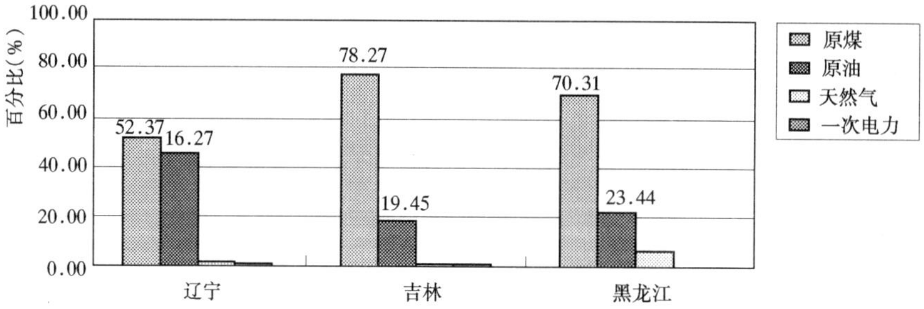

图 31.8　东北地区的能源消费结构

第一类，以原煤为主的消费结构。符合该类型的省（自治区、直辖市）主要有，东部地区的河北、上海、江苏、浙江、福建和山东；中部地区的山西、安徽、江西、河南、湖北和湖南；西部地区的广西、内蒙古、重庆、四川、贵州、云南、陕西、青海和宁夏；东北地区的吉林和黑龙江。以原煤为主的消费结构的省份占到全国省份的 74%。

第二类，原煤和原油消费并重的消费结构。符合该类型的省（自治区、直辖市）主要有：东部地区的北京、天津和广东；西部地区的甘肃、新疆；东北地区的辽宁。原煤和原油消费并重的消费结构的省份占全国的 19.4%

第三类，以原油消费为主的消费结构。符合该类型的只有东部地区的海南省。

31.1.4　区域间能源运输

我国特定的生产力布局形成了东部沿海相对发达，西部相对落后；南方相对发达，北方相对落后的格局，随着西部大开放战略、振兴东北老基地战略和中部崛起战略的推进，我国区域经济社会发展水平差距有所缩小，但东部地区仍然是我国经济总量最大、经济发展水平最高的地区。表现在能源消费上，东部地区能源消费总量占全国的比重为43.78%，但一次能源生产占全国的比重仅为14.72%，本地区的能源生产总量远不能满足该地区经济社会发展的需要，必须从其他地区调运以满足该地区经济发展需要，详见图31.9和表31.5。

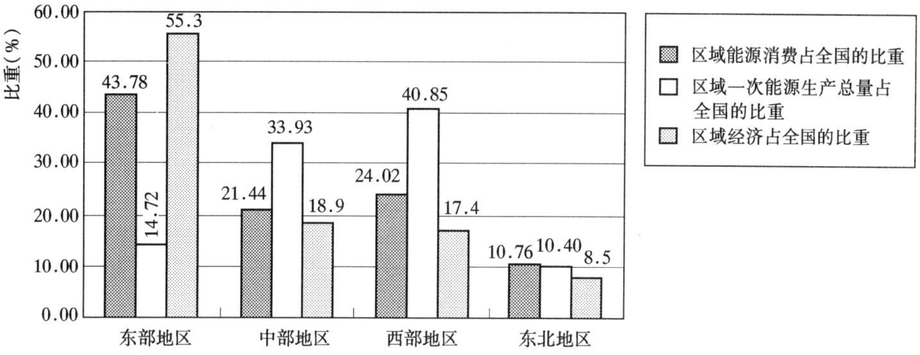

图31.9 各地区能源经济发展态势

根据2008年中国能源统计年鉴各地区能源平衡表测算，各区域间的一次能源调入、调出及结构信息如表31.7。

表31.7 各地区一次能源调入调出净量

地区	省（自治区、直辖市）	总量	原煤（万t标准煤）	原油（万t标准煤）	天然气（万t标准煤）	电力（万t标准煤）
东部	北京	3701.26	1389.14	901.12	859.71	551.29
	天津	803.95	2471.48	-1813.02	13.30	132.19
	河北	10786.86	10050.07	210.66	65.30	460.83
	上海	3834.97	2892.71	234.12	301.91	406.22
	江苏	13163.03	11371.22	1050.91	585.20	155.70
	浙江	10105.83	9091.54	639.84	240.60	133.85
	福建	3087.78	2633.39	495.88	6.38	-47.87
	山东	13649.77	14178.86	-728.59	199.50	0.00
	广东	2011.11	1067.05	516.75	-531.73	959.04
	海南	338.89	232.15	106.74	0.00	0.00
	区域合计	61483.44	55377.60	1614.42	1740.17	2751.25
中部	山西	-35545.05	-30069.44	0.00	0.00	-5475.61
	安徽	-511.08	366.45	389.82	53.87	-1321.22
	江西	1833.02	1253.10	347.96	7.98	223.97
	河南	347.17	823.60	-45.52	191.92	-622.84
	湖北	235.20	6329.42	1150.42	98.29	-7342.93
	湖南	2951.94	1657.18	645.33	77.67	571.77
	区域合计	-30688.81	-19639.69	2488.02	429.72	-13966.86

续表

地区	省（自治区、直辖市）	总量	原煤（万t标准煤）	原油（万t标准煤）	天然气（万t标准煤）	电力（万t标准煤）
西部	广西	1832.77	1657.45	205.25	17.82	-47.75
	内蒙古	-21121.33	-11289.54	-123.99	-584.80	-9123.00
	重庆	811.80	-116.94	0.00	-324.52	1253.26
	四川	-1097.41	18.57	325.34	-792.15	-649.17
	贵州	-6317.83	-1354.53	0.00	68.36	-5031.66
	云南	-1793.15	-88.89	0.00	70.36	-1774.62
	西藏	0.00	0.00	0.00	0.00	0.00
	陕西	-7225.59	-6071.55	0.00	-928.87	-225.17
	甘肃	1862.95	213.56	1550.17	152.68	-53.47
	青海	-447.14	106.68	-160.00	-187.53	-206.28
	宁夏	1165.03	983.75	213.20	119.57	-151.49
	新疆	-3320.51	-112.25	-1349.31	-1858.94	0.00
	区域合计	-35650.40	-16053.69	660.66	-4248.02	-16009.34
东北	辽宁	13251.85	4818.40	5084.24	73.42	3275.79
	吉林	3313.05	3248.80	528.02	54.00	-517.77
	黑龙江	-5607.09	-244.60	-3510.87	0.00	-1851.63
	区域合计	10957.81	7822.61	2101.40	127.41	906.40

从上述图表可以看出，我国东部地区经济社会发展能源需求量大，本地区自身能源生产远远不能满足该地区经济社会发展需要，须从其他地区调入大量的能源，2007年东部地区共从其他地区净调入能源折合61483.44万t标准煤，其中，净调入原煤55377.60万t标准煤，原油1614.42万t标准煤，天然气1740.17万t标准煤，电力2751.25万t标准煤。东部地区中，能源调入最多的为山东省，为13649.77万t标准煤；原油调出主要集中于河北省和山东省，分别为1813.02万t标准煤和728.59万t标准煤。

中部地区和西部地区为我国一次能源净输出地区，2007年两地区分别输出一次能源30688.81万t标准煤和35650.40万t标准煤。但这两地区能源输出的结构有所不同，中部地区为原煤和电力净输出地区，共输出33606.55万t标准煤，同时中部地区又是天然气和原油净输入区域，共输入天然气和原油2917.74万t标准煤，表明中部地区石油、天然气资源相对缺乏。西部地区是原煤、天然气和电力的净输出地区，但由于该区域内石油资源分布不均衡，该地区需要从其他地区输入少量的原油共计660.66万t标准煤，随着我国西部大开发的推进以及能源资源勘探的深入，新疆能源基地的建设，西部地区在不久的将来将成为我国重要的能源净输出地区。

东北地区是我国传统的老工业基地，产业结构中第二产业比重较高，能源消耗强度大，表现在能源调出、调入来看，该地区共需从其他地区净调入10957.81万t标准煤。其中调入的以原煤为主占71.39%，原油占19.18%。

31.1.5 区域能源供应与消费趋势预测

31.1.5.1 区域能源的生产供应

1. 东部地区

一次能源总的自给率会进一步降低，能源供应呈现多元化，能源从省外调进总量和能源进口总量将呈现快速增长的态势，能源对外依存度将进一步加大；随着我国新兴能源产业发展规划的出台和实施，该区域的核电和风电的生产在能源生产结构的比重会大幅提高，原煤的生产比例会逐步降低。

2. 中部地区

虽然能源资源相对丰富，但该区域能源资源分布严重不均衡，未来该区域一次能源的生产将继续以原煤生产为主，能源的输出形式将以原煤为主向输电为主转变。

3. 西部地区

随着新疆三大盆地（塔里木、准噶尔、吐哈）为重点的油气勘探开发正在加速进行以及西南、西北水电综合开发基地的建设，该地区将成为我国石油产量的战略接替地区和全国最大的天然气生产基地。能源生产总量将持续快速增长，特别是石油和天然气将通过西气东输等工程输向中部和东部地区；该地区原煤生产比重在能源生产结构的比重将逐步降低，在输出方式上将变单纯输出煤炭为煤、电和载能体输出。

4. 东北地区

该地区石油、煤炭资源开发较早，能源生产增长的潜力不大，预计该地区能源生产总量不会有较大提高。但随着中俄能源战略合作的实施，该地区将成为我国石油的战略接替地区；随着我国核电工业在该地区的布局，未来该地区能源生产结构中电力的比重会有所提高。

31.1.5.2 区域能源需求趋势

随着我国城市化、工业化进程的推进，我国能源需求总量必将存在一个客观的增长趋势，但各区域间的能源需求在总量的增长速度及消费结构将呈现一定的差异性。

1. 东部地区

该地区能源需求总量将进一步增长，但能源强度将进一步降低，能源消费结构中的优质能源的需求比例会进一步提升，特别是石油、天然气的需求。

2. 中部地区

随着该地区承接我国东部地区产业转移以及中部崛起战略的实施，该区域能源需求总量将呈现快速增长的态势，能源强度有短时期内上升的可能。

3. 西部地区

随着西部大开发战略的实施，特别是承接东部地区和中部地区高耗能产业的转移，该地区能源消费总量也将呈现快速增长的态势，在全国能源消费的比重将进一步提高。由于该地区生态环境脆弱，原煤消费需求的比例会有所降低，能源消费结构将进一步优化。

4. 东北地区

该区域是我国重要的装备制造业基地，随着振兴东北老工业基地战略的推进，该区域能源消费总量将进一步增长，在消费结构中，石油的消费比例将进一步提高。

31.1.6　区域环境污染与综合治理

31.1.6.1　区域环境污染现状

1. 水污染

近年来，全国各地区工业废水排放总量的绝对值基本上呈现逐年降低的趋势。只有中部地区工业废水排放总量在 2005 年出现小幅降低后，2006 年和 2007 年均出现了持续增长的态势；从化学需氧量排放来看，全国化学需氧量排放量的绝对值，2006 年排放总量达到最大值，各区域的化学需氧量的排放趋势与全国基本相同。2006 年全国化学需氧量排放总量为 1428.2 万 t；其中东部地区为 506.7 万 t，中部地区为 358.7 万 t，西部地区为 406.1 万 t，东北地区为 155.6 万 t，分别占全国排放总量的 35.5%、25.1%、28.5% 和 10.9%。

2. 大气污染

全国工业废气排放总量的绝对值均逐年上升，各地区工业废气排放总量的情况略有差异，东部地区和西部地区除了 2005 年工业废气的排放绝对增加量略有降低，其余年份略有小幅上涨；中部地区 2004～2007 年间工业废气排放总量的绝对值均逐年上升；东北地区在 2007 年出现工业废气的排放绝对增加量略有降低，其余年份，均为上涨。2004～2007 年，全国的工业废气排放量增长了 63.3%，东部和中部地区分别是 7.4% 和 55.4%，西部的增加量为 74.0%，东北地区为 65.7%，西部地区和东北地区涨幅略高于全国平均水平，其中西部涨幅额度最高，东部地区涨幅最小。

从主要污染物的排放总量来看，全国工业二氧化硫排放量的绝对值，2006 年排放总量达到最大值，2007 年出现小幅下降，与全国工业二氧化硫排放量趋势相同的地区是中部地区和西部地区；东部地区工业二氧化硫排放总量在 2005 年达到最大值，以后各年逐年降低；东北地区 2004～2007 年二氧化硫排放量总量一直处于增长趋势，但涨幅大大缩小。

3. 固体废物污染

全国工业固体废物排放绝对量呈现逐年上升的趋势，2007 年与 2004 年比，工业固体废物排放量已经增加了 46.32%，其中东部地区增加 32.74%，中部增加 42.06%，西部地区增加 65.05%，东北地区增加 53.35%；各地区工业固体废弃物排放量在全国所占的比例呈现出不同的趋势，东部地区和中部地区所占的比例逐年降低，分别从 2004 年的 34.68% 和 26.77% 减少到 2007 年的 31.46% 和 25.99%；西部地区和东北地区在工业固体废物排放量的额度显著增加，分别从 2004 年的 26.82% 和 11.73% 增加到 2007 年的 30.26% 和 12.29%。

31.1.6.2　污染次数和直接经济损失

2007 年全国共发生环境污染与破坏事故次数 842 次，其中水污染 482 次，大气污染 232 次，固体废物污染 45 次与噪声振动危害 6 次，环境污染共造成直接经济损失 13471 万元。从各地区来看，东部地区共发生各类污染 172 次，其中，水污染占 50.6%，环境污染共造成直接经济损失 3209 万元；中部地区共发生各类污染 291 次，其中，水污染占 61.9%，环境污染共造成直接经济损失 2232 万元；西部地区共发生各类污染 348 次，其中，水污染占 58.6%，环境污染共造成直接经济损失 7879 万元；东北地区共发生各类污染 31 次，其中，水污染占 35.4%，环境污染共造成直接经济损失 150 万元。从污染次数和直接经济损失的数据可以看出，我国水污染占相当大的比例，其中西部地区污染造成的直接经济损失最大，说明西部地区环境状况不容乐观。

31.2 区域节能减排状况综述

31.2.1 区域经济发展与节能减排

区域经济发展与节能减排的关系首先表现在能源与经济发展的关系上。区域的发展首先是区域经济的发展，能源作为人类社会赖以生存的物质基础之一，是区域经济发展和社会进步的重要基础。

一方面，区域经济的发展需要能源的支撑，能源消费总量特别是占主导地位的能源消费总量与区域经济发展存在着密切的正相关关系。以区域电力消费量为例：东部地区 GDP 从 2001 年的 58577.22 亿元，增长到 2007 年的 152346.38 亿元，增长了 160.08%；电力消费量则从 2001 年的 7965.86 亿 kW · h，增长到 2007 年的 18500.048 亿 kW · h，增长了 83.91%，中部地区、西部地区和东北地区也呈现了相似的正相关关系，详见图 31.10、图 31.11。

另一方面，我国重化工业阶段发展产生的巨大能源需求，不可再生的化石燃料消耗给区域经济发展带来了极大的资源环境约束。因此，节能减排便成为我国各地区缓解资源约束矛盾，转变经济发展方式，调整区域经济结构的重要选择。

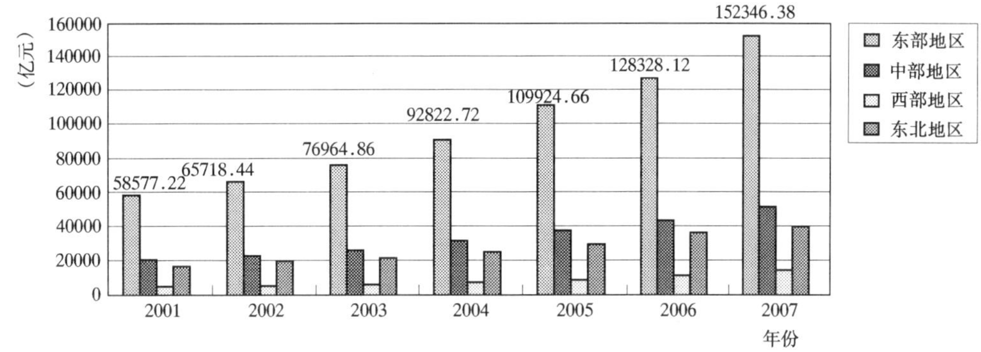

图 31.10 2001 ~ 2007 年各地区 GDP 经济增长图

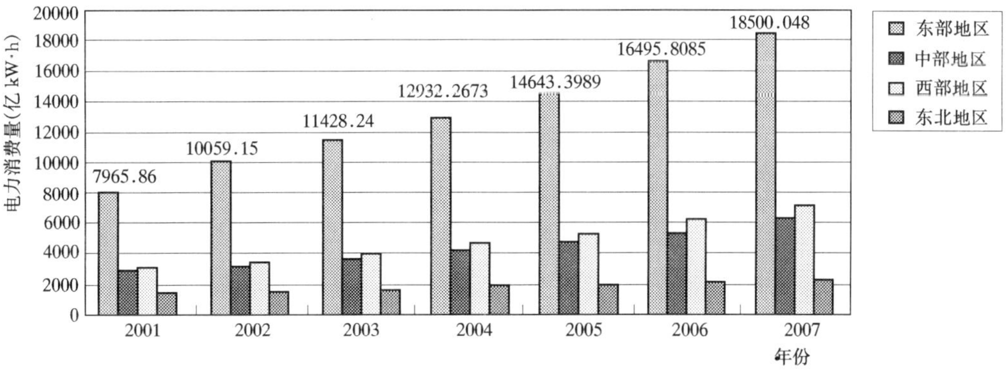

图 31.11 2001 ~ 2007 年各区域电力消费量增长图

31.2.2 区域节能减排现状与趋势

31.2.2.1 节能减排总体形势

随着国家节能减排各项措施的出台和实施，各地区减排取得了可喜的成绩，能源利用效率明显提高。据统计，2008年全国单位GDP能耗为1.102t标准煤/万元，同比下降4.59%，超过2007年下降的3.66%，与2005年相比下降9.67%，单位GDP能耗减幅首次超过年均4.4%的目标。全国化学需氧量排放量1320.7万t，比2007年下降4.42%；二氧化硫排放量2321.2万t，比2007年下降5.95%。与2005年相比，化学需氧量和二氧化硫排放总量分别下降6.61%和8.95%，不仅继续保持了双下降的良好态势，而且首次实现了任务完成进度赶上时间进度。其中，东部地区2008年化学需氧量排放总量为461.71万t，二氧化硫排放总量为730.38万t，与2005年相比，化学需氧量和二氧化硫排放总量分别下降9.56%和13.85%；中部地区2008年化学需氧量排放总量为335.83万t，二氧化硫排放总量为540.95万t，与2005年相比，化学需氧量和二氧化硫排放总量分别下降4.59%和9.25%；西部地区2008年化学需氧量排放总量为378.14万t，二氧化硫排放总量为846.38万t，与2005年相比，化学需氧量和二氧化硫排放总量分别下降4.56%和5.62%；东北地区2008年化学需氧量排放总量为143.44万t，二氧化硫排放总量为201.45万t，与2005年相比，化学需氧量和二氧化硫排放总量分别下降7.76%和3.47%，节能减排取得了阶段性成果。二氧化硫下降幅度最大的是北京市，为18.76%；化学需氧量下降幅度最大的是上海市和河北省，为9.39%和9.37%。❶

随着主要污染物排放量的逐年降低，我国环境污染整体恶化的趋势得到基本遏制，部分地区生态环境质量状况得到一定的改善。

全国七大水系水质总体稳中有升，2008年七大水系河流断面监测结果，Ⅰ~Ⅲ类、Ⅳ~Ⅴ类和劣Ⅴ类水质的断面比例分别为55.0%、24.2%和20.8%。与2005年七大水系监测结果相比，Ⅰ~Ⅲ类水质的断面比例分别为上升14百分点。大气质量整体状况好转。2008年度，全国有519个城市报告了空气质量数据，达到一级标准的城市21个（占4.0%），与2005年相比基本没变；达到二级标准的城市378个（占72.8%），比2005年提高了16.7个百分点；三级标准的城市113个（占21.8%），比2005年降低了7.3个百分点。全国酸雨分布区域保持稳定。2008年监测的城市（县）中，出现酸雨的城市252个，占52.8%，与2005年监测的出现酸雨的比例基本持平。

部分地区环境质量状况得到一定的改善。根据2008年全国环境质量公报监测结果，地表水水质优的主要有福建、广西、重庆、西藏、甘肃、宁夏、新疆7个省（自治区、直辖市），Ⅰ~Ⅲ类断面比例超过90%，主要集中于西部地区。北京、天津、福建、江西、湖南、广东、广西、海南、重庆、四川、贵州、甘肃、宁夏、新疆14个省（自治区、直辖市）目标考核断面达标率为100%，其中东部地区有5个，中部地区有2个，西部地区有7个；海南、云南、广东、广西、福建、江西、西藏、四川8个省（自治区）环保重点城市空气质量优良天数比例超过95%，其中，东部地区有2个，西部地区有5个。

31.2.2.2　各区域节能减排基本情况

1. 区域节能减排分析

（1）东部地区平均单位GDP能耗为0.93t标准煤/万元，平均单位工业增加值能耗为1.52t标准煤/万元，平均单位GDP电耗为1052.29t标准煤/万元，单位GDP能耗、单位工业增加值能

---

❶ 2009年6月30日和7月23日，国家统计局2008年各省（自治区、直辖市）单位GDP能耗等指标公报和2008年度各省（自治区、直辖市）和五大电力集团公司主要污染物总量减排情况的公报。

耗为各区域最低。该区域中，单位 GDP 能耗北京最低，为 0.662t 标准煤/万元，较 2007 年降低 7.36%，降幅在东部地区最高；单位工业增加值能耗最低的广东，为 0.869t 标准煤/万元，单位工业增加值能耗降幅最大的是天津市，降幅为 13.85%；单位 GDP 电耗最高的河北省为 1492.81t 标准煤/万元，最低的北京市为 719.61t 标准煤/万元，降幅最高的天津市为 10.49%。

（2）中部地区平均单位 GDP 能耗为 1.9t 标准煤/万元，平均单位工业增加值能耗为 2.82t 标准煤/万元，平均单位 GDP 电耗为 1280.58t 标准煤/万元；该区域中，单位 GDP 能耗最低江西省，为 0.928t 标准煤/万元，降幅最高的是湖南省为 6.72%；单位工业增加值能耗最低的江西省，为 1.941t 标准煤/万元，同时也是单位工业增加值能耗降幅最大，降幅为 14.12%；单位 GDP 电耗最低的江西省，为 942.16t 标准煤/万元，降幅最高的山西省为 10.03%。

（3）西部地区平均单位 GDP 能耗为 2.02t 标准煤/万元，平均单位工业增加值能耗为 3.71t 标准煤/万元，平均单位 GDP 电耗为 2654.49t 标准煤/万元；该区域中，单位 GDP 能耗最低的是广西，为 1.106t 标准煤/万元，降幅最高的是内蒙古，为 6.34%；单位工业增加值能耗最低的是陕西，为 2.009t 标准煤/万元，单位工业增加值能耗降幅最大的是内蒙古，降幅为 10.41%；单位 GDP 电耗最低的重庆市为 1090.19t 标准煤/万元，降幅最高的宁夏为 10.91%。

（4）东北地区平均单位 GDP 能耗为 1.45t 标准煤/万元，平均单位工业增加值能耗为 2.10t 标准煤/万元，平均单位 GDP 电耗为 991.88t 标准煤/万元；该区域中，单位 GDP 能耗最低的是广西，为 1.106t 标准煤/万元，降幅最高的是内蒙古，为 6.34%；单位工业增加值能耗最低的是陕西，为 2.009t 标准煤/万元，单位工业增加值能耗降幅最大的是内蒙古，降幅为 10.41%；单位 GDP 电耗最低的重庆市为 1090.19t 标准煤/万元，降幅最高的宁夏为 10.91%。

根据 2007 年和 2008 年省（自治区、直辖市）主要污染物总量减排考核结果，将减排指标分解到东部地区、中部地区、西部地区和东北地区，可以看出，2008 年东部地区在化学需氧量减排和二氧化硫减排表现最好，化学需氧量排放总量为 461.71 万 t，减排比例为 -5.44%，二氧化硫减排，东部地区排放总量为 730.38 万 t，减排比例为 -7.53%；西部地区减排效果最差，化学需氧量排放总量为 378.14 万 t，减排比例为 -3.30%，二氧化硫减排，东部地区排放总量为 885.85 万 t，减排比例为 -4.12%。

2. 各省（自治区、直辖市）节能减排情况分析

通过节能减排指数❶对各区域进行分类，可以把节能减排指数在 4.5 ~ 5.5 的为第一类地区，在 3.5 ~ 4.5 的为第二类地区，在 2.5 ~ 3.5 的为第三类地区，在 1.5 ~ 2.5 的为第四类地区。各地区节能减排指数见图 31.12。

第一类地区有北京、天津、海南。这 3 个省（直辖市）在全国节能减排效果最好，因国家“十一五”规划纲要对海南化学需氧量排放量及二氧化硫排放量没有硬性约束，我们重点分析北京市和天津市。从节能减排的绝对量和降幅来看，北京市和天津市 2008 年单位 GDP 能耗分别为 0.662t 标准煤/万元和 0.947t 标准煤/万元，较 2007 年分别降低 7.36% 和 6.85%，与 2005 年相比分别降低 17.24% 和 14.8%，降幅在全国最高；两市化学需氧量排放总量为 10.13 万 t 和 13.31 万 t，与 2007 年相比分别降低 4.92% 和 3.05%，与 2005 年相比分别降低 12.67% 和 8.84%；两市

❶ 节能减排指数定义为：反映该地区节能减排总体水平的指数，具体算法：将单位 GDP 能耗、单位工业增加值能耗、单位 GDP 电耗化学需氧量排放量、二氧化硫排放量经过数据标准化后进行等权求和。

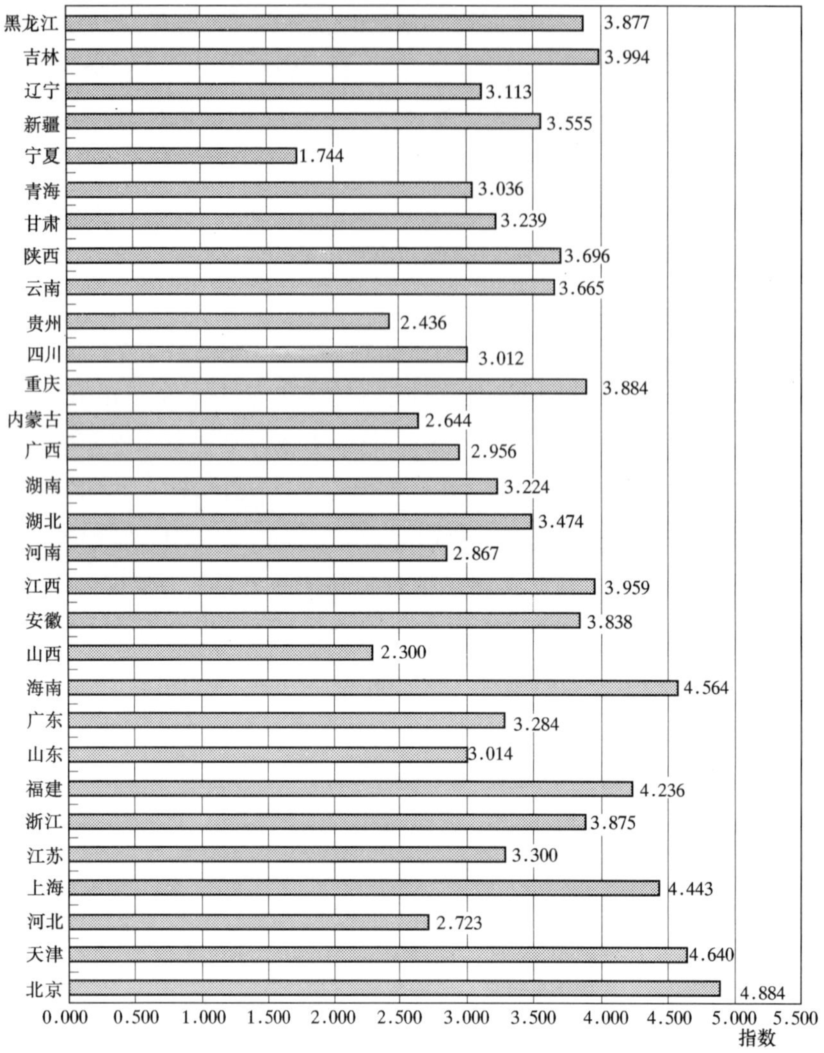

图 31.12　各地区节能减排指数

二氧化硫排放总量分别为12.32万t和24.01万t，与2007年相比分别降低18.76%和1.88%，与2005年相比分别降低35.50%和9.40%；从节能减排“十一五”规划目标的完成进度来看，3个省（直辖市）的2008年也表现很好。北京市单位GDP能耗、化学需氧量排放和二氧化硫排放分别完成“十一五”规划目标值的82.6%、82.6%和174.01%，其中二氧化硫的减排任务已超额完成；天津市单位GDP能耗、化学需氧量排放和二氧化硫排放分别完成“十一五”规划目标值的74.02%、92.0%和99.96%。

第二类地区主要包括东部的上海市、福建省和浙江省，中部的安徽省、江西省，西部的重庆市、陕西省、云南省和新疆维吾尔自治区，东北的黑龙江省和吉林省。从节能减排的绝对量和降幅来看，2008年，单位GDP能耗绝对值，最低的省是东部地区的浙江省0.782t标准煤/万元，与2007年相比分别降低5.49%，化学需氧量排放量最低是中部地区的重庆市为24.17万t，二氧化硫排放量最低是东部地区的福建省为42.89万t，与2007年相比分别降低3.76%；从降幅来看，2008年单位GDP能耗与2007年相比降幅最大是西部地区的陕西省，降幅为5.92%，化学需氧量排放量降幅最大是东部地区的上海市，降幅为9.39%，二氧化硫排放量降幅最大还是上海市，降幅为10.39%；从节能减排“十一五”规划目标的完成进度来看，单位GDP能耗完成进度最好的是陕西省，完成了65.57%，单位GDP能耗完成进度最差的是新疆维吾尔自治区，只完成了35.75%；化学需氧量排放完成进度最好的是重庆市，完成了90.6%，化学需氧量排放完成进度最差的是云南省，只完成了32.2%；二氧化硫排放完成进度最好的是云南省，完成了97.22%，二氧化硫排放完成进度最差的是黑龙江省，只完成了16.73%。

第三类地区包括东部江苏省、广东省、山东省和河北省，中部的河南省、湖北省和湖南省，西部的广西壮族自治区、内蒙古自治区、四川省、甘肃省和青海省，东北的辽宁省。从节能减排的绝对量和降幅来看，2008年单位GDP能耗绝对值，最低的是东部地区的广东省0.715t标准煤/万元，与2007年相比降低4.32%，化学需氧量排放量最低是中部地区的青海省为7.46万t，与2007年相比降低1.62%，二氧化硫排放量最低还是青海省为13.48万t，与2007年相比分别降低0.66%；从降幅来看，2008年单位GDP能耗与2007年相比降幅最大是中部地区的湖南省，降幅为6.72%，化学需氧量排放量降幅最大是东部地区的河北省，降幅为9.37%，二氧化硫排放量降幅最大还是河北省，降幅为9.87%；从节能减排“十一五”规划目标的完成进度来看，单位GDP能耗完成进度最好的是江苏省，完成了64.62%，单位GDP能耗完成进度最差的是青海省，只完成了64.62%，化学需氧量排放完成进度最好的是湖北省，完成了98.4%，化学需氧量排放完成进度最差的是湖南省，只完成了11.4%；二氧化硫排放完成进度最好的是江苏省，完成了98.2%，二氧化硫排放完成进度最差的是内蒙古自治区，只完成了45.19%。

第四类地区包括中部的山西省、西部的贵州省和宁夏回族自治区，这类地区的节能减排总体效果较差，从节能减排的绝对量和降幅来看，2008年3省（自治区）的单位GDP能耗分别为2.554t标准煤/万元、2.875t标准煤/万元和3.686t标准煤/万元，较2007年分别降低7.39%、6.11%和6.79%。3省（自治区）的化学需氧量排放总量为35.88万t、22.18万t和13.18万t，与2007年相比分别降低4.11%、2.29%和3.86%。3省（自治区）的二氧化硫排放总量分别为130.84万t、123.57万t和34.83万t，与2007年相比分别降低5.65%、10.14%和5.80%。从节能减排“十一五”规划目标的完成进度来看，3省（自治区）的单位GDP能耗分别完成“十一五”规划目标值的53.09%、57.28%和54.87%；化学需氧量排放分别完成“十一五”规划目标值的55.2%、24.1%和53.3%；二氧化硫排放分别完成“十一五”规划目标值的97.81%、60.04%和-16.61%。该类型省份的节能减排各项指标除了山西省的二氧化硫的减排进度超过了时间进度，其余地区的各项指标完成进度均未能达到节能减排的时间进度，特别是宁夏回族自治区的二氧化硫排放总量经过3年的治理，反而出现了排放量的上升。见表31.8。

表31.8　各省（自治区、直辖市）节能减排情况表

区域	省（自治区、直辖市）	单位GDP能耗（%）			化学需氧量排放（%）			二氧化硫排放（%）		
		2008年比2005年	“十一五”规划目标	2008年完成进度	2008年比2005年	“十一五”规划目标	2008年完成进度	2008年比2005年	“十一五”规划目标	2008年完成进度
东部	北京	-17.24	-20.00	86.20	-12.67	-14.7	86.2	-35.50	-20.4	174.01
	天津	-14.80	-20.00	74.02	-8.84	-9.6	92.0	-9.40	-9.4	99.96
	河北	-11.60	-20.00	57.99	-8.50	-15.1	56.3	-10.09	-15.0	67.29
	上海	-11.53	-20.00	57.65	-12.27	-14.8	82.9	-13.04	-25.9	50.35
	江苏	-12.92	-20.00	64.62	-11.85	-15.1	78.5	-17.68	-18.0	98.20

续表

区域	省（自治区、直辖市）	单位GDP能耗（%）			化学需氧量排放（%）			二氧化硫排放（%）		
		2008年比2005年	“十一五”规划目标	2008年完成进度	2008年比2005年	“十一五”规划目标	2008年完成进度	2008年比2005年	“十一五”规划目标	2008年完成进度
东部	浙江	-12.57	-20.00	62.84	-9.48	-15.1	62.8	-13.88	-15.0	92.56
	福建	-9.94	-16.00	62.11	-4.01	-4.8	83.5	-6.96	-8.0	87.04
	山东	-13.63	-22.00	61.96	-11.87	-14.9	79.7	-15.53	-20.0	77.63
	广东	-9.90	-16.00	61.89	-8.92	-15.0	59.5	-12.22	-15.0	81.45
	海南	-4.43	-12.00	36.94	6.00	0.0		-1.36	0.0	
中部	山西	-13.27	-25.00	53.09	-7.29	-13.2	55.2	-13.69	-14.0	97.81
	安徽	-11.25	-20.00	56.26	-2.50	-6.5	38.5	-2.68	-4.0	66.99
	江西	-12.08	-20.00	60.41	-2.56	-5.0	51.2	-4.88	-7.0	69.68
	河南	-11.66	-20.00	58.31	-9.72	-10.8	90.0	-10.65	-14.0	76.04
	湖北	-12.92	-20.00	64.59	-4.92	-5.0	98.4	-6.58	-7.8	84.40
	湖南	-12.36	-20.00	61.82	-1.15	-10.1	11.4	-8.54	-9.0	94.91
西部	广西	-9.40	-15.00	62.68	-5.35	-12.1	44.2	-9.62	-9.9	97.16
	内蒙古	-12.71	-25.00	50.83	-5.69	-6.7	84.9	-1.72	-3.8	45.19
	重庆	-10.63	-20.00	53.17	-10.15	-11.2	90.6	-6.52	-11.9	54.82
	四川	-9.71	-20.00	48.53	-4.33	-5.0	86.6	-11.64	-11.9	97.81
	贵州	-11.46	-20.00	57.28	-1.86	-7.7	24.1	-9.01	-15.0	60.04
	云南	-9.92	-17.00	58.34	-1.58	-4.9	32.2	-3.89	-4.0	97.22
	陕西	-13.11	-20.00	65.57	-5.11	-10.0	51.1	-3.54	-12.0	29.46
	甘肃	-10.79	-20.00	53.93	-6.32	-7.7	82.1	-10.92	0.0	
	青海	-4.52	-17.00	26.58	3.61	0.0		8.71	0.0	
	宁夏	-10.97	-20.00	54.87	-7.83	-14.7	53.3	1.55	-9.3	-16.61
	新疆	-7.15	-20.00	35.75	0.00	0.0		8.79	0.0	
东北	辽宁	-11.73	-20.00	58.63	-9.33	-12.9	72.3	-5.54	-12.0	46.16
	吉林	-12.16	-30.00	40.52	-8.03	-10.3	78.0	-1.18	-4.7	25.06
	黑龙江	-11.34	-20.00	56.68	-5.52	-10.3	53.6	-0.33	-2.0	16.73

31.2.3 区域节能减排形势不容乐观

虽然各地区的节能减排取得积极进展，但依然存在产业结构不合理，高耗能工业增速较快等多方面问题。特别是在国家先后出台扩大国内需求，促进经济平稳较快增长的政策后，一些地方又重新出现盲目上高耗能、高排放项目的苗头；一些企业效益回落，影响节能减排重点工程实施。这些都给节能减排工作带来新的问题和挑战。

从区域完成的角度来看，截至2008年年底，东部地区各“十一五”规划期间节能目标完成进度在66.6%以上的有北京市、天津市，只占该区域的20%；完成进度在66.6%以下的有山东省、江苏省、浙江省、河北省、上海市、福建省、广东省和海南省，区域80%均未完成节能时间进度目标。完成“十一五”规划化学需氧量减排目标进度在66.6%以上的有北京市、天津市、上海市、江苏省、福建省、山东省，占该地区的60%；二氧化硫减排目标进度完成较好，除了上海市，其余省市均完成了“十一五”规划二氧化硫减排时间进度的要求。

中部地区平均单位 GDP 能耗为 1.39t 标准煤/万元，与 2005 年相比降低 12.46%，中部地区均未实现“十一五”规划节能目标完成进度。完成进度最好的是湖北省，也只完成了“十一五”规划节能目标的 64.59%；完成“十一五”规划化学需氧量减排目标进度在 66.6% 以上的有河南省、湖北省，占该地区的 33.3%；该区域二氧化硫减排目标进度完成较好，各省二氧化硫减排均完成了“十一五”规划时间进度的要求。

西部地区平均单位 GDP 能耗为 2.2438t 标准煤/万元，与 2005 年相比降低 9.94%，西部地区均未实现“十一五”规划期间节能目标完成进度，完成进度最好的是陕西省，也只完成了“十一五”规划期间节能目标的 65.57%；完成“十一五”规划化学需氧量减排目标进度在 66.6% 以上的有重庆市、四川省、贵州省、甘肃省，占该地区有化学需氧量减排约束省的 55.6%；二氧化硫减排目标进度实现“十一五”规划减排时间进度要求的只有广西壮族自治区、内蒙古自治区、四川省、云南省，占该地区有化学需氧量减排约束省的 44.5%。

东北地区化学需氧量减排目标进度完成较好，只有黑龙江省化学需氧量减排目标完成进度未实现“十一五”规划二氧化硫减排时间进度要求，但该地区的单位 GDP 能耗、二氧化硫减排均未实现“十一五”规划时间进度，其中黑龙江省的二氧化硫的减排只完成“十一五”规划时间进度的 16.73%，该地区整体节能减排形势不容乐观。见表 31.9。

表 31.9　　各地区平均单位 GDP 能耗指标完成情况　　单位：t 标准煤/万元

地　区	2005 年平均单位 GDP 能耗	2008 年平均单位 GDP 能耗	2008 年比 2005 年降低
东部	1.0506	0.93	11.91
中部	1.5831	1.39	12.46
西部	2.2438	2.02	9.94
东北	1.6435	1.45	11.75

31.2.4　区域节能减排发展趋势

（1）节能减排作为切实转变经济增长方式，缓解我国资源约束和环境承载的重要手段，随着我国应对气候变化的国际压力日益增大以及国内人们日益提高的环保意识，节能减排的执行整体力度会进一步增大。

（2）节能减排的主要手段将从工程减排、监督减排向结构减排过渡。工程减排即通过新建城市污水处理、新增规模以上燃煤脱硫机组以及新建成一批废水深度治理工程、钢铁烧结机烟气脱硫设施等工程治理措施达到减排目标；监督减排转变即通过加强对各地减排统计监测和执法监管能力，通过环保部门污染源在线监控系统保证相关设施的正常运转，提高企业达标排放水平。结构减排即通过产业结构调整淘汰一批高耗能、高污染的底端产能，然后再通过产业优化升级实现产业结构的高级化，从根本上实现低排放、低污染的目标。我国区域经济发展的不平衡性，决定着各区域在实现减排的手段的侧重点存在差异。东部地区经济社会较为发达，城市污水处理、燃煤脱硫的基础设施相对完善，节能减排的实现手段将在工程减排和监督减排的基础上，率先向结构减排过渡；中部地区、西部地区、东北地区目前节能减排的实现手段主要依靠工程减排和监督减排，通过完善相关减排工程设施，新增污水、废气的处理能力，强化执法和监督实现减排目标，这些地区要真正实现结构减排还需要一定的时间。

（3）节能减排的实现机制将从政府行政手段为主逐步向法律、行政和经济综合手段转变。随着引入环境税、环境产权交易、生态服务功能补偿等环境市场理念和手段，市场机制在节能减排中的作用将进一步增强；通过整合现有节能减排与环境保护的法律法规和制度安排，确保清洁生产、循环经济、技术创新等重要的节能减排与环境保护手段的法律地位，为节能减排提供强有力的法律支撑。

（4）节能减排的国家约束指标将会进一步扩充。“十一五”规划纲要提出，单位GDP能耗降低20%左右，主要污染物二氧化硫和化学需氧量排放总量减少10%；随着我国节能减排工作的整体推进，氮氧化物排放将会纳入各地区的节能减排指标中。

（5）在具体节能减排机制上，如清洁生产机制、循环经济布局逐步从单个生产企业向区域经济布局转变。推行清洁生产，从源头减少废物的产生，实现由末端治理向污染预防和生产全过程控制转变，发展循环经济都是实现节能减排的重要途径，随着我国循环经济促进法的出台，循环经济已经从企业间布局向区域经济结构整体布局转变，这种转变必将极大地推进我国节能减排工作。

（6）区域环境建设和污染控制的模式将由生产过程末端治理范式向全过程控制污染战略转变，高能耗、排污、单向生产模式将向循环经济模式转变。循环经济是以“减量化、再利用、资源化”为原则，以技术、法律法规、经济政策、市场机制为手段，将“资源—产品—废物排放”的传统线性物质消耗范式变革为“资源—产品—再生资源”的物质循环范式，以最小的资源能源消耗和最少的污染排放，取得最大的经济产出，实现经济效益、社会效益、环境效益的统一。

（7）区域环境保护视角和范围正在不断扩大，从整个流域或区域的角度出发，审视辖区内的生态环境，污染控制正从点源污染治理向流域或区域防治转变。区域环境保护投入将政府投入为主向污染治理产业化转变。污染治理产业化将由主要政府的计划经济体制向社会化、企业化、专业化管理模式转变。

31.3 区域节能减排政策措施

《中华人民共和国国民经济和社会发展第十一个五年规划纲要》提出“十一五”规划期间国内生产总值能耗降低20%左右，主要污染物排放总量减少10%，并作为具有法律效率的约束性指标。为完成上述目标，国家各部委相继出台了一系列法规政策，各省（自治区、直辖市）也相继制定了本地区的节能减排工作方案或实施意见，出台了相应的地方配套措施，基本形成了相对完善的节能减排法规政策体系。国家节能减排的政策更多的是从国家宏观层面对全国节能减排工作的整体布局，并未能充分考虑到我国区域社会经济发展的不平衡性，因此各地要贯彻国家节能减排政策的同时，要根据本地区的经济社会发展的实际情况，制定更加符合本地区的节能减排政策措施。

31.3.1 东部地区节能减排的政策措施

东部地区是我国经济社会发展较为发达的地区，节能减排工作整体上效果较好，按照节能减排指数，该区域内大体可以分为三类，不同类型之间应区别对待，节能减排政策略有差异。

31.3.1.1 调整优化产业结构的政策

第一类型的北京市、天津市、海南省，除海南省外，其余两市均是我国重要的经济中心，虽然伴随北京奥运会的举行，北京市和天津市加大了环境投资和治理力度，节能减排也取得了很好效果。该类型的产业结构调整优化的重点要充分利用区位优势、人才优势和政策优势，优先发展现代服务业，特别是金融、信息、文化创意、交通物流、商贸服务等高端服务业，不断提高第三产业的比例和产业水平；能源结构调整的重点放在了进一步增加天然气和电力供应，提高清洁能源消费比例，根据自身条件大力发展太阳能。

第二类型产业结构调整的重点，加大工业产业结构调整和技术创新力度，重点发展加快高新技术产业和现代制造业发展，加快传统产业的淘汰步伐，坚决淘汰钢铁、水泥、电力等高耗能行业落后生产能力，不断提升产业整体水平；能源结构调整的重点降低煤炭的消费比例，加大优质高效能源的消费比例，加快发展太阳能、风能、核能等可再生能源。

第三类型产业结构调整的重点，大力发展低耗能高附加值产业，坚决淘汰落后产能，按照“存量调强、增量调优”的方针，改造提升传统优势产业，加速推进高耗能产业结构的调整，实现传统产业的新型化；能源结构调整的重点是以电力为中心，增加优质消费比例，减少原煤消费量，积极开放可再生能源，加快发展生物质能、太阳能、风能等可再生能源。

31.3.1.2 节能减排技术政策

第一类型在注重工业节能的同时，节能的重点应放在加大对节能减排先进技术的研发和重点推进建筑节能和交通运输节能。一方面，建立大型公共节能监管体系，加大对新建工程设计、施工环保执行建筑节能设计标准、施工验收规范的监督检查力度，加快对既有非节能建筑和用能设市的改造步伐，进一步优化建筑用能管理，优化供热结构。另一方面，优先发展城市公共交通，加快城市快速公交和轨道交通建设，确立公共交通在城市交通的中心地位。第二类型和第三类型主要为我国重要的工业强省，节能的重点应放在工业节能，加快推进工业技术创新和循环经济建设，支持能耗高的产业开展余热余压利用、燃煤锅炉改造、节能新设备的推广；同时加大推进能效标识和节能节水产品认证制度。

31.3.1.3 削减污染物排放政策

第一类型削减污染物排放重点通过加强对各地减排统计监测和执法监管能力，通过环保部门污染源在线监控系统保证相关设施的正常运转，提高企业达标排放水平。在大气污染物排放方面，重点防治机动车排气污染、深化工业污染治理，全面消减大气污染物排放。加快固体废弃物处置设施的建设，推进固体废弃物源头削减和循环利用，提高固体废弃物污染防治能力和水平。

第二类型削减污染物排放重点在加大重点节能减排工程建设力度，完善城镇污水处理厂及配套设施建设的同时，加大高耗能产业的淘汰步伐，即通过产业结构调整淘汰一批高耗能、高污染的底端产能，然后再通过产业优化升级实现产业结构的高级化，从而实现低排放、低污染的目标。在大气污染物排放方面，重点控制煤烟型污染，防治机动车排气污染、深化工业污染治理，全面削减大气污染物排放。固体废弃物要重点加快工业固体废弃物处置设施的建设，推进固体废弃物源头削减和循环利用，提高工业共体废弃物污染防治能力和水平。

31.3.1.4 节能减排的激励约束机制

加大对节能设备产品生产企业和淘汰高耗能设备、大宗采购节能产品的单位给予扶持的政策体系，落实有利于发展循环经的价格政策、财政政策、产业调整政策、技术政策，加快完善节能节水、利用可再生资源的优惠政策；利用价格机制，适时研究调整资源产品价格，加大差别电价、水价的实施力度，形成节约资源的良好氛围；政府采购要优先采购节能环保产品，也是东部地区的普遍做法。

31.3.2　中部地区和东北地区的节能减排政策措施

中部地区和东北地区从整体上来看，产业结构相似，第二产业和第三产业的比例相当。按照节能减排指数，第二类型包括中部地区的安徽省、江西省和东北地区的吉林省和黑龙江省；第三类型包括中部地区的河南省、湖北省和湖南省以及东北地区的辽宁省；第四类型包括中部地区山西省。

31.3.2.1　产业结构调整优化政策措施

第二类型和第三类型产业调整应用高新技术和先进适用技术改造传统产业，降低资源型社会在经济总量的比例，进一步优化产业结构和产品结构，促进工业生产向低耗能、低污染、经济效益好、人力资源优势得到充分发挥的方向转变，提高工业的整体素质。探索发展循环经济的有效途径，大力发展循环经济，构建以循环经济为核心的产业体系，推动“资源—产品—污染排放”的传统模式，向“资源—产品—再生资源”的循环经济模式转变，依靠科技创新和政府政策的引导，实现经济效益、资源效益和环境效益“多赢”。

第四类型的山西省产业结构调整重点：①调整传统的以能源重化工为主的产业结构，延伸传统工业发展的产业链，在依托采掘业和能源原材料工业优势的基础上，加快提升全省能源加工业的竞争能力和赢利水平，优化产品结构；②提高资源的综合利用水平，重点转换工业经济的增长方式，发展循环经济，进而提高产业发展绩效。用高新技术改造和提升传统产业，提高工业的整体素质和国际竞争力水平，大力推进信息化，使工业化的发展与信息化相结合，实现传统产业的新型化。

31.3.2.2　节能减排的技术政策

第二类型和第三类型主要为该区域的经济大省，第二产业比重较高，并正处于由传统工业向现代制造业过渡的阶段，工业节能潜力很大，应大力开展节能技术创新活动，在本地区重点行业推广一批潜力大、应用广的重大节能减排技术；同时加大建筑节能和交通运输节能工作，加大节能技术在建筑领域的推广和应用，积极推广各种燃料油节约、替代技术和清洁燃料汽车，制定鼓励发展城市职能环保型交通工具，加快淘汰能耗高、尾气排放不达标的机动车辆。对北方采暖地区既有居住建筑供热剂量及节能改造，农村大力发展省柴节煤的炉、窖、炕灶及新型燃料技术。

31.3.2.3　削减污染物排放政策

对于正处于经济结构由传统工业向现代制造业转型的阶段的地区，积极探索多元化投资渠道，大力建设城市污水处理工程、规模以上燃煤脱硫机组以及建成一批废水深度治理工程、钢铁烧结机烟气脱硫设施等工程，通过这些治理措施达到主要污染物减排目标。

31.3.2.4　激励引导政策

积极稳妥推进资源性产品价格改革，进一步理顺煤炭价格成本构成机制，建立煤热价格联动机制，推进成品油、天然气价格改革，对利用可再生能源发电及利用余热余压、煤矸石和城市垃圾发电，实行相应的电价政策。进一步完善节能减排的财政政策和税收政策，加大对节能环保领域的金融服务，鼓励和引导金融机构按照货币信贷政策与节能环保政策协调配合，进一步加大对循环经济、环境保护及节能减排技术改造项目的信贷支持。

31.3.3 西部地区节能减排的政策措施

西部地区幅员广阔，区域内差异较大，部分地区生态环境脆弱，因此该地区的节能减排政策应与生态环境建设相匹配。第二类型包括重庆市、云南省、陕西省、新疆维吾尔自治区；第三类型包括广西壮族自治区、内蒙古自治区、四川省、甘肃省、青海省；第四类型包括贵州省和宁夏回族自治区。

31.3.3.1 构建以循环经济为主导的产业体系

创新发展思路，依靠科技进步，调整优化经济结构，培育发展循环经济，推进新型工业化进程，促进经济增长方式由高耗能、高污染向资源节约型和环境友好型转变，提高经济增长质量和效益。首先，调整优化工业结构，按照科技含量高、经济效益好、资源消耗低、环境污染少的新型工业化发展要求，加快工业结构的调整，逐步形成有利于资源节约和环境保护的工业体系，进一步制定、实施资源能源利用效率和污染物排放限制等方面的准入制度，严格限制资源能源效率低、污染物排放强度高的产业发展，坚决淘汰技术落后、浪费资源、污染严重的产业、企业和产品。

按照减量化、再利用、再循环的要求，积极推进已建工业园的改造，形成资源流、能源流、信息流和工业设施、基础设施、服务设施，通过废物交换循环利用、清洁生产等手段，减少污染物排放，提高资源利用效率。

31.3.3.2 调整优化能源结构，提高清洁能源消费比例

一方面优化一次能源供应结构，降低煤炭在一次能源供应总量中的比重，大力发展水电，积极发展风电，鼓励发展生物质能源、太阳能等可再生能源；另一方面优化能源转换结构，发展火电，发展大容量、高参数机组，上大压小，不断提高一次能源的加工转化比重，特别是提高煤炭消费用于发电的比重。

31.3.3.3 充分利用市场手段，提高节能减排水平

节能减排措施除了采用行政手段以外，可以多考虑一些更具基础性作用的市场手段，让能源价格反映能源的稀缺性和环境成本。具体措施包括：

（1）通过差别电价、节能、技术、安全、土地、信贷等方面的政策，制定《产业调整指导目录》的方式，控制高耗能产业的发展，淘汰落后生产能力，鼓励生产低耗能、高附加值的产品。

（2）通过加大财政基本建设投资向节能环保项目的倾斜力度，实行节能环保项目减免企业所得税，节能环保专用设备投资抵免企业所得税，实行对节能减排设备投资给予增值税进项税抵扣，鼓励金融机构加大对节能环保项目的金融支持力度等政策，引导节能环保项目的发展。

（3）通过提高高能耗产品进口比例，调整、控制高能耗产品的出口比例，运用调整出口退税、加征出口关税、削减出口配额将部分产品列入加工贸易禁止类目录等措施。

32

东部地区的节能减排

32.1 东部地区发展特点

32.1.1 自然地理区位与资源禀赋

我国的东部地区位于中国东部沿海，包括北京、天津、河北、山东、江苏、上海、浙江、福建、广东和海南10个省（直辖市）。截至2007年，东部地区主要能源基础储量方面，石油基础储量赋存较丰富，占全国石油基础储量的26.53%，高达65516.83万t，省均6551.68万t；煤炭基础储量赋存缺乏，占全国煤炭基础储量的5.97%，仅为194.73亿t，省均19.47亿t；天然气基础储量赋存稀缺，占全国天然气基础储量的3.39%，仅为999.49亿m^3，省均99.95亿m^3，见表32.1。

表32.1　　2007年各地区主要能源基础储量

地区	煤炭基础储量		石油基础储量		天然气基础储量	
	总量（亿t）	比例（%）	总量（万t）	比例（%）	总量（亿m^3）	比例（%）
东部	194.73	5.97	65516.83	26.53	999.49	3.39
中部	1285.88	39.43	6561.62	2.66	101.02	0.34
西部	1650.49	50.61	81205.01	32.89	26081.49	88.55
东北	130.04	3.99	93633.17	37.92	2270.78	7.71

资料来源：《2008年能源统计年鉴》、《2008年中国统计年鉴》等整理。

（1）煤炭基础储量赋存总量不足，且分布不均衡，主要集中于鲁西南、河北平原和苏北徐沛等地区。

从省平均基础储量水平上看，东部地区最低，仅为19.47亿t，不足中部地区各省平均水平（214.31亿t）的10%；只有山东省、河北省的基础储量比较丰富，分别为96.25亿t、63.46亿t，占东部10省（直辖市）煤炭基础储量的49.43%、32.59%，江苏省煤炭基础储量也不高，仅为17.58亿t，占东部10省（直辖市）煤炭基础储量的9.03%，低于21.64亿t平均水平，其余7省（直辖市）的煤炭基础储量甚少，总共不足东部10省（直辖市）煤炭基础储量的10%，其中，上海市没有煤炭储量。2007年我国东部地区煤炭基础储量见图32.1。

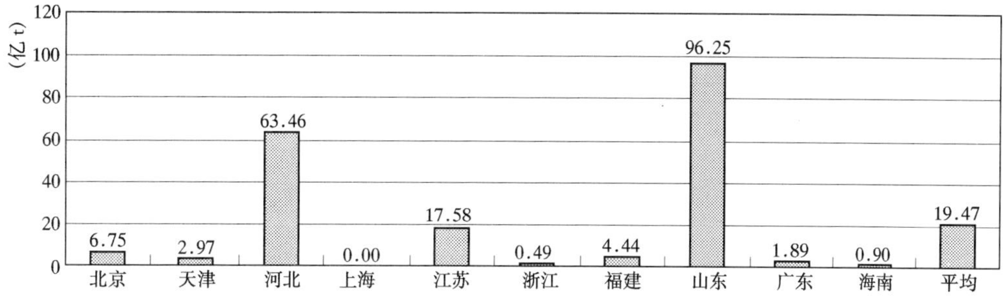

图32.1 2007年我国东部地区煤炭基础储量

（2）石油基础储量赋存总量高，但分布非常不均衡，多集中在山东、河北两省。

从省（直辖市）平均基础储量水平上看，东部地区的石油基础储量为6551.68万t，是中部地区各省平均水平（1093.60万t）的6倍；除山东省、河北省的基础储量丰富，分别为34106.79万t、25077.03万t，占东部10省市石油基础储量的52.06%、38.28%，天津市、江苏省石油基础储量也较高，为3774.22万t、2521万t，但广东省、海南省的基础储量甚少，北京市、上海市和福建省没有石油基础储量。2007年我国东部地区石油基础储量见图32.2。

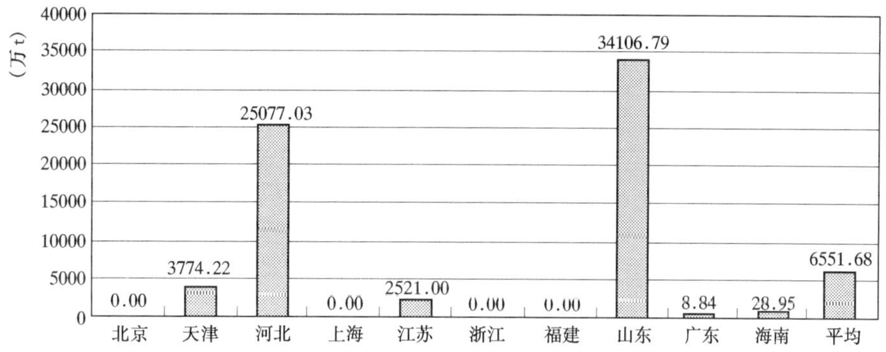

图32.2 2007年我国东部地区石油基础储量

（3）天然气基础储量赋存总量较低，且分布不均衡，陆上天然气探明储量主要集中在渤海湾盆地，海上天然气的储量主要集中在南海海域和渤海海域。

从省（直辖市）平均基础储量水平上看，东部地区排名倒数第二位，仅比中部地区的略高，为99.95亿m^3，不足西部地区各省平均水平（2371.04亿m^3）的4.22%；除山东省、天津市、河北省赋存一定的天然气基础储量，分别为348.18亿m^3、318.62亿m^3、302.66亿m^3，占东部10省（直辖市）天然气基础储量的34.84%、31.88%、30.28%，江苏省、海南省、广东省仅有极少量天然气基础储量，为22.85亿m^3、6.87亿m^3、0.31亿m^3，北京市、上海市、浙江省和福建省没有天然气基础储量。2007年我国东部地区天然气基础储量见图32.3。

32.1.2 经济发展水平(区域内各省、直辖市的人均GDP、工业化率、城市化率、产业结构)

从整体情况看，我国东部地区主要经济指标近年来均保持了快速增长的势头，经济规模不断

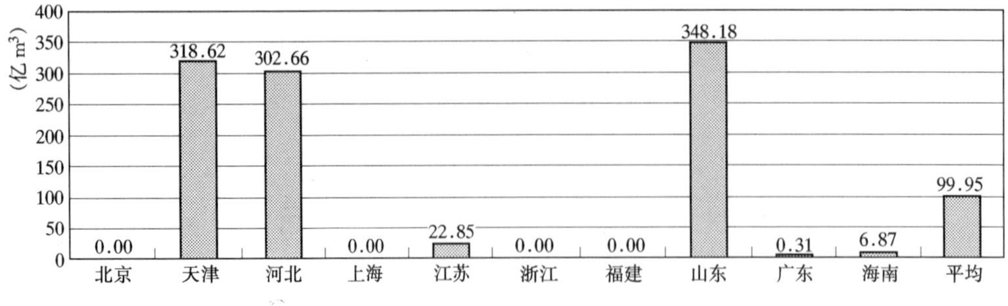

图 32.3　2007 年我国东部地区天然气基础储量

扩张，至 2008 年，东部地区生产总值达到 177313 亿元，占全国总量的 55.37%，各省（直辖市）经济总量差距较大，广东省、山东省、江苏省、浙江省位于前列，河北省、上海市、福建省、北京市、天津市位于中间，海南省总量较小；从增长情况来看，东部地区各省（直辖市）都保持了较快的经济增长速度，但相互之间差距加大。就 2008 年地区生产总值增幅来看，天津市最高，达 16.5%，北京市最低，仅 9%，两者相差 7.5 个百分点。

32.1.2.1　从经济发展规模上看

2008 年各省（直辖市）生产总值差距很大，最高的广东省达到 35696.46 亿元；后面依次为山东省、江苏省、浙江省、河北省、上海市、福建省、北京市和天津市，分别为 31072.1 亿元、30000 亿元、21486.92 亿元、16188.6 亿元、13698.15 亿元、10823.11 亿元、10488 亿元和 6354.38 亿元；最低的是海南省，只有 1459.23 亿元；最高的广东省是最低的海南省的 24.46 倍。2001 ~2008 年东部地区的生产总值见图 32.4。

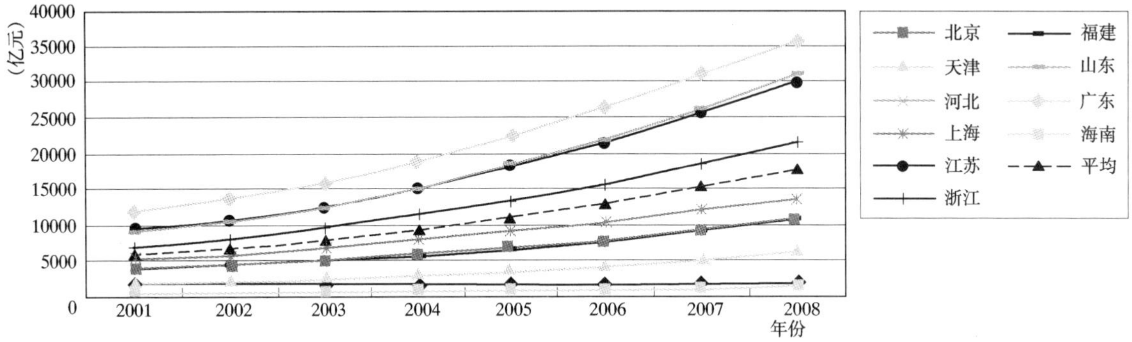

图 32.4　2001 ~2008 年东部地区的生产总值

32.1.2.2　从人均 GDP 发展水平来看

从人均 GDP 发展水平来看，上海市最高，达到 73124 元，其后依次是北京市、天津市、浙江省、江苏省、广东省、山东省和福建省，分别为 63029 元、55473 元、42214 元、39080 元、37588 元、33083 元和 30123 元；河北省为 23239 元，不足上海的 32%；海南省最低，为 17175 元，仅为上海的 23.5%。说明东部地区内经济发展总体水平高，但省际间经济发展规模相差悬殊。2008 年东部地区各省（直辖市）人均 GDP 见图 32.5。

32.1.2.3　从各省市生产总值的增长情况来看

2008 年各省（直辖市）都保持了平稳较快增长，但各省（直辖市）增长仍存在不小差距：天津市 GDP 增长率最高，达到 16.5%；后面依次是福建省、江苏省、山东省，增长率分别为

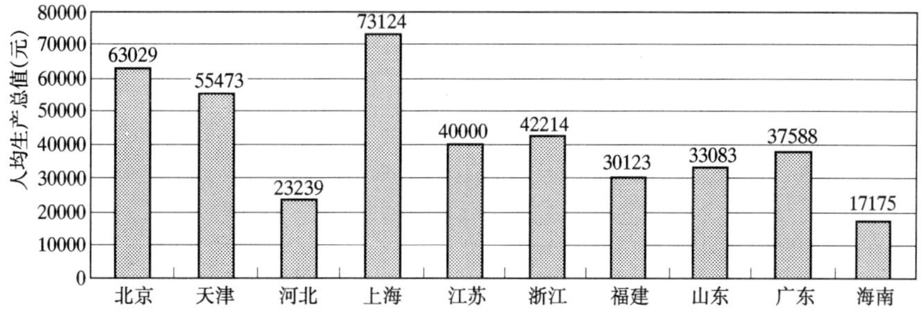

图 32.5 2008 年东部地区人均生产总值

13%、12.5%、12.1%，广东省、浙江省与河北省的增长率同为 10.1%，海南省、上海市的增长率为 9.8%、9.7%，北京市的增长率最低，为 9%，最高的天津市与最低的北京市相差 7.5 个百分点，见图 32.6。

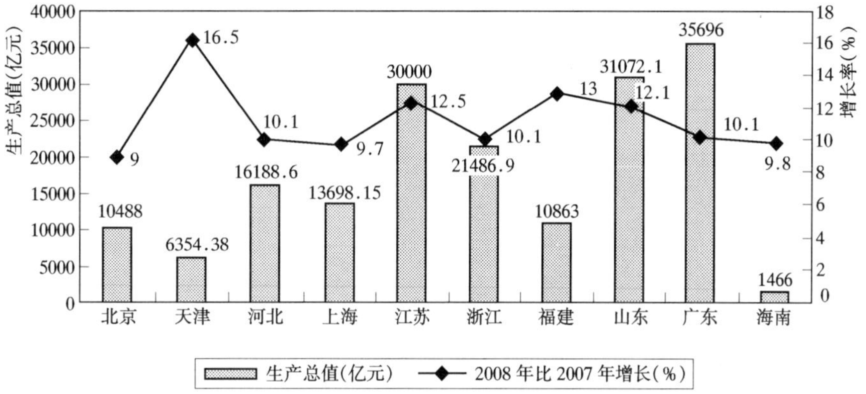

图 32.6 2008 年东部地区全年地区生产总值与年增长率

32.1.2.4 从产业结构来看

北京市、上海市表现为“三二一”结构形态，第三产业比重较高，特别是北京市，高达 73.2%，上海市为 53.7%，说明北京、上海两市的第三产业成为拉动地区经济的主导产业；第二产业比重北京市和上海市差异较大，北京市为 25.7%，上海市为 45.5%，从工业化率水平来看，北京市的工业化率也较低，为 20.96%，上海市的工业化率较高，为 42.23%，说明上海的工业发展水平更高，北京的产业知识化程度更高；第一产业比重很小，北京市仅为 1.1%，上海市也不足 1%，仅为 0.8%。可见，北京市、上海市已经处在产业发展的后工业化阶段。天津市、山东省、江苏省、河北省、浙江省、广东省、福建省的三次产业结构呈现出“二三一”结构态势，产业发展处于工业化后期，表现在各省（直辖市）三大产业增加值比例分布上：天津市为 1.9∶60.1∶38.0、山东省为 9.6∶57.0∶33.4、江苏省为 6.9∶55.0∶38.1、河北省为 12.6∶54.2∶33.2、浙江省为 5.1∶53.9∶41、广东省为 5.5∶51.6∶42.9、福建省为 10.7∶50.0∶39.3，说明这些省（直辖市）的第二产业在地区经济发展中占主导和支配地位，对各省 GDP 的贡献达到 50% 以上，最高的天津市达到了 60.1%。只有海南省的第一产业产值比重最高，高达 30%，第二产业比重仅为 29.8%，第三产业比重较高，为 40.2%，说明海南省的农业和旅游服务业发展水平较高。2008 年东部地区各省（直辖市）三次产业结构及工业化率见图 32.7、图 32.8。

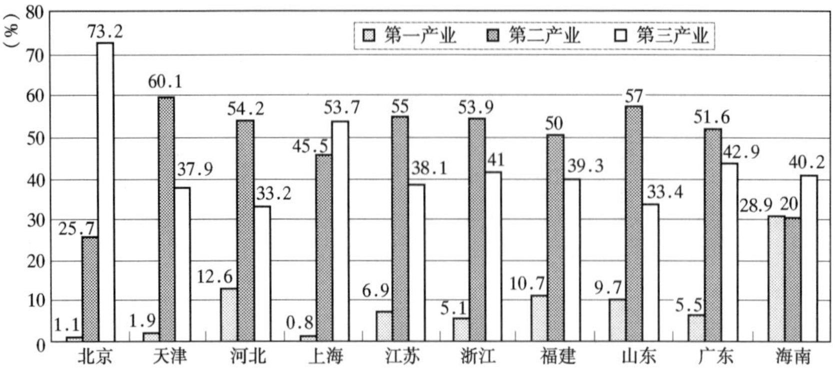

图 32.7　2008 年东部地区各省（直辖市）三次产业结构

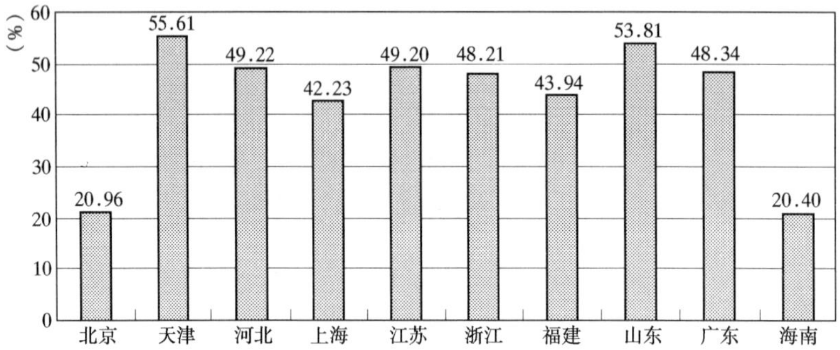

图 32.8　2008 年东部地区各省（直辖市）工业化率

32.2　东部地区能源供给与消费特征

32.2.1　区域能源供应分析

32.2.1.1　原煤生产

东部地区原煤生产总产量不足，且原煤生产的地区分布很不均衡。2007 年，东部地区 10 省（直辖市）原煤生产总产量为 28372.65 万 t，占全国原煤总产量的 11.23%，并且主要集中在山东和河北两省，其中，山东的原煤生产产量最高，达到了 14518.34 万 t，其次是河北，原煤生产产量为 8662.98 万 t，两省的原煤生产量占到整个东部地区 10 省（直辖市）生产总量的 81.7%，而且，天津、上海、广东、海南 4 省（直辖市）当年原煤生产量为零，江苏、福建、北京、浙江省（直辖市）有少量生产，分别为 248.2 万 t、2050 万 t、648.8 万 t、12.33 万 t，见表 32.2、图 32.9。

表 32.2　　2007 年各地区主要一次能源产量与构成

地区	煤炭生产量		原油生产量		天然气生产量		水力发电量	
	总量（亿 t）	比例（%）	总量（亿 t）	比例（%）	总量（亿 t）	比例（%）	总量（亿 kW·h）	比例（%）
东部	28372.65	11.23	6854.88	36.81	88.48	12.78	698.33	14.43
中部	101872.39	40.33	570.62	3.06	16.93	2.45	1490.84	30.81
西部	102584.01	40.61	5194.74	27.9	547.55	79.08	2533.43	52.36
东北	19768.38	7.83	6000.93	32.23	39.44	5.7	116.05	2.4

资料来源：《2008 年能源统计年鉴》、《2008 年中国统计年鉴》等整理。

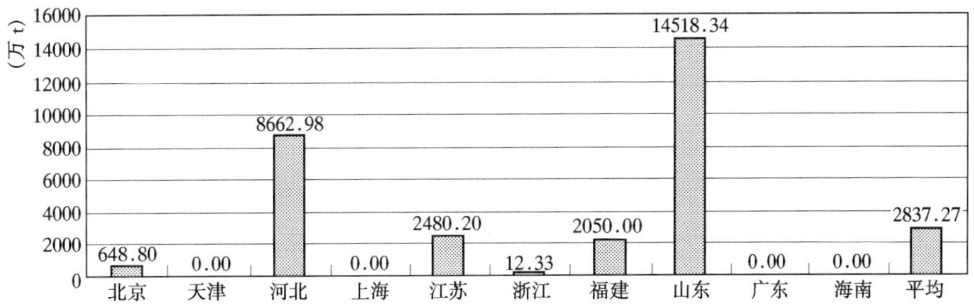

图 32.9　2007 年东部地区原煤产量

32.2.1.2　石油生产

东部地区是中国最重要的石油生产供应基地，但原油生产的地区分布很不均衡。2007 年东部地区 10 省（直辖市）的原油产量达到 6854.88 万 t，占全国原油总产量的 36.81%。并且主要集中在山东、天津和广东 3 省（直辖市），其中，山东省的原油生产产量最高，达到了 2793.05 万 t，其次是天津市和广东省，原油生产产量分别为 1924.28 万 t、1261.13 万 t，3 省（直辖市）的原油生产量占到整个东部地区 10 省（直辖市）生产总量的 87.25%，而且，北京、浙江、福建、海南 4 个省（直辖市）当年原油生产量为零，河北省、江苏省还生产一定量的原油，分别为 660.01 万 t、195.72 万 t，上海市只有很少量的原油生产，为 20.69 万 t。

目前，东部地区大多数油田已进入开发的后期阶段，稳产难度很大。但据勘探开发成果分析，东部地区石油资源量较全国第二轮油气资源评价结果有明显增加，资源勘探潜力仍然很大。这说明在今后一段时期，东部地区仍然是中国的主要产油区。2007 年东部地区原油生产量见图 32.10。

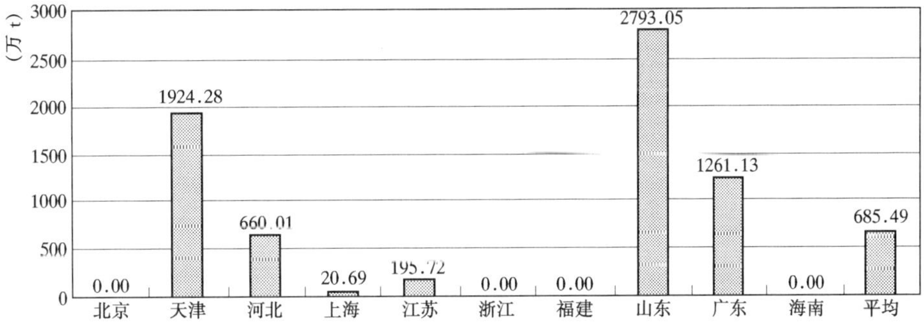

图 32.10　2007 年东部地区原油生产量

32.2.1.3　天然气生产

东部地区天然气产量不足，且天然气生产的地区分布也很不均衡。2007 年，东部地区 10 省（直辖市）天然气生产总产量 88.48 亿 m^3，仅占全国天然气总产量的 12.78%，并且东部地区的天然气生产主要集中在广东省、天津市，分别达到了 52.48 亿 m^3、13.34 亿 m^3，占到整个东部地区 10 省（直辖市）生产总量的 74.39%，其后依次是山东省、河北省、上海市，天然气生产量分别为 7.84 亿 m^3、7.14 亿 m^3、5.07 亿 m^3，海南省、江苏省只有少量生产，分别为 2.03 亿 m^3、0.58 亿 m^3，北京市、浙江省、福建省天然气产量为零，见图 32.11。

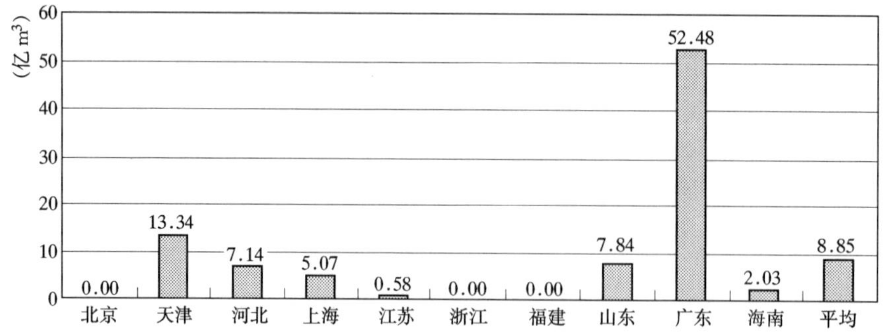

图 32.11　2007 年东部地区天然气产量

32.2.1.4　水力发电生产

东部地区各省（直辖市）水力发电量不足，且水力发电量的地区分布也很不均衡。2007 年，东部地区 10 省（直辖市）的水力发电量为 698.33 亿 kW·h，仅占全国水力发电量的 14.43%，并且东部地区的水力发电主要集中在广东省、福建省、浙江省，分别达到了 311.59 亿 kW·h、241.03 亿 kW·h、118.15 亿 kW·h，占到整个东部地区 10 省（直辖市）水力发电量的 96.05%，而其他各省市水力发电量则非常少，海南省为 13.09 亿 kW·h、河北省为 5.68 亿 kW·h、北京市为 4.93 亿 kW·h、江苏省为 2.95 亿 kW·h、山东省为 0.77 亿 kW·h、天津市为 0.14 亿 kW·h，上海市的水力发电量为零。2007 年东部地区水力发电量见图 32.12。

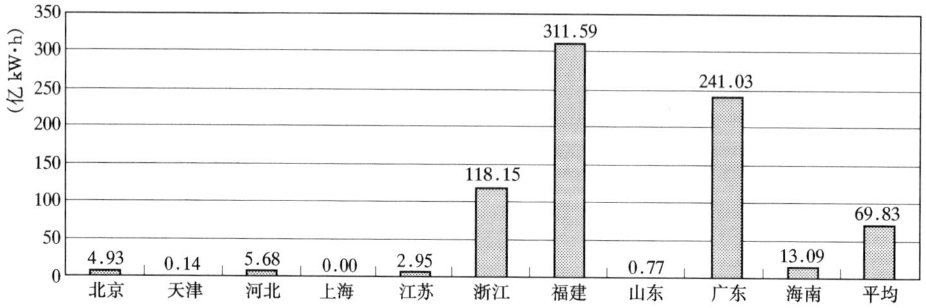

图 32.12　2007 年东部地区水力发电量

32.2.2　区域能源消费

32.2.2.1　能源消费总量

从能源消费总量来看，2007 年东部地区 10 省（直辖市）的能源消费量为 167625.76 万 t 标准煤，占全国能源消费总量的 40.21%，是我国能源消费的最重要的地区。其中，煤炭消费量占全国煤炭消费量的 36.21%，排名第一位；石油消费量占全国石油消费量的 53.5%，是我国石油资源的最大消费地区；天然气消费量占全国天然气消费量的 35.85%，是仅次于西部地区的第二大天然气消费地区；一次电力消费量占全国一次电力消费量的 23.87%，是排在西部地区和中部地区的第三大消费地区，见表 32.3。

表 32.3 我国 2007 年各地区能源消费总量及构成

地区	消费总量（万 t 标准煤）	煤炭（万 t 标准煤）	比例（%）	石油（万 t 标准煤）	比例（%）	天然气（万 t 标准煤）	比例（%）	一次电力（万 t 标准煤）	比例（%）
东部	167625.76	108578.49	64.77	54115.83	32.28	3408.93	2.03	1522.51	0.91
中部	104890.91	90652.43	86.43	11720.42	11.17	792.53	0.76	1725.53	1.65
西部	94303.03	69963.25	74.19	16740.89	17.75	4622.08	4.90	2976.81	3.16
东北	50062.25	30652.99	61.23	18570.14	37.09	684.29	1.37	154.83	0.31

资料来源：《2008 年能源统计年鉴》、《2008 年中国统计年鉴》等整理。

32.2.2.2 能源消费结构

2007 年东部地区 10 省（直辖市）能源总消费量达到 167625.76 万 t 标准煤，其中，煤炭占 64.77%，石油占 32.28%，天然气占 2.03%，一次电力占 0.91%。可见，煤炭依然是东部地区的最主要消费选择，但对煤炭的消费依赖度有所降低；石油消费比例相对较高，主要依赖从国外进口以及从其他地区调入；天然气和电力消费比例较低，但是消费增长很快，也主要是从其他地区调入为主。

从能源消费量的地区分布看，山东省消费量最大，为 41851.07 万 t 标准煤，占能源消费量的 24.97%；后面依次为：河北省能源消费量 29342.49 万 t 标准煤，占东部地区能源消费量的 17.5%；江苏省 23877.81 万 t 标准煤，占 14.24%；广东省 22570.97 万 t 标准煤，占 13.47%；浙江省 16557.33 万 t 标准煤，占 9.88%；上海市 11576.49 万 t 标准煤，占 6.91%；福建省 7292.20 万 t 标准煤，占 4.35%；北京市 6333.03 万 t 标准煤，占 3.78%；天津市 6034.82 万 t 标准煤，占 3.6%；海南省 2189.57 万 t 标准煤，占 1.31%；其中，能源消费量超过 4 亿 t 的有 1 个省，超过 2 亿 t 的有 3 个省，超过 1 亿 t 的有 2 个省；而且，山东省能源消费量是海南省的 19 倍之多。可见，东部地区能源消费大省多，各省（直辖市）间能源消费量的差距大，见表 32.4。

表 32.4 我国 2007 年东部地区能源消费总量及构成

地区	能源消费量		煤 炭		石 油		天然气		一次电力	
	总量（万 t 标准煤）	比例（%）	总量（万 t 标准煤）	比例（%）	总量（万 t 标准煤）	比例（%）	总量（万 t 标准煤）	比例（%）	总量（万 t 标准煤）	比例（%）
北京	6333.03	3.78	2514.05	39.70	3197.58	50.49	620.31	9.79	1.09	0.02
天津	6034.82	3.6	3516.30	58.27	2328.73	38.59	189.79	3.14	0.00	0.00
河北	29342.49	17.5	26035.56	88.73	3139.67	10.70	160.27	0.55	6.98	0.02
上海	11576.49	6.91	4648.68	40.16	6557.90	56.65	369.41	3.19	0.49	0.00
江苏	23877.81	14.24	16501.10	69.11	6652.68	27.86	592.91	2.48	131.12	0.55
浙江	16557.33	9.88	9695.61	58.56	6181.92	37.34	240.60	1.45	439.20	2.65
福建	7292.20	4.35	4777.89	65.52	2121.18	29.09	6.38	0.09	386.74	5.30
山东	41851.07	24.97	31046.12	74.18	10493.65	25.07	310.35	0.74	0.95	0.00
广东	22570.97	13.47	9526.59	42.21	11896.85	52.71	607.68	2.69	539.85	2.39
海南	2189.57	1.31	316.59	14.46	1545.67	70.59	311.22	14.21	16.09	0.73
合计	167625.76	100	108578.49	64.77	54115.83	32.28	3408.93	2.03	1522.51	0.91

32.2.2.3　能源利用效率

从能源利用效率看，单位GDP能耗小于1.0t标准煤/万元、单位GDP电耗小于1000t标准煤/万元的省（直辖市）有北京、上海、海南、天津；单位GDP能耗小于1.0t标准煤/万元、单位GDP电耗大于1000t标准煤/万元的省有广东、浙江、江苏、福建；单位GDP能耗大于1.0t标准煤/万元、单位GDP电耗大于1000t标准煤/万元的省有山东、河北。总的来说，能源利用效率而言，东部地区在全国还是处在领先水平的；但在东部地区可分成三个梯队，第一梯队能源利用效率高，包括北京、上海、海南、天津4省（直辖市）；第二梯队包括广东、浙江、江苏、福建四省，紧随第一梯队之后，能源利用效率较低一些；第三梯队仅包括山东、河北两省，能源利用效率更低。从单位工业增加值能耗看，海南省的工业能耗水平较高，单位工业增加值能耗达到2.609t标准煤/万元，但它能够晋升第一梯队，主要是由于其工业化率水平较低，对海南省地区生产总值的贡献影响较小所致，见表32.5。

表32.5　　2007年我国东部地区能源利用效率比较

地区	单位GDP能耗（t标准煤/万元）	单位工业增加值能耗（t标准煤/万元）	单位GDP电耗（t标准煤/万元）
北京	0.662	1.037	719.61
天津	0.947	1.053	910.42
河北	1.727	3.315	1492.81
上海	0.801	0.958	884.13
江苏	0.803	1.265	1149.44
浙江	0.782	1.182	1202.08
福建	0.843	1.18	1098.56
山东	1.1	1.698	1001.08
广东	0.715	0.869	1085.49
海南	0.875	2.609	979.24
平均	0.9255	1.5166	1052.286

32.2.3　东部地区省（直辖市）能源的调入调出

从总量上看，东部地区为能源调入大户，能源调入超过亿t标准煤的有4个省：山东省为13649.77万t标准煤；江苏省为13163.03万t标准煤；河北省为10786.86万t标准煤；浙江省为10105.83万t标准煤；能源调入量较少的有天津市和海南省，分别为803.95万t标准煤、338.89万t标准煤。

从结构上看，东部地区各省均为原煤调入省。原煤调入量超过亿t标准煤的包括山东、江苏、河北3省，分别为14178.86万t标准煤、11371.22万t标准煤、10050.07万t标准煤，浙江省也接近1亿t标准煤，为9091.54万t标准煤；最少的是海南省，为232.15万t标准煤。

东部地区各省除天津市和山东省外，多数属于原油调入省。其中，天津市和山东省原油调出量分别为1813.02万t标准煤和728.59万t标准煤。原油调入量超过500万t标准煤的有江苏省、北京市、浙江省、广东省，分别为1050.91万t标准煤、901.12万t标准煤、639.84万t标准煤、516.75万t标准煤，福建原油调入量也接近500万t标准煤，达到495.88万t标准煤。

东部地区各省除广东省外，多数属于天然气调入省。广东省天然气调出量531.73万t标准煤；天然气调入量超过300万t标准煤的有北京市、江苏省、上海市，分别为859.71万t标准煤、585.20万t标准煤、301.91万t标准煤，而天津市、福建省天然气调入量非常少，分别为13.30万t标准煤、6.38万t标准煤，海南省既没有天然气调入也没有调出。

东部地区各省除福建省有少量电力调出外，多数属于电力调入省。福建省电力调出量为47.87万t标准煤；电力调入量超过400万t标准煤的有广东省、北京市、河北省、上海市，分别为959.04万t标准煤、551.29万t标准煤、460.83万t标准煤、406.22万t标准煤，其他各省电力调入量均在150万t标准煤左右，见表32.6。

表32.6　　2007年我国东部地区一次能源净调入（出）量　　单位：万t标准煤

省（直辖市）	总　量	原　煤	原　油	天然气	电　力
北京	3701.26	1389.14	901.12	859.71	551.29
天津	803.95	2471.48	-1813.02	13.30	132.19
河北	10786.86	10050.07	210.66	65.30	460.83
上海	3834.97	2892.71	234.12	301.91	406.22
江苏	13163.03	11371.22	1050.91	585.20	155.70
浙江	10105.83	9091.54	639.84	240.60	133.85
福建	3087.78	2633.39	495.88	6.38	-47.87
山东	13649.77	14178.86	-728.59	199.50	0.00
广东	2011.11	1067.05	516.75	-531.73	959.04
海南	338.89	232.15	106.74	0.00	0.00
合计	61483.44	55377.60	1614.42	1740.17	2751.25

32.3　东部地区区域环境特征

32.3.1　区域环境污染现状

32.3.1.1　水污染

近年来，东部地区工业废水排放量，基本上呈现逐年减缓的趋势，降幅很小，但省际之间排放量差异悬殊。2007年，北京、天津、河北、上海、江苏、浙江、福建、山东、广东、海南各省（直辖市）工业废水排放量分别为9134万t、21444万t、123537万t、47570万t、268762万t、201211万t、136408万t、166574万t、246331万t、5960万t。其中，排放量最高的江苏省是最低的海南省的45倍之多。以2005年为基期，到2007年东部地区省均工业废水排放量减少了0.88%。但是，也有少数年份和少数省（直辖市）在工业废水的减排问题上出现反复现象。如除上海市、河北省外，其他省份2005年的工业废水排放量出现小幅回升；2006年仅有河北、浙江、山东、广东四省的工业废水排放量有所回升；2007年广东、浙江两省的工业废水排放量略有回升。可见，随着东部各省经济的快速发展，能源消费的大幅增长，东部地区环境问题不容忽视，特别是像广东省、浙江省等工业发达地区要警惕工业废水排放量的反弹。以服务经济为主导的北京市和第一产业比重较大的海南省在工业废水减排方面有较大的发展余地。2004～2007年东部地区工业废水排放量见图 32.13。

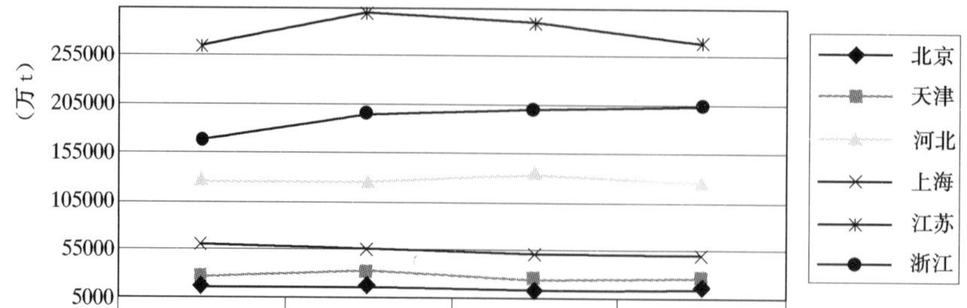

省(直辖市)	2004 年	2005 年	2006 年	2007 年
北京	12617	12813	10170	9134
天津	22628	30081	22978	21444
河北	127386	124533	130340	123537
上海	56359	51097	48336	47570
江苏	263538	296318	287181	268762
浙江	165274	192426	199593	201211

图 32.13　2004 ~ 2007 年东部地区工业废水排放量

32.3.1.2　化学需氧量排放

从化学需氧量排放来看，其排放量基本上也是呈现逐年减缓的趋势，且降幅很小，但省际之间排放量差异很大。2007 年，北京、天津、河北、上海、江苏、浙江、福建、山东、广东、海南各省（直辖市）化学需氧量排放量分别为 10.6 万 t、13.7 万 t、66.7 万 t、29.4 万 t、89.1 万 t、56.4 万 t、38.3 万 t、72.0 万 t、101.7 万 t、10.1 万 t。相比较 2005 年，省均化学需氧量排放量减少了 4.35%，而且，化学需氧量排放量最高的广东省是最低的海南省的 10 倍。但是，有少数年份和少数省份的化学需氧量排放量略有上升。除北京市、山东省外，其他省份 2005 年的化学需氧量排放都出现小幅回升；2006 年仅有河北、福建、海南 3 省的化学需氧量排放也略有回升；2007 年仅有海南省的工业废水排放量也出现微量回升。海南省在废水中化学需氧量的处理方面应有较大的发展余地。2004 ~ 2007 年东部地区废水中化学需氧量排放量见图 32.14。

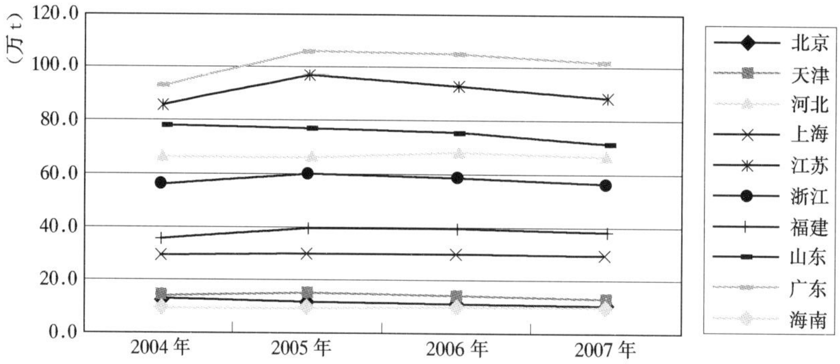

图 32.14　2004 ~ 2007 年东部地区废水中化学需氧量排放量

32.3.1.3　大气污染

2005 年以来，东部地区废气排放量呈逐年缓慢上升趋势，到 2007 年东部地区排放量累计增加 38.62%。而且，东部地区废气排放总量表现较大差异，2007 年北京、天津、河北、上海、江苏、浙江、福建、山东、广东、海南各省（直辖市）废气排放量分别为 5146 亿标 m^3、5506 亿

标 m^3、48036 亿标 m^3、9591 亿标 m^3、23585 亿标 m^3、17467 亿标 m^3、9153 亿标 m^3、31341 亿标 m^3、16939 亿标 m^3、1115 亿标 m^3。其中，河北省工业废气排放量最高，海南省最低，两者相差 43 倍多。2004 ~ 2007 年东部地区废气排放量，见图 32.15。

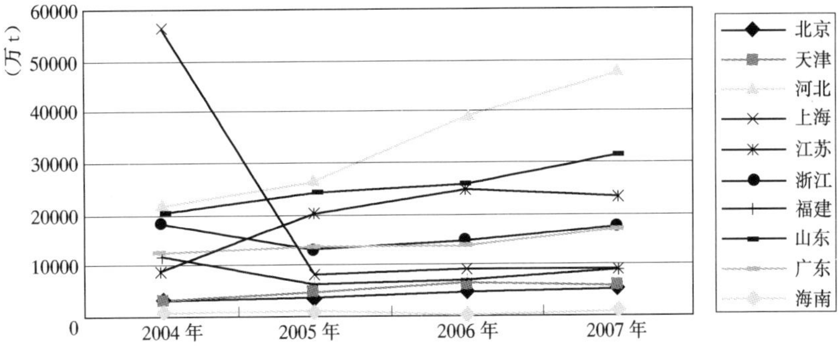

图 32.15　2004 ~ 2007 年东部地区废气排放量

32.3.1.4　二氧化硫排放

2005 年以来工业二氧化硫排放量呈现逐年减缓的趋势，且降幅很小。2007 年，北京、天津、河北、上海、江苏、浙江、福建、山东、广东、海南各省（直辖市）工业二氧化硫排放量分别为 8.3 万 t、22.5 万 t、129.4 万 t、36.4 万 t、116.1 万 t、77.5 万 t、42.7 万 t、158.3 万 t、117.6 万 t、2.5 万 t。相比较 2005 年，省均工业二氧化硫排放量减少了 6.36%，但是，2006 年河北省的排放量略有回升。另外，东部地区省际之间工业二氧化硫排放量差异很大，排放量最高的广东省跟排放量最低的海南省相差 63 倍多。2004 ~ 2007 年东部地区工业二氧化硫排放量，见图 32.16。

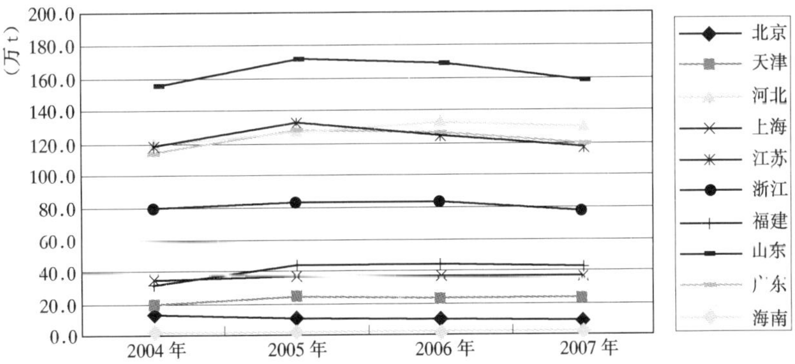

图 32.16　2004 ~ 2007 年东部地区工业二氧化硫排放量

32.3.1.5　固体废物污染

2004 年以来，东部地区的工业固体废物排放量总体呈现逐年上升的趋势，各省（直辖市）工业固体废物排放的增幅也存在一定差异。到 2007 年，东部地区工业固体废物排放总量增加了 32.74%。同时，各省（直辖市）的工业固体废物排放规模差异很大。2007 年，北京、天津、河北、上海、江苏、浙江、福建、山东、广东、海南各省（直辖市）工业固体废物排放量分别为 1275 万 t、1399 万 t、18688 万 t、2165 万 t、7354 万 t、7354 万 t、4815 万 t、11935 万 t、3852 万 t、158 万 t，排放量最多的河北省跟排放量最少的海南省相差 128.3 倍。2004 ~ 2007 年东部地区工业固体废物产生量，见图32.17。

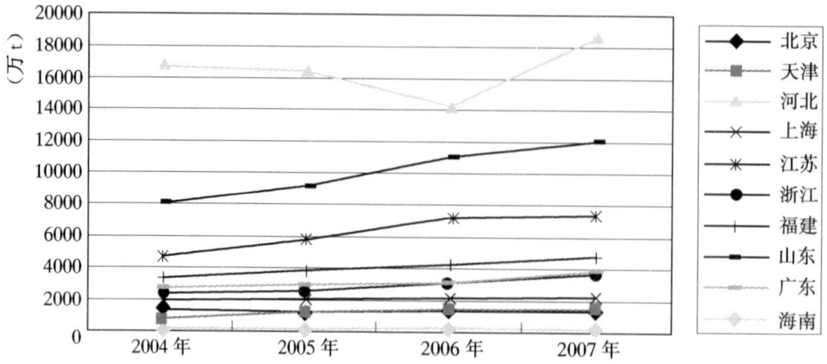

图32.17 2004~2007年东部地区工业固体废弃物产生量

32.3.2 污染次数和直接经济损失

2004年以来，从环境污染与破坏事故次数来看，总体呈现逐年快速下降趋势，但不同省（直辖市）之间的环境污染与破坏事故次数差异很大。2007年东部地区共发生环境污染与破坏事故次数172次，仅为2004年的59.31%，共造成直接经济损失3209.37万元。其中，水污染占50.58%，大气污染占23.84%，固体废物污染占2.33%，其他占23.26%，环境污染共造成直接经济损失3209.37万元。可见，水体污染事件比较多。2007年北京、河北、上海、江苏、浙江、福建、山东、广东、海南各省（直辖市）的环境污染与破坏事故次数分别是1次、9次、36次、18次、59次、12次、14次、20次、3次。其中，天津市没有环境污染与破坏事故记录，而环境污染与破坏事故次数最高的浙江省，高达59次。2004~2007年东部地区环境污染与破坏事故次数，见图32.18。

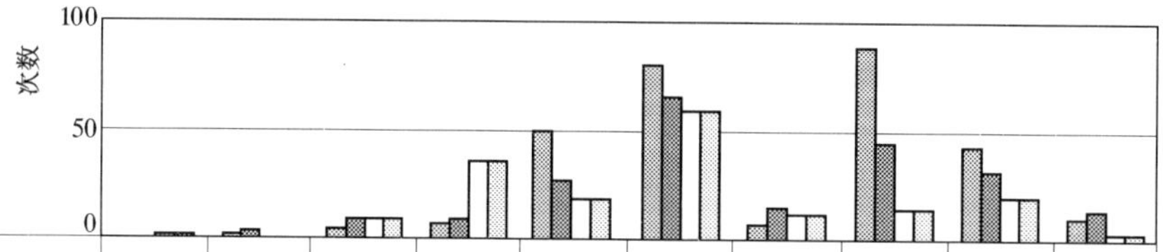

年份	北京	天津	河北	上海	江苏	浙江	福建	山东	广东	海南
2004		1	5	7	50	80	7	88	42	10
2005		3	9	9	27	65	15	44	31	14
2006	1		9	36	18	59	12	14	20	3
2007	1		9	36	18	59	12	14	20	3

图32.18 2004~2007年东部地区环境污染与破坏事故次数

32.3.3 区域环境保护

近年来，东部地区各省（直辖市）社会经济发展取得了有目共睹的进步，同时节能减排工作卓有成效，也相应促进了环境保护。主要污染物排放量的逐年降低，环境污染整体恶化的趋势得到基本遏制，部分地区生态环境质量状况得到一定的改善。根据2008年全国环境质量公报监测结果，地表水水质优的7个省份中，东部地区的有福建；从化学需氧量排放达标情况看，9个化学需氧量排放达标率超过90%的省份中，东部地区的包括天津、上海、北京、福建、广东、江苏等6省（直辖市）；从二氧化硫排放达标情况，在10个二氧化硫排放达标率超过90%的省份中，东部地区有天津、江苏、浙江、广东、海南等5省（直辖市）；在8个环保重点城市空气质量优良天数比例超过95%的省份中，属于东部地区的有山东、河北等2省。2004～2007年东部地区工业污染治理完成投资，见图32.19。

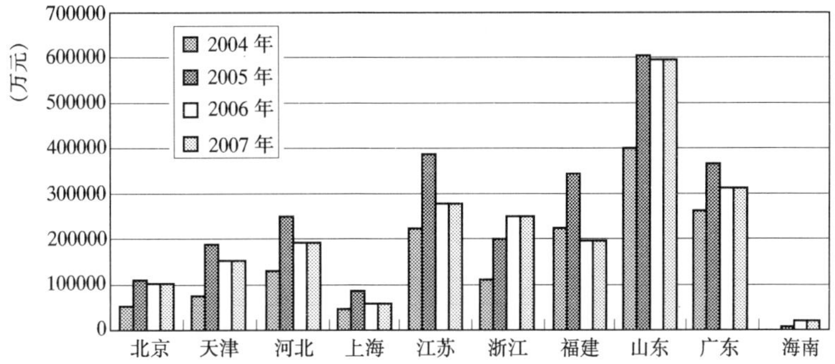

图32.19　2004～2007年东部地区工业污染治理完成投资情况

32.4 东部地区节能减排

32.4.1 各省（直辖市）节能减排现状

32.4.1.1 能源节约取得较大进展

从节能目标的累计完成进度来看，到2008年东部地区各省中完成节能目标60%以上的有北京、天津、江苏、浙江、福建、山东、广东等7省（直辖市），分别为86.20%、74.02%、64.62%、62.84%、62.11%、61.96%、61.89%，接近完成60%的有河北省、上海市，分别为57.99%、57.65%，只有海南省仅完成了36.94%，见表32.7。

表32.7　　东部地区节能减排和环境保护目标及其累计完成情况分析

省（直辖市）	单位GDP能耗（%）			化学需氧量排放（%）			二氧化硫排放（%）		
	2008年比2005年	“十一五”规划末目标值	2008年完成进度	2008年比2005年	“十一五”规划末目标值	2008年完成进度	2008年比2005年	“十一五”规划末目标值	2008年完成进度
北京	-17.24	-20.00	86.20	-12.67	-14.7	86.2	-35.50	-20.4	174.01
天津	-14.80	-20.00	74.02	-8.84	-9.6	92.0	-9.40	-9.4	99.96
河北	-11.60	-20.00	57.99	-8.50	-15.1	56.3	-10.09	-15.0	67.29
上海	-11.53	-20.00	57.65	-12.27	-14.8	82.9	-13.04	-25.9	50.35
江苏	-12.92	-20.00	64.62	-11.85	-15.1	78.5	-17.68	-18.0	98.20
浙江	-12.57	-20.00	62.84	-9.48	-15.1	62.8	-13.88	-15.0	92.56
福建	-9.94	-16.00	62.11	-4.01	-4.8	83.5	-6.96	-8.0	87.04
山东	-13.63	-22.00	61.96	-11.87	-14.9	79.7	-15.53	-20.0	77.63
广东	-9.90	-16.00	61.89	-8.92	-15.0	59.5	-12.22	-15.0	81.45
海南	-4.43	-12.00	36.94	6.00	0.0		-1.36	0.0	

从能源利用效率看，东部地区在全国还是处在领先水平的；但在东部地区 10 省（直辖市）内可分成三个梯队，第一梯队能源利用效率高，包括北京、上海、海南、天津 4 省（直辖市）；第二梯队包括广东、浙江、江苏、福建 4 省，紧随第一梯队之后，能源利用效率较低一些；第三梯队仅包括山东、河北 2 省，能源利用效率更低，见表 32.8。

表 32.8　　2008 年东部地区各省（直辖市）的主要节能指标完成情况

省（直辖市）	单位 GDP 能耗（t 标准煤/万元）	单位工业增加值能耗（t 标准煤/万元）	单位 GDP 电耗（亿 kW·h/万元）
北　京	0.662	1.037	719.61
天　津	0.947	1.053	910.42
河　北	1.727	3.315	1492.81
上　海	0.801	0.958	884.13
江　苏	0.803	1.265	1149.44
浙　江	0.782	1.182	1202.08
福　建	0.843	1.18	1098.56
山　东	1.1	1.698	1001.08
广　东	0.715	0.869	1085.49
海　南	0.875	2.609	979.24

32.4.1.2　水环境质量的改善

近年来，东部地区工业废水排放量，基本上呈现逐年减缓的趋势。以 2005 年为基期，到 2007 年东部地区省均工业废水排放量减少了 0.88%。从化学需氧量排放来看，东部地区的排放量基本上也是呈现逐年减缓的趋势，但有少数年份和少数省份的化学需氧量排放量略有上升。2006 年仅有河北、福建、海南 3 省的化学需氧量排放也略有回升，其他各省的化学需氧量排放都在削减；到 2007 年，仅有海南省的化学需氧量排放出现微量回升，其余 9 省（直辖市）都削减了其排放的化学需氧量。

从化学需氧量减排目标的累计完成进度来看，到 2008 年东部地区中完成化学需氧量减排目标 60% 以上的有天津、北京、福建、上海、山东、江苏、浙江等 7 省（直辖市），分别为 92%、86.2%、83.5%、82.9%、79.7%、78.5%、62.8%，接近完成 60% 的有广东省、河北省，分别为 59.5% 和 56.3%。

32.4.1.3　大气污染形势依然严峻

从大气污染的情况看，2005 年以来，东部地区废气排放量呈逐年缓慢上升趋势，到 2007 年东部地区排放量累计增加 38.62%。而工业二氧化硫排放量呈现逐年减缓的趋势，相比较 2005 年，2007 年东部地区二氧化硫排放量减少了 6.36%。但 2006 年河北省的排放量略有回升。说明东部地区废气污染排放强度还相当高，环境污染正在由工业逐步转向非工业扩散。

从二氧化硫减排目标的累计完成进度来看，到 2008 年东部地区完成二氧化硫减排目标 60% 以上的有北京、天津、江苏、浙江、福建、广东、山东、河北等 8 省（直辖市），分别为 174.01%、99.96%、98.2%、92.56%、87.04%、81.45%、77.63% 和 67.29%，未完成 60% 的有上海市，为 50.35%。

总之，至 2008 年，二氧化硫和化学需氧量排放量扭转了上升的趋势，首次出现“双下降”，节能减排工作正稳步推进，显示东部地区在建设资源节约型、环境友好型社会方面迈出了坚实的步伐，见表32.9。

表32.9 2008年东部地区的化学需氧量与二氧化硫排放量

省（直辖市）	化学需氧量（万t）	二氧化硫（万t）	省（直辖市）	化学需氧量（万t）	二氧化硫（万t）
北京	10.13	12.32	浙江	53.86	74.06
天津	13.31	24.01	福建	37.82	42.89
河北	60.48	134.5	山东	67.86	169.2
上海	26.67	44.61	广东	96.36	113.59
江苏	85.15	113.03	海南	10.07	2.17

32.4.2 节能减排任务与节能减排发展潜力

32.4.2.1 东部地区发展目标和节能减排任务

1. 发展目标

重点加强传统工业和现有企业的技术改造，大力开拓新兴产业，发展知识技术密集型产业和高档消费品工业，使产品向高、精、尖、新方向发展。加快经济特区、沿海开放城市和经济开放区的建设，使这一地带逐步成为我国对外贸易的基地，培养和向全国输送高级技术和管理人才的基地，向全国传送新技术、提供咨询和信息的基地❶。

2. 节能减排的主要任务

节能降耗、减排治污作为发展的约束性指标，到“十一五”规划期末，总体上实现万元GDP能耗比“十五”末降低20%，二氧化硫排放量降低10%，COD排放量降低10%。具体落实到东部地区（见表32.10），其任务是根据《“十一五”期间各地区单位生产总值能源消耗降低指标计划》、《“十一五”期间全国主要污染物排放总量控制计划》，将确定的单位生产总值能源消耗降低指标、主要污染物总量控制指标等纳入各省地区经济社会发展“十一五”规划和年度计划（见表32.10），分解落实到各市（地）、县及有关行业和重点企业，并制订具体实施方案，明确责任主体，层层抓好落实，严格执行，确保总量控制目标的实现，见表32.10。

表32.10 东部地区“十一五”规划期间单位生产总值能源消耗降低指标、化学需氧量和二氧化硫排放总量控制计划及完成情况表

省（直辖市）	单位GDP能耗			化学需氧量排放			二氧化硫排放		
	2005年基数（t标准煤/万元）	2008年比2005年（±%）	“十一五”规划期末目标值（%）	2005年排放量（万t）	2008年比2005年（±%）	“十一五”规划期末目标值（%）	2005年排放量（万t）	2008年比2005年（±%）	“十一五”规划期末目标值（%）
北京	0.8	-17.24	-20.00	11.6	-12.67	-14.7	19.1	-35.50	-20.4
天津	1.11	-14.80	-20.00	14.6	-8.84	-9.6	26.5	-9.40	-9.4
河北	1.96	-11.60	-20.00	66.1	-8.50	-15.1	149.6	-10.09	-15.0
上海	0.88	-11.53	-20.00	30.4	-12.27	-14.8	51.3	-13.04	-25.9
江苏	0.92	-12.92	-20.00	96.6	-11.85	-15.1	137.3	-17.68	-18.0
浙江	0.9	-12.57	-20.00	59.5	-9.48	-15.1	86	-13.88	-15.0

❶《中国能源发展报告》编委会. 中国能源发展报告——区域篇. 北京：中国统计出版社，2006（2）：43-44。

续表

省（直辖市）	单位 GDP 能耗			化学需氧量排放			二氧化硫排放		
	2005 年基数（t 标准煤/万元）	2008 年比 2005 年（±）（%）	“十一五”规划期末目标值（%）	2005 年排放量（万 t）	2008 年比 2005 年（±）（%）	“十一五”规划期末目标值（%）	2005 年排放量（万 t）	2008 年比 2005 年（±）（%）	“十一五”规划期末目标值（%）
福建	0.94	-9.94	-16.00	39.4	-4.01	-4.8	46.1	-6.96	-8.0
山东	1.28	-13.63	-22.00	77	-11.87	-14.9	200.3	-15.53	-20.0
广东	0.79	-9.90	-16.00	105.8	-8.92	-15.0	129.4	-12.22	-15.0
海南	0.92	-4.43	-12.00	9.5	6.00	0.0	2.2	-1.36	0.0

资料来源❶：《国务院关于“十一五”期间各地区单位生产总值能源消耗降低指标计划的批复》。《国务院关于“十一五”期间全国主要污染物排放总量控制计划的批复》整理。

32.4.2.2 东部地区节能减排的发展潜力

1. 节能减排的潜力在于优化经济结构

目前，从三产业结构看，除北京市、上海市表现为“三二一”结构形态，三产比重较高外，其他多数省份正处于产业结构由“二三一”向“三二一”过渡的时期，第三产业具有很大的发展空间和潜力。其中，天津、山东、江苏、河北、浙江、广东、福建等 7 省（直辖市）的三产业结构呈现出“二三一”结构态势，二产比例都高达 50% 以上，经济增长过于依赖第二产业，低能耗的第三产业发展相当滞后、比重偏低。按照有关部门的测算，如果我国第三产业增加值的比重提高一个百分点，第二产业中工业增加值比重相应地降低 1 个百分点，万元 GDP 能耗可相应降低约 1 个百分点❷。可见，改善产业结构，大力发展第三产业，提高现代服务业在地区生产总值中的比例，是节能减排的有效途径。

2. 节能减排的潜力在于加快技术进步

今后，我国节能减排主要依靠工业，而工业节能减排主要依靠技术进步❸。按照目前的工业结构，如果高技术产业增加值比重提高 1 个百分点，而冶金、建材、化工等高耗能行业比重相应地下降 1 个百分点，万元 GDP 能耗可相应降低 1.3 个百分点❹。为此，东部地区各省要挖掘节能减排的潜力就必须加快技术进步步伐。一是要鼓励发展高新技术产业，优先发展对经济增长有重大带动作用、低能耗的信息产业，不断提高高新技术在东部地区经济发展中的比重；二是充分利用东部地区在我国改革开放过程中形成的发展优势，重点发展对国内消费拉动作用显著、出口创汇额较大、产业关联度较高、环境影响相对突出、具备较强发展潜力的行业及企业；三是加强工业节能技术推广，高度重视现有建筑的节能改造工作并加大绿色照明工程推广力度，在家电等行业加大节能产品生产；四是改进城市规划和交通体系，优先发展快速公共交通，建立智能交通系统；鼓励开发、购买和使用替代燃料车，对大排量汽车实行严格的环保限制。

3. 节能减排的潜力在于提高管理水平

当前，无论在生产领域和流通领域，还是在消费领域，节能减排管理都是薄弱环节，浪费能

---

❶ 国务院关于“十一五”规划期间全国主要污染物排放总量控制计划的批复：http：//www.51fashion.com.cn/BusinessNews/2006-9-30/125935.html

❷、❹ 国务院决定分解降能耗指标考核各地政府节能。http：//www.rbc.cn/main/xw/gdxw/200608/t20060821_180113.htm

❸ 工业节能减排的最主要途径是技术进步，http：//info.ep.hc360.com/2008/11/27091956626.shtml

源、跑冒滴漏现象仍很普遍。建立起“目标明确、责任落实、奖惩分明、一级抓一级、一级考核一级”的节能减排管理制度，强化管理，落实责任，严格督查，把挖掘节能减排潜力作为提高管理水平的重要抓手。一要加快制定切合本地区实际的节能减排工作实施方案，进一步明确产业导向和节能总体思路；二要落实节能减排工作责任制，细化分解节能减排各项指标、任务，把节能减排工作纳入经济社会发展和年度考核体系，实行奖优罚劣；三要加大节能减排工作的政策扶持，加大节能环保投入，发展环保产业，重点加强水、大气、土壤等污染防治，改善城乡人居环境；四要加强环保执法，强调环保优先，强化舆论监督，营造节能减排的浓厚氛围。同时要健全节能减排的组织、管理和监督体系，形成推进节能减排工作的长效机制，促进东部地区各省经济社会又好又快发展。

4. 节能减排的潜力在于倡导全民参与

节能减排是事关全社会的大事，必须进一步增强公众的能源忧患意识、能源节约意识和环保意识，必须动员全社会参与，大力倡导健康文明的节约文化，形成“节约光荣、浪费可耻”的社会氛围。如果每个人都要养成在家随手关灯的好习惯，每户每年可节约电约 4.9kW·h，相应减排二氧化碳 6.4kg；如果轿车车主每月少开 1 天车，每车每年可节油约 22L，相应减排二氧化碳 98kg。上海市算过一笔账，如果夏天把空调温度调高 1℃，全市 480 万户家庭每天可减少 24 万 kW 左右的用电负荷；如果每天将白天不用的电器插头全部拔掉，全市可再减少 7.5 万 kW 左右的用电负荷。

32.4.3　区域节能减排投资机会

32.4.3.1　区域节能能力与投资机会

近年来，由于节能政策措施得力，各方重视，东部地区节约能源的势头良好。根据《“十一五”期间各地区单位生产总值能源消耗降低指标计划》和《2008 年各省、自治区、直辖市单位 GDP 能耗等指标公报》，从 2008 年至“十一五”规划末期，东部地区各省（直辖市）总的节能能力达到 13433.451 万 t 标准煤，占全国节能总量的 36.07%，如果按每形成 1t 标准煤节能能力的投资需求为 1500 元测算[1]，东部地区节能投资需求高达 20150176.5 万元，见表 32.11。

从各省节能能力测算情况看，从 2008 年至“十一五”规划末期，节能能力达到 1000 万 t 标准煤左右的有山东、河北、江苏、广东、浙江、上海等 6 省（直辖市），分别为 3309.55 万 t 标准煤、2652.32 万 t 标准煤、1910.5 万 t 标准煤、1768.51 万 t 标准煤、1437.22 万 t 标准煤、1044.21 万 t 标准煤，形成节能投资需求分别为 4964327 万元、3978486 万元、2865780 万元、2652765 万元、2155826 万元、1566315 万元。福建、天津、北京、海南等 4 省（直辖市）节约能力分别为 615.131 万

表 32.11　2008～2010 年东部地区节能能力及节能投资机会

地区	节能能力（万 t）	节能投资需求（万元）
东部	-13433.451	-20150176.5
中部	-8424.105	-12636157.5
西部	-10405.001	-15607501.5
东北	-4976.828	-7465242
合计	-37239.385	-55859077.5

[1] 国家发展和改革委员会能源研究所，《节能及可再生能源发展基金研究》：按每形成一吨标准煤节能能力的投资需求为 1500 元测算。

t 标准煤、363.191 万 t 标准煤、231.575 万 t 标准煤、101.221 万 t 标准煤，形成节能投资需求分别为 922697 万元、544786 万元、347363 万元、151831 万元，见表 32.12。

表 32.12　　　2008～2010 年东部地区节能能力及节能投资机会

省（直辖市）	2005 年基数（t 标准煤/万元）	2010 年目标（t 标准煤/万元）	2008 年已完成进度（%）	2008～2010 年节能能力❶（万 t）	节能投资需求（万元）
北京	0.8	0.64	86.2	-231.575	-347363
天津	1.11	0.89	74.02	-363.191	-544786
河北	1.96	1.57	57.99	-2652.32	-3978486
上海	0.88	0.7	57.65	-1044.21	-1566315
江苏	0.92	0.74	64.62	-1910.52	-2865780
浙江	0.9	0.72	62.84	-1437.22	-2155826
福建	0.94	0.79	62.11	-615.131	-922697
山东	1.28	1	61.96	-3309.55	-4964327
广东	0.79	0.66	61.89	-1768.51	-2652765
海南	0.92	0.81	36.94	-101.221	-151831

32.4.3.2　区域二氧化硫削减能力与投资机会

近年来随着环境保护力度不断加大，东部地区生态环境质量状况得到一定的改善。从二氧化硫削减情况看，根据《“十一五”期间全国主要污染物排放总量控制计划》中的二氧化硫削减量控制目标的要求，东部地区 2008～2010 年削减 25.58 万 t 二氧化硫，占全国二氧化硫削减量的 35.3%，根据每削减 1t 二氧化硫折算成 2.4987 万元❷的治理投资额计算，至 2010 年东部地区二氧化硫削减的治理投资额度为 634543 万元，超过 60 亿元以上的相关投资机会，见表 32.13。

表 32.13　　　2008～2010 年东部地区化学需氧量、二氧化硫削减能力及投资机会

地区	2008～2010 年化学需氧量削减能力（万 t）	治理投资额（万元）	2008～2010 年二氧化硫削减能力（万 t）	综合治理资额（万元）
东部	-21.71	-972930	-25.58	-634543
中部	-14.03	-628752	-9.35	-231938
西部	-13.7	-613963	-27.58	-684155
东北	-5.64	-252756	-9.95	-246822
合计	-55.08	-2468400	-72.46	-1797457

从各省减排情况看，二氧化硫削减达到 3 万 t 以上的有山东、河北、上海、广东等 4 省（直辖市），分别为 9 万 t、7.4 万 t、6.61 万 t、3.59 万 t，其二氧化硫削减的治理投资额度分别为 223256 万元、183566 万元、163969 万元、89054.3 万元。北京、浙江、福建、江苏、海南、天津等 6 省（直辖市）二氧化硫削减量分别为 2.88 万 t、0.96 万 t、0.49 万 t、0.43 万 t、0.03 万 t、0.01 万 t，其二氧化硫削减的治理投资额度分别为 71441.86 万元、23814 万元、12155 万元、

❶ 2008～2010 年节能能力的测算：④＝（②－①）×（①－③%）×2008 年各省 GDP。

❷ 二氧化硫减排两成　酸雨污染有所减轻——国务院批复《两控区酸雨和二氧化硫污染防治“十五”计划》：该“计划”同时提出，将投资 967 亿元，建设二氧化硫综合治理项目 550 项，以形成二氧化硫削减能力 387 万 t/a。（中国水网 http：//news.h2o－china.com/society/wastewater/132761036978620_1.shtml）

10666.7万元、744.19万元和248.06万元。

32.4.3.3　区域化学需氧量削减能力与投资机会

从化学需氧量削减情况看，根据《“十一五”期间全国主要污染物排放总量控制计划》中的化学需氧量削减量控制目标的要求，东部地区2008年比2010年削减化学需氧量21.71万t，占全国化学需氧量削减量的39.42%，根据每削减化学需氧量1t折算治理投资4.4815万元[1]计算，至2010年东部地区化学需氧量削减的治理投资额度为972930万元，可带动相关产业近百亿元的投资机会，见表32.14。

表32.14　2008～2010年东部地区化学需氧量、减排量二氧化硫的削减能力及治理投资额

省（直辖市）	2008～2010年化学需氧量减排量（万t）	治理投资额（万元）	2008～2010年二氧化硫减排量（万t）	治理资额（万元）
北京	-0.23	-10307.4	2.88	71441.86
天津	-0.11	-4929.63	-0.01	-248.06
河北	-4.38	-196289	-7.4	-183566
上海	-0.77	-34507.4	-6.61	-163969
江苏	-3.15	-141167	-0.43	-10666.7
浙江	-3.36	-150578	-0.96	-23814
福建	-0.32	-14340.7	-0.49	-12155
山东	-2.36	-105763	-9	-223256
广东	-6.46	-289504	-3.59	-89054.3
海南	-0.57	-25544.4	0.03	744.19
合计	-21.71	-972930	-25.58	-634543

从东部地区减排情况看，化学需氧量削减量达到3万t以上的有广东、河北、浙江、江苏等4省（直辖市），分别为6.46万t、4.38万t、3.36万t、3.15万t，化学需氧量削减的治理投资额度分别为289504万元、196289万元、150578万元、141167万元；山东、上海、海南、福建、北京、天津等6省（直辖市）化学需氧量削减量分别为2.36万t、0.77万t、0.57万t、0.32万t、0.23万t、0.11万t，化学需氧量削减的治理投资额度分别为105763万元、34507.4万元、25544.4万元、14340.7万元、10307.4万元和4929.63万元。

32.4.4　区域节能减排政策措施

32.4.4.1　继续实施产业和产品结构调整，促进区域节能减排

加强产业结构调整，继续提高第三产业的比重，充分发挥第三产业具有的资源消耗低、环境污染少、吸纳劳动力就业能力强的特点，把第三产业作为东部地区经济发展的重要增长点，切实实现第三产业的又快又好地发展。为此，在今后较长时期，应根据东部地区各省份的具体发展实际，在继续搞好商贸流通、交通运输、餐饮娱乐等传统服务业发展的同时，着力发展旅游、物流、会展、金融保险、房地产、中介服务、信息服务、文化教育等现代服务业，在做大第三产业经济总量、提升第三产业结构层次方面争取较大突破。

[1] 测算依据：2007年，全省完成化学需氧量治理投资8.47亿元，治理项目11个，削减化学需氧量1.89万t。（国家环保总局节能减排核查组称赞我省污染减排工作。宁夏环保局 http：//www.lxzhb.gov.cn/hjssxw）

进一步加大工业产业结构调整力度。大力发展高端制造业，提升制造业层次，促进加工工业产业链向精深加工环节延伸，努力提升产业发展的层次；以电子信息、生物工程和新材料等领域为重点，加快高新技术产业发展；大力发展"双高双低"产品，大胆淘汰落后的工业生产能力，淘汰和禁止高耗能产业和产品的发展，实现东部地区工业体系向更高端转变。

32.4.4.2 加快科技进步和技术创新，提升节能减排效能

（1）积极利用先进适用技术和高新技术改造提升传统工业，同时，继续实施强制淘汰制度，对技术落后、浪费资源、污染环境的生产工艺、技术、设备、企业实行强制淘汰。轻工、纺织、化工、冶金、建材、机械等传统工业是东部一些地区的经济加快发展的重要基础，也是消耗资源的重点行业，应切实加快节能降耗技术和以信息技术为代表的高新技术在传统工业领域的推广、应用，提高这些传统工业的技术和装备水平，降低资源消耗、提高产品的质量和档次，进一步增强东部地区传统工业的竞争优势。

（2）努力提高技术创新能力，积极采取措施，促进企业加强技术创新队伍建设、加大技术创新投入，使企业尽快成为技术创新和技术成果转化的主体。同时，对于各地经济发展急需的一些产业共性技术和关键技术，政府应加大资金投入，组织、协调有关科研机构和企业联合攻关，为企业技术创新提供强有力的支撑。

32.4.4.3 大力发展循环经济

发展循环经济，促进资源的循环式使用、产业的循环式组合，是转变经济增长方式的重要举措。按照"减量化、再利用、资源化"的循环经济原则，以提高资源有效利用率、降低污染物排放强度为目标，在煤炭、建材、轻工、化工、冶金等工业行业广泛开展清洁生产和资源循环利用、综合利用，发展循环经济型企业、建设循环经济型园区和生态工业园区，促进工业经济与资源环境保护的协调发展；大力发展环保产业，组建环境与发展促进会，广泛动员和组织全社会力量，建立发展基金，加大政府扶持力度，对环保产业发展创造良好政策环境，使之成为新的经济增长点。

32.4.4.4 建立政策导向和激励机制，利用经济杠杆促进节能减排

充分发挥财政税收政策、信贷政策等经济杠杆的导向和激励作用，通过完善相关政策，提高企业开展技术创新、节能降耗、环境保护的积极性。通过落实加速折旧、研发投入税前扣除等财税优惠政策，激励企业加大研发投入，加快技术创新步伐；通过制定和完善鼓励生产和使用节能减排型产品、节能节地型建筑的财政税收政策引导企业生产和开发这类产品；通过完善资源综合利用税收优惠政策，鼓励企业开展资源循环利用、综合利用，从而促进节能减排。

比如2006年5月31日，北京市发展和改革委员会等9部门下发《关于印发关于发展热泵系统的指导意见的通知》，鼓励优先发展再生水源热泵，积极发展地源热泵，适度发展地下（表）水源热泵，逐步提高热泵系统在城市供暖中所占的比例。政府投资的学校、医院、园林、行政事业办公楼等公益性项目，供暖制冷系统优先选用热泵系统，所需投资从市政府固定资产投资中安排解决。其他在本市辖区内建设的各类项目，优先选用热泵系统的，根据市规划委核定的建筑面积从本市固定资产投资中安排一次性补助，补助标准为：地下（表）水源热泵35元/m^2，地源热泵和再生水源热泵50元/m^2。

北京市通过补贴政策激励企事业单位实施蓄冷改造，对新建和改造的企事业单位，按照蓄冷空调从高峰转移到低谷每千瓦负荷补贴500元。

上海市、区县两级政府在财政预算中安排一定资金，采用补助、奖励等方式，支持节能减排重点工程、高效节能产品和节能新机制推广、节能管理能力建设和污染减排监管体系建设等。进一步落实国家有关节能、节水、资源综合利用、节能技术改造等方面的税收优惠政策。鼓励和引导金融机构加大对循环经济、环境保护及节能减排技术改造项目的信贷支持，优先为符合条件的节能减排项目、循环经济项目提供直接融资服务。

32.4.4.5 完善节能减排管理

完善节能法律法规和相关政策，根据国家节能法修订并完善东部地区各省关于实施《中华人民共和国节约能源法》、《中华人民共和国环境保护法》等法规的具体办法，加强政策导向和信息引导，营造有利于节能的体制环境、政策环境和市场环境；强化节能监管，建立节能监察队伍，依法对重点用能单位实行用能定额管理和监测；加大节能宣传和服务力度，培育节能服务市场，推行企业能源绩效合同管理；通过广泛深入的宣传教育，把建设资源节约型、环境友好型社会的理念融入每个人的自觉行动中，形成全社会自觉节能减排的新风尚。

33

中部地区的节能减排

33.1 中部地区发展特点

33.1.1 自然地理区位与资源禀赋

我国中部地区在地理位置上承东启西，位于东部沿海地区与西部地区之间，包括山西、河南、安徽、江西、湖北、湖南6省，国土面积占全国的10.7%，是国家综合运输网络的中心区域和重要的能源、原材料基地。截至2007年，中部地区主要能源基础储量方面，煤炭基础储量赋存比较丰富，占全国煤炭基础储量的39.43%，高达1285.88亿t，省均煤炭基础储量214.31亿t；石油基础储量赋存不足，为6561.62万t，省均1093.60万t；天然气基础储量赋存匮乏，仅为101.02亿m^3，占全国天然气基础储量的0.34%，省均16.84亿m^3。

（1）煤炭基础储量赋存比较丰富，但分布极不均衡，主要集中在山西省境内，同时，豫中、豫西和皖北两淮等地区也分布着一定储量的煤炭资源。

从各省基础储量水平上看，山西省储量十分丰富，高达为1056.13亿t，占中部地区煤炭基础储量的82.13%；河南、安徽两省的煤炭基础储量分别为117.8亿t、80.88亿t，分别占中部地区煤炭基础储量的9.16%、6.29%，湖南、江西、湖北3省的煤炭基础储量甚少，分别为19.83亿t、7.92亿t和3.32亿t，总共不足中部地区煤炭基础储量的2.5%。

2007年中部地区煤炭基础储量，见图33.1。

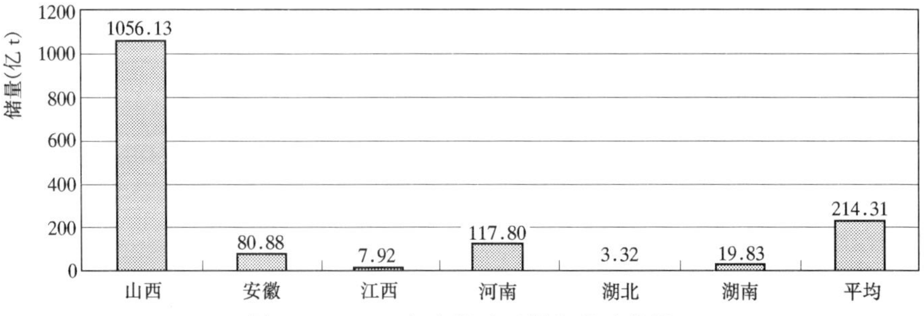

图33.1　2007年中部地区煤炭基础储量

（2）石油基础储量赋存不足，而且分布非常不均衡，主要分布在河南省和湖北省的部分地区，如中原油田、河南油田、江汉油田等。

从省平均基础储量水平上看，中部地区跟全国水平相比是最低的，仅为1093.60万t，不足东部地区各省平均水平（6551.68万t）的16.7%。从中部地区各省石油基础储量的具体情况看，只有河南、湖北两省的石油基础储量比较丰富，分别为5129.19万t、1199.83万t，占中部地区石油基础储量的79.54%、18.29%；安徽省的石油基础储量较低，为142.6万t，占中部地区石油基础储量的2.17%；山西省、江西省和湖南省没有石油基础储量。

2007年中部地区石油基础储量，见图33.2。

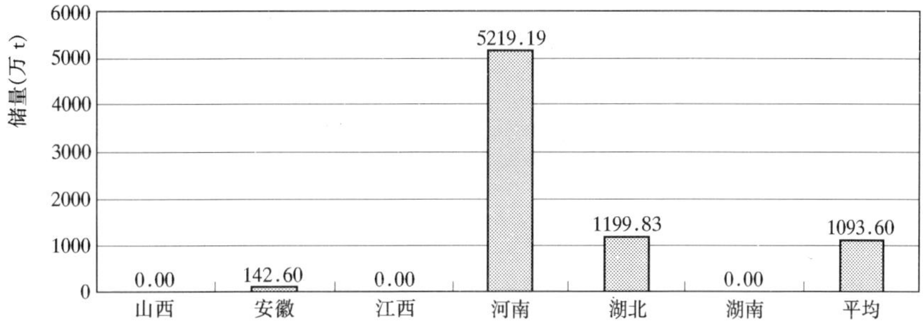

图33.2　2007年中部地区石油基础储量

（3）天然气基础储量赋存总量低，且分布非常不均衡。天然气探明储量主要集中分布在河南省的一些地区，湖北省部分地区也有一些储量。如中原油田探明天然气地质储量395.7亿m^3，累计生产天然气133.8亿m^3，江汉油田累计天然气也达到9.54亿m^3[1]。

从省平均基础储量水平上看，中部地区排名最低，为16.84亿m^3，仅为西部地区各省平均水平（2371.04亿m^3）的0.71%；从各省的天然气基础储量具体情况看，河南省最高，为97.22亿m^3，占中部地区天然气基础储量的96.24%；湖北省次之，为3.76亿m^3，占3.72%；安徽省天然气基础储量极少，为0.04亿m^3，占0.04%；山西省、江西省和湖南省没有基础储量。

2007年中部地区天然气基础储量，见图33.3。

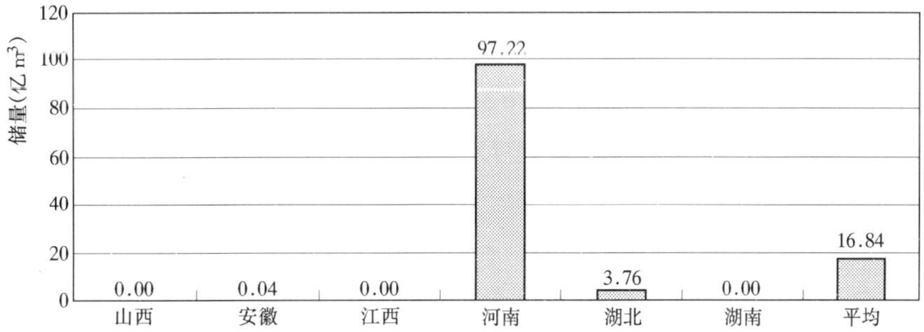

图33.3　2007年中部地区天然气基础储量

33.1.2　经济发展水平

从地理位置来看，中部地区相对于西部地区来讲，更靠近东部沿海地区，更容易接受到东部沿

[1] 我国石油分布情况，http：//knowledge. ocn. com. cn/information/20087179. html

海地区的经济辐射和影响。而且，随着 2004 年以来的中部崛起发展战略的全面实施，中部地区已经成为国家鼓励和支持发展的重要区域，以及东部沿海地区由于生产要素成本和综合商务成本的逐渐提高，而中部地区凭借要素供给充裕、综合成本相对较低、产业配套能力强、区位条件优越等诸多有利条件，中部地区已经发展成为东部发达地区产业和资本转移的首选地区和重要基地。

近年来，东部沿海地区向中西部地区的产业转移进程明显加快，转移产业主要集中在劳动密集型等传统产业，今后转移产业的层次将进一步提高，汽车及零部件、家电、高新技术、现代服务业等产业将是逐步成为转移的重点。这些都将为今后中部地区加快发展最大的机遇。2001～2008 年中部地区生产总值，见图 33.4。

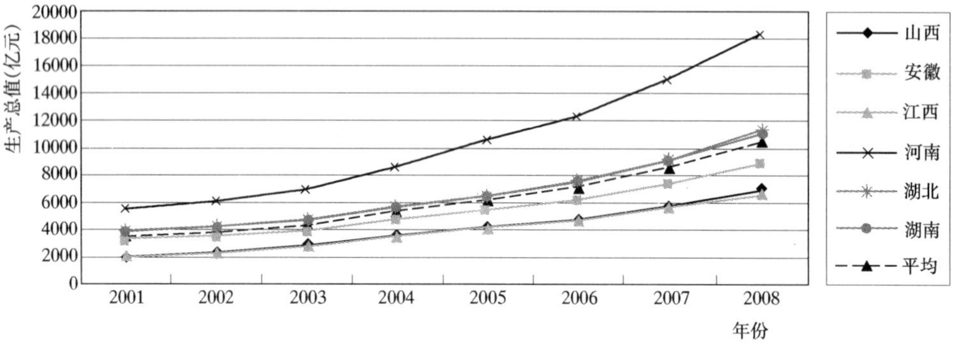

图 33.4　2001～2008 年中部地区生产总值

2008 年中部地区全年生产总值见图 33.5。

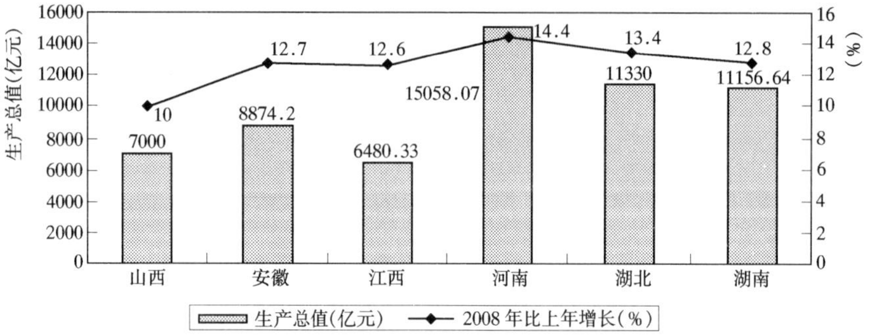

图 33.5　2008 年中部地区全年地区生产总值

2008 年中部地区三次产业结构，见图 33.6。

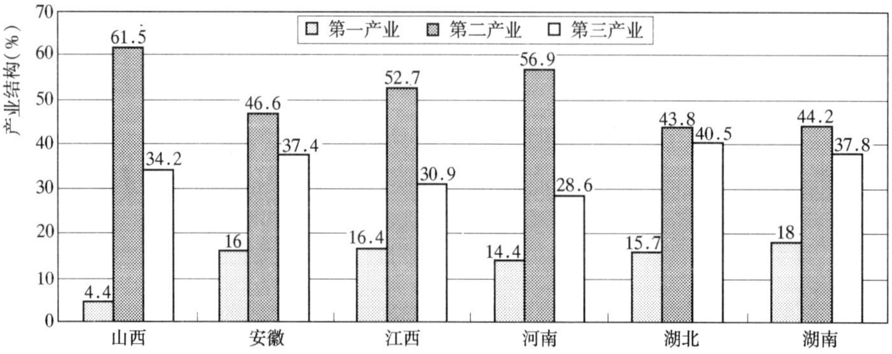

图 33.6　2008 年中部地区三次产业结构

2008 年中部地区工业化率，见图 33.7。

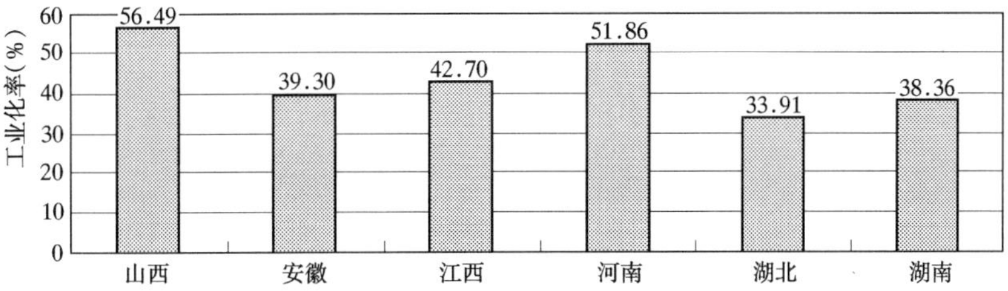

图 33.7 2008 年中部地区工业化率

2004 年以来的中部崛起发展战略的实施，加快了中部地区的发展步伐，主要经济指标均保持了比较快速增长的势头，经济规模不断扩大，至 2008 年，中部地区生产总值达到 177313 亿元，占全国总量的 55.37%；各省经济总量差距比较大，地区生产总值超过万元大关的有河南、湖北、湖南 3 省，安徽、山西两省也超过了 7000 亿元，江西最低，但也超过了 6000 亿元；从增长情况来看，中部地区各省都保持了较快的经济增长速度，但相互之间差距不太大。就 2008 年地区生产总值增幅来看，河南省最高，达 14.4%，山西省最低，为 10%，两者相差 4.4 个百分点。

33.1.2.1 从经济发展规模上看

落实到中部地区各省，2008 年各省地区生产总值存在一定的差距，最高的河南省达到 15058.07 亿元；后面依次为湖北省、湖南省、安徽省、山西省，分别为 11330 亿元、11156.64 亿元、8874.2 亿元和 7000 亿元；最低的是江西省，只有 6480.33 亿元；最高的河南省是最低的江西省的 2.32 倍。

33.1.2.2 从各省生产总值的增长情况来看

2008 年各省都保持了平稳较快增长，但各省增长幅度仍存在差距：河南省 GDP 增长率最高，达到 14.44%；后面依次是湖北省、湖南省、安徽省、江西省，增长率分别为 13.4%、12.8%、12.7%、12.6%，山西省最低，为 10%。

2008 年中部地区人均 GDP，见图 33.8。

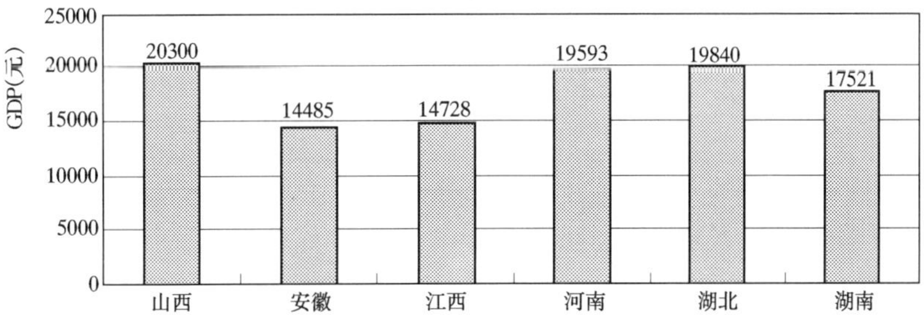

图 33.8 2008 年中部地区人均 GDP

33.1.2.3 从人均 GDP 发展水平来看

从中部各省 2008 年人均 GDP 发展水平来看，山西省最高，达到 20300 元，其后依次是湖北省、河南省、湖南省、江西省和安徽省，分别为 19840 元、19593 元、17521 元、14728 元、14485 元。说明西部地区各省经济发展总体水平不高，而且比较平均。

2008 年中部地区各省市三次产业结构，见图 33.9。

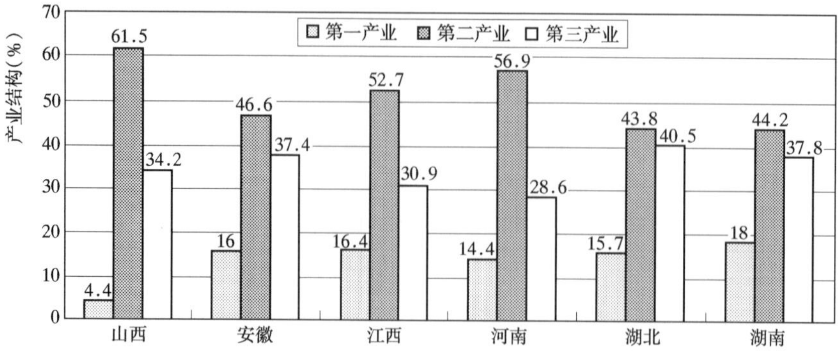

图 33.9　2008 年中部地区三次产业结构

33.1.2.4　从产业结构来看

中部地区各省三次产业结构均呈现出“二三一”结构态势，工业化水平明显偏低，产业发展处于工业化后期，表现在各省三大产业增加值比例分布上：山西省、河南省、江西省分别为 4.4∶61.5∶34.2、14.4∶56.9∶28.6、16.4∶52.7∶30.9，这 3 个省的第二产业在地区经济发展中占主导和支配地位，对各省 GDP 的贡献达到 50% 以上，山西省甚至到了 60% 以上；而且，其工业化率也相对较高，分别达到 65.49%、51.86%、42.7%。但第三产业比重相对较低一些，均为 30% 左右。说明山西、河南、江西 3 省的工业发展水平比较高一些，第三产业发展相对滞后。安徽省、湖南省、湖北省的三大产业增加值比例分别为 16∶46.6∶37.4、18.0∶44.2∶37.8、15.7∶43.8∶40.5，这 3 省的第二产业比重都不高，45% 左右，但是第三产业比重相对较高，接近 40%，而且，其工业化率也相对较高，分别达到 39.32%、33.91%、38.36%。说明了虽然安徽省、湖南省、湖北省的第二产业在地区经济发展中依然占主导地位，但这些省第三产业的发展在迅速崛起。而且，中部地区各省中第一产业比重较高，除了山西省的第一产业比重较低，为 4.4%，其他各省的第一产业比重均为 15% 以上。

今后一个时期，中部地区将处于工业化加速发展阶段，随着农业比重的不断下降，工业的比重逐步提高，资金、土地、人力、技术等生产要素资源将加快流向现代工业部门，经济效益、社会效益和环境效益都将会显著提高。

33.2　中部地区能源供给与消费特征

33.2.1　区域能源供应分析

33.2.1.1　原煤生产分析

中部地区原煤生产产量高。2007 年，中部地区 6 省原煤生产总产量 101872.39 万 t，占全国原煤总产量的 40.33%。从各省原煤生产产量来看，山西省的原煤生产产量最高，达到了 63020.93 万 t，占中部地区原煤生产总产量 61.86%；其次是河南省，原煤生产产量为 19287.15 万 t，占中部地区原煤生产总产量 18.93%；其后依次是安徽省，原煤生产产量为 9265.65 万 t，占中部地区原煤生产总产量 9.1%；湖南省原煤生产产量为 6217.16 万 t，占中部地区原煤生产总产量 6.1%；江西省原煤生产产量为 2997.24 万 t，占中部地区原煤生产总产量 2.94%；湖北省原煤生产产量最低，为1084.26万t，占中部地区原煤生产总产量1.06%。从以上数据分析，山西、河南两省的原煤生产量占到整个中部地区生产总量的80.79%，原煤生产量最高的山西省是湖北省产量的58倍之多。表现出中部地区各省的原煤生产布局极不均衡。2007年中部地区原煤生产量，见图33.10。

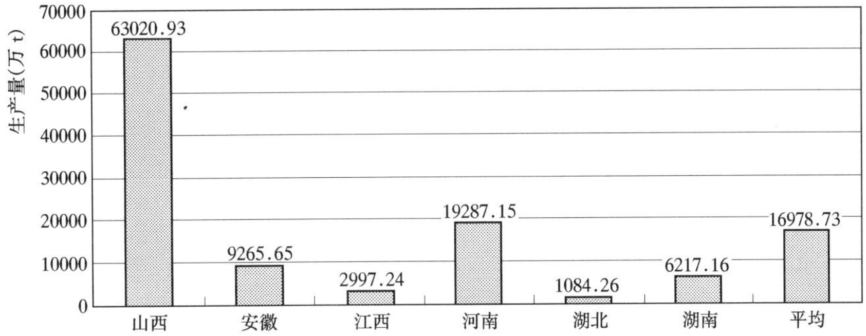

图33.10　2007年中部地区原煤生产量

33.2.1.2　石油生产

中部地区的石油基础储量赋存不足，原油产量也较低，而且产地分布也非常不均衡。2007年中部地区原油产量达到570.62万t，仅占全国原油总产量的3.06%，并且基本都集中在河南和湖北两省。其中，河南省原油产量最高，达到了485.08万t，占中部地区原油总产量85.01%；其次是湖北省，原油产量为85.54万t，占中部地区原油总产量14.99%；山西、安徽、江西、湖南4省基本没有生产原油。2007年中部地区原油生产量，见图33.11。

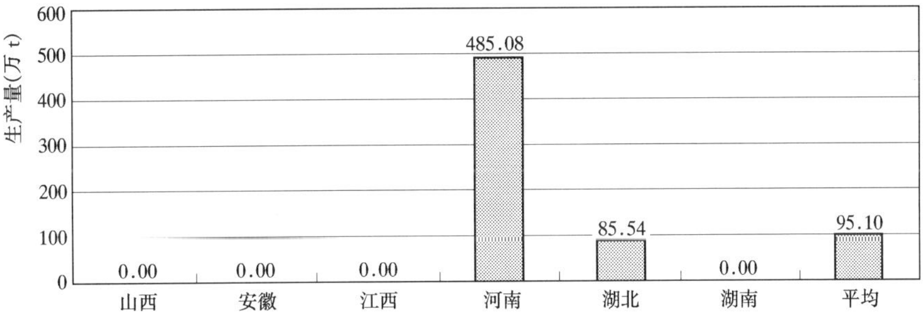

图33.11　2007年中部地区原油生产量

33.2.1.3　天然气生产

中部地区天然气基础储量赋存总量低，天然气产量也低，且产地分布非常不均衡。2007年，中部地区天然气生产总产量16.93亿m^3，仅占全国天然气总产量的2.45%，并且基本都集中在河南和湖北两省。其中，河南省天然气产量最高，达到了15.76亿m^3，占中部地区原油总产量93.09%；其次是湖北省，天然气产量为1.17亿m^3，占中部地区原油总产量6.91%；山西、安徽、江西、湖南4省基本没有生产天然气。2007年中部地区天然气生产量，见图33.12。

33.2.1.4　水力发电生产

中部地区水力资源蕴藏量丰富，水力发电量也比较高，但水力发电量的地区分布很不均衡。2007年，中部地区水力发电量1490.84亿kW·h，占全国水力发电量的30.81%，

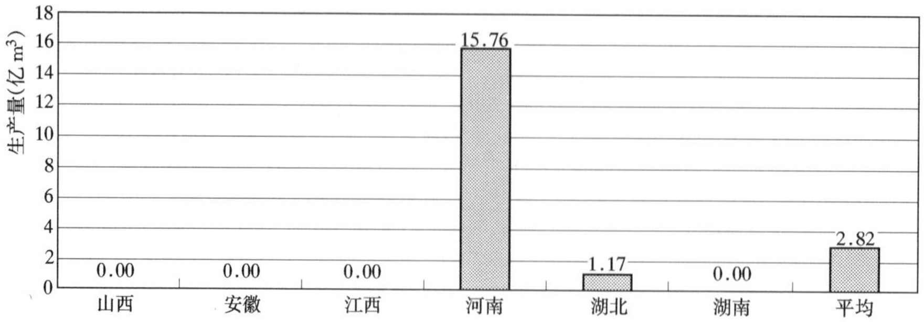

图 33.12　2007 年中部地区天然气生产量

并且水力发电量主要集中在湖北、湖南两省，分别达到了 937.7 亿 kW · h、312.56 亿 kW · h，各占到中部地区水力发电量的 62.9%、20.97%，而其他 4 省水力发电量则非常少，总共占中部地区水力发电量的 16.13%。其中，河南省为 88.53 亿 kW · h、江西省为 85.06 亿 kW · h、山西省为 47.32 亿 kW · h、安徽省为 19.67 亿 kW · h。2007 年中部地区电力生产量，见图 33.13。

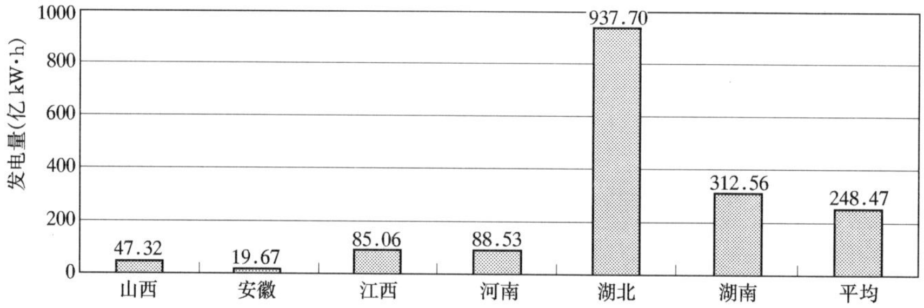

图 33.13　2007 年中部地区发电量

33.2.2　区域能源消费

33.2.2.1　能源消费总量

从能源消费总量来看，2007 年中部地区能源消费量为 104890.91 万 t 标准煤，占全国能源消费总量的 25.16%，是我国能源消费的重要地区。其中，煤炭消费量 90652.43 万 t 标准煤，占全国煤炭消费量的 30.23%，其消费量仅次于东部地区；石油消费量 11720.42 万 t 标准煤，占全国石油消费量的 11.59%，是我国石油资源消费较少的地区；天然气消费量 792.53 万 t 标准煤，占全国天然气消费量的 8.34%，天然气消费量仅仅比东北地区略高；一次电力消费量 1725.53 万 t 标准煤，占全国一次电力消费量的 27.05%，是排在西部地区之后的第二大消费地区。

33.2.2.2　能源消费结构

中部地区内，从能源消费结构上看，2007 年中部地区能源总消费量达到 104890.91 万 t 标准煤，其中，煤炭占 86.43%，石油占 11.17%，天然气占 0.76%，一次电力占 1.65%。可见，煤炭依然是中部地区能源消费的最主要品种，对煤炭的消费依赖度非常高；石油和天然气消费比例相对国内其他地区还很低；一次电力消费比例较高，仅低于西部地区的消费水平，见表 33.1。

表 33.1 中部地区各省能源消费总量及构成

省份	能源消费量		煤炭		石油		天然气		一次电力	
	总量（万t标准煤）	比例（%）	总量（万t标准煤）	比例（%）	总量（万t标准煤）	比例（%）	总量（万t标准煤）	比例（%）	总量（万t标准煤）	比例（%）
山西	38464.57	36.67	37704.30	98.02	636.75	1.66	91.90	0.24	31.61	37704.30
安徽	10634.24	10.14	9137.28	85.92	1425.36	13.40	53.59	0.50	18.02	9137.28
江西	6217.13	5.93	4771.51	76.75	1336.05	21.49	13.83	0.22	95.74	4771.51
河南	24704.93	23.55	21778.86	88.16	2384.90	9.65	440.76	1.78	100.41	21778.86
湖北	13345.41	12.72	8489.14	63.61	3622.96	27.15	114.78	0.86	1118.53	8489.14
湖南	11524.63	10.99	8771.33	76.11	2314.40	20.08	77.67	0.67	361.23	8771.33
合计	104890.91	100	90652.43	86.43	11720.42	11.17	792.53	0.76	1725.53	90652.43

从能源消费量的地区分布看，山西省消费量最大，为38464.57万t标准煤，占能源消费量的36.67%；后面依次为：河南省能源消费量24704.93万t标准煤，占东部地区能源消费量的23.55%；湖北省为13345.41万t标准煤，占12.72%；湖南省11524.63万t标准煤，占10.99%；安徽10634.24万t标准煤，占10.14%；江西6217.13万t标准煤，占5.93%；其中，能源消费量超过2亿t的有2个省，超过1亿t的有3个省；而且，山西省能源消费量是江西省的6.2倍。可见，中部地区能源消费大省比较多，各省市间能源消费量的差距也比较大。

33.2.2.3 能源利用效率

从能源利用效率看，中部地区在国内处在中等水平。其中，单位GDP能耗小于1.0t标准煤/万元、单位GDP电耗小于1000t标准煤/万元的只有江西省；单位GDP能耗大于2.0t标准煤/万元、单位GDP电耗大于2000t标准煤/万元的只有山西省；单位GDP能耗在1.0~2.0t标准煤/万元之间、单位GDP电耗在1000~2000t标准煤/万元之间的有安徽、河南、湖南、湖北4个省。由此，按照能源利用效率水平，将中部地区各省可分成三个梯队：第一梯队能源利用效率高的有江西省，而且，从单位工业增加值能耗看，江西省的工业能耗水平较低，单位工业增加值能耗是1.941t标准煤/万元，因此它能够晋升第一梯队；紧随第一梯队之后的第二梯队包括安徽、河南、湖南、湖北4个省，能源利用效率较低一些；第三梯队只有山西省，能源利用效率最低，见表33.2。

表 33.2 中部地区各省能源利用效率

省份	单位GDP能耗（t标准煤/万元）	单位工业增加值能耗（t标准煤/万元）	单位GDP电耗（亿kW·h/万元）	省份	单位GDP能耗（t标准煤/万元）	单位工业增加值能耗（t标准煤/万元）	单位GDP电耗（亿kW·h/万元）
山西	2.554	4.885	2288.87	湖北	1.314	2.679	1103.9
安徽	1.075	2.338	1106.81	湖南	1.225	1.983	975.49
江西	0.928	1.941	942.16	平均	1.39	2.82	1280.58
河南	1.219	3.079	1266.23				

33.2.3 中部地区能源的调入调出

从总量上看，中部地区为我国能源净调出第二大地区，主要是由于山西省能源净调出超过3亿t标准煤，达到35545.05万t标准煤，安徽省也有不多量的能源净调出，为511.08万t标准煤；其他各省均为能源净调入省份，湖南省为2951.94万t标准煤，江西省为1833.02万t标准煤，河南省、湖北省的能源净调入量较少，分别为 347. 17 万 t 标准煤、235. 20 万 t 标准煤。

从结构上看，中部地区为原煤净调出量最大的地区，但是，除山西省，其他各省却均为原煤调入省，主要由于山西省原煤调出量非常庞大。山西省原煤净调出超过 3 亿 t 标准煤，达到 30069. 44 万 t 标准煤；其他 5 省都属于原煤净调入省份，其中，湖北省的原煤净调入量较大，为 6329. 42 万 t 标准煤，湖南省和江西省的原煤净调入量分别为 1657. 18 万 t 标准煤、1253. 1 万 t 标准煤，河南省和安徽省的原煤净调入量较少，为 823. 6 万 t 标准煤、366. 45 万 t 标准煤。

中部地区各省除河南省有少量的原油净调出外，其他省份都属于原油净调入省。河南的原油净调出量为 45. 52 万 t 标准煤；原油量净调入省份的具体情况是：湖北省的原油量净调入量超过千万 t，达到 1150. 42 万 t 标准煤；原油净调入量超过 500 万 t 标准煤的有湖南，为 645. 33 万 t 标准煤；安徽省的原油净调入量为 389. 82 万 t 标准煤；江西省的原油净调入量为 347. 96 万 t 标准煤；山西省没有原油调入或调出。

中部地区除山西省没有天然气净调入量外，其他各省均属于天然气净调入省。具体地，河南省天然气净调入量 191. 92 万 t 标准煤；湖北省天然气净调入量 98. 29 万 t 标准煤；湖南省天然气净调入量 77. 67 万 t 标准煤；安徽省天然气净调入量 53. 87 万 t 标准煤；江西省天然气净调入量 7. 98 万 t 标准煤。

中部地区是我国第二大的电力净调出地区，电力净调出总量达到 13966. 86 万 t 标准煤，并且，多数省份都属于电力调出省。其中，湖北省和山西省的电力净调出量都超过了 5000 万 t 标准煤，达到 7342. 93 万 t 标准煤、5475. 61 万 t 标准煤，安徽省也达到 1321. 22 万 t 标准煤，河南省的电力净调出量较少，为 622. 84 万 t 标准煤；属于电力净调入省份的有湖南省和江西省，电力净调入量分别为 571. 77 万 t 标准煤和 223. 97 万 t 标准煤，见表 33. 3。

表 33. 3　　中部地区各省一次能源调入调出净量　　单位：万 t 标准煤

省　份	总　量	原　煤	原　油	天然气	电　力
山西	-35545. 05	-30069. 44	0. 00	0. 00	-5475. 61
安徽	-511. 08	366. 45	389. 82	53. 87	-1321. 22
江西	1833. 02	1253. 10	347. 96	7. 98	223. 97
河南	347. 17	823. 60	-45. 52	191. 92	-622. 84
湖北	235. 20	6329. 42	1150. 42	98. 29	-7342. 93
湖南	2951. 94	1657. 18	645. 33	77. 67	571. 77
合计	-30688. 81	-19639. 69	2488. 02	429. 72	-13966. 86

资料来源：《2008 年中国能源统计年鉴》各地区能源平衡表整理。

33. 3　中部地区区域环境特征

33. 3. 1　区域环境污染现状

33. 3. 1. 1　水污染

近年来，中部地区工业废水排放量有所反弹，呈现逐年缓慢抬高的趋势，但省际之间差异较大。2007 年，山西、安徽、江西、河南、湖北、湖南各省市工业废水排放量分别为 41140 万 t、

73556 万 t、71410 万 t、134344 万 t、91001 万 t、100113 万 t。其中，排放量最高的河南省是最低的山西省的 3.27 倍。

以 2005 年为基期，到 2007 年中部地区工业废水排放总量增加了 4.85%，主要由于有少数年份和少数省份在工业废水的减排问题上出现反复现象。2006 年，山西省、安徽省、江西省和河南省的工业废水排放量都较上一年有所增加，分别增长了 37.36%、10.44%、18.72% 和 5.41%，只有湖北省和湖南省的工业废水排放量比 2005 年分别降低了 1286 万 t、22416 万 t；2007 年，安徽省、江西省和河南省的工业废水排放量比上一年分别增长了 4.90%、11.45% 和 3.22%，湖南省、湖北省的工业废水排放量与 2006 年基本持平，只有山西省增加了 2591 万 t。

可见，随着中部各省经济的迅速发展，能源消费的大幅提高，中部地区环境压力较大，特别是安徽、江西、河南、山西等省要警惕工业废水排放量的反弹。2004 ~ 2007 年中部地区工业废水排放量，见图 33.14、表 33.4。

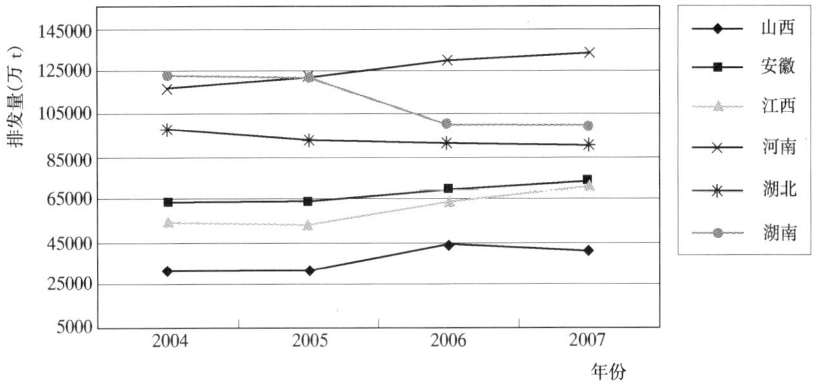

图 33.14 2004 ~ 2007 年中部地区工业废水排放

表 33.4 中部地区各省工业废水排放 单位：万 t

省份	2004 年	2005 年	2006 年	2007 年	省份	2004 年	2005 年	2006 年	2007 年
山西	31393	32099	44091	41140	湖北	97451	92432	91146	91001
安徽	64054	63487	70119	73556	湖南	123126	122440	100024	100113
江西	54949	53972	64074	71410	合计	488301.0	487906.0	499612.0	511564.3
河南	117328	123476	130158	134344					

33.3.1.2 化学需氧量排放

从化学需氧量排放来看，其排放量总体上呈现缓慢地先升后降的趋势，到 2006 年达到了最高水平，然后才开始降低（如图 33.15、表 33.5 所示）；而且，各省之间排放量也存在很大差异。2007 年，山西、安徽、江西、河南、湖北、湖南各省市化学需氧量排放量分别为 137.4 万 t、45.1 万 t、46.9 万 t、69.4 万 t、60.1 万 t、90.4 万 t。相比较 2005 年，2007 年中部地区的化学需氧量排放减少了 0.74%，而且，化学需氧量排放量最高的湖南省是最低的山西省的 2.42 倍。说明中部地区各省面临的环境压力较大，化学需氧量的减排任务很重。

33.3.1.3 大气污染

2005 年以来，中部地区工业废气排放量总体上呈逐年缓慢上升势头，到 2007 年排放量累计增加 37.31%；而且，各省工业废气排放总量相差较大。

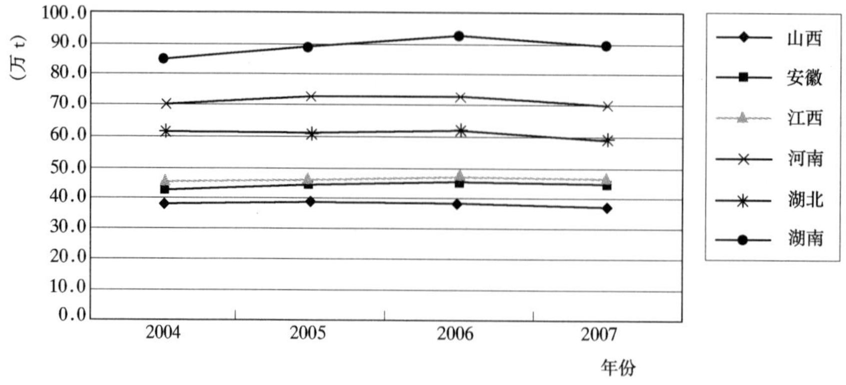

图 33.15　中部地区化学需氧量排放

表 33.5　　**中部地区化学需氧量排放**　　单位：万 t

省份	2004 年	2005 年	2006 年	2007 年	省份	2004 年	2005 年	2006 年	2007 年
山西	38.0	38.7	38.7	37.4	湖北	61.4	61.6	62.6	60.1
安徽	42.7	44.4	45.6	45.1	湖南	85.0	89.5	92.3	90.4
江西	45.4	45.7	47.4	46.9	合计	342.1	351.9	358.7	349.3
河南	69.6	72.1	72.1	69.4					

近年来，除湖北省在 2007 年、湖南省在 2006 年较上一年有所减少外，其他省历年的工业废气排放量都有反弹的倾向（如图 33.16、表 33.6 所示）。其中，山西省和河南省的工业废气排放量不但总量较高而且增长幅度也较大；安徽省和湖北省在 2006 年后反弹的势头明显；湖南省和江西省的情况相对要好一些。

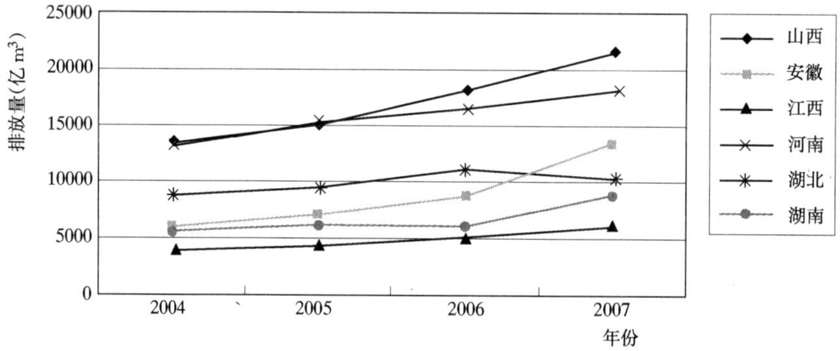

图 33.16　2004～2007 年中部地区废气排放

表 33.6　　**中部地区废气排放总量**　　单位：亿标 m^3

省份	2004 年	2005 年	2006 年	2007 年	省份	2004 年	2005 年	2006 年	2007 年
山西	13351	15142	18128	21429	湖北	8838	9404	11015	10373
安徽	5934	6960	8677	13254	湖南	5527	6014	5986	8762
江西	3972	4379	5096	6103	合计	50725.0	57397.0	65672.0	78812.5
河南	13103	15498	16770	18890					

从各省的工业废气排放量来看，2007 年，山西、安徽、江西、河南、湖北、湖南各省市工业废气排放量分别为 21429 亿标 m^3、13254 亿标 m^3、6103 亿标 m^3、18890 亿标 m^3、10373 亿标 m^3 和 8762 亿标 m^3。其中，山西省的工业废气排放量最高，江西省最低，两者相差 3.5 倍之多。

33.3.1.4 二氧化硫排放

2005 年以来，中部地区工业二氧化硫排放量总体上呈逐年减缓的趋势，到 2007 年排放量累计减少了 3.51%；而且，各省工业二氧化硫排放总量有较大的差异。

2005 年以来，除湖北、湖南、江西等省的工业二氧化硫排放量在 2006 年较上一年略有增加外，其他省份历年的工业二氧化硫排放量基本上都有所下降（如图 33.17、表 33.7 所示）。其中，河南省和山西省的工业二氧化硫排放的总量较高、下降幅度也较大；2006 年之后，湖南省、湖北省、江西省和安徽省的工业二氧化硫排放量也开始下降。

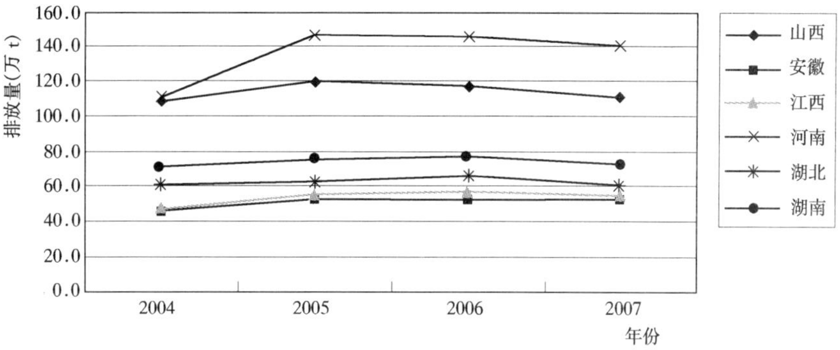

图 33.17 2004～2007 年中部地区二氧化硫排放量

表 33.7 **中部地区工业二氧化硫排放量** 单位：万 t

省份	2004 年	2005 年	2006 年	2007 年	省份	2004 年	2005 年	2006 年	2007 年
山西	109.3	120.0	117.7	111.8	湖北	60.8	62.6	65.4	60.3
安徽	43.9	51.5	51.9	51.7	湖南	71.2	75.5	76.6	73.9
江西	46.9	55.5	57.0	55.3	合计	443.4	512.2	515.0	494.2
河南	111.3	147.1	146.4	141.0					

从各省的工业二氧化硫排放量来看，2007 年，山西、安徽、江西、河南、湖北、湖南各省工业二氧化硫排放量分别为 111.8 万 t、51.7 万 t、55.3 万 t、141.0 万 t、60.3 万 t 和 73.9 万 t。其中，河南省的工业二氧化硫排放量最高，安徽省的最低，两者相差 2.73 倍之多。见表 33.7

33.3.1.5 固体废物污染

2005 年以来，中部地区的工业固体废物排放量总体呈现逐年上升的趋势，到 2007 年排放量累计增长了 28.15%；而且，各省工业固体废物排放的增幅也存在一定差异。

从各省的工业固体废物排放量来看，2007 年，山西省的工业固体废物排放量最高，为 13819 万 t；河南省、江西省的工业固体废物排放量也比较高，分别为 8851 万 t 和 7777 万 t；安徽省的工业固体废物排放量为 5960 万 t；湖北省、湖南省的工业固体废物排放量较低，分别为 4683 万 t、4560 万 t。其中，山西省与湖南省的工业固体废物排放量相差 3 倍多，见图 33.18、表 33.8。

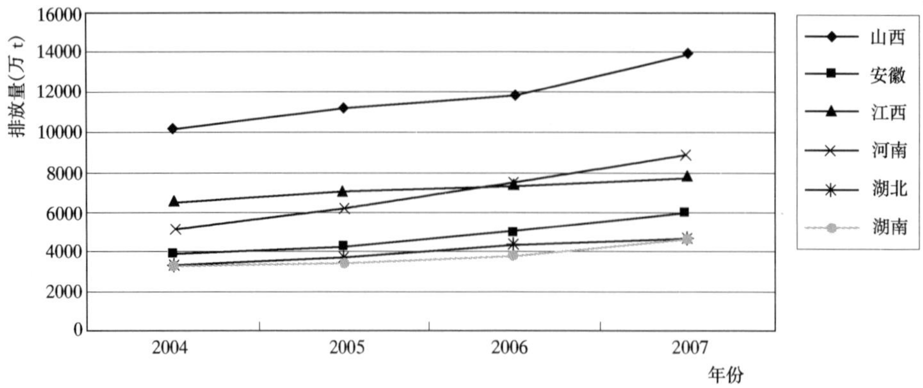

图 33.18　2004～2007 年中部地区工业固体废物排放量

表 33.8　　**中部地区各省工业固体废物产生量**　　单位：万 t

省份	2004 年	2005 年	2006 年	2007 年	省份	2004 年	2005 年	2006 年	2007 年
山西	10167	11183	11817	13819	湖北	3266	3692	4315	4683
安徽	3767	4196	5028	5960	湖南	3269	3366	3688	4560
江西	6524	7007	7393	7777	合计	32133	35622	39705	45650
河南	5140	6178	7464	8851					

33.3.2　污染次数和直接经济损失

2004 年以来，从环境污染与破坏事故次数来看，总体呈现逐年下降态势，但不同省的环境污染与破坏事故次数差异还是很大。

2007 年中部地区共发生环境污染与破坏事故次数 291 次，仅为 2004 年的 65.25%，共造成直接经济损失 2232.1 万元。

其中，水污染占 61.86%，大气污染占 29.21%，固体废物污染占 2.06%，噪音与振动危害占 2.06%，其他占 4.81%，环境污染共造成直接经济损失 2232.1 万元。可见，水体污染事件比较多。

从各省来看，2007 年山西、安徽、江西、河南、湖北、湖南各省的环境污染与破坏事故次数分别是 2 次、21 次、35 次、7 次、81 次和 145 次。其中，山西省的环境污染与破坏事故记录次数为两次，环境污染与破坏事故次数最高的湖南省，高达 145 次。2004～2007 年中部地区环境污染与破坏事故次数，见图 33.19。

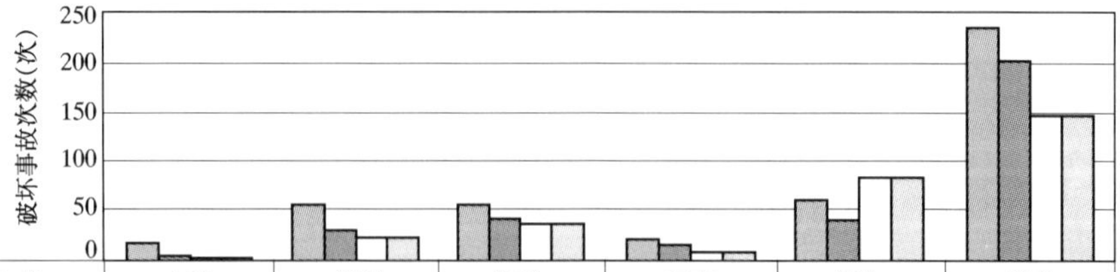

年份	山西	安徽	江西	河南	湖北	湖南
2004	16	55	55	19	63	235
2005	4	28	40	14	38	202
2006	2	21	35	7	81	145
2007	2	21	35	7	81	145

图 33.19　2004～2007 年中部地区环境污染与破坏事故次数

33.3.3 区域环境保护

近年来，随着中部崛起发展战略实施的不断深入，中部地区坚定不移地实施可持续发展战略，大力调整经济结构，发展高效低耗型产业和产品，提高能源利用效率，实现经济、资源、环境的协调发展，节能减排显著成效，促进了区域环境保护，表现出主要污染物排放量的逐年降低，一些地区生态环境质量状况得到一定的改善。从化学需氧量（COD）排放达标情况看，COD 排放达标率超过 90% 的 9 个省中，中部地区有河南、安徽两个省；从二氧化硫排放达标情况看，在 10 个二氧化硫排放达标率超过 90% 的省中，包括了中部地区的河南、安徽两个省。

33.4 中部地区节能减排

33.4.1 中部地区节能减排现状

33.4.1.1 能源节约

从节能目标的累计完成进度来看，到 2008 年中部地区各省中节能目标完成 60% 以上的有湖北、湖南、江西 3 省，分别为 64.59%、61.82% 和 60.41%，接近完成 60% 的有河南、安徽、山西 3 省，分别为 58.31%、56.26% 和 53.09%，见表 33.9。

表 33.9　　中部地区节能减排和环境保护目标及其累计完成情况分析

省份	单位 GDP 能耗（%）			化学需氧量排放（%）			二氧化硫排放（%）		
	2008 年比 2005 年（±）	“十一五”规划末目标值	2008 年完成进度	2008 年比 2005 年（±）	“十一五”规划末目标值	2008 完成进度	2008 年比 2005 年（±）	“十一五”规划末目标值	2008 完成进度
山西	-13.27	-25.00	53.09	-7.29	-13.2	55.2	-13.69	-14.0	97.81
安徽	-11.25	-20.00	56.26	-2.50	-6.5	38.5	-2.68	-4.0	66.99
江西	-12.08	-20.00	60.41	-2.56	-5.0	51.2	-4.88	-7.0	69.68
河南	-11.66	-20.00	58.31	-9.72	-10.8	90.0	-10.65	-14.0	76.04
湖北	-12.92	-20.00	64.59	-4.92	-5.0	98.4	-6.58	-7.8	84.40
湖南	-12.36	-20.00	61.82	-1.15	-10.1	11.4	-8.54	-9.0	94.91

从能源利用效率看，中部地区总体上在全国处于中等水平；而且中部地区 6 省内可分成三个梯队，能源利用效率高的第一梯队中只有江西 1 省；第二梯队能源利用效率较低一些，包括安徽、河南、湖南、湖北 4 省；第三梯队能源利用效率最低，只有山西省，见表 33.10。

表 33.10　　2008 年中部地区能源利用效率　　单位：t 标准煤/万元

省份	单位 GDP 能耗	单位工业增加值能耗	单位 GDP 电耗	省份	单位 GDP 能耗	单位工业增加值能耗	单位 GDP 电耗
山西	2.554	4.885	2288.87	河南	1.219	3.079	1266.23
安徽	1.075	2.338	1106.81	湖北	1.314	2.679	1103.9
江西	0.928	1.941	942.16	湖南	1.225	1.983	975.49

33.4.1.2 水环境

从化学需氧量排放来看，其排放量总体上呈现缓慢地先升后降的趋势，到 2006 年达到了最高水平，然后才开始降，到 2007 年中部地区的化学需氧量排放量相比 2005 年减少了 0.74%；从化学需氧量减排目标的累计完成进度来看，到 2008 年中部地区完成化学需氧量减排目标 60% 以上的省份有湖北、河南两省，分别为 98.4% 和 90%，接近完成化学需氧量减排目标 60% 的有山西、江西两省，分别为 55.2% 和 51.2%，距离完成化学需氧量减排目标 60% 的比较大的有安徽、湖南两省，仅完成了 38.5% 和 11.4%。

33.4.1.3　大气污染

从大气污染的情况看，2005 年以来，中部地区各省工业废气排放量总体上呈逐年缓慢上升势头，到 2007 年排放量累计增加 37.31%；而工业二氧化硫排放量呈现逐年减缓的趋势，2005 年以来，中部地区各省工业二氧化硫排放量总体上呈逐年减缓的趋势，到 2007 年排放量累计减少了 3.51%；说明中部地区的大气污染形势依然严峻。

从二氧化硫减排目标的累计完成进度来看，到 2008 年中部地区各省全都完成了二氧化硫减排目标 60% 的任务。其中，山西、安徽、江西、河南、湖北、湖南等省分别完成了 97.81%、66.99%、69.68%、76.04%、84.4% 和 94.91%，见表 33.11。

表 33.11　　2008 年中部地区主要污染物排放情况　　单位：万 t

省份	化学需氧量	二氧化硫	省份	化学需氧量	二氧化硫
山西	35.88	130.84	河南	65.09	145.2
安徽	43.29	55.57	湖北	58.57	66.98
江西	44.53	58.31	湖南	88.47	84.05

33.4.2　节能减排任务与节能减排发展潜力

33.4.2.1　中部地区发展目标和节能减排任务

发展目标：中部地区是我国重要的煤炭、有色金属、磷化矿生产基地，创建一批以中部地区能源、原材料工业等为基础的循环经济型企业，提高资源利用效率；加强对机械工业企业的技术改造，促进产业结构调整，实现节能降耗、减排治污；在经济发展水平较高的城市和地区，积极发展知识密集型产业和新兴产业，实施产业创新，培育新的经济增长点；建立完善的节能减排法规体系、发展机制和框架，通过制度创新和观念创新，引导全民建设资源集约、环境友好型社会，促进中部地区和谐可持续发展道路。

节能减排的主要任务：根据《“十一五”期间各地区单位生产总值能源消耗降低指标计划》、《“十一五”期间全国主要污染物排放总量控制计划》的要求，将节能减排约束指标——单位生产总值能源消耗降低指标、主要污染物总量控制指标等具体落实到中部地区 6 省（见表 33.12），再分解落实到各市（地）、县及有关行业和重点企业，并制订具体实施方案，明确责任主体，层层抓好落实，严格执行，确保总量控制目标的实现。

33.4.2.2　中部地区节能减排潜力

1. 优化经济结构

中部地区各省三次产业结构均呈现出“二三一”结构态势，工业化水平明显低于东部地区。其中，山西、河南、江西 3 省的第二产业对各省 GDP 的贡献达到 50% 以上，山西省甚至达到了 60% 以上，三产比重相对较低，均为 30% 左右；安徽、湖南、湖北 3 省的二产比重都不高为

45%左右，三产比重也不高，接近40%。可见，中部地区第二产业在经济发展中占主导和支配地位，第三产的发展相对滞后。按照有关部门的测算，如果我国第三产业增加值的比重提高1个百分点，第二产业中工业增加值比重相应地降低1个百分点，万元GDP能耗可相应降低约1个百分点❶。因此，可以通过改善产业结构，优化第二产业，大力发展第三产业，提高第三产业在地区生产总值中的比例，发挥结构节能减排的潜力。

表33.12　　中部地区节能减排和环境保护目标及其累计完成情况分析

省份	单位GDP能耗			化学需氧量排放			二氧化硫排放		
	2005年基数（t标准煤/万元）	“十一五”规划末目标值（%）	2008年完成进度（%）	2005年排放量（万t）	“十一五”规划末目标值（%）	2008完成进度（%）	2005年排放量（万t）	“十一五”规划末目标值（%）	2008完成进度（%）
山西	2.945	-25.00	53.09	38.7	-13.2	55.2	151.6	-14.0	97.81
安徽	1.211	-20.00	56.26	44.4	-6.5	38.5	57.1	-4.0	66.99
江西	1.056	-20.00	60.41	45.7	-5.0	51.2	61.3	-7.0	69.68
河南	1.380	-20.00	58.31	72.1	-10.8	90.0	162.5	-14.0	76.04
湖北	1.509	-20.00	64.59	61.6	-5.0	98.4	71.7	-7.8	84.40
湖南	1.398	-20.00	61.82	89.5	-10.1	11.4	91.9	-9.0	94.91

2. 加快技术进步

中部6省是我国重要的能源、原材料基地和国家综合运输网络的中心区域，一段时间以来，在一味追求政绩观等因素影响下，一些地方“靠山吃山”，“有水快流”，“大矿大开”，“小矿小开”，出现了供大于求、恶性竞争的局面，资源浪费非常严重。随着2006年中部崛起作为国家战略的正式实施，中部地区各省不断依靠技术进步，大力改进工艺，增强自主创新能力，提高能源利用效率，积极降低能耗和污染排放，充分发挥科技在节能减排中的重要作用。按照目前的工业结构，如果高技术产业增加值比重提高1个百分点，而冶金、建材、化工等高耗能行业比重相应地下降1个百分点，万元GDP能耗可相应降低1.3个百分点❷。为此，只要中部地区牢牢抓住了以技术进步促进节能减排这一抓手，鼓励运用高新技术和先进适用技术改造来提升传统产业，促进传统产业结构优化和升级，推进节能减排和环境保护，充分挖掘中部6省节能减排的潜力。

3. 提高管理水平

近年来，中部地区在经济结构调整、环境保护、节能减排、新能源和可再生能源发展等方面加大工作力度，通过提高管理水平深挖节能减排潜力，逐步建立起“目标明确、责任落实、奖惩分明、一级抓一级、一级考核一级”的节能减排管理制度，健全了节能减排的组织、管理和监督体系，形成推进节能减排工作的长效机制。同时，不断加强环保执法，加大中部地区节能减排工作力度，有效防范和妥善处理突发环境事件，加强对各类开发建设活动的环境监管，最大限度地能源消耗和污染排放降低到最低水平。

4. 倡导全民参与

在科学发展观指导下，节能减排、环境治理正在深刻地改变着各地官员们的“政绩观”，也

❶ 国务院决定分解降能耗指标考核各地政府节能
http：//www.rbc.cn/main/xw/gdxw/200608/t20060821_180113.htm

❷ http：//www.rbc.cn/main/xw/gdxw/200608/t20060821_180113.htm

改变着中国人日常的生活习惯。普通百姓也开始从身边的点滴小事做起，少开一天车、少用一张纸、节约一千瓦时电，参与到节能减排的活动中来。通过《节能减排全民行动实施方案》进一步动员全社会积极参与节能减排，形成政府推动、企业实施、全社会共同参与的节能减排工作机制。为形成宣传声势，营造良好的社会氛围，民间环保组织围绕节能减排开展了丰富多彩的多种公众倡导活动。

33.4.3 区域节能减排投资机会

33.4.3.1 区域节能能力与投资机会

中部崛起战略实施以来，中部地区能源利用效率有明显提高。根据《“十一五”期间各地区单位生产总值能源消耗降低指标计划》和《2008年各省、自治区、直辖市单位GDP能耗等指标公报》，从2008年至“十一五”规划末期，中部地区各省节能能力达到8424.105万t标准煤，占全国节能总量的22.62%，如果按每形成1t标准煤节能能力的投资需求为1500元测算❶，中部地区节能投资需求量为12636157.5万元，见表33.13。

从各省节能能力测算情况看，从2008年至“十一五”规划末期，节能能力达到1000万t标准煤左右的有山西、河南、湖北、湖南4省，分别为2408.67万t标准煤、2148.78万t标准煤、1203.63万t标准煤、1192.69万t标准煤，分别将形成节能投资需求量3613004万元、3223165万元、1805439万元、1789034万元；安徽、江西两省节能能力分别为931.578万t标准煤、538.766万t标准煤，形成节能投资需求量分别为1397367万元、808148万元，见表33.13。

表33.13　2008～2010年中部地区节能能力及节能投资机会

省份	2005年基数（t标准煤/万元）	2010年目标（t标准煤/万元）	2008年已完成进度（%）	2008～2010年节能能力（万t）	节能投资需求（万元）
山西	2.95	2.21	53.09	-2408.67	-3613004
安徽	1.21	0.97	56.26	-931.578	-1397367
江西	1.06	0.85	60.41	-538.766	-808148
河南	1.38	1.1	58.31	-2148.78	-3223165
湖北	1.51	1.21	64.59	-1203.63	-1805439
湖南	1.4	1.12	61.82	-1192.69	-1789034

33.4.3.2 区域二氧化硫削减能力与投资机会

近年来中部地区环境保护力度不断加大，地区生态环境质量状况得到一定程度恢复。从二氧化硫削减情况看，根据《“十一五”期间全国主要污染物排放总量控制计划》中的二氧化硫削减量控制目标的要求，2008年至“十一五”规划末期中部地区二氧化硫削减量为9.35万t，占全国二氧化硫削减量的12.9%，根据每消减1t二氧化硫折算成2.4987万元❷的治理投资额计算，

---

❶ 国家发展和改革委员会能源研究所，《节能及可再生能源发展基金研究》：按每形成一吨标准煤节能能力的投资需求为1500元测算。

2008～2010年节能能力的测算：④=(②-①)×(1-③%)×2008年各省GDP。

❷ 二氧化硫减排两成酸雨污染有所减轻——国务院批复《两控区酸雨和二氧化硫污染防治“十五”计划》：该“计划”同时提出，将投资967亿元，建设二氧化硫综合治理项目550项，以形成二氧化硫削减能力387万t/a。（中国水网 http://news.h2o-china.com/society/wastewater/132761036978620_1.shtml）

至2010年中部地区二氧化硫削减的治理投资额度为231938万元，将获得近24亿元的相关投资机会。

从各省减排情况看，化学需氧量削减量达到3万t以上的只有湖南省，达7.97万t，化学需氧量削减的治理投资额度为357174万元；山西、安徽、江西、河南、湖北等5省化学需氧量削减量分别为2.28万t、1.79万t、1.13万t、0.79万t和0.07万t，化学需氧量削减的治理投资额度分别为102178万元、80218.5万元、50640.7万元、35403.7万元和3137.04万元。

33.4.3.3 区域化学需氧量削减能力与投资机会

从化学需氧量削减情况看，根据《"十一五"期间全国主要污染物排放总量控制计划》中的化学需氧量削减量控制目标的要求，中部地区2008年比2010年削减化学需氧量14.03万t，占全国化学需氧量削减量的25.47%，根据每消减化学需氧量1t折算治理投资4.4815万元[1]计算，至2010年东部地区化学需氧量削减的治理投资额度为628752万元，可带动相关产业超过60亿元以上的相关投资机会（见表33.14）。

从各省减排情况看，化学需氧量削减量达到3万t以上的省份只有河南，其化学需氧量削减量为5.5万t，化学需氧量削减的治理投资额度为136434万元；江西、湖北、安徽、湖南、山西等5省化学需氧量削减量分别为1.31万t、0.88万t、0.77万t、0.45万t、0.44万t，化学需氧量削减的治理投资额度分别为32496.1万元、21829.5万元、19100.8万元、11162.8万元、10914.7万元，见表33.14。

表33.14　2008～2010年中部地区化学需氧量、减排量二氧化硫的削减能力及治理投资额

省份	2008～2010年化学需氧量减排量（万t）	治理投资额（万元）	2008～2010年二氧化硫减排量（万t）	综合治理投资额（万元）
山西	-2.28	-102178	-0.44	-10914.7
安徽	-1.79	-80218.5	-0.77	-19100.8
江西	-1.13	-50640.7	-1.31	-32496.1
河南	-0.79	-35403.7	-5.5	-136434
湖北	-0.07	-3137.04	-0.88	-21829.5
湖南	-7.97	-357174	-0.45	-11162.8
合计	-14.03	628752	9.35	231938

33.4.4 区域节能减排政策措施

1. 加大实施产业和产品结构调整的步伐

加快产业结构调整，提高传统产业的集中度、降低污染物排放，提升第三产业在国民经济中的比重。为此，在今后较长时期，应根据中部地区各省份的具体发展实际，加快长江中游沿岸地区的开发，使之成为推动我国经济布局由东向西逐步转移的重要纽带；制定钢铁、有色、水泥等高耗能行业发展规划、政策，建立产业退出机制，提高行业准入标准，加快能源、原材料工业建设，促进区域节能减排；运用高新技术和先进适用技术改造提升西部地区传统产业，促进传统产

[1] 测算依据：2007年，宁夏完成化学需氧量治理投资8.47亿元，治理项目11个，削减化学需氧量1.89万t。（国家环保总局节能减排核查组称赞宁夏自治区污染减排工作。宁夏环保局 http://www.lxzhb.gov.cn/hjssxw）

业结构优化和升级，推进节能减排和环境保护；搞好传统服务业发展的同时，着力发展现代服务业，做大第三产业经济总量、提升第三产业结构层次方面争取较大突破。

2. 加快科技进步和技术创新

结合中部地区各省高新技术发展的具体实际，加快科技进步和技术创新。为此，一是积极推进中部地区高技术产业发展，开展区域特色高技术产业链试点，引导大项目布局和建设，推动中部地区高技术产业基地和信息化建设，充分发挥国家高新技术开发区的集聚、引领和辐射作用，降低资源消耗和环境污染，提高产品质量和档次，促进完成中部地区节能减排目标。二是实施电力电子、新型元器件、新型显示器、生物医药、生物育种、生物基材料、高性能纤维复合材料等高技术产业化，加快中部各省高新技术产业发展。三是从项目和政策上支持高压输变电设备、大功率交流传动机车和高速铁路动车组重要组件、先进农业机械、大型施工机械、数控机床等重点领域的发展。四是围绕大型清洁高效发电设备、高档数控机床和基础制造装备等关键领域，推动重大装备、关键零部件及元器件自主研发和国产化。

3. 大力发展循环经济

发展循环经济，促进资源的循环式使用、产业的循环式组合，是转变经济增长方式的重要举措。中部地区有许多资源型城市和工矿企业，它们都选择了发展循环经济。“铜都”铜陵被列为安徽省的清洁生产试点城市并成为国家级循环经济试点市；“江南煤都”萍乡也选择了循环型城市的发展道路，昔日污染严重的市区，出现了绿树成荫、碧水蓝天景象。三门峡、交城、湖南等省市循环经济都得到了长足的发展。为此，一是大力发展循环经济，发展循环型服务业和资源回收产业，实施产业创新，培育新的经济增长点；二是创建一大批循环经济型企业，提高资源利用效率；三是构建以产业体系、基础设施体系、生态保障体系为核心的循环型区域，建立完善的循环经济法规体系、发展机制和框架，通过制度创新和观念创新，引导全民建设资源循环型社会，形成新型的经济发展模式，使中部地区走上和谐可持续发展道路。

4. 建立政策导向和激励机制，利用经济杠杆促进节能减排

在经济手段方面，充分发挥价格杠杆促进资源节约与环境保护的作用，对具备竞争条件的产品，要引入竞争机制，在市场竞争中形成最优价格，以提高企业开展技术创新、节能降耗、环境保护的积极性；同时，采取适度的行政手段，建立节能减排的长效机制，通过宏观调控，促进节能减排、遏制环境恶化。

在财税政策方面，出台一系列有利于节能技术、节能产品推广应用的政府扶持政策，鼓励发展节能产业。建立节能专项基金，加大节能改造基金的投入和对节能工作引导的力度，支持节能宣传培训和节能奖励。设立节能投资的担保基金，引导社会资金投入，支持中小企业通过市场直接融资，进行节能技术改造，创新节能激励机制，借鉴发达国家及地区的经验，建立覆盖节能产品生产、销售、消费全过程的节能激励机制。实行现金返还、税收减免、政府投资、政策补贴等多形式节能资金投入机制和精神奖励机制。

2008年湖北省地方财政拿出专项资金1.7亿元，对按期关闭的“小造纸”、“小水泥”、“小火电”企业给予补助。补助范围是“十一五”规划期间按要求在规定期限内实施政策关闭的“三小”企业。具体补助标准为，小水泥企业立窑窑径在2.2~2.5m（不含2.5m）的，每关闭1座补助50万元，窑径在2.5~3m（不含3m）的补助80万元，3m及以上的补助100万元；非立窑按该企业2006年实际产量每吨10元给予补助。小造纸企业按每吨COD排放量3300元的标准

补助。小火电地方所属电厂，每关闭1万kW奖励60万元；中央所属电厂，每关闭1万kW奖励30万元。

5. 完善管理节能减排

完善节能法律法规和相关政策，加强节能减排监察队伍建设，强化节能监管。强调环保优先，强化舆论监督，通过广泛深入的宣传教育，在全社会营造节能减排的浓厚氛围。

在科学发展观指导下，节能减排、环境治理正在深刻地改变着中国官员们的“政绩观”，也改变着中国人日常的生活习惯。普通百姓也开始从身边的点滴小事做起，少开一天车、少用一张纸、节约一千瓦时电，参与到节能减排的活动中来。

加大中部地区污染减排工作力度，有效防范和妥善处理突发环境事件，加强对各类开发建设活动的环境监管。

34

西部地区的节能减排

34.1 西部地区发展特点

34.1.1 自然地理区位与资源禀赋

我国的西部地区位于黄河与秦岭相连一线以西，大体位于大兴安岭以西，长城和昆仑山—阿尔金山以北，包括我国西北和西南的陕西、甘肃、青海、宁夏、新疆、内蒙古、西藏、广西、云南、贵州、四川和重庆等12个省（自治区、直辖市）国土土地面积为546万km^2，占国土总面积的57%。西部地区煤炭、石油和天然气储量都非常丰富，而且，西部地区分布的水能资源占我国3/4以上，但目前开发率仅为8%。至2007年，西部地区煤炭基础储量占全国煤炭基础储量的50.61%，高达1650.49亿t，省均150.04亿t；石油基础储量占全国石油基础储量的32.89%，高达81205.01万t，省均7382.27万t；天然气基础储量26081.49亿m^3，占全国天然气基础储量的88.55%，省均2371.04亿m^3。我国西部地区资源非常丰富，市场潜力很大，战略位置非常重要。

（1）煤炭基础储量赋存十分丰富，但分布极端不均衡。西部地区的煤炭储量十分丰富，主要集中于鄂尔多斯北部、内蒙古东部、川滇黔边区、鄂尔多斯南部、贺兰山、天山南北等地区。其中，内蒙古东部由呼盟的伊敏、大雁、扎赉诺尔，哲盟的霍林河，昭盟的元宝山和锡盟的胜利、巴彦宝力格、乌旗白音华8个煤田组成的褐煤基地，探明储量640多亿t；鄂尔多斯北部包括准格尔和东胜两大煤田，探明储量1160亿t，鄂尔多斯南部包括陕北和渭北煤田，探明储量210亿t；贺兰山东侧包括内蒙古的桌子山、宁夏的贺兰山、灵武、固原和萌城等煤田，探明储量330多亿t；天山南北包括乌苏、乌鲁木齐、阜康、奇台、南山、托克逊、吐鲁番—哈密7个煤田，探明储量120亿t；我国西南地区的川滇黔边区，包括川南的芙蓉山、珙县、古宋、筠连、叙永，滇东的昭通、曲靖，黔西的织金、六盘水和兴义等煤田，探明储量530多亿t。

相比其他地区而言，西部地区2007年的煤炭基础储量占全国煤炭基础储量的50.61%，高达1650.49亿t，省均150.04亿t；从各省（自治区、直辖市）平均基础储量水平上看，西部地区也很高，省均煤炭基础储量150.04亿t，是东部地区各省平均水平（19.47亿t）的7.7倍多。

西部地区11个省（自治区、直辖市）（未包含西藏自治区）的煤炭基础储量赋存分布极端不均衡。从各省（自治区、直辖市）煤炭基础储量赋存情况看，至2007年，超过100亿t的省（自治区、直辖市）包括内蒙古、陕西、贵州、新疆，其煤炭基础储量高达808.4亿t、276.24亿t、146.76亿t、123.24亿t，各自占西部地区煤炭基础储量的48.98%、16.74%、8.89%、7.47%；云南、宁夏、甘肃、四川、青海、重庆（省、自治区、直辖市）的煤炭基础储量也比较高，其煤炭基础储量分别为79.68亿t、59.17亿t、58.42亿t、49.31亿t、20.53亿t、20.23亿t，各自占西部地区煤炭基础储量的4.83%、3.58%、3.54%、2.99%、1.24%、1.23%；广西壮族自治区煤炭基础储量最低，为8.51亿t，占西部地区煤炭基础储量的0.52%。其中，内蒙古自治区的煤炭基础储量是广西壮族自治区的95倍。2007年西部地区煤炭基础储量，见图34.1。

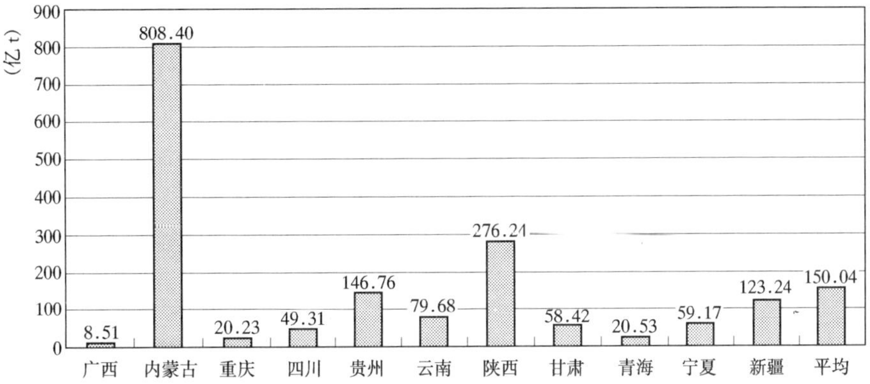

图34.1　西部地区煤炭基础储量

（2）西部地区的石油基础储量赋存总量非常高，但分布极端不均衡，多集中在塔里木、准噶尔、鄂尔多斯、柴达木、四川等盆地。

2007年，西部地区的石油基础储量为81205.01万t，差不多是中部地区的12.4倍；从省均水平上看，西部地区也是最高，为7382.27万t，是中部地区各省平均水平（1093.60万t）的6.75倍。从各省（自治区、直辖市）石油基础储量的具体情况看，新疆维吾尔自治区的石油基础储量最高，为41385.88万t，占西部地区石油基础储量的50.96%；其后依次是：陕西省为19917.19万t，占西部地区石油基础储量的24.53%；甘肃省为9395.18万t，占西部地区石油基础储量的11.57%；内蒙古自治区为5763.38万t，占西部地区石油基础储量的7.1%；青海省为4157.23万t，占西部地区石油基础储量的5.12%；四川省为330.52万t，占西部地区石油基础储量的0.41%；广西壮族自治区为191.73万t，占西部地区石油基础储量的0.24%；宁夏回族自治区、云南省、重庆市的石油基础储量都不高，分别为46.06万t、12.21万t、5.63万t；贵州省石油基础储量为零。2007年西部地区石油基础储量见图34.2。

（3）西部地区的天然气储量非常高，但分布极端不均衡，主要分布在西部的塔里木、准噶尔、鄂尔多斯、柴达木、四川等盆地。

根据2003~2005年国土资源部、国家发展和改革委员会以及财政部联合组织开展的新一轮全国油气资源评价结果，我国的天然气资源主要分布在陆上西部的塔里木鄂尔多斯、四川、柴达

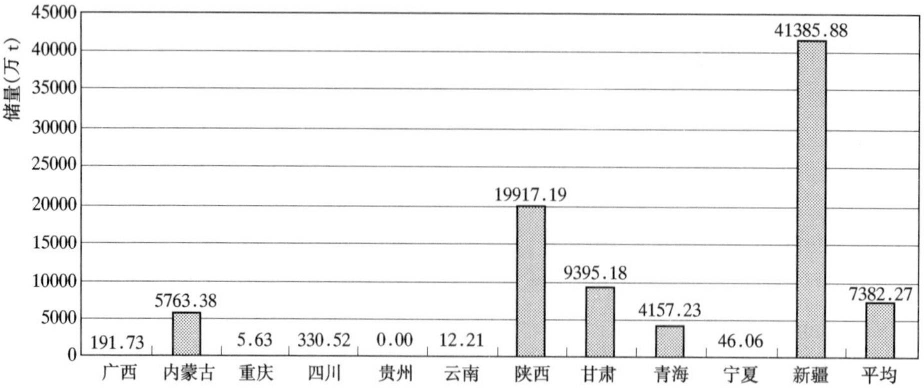

图 34.2　西部地区石油基础储量

木、准噶尔盆地，东部的松辽、渤海湾盆地，以及东部近海海域的渤海、东海和莺—琼盆地。在这些资源量中，西部地区的资源量约占 61%，东部地区约占 8%，海域资源量占 23%，其他地区（主要包括南方地区和青藏地区）的资源量占 8%。❶

西部地区的天然气基础储量赋存总量非常高，但分布极端不均衡。2007 年，西部地区天然气基础储量 26081.49 亿 m^3，占全国天然气基础储量的 88.55%；从省平均基础储量水平上看，西部地区各省天然气基础储量的平均值达到了 2371.04 亿 m^3，是中部地区各省平均水平的 140.8 倍之多。

从各省（自治区、直辖市）天然气基础储量的具体情况看，陕西、新疆和四川 3 省（自治区）的天然气基础储量非常丰富，其中，陕西省为 7435.39 亿 m^3，占西部地区天然气基础储量的 28.51%；新疆维吾尔自治区为 6676.33 亿 m^3，占西部地区天然气基础储量的 25.6%；四川省为 5915.73 亿 m^3，占西部地区天然气基础储量的 22.68%；其后依次是：内蒙古自治区为 3266.44 亿 m^3，占西部地区天然气基础储量的 12.51%；青海省为 1462.08 亿 m^3，占西部地区天然气基础储量的 5.61%；重庆市为 1206.57 亿 m^3，占西部地区天然气基础储量的 4.63%；甘肃省为 106.51 亿 m^3，占西部地区天然气基础储量的 0.41%；贵州、广西、云南、宁夏 4 省（自治区）的天然气基础储量则非常稀少，总共不足西部地区天然气基础储量的 0.05%。2007 年西部地区天然气基础储量，见图 34.3。

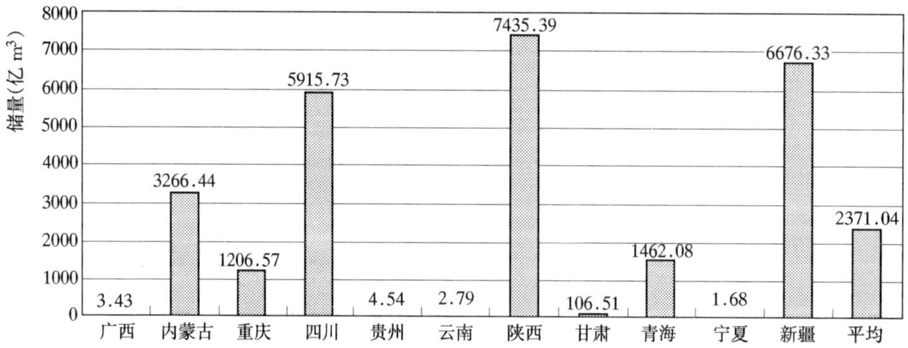

图 34.3　西部地区天然气基础储量

❶ 我国天然气资源评价，http：/china. cippe. net/news/14091. htm.

34.1.2 经济发展水平

我国的西部地区位于内陆，远离沿海，由于客观和历史等方面的原因，西部地区相对闭塞，经济和对外贸易的发展比较缓慢，经济发展在很大程度上落后于沿海地区。1999 年 11 月，中央经济工作会议确定了对西部大开发的战略决策，并于 2000 年该战略开始实施，之后，西部地区克服了地理位置、交通信息等不利条件，社会经济得到了空前的迅猛发展，主要经济指标近年来保持了强劲增长势头。但是，与东部等其他地区相比，总体经济规模依然偏小，经济实力偏弱。

2008 年，西部地区生产总值达到 57210 亿元，仅占全国总量的 17.86%，还不足东部地区的 1/3。从各省（自治区、直辖市）经济发展规模来看，只有四川 1 个省的地区生产总值超过万亿元大关，达到 12506.3 亿元；地区生产总值超过 5000 亿元有 5 个，内蒙古自治区为 7761.8 亿元，广西壮族自治区为 7171.58 亿元，陕西省为 6851.32 亿元，云南省为 5700.1 亿元，重庆市为 5096.66 亿元；地区生产总值不到 5000 亿元也有 5 个：新疆维吾尔自治区 4203.41 亿元，贵州省为 3333.4 亿元，宁夏回族自治区为 1098.51 亿元，青海省为 961.53 亿元。其中，四川省的地区生产总值是最低的青海省的 13 倍。从 2008 年人均 GDP 发展水平来看，内蒙古自治区最高，达到 32214 元，其后依次是新疆、陕西、重庆、宁夏、青海、四川、广西、云南、甘肃等省（自治区、直辖市），分别为 19893 元、18246 元、18025 元、17892 元、17389 元、15368 元、15368 元、12587 元、12110 元；贵州省最低，为 8824 元，仅为内蒙古自治区的 27.39%。说明西部地区内经济发展总体水平比较低，但各省（自治区、直辖市）之间的经济发展水平也存在不小差距。2001 ~2008 年西部地区各省（自治区、直辖市）生产总值，见图 34.4、图 34.5。

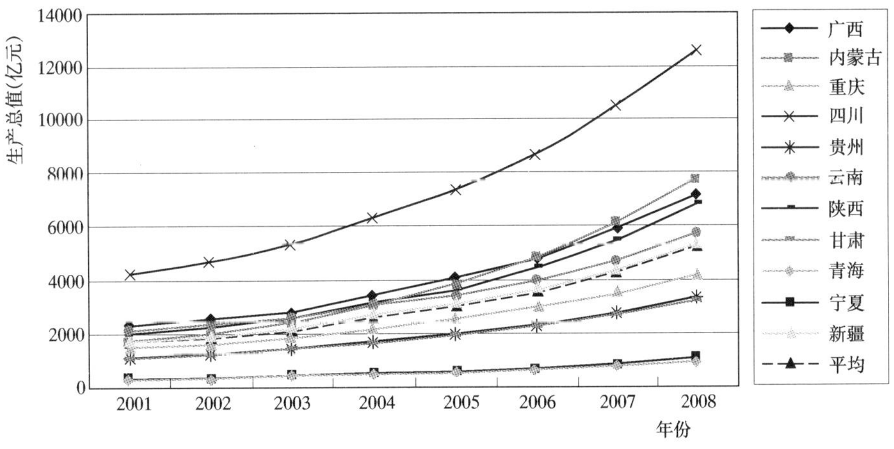

图 34.4 西部地区生产总值增长情况

2008 年西部地区人均 GDP，见图 34.6。

2008 年西部地区三次产业结构，见图 34.7。

2008 年西部地区工业化率，见图 34.8。

从增长情况来看，西部地区各省（自治区、直辖市）都保持了较快的经济增长速度，但相互之间差距较大。就 2008 年地区生产总值增幅来看，内蒙古自治区最高，达 17.5%，四川省最低，仅 9.5%，两者相差 8 个百分点。

西部地区各省（自治区、直辖市）三次产业结构均呈现出“二三一”结构态势，与其他地

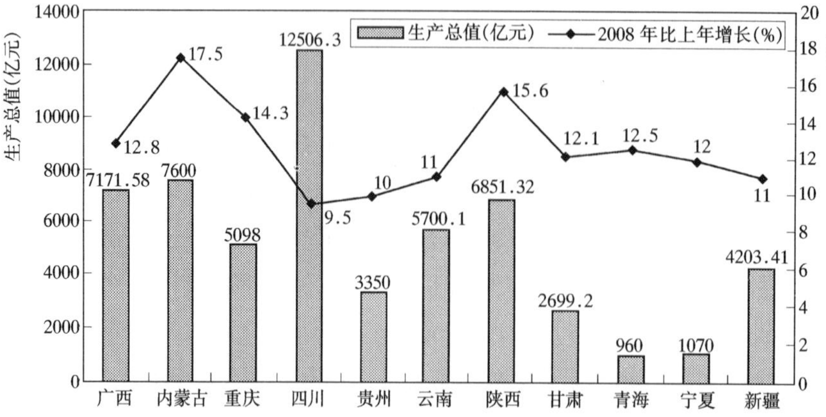

图 34.5　2008年西部地区各省（自治区、直辖市）全年地区生产总值

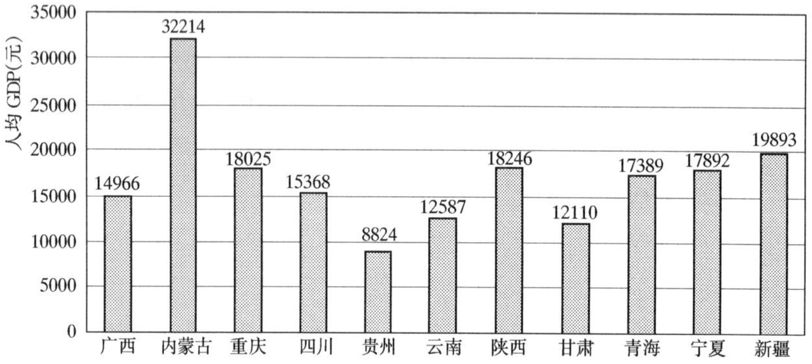

图 34.6　西部地区人均生产总值情况

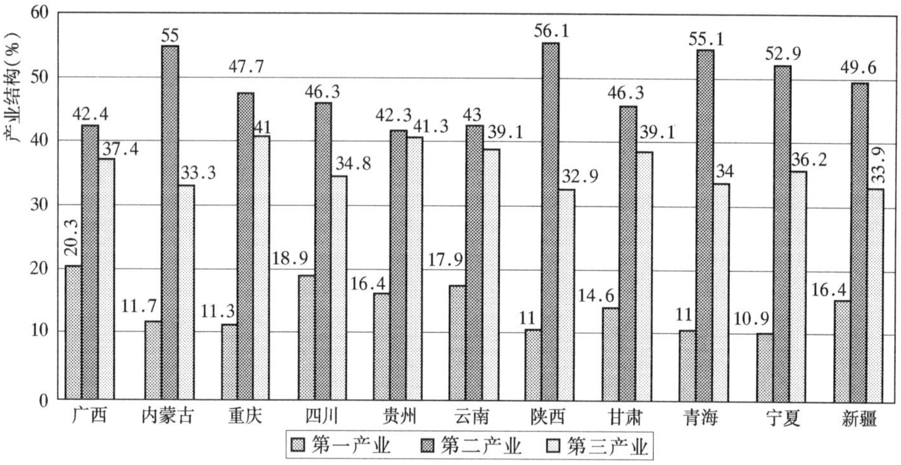

图 34.7　西部地区产业结构情况

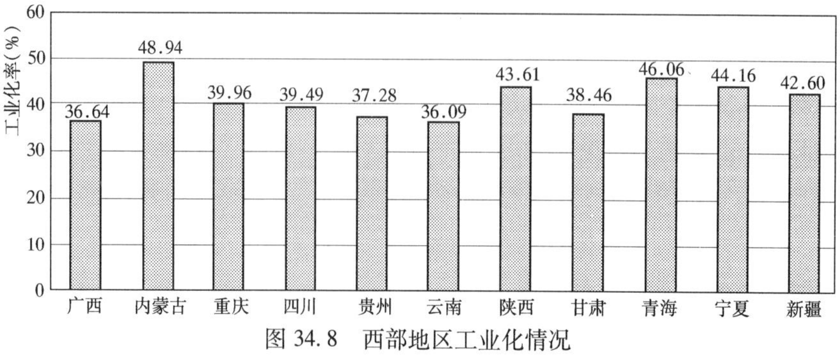

图 34.8　西部地区工业化情况

区相比较，西部各省（自治区、直辖市）第一产业占GDP的比重都不同程度地高于全国平均水平和东部地区省份；第二产业比重也不高，工业化基础比较薄弱，与全国及东部地区有较大差距；第三产业比重略高于中部地区和东北地区，低于东部地区，呈现出产业结构高度化的迹象，但其第三产业的高比重是工业化不发达所致，是一种产业结构的“虚高度化”。

从三大产业增加值比例分布看，陕西、青海、内蒙古、宁夏分别为11∶56.1∶32.9、11∶55.1∶34、11.7∶55∶33.3、10.9∶52.9∶36.2，这4个省（自治区）的第二产业对各省GDP的贡献达到50%以上；新疆、重庆、甘肃、四川、云南、广西、贵州为16.4∶49.6∶33.9、11.3∶47.7∶41、14.6∶46.3∶39.1、18.9∶46.3∶34.8、17.9∶43∶39.1、20.3∶42.4∶37.4、16.4∶42.3∶41.3，这7个省（自治区、直辖市）的第二产业对各省GDP的贡献也达到40%以上；而且，西部地区各省（自治区、直辖市）的工业化率也相对较高，基本上都超过或接近40%。但第一产业的比重较高，均超过了10%以上，最高的是广西，达到了20.3%；第三产业的比重也相对较低一些，均为35%左右，其中，贵州、重庆、云南、甘肃4个省（直辖市）的三产比重相对较高，都在40%左右。说明内蒙古、青海、宁夏、陕西、新疆5个省（自治区）的工业发展水平比较高一些，第二产业在地区经济发展中占主导和支配地位，却以第三产业发展相对滞后为代价。

34.2 西部地区能源供给与消费特征

34.2.1 区域能源供应分析

西部地区是中国能源供应的重要战略基地，向东部发达地区输出资源，承担生态破坏和环境污染的成本，严重影响了地区生态环境。2007年西部地区一次生产总量为90956.19万t标准煤，占全国的比重为40.85%，其中原煤生产主产地集中在内蒙古、陕西、和贵州3省（自治区）；原油生产主产地集中在新疆和陕西2省（自治区）；天然气主产地集中在新疆、四川和陕西3省（自治区）。同时，西部地区也是原煤、天然气和电力的净输出地区，2007年输出一次能源35650.40万t标准煤。

34.2.1.1 原煤生产

西部地区原煤产量非常高。2007年，西部地区原煤总产量35437.94万t，占全国原煤总产量的40.61%，是东部地区原煤产量的5.2倍多。

从各省原煤产量来看，内蒙古自治区原煤产量最高，达到了63020.93万t，占西部地区原煤总产量34.55%；其后依次是陕西省，原煤产量为20353.51万t，占西部地区原煤总产量19.84%；贵州省原煤产量为10864.18万t，占西部地区原煤总产量10.59%；四川省原煤产量为9557.74万t，占西部地区原煤总产量9.32%；云南省原煤产量为9557.74万t，占西部地区原煤总产量7.56%；新疆维吾尔自治区原煤产量为4915.52万t，占西部地区原煤总产量4.79%；重庆市原煤产量为4293.63万t，占西部地区原煤总产量4.19%；甘肃省原煤产量为3949.34万t，占西部地区原煤总产量3.85%；宁夏回族自治区原煤产量为3771.84万t，占西部地区原煤总产量3.68%；青海省原煤产量为963.64万t，占西部地区原煤总产量0.94%；广西壮族自治区原煤产量为721.48万t，占西部地区原煤总产量0.7%。从以上数据分析，内蒙古、陕西2省（自治区）的原煤产量占到整个西部地区总产量的54.39%，而原煤产量最高的内蒙古自治区是广西壮族自治区产量的87.35倍之多。表明西部地区各省的原煤生产布局极不均衡。2007年西部地区原煤生产量，见图34.9。

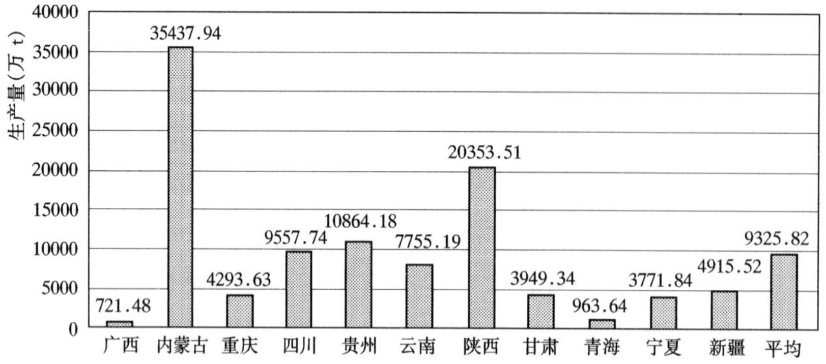

图34.9　西部地区原煤生产量

34.2.1.2　石油生产

西部地区是中国重要的石油生产供应基地，但产地分布极不均衡。2007年西部地区原油总产量达到5194.74万t，占全国原油总产量的27.9%，而且主要集中在新疆和陕西两省（自治区），其中，新疆维吾尔自治区的原油产量最高，达到了2604.31万t，其次是陕西省，原油产量为2265.87万t，两省（自治区）的原油产量占到整个西部地区总产量的93.75%；青海、甘肃、四川、广西等4省（自治区）有较少量原油生产量，分别为220.66万t、82.88万t、18.14万t、1.88万t；而内蒙古、重庆、贵州、云南、宁夏等省（自治区、直辖市）基本没有原油生产。

2007年西部地区原油生产量，见图34.10。

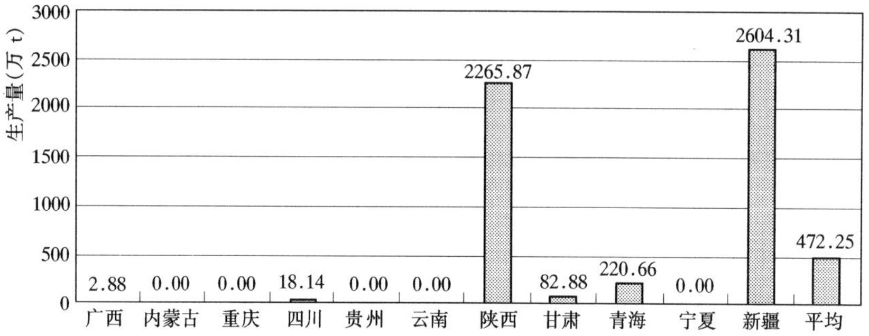

图34.10　西部地区原油生产量

34.2.1.3　天然气生产

西部地区的天然气储量非常丰富，产量位居全国第一，2007年的天然气产量高达547.55亿m^3，是中部地区天然气产量（16.93亿m^3）的32.34倍之多。但西部地区天然气产地分布极不均衡，主要集中在新疆、四川和陕西等少数省（自治区）。

从2007年西部地区各省天然气产量来看，超过100亿m^3的省有新疆、四川和陕西省（自治区），分别为210.2亿m^3、187.46亿m^3、110.1亿m^3；青海省的天然气产量为34.02亿m^3，重庆、甘肃、云南省（直辖市）天然气产量较低，分别为5亿m^3、0.63亿m^3、0.14亿m^3；广西、内蒙古、贵州、宁夏省（自治区）的天然气产量为零。

2007年西部地区天然气生产量，见图34.11。

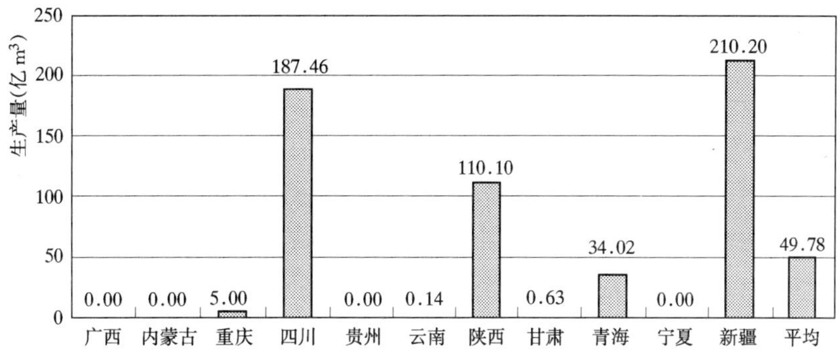

图 34.11 西部地区天然气生产量

34.2.1.4 水力发电

西部地区水能资源，是我国最主要的水电基地，但水力发电量的地区分布非常不均衡。2007年，西部地区11省（自治区、直辖市）的水力发电量为2533.43 亿 kW·h，占全国水力发电量的52.36%，并且西部地区的水力发电主要集中在四川、云南、贵州、广西省（自治区），分别达到了814.13 亿 kW·h、430.95 亿 kW·h、340.62 亿 kW·h、323.52 亿 kW·h，占到整个西部地区水力发电量的75.36%，而其他各省（自治区、直辖市）水力发电量则非常少，青海省为207.76 亿 kW·h、甘肃省为189.08 亿 kW·h、重庆市为83.75 亿 kW·h、新疆维吾尔自治区为58.84 亿 kW·h、陕西省为55.45 亿 kW·h、宁夏回族自治区为17.47 亿 kW·h，内蒙古自治区的水力发电量为11.86 亿 kW·h。其中，水力发电量发电量最高的四川省是水力发电量最低的内蒙古自治区的68.65 倍。

2007 年西部地区水力发电量，见图 34.12。

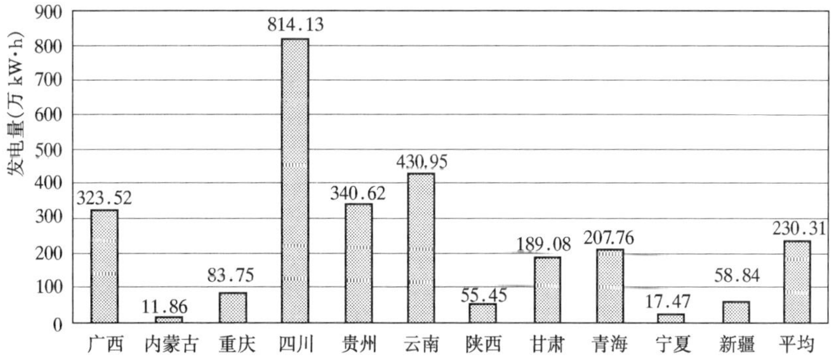

图 34.12 2007 年西部地区水力发电量

34.2.2 区域能源消费

34.2.2.1 能源消费总量

从能源消费总量来看，2007 年西部地区能源消费量为 94303.03 万 t 标准煤，占全国能源消费总量的 22.62%，是我国能源消费的第三大地区。其中，煤炭消费量 69963.25 万 t 标准煤，占全国煤炭消费量的 23.33%，是我国煤炭资源消费较少的地区；石油消费量 16740.89 万 t 标准煤，占全国石油消费量的 16.55%，是我国石油资源消费较少的地区；天然气消费量 4622.08 万 t 标准煤，占全国天然气消费量的 48.61%，天然气消费量全国排名第一位；一次电力消费量

2976.81万t标准煤，占全国一次电力消费量的46.66%，是我国一次电力的第二大消费地区。

从西部地区的能源消费结构上看，2007年西部地区能源总消费量达到94303.03万t标准煤，其中，煤炭占74.19%，石油占17.75%，天然气占4.9%，一次电力占3.16%。可见，煤炭是西部地区能源消费的最主要品种，对煤炭的消费依赖度很高；石油消费比例相对国内东部地区偏低；天然气和一次电力消费比例在国内最高。

34.2.2.2　能源消费结构

从各省的能源消费总量及结构上看，能源消费量超过亿吨标准煤的有内蒙古、四川、陕西、贵州省（自治区），分别为18020.75万t标准煤、13417.78万t标准煤、10463.64万t标准煤、10111.91万t标准煤；能源消费量超过5000万t标准煤的有云南、新疆、甘肃、广西4省（自治区），分别为9140.93万t标准煤、8934.09万t标准煤、7256.46万t标准煤、5647.41万t标准煤；能源消费量低于5000万t标准煤的有重庆、宁夏、青海省（自治区、直辖市），分别为4941.91万t标准煤、4674.37万t标准煤、1693.78万t标准煤。其中，内蒙古自治区能源消费量是青海省的10.64倍。可见，西部地区各省能源消费比较大，各省之间的差异程度也比较大。

在源消费结构上，煤炭消费所占比重超过75%的有贵州、内蒙古、宁夏、云南、重庆等省（自治区、直辖市），分别为90.92%、89.66%、87.64%、83.76%、75.69%，新疆维吾尔自治区煤炭消费所占比重最低，为45.15%；石油消费所占比重超过20%的有新疆、甘肃、陕西、广西等省（自治区），分别为43.61%、34.19%、30.84%、22.62%；天然气消费所占比重超过10%的有青海、重庆、四川、新疆省（自治区、直辖市），分别为15.9%、11.72%、11.12%、10.39%；一次电力消费所占比重超过5%的有青海、四川、广西、云南省（自治区），分别为13.71%、7.1%、7.05%、5.79%，贵州的一次电力消费所占比重也达到3.18%。

可见，西北地区的内蒙古、宁夏以及西南地区的贵州、云南、重庆省（自治区、直辖市）煤炭消费消费比例高；广西、西北地区的新疆、甘肃、陕西省（自治区）石油消费比例较高；西南地区的重庆、四川以及西北地区的新疆、青海省（自治区、直辖市）天然气消费比例较高；青海和西南地区的四川、广西、云南、贵州各省（自治区）电力消费比例高，见表34.1。

表34.1　　西部地区各省能源消费总量及构成

省（自治区、直辖市）	能源消费量		煤　炭		石　油		天然气		一次电力	
	总量（万t标准煤）	比例（%）	总量（万t标准煤）	比例（%）	总量（万t标准煤）	比例（%）	总量（万t标准煤）	比例（%）	总量（万t标准煤）	比例（%）
广西	5647.41	5.99	3953.93	70.01	1277.34	22.62	17.88	0.32	398.26	7.05
内蒙古	18020.75	19.11	16156.56	89.66	1443.90	8.01	352.55	1.96	67.74	0.38
重庆	4941.91	5.24	3740.43	75.69	547.37	11.08	578.95	11.72	75.17	1.52
四川	13417.78	14.23	9243.51	68.89	1729.72	12.89	1491.60	11.12	952.95	7.10
贵州	10111.91	10.72	9194.12	90.92	527.96	5.22	68.36	0.68	321.47	3.18
云南	9140.93	9.69	7656.12	83.76	882.17	9.65	72.99	0.80	529.65	5.79
陕西	10463.64	11.1	6625.51	63.32	3227.29	30.84	549.82	5.25	61.02	0.58
甘肃	7256.46	7.69	4363.85	60.14	2481.19	34.19	172.50	2.38	238.91	3.29
青海	1693.78	1.8	898.67	53.06	293.56	17.33	269.39	15.90	232.16	13.71
宁夏	4674.37	4.96	4096.78	87.64	434.40	9.29	119.57	2.56	23.62	0.51
新疆	8934.09	9.47	4033.77	45.15	3895.98	43.61	928.47	10.39	75.87	0.85
西部地区	94303.03	100	69963.25	74.19	16740.89	17.75	4622.08	4.90	2976.81	3.16

34.2.2.3 能源利用效率

从能源利用效率看，在西部地区，属于能源利用效率高的第一梯队的单位 GDP 能耗小于 1.0t 标准煤/万元、单位 GDP 电耗小于 1000t 标准煤/万元的省份 1 个也没有；单位 GDP 能耗大于 1.0t 标准煤/万元且小于 2.0t 标准煤/万元、单位 GDP 电耗大于 1000t 标准煤/万元且小于 2000t 标准煤/万元的有新疆、云南、四川、陕西、重庆和广西 6 省（自治区、直辖市），而且，它们的单位工业增加值能耗比较高，均达到 2.0t 标准煤/万元以上、4.0t 标准煤/万元以下；单位 GDP 能耗大于 2.0t 标准煤/万元、单位 GDP 电耗大于 2000t 标准煤/万元的有宁夏、青海、甘肃、贵州和内蒙古 5 省（自治区），而且，它们的单位工业增加值能耗也非常高，均达到 4.0t 标准煤/万元以上。可见，能源利用效率而言，西部地区整体落后于全国平均水平，基本属于能源利用效率低的第三梯队，见表 34.2。

表 34.2 西部地区各省能源利用效率 单位：t 标准煤/万元

省（自治区、直辖市）	单位 GDP 能耗	单位工业增加值能耗	单位 GDP 电耗	省（自治区、直辖市）	单位 GDP 能耗	单位工业增加值能耗	单位 GDP 电耗
广西	1.106	2.335	1254.15	陕西	1.281	2.009	1256.02
内蒙古	2.159	4.19	1887.32	甘肃	2.013	4.05	2539
重庆	1.267	2.106	1090.19	青海	2.935	3.243	4061.64
四川	1.381	2.477	1156.37	宁夏	3.686	7.13	5084.09
贵州	2.875	4.323	2452.21	新疆	1.963	2.999	1331.24
云南	1.562	2.847	1654.94	平均	2.02	3.71	2654.49

34.2.3 西部地区能源的调入调出

从总量上看，西部地区为能源调出大户，能源净调出 35650.40 万 t 标准煤。其中，内蒙古自治区能源净调出超过 2 亿 t 标准煤，达到了 21121.33 万 t 标准煤；能源净调出超过 5000 万 t 标准煤的有：陕西省为 7225.59 万 t 标准煤，贵州省为 6317.83 万 t 标准煤；新疆维吾尔自治区调出 3320.51 万 t 标准煤；云南省、四川省分别净调出 1793.15 万 t 标准煤、1097.41 万 t 标准煤；青海省也有少量调出，为 447.14 万 t 标准煤。同时，西部地区也有少量的能源调入，甘肃省净调入 1862.95 万 t 标准煤，广西壮族自治区净调入 1832.77 万 t 标准煤，宁夏回族自治区净调入 1165.03 万 t 标准煤，重庆市净调入 811.8 万 t 标准煤。

从结构上看，西部地区为主要的原煤净调出地区。其中，内蒙古自治区原煤净调出量高达 11289.54 万 t 标准煤，陕西省原煤净调出量为 6071.55 万 t 标准煤，贵州省原煤净调出量为 1354.53 万 t 标准煤，重庆市、新疆维吾尔自治区、云南省的原煤净调出量相对较少，分别为 116.94 万 t 标准煤、112.25 万 t 标准煤、88.89 万 t 标准煤；而广西、宁夏、甘肃、青海、四川省（自治区）均为原煤净调入省，分别为 1657.45 万 t 标准煤、983.75 万 t 标准煤、213.56 万 t 标准煤、106.68 万 t 标准煤、18.57 万 t 标准煤。

西部地区同时也属于原油净调入地区。其中，甘肃省的净调入量为 1550.17 万 t 标准煤，四川省的净调入量为 325.34 万 t 标准煤，宁夏回族自治区的净调入量为 213.2 万 t 标准煤，广西壮族自治区的净调入量为 205.25 万 t 标准煤；原油净调出的省份有新疆、青海和内蒙古 3 省（自治区），分别为 1349.31 万 t 标准煤、160 万 t 标准煤、123.99 万 t 标准煤；重庆、贵州、云南、陕西等省（直辖市）原油净调入量为零。

西部地区是我国最主要的天然气净调出地区。其中，新疆维吾尔自治区天然气净调出量高达 1858.94 万 t 标准煤，陕西省天然气净调出量为 928.87 万 t 标准煤，四川省天然气净调出量为 792.15 万 t 标准煤。内蒙古、重庆、青海省（自治区、直辖市）的天然气净调出量分别为 584.8 万 t 标准煤、324.52 万 t 标准煤、187.53 万 t 标准煤；天然气净调入省份有甘肃、宁夏、云南、贵州、广西等省（自治区），分别为 152.68 万 t 标准煤、119.57 万 t 标准煤、70.36 万 t 标准煤、68.36 万 t 标准煤、17.82 万 t 标准煤。

西部地区还是我国最主要的电力净调出地区。其中，内蒙古电力净调出量高达 9123 万 t 标准煤，贵州电力净调出量为 5031.66 万 t 标准煤，云南电力净调出量为 1774.62 万 t 标准煤。四川、陕西、青海、宁夏、甘肃、广西等省（自治区）也均为电力净调出省，电力净调出量分别为 649.17 万 t 标准煤、225.17 万 t 标准煤、206.28 万 t 标准煤、151.49 万 t 标准煤、53.47 万 t 标准煤、47.75 万 t 标准煤；只有重庆市是主要的电力净调入地，净调入量为 1253.26 万 t 标准煤；新疆维吾尔自治区的电力净调入量为零，见表 34.3。

表 34.3　西部地区各省（自治区、直辖市）一次能源调入调出净量　单位：万 t 标准煤

省（自治区、直辖市）	总量	原煤	原油	天然气	电力
广西	1832.77	1657.45	205.25	17.82	-47.75
内蒙古	-21121.33	-11289.54	-123.99	-584.80	-9123.00
重庆	811.80	-116.94	0.00	-324.52	1253.26
四川	-1097.41	18.57	325.34	-792.15	-649.17
贵州	-6317.83	-1354.53	0.00	68.36	-5031.66
云南	-1793.15	-88.89	0.00	70.36	-1774.62
陕西	-7225.59	-6071.55	0.00	-928.87	-225.17
甘肃	1862.95	213.56	1550.17	152.68	-53.47
青海	-447.14	106.68	-160.00	-187.53	-206.28
宁夏	1165.03	983.75	213.20	119.57	-151.49
新疆	-3320.51	-112.25	-1349.31	-1858.94	0.00
合计	-35650.40	-16053.69	660.66	-4248.02	-16009.34

资料来源：《2008 年中国能源统计年鉴》各地区能源平衡表整理。

34.3　西部地区区域环境特征

34.3.1　区域环境污染现状

34.3.1.1　水污染

近年来，西部地区工业废水排放量，基本上呈现逐年缓慢上升的趋势，而且省际之间排放量差异很大。以 2005 年为基期，到 2007 年西部地区工业废水排放量增长了 3.62%。广西、四川、重庆省（自治区、直辖市）的工业废水排放量较高，其他相对较低一些。2007 年，广西、内蒙

古、重庆、四川、贵州、云南、陕西、甘肃、青海、宁夏、新疆各省（自治区、直辖市）工业废水排放量分别为 183981 万 t、25021 万 t、69003 万 t、114687 万 t、12101 万 t、35352 万 t、48523 万 t、15856 万 t、7318 万 t、21089 万 t、20960 万 t。其中，排放量最高的广西壮族自治区是最低的青海省的 25.14 倍之多。

可见，随着西部各省经济的迅速发展，地区环境问题越发突出，当务之急是必须大力削减工业废水排放量，加大西部地区的环保力度。2004～2007 年西部地区工业废水排放量，见图 34.13、表 33.4。

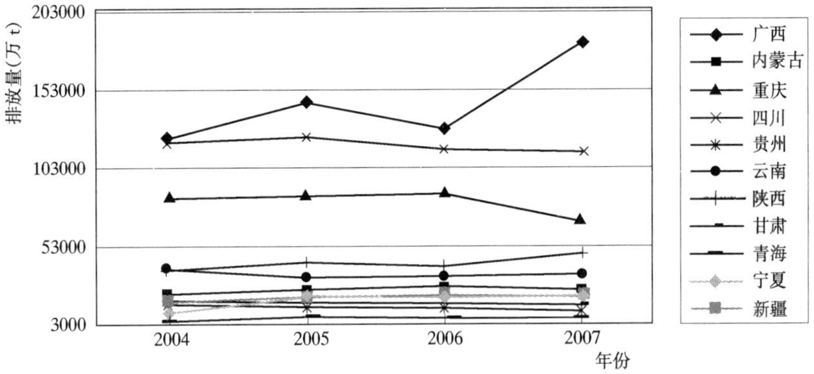

图 34.13　西部地区工业废水排放量

表 34.4　　**西部地区工业废水排放量**　　单位：万 t

省（自治区、直辖市）	2004 年	2005 年	2006 年	2007 年	省（自治区、直辖市）	2004 年	2005 年	2006 年	2007 年
广西	122731	145609	128932	183981	陕西	36833	42819	40479	48523
内蒙古	22848	24967	27823	25021	甘肃	18293	16798	16570	15856
重庆	83031	84885	86496	69003	青海	3544	7619	7168	7318
四川	119223	122590	115348	114687	宁夏	9510	21411	18500	21089
贵州	16119	14850	13928	12101	新疆	17671	20052	20558	20960
云南	38402	32928	34286	35352	合计	488205	534528	510088	553891

34.3.1.2　化学需氧量排放

从化学需氧量排放来看，其排放量基本上也是呈现逐年减缓的趋势，且降幅很小，但省际之间排放量差异很大，广西壮族自治区、四川省的化学需氧量排放量明显高出其他各省。

2005 年以来，只有少数年份和少数省份的化学需氧量排放量略有上升，2006 年的广西、内蒙古、四川、云南新疆等省（自治区）的化学需氧量排放量以及 2007 年的新疆维吾尔自治区的化学需氧量排放量都有所反弹，较上一年都略有增长。

至 2007 年，广西、内蒙古、重庆、四川、贵州、云南、陕西、甘肃、青海、宁夏、新疆省（自治区、直辖市）化学需氧量排放量分别为 106.3 万 t、28.8 万 t、25.1 万 t、77.1 万 t、22.7 万 t、29.0 万 t、34.5 万 t、17.4 万 t、7.6 万 t、13.7 万 t、29.0 万 t。其中，化学需氧量排放量最高的广西壮族自治区是最低的青海省的近 14 倍。2004～2007 年西部地区废水中化学需氧量排放量，见图 34.14、表 34.5。

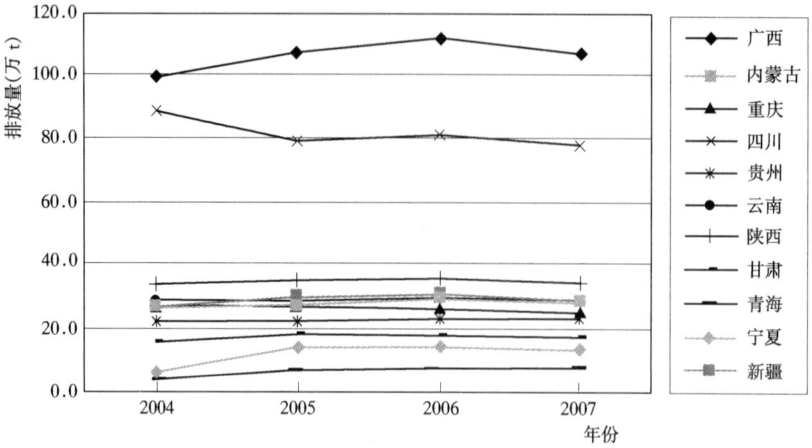

图 34.14　西部地区化学需氧量排放量

表 34.5　　西部地区化学需氧量排放量　　单位：万 t

省（自治区、直辖市）	2004 年	2005 年	2006 年	2007 年	省（自治区、直辖市）	2004 年	2005 年	2006 年	2007 年
广西	99.4	107.0	111.9	106.3	陕西	33.8	35.0	35.5	34.5
内蒙古	27.5	29.7	29.8	28.8	甘肃	15.8	18.2	17.8	17.4
重庆	27.0	26.9	26.4	25.1	青海	3.9	7.2	7.5	7.6
四川	88.2	78.3	80.6	77.1	宁夏	6.6	14.3	14.0	13.7
贵州	22.3	22.6	22.9	22.7	新疆	26.2	27.1	28.8	29.0
云南	29.0	28.5	29.4	29.0	合计	379.9	394.8	404.6	391.1

34.3.1.3　大气污染

2005 年以来，西部地区工业废气排放量呈逐年上升趋势，到 2007 年各省（自治区、直辖市）排放量累计增加 38.62%。而且，各省（自治区、直辖市）工业废气排放总量表现较大差异，四川、内蒙古、广西等省（自治区）的工业废气排放量明显比其他省高很多。

2007 年，广西、内蒙古、重庆、四川、贵州、云南、陕西、甘肃、青海、宁夏、新疆各省（自治区、直辖市）工业废气排放量分别为 12724 亿标 m^3、18200 亿标 m^3、7617 亿标 m^3、22970 亿标 m^3、10356 亿标 m^3、8082 亿标 m^3、6469 亿标 m^3、5818 亿标 m^3、2492 亿标 m^3、3981 亿标 m^3、5797 亿标 m^3。其中，四川省工业废气排放量最高，青海省最低，两者相差 9.22 倍。2004～2007 年西部地区废气排放量，见图 34.15、表 34.6。

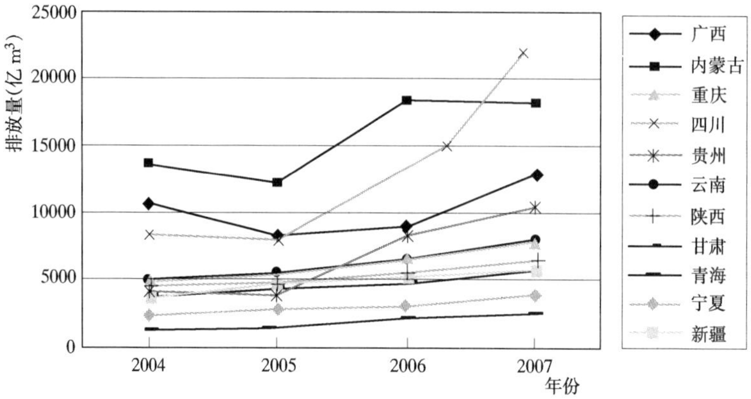

图 34.15　西部地区废气排放量

表 34.6　　西部地区废气排放总量　　单位：亿标 m^3

省（自治区、直辖市）	2004 年	2005 年	2006 年	2007 年	省（自治区、直辖市）	2004 年	2005 年	2006 年	2007 年
广西	10656	8339	8969	12724	陕西	4374	4916	5535	6469
内蒙古	13518	12071	18415	18200	甘肃	3690	4250	4761	5818
重庆	3541	3655	6757	7617	青海	1238	1370	2099	2492
四川	7466	8140	10553	22970	宁夏	2338	2844	3140	3981
贵州	4182	3852	8344	10356	新疆	3806	4485	5053	5797
云南	4940	5444	6646	8082	合计	59749.0	59366.0	80272.0	104506.1

34.3.1.4　二氧化硫排放

从主要污染物的排放总量来看，从 2004 ~ 2006 年的 3 年间工业二氧化硫排放量呈现逐年缓慢上升的趋势，之后开始缓慢下降。而且，各省（自治区、直辖市）二氧化硫排放总量表现较大差异，内蒙古、四川、广西等省（自治区）的工业废气排放量明显比其他省（自治区、直辖市）高很多。

2007 年，广西、内蒙古、重庆、四川、贵州、云南、陕西、甘肃、青海、宁夏、新疆省（自治区、直辖市）工业二氧化硫排放量分别为 92.6 万 t、128.3 万 t、68.3 万 t、102.3 万 t、92.1 万 t、44.5 万 t、84.6 万 t、43.6 万 t、12.5 万 t、34.0 万 t、47.3 万 t。其中，排放量最高的内蒙古自治区与排放量最低的青海省相差 10.26 倍。2004 ~ 2007 年西部地区工业二氧化硫排放量，见图 34.16、表 34.7。

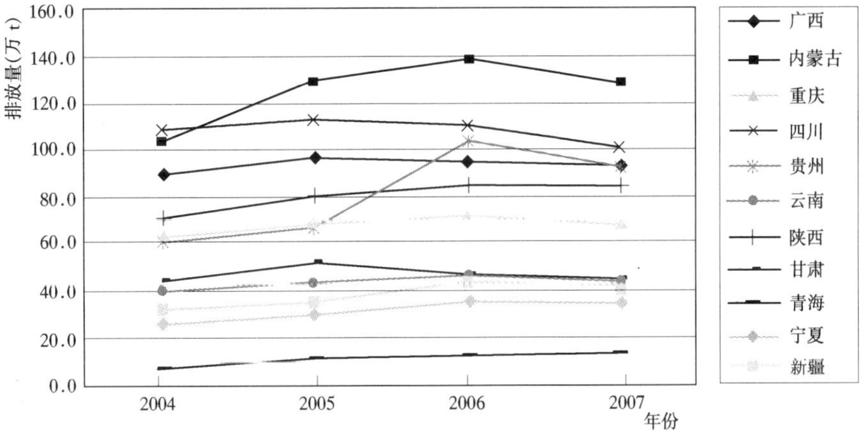

图 34.16　西部地区二氧化硫排放量

表 34.7　　西部地区各省工业二氧化硫排放量　　单位：万 t

省（自治区、直辖市）	2004 年	2005 年	2006 年	2007 年	省（自治区、直辖市）	2004 年	2005 年	2006 年	2007 年
广西	89.7	97.5	94.4	92.6	陕西	70.6	80.0	84.6	84.6
内蒙古	103.4	129.6	138.4	128.3	甘肃	43.8	51.7	46.3	43.6
重庆	64.1	68.3	71.2	68.3	青海	6.4	11.5	12.1	12.5
四川	109.9	114.1	112.1	102.3	宁夏	26.0	30.2	35.0	34.0
贵州	60.0	65.9	104.0	92.1	新疆	31.5	34.8	42.9	47.3
云南	40.0	42.9	45.6	44.5	合计	645.4	726.5	786.6	750.1

34.3.1.5　固体废物污染

2005 年以来，西部地区的工业固体废物排放量总体呈现逐年上升的趋势，至 2007 年，排放量累计增加 39.6%。而且，各省（自治区、直辖市）工业固体废物排放的增幅也存在一定差异，内蒙古、四川、云南等省（自治区）的工业固体废物排放量比其他省（自治区、直辖市）明显高很多。

2007 年，广西、内蒙古、重庆、四川、贵州、云南、陕西、甘肃、青海、宁夏、新疆省（自治区、直辖市）工业固体废物排放量分别为 4544 万 t、10973 万 t、2087 万 t、9654 万 t、5989 万 t、7098 万 t、5480 万 t、3001 万 t、1129 万 t、1046 万 t、2137 万 t，排放量最多的内蒙古自治区跟排放量最少的宁夏回族自治区相差 10.5 倍。2004 ~ 2007 年西部地区工业固体废物产生量，见图 34.17、表 34.8。

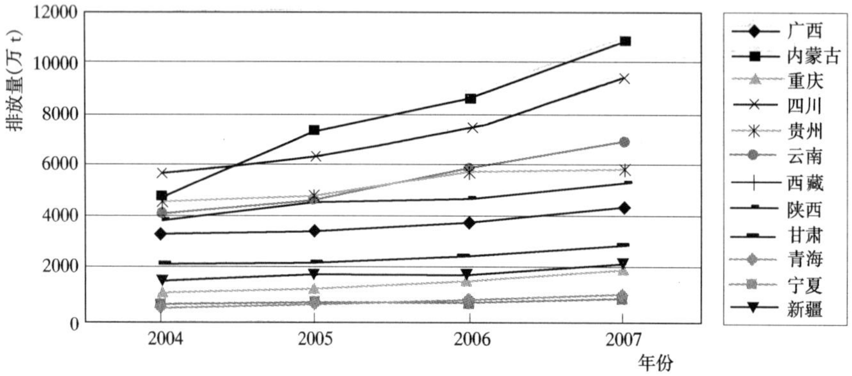

图 34.17　西部地区工业固体废物排放量

表 34.8　　西部地区工业固体废物产生量　　单位：万 t

省（自治区、直辖市）	2004 年	2005 年	2006 年	2007 年	省（自治区、直辖市）	2004 年	2005 年	2006 年	2007 年
广西	3291	3489	3894	4544	陕西	3820	4588	4794	5480
内蒙古	4702	7363	8710	10973	甘肃	2139	2249	2591	3001
重庆	1489	1777	1764	2087	青海	508	649	882	1129
四川	5847	6421	7600	9654	宁夏	645	719	799	1046
贵州	4560	4854	5827	5989	新疆	1129	1295	1581	2137
云南	4053	4661	5972	7098	合计	32183.0	38065.0	44414.0	53136.3

34.3.2　污染次数和直接经济损失

2005 年以来，从西部地区环境污染与破坏事故次数来看，总体呈现逐年较快下降趋势，但不同省之间的环境污染与破坏事故次数差异很大。

2007 年西部地区共发生环境污染与破坏事故次数 348 次，为 2005 年的 41.88%，共造成直接经济损失 7879.3 万元。

其中，水污染占 58.62%，大气污染占 28.87%，固体废物污染占 7.76%，其他占 5.75%，环境污染共造成直接经济损失 7879.3 万元。可见，水体污染事件比较多，其次是大气污染事件。

2007 年广西、内蒙古、重庆、四川、贵州、云南、陕西、甘肃、青海、新疆各省（自治区、直辖市）的环境污染与破坏事故次数分别是 89 次、1 次、10 次、7 次、23 次、101 次、42 次、72 次、1 次、2 次。其中，宁夏回族自治区没有环境污染与破坏事故记录，而环境污染与破坏事故次数最高的云南省，高达 101 次；环境污染与破坏事故次数下降幅度最大的是四川省，从 2005 年的 238 次下降到 2007 年仅发生 7 次环境污染与破坏事故。2004 ~ 2007 年西部地区环境污染与破坏事故次数与次数比例，见图 34. 18、图 34. 19。

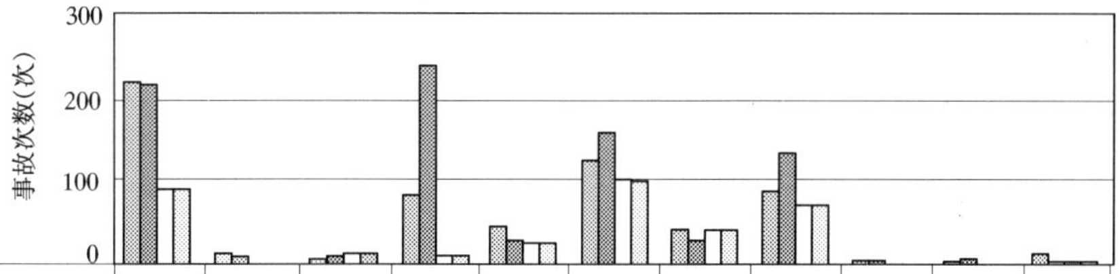

年份	广西	内蒙古	重庆	四川	贵州	云南	陕西	甘肃	青海	宁夏	新疆
2004	218	11	4	81	43	124	41	89	3	3	13
2005	215	7	8	238	28	159	27	135	2	7	5
2006	89	1	10	7	23	101	42	72	1		2
2007	89	1	10	7	23	101	42	72	1		2

图 34. 18　西部地区环境污染与破坏事故

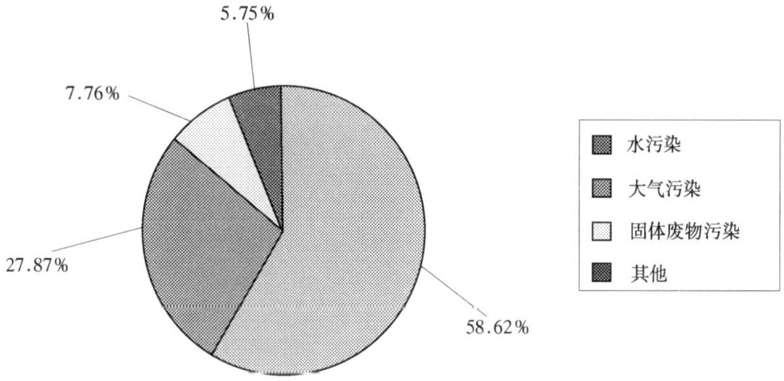

图 34. 19　西部地区环境污染与破坏事故比例

34. 3. 3　区域环境保护

西部地区是中国能源供应的重要战略基地，向东部发达地区输出资源，承担生态破坏和环境污染的成本，严重影响了地区生态环境。2007 年西部地区一次生产总量为 90956. 19 万 t 标准煤，占全国的比重为 40. 85%，其中原煤生产主产地集中在内蒙古、陕西、和贵州 3 省（自治区）；原油生产主产地集中在新疆和陕西 2 省（自治区）；天然气主产地集中在新疆、四川和陕西 3 省（自治区）。同时，西部地区也是原煤、天然气和电力的净输出地区，2007 年输出一次能源 35650. 40 万 t 标准煤。因此，作为中国能源供应的重要战略基地和环境保护关键地区的西部地区，其能源供应能力、利用效率的提高和生态环境质量的改善对西部地区社会经济发展和生态环境改善以及东、中部地区的生态环境的改善都有很大影响。

实施西部大开发战略以来，西部地区加大了西部生态环境保护和建设，加快了生态环境的恢复和改善。从化学需氧量排放达标情况看，9 个化学需氧量排放达标率超过 90% 的省份中，西部地区的仅有陕西省；从二氧化硫排放达标情况，在 10 个二氧化硫排放达标率超过 90% 的省份中，西部地区也只有陕西省；有 8 个省份环保重点城市空气质量优良天数比例超过 95%，其中包括西部地区的云南、广西、西藏、四川 4 省（自治区）。

34.4 西部地区节能减排

34.4.1 节能减排现状

34.4.1.1 能源节约有待进一步加强

从节能目标的累计完成进度来看，到 2008 年西部地区各省（自治区、直辖市）中完成节能目标 60% 以上的有陕西、广西等 2 省（自治区），分别为 65.57%、62.68%，接近完成节能目标 60% 的有云南、贵州、宁夏、甘肃、重庆、内蒙古、四川等 7 省（自治区、直辖市），分别为 58.34%、57.28%、54.87%、53.93%、53.17%、50.83%、48.53，距离完成节能目标 60% 相差甚远的有新疆、青海等 2 省（自治区），分别仅为 35.75%、26.58%，见表 34.9。

表 34.9　西部地区节能减排和环境保护目标及其累计完成情况分析

省（自治区、直辖市）	单位 GDP 能耗（%）			化学需氧量排放（%）			二氧化硫排放（%）		
	2008 年比 2005 年上升或下降	“十一五”规划末目标值	2008 年完成进度	2008 年比 2005 年上升或下降	“十一五”规划末目标值	2008 年完成进度	2008 年比 2005 年上升或下降	“十一五”规划末目标值	2008 年完成进度
广西	-9.40	-15.00	62.68	-5.35	-12.1	44.2	-9.62	-9.9	97.16
内蒙古	-12.71	-25.00	50.83	-5.69	-6.7	84.9	-1.72	-3.8	45.19
重庆	-10.63	-20.00	53.17	-10.15	-11.2	90.6	-6.52	-11.9	54.82
四川	-9.71	-20.00	48.53	-4.33	-5.0	86.6	-11.64	-11.9	97.81
贵州	-11.46	-20.00	57.28	-1.86	-7.7	24.1	-9.01	-15.0	60.04
云南	-9.92	-17.00	58.34	-1.58	-4.9	32.2	-3.89	-4.0	97.22
陕西	-13.11	-20.00	65.57	-5.11	-10.0	51.1	-3.54	-12.0	29.46
甘肃	-10.79	-20.00	53.93	-6.32	-7.7	82.1	-10.92	0.0	
青海	-4.52	-17.00	26.58	3.61	0.0		8.71	0.0	
宁夏	-10.97	-20.00	54.87	-7.83	-14.7	53.3	1.55	-9.3	-16.61
新疆	-7.15	-20.00	35.75	0.00	0.0		8.79	0.0	

就能源利用效率而言，西部地区整体落后于全国平均水平，基本属于能源利用效率低的第三梯队。表现为单位 GDP 能耗大于 1.0t 标准煤/万元且小于 2.0t 标准煤/万元、单位 GDP 电耗大于 1000t 标准煤/万元且小于 2000t 标准煤/万元的有新疆、云南、四川、陕西、重庆和广西 6 省（自治区、直辖市）；单位 GDP 能耗大于 2.0t 标准煤/万元、单位 GDP 电耗大于 2000t 标准煤/万元的有宁夏、青海、甘肃、贵州和内蒙古 5 省（自治区）。

34.4.1.2 水环境质量亟须改善

近年来，随着实施西部大开发战略实施，西部地区经济发展迅速，水环境质量有一定改善。根据 2008 年全国环境质量公报监测结果，地表水水质优的 7 个省份主要集中于西部地区，包括有广西、重庆、西藏、甘肃、宁夏、新疆等 6 省（自治区、直辖市），Ⅰ~Ⅲ类断面比例超过 90%。

但西部地区水环境问题依旧比较突出。以2005年为基期，到2007年西部地区工业废水排放量增长了3.62%，工业废水排放量基本上呈现逐年缓慢上升的趋势。从化学需氧量减排目标的累计完成进度来看，到2008年西部地区完成化学需氧量减排目标60%以上的有重庆、四川、内蒙古、甘肃等4省（自治区、直辖市），分别为90.6%、86.6%、84.9%、82.1%，接近完成化学需氧量减排目标60%的有宁夏、陕西等2省（自治区），分别为53.3%、51.1%，距离完成化学需氧量减排目标60%的比较大的有广西、云南、贵州等3省（自治区），仅完成了44.2%、32.2%、24.1%。

可见，随着西部各省经济的迅速发展，地区环境问题越发突出，当务之急是必须大力削减工业废水排放量，加大西部地区的环保力度。

34.4.1.3 大气污染形势严峻

2005年以来，西部地区工业废气排放量呈逐年上升趋势，到2007年各省（自治区、直辖市）排放量累计增加38.62%。从工业二氧化硫排放总量来看，2004~2006年的3年间工业二氧化硫排放量呈现逐年缓慢上升的趋势，之后开始缓慢下降。

从二氧化硫减排目标的累计完成进度来看，到2008年西部地区完成二氧化硫减排目标60%以上的有四川、云南、广西、贵州等4省（自治区），分别为97.81%、97.16%、97.22%、60.04%，未完成二氧化硫减排目标60%的有重庆、内蒙古、陕西、宁夏等4省（自治区、直辖市），为54.82%、45.19%、29.46%、-16.61%，见表34.10、表34.11。

表34.10　　2008年西部地区能源利用效率　　单位：t标准煤/万元

省（自治区、直辖市）	单位GDP能耗	单位工业增加值能耗	单位GDP电耗	省（自治区、直辖市）	单位GDP能耗	单位工业增加值能耗	单位GDP电耗
广西	1.106	2.335	1254.15	陕西	1.281	2.009	1256.02
内蒙古	2.159	4.19	1887.32	甘肃	2.013	4.05	2539
重庆	1.267	2.106	1090.19	青海	2.935	3.243	4061.64
四川	1.381	2.477	1156.37	宁夏	3.686	7.13	5084.09
贵州	2.875	4.323	2452.21	新疆	1.963	2.999	1331.24
云南	1.562	2.847	1654.94				

表34.11　　2008年西部地区主要污染物排放情况　　单位：万t

省（自治区、直辖市）	化学需氧量	二氧化硫	省（自治区、直辖市）	化学需氧量	二氧化硫
广西	101.28	92.46	陕西	33.21	88.94
内蒙古	28.01	143.1	甘肃	17.05	50.15
重庆	24.17	78.24	青海	7.46	13.48
四川	74.91	114.78	宁夏	13.18	34.83
贵州	22.18	123.57	新疆	27.1	56.46
云南	28.05	50.17			

34.4.2 节能减排任务与节能减排潜力

34.4.2.1 西部地区发展目标和节能减排任务[1]

发展目标：根据西部地区的资源禀赋和产业基础，充分利用西部地区的能源资源优势，在促

[1] http://www.rbc.cn/main/xw/gdxw/200608/t20060821_180113.htm.

进资源、环境与经济发展相协调的前提下，以市场为导向，调整优化能源结构，促进集中布局，提高优势资源加工增值比重，着力发展能源、矿业、机械制造、农果业、中药材、加工制造和特色旅游等产业，建设成为国家重要的能源供应基地、风情独特的旅游目的地和生态环境建设的示范基地。

节能减排的主要任务：节能降耗、减排治污作为发展的约束性指标，根据《"十一五"期间各地区单位生产总值能源消耗降低指标计划》、《"十一五"期间全国主要污染物排放总量控制计划》的要求，将节能减排约束指标具体落实到西部地区11省（自治区、直辖市），见表34.12，再分解落实到各市（地）、县及有关行业和重点企业，并制订具体实施方案，明确责任主体，层层抓好落实，严格执行，确保总量控制目标的实现。

表34.12　　西部地区节能减排和环境保护目标及其累计完成情况分析

省（自治区、直辖市）	单位GDP能耗			化学需氧量排放			二氧化硫排放		
	2005年基数（t标准煤/万元）	"十一五"规划末目标值（%）	2008年完成进度（%）	2005年排放量（万t）	"十一五"规划末目标值（%）	2008年完成进度（%）	2005年排放量（万t）	"十一五"规划末目标值（%）	2008年完成进度（%）
广西	1.221	-15.00	62.68	107	-12.1	44.2	102.3	-9.9	97.16
内蒙古	2.473	-25.00	50.83	29.7	-6.7	84.9	145.6	-3.8	45.19
重庆	1.418	-20.00	53.17	26.9	-11.2	90.6	83.7	-11.9	54.82
四川	1.529	-20.00	48.53	78.3	-5.0	86.6	129.9	-11.9	97.81
贵州	3.247	-20.00	57.28	22.6	-7.7	24.1	135.8	-15.0	60.04
云南	1.734	-17.00	58.34	28.5	-4.9	32.2	52.2	-4.0	97.22
陕西	1.474	-20.00	65.57	35	-10.0	51.1	92.2	-12.0	29.46
甘肃	2.256	-20.00	53.93	18.2	-7.7	82.1	56.3	0.0	
青海	3.074	-17.00	26.58	7.2	0.0		12.4	0.0	
宁夏	4.140	-20.00	54.87	14.3	-14.7	53.3	34.3	-9.3	-16.61
新疆	2.114	-20.00	35.75	27.1	0.0		51.9	0.0	

34.4.2.2　西部地区节能减排的发展潜力

1. 优化经济结构

西部地区生态环境脆弱，开发过程中稍不注意就容易引起生态环境退化，优化经济结构，改善西部地区生态环境刻不容缓。总的看来，西部地区三次产业结构均呈现出"二三一"结构态势，与其他地区相比较，西部地区第一产业所占比重较高，第二产业比重与全国及东部地区有较大差距，工业化基础也比较薄弱，正是由于工业化不发达，其第三产业表现出一种产业结构的"虚高度化"。为此，西部地区应着力发展能源、矿业、机械制造、农果业、中药材、加工制造和特色旅游等产业，以改善产业结构，从而实现提高能源利用效率、减少污染排放，挖掘西部地区节能减排的潜力。

2. 加快技术进步

目前我国已进入节能减排的关键期，必须紧紧依靠技术进步，抓住对科技进步推动作用大的关键技术，增强自主创新能力，积极改进工艺，大力提高能源利用效率，降低能耗和污染排放，充分发挥科技在节能减排中的重要作用，是发挥节能减排潜力的有效途径。为此，西部地区必须通过技术进步挖掘节能减排的潜力：一是大力发展高新技术产业，尽快提高高新技术产业和产品在西部地区经济发展中的比重；二是在西部各省选择一批能够带动行业全局、见效迅速、促进地区经济持续健康发展的项目作为重点进行扶持；三是在西部地区各省因地制宜的制定“三高”产业专项发展规划、政策，建立产业退出机制，提高行业准入标准，鼓励运用高新技术和先进适用技术来改造提升传统产业，促进传统产业结构优化和升级，推进节能减排和环境保护，实现了节能和环保的双赢；四是依靠技术进步降低产品单耗，实现节能减排目标。

3. 提高管理水平

西部地区担负着重要的生态保护和生态建设任务，节能减排任务重，压力大，健全节能减排的组织、管理和监督体系迫在眉睫。为此，一是增强资源环境管理部门的权威，健全和强化资源环境管理系统；二是西部地区严格落实“目标明确、责任落实、奖惩分明、一级抓一级、一级考核一级”的节能减排管理制度，强化管理，落实责任，严格督查，以挖掘节能减排潜力；三是加强环保执法，强调环保优先，强化舆论监督，营造节能减排的浓厚氛围；四是加大节能减排工作的政策扶持，加大节能环保投入，发展环保产业，重点加强水、大气、土壤等污染防治。

34.4.3 区域节能减排投资机会

34.4.3.1 区域节能能力与投资机会

西部大开发以来，西部地区强化了节能政策措施，取得了一定节能成效。根据《“十一五”期间各地区单位生产总值能源消耗降低指标计划》和《2008 年各省、自治区、直辖市单位 GDP 能耗等指标公报》，2008～2010 年，西部地区总的节能能力达到 10405.001 万 t 标准煤，占全国节能总量的 27.94%，如果按每形成 1t 标准煤节能能力的投资需求为 1500 元测算❶，西部地区节能投资需求高达 15607501.5 万元，见表 34.13。

从各省节能能力测算情况看，从 2008 年至“十一五”规划末期，节能能力达到 1000 万 t 标准煤左右的有内蒙古、四川、新疆等 3 省（自治区），分别为 2366.22 万 t 标准煤、1995.47 万 t 标准煤、1134.29 万 t 标准煤，将会形成的节能投资需求分别为 3549324 万元、2993202 万元、1701435 万元；贵州、陕西、云南、重庆、甘肃、广西、宁夏、青海等 8 省（自治区、直辖市）节约能力分别为 925.619 万 t 标准煤、707.673 万 t 标准煤、688.652 万 t 标准煤、668.294 万 t 标准煤、658.455 万 t 标准煤、481.758 万 t 标准煤、411.479 万 t 标准煤、367.097 万 t 标准煤，形成节能投资需求分别为 1388428 万元、1061509 万元、1032978 万元、1002442 万元、987683 万元、722637 万元、617218 万元、550645 万元，见表 34.13。

34.4.3.2 区域二氧化硫削减能力与投资机会

西部大开发以来，西部地区加大了环境保护的力度，地区生态环境质量状况得到一定程度的改善。从二氧化硫削减情况看，根据《“十一五”期间全国主要污染物排放总量控制计划》中的二氧化硫削减量控制目标的要求，西部地区 2008 年比 2010 年消减 27.58 万 t 二氧化硫，占全国二氧化硫削减量的 38.06%，根据每消减 1t 二氧化硫折算成 2.4987 万元❷的治理投资额计算，至

❶ 国家发展和改革委员会能源研究所，《节能及可再生能源发展基金研究》：按每形成 1t 标准煤节能能力的投资需求为 1500 元测算。

❷ 二氧化硫减排两成酸雨污染有所减轻——国务院批复《两控区酸雨和二氧化硫污染防治“十五”计划》：该“计划”同时提出，将投资 967 亿元，建设二氧化硫综合治理项目 550 项，以形成二氧化硫削减能力 387 万 t/a。（中国水网 http://news.h2o-china.com/society/wastewater/132761036978620_1.shtml）

2010 年西部地区二氧化硫削减的治理投资额度为 684155 万元，将有近 70 亿元的相关投资机会，见表 34.14。

表 34.13　　2008～2010 年东部地区节能能力及节能投资机会

省（自治区、直辖市）	①2005 年基数（t 标煤/万元）	②2010 年目标（t 标煤/万元）	③2008 年已完成进度（%）	④2008～2010 年节能能力（万 t）	⑤节能投资需求（万元）
广西	1.22	1.04	62.68	-481.758	-722637
内蒙古	2.48	1.86	50.83	-2366.22	-3549324
重庆	1.42	1.14	53.17	-668.294	-1002442
四川	1.53	1.22	48.53	-1995.47	-2993202
贵州	3.25	2.6	57.28	-925.619	-1388428
云南	1.73	1.44	58.34	-688.652	-1032978
陕西	1.48	1.18	65.57	-707.673	-1061509
甘肃	2.26	1.81	53.93	-658.455	-987683
青海	3.07	2.55	26.58	-367.097	-550645
宁夏	4.14	3.31	54.87	-411.479	-617218
新疆	2.11	1.69	35.75	-1134.29	-1701435

注　2008～2010 年节能能力的测算：④=（②-①）×（1-③%）×2008 年各省 GDP.

表 34.14　　2008～2010 年西部地区化学需氧量、减排量二氧化硫的削减能力及治理投资额

省（自治区、直辖市）	2008～2010 年化学需氧量减排量（万 t）	治理投资额（万元）	2008～2010 年二氧化硫减排量（万 t）	综合治理资额（万元）
广西	-7.28	-326252	-0.26	-6449.61
内蒙古	-0.31	-13892.6	-3.1	-76899.2
重庆	-0.27	-12100	-4.54	-112620
四川	-0.51	-22855.6	-0.38	-9426.36
贵州	-1.18	-52881.5	-8.17	-202667
云南	-0.95	-42574.1	-0.07	-1736.43
陕西	-1.71	-76633.3	-7.84	-194481
甘肃	-0.25	-11203.7	6.15	152558.1
青海	-0.26	-11651.9	-1.08	-26790.7
宁夏	-0.98	-43918.5	-3.73	-92527.1
新疆	0	0	-4.56	-113116
西部地区	-13.7	-613963	-27.58	-684155

从各省减排情况看，二氧化硫削减量达到 3 万 t 以上的有贵州、陕西、新疆、重庆、宁夏、内蒙古等 6 省（自治区、直辖市），分别为 8.17 万 t、7.84 万 t、4.56 万 t、4.54 万 t、3.73 万 t、3.1 万 t，二氧化硫削减的治理投资额度分别为 202667 万元、194481 万元、113116 万元、112620 万元、92527.1 万元、76899.2 万元；青海、四川、广西、云南等 4 省（自治区）二氧化硫削减量分别为 1.08 万 t、0.38 万 t、0.26 万 t、0.07 万 t，二氧化硫削减的治理投资额度分别为 26790.7 万元、9426.36 万元、6449.61 万元、1736.43 万元；根据《“十一五”期间全国主要污

染物排放总量控制计划》中的二氧化硫削减量控制目标的要求，“十一五”期间甘肃二氧化硫削减量为0，经过头3年削减后，2008年之后的两年内，甘肃省还有较大的二氧化硫排放空间，即使增加排放二氧化硫6.15万t，也能实现“十一五”规划总量控制计划所要求的削减量控制目标，见表34.14。

34.4.3.3 区域化学需氧量削减能力与投资机会

从化学需氧量削减情况看，根据《“十一五”期间全国主要污染物排放总量控制计划》中的化学需氧量削减量控制目标的要求，2008年至“十一五”规划期末西部地区削减化学需氧量13.7万t，占全国化学需氧量削减量的24.87%，根据每消减化学需氧量1t折算治理投资4.4815万元❶计算，至2010年西部地区化学需氧量削减的治理投资额度为613963万元，可带动相关产业达60亿元的投资机会，见表34.14。

从各省减排情况看，化学需氧量削减量达到3万t以上的只有广东省，达到7.28万t，其化学需氧量削减的治理投资额度为326252万元；陕西、贵州、宁夏、云南、四川、内蒙古、重庆、青海、甘肃等9省（自治区、直辖市）化学需氧量削减量分别为1.71万t、1.18万t、0.98万t、0.95万t、0.51万t、0.31万t、0.27万t、0.26万t、0.25万t，化学需氧量削减的治理投资额度分别为76633.3万元、52881.5万元、43918.5万元、42574.1万元、22855.6万元、13892.6万元、12100万元、11651.9万元、11203.7万元，而“十一五”规划期间新疆在化学需氧量排放方面没有变化。

34.4.4 区域节能减排政策措施

1. 强调产业结构调整，增加第三产业的比重

产业结构调整是实现节能减排的关键。西部地区的产业结构调整必须以西部的资源优势特色与发展阶段背景为基础，在发挥西部资源优势的前提下，大力调整产业结构调整。

（1）发展资源利用深度加工，由原来生产原材料等上游产品、初级产品、粗加工产品，更多地向生产下游产品、高级产品、精加工产品方向转变，拉长其产业链，增加资源附加值，降低单位产值的能源消耗和污染排放。

（2）发挥西部地区丰富的自然和文化旅游资源的优势，大力发展旅游业等第三产业，以推动产业结构的进一步优化升级。

2. 加快科技进步和技术创新

推进科技进步和技术创新是实现节能降耗减排的重要措施。为此：

（1）围绕提高能源利用效率，减少污染物排放，实施科技进步和技术创新工程，加快建立以企业为主体的节能技术创新体系，引导企业对适应市场机制、效益明显、先进成熟的技术加大投资力度，组织实施资源节约与综合利用方面的技术改造示范项目和相关新产品、新技术、新设备的开发和示范推广应用工作。

（2）积极采取集中规模化生产，促进集群化发展，以此推动节能降耗减排工作。按照国家产业政策的要求，在企业推行清洁生产，发展循环经济，加快淘汰落后生产能力，调整过于分散

---

❶ 测算依据：2007年，全省完成化学需氧量治理投资8.47亿元，治理项目11个，削减化学需氧量1.89万t。（国家环保总局节能减排核查组称赞我省污染减排工作。宁夏环保局 http：//www.lxzhb.gov.cn/hjssxw）

的产业布局，促进产业联合重组和集中生产，联合开展技术更新和污染防治。

3. 大力发展循环经济

发展循环经济，既能大量减少一次资源的消耗，又可大量减少污染的排放，是十分适合目前西部地区资源依赖型经济可持续发展的最佳模式。西部地区应该在三个层次上构筑循环圈。

（1）构筑企业内部的循环和企业间的循环，实现生产资源在同一个企业和不同企业的循环利用，通过资源利用的最大化，实现经济效益的最大化。

（2）构筑产业间循环，利用产业间上下游产品的特点，推动产业间“循环链”的对接，使各类资源在产业之间循环利用，实现资源在产业间的有效配置和合理利用。

（3）树立全民的环保意识，建设循环型、和谐型的绿色社会。政府应该鼓励境内外各种资本进入资源循环产业，为循环经济的发展提供资金和技术支持，最后要在全社会形成节约资源，保护环境、发展经济的社会氛围。

4. 加大国家支持力度，促进西部地区节能减排

（1）增加环保投入。中央政府在安排环境建设时，尽可能把有限的资金补助给西部地区，用财政转移支付的手段，对西部地区进行环境保护补偿。如在青海、西藏等省（自治区）建立长江、雅鲁藏布江等江河源头保护基金，以及增加对西部地区重点工业污染源污染防治资金的投入。

（2）中央和地方政府应加大那些对于治理环境污染成绩显著的企业的资金转移力度，促使企业积极进行污染治理工作。

（3）加大国家支持力度，通过规划、政策、资金、人才等手段大力支持和促进西部地区发展资源深度加工、高端装备制造，支持西部地区的产业高度化，改变西部主要提供初级产品的产业结构格局。

例如，广西壮族自治区建设领域节能减排根据《新型墙体材料专项基金征收和使用管理办法》（财综〔2002〕55号）规定，适当提高墙改基金征收标准，调整墙改基金核退政策，全面促进节能建筑发展，加速实现节能减排。充分运用墙改基金贴息补贴的政策手段，鼓励和支持利用页岩、煤矸石为原料，采用一次码烧隧道窑先进工艺技术开发生产非黏土空心制品；大力扶持利用石碴、建筑垃圾和工业废弃物作原料，采用年产规模3万 m^3 和15万 m^2 以上的先进成型设备开发生产混凝土空心砌块和轻质墙板。对现有砖瓦企业轮窑改隧道窑的项目实行定额补偿办法，加快砖瓦行业科技进步，逐步实现砖瓦企业转产多孔砖和非黏土新型墙体材料，淘汰实心黏土砖。

实行节能建筑的建设项目减免开发企业所得税政策。对建筑节能设备投资给予增值税进项税抵扣。加强建筑节能领域金融服务。鼓励和引导金融机构加大对建筑节能技术改造项目的信贷支持，优先为符合条件的建筑节能项目、循环经济项目提供直接融资服务。

2008年广西壮族自治区财政新增安排2.1亿元人民币用于支持节能减排工作；2.1亿元节能减排奖励资金将与全区当年的节能减排目标挂钩，重点支持60个节能技术改造项目和317个主要污染物减排项目建设。重点支持工业企业技改节能、淘汰落后产能、建筑节能、二氧化硫减排、化学需氧量减排以及节能减排监测能力建设等。

5. 完善节能减排管理体系

完善节能减排法律法规和相关政策，强化节能减排监管。认真贯彻落实《中华人民共和国

节约能源法》、《中华人民共和国环境保护法》、《清洁生产促进法》等法律和法规，加强节能、节水、资源综合利用执法检查和监测。依法组织对煤炭、电力、冶金、建材、化工、造纸等行业及企业和大型商场、宾馆等场所进行节能、节水、节电等专项检查，对能效标准、高耗电产品限额标准、建筑节能标准及行业节能设计规范执行情况进行检查；加强资源环境管理能力建设，建立更加有效的节能环保监督管理体系，坚决依法惩处各种违法违规行为，严格实行建设项目审批环保一票否决制；加大节能减排的宣传力度，不断提高广大人民群众的节能意识、环保意识、责任意识和参与意识，积极支持各类环保民间组织和环保热心人士开展工作，形成全民参与监督的机制。

35

东北地区的节能减排

35.1 东北地区发展特点

35.1.1 自然地理区位与资源禀赋

我国的东北地区主要包括辽宁省、吉林省、黑龙江省 3 省，土地面积为 79 万 km^2，占全国的 8.3% ❶；全国已探明储量的 157 种矿藏中东北有 130 多种，有 40 多种储量居全国前 3 位。其中，东北地区石油储量占 45%，原煤储量占 10%，可见，东北地区是我国重要的能源生产基地。

截至 2007 年，东北地区主要能源基础储量方面，石油基础储量赋存非常丰富，高达 93633.17 万 t，占全国石油基础储量的 37.92%；天然气基础储量仅低于西部地区的水平，达到 2270.78 亿 m^3，占全国天然气基础储量的 7.71%；煤炭基础储量赋存不高，仅为 130.04 亿 t，占全国煤炭基础储量的 3.99%。

1. 煤炭基础储量赋存总量不高，且分布不很均衡，主要集中于黑龙江省

东北地区煤炭基础储量赋存量不高，2007 年，东北地区煤炭基础储量平均水平为 43.35 亿 t，仅仅比中部地区平均水平（19.47 亿 t）略高些，不足中部地区平均水平（214.31 亿 t）的 20.23%。而且，分布也不很均衡。2007 年，黑龙江省煤炭基础储量为 74.15 亿 t、辽宁省为 43.36 亿 t、吉林省为 12.53 亿 t，分别占东北地区煤炭基础储量的 57.02%、33.34%、9.64%。见图 35.1。

2. 石油基础储量赋存总量非常丰富，但分布也非常不均衡，多集中在黑龙江省

东北地区的石油基础储量赋存非常丰富，占全国石油基础储量的 37.92%，2007 年，东北地区石油基础储量平均水平为 31211.06 万 t，是中部地区平均水平（1093.60 万 t）的 28.54 倍。但是，东北地区的石油基础储量分布也非常不均衡，黑龙江省石油基础储量最丰富，达到了

❶ http：//www.lw61.com/free/wklw/200905/120_ 2.html.

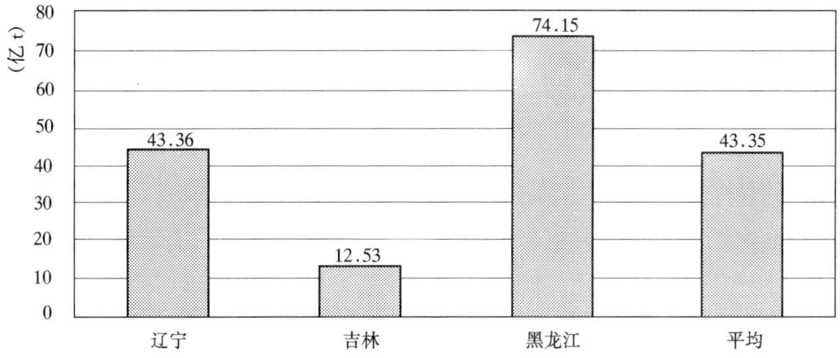

图 35.1 东北地区煤炭基础储量

60071.83 万 t，占东北地区石油基础储量的 64.16%。辽宁省、吉林省石油基础储量相差不多，分别为 16915.33 万 t、16646.01 万 t，占东北地区石油基础储量的 18.07%、17.78%。2007 年东北部地区石油基础储量见图 35.2。

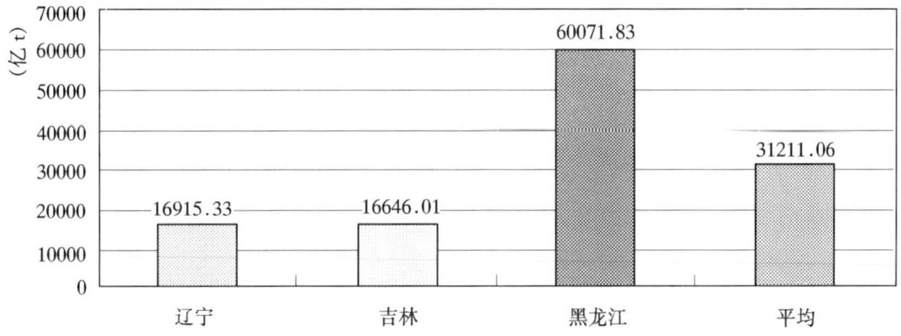

图 35.2 东北地区石油基础储量

3. 天然气基础储量赋存总量比较丰富，且分布非常不均衡，黑龙江省的天然气基础储量最丰富

相当于东、中部地区来说，东北地区的天然气基础储量赋存比较丰富，占全国天然气基础储量的 7.71%，2007 年，东北地区各省天然气基础储量平均水平为 756.93 亿 m^3，是中部地区各省平均水平（16.84 亿 m^3）的 44.95 倍。但是，东北地区的天然气基础储量分布也是非常不均衡，黑龙江省天然气基础储量最丰富，达到了 1391.39 亿 m^3，占东北地区天然气基础储量的 61.27%；吉林省天然气基础储量也比较丰富，为 670.18 亿 m^3，占东北地区天然气基础储量的 29.51%；辽宁省天然气基础储量较少，为 209.21 亿 m^3，占东北地区天然气基础储量的 9.21%。2007 年东北地区天然气基础储量见图 35.3。

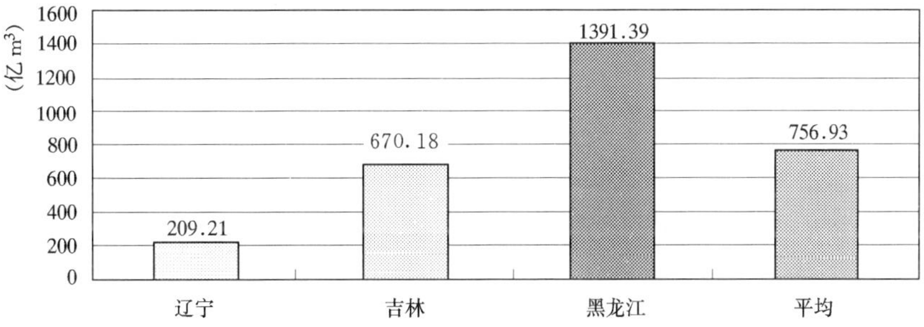

图 35.3 东北地区天然气基础储量

35.1.2 经济发展水平

中央政府在 2003 年开始的东北振兴，是继西部大开发后的又一个国家层面的开发战略。东北振兴的主要途径有如下几点。

（1）加快体制创新。实现资金、技术、劳动力等生产要素自由流动，用市场吸引国内外投资。实施产权重组，对东北国有资产进行重组、改造，发展混合所有制经济，改变东北较为单一的产权结构，实现投资和生产主体的多元化。同时，在税收等方面给予特殊政策，进行增值税改革。

（2）加快科技发展。重点发展电子通信设备、软件开发、生物技术和医药、航空航天等高新技术产业，以现代科技来改造东北的原有企业，鼓励一批处于产业衰退期的资源产业退出，建立覆盖面大的社会保障网络，解决因产业转型留下的问题。

（3）加快结构升级。重点发展数控机床、输变电设备、轨道车辆、发电设备、燃气轮机、重型机械、船舶、汽车及零部件、飞机等现代制造业，加大老油田的勘探力度，建设大型煤炭基地，促进煤电联营，建设大型石化基地和精品钢材基地等。

2003 年东北振兴战略开始实施以来，我国东北地区经济迅速扩张，主要经济指标保持较快增长势头。到 2008 年，东北地区生产总值达到 25756 亿元，占全国总量的 8.04%，辽宁省、黑龙江省、吉林省的地区生产总值分别是 11021.7 亿元、8310 亿元、6424 亿元，最高的辽宁省是最低的吉林省的 1.72 倍；从增长情况来看，东北地区各省都保持了较快的经济增长速度，但相互之间也存在一定差距，从地区生产总值增幅来看，吉林省最高，达 16%，黑龙江省最低，仅 11.8%，两者相差 4.2 个百分点。

从人均 GDP 发展水平来看，2008 年，辽宁省为 31259 元，黑龙江省为 21727 元，吉林省为 23514 元。说明东北地区内经济发展总体水平比较高，省际间经济发展相差不很大。

从三次产业结构看来，东北地区各省三次产业结构呈现出“二三一”结构态势，各省三大产业增加值比例的分布：辽宁省的为 9.7∶55.8∶34.5、黑龙江省的为 13.1∶52.5∶34.4、吉林省的为 14.3∶47.7∶38。可见，东北地区各省三次产业结构表现出：第一产业产值比重都不太低，除辽宁省的 9.7%，其他的都在 10% 以上，说明东北地区农业发展水平比较高；三产比重都不很高，均低于 40%，说明东北地区需要有待大力发展第三产业；第二产业在地区经济发展中占主导地位，对各省 GDP 的贡献达到 50% 左右，最高的辽宁省达到了 55.8%，最低的吉林省也达到 47.7%。2001 ~ 2008 年东北地区生产总值见图 35.4。

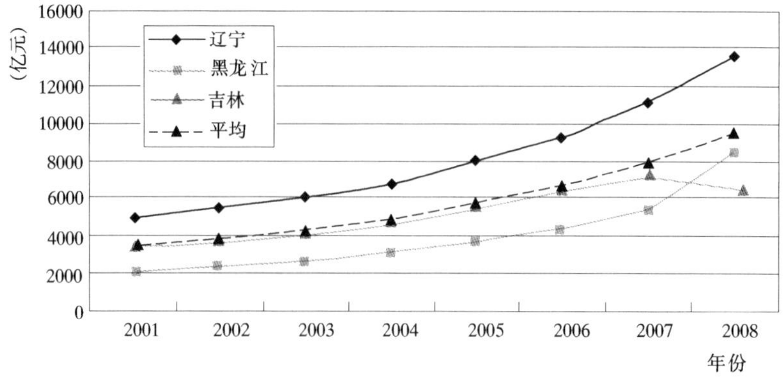

图 35.4 东北地区生产总值增长情况

2008 年东北地区全年生产总值见图 35.5。

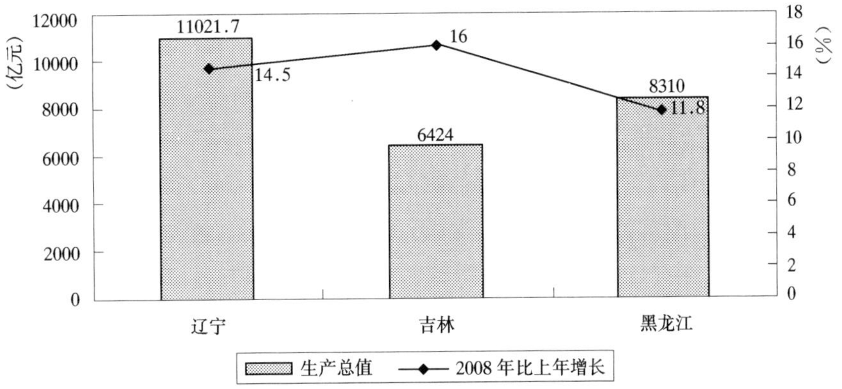

图 35.5　2008 年东北地区全年生产总值

2008 年东北地区人均 GDP 见图 35.6。

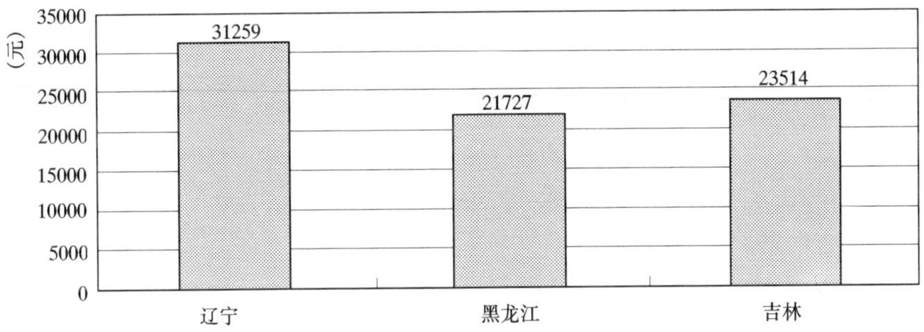

图 35.6　东北地区人均生产总值情况

2008 年东北地区三次产业结构见图 35.7。

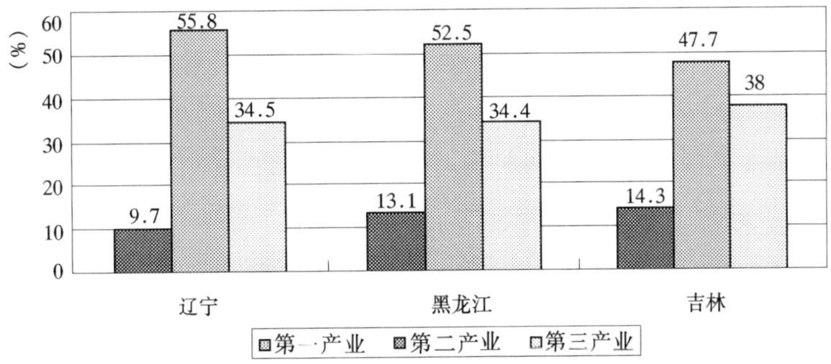

图 35.7　东北地区产业结构情况

35.2 东北地区能源供需消费特征

35.2.1 区域能源供应分析

35.2.1.1 原煤生产分析

东北地区原煤产量并不高。2007年，东北地区原煤总产量19768.38万t，占全国原煤总产量的7.83%，但东北地区省均原煤产量为6589.46万t，是东部地区省均原煤产量（2837.27万t）的2.32倍。见图35.8。

从各省原煤产量来看，黑龙江省为10065.11万t，辽宁省为6349.09万t，吉林省为3354.18万t。其中，黑龙江省的原煤产量是吉林省的3倍多。表明东北地区各省的原煤生产布局也不均衡。2007年东北地区原煤生产量见图35.8。

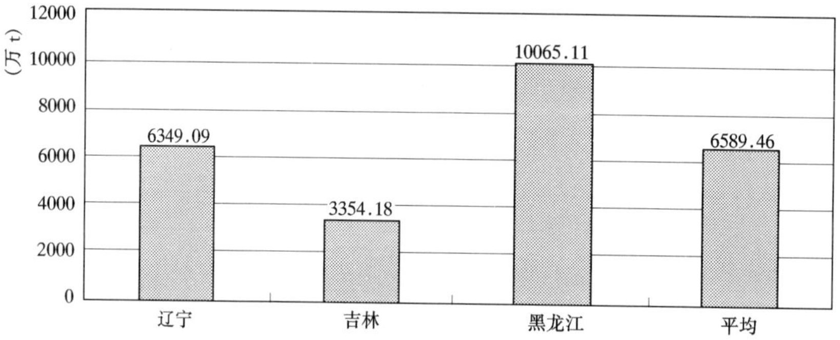

图35.8　东北地区原煤生产量

35.2.1.2 石油生产

东北地区也是我国重要的石油生产基地，但产地分布很不均衡。2007年东北地区原油总产量达到6000.93万t，占全国原油总产量的32.23%。而且主要集中在黑龙江省，达到了4169.83万t，辽宁、吉林两省原油产量不高，分别为1207.17万t和623.93万t。2007年东北地区原油生产量见图35.9。

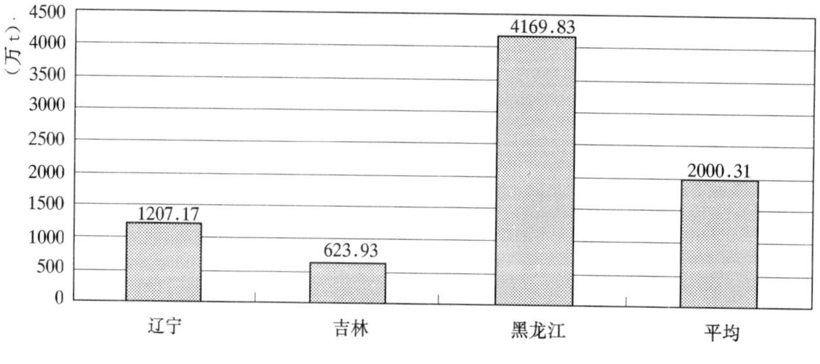

图35.9　东北地区原油生产量

35.2.1.3 天然气生产

东北地区的天然气储量较少，产量仅略高于中部地区，2007年的天然气产量高达39.44亿m^3，是中部地区天然气产量（16.93亿m^3）的2.33倍。而且，东北地区天然气产地分布也非常不均衡，主要集中在黑龙江省，为25.5亿m^3，辽宁省和吉林省分别为8.72亿m^3和5.22亿m^3。2007年东北地区天然气生产量见图35.10。

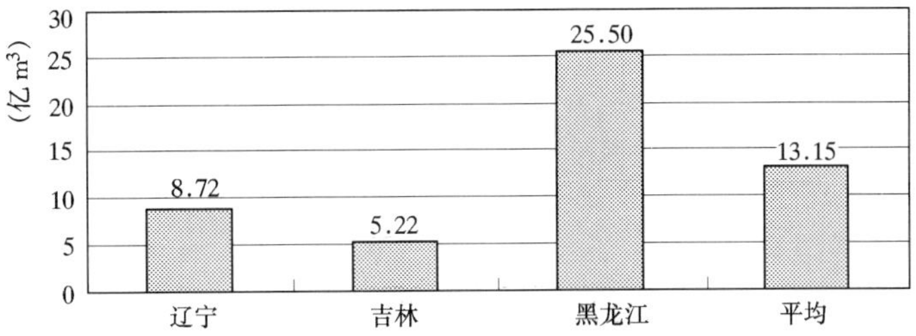

图35.10 东北地区天然气生产量

35.2.1.4 水力发电生产

东北地区水力资源蕴藏量不足，水力发电量也比较少，同时发电量的地区分布也很不均衡。2007年，东北地区水力发电量116.05亿kW·h，占全国水力发电量的2.4%，其中吉林省、辽宁省和黑龙江省的水力发电量分别为61.83亿kW·h、43.81亿kW·h和10.41亿kW·h。2007年东北地区电力生产量见图35.11。

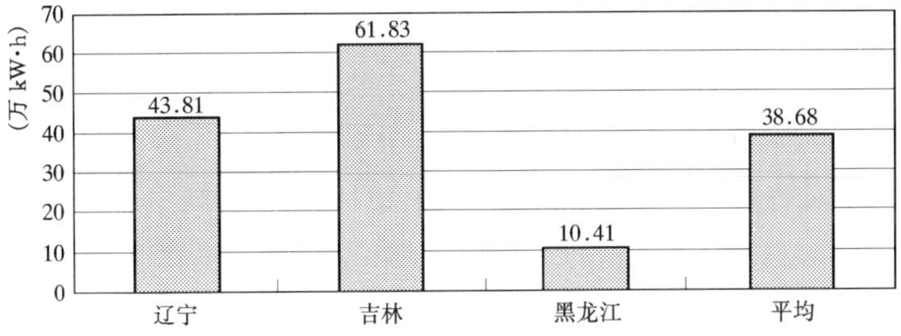

图35.11 东北地区水利发电量

35.2.2 区域能源消费

35.2.2.1 能源消费总量

从能源消费总量来看，2007年东北地区能源消费量为50062.25万t标准煤，占全国能源消费总量的12%，是我国能源消费的重要地区之一。其中，煤炭消费量30652.99万t标准煤，占全国煤炭消费量的10.22%；石油消费量18570.14万t，占全国石油消费量的18.36%，其消费水平仅少于东部地区而排名第二位；天然气消费量684.29万t标准煤，仅占全国天然气消费量的7.2%；一次电力消费量154.83万t标准煤，仅占全国一次电力消费量的2.43%。见表35.1、表35.2。

表35.1 东部地区能源利用效率 单位：t标准煤/万元

省份	单位GDP能耗	单位工业增加值能耗	单位GDP电耗
辽宁	1.617	2.426	1223.81
吉林	1.444	1.979	885.93
黑龙江	1.29	1.895	865.9
平均	1.45	2.10	991.88

表 35.2　　东北地区能源消费总量及构成　　单位：万 t 标准煤;%

省份	能源消费量		煤炭		石油		天然气		一次电力	
	总量	比例	总量	比例	总量	比例	总量	比例	总量	比例
辽宁	25841.83	51.62	14267.18	55.21	11326.30	43.83	189.93	0.73	58.43	37.74
吉林	9349.22	18.68	6568.05	70.25	2615.94	27.98	86.05	0.92	79.18	51.14
黑龙江	14871.20	29.71	9817.76	66.02	4627.91	31.12	408.31	2.75	17.22	11.12
东北地区	50062.25	100	30652.99	61.23	18570.14	37.09	684.29	1.37	154.83	100

35.2.2.2 能源消费结构

从能源消费结构上看，2007 年东北地区能源总消费量达到 50062.25 万 t 标准煤，其中，煤炭占 61.23%，石油占 37.09%，天然气占 1.37%，一次电力占 0.31%。可见，东北地区虽然仍然以煤炭作为其能源消费的最主要品种，但是对煤炭的消费依赖度是我国最低的；而石油消费比例相比国内其他地区都高；一次电力消费比例却低于其他地区的消费比例。

从能源消费量的地区分布结构看，辽宁省消费量最大，为 25841.83 万 t 标准煤，占东北地区能源消费量的 51.62%；黑龙江省的能源消费量为 14871.2 万 t 标准煤，占东北地区能源消费量的 29.71%；吉林省为 9349.22 万 t 标准煤，占 18.68%；其中，辽宁省能源消费量是吉林省的 2.76 倍。可见，东北地区各省之间能源消费量存在较大差距。

35.2.2.3 能源利用效率

从能源利用效率看，东北地区在国内处比较领先的水平。其中，在东北地区，单位 GDP 能耗小于 1.0t 标准煤/万元、单位 GDP 电耗小于 1000t 标准煤/万元的省份 1 个也没有；但单位 GDP 能耗在 1.0 ~ 2.0t 标准煤/万元之间、单位 GDP 电耗小于 1000t 标准煤/万元的有黑龙江省和吉林省；单位 GDP 能耗在 1.0 ~ 2.0t 标准煤/万元、单位 GDP 电耗在 1000 ~ 2000t 标准煤/万元的仅有辽宁省。说明黑龙江省和吉林省的能源利用效率比第一梯队地区略差而稍高于第二梯队，而辽宁省则处于的第二梯队。

35.2.3 东北地区能源的调入调出

见表 35.3。

表 35.3　　东北地区一次能源调入调出净量　　单位：万 t 标准煤

省份	总量	原煤	原油	天然气	电力
辽宁	13251.85	4818.40	5084.24	73.42	3275.79
吉林	3313.05	3248.80	528.02	54.00	-517.77
黑龙江	-5607.09	-244.60	-3510.87	0.00	-1851.63
合计	10957.81	7822.61	2101.40	127.41	906.40

资料来源：《2008 年中国能源统计年鉴》各地区能源平衡表整理。

从总量上看，东部地区是我国主要能源调入地区之一，能源净调入量超过亿 t 标准煤，达到 10957.81 万 t 标准煤。其中，辽宁省的能源净调入量为 13251.85 万 t 标准煤，吉林省的为 3313.05 万 t 标准煤；而黑龙江省为能源净调出量省份，能源净调出量为 5607.09 万 t 标准煤。

从结构上看，除黑龙江省外其他省份均为原煤净调入省。辽宁省的原煤净调入量为 4818.4 万 t 标准煤，吉林省的原煤净调入量为 3248.8 万 t 标准煤，而黑龙江省的原煤净调出量仅为 244.6 万 t 标准煤。

东北地区各省中，黑龙江属于原油净调出省，其原油净调出量为 3510.87 万 t 标准煤；辽宁省和吉林省为原油调入省，其原油净调出量分别为5084.24万t标准煤、528.02万t标准煤。

对于天然气，辽宁省和吉林省都是净调入省，其天然气净调入量分别为73.42万t标准煤、54万t标准煤；而黑龙江省的天然气净调入则为零。

对电力来说，只有辽宁为净调入省，其净调入量分别为3275.79万t标准煤；而黑龙江和吉林均属于净调出省，其电力净调出量分别是1851.63万t标准煤、517.77万t标准煤。

35.3 东北地区区域环境特征

35.3.1 区域环境污染现状

35.3.1.1 水污染

近年来，东北地区各省市工业废水排放量，总体呈现逐年减缓的趋势，但省际之间排放量相差较大。2007年，辽宁、吉林、黑龙江等省的工业废水排放量分别为95197万t、39666万t、38388万t。其中，排放量最高的辽宁省是最低的黑龙江省的2.48倍。以2005年为基期，到2007年东北地区省均工业废水排放量减少了9.49%。但是，也有少数年份和少数省份在工业废水的减排问题上出现反复现象。比较上一年相比，2007年辽宁省的工业废水排放量略有回升。可见，随着东北地区经济的快速发展，能源消费的大幅增长的同时，环境问题不容忽视，特别是像辽宁省这样的工业发达省份要警惕工业废水排放量的反弹。2004－2007东北地区工业废水排放量见图35.12、表35.4。

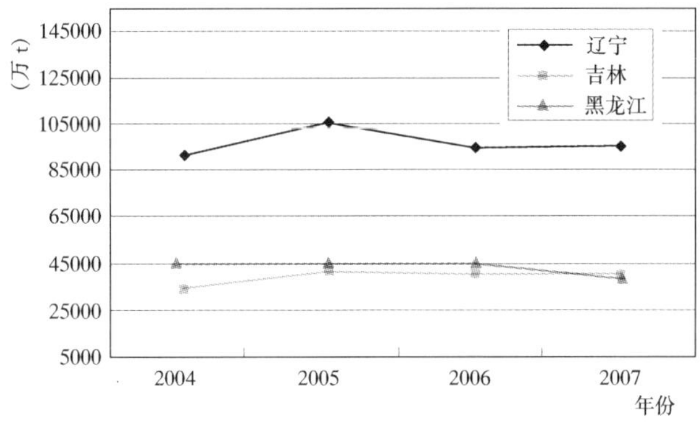

图35.12 东北地区工业废水排放

表35.4 东北地区各省工业废水排放 单位：万t

省份	2004年	2005年	2006年	2007年	省份	2004年	2005年	2006年	2007年
辽宁	91810	105072	94724	95197	黑龙江	45190	45158	44801	38388
吉林	33568	41189	39321	39666	合计	170568.0	191419.0	178846.0	173251.3

35.3.1.2 化学需氧量排放

从化学需氧量排放来看，其排放量基本上也是呈现逐年减缓的趋势，但省际之间排放量有一定差异。2007年，辽宁、吉林、黑龙江等省的化学需氧量排放量分别为62.8万t、40万t、48.8万t。相比较2005年，东北地区的化学需氧量排放量减少了2.51%，而且，化学需氧量排放量最高的辽宁省是最低的

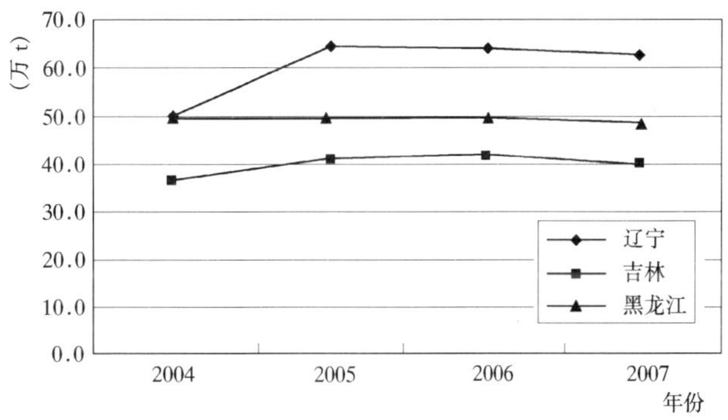

图35.13 东北地区化学需氧量排放

吉林省的 1.57 倍。但是，有少数年份和少数省份的化学需氧量排放量略有上升。相比上一年，2006 年吉林省的化学需氧量排放量略有反弹。2004 ~ 2007 东北部地区废水中化学需氧量排放量见图 35.13、表 35.5。

表 35.5　　**东北地区化学需氧量排放**　　单位：万 t

省份	2004 年	2005 年	2006 年	2007 年	省份	2004 年	2005 年	2006 年	2007 年
辽宁	50.0	64.4	64.1	62.8	黑龙江	50.5	50.4	49.8	48.8
吉林	36.6	40.7	41.7	40.0	合计	137.1	155.5	155.6	151.6

35.3.1.3　大气污染

2005 年以来，东北地区各省市工业废气排放量呈逐年上升趋势，到 2007 年省均排放量累计增加 18.83%。而且，各省市工业废气排放总量表现出了较大差异，2007 年辽宁、吉林、黑龙江等省的工业废气排放量分别为 23946 亿 m^3、5730 亿 m^3、7283 亿 m^3。其中，辽宁省工业废气排放量最高，吉林省最低，两者相差 4.18 倍。2004 ~ 2007 年东北部地区废气排放量见图 35.14、表 35.6。

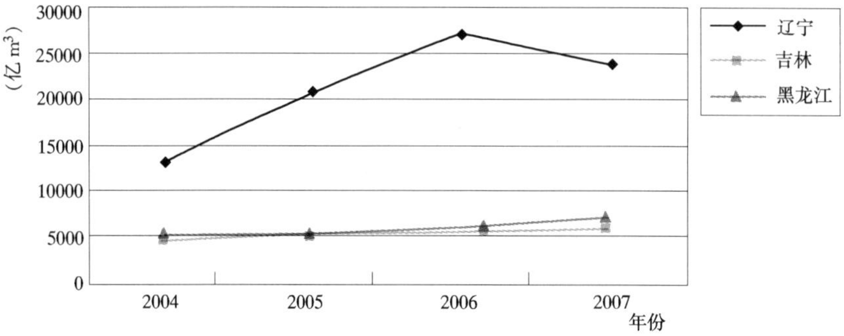

图 35.14　东北地区废气排放

表 35.6　　**东北地区各省废气排放总量**　　单位：亿 m^3

省份	2004 年	2005 年	2006 年	2007 年	省份	2004 年	2005 年	2006 年	2007 年
辽宁	13015	20903	27195	23946	黑龙江	4968	5261	5991	7283
吉林	4316	4939	5352	5730	合计	22299.0	31103.0	38538.0	36959.0

35.3.1.4　二氧化硫排放

从主要污染物的排放总量来看，2005 年以来工业二氧化硫排放量呈现逐年减缓增长的趋势，相比较 2005 年，东北地区的工业二氧化硫排放量增长了 8.47%。而且，各省之间工业二氧化硫

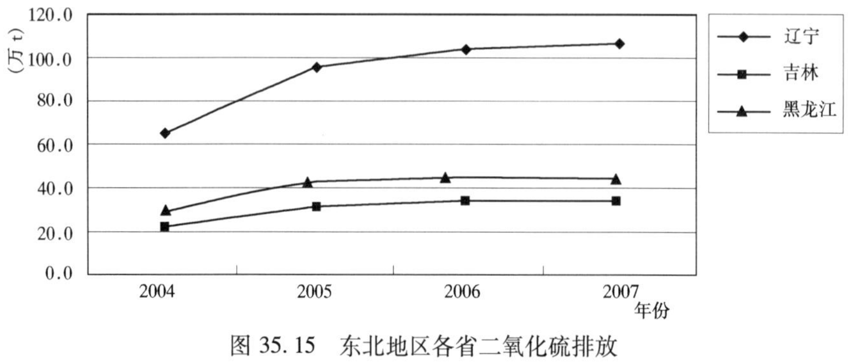

图 35.15　东北地区各省二氧化硫排放

排放量差异较大。2007 年，辽宁、吉林、黑龙江等省工业二氧化硫排放量分别为 106.7 万 t、33.7 万 t、44 万 t，排放量最高的辽宁省跟排放量最低的吉林省相差 3.17 倍。2004～2007 年东北部地区工业二氧化硫排放量见图 35.15、表 35.7。

表 35.7　东北地区工业二氧化硫排放量　单位：万 t

省份	2004 年	2005 年	2006 年	2007 年	省份	2004 年	2005 年	2006 年	2007 年
辽宁	64.9	96.1	103.7	106.7	黑龙江	29.5	43.1	44.0	44.0
吉林	21.6	30.8	33.6	33.7	合计	116.0	170.0	181.3	184.4

35.3.1.5　固体废物污染

2005 年以来，东北地区各省的工业固体废物排放量总体呈现逐年上升的趋势，各省的工业固体废物排放量也存在一定差异。到 2007 年，东北地区工业固体废物排放总量增加了 35.67%。同时，各省市的工业固体废物排放规模差异较大。2007 年，辽宁、吉林、黑龙江等省工业固体废物排放量分别为 14342 万 t、3113 万 t、4130 万 t，排放量最多的辽宁省与排放量最少的吉林省相差 4.61 倍。2004～2007 年东北部地区工业固体废物产生量见图 35.16、表 35.8。

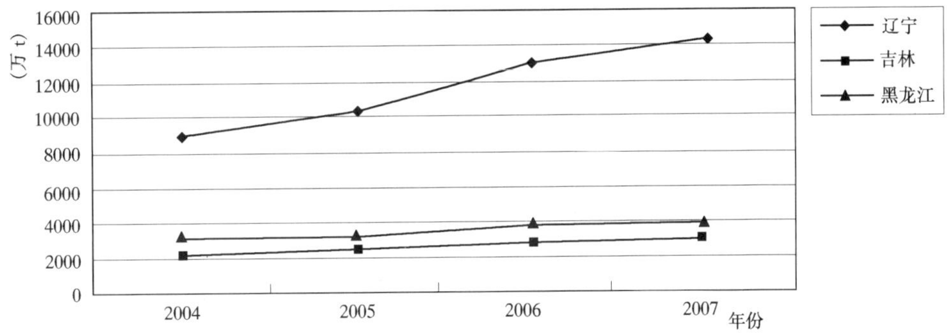

图 35.16　东北地区工业固体废物排放

表 35.8　东北地区工业固体废物产生量　单位．万 t

省份	2004 年	2005 年	2006 年	2007 年	省份	2004 年	2005 年	2006 年	2007 年
辽宁	8879	10242	13013	14342	黑龙江	3170	3210	3914	4130
吉林	2026	2457	2802	3113	合计	14075	15909	19729	21584

35.3.2　污染次数和直接经济损失

2004 年以来，从环境污染与破坏事故次数来看，总体呈现逐年快速下降趋势，但各省之间的环境污染与破坏事故次数差异很大。

2007 年东北地区共发生环境污染与破坏事故次数 31 次，其中，发生环境污染与破坏事故次数仅为 2004 年的 53.45%。其中，发生水污染次数占 35.48%，大气污染次数占 29.03%，固体废物污染次数占 25.81%，其他污染次数占 9.68%，环境污染共造成直接经济损失 150.3 万元。可见，东北地区的环境污染与破坏事故事件主要由水污染、大气污染和固体废物污染三类构成。

从各省来看，2007 年辽宁、吉林、黑龙江等省的环境污染与破坏事故次数分别 26 次、3 次、2 次。其中，环境污染与破坏事故次数最高是辽宁省，高达 26 次。2004～2007 年东北地区环境污染与破坏事故次数与比例见图35.17、图35.18。

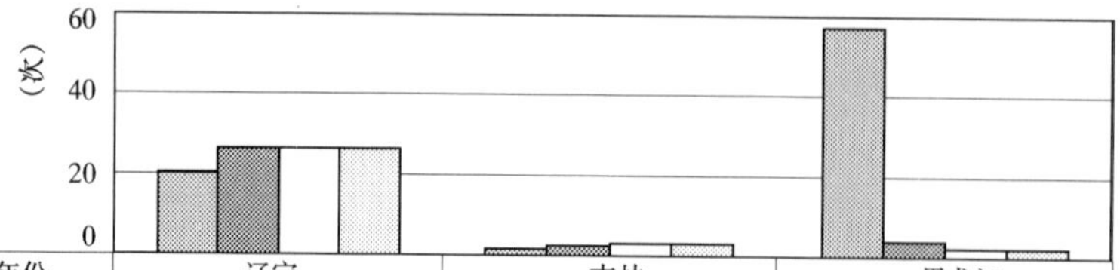

年份	辽宁	吉林	黑龙江
2004	19	1	57
2005	26	2	4
2006	26	3	2
2007	26	3	2

图35.17 东北地区环境污染与破坏事故

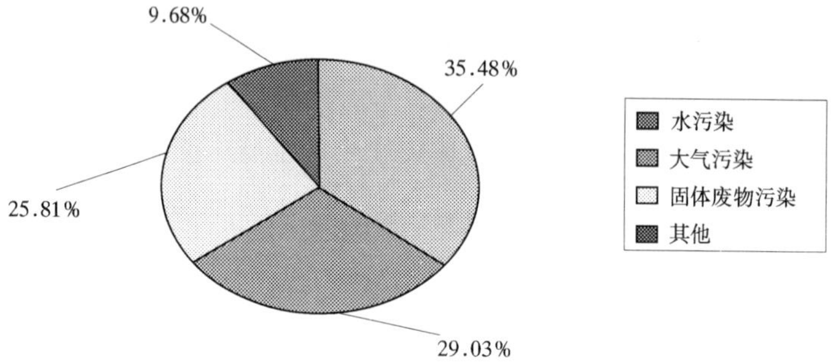

图35.18 东北地区环境污染与破坏事故比例

35.3.3 区域环境保护

东北地区建立环境安全与资源安全监控体系和预警机制，严格控制高耗、高污染行业的数量和规模，采取切实措施保护好东北的水资源、土地资源和森林、湿地资源，保护松花江、辽河、黑龙江以及主要水源地的水环境，重点解决松花江、辽河流域的水污染问题。从二氧化硫排放达标情况，在10个二氧化硫排放达标率超过90%的省份中，东北地区只有黑龙江1省。

35.4 东北地区节能减排

35.4.1 节能减排现状

35.4.1.1 能源节约

2003年东北振兴战略开始实施以来，我国东北地区经济迅速扩张，节约能源，降低能耗已经取得较大进步。从节能目标的累计完成进度来看，到2008年东北地区各省均未完成节能目标60%的任务，接近完成60%的有辽宁、黑龙江等2省，分别为58.63%、56.68%，吉林仅完成了40.52%，见表35.9。从能源利用效率看，东北地区在国内处比较领先的水平。其中，黑龙江省和吉林省的能源利用效率比第一梯队地区略差而稍高于第二梯队，而辽宁省则处于第二梯队。

表 35.9 东北地区“十一五”规划期间单位生产总值能源消耗降低指标、化学需氧量和二氧化硫排放总量控制计划及完成情况

省份	单位 GDP 能耗（%）			化学需氧量排放（%）			二氧化硫排放（%）		
	2008 年比 2005 年上升或下降	“十一五”规划末目标值	2008 年完成进度	2008 年比 2005 年上升或下降	“十一五”规划末目标值	2008 年完成进度	2008 年比 2005 年上升或下降	“十一五”规划末目标值	2008 年完成进度
辽宁	-11.73	-20.00	58.63	-9.33	-12.9	72.3	-5.54	-12.0	46.16
吉林	-12.16	-30.00	40.52	-8.03	-10.3	78.0	-1.18	-4.7	25.06
黑龙江	-11.34	-20.00	56.68	-5.52	-10.3	53.6	-0.33	-2.0	16.73

35.4.1.2 水环境

近年来，东北地区各省工业废水排放量总体呈现逐年减缓的趋势，以 2005 年为基期，到 2007 年东北地区工业废水排放量减少了 9.49%。但是，也有少数年份和少数省份在工业废水的减排问题上出现反复现象。比较上一年，2007 年辽宁省的工业废水排放量略有回升。可见，随着东北地区经济的快速发展，能源消费的大幅增长的同时，环境问题不容忽视，特别是像辽宁省这样的工业发达省份要警惕工业废水排放量的反弹。

从化学需氧量排放来看，东北地区各省排放量基本上也是呈现逐年减缓的趋势；从化学需氧量减排目标的累计完成进度来看，到 2008 年东北地区各省完成化学需氧量减排目标 60% 以上的有吉林、辽宁 2 省，分别为 78%、72.3%，黑龙江省接近完成化学需氧量减排目标 60%，为 53.6%。

35.4.1.3 大气污染

从大气污染的情况看，2005 年以来，东北地区工业废气排放量呈逐年上升趋势，到 2007 年省均排放量累计增加 18.83%。工业二氧化硫排放量也呈现逐年减缓增长的趋势，相比较 2005 年，东北地区的工业二氧化硫排放量增长了 8.47%。说明东北地区废气污染排放强度依然较高，大气污染形势不容乐观。

从各省二氧化硫减排目标的累计完成进度来看，2008 年，东北地区各省都没有完成二氧化硫减排目标 60% 的任务，辽宁、吉林、黑龙江分别完成 46.16%、25.06%、16.73%。见表 35.10。

表 35.10 2008 年东北地区主要污染物排放情况 单位：万 t

省份	化学需氧量	二氧化硫
辽宁	58.39	113.07
吉林	37.43	37.75
黑龙江	47.62	50.63

35.4.2 节能减排任务与节能减排发展潜力

35.4.2.1 东北地区发展目标和节能减排任务[1]

1. 发展目标

重点加强老工业基地的调整改造、高技术产业发展、工业结构调整改造和产业升级，大力发展知识、技术密集型产业和高档消费品工业，使产品向高、精、尖、新方向发展；加快体制创新，实现资金、技术、劳动力等生产要素自由流动，用市场吸引国内外投资。

2. 节能减排的主要任务

节能降耗、减排治污作为发展的约束性指标，根据《“十一五”期间各地区单位生产总值能

[1] http：//www.rbc.cn/main/xw/gdxw/200608/t20060821_ 180113.htm.

源消耗降低指标计划》、《“十一五”期间全国主要污染物排放总量控制计划》的要求，将节能减排约束指标具体落实到东北地区 11 省（自治区、直辖市）（见表 35.11），再分解落实到各市（地）、县及有关行业和重点企业，并制订具体实施方案，明确责任主体，层层抓好落实，严格执行，确保总量控制目标的实现。

表 35.11　东北地区“十一五”期间单位生产总值能源消耗降低指标、化学需氧量和二氧化硫排放总量控制计划及完成情况

省份	单位 GDP 能耗			化学需氧量排放			二氧化硫排放		
	2005 年基数（t 标煤/万元）	“十一五”规划末目标值（%）	2008 年完成进度（%）	2005 年排放量（万 t）	“十一五”规划末目标值（%）	2008 完成进度（%）	2005 年排放量（万 t）	“十一五”规划末目标值（%）	2008 完成进度（%）
辽宁	1.832	-20.00	58.63	64.4	-12.9	72.3	119.7	-12.0	46.16
吉林	1.644	-30.00	40.52	40.7	-10.3	78.0	38.2	-4.7	25.06
黑龙江	1.455	-20.00	56.68	50.4	-10.3	53.6	50.8	-2.0	16.73

35.4.2.2　东北地区节能减排的发展潜力

优化经济结构。从三次产业结构看来，东北地区三次产业结构呈现出“二三一”结构态势，第一产业产值比重都不太低，除辽宁省的 9.7%，其他的都在 10% 以上，说明东北地区农业发展水平比较高；三产比重都不很高，均低于 40%，说明东北地区需要有待大力发展第三产业；第二产业在地区经济发展中占主导地位，对各省 GDP 的贡献达到 50% 左右。按照有关部门的测算，如果我国第三产业增加值的比重提高 1 个百分点，第二产业中工业增加值比重相应地降低 1 个百分点，万元 GDP 能耗可相应降低约 1 个百分点。[1] 可见，改善产业结构，大力发展第三产业，有助于挖掘东北地区节能减排潜力。

加快技术进步。我国已进入节能减排的关键期，按照目前的工业结构，如果高技术产业增加值比重提高 1 个百分点，而冶金、建材、化工等高耗能行业比重相应地下降 1 个百分点，万元 GDP 能耗可相应降低 1.3 个百分点。[1]为此，一是围绕提高能源利用效率，减少污染物排放，实施技术创新工程，加快建立以企业为主体的节能技术创新体系，组织好实施资源节约与综合利用方面的技术改造示范项目和相关新产品、新技术、新设备的开发和示范推广应用工作；二是引导企业对适应市场机制、效益明显、先进成熟的技术，加大投资力度，提升企业整体水平；三是依靠技术进步降低产品单耗，实现节能减排目标；四是要加强工业节能技术推广，高度重视现有建筑的节能改造工作并加大绿色照明工程推广力度，在家电等行业加大节能产品生产。

加强监督管理、检测评价和考核。一是实行节能减排责任制，制定科学的考核办法，把节能减排指标完成情况作为评价各级领导班子和领导干部政绩的重要内容，对不重视节能减排和考核不合格的，取消各级党委、政府、各有关部门的评先评优资格；二是建立用能统计报告制度和能源利用状况分析报告制度。加强能源计量监探体系建设，提高统计数据的准确性；三是加大污染治理和环境保护力度，强化执法监督管理，坚决惩处各种违法违规行为，切实解决“违法成本低、守法成本高”的现象。

倡导全民参与。开展节能减排广泛宣传，向每一位公民宣传节能减排重要性和紧迫性，

[1] http://www.rbc.cn/main/xw/gdxw/200608/t20060821_180113.htm

宣传日常节能节水知识、小窍门，科学使用家用电器。宣传节约资源、倡导可持续发展的生活方式和消费方式，动员全社会每一位公民积极投身到节能减排中来，树立节约光荣，浪费可耻的意识，形成节约资源从我做起的观念，自觉养成节约资源、节约用电、节约用水的良好习惯。

35.4.3 区域节能减排投资机会

35.4.3.1 区域节能能力与投资机会

东北振兴战略实施以来，东北地区经济迅速扩张，节约能源，降低能耗取得较好效果。根据《“十一五”期间各地区单位生产总值能源消耗降低指标计划》和《2008 年各省、自治区、直辖市单位 GDP 能耗等指标公报》，2008～2010 年，东北地区各省节能能力达到 4976.828 万 t 标准煤，占全国节能总量的 13.36%，如果按每形成 1t 标准煤节能能力的投资需求为 1500 元测算❶，东部地区节能投资需求高达 7465242 万元。

从各省节能能力测算情况看，从 2008 年至“十一五”规划期末，辽宁、吉林、黑龙江等 3 省的节能能力均超出了 1000 万 t 标准煤，分别为 2060.55 万 t 标准煤、1872.31 万 t 标准煤、1043.97 万 t 标准煤，形成节能投资需求分别为 3090830 万元、2808458 万元、1565953 万元。见表 35.12。

表 35.12　2008～2010 年东北地区节能能力及节能投资机会

省份	①2005 年基数（t 标准煤/万元）	②2010 年目标（t 标准煤/万元）	③2008 年已完成进度（%）	④2008～2010 年节能能力①（万 t）	⑤节能投资需求（万元）
辽宁	1.83	1.46	58.63	-2060.55	-3090830
吉林	1.65	1.16	40.52	-1872.31	-2808458
黑龙江	1.46	1.17	56.68	-1043.97	-1565953

① 2008～2010 年节能能力的测算：④＝（②－①）×（1－③%）×2008 年各省 GDP。

35.4.3.2 区域二氧化硫削减能力与投资机会

随着东北振兴战略不断推进，东部地区也逐渐加大环境保护力度，地区生态环境质量状况改善明显。从二氧化硫削减情况看，根据《“十一五”期间全国主要污染物排放总量控制计划》中的二氧化硫削减量控制目标的要求，东北地区 2008 年比 2010 年削减 9.95 万 t 二氧化硫，占全国二氧化硫削减量的 13.73%，根据每削减 1t 二氧化硫折算成 2.4987 万元❷的治理投资额计算，至 2010 年东部地区二氧化硫削减的治理投资额度为 246822 万元，超过 24 亿元以上的相关投资机会。

从各省减排情况看，二氧化硫削减达到 3 万 t 以上的只有辽宁省，为 7.77 万 t，其二氧化硫削减的治理投资额度为 192744 万元；吉林、黑龙江 2 省二氧化硫削减量分别为 1.35 万 t、0.83 万 t，其二氧化硫削减的治理投资额度分别为 33488.4 万元、20589.2 万元。见表 35.13。

❶ 国家发展和改革委员会能源研究所，《节能及可再生能源发展基金研究》：按每形成一吨标准煤节能能力的投资需求为 1500 元测算。

❷ 二氧化硫减排两成酸雨污染有所减轻——国务院批复《两控区酸雨和二氧化硫污染防治“十五”计划》：该“计划”同时提出，将投资 967 亿元，建设二氧化硫综合治理项目 550 项，以形成二氧化硫削减能力 387 万 t/a。（中国水网 http://news.h2o-china.com/society/wastewater/132761036978620_1.shtml）

表35.13　　2008～2010年东北地区化学需氧量、减排量二氧化硫的削减能力及治理投资额

省份	2008～2010年化学需氧量减排量（万t）	治理投资额（万元）	2008～2010年二氧化硫减排量（万t）	综合治理投资额（万元）
辽宁	-2.29	-102626	-7.77	-192744
吉林	-0.93	-41677.8	-1.35	-33488.4
黑龙江	-2.42	-108452	-0.83	-20589.2
合计	-5.64	-252756	-9.95	-246822

35.4.3.3　区域化学需氧量削减能力与投资机会

从化学需氧量削减情况看，根据《“十一五”期间全国主要污染物排放总量控制计划》中的化学需氧量削减量控制目标的要求，东北地区2008年比2010年削减化学需氧量5.64万t，占全国化学需氧量削减量的10.24%，根据每削减化学需氧量1吨折算治理投资4.4815万元计算，至2010年东北地区化学需氧量削减的治理投资额度为252756万元，可带动相关产业25亿多元的投资机会。

从各省减排情况看，没有一个省的化学需氧量削减量达到3万t以上；黑龙江、辽宁、吉林3省化学需氧量削减量分别为2.42万t、2.29万t、0.93万t，化学需氧量削减的治理投资额度分别为108452万元、102626万元、41677.8万元。

35.4.4　区域节能减排政策措施

1. 全面实施产业和产品结构调整

（1）加快工业结构调整，优先发展高效益、高附加值、低消耗、低污染的高技术产业；加快传统产业的改造，以高新技术和先进适用技术改造传统行业的技术结构、产品结构，降低资源能源消耗和环境污染，走新型工业化道路。为此，东北地区必须进一步打破地区、行业、所有制界限，优化资源配置，推进兼并重组，淘汰落后产能，防止重复建设；大力推动装备制造、钢铁、石化、汽车等传统优势产业结构调整；积极培育新兴潜力型产业，扶持重点产业集聚区加快发展。

（2）加速第三产业尤其是现代服务业的发展，提高它们在经济中的比重，促进经济结构进一步优化。为此，东北地区要切实制定物流业、旅游业发展专项规划，着力推进文化产业、软件和服务外包、金融业发展。

2. 推进节能减排技术创新

积极推进技术进步和技术创新工作，鼓励和引导企业成为节能技术创新主体，充分挖掘人才优势，加大投入力度，加强技术攻关，研究解决生产中的关键工艺和技术。通过东北地区等老工业基地调整改造专项，支持企业技术改造和技术进步。加快设立装备制造产业投资基金。继续组织实施振兴东北老工业基地高技术产业发展专项。

3. 大力发展循环经济

发展循环经济，以提高工业“三废”综合利用率为目标，提高医药、化工、建材等废物产生量大的重点行业的资源循环利用的水平；积极开发和应用低碳技术，大力推进节能减排，积极发展循环经济；推动城市垃圾分类处理、清洁燃烧，加强大气和水体污染治理，抓好以辽河、松花江为重点的河流治理；在煤炭、建材、轻工、化工、冶金等工业行业大力推进清洁生产，采用

先进技术，优化产品设计和生产工艺，降低产品能耗、物耗和废物排放，推广绿色包装，发展循环经济型企业、建设循环经济型园区和生态工业园区，促进资源节约和环境友好的协调发展。

4. 建立政策导向和激励机制，利用经济杠杆促进节能减排

充分发挥财政税收政策、信贷政策等经济杠杆的导向和激励作用，通过完善相关政策，提高企业开展技术创新、节能降耗、环境保护的积极性；通过落实加速折旧、研发投入税前扣除等财税优惠政策，激励企业加大研发投入，加快技术创新步伐；通过制定和完善鼓励生产和使用节能减排型产品、节能节地型建筑的财政税收政策引导企业生产和开发这类产品；通过完善资源综合利用税收优惠政策，鼓励企业开展资源循环利用、综合利用，从而促进节能减排。

比如黑龙江省完善促进节能减排的财税政策，设立节能专项资金，各级政府每年在财政预算中安排一定资金，采用补助、奖励等方式，支持节能减排重点工程建设、高效节能产品和节能新机制推广、节能管理能力建设及节能减排监管体系建设等。进一步加大财政基本建设投资向节能环保领域倾斜的力度。推进矿产资源有偿使用制度改革，改进和完善资源开发生态补偿机制。继续加强对排污费、新型墙体材料专项基金和散装水泥专项资金的征收管理。全面落实国家节能环保项目减免所得税、节能环保设备投资抵免企业所得税政策和对废旧物资回收利用、资源综合利用产品减免所得税、增值税等项政策。

5. 完善节能减排的调控手段

（1）发挥经济杠杆作用，对鼓励发展的产业和技术实行财政投入、财政贴息补助、税收优惠、信贷扶持等政策，起到优惠资源配置、引导产业结构升级的作用；加大财政转移支付力度，逐步完善生态补偿专项政策；建立排污额度交易制度，提高节能减排的积极性；加快建立多渠道的节能减排融资机制，鼓励社会力量参加环境基础设施的投资、建设和运营；积极争取上级财政、国债等各类生态环境专项建设补助资金。

（2）加强监督管理、检测评价和考核，实行节能减排责任制，制定科学的考核办法；加大污染治理和环境保护力度，强化执法监督管理。

6. 加强基础设施建设，为东北地区全面振兴创造条件

重点推进一批能源、交通、水利项目建设，加快客运专线、煤运专线、沿海疏港等铁路建设。开工建设一批骨干枢纽和重点水源工程。支持发展东北高寒地区热电联产项目，加快城市集中供热管网改造。

第7篇

企业篇：节能减排的重要力量

节能减排的主体是企业，我国生活能源消费量占总能源消费的10.09%，相比较而言，工业、农业等行业的企业能源消费量达到80%以上，两者比例接近9∶1。因此，做好节能减排工作，关键在企业。

国务院于2007年出台的《节能减排综合性工作方案》中明确指出，要“强化企业主体责任”，“形成以政府为主导、企业为主体、全社会共同推进的节能减排工作格局”。节能减排工作要在政府的引导和调控下，企业在生产中节约资源，减少污染物排放。节能减排中最终的执行者是企业。作为节能减排的主体，企业必须遵守国家有关的法律、法规，从承担社会责任的角度，积极推行节能减排工作，履行一名企业公民的社会责任，同时也可使企业实现清洁生产、增强成本竞争力，实现可持续发展。

其中，分布在石油石化、煤炭、化工、冶金、电力、运输、建材等领域的中央企业，大多居于行业排头兵的位置，既是能源生产大户，也是能源消费大户，有着极高的影响力和带动力，其节能减排工作的好坏，直接关系到全国节能减排目标的实现。

尽管中央企业总体能耗低于全国水平，在冶金、电力、化工等领域资源利用和环境保护工作居于行业领先水平，有的企业甚至在国际上也处于先进水平，但是长久以来，高投入、高消耗、高成本、低产量、低质量、低效益的“三高三低”的粗放型增长模式还没有实现根本性的转变。从行业看，中央石油石化企业能源消耗占全国的5.8%，冶金企业占全国的2.9%，在其他行业中，中央企业的能源消耗也占有一定比重。从企业看，纳入国家重点监控的千家企业中，中央企业有近230家，“十一五”规划期间承诺节能2000多万t标准煤，占千家企业节能总量的近1/4。

与国内其他企业相比，中央企业在技术、人才、装备、管理等方面具有独特的优势，这是做好节能减排工作的重要基础。如在节能减排装备制造方面，东方电气和哈电集团生产的发电设备占到全国市场的70%，设备性能将直接影响到其他能源转化为电能的效率。一重、二重、西电集团等重大装备制造企业在国内占有较高的市场份额，所提供的装备设备直接影响这些行业的能源和资源消耗水平。中央企业通过技术创新，优化产品结构，改进工艺流程，提升装备水平，通过节能减排关键技术的突破升级和积极推广应用，带动全社会节能减排水平的提高，有着明显的优势和不可替代的作用。

限于篇幅所限，本篇收录的案例主要集中在中央企业。

36

中国节能投资公司：引领国家节能减排

36.1 企业战略凝聚国家意志

中国节能投资公司作为中央企业中唯一以节能环保为主业的专业化集团，长期专注于城市节能环保基础设施、专注于工业领域节能减排和资源综合利用、专注于清洁技术和新能源，是目前国内节能环保领域综合实力最强的集团，公司主业中节能环保服务年销售收入达 50 亿元，垃圾发电日处理能力 1 万 t，污水日处理能力 500 万 t，居国内第一位。

中国节能投资公司于 1988 年组建，1993 年正式更名为中国节能投资公司由原国家计委领导，1999 年公司与国家计委脱钩，转为国务院国资委直接管理，进入市场化发展阶段，为中央企业中唯一一家专门从事节能减排和环境保护综合服务、投资控股与资产管理的专业化公司。

公司目前拥有全资、控股子公司 18 家，员工 1.1 万人，注册资本金 40 亿元，总资产 280 亿元，净资产 60 亿元，2008 年主营业务收入 120 亿元，实现利润 8.9 亿元以上。公司主导产业包括：风力发电、生物质能发电、资源综合利用电厂、水电、环保水务、节能建筑材料以及面向全社会节能减排服务的节能咨询和节能环保技术示范推广等。

公司致力于推动节能环保技术进步与产业升级，始终专注于城市节能环保基础设施、工业领域节能减排、清洁技术和新能源业务。围绕节能减排、环境保护、新能源和清洁技术三大主业方向，中国节能投资公司重点强化工程服务、运营管理服务、装备制造和科技研发孵化与产业化推广四大支撑，各主业板块已形成较强的核心竞争力和较大的产业规模。目前是中国节能减排和环境保护领域最强最大的产业集团和集成服务运营商。

公司的愿景是：为建设资源节约型、环境友好型社会，为全球应对气候变化提供优质的产品和服务，成为这个领域优秀的贡献者。

36.2 业务板块及节能减排效果

围绕国家加快建设资源节约型、环境友好型社会的重大战略部署，中国节能投资公司专注于节能减排和环境保护领域，以“节能环保投资与资产管理，相关技术研发、推广与服务”为发展主业，通过整合国内节能环保产业链资源，推动产业升级，为高能耗、高污染的企业和区域提供保护环境、节约资源能源、降低成本的综合性解决方案，形成从规划、技术服务到投融资、运营管理、资本运作相衔接的一体化集成服务。

公司抓住节能减排和环境保护这一新兴市场的发展机遇，主业板块形成了较强的核心竞争力，在节能减排方面已达到年节能能力160万t标准煤，年削减化学需氧量7.5万t，年再利用工业废弃物200万t以上，减排二氧化碳500万t以上。

36.2.1 节能减排技术服务板块

中国节能投资公司是中国国家发展和改革委员会（以下简称发改委）指定节能项目咨询机构，国务院国资委的节能减排技术中心，在能效、节能、环保服务领域有较强的实力。公司为城市和区域提供整体的节能减排综合解决方案，目前已与中国各省市在节能减排和循环经济领域建立了战略合作关系。

公司有效集成了国内外先进适用的节能技术，为高耗能工业企业的大型节能项目提供从节能诊断、评估、设计，到融资、改造、运行、培训等“一条龙”式的合同能源管理服务（EMC），帮助企业开展节能改造项目并提高能效水平。公司曾先后成功开发了余压、余热和余气回收利用项目，为建材、冶金、化工、焦炭等工业企业客户实施了一批投资超亿元的大项目节能服务，余能利用发电装机超过300MW；已建在建大型余压余热利用发电总装机5万kW，年发电量约2.5亿kW·h，年节能能力10万t标准煤，年减排CO_2约20万t。公司还在积极开发建筑节能、城市照明节能、通信基站节能等新项目，规划到2012年形成年能效技术服务项目投资超过20亿元规模，年节约40万t标准煤的能力，打造成国内最优最强的节能环保综合服务商。

公司在“长三角”工业升级进程中，积聚社会各方力量引导投资方向，孵化、带动节能环保这一幼稚产业加速升级为优势产业在该区域的杭州、苏州、无锡、昆山、嘉兴等地开发节能环保工业园区，引进西方先进技术，并对其中部分节能环保企业直接投资，扩大其研发和生产能力，提升我国节能环保技术升级。

公司目前还正在积极开发大型公共建筑节能、城市照明节能、通讯基站节能、啤酒饲料企业热能回收利用等新的项目线。

36.2.2 环境保护板块

1. 城市水务

全国在“十一五”规划期间新增城市水处理能力5180万t/d，相关市场价值近千亿元。公司作为中央企业中唯一从事环保水务的企业，在全国十几个城市拥有水务项目，处理能力已达550万t/d，年污水处理量达20亿t，化学需氧量总削减量超过7万t，占全国同期新增处理能力的10%，规模在国内企业中位居第二，技术居于同行业领先地位，拥有污水处理厂生物除臭、高效生物脱氮、污泥破碎及生物发酵等关键装备技术。公司水务板块规划到2012年达到日处理3300万t能力，成为国内最强最大的水务企业。

2. 垃圾处理

垃圾等城市废弃物处理项目是实现可持续发展的重要基础设施，全国大中城市每年产生约1

亿 t 垃圾，综合利用可创造 2000 亿元以上的效益。公司已建在建垃圾等废弃物焚烧发电项目日处理能力超过 8000t，约占全国同期同类项目总产能的 10%。公司现已形成了一系列在垃圾处理方面的核心技术与运营管理经验，规划到 2012 年，垃圾等固废处理能力达到 4 万 t/d，年处理能力达 1500 万 t 左右，成为国内垃圾处理能力最大的企业集团。

3. 烟气处理

在烟气处理方面，公司已起步着手与电力、冶金企业建立客户合作关系，引入国内国际的先进脱硫脱硝脱氮等技术和工艺，提高烟气处理的效益和效率，并结合开展排放权交易、脱硫基金等相关业务。

36.2.3 新能源清洁技术板块

该业务板块涵盖了风力发电、太阳能发电等多类型的“绿色发电”，居于国内同行业第一。

公司拥有集资源勘察、风电建设、运营维护、装备技术于一体的国内居领先地位的风电产业集团，有专业从事太阳能发电的太阳能事业部。通过各区域公司，各专业公司，目前，中国节能可以利用风能、太阳能、水能、垃圾、污泥、生物质能、工业余热余气、煤矸石、煤层气等多种资源生产绿色电力。2008 年，公司共计生产“绿色电力”18 亿 kW·h，实现 CO_2 减排约 120 万 t。

以风电、太阳能光伏发电为主的新能源板块，投产和在建风电装机 150 万 kW，拥有独家开发权风资源 1000 万 kW，正在投资建设一批大型光伏发电与建筑一体化项目，并积极开发风光互补技术，太阳能发电装机达 500MW。

36.2.4 节能环保建材板块

公司充分进行资源综合利用，通过使用煤矸石、粉煤灰、石粉、污泥等工业废弃物，生产的新型墙体材料节能率达 65%，并且已经得到广泛使用；同时已于天津、河北、宁夏、福建、四川等省（自治区、直辖市）形成年产 17 亿块标砖能力，年吸纳工业废弃物 200 万 t（替代标准煤近 100 万 t）、节省耕地 2500 亩以上，可满足 800 万 m^2 节能建筑需要。公司规划到 2012 年建设新型建材生产线 39 条、总产能达到 51 亿 t 标块，年利用工业废弃物超过 500 万 t。公司落实中央关于央企在灾后重建中发挥骨干表率作用的指示，已在极重灾区彭州市投资 5 亿元建设拥有 5 条生产线的节能环保墙体材料项目，年产 4 亿块标砖。

36.2.5 其他节能减排业务

36.2.5.1 国际先进技术引进及示范

公司与日本日挥株式会社引进日本先进治理技术共同展开治理湖泊等自然水体蓝藻的净化处理项目，于 2008 年开始了试验，目前正在太湖进行 2 万 m^3 水体的工业规模试验，效果明显。项目的成功将为我国自然水体蓝藻污染的治理提供可行的技术装备，对太湖、巢湖、滇池等大型湖泊的控制蓝藻污染也将发挥积极的作用。

36.2.5.2 国际交流与合作

公司凭借 20 年节能环保领域的积累，在国际国内的同行中拥有很高的知名度，行业影响力、吸引力大，与很多的国际机构建立了密切的合作关系。亚洲开发银行、国家开发银行、建设银行、北京银行等银行与公司建立了绿色信贷合作关系。2008年，公司启动了中国碳信托、碳基金、联合国气候变化公约理事会指定经营实体（DOE）机构等有关前期工作，为中国企业的节能减排进入国际碳市场提供服务。目前已与欧洲低碳经济的开创者——英国碳信托公司建立了全面战略合作关系。世界银行、全球环境基金对中国的节能融资项目达2亿美元额度的贷款，交由公司管理，项目总投资近40亿元人民币。

36.2.5.3 CDM的管理与实践

公司是国内最早参与清洁发展机制和碳指标交易的企业，在国内率先进行了碳排放交易（CDM），减排合同总额超过570万t，在联合国项目注册数量全国第一。其中风力发电项目7个（90万t CER），生物质发电项目4个（46万t CER），水力发电项目4个（51万t CER）。预计到2012年，CER合同总量将超过1000万t。

公司还积极推动与亚洲开发银行、法国开发署、德国复兴开发银行、日本三菱证券等国际机构在CDM领域的合作：第一，采取风险代理方式开发新的方法学；第二，在中国共同开发新的CDM项目；第三，积极探索融资和项目投资紧密结合的模式，开发以CDM为契机吸引海外投资进行前期预付的合作模式。

36.3 未来发展及其策略

我国拥有当今世界最大的节能减排市场，目前尚无法准确估计整个国内节能减排的市场容量，但应当在数千亿元人民币的数量级。中国节能投资公司下一阶段发展的战略设想是打造“一个平台四项功能”：即把中国节能投资公司打造成为国有资本出资、政府指导的节能减排产业化平台，努力发展成为中国节能减排和环境保护领域最强最大的产业集团和集成服务运营的旗舰企业，落实政府产业政策意图，充分发挥市场机制作用，充分发挥企业主体作用，具备四项基本功能：节能减排领域先进适用的国际技术转移合作功能、国内技术孵化、示范、推广功能、吸引、引导国际国内各种资金进入节能减排产业的融资功能以及为高能耗、高污染区域经济和行业企业转变增长方式提供节能减排综合服务功能。

到2012年，公司的新能源板块要成为全国该领域的排头兵。其中：太阳能光伏发电能力要达到670MW；垃圾、生物质等的处理能力要达到4万t/d；风电总装机超过200万kW，风力发电产业链要向上、下游延伸，继续开发大型号风力发电机组。城市水务运营板块，要达到日处理2000万t水处理能力。节能环保技术服务板块要为更多的城市区域和工业企业提供节能减排综合规划、企业能耗评估诊断、节能环保项目建设、融资及运行等“一条龙”式的系统集成服务，节能减排服务的年营业收入力争超过100亿元以上。新型节能环保建筑材料板块，年总产能达到51亿标块，年利用工业废弃物超过500万t，稳居亚洲第一、世界第二位置。按照发展规划，到2012年，中国节能投资公司的资产规模将突破1000亿元，年营业收入过500亿元，年利润总额50亿元，形成年节能能力425万t标准煤，减排化学需氧量COD 40万t，减排二氧化碳1200万t以上。这也意味着公司将为发展低碳经济、改善环境发挥更大的作用。

聚合点滴，创生无限。从节约一滴水，爱护一棵草开始，呵护我们的美好家园，使天更蓝，水更绿，空气更洁净，中国节能投资公司将作出自己应有的贡献。

37

中国华能集团公司

37.1 企业基本情况

中国华能集团公司是经国务院批准成立的国有重要骨干企业，是国家授权投资的机构和国家控股公司的试点，注册资本200亿元，主要业务领域包括电源的开发、投资、建设、经营和管理；电力（热力）的生产和销售；金融、交通运输、新能源、环保相关产业及产品的开发、投资、建设、生产、销售，实业投资经营及管理。

公司致力于建设一个以电为核心、煤为基础、金融支持、科技引领、产业协同的具有国际竞争力的综合能源集团。企业的战略目标是成为实力雄厚、管理一流、服务国家、走向世界，具有国际竞争力的大企业集团，到2010年，中国华能所有企业在优化结构、节能减排、提高效益的基础上，可控装机容量超过1亿kW，煤炭产能超过6000万t/a，达到节约环保型企业标准要求，各项能源消耗指标和排放指标达到国内领先、国际先进水平，销售收入、经济效益和资产规模进一步大幅增长，在中国发电企业中领先进入世界企业500强。

公司坚持秉承一体化战略和节约环保战略：坚持以电为核心，煤为基础，电、煤、路、港、运一体化的产业定位，电力主业与支撑产业协调推进；不断减少污染物排放，提高资源利用效率，发展循环经济，建设节约环保型企业。

37.2 节能减排实践

华能集团公司坚信清洁发展是可持续发展的必由之路，清洁发展必须坚持节能减排的产业政策，优化电源结构，发展高效清洁能源，推进科技创新，提高资源利用效率，转变发展方式，创建节约环保型企业。

2008年华能集团公司圆满完成了与国家发展和改革委员会、国家环保部签订的“十一五”《节能目标责任书》、《二氧化硫总量削减目标责任书》和《小火电机组关停责任书》的年度目标，并建成了7～8家节约环保型燃煤发电厂，确保实现公司系统40%的燃煤电厂建成节约环保型燃煤发电厂的阶段性目标，公司的各项能源、资源消耗指标和排放指标达到国内领先和国际先进水平。

37.2.1　节能环保措施

37.2.1.1　加强组织领导

公司建立集团公司—区域公司/产业公司—基层企业三级节能减排管理体系。成立由总经理任组长的节能减排工作领导小组，统一部署节能减排工作，协调解决工作中的重大问题。公司各单位主要领导是本企业节能减排第一责任人，负责组织落实节能减排工作。

1. 加强监督管理

（1）严格执行“一票否决制”。公司对没有完成节能环保年度各项目标和要求的企业，取消当年工资总额增长，取消申报“四好班子”资格和已获得的称号，取消公司授予的各种荣誉称号，同时追究主要领导的相应责任。

（2）强化“三同时”过程控制。公司严格检查新建项目环保“三同时”制度落实情况，及时通报结果，督促整改，确保所有新建项目达到国家环保要求。

（3）加强现役机组脱硫改造监督管理。公司加强对二氧化硫减排核查工作的跟踪管理，确保现役机组脱硫改造项目按时开工，按期投产。

2. 规范指标体系

公司制定《节约环保型燃煤发电厂验收考核办法》（2008年版），修订《基建工程达标投产验收管理办法》、《节能减排统计管理办法》，实现了分机组计量、统计、分析，进一步规范了考核验收标准和指标体系。

3. 开展能耗对标

公司定期公布各级别燃煤机组能耗指标排序，鼓励先进，鞭策落后。以国内外同类型机组先进水平为标杆，寻找差距，制定措施，促进企业不断降低供电煤耗、厂用电率等指标。截至2008年底，公司40%的燃煤电厂达到节约环保型电厂标准。

37.2.1.2　加大节能改造力度

公司积极采用电机变频、锅炉微油点火和等离子点火等新技术、新工艺对现役机组进行节能改造。截至2008年底，已累计对334台风机、泵类进行了电机变频改造，对19台汽轮机进行通流改造。

公司持续实施电力项目“上大压小”。2008年，公司新投产60万kW及以上火电机组6台、376万kW，占投产火电容量的72.8%，新增关停小机组12台、85.9万kW。截至2008年底，公司已累计关停小火电机组325.025万kW，完成“十一五”规划责任书规定关停容量的129%。

37.2.1.3　大力节约水资源

2008年，公司完成火电机组的发电水耗测算，明确了发电新鲜水耗考核基准值，促进电厂加强节水管理。

1. 坚持多水源取水，认真落实节水措施

在沿海缺水地区采用海水淡化技术；在城市中水充足地区采用中水作为电厂循环冷却水源；积极采用干式除灰除渣等节水型设备，减少水资源消耗。

2. 推广新技术

推广应用浓缩倍率大于4的循环水处理技术，推广应用废水回收综合利用处理技术和工艺。

37.2.1.4 控制污染物排放

1. 加大脱硫设备改造

加大脱硫设备改造力度，二氧化硫排放总量继续下降。2008年，有51台、1892.4万kW的脱硫装置投入运行，其中现役机组脱硫改造42台、1413.4万kW。截至2008年底，安装脱硫设施的机组容量达到6003.4万kW，占燃煤机组容量的86.3%，形成年减排240万t二氧化硫的能力。

2. 减少温室气体排放

2008年，公司建成北京热电厂3000t/a二氧化碳捕集试验示范工程；签约组建“华能上海电气温室气体减排研究中心”；积极推进“北京温室气体减排实验室”的筹建工作。

3. 固体废物综合利用

积极采用粉煤灰分选、磨细加工技术及开展脱硫石膏再利用，提高电厂灰渣、脱硫副产品等固体废物的综合利用率。2008年，与中国建材集团签订脱硫石膏战略合作协议。

37.2.1.5 大力发展清洁能源

2008年，公司投产水电、风电208.3万kW，风电装机容量突破100万kW，水电、风电总装机达到631万kW；核电项目开发取得实质性进展；太阳能光伏发电和生物质能发电项目开发建设顺利推进。

1. 水电

全年投产水电145万kW，结转续建1458.5万kW。展开澜沧江上游云南段、四川涪江、瓦斯河等流域水电开发前期工作；努力推进雅鲁藏布江中游藏木水电站开发建设。

2. 风电

全年投产风电63.3万kW，结转续建145.9万kW，新核准规模突破百万千瓦，风场资源储备显著增加。2008年1月，国产化率最高的百兆瓦级风电场——华能吉林通榆风电场投产。

3. 核电

积极推进具有先进技术特征的第四代新型核反应堆工程，石岛湾高温气冷堆核电示范项目前期工作基本完成，已经上报核准，石岛湾二期压水堆核电项目已进入可研设计阶段。公司参股的海南核电项目取得实质性进展。

4. 绿色煤电

与8家大型国有能源、投资企业共同发起实施“绿色煤电”计划。2008年，按照国家能源局批复要求，完成了绿色煤电天津国产化IGCC示范工程的前期工作，进一步优化IGCC项目设计，确保绿色煤电项目第一阶段计划顺利实施。

联合国内研究、设计、制造单位，依托示范工程完成绿色煤电技术和关键设备的自主研发工作。

5. 生物质能、太阳能光伏发电

积极开发生物质发电和太阳能光伏发电技术。2008年6月27日，长春生物质热电厂开工建设；12月6日，我国规模最大的太阳能光伏试验示范项目——昆明石林太阳能大型并网光伏试验示范电站在云南省石林县正式开工建设，将为提升我国大型并网光伏发电工程的规划、设计、建设水平，推进光伏设备的研究和产业化提供一个全面的科研平台，并对普及利用太阳能知识起到重要作用。

37.2.2　积极开发CDM项目

积极应对全球气候变化，继续推进清洁发展机制（CDM）项目的开发。2008年，华能戈枕枢纽工程被正式列为清洁发展机制项目；上海燃机等4个清洁发展机制项目，通过联合国执行理事会注册。

37.2.3　节能环保绩效

2008年，公司原煤消耗量17136.98万t，火电完成供电煤耗333.59g/（kW·h），同比下降3.71g/（kW·h），比全国平均水平低15.41g/（kW·h）。公司列入“千家企业节能行动”的19家电厂，节约标准煤116万t，完成年度分解目标的192%。

火电生产用水量为47341万t，单位发电水耗为1.37kg/（kW·h），全年废水排放量为7161万t。玉环电厂被国家环境保护部命名为“国家环境友好工程”。公司节约环保绩效显著，未发生违反国家环境法律法规的情况。见表37.1。

表37.1　　2006～2008年华能集团节能减排指标一览

项　目	单位	2006年	2007年	2008年	“十一五”规划目标
生产供电煤耗	g/（kW·h）	344.87	337.37	333.59	329.00
发电厂用电率	%	5.91	5.88	5.90	5.50
单位发电水耗	kg/（kW·h）	1.47	1.33	1.37	1.30
二氧化硫排放	g/（kW·h）	5.12	3.93	3.33	1.92
氮氧化物排放	g/（kW·h）	2.38	2.34	2.20	1.86
灰渣综合利用率	%	60.80	68.30	63.03	90.00

38

神华集团有限责任公司

38.1 企业基本情况

神华集团成立于1995年，是一家集煤矿、电力、铁路、港口、煤化工一体化开发，跨地区、跨行业、多元化经营的特大型能源企业。截至2008年底，共有全资及控股子（分）公司29家，职工15.9万人，总资产4253亿元。

神华集团认真贯彻落实科学发展观，全面构建本质安全型、质量效益型、科技创新型、资源节约型、和谐发展型的“五型企业”，实现了持续、快速发展。2008年营业收入1406亿元，利润在中央企业名列前茅；企业经济贡献率连续8年名列行业第一。

神华集团坚持绿色发展、和谐发展，积极推动地企共赢，实施环保节能工程。神东矿区和准格尔煤田被评为全国环保先进企业、水土保持示范区，朔黄铁路获评“国家环境友好工程”。2008年煤炭产业万元增加值综合能耗同比下降5.3%。火力发电供电煤耗继续保持国内领先水平。二氧化硫、COD排放量同比分别下降9.5%和8.7%。

神华集团充分认识自身的环境影响，遵循“源头控制、清洁生产、和谐发展”的原则，坚定不移地履行自身的环境责任，不断加大环境整治力度、增加资金投入，有效保障了自身节能减排目标的完成。

集团高度重视自身环保管理体系建设，建立起自上而下、贯穿集团各级单位的环境保护管理体系。在决策方面，在董事会下设安全、健康及环保委员会，以确保环境安全更直接地纳入公司战略规划中；在管理方面，集团设有专职环保管理部门——安全健康环保部，同时在各下属公司均设立专职环保机构或岗位。

为了完成国家要求的节能减排工作，神华集团特别成立了总经理任组长的节能减排工作领导小组，工作小组设在科技发展部，并制定了《“十一五”节能减排规划》、《节能减排数据统计制度》、《节能减排专项管理暂行办法》等多项管理制度。集团在全辖范围大力推行清洁生产审核工作和ISO14001环境管理体系建设，截至2008年底，各下属公司已经有8家通过了ISO14001环境管理体系认证。

集团将节能降耗、污染物排放指标的完成情况作为“五型企业”绩效评价体系考核的重要组成部分。2008年初，有针对性地逐级分解下达节能减排指标，2008年底，进行了全面的环保大检查，对查出的500多条各类环保隐患和问题进行了通报，并按“五定”原则要求限期治理。

集团结合自身运营特点，加大投资规模，推进在矿区、铁路、港口和电厂的环境保护工程建设，加大污染治理和生态建设力度。2008年，全集团环保投入达到约24.7亿元，连续3年环保投入均保持在25亿元左右。其中15.87亿元用于支持集团节能减排的重大工艺、设备和技术改造。

38.2 节能减排实践

38.2.1　节能降耗

神华集团作为大型国有能源企业，认真履行降低单位能耗的工作，并依托完善的管理体系、持续的技术革新，始终保持自身节能工作的先进性。为降低能耗，2008年神华集团带领各下属公司加强了对设备的分析和管理，通过对设备运行状态的研究和深入分析，展开节能降耗技术攻关，摸索节能降耗的有效方法。

在煤炭生产方面，集团通过科学合理布置采煤工作面、升级采煤技术装备等措施，不断提高煤矿采区回采率。2008年集团的煤矿采区平均回采率达到80.02%，位于行业前列。

神华集团还积极推行全面的节能审计工作，并编制了节能降耗规划，2008年，集团煤炭生产和运输业务万元产值综合能耗（现价）同比下降4.35%，节能工作取得良好效果。在电力生产方面，集团通过持续的技术革新，连续多年保证供电煤耗持续大幅低于全国火电平均水平。

38.2.2　减少污染排放

神华集团在积极推行节能降耗工作的同时，结合自身生产运营特点，进一步深化环境污染的治理工作。2008年，通过综合整治和技术革新，集团主要污染物排放均有明显下降。

38.2.2.1　气体污染物治理

二氧化硫是集团发电业务的主要气体排放物，神华集团通过发电机组脱硫设施的安装，有效减少了二氧化硫的排放量，2008年在新建电厂投产、二氧化硫排放源基数增加的前提下，取得了二氧化硫排放量同比下降9.47%。

氮氧化物是集团发电业务的另一主要气体排放物，也是国家未来将进一步严管的污染物。集团超前应用脱硝技术，对锅炉烟气中氮氧化物去除效果明显，脱硝效率较好。截至2008年，神华国华电力分公司累计共有6台机组安装运行脱硝装置，其装机容量达到2300MW，占总装机容量的14%，居行业前列。

38.2.2.2　煤粉尘污染治理

煤粉尘主要来自煤炭的生产、运输环节。2008年，神华集团推行挡风抑尘墙、喷淋系统、建设防尘网等多种措施，有效降低了煤粉尘对当地环境的影响。

集团在煤炭的运输过程中积极使用除尘技术，减少煤粉尘污染。2008年，在自动化装车站推广环保封尘固化剂喷洒系统的安装，有效减少了铁路沿线与隧道的煤粉尘遗洒量，降低了运输中的煤炭损耗。在天津煤炭码头，建成全流程静电除尘系统，运煤机械沿线配有24台静电除尘器，在国内码头装卸线首次全过程应用静电除尘器，煤粉尘回收率达到99%。

38.2.2.3 噪声污染治理

神华集团投入大量资金进行噪声污染治理。通过对矿井通风机等设备设置消音器、隔音装置，应用变频调整技术等措施，将井下噪音污染降低了24%左右。截至2008年，在49处人口居住较为密集的村庄附近，全部设立了噪声屏障，累积达到20多km，有效减少对铁路沿线居民可能存在的噪音污染。

38.2.3 资源综合利用

在降低自身环境污染的同时，神华集团通过不断提高资源利用率、充分发挥矿、路、电、港、油、化一体化优势，实现资源的综合利用，发展具有神华特色的循环经济体系，推动社会、环境和企业的可持续发展。

38.2.3.1 固体废物综合利用

煤矸石是煤炭开采和洗选过程中产生的主要排放物，具有一定的可燃性。2008年神华集团煤矸石产生量约为2500万t。集团通过技术革新，利用煤矸石发电、制造建筑材料、推平压实和覆土治埋等方式对煤矸石进行综合利用。

粉煤灰是煤炭燃烧后的主要产物，是集团发电业务的主要固体排放物。集团对生产设备安装高效静电除尘器，使除尘效率达到99.6%以上，同时对于除尘收集的粉煤灰，全部外销用于商品混凝土添加剂，使之广泛应用于建筑、公路等基础建设领域，以此实现对粉煤灰的综合应用。以神华国华电力分公司为例，2008年粉煤灰产生量约为460万t，其综合利用量为320万t，综合利用率达到约70%。其中，沿海地区电厂的粉煤灰利用率为100%。

38.2.3.2 水资源的合理使用

神华集团的主力煤炭矿区地处干旱地区，水资源弥足宝贵。集团高度重视水资源的节约使用和综合利用，逐步实现自身水资源使用的循环发展。对于煤炭和电力业务产生的工业废水和生活污水，进行综合利用。经处理的废水主要用于井下用水、煤炭洗选、复垦绿化、电厂发电用水等。

神华集团采用煤矿井下采空区蓄水措施，通过采空区煤矸石过滤净化井下工业废水，把采空区变为具有净化功能的蓄水库，实现井下生产用水自给自足。在已采用此项措施的矿区每年可节约用水495万m^3，节约资金1800万元。神华神东分公司建设2座矿井水处理设施，可增加年水处理能力766万t。

神华集团在有效节水的同时，还积极拓宽用水来源。集团在国内率先采用低温多效海水淡化装置制取淡水，通过海水淡化技术，每日可产生淡水2万t，实现了海水资源的高效利用和循环利用，不仅解决了电厂本身的淡水需求，还向周边地区供应高品质淡水资源。见表38.1。

表38.1 神华集团水资源综合利用情况

指　标	矿井水	工业废水	生活污水
产生量（万t）	3020	2860	2480
排放量（万t）	1110	300	1410
综合利用率（%）	63	90	43

38.2.4　发展循环经济

神华集团坚持走可持续发展之路，注重发展循环经济，以资源节约与综合利用来推动企业发展。通过整合资源、扩大产业优势，加快结构调整和升级，发展集煤、焦、化工及电力为一体的新型经济模式。神华集团乌海能源公司，以煤、焦、化和煤化工为重点，积极发展能源、建材和适合的低能耗产品，逐步完善多元化的支柱产业群，从而完善了主导产业体系。

神华集团在下属电力生产企业，积极推行 NOSA 五星安全、健康、环保的管理系统，致力于建设“烟囱不排烟、厂房不漏气、污水不外排、噪声不扰民、灰渣再利用”的“四不一再”绿色环保电站。以集团典型电力企业——国华电力北京热电分公司为例，公司在承担安全、可靠提供电力和热力产品的同时，先后投资 6 亿多元用于环境治理和资源综合利用，环保投资超过总投资的 20%，2005 年成为全国电力系统中第一个获得“国家环境友好企业”称号的企业，也被誉为“循环经济的典范”企业。随着气候变化影响的不断显现，应对气候变化成为神华集团必须面对的问题。集团以严谨的态度、积极的行动，探索低碳经济的可能性，同时逐步将应对气候变化纳入企业战略发展中。

风能由于其可再生性和不会加剧气候变化的特点，已成为世界能源安全关注的重点和金融投资的热点。神华集团作为中国大型煤炭供应商和能源开发商，始终致力于清洁能源的开发与使用，从 2000 年起就开始关注风电领域发展。

近年来，集团有效整合优质资源，大力发展以风电为主的可再生能源产业，在河北北部、环渤海湾、东北及内蒙古东部、东南沿海、内蒙古西部等五大区域内持续开发风电业务，预计到 2010 年累计形成风电装机 167 万 kW，预计 2013 年达到 281 万 kW。

自 2005 年发展风电业务以来，截至 2008 年底，集团累计在风电业务领域完成投资 77.23 亿元，其中 2008 年全年完成风电项目投资 38.73 亿元；累计生产清洁能源 21.4 亿 kW·h，相当于减排二氧化碳 214 万 t。

神华集团在发展清洁能源的同时，还积极促进低碳经济相关研究的发展，2008 年集团大力推进北京低碳能源研究所建设。努力将之建设成为世界一流水平的低碳能源研究机构，并促进其研究成果的转化和实施，使神华集团成为中国乃至世界低碳能源发展的“试验田”和“示范基地”。

该研究所致力于开展低碳能源基础研究、应用技术开发与集成，以及新能源发展战略和技术研究，其研究重点是二氧化碳捕获及封存技术（CCS）与利用技术领域、煤低碳清洁转化技术领域、氢能技术领域、可再生能源技术四个领域和二氧化碳捕获和封存技术、煤加氢液化技术、煤基费托合成技术、煤气化技术、煤制天然气技术、合成气制乙醇技术、整体煤气化联合循环发电及多联产技术、氢能开发与利用技术、可再生能源技术 9 个专题进行研究。

39

中国铁建股份有限公司

39.1 企业基本情况

中国铁建股份有限公司（简称中国铁建，英文简称CRCC），是中国乃至全球最具实力、最具规模的特大型综合建设集团之一。2008年3月10～13日分别在上海和香港上市（A股代码601186、H股代码1186），2008年底，企业总资产2201亿元，净资产483亿元，全年新签合同总额为4231亿元。公司业务涵盖工程承包、勘察设计咨询、工业制造、房地产开发、物流与物资贸易及资本运营，已经从以施工承包为主发展成为具有科研、规划、勘察、设计、施工、监理、维护、运营和投融资的完善的行业产业链，具备了为业主提供一站式综合服务的能力。并在高原铁路、高速铁路、高速公路、桥梁、隧道和城市轨道交通工程设计及建设领域确立了行业领导地位。自20世纪80年代以来，在工程承包、勘察设计咨询等领域获得了327项国家级奖项。其中，国家科技进步奖55项，国家勘察设计“四优”奖60项。詹天佑土木工程大奖36项。国家优质工程奖111项、中国建筑工程鲁班奖65项。

39.2 节能减排实践

建筑施工活动是人类对自然环境、资源影响最大的活动之一。保护环境、珍惜资源是施工企业落实科学发展观、实现人与自然和谐发展的必然要求，也是履行社会责任的重要内容。中国铁建坚持“绿色施工”的理念，致力于资源节约型、环境友好型社会建设，在战略规划、勘察设计、项目管理以及施工建设中的各个环节，全面、全过程、全方位落实环保要求，尽量减小每个工程项目施工过程对周边环境的影响，节能减排，不断提高资源的综合利用效率，实现了企业与环境的协调发展。

39.2.1 环境保护

公司依据GB/T 24001—2004/ISO14001；2004环境管理标准，建立了环境管理体系，并通过第三方认证。坚持定期对环境管理体系进行审核，实施最佳环境操作规程和运行控制，持续改善环境行为，实现了施工与环境的和谐。

公司建立了环保管理体系、环保指标体系、环保监测体系和环保考核体系等加强环境保护工作的“四大体系”。

对环境保护实行管理层、项目经理部二级管理、项目经理部是环境保护工作管理的主体。按照“管生产必须管理环保”和“预防为主，持续改进”的原则，在所有工程项目中严格做到主体工程与环保工程同时设计、同时施工、同时投用。各项目经理部均制订了大气污染物、水污染、固体废弃物、振动和噪声等污染物防治处理和施工区域植物、植被保护及野生动物和植物保护的措施。

39.2.2 建设绿色铁路

青藏高原是中国乃至世界的重要气候调节器，也是东亚与南亚地区的“江河源”和“生态源”，生态系统极其脆弱。中国铁建承担了青藏铁路70%以上的建设任务，包括海拔4900m以上的全部工程。在运用世界先进技术建造现代高原铁路的同时，更加注重环保施工，成功的保护了青藏高原独特、脆弱而敏感的生态环境，建造了具有雪域高原特色的绿色铁路，成为中国铁建绿色施工的一个缩影。工程扰动土地治理率达到94.6%，水土流失治理度94.1%。拦渣率100%。2007年，国家环保总局和铁道部组织由上百名国内著名的生态、植物、环境等专家组成的验收组，对青藏铁路进行环评验收，中国铁建的环境保护措施得到了验收组的充分肯定。

39.2.2.1 保护植被

在青藏高原独特的高寒自然环境和生物区系中，分布最广的是高寒草原和高寒草甸。在铁路建设过程中，如果不采取人为附注措施加快植被的恢复过程，预计在青藏铁路建成15年之内，将会加剧草场退化，影响野生动物繁殖，并造成高原生态景观破碎化等问题。

中铁第一勘察设计院联合中国科学研究院植物所、中科院西北高原生物所等科研单位共同启动了“青藏高原高寒植被恢复与再造试验研究”。经过总面积近3万m^2的试验，终于取得了阶段性成果。

39.2.2.2 保护冻土

青藏高原上的冻土是一种由海拔高度形成的低纬度地区独特的高原多年连续冻土，是青藏高原独特生态环境的一部分。冻土一旦被大面积破坏或退化，将直接影响到高原脆弱的生态系统，带来不可估计的严重后果。

在冻土地带的铁路建设中，中国铁建在世界上第一次全面、大规模运用以片石风冷路堤、热棒等多种不同的冻土工程措施，实现了从设计思想到工程措施的“三大转变”：

（1）冻土环境的分析由静态模式转变为考虑未来安全的动态设计理念。

（2）冻土工程的处理措施由被动保温的模式转变为主动降温的模式。

（3）冻土工程的处理实现了由单一的防治手段向综合处理措施的转变。

冻土地带的成功跨越，有效保护了特殊的地质结构和自然环境，作为世界第三大冻土大国，这些设计理念和工程措施，代表了中国在冻土研究和应用上的世界领先水平。

39.2.2.3 防治污染

为科学有效地处理好施工产生的废水和废弃物，公司参建企业采取了一系列的严格控制措施，在1142km的青藏铁路沿线有效地避免了环境污染。

（1）在现场设置沉淀地，对桥梁施工及混凝土搅拌中产生的泥浆进行分离，分离出的废水用于喷洒场地或道路，固体废渣则运往指定的废渣场。

（2）污水经过简易污水池处理后直接用于施工场地洒水降尘。

（3）生产和生活垃圾进行分类收集并运往指定地点进行集中处理。

对工程的取土、弃土实施了具体而严格的规定，对取、弃土场的设置不断修改完善。在青藏铁路最初的设计中，共规划了295处取土场和砂石料场，经过优化后精简到238处。

39.2.3 节能减排成效

能源利用程度是反映企业进步的重要标志。公司所属企业对资源节约实行目标管理，纳入到企业的日常生产管理中，通过科学管理、技术改造和节能措施，有效降低了能源消耗水平，实现了节能减排目标。2008年，中国铁建共节约能源128万t标准煤，万元营业收入综合能耗（可比价）为0.236t煤，比2007年下降13%，提前完成了国资委下达的到2009年万元营业收入综合能耗下降16%的节能减排行业管理目标。

40

中国海洋石油总公司

40.1 企业基本情况

中国海洋石油总公司（以下简称中国海油）是中国最大的海上油气生产商。公司成立于1982年，注册资本949亿元人民币，现有员工5.7万人。自成立以来，中国海油保持了良好的发展态势，由一家单纯从事油气开采的上游公司，发展成为主业突出、产业链完整的综合型能源集团，形成了上游（油气勘探、开发、生产及销售）、中下游（天然气及发电、化工、炼化、化肥）、专业技术服务（油田服务、海油工程、综合服务）、金融服务以及新能源等产业板块。近年来，通过改革重组、资本运营、海外并购、上下游一体化等重大举措的成功实施，企业实现了跨越式发展，综合竞争实力不断增强。2008年，中国海油全年实现营业收入1948亿元，利润总额678亿元，集团总资产4095亿元，净资产2059亿元。全年油气当量达4293万t油当量。

中国海油将继续坚持以科学发展观为指导，坚持“双赢、责任、诚信、创新、关爱”的企业理念，实施协调发展、人才兴企、科技领先和低成本战略，坚持特色发展道路，以全面创新推动公司的高速高效发展，向着“国际一流能源公司”的目标扎实迈进。

40.2 节能减排实践

40.2.1 积极履行企业社会责任

中国海油在实现高效高速发展的同时，始终把节能降耗、减少污染物排放、保护环境作为企业不可推卸的重要社会责任。

近年来，中国海油加大了资源节约型、环境友好型企业建设力度，不断优化产业结构，推广清洁生产，节约能源资源，淘汰落后工艺技术和生产能力，从源头上控制环境污染，力争在经济发展、企业发展的同时促进人类与自然的和谐相处。

继2007年成为首家受邀加入应对全球气候变化的国际“3C”组织的中国企业之后，2008

年，中国海油又成为联合国“全球契约组织”的成员，与国际社会共同应对环境变化。

为了抓实抓好节能减排工作，中国海油从影响节能减排正常开展的体制、机制等方面入手，通过不断完善节能减排组织管理体系、节能减排规章制度体系，建立健全节能减排统计、考核奖惩和监测等长效机制来促进节能减排工作持续、有效地开展。节能减排工作从源头抓起，重抓规章制度建设，将节能减排计划列入生产建设计划，并随计划预算下发至各所属单位。同时，中国海油还把节能减排纳入公司的经营绩效考评体系，根据所属单位用能特点分别赋予20%、10%和5%的权重。2008年，公司完善了节能减排规章制度体系，制订实施了《中国海洋石油总公司节能减排专项资金管理暂行办法》，完成了对所属单位2007年节能减排目标完成情况的考核，制订了4项企业节能标准，对15家所属单位开展了节能减排监督监测。这些工作的开展，进一步推动了中国海油的节能减排工作，使节能减排工作取得了显著成效。

2008年上半年，中国海油共实现节能量25万t标准煤，同比增长115%。二氧化硫排放量同比减少75.3t，化学需氧量排放量同比减少103t，排放量分别同比下降了17%和35.8%。

40.2.2 推行“零排放”

公司提出了“零排放”的理念和标准，提出“凡新建项目都要以零排放的标准进行设计和施工”，召开污染物零排放及温室气体排放控制研讨会，明晰了零排放的含义、实施思路。

2007年，中海石油湛江燃料油公司便开始将污水零排放作为健康安全环保工作的重点，制订了中水系统技改计划和项目施工方案。一开始，湛江燃料油公司将40%经过处理后的生产污水用于绿化，但仍不能满足回注循环水场的水质要求。后来，该公司投资40万元新增中水回用系统，并建设了两条中水回用管线，一条通往办公区，另一条连接生产用水系统。到2008年6月，40%经过处理后的生产污水用于绿化，60%的污水经过中水装置处理后用于卫生间用水、消防补水和循环水系统补水等。湛江燃料油公司的生产污水真正做到了零排放。

40.2.3 中海沥青节能减排有高招

中国海油下属的主力生产厂——中海沥青在节能减排方面更是表现不俗，获得了总公司相关部门的一致认可，能源管理经历了从无到有的蜕变。

2007年4月，中海沥青成立了以公司领导挂帅的节能减排领导小组，修订了公司的《能源管理规定》，并给厂内各车间重新制订了节能减排目标，并决定从抓基础管理、优化工艺装置、抓员工的节能意识入手。

40.2.3.1 先抓基础

公司先后增设了5台氧化锆分析仪、水表，使厂区内的装置实现了氧含量在线分析，并提高了蒸汽、新鲜水等能源消耗的计量精度。车间还对生产装置辅助物料实际使用情况进行一一统计，并根据油品的质量和运行情况及时调整辅料的投用。

40.2.3.2 再创新工艺

2008年，中海沥青各车间实施大小节能减排技术措施65项，其中局部加热器和水轮机这两项技术在海油系统内均是首家采用。2009年3月油罐局部加热器取得了国家实用新型专利。

40.2.3.3 提高意识

从管理推动到员工自觉节能，中海沥青在提高员工节能意识方面下足了工夫。各具特色的节能宣传活动每隔一段时间就会开展一次。除此之外，公司制订了三级考核制度，将目标责任层层分解到班组，车间对班组进行排名，节能减排办公室每月对车间进行严格考评，并拨出专项资金对作出贡献的员工进行相应奖励，以激发全体员工的积极性和主动性。“没有最好只有更好”，中海沥青总经理程士全常用这句话勉励员工把节能减排工作持续推进。2008 年，中海沥青全厂单位综合能耗较 2007 年降低了 8.38%，1～6 月全厂电、汽、水、燃料等单耗分别较 2006 年同期降低了 15.9%、13.05%、6.03% 和 26.24%。

大 事 记

（2005～2009年10月）

中华人民共和国可再生能源法

2005年2月28日

国家主席胡锦涛发布第三十三号令，颁布了中华人民共和国可再生能源法。《中华人民共和国可再生能源法》由中华人民共和国第十届全国人民代表大会常务委员会第十四次会议于28日通过，于2006年1月1日起施行。

中国启动十大节能工程5年节约亿吨煤

2005年6月3日

国家发展和改革委员会启动了节能规划提出的十大重点节能工程。通过实施这十大工程，“十一五”（2006～2010年）规划期间中国将实现节约2.4亿t标准煤的节能目标。

“中国终端能效项目”正式启动

2005年6月6日

国家发展和改革委员会（NDRC）、财政部和联合国开发计划署（UNDP）中国代表处在北京联合召开“中国终端能效项目（简称EUEEP）”启动会。

国家标准委表示：3～5年建成节能标准体系

2005年7月8日

国家标准委副主任张延华指出，国家标准委与相关部门加紧制定《2005～2007年资源节约与综合利用标准发展计划》，力争用3～5年时间，在我国建成适合经济发展和节约型社会需要的节能和环保标准体系。

国资委与17家央企签承诺书3～5年节能达国际先进

2005年8月19日

国资委与17家中央企业签署“节能承诺书”。签署“节能承诺书”的17家中央企业包括：中石油、中石化、中海油、一汽、宝钢、鞍钢、武钢、国家电网、华能集团等。企业承诺力争经过3～5年的持续奋斗达到国际同行业可比先进水平。

国家发展和改革委员会发布空调、冰箱节能榜

2005 年 8 月 26 日

国家发展和改革委员会公布了已备案的 16 家能效等级达到一、二级的空调企业名称和产品规格型号，24 家能效等级为一级的冰箱企业名单和产品规格型号。

青岛成为首个节约型技术示范城市

2005 年 8 月 26 日

经科技部批复，青岛成为首个“国家资源节约型技术示范城市”。

国家开发银行贷款 100 亿元支持节能

2005 年 9 月 9 日

国家开发银行与中国节能投资公司签署开发性金融合作协议。根据协议，未来 5 年开发银行将向中国节能投资公司提供 100 亿元的政策性贷款，支持将用于开发一批节能、环保和新能源重大项目示范，包括节约型示范区综合开发、风力发电与生物质能发电产业化、城市垃圾资源化、重要水域环境治理、建筑节能材料产业化等。

国家发展和改革委员会：我国将采取一系列节能新举措

2005 年 9 月 27 日

国家发展和改革委员会能源研究所能效中心主任郁聪在召开的“能效高峰论坛”上介绍，在企业节能方面，我国 2005 ~ 2006 两年的目标锁定在 1000 家高耗能企业，主要集中在钢铁、有色、煤炭、电力、石油、石化、化工、建材、船舰等高耗能行业和年耗能万吨标准煤以上的企业。目前有关部门正在研究制定更严格的能源管理制度、加强能源审计以及强制性、超前性的产品能耗标准等措施，抓好这 1000 家高耗能企业的节能并落实具体的实施方案。

中国将重点推进钢铁、电力等八大行业节能降耗

2005 年 12 月 21 日

中国公布的《促进产业结构调整暂行规定》提出，要重点推进钢铁、有色、电力、石化、建筑、煤炭、建材、造纸等行业节能降耗技术改造。

GDP 能耗公报制度将实施各地区能耗公之于众

2005 年 12 月 23 日

国家能源办和国家统计局近期下发通知，从 2006 年开始实施 GDP 能耗指标公报制度。

世界银行今年拟向我国节能行业提供 2 亿 ~ 4 亿美元贷款

2006 年 1 月 6 日

世界银行官员在北京表示：世界银行从 2006 年起将对中国的贷款政策进行调整，加大对节能行业的贷款力度。

《节约能源法》修改正式启动

2006年2月23日

全国人大财经委员会《节约能源法》修订起草组在北京正式成立，《节约能源法》修改工作正式启动。

5部门实施千家重点耗能企业节能行动

2006年4月7日

国家发展和改革委员会、国家能源办、国家统计局、国家质检总局、国务院国资委5部门联合发文，实施千家重点耗能企业节能行动，并开展节能审计，实施GDP能耗公报制度。

国家将修订资源节约与综合利用标准926项

2006年5月12日

国家标准化管理委员会、国家发展和改革委员会等14个部门联合发布《2005~2007年资源节约与综合利用标准发展规划》。根据这一规划，国家将修订资源节约与综合利用标准926项。

《安徽省节约能源条例》7月1日实施

2006年7月1日

于2006年4月21日在安徽省十届人大常委会第二十三次会议通过的《安徽省节约能源条例》7月1日起正式实施，对能源生产单位无偿、低价向本单位提供的能源的行为，作出了禁止性的规定。

温家宝主持国务院会议研究部署加强节能工作

2006年7月19日

国务院总理温家宝7月19日主持召开国务院常务会议，讨论并原则通过《国务院关于加强节能工作的决定》。

国务院出台《关于加强节能工作的决定》

2006年8月6日

国务院出台《关于加强节能工作的决定》(以下简称《决定》)。《决定》共九个部分，三十八条。这九部分是：①充分认识加强节能工作的重要性和紧迫性；②用科学发展观统领节能工作；③加快构建节能型产业体系；④着力抓好重点领域节能；⑤大力推进节能技术进步；⑥加大节能监督管理力度；⑦建立健全节能保障机制；⑧加强节能管理队伍建设和基础工作；⑨加强组织领导。

“十一五”规划我国节能降耗指标分解到各省

2006年11月7日

根据“十一五”规划纲要，我国单位国内生产总值能源消耗5年间要降低20%左右，目前这个指标已经分解到各个省。

上海力推可再生能源利用可抵扣能耗

2006 年 12 月 15

上海最近出台有关节能降耗办法，规定企业使用可再生能源，可相应抵扣其用能量。

国家发展和改革委员会要求加强固定资产投资项目节能评估和审查工作

2006 年 12 月 22 日

日前，国家发展和改革委员会发出通知，要求国务院有关部门、各地发展和改革委员会、各中央直属企业加强固定资产投资项目节能评估和审查工作。

中国发布《节水型社会建设“十一五”规划》

2007 年 2 月 5 日

国家发展和改革委员会、水利部、建设部联合发布《节水型社会建设“十一五”规划》（以下简称《规划》）。《规划》分析了中国水资源利用现状、面临的形势，明确了“十一五”规划期间节水型社会建设的目标和任务，确定了节水型社会建设的重点和对策措施，提出了节水型社会建设重大工程，是指导今后一个时期中国节水型社会建设的行动纲领。

国家统计局：2006 年单位 GDP 能耗同比下降 1.23%

2007 年 2 月 28 日

国家统计局发布的公报显示，2006 年我国单位国内生产总值能耗同比下降了 1.23%，而年初预定的目标是下降 4% 左右。

中国企业加入欧盟“自愿减排”环保协议

2007 年 3 月 19 日

南京钢铁联合公司等 14 家中国企业加入欧盟“自愿减排”协议，欧盟将给予技术方面的支持，中国政府也将提供有关优惠政策。这是中国环境保护首次引入“企业自愿”的推进方式。

中美签署《谅解备忘录》开发相互认可的节能技术规范

2007 年 3 月 19 日

中国中标认证中心与美国环境保护署签署了中标认证中心节能认证与美国环境保护署能源之星协调互认《谅解备忘录》，双方将就节能认证技术规范和节能认证实施程序的协调进行合作。

山东 2007 年安排 2 亿元用于节能节水

2007 年 3 月 26 日

山东省财政 2007 年将安排 2 亿元资金专项用于节能节水，重点支持节能标准体系建设、节能审计、重大节能技术和设备的推广应用等。

“十一五”规划期间铁路加大节能和资源综合利用工作

2007 年 4 月 2 日

根据国家“十一五”规划纲要和《铁路“十一五”规划》要求，铁道部编制《铁路“十一五”节能和资源综合利用规划》，提出“十一五”规划期间铁路节能工作的具体目标和实施方案。

《上海市将实施十大节能工程》

2007年4月9日

上海市根据节能中长期专项规划，组织实施十大重点节能工程，制定重点节能工程实施方案和分年度实施计划，以十大节能工程推动技术节能，重点推进燃煤工业锅炉（窑炉）改造工程、区域热电联产工程、余热余压利用工程、节约和替代石油工程、电机系统节能工程、能量系统优化（系统节能）工程、建筑节能工程、绿色照明工程、政府机构节能工程、节能监测和技术服务体系建设工程。

能源发展“十一五”规划出台

2007年4月11日

国家发展和改革委员会出台了《能源发展“十一五”规划》，规划主要阐明国家能源战略，明确能源发展目标、开发布局、改革方向和节能环保重点，是未来5年我国能源发展的总体蓝图和行动纲领。

浙江政府决定对国企负责人实行节能工作问责制

2007年4月23日

浙江省政府办公厅发出的《关于进一步加强节能工作的实施意见》指出，浙江省把节能降耗目标任务纳入各级政府和各有关部门的目标责任制。

国务院：把节能减排作为宏观调控重点

2007年4月25日

国务院总理温家宝主持召开国务院常务会议，研究部署加强节能减排工作。会议同意国家发展和改革委员会会同有关部门制定的《节能减排综合性工作方案》，决定成立国务院节能减排工作领导小组，由温家宝总理任组长，曾培炎副总理任副组长。

燃煤发电机组脱硫电价及脱硫设施运行管理办法出台

2007年5月29日

为加快燃煤机组烟气脱硫设施建设，提高脱硫效率，减少二氧化硫排放，促进环境保护，国家发展和改革委员会和国家环保总局联合制定了《燃煤发电机组脱硫电价及脱硫设施运行管理办法（试行）》，印发有关部门执行。

国务院印发《节能减排综合性工作方案》

2007年6月3日

新华社发布《国务院关于印发节能减排综合性工作方案的通知》。通知指出，《中华人民共和国国民经济和社会发展第十一个五年规划纲要》提出了“十一五”规划期间单位国内生产总值能耗降低20%左右，主要污染物排放总量减少10%的约束性指标。

北京2006年度节能减排任务基本完成

2007年6月4日

北京市发展和改革委员会公布了北京市节能降耗与污染减排工作取得的成效：2006年度的任务基本完成，是全国少数几个完成指标的省市之一。

北京银行首推节能贷款

2007年6月11日

北京银行与其战略合作伙伴国际金融公司（IFC）达成协议，率先在北京地区推出节能贷款，为从事节能服务的中小企业提供融资服务。今后，经营锅炉改造、余热回收等节能项目的中小企业可以享受到北京银行“优先贷款”。

北京银行也由此成为城市商业银行中首家推出此项贷款的银行。

上海首期投入2000万元转换节能补贴方式

2007年6月11日

上海市经委副主任杲云说，上海2007年一期拟拿出2000万元资金，对实施节能技术改造的企业进行补贴。此前，上海主要依据企业技改投入来补贴，现在开始根据企业实际节能量进行补贴。

国务院成立应对气候变化节能减排工作领导小组

2007年6月25日

国务院下发通知,成立以国务院总理温家宝为组长的国家应对气候变化及节能减排工作领导小组。

该领导小组分别由国务院副总理曾培炎和国务委员唐家璇任副组长，成员则包括国家发展和改革委员会主任马凯、外交部部长杨洁篪、科技部部长万钢等29名国务院部长级官员。

节能发电调度办法正式对外公布

国家发展和改革委员会、国家环保总局、国家电监会和国家能源办联合制定的《节能发电调度办法》（下称《办法》）8月2日获国务院同意，并于8月8日正式对外公布。

国家发展和改革委员会：将在南方地区进行节能发电调度试点

2007年8月15日

国家发展和改革委员会能源局召开的南方地区电力工业上大压小工作会议上，由国家发展和改革委员会，国家能源办、环保总局、国家电力监管委员会等共同制定的《节能发电调度办法》，将在南方部分省市进行试点。

陕西企业签订首份温室气体减排合作项目

2007年10月8日

瑞典碳资产管理公司和陕西神木县九江商贸有限公司在陕西省委党校学苑大厦举行了CDM

（二氧化碳减排）合作项目签字仪式。该项目总投资约1.3亿元，是陕西省首家二氧化碳减排项目，已于2007年7月1日动工，于2008年4月完工。

国家发展和改革委员会发布《千家企业能源利用状况公报（2007）》

2007年10月9日

国家发展和改革委员会网站正式发布针对千家企业能源消费状况、单位产品能耗水平、能源管理情况以及用能技术装备状况等情况的分析公报《千家企业能源利用状况公报（2007）》。

千家企业是指钢铁、有色金属、石油石化、化工、建材、煤炭、电力、造纸、纺织等9个重点耗能行业中年综合能源消费量18万t标准煤以上的企业，共998家。

兴业银行百亿贷款助力节能减排

2007年10月15日

兴业银行自2006年底在国内率先推出“能源效率贷款”这一“绿色信贷”产品以来，已累计发放贷款近7亿元助力节能减排工作。兴业银行计划于“十一五”规划期间放贷100亿元，以实际行动践行金融行业支持环保的承诺。

全国人大常委会通过节约能源法修订草案

2007年10月28日

十届人大常委会第三十次会议10月28日表决通过了节约能源法修订草案，自2008年4月1日起施行。新通过的节约能源法强化了节能环保执法威慑力，将为解决中国当前经济发展与能源资源及环境之间日益尖锐的矛盾提供强大的动力。

国务院要求建立节能减排统计、监测和考核体系

2007年11月17日

国务院以国发〔2007〕36号文件印发了《国务院批转节能减排统计监测及考核实施方案和办法的通知》，同意国家发展和改革委员会、统计局和环保总局分别会同有关部门制定的《单位GDP能耗统计指标体系实施方案》、《单位GDP能耗监测体系实施方案》、《单位GDP能耗考核体系实施方案》（以下称“三个方案”）和《主要污染物总量减排统计办法》、《主要污染物总量减排监测办法》、《主要污染物总量减排考核办法》（以下称“三个办法”），并要求各有关部门认真贯彻执行。

科技部等6部门发布《节能减排全民科技行动方案》

2007年12月3日

科技部、国家发展和改革委员会、中共中央宣传部、中国科学技术协会、全国人大环境与资源保护委员会、全国政协人口资源环境委员会等6部门联合发布《节能减排全民科技行动方案》。

拜耳集团启动气候保护计划适应中国节能减排目标

2007年12月24日

全球化工巨头德国拜耳集团决定在中国启动“拜耳气候计划”，旨在通过应用先进设施、新技术和新方案进一步减少生产过程中二氧化碳的排放量，以适应中国节能减排的发展目标。

节能降耗立法先行，沪制定4部节能降耗法规规章

2007年12月31日

从上海市十二届人大常委会第100次主任会议上获悉，为进一步贯彻落实市人大常委会关于加强节能工作的决定，上海市政府各相关部门正在抓紧时间，配合市人大抓紧做好节能法规的制定工作。截至2007年底，《上海市可再生能源条例》已基本完成立法调研，争取年内形成初稿；《上海市建筑节能条例》立法调研工作已经启动；《上海市绿色建筑认证实施办法》（草案）正在修改；《上海市节能条例》也在抓紧启动修订工作。

商务部将北京等10个城市作为流通业节能减排试点

为贯彻国务院节能减排电视电话会议和《国务院关于印发节能减排综合性工作方案的通知》精神，加快推进流通服务业节能减排，2007年12月31日商务部下发了《商务部关于开展“零售业节能行动”的通知》（商改发［2007］199号），全面启动零售行业节能降耗工作。

银监会发布节能减排授信指导意见

2008年1月14日

为配合国家节能减排战略，有效防范信贷风险，银监会发布了《节能减排授信工作指导意见》(以下简称《意见》)。《意见》规定，鼓励银行开展节能减排授信创新。对被列为国家重点的节能减排项目，得到财政、税收支持的节能减排项目，节能减排显著地区的企业和项目在同等条件下都将给予信贷支持。而对于列入国家产业政策限制和淘汰类的新建项目，耗能、污染问题突出且整改不力的企业和项目，被列为落后产能的项目均不予以支持。

中国间接补贴高效照明产品以促进节能减排

2008年1月28日

财政部、国家发展和改革委员会联合发布《高效照明产品推广财政补贴资金管理暂行办法》，这是中国政府加大力度推广高效照明产品，促进实现节能减排目标的又一重要举措。

“中国低碳城市发展项目”正式启动上海保定入选首批试点

2008年1月29日

全球性保护组织WWF（世界自然基金会）在北京正式启动“中国低碳城市发展项目”，上海、保定入选首批试点城市。

发改委要求各地积极推进中小企业节能减排

2008年2月4日

国家发展和改革委员会下发了《关于做好中小企业节能减排工作的通知》，提出各地要系统研究财税、价格、信贷、担保、市场准入标准等方面的配套政策措施，推进节能减排工作。

环保总局与国际金融公司合作深化绿色信贷

2008年2月4日

国家环保总局和世界银行国际金融公司在北京签署协议，合作研究制定符合中国国情的绿色信贷指南，2007年7月，环保总局、人民银行、银监会联合发布了《关于落实环保政策法规防范信贷风险的意见》。

2007年5大国有银行发放节能减排贷款超千亿元

2008年2月26日

银监会公布的数据显示，2007年银行业节能减排金融服务工作取得显著成效，5家大型银行（中国工商银行、中国农业银行、中国建设银行、中国银行和交通银行）2007年共发放支持节能减排重点项目贷款1063.34亿元。

国务院公布2008年工作要点加大节能减排和环境保护力度

2008年4月7日

《国务院2008年工作要点》（以下简称《工作要点》）经国务院第二次常务会议讨论并原则通过，《工作要点》指出，要加大节能减排和环境保护力度，推进经济结构调整，转变发展方式，完善能源资源节约和环境保护奖惩机制，健全审计、监察体系，强化节能减排工作责任制。

世界银行中国节能融资项目获批准

2008年4月8日

为发展我国节能减排事业，促进“十一五”规划中节能目标的实现，经国务院批准，2008年4月7~8日，财政部会同国家发展和改革委员会、外交部与世界银行代表在北京进行了“中国节能融资项目”贷款及赠款的最终谈判，中国节能融资项目是目前我国在节能领域获得的最大的国际贷/赠款项目。

世界500强企业霍尼韦尔助力重庆节能减排

2008年5月5日

霍尼韦尔与重庆市8家单位签订一系列战略合作备忘录，计划以合同能源管理模式参与渝企节能减排进程，并将在重庆化工园区搭建目前全球最先进的环境在线监测系统展示平台。

国家发展和改革委员会与日立签订节能减排项目合作协议

2008年5月7日

国家发展和改革委员会主任张平与日本株式会社日立制作所总经理庄山悦彦、日立（中国）

有限公司董事长长野晄史共同签署为期两年的合作协议，拟实施“中国中小企业节能减排示范项目”。

三峡工程投运后折算减排二氧化碳 2 亿 t

2008 年 5 月 10 日

截至 5 月 9 日 12 时，三峡工程累计发出清洁水电 2230 亿 kW · h，加之三峡水库蓄水后通航能耗降低、货运量增加，相当于为国家节约 9000 余万 t 标准煤，减排二氧化碳 2 亿 t，三峡工程节能减排成效已经充分显现。

全国商务领域节能产品目录首次发布

2008 年 5 月 12 日

中国商业联合会与中国质量认证中心近日联合发布了《2008 年全国商务领域节能产品目录》。这是我国首次发布商务领域的节能产品目录，共有涉及电器、照明、燃气、办公、机电、建筑节能、新能源、卫浴节水等 200 家企业 41 类产品 597 个型号的产品列入目录。

中国绿星节能减排投资基金在京签约

2008 年 6 月 2 日

中国资源综合利用协会携手美国梧桐基金管理公司在北京举办签约仪式，着手筹备成立中国绿星节能减排投资基金。该基金的设立将成为我国首只专投于节能减排与资源综合利用领域的私募投资基金，总额为 10 亿美元，基金还将聘请中国资源综合利用协会、美国惠特曼战略投资咨询公司等多家专业机构作为投资顾问。

世界银行 4.4 亿美元贷款投向中国节能项目

2008 年 6 月 2 日

世界银行批准了 3 个新的中国贷款项目，分别是能效融资项目、山东烟气脱硫项目和辽宁中等城市基础设施项目，旨在帮助中国提高能源使用效率，减少电厂污染排放。3 笔贷款总额为 4.41 亿美元，占世界银行 2008 财年对中国贷款计划额度近 1/3。

46 项《中华人民共和国节约能源法》配套国标 6 月 1 日起陆续实施

2008 年 6 月 2 日

为积极配合《中华人民共和国节约能源法》的实施，国家标准委制定了 46 项与《中华人民共和国节约能源法》配套的国家标准。6 月 1 日起，这些配套国家标准将陆续实施。这些标准将为推广节能减排技术和规范市场秩序提供技术支撑。

我国财政将加大节能支持力度

2008 年 6 月 23 日

财政部副部长张少春表示，按照《中华人民共和国节约能源法》的要求，财政部今后将继续加大支持力度，抓紧完善各项财税政策，建立健全节能长效机制。

空调强制能效标准9月实施

2008年6月30日

为积极配合《中华人民共和国节约能源法》的实施，国家标准委制定《多联式空调（热泵）机组能效限定值及能源效率等级》将于9月1日开始正式实施。

国务院部署加强节油节电工作和开展全民节能行动

2008年7月23日

国务院总理温家宝主持召开的国务院常务会议，研究部署加强节油节电工作和开展全民节能行动，审议并原则通过了《公共机构节能条例（草案）》和《民用建筑节能条例（草案）》。强调要对节能环保型汽车实行消费税优惠政策，提高大排量汽车消费税率；实行鼓励消费者购买高效节能空调的财税政策。

交通运输部发布公路水路交通节能实施办法

2008年7月23日

交通运输部网站发布了《公路、水路交通实施〈中华人民共和国节约能源法〉办法》（以下简称《办法》）。《办法》自2008年9月1日起施行。

国务院发布《公共机构节能条例》

2008年8月1日

温家宝总理8月1日签署第531号国务院令，公布《公共机构节能条例》（以下简称《条例》）。《条例》自2008年10月1日起施行。

国务院发布进一步加强节油节电工作的通知

2008年8月1日

《国务院关于进一步加强节油节电工作的通知》要求各省、国务院各部门和各直属机构进一步充分认识节油节电工作的重要性和紧迫性，采取措施节油节电，提高能源利用效率，缓解石油和电力供应紧张状况。

我国将从2008年9月1日起调整汽车消费税政策

2008年8月13日

8月13日财政部、国家税务总局发出通知，决定从2008年9月1日起调整汽车消费税政策。具体内容包括：①提高大排量乘用车的消费税税率，排气量在3.0L以上至4.0L（含4.0L）的乘用车，税率由15%上调至25%，排气量在4.0L以上的乘用车，税率由20%上调至40%；②降低小排量乘用车的消费税税率，排气量在1.0L（含1.0L）以下的乘用车，税率由3%下调至1%。

国内首支治污减排专项债券成功发行

2008年8月27日

由中信证券主承销的我国首支专项用于治污减排项目建设的山东诸城市经济开发投资公司8亿元企业债券发行成功。这也是第一支县级企业发行的市政债券。该债券的发行，开创了国内利用资本市场直接融资，引进社会资金市场化治污减排先河。

2007年千家企业节能目标责任评价考核结果发布

2008年9月8日

根据《国务院批转节能减排统计监测及考核实施方案和办法的通知》要求，对2007年千家企业节能目标完成情况和节能措施落实情况进行了评价考核，并将考核情况报送发改委。发改委对各地报送的评价考核材料进行了审核汇总，将2007年千家企业节能目标责任评价考核结果及有关情况公告。

国家发展和改革委员会设立国家节能中心

2008年10月20日

国家发展和改革委员会宣布，经中编办批复，发改委决定设立国家节能中心，为政府实施节能管理提供技术支持。

我国《“十五”能源发展重点专项规划》出台

2008年10月24日

《“十五”能源发展重点专项规划》（以下简称《规划》）近日出台，《规划》是国民经济和社会发展“十五”规划的重要组成部分，是落实加强能源基础设施建设、调整能源结构的重点专项规划，是指导“十五”规划能源发展的纲领性文件。

中国节能投资公司积极开展央企节能减排工作

2008年11月3日

中国节能投资公司正式成为国务院国资委中央企业节能减排工作的技术支持单位，今后将在中央企业节能减排工作中，协助国资委管理和指导中央企业的节能减排工作，为中央企业全面开展节能减排工作提供技术和智力支持服务。

第四批能效标识制度2009年实施检测力度加大

2008年11月4日上午

由国家发展和改革委员会、国家质检总局和国家认监委三部门联合发布的，第四批能源效率标识产品目录媒体通报会在中国标准化研究院举行。

广东尝试节能减排融资新模式

2008年11月12日

广东省亚洲开发银行贷款节能减排促进项目资金信托合同在广州正式签署，这是广东率先探索节能减排贷款项目管理和融资新模式的有益尝试。

中海油：让节能减排成为发展动力

2008年11月12日

中国海洋石油总公司中海石油化学股份有限公司80万t甲醇项目在海南省东方市东方化工

城破土动工。这个项目是中国海油推进节能减排、发展循环经济、大力支援地方经济发展的又一重要举措。

贵州省质监督局采取措施加快节能减排标准化工作

2008年11月13日

贵州省质量技术监督局联合省经贸委、环保局下发《关于切实加强节能减排标准化工作的意见》(以下简称《意见》),加快节能减排标准化工作,为贵州省节能减排工作奠定技术基础,进一步推进全省节能减排工作的开展。

中国节能减排商务网正式上线

2008年11月15日

全国高科技节能减排促进中心打造的行业信息化领航网站——中国节能减排商务网正式上线运行。

清华大学阳光基业节能减排研发中心成立

2008年11月24日

清华大学阳光基业工业节能减排联合研发中心(以下简称"中心")在北京清华大学举行了揭牌仪式。

开发商需明示"节能指标"

2008年11月25日

购房者请监督:开发商卖商品房需明示"节能指标",否则将处购房款2%的罚款。湖北省十一届人大常委会第七次会议审议了《湖北省建筑节能条例(草案)》。

发改委新增25亿元加强节能环保建设

2008年12月3日

2008年新增1000亿元中央投资中,国家发展和改革委员会共安排25亿元中央预算用于"十大重点节能工程、循环经济和重点流域工业污染治理工程"。

我国将建固定资产投资项目节能评估和审批制度

2008年12月19日

国家发展和改革委员会有关方面负责人介绍,我国将建立固定资产投资项目节能评估和审批制度,把节能评估和审查制度作为项目审批、核准和开工建设的前置性条件之一。

节能成果展在北京举行

由环境保护部主办、中华环保联合会承办的"第三届中国国际建设环境友好型社会成果展览会"于12月19~21日在北京全国农业展览馆举办。18个省(直辖市)政府28家行业协会将在京展出改革开放30年来最突出的节能技术和环保成果。

发改委起草完成《节能监察办法》

2008 年 12 月 23 日

发改委已经起草完成了《节能监察办法》（征求意见稿），待进一步修改后颁布实施。制定节能监察办法，完善节能监察制度，有利于贯彻落实新修订的节约能源法，加强节能执法能力建设，完善节能管理体系，强化节能执法监督，确保实现“十一五”规划规定的节能目标。

发改委公布 25 亿元节能减排投资计划

2008 年 12 月 23 日

国家公布 25 亿元投资“十大重点节能工程、循环经济和重点流域工业污染治理工程”，涉及 468 个项目，有利于带动节能环保产业的发展。

海尔空调获美国政府节能补贴

2008 年 12 月 23 日

美国商务部近日发布的最新数据显示，以坚持走“自主品牌”出口路线的海尔省电空调凭借其省电 59% 的节能优势，以及比美国能源之星计划的能效比标准还高 12% 的骄人指标，赢得了美国各州政府部门的首肯。目前，在美国各地，消费者购买海尔省电空调可获得最高 20% 的节能补贴，因而成为美国消费者的最佳购买选择之一。

我国首个高校青年“节能减排创新奖”落户北大

2008 年 12 月 23 日

由环境保护部宣传教育中心等设立的“北京大学节能减排创新奖”在北京大学启动。这是我国首个专门面向高校青年以节能减排为主题的创新奖项。

上海设立煤电温室气体减排研究中心

2009 年 1 月 14 日

中国华能集团公司与上海电气（集团）总公司在上海签订了《设立“华能上海电气温室气体减排研究中心”合作协议》。

国家统计局：2008 年中国万元 GDP 能耗下降 4.21%

2009 年 1 月 22 日上午 10 时

国务院新闻办举行新闻发布会，国家统计局局长马建堂介绍 2008 年国民经济运行情况，并答记者问。马建堂指出：中国在保持经济平稳较快发展的同时，结构调整、节能减排工作也取得新的进展。

节能减排工作取得了积极进展。其中一个指标就是万元 GDP 能耗，2006 年万元 GDP 能耗同比下降了 1.79%，2007 年万元 GDP 能耗同比下降了 3.66%，2008 年万元 GDP 能耗同比下降了 4.21%。

上海节能减排技术转移服务中心成立

2009 年 1 月 23 日

国内首家专业的节能减排技术转移服务机构“上海节能减排技术转移服务中心”正式揭牌

成立。该中心以“政府引导、市场主导”为原则，依托市技术经纪人事务所、市科协、市政协科促会，利用上海节能信息网的网络市场，以及600多名全国各地的节能项目代理人，为节能技术及相关企业、用能单位，提供展示、交流、推介、融资、代理、培训、交易等服务，从而加快我国节能减排技术的转移和对接。

华夏银行支持中国节能50亿元授信节能公司

2009年2月24日

华夏银行与中国节能投资公司签订战略合作协议。根据双方的合作协议，华夏银行将向其提供50亿元意向性综合授信，其中将优先支持中国节能投资公司用于并购项目。根据协议，双方将进一步加强“绿色信贷”等具有节能环保特色的金融产品合作。此外，双方还将在法国开发署AFD能效与可再生能源转贷、世界银行节能转贷项目开展紧密合作。

广东：环保节能项目免征3年所得税

2009年3月2日

广州市地税局发出《关于落实促进中小企业平稳健康发展税收优惠政策的紧急通知》（粤地税发〔2008〕208号），编制了《关于扶持中小企业发展的税收政策指引》，让中小企业更明白地享受有关税收优惠政策。

16项节能标准和6项能效标识的研究工作已全面启动

2009年3月6日

中国标准化研究院召开了“主要用能产品和设备节能标准与能效标识研究”课题启动会，涉及工业设备、商用设备、照明产品三大领域，包括16项节能国家标准，6种产品能效标识实施细则的研究制订和修订等多项研究已全面启动。

浙江与中国节能投资公司签署节能减排合作协议

2009年3月8日

浙江省人民政府与中国节能投资公司签署了《中国节能投资公司与浙江人民省政府战略合作框架协议》。签约后，双方将充分发挥各自的优势和特色，通过建立更加有效的节能减排合作机制。

挪威向广东企业推介节能减排合作项目

2009年3月12日

由中国企业联合会、挪威工商总会、广东省企业联合会三方共同主办的“中挪节能减排与可持续发展国际研讨会”在广州花园酒店举行，旨在搭建交流平台，通过中挪两国专家和企业间的交流互动，促进中挪企业在节能降耗、提高能效、清洁生产方面的技术合作。

中国国际节能减排和新能源科技博览会开幕

2009年3月19日

由科技部、国家发展和改革委员会、教育部、工业和信息化部、财政部、环保部等13个部委联合主办的“2009中国国际节能减排和新能源科技博览会”3月19日在北京展览馆隆重开幕。

19~23日期间，包括世界500强企业在内的来自十几个国家和国内20多个省、自治区、直辖市以及香港特别行政区的共200余家企业和机构将参加博览会展示，1100余家企业和机构将参加博览会及相关活动。展览面积2.3万m^2。

可持续发展战略报告：2020年单位GDP能耗降40%~60%

2009年3月24日

中国科学院发布《2009科学发展报告》、《2009高技术发展报告》和《2009中国可持续发展战略报告》。其中，《2009中国可持续发展战略报告》提出了2020年我国低碳经济的发展目标：单位GDP能耗比2005年降低40%~60%，单位GDP的二氧化碳排放降低50%左右。

我国能效标识制度实施4年来累计节电900亿kW·h

2009年4月2日

我国能效标识制度自2005年3月1日实施以来，累计节电900亿kW·h，折合3000多万t标准煤。

首创生物质型煤技术促进农村节能减排

2009年4月8日

国内外首创的新型“湿法低压对辊成型”生物质型煤工艺和“TX添加剂”技术研制成功并投入应用，此项技术解决制约国内生物质型煤发展加工设备能耗高、产能低、配件易磨损、粉碎和粘合成型难关，添补国内外生物质型煤生产领域一项空白。

推行“十城千辆”节能和新能源车计划

2009年4月13日

财政部、科技部将推行“十城千辆”节能和新能源车计划，准备用3~4年时间，每年发展10个城市，每个城市推出不少于1000辆新能源汽车开展示范运行。

国家财政补贴节能产品将扩至十大类

2009年4月15日

国家发展和改革委员会环资司副处长金明红表示，发起于2008年的国家财政补贴节能灯计划将演变为一个更庞大的节能产品惠民工程。通过这一工程，国家财政补贴产品将扩大到十类产品，包括电冰箱、空调、电脑显示器以及小家电等。

我国2009年将推广1亿支节能灯

2009年4月19日

国家发展和改革委员会副主任彭森在中国节能协会第六届会员代表大会上透露，我国2009年将通过财政补贴方式推广节能灯1亿支，并拟对能效等级达到1级或2级的高效节能空调、冰箱、洗衣机等产品加大推广力度。

杭州节能与新能源汽车示范推广试点启动

2009年4月27日

万向纯电动汽车锂电池生产基地在萧山经济开发区奠基，依托万向电动汽车研发与量产的资源优势，杭州市节能与新能源汽车示范推广试点启动仪式同时举行。

发改委：新增中央投资重视节能环保项目

2009年5月1日

2008年4季度以来，中央分两批安排新增投资2300亿元，用于加快民生工程、基础设施、生态环境建设和灾后恢复重建。国家发改委4月29日透露，在前两批新增投资中，安排节能减排、生态建设和环境保护投资230亿元，比重占到10%。

江苏：3亿元引导资金促节能减排

2009年5月4日

2009年江苏省安排省级节能减排（节能和发展循环经济）专项引导资金2亿元，支持节能与发展循环经济重大技术改造，新技术、新产品产业化、规模化推广，鼓励淘汰落后的高耗能设备。

安排省级节能减排（建筑节能）专项引导资金1亿元，重点支持建立省级机关办公建筑和大型公共建筑节能监管体系；扩大可再生能源建筑规模化应用及低能耗建筑示范；加大对建筑节能成熟适用技术的推广及应用。

中国节能与英国碳信托促进低碳技术开发

2009年5月4日

中国节能投资公司与英国碳信托公司《投资合作框架协议》签字仪式在京举行。英国能源与气候变化部部长爱德华·米利班德出席签字仪式并高度评价了双方的合作。根据协议，双方将共同出资成立合资公司，搭建中英两国加强节能减排和低碳技术交流的一座桥梁，更好地推动中国和英国节能减排事业发展。

新增中央投资230亿元用于节能减排和生态环保

2009年5月4日

自2008年第四季度以来，中国政府在出台的两批经济刺激计划中新增中央投资230亿元用于节能减排、生态建设和环境保护项目，占中央新增总投资的10%。这表明节能环保项目是中国保增长、扩内需的重要组成部分。

发改委公布2009年节能减排8项重点工作

2009年5月5日

2009年是实现“十一五”规划节能减排约束性目标的关键一年，毫不松懈地推进节能减排工作，不仅对实现“十一五”规划节能减排目标、增强发展的可持续性至关重要，也是当前扩大内需、促进经济平稳较快发展的重要措施。根据全国人大十一届二次会议审议通过的政府工作报告和计划报告，2009年节能减排的重点工作是：

（1）大力推进产业结构优化升级。

（2）继续加大重点工程实施力度。

（3）加快推广高效节能产品。

（4）积极推进循环经济发展。

（5）加快发展节能环保产业。

（6）继续强化目标责任评价考核。

（7）不断完善法规和政策。

（8）进一步加强节能减排监督管理。

小水电成中国电力供应主力，每年减排二氧化碳超亿吨

2009年5月12日

全国小水电开发经过60年来的发展，已经成为电力供应的重要组成部分。全国水电三分天下有其一，3亿多农村人口用上了电，在改善农民生产生活条件、促进节能减排等多方面发挥了重要作用。

财政部发布《关于开展“节能产品惠民工程”的通知》

2009年5月19日

财政部发布财建［2009］213号文，根据《国务院关于加强节能工作的决定》（国发［2006］28号）和《国务院关于进一步加强节油节电工作的通知》（国发［2008］23号），经国务院同意，财政部、国家发展和改革委员会组织实施“节能产品惠民工程”，采取财政补贴方式，加快高效节能产品的推广，一方面有效扩大内需特别是消费需求；另一方面提高终端用能产品能源效率。为加强财政资金管理，制定了《高效节能产品推广财政补助资金管理暂行办法》。

财政部十大措施支持新能源和节能减排

2009年5月21日

财政部召开全国财政新能源与节能减排工作会议，对支持新能源发展和节能减排进行了深入研究和具体部署。当前着力抓好十项重点工作来支持新能源发展和节能减排：

（1）大力支持风电规模化发展，在做好风能资源评价和规划基础上，启动大型风电基地开发建设，建立比较完善的风电产业体系。

（2）实施“金太阳”工程，采取财政补贴方式，加快启动国内光伏发电市场。

（3）开展节能与新能源汽车示范推广试点，采取财政补贴方式，鼓励北京、上海等13个城市在公交、出租等领域推广使用节能与新能源汽车。

（4）加快实施十大重点节能工程，支持企业节能技术改造，推进大型公共建筑和既有居住建筑节能改造，鼓励合同能源管理发展。

（5）加快淘汰落后产能，实行地方政府负责制，中央财政采取专项转移支付方式，对经济欠发达地区淘汰电力、钢铁等13个行业落后产能给予奖励。

（6）支持城镇污水管网建设，扩大奖励范围，积极推动污水处理产业化发展。

(7) 支持生态环境保护和污染治理，加大重点流域水污染治理，促进企业加强污染治理，加强农村环境保护，探索跨流域生态环境保护补偿机制。

(8) 实施“节能产品惠民工程”，采取间接补贴消费者方式，扩大节能环保产品使用和消费。

(9) 支持发展循环经济，全面推行清洁生产。

(10) 支持节能减排能力建设，重点是建立完善能效标准标识制度，节能统计、报告和审计制度，加强环境监管能力建设。

吉林省公共机构节能办法正式施行

2009 年 6 月 1 日

《吉林省公共机构节能办法》由省政府以 2009 年第 205 号令正式公布，并于 6 月 1 日起施行。

首家节能减排贷款中心落户武汉

2009 年 6 月 1 日

由武汉东湖高新区与兴业银行武汉分行合作建立的“中国光谷节能减排贷款中心”正式落户武汉光谷，这是国内首家区域性能效融资项目贷款中心。

今起买节能空调国家最高补 850 元

2009 年 6 月 1 日

根据国家发改委日前公布的“节能空调惠民工程”具体思路，中央财政从 6 月 1 日起开始通过补贴方式加大节能空调的推广力度，购买节能空调将可获得国家最高 850 元/台（套）的补贴。

《2008 年中国环境状况公报》发布

2009 年 6 月 5 日

国务院新闻办召开新闻发布会，发布《2008 年中国环境状况公报》。

公报指出：2008 年污染减排取得突破性进展。流域污染防治工作稳步推进。农村环境保护工作全面启动。环保基础能力建设进一步加强。全国部分环境质量指标明显改善。

《公报》同时指出，2008 年全国环境保护形势依然严峻，地表水污染依然严重。全国近岸海域水质总体为轻度污染。农村环境问题日益突出等。

甘肃省农村节能效果突出：农户节能灶普及率上 60%

2009 年 6 月 10 日

甘肃省政府在推动节能减排过程中，在农村大力推广新能源和节能设施建设，目前甘肃省农户节能灶普及率达到 60% 以上，到 2008 年，万元 GDP 能耗下降 4.53%，达到 2.103t 标准煤。

抓紧建立完善淘汰落后产能退出机制

2009 年 6 月 14 日

工业和信息化部部长李毅中在《经济日报》发表署名文章指出，要加快产业结构调整，推进工业节能减排。工信部将会同有关部门，抓紧建立完善淘汰落后产能退出机制和配套政策，严格市场准入条件；支持企业在淘汰落后产能过程中妥善解决职工安置、企业转产、债务化解等问题，确保完成淘汰落后产能的目标兑现。

上海加大财政补贴力度促节能

2009 年 6 月 14 日

上海市能效中心正式揭牌，上海节能宣传周活动也正式拉开帷幕。

根据上海市委、市政府的安排，2009 年还将进一步加大产业结构调整力度，全年确保完成调整项目 600 项，实现 90 万 t 标准煤的节能能力。

北京率先发布公共机构建筑用能分类计量技术标准

2009 年 6 月 17 日

北京市在全国率先发布了有关公共机构办公建筑用能分类计量的技术标准。标准对公共机构办公建筑用电分类计量和采暖用热计量的分类原则、设计、设备选型、安装及节能管理等方面进行了详细的规定。适用于既有公共机构办公建筑的采暖用热计量系统改造和用电分类计量系统改造工程，也适用于新建公共机构办公建筑的设计、施工和验收工作。新标准于 2009 年 5 月 1 日正式实施。

41 央企节能减排结果公布 36 户提前完成节煤目标

2009 年 6 月 17 日

审计署 17 日发布 2009 年第 6 号审计公告，公布了 41 户中央企业节能减排情况审计调查结果。这 41 户企业是从全国千家重点耗能和国家重点监控污染源企业中随机选取的，包括 16 户电力企业、13 户石化企业、12 户钢铁及有色金属企业。审计调查结果表明，其中 36 户重点耗能企业已提前完成了“十一五”期间节能 879.81 万 t 标准煤的目标；与 2005 年相比，41 户企业 2007 年的二氧化硫排放量下降了 21.64%，25 户石化、钢铁及有色金属企业的化学需氧量排放量下降了 24.57%。

“2009 家电产品节能榜”出炉

2009 年 6 月 24 日

中国标准化研究院在京公布了“2009 家电产品节能榜”，一批国内外知名的家电企业榜上有名，高效节能产品成主流。此次家电产品节能评选涉及房间空气调节器、家用电冰箱、电动洗衣机和燃气热水器等四类主要家电产品，设立了优秀企业、高效产品及节能产品三个评比项目。经过科学公正的评选程序，共评选出 60 家能效标识优秀企业。其中房间空气调节器生产企业 10 家，家用电冰箱生产企业 23 家，电动洗衣机生产企业 17 家，燃气热水器生产企业 10 家。同时，评选出高效产品和节能产品各 162 个型号。

甘肃省有望成为中国最大的清洁能源基地

2009 年 6 月 30 日

甘肃计划建立中国第一个千万千瓦级风电基地，目前已进入开工建设阶段。根据规划，甘肃省2009年年末风能资源的开发将达到200万kW左右，2010年将达到517万kW左右，2015年将达到1217万kW左右，到2020年，整个风能开发将达到2000万kW以上。

亚行将向中国提供125万美元援助开发温室气体减排新技术

2009年7月9日

亚洲开发银行（亚行）宣布，将向中国提供125万美元的技术援助，支持中国开发一种能大幅度减少温室气体排放的新技术。这一项目将帮助中国制定关于二氧化碳捕获和封存示范项目的综合路线图，以及促进采取二氧化碳捕获和封存的政策、法律和监管框架。

国务院办公厅印发《2009年节能减排工作安排》

2009年8月5日

国务院办公厅近日印发了《2009年节能减排工作安排》（以下简称《安排》），要求各地各部门认真贯彻执行。《安排》指出，“十一五”前三年，全国单位GDP能耗累计下降10.1%，二氧化硫、化学需氧量排放总量累计分别下降8.95%和6.61%，但“十一五”节能目标完成进度仍落后于时间进度。2009年是实现节能减排目标具有决定性意义的一年，要确保节能减排目标完成进度与“十一五”规划实施进度同步。

发改委：节能环保产业规划正加紧制定

2009年8月15日

国家发改委正在抓紧制定《节能环保产业发展规划》和《关于半导体照明节能产业发展的意见》。

中国首次设定减排时间框架2050年后不会继续上升

2009年8月18日

中国气候变化问题负责人说，中国将在2050年前开始减少碳排放量。这是中国第一次提出类似的时间框架。

北京拟推首个自愿减排标准碳金融市场亟待成长

2009年8月19日

北京环境交易所将在2009年9月赴美参加中美低碳经济会议期间，正式推出中国首个自愿减排标准，满足国内环保意识强烈的企业和个人减排需求。

“限塑令”实施以来节约石油300万t

2009年8月27日

从2008年6月1日起，我国在全国范围内禁止生产、销售、使用厚度小于0.025mm的塑料购物袋。与“限塑令”实施前相比，全国超市塑料袋使用量减少了三分之二左右，减少塑料消耗约27万t，每年可节约石油240万~300万t，减少二氧化碳排放量760万~960万t。

重庆排污权交易纳入重庆联交所企业减排将获利

2009 年 9 月 4 日

重庆市政府通过《重庆市主要污染物排放权交易试点方案》，将排污权全部纳入市联交所进行交易，企业也可以把节约下来的排污权指标作为商品出售给排污权指标不够的企业，获得收益。

近年来，北京、上海、天津市等先后建立股份制排放权交易所。

中国承诺中国减排四措施

2009 年 9 月 22 日

联合国气候变化峰会在纽约联合国总部闭幕。会上，中国国家主席胡锦涛提出，中国将大幅降低二氧化碳排放，增加森林面积，使用气候友好科技，并在 2020 年之前达到非化石能源占一次能源消费比重达 15% 左右的目标。并继续采取强有力的措施：一是加强节能、提高能效工作；二是大力发展可再生能源和核能，三是大力增加森林碳汇；四是大力发展绿色经济，积极发展低碳经济和循环经济，研发和推广气候友好技术。

十部委关于抑制六行业产能过剩政策已获国务院批准

2009 年 10 月 12 日

日前，十部委将有关抑制产能过剩的意见上报国务院。这则名为《关于抑制部分过剩和重复建设引导产业健康发展的若干意见》（以下简称《意见》）已获得国务院批准，并予以转发。

中国已签发可交易减排量达 1.5 亿 t

2009 年 10 月 21 日

截至 9 月份，中国政府已经批准了 2200 多个 CDM（Clean Development Mechanism 清洁发展机制）项目。目前，已经注册成功的中国 CDM 项目是 640 多个，已经签发的减排量约为 1.5 亿 t。专家表示，这个数字已超过了欧盟目前实际的减排量。

中德加强节能减排合作拜耳与蓝星签署技术协议

2009 年 10 月 23 日

德国著名的拜耳材料科技公司与中国蓝星集团 22 日在北京签署合作协议，拜耳向蓝星提供其创新的氧气去极化阴极（ODC），以集成到蓝星的氯化钠电解槽中，用于氯碱工业的氯气生产。双方承诺：致力于氯碱工业生产的节能降耗，直接或间接降低温室气体排放，从而共同应对气候变化以及由此而带来的生态和经济方面的挑战。

附录

2008年千家企业节能目标责任评价考核汇总表

序号	千家企业名称	行业	年度考核等级	"十一五"节能目标（万吨标煤）	"十一五"节能目标完成进度（%）
	北　京				
1	中国石化股份公司北京燕山分公司	石油石化	超额完成	10.86	1522.27
2	华能北京热电有限责任公司	电力	超额完成	5.07	340.96
3	北京京能热电股份有限公司	电力	超额完成	22.10	110.80
4	北京水泥厂有限责任公司	建材	超额完成	3.59	189.37
5	首钢总公司	钢铁	超额完成	183.75	57.13
6	北京东方石油化工有限公司	化工	超额完成	12.65	169.91
7	北京市琉璃河水泥厂	建材	超额完成	4.17	166.00
8	中国石化长城润滑油分公司	石油石化	完成	0.46	1604.93
9	壳牌统一（北京）石油化工有限公司	石油石化	完成	0.35	1703.14
	天　津				
10	天津大唐国际盘山发电有限责任公司	电力	超额完成	4.00	68.08
11	中国石油化工股份有限公司天津分公司	石油石化	超额完成	21.64	83.07
12	国网新源控股有限公司天津大港发电厂	电力	超额完成	7.20	88.33
13	天津华能杨柳青热电有限责任公司	电力	超额完成	1.00	305.91
14	天津钢管集团股份有限公司	钢铁	超额完成	10.36	237.06
15	天津军粮城发电厂	电力	超额完成	14.00	65.87
16	天津天铁冶金集团有限公司	钢铁	超额完成	31.26	167.88
17	中国石油天然气股份有限公司大港油田公司	石油石化	超额完成	15.80	72.93
18	中国石油天然气股份有限公司大港石化分公司	石油石化	超额完成	4.48	97.54
19	中海石油（中国）有限公司天津分公司	石油石化	超额完成	2.35	241.42
20	天津天钢集团有限公司	钢铁	超额完成	13.67	370.30
21	天津国华盘山发电有限责任公司	电力	超额完成	12.50	72.10
22	国电天津第一热电厂	电力	完成	3.52	34.08
23	天津大沽化工股份有限公司	化工	完成	5.55	65.26
24	天津渤海化工有限责任公司天津碱厂	化工	完成	10.48	63.11
25	天津渤天化工有限责任公司	化工	完成	4.24	83.21
26	天津荣程联合钢铁集团有限公司	钢铁	完成	9.19	390.26
27	天津友发钢管集团有限公司（原天津天丰钢铁有限公司）	钢铁	完成	2.19	211.63

续表

序号	千家企业名称	行业	年度考核等级	“十一五”节能目标（万吨标煤）	“十一五”节能目标完成进度（%）
28	蓝星石化有限公司天津石油化工厂	石油石化	完成	0.80	66.56
29	天津海豚炭黑有限公司	化工	完成	2.30	-55.48
	河　北				
30	承德建龙钢铁有限公司	钢铁	超额完成	6.43	66.62
31	迁安市联钢燕山钢铁有限责任公司	钢铁	超额完成	5.70	264.23
32	唐山贝氏体钢铁（集团）福丰钢铁有限公司	钢铁	超额完成	2.96	169.18
33	中国石油化工股份有限公司沧州分公司	化工	超额完成	3.73	63.97
34	唐山钢铁集团华西钢铁有限公司	钢铁	超额完成	9.20	42.25
35	河北永顺实业集团有限公司	钢铁	超额完成	2.66	49.97
36	迁安市九江线材有限公司	钢铁	超额完成	3.25	85.53
37	唐山市荣程钢铁有限公司	钢铁	超额完成	6.49	136.39
38	唐山市征楠焦化有限公司	钢铁	超额完成	2.61	63.74
39	承德钢铁集团有限公司	钢铁	超额完成	22.38	60.83
40	崇利制刚有限公司	钢铁	超额完成	3.77	102.39
41	迁安市联钢津安钢铁有限公司	钢铁	超额完成	2.11	356.49
42	石家庄金石化肥有限责任公司	化工	超额完成	3.28	75.95
43	唐山宝泰钢铁有限公司	钢铁	超额完成	4.09	86.80
44	武安市鑫山钢铁有限公司	钢铁	超额完成	2.58	107.40
45	河北华电石家庄热电有限公司	电力	超额完成	3.00	54.94
46	唐山钢铁股份有限公司	钢铁	超额完成	68.34	62.57
47	邯郸钢铁集团有限责任公司	钢铁	超额完成	48.93	62.40
48	河北东山冶金工业有限公司	钢铁	超额完成	4.30	288.58
49	河北冀衡集团有限责任公司	化工	超额完成	3.30	217.59
50	石家庄柏坡正元化肥有限公司	化工	超额完成	2.62	167.64
51	石家庄常山纺织股份有限公司	纺织	超额完成	1.13	74.97
52	武安市烘熔钢铁有限公司	钢铁	超额完成	5.78	162.28
53	河北金源化工股份有限公司	化工	超额完成	2.94	97.94
54	河北省东光化工有限责任公司	化工	超额完成	3.32	122.95
55	武安市文安钢铁有限公司	钢铁	超额完成	3.55	124.10
56	中国石油天然气股份有限公司华北油田分公司	石油石化	超额完成	13.00	71.93
57	河北国华定洲发电有限责任公司	电力	超额完成	9.54	75.39

续表

序号	千家企业名称	行业	年度考核等级	“十一五”节能目标（万吨标煤）	“十一五”节能目标完成进度（%）
58	河北敬业钢铁有限公司	钢铁	超额完成	11.15	122.02
59	河北太行水泥股份有限公司	建材	超额完成	3.46	64.64
60	秦皇岛骊骅淀粉股份有限公司	化工	超额完成	0.92	379.66
61	唐山不锈钢有限责任公司	钢铁	超额完成	4.35	361.77
62	河北新金钢铁有限公司	钢铁	超额完成	9.49	63.72
63	秦皇岛安丰钢铁有限公司	钢铁	超额完成	3.25	113.39
64	新兴铸管股份有限公司	钢铁	超额完成	17.91	102.22
65	河北马头发电有限责任公司	电力	超额完成	6.91	111.29
66	河北普阳钢铁有限公司	钢铁	超额完成	9.99	120.85
67	河北前进钢铁集团有限公司	钢铁	超额完成	5.61	139.37
68	唐山市瑞丰钢铁（集团）有限公司	钢铁	超额完成	4.90	145.23
69	邯郸矿业集团有限公司	煤炭	超额完成	5.55	105.08
70	河北津西钢铁股份有限公司	钢铁	超额完成	21.94	92.19
71	河北省永年县化肥厂	化工	超额完成	2.37	165.59
72	河北文丰钢铁有限公司	钢铁	超额完成	7.99	138.75
73	河北奎山水泥集团有限公司	建材	超额完成	1.56	212.16
74	邢台中联水泥有限公司	建材	超额完成	1.93	102.61
75	沧州大化集团有限责任公司	化工	超额完成	5.83	137.08
76	河北辛集化工集团有限责任公司	化工	超额完成	2.36	119.50
77	秦皇岛发电有限责任公司	电力	超额完成	6.93	61.05
78	唐山贝氏体钢铁（集团）有限公司	钢铁	超额完成	7.06	172.68
79	中国国电集团公司邯郸热电厂	电力	超额完成	7.68	87.15
80	河北大唐国际唐山热电有限责任公司	电力	超额完成	2.24	192.89
81	河北邯峰发电有限责任公司	电力	超额完成	6.00	125.34
82	河北省首钢迁安钢铁有限责任公司	钢铁	超额完成	18.29	186.28
83	河北威远生物化工股份有限公司	化工	超额完成	0.62	100.27
84	鹿泉东方鼎鑫水泥有限公司	建材	超额完成	4.93	78.64
85	唐山建龙实业有限公司	钢铁	超额完成	15.71	171.42
86	唐山市松汀钢铁有限公司	钢铁	超额完成	7.67	163.76
87	开滦（集团）有限责任公司	煤炭	超额完成	9.65	105.26
88	唐山三友集团有限公司	化工	超额完成	9.06	79.73
89	华能国际电力股份有限公司上安电厂	电力	超额完成	3.36	192.69
90	秦皇岛首秦金属材料有限公司	钢铁	超额完成	5.28	210.64

续表

序号	千家企业名称	行业	年度考核等级	“十一五”节能目标（万吨标煤）	“十一五”节能目标完成进度（%）
91	唐山冀东水泥股份有限公司	建材	超额完成	7.01	80.45
92	邯郸纵横钢铁有限公司	钢铁	超额完成	4.52	222.47
93	河北迁安化肥股份有限公司	化工	超额完成	3.58	93.35
94	大唐保定热电厂	电力	完成	4.80	57.08
95	德龙钢铁有限公司	钢铁	完成	10.22	166.80
96	峰峰集团有限公司	煤炭	完成	8.92	58.66
97	涉县天利煤化有限责任公司	钢铁	完成	0.84	322.76
98	邢台龙海钢铁集团有限公司	钢铁	完成	3.55	281.03
99	承德盛丰钢铁有限公司	钢铁	完成	3.10	65.61
100	唐山市兴业工贸有限公司	钢铁	完成	7.54	435.58
101	河北瀛州化工有限责任公司	化工	完成	1.84	137.52
102	石家庄市新世纪煤化实业集团有限公司	钢铁	完成	2.94	59.45
103	邢台钢铁有限责任公司	钢铁	完成	20.89	70.59
104	保定天鹅化纤集团有限公司	纺织	完成	2.62	87.33
105	河北衡丰发电有限责任公司	电力	完成	8.23	25.36
106	河北景化化工有限公司	化工	完成	3.73	93.62
107	河北省藁城市化肥总厂	化工	完成	1.66	84.99
108	中国石油天然气股份有限公司华北石化分公司	化工	完成	10.98	53.96
109	河北新化股份有限公司	化工	完成	4.89	64.52
110	石家庄化纤有限责任公司	化工	完成	3.18	31.05
111	唐山国丰钢铁有限公司	钢铁	完成	33.61	46.02
112	大唐国际发电股份有限公司张家口发电厂	电力	完成	25.35	69.03
113	河北旭阳焦化有限公司	煤炭	完成	2.08	165.06
114	涞源县奥宇钢铁有限公司	钢铁	完成	3.27	308.53
115	石家庄东方热电集团有限公司	电力	完成	8.66	66.24
116	唐山邦力大银化工有限公司	化工	完成	2.21	65.11
117	冀州市银海化肥有限责任公司	化工	完成	2.26	82.10
118	大唐国际发电股份有限公司陡河发电厂	电力	完成	17.30	25.08
119	宣化钢铁集团有限责任公司	钢铁	完成	34.10	74.46
120	河北兴泰发电有限责任公司	电力	完成	22.26	22.89
121	滦南县兴钢钢铁集团鹏程实业有限公司	钢铁	完成	4.10	44.18

续表

序号	千家企业名称	行业	年度考核等级	“十一五”节能目标（万吨标煤）	“十一五”节能目标完成进度（%）
122	唐山市荣义炼焦制气有限公司	钢铁	完成	2.99	51.11
123	迁安轧一钢铁集团有限公司	钢铁	完成	11.70	37.89
124	石家庄钢铁有限责任公司	钢铁	完成	17.51	7.42
125	秦皇岛浅野水泥有限公司	建材	基本完成	2.87	18.30
126	唐山市汇丰炼焦制气有限公司	钢铁	基本完成	2.70	46.94
127	中国耀华玻璃集团公司	建材	未完成	3.02	11.05
	山 西				
128	阳泉煤业（集团）有限责任公司	煤炭	超额完成	10.00	342.62
129	山西闻喜银光镁业有限公司	有色	超额完成	4.00	147.72
130	阳城国际发电有限责任公司	电力	超额完成	12.00	146.97
131	大唐太原第二热电厂	电力	超额完成	10.00	175.75
132	酒钢集团翼城钢铁有限责任公司	钢铁	超额完成	10.00	198.55
133	平朔煤炭工业公司	煤炭	超额完成	10.00	127.72
134	山西大土河焦化有限责任公司	钢铁	超额完成	3.00	319.77
135	山西焦化集团有限公司	钢铁	超额完成	8.00	143.35
136	山西天泽煤化工集团股份公司	化工	超额完成	5.00	158.76
137	山西焦煤西山煤电集团	煤炭	超额完成	50.00	342.73
138	山西省潞安矿业（集团）有限公司	煤炭	超额完成	15.00	128.37
139	霍州市煤电集团有限责任公司	煤炭	超额完成	10.00	195.67
140	山西中宇钢铁有限公司	钢铁	超额完成	4.00	175.19
141	襄汾县星原钢铁集团有限公司	钢铁	超额完成	4.00	108.57
142	山西中条有色金属集团有限公司	有色	超额完成	4.00	196.91
143	山西海鑫钢铁集团有限公司	钢铁	超额完成	30.00	142.28
144	山西舜都集团有限公司	化工	超额完成	2.00	299.38
145	山西太兴集团有限公司	钢铁	超额完成	8.00	75.32
146	大同煤矿集团有限责任公司	煤炭	超额完成	45.00	77.49
147	山西汾西矿业（集团）有限责任公司	煤炭	超额完成	12.00	197.96
148	山西晋城无烟煤矿业集团有限责任公司	煤炭	超额完成	20.00	114.80
149	山西静乐煤焦化有限公司	钢铁	超额完成	2.00	164.81
150	山西省潞安常平集团有限公司	钢铁	超额完成	10.00	207.70
151	山西阳泉铝业股份有限公司	化工	超额完成	2.00	58.89
152	太原狮头集团有限公司	建材	超额完成	3.00	222.94
153	天脊煤化工集团股份有限公司	煤炭	超额完成	10.00	130.59

续表

序号	千家企业名称	行业	年度考核等级	“十一五”节能目标（万吨标煤）	“十一五”节能目标完成进度（%）
154	中国铝业公司山西分公司	有色	超额完成	41.00	121.58
155	山西美锦煤炭气化股份有限公司	煤炭	超额完成	15.00	82.44
156	山西太钢不锈钢股份有限公司	钢铁	超额完成	46.00	224.32
157	山西五台山化工有限公司	化工	超额完成	5.00	96.89
158	山西榆社化工股份有限公司	化工	超额完成	4.00	562.55
159	山西漳泽电力股份有限公司漳泽发电分公司	电力	超额完成	5.00	97.10
160	霍州市化学工业有限责任公司	化工	超额完成	3.00	261.16
161	山西金海洋能源集团有限公司	煤炭	超额完成	7.00	63.15
162	文水海威钢铁有限公司	钢铁	超额完成	4.00	215.82
163	山西阳光焦化集团有限公司	钢铁	超额完成	10.00	148.98
164	山西华强钢铁有限公司	钢铁	超额完成	3.00	142.17
165	山西新临钢钢铁有限公司	钢铁	超额完成	15.00	89.20
166	太原煤炭气化（集团）有限责任公司	钢铁	完成	5.00	220.47
167	河津市龙门科技集团公司	钢铁	完成	3.00	158.04
168	山西省丰喜肥业（集团）股份有限公司	化工	完成	5.00	137.46
169	霍州煤电集团吕梁山煤电有限公司	煤炭	完成	7.00	146.67
170	山西金业煤焦化集团古交有限公司	钢铁	完成	3.00	231.91
171	山西省安泰集团股份有限公司	钢铁	完成	5.00	218.72
172	山西一一煤焦集团有限公司	钢铁	完成	3.00	136.28
173	山西中阳钢铁有限公司	钢铁	完成	15.00	116.12
174	山西晋丰煤化工有限责任公司闻喜分公司	化工	完成	4.00	86.70
175	山西金晖煤焦化工有限公司	钢铁	完成	2.00	346.00
176	山西省晋能集团金光铁合金有限公司	钢铁	完成	2.00	115.09
177	山西关铝股份有限公司	有色	完成	5.00	35.38
178	太原化学工业集团有限公司	化工	完成	20.00	97.91
179	山西神头发电有限责任公司	电力	完成	10.00	78.71
180	太原市东盛焦化煤气有限公司	钢铁	完成	4.00	100.93
181	国电电力发展股份有限公司大同第二发电厂	电力	完成	3.00	151.21
182	山西兰花煤炭实业集团有限公司	煤炭	完成	10.00	205.32
183	长治市瑞宝钢铁有限公司	钢铁	完成	10.00	165.86
184	山西省茂胜煤化集团有限公司	煤炭	完成	5.00	96.33
185	山西省磊鑫电力硅镁有限公司	化工	完成	3.00	84.03

续表

序号	千家企业名称	行业	年度考核等级	“十一五”节能目标（万吨标煤）	“十一五”节能目标完成进度（%）
186	山西曙光煤焦集团有限公司诚信焦化厂	煤炭	完成	1.00	465.60
187	山西振兴集团有限公司	钢铁	完成	8.00	52.01
188	山西长信工业有限公司	钢铁	完成	5.00	155.36
189	长治市霍家工业有限公司	化工	完成	2.00	204.00
190	潞城市兴宝钢铁有限责任公司	钢铁	基本完成	8.00	85.19
191	山西三佳煤化有限公司	钢铁	基本完成	3.00	57.21
192	中电投山西永济热电有限公司	电力	基本完成	4.00	549.63
193	高平市赵庄煤矿	煤炭	基本完成	3.00	11.91
194	中国国电集团公司太原第一热电厂	电力	未完成	11.00	29.20
195	山西三维集团股份有限公司	化工	未完成	5.00	66.00
196	南风化工集团股份有限公司	化工	未完成	4.00	47.69
197	山西合成橡胶集团有限责任公司	化工	未完成	3.00	64.90
198	原平昊华化工有限公司	化工	未完成	5.00	62.97
199	长治钢铁（集团）有限公司	钢铁	未完成	15.00	39.23
200	山西潞宝集团	钢铁	未完成	4.00	-10.92
201	山西三联技术产业集团有限公司	钢铁	未完成	2.00	99.85
202	山西高平申家庄矿业有限公司	煤炭	未完成	3.00	5.39
	内蒙古				
203	内蒙古海勃湾电力股份有限公司	电力	超额完成	6.30	322.50
204	内蒙古蒙电华能热电股份有限公司丰镇发电厂	电力	超额完成	5.44	185.52
205	内蒙古大唐托克托发电有限责任公司	电力	超额完成	4.68	640.29
206	内蒙古天野化工（集团）有限责任公司	化工	超额完成	1.28	1162.81
207	神华准格尔能源有限责任公司	煤炭	超额完成	4.44	86.55
208	内蒙古平庄煤业（集团）有限责任公司	煤炭	超额完成	2.95	255.66
209	内蒙古国华准格尔发电有限责任公司	电力	超额完成	4.42	237.05
210	北方联合电力有限责任公司达拉特发电厂	电力	超额完成	6.60	223.31
211	东方希望包头稀土铝业有限责任公司	有色	超额完成	1.00	1582.26
212	内蒙古白雁湖化工股份有限公司	化工	超额完成	3.92	72.58
213	锡林郭勒苏尼特碱业有限公司	化工	超额完成	4.31	212.32
214	内蒙古蒙电华能热电股份有限公司包头第二热电厂	电力	完成	9.40	125.54
215	神华集团乌达矿业有限责任公司	煤炭	完成	7.43	86.74

续表

序号	千家企业名称	行业	年度考核等级	“十一五”节能目标（万吨标煤）	“十一五”节能目标完成进度（%）
216	内蒙古海吉氯碱化工股份有限责任公司	化工	完成	3.10	183.04
217	内蒙古蒙电华能热电股份有限公司包头第一热电厂	电力	完成	4.03	211.42
218	内蒙古三维资源集团有限公司	煤炭	完成	3.55	211.65
219	乌海市新世纪铁合金有限公司	钢铁	完成	3.15	68.44
220	中电投霍林河煤电集团铝业股份有限公司（内蒙古通顺铝业股份有限公司）	有色	完成	4.55	29.34
221	内蒙古星光煤炭集团有限责任公司	煤炭	完成	9.87	66.08
222	内蒙古西水创业股份有限公司	建材	完成	4.90	234.44
223	包头钢铁（集团）有限责任公司	钢铁	完成	75.51	93.12
224	内蒙古乌兰水泥有限责任公司	建材	完成	3.06	74.72
225	中国石油天然气股份有限公司呼和浩特分公司	石油石化	完成	2.20	7.50
226	包头明天科技股份有限公司	化工	完成	3.21	63.12
227	包头铝业（集团）有限责任公司	有色	完成	7.07	45.97
228	内蒙古蒙西高新材料股份有限公司（蒙西水泥有限公司）	建材	完成	3.97	183.01
229	神华集团海勃湾矿业有限责任公司	煤炭	完成	14.68	116.51
230	中国电力投资集团公司通辽发电总厂	电力	完成	5.03	51.04
231	乌兰浩特钢铁有限责任公司	钢铁	完成	4.66	38.58
232	内蒙古乌拉山化肥有限责任公司	化工	完成	5.03	219.43
233	内蒙古三联化工股份有限公司	化工	基本完成	4.02	50.57
234	中盐吉兰泰盐化集团有限公司吉兰泰碱厂	化工	基本完成	2.88	169.29
	辽　宁				
235	中国石油天然气股份有限公司抚顺石化分公司	石油石化	超额完成	34.02	56.84
236	中国石油天然气股份有限公司锦州石化分公司	石油石化	超额完成	3.98	241.21
237	中信锦州铁合金股份有限公司	钢铁	超额完成	5.00	76.56
238	国电电力发展股份有限公司大连开发区热电厂	电力	超额完成	2.00	216.50
239	辽宁渤海水泥（集团）有限责任公司	建材	超额完成	1.50	323.99
240	中国石油天然气股份有限公司辽阳石化分公司	石油石化	超额完成	30.48	90.62

续表

序号	千家企业名称	行业	年度考核等级	"十一五"节能目标（万吨标煤）	"十一五"节能目标完成进度（%）
241	海城华宇集团	钢铁	超额完成	4.00	143.66
242	铁法煤业（集团）有限责任公司	煤炭	超额完成	20.06	233.97
243	抚顺矿业集团有限责任公司	煤炭	超额完成	5.46	225.59
244	东北特殊钢集团大连金牛股份有限公司	钢铁	超额完成	3.82	177.72
245	中国石油天然气股份有限公司辽河油田分公司	石油石化	超额完成	24.60	95.85
246	鞍山钢铁集团公司	钢铁	超额完成	200.00	73.19
247	海城西洋耐火材料公司	建材	超额完成	5.00	180.28
248	大连水泥集团有限公司	建材	超额完成	9.00	92.37
249	大连西太平洋石油化工有限公司	石油石化	超额完成	9.89	45.75
250	辽宁南票煤电有限公司煤矸石热电分公司	电力	超额完成	8.50	56.40
251	沈阳煤业（集团）有限责任公司	煤炭	超额完成	18.00	138.88
252	大连市热电集团有限公司	电力	超额完成	8.00	56.56
253	华能国际电力开发公司营口分公司	电力	超额完成	1.00	697.17
254	抚顺罕王直接还原铁有限公司	钢铁	超额完成	5.00	73.89
255	抚顺铝业有限公司	有色	超额完成	6.46	76.92
256	抚顺新钢铁有限责任公司	钢铁	超额完成	18.65	120.65
257	华能国际电力股份有限公司丹东电厂	电力	超额完成	0.75	288.24
258	华润电力（锦州）电力有限公司	电力	超额完成	18.30	238.48
259	盘锦北方沥青股份有限公司	石油石化	超额完成	5.00	46.36
260	大化集团有限责任公司	化工	超额完成	17.62	12.71
261	东北制药总厂	化工	超额完成	3.00	98.53
262	锦州热电总公司	电力	超额完成	4.00	231.57
263	辽宁华锦化工（集团）有限公司	化工	超额完成	10.18	19.65
264	大连小野田水泥有限公司	建材	超额完成	2.46	147.93
265	抚顺特殊钢股份有限公司	钢铁	超额完成	5.50	17.64
266	后英集团	钢铁	超额完成	5.00	161.92
267	中国石油天然气股份有限公司辽河石化分公司	石油石化	超额完成	8.72	56.11
268	国电辽宁节能环保开发有限公司	电力	超额完成	1.50	74.19
269	辽宁清河发电有限责任公司	电力	超额完成	23.00	63.74
270	凌源钢铁集团有限责任公司	煤炭	超额完成	11.48	151.08
271	沈阳化工股份有限公司	化工	超额完成	4.23	82.23

续表

序号	千家企业名称	行业	年度考核等级	“十一五”节能目标（万吨标煤）	“十一五”节能目标完成进度（%）
272	中橡（鞍山）化学工业有限公司	化工	超额完成	4.00	65.81
273	鞍山轮胎厂	化工	完成	4.00	172.96
274	本溪钢铁（集团）有限责任公司	钢铁	完成	100.00	64.99
275	锦西天然气化工有限责任公司	化工	完成	7.13	40.27
276	中国石油天然气股份有限公司锦西石化分公司	石油石化	完成	11.62	76.19
277	抚顺热电厂	电力	完成	5.00	121.59
278	沈阳惠天热电股份有限公司	电力	完成	9.70	227.42
279	五矿营口中板有限责任公司	钢铁	完成	14.16	598.02
280	阜新矿业（集团）有限责任公司	煤炭	完成	5.40	284.16
281	锦化化工集团氯碱股份有限公司	化工	完成	7.00	14.05
282	沈阳石蜡化工有限公司	化工	完成	10.24	98.38
283	中国石油天然气股份有限公司大连石化分公司	石油石化	完成	11.55	137.65
284	辽宁工源水泥集团有限责任公司	建材	完成	7.00	135.84
285	本溪北营钢铁集团有限公司	钢铁	完成	66.00	62.03
286	沈阳沈海热电有限公司	电力	完成	9.50	209.64
287	金城造纸股份有限公司	造纸	完成	4.00	204.11
288	葫芦岛有色金属集团有限公司	有色	完成	7.10	95.10
289	丹东吉丹化纤有限责任公司	纺织	完成	2.19	123.07
290	鞍山宝得钢铁有限公司	钢铁	完成	8.00	44.00
291	丹东海德鸭绿江热电有限责任公司	电力	完成	2.00	52.83
292	辽阳钢铁有限公司	钢铁	完成	4.00	63.51
	吉　林				
293	吉林燃料乙醇有限责任公司	化工	超额完成	0.50	6778.74
294	国电双辽发电有限公司	电力	超额完成	10.00	68.37
295	吉林亚泰水泥有限公司	建材	超额完成	20.25	87.74
296	中钢集团吉林铁合金股份有限公司	钢铁	超额完成	7.50	188.53
297	中钢集团吉林炭素股份有限公司	化工	超额完成	5.00	135.69
298	中国第一汽车集团公司	钢铁	超额完成	15.00	437.01
299	中国石油天然气股份有限公司吉林石化分公司	石油石化	超额完成	26.41	96.44
300	中国石油天然气股份有限公司吉林油田分公司	石油石化	超额完成	21.00	73.09

续表

序号	千家企业名称	行业	年度考核等级	“十一五”节能目标（万吨标煤）	“十一五”节能目标完成进度（%）
301	大唐辽源热电厂	电力	超额完成	5.74	135.56
302	通化化工股份有限公司	化工	超额完成	4.50	197.07
303	吉林化纤集团有限责任公司	纺织	超额完成	5.00	121.55
304	通钢集团吉林钢铁有限责任公司	钢铁	超额完成	15.00	100.83
305	中国石油天然气股份有限公司前郭石化分公司	石油石化	超额完成	5.72	94.40
306	大唐长山热电厂	电力	超额完成	7.50	125.52
307	吉林电力股份有限公司浑江发电公司	电力	超额完成	9.00	218.08
308	国电吉林龙华吉林热电厂	电力	完成	10.00	21.65
309	通钢集团四平钢铁制品有限公司	钢铁	完成	0.75	155.67
310	延边石岘白麓纸业股份有限公司	造纸	完成	4.75	48.17
311	吉林长山化肥集团长达有限公司	化工	未完成	3.50	-13.35
312	通化钢铁股份有限公司	钢铁	未完成	80.00	49.66
	黑龙江				
313	大庆油田有限责任公司	石油石化	完成	100.00	82.10
314	东北特钢集团北满特殊钢有限责任公司	钢铁	完成	4.00	48.86
315	国电双鸭山发电有限公司	电力	完成	3.00	144.60
316	鹤岗矿业集团有限责任公司	煤炭	完成	10.00	132.41
317	黑龙江宝泰隆有限公司鸡西分公司	钢铁	完成	5.00	20.00
318	黑龙江黑化集团有限公司	钢铁	完成	6.97	53.58
319	华电能源股份有限公司哈尔滨第三发电厂	电力	完成	3.20	191.22
320	华能新华发电有限责任公司	电力	完成	39.23	48.28
321	鸡东北方焦化有限责任公司	钢铁	完成	7.76	56.87
322	鸡西北方制钢有限公司	钢铁	完成	7.94	72.18
323	鸡西矿业集团有限责任公司	煤炭	完成	20.87	173.72
324	牡丹江热电有限公司	电力	完成	3.40	94.91
325	牡丹江水泥集团有限责任公司	建材	完成	4.65	132.95
326	牡丹江顺达化工有限责任公司	化工	完成	3.00	224.12
327	七台河宝泰隆煤化有限责任公司	钢铁	完成	3.70	136.76
328	七台河矿业精煤有限责任公司	煤炭	完成	10.80	59.15
329	齐化集团有限公司	石油石化	完成	2.00	8070.89
330	西林钢铁集团有限公司	钢铁	完成	43.52	188.97

续表

序号	千家企业名称	行业	年度考核等级	“十一五”节能目标（万吨标煤）	“十一五”节能目标完成进度（%）
331	亚泰集团哈尔滨水泥有限公司（哈尔滨水泥厂）	建材	完成	3.32	497.12
332	亿达信煤焦化能源有限公司	煤炭	完成	20.21	37.38
333	中国蓝星大庆工业园	石油石化	完成	2.90	434.32
334	中国石油天然气股份有限公司大庆炼化分公司	石油石化	完成	5.50	271.00
335	中国石油天然气股份有限公司大庆石化分公司	石油石化	完成	27.90	91.00
336	中国石油天然气股份有限公司哈尔滨石化分公司	石油石化	完成	5.43	89.02
337	中粮生化能源（肇东）有限公司	化工	完成	5.00	61.97
338	中煤龙化哈尔滨煤化工有限公司	化工	完成	2.25	708.89
	上　海				
339	宝山钢铁股份有限公司	钢铁	超额完成	100.00	13.94
340	中国石油化工股份有限公司上海高桥分公司	石油石化	超额完成	28.49	128.41
341	中石化资产上海高桥分公司（原上海高桥石油化工公司）	化工	完成	4.97	103.45
342	上海电力股份有限公司	电力	完成	4.80	322.91
343	中国石化上海石油化工股份有限公司	石油石化	完成	70.00	157.96
344	上海焦化有限公司	化工	完成	16.02	68.74
345	上海中远化工有限公司	化工	完成	2.80	40.05
346	上海吴泾化工有限公司	化工	完成	5.90	312.79
347	上海氯碱化工股份有限公司	化工	完成	11.71	10.05
348	上海市卡博特化工有限公司	化工	基本完成	4.50	27.28
	江　苏				
349	南通江山农药化工股份有限公司	化工	超额完成	3.72	96.23
350	南京钢铁集团江苏淮钢有限公司	钢铁	超额完成	13.83	100.31
351	中国石化集团江苏石油勘探局	石油石化	超额完成	4.00	86.98
352	大屯煤电（集团）有限公司	煤炭	超额完成	10.50	101.88
353	金东纸业（镇江）有限公司	造纸	超额完成	10.80	277.15
354	南通醋酸纤维有限公司	纺织	超额完成	2.91	172.89
355	江苏华昌化工股份有限公司（江苏华昌（集团）有限公司）	化工	超额完成	4.59	76.41
356	江苏金峰水泥集团有限公司	建材	超额完成	6.50	73.11

续表

序号	千家企业名称	行业	年度考核等级	“十一五”节能目标（万吨标煤）	“十一五”节能目标完成进度（%）
357	江阴兴澄特种钢铁有限公司	钢铁	超额完成	16.41	157.01
358	昆山锦港化工有限责任公司	化工	超额完成	6.43	96.49
359	中国石化仪征化纤股份有限公司	纺织	超额完成	11.60	97.36
360	江苏华尔润集团公司	建材	超额完成	6.40	37.51
361	江苏沙钢集团有限公司	钢铁	超额完成	71.17	63.53
362	苏州宝化炭黑有限公司	化工	超额完成	2.68	80.77
363	吴江市鹰翔化纤有限公司	纺织	超额完成	5.36	240.68
364	新浦化学（泰兴）有限公司	化工	超额完成	2.89	97.30
365	徐州矿务集团有限公司	煤炭	超额完成	5.00	795.81
366	江苏永钢集团有限公司	钢铁	超额完成	14.93	81.41
367	华芳集团有限公司	纺织	超额完成	5.91	72.11
368	淮海中联水泥有限公司	建材	超额完成	5.50	87.30
369	江苏安邦电化有限公司	化工	超额完成	3.61	62.82
370	江苏吴江丝绸股份有限公司	纺织	超额完成	7.80	49.96
371	江苏扬农化工集团有限公司	化工	超额完成	4.40	103.18
372	中国石化集团南京化学工业有限公司	化工	超额完成	11.10	98.91
373	中国石化南京化学工业有限公司连云港碱厂	化工	超额完成	6.82	70.33
374	上海梅山钢铁股份有限公司	钢铁	超额完成	19.64	90.53
375	芬欧汇川（常熟）纸业有限公司	造纸	超额完成	2.98	320.12
376	江苏磊达股份有限公司	建材	超额完成	5.00	173.88
377	江苏江东化工股份有限公司	化工	超额完成	3.40	94.87
378	江苏申特钢铁有限公司（溧阳市新港制钢有限公司）	钢铁	超额完成	3.64	385.61
379	江苏苏化集团张家港有限公司	化工	超额完成	3.56	183.50
380	江苏兴达钢帘线股份有限公司	钢铁	超额完成	2.97	183.66
381	扬子石油化工股份有限公司	石油石化	超额完成	88.41	72.95
382	中国石油化工股份有限公司金陵分公司	石油石化	超额完成	29.05	116.49
383	江苏灵谷化工有限公司	化工	完成	5.25	24.76
384	江阴市西城钢铁有限公司	钢铁	完成	3.24	184.15
385	金华盛纸业（苏州工业园区）有限公司	造纸	完成	4.85	60.09
386	南京钢铁联合有限公司	钢铁	完成	36.88	97.53
387	无锡格林艾普化工股份有限公司	化工	完成	4.19	54.28

续表

序号	千家企业名称	行业	年度考核等级	“十一五”节能目标（万吨标煤）	“十一五”节能目标完成进度（%）
388	江苏德邦化学工业集团有限公司	化工	完成	5.04	73.62
389	江苏三房巷实业集团总公司	纺织	完成	5.93	58.15
390	华新金猫水泥（苏州）有限公司	建材	完成	8.15	120.58
391	江苏常熟发电有限公司	电力	完成	4.80	106.25
392	江苏索普（集团）有限公司	化工	完成	5.35	222.97
393	江苏泰州石油化工总厂	石油石化	完成	4.83	195.34
394	江苏沙钢集团鑫瑞特钢有限公司	钢铁	完成	6.41	81.84
395	江苏天鸿化工有限公司	化工	完成	2.24	77.84
396	江苏锡钢集团有限公司	钢铁	完成	2.30	325.07
397	江苏锡兴集团有限公司	钢铁	完成	9.91	99.12
398	南京帝斯曼东方化工有限公司	化工	完成	5.08	271.34
399	姜堰市化肥有限责任公司	化工	完成	4.22	197.36
400	圣戈班（徐州）管道有限公司（徐州钢铁总厂）	钢铁	完成	9.00	76.27
401	中国国电集团公司谏壁发电厂	电力	完成	3.35	595.73
402	宝钢集团南通钢铁有限公司	钢铁	完成	1.50	283.07
403	南京三龙水泥有限责任公司	建材	完成	4.03	83.34
404	江苏梅兰化工集团有限公司	化工	完成	3.71	40.45
405	江苏华西钢铁有限公司	钢铁	完成	10.97	88.93
406	中天钢铁集团有限公司（常州中天炼铁有限公司）	钢铁	完成	2.83	1051.51
407	江苏恒盛化肥集团有限公司	化工	完成	4.00	82.09
408	江苏苏钢集团有限公司	钢铁	完成	11.90	69.30
409	嘉新京阳水泥有限公司	建材	完成	3.00	-40.07
410	盘固水泥集团有限公司	建材	完成	4.42	146.99
411	中国水泥厂有限公司	建材	完成	4.65	41.16
412	江南-小野田水泥有限公司	建材	未完成	3.42	-4.30
	浙　江				
413	中国石化镇海炼油化工股份有限公司	石油石化	超额完成	30.14	152.76
414	浙江红狮水泥股份有限公司	建材	超额完成	2.59	206.70
415	浙江嘉化实业股份有限公司	化工	超额完成	2.06	207.82
416	建德海螺水泥有限责任公司	建材	超额完成	2.07	111.93
417	台州发电厂	电力	超额完成	10.56	131.58

续表

序号	千家企业名称	行业	年度考核等级	“十一五”节能目标（万吨标煤）	“十一五”节能目标完成进度（%）
418	杭州钢铁集团	钢铁	完成	25.00	165.70
419	宁波科环新型建材股份有限公司	建材	完成	3.17	150.35
420	衢州元立金属制品有限公司	钢铁	完成	13.28	211.62
421	桐庐三狮建材有限公司	建材	完成	3.58	49.09
422	浙江金圆水泥有限公司	建材	完成	2.83	71.12
423	浙江三狮集团长兴金钉子建材有限公司	建材	完成	2.21	209.74
424	江山市何家山水泥有限公司	建材	完成	3.21	51.60
425	宁波中华纸业有限公司	造纸	完成	3.06	376.85
426	浙江华东铝业有限公司	有色	完成	1.87	67.59
427	浙江巨化集团	化工	完成	25.00	111.96
428	浙江玻璃股份有限公司	建材	完成	5.56	107.78
429	浙江江山虎球水泥有限公司	建材	完成	12.48	50.18
	安　徽				
430	淮南矿业（集团）有限责任公司	煤炭	超额完成	6.80	89.58
431	安徽氯碱化工集团有限责任公司	化工	超额完成	2.47	58.99
432	安徽池州海螺水泥股份有限公司	建材	超额完成	11.88	93.23
433	安徽枞阳海螺水泥股份有限公司	建材	超额完成	13.73	70.23
434	安徽省怀宁海螺水泥有限公司	建材	超额完成	5.96	135.76
435	安徽皖维高新材料股份有限公司	化工	超额完成	9.27	98.16
436	马鞍山钢铁股份有限公司（含合肥钢铁集团有限公司）	钢铁	超额完成	119.68	94.69
437	铜陵有色金属集团控股有限公司	有色	超额完成	4.89	102.53
438	芜湖新兴铸管有限责任公司	钢铁	超额完成	9.76	378.08
439	中国石油化工股份有限公司安庆分公司	石油石化	超额完成	20.11	77.52
440	安徽荻港海螺水泥股份有限公司	建材	超额完成	6.39	91.91
441	安徽丰原生物化学股份有限公司	化工	超额完成	8.51	120.39
442	安徽海螺水泥股份有限公司白马山水泥厂	建材	超额完成	3.23	273.52
443	安徽省宁国水泥厂	建材	超额完成	9.14	107.88
444	合肥四方化工集团有限责任公司	化工	超额完成	2.85	84.48
445	淮北国安电力有限公司	电力	超额完成	4.50	92.81
446	淮北矿业（集团）有限责任公司	煤炭	超额完成	31.77	65.60
447	铜陵化学工业集团有限公司	化工	超额完成	3.97	456.11

续表

序号	千家企业名称	行业	年度考核等级	“十一五”节能目标（万吨标煤）	“十一五”节能目标完成进度（%）
448	安徽淮化集团有限公司	化工	超额完成	18.35	47.00
449	安徽昊源化工集团有限公司	化工	超额完成	8.10	80.08
450	安徽临泉化工股份有限公司	化工	超额完成	9.59	61.08
451	安徽铜陵海螺水泥有限公司	建材	超额完成	20.38	86.23
452	安徽长江钢铁股份有限责任公司	钢铁	超额完成	4.65	191.19
453	安徽三星化工有限责任公司	化工	超额完成	6.55	64.21
454	铜陵皖能发电有限公司	电力	完成	4.50	110.54
455	中国石化集团资产经营管理有限公司安庆分公司	石油石化	完成	5.83	80.11
456	芜湖发电厂	电力	完成	3.00	112.49
457	中橡（马鞍山）化学工业有限公司	化工	完成	2.78	105.69
458	安徽巢东水泥股份有限公司	建材	完成	4.24	43.12
459	安徽省六安市建来化工有限公司	化工	完成	2.59	53.74
460	铜陵市富鑫钢铁有限公司	钢铁	完成	4.98	145.56
	福　建				
461	智胜化工股份有限公司（永安市智胜化工有限公司）	化工	超额完成	3.90	94.19
462	福建省顺昌富宝实业有限公司	化工	超额完成	3.82	90.80
463	福建南纸股份有限公司	造纸	超额完成	5.17	107.98
464	翔鹭石化企业（厦门）有限公司	化工	超额完成	3.52	595.02
465	福建纺织化纤集团有限公司	纺织	完成	4.93	118.86
466	福建联合石油化工公司（福建炼油化工有限公司）	化工	完成	6.90	68.88
467	福建省南平铝业有限公司	有色	完成	4.80	85.45
468	福建省三钢（集团）有限责任公司	钢铁	完成	15.60	81.89
469	福建三安钢铁有限公司	钢铁	完成	7.38	107.17
470	福州市耀隆化工集团公司	化工	完成	3.16	84.34
471	福建省东南电化股份有限公司	化工	完成	3.36	54.01
472	福建省青山纸业股份有限公司	造纸	完成	5.94	39.98
473	福建水泥股份有限公司	建材	完成	6.78	103.26
474	福建三钢集团三明化工有限责任公司（福建石化集团三明化工有限责任公司）	化工	完成	16.39	66.63

续表

序号	千家企业名称	行业	年度考核等级	"十一五"节能目标（万吨标煤）	"十一五"节能目标完成进度（%）
	江　西				
475	江西丰城电厂	电力	超额完成	16.00	42.98
476	江西省万年青水泥股份有限公司万年水泥厂	建材	超额完成	2.50	113.72
477	丰城矿务局	煤炭	超额完成	2.50	158.84
478	新余钢铁有限责任公司	钢铁	超额完成	60.00	331.59
479	江西铜业公司	有色	超额完成	5.00	146.75
480	江西亚东水泥有限公司	建材	超额完成	10.00	90.06
481	江西南昌发电厂	电力	超额完成	5.00	146.15
482	江西省贵溪火力发电厂	电力	超额完成	3.00	77.53
483	江西新余发电有限责任公司	电力	超额完成	15.00	109.55
484	华能国际电力股份有限公司井冈山电厂	电力	超额完成	2.82	90.06
485	中国石化股份有限公司九江分公司	石油石化	超额完成	25.00	13.07
486	江西昌九生物化工股份有限公司江氨分公司	化工	超额完成	5.00	102.22
487	萍乡矿业集团公司	煤炭	超额完成	5.00	180.86
488	国电九江发电厂	电力	超额完成	20.00	67.65
489	景德镇市焦化煤气总厂	钢铁	超额完成	5.00	102.85
490	萍乡钢铁有限责任公司	钢铁	超额完成	35.00	91.74
491	江西化纤化工有限责任公司	纺织	超额完成	2.50	269.67
492	南昌钢铁有限责任公司	钢铁	超额完成	25.00	91.24
	山　东				
493	华能国际电力股份有限公司德州电厂	电力	超额完成	3.95	289.81
494	山东晨鸣纸业集团股份有限公司	造纸	超额完成	22.30	150.98
495	山东德州晶华集团有限公司	建材	超额完成	3.68	259.59
496	山东海化集团有限公司	化工	超额完成	5.43	122.16
497	山东金诚石化集团有限公司	石油石化	超额完成	1.23	827.03
498	山东石横特钢集团有限公司	钢铁	超额完成	8.72	91.93
499	山东泰和东新股份有限公司	建材	超额完成	2.24	283.62
500	潍坊亚星化学股份有限公司	化工	超额完成	3.07	87.98
501	张店钢铁总厂	钢铁	超额完成	7.57	174.16
502	中国铝业股份有限公司山东分公司	有色	超额完成	14.64	121.96
503	济南庚辰钢铁有限公司	钢铁	超额完成	3.88	102.60

续表

序号	千家企业名称	行业	年度考核等级	"十一五"节能目标（万吨标煤）	"十一五"节能目标完成进度（%）
504	中国石油化工股份有限公司济南分公司	石油石化	超额完成	5.85	91.11
505	中国石油化工股份有限公司齐鲁分公司	石油石化	超额完成	75.10	95.40
506	山东昌邑石化有限公司	石油石化	超额完成	11.90	119.56
507	山东海化股份有限公司	化工	超额完成	9.76	140.72
508	山东省寿光巨能控股集团有限公司	电力	超额完成	1.63	268.31
509	新汶矿业集团有限责任公司	煤炭	超额完成	22.53	98.30
510	山东蓝星玻璃（集团）有限公司	建材	超额完成	1.80	219.58
511	山东泰山钢铁集团	钢铁	超额完成	10.18	140.01
512	淄博矿业集团有限责任公司（淄博矿务局）	煤炭	超额完成	9.75	86.35
513	中国石化集团齐鲁石化公司	石油石化	超额完成	12.61	234.29
514	山东鲁北企业集团总公司	化工	超额完成	7.51	179.74
515	华泰集团有限公司	造纸	超额完成	6.17	331.09
516	临沂矿业集团有限公司	煤炭	超额完成	1.35	183.37
517	青岛市恒光热电有限公司	电力	超额完成	1.00	64.45
518	山东黄岛电力集团公司	电力	超额完成	11.49	148.39
519	山东玲珑橡胶有限公司	化工	超额完成	2.04	118.70
520	兖矿集团有限公司	煤炭	超额完成	27.49	75.04
521	兖矿鲁南化肥厂	化工	超额完成	7.99	79.37
522	枣庄中联水泥有限公司	建材	超额完成	1.85	174.19
523	淄博宏达钢铁有限公司	钢铁	超额完成	7.43	168.92
524	山东垦利石化有限责任公司	石油石化	超额完成	1.55	77.77
525	肥城矿业集团有限责任公司	煤炭	超额完成	9.97	80.45
526	山东联盟化工集团	化工	超额完成	8.15	161.48
527	山东瑞星化工有限公司	化工	超额完成	5.42	147.01
528	山东省金沂蒙集团有限公司	化工	超额完成	1.34	362.09
529	山东潍焦集团有限公司	钢铁	超额完成	2.15	138.53
530	华电国际电力股份有限公司莱城发电厂	电力	超额完成	3.00	222.38
531	华电国际电力股份有限公司邹县电厂	电力	超额完成	4.00	436.80
532	济南钢铁集团有限公司	钢铁	超额完成	66.64	71.25
533	青岛海晶化工集团有限公司	化工	超额完成	2.77	80.83
534	日照钢铁控股集团有限公司	钢铁	超额完成	17.61	206.04
535	山东博汇纸业股份有限公司	造纸	超额完成	3.74	62.21

续表

序号	千家企业名称	行业	年度考核等级	"十一五"节能目标（万吨标煤）	"十一五"节能目标完成进度（%）
536	山东晨鸣纸业集团齐河板纸有限责任公司	造纸	超额完成	3.86	64.08
537	山东金塔王股份有限公司（山东金鲁城有限公司）	建材	超额完成	2.46	109.47
538	中国石化胜利油田有限公司	石油石化	超额完成	46.04	61.09
539	山东阿斯德化工有限公司（山东省肥城市化肥厂）	化工	超额完成	5.76	77.29
540	山东信发铝电集团	有色	超额完成	17.88	115.03
541	济宁市恒力化工有限公司	化工	超额完成	1.77	90.17
542	山东飞达化工科技有限公司	化工	超额完成	1.99	70.18
543	山东黄台火力发电厂	电力	超额完成	15.71	92.64
544	烟台万华合成革集团有限公司	化工	超额完成	2.21	481.47
545	山东恒通化工股份有限公司	化工	超额完成	10.44	60.65
546	山东山水水泥集团有限公司	建材	超额完成	17.00	107.48
547	山东省东明县石化集团有限公司	石油石化	超额完成	11.35	65.74
548	山东潍坊海龙股份有限公司	纺织	超额完成	2.94	81.31
549	山东沂州水泥集团总公司	建材	超额完成	7.58	140.17
550	中国石化集团青岛石油化工有限责任公司	石油石化	超额完成	1.50	402.57
551	山东明水化工有限公司	化工	超额完成	3.69	105.58
552	山东魏桥创业集团有限公司	纺织	超额完成	17.00	54.32
553	枣庄市矿业集团有限责任公司	煤炭	超额完成	8.72	74.17
554	金晶（集团）有限公司（山东玻璃总公司）	建材	超额完成	1.67	196.29
555	青岛热电集团有限公司	电力	超额完成	2.00	76.13
556	山东海化煤业化工有限公司	钢铁	超额完成	2.87	95.82
557	山东红日阿康化工股份有限公司	化工	超额完成	2.65	76.28
558	山东华鲁恒升集团有限公司	化工	超额完成	6.54	150.90
559	滨化集团股份有限公司	石油石化	完成	6.95	233.09
560	淄博宏达焦化有限公司	钢铁	完成	2.85	182.12
561	鲁南中联水泥有限公司	建材	完成	4.04	62.67
562	山东聊城鲁西化工第二化肥有限公司	化工	完成	1.10	218.14
563	山东太阳纸业股份有限公司	造纸	完成	7.23	93.31
564	华电青岛发电厂	电力	完成	2.00	178.95

续表

序号	千家企业名称	行业	年度考核等级	“十一五”节能目标（万吨标煤）	“十一五”节能目标完成进度（%）
565	济宁中银电化有限公司	化工	完成	2.21	147.96
566	青岛碱业股份有限公司	化工	完成	9.09	105.78
567	潍坊山水水泥有限公司	建材	完成	1.85	408.24
568	烟台巨力化肥有限公司	化工	完成	2.05	73.34
569	大宇水泥（山东）有限公司	建材	完成	3.26	29.51
570	华盛江泉集团有限公司（临沂江舜矿冶有限公司）	钢铁	完成	15.31	91.50
571	莱芜钢铁集团有限公司	钢铁	完成	63.49	66.47
572	山东德州石油化工总厂	化工	完成	2.71	69.34
573	山东莱钢永锋钢铁有限公司	钢铁	完成	6.62	137.07
574	山东榴园水泥有限公司	建材	完成	1.43	59.79
575	山东石大科技集团有限公司	石油石化	完成	2.37	103.52
576	山东禹城中农润田化工有限公司	化工	完成	2.82	66.40
577	潍坊钢铁集团公司	钢铁	完成	8.72	139.73
578	山东鲁西化工股份有限公司第一化肥厂	化工	完成	2.50	254.06
579	中冶纸业银河有限公司	造纸	完成	1.24	704.96
580	青岛昌华集团股份有限公司	化工	完成	2.78	64.06
581	泰安鲁邦大河热电有限公司	电力	完成	1.14	103.29
582	章丘第二化肥厂（章丘日月化工有限责任公司）	化工	完成	3.00	75.27
583	山东齐星集团有限责任公司	电力	完成	10.29	67.64
584	南山集团公司	纺织	完成	15.42	203.63
585	青岛钢铁控股集团有限责任公司	钢铁	完成	15.00	95.64
586	兖矿峄山化工有限公司	化工	完成	6.59	77.61
587	山东丛林集团有限公司	建材	完成	4.72	79.92
588	平阴鲁西化工第三化肥厂有限公司	化工	基本完成	1.67	76.65
589	山东鲁南铁合金总厂	钢铁	基本完成	1.76	117.22
	河　南				
590	河南省永煤集团	煤炭	超额完成	13.00	73.71
591	中国石油化工股份有限公司中原油田分公司	石油石化	超额完成	21.10	72.83
592	安阳钢铁集团有限责任公司	钢铁	超额完成	53.25	81.77
593	鹤壁煤业（集团）有限责任公司	煤炭	超额完成	7.26	128.54
594	中国铝业股份有限公司河南分公司	有色	超额完成	28.49	97.05

续表

序号	千家企业名称	行业	年度考核等级	"十一五"节能目标（万吨标煤）	"十一五"节能目标完成进度（%）
595	义马煤业（集团）有限责任公司	煤炭	超额完成	8.00	289.85
596	郑州煤炭工业（集团）有限责任公司	煤炭	超额完成	4.54	149.86
597	平顶山煤业（集团）有限责任公司	煤炭	超额完成	15.00	108.91
598	郑州新力电力有限公司	电力	超额完成	3.00	234.06
599	大唐信阳华豫发电有限责任公司	电力	超额完成	12.27	36.63
600	河南财鑫集团有限责任公司	钢铁	超额完成	3.39	174.36
601	河南神火集团	煤炭	超额完成	8.23	150.28
602	河南省新乡化肥总厂（河南心连心化肥有限责任公司）	化工	超额完成	4.90	111.50
603	洛阳新安电力集团有限公司	电力	超额完成	78.40	73.09
604	汝州市天瑞集团水泥有限公司	建材	超额完成	7.50	125.68
605	新乡新亚纸业集团股份有限公司	造纸	超额完成	3.70	103.49
606	中国铝业股份有限公司中州分公司	有色	超额完成	10.16	336.56
607	昊华宇航化工有限责任公司	化工	超额完成	2.87	100.78
608	河南省银鸽实业投资股份有限公司	造纸	超额完成	3.20	194.52
609	许昌龙岗发电有限责任公司	电力	超额完成	3.00	91.55
610	伊川电力集团总公司	电力	超额完成	10.00	179.69
611	中国神马集团	化工	超额完成	12.00	89.13
612	安钢集团信阳钢铁有限责任公司	钢铁	超额完成	10.00	94.87
613	焦作市万方铝业股份有限公司	有色	超额完成	4.22	80.58
614	舞阳钢铁有限责任公司	钢铁	超额完成	10.00	99.28
615	延津县化肥厂（河南延化化工有限责任公司）	化工	超额完成	2.70	154.84
616	中国石化工股份有限公司河南油田分公司	石油石化	超额完成	8.40	84.93
617	中国石油化工股份有限公司洛阳分公司	石油石化	超额完成	16.05	113.96
618	新乡白鹭化纤集团有限责任公司	纺织	完成	5.70	190.79
619	三门峡天元铝业股份有限公司	有色	完成	0.55	148.78
620	河南新中益电力有限公司	电力	完成	4.10	126.72
621	河南省中原大化集团有限责任公司	化工	完成	9.85	106.40
622	平顶山姚孟发电有限责任公司	电力	完成	3.50	348.28
623	河南豫联能源集团有限责任公司	有色	完成	14.00	123.98
624	焦作煤业（集团）有限责任公司	煤炭	完成	6.00	75.17
625	中国洛阳浮法玻璃集团有限责任公司	建材	完成	22.40	7.74

续表

序号	千家企业名称	行业	年度考核等级	"十一五"节能目标（万吨标煤）	"十一五"节能目标完成进度（%）
626	河南渑池中迈铝电实业有限公司	有色	完成	2.21	351.62
627	焦作电厂	电力	完成	5.63	402.09
628	郑州中岳电力有限公司	电力	完成	1.80	49.94
629	河南省商丘商电铝业集团公司	有色	完成	11.10	110.80
630	登封电厂集团有限公司	电力	完成	20.00	80.00
631	沙钢集团安阳永兴钢铁有限责任公司	钢铁	完成	10.47	108.28
632	河南凤宝钢铁有限公司	钢铁	完成	4.54	261.09
633	河南济源钢铁（集团）有限公司	钢铁	完成	20.00	72.66
634	淅川县玉典化冶公司	钢铁	完成	3.91	127.39
635	舞钢市中加钢铁有限公司	钢铁	完成	5.80	149.74
636	郑州永通特钢有限责任公司	钢铁	完成	7.96	-59.93
637	昊华骏化集团有限公司（河南省骏马化工集团有限公司）	化工	完成	84.40	29.07
638	河南大通化工股份有限公司	化工	完成	6.50	50.17
639	桐柏县安棚碱矿有限责任公司	化工	完成	2.98	97.39
640	巩义市第二电厂	电力	完成	1.60	80.60
641	宏源（许昌）焦化有限公司	钢铁	完成	0.30	1367.63
642	洛阳骏马化工有限公司	化工	完成	3.90	96.42
643	河南朝阳钢铁有限公司	钢铁	完成	35.40	7.03
644	武陟县绿宇化电股份有限公司	化工	完成	1.00	92.00
645	豫港（济源）焦化有限公司	钢铁	完成	3.00	56.88
646	河南鑫旺集团有限公司	有色	完成	1.00	56.52
647	河南省淅川铝业（集团）有限公司	有色	基本完成	5.77	74.76
648	中原石油化工有限责任公司	化工	基本完成	21.86	33.06
649	濮阳市林州钢铁有限公司	钢铁	基本完成	4.00	56.70
650	周口隆达发电有限公司	电力	基本完成	2.15	203.66
651	焦作金冠嘉华电力有限公司	电力	基本完成	6.00	109.24
652	项城佳能热电有限公司	电力	基本完成	7.35	144.70
653	河南金山化工有限责任公司	化工	基本完成	12.00	12.06
654	安阳化学工业集团有限责任公司	化工	未完成	12.44	35.30
655	平煤蓝天化工股份有限公司遂平化工厂	化工	未完成	32.40	38.66
656	鹤壁万和发电有限责任公司	电力	未完成	10.00	-0.66

续表

序号	千家企业名称	行业	年度考核等级	“十一五”节能目标（万吨标煤）	“十一五”节能目标完成进度（%）
	湖北				
657	华新水泥股份有限公司	建材	超额完成	20.00	86.09
658	武汉钢铁集团公司	钢铁	超额完成	135.00	67.42
659	国电长源电力股份有限公司	电力	超额完成	20.00	192.37
660	湖北新冶钢有限公司	钢铁	超额完成	25.00	77.96
661	湖北三宁化工股份有限公司	化工	超额完成	2.50	282.38
662	宜昌兴发集团有限责任公司	化工	超额完成	7.50	101.15
663	大冶有色金属公司	有色	超额完成	4.50	103.98
664	湖北宜化集团有限责任公司	化工	超额完成	14.00	201.29
665	枣阳化工工业有限公司	化工	超额完成	3.80	85.99
666	湖北齐力华盛铝业有限责任公司	有色	完成	11.00	75.72
667	湖北襄樊发电有限责任公司	电力	完成	7.09	279.22
668	汉江丹江口铝业有限责任公司	有色	完成	8.50	89.50
669	武钢集团鄂城钢铁有限责任公司	钢铁	完成	25.00	87.75
670	中国石化集团武汉石油化工厂	石油石化	完成	4.50	379.28
671	中国石油化工股份有限公司荆门分公司	石油石化	完成	8.20	86.89
672	湖北阳新鸿骏铝业有限公司	有色	完成	3.50	81.05
673	中国石油化工股份有限公司江汉油田分公司	石油石化	完成	8.30	85.47
674	华新宜昌水泥有限公司	建材	完成	3.50	79.99
675	武汉华能发电有限公司	电力	完成	9.30	324.05
676	中国石油化工股份有限公司湖北化肥分公司	化工	完成	4.70	3.37
677	葛洲坝股份有限公司水泥厂	建材	完成	7.50	83.55
678	国电沙市热电厂	电力	完成	2.50	126.62
679	湖北双环科技股份有限公司	化工	完成	17.00	64.47
680	武汉晨鸣汉阳纸业股份有限公司	造纸	完成	5.50	89.87
681	武汉祥龙电业股份有限公司	化工	完成	5.00	138.05
682	当阳市华强化工有限公司	化工	完成	6.00	115.99
683	沙隆达集团公司	化工	完成	2.70	41.03
684	湖北楚星化工股份有限责任公司	化工	完成	4.30	101.73
685	湖北华能苏家湾发电有限责任公司	电力	完成	2.60	97.94
686	湖北金源化工股份有限公司	化工	完成	3.50	85.85
687	襄樊安能热电有限公司	电力	完成	2.50	69.40

续表

序号	千家企业名称	行业	年度考核等级	“十一五”节能目标（万吨标煤）	“十一五”节能目标完成进度（%）
	湖　南				
688	湖南衡阳钢管集团有限公司	钢铁	超额完成	3.78	564.24
689	湖南泰格林纸集团有限责任公司	造纸	超额完成	5.89	182.74
690	郴州东江金磊水泥有限责任公司	建材	超额完成	2.57	127.73
691	湖南创元铝业有限公司	有色	超额完成	9.15	81.38
692	大唐华银金竹山火力发电分公司	电力	超额完成	5.83	310.42
693	湖南宜化化工有限责任公司	化工	超额完成	6.57	440.09
694	中国石化集团巴陵有限公司	石油石化	超额完成	14.76	189.50
695	中国石油化工股份有限公司巴陵分公司	石油石化	超额完成	9.59	128.37
696	株洲华银火力发电有限公司	电力	超额完成	7.10	107.68
697	湖南省湘维有限公司	纺织	超额完成	3.79	83.23
698	韶峰水泥集团有限公司	建材	超额完成	3.69	239.06
699	湖南湘潭发电有限责任公司	电力	超额完成	14.56	110.96
700	湖南智成化工有限公司	化工	超额完成	7.45	252.27
701	华能湖南岳阳发电有限责任公司	电力	超额完成	2.60	155.46
702	湖南株洲冶炼集团股份有限公司	有色	超额完成	9.96	211.64
703	水口山有色金属集团有限公司	有色	超额完成	2.99	107.97
704	大唐石门发电有限责任公司	电力	超额完成	6.20	44.43
705	五矿（湖南）铁合金有限责任公司	有色	超额完成	4.49	46.90
706	中国石化股份有限公司长岭分公司	石油石化	超额完成	19.32	68.83
707	中盐湖南株洲化工集团有限公司	化工	超额完成	5.14	47.98
708	郴州化工集团有限公司	化工	完成	3.34	87.51
709	湖南华菱湘潭钢铁有限公司	钢铁	完成	37.55	38.71
710	湖南益阳发电有限责任公司	电力	完成	4.10	73.91
711	涟源钢铁集团有限公司	钢铁	完成	36.75	52.60
712	株洲市海达集团化工有限公司	化工	完成	3.18	85.26
713	冷水江钢铁总厂（冷钢集团）	钢铁	完成	10.21	85.95
714	华润电力鲤鱼江有限公司	电力	完成	12.60	67.43
715	湖南天润化工发展股份有限公司	化工	完成	3.69	85.51
	广　东				
716	中国石化股份有限公司茂名分公司	石油石化	超额完成	37.11	99.76
717	广州珠江钢铁有限责任公司	钢铁	超额完成	6.77	112.70
718	广东广合电力有限公司	电力	超额完成	3.88	85.86

续表

序号	千家企业名称	行业	年度考核等级	“十一五”节能目标（万吨标煤）	“十一五”节能目标完成进度（%）
719	广东塔牌集团股份有限公司	建材	超额完成	10.52	66.24
720	深圳市中金岭南有色金属股份有限公司韶关冶炼厂	有色	超额完成	4.45	92.87
721	广东省电力发展股份有限公司沙角A电厂	电力	超额完成	2.72	111.41
722	广州造纸股份有限公司	造纸	超额完成	3.70	139.38
723	中海石油（中国）有限公司深圳分公司	石油石化	超额完成	4.24	143.62
724	广东南方制碱有限公司	化工	超额完成	3.64	122.69
725	茂名石化实华股份有限公司	化工	超额完成	3.86	68.77
726	东莞理文造纸厂有限公司	造纸	超额完成	4.03	66.86
727	珠海市斗门区旭日陶瓷有限公司	建材	超额完成	5.97	106.73
728	东莞玖龙纸业有限公司	造纸	完成	5.59	115.22
729	广州钢铁股份有限公司	钢铁	完成	13.49	174.04
730	广州锦兴纺织漂染有限公司	纺织	完成	2.82	99.90
731	中国石化集团茂名石油化工公司	石油石化	完成	8.76	85.37
732	广东省韶关钢铁集团有限公司	钢铁	完成	44.48	63.50
733	阳江市宏大钢铁有限公司	钢铁	完成	3.25	95.06
734	佛山新中源陶瓷有限公司	建材	完成	2.99	83.89
735	东莞德永佳纺织制衣有限公司	纺织	完成	3.83	69.98
736	中海石油湛江燃料油有限公司	石油石化	完成	0.21	168.66
737	中石油化工股份有限公司广州分公司	石油石化	基本完成	34.35	74.11
	广　西				
738	大唐桂冠合山发电有限公司	电力	超额完成	9.33	153.13
739	中国铝业股份有限公司广西分公司	有色	超额完成	3.88	80.02
740	柳州化工股份有限公司	化工	超额完成	8.13	160.30
741	柳州华锡集团有限责任公司	有色	完成	2.93	31.76
742	广西华润红水河水泥有限公司	建材	完成	3.05	175.35
743	桂林康密劳铁合金有限公司	钢铁	未完成	3.44	48.46
744	南宁化工股份有限公司	化工	未完成	4.24	20.28
745	广西八一铁合金（集团）有限责任公司	钢铁	未完成	7.05	33.91
746	广西柳州发电有限责任公司	电力	未完成	7.59	25.92
747	广西柳州钢铁（集团）公司	钢铁	未完成	55.89	4.49
748	广西鱼峰水泥股份有限公司	建材	未完成	3.83	60.68

续表

序号	千家企业名称	行业	年度考核等级	“十一五”节能目标（万吨标煤）	“十一五”节能目标完成进度（%）
749	广西维尼纶集团有限责任公司	化工	未完成	3.53	22.67
750	广西鹿寨化肥有限责任公司	化工	未完成	2.78	25.89
751	广西百色银海铝业有限公司	有色	未完成	5.52	15.58
752	广西河池化学工业集团公司	化工	未完成	5.37	-22.15
	海　南				
753	海洋石油富岛股份有限公司	化工	超额完成	2.30	221.56
	重　庆				
754	中国石化集团四川维尼纶厂	石油石化	超额完成	14.88	101.89
755	重庆腾辉地维水泥有限公司	建材	超额完成	6.00	119.31
756	中国核工业建峰化工总厂	化工	超额完成	4.00	462.94
757	重庆市富丰水泥集团有限责任公司	建材	超额完成	2.48	234.75
758	华能重庆珞璜发电有限责任公司	电力	超额完成	3.64	185.17
759	重庆永荣矿业有限公司	煤炭	超额完成	6.00	154.17
760	重庆市发电厂	电力	超额完成	1.07	66.29
761	重庆天府矿业有限责任公司	煤炭	完成	2.85	38.76
762	重庆钢铁股份有限公司	钢铁	完成	95.40	49.12
763	重庆长寿化工有限责任公司	化工	完成	2.73	181.50
764	重庆南桐矿业有限责任公司	煤炭	完成	5.60	23.33
765	重庆市东升铝业股份有限公司	有色	完成	1.75	283.07
766	重庆和邦碱胺实业有限公司	化工	完成	0.45	389.93
	四　川				
767	川化股份有限公司	化工	超额完成	16.00	148.08
768	四川省达州钢铁集团有限责任公司	钢铁	超额完成	17.00	139.90
769	宜宾天原集团股份有限公司	化工	超额完成	5.50	59.98
770	昊华西南化工有限责任公司（自贡鸿鹤化工（集团）有限责任公司）	化工	超额完成	13.50	96.35
771	泸天化（集团）有限责任公司	化工	超额完成	6.00	114.82
772	四川石油管理局	石油石化	超额完成	1.50	98.07
773	四川金象化工产业集团	化工	超额完成	2.00	71.62
774	宜宾纸业股份有限公司	造纸	超额完成	1.80	155.99
775	中国石油天然气股份有限公司西南油气田分公司	石油石化	超额完成	6.88	94.86
776	四川犍为大利电力有限公司	电力	超额完成	2.50	167.72

续表

序号	千家企业名称	行业	年度考核等级	“十一五”节能目标（万吨标煤）	“十一五”节能目标完成进度（%）
777	四川美丰化工股份有限公司	化工	完成	13.00	107.92
778	四川龙蟒集团有限责任公司	化工	完成	3.20	167.79
779	四川宏达集团有限公司	有色	完成	2.20	116.56
780	四川金顶（集团）股份有限公司	建材	完成	5.00	81.42
781	四川宜宾昌宏化工有限责任公司	化工	完成	2.00	67.93
782	汶川县众成冶炼有限责任公司	化工	完成	2.30	104.45
783	攀枝花钢铁有限责任公司	钢铁	完成	52.00	94.10
784	四川金路集团股份有限公司	化工	完成	7.20	60.22
785	国电深能四川华蓥山发电有限公司	电力	完成	1.76	1006.40
786	攀枝花煤业（集团）有限责任公司	煤炭	完成	15.00	89.31
787	四川巴蜀电力开发有限责任公司江油发电厂	电力	完成	2.00	202.73
788	四川广元启明星铝业有限责任公司	有色	完成	4.50	89.47
789	四川其亚铝业集团有限公司	有色	完成	6.80	140.60
790	四川省川威集团有限公司	钢铁	完成	20.00	83.38
791	四川金杯农业科技发展有限公司	化工	完成	4.00	69.07
792	仁寿县人民特种水泥有限公司	建材	完成	4.50	58.87
793	四川德胜集团钢铁有限公司	钢铁	完成	6.80	403.56
794	四川嘉阳电力有限责任公司	电力	完成	1.00	125.03
795	成都玖源化工有限公司	化工	完成	1.50	96.50
796	四川省启明星铝业有限责任公司	有色	完成	10.00	76.82
797	攀钢集团四川长城特殊钢有限责任公司	钢铁	完成	3.00	21.74
798	攀钢集团西昌新钢业有限公司	钢铁	完成	6.00	94.36
799	攀枝花市圣达焦化有限公司	钢铁	完成	4.00	108.92
800	四川川投峨眉铁合金（集团）有限公司	钢铁	完成	4.00	74.92
801	四川双马水泥股份有限公司	建材	完成	6.00	148.07
802	攀钢集团成都钢铁有限责任公司	钢铁	完成	19.00	116.87
803	四川省兴乐化工股份有限公司（四川省乐至县兴乐化工有限公司）	化工	完成	3.50	66.62
804	中国华电集团公司内江发电总厂	电力	未完成	2.70	2.80
	贵　州				
805	贵州赤天化集团有限责任公司	化工	超额完成	3.50	79.98
806	贵州瓮福实业开发有限公司	化工	超额完成	3.82	25.10

续表

序号	千家企业名称	行业	年度考核等级	"十一五"节能目标（万吨标煤）	"十一五"节能目标完成进度（%）
807	中国铝业股份有限公司贵州分公司	有色	超额完成	15.00	215.60
808	毕节煤海化工有限责任公司	化工	超额完成	3.88	42.11
809	贵州美丰化工有限责任公司	化工	完成	15.00	86.53
810	盘江煤电（集团）有限责任公司	煤炭	完成	11.20	111.41
811	遵义铝业股份有限公司	有色	完成	0.64	2312.90
812	贵州黔能天和磷业有限公司	化工	完成	2.76	97.13
813	贵州省安龙华虹化工有限责任公司	化工	完成	2.23	103.29
814	水城钢铁（集团）有限责任公司	钢铁	完成	23.00	140.56
815	贵州省六盘水双牌铝业有限责任公司	有色	完成	2.20	64.05
816	水城矿业（集团）有限责任公司	煤炭	完成	4.00	144.18
817	贵州开磷剑江化肥有限责任公司	化工	完成	23.00	73.76
818	遵义氯碱股份有限公司	化工	完成	6.24	53.55
819	贵州西电黔北发电总厂	电力	完成	7.80	133.83
820	贵州水晶有机化工（集团）有限公司	化工	完成	6.00	47.29
821	贵州省安顺黄果树铝业有限公司	有色	完成	3.00	62.92
822	贵州省施秉县恒盛有限公司	有色	完成	3.91	83.47
	云　南				
823	武钢集团昆明钢铁股份有限公司	钢铁	超额完成	36.96	176.90
824	云南驰宏锌锗股份有限公司	有色	超额完成	4.26	122.24
825	云南铜业股份有限公司	有色	超额完成	3.56	95.22
826	云南锡业集团有限责任公司	有色	超额完成	5.92	255.40
827	云天化股份有限公司	化工	超额完成	14.82	81.11
828	云南云维股份有限公司	化工	超额完成	5.02	90.81
829	云南云维集团有限公司	化工	超额完成	13.48	60.28
830	云天化国际化工股份有限公司红磷分公司	化工	超额完成	4.46	273.00
831	中国国电集团公司小龙潭发电厂	电力	超额完成	9.30	209.96
832	云南解化集团有限公司	化工	完成	9.51	165.62
833	云南玉溪仙福钢铁（集团）有限公司	钢铁	完成	5.89	225.95
834	昆明钢铁集团有限责任公司	钢铁	完成	4.89	366.55
835	云南德胜钢铁有限公司	钢铁	完成	10.77	135.80
836	云南省玉溪市洛河钢铁有限公司	钢铁	完成	4.42	178.31
837	云南云峰化学工业有限公司	化工	完成	7.14	96.24

续表

序号	千家企业名称	行业	年度考核等级	“十一五”节能目标（万吨标煤）	“十一五”节能目标完成进度（%）
838	云南东源煤电股份有限公司	煤炭	基本完成	3.80	119.12
839	泸西县伟洪吉宇化工有限责任公司	化工	基本完成	3.68	156.27
840	昆明神农汇丰化肥有限责任公司	化工	基本完成	4.45	113.93
841	云南铝业股份有限公司	有色	基本完成	20.45	27.73
842	云南润鑫铝业有限公司	有色	基本完成	5.07	107.32
843	安宁市永昌钢铁有限公司	钢铁	基本完成	4.38	45.34
844	玉溪市刘总旗活发钢铁厂	钢铁	基本完成	3.80	41.13
845	云南省富源矿厂（云南省中安监狱）	钢铁	基本完成	6.58	90.86
846	云南玉溪市太标钢铁有限公司	钢铁	基本完成	3.19	96.61
847	云南省曲靖化学工业有限公司	化工	未完成	3.29	47.25
	陕　西				
848	陕西省渭河重化工集团有限责任公司	化工	超额完成	10.50	87.96
849	国电宝鸡第二发电有限责任公司	电力	超额完成	7.87	62.02
850	韩城矿务局	煤炭	超额完成	3.20	450.43
851	华能陕西秦岭发电有限责任公司	电力	超额完成	22.60	33.04
852	陕西龙门钢铁（集团）有限责任公司	钢铁	超额完成	13.50	166.94
853	陕西兴化化学股份有限公司	化工	超额完成	4.20	75.50
854	陕西铜川铝业有限公司	有色	超额完成	4.57	83.83
855	西安西化热电化工有限责任公司	化工	超额完成	7.50	67.24
856	陕西陕化股份有限公司	化工	超额完成	10.00	36.54
857	中国石油天然气股份有限公司长庆油田分公司	石油石化	超额完成	17.40	314.35
858	中国石油天然气股份有限公司长庆石化分公司	石油石化	超额完成	1.47	237.83
859	西安热电有限责任公司	电力	超额完成	6.62	79.63
860	陕西汉中钢铁有限公司	钢铁	超额完成	8.00	43.13
861	陕西城化股份有限公司	化工	完成	3.30	90.89
862	陕西秦岭水泥股份有限公司	建材	完成	5.30	277.13
863	延长油田股份有限公司（延安石油化学工业集团延长油矿管理局）	石油石化	完成	11.00	38.42
864	陕西延长石油（集团）有限责任公司（延炼实业集团公司）	石油石化	完成	19.47	59.18
865	陕西省略阳钢铁有限责任公司	钢铁	未完成	6.00	52.84
866	榆林天然气化工有限公司	化工	未完成	7.50	37.94
867	岐山县岐星水泥厂（宝鸡众喜水泥有限公司）	建材	未完成	9.00	2.30

续表

序号	千家企业名称	行业	年度考核等级	“十一五”节能目标（万吨标煤）	“十一五”节能目标完成进度（%）
	甘 肃				
868	中国石油天然气股份有限公司兰州石化分公司	石油石化	超额完成	35.42	85.09
869	酒泉钢铁（集团）有限责任公司	钢铁	超额完成	47.03	72.85
870	兰州连城陇兴铝业有限责任公司	有色	超额完成	4.50	152.09
871	甘肃刘化（集团）有限责任公司	化工	超额完成	11.46	74.44
872	金川集团有限公司	有色	超额完成	27.23	57.28
873	腾达西北铁合金有限责任公司	钢铁	超额完成	6.99	78.29
874	中国铝业股份有限公司兰州分公司	有色	超额完成	3.70	94.19
875	中国石油天然气股份有限公司玉门油田分公司	石油石化	超额完成	6.93	70.61
876	兰州红古祁连山水泥股份有限公司	建材	超额完成	5.49	65.57
877	兰州新西部维尼纶有限公司	纺织	完成	4.65	77.03
878	甘肃金昌化工（集团）有限责任公司	化工	完成	8.09	103.36
879	永登祁连山水泥有限公司	建材	完成	9.52	32.09
880	白银有色集团有限责任公司	有色	完成	37.57	43.35
881	甘肃华能平凉发电有限责任公司	电力	完成	3.14	297.42
	青 海				
882	中国石油天然气股份有限公司青海油田分公司	石油石化	超额完成	6.10	70.04
883	青海西部矿业百河铝业有限责任公司	有色	超额完成	5.36	89.64
884	中国铝业股份有限公司青海省分公司	有色	超额完成	4.39	62.72
885	青海桥头铝电股份有限公司	电力	超额完成	17.92	69.51
886	西宁特殊钢股份有限公司	钢铁	超额完成	5.23	54.24
887	青海华电铁合金股份有限公司	钢铁	超额完成	2.70	38.79
	宁 夏				
888	中国石油天然气股份有限公司宁夏石化分公司	化工	超额完成	5.00	351.52
889	宁夏丰友化工有限公司	化工	超额完成	8.50	83.44
890	宁夏英力特化工股份有限公司	化工	超额完成	4.00	202.90
891	中国石油天然气股份有限公司宁夏炼化分公司	石油石化	超额完成	4.50	117.92
892	宁夏金昱元化工集团有限公司	化工	超额完成	12.00	98.51
893	宁夏惠冶镁业有限公司	有色	超额完成	9.50	69.68
894	宁夏兴平精细化工股份有限公司	化工	超额完成	4.00	93.88
895	神华宁夏煤业集团有限责任公司	煤炭	超额完成	18.00	66.36

续表

序号	千家企业名称	行业	年度考核等级	"十一五"节能目标（万吨标煤）	"十一五"节能目标完成进度（%）
896	宁夏大地冶金化工有限公司	钢铁	完成	4.00	110.22
897	宁夏荣盛铁合金集团有限公司	钢铁	完成	0.50	92.63
898	宁夏赛马实业股份有限公司	建材	完成	7.00	68.81
899	国电宁夏石嘴山发电有限责任公司	电力	完成	10.00	66.53
900	宁夏美利纸业股份有限公司	造纸	完成	10.00	80.39
901	青铜峡铝业集团有限公司	有色	完成	15.00	121.38
902	宁夏加宁铝业有限公司	有色	完成	1.00	101.74
903	宁夏金旌矿冶有限公司	钢铁	完成	1.50	30.43
904	宁夏英力特河滨冶金有限公司	钢铁	完成	2.00	72.92
905	宁夏天净天达冶金有限公司	有色	未完成	0.50	33.83
906	宁夏东方企业（有限公司）	钢铁	未完成	4.00	10.09
	新　疆				
907	宝钢集团新疆八一钢铁有限公司	钢铁	超额完成	15.61	436.87
908	中国石油天然气股份有限公司乌鲁木齐石化分公司	石油石化	超额完成	9.09	188.07
909	中国石油天然气股份有限公司吐哈油田分公司	石油石化	超额完成	6.60	322.27
910	中石化西北油田分公司	石油石化	超额完成	11.16	228.10
911	中国石油天然气股份有限公司克拉玛依石化分公司	石油石化	超额完成	1.90	131.11
912	中国石油天然气股份有限公司新疆油田分公司	石油石化	超额完成	36.50	65.53
913	新疆天山水泥股份有限公司	建材	完成	3.22	70.52
914	中国石油天然气股份有限公司塔里木油田分公司	石油石化	完成	37.70	105.20
915	中国石油天然气股份有限公司独山子石化分公司	石油石化	完成	18.63	67.03
916	新疆天龙矿业股份有限公司	有色	完成	3.37	165.64
917	国电新疆红雁池发电有限公司	电力	完成	4.08	41.69
918	乌鲁木齐环鹏有限公司	化工	完成	4.89	64.51
919	新疆中泰化学股份有限公司	化工	未完成	2.54	59.69
920	新疆屯河水泥有限责任公司	建材	未完成	2.82	291.95
921	新疆新化化肥有限责任公司	化工	未完成	4.87	30.98
	新疆兵团				
922	天富热电股份公司（兵团）	电力	完成	1.47	243.84

备注：部分企业由于兼并、破产、关停等原因，没有参加2008年考核。

资料来源：国家发展和改革委员会公告2009年第18号。

参考文献

[1] 江泽民．对中国能源问题的思考［J］．上海交通大学学报，2008，(03)．

[2] 解振华．2007中国节能减排政策篇［M］．北京：中国发展出版社，2008．

[3] 郭强．中国资源节约报告2007［M］．北京：中国时代经济出版社，2008．

[4] 环境保护部自然生态司．生态省建设理论与实践［M］．北京：中国环境科学出版社，2008．

[5] 杨东平．中国环境的危机与转机（2008）［M］．北京：社会科学文献出版社，2008．

[6] 国家环境保护总局．中国环境统计年报2005—2007．北京：中国环境科学出版社，历年．

[7] 钱伯章．节能减排——可持续发展的必由之路［M］．北京：科学出版社，2008．

[8] 国家发展和改革委员会能源研究所课题组．中国2050年低碳发展之路：能源需求暨碳排放情景分析［M］．北京：科学出版社，2009．

[9] S．弗雷德·辛格．全球变暖——毫无来由的恐慌［M］．上海：上海科学技术文献出版社，2008．

[10] 丹尼斯·米都斯．增长的极限［M］．吉林：吉林人民出版社，1997．

[11] 葛剑雄．质疑"全球变暖人为说"［J］．今日国土，2009，(04)．

[12] 倪维斗．我国的能源问题与对策［J］．宁波大学学报（人文科学版），2009，(01)．

[13] 李华斌．全球变暖定量分析及未来全球平均气温变化预测［D］．中国优秀硕士学位论文全文数据库，2007，(04)．

[14] 鲍健强，苗阳，陈锋．低碳经济：人类经济发展方式的新变革［J］．中国工业经济，2008，(04)．

[15] 陈祖洪．世界经济需要绿色复苏［J］．中国环境报，2009，(04)．

[16] 陈迎．多方制衡全球气候变化政治较量升温［J］．人民日报，2007，(12)．

[17] 陈全功．全球金融风暴对中国实体经济的冲击［J］．今日中国论坛，2009，(Z1)．

[18] 张锐．奥巴马的"绿色经济运动"［J］．中外企业文化，2009，(02)．

[19] 潘基文．2009年的三大挑战［N］．南方周末，2009，(01)．

[20] 吴国华．我国节能减排的理性思考——基于"十一五"头两年节能减排目标完成情况的分析［J］．山东财政学院学报，2009，(06)．

[21] 刘铁男．产业振兴规划：应对当前着眼长远的综合性行动方案［J］．中国科技投资，2009，(04)．

[22] 贺军．产业振兴规划之忧［J］．中国企业家，2009，(06)．

[23] 钞小静．经济增长质量：一种理论解释及中国的实证分析［D］．西北大学，2009．

[24] 姚聪莉．资源环境约束下的中国新型工业化道路研究［D］．中国博士学位论文全文数据库，2009．

[25] 谢琦．中国经济增长模式转型的结构分析［D］．中国博士学位论文全文数据库，2009．

[26] 芮雪琴．基于循环经济视角的能源产业技术评价与选择研究［D］．中国博士学位论文全文数据库，2008，(12)．

[27] 章轲．金融危机或为可持续发展赢得时间［J］．第一财经日报，2008，(12)．

[28] 肖元真，曹汉梅，郭剑桥．我国节能减排的和谐发展与模式优化研究［J］．经济研究参考，2009，(30)．

[29] 肖晋，郑吕尧，谢欣康．论节能减排对建设和谐社会的机遇和挑战［J］．中国住宅设施，2008，(05)．

[30] 成华．环境保护导向下的中国区域限批政策研究［D］．中国优秀硕士学位论文全文数据库，2007，(05)．

[31] 吴荻，武春友．建国以来中国环境政策的演进分析［J］．大连理工大学学报（社会科学版），2006，(04)．

[32] 王恒涛，吕雪莉，陈忠华，王志，马书平．“区域限批”盯住公害［J］．瞭望，2007，(05)．
[33] 孙远太，孙莉莉．当前我国环境保护政策述评——基于政策科学视角的分析［J］．决策咨询通讯，2006，(05)．
[34] 庞军．国内外节能减排政策研究综述［J］．生态经济，2008，(09)．
[35] 舒庆．应对挑战的中国环境政策［J］．中国人口资源与环境，2005，(15)．
[36] 苗田．推动节能减排的绿色税收体系研究［D］．天津财经大学，2008．
[37] 宦静．企业节能减排税收政策研究［D］．浙江大学，2009．
[38] 秦菲菲，张牡霞．节能环保产业有望受到政策重点扶持［J］．上海证券报，2009，(08)．
[39] 钱伯章．石化行业节能降耗的潜力与途径［J］．资源节约，2007，(23)．
[40] 冶金工业规划研究院．2009 中国钢铁形势分析与预测．2009，(03)．
[41] 李新创．我国钢铁工业 2008 年回顾与 2009 年展望［J］．冶金经济与管理，2009，(02)．
[42] 兰德年．钢铁工业“十一五”节能目标及措施［J］．中国科技投资，2006，(09)．
[43] 李世俊．钢铁行业节能减排现状、目标和工作思路——在中国钢铁工业协会第三次会员代表大会上的报告［J］．冶金管理，2007，(02)．
[44] 李世俊．钢铁行业节能减排现状目标和工作思路［J］．中国钢铁业，2007，(03)．
[45] 苏天森．当前中国钢铁工业节能减排技术重点分析［J］．冶金信息导刊，2007，(03)．
[46] 王维兴，荣光．钢铁工业节能的思路与途径［J］．中国钢铁业，2007，(03)．
[47] 魏建新．钢铁企业节能减排的八种途径［J］．经济管理，2008，(17)．
[48] 钱伯章．钢铁行业节能减排的进展［J］．冶金信息导刊，2008，(02)．
[49] 宋红丽．钢铁行业节能减排的思路与对策［J］．工业技术经济，2007，(11)．
[50] 蔡九菊．钢铁企业能耗分析与未来节能对策研究［J］．鞍钢技术，2009，(02)．
[51] 朱心红．环保产业 BOT 投融资风险及其管理［D］．华东师范大学，2008．
[52] 杨文生．环保产业发展研究——以武汉市为例［D］．华中农业大学，2008．
[53] 秦延平．浅谈我国城市污水处理的现状与发展［J］．科技促进发展，2009，(04)．
[54] 王雨佳．投资污水处理的中国式尴尬［J］．新财经，2009，(03)．
[55] 尹琪丹．城市污水的再生利用策略［J］．科技资讯，2009，(01)．
[56] 邱晓芬．行业的领军者——访西门子自动化系统部业务拓展经理 水、垃圾处理 张斌先生［J］．中国建设信息（水工业市场），2007，(10)．
[57] 党超．我国污水处理行业建设与运营模式探讨［D］．中国优秀博硕士学位论文全文数据库（硕士），2005，(04)．
[58] 李明．城市污水处理特许经营管理研究［D］．中国博士学位论文全文数据库，2007，(07)．
[59] 胡燕云．城市污水处理市场化研究［D］．中国优秀博硕士学位论文全文数据库（硕士），2007，(05)．
[60] 余杰，田宁宁．我国污泥处理处置有关政策探讨分析［J］．中国建设信息（水工业市场），2009，(03)．
[61] 李层．脱硫市场谁主沉浮［N］．中国电力报，2007－11－29．
[62] 张蕾．脱硝产业的开拓者［N］．中国电力报，2009－07－24．
[63] 路晓冰．脱硝市场期待立法［N］．中国电力报，2009－07－21．
[64] 张蕾．脱硝产业的开拓者［N］．中国电力报，2009－07－24．
[65] 王旭辉．火电脱硝之路该咋走［N］．中国能源报，2009－08－03．
[66] 夏振兴．拿什么拯救脱硝电厂［N］．中国能源报，2009－08－03．
[67] 史晓斐，夏振兴．拿什么拯救脱硝电厂？［N］．中国电力报，2009－06－18．
[68] 王怀．投资 2.5 亿元全球第二大脱硝催化剂制造基地开建［N］．四川日报，2009－04－13．
[69] 钱炜．脱硝，是否会步脱硫技术巨资引进后尘［N］．科技日报，2009－04－27．
[70] 颜新华．火电企业全面脱硝为时不远［N］．中国电力报，2009－07－08．
[71] 张维炜．大气污染防治：危机中转型升级［J］．中国人大，2009，(10)：24－26．

[72] 中国环境保护产业协会固体废物处理利用委员会. 我国固体废物处理行业2007年发展综述 [J]. 中国环保产业, 2008, (10).
[73] 杨健, 董珂, 李国会, 李晓华, 孙颖, 臧秀清. 中国城市固体废物管理现状综述 [J]. 天津科技, 2009, (04).
[74] 叶文添. 垃圾处理: 千亿市场商机 [J]. 光彩, 2009, (07).
[75] 徐楠. 垃圾处理的"中国式出路"在哪里? [J]. 资源再生, 2009, (04).
[76] 陈桂琴. 电子废物现状分析及管理对策研究 [J]. 污染防治技术, 2009, (03).
[77] 章轲. 垃圾, 产业化之难 [N]. 第一财经日报, 2009, (07).
[78] 王曦东. 走循环经济之路　加强资源综合利用——访工业和信息化部节能与综合利用司司长周长益 [J]. 再生资源与循环经济, 2009, (05).
[79] 吴解生. 再生资源产业的涵义、构成、特征及其与环保产业的区别 [J]. 再生资源研究, 2002, (05).
[80] 周宏春. 我国再生资源产业发展现状与存在问题 [J]. 再生资源与循环经济, 2008, (05).
[81] 林加冲, 王卫. 新税收政策对再生资源行业的影响及调整建议 [J]. 再生资源与循环经济, 2009, (02).
[82] 龙少海. 新税收政策给废旧物资回收行业带来的问题 [J]. 中国资源综合利用, 2009, (04).
[83] 米华. 税收优惠缩水再生资源行业遭遇"海啸" [J]. 第一财经日报, 2009, (06).
[84] 清华大学世界瞭望研究院. 2007年可再生能源全球现状报告 [J]. 阳光能源, 2008, (02).
[85] 赵晶, 赵争鸣. 太阳能光伏发电技术现状及其发展 [J]. 电气应用, 2007 (10).
[86] 宿建峰, 李和平, 等. 太阳能热发电技术的发展现状及主要问题 [J]. 华电技术, 2009, (31).
[87] 胡润清, 李俊峰. 全球太阳能热利用行业激励政策及对我国的启示 [J]. 中国能源, 2007, (09).
[88] 刘慧芬, 史占中. 我国发展太阳能产业政策刍议 [J]. 科学技术与工程, 2008, (22).
[89] 黄为一, 王娟娟. 投资我国太阳能光伏产业需要关注的几个问题 [J]. 中国能源, 2008, (10).
[90] 陈华. 新能源行业焦点问题和投资机会探讨. 中金公司研究部, 2008, (08).
[91] 贺丽琴. 风能利用现状分析 [J]. 太原科技, 2007, (11).
[92] 范万新, 苏志. 国内外风能开发利用的现状和发展趋势 [J]. 大众科技, 2009, (06).
[93] 刘卫东. 我国电力发电设备现状和发展趋势 [J]. 农业装备和车辆工程, 2008, (08).
[94] 侯建朝, 谭忠富, 谢品杰, 等. 世界风能资源开发现状和政策分析及对我国的启示 [J]. 中国电力, 2008, (09).
[95] 蒋心泽. 我国风能开发现状与展望 [J]. 农村电气化, 2008, (05).
[96] 李波安, 秦建华. 我国生物质能发展现状与发展前景 [J]. 科技广场, 2009, (06).
[97] 董天峰, 李君兴, 等. 生物质能技术现状与发展 [J]. 农业与技术, 2008, (02).
[98] 李景明. 浅析我国生物质能政策框架的现状与发展 [J]. 农业科技管理, 2008, (04).
[99] 王久臣, 戴林, 等. 中国生物质能产业发展现状及趋势分析 [J]. 农业工程学报, 2007, (09).
[100] 欧阳予, 汪达升. 国际核能应用及其前景展望与我国核电的发展 [J]. 华北电力大学学报, 2007, (05).
[101] 马成辉. 美国核能政策的分析与借鉴 [J]. 核安全, 2007, (03).
[102] 王文军. 中国环保产业投融资机制研究 [D]. 中国博士学位论文全文数据库, 2007, (01).
[103] 魏金生, 刘建军, 王维. 滨海新区节能减排融资研究 [J]. 华北金融, 2009, (03).
[104] 董翠英. 金融支持节能减排的有效途径——以晋中市为例 [J]. 中国金融, 2008, (18).
[105] 王飞. 中国银行业绿色信贷体系构建 [J]. 金融与经济, 2009, (03).
[106] 韩晓东. 专家呼吁完善节能减排领域投融资政策 [J]. 中国证券报, 2009, (07).
[107] 申晓刚. 我国合同能源管理的研究及发展建议 [D]. 中国优秀硕士学位论文全文数据库, 2008, (02).
[108] 戴建如. 中国合同能源管理融资模式研究 [D]. 中国优秀博硕士学位论文全文数据库 (硕士), 2005.

[109] 纪虹宇. 节能减排北京落子合同能源管理 [J]. 第一财经日报, 2009, (06).
[110] 许艳. 中美合同能源管理模式的比较 [J]. 节能与环保, 2009, (07).
[111] 王鸿艳. 合同能源管理瓶颈待破 [J]. 中国电力企业管理, 2009, (10).
[112] 朱谦. 全球温室气体减排的清洁发展机制研究 [D]. 苏州大学, 2006.
[113] 黄勇. 美国通过法案, 首次限制温室气体排放量, 引入总量控制与排放交易机制 [J]. 中国环境报, 2009, (06).
[114] 张茉楠. 碳金融时代正加速到来 [J]. 中国经济导报, 2009, (07).
[115] 鲍云樵. 关于制订新的中国能源政策的建议 [J]. 中外能源, 2006, (04).
[116] 贾德昌. 节能减排出重拳——今年以来有关节能减排政策、措施评述 [J]. 中国工程咨询, 2007, (06).
[117] 蔡守秋, 莫神星. 节能减排, 机制先行——写在《节能减排机制法律政策研究》出版之际 [J]. 前沿, 2009, (02).
[118] 隗斌贤. 节能减排面临的形势与对策——以浙江为例的调查与分析 [J]. 江南论坛, 2008, (10).
[119] 张岚嵘. 江苏省经贸委环资处张金国处长介绍节能减排政策 [J]. 江苏建材, 2008, (04).
[120] 赵黛青. 广东省促进节能减排的若干问题浅析 [J]. 广东科技, 2008, (01).
[121] 朱鹏颐. 福建省节能减排的形势与对策 [J]. 中共福建省委党校学报, 2008, (09).
[122] 何建坤, 张希良. 我国"十一五"期间能源强度下降趋势分析——如何实现能源强度下降 20% 的目标 [J]. 中国软科学, 2006, (04).
[123] 肖元真, 王明和, 曹积家. 中国节能减排工作面临的问题和解决的方法 [J]. 经济与管理, 2007, (12).
[124] 梁广华. 河南省节能减排的现状与对策 [J]. 科技创业, 2008, (08).
[125] 朱琳. 西部地区环境污染问题及治理对策 [J]. 地方经济, 2008, (11).
[126] 李全省. 浅议西部地区环保产业的发展思路 [J]. 中国环保产业, 2002, (04).
[127] 牛栋春. 内蒙古自治区节能减排工作形势分析 [J]. 北方经济, 2007, (11).
[128] 王新前. 节能降耗减排: 西部地区何以破题 [J]. 西部论丛, 2007, (06).
[129] 中国华能集团公司 2008 年可持续发展报告.
[130] 中国铁建 2008 年社会责任报告.